日本中世唐样建筑设计技术的比较研究

张十庆 著

Comparative Research on the Design Techniques of Japanese Medieval Tang Style Architecture

国家出版基金项目
NATIONAL PUBLICATION FOUNDATION

东南大学出版社 南京

内容简介

13世纪初以来，南宋禅宗及江南禅寺建筑技术传入日本，日本中世建筑在宋技术的引导和影响下，在各方面取得飞跃式的发展和进步，其中尤以传承宋代江南技术的唐样建筑最为典型和重要。本书以此为历史背景，以东亚中日关联和整体的视角，将关注的重点转向隐性、非直观的设计技术层面，讨论和比较13世纪以来日本唐样建筑设计技术的性质、特点及演变历程。历史上日本古代建筑的发展离不开中国的影响，故本书既是讨论日本建筑的，也是讨论中国建筑的，所涉及的内容也多是唐宋建筑技术的相关问题。

本书可供相关学科的学生和研究者以及相关文史爱好者阅读和参考。

图书在版编目（CIP）数据

日本中世唐样建筑设计技术的比较研究 / 张十庆著
. — 南京：东南大学出版社，2024.3
ISBN 978-7-5766-0947-9

Ⅰ.①日… Ⅱ.①张… Ⅲ.①建筑设计-工业技术-研究-日本-古代 Ⅳ.①TU2

中国国家版本馆CIP数据核字（2023）第209667号

日本中世唐样建筑设计技术的比较研究
Riben Zhongshi Tangyang Jianzhu Sheji Jishu De Bijiao Yanjiu

著　　者　张十庆
责任编辑　戴　丽
责任校对　张万莹
封面设计　皮志伟
责任印制　周荣虎
出版发行　东南大学出版社
出 版 人　白云飞
社　　址　南京市四牌楼2号（邮编：210096　电话：025-83793330）
网　　址　http://www.seupress.com
电子邮箱　press@seupress.com
经　　销　全国各地新华书店
印　　刷　上海雅昌艺术印刷有限公司
开　　本　889 mm×1194 mm　1/16
印　　张　35.5
字　　数　950千字
版　　次　2024年3月第1版
印　　次　2024年3月第1次印刷
书　　号　ISBN 978-7-5766-0947-9
定　　价　298.00元

本社图书若有印装质量问题，请直接与营销部联系，电话：025-83791830。

目 录

第一章 绪论

第一章　绪论

元至正五年（1345），远在海东日本的京都五山天龙寺落成供养，开山梦窗疏石盛赞寺之宋风纯正，曰“不动扶桑见大唐”[1]。其意为：坐地扶桑，如亲见大宋，犹身临其境，感慨、欢欣及自豪之情溢于言表。其时正值日本宋风禅寺的鼎盛时期，上距日僧荣西初传南宋禅宗于日本，约一个半世纪。

13 世纪初以来，南宋禅宗及江南禅寺建筑技术传入日本，日本中世建筑在宋技术的引领和影响下，在各方面取得飞跃式的发展和进步，其中尤以传承江南宋技术的唐样建筑最为典型和重要。本书的内容和主线以此为历史背景，以东亚中日关联、整体的视野，将关注的重点转向隐性、非直观的设计技术层面，讨论、比较 13 世纪以来日本唐样建筑设计技术的性质、特点及其演变历程。

一、研究的背景与目的

1. 研究的背景与对象

公元 589 年，隋文帝统一了分裂近三百年之久的中国。其后，618 年李渊代而称帝，建立李唐王朝。随着隋、唐王朝的建立，6 世纪末至 7 世纪初，东亚诸国迈进了一个新时代。

公元 607 年，日本圣德太子遣使入隋，开始了对隋、唐文化的直接吸收。随着大化改新（645）及遣唐使的派遣，大量遣唐使和留学僧将中国先进的文化带回日本。7 世纪中期后，唐文化的影响在日本显著地表现了出来，时值日本奈良时代前期的白凤时代（645—710），并于奈良时代后期的天平时代（710—794）达日本古典文化的鼎盛时期。

9 世纪末（894）日本停止派遣遣唐使以后，中日之间的文化交往趋于减少。此后日本经历了其文化史上三百年的所谓国风时代，即唐文化的日本化时期。此前传入和积蓄的唐文化影响被逐渐地吸收、消化和改造，基于唐文化的日本古典文化趋于成熟和定型。这一时期唐风浓郁的文化样式，在后世被作为日本传统的古典样式，史称“和样”。

公元 1185 年镰仓幕府的创设，标志着日本进入武家政权时代，日本中世由此而始，时值中国的南宋初期。继唐文化之后，宋文化再度传入日本，尤以南宋禅宗文化为代表。南宋淳祐六年（1246），宋僧兰溪道隆赴日，并于 1253 年建立

1　见《梦窗国师语录》卷上。《梦窗国师语录》凡三卷，日僧梦窗疏石（1275—1351）撰，本元、妙葩等编。日本文和三年（1354）刊行，收于《大正藏》卷八十。

日本第一个纯正宋风禅寺——镰仓建长寺，由此开启了日本建筑发展史上的一个新时代，镰仓建长寺亦成为此后日本禅寺伽蓝建筑之范本。这一宋风样式史称“唐样”，其“唐”非指具体朝代，而是泛指其时中国，意指中国风，也就是中国宋朝样式。

日本中世建筑发展的一个重要因素在于宋技术的引领与推动。在日本建筑史上，这是一个充满朝气和激荡变革的时代，而传承宋技术的唐样则是这一时代的主角。

从东亚整体的视角而言，12 世纪末以来近四百年的日本中世这一时段，是东亚中日建筑史上最纷繁复杂和丰富多彩的一个时段，也是内涵丰富、意义深远的一个时期。其间中日建筑的关联与发展，构成了东亚古代建筑史上精彩的一页。

本书以上述东亚中日关系史为研究背景，主要聚焦于日本中世这一时段，并延伸至近世。基于江南宋元禅宗寺院建筑技术在日本传播和产生影响这一史实，选取日本唐样建筑作为比较研究的对象，分析、探讨宋技术背景下的唐样建筑设计技术及其演变，并就中世唐样与和样的关联性作进一步的讨论。

需要说明的是，在历史分期上，中日建筑史的部分概念并不完全对应和相同。日本历史分期，一般将近代以前的历史时期分作先史时代、古代、中世和近世四个时期，每个时期又分别由若干时代组成。其中古代自 593 至 1185 年，包括飞鸟时代（593—710）、奈良时代（710—794）、平安时代（794—1185）；中世自 1185 至 1573 年，包括镰仓时代（1185—1333）、室町时代（1336—1573）；近世自 1573 至 1868 年，包括安土桃山时代（1573—1603）、江户时代（1603—1868）[2]。

本书所讨论的日本唐样建筑的时代年限，大致为 13 世纪初至 19 世纪后期，这一近七百年的历史时段，在日本历史学上通常被称作日本的中世和近世，即从中世的镰仓、室町时代，至近世的桃山与江户时代。中世是宋技术背景下日本唐样建筑发生、发展的主要时期，相当于南宋至元明时期；近世是唐样建筑的日本化时期，相当于明清时期。

2. 研究的目的与意义

本书关于宋技术背景下的唐样建筑设计技术及其演变的讨论，在性质上从属于东亚建筑研究的范畴。那么，为何要以东亚建筑的视野研究唐样建筑设计技术呢？实际上，早在 20 世纪 90 年代，郭湖生先生所倡导的东方建筑研究，即回答了这一问题[3]：

“线性发展的思想，只知其一不知其二的眼界，不足以完整地认识世界，也不足以正确地认识中国建筑自身。因此，研究东方建筑是当中国建筑的研究达到一定阶段时必然要提出的问题。这样做，既是为了进一步理解自身，也是为了更全面地认识世界，是非常有必要的。”

“对中国建筑的研究总体而言虽粗具规模，但浅尝辄止，不求甚解，乃至以

2 中国建筑史上的“古代”概念，在日本建筑史上又分为古代、中世和近世三期。本书在论及日本建筑时，采用日本历史的分期方法和朝代概念；在涉及中国建筑时，则采用中国的朝代概念。而在某些泛指的场合，仍采用中国建筑史通用的“古代”概念。

3 郭湖生. 我们为什么要研究东方建筑——《东方建筑研究》前言 [J]. 建筑师，1992（8）：46-48.

讹传讹的情况尚多。许多问题至今若明若暗，似是而非。除了继续深入之外，另辟途径也是必要的。东方建筑的研究可以有助于此。”

也就是说，对东方建筑研究的目的，一是进一步地理解自身，二是更全面地认识中国建筑与域外建筑的关联及变化。这也正是本书关于宋技术背景下唐样建筑设计技术的研究目的和试图达成的目标。进一步而言，本书试图通过对宋技术背景下唐样建筑设计技术的研究，认识宋技术在域外的传播和影响，比较中日古代建筑设计技术及其变化，最终形成对13世纪以来东亚中日建筑设计技术关联性的整体认识。

从文化比较的角度而言，历史上中日建筑之间的特殊关系，注定了中日建筑比较研究的重要性是不言而喻的。从中国建筑史研究的立场而言，这种比较研究对于中国建筑体系的整体、全面的认识，具有重要的意义。其不但有助于认识中国建筑在域外的传播和发展，而且借助于对域外相关建筑的研究，反过来对中国本土建筑的进一步认识也大有益处。故本书所讨论的相关内容，对于认识作为唐样建筑祖型且现存遗构稀少的江南宋元木构建筑，无疑也是重要的线索和参照。

同时，基于与宋技术的关联性，日本唐样建筑的研究理应被视作中国建筑史研究的一个相关环节。实际上，在东亚背景和视野下，中国建筑史与东亚建筑史在许多内容上是相重合和关联的。故就此意义而言，中国建筑史研究应包含日本中世建筑的诸相关内容，其中宋技术背景下的唐样建筑设计技术，就是具有代表性的一个内容。本书的研究正是基于这样的认识之上。

在文化和技术上，东亚是一个超越行政区划的关联整体。东亚作为一个区域，既是一个地理概念，也是一个文化概念，地理的东亚与文化的东亚是相互依存的整体存在。自唐以来，中国文化在东亚建立了稳定的传播和受容关系，形成以中国为中心的东亚木构建筑体系。宋技术在东亚的传播以及日本中世建筑的发展，正是这一体系上的重要一环。

基于上述的认识，本书注重并强调东亚建筑发展的整体性和关联性，探讨东亚建筑作为一个关联整体在设计技术上的表现，将看似孤立、松散的现象以及纷杂、无序的线索，拼缀、串联成关联的整体，希望以此推进东亚建筑史整体认知的深化，进而充实中日建筑技术史及其关联研究的内涵。

二、相关研究综述

1. 关于设计技术的研究

本书讨论的中心内容，在性质上可归类为关于设计技术的研究，在对象上指古代建筑大木设计技术。广义上大木设计技术包括形式、尺度及结构等不同层面的设计技术，其相互关联和依存，是一不可分割的整体，而本书则特指基于大木形制和结构的尺度设计技术。

设计技术是古代建筑大木技术的核心内容。在中日建筑史研究上，关于设计技术的研究历来是技术史研究的一个重要课题，也是学界争议颇多、最具活力的研究内容，广受关注，中日学界皆有诸多成果和积累。

中国学界关于设计技术的研究，最初是随着《营造法式》的研究而逐渐受到重视的，并使之成为技术史研究的一个独特课题和领域。而将设计技术作为一个专门的研究课题，最早始于陈明达先生，其有意识和系统地探讨了《营造法式》的设计方法和尺度规制，代表作为《营造法式大木作研究》和《应县木塔》二书[4]。陈明达之后，潘谷西、傅熹年、郭黛姮等一代学者，就设计技术皆有持续的研究和成果[5]。其特点是以《营造法式》为中心和线索，结合早期木作遗构，探讨唐宋辽时期建筑设计技术的性质和特点。再其后又有更多的学者继续这一领域的研究，并在方法、线索、视角和研究对象上，多有拓展与深化，成果丰硕。概括而言，学界设计技术研究的中心和线索大多是围绕着《营造法式》的材份模数制而展开的。

笔者20世纪80年代的博士课程期间留学日本，选择设计技术这一课题做博士论文，采用比较研究的方法，探讨和分析中日古代建筑的设计技术及其关联性[6]，且此后一直持续关注这一课题。

关于设计技术的研究，日本学界相对开始得较早，成果亦更为丰富。早期具有标志性的研究为日本明治时期关于法隆寺建筑再建与非再建的学术大论争。在这一论争中，关野贞力主法隆寺建筑非再建论，其以日本大化改新（645）后的奈良时代，高丽尺（飞鸟时代所用常用尺）作为常用尺的使用已废止而转以唐大尺作为常用尺这一论点为依据，并根据法隆寺建筑开间尺度的复原以高丽尺为有利这一现象，提出法隆寺建筑应为大化改新前创建时的原构，从而否定正史《日本书纪》中天智九年（670）“灾法隆寺，一屋无余”的记载[7]。

在这一论争中，关野贞所提出的根据营造尺的性质判定建筑年代的尺度论，引入了建筑考古学研究上一个新的科学方法，并成为此后探讨建筑尺度设计技术的一个重要思路和方法。

法隆寺建筑是日本学界关于设计技术研究的重要对象和起点。自此以后，围绕法隆寺建筑的设计技术，又有更多学者投入或涉及相关研究，且研究对象扩展至奈良、平安时代的建筑遗构，其主要学者有浅野清、村田治郎、竹岛卓一、石井邦信、滨岛正士、沟口明则等。由奈良时代至平安时代而逐渐定型的日本古典建筑，在样式风格上为典型的唐风，在尺度设计上为间架整数尺规制。而这一古典样式的传承，则成为其后中世和近世的和样建筑。

日本学界关于《营造法式》及其设计技术的关联研究，主要有饭田须贺斯、竹岛卓一、石井邦信等学者。饭田须贺斯研究中国建筑对日本的影响，并以《营

4　陈明达. 营造法式大木作研究[M]. 北京：文物出版社，1981.
陈明达. 应县木塔[M]. 北京：文物出版社，1966.

5　潘谷西，何建中.《营造法式》解读[M]. 南京：东南大学出版社，2005.
郭黛姮. 论中国古代木构建筑的模数制[M]// 清华大学建筑系. 建筑史论文集（第5辑）. 北京：清华大学出版社，1981：31-47.
傅熹年. 中国古代城市规划、建筑群布局及建筑设计方法研究[M]. 北京：中国建筑工业出版社，2001.

6　张十庆. 中日古代建筑大木技术的源流与变迁的研究[D]. 南京：东南大学，1990.

7　関野貞. 法隆寺金堂、塔婆及び中門非再建論[J]. 建築雜誌（第218号），1905：67-82.

造法式》相关内容作参照比较[8]；竹岛卓一全译通注了《营造法式》[9]，是日本学界关于《营造法式》研究最深入者；石井邦信则基于竹岛卓一的译注，探讨和比较了《营造法式》的设计技术[10]。这些成果对日本学界设计技术的研究是一个促进。

中世以来的和样建筑，是古代奈良、平安时代建筑的延续和传承，在设计技术上，与传统的整数尺规制亦一脉相承。中世至近世和样设计技术的发展主要表现为所谓枝割规制，即以椽当为基准的尺度设计方法。

比例关系与尺度设计，是中世和样建筑技术研究的一个中心课题，研究对象主要是寺院建筑，其基本问题就是关于枝割规制。相对于中国以材为祖的模数规制而言，以椽当为基准的枝割规制显得十分独特。然对于以平行椽为特色的和样建筑而言，则有其存在的合理性。日本学界关于和样设计技术的研究，大多是围绕着枝割规制而展开的。基于大量和样遗构以及和样技术书，日本学界关于和样设计技术的研究，积累了丰富的成果。其代表者如伊藤要太郎、伊藤延男、中川武、岩楯保、白井裕泰、樱井敏雄、永井康雄、沟口明则等学者的相关研究。其中突出者如中川武，是日本学界在设计技术研究上的一位重要学者[11]。近年来早稻田大学致力于木割技术的研究，积累和发表了系列的研究成果，是日本学界关于设计技术研究的重要代表[12]。

中世建筑的代表者，大体上以和样建筑与唐样建筑[13]两分天下。然若以引领时尚和技术进步而论，唐样则是主角。在推动中世建筑设计技术的进步上，唐样建筑具有重要的地位和意义。然而，相较于和样设计技术的研究而言，唐样设计技术的研究则显得薄弱。

日本学界关于唐样建筑的研究，前期主要有太田博太郎、横山秀哉、关口欣也这三大家，三人研究的对象及侧重各不相同。太田博太郎主要侧重于唐样建筑历史背景、文献古图的研究，横山秀哉主要侧重于禅宗教义、清规仪式制约下的禅寺建筑研究，关口欣也主要侧重于中世唐样遗构形制与技术的研究。除上述三家外，还有许多学者从不同的层面和角度涉及禅宗寺院及唐样建筑的相关研究，如川上贡、铃木亘、杉野丞、野村俊一、铃木智大、上野胜久、永井规男等学者，成果颇丰。而关于唐样技术书的研究，则是稍后的事，其成果主要集中于近年来的研究。

至于唐样设计技术的相关研究，则主要包含于上述唐样遗构与唐样技术书的两类研究中。以下根据研究对象的不同，分作唐样遗构和唐样技术书两部分，就日本学界关于唐样设计技术的相关研究，作进一步的梳理和评述。

2. 唐样遗构的相关研究

日本学界关于中世唐样遗构的研究，以关口欣也的研究最为重要，或者说主要是关口欣也的一人之力。其研究主要以遗构为对象，网罗现存所有中世唐样建

8 飯田須賀斯. 中国建築の日本建築に及ぼせる影響[M]. 東京：相模書房，1953.

9 竹島卓一. 営造法式の研究（1–3卷）[M]. 東京：中央公論美術出版，1970—1972.

10 石井邦信. 単位長：営造法式を手掛りとしての検討（その1）[J]. 福岡大学工学集報（第6号），1970：71–85.

石井邦信. 単位長（2）：営造法式を手掛りとしての検討（その2）[J]. 福岡大学工学集報（第7号），1971：47–64.

11 中川武关于设计技术的代表性论著有：

中川武. 建築設計技術の変遷[M]// 永原慶二編. 日本技術の社会史（第七巻・建築）. 東京：日本評論社，1983：69–97.

中川武. 木割の研究[M]. 私家版，1986.

中川武. 建築様式の歴史と表現[M]. 東京：彰国社，1987.

中川武. 日本建築における木割の方法と設計技術について[J]. 建築雑誌（1088号），1975：49–50.

中川武. 建築規模の変化と木割の方法[J]. 日本建築学会計画系論文集（第362号），1986：113–120.

12 早稻田大学关于木割技术的研究，主要有中川武、沟口明则、坂本忠规、山岸吉弘等学者，出版有相关的研究论著。

13 和样与唐样为日本中世建筑的两大主流样式，二者分别为唐、宋时期先后传入日本的两个建筑样式。其中和样以中原盛唐样式为祖型，唐样以江南南宋样式为祖型，具体详见第二章的相关论述。

筑遗构[14]，就其平面、开间、柱高、斗栱、构架及装饰细部等诸方面，进行了细致、周密的对比分析和比较研究，力图找出其形制特点、尺度关系及其演变规律。而关于唐样设计技术的研究内容，亦包含其中，即基于大量实测数据及相关古图资料，就中世唐样设计技术所作的分析和探讨。自 1965 至 1968 年的四年间，关口欣也在《日本建筑学会论文报告集》上陆续发表了 15 篇相关论文，并于 1969 年结集成册，题为《中世禅宗样建筑的研究》[15]，成为这一研究领域公认的权威。而此书稿的正式出版则是在四十余年后的 2010 年[16]。关于中世禅宗寺院建筑，关口欣也 1983 年又出版了《五山与禅院》，作为“名宝日本的美术”丛书的一册[17]。

关口欣也 1980 年曾在中国同济大学留学半年，其间考察了日本禅宗建筑祖型源地的江浙一带的寺院建筑，回国后进行比较研究，发表了论文《中国江南的大禅院与南宋五山》《中国两浙的宋元古建筑》[18]，这使其对唐样建筑的研究更进了一步。日本学界认为，关于中世唐样建筑遗构的研究，至关口欣也已基本穷尽，再无多少空白领域，故其他及后来的学者，将研究的目光纷纷投向近世禅宗建筑的研究，开辟新的研究领域。在研究上一人独揽一块领域，并为之终生努力的研究风习，在关口欣也身上有典型的体现。

关口欣也研究的特点和贡献：一是在于唐样建筑的祖型认识以及日本特色的分析总结；二是在于中世唐样遗构研究上的开拓性；三是在于中世唐样遗构研究的全面性和系统性，以及对于遗构史料与实测数据积累、整理的完善和翔实；四是在于中世唐样遗构研究方法的探索，以及设计方法与尺度规律的摸索及见解。

关于中世唐样设计技术研究的另一重要成果是大森健二的相关研究。其研究主要是基于对大量中世寺院建筑遗构的解体修理而获得的经验和资料，进而分析和总结中世建筑技术的变迁及特点。其研究对象以中世和样遗构为主，也包括了多例中世唐样遗构。在唐样设计技术的研究上，大森健二的特点和贡献主要在于对唐样遗构个案研究的推进以及尺度规律的认识，其提出的正福寺地藏堂和玉凤院开山堂二构斗栱尺度组织和立面构成的格线关系，为其后唐样设计技术的研究提供了重要的思路和线索。其主要研究成果为博士论文《关于中世建筑的构造与技法的发达》[19]，1998 年在此博士论文的基础上，出版了《社寺建筑的技术——以中世为主的历史・技法・意匠》[20]。

此外，日本学界关于唐样建筑设计技术的研究，还可列举一些相关论文[21]。

近年又有留学早稻田大学的中国学者俞莉娜的博士学位论文《基于轮藏变迁史的日中寺院比较研究》[22]，论及唐样转轮经藏设计技术方面的相关内容。

3. 唐样技术书的相关研究

唐样设计技术研究的另一个重要方面是关于建筑技术书的研究。

14　勘察对象包括：中世唐样佛堂约 50 座，受唐样影响的和样系的折中样本堂约 70 座以及佛塔、门、神社约 60 座。其中以中世唐样佛堂的勘察最为详细。参见：関口欣也．中世禅宗様建築の研究 [M]．東京：中央公論美術出版，2010：369.

15　関口欣也．中世禅宗様建築の研究 [Z]．私家版，1969.

16　関口欣也．中世禅宗様建築の研究 [M]．東京：中央公論美術出版，2010.

17　関口欣也. 五山と禅院 [M]. 東京：小学館，1983.

18　関口欣也．中国江南の大禅院と南宋五山 [J]．仏教芸術（第 144 号）.1982：11-48.

関口欣也．中国両浙の宋元古建築：両浙宋代古塔と木造様式細部 [J]．仏教芸術（第 155 号），1984：38-62.

関口欣也．中国両浙の宋元古建築：両浙宋元木造遺構の様式と中世禅宗様 [J]．仏教芸術（第 157 号），1984：79-113.

19　大森健二．中世建築における構造と技術の発達について [D]．京都：京都大学，1952．该博士学位论文于 1962 年以私家版的形式结集发表。

20　大森健二．社寺建築の技術——中世を主とした歴史・技法・意匠 [M]．東京：理工学社，1998.

21　伊藤要太郎．唐様建築の木割について [J]．日本建築学会研究報告（第 16 号），1951：430-433.

上田虎介．初期唐様仏殿の建築計画に就いて [J]．日本建築学会研究報告（第 33 号），1955：207-208.

浜島一成．近世禅宗様仏堂の平面計画・立面計画について [J]．日本建築学会大会学術講演梗概集（东海），1985：625-626.

櫻井敏雄，大草一憲．瑞龍寺・大乘寺仏殿の平面計画と伽藍 [J]．日本建築学会大会学術講演梗概集（北海道），1986：649-650.

溝口明則．正福寺地蔵堂の枝割制と建築規模計画 [J]．日本建築学会大会学術講演梗概集（F），1991：1055-1056.

小池貴久，溝口明則．円覚寺舎利殿の柱間計画法：正福寺地蔵堂との関係性 [J]．日本建築学会大会学術講演梗概集（関東），2011：667-668.

22　俞莉娜．輪蔵の変遷史における日中寺院の比較研究 [D]．東京：早稲田大学，2018.

对于建筑设计技术的研究而言，最重要和直接的依据莫过于建筑技术书。在设计方法和尺度规律的分析与摸索上，文本史料具有实物遗构不可比拟的作用和意义。如同中国学界的木构设计技术研究注重和强调《营造法式》一样，日本学界在建筑技术书的研究上亦投入了大量的精力，积累了丰富的成果。然其关于建筑技术书的研究主要是针对和样技术书进行的，尤其是和样技术书的代表者《匠明》，如伊藤要太郎的《匠明五卷考》即是和样技术书基础研究的重要成果[23]，其他研究者又如渡边保忠、中川武、内藤昌、石井邦信等学者。日本和样建筑的设计技术及尺度规律，通过遗构分析加上文本解读，得以较深入地认识和把握。

相对于和样技术书的研究，日本学界关于唐样技术书的研究则有所滞后和不足。现存唐样技术书主要有两种：一是《建仁寺派家传书》，二是《镰仓造营名目》，相应的研究也集中于此二书，且其系统和深入的研究成果主要有以下两家：

其一是河田克博编著的《近世建筑书——堂宫雏形 2（建仁寺流）》[24]，书中讨论了建仁寺流的唐样技术书诸本，尤其是关于基干本《建仁寺派家传书》，就其谱系源流、技术特征、尺度规制、遗构比对等方面，进行了详细的解读、分析和讨论。此书是目前日本学界关于《建仁寺派家传书》研究最为系统和深入的著述，也是从技术书角度探讨唐样设计技术的最重要的成果之一。其特点和贡献一是在于对建仁寺流唐样技术书的全面梳理和释读，二是在于对唐样技术书《建仁寺派家传书》研究的推进，三是在于通过遗构实物与文本史料的比对，对唐样设计方法和尺度规律的进一步认识。

其二是坂本忠规的博士学位论文《大工技术书〈镰仓造营名目〉的研究——以禅宗样建筑的木割分析为中心》[25]。《镰仓造营名目》为镰仓大工河内家所旧藏的技术文书史料，该史料最早由关口欣也发表了其概略和释文[26]，其后坂本忠规又对此文书作了进一步的分析和研究，尤其是针对其中唐样设计技术的相关内容进行了详细解读和分析，并与关东唐样遗构进行比对分析，从而对于镰仓地方唐样设计技术性质和特色，有了进一步的认识和把握。论文探讨了这一史料对中世镰仓五山时期唐样设计技术的传承和反映，为研究中世关东地区唐样设计技术及其演变，提供了思路和线索。

以上河田克博关于《建仁寺派家传书》、坂本忠规关于《镰仓造营名目》的相关研究，是日本学界关于唐样技术书的最重要的基础性研究，其他还见有一些零散的相关论文[27]。

关于上述两部唐样技术书的进一步讨论，详见第九章的相关内容。

4. 研究方法与特点评述

就研究对象而言，中世唐样建筑研究的起步是相对较晚的，在研究深度和成

23 伊藤要太郎. 匠明五巻考 [M]. 東京：鹿島出版会，1971.

24 河田克博. 近世建築書——堂宮雛形 2（建仁寺流）[M]. 東京：大龍堂書店，1988.

25 坂本忠規. 大工技術書〈鎌倉造営名目〉の研究——禅宗様建築の木割分析を中心に [D]. 東京：早稲田大学，2011.

26 関口欣也. 解題：中世の鎌倉大工と造営名目 [M]// 鎌倉市教育委員会. 鎌倉市文化財総合目録，1987：758-772.

関口欣也. 鎌倉造営名目の上方様 [J]. 日本建築学会大会学術講演梗概集，1990：863-864.

27 渡边保弘. 鎌仓造営名目の上方様諸記集と中世木割体系書 [J]. 日本建築学会大会学術講演梗概集. 1992：979-980.

阪口あゆみ. 初期木割書に見られる佛殿の設計方法に关する研究 [J]. 日本建築学会東北支部研究報告会. 2007：129-134.

果积累上亦不如奈良、平安时代建筑的研究。关于唐样建筑的研究约是在20世纪50年代开始逐渐为日本学界所重视和着手进行的。

在建筑史研究上，中日一样，皆较注重早期及盛期建筑的价值及其研究，从而使之成为率先开拓并引人注目的研究对象和领域。相对于其他时代建筑而言，奈良、平安时代的建筑研究是日本学者倾注心血和投入精力最多的领域，老一辈学者也多集中于这一领域，相应成果亦丰。从日本建筑史研究的角度而言，这一领域已被精耕细作，后来者的目光则转向中世和近世建筑史的研究。

早期前辈学者的研究，在对象上强调东洋建筑史与日本建筑史的并重。所谓东洋建筑史研究，主要是指对以中国为中心的东亚及东南亚建筑史的研究，尤以中国建筑史的研究为最主要的内容。历史上中日两国建筑之间密切的源流关系，注定了二者的研究必然相互关联，乃至融为一体。在日本学界，研究东洋建筑史的大家，往往也是日本建筑史研究的中坚，如伊东忠太、关野贞以及村田治郎等学者，皆是汉和兼治。在某种程度上可以说，东洋建筑史研究是日本建筑史研究的一个重要基础，相应地汉和兼治成为日本建筑史研究的一个视角和方法，同时也是取得更大成就的一个条件。

任何文化皆非无本之木、无源之水，对于历史上大量吸收外来文化的日本而言，其建筑史的研究必然将溯源、影响、比较的研究视为重要一环。事实上，日本学者也确实在东洋建筑史研究上不遗余力，做了大量的工作。

日本的东洋建筑史研究，战前尤盛，战后因种种原因显得后继乏人。建筑史研究方法上，表现出从前辈学者的东亚整体视野和格局退缩回日本一隅的倾向，建筑史研究的重心转向对本国建筑史研究的精雕细琢之上。战后日本中世建筑史的研究，大致是在这一背景下展开和进行的。

实际上二战后几十年来，日本建筑史学者中，除田中淡以外，少有注重东亚整体视野、汉学功底扎实、精通中国建筑史的大家，而这或也成为日本唐样建筑研究的特点或局限所在。

关于中世和样与唐样遗构的系统研究，日本学界以20世纪60年代伊藤延男的《中世和样建筑的研究》与关口欣也的《中世禅宗样建筑的研究》为代表[28]。二书在研究思路和方法上类似，皆网罗和比较现存中世和样遗构或唐样遗构，在尺度设计的分析上，基于明间的开间比例法或间广整数尺制，且皆以日本中世建筑为封闭、孤立的对象，不涉及设计技术的溯源和比较问题。

由于二战后的几十年间，中日学界往来隔绝，相互生疏，致使部分日本建筑史学者缺乏中国建筑史的知识背景，这也是造成上述现象的一个因素。相应地，在研究上或多或少地带有如下两种倾向或局限性：

其一是孤立的研究方法，缺乏东亚视野和关联意识。无论是对唐样遗构的研究，还是对唐样技术书的研究，大多表现有这一特点和局限性。如果我们承认东

28 伊藤延男．中世和様建築の研究[M]．東京：彰国社，1961．
関口欣也．中世禅宗様建築の研究[Z]．私家版，1969．

亚古代建筑的发展，是以中国为核心的整体存在[29]，那么对其中一个部分的研究，如若忽视了与整体的关联，就难免会给人以割裂和断章之感。而这种感受，我们在日本的建筑史研究中时有体会。实际上，日本古代建筑史上重大技术进步和变革，大都来自外来因素的推动，中世同样如此，且更为显著，中世设计技术亦不会置身其外。尤其是以江南建筑为祖型的唐样建筑，其设计技术的研究无论如何都脱离不了与宋技术的关联性。

其二是和样思维定式的束缚。日本学界关于唐样设计技术的研究，不仅滞后于和样，而且在思路和方法上也受和样设计技术研究的影响，如分析上套用和样的比例法和枝割法。而这种和样先入为主的思维定式，必然影响对唐样设计技术独立性和独特性的认识，其结论也未必中肯和难及本质。实际上，唐样与和样作为两个独立的设计体系，二者有着本质的不同，尤其是在中世时期。

尺度设计上的模数方法，是中世建筑设计技术研究的重点所在，日本学界关于和样枝割模数方法的研究，已相当深入和成熟。然相比较而言，关于唐样模数设计方法的认识，则远不如对和样那样清晰、明确和深入，尤其是关于中世唐样遗构设计方法和尺度规律的分析，基本仍停留在摸索的阶段，表现为或套用和样的分析方法，或以实测数据摸索比例关系和尺度基准，试图从中理出头绪，发现规律，然这种摸索缺少方向性的指引，故往往带有臆度和盲目性。

关于建筑尺度设计技术的讨论，最初的问题往往在于：开间尺度是如何设定的？日本学界从伊东忠太、关野贞以来大致有两说：一是开间比例法，一是整数尺制。两说中的间广整数尺制作为一种基本、习用的尺度取值方法，对东亚中日而言在12、13世纪之前应该是没有什么疑问的。然在此之后，随着模数设计技术的发展，间广整数尺制就难以解释诸多变化的尺度现象了，其中最明面和直接的疑问是：中世唐样遗构开间及斗栱尺度权衡的基准何在？由此看来，中世唐样建筑的尺度规律及设计方法，仍是一个尚未真正解明的问题。

唐样建筑的独特性在于补间铺作的发达，然以往研究或缺少了对斗栱与朵当的关联构成的关注以及相应的分析线索，也即未注意到斗栱尺度的组织筹划与朵当、开间尺度构成的关联性。单纯、孤立地讨论斗栱尺度或开间尺度是没有意义的，也是难以准确、真实地把握问题实质的，这或是唐样尺度规律及设计方法研究上应该关注的一个方面。

实际上，关于中世唐样设计技术的研究，基于不同的视角和方法，可探讨之处仍多。东亚视野下的日本建筑史研究，仍是必然和必要的一个方法。当然，以今日所掌握的史料，回溯约800年前的历史，看法不一，观点分歧，都是十分正常和自然的事情。

近年来日本学界关于唐样设计技术的研究，其进展主要表现在近世唐样技术书的研究方面，由此开始关注唐样设计技术区别于和样的独立性和独特性。对近

29 关于日本建筑的性质，日本史学界是这样概括和认识的："日本建筑的样式直至明治维新，一直是作为中国建筑体系的一个部分而发展的。"参见：日本建築学会. 新訂建築学大系・日本建築史 [M]. 東京：彰国社，1979：3.

世唐样技术书的解读，有可能为认识中世唐样设计技术的性质和特点，提供重要的视角及线索。

正如学者们所指出的那样，每种学术传统都与研究的对象有很大的关系，而立场和视角的不同，也必然会带来研究的差异及相应的色彩。关于东亚中日古代建筑关系的讨论，中国学者往往专注于从日本寻找早期的建筑样式与技术，以及分析中国对日本建筑的影响；日本学者则着力于从源于唐、宋的日本建筑中发现日本的个性特色以及日本化的表现。建筑史也是文化史，其中立场、视角等因素的存在都是难免和正常的，且或多或少地影响和冲淡客观性。

进而就具体的论题而言，关于宋技术对日本中世建筑的影响，日本学界谈论较多的是显性可见的风格样式和构造技术方面，而隐性和不易察觉的设计技术方面则几无讨论。然不讨论并不等于不存在，对于日本中世建筑的发展而言，宋技术的影响和塑造无疑是至关重要的，中世以后的日本佛教建筑大致呈现的是宋式风范。

比较中日两国建筑史的研究，长期以来日本在许多方面走在前面，其学术传统也是令人称道的。日本学者在研究上精勤努力、深入细致的特色相当突出。善于考证，精于推敲，也是日本学者研究风气与方法上的一个特色。日本史学研究尤其注重实证和细节的真实，这些特色同样表现在唐样建筑的研究上，无论是唐样遗构调查，还是相关文献研究，都有深厚的成果积累，为后学的继续探讨，提供了扎实的基础和条件。关口欣也的中世唐样建筑研究就是一个范例。

以上是关于日本学界唐样建筑相关研究的大致综述。

三、研究方法与内容构成

1. 研究思路与方法

在传统的研究思路和方法下，唐样设计技术的研究看似几已穷尽，然实际上问题有可能并未真正得到解决，尤其是中世唐样遗构的尺度设计问题。其进一步的推进应有两个出口：一是研究视野的拓展，二是研究思路和方法的改变。而本书的意图和努力也正在这两个方向上，即以宋技术背景下的唐样设计技术为主题和线索，改变传统的研究思路和方法，重新审视和探讨相关论题，以期拓展、推进唐样设计技术的研究。其思路、方法及线索大致有如下几个方面：

其一，首先强调的是东亚视野和背景。也就是说，在这一论题上，不应局限于中国或日本，而必须有跨境的整体视野和宏观背景。在此视野和背景下，东亚史不再是国别史的集合，而是相互关联的整体。将唐样建筑纳入东亚视野和背景下考察，使得孤立隔绝的样式有了整体的背景和相互的关联，相应地，唐样建筑的许多尺度现象也就易于认识和理解。

以研究对象而言，日本佛教木构技术的实证研究，无论如何都有必要置于东亚整体的视野和背景下溯本求源，否则是难以接近历史的真实这一目标的。也就是说，对唐样设计技术的认识，有必要在东亚中国木构体系以及宋技术的传播、影响这一框架内展开。

在东亚建筑史研究上，视角尤为重要，观点也必然与视角相关。"横看成岭侧成峰"，观察的视角不同，也就有了不一样的东亚建筑史和中日建筑关系史。尤其对于中国学者而言，在东亚建筑研究上，"我们易于发现他人之所未见，也较有可能解决他人之所不易解"[30]。当然也不可否认，在东亚建筑研究上，中国学者有自己的敏感点和关注的视角。

其二，对于整体性与关联性的重视。所谓东亚建筑研究，不仅是对象范围的概念，而且代表了一种研究思路和方法。东亚建筑独特的历史背景，决定了整体、关联及比较研究的必要性。东亚建筑的研究应重视历史上中日建筑关系的特殊性以及相互间的整体性和关联性，从而避免孤立和割裂的研究困境。笔者始终相信，古代中日建筑设计技术是同源一体和相互关联的。

13 世纪以来的一段唐样建筑技术史，相信可以通过变换视角和方法，从整体性和关联性入手，重新审视和讨论，并获得新的认识。在诸多相关因素和线索中，本书强调和聚焦于宋技术因素，从而将唐样设计技术与宋技术相关联，探索唐样设计技术的性质与特色。

其三，探讨唐样建筑不同于和样的独立的设计方法。唐样设计技术的独特性何在？这或许是唐样设计技术研究上首先要思考的问题。唐样与和样作为两个独立且对立的设计体系，二者有着本质的区别和差异。唐样设计技术研究的关键在于探讨唐样设计技术的本质特征及独立的设计方法，尤其对于中世唐样遗构的分析而言，套用和样的分析思路和方法，无异于缘木求鱼。

分析表明，以补间铺作为标志的唐样建筑，其设计技术的核心内涵在于基于补间铺作的朵当理念以及相应的设计方法，无论是唐样遗构分析，还是技术文本解读都表明了这一点。因而，这一线索应成为唐样设计技术研究的主线，可由此入手认识唐样设计技术的本质及其独特性。这也是本书所采用的方法和追求的目标。

实际上朵当理念以及相应的朵当规制，也是 12 世纪以来中国本土建筑设计技术演变的一个重要线索。因此，本书强调以朵当规制这一线索，梳理宋技术背景下东亚中日建筑设计技术的影响关系，于纷繁的尺度现象中，关注斗栱、朵当的尺度关系及其互动规律，并以此解析和认识中世唐样设计技术的特色，勾勒宋技术背景下中世唐样设计技术变迁的基本轨迹和整体脉络。

其四，探讨宋技术背景下唐样与和样设计技术的关联性。强调唐样设计技术的独立性，并不意味着唐样与和样之间不存在关联互动。本书关注宋技术背景下

30 郭湖生. 我们为什么要研究东方建筑——《东方建筑研究》前言 [J]. 建筑师，1992（8）：46-48.

唐样与和样设计技术的关联互动，并认为基于这一线索的探讨，有助于认识不同时期唐样与和样的设计技术性质及角色，并分辨唐样与和样的设计技术由中世至近世的变化及特色。

其五，注重建筑技术书的指引作用。尺度设计技术研究的目的在于对尺度现象的解析与尺度规律的认识。相应地，琐碎细节的追究与纷繁数据的梳理则是必要的过程，纷繁尺寸数据的背后，潜藏着有序的尺度规律。然而仅凭对遗构尺寸数据的摸索来追寻和还原设计意图及方法，无疑是相当茫然和困难的，方向上的指引则显得关键和重要。而建筑技术书的指引，令对遗构尺寸数据的梳理分析有了方向和线索，从而对纷繁的尺度现象，实现由繁入简的把握。

对建筑技术书的解读及其与遗构的比对，使得尺度规律研究从摸索阶段进入到实证阶段。

作为对唐样设计技术分析指引的建筑技术书，包括中日两个方面。首先是《营造法式》与《工程做法》，二书作为12世纪以来东亚设计技术演变进程上的头尾两个阶段形态，无疑对唐样设计技术及其演变的认识，具有重要的指引作用。其次是《建仁寺派家传书》与《镰仓造营名目》，二书作为近世唐样建筑技术的直接记述，在唐样遗构尺度规律分析上既是指引，又是佐证，是认识唐样设计技术不可或缺的文本史料。

关于唐样设计技术的研究，目前学界争议与分歧颇多。其中重要的原因，或就在于研究视角、思路和方法的不同。相应地，在中世唐样设计技术的研究上，存在着诸多疑问和未解的问题。而也正因此，这是一个值得深入探讨的课题。

学术讨论是推进和活跃学术研究的方法与途径，观点的多样和分歧亦丰富了学术研究的内涵和深度。历史现象的解析总是阶段性的，而反思、质疑既往研究，另辟蹊径，探索求解，则成为学术研究进步的动力和阶梯。

作为唐样设计技术的专题研究，本书的目标并非要追究和包罗唐样建筑完整、复杂的设计体系及其全面、繁复的模数关系，当然这也非本书力所能及，而是侧重于以唐样朵当规制这一特定主线，探讨唐样设计技术的性质与特点。而这一研究主线的选择，是建立在如下的认识之上的：基于补间铺作的朵当规制是唐样设计技术的核心内涵与本质特征。

关于中世唐样设计技术研究的基础史料，包括文献与遗构两种形式。其所缺者主要有两个方面：一是移植宋风样式初期的镰仓时代早期遗构，一是五山寺院的大型佛堂遗构，而这两方面又恰是唐样建筑研究上最重要的内容。所幸日本保存有部分反映中世五山禅院建筑的古图资料，可略作弥补，如建长寺指图（1331年）、圆觉寺佛殿古图（1573年）等。

对于唐样设计技术的研究而言，遗构实测数据是最为重要的资料。而在这一方面，经日本学界长期的积累和整理，实测资料相对充实和完备，是唐样设计技术研究的基础条件。基于实测数据的尺度规律分析、论证，是设计技术研究的基本方法。本书所取用的遗构实测数据，主要来源于如下两个方面：一是修理工事报告书、文化财图纸所记录的遗构实测数据；一是关口欣也所整理的遗构实测数据，收录于其著《中世禅宗样建筑的研究》[31]。

据统计日本现存中世唐样遗构，包括佛堂、僧堂及佛塔各类，约有四十余座，相比江南宋元遗构仅存四五座的状况，唐样建筑遗存可谓丰富，加之实测资料较为完备，这使得基于实测数据分析的唐样设计技术研究有了可能。在中世建筑设计技术研究上，本书基于实测数据的案例分析，共选用了唐样遗构 34 座，折中样及和样遗构 19 座。

同时也应看到，日本现存唐样遗构大多经历了各种修缮和复原性修复。19 世纪的日本近代以来，几乎所有唐样遗构都经过解体或半解体修缮以及各种复原、变更，整体面貌多有不同程度的改变。也就是说，现今所见的唐样建筑面貌及相应的尺度现象，未必就是原貌初衷。历史上木构建筑的各种误差、形变以及改易，在相当程度上掩盖了原初设计的意图和方法，从而使得尺度规律的摸索面临诸多的不定性和困难。因此，本书关于唐样尺度现象的解析和尺度规律的认识，也只能是试图接近历史真实的一种努力。

以遗构为对象的尺度规律研究，其实质是对遗构设计意图与方法的探析，也即在既定思路及认知的指引下，通过对遗构尺度现象的梳理和分析，解读和认识其原初的设计意图和方法，而这也是本书关于唐样遗构尺度规律研究的基本方法。

2. 内容构成

本书写作上，围绕着宋技术背景下唐样设计技术及其演变这一主题和线索，形成十章的基本内容。十章的内容构成和展开方式，大致分作如下三个部分：

第一、二章为绪论、历史背景及唐样建筑概述，是全书的前言铺垫与背景交代。

第三、四、五、六章建立间架、朵当、斗栱三者的关联性架构，并以之递进展开从整体到局部的尺度关系的分析序列。

第七、八、九章为关于唐样设计技术的三个专题研究，分别讨论唐样与和样的设计技术的关联性、近世唐样设计技术的和样化蜕变以及唐样技术书的设计体系。

第十章为全书结语。

全书十章的主题内容及讨论线索概括如下：

第一章为全书的绪论，设定研究的对象及内容，即日本唐样建筑设计技术的研究，进而讨论这一研究的目的、意义与方法。

为什么要研究和怎样研究这两个问题，是本书研究展开的起点和基础。以东亚建筑研究的理念认识这一研究的意义，并针对既往研究的特点和局限，提出新

31 関口欣也. 中世禅宗樣建築の研究 [M]. 東京：中央公論美術出版，2010.

的研究思路、方法及线索，强调东亚整体的研究视野及关联意识，以及将唐样设计技术的研究置于宋技术背景下的思路与方法。

第二章“日本中世建筑的技术源流与样式谱系”，回顾日本中世建筑求新变革的历史背景，关注和讨论宋技术因素对于中世建筑技术发展的意义和作用，分析中世和样与唐样的技术源流及其性质与特色，探讨宋技术的影响在风格样式、构造技术及设计方法这三个层面的表现形式。

本章的重点和目的在于通过对中世建筑历史背景的讨论，强调宋技术对于日本中世建筑技术发展的意义，并引出中世建筑设计技术的相关问题和线索，作为后续诸章关于设计技术内容讨论的背景和铺垫。

第三章“间架关系与尺度设计”，基于本书关于设计技术的分析架构，首先从建筑间架的整体关系入手，讨论间架构成的要素、方式、演变及其地域性。作为间架构成要素的椽架与朵当，二者的性质、角色在间架构成上具有重要的意义。本章以对此二要素的分析为主线，从中国本土南北建筑的间架关系谈起，着重讨论方三间构架的间架配置和椽架规制；将间架配置关系与间架尺度关系作为一个整体相关的两个层次，从间架配置关系入手，探讨间架尺度关系及其设计特点，进而比对唐样佛堂的间架构成形式，以期把握唐宋时期间架构成上椽架基准的性质与特色。

本章的目的是通过对间架构成关系的推理分析，认识间架构成上椽架与朵当二要素的角色作用及其关联性，探讨间架构成上椽架基准向朵当基准转换的演变过程，从而为下一章关于朵当基准的讨论作相应铺垫和过渡。

本章的重点是间架构成上的椽架要素，接下来第四章的重点是间架构成上的朵当要素。

第四章“宋式朵当基准与间架构成关系”，重点讨论间架构成上朵当作用的显著化以及朵当基准的性质和特色，探讨朵当意识及朵当基准对于间架尺度模数化的意义，分析和比较宋技术背景下日本中世唐样佛堂基于朵当的间架尺度设计方法。

关于间架尺度模数化演变进程的讨论，本章以《营造法式》铺作配置规制为重要节点，视之为间架尺度模数化的起步，讨论《营造法式》时期朵当规制的形式与内涵，分析铺作分布原则、朵当意识及其意义所在，并关注小木作的朵当规制；进而探讨宋技术背景下日本中世唐样佛堂的间架尺度构成，认为日本中世唐样佛堂提供了间架尺度模数化演变进程上的中间形态和演变环节，是完整认识这一技术演变历程的一个重要线索和对象。唐样佛堂传承宋式朵当规制，其基于朵当的间架尺度构成，已有成熟和典型的表现。

本章的目标是探讨间架构成上从朵当意识到朵当基准的演变过程及其相应的朵当规制。

第五章“朵当模数化及其模数构成形式”，主要讨论自宋以来中日建筑间架尺度关系上，朵当构成模数化的内涵、形式与方法。

构架整体尺度模数化的发展进程可分作两个阶段，以模数化程度区分，前后衔接、分步递进：前者为基于朵当的间架尺度模数化，后者为基于栱斗（材、斗口、斗长）的朵当尺度模数化，并由此形成间架构成以朵当为基准、朵当构成以栱斗为基准的两级模数形式。前章讨论前一阶段的基于朵当的间架尺度模数化，本章讨论后一阶段的基于栱斗的朵当尺度模数化，重点置于中世唐样佛堂，具体分析中世唐样朵当构成的三种基准形式及其变化，即：材广、斗长、斗口这三种基准形式。

间架构成以朵当为基准，朵当构成以栱斗为基准，二者是一个关联、递进的整体构成关系，中世唐样佛堂是此两级模数形式的典型和成熟者。

第六章“斗栱构成关系的传承与演变”，是本书关于唐样建筑间架、朵当、斗栱设计技术分析架构上的最后一个环节。承接前三章关于间架、朵当尺度构成的讨论，本章着重分析和比较宋技术背景下唐样斗栱尺度构成、比例关系及其传承和演变。

关于唐样斗栱构成的比较分析，从最基本的斗型与栱型入手，进而探讨和比较宋式斗栱的格线关系以及唐样斗栱的立面方格模式，发现并认识二者的内涵、特色及其关联性。

从间架构成到斗栱构成，是认识设计技术演进的重要线索和完整过程。在两级模数的构成形式上，以朵当基准作为整体间架与局部斗栱的关联中介，而次级基准无论是材栔基准，还是斗长、斗口基准，在真正意义上都必须成为斗栱构成的基本要素，从而取得对斗栱构成的支配作用。而对于两级模数构成中的次级基准的探讨，正是第六章斗栱构成关系分析的立意和追求所在。

本章目的是通过对唐样斗栱构成的比较分析，认识和把握13世纪以来东亚中日建筑设计技术演变的共同趋势与特征，即：竖向材栔基准向横向斗口基准的转变，以及斗栱构成与朵当、间广构成的关联性和一体化。

第七章“宋技术背景下的和样设计技术：唐样的影响及其关联性”，讨论的主题是中世和样设计技术的进步及其与宋技术的关联性。根据和样尺度构成上与宋技术及唐样的关联现象这一线索，探讨和分析其间可能存在的影响关系，主要从如下两个层面展开：一是间广尺度关系，二是斗栱尺度关系。希望通过这一专题的分析讨论，更全面和深入地认识宋技术背景下日本中世设计技术跃进式的变化，并以此呼应前面几章的相关内容。

宋技术作为当时东亚先进技术的代表，其影响遍及日本中世建筑的各个方面，使和样本身也发生了深刻的变化，然以往学界更多关注的是构造技术与样式形制上的宋技术影响，而忽视宋技术背景下和样设计技术的进步，以及设计技术层面上和样与唐样的关联性。实际上中世以来，宋技术的影响充实和改变着和样设计技术的内涵和存在方式，宋技术背景下和样设计技术的进步是不可忽视的，而这也是本章的立意和视角所在。

本章讨论的主角是中世和样，讨论的主线是宋技术背景下和样设计技术的进步及其性质和特点。本章的目的是从宋技术背景下唐样与和样的整体性以及二者在设计技术上的关联性这两方面，在对中世和样设计技术发展的认识上建立新的视角，并提出相应的构想。

第八章“近世唐样设计技术的和样化蜕变”，与第七章内容相承接，相对于第七章所讨论的中世和样设计技术的唐样化及其影响关系，本章的主角重回至唐样建筑，讨论近世唐样设计技术的和样化及其影响关系。第七、第八两章作为一个相对整体和关联的专题内容，在时代上从中世跨越至近世，并以整体和关联的视角，探讨唐样与和样在设计技术上的关联性及其角色变化和影响关系。

从中世至近世的唐样设计技术是一个整体的两个不同阶段，唐样设计技术大致经历了从中世的影响和样到近世的和样化蜕变这样的时代变迁。关于唐样设计技术的两个阶段性及相应变化的认识，是正确分析唐样设计技术及其演变的一个关键，这也是本章所强调的立意。

近世唐样设计技术的和样化，主要表现为和样枝割因素的介入以及尺度关系的枝割化。本章重点讨论和样枝割因素对唐样设计技术的影响、改变及其方式，并基于朵当属性的主从变化，将和样化的近世唐样设计技术相应地分作两个类型：一是以京都禅寺唐样为代表的朵当被动型，其性质为唐样朵当属性的质变；一是以日光灵庙唐样为代表的朵当主动型，其性质为对唐样朵当法的传承与坚守。

本章还讨论近世折中样在唐样设计技术和样化进程上的先行意义，认为折中样是唐样设计技术和样化的重要关联因素。最后回顾中世以来唐样设计技术的演变历程及其和样化的变迁。

第九章“唐样建筑技术书的设计体系与技术特色”，是关于近世唐样建筑技术书的分析和讨论。相对于第三至第八章主要是以唐样遗构为对象，本章则是以唐样技术文本史料为对象的。

日本中世末期以来，随着建筑技术书的出现、发展及成熟，唐样与和样的设计技术演进，由此进入了一个新的阶段。近世以来大工流派的兴起及其代表流派的成熟，推动和促进了建筑技术书的发展和进步。本章讨论的重点是匠师流派成熟时期的两部代表性唐样技术书：一是建仁寺流的《建仁寺派家传书》，一是镰仓工匠技术史料《镰仓造营名目》。二书的唐样技术内容，既体现唐样技术体系的共同属性，又反映唐样不同谱系、地域的技术特色及时代变化。

对技术文本的解读以及文本解读与遗构分析的印证，在设计技术研究上具有独特的意义，本章试图以对唐样技术书的解读，作为对唐样遗构分析的指引与印证。

本章的目标是通过近世唐样技术书所记载和表现的设计技术这一线索和内容，对近世乃至中世唐样设计技术作进一步的分析、比较和追溯，进而以此文本解读与前章的遗构分析形成比对和印证，从而完成对唐样设计技术的较为完整的综合分析和认识。

第十章为本书的终章、结语，内容分作两个方面：一是就前面诸章关于唐样设计技术的分析讨论，作整体的回顾、归纳和总结；二是进一步讨论作为文化现象的唐样的意义和内涵。技术性和文化性本是唐样建筑的一体两面，希望通过对唐样历史背景和文化内涵的讨论，从而对唐样设计技术的认识更为充实和全面。

第二章　日本中世建筑的技术源流与样式谱系

第二章　日本中世建筑的技术源流与样式谱系

东亚古代历史上，中日文化关系有两个重要时期：一是隋唐文化影响时期，二是宋元文化影响时期，由此形成了中日文化关系史上的两个高峰。隋唐文化影响时期，大致对应于日本的飞鸟时代、奈良时代和平安时代；宋元文化影响时期，大致对应于日本的镰仓时代、室町时代。此前、后两期分称日本历史的古代（593—1185）与中世（1185—1573）。而中世之后的安土桃山时代与江户时代，则称作近世（1573—1868），时间上大致对应于中国的明末、清代。

历史上东亚建筑的发展，因与中国建筑的密切关联而呈现独特的面貌。源于中国的木构建筑技术成为东亚共享的建筑技术，东亚古代建筑的发展呈现多样性和关联化的特色。中日文化关系史上，中国佛教文化在日本的传播与影响是一个主要纽带与载体，尤其是在日本的古代与中世这两个时期。相应地，中国佛教及佛寺建筑对日本古代及中世建筑的发展产生了重要的影响。

公元 6 世纪中叶，中国佛教通过朝鲜半岛传入日本，这在东亚建筑史上具有重要意义。以此为契机，中国木构建筑技术首次系统地传入朝鲜半岛和日本，经飞鸟、奈良及平安三代约 600 年的吸收与消化，形成了以盛唐建筑为祖型的日本古典建筑样式。这一隋唐佛教建筑的影响时期，为中日建筑关系史上的第一个重要时期。

中日建筑关系史上的第二个重要时期为宋元文化影响时期，其深刻地影响了日本中世建筑的面貌和发展。本书关于中日建筑技术的讨论，即着重于宋元文化影响时期的日本中世建筑。

日本建筑史上的中世，始自南都（奈良）东大寺、兴福寺的复兴重建。其时引入和采用宋朝新技术，由此，继唐文化影响之后，在宋文化的影响和推动下，日本中世建筑蓬勃发展。12 世纪末以来日本中世建筑发展的这一新动向，是中日建筑关系史上的重要一页。而基于宋技术的日本中世建筑的发展，正是本书关于唐样建筑技术分析的基本背景。

一、东亚宋技术的传播与影响

1. 东亚建筑的新时代

（1）东亚汉文化的影响：由唐至宋

7 至 10 世纪期间，强盛的唐王朝对外影响最大的地域为东亚地区，在东亚范围形成了以唐为中心的唐文化影响圈。这一时期是东亚建筑唐风盛行的时代。

6至12世纪期间，日本经飞鸟、奈良和平安三朝，在隋唐建筑影响的基础上，确立和发展了日本的古典建筑样式，并在中世以后作为日本的传统样式，与新传入的宋样式同行并立，一直持续至近世的江户时代，这一样式即为后世所称的和样。

天宝十四年（755）安史之乱开始，唐朝由盛转衰。安史之乱不仅结束了盛唐的历史，也改变了东亚历史的进程。日本此后减少了与唐朝的交往，并于公元9世纪末（894），以“大唐凋敝”为由[1]，最终停止了遣唐使的派遣，两国交往陷于沉寂。在充分吸收唐文化之后，日本进入所谓国风时代，即此前输入的盛唐文化的消化时期，在建筑史上则为唐风建筑的日本化时期，前后约三百年，时值日本的平安时代后期——藤原时代（886—1185），大致对应于中国的唐末、五代至北宋时期。这一时期的日本建筑一直保持着盛唐建筑的样式与技术，直至中世镰仓时代之后才有所变化。

中日交往在经历了日本国风时代的沉寂后，至12世纪末的日本镰仓时代初期再趋活跃，时为中国南宋时期。其动力来自商贸往来以及南宋禅宗文化的传播，由此迎来了东亚建筑发展的一个新时代。继唐之后，日本再次掀起学习中国文化的热潮。

对宋文化的追求是12世纪以来东亚文化发展的一个重要特色。

宋朝的影响力源自其时宋朝的国际地位和文明程度。在经济、文化、科技等诸方面，宋朝皆领先于世界。正如宋史专家漆侠所指出：“在两宋统治的三百年中，我国经济、文化的发展，居于世界的最前列，是当时最为先进、最为文明的国家。”[2]关于宋朝的先进和发达，又如海外学者所言：“在社会生活、艺术、娱乐、制度和技术诸领域，中国（宋朝）无疑是当时最先进的国家，它具有一切理由把世界上的其他地方仅仅看作蛮夷之邦。”[3]

而与数千载华夏文明自身相较，宋文明亦可称顶峰：“两宋三百二十年中，物质文明和精神文明所达到的高度，在中国整个封建社会历史时期内是座顶峰。……如果说唐朝是标志着一个时代的结束，宋代则标志着一个新时代的开端，影响深远。”[4]史学家陈寅恪则指出：“华夏民族之文化，历数千载之演进，造极于赵宋之世。”[5]中外学者皆极言两宋文明的高度发达和影响深远，东亚诸国对宋文化的认同与追求即是其表现。在日本史学家眼中，宋代是中国历史上最具魅力的时代，是中国的文艺复兴时期[6]。

宋代社会经济发达，商业和对外贸易繁荣。南宋虽偏安江淮以南，但在文化和经济方面较北宋更为繁盛。其间宋日商人及僧侣的往来十分频繁，成为这一时期中日交往的主要形式。

佛教是联系中日文化的重要纽带。历史上，中国佛教在不同时期，几次深刻地影响了日本，对日本文化的发展及其特色的形成，具有不可低估的作用。一部

1　日本宽平六年（894），新任遣唐大使菅原道真以“大唐凋敝”为由，向宇多天皇奏请停派遣唐使并获准。自此之后，遣唐使废止，两国官方关系遂告中断。因此，日本承和元年（834）任命的第十八次遣唐使，事实上是最后一次成行的遣唐使。宋元时期的中日交往则以民间贸易为主。

2　漆侠．宋代经济史（漆侠全集第3卷）[M]．保定：河北大学出版社，2008：2.

3　谢和耐著，刘东译．蒙元入侵前夜的中国日常生活 [M]．北京：北京大学出版社，2008：9.

4　杨渭生．两宋文化史研究 [M]．杭州：杭州大学出版社，1998：1.

5　陈寅恪．金明馆丛稿二编 [M]．上海：上海古籍出版社，1980：245.

6　宫崎市定著，张学锋，陆帅，张紫毫译．东洋的近世：中国的文艺复兴 [M]．北京：中信出版社，2018.

中日文化关系史，几是一部中国佛教在日本的传播史。而南宋时期中国佛教禅宗的东传即是其中的一个重要内容和时段。

宋文化对日本中世社会的影响是整体性和全面性的：“由于日宋之间的贸易与文化交流，镰仓时代的文化，在宗教、美术和学问等一切方面都受到中国文化的深刻影响。”[7]宋朝之影响深远而广泛，绵延近千年，表现在日本文化的各个方面，存在于日本人的内心深处，被吸收改良成所谓的日本传统文化[8]。日本文化中许多传统的东西，大都是由宋朝传入的，多是宋之遗风。12世纪末以来的日本中世建筑的发展即是一个典型的表现。

（2）求新变革的镰仓时代

日本历史上，相对于古代（6至12世纪）的公家（天皇、贵族）政权时代，中世（12至16世纪）则为天皇大权旁落的武家政权时代。

日本中世包括镰仓与室町前后两个时代，两代之间有一段南北朝时期。镰仓时代自武将源赖朝1185年创设镰仓幕府始，至1333年镰仓幕府被推翻止，约一150年，是以镰仓为全国政治中心的武家政权时代。其后室町幕府继起，足利尊氏1336年设幕府于京都室町地方，是为室町时代之始，至1573年织田信长推翻室町幕府止，近240年。而自1336年后醍醐天皇退往吉野与京都光明天皇分立，至1392年南北两朝议和止为南北朝时代。这一时期同时出现南、北两个天皇，并有各自的承传，是日本历史上的一段分裂时期[9]。

自1185年幕府将军执政以来，武士阶层在很大程度上决定了日本中世和近世的发展格局。日本中世史和近世史跨越近七百年的时间，自1185年武家执政始，至1868年天皇复辟止。

与政权变化相伴随的是，此前传统的王朝贵族文化和生活方式为中世以来的新兴武士阶层所舍弃，镰仓武士转而追求坚实刚健的新风。而此时正值南宋文化风靡东亚的时期，南宋先进的文化和技术受到热烈追求。在佛教上，镰仓武士希望在王朝贵族的传统佛教（密教）之外，寻求适合自己的新宗派，而新兴的禅宗则成为镰仓武士所追求的目标。

南宋禅宗的东传日本，极大地改变了中世以来的日本佛教。随着新兴禅宗在日本的传播与流行，全新的宋风禅宗寺院得以建立和发展，建筑风格也相应地从平安后期的优美华丽转向简素雄劲的武士新风。

由南宋引入的崭新的建筑样式和技术，开启了日本中世建筑发展的新时代。从东亚整体视角而言，受外来南宋建筑的影响和推动，是日本中世建筑发展最重要的一个特色。求新变革的镰仓时代，在日本建筑史上具有重要的意义。南宋新技术的传入，为沉寂的日本建筑带来了新风，由此掀起了日本建筑史上继唐之后的第二次变革。

7 石母田正、松岛荣一著，吕明译. 日本史概说 [M]. 北京：生活·读书·新知三联书店，1958：182.

8 小岛毅著，何晓毅译. 中国思想与宗教的奔流：宋朝 [M]. 桂林：广西师范大学出版社，2014：353-356.

9 室町时代前期，吉野的天皇朝廷（南朝）与京都的天皇朝廷（北朝）并峙半个世纪，故亦称室町时代前期为南北朝时代。

日本中世建筑的求新变革，源自对先进宋技术的向往与追求。这是日本建筑史上的一个激荡剧变的时代。

日本学者指出："日本历史上文化的盛衰，常与这一时期和外国的交通盛衰有密切的联系。与中国交往频繁时，文化也发达；交往中断，文化的发展也中断。"[10] 正是外来南宋文化的推动和刺激，促使了日本中世文化求新变革的蓬勃发展。

12 世纪末以来的中世，是日本建筑从老迈沉寂走向生机勃勃的时代，其背后的源泉和动力就是宋技术。在宋风弥漫的中世，相对于传统的唐风建筑，新兴的宋风建筑代表着时尚与先进，显示着宋文化的无穷魅力。

2. 宋技术的传播与影响

（1）镰仓再建与宋朝新技术

日本建筑史上的中世，始于 12 世纪末的奈良东大、兴福两大寺的复兴再建。

自佛教传入的 6 世纪末以来，奈良作为日本古都（南都），佛教弘扬，寺院兴盛，历代传承。然至 12 世纪末部分大寺毁于战乱兵火，其中尤其是东大寺、兴福寺这两个国家级大寺，在日本治承四年（1180）平重衡攻打南都奈良时，毁于兵火，化作灰烬。这一事件标志着日本建筑古代时期的终结。

东大寺与兴福寺作为南都七大寺中之两大寺，是日本奈良时代佛教鼎盛发展的象征和代表。尤其奈良东大寺更是日本佛教史上的重要寺院，受历朝尊奉，在日本古代与中世建筑史上，具有重要和独特的意义。

东大寺别称总国分寺和金光明四天王护国之寺，日本天平十七年（745）由圣武天皇创立，是日本华严宗大本山，南都七大寺中最高等级者。东大寺作为日本全国的总国分寺，倾全国之力而建造，代表了奈良时代佛教鼎盛时期的佛教文化与建筑技术，反映的是东亚盛唐建筑的气象。

奈良时代繁盛的东大寺，至四个多世纪后的 1180 年，毁于兵火。次年朝廷颁发重建东大寺的诏书，并令僧重源[11] 为全国劝缘募化的大劝进，由此开始了东大寺的第一次再建工程，时为镰仓时代初期。

镰仓初期的东大寺再建，大劝进重源引入南宋福建地区建筑样式，采用宋朝新技术，以南宋匠师陈和卿为总大工。其技术特点为采用独特的福建地区穿斗构架技术，重建东大寺大佛殿巨构，并以此新技术营建了一批耳目一新的宋风建筑，这一建筑样式史称天竺样，后称大佛样。镰仓再建的奈良东大寺建筑，现存者仅南大门、开山堂与钟楼三构（图 2-1-1、图 2-1-2、图 2-1-3），是日本中世初期的重要遗构[12]，反映了 13 世纪初引入的南宋建筑样式风貌。东大寺再建所采用的南宋建筑样式，形成了镰仓时代建筑风格的一种新形式，与此前的传统样式相较，新颖独特，其豪放雄劲的穿斗构架尤显突出。

10　辻善之助．日本文化史·序説 [M]．東京：春秋社，1952：20.

11　重源（1121—1206），号称俊乘房，初于京都醍醐寺学习真言宗，后从法然上人学习净土宗。自称于 1167—1176 年间曾三次入宋，并遍游以天台国清寺为首的浙东诸寺。1181 年重源递补重建东大寺大殿的大劝进之职。

12　东大寺钟楼时代稍迟，为荣西接任东大寺大劝进时所建。东大寺大佛殿在江户时代的 1708 年因遭兵火焚毁后再次重建。

图 2-1-1　奈良东大寺南大门（作者自摄）

图 2-1-2　奈良东大寺开山堂斗栱 [来源：奈良六大寺大観刊行会編. 東大寺（奈良六大寺大観第 9 卷）[M]. 東京：岩波書店，1980]（右）

图 2-1-3　奈良东大寺钟楼（作者自摄）（左）

东大寺的镰仓再建，在日本建筑史上具有划时代的意义，其开启了日本引入宋朝新技术和新样式的序幕，日本建筑史上的中世时代，由此而始。东大寺的镰仓再建，也成为日本自奈良时代以来建筑技术发展的一个重要契机。稍后随南宋禅宗的传播而引入日本的江南建筑技术，更进一步推动和丰富了日本中世建筑的发展。

随着南宋禅宗在日本的传播，在东大寺再建引入南宋福建地方建筑样式之后，江南禅寺及其建筑技术也相继传入日本。这一江南建筑样式史称唐样，后称禅宗样，其对日本中世建筑的影响远在天竺样之上，成为推动日本中世建筑发展的重要源头和动力。

12 世纪初以来，南宋江南地区是当时中国政治、经济与文化的中心，对东亚诸国具有重要的影响，尤其是对日本中世文化，影响深远，意义重大。

江南作为全国经济文化的中心，有着悠久的历史。早在南朝，建康已是当时佛寺兴盛云集之地，一如诗人杜牧《江南春》所描绘："南朝四百八十寺，多少楼台烟雨中。"而至中唐时期，江南经济的发展亦趋鼎盛，"当今赋出于天下，江南居十九"[13]，五代吴越之富"甲于天下"[14]。北宋以汴梁为京师，更进一步密切了北方与南方经济和文化的关系，所谓"国家根本，仰给东南"[15]。东京汴梁成为中国历史上南北格局及盛衰易位的转折点，从此中原地区的传统优势不复存在，东南繁盛代之而起。历史上江南杭州两度置都，一是吴越国都，一是南宋行在，更促进了江南的全面繁盛。

唐宋时期，江南是与东亚诸国经济文化交流的重要窗口，尤其是两浙之地，面临东海，与日本、高丽隔海相望，相互间的文化交往和贸易往来频繁。两浙的临安、明州作为国际交通和贸易枢纽，也促进了江南文化在东亚的传播。江南在东亚文化版图上，具有重要的意义和地位。两宋时期，尤其是南宋以来，东亚建筑的许多技术进步和样式演化，多是在江南建筑的促进和影响下达到的。以其意义和角色而言，这一时期堪称东亚建筑的江南时代。

（2）南宋江南禅寺的移植

中唐以后，随着中国佛教禅宗的兴起和发展，禅宗寺院成为中国佛教寺院的主体和代表。由唐至宋，禅寺的发展趋于成熟和鼎盛。尤其是宋室南渡后，江南地区的禅寺得以空前发展，由此形成以临安为中心、以大寺为枢纽的江南禅寺的繁盛局面，成为禅寺发展史上最兴盛繁华的时代。经济文化的繁盛、佛教传统的深厚以及寺院禅寺化的潮流，都推动和促使了以五山十刹为代表的江南禅寺的兴盛发展，禅寺文化代表了南宋文化灿烂的一个侧面。江南禅寺在 12 世纪初至 13 世纪前后的百年间，是其规模与形制达成熟和完备的鼎盛时期。而这一期间，也正是日本传播宋风禅宗寺院、移植江南建筑技术的重要时期。以佛教禅宗为代表的南宋文化涌入日本，极大地影响了日本中世的佛教及其寺院建筑。在此背景下，南宋江南禅寺建筑随之传入日本。

历史上，中国佛教禅宗对日本文化的培养和塑造尤具意义："佛教其他各派对日本文化的影响，一般都局限在日本人的宗教生活方面。唯独禅宗不受此限，它对日本文化生活的各个方面都具有极深的影响，这可以说是意义深远的事实。"[16]

13　（唐）韩愈《送陆歙州诗序》："当今赋出于天下，江南居十九。"引自：马其昶注．韩昌黎文集校注 [M]．上海：古典文学出版社，1957.

14　北宋杭州知州苏轼《表忠观记》："吴越地方千里，带甲十万，铸山煮海，象犀珠玉之富甲于天下。"引自：王云五主编．苏东坡集 [M]．北京：商务印书馆，1958.

15　《宋史》卷三三七之《范祖禹传》。引自：（元）脱脱等．宋史 [M]．北京：中华书局，1977.

16　铃木大拙著，陶刚译．禅与日本文化 [M]．北京：生活·读书·新知三联书店，1989：14.

禅宗于初期并无专门道场，至唐中叶禅师百丈怀海始创禅居之法。江南之地直至五代，吴越王钱弘俶皈依禅法，乃改江南教寺为禅寺，并经北宋至南宋，江南禅寺达极盛。宋宁宗时，据卫王史弥远奏议，对江南禅寺品定寺格等级，始有禅宗五山十刹之制[17]。其中五山集中于江浙的临安和明州，即临安的径山寺、灵隐寺及净慈寺，明州的天童寺及阿育王寺。五山之下的十刹及甲刹也绝大多数集中于这一地区。

南宋朝廷偏安江左，大量日本入宋僧巡礼、游历，地点均局限于以南宋临安为中心的江浙之地，且入宋僧多为学禅，而南宋禅宗名刹几乎也都集中于以江浙二省为中心的江南一带。江浙二地的禅宗五山十刹，为入宋僧巡礼求法的必至之地，对日本禅刹的影响也最大。同时，南宋禅宗五山十刹以江浙为中心的分布状况，也限定了日本禅宗寺院祖型的地域性特征。伴随南宋禅宗传入日本，南宋禅宗寺院制度及建筑技术也被移入日本。日本仿效南宋五山十刹的禅寺组织制度，建立起自己的禅宗五山十刹。在这一过程中，禅门清规与五山十刹图成为日本中世建立宋风禅寺的直接范本。

禅寺礼乐规矩之齐备，全依禅门特有的纲纪之力，禅门将之称为“清规”，其内容从禅僧的日常生活至禅寺的行事、制度，均作有详尽的规定，禅寺伽蓝配置及建筑形制亦受其制约。在宋风禅寺传入日本的过程中，禅门清规的传播具有重要的意义。

与清规具有同样重要意义的是“五山十刹图”绘卷，为日本入宋僧历访南宋五山十刹、手写禅寺规矩礼乐及样式形制而成。绘卷图写于南宋淳祐八年（1248），其内容广泛，描写详尽，在作用上实为禅门清规之图解。同时，从绘卷图写得全面及详细的程度可知，绘卷是为模仿南宋禅寺全面的规矩制度应用于日本而作的。日本禅寺创建之初，一切规式皆仿宋土，中日禅寺建筑之间的源流关系明确而清晰[18]。

自13世纪初，日本逐步仿效中土江南禅寺，建立日本的禅宗寺院。日本初期宋风禅寺，由入宋日僧归国后所建，如京都的建仁寺、泉涌寺和东福寺等，皆模仿南宋江南伽蓝规制，采用江南建筑样式，以追求宋风为特色。然这些寺院仍是禅宗与旧佛教真言宗、天台宗混修的道场，而纯正宋风禅寺的建立，则始自镰仓中期南宋禅僧兰溪道隆（1213—1278）的赴日。

禅宗是最中国化的佛教，赴日宋僧依中国丛林规式弘扬宋风禅于日本。宋僧兰溪道隆于1246年东渡日本传法，开启了日本禅宗的一个新阶段，其以南宋五山十刹制度为范，于日本建长五年（1253）创建了日本第一个纯正宋风的禅宗专修道场——镰仓建长寺大伽蓝：“作大伽蓝，拟中国之天下径山，为五山之首，山以乡名，寺以年号，请师（兰溪道隆）为开山第一祖。”（《建长兴国禅寺碑文》）在镰仓幕府的支持庇护下，禅宗在日本的发展和兴盛，“如顺风使帆”[19]，开创

17 所谓五山十刹之制，始于南宋时期，由朝廷品定天下诸寺寺格等级而敕定，是南宋时规模最大和最具名望的禅宗五大寺和十次大寺。

18 关于五山十刹图的详细分析和讨论，参见：张十庆．五山十刹图与南宋江南禅寺 [M]．南京：东南大学出版社，2000.

19 《大觉禅师语录》：“予依大檀那之力，成此大丛林，正如顺风使帆。”转引自：木宫泰彦．日中文化交流史 [M]. 北京：商务印书馆，1980：364. 兰溪道隆在日弘法30余年，1278年卒，后宇多天皇赐谥号“大觉禅师”。

了不同于京都、奈良旧佛教的独特的禅宗文化。兰溪道隆正式传临济禅宗于日本，成为禅宗在镰仓扎根的开端，被誉为“此土禅宗之初祖”[20]。

宋僧兰溪道隆住持建长寺十年，举扬纯宋风禅，引入宋朝禅林清规制度，促使了日本由以往的“兼修禅”向“纯粹禅”的转变，禅寺完全摆脱了旧佛教（真言、天台）的束缚，在采用宋式规制上更为全面和纯粹。依所传寺图可知，建长寺大伽蓝配置是禅宗寺院布局的典型（图 2-1-4）。

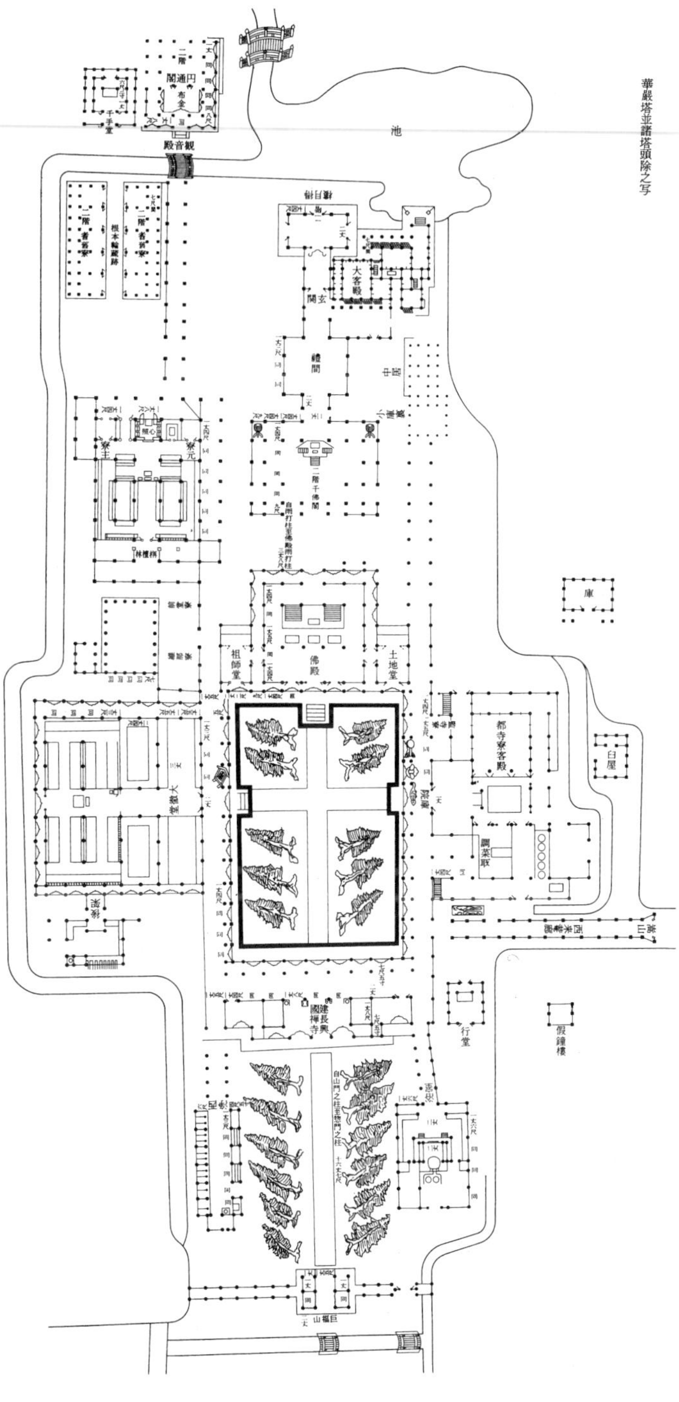

图 2-1-4　建长寺指图（祖本 1331 年）（来源：関口欣也. 五山と禅院 [M]. 東京：小学館，1983）

20　《一山一宁国师语录》，转引自：木宫泰彦著，胡锡年译. 日中文化交流史 [M]. 北京：商务印书馆，1980：364.

在日本禅寺发展史上，镰仓建长寺为一里程碑，是日本宋风禅寺的象征和楷模。

镰仓时代的大部分寺院仍是旧佛教的天台、真言和南都六宗寺院，皆是以平安朝以来的传统样式而建造的。而建长寺大伽蓝的宋风新技术、新样式的登场，给长久以来沉寂的传统建筑界以巨大冲击，成为中世建筑发展的划时代事件。继兰溪道隆之后，宋僧无学祖元受幕府北条时宗邀请赴日，先任建长寺住持，后为圆觉寺开山。日本弘安五年（1282）建立的镰仓圆觉寺大伽蓝，亦对镰仓禅宗的兴盛和发展有着重要的作用，建长与圆觉二寺以此分列镰仓五山的第一和第二位。

镰仓两大宋风禅寺的建立，标志着纯正宋风时代的到来。以建长、圆觉为代表的宋风大伽蓝成为镰仓禅寺的中心和范本，影响遍于丛林："凡建长、弘安以来，尽扶桑国里之诸禅刹，皆以法于福鹿两山七堂之规模而谓唐样。"[21]所谓"福鹿两山"即镰仓的建长、圆觉二寺。二寺以其对日本丛林的指导和典范作用，被誉为"天下丛林之师法"[22]。自此，江南宋式做法天下流布，成为日本禅寺建筑的标准样式，史称"唐样"，后世又称"禅宗样"[23]。

继渡日宋僧之后的是许多元僧赴日，在传播中土丛林规制和禅寺做法上，影响甚大，其重要者如元僧一山一宁及清拙正澄，日本丛林规矩由此而至完备。尤其是宋末元初高僧一山一宁，于中日关系非常时期作为国使赴日，修复两国关系，弘扬佛法，传播宋学汉文，影响深远。日本中世禅寺的建立和发展，除了渡日中国僧的传授和影响外，更有赖于大批渡海而来巡礼求法的日本禅僧。宋元期间中日禅僧往来频繁，人数空前[24]。

伴随南宋江南禅寺的移植以及日本禅寺的建立和发展，江南宋样式在日本得以广泛传播，唐样建筑盛行。先是在以镰仓五山十刹为中心的关东禅宗寺院，至中世室町时代，随着京都五山十刹的确立，江南宋样式进一步流布京都地区和全国，由此形成日本宋风禅寺的两大重镇——镰仓与京都，两地也成为唐样建筑最为集中和流行的区域。

日本中世禅宗寺院，在源流上是南宋江南禅寺的延伸和移植，所谓"树有其根，水有其源"[25]，与南宋禅林一脉相承。13世纪以来，移植南宋禅寺制度，效仿宋土丛林建置，日本禅寺逐步走向成熟，成为日本中世文化繁盛的象征。

日本禅宗寺院建筑的宋风，一直持续至近世江户时代。其代表如京都妙心寺、大德寺等禅宗大刹，寺院中轴上排列山门、佛殿、法堂，其对称布局及建筑形制，仍一如宋式（图2-1-5）。

21　日本庆长年间（1596—1615）的《寒松稿》中"福鹿怀古"所记内容，收录于：稲村坦元編. 埼玉叢書（第七卷）[M]. 東京：国書刊行会，1974. 日本自古以"唐"泛指中国，所谓唐样即中国样式，在此具体指江南宋样式。

22　日本南北朝时期，京都禅僧义堂周信（1325—1388）日记《空华日用工夫略集》称："日本禅林，莫盛关东。关东禅林，莫盛福鹿两山，是天下丛林之师法也。"引自：義堂周信著，辻善之助編. 空华日用工夫略集[M]. 東京：大洋社，1939.

23　日本中世从南宋传入的两种建筑样式，史称天竺样与唐样。现代日本建筑史学者根据两样式的性质及特色，改称作大佛样与禅宗样。然史称反映有源地祖型的特征，较改称更具历史价值。故本书中关于两种南宋建筑样式，统一采用史称的天竺样与唐样，而不用后世改称的大佛样与禅宗样。

24　据日本《禅宗编年史》统计，仅中世期间（1185—1573），中日僧侣间的往来即多达五百二十余人。日本史学家称："元末六七十年间，恐怕是日本各个时代中，商船开往中国最盛的时代。"参见：木宫泰彦. 日中文化交流史[M]. 北京：商务印书馆，1980：394.

25　镰仓丛林以宋土丛林为渊源。据文献记载，镰仓圆觉寺创建时，北条时宗特遣两名日僧入宋邀聘高僧东渡，所付信中称："树有其根，水有其源，是以欲请宋朝名僧，助行此道。"载《圆觉寺文书》，转引自：木宫泰彦. 日中文化交流史[M]. 北京：商务印书馆，1980：367. 这次入宋邀请名僧的结果是，次年宋僧无学祖元赴日，其对镰仓禅宗的兴盛，起到重要的作用。此信保存至今，成为中日禅寺关系史上的珍贵史料。

图 2-1-5　京都妙心寺伽蓝（16—19 世纪）（来源：関口欣也. 五山と禅院 [M]. 東京：小学館，1983）

江南宋技术的传入日本，始于 13 世纪初的京都建仁寺的创立，至 13 世纪中叶纯正宋风的镰仓建长寺的建立以及唐样建筑的初盛，历时约半个世纪；14 世纪后半期的南北朝时期（1333—1392），是日本中世禅宗寺院及唐样建筑发展的最盛期。

1336 年足利尊氏于京都建立室町幕府，创立天龙、相国两大禅寺，统合镰仓、京都大禅院，五山十刹之制成熟完备，临济寺院官寺化，京都大禅院于室町时代影响巨大。室町后期由于应仁之乱（1467），京都五山的南禅、天龙、相国、万寿四寺相继遭火灾焚毁，而镰仓的禅寺，自政权迁离镰仓之后也逐渐衰落。因此，今日所见规模较完整的宋风禅宗伽蓝，几乎都是近世复兴之物。

3. 宋技术的意义

（1）宋技术的意义与内涵

对于日本中世建筑而言，宋技术的意义表现在如下两个方面：一是技术的先进性，一是谱系的正统性。而正是这两方面的意义和内涵，成为日本中世建筑发展的追求和动力。

宋代江南建筑代表了当时东亚木构技术的最高水平。自中唐以来，随着南方经济文化的日益繁盛，建筑技艺亦有很高的水平，一直保持着较北方领先的地位，影响着北方建筑的技术发展。唐宋以来的江南地区，实际上是建筑技术发展的一个中心，在技术进步上扮演着主要的角色。

江南在中国古代以及东亚建筑史上有着特殊地位。早在南朝时期，江南地区先进的建筑技术就已对东亚产生影响，是东亚建筑发展的一个重要推动因素。尤其是 12 世纪以来东亚木构技术的进步和发展，基本上都是在江南技术的推动下实现的，其中包括中国本土北方木构技术的进步。

江南宋技术的先进性，从日本中世建筑的角度而言，主要表现在如下三个方面：一是宋风样式的确立，二是构造技术的革新，三是设计方法的推进。上述三个方面代表了日本中世建筑技术进步的主要方向与特点。

相对于此前基于唐代建筑的木构传统，宋代江南独特和先进的构架技术及相应做法，带给日本中世建筑的影响是巨大和显著的。宋技术的先进性，成为中世唐样建筑所追求和标榜的一个特色。

谱系的正统性，是宋技术的另一意义所在。

12 世纪末以来，随着外来中国文化的传播与影响，日本中世建筑呈现技术成分多样、源流谱系复杂的局面。先是自镰仓时代初，不同地域宋技术的先后传入，形成基于福建宋技术的天竺样与基于江南宋技术的唐样的分别。其后天竺样在短时期内即趋沉寂和弃用，而唐样则逐渐兴盛，成为中世建筑的流行样式，并与传统和样呈对峙关系。

比较中世以来天竺样与唐样的兴衰消长，其内在因素很大程度上反映的是二者地域祖型意义的高下。天竺样作为传自福建的偏远地方样式，其祖型意义远不及唐样所标榜的南宋政治文化中心的江南样式。江南样式代表了当时东亚的最先进技术以及汉文化的正统所在。

作为中国文化传播的一种形式和载体，历代政治文化中心的建筑样式，多成为东亚建筑的流行样式。相应地，随着政治文化中心的改变，也带来东亚流行样式的变化。由唐而宋，随着中国政治文化中心的转移，尤其是宋室的南迁，东亚建筑的发展由中原时代转向江南时代，江南样式取代中原样式成为东亚新的流行样式。相应地，日本建筑样式的地域祖型也由中原盛唐样式转为江南宋元样式。南宋江南样式的流行，表明了 13 世纪以来南宋王朝以临安为中心的江南文化对东亚的影响。

历史上中国是日本文明的主要源泉，是日本效仿的榜样。宋金对峙时期南宋江南样式的流行，并非只是单纯的技术现象，在东亚具有追求汉文化正统的意味，对于“中华情结”深厚的日本更是如此。日本建筑史上，中世所呈现的重大转变和发展，不仅仅是由于技术的引入和传播，亦依赖于当时政治环境的影响和作用。也就是说，日本中世唐样的兴盛，是与其时宋文化正统意识分不开的。在中世唐样建筑的讨论上，上述这一东亚背景不可忽视。

对于中世日本而言，唐样是一种心态和社会现象，即对宋文化、宋技术所代表的先进性和正统性的追求与向往，表现在日本文化的诸方面，并成为日本中世社会的一种文化风尚。中世镰仓幕府即以唐样作为一种新文化的装饰与表征，而这种心态在建筑上的表现即是唐样建筑的流行。

中世以来唐样建筑有着显赫的声誉和地位，代表了当时最高的技术水平，蕴含着正统形式和样式范本的意味。直至近世工匠谱系的“建仁寺流”，也一直是以传承宋技术的唐样为标榜的。在此心态下，技术样式被赋予了浓厚的文化意味以及相应的等级意义。

实际上，宋技术对日本中世建筑的影响广泛而深刻，并不局限于唐样。也就是说，不只是唐样建筑与宋技术相关联，而是整个中世建筑皆受宋技术的影响，而唐样则是其突出者，即传承先进宋技术的先驱和主角。

（2）宋技术的引领与推动

对于日本中世建筑的蓬勃发展与巨大变化，宋技术的作用可概括为两个方面：一是引领，二是推动。

其引领作用，指中世建筑的风格时尚从此前传统的中原唐风，转向新兴的江南宋风，以宋风样式为追求和标榜，从而塑造了中世建筑的新面貌。

样式风格的巨变与转换，是宋技术对时尚风格引领的一个显著标志。中世建筑样式风格的追求，从雄劲素朴的唐风转向优美典雅的宋风。实际上，中世以来日本建筑风格的纤细化、精致化以及审美喜好的相应变化，都与宋技术的引领相关联。

其推动作用，指中世建筑的发展从此前的技术守陈，走向技术跃进的新阶段，尤其表现在构造做法的革新和设计技术的进步这两方面。宋技术的传入，推动了沉寂已久的日本建筑技术的发展。

七八世纪以来唐朝建筑技术传入日本，塑造了日本奈良、平安时代建筑技术的基本风貌。自平安时代后期，历三百年的和风化时期，及至中世之初，建筑技术的发展基本处于沉寂和停滞的状态。而随着宋技术的传入，中世建筑为之剧变，建筑技术由此得到跳跃性的进步和发展。无论是构架技术、构造做法的革新，还是铺作技术乃至设计方法的进步，无不是在宋技术的推动下而实现的。

外来技术的吸收与影响，是古代日本建筑技术发展的主要动力和方式。历史上日本建筑几乎每次重要的技术变革，都由中国技术的传入所致。相应地，日本古代建筑技术的进步，多非自身连续性演进的结果，而是取决于其所仿效的中土祖型，故而具有显著的间断性和跳跃性特征。

12 世纪末以来，南宋新技术的传入成为日本中世建筑发展的源泉和动力。面貌一新的日本中世建筑，在形式与风格上表现为新宋风，在内涵与主题上表现为禅文化，在技术源流上表现为传承南宋技术的天竺样与唐样，区别于此前以中原盛唐建筑为祖型的和样，由此形成中世建筑技术的多样性特征以及蓬勃发展的生机。

二、宋技术背景下的日本中世建筑

1. 中世建筑诸样

（1）新兴与传统的对立

12 世纪末奈良东大寺的镰仓再建，是日本建筑史上中世剧变的契机，南宋新技术的传入带来了划时代变化，引导和推动了日本中世建筑的蓬勃发展。新样式的出现与活跃，是其最醒目的表现。平安时代以来唐风建筑一统的传统格局，随着新兴宋风建筑的登场而改变，从单一的盛唐样式转向唐、宋样式并立的格局。

日本中世以来新兴宋样式有二，先是东大寺再建所采用的华南宋样式，稍后是随禅寺建筑而传入的江南宋样式。作为日本中世建筑样式，二者分称天竺样与唐样，而平安时代以来的唐风样式则转而成为传统样式，称作和样，以区别于新兴的宋样式。中世镰仓前期，三样并立，样式纷呈，开启了新旧样式对立与交汇的序幕。

中世建筑的三样式中，天竺样昙花一现，后世仅留余味而已（图 2-2-1）。故中世建筑样式的格局，实际上主要表现为和样与唐样的并立，并成为此后日本建筑的两大主流样式。

历史上基于中国建筑的传播与影响，中原唐样式与江南宋样式成为日本古代建筑的两大祖型，并在日本中世形成了独特的样式现象，即和样与唐样的并立。这一仿佛时空交错的现象，从东亚中日关系的视角而言，反映的是对不同时期祖型的守陈现象；对于日本中世而言，其另一层含义是新兴与传统的对立，中世唐样与和样被赋予了独特的文化内涵。

日本中世所谓的传统和样，几百年前尚是外来的唐风新样式（图 2-2-2、图 2-2-3），然而时间长了，外来的也就变成了自己的传统。至 12 世纪末宋风新样式传入后，此前外来的唐风旧样式转身变成了日本自己的传统样式，并与外来的宋风新样式之间，形成了传统与新兴的对立关系。这种传统与新兴的交替轮回，是不断吸收外来文化的日本文化的独特之处。

新兴唐样与传统和样的对立与交汇，是日本中世建筑发展的一个主线和特色。新兴唐样先是在传统薄弱的关东地区立足，然后西下传统兴盛的京都地区发展。新兴的唐样在与传统和样的对峙互动中逐渐成长。

“样”的对立反映的是比较和竞争的心态。新兴唐样的本质特征，不在于样

图 2-2-1　江户时代再建之东大寺大佛殿（作者自摄）

图 2-2-2　奈良唐招提寺金堂（8世纪后期）（来源：工藤圭章. 古寺建築入門 [M]. 東京：岩波書店，1984）

图 2-2-3　京都平等院凤凰堂（1053 年）（作者自摄）

式的新颖，而在于标榜先进和区别传统的心态。江南宋样式的传入，开启了日本建筑样式多元并立的时代。从东亚视角而言，其内涵反映了日本中世建筑发展上外来与本土、新兴与传统、变革与守陈的对立和交融。

（2）“样”的概念与内涵

在东亚古代建筑史上，“样”的概念及“样”的演化具有重要的意义。

“样”的基本含义是指形状模样，在古代建筑、绘画及器物造型上，将所依据的蓝图、底本或模型称作“样”，其作用和目的在于依“样”制作。“样”这一概念，应在中国南北朝时期即已明确和成熟，隋唐以后的文献中多见记载。如隋代黄亘兄弟参与洛阳大修建，“立样”为之[26]；宇文恺为建明堂，“博考群籍，为明堂图样奏之”[27]。唐代张彦远《历代名画记》中记有“宝台样”“器物样”“台阁样”等诸“样”，均为作画的底本。

又如隋仁寿元年（601），隋文帝诏全国十三州同时“建仁寿舍利塔”，其样式由“所司造样，送往当州”[28]。其塔样似为模型，这是以颁布统一“样”的形式，指导大规模建造之例。

除了上述基本概念和内涵外，“样”还有衍生的性质和特色。中国历代王朝对于关系国家财政的营建工程极为重视，设有专司土木营建之机构，通过“法式”的形式进行管理和控制。其中，依“样”而行，是管理和控制上的一个重要方法与手段，如宋代颁行《营造法式》，“别立图样，以明制度”（《营造法式·看详》）。对于“样”的这一概念，在翻版唐法典的日本《令集解·营缮令》中有更清晰的表述：“凡营造军器皆须依样，镌题年月及工匠姓名。谓样者，形制法式也。”[29]“样”在性质上具有了“形制法式”的约束和规范作用。依当时日本与唐在法典方面的关系，相信“样”的这一性质源自唐，且唐宋是相通一贯的。

“样”在性质上的另一特色是表示样式谱系和技术源流。即以“样”表示取法的对象，以标榜和区分样式工艺的谱系与源流。如唐之襄阳为全国漆器工艺之中心，天下取法，谓之“襄样”[30]。

“样”的这一特色在古代中日建筑关系上，表现得尤为显著。日本建筑史上，千百年来移植模仿了不同时期和地域的中国建筑，相应地形成了若干独立的建筑样式。在这一背景下，“样”的内涵更为丰富，即包含有源流祖型的意味和榜样范式的作用。

6世纪时朝鲜半岛的百济深受中国的影响，其时百济工匠赴日建造飞鸟寺，携有“金堂本样”[31]。这是“样”的运用在域外的早期之例。随着外来技术的轮番传入，日本中世以后，建筑样式更为多样和复杂，从而有以“样”定义和区分不同祖型的建筑样式，如史称的“天竺样”“唐样”“和样”，以及近世的“黄檗样”。其中以“唐样”与“和样”最为重要。

26 《隋书》卷六八《何稠传》：“大业时，有黄亘者，不知何许人也，及其弟衮，俱巧思绝人。炀帝每令其兄弟直少府将作。于时改创多务，亘、衮每参典其事。凡有所为，何稠先令亘、衮立样，当时工人皆称其善，莫能有所损益。亘官至朝散大夫，衮官至散骑侍郎。”引自：（唐）魏徵等．隋书[M]．北京：中华书局，1973.

27 《北史》卷六〇《宇文贵传》“附宇文恺事”：“是时将复古制明堂，议者皆不能决。恺博考群籍，为明堂图样奏之。”引自：（唐）李延寿．北史[M]．北京：中华书局，1974.

28 《广弘明集》卷十七《隋国立舍利塔诏》：“分道送舍利往前件诸州起塔，其未注寺者，就有山水寺所起塔依前山，旧无寺者，于当州清静寺处建立其塔，所司造样，送往当州。”引自：（唐）释道宣．广弘明集[M]．北京：国家图书馆出版社，2018.

29 惟宗直本著，黑板勝美编．令集解（国史大系23–24卷）[M]．東京：吉川弘文館，2000．《令集解》为日本9世纪中叶为《养老令》编纂的注释书，全书50卷，现存35卷，编修者为惟宗直本。

30 姚瀛艇主编．宋代文化史[M]．开封：河南大学出版社，1992.

31 见《元興寺伽藍缘起并流記資財帳》。收录于：藤田經世编．校刊美術史料·寺院篇[M]．東京：中央公論美術出版，1999.

（3）和样与唐样

以风格样式之别区分日本古代与中世，可大致概括为唐风化时期与宋风化时期。而日本建筑样式史上所谓的和样与唐样，其实质是中原唐样式与江南宋样式的移植与定型化的结果。

和样的概念，指中国唐代建筑样式传入日本后，经奈良、平安时代而逐渐定型和日本化的佛教建筑样式。中世镰仓时代之后，相对于外来的新兴样式，以平安时代以来的建筑样式为传统样式，称作和样[32]。日本近世建筑技术书中，“和样”也记作“日本样”，意为日本传统样式，并以之与中世新兴的唐样并列（图2-2-4）。

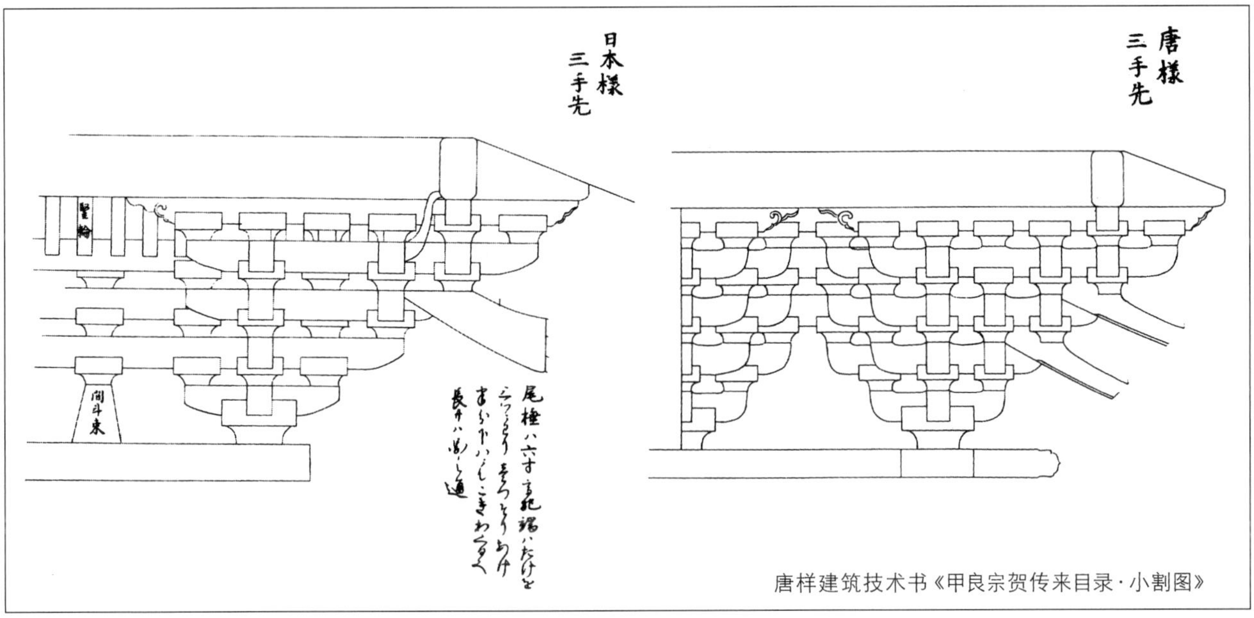

图 2-2-4　唐样技术书所记六铺作斗栱：日本样与唐样 [来源：河田克博 . 近世建築書——堂宫雛形 2（建仁寺流）[M]. 東京：大龍堂書店，1988]

对于日本中世而言，前朝流行几百年的唐朝样式，至12世纪末以来的中世，已被视作日本自己的传统样式，并用以区别新近传入的外来宋朝样式。传统是相对于新兴而言的，在中世新兴宋样式出现之前，并不存在和样这一概念。和样概念的形成，是以新兴宋样式的出现为前提和背景的。和样与唐样二者，成为中世相互对立、依存的两个建筑样式。

中世的和样建筑，其技术成分和样式风格，大致上相当于中原盛唐建筑，而在中国本土的晚唐佛光寺大殿上，已看不到这样的古风。中世唐样建筑的技术成分和样式风格，大致上对应于江南宋元建筑。和样与唐样在技术成分和样式风格上，呈显著的差别和鲜明的对比。

历史上日本以“唐”泛指中国，所谓唐样，意即中国样式。日本中世所称的唐样，则指中世之初传入日本的南宋江南样式，其时蒙元称江南人为唐人[33]，也是同一个意思。

32　日本学界对飞鸟、奈良和平安前期的建筑，不称为和样，如唐招提寺金堂一般称为奈良样式。故只有对镰仓时代以后的传统样式才称为和样。

33　《元史》卷二百八《日本传》：1281年弘安之役，十万军队“尽死，余二三万为其虏去……尽杀蒙古、高丽、汉人，谓新附军为唐人，不杀而奴之”。新附军是蒙元攻下南宋后，收编南宋降卒而编成的一支军队，皆为南宋江南人。元称原金朝境内北方人为汉人，南宋江南人为唐人。引自：（明）宋濂. 元史 [M]. 北京：中华书局，1976.

历史上日本对于外来民族及文化的称谓，多有褒贬、尊卑之分。将文化、技术先进的中国大陆称作“唐”，并以其作为学习和模仿的榜样，而对于所谓未开化的异民族，则用“蕃”称，如蕃夷、蕃国、蕃人和蕃俗等。

唐样在日本历史上是先进大陆文明的代表，意味着来自中国的先进、正统的形式和范本。与唐样相类似的用语还有唐物一词，一般泛指由中国输入的物品，其种类丰富，如书画、瓷器、漆器、茶器、织锦、乐器、典籍、佛具、家具等。中世以来，从宋、元、明流入日本的文物典章众多，至室町时代尤甚，深受时人尊崇和追求，其中以工艺美术品为多，唐物之称遂转为对这一类工艺美术品的专指，其意与唐样十分相近。正如唐样是与和样相对应的存在一样，唐物也是相对于和物而言的。其时对于舶来品“唐物”的喜爱和追捧，以致催生出被称为“和制唐物”的模仿品，以满足日本社会的需求。

实际上，唐样与和样是中世镰仓时代以来，所有艺术风格的分类形式，如书法、建筑、绘画、园林、插花、诗歌等方面。其本质即外来宋风与本土和风的两类风格形式。所以说，唐样不只是单纯的风格和样式现象，也是日本中世社会的一种文化现象，即崇尚和追求中土文物之风尚。

唐样之称，文献中首见于日本庆长年间（1596—1615）的《寒松稿》“福鹿怀古”：“凡建长、弘安以来，尽扶桑国里之诸禅刹，皆以法于福鹿两山七堂之规模而谓唐样。”[34] 其唐样指以镰仓建长、圆觉二寺为代表的宋风禅寺建筑样式。日本近世大工技术书《匠明》（1608 年）中，也出现有唐样之称，表示禅宗建筑样式。

从传播背景来看，唐样是随中国南宋禅宗的东传，作为禅寺建筑样式移植于日本的，故现代日本学者也将唐样改称禅宗样，其意为随南宋禅宗一起传入的建筑样式，并有禅寺建筑专属样式的意味。然实际上唐样虽主要用于禅宗寺院建筑，他宗如密教、净土等寺院殿堂亦有运用[35]。早期的栃木鑁阿寺密教本堂（1299 年）、信光明寺净土观音堂（1478 年），以及大恩寺念佛堂（1553 年），或是纯粹的唐样建筑，或采用大量唐样手法。

作为历史用语，“唐样”具有相对于“和样”或“日本样”的特定内涵。近世唐样技术书《建仁寺派家传书·继匠录》关于“唐样”“日本样”记有：“今所为日本样，上代风仪也；所谓唐样，宋朝异风也。”[36] 尽管“和样”本是源自中国的盛唐样式，然几百年后的日本，在新兴宋样式的映衬下，已将之视作自己的传统样式，相应地，其“唐样”与“和样”的内涵表现的是中国样与日本样的对立。因此，历史性用语“唐样”相比于现代用语“禅宗样”，更为本质和更具意义。

唐样之称的意义在于直接和清晰地表明了样式的性质及其源流关系。因此，现代日本学者将唐样改称为禅宗样，是以现象替代本质，抹去和掩盖了这一文化

34 稲村坦元編. 埼玉叢書（第七卷）[M]. 東京：国書刊行会，1974.

35 镰仓中叶开始兴盛的禅宗，盛行于地方武士之间，武士同时又是净土宗的外护者，因此禅宗对净土寺院的影响不小，相应地禅宗建筑样式亦影响至净土寺院建筑。

36 河田克博. 近世建築書——堂宮雛形 2（建仁寺流）[M]. 東京：大龍堂書店，1988：141.

现象的深层内涵，唐样之称所蕴含的丰富意味也随之消失。相比较可见，关于唐样之称，中世日本人是将技术问题作为文化问题对待，现代日本人则是将文化问题当作技术问题对待。二者之别，反映了时隔七百年后日本人心态的变化，耐人寻味[37]。

在日本中世建筑发展的背景下，唐样与和样的关系及内涵，在于新兴与传统的对立。因此，唐样的概念应包括如下两个基本内涵：一是宋朝传入的新技术和新样式，二是中世以来禅宗寺院所多用的建筑样式。

（4）作为范式的“样”

“样”除了表现源流祖型的意味之外，其另一层含义是榜样范式的作用。日本自古以来，对于从中国大陆传入的技术，一直专注于讲求“样”，以之进行分类和仿效，注重的是“样”的谱系性和范式性，极力追求忠实而不走样。在此意义上，“唐样”是中世禅宗寺院建筑的榜样范式。

样式的守陈与定型，是日本移植中国建筑样式后的表现和特色。日本建筑样式史上，外来样式定型之后，便具有相当的稳定性与持续性，演化是次要的，守陈反成主要特色。“守陈”意味着保持祖型的基本特征；“定型”则指作为标准样式而少有变化。“样”表现了定型样式的范式意义和作用。

日本在模仿和移植南宋建筑技术时，“样”的意识强烈，强调依“样”造营[38]。五山十刹图中所记诸“样”的目的，也在于依“样”仿建宋风禅寺与建筑。

南宋五山十刹是唐样主要取法和模仿的对象。相应于五山十刹的不同特点，又有若干细分“样”的区别，即在移仿江南五山大刹建筑样式的过程中，以细分诸样的形式，表明具体取法的对象。如五山十刹图中所记的“径山样”“天童样”“灵隐样”及“金山寺样”等，皆为南宋江南禅宗名山大刹。“样”的归纳和细分，实质上是进一步确立具体模仿的范本，并带有强调特定祖型谱系的意味。

五山是南宋禅寺的最高寺格等级，径山作为五山之首，其“样”的意义更显重要。在宋元禅的东传日本过程中，江南五山大刹对日本禅寺的影响巨大，是日本中世丛林模仿的主要对象。其中尤其是径山寺，海东子孙众多，日本二十四禅流中，传承南宋径山无准师范法嗣的，即占三分之一[39]。相应地，所谓径山流和径山样，成为日本丛林规矩及堂塔样式的主要范本。入宋日僧模写的五山十刹图中，亦以径山寺的内容最多，由此可见当时日僧选择和取舍的心态。南宋五山第一的径山样，应是唐样建筑最重要的“样”。

以径山寺为首的江南五山大刹，其样式技术是日本中世丛林仿效的首选。所谓“径山样”的意义，不仅表示的是取法对象，更是法系正宗的标榜。也正因此，“拟中国之天下径山”的镰仓建长寺，才成为“天下丛林之师法”[40]，京都五山首位的天龙寺伽蓝配置，即是仿照建长寺而成的；而京都五山之一的东福寺重建时，

37　这类改称和重新定义的现象，其实质是抹去中国文化的印记，程度上或有区别，然骨子里大都是一样的，表露了不愿溯源、不认祖型的心态。实际上，早在日本明治年间伊东忠太关于法隆寺建筑的论述中，就已表现出力图抹去、撇清与中国文化关系的这一倾向。

38　中世奈良东大寺再建，从南宋福建地区引入新的建筑技术和样式，即所谓天竺样。《东大寺要录》记：“依此样诸寺造营也。”引自：筒井英俊校訂．東大寺要録[M]．東京：国書刊行会，2003.

39　日本中世期间，由入宋、入元日本僧及渡日中国僧传入日本的禅宗流派众多，有所谓二十四流之称。其指的是从日本建久二年（1191）荣西传临济宗于日本，至正平六年（1351）元僧东陵永玙渡日为止的160年间，从中国传至日本的禅宗流派。其中曹洞宗三流，临济宗二十一流。临济宗二十一流中，除荣西传的是黄龙派之外，其余二十流均是杨岐派之传承。参见：白石虎月．禅宗編年史[M]．大阪：東方界，1976.

40　京都禅僧义堂周信（1325—1388）日记《空华日用工夫略集》。義堂周信著，辻善之助編．空华日用工夫略集[M]．東京：大洋社，1939.

也借用了建长寺的图纸。南宋大禅寺之“样”，在近世江户时代的大工技术书中，仍被奉为经典范式，这些都表明了南宋禅寺作为祖型范式的意义。

2. 新兴唐样：宋式规制的传承

（1）宋风的追求与仿效

中世唐样的形成，源于镰仓时代初期伴随禅宗东传而来的南宋江南建筑样式。日本宋风禅寺的建立与发展，是中世唐样盛行的背景。唐样是与日本禅寺伴生的建筑样式，并由此成为日本禅寺建筑的标准样式和统一风格。日本现代学者以“禅宗样”代称“唐样”，也是基于这一历史特色的。

对于日本中世而言，禅寺的发展与唐样的兴盛是相互关联和不可分的，追求宋风禅寺与仿效宋风建筑的心态也是一样的，唐样就是宋风的象征和代表。

日本中世唐样，致力于对南宋禅寺的全面移植和忠实模仿，尤其是早期的镰仓禅寺，力求一切规式皆仿宋土，从规矩仪式、丛林境致、伽蓝布局到建筑样式和技术，可谓如饥似渴，亦步亦趋。

镰仓丛林规制，尤重宋风的纯粹。日本永仁二年（1294）制定的镰仓禅院禁制中，即有禁“僧侣着日本衣事”条款（《圆觉寺文书》）。其时不仅服饰仿用宋式，甚至上堂用语也强调用汉语，可见其追求全面和忠实的心态。由此想见，其时禅林一切行事，不问大小，皆仿效宋土，表现出对纯粹宋风的强烈追求。

中世唐样追求宋式规制的心态与目的，由现存的五山十刹图绘卷可见一斑。

13 世纪以来，中国禅文化的浪潮激荡着中世的日本，慕中土兴盛禅风，入宋求法的日本僧侣络绎不绝，其足迹遍历江南名刹。尤以江浙二地为中心的禅宗五山十刹，更是成为日本僧侣巡礼求法的圣地。

为仿效宋土禅宗丛林制度，入宋日僧体验和记录南宋禅寺的规矩礼乐及样式形制，绘制而成五山十刹图绘卷。其内容遍及禅寺诸方面，从伽蓝配置至殿堂寮舍形制、家具法器、仪式作法、规模尺寸，乃至极为细微之处，莫不详细图记（图 2-2-5、图 2-2-6、图 2-2-7、图 2-2-8）。甚至有些不易测得的尺寸，亦作了测量，如桌、椅面的心板厚度尺寸，吊挂高处的宝盖尺寸等等。而如此详细实测图录的目的，正是忠实和全面地仿效宋风禅寺。如此执着的追求，使得日本中世宋风禅寺如同南宋禅寺的翻版，以至有“不动扶桑见大唐”的赞誉[41]。

日本中世从江南移植宋元建筑样式，最初应有来自中国工匠的指导和协作，否则样式间如此地酷似一致则是难以想象的。文献记载日本俘虏元兵，独留江南工匠，也是看重江南工匠在技术传授上的作用[42]。这表明在中世新样式的传入过程中，宋元工匠活跃并起到相应的作用。此外，随宋元名僧赴日工匠的存在，也是完全有可能的。其后则是日本工匠的赴宋、元学技，文献记载和工匠传说也表

41　《梦窗国师语录》卷上：“普天匝地一秋光，不动扶桑见大唐。明月团团离海峤，满船官货孰私商。”日僧梦窗疏石（1275—1351）撰，本元、妙葩等编，日本文和三年（1354）刊行，收录于《大正藏》第八〇卷。

42　《元史》卷二百八《日本传》：1281 年弘安之役，十万军队“尽死，余二三万为其虏去……尽杀蒙古、高丽、汉人，谓新附军为唐人，不杀而奴之”。新附军是蒙元攻下南宋后，收编南宋降卒而编成的一支军队，为南宋江南人，其中应有工匠。新附军也就是江南军，原金朝境内所降俘之汉人军兵称汉军。世祖至元十四年（1277），以降俘之南宋军士中分拣堪当军役者，收系充军，从事征战、屯田、营造等。引自：（明）宋濂. 元史 [M]. 北京：中华书局，1976. 又据 15 世纪朝鲜王朝编修史书《东国通鉴》：“日本择留工匠及知田者，余皆杀之。”转引自：飯田須賀斯. 中国建築の日本建築に及ぼせる影響 [M]. 東京：相模書房，1953：12.

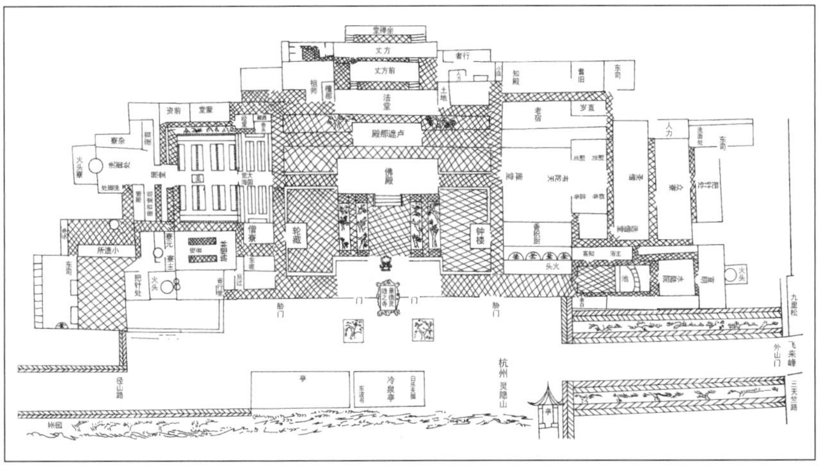

图 2-2-5　南宋灵隐寺伽蓝配置（五山十刹图）（来源：関口欣也．五山と禅院 [M]．東京：小学館，1983）

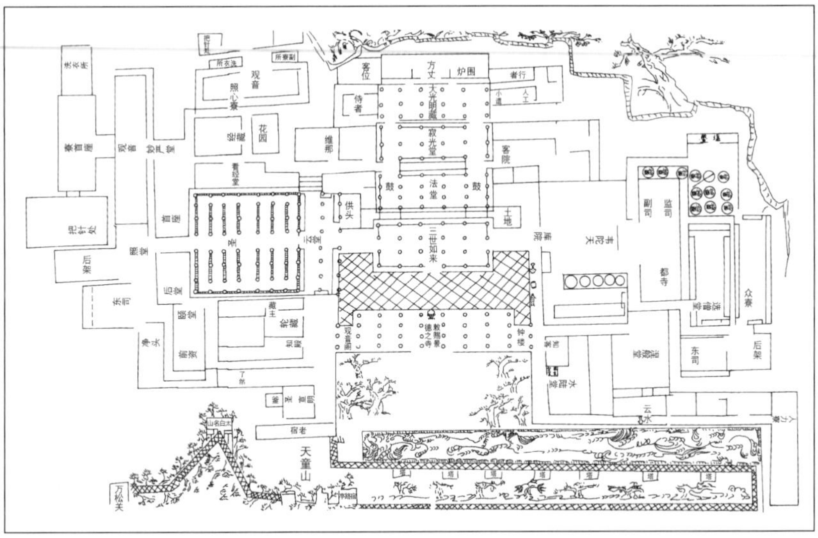

图 2-2-6　南宋天童寺伽蓝配置（五山十刹图）（来源：関口欣也．五山と禅院 [M]．東京：小学館，1983）

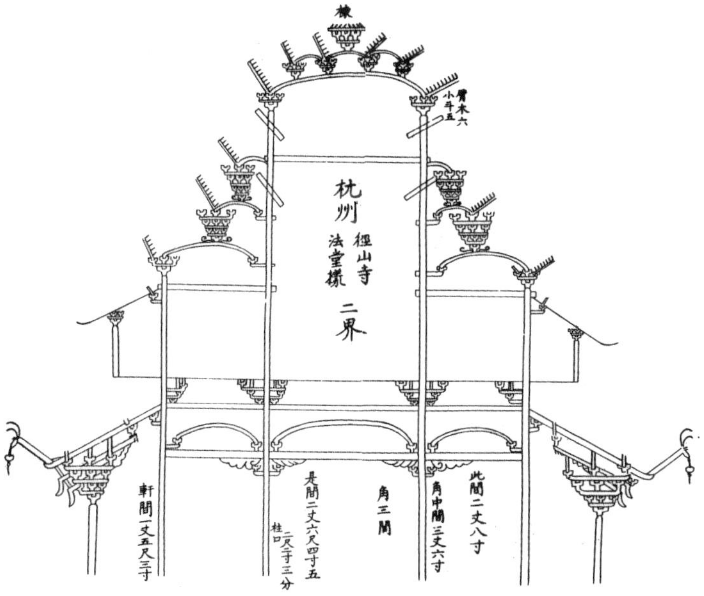

图 2-2-7　南宋径山寺法堂剖面（五山十刹图）（来源：無著道忠．敕修百丈清規左觽・附録 [M]．京都：中文出版社，1978）

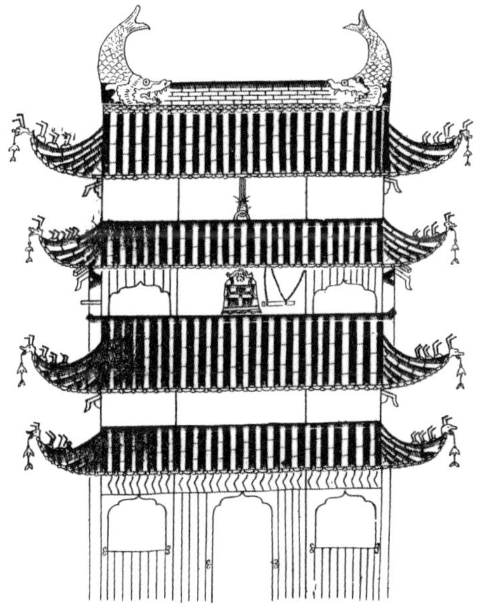

图 2-2-8　南宋何山寺钟楼立面（五山十刹图）（来源：無著道忠．敕修百丈清規左觽・附録 [M]．京都：中文出版社，1978）

明了这一点，从中亦可窥见技术传承的源流线索。

据日本《新编相模国风土记稿》所引《鹿山略记》以及《圆觉寺寺传》记载，日本北条时宗为创立镰仓圆觉寺，于弘安二年（1279）派工匠赴宋学习技术[43]。另据日本《寒松稿》所收《福鹿怀古诗注》（1612年）记载，日本中世镰仓建长寺和圆觉寺创建时，北条时赖及北条时宗曾分别向镇江金山寺和临安径山寺派遣工匠学习技术。为营建宋风禅寺而向南宋大刹派遣工匠学技，应是当时仿效南宋建筑的一个重要方法。

名列日本京都五山之一的建仁寺，为日本临济宗大本山。作为由荣西禅师创立的日本最初的宋风禅修道场（1202年），建仁寺在唐样的形成过程中有着标志性的意义。在唐样谱系上，所谓“建仁寺流”是唐样的正统。后世关于建仁寺大工先祖入宋学取唐样技艺的传说，相当流行[44]。其中或有吹嘘的成分，然多少表明陆续有日本工匠赴宋元学习江南建筑技术这一史实。

中世唐样对宋风的追求与仿效，可谓忠实、全面和深入。

（2）唐样的分期与特点

从镰仓时代前期的唐样初兴，至南北朝和室町时代的唐样繁盛，再至江户时代的唐样和样化，唐样建筑的发展演变大致经历了上述三个相应的阶段。如何分析和认识这一过程，线索和视角至为重要。如若站在东亚中日关系这一立场上，可基于与祖型的关联性这一视角，考察和分析唐样的分期及其特点。

日本禅宗寺院发展进程上，最重要的分期标志是从镰仓五山至京都五山的变化。日本中世镰仓与室町时代，分别以其京师大寺仿设五山十刹之制，从而有从镰仓五山至京都五山的分期和变化。

日本镰仓五山，创始于13世纪后期，且多由渡日宋僧开创[45]；而至京都五山时期，五山皆为日僧所建立，然其开山仍大多曾入宋寻师求法。如果将镰仓禅寺作为日本禅寺的宋风移植初兴期，那么此后的京都禅寺则可视作日本禅寺的成熟定型期，由此构成日本禅寺发展上分别以镰仓和京都为中心的前后两个不同阶段。唐样建筑的发展亦处于这一大背景之下。

伴随着京师及禅寺中心的转移，中世唐样建筑的发展亦相应形成两个对应阶段，即以镰仓为中心的唐样初兴阶段和以京都为中心的唐样成熟阶段。而此两个阶段的唐样建筑在样式做法上也存在着稍许差异和变化。其中或有诸多因素的作用，然祖型地域特征的变化应是最重要和直接的因素。也就是说，镰仓唐样与京都唐样的技术差异，其实质反映的是二者祖型地域与时代特征的差异及变化。

探讨中世唐样建筑的中土祖型特征，首先在时代上，跨越从南宋至元代的二百余年时段；其次在地域上，入宋入元日僧游历巡访的范围，遍及江南广阔

43　《新编相模风土记稿》云：建立圆觉寺时，曾遣日本工匠入宋，调查径山诸堂设备，仿照其规模建立，并招聘宋朝工匠至日本。参见：木宫泰彦著，胡锡年译. 日中文化交流史[M]. 北京：商务印书馆，1980：386.

44　日本宽永十一年（1634），建造鹿岛神宫楼门回廊的大工越前国坂上信浓守吉正，自称“入唐大工横山吉治拾六代之孙”，见“鹿岛神宫楼门回廊御再兴次第”，《鹿岛神宫文书》296；日本万治二年（1659），造营瑞龙寺大工山上善右卫门嘉广，自称为建仁寺入唐大工横山吉春第十六代之孙。此传说见于《山上久男先祖由绪一类附帐》，转引自：国宝瑞龍寺総門佛殿及法堂修理事務所編. 国宝瑞龍寺総門佛殿及法堂修理工事報告[M]，1938.

45　镰仓五山中由渡日宋僧开创的有三寺：建长寺开山为兰溪道隆，圆觉寺为无学祖元，净智寺为兀庵普宁。

地区。因此，作为唐样祖型的宋元江南建筑，其时代及地域性的差异和变化，必然影响和反映在不同时期的唐样建筑上。因此，有可能依据唐样建筑样式做法上的细微差异和变化，追溯其祖型的地域性和时代性，并建立唐样建筑分期的样式特征。

17 世纪之后的近世江户时代（1603—1868），是唐样建筑发展的晚期。至此阶段，唐样建筑受和样影响，部分做法趋于日本化，这不仅体现在样式做法上，而且表现在设计技术上。和样化的浸染，部分改变了唐样建筑原先鲜明的祖型特征。实际上，至中世室町时代后半，和样与唐样即已相互趋近和融合。

（3）镰仓系唐样与京都系唐样

建筑技术在传播和影响过程中，一些具有地域特征的样式做法，有着相当的稳定性和持续性，反映着技术传播的源流关系。作为唐样祖型的江南建筑，其独特的技术特征在唐样建筑上必有对应的表现。且江南不同区域之间样式做法的细微差异和变化，又成为追溯和分析唐样祖型源地变化的依据和线索。

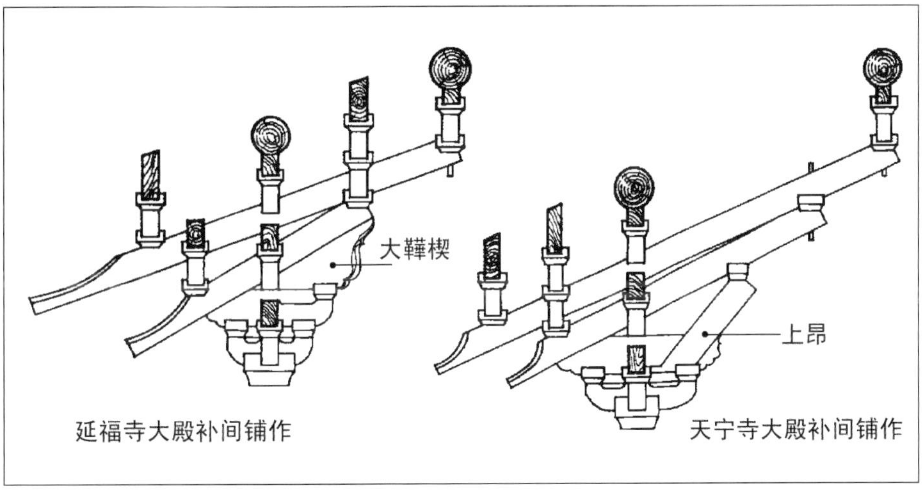

图 2-2-9　江南铺作中大鞾楔与上昂做法（作者自绘）

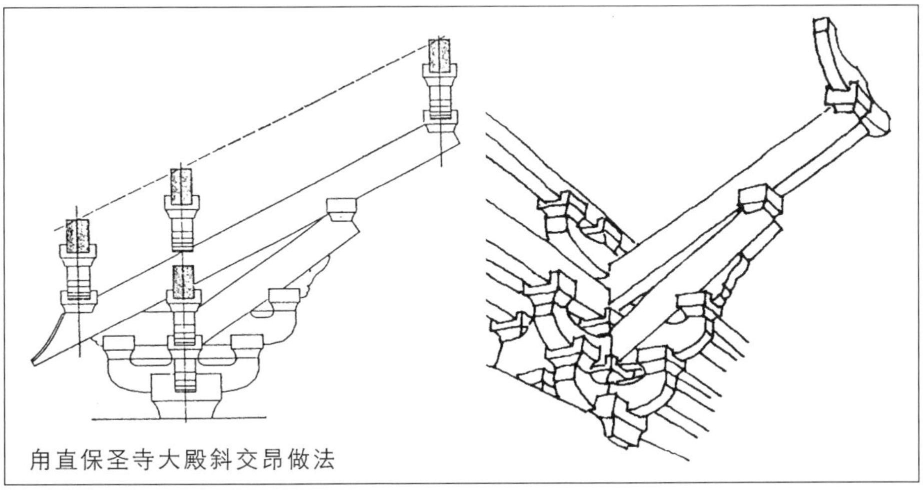

图 2-2-10　苏州甪直保圣寺大殿斜交昂做法（来源：竹島卓一. 営造法式の研究 [M]. 東京：中央公論美術出版，1970）

比较而言，在建筑诸要素中，由斗栱变化所反映的时代演变和地域差异最为显著。以江南厅堂斗栱的变化为线索进行比较，在江南部分地区的宋元厅堂做法中，补间铺作以挑斡、上昂配以鞾楔做法，形成斗栱里转丰富的变化及独特的上挑斜撑形象（图 2–2–9、图 2–2–10）。而由比较可见，部分唐样斗栱与之近乎完全相同一致，而另有部分唐样斗栱却不用此挑斡、上昂做法。进而依地域分布的特点，对比分析唐样遗构的样式特征，可将中世唐样建筑分作两系，即分别以镰仓和京都为中心的镰仓系和京都系。斗栱做法上的挑斡及上昂变化，即是唐样两系的主要区别之一。

以斗栱做法为线索，分析比较镰仓系唐样与京都系唐样的差异变化。

镰仓系唐样在斗栱做法上，以上昂、挑斡为主要特色，斗栱里转以上昂或挑

图 2–2–11　东京正福寺地藏堂外檐斗栱（来源：関口欣也. 五山と禅院 [M]. 東京：小学館，1983）（左）

图 2–2–12　西愿寺阿弥陀堂外檐斗栱（来源：重要文化財西願寺阿彌陀堂修理工事事務所. 重要文化財西願寺阿彌陀堂修理工事報告書 [M]. 東京：彰国社，1955）（右）

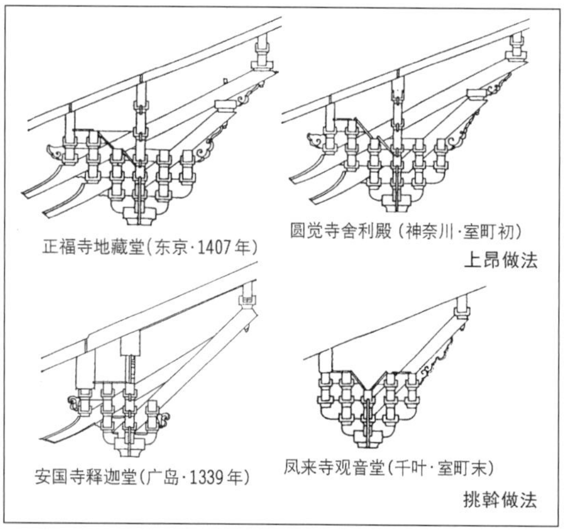

图 2–2–13　镰仓系唐样的斗栱做法（集图绘制）（左下）

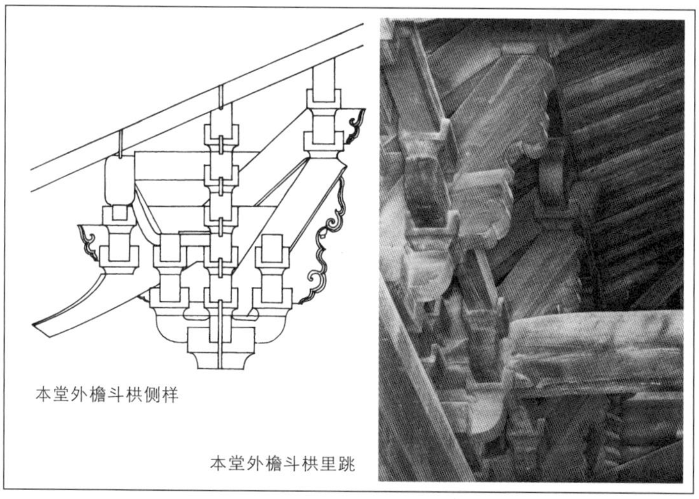

图 2–2–14　枥木鑁阿寺本堂外檐斗栱（左图来源：関口欣也《五山と禅院》184 页，右图来源：《日本建築史基礎資料集成》七，27 页）（右下）

斡与鞾楔配合，形成上挑斜撑做法及相应的形象（图 2-2-11、图 2-2-12）。在六铺作单杪双下昂斗栱上，其下道下昂作插昂，并里转上昂的做法，应是镰仓系唐样斗栱的标准形式，表现为斜交双下昂形式，圆觉寺舍利殿、正福寺地藏堂和西愿寺阿弥陀堂为其代表（图 2-2-13）。栃木鑁阿寺本堂虽为和样密教本堂，但其斗栱却是纯正的唐样，且是现存唐样做法的最早之例，其单杪单下昂五铺作中插昂与上昂并用的做法，是镰仓系唐样典型的特色（图 2-2-14）。其他如琦玉高仓寺观音堂、京都酬恩庵本堂等，也都是用上昂的相似之例。而不出昂头用挑斡的形式，也是一种类似和简化的做法，实例见有千叶凤来寺观音堂和广岛安国寺释迦堂二例。

以上诸例的共同特征是斗栱里转用上昂、挑斡一类的上挑斜撑构件，且所在地基本上分布在以镰仓为中心的关东地区[46]，可归类为以镰仓为中心的关东唐样。其中酬恩庵本堂、安国寺释迦堂虽在关东以外的京都和广岛，然斗栱做法上却是典型的镰仓系唐样，推测其技术传承应源于镰仓系唐样。

与镰仓系唐样相较，京都系唐样表现出不同的特点。首先，京都系唐样在斗栱做法上，不用上昂、挑斡做法，其六铺作单杪双下昂斗栱，表现为平行双下昂形式，这与镰仓系唐样六铺作斗栱的斜交双下昂形式，有显著的不同（图 2-2-15）；其次，京都系唐样在里转上道昂上，多有骑昂别加一缝单栱素方承椽的做法，这是镰仓系唐样所不见的形式。京都系唐样的代表实例有功山寺佛殿、永保寺开山堂和不动院金堂等，而善福院释迦堂斗栱，应是一种变异或简洁做法（图 2-2-16）。这一类唐样的所在地大多分布在以京都为中心的西日本地区，可归类为以京都为中心的西日本唐样。

46　关东和关西（或西日本）的说法，是日本人用来划分区域的一种表达方式，指以关原为界的东、西地区。关东地区主要包括一都六县：分别是指东京都、神奈川县、埼玉县、千叶县、茨城县、群马县、栃木县；关西地区主要包括两府五县：大阪府、京都府、兵库县、奈良县、和歌山县、滋贺县、三重县。

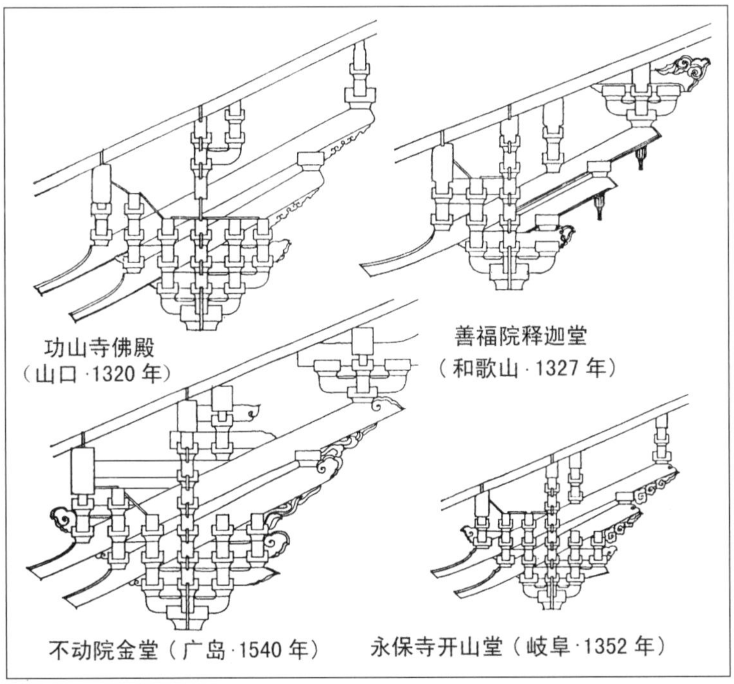

图 2-2-15　京都系唐样的斗栱做法（集图绘制）（左）

图 2-2-16　善福院释迦堂外檐斗栱（来源：関口欣也. 五山と禅院 [M]. 東京：小学館，1983）（右）

除了上述斗栱形式外，镰仓系唐样与京都系唐样在其他细部做法及装饰纹样上，也有不同特点及细微差别。如纯正的镰仓系唐样多不作栱眼，而京都系唐样一般都有栱眼，又如两系唐样在霸王拳（日称木鼻）纹样上的差异等等，这些也都成为区别镰仓系唐样与京都系唐样的显著特征。

上述两系唐样相互间的差异变化，有理由认为其主要反映的是二者祖型特征的差异性，即江南范围内不同区域间的建筑样式变化，是形成镰仓系和京都系唐样差异的根源。根据入宋入元日僧巡礼路线以及五山十刹的分布，唐样的祖型源地应在浙东、临安及苏南一带。若将两系唐样的样式特征与宋元江南建筑比较，那么镰仓系唐样较近于苏南建筑样式，尤其是苏州一带的做法；而京都系唐样则近于浙东及临安一带的建筑样式。

若从唐样本土化演进的视角来看，镰仓系唐样较近于纯正的宋风样式，应与宋土祖型最为接近，尤其是镰仓地区早期的唐样做法。由于镰仓唐样的早期遗构不存，关东现存一些早期密教本堂上的唐样做法，如栃木鑁阿寺本堂（1299年），是推析早期镰仓唐样的重要参照。相较于镰仓系唐样，京都系唐样则呈定型样式的特色，并有日本化的倾向。而这一变化趋势，又是与前文关于唐样分期及其特点的分析相一致的，并且相信唐样建筑这一分期、分系的特色，在唐样建筑设计技术上，也会有相应的表现。详见后续诸章关于唐样建筑设计技术的相关内容。

（4）佛寺殿堂：等级与形制

至13世纪中叶，南宋禅寺建筑的类型已是十分丰富，然这是由晚唐以来几百年的发展而形成的。而在禅寺初创时期，建筑类型相当简单和精干。中晚唐的禅寺建筑类型大致只有方丈、法堂、寮、涅槃堂、僧堂、三门等。而至《禅苑清规》（1103年）所记北宋末的禅寺，已初具后世禅寺的大致规模，主要建筑类型有佛殿、法堂、库堂、僧堂、三门、众寮、方丈、土地堂、伽蓝堂、藏殿、东司、宣明等。南宋以后的禅寺建筑，则是在此基础上进一步地丰富和发展，包括类型和制度这两方面。

随着镰仓时代纯宋风禅寺在日本的设立，日本中世禅寺的构成趋于成熟和完备。寺院的核心部分，一如所谓"伽蓝七堂"所示，由佛殿、法堂、库堂、僧堂、山门、东司及宣明七堂构成。其中尤以佛殿、法堂和僧堂三者是禅寺主体最重要的建筑形式。

中世镰仓时代以来，唐样建筑盛行，至近世而不衰，从而留下相当数量的唐样遗构。其中以佛殿、法堂一类的殿堂数量最多，僧堂、山门等仅存少数。据统计，现存中世唐样建筑遗构中，有佛堂（佛殿、法堂）39座，僧堂1座，塔1座，以及山门、东司、浴室若干。39座唐样佛堂中，属禅宗寺院者27座，禅宗寺院以外采用唐样做法的有12座（不包括局部采用唐样者）。

图 2-2-17　功山寺佛殿外观（来源：国宝功山寺仏殿修理工事報告書 [M]，京都：真陽社，1985）

图 2-2-18　善福院释迦堂外观（作者自摄）

就遗构年代而言，镰仓时代的唐样遗构只有少数几例，如镰仓时代末的功山寺佛殿（1320 年）、善福院释迦堂（1327 年）等构（图 2-2-17、图 2-2-18），其年代约当中国元代中期，余皆为南北朝及室町时代之构，较重要的有：圆觉寺舍利殿（室町初）、清白寺佛殿（1333 年）、安国寺释迦堂（1339 年）、正福寺地藏堂（1407 年）、建长寺昭堂（1458 年）、不动院金堂（1540 年）以及玉凤院开山堂（室町初）等例（图 2-2-19、图 2-2-20），时代约当中国元后期至明中期。又有唐样楼阁式塔一例，即安乐寺八角三重塔（图 2-2-21）。

基于以上分析，中世禅寺佛堂是等级最高且最具代表性的唐样建筑形式。本

图 2-2-19　圆觉寺舍利殿外观（来源：濱島正士．寺社建築の鑑賞基礎知識 [M]. 東京：至文堂，1992）

图 2-2-20　正福寺地藏堂外观（来源：太田博太郎．原色日本の美術：第 10 卷：禅寺と石庭 [M]. 東京：小学館，1978）（左）

图 2-2-21　安乐寺八角三重塔（来源：関口欣也．五山と禅院 [M]．東京：小学館，1983）（右）

书关于唐样建筑分析讨论的重点，也主要置于中世佛堂建筑上。

基于禅宗寺院的寺格等级设定，禅寺佛堂规模也有相应的等级区分。若大而分之，可分作两个层次，即：五山级大型佛堂与地方级中小型佛堂。二者等级差异巨大，表现有诸多的差异和区别，尤以如下两个指标最为显著和重要：一是间架形式反映的等级差异，二是尺度规模反映的等级差异。若以间架和尺度这两个指标衡量，那么间架上的五间十架与尺度上的心间 30 至 20 尺，是五山级大型佛

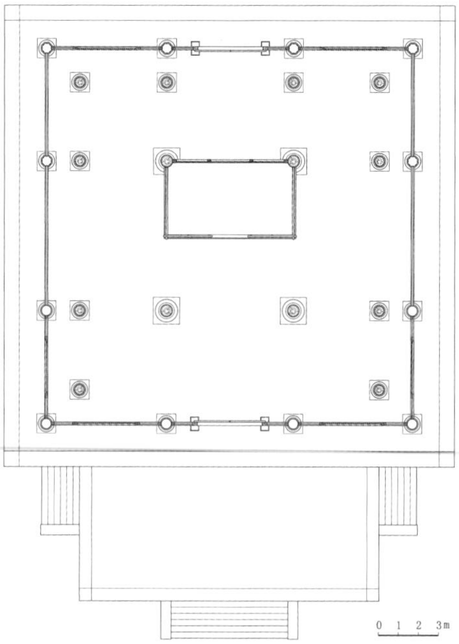

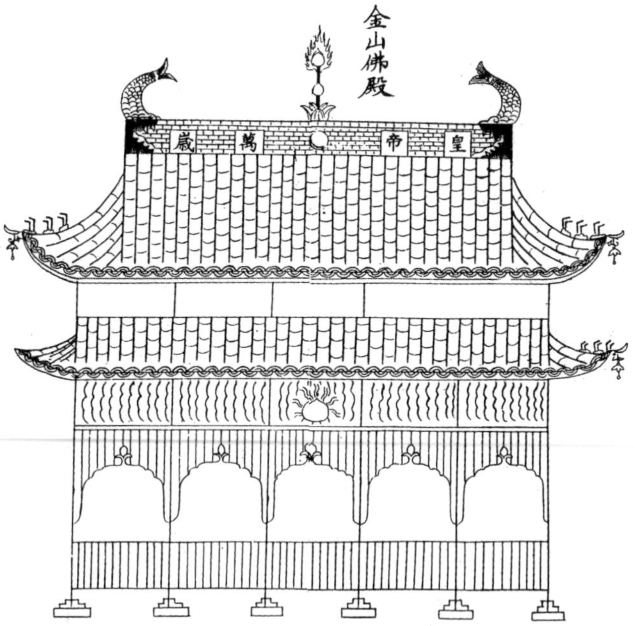

图 2-2-22　苏州罗汉院大殿复原平面（作者自绘）（左）

图 2-2-23　金山寺佛殿图（五山十刹图）（来源：無著道忠. 勅修百丈清規左觽・附錄 [M]. 京都：中文出版社，1978）（右）

堂两个最重要的表现；而地方级的中小型佛堂，则以三间六架和心间 12 尺左右为基本形式。

关于五山大型佛堂，虽无实物留存，然文献古图中有较多的记载，其形制特征大致可考。现存日本中世禅寺佛堂，皆为地方级中小型佛堂形式，其数量较多，形制基本统一，是人们所熟知的中世禅寺佛堂的主要形式。

日本禅寺佛堂形制上的一个显著特征，是其正方平面形式。相应于五山级大型佛堂和地方级中小型佛堂，分别表现为方五间和方三间这两个规模的等级形式。且在方五间与方三间的规模上，又加上副阶要素，形成规模及形式的变化。

方形平面实际上也是唐宋以来南北小型佛堂的一个多见形式。在佛堂仪式的要求以及建筑规模的限制下，对于小规模三间佛堂而言，方形平面是一个十分自然的形式选择。从现存实例来看，宋元江南小型佛殿，基本上都是方三间的形式。其遗存实例有七：苏州罗汉院大殿、宁波保国寺大殿、苏州甪直保圣寺大殿[47]、金华天宁寺大殿、武义延福寺大殿、上海真如寺大殿、苏州东山轩辕宫正殿。由此追溯并根据日本实例分析，南宋中小型佛殿亦基本同此。也就是说，方三间或方三间带副阶是江南宋元中小型佛殿的基本形式。

副阶周匝是体现殿堂规模与等级的一个要素，故方三间带副阶的形式要较方三间形式，更多一层规模与等级的意义。江南宋元方三间带副阶者如苏州罗汉院大殿[48]（图 2-2-22），另有五山十刹图所记金山寺佛殿（图 2-2-23）。金山寺为南宋甲刹级禅寺，其时声望显赫，作为中等规模的佛殿，其方三间带副阶的形式具有代表性。

江南宋元方三间殿堂的平面以方形为基本形式，其中有面阔与进深相等的正

47　保圣寺位于苏州甪直镇，寺草创于唐大中年间，熙宁六年（1073）重建。1926 年日本学者大村西崖所作调查记中，记录有此殿形象。由大殿样式可判为北宋之构。其时大殿已近破毁，1930 年被拆除，仅存殿中壁塑群像。

48　关于苏州罗汉院大殿的复原分析，参见：张十庆. 苏州罗汉院大殿复原研究 [J]. 文物，2014（8）：81-96.

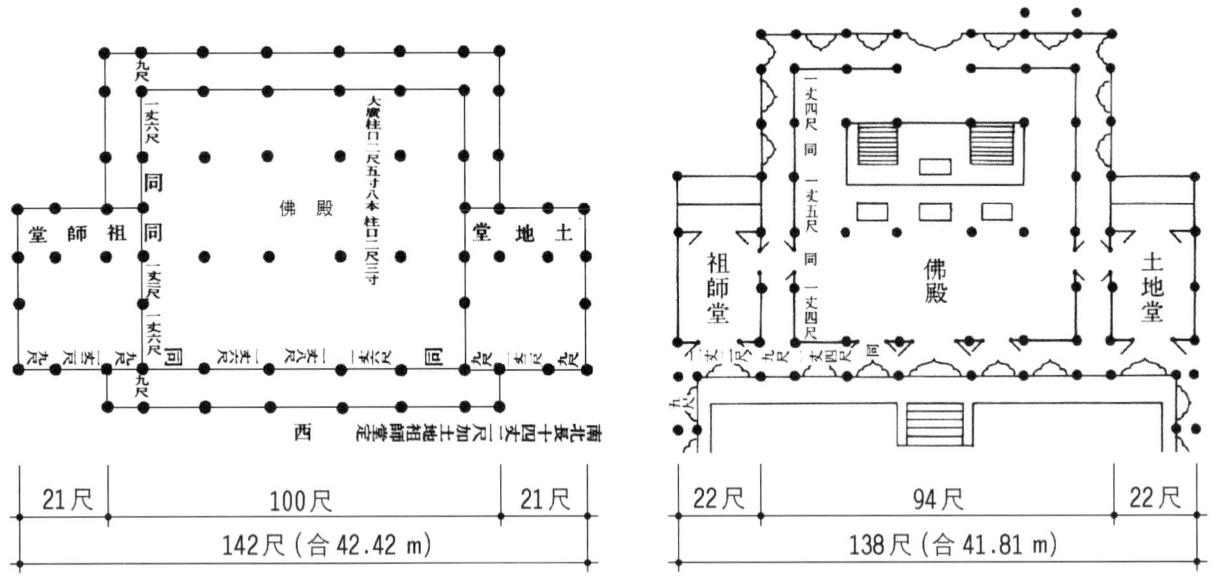

南禅寺本佛殿指图（古图 1447 年，建筑 1293 年）　　建长寺指图佛殿（古图 1316 年，建筑 1255 年）

图 2-2-24　史料所记日本禅寺方五间佛堂的整体规模与尺度（来源：関口欣也．五山と禅院[M]. 小学館，1983. 作者改绘）

方形平面，更有进深略大于面阔的方形，如保国寺大殿的进深大于面阔一椽架、5 尺[49]。实际上，江南方三间殿堂平面趋于方形，是追求大进深空间的结果。而进深大于面阔的平面及间架形式，则是江南方三间殿堂所独有的做法。

加大进深上前部礼佛空间的做法，在江南至少可上溯至北宋保国寺大殿，其后宋元苏州保圣寺大殿、武义延福寺大殿承袭沿用。而唐样方三间佛堂大多是面阔与进深相等的正方形式。日本方三间佛堂，较多地表现出对正方形本身的追求，更注重外观规整的效果和特色。然进深大于面阔的形式，在日本唐样佛堂上也有十分成熟的表现，最典型的实例是广岛不动院金堂，其间架尺度经精心设计，进深大于面阔一朵当、4.2 尺。这一间架尺度现象，也表现了唐样佛堂与江南建筑在设计层面上的深刻关联性。

相比较而言，日本关于禅寺佛堂的史料远较中国为多，不仅有众多的中小型佛堂遗构，更有五山佛堂古图和相关文献史料。根据现存史料分析，日本中世五山佛堂的规模形制相当统一和成熟，几乎皆为方五间带副阶、总规模方七间的形式（图 2-2-24）。且这一独特的五山佛堂规制，有可能反映了作为日本中世五山祖型的南宋径山寺佛殿的基本特征，推测南宋径山寺佛殿形制，或是日本五山佛殿方五间形式的一个源头和原型[50]。

南宋江南五山十刹的建筑形制，对日本中世禅宗寺院建筑有着重要的意义。

49　关于宁波保国寺大殿的尺度复原分析，参见：东南大学建筑研究所. 宁波保国寺大殿：勘测分析与基础研究 [M]. 南京：东南大学出版社，2012：102-116.

50　南宋五山之首的径山寺在日本丛林具有无上的地位，“径山样”对于极力仿效宋风的日本中世禅寺有着特殊的意义，其佛殿形式最有可能成为日本五山佛堂的范本。又据五山十刹图所记径山楞严会图，径山寺佛殿的规模形制同样为方五间的形式。

3. 中世新和样：传统和样的再造

（1）承前启后的中世新和样

中世和样是经奈良、平安时代日本化的盛唐样式。和样作为中世以来的传统样式，是相对于中世新兴宋样式而言的。如果将平安时代以来定型的盛唐样式视作传统和样，那么中世以后受新兴宋技术影响的和样则可称作新和样，二者的根本区别在于新兴宋技术的介入[51]。新和样在传承传统和样的基础上，又吸收和融汇了新兴宋技术的影响因素，由此构成了中世新和样的一个基本内涵。

镰仓时代以来，虽有外来的禅宗初兴，然其时佛教寺院的大多数仍为天台、真言等传统寺院，建筑样式也仍以传统和样为主流形式，新兴的唐样远不及传统和样的势力强大，尤其是南都奈良，更是传统和样的重镇。然随着唐样的逐渐兴盛以及宋技术的影响和刺激，在风格与技术上长期处于沉寂停滞的传统和样，开始在诸多方面出现新的变化。在追求和吸收部分宋技术要素的过程中，老旧的和样显现出不同于此前的面貌和特色。

12 世纪末以来，宋技术对日本中世的影响，并非仅限于天竺样与唐样，和样同样受宋技术的影响，只不过是程度和形式的不同而已。中世和样建筑的技术进步，离不开宋技术这一新因素。

中世和样建筑主要有以下两种形式：一是密教本堂，二是楼阁式佛塔。中世密教寺院以本堂建筑的发展最为显著，密教本堂代表了中世和样建筑发展的主要特色以及宋技术影响下的和样变革[52]。

中世密教本堂在基本骨干上，大致因循前朝旧制，表现为古朴唐风的延续。相较于古代佛教金堂，中世密教本堂的特色主要表现在室内空间形式的变化上。

中世密教本堂在规模上以面阔五间的形式为主。基于礼佛空间的发达以及佛像布置的方式，形成密教本堂独特的大进深、带礼堂的空间形式，以及相应于室内空间变化的重椽草架的天花处理方式（图 2-2-25）。

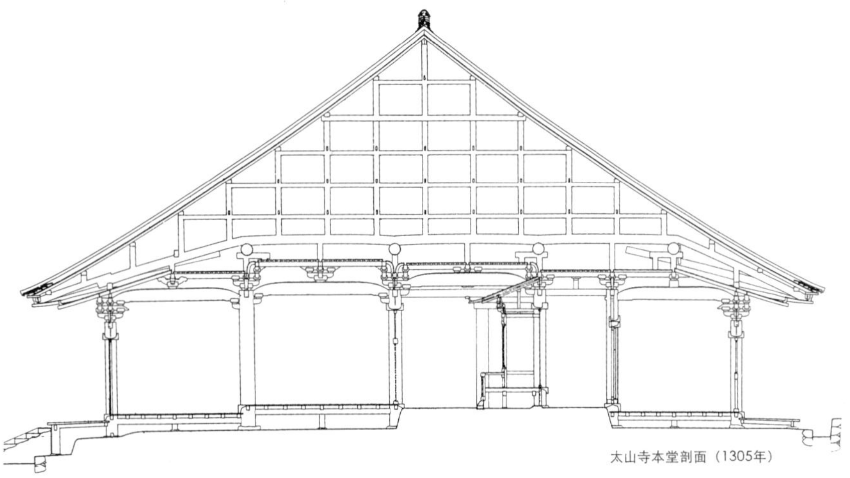

图 2-2-25　中世密教本堂空间形式：太山寺本堂剖面（来源：浅野清．日本建築の構造 [M]．東京：至文堂，1986）

51　中世和样在不同程度上都受宋技术的影响，故日本学界也有将受宋技术影响较为明显的和样称作新和样，从而区别于其他和样。

52　日本中世，尤其是镰仓时代至室町时代前半，密教寺院以本堂建筑的发展最为显著。《日本建筑史基础资料集成》第七卷（佛堂Ⅵ），收录了 14 栋具有代表性的中世密教本堂遗构，时代以镰仓时代为主（镰仓时代 10 构，室町时代 3 构，安土桃山时代 1 构），皆受宋技术影响显著。

部分密教本堂在礼佛空间上所用宋式月梁蜀柱的构架形式，显然受到禅宗五山佛堂的很大影响。如松生院本堂（1295年）、鑁阿寺本堂（1299年）、明王院本堂（1321年）等例，中世密教本堂在礼佛空间上有了显著的发展和变化（图2-2-26）。中世以来，江南宋式月梁蜀柱的装饰趣味，不仅为唐样所追求和模仿（图2-2-27），同时也为部分和样密教本堂所吸收，且其宋风之纯粹，与唐样无异（图2-2-28）。

镰仓时代和样密教本堂对宋技术的吸收，也表现在斗栱形式上，如部分密教本堂采用了宋式斗栱的重栱形式、上昂做法、丁头栱做法、耍头装饰以及补间铺作配置，而这些都是以往和样建筑中所不见的新因素。

以密教本堂为代表的中世和样建筑的变化与技术进步，主要来自镰仓时代传入的宋技术的影响。新兴宋技术所带来的中世变革，同样出现在因循守旧的和样建筑上。首先是12世纪末奈良东大寺再建引入的福建宋样式，即所谓天竺样，其对和样的影响在13世纪初显现，尤其是在南都奈良的和样建筑上[53]；接着是13世纪中叶镰仓建长寺创建时所采用的江南宋样式，即所谓唐样，其对和样的影响在13世纪末显现。13世纪以来两种宋样式的先后影响，不同程度地改变了中世和样的面貌。而这种影响主要表现在如下两个方面：一是样式细部，一是构造做法。也就是说，中世和样建筑部分地采用了天竺样或唐样的样式细部和构造做法，从而在细部意匠上丰富了和样的装饰形式，在构造做法上推动了和样的技术进步。

镰仓时代以来的和样建筑，已不再是墨守成规的旧和样。对宋技术的吸收，令中世和样意匠一新，充满生气活力，宋技术成为旧和样向新和样转变的促进因素。镰仓时代末期的和样密教本堂，相较于沉寂呆滞的旧和样，显得丰富而多彩。

（2）中世折中样的盛行

中世和样建筑的演化进程上，折中样的盛行是一值得关注的现象。所谓折中，指在新兴宋样式传入和流行的背景下，中世建筑新旧样式的影响与交融，也即中世传统和样与新兴宋样式的折中，是和样吸收部分宋样式的细部做法和构造技术所形成的混融样式。其中和样是主体，天竺样、唐样是影响和附体，由此形成不同特色的折中样式。折中样的盛行，反映了中世和样对新样式和新技术的向往与追求。

然而，如果将吸收宋样式的和样称作折中样的话，那么几乎所有中世和样建筑皆可归属于这一范畴。宋风浓郁的中世，已无纯粹的和样，新兴宋技术的影响无处不在。因此，折中样的认定，只能取决于界定的标准。对此，日本学界也有不同的界定方式，一般多以影响程度区分，即将宋技术因素显著者称作折中样。

53　镰仓时代和样建筑的典型代表是南都六宗的寺院建筑，与奈良东大寺再建采用新引进的天竺样不同，奈良兴福寺的重建，则采用传统的和样形式。镰仓初期重建的兴福寺建筑，现唯有三重塔和北圆堂尚存。

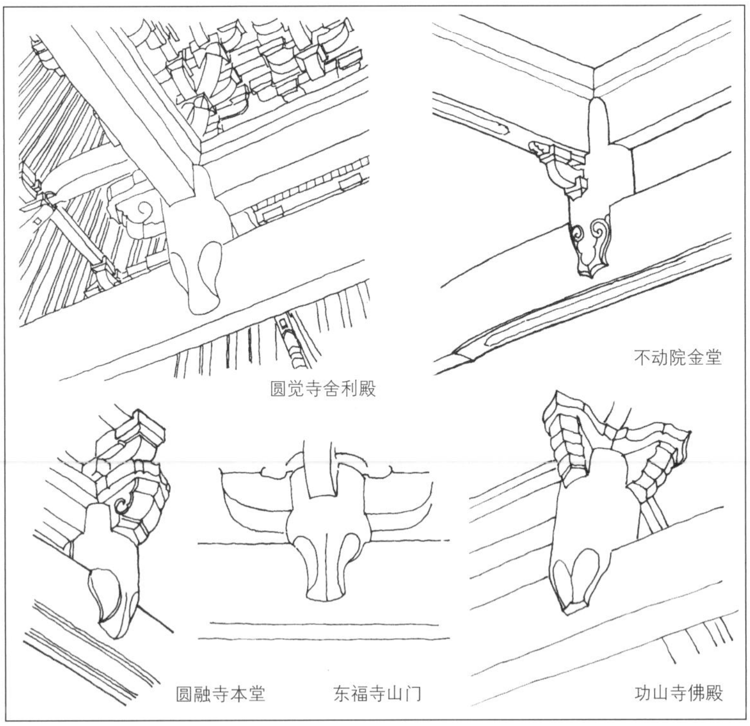

图 2-2-26　鑁阿寺本堂外阵月梁蜀柱构架（来源：鑁阿寺本堂調查報告書 [M]. 足利市教育委員会，2011）（左上）

图 2-2-27　唐样月梁蜀柱做法的江南装饰趣味（集图自绘）（右上）

图 2-2-28　松生院本堂月梁蜀柱装饰做法及比较 [左图来源：太田博太郎等. 日本建築史基礎資料集成（七）[M]. 中央公論美術出版，1975，右图来源：唐聪摄]

中世之初率先传入日本的天竺样，风行一时，且在折中样的形成上更具影响。中世前期昙花一现的天竺样，其影响大多有赖于折中样而得以存续。其实例如东大寺法华堂礼堂（1199 年）、法隆寺东院礼堂（1231 年）、灵山寺本堂（1283 年）等构，皆为带有天竺样因素的折中样遗构。

唐样无疑是日本中世建筑最醒目和重要的新因素。自唐样传入日本之后，其势力由关东向西逐渐扩展，影响及至传统和样，形成折中样式[54]。其最早实例为和歌山松生院本堂（1295年），其他重要的折中样还有：香川本山寺本堂（1300年）、长保寺本堂（1311年）、兵库鹤林寺本堂（1397年）等诸构，皆为带有唐样要素的中世密教本堂。

镰仓时代后期，出现了同时采用天竺样和唐样两种做法的折中样实例，如广岛明王院本堂（1321年）、冈山本山寺本堂（1350年）等例。

镰仓时代后期至南北朝时代，是以唐样因素为特色的折中样的全盛期。这一时期的折中样遗构，不仅反映了中世和样演变的特色及其与唐样的关联性，而且保留了许多早期的唐样做法，从而部分弥补了唐样建筑研究上缺乏早期遗构的不足。镰仓时代的折中样，成为认识早期唐样建筑的参照和线索。

和样与唐样因素的结合，无疑是中世折中样最重要的表现形式。对于这一形式的折中样，日本近世建筑技术书中称作“半唐样”。

“半唐样”之称，出自日本近世唐样技术书《建仁寺派家传书》。书中也收录了部分和样内容，其中包括带有唐样因素的折中样，并称之为“半唐样”。“半唐样”之称别有意味，其一是表明了两种样式折中的特色，其二是表露了唐样工匠眼中的折中样及其心态——唐样对和样的影响与抗衡。

新旧样式的对立并存，是日本建筑史上的一个重要现象。历史上日本文化的特色，正是在新与旧、外来与传统的矛盾中发展起来的。而求新、守陈、折中及日本化，也成为日本文化发展的重要表现形式。

三、宋技术影响的形式与表现

12世纪末以来日本中世建筑的蓬勃发展，其背景在于新兴宋技术的影响与推动。在中世建筑的技术进步上，宋技术的作用和表现可概括为如下三个层面，即风格样式的引领、构造做法的革新、设计技术的推进。

1. 建筑风格与样式的引领

宋技术对日本中世建筑的影响，醒目地表现在风格样式上。首先，南宋建筑样式的传入，一改此前建筑样式单一的状况，形成传统唐风样式与新兴宋风样式并立的局面；其次，宋风样式引领中世时尚风习与审美喜好的转变，表现为天竺样、唐样的流行，以及新和样的宋风倾向。

唐样作为外来的新样式，在日本审美中很快被接受和喜爱，成为日本建筑样式的一个经典。而天竺样虽新颖别致，然却昙花一现，在日本建筑样式史上，只是短暂的流行样式。

54　中世唐样传入日本后，主要以镰仓、京都为基地，而近畿、西国之地，因和样的传统势力强大，唐样的影响多表现为折中样式。

样式风格的变化，相较于构造做法和设计技术，更为显著、直接和迅速。在宋风样式的影响下，中世建筑的风格样式，呈现以下几个方面的变化及特色：

其一，建筑风格的追求，从雄壮素朴的唐风，趋向秀丽纤巧的宋风。以唐样为代表的南宋建筑风格，改变和丰富了中世建筑的风格和面貌。

其二，风格样式的纤细化、精致化，成为唐样乃至部分和样（京都和样）的风格特色，体现在用材尺寸的变化上，以及由整体到细部的尺度和比例关系上。南宋文化和技术，造就了中世以来精致化的风格特色，而唐样建筑则是中世精致化的典型。

其三，细部样式的装饰化，促使了素朴的旧和样转向装饰化的新和样，宋式的霸王拳、耍头、驼峰、皿斗、槅扇以及构件卷杀等装饰细部，为和样的装饰化发展，提供了新的素材和方向，并培育了其后以装饰化为特征的豪华绚烂的桃山样式。

其四，中世斗栱形制的变化，表现在铺作配置与斗栱形式两个方面。唐样建筑的补间铺作配置及宋式斗栱形式，不仅在样式风格上，而且在构造做法和设计技术上，改变和推进了中世建筑技术的发展。

中世建筑样式风格呈现出宋风化的特色，其中宋式斗栱的作用尤为显著和重要。

日本中世初期新出的宋式斗栱形式有两种：一是天竺样的穿斗构架斗栱，一是唐样的厅堂构架斗栱。两种新颖的斗栱形式，在中世建筑样式风格的演化上，各有不同的角色和影响作用。

首先是天竺样斗栱，以多跳连续插栱为特色，风格独特（图2–3–1、图2–3–2）。

图2–3–1　奈良东大寺南大门斗栱［来源：奈良六大寺大観刊行会編. 東大寺（奈良六大寺大觀：第9卷）[M]. 東京：岩波書店，1980］（左）

图2–3–2　净土寺净土堂外檐斗栱（作者自摄）（右）

图 2-3-3　和样当麻寺西塔六铺作斗栱（来源：浅野清. 日本建築の構造 [M]. 東京：至文堂，1986）

图 2-3-4　唐样善福院释迦堂斗栱（作者自摄）

图 2-3-5　唐样不动院金堂铺作配置（唐聪摄）

然天竺样建筑流行时间短暂，所存遗构为数不多。其斗栱特色主要依靠折中样而持续和传承，如折中样中所见的插栱、皿斗及双斗等形式，皆别具特色，为和样建筑增添了独特的装饰趣味。其例如东福寺山门、鹤林寺本堂、教王护国寺金堂、净土寺药师堂等诸构。

其次是唐样斗栱，其对中世建筑样式风格的影响，远甚于天竺样。唐样斗栱的出现，一改此前和样斗栱的传统形象，表现为从无补间铺作到双补间铺作、从偷心造到计心造、从单栱造到重栱造、从硕大简朴到工巧精致等等的变化（图2-3-3、图2-3-4）。伴随着补间铺作两朵的出现，檐下斗栱配置由和样的疏朗，转为唐样的细密，新旧样式风格大为改观（图2-3-5）。唐样新颖独特的斗栱形式，丰富和改变了中世建筑的样式风格。

唐样斗栱对和样建筑的影响，多出现在中世和样的密教本堂上，表现为折中样的形式，即在和样本堂建筑上，或采用唐样斗栱的形式，或采用唐样补间铺作的做法。唐风的和样建筑，加入了宋式的斗栱做法，两种时代风格和做法融为一体，别具特色和意味。实际上，对于和样建筑而言，宋式斗栱及补间铺作本就象征意义大于结构意义，其反映的是传统和样对新兴宋技术的向往心态。

2. 结构与构造技术的革新

结构与构造技术的革新，是宋技术影响下日本中世建筑技术进步的最重要的表现。

日本平安时代以来，以盛唐建筑为祖型的古典和样建筑趋于老熟定型，至中世宋技术传入之前，其建筑技术基本处于沉寂和停滞的状态。中世之初，在闭锁约三百年后再与中国交往，从南宋引入新技术，日本建筑随之在诸多方面出现新的变化，结构与构造技术的革新即是其中的一个重要方面。

南宋新技术为日本中世带来了有别于传统和样的全新构架形式—— 一是天竺样的穿斗构架形式，二是唐样的厅堂构架形式，二者与日本传统和样的殿阁构架形式形成强烈的对比和差异。

天竺样的穿斗构架形式，以豪放雄浑、简明直率为特色。镰仓时代之初为东大寺再建所引入的这一构架形式，应既有追求新颖宋风的原因，又有为大佛殿选择适宜构架形式的需要。天竺样新颖独特的构架形式，无疑给平安时代以来老旧的传统建筑带来了新鲜气息和巨大冲击。现存东大寺南大门及净土寺净土堂是这一构架形式的典型代表（图2-3-6、图2-3-7）。

唐样与天竺样之不同，既是样式风格的不同，更是构架形式的不同。中世唐样的厅堂构架形式，以严谨规整、精致秀丽为特色，梁架斗栱做法一派江南宋风，反映了江南厅堂构架的独特性。现存圆觉寺舍利殿、功山寺佛殿、正福寺地藏堂，是方三间唐样厅堂构架的典型之例（图 2–3–8、图 2–3–9）。

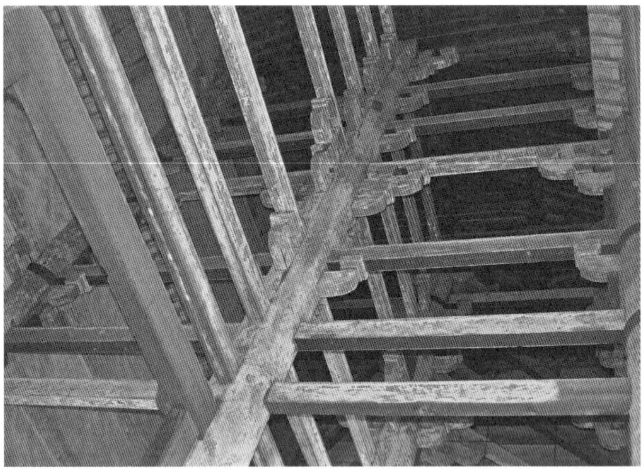

图 2–3–6　东大寺南大门构架形式（作者自摄）

图 2–3–7　净土寺净土堂构架形式（来源：朝日百科周刊．鎌倉時代の美術 [M]．東京：朝日新聞社，1980）

图 2–3–8　圆觉寺舍利殿梁架斗栱（来源：浅野清．日本建築の構造 [M]．東京：至文堂，1986）

图 2–3–9　正福寺地藏堂梁架斗栱（唐聪摄）

天竺样与唐样鲜明独特的地域性构架，表现了宋技术在构架技术层面对日本中世建筑的影响和推动，这一新因素促进了镰仓时代建筑技术的巨大进步，以及技术多样化和个性化的特点。

中国古代木构技术的发展上，构架整体稳定性一直是长期以来的技术追求，且相应于时代、地域及构架体系表现出不同的技术方法。而宋代南方构架技术的传播和影响，则极大地推进了东亚建筑构架整体稳定性的进步，并成为日本中世建筑技术进步的一个重要表现。

图 2-3-10　唐招提寺金堂柱间长押做法（来源：浅野清. 日本建築の構造 [M]. 東京：至文堂，1986）（左）

图 2-3-11　唐招提寺金堂前廊中世添加的“系梁”（作者自摄）（右）

构架的整体稳定性，在技术层面上决定于两个方面：一是构架形式，二是构造做法。宋代南方构架技术先进性的一个重要方面，即表现为其柱间拉结以求稳定的串枋构造做法。而南方构架所特有的抗拔脱榫卯形式，则成为串枋构造做法的技术支持。

中世传入日本的南宋构架技术中，最重要的是串枋构造技术，日本称作“贯”，即以串枋构件拉结和加强整体构架的构造技术。天竺样的串枋构造技术尤具特色：上下多层纵横交错的串枋构件，贯穿柱身，绞角出头，拉结联系柱间，加强稳固整体构架。中世镰仓初期出现的宏大体量的东大寺大佛殿、南大门等建筑，正是得到天竺样强大的串枋构造技术支持的结果。

串枋技术同样也是唐样厅堂构架的重要构造形式，主要表现为阑额、腰串、地串的形式，以之拉结联系柱间，强化构架的整体稳定性。构架轻盈稳定的唐样建筑，正是基于串枋构造技术的支持。

串枋技术是在镰仓时代随着天竺样和唐样而传入的，并得到了广泛普及[55]，串枋技术的发达，是中世天竺样和唐样构造技术的显著特征。

宋技术传入之前的日本和样建筑，构架形式以北中国殿阁式构架为特色，注重竖向的叠压而弱于横向的联系，入柱阑额为直榫形式，与柱头间无拉结作用，故整体稳定性的缺乏，一直是和样构架主要的技术弱点。为此，12 世纪以前的日本建筑，多以厚重的体量以及加大柱径、减小柱高的方法求得构架稳定，进而采用夹于柱头、柱身和柱脚的三道长押构件，以钉固定，作为柱间的拉结联系，补强构架整体的稳定性（图 2-3-10）。在宋技术传入之前，日本建筑在构架稳定技术的进步上，可以说完全无所作为[56]。

55　上野胜久著，包慕平、唐聪译. 日本中世建筑史研究的现状和课题——以寺院建筑为主 [M]// 王贵祥、贺从容. 中国建筑史论汇刊（第 12 辑）. 北京：清华大学出版社，2015：83-96.

56　参见：浅野清. 中国建築の日本化について [Z]. 讲义稿，1989.

中世以来，受惠于宋技术的影响和推动，传统和样在构造技术上表现出显著的革新与进步。通过采用宋式串枋构造做法，改进和样构架技术，使得阑额、腰串、地串（日本称头贯、腰贯和地贯）成为联系柱间的构造材，从而增强了和样建筑的构架整体稳定性，实现了构造技术上的突破和飞跃，解除了一直以来和样建筑技术上的最大困扰。

和样建筑上柱额（贯）作为柱间联系构造材的使用，始于镰仓时代接受宋技术以后。13 世纪初的奈良兴福寺北圆堂（1210 年），是和样遗构中所见最早者，13 世纪末的镰仓时代密教本堂上也见使用。源于宋技术的柱间联系构造材，实际上替代了和样长押构件的作用，长押逐渐退化为和样的装饰性构件[57]。

江南厅堂构架上的顺栿串，日本称作“系梁”，是中世之前日本建筑上所不见的构造做法，中世以后随江南建筑技术而传入日本。奈良时代的唐招提寺金堂构架上，原本是没有顺栿串的，而中世以后，受宋技术的影响于前廊乳栿下添加了顺栿串，成为金堂构架补强的“系梁”（图 2-3-11）。

南宋串枋构造技术，促进了日本中世建筑技术的革新与发展。串枋构造技术的使用，是南宋江南技术对日本中世建筑技术进步的重要贡献。

3. 设计思维与方法的变化

（1）唐样的宋式设计方法

在宋技术对日本中世建筑影响的三个层面中，相较于风格样式和构造做法，设计技术这一层面，由于其非直观性和潜在性的特点，是最不易察觉和把握的。而三个层面的内容中，设计技术内容研究是本书的重点和目标所在。

中世建筑设计技术研究上，基于宋技术对中世建筑影响的大背景，如下两个方面有必要关注和重视：一是关于唐样设计技术的独特性及其与宋技术的传承关系，二是关于唐样与和样设计技术的关联性。

实际上，正如前文所反复强调的那样，12 世纪末以来，宋技术对日本建筑的影响是整体和全面性的，而非仅局限于天竺样和唐样，传统和样也受宋技术的影响，只不过是程度和形式不同而已。宋技术的影响无疑是中世建筑技术进步的促进因素。而设计技术这一层面，同样也离不开宋技术这一新因素，唐样如此，和样亦不例外。

如果说宋技术是中世建筑设计技术进步的促进因素，那么唐样建筑则是这一进程中的主角。也就是说，在设计技术这一层面上，宋技术对中世建筑的影响，应主要体现在唐样建筑上。在这一背景和视角下，关于唐样设计技术的分析则有必要注重如下的线索，即唐样设计技术的独特性及其与宋技术的关联和传承。

中世建筑设计技术的发展上，唐样与和样作为两个独立的设计体系，各有其

57　参见：太田博太郎等. 日本建築史基礎資料集成（七）· 仏堂Ⅳ [M]. 東京：中央公論美術出版，1975.

独特和鲜明的技术特征。二者相较，唐样设计体系是基于补间铺作的朵当模数法，和样设计体系是基于平行椽的枝割模数法。

唐样设计技术的核心在于朵当规制。基于朵当的尺度设计方法，是唐样设计技术最重要的特色，而这一设计方法是基于宋式多补间铺作做法而产生和发展的。

补间铺作两朵是中世唐样建筑的标志和象征。正是补间铺作的发达，促进了唐样朵当意识的出现和强化。朵当性质由此产生变化，在开间构成关系上，朵当由被动、从属转向主动、支配，进而形成设计技术上的朵当规制。而这一唐样朵当规制，在日本近世唐样技术书中仍有反复的诉说和表达，详见第九章“唐样建筑技术书的设计体系与技术特色”的相关分析。

斗栱构成的比例化和模数化，是宋技术影响下唐样设计技术的另一个显著特色。相应地，宋式的以材为祖，成为唐样斗栱及朵当构成的基本方法。

概括而言，中世唐样设计技术的发展，大致沿着如下路线进行：从基于补间铺作的朵当意识的产生与强化，到基于朵当的开间尺度模数化，再到基于栱斗（材、斗口、斗长）的朵当尺度模数化，最终建立斗栱、朵当、开间三者关联的整体构成关系。实际上，这也是中国本土两宋以来设计技术发展的基本路径。中世唐样设计技术的实质，是对宋式设计技术的传承和改造。宋技术的设计思维与模数方法，确定了日本中世唐样设计技术演进的方向和方式。

（2）和样设计方法的变化

作为中世传统样式的和样建筑，其设计技术发展相较于新兴唐样有着另一番的样态。其中所呈现的诸多新因素和变化，反映了宋技术背景下中世和样设计技术的进步及特色。

相对于唐样设计技术的朵当规制，和样设计技术的核心在于枝割规制，即基于布椽的尺度设计方法，而平行椽做法是和样枝割规制产生和发展的前提与条件。

与唐样朵当属性的演变进程类似，中世和样建筑在布椽与间广设定的关联对应中，椽当意识逐渐强化，椽当属性逐渐产生变化，从相应于开间的细分单位转向开间构成的支配基准，从而形成基于椽当的间广设定方法。此外，布椽与斗栱构成的整合，促成了所谓六枝挂斗栱的构成方式，椽尺寸进一步成为和样斗栱比例权衡的基准所在。

中世和样设计技术的进步，表现在枝割设计方法的形成与发展上。其主要表现在两个层面：一是间广构成的枝割规制，二是斗栱构成的枝割规制。其演进的基本路线是：从布椽过程中椽当意识的产生与强化，到基于椽当的开间尺度模数化，再到基于椽当的斗栱尺度模数化，最终建立椽列、斗栱、开间三者关联的整体构成关系。

中世和样设计技术的新因素及相应变化概括如下：新的设计观念与方法的形成，尺度关系从传统的整数尺规制转向枝割规制，也即设计技术上模数意识的出现、模数方法的演进和成熟。

中世和样设计技术的演进，不应是一个孤立隔绝的存在，宋技术对中世和样建筑的影响，在设计技术层面上必然有所表现。若将和样设计技术的进步和变化置于中世宋技术的大背景下，就不难看出宋技术的影响以及和样与唐样的关联性。在设计技术层面上，和样与唐样的相近、趋同及关联是相当显著的。无论是间广构成，还是斗栱构成，和样设计方法皆与唐样存在着一些关联互动。在椽列、斗栱、开间三者关联的整体构成关系上，和样有可能仿效了唐样设计技术的思路和方法。在宋技术的背景下，唐样与和样设计技术的关联互动是可以想象的。

实际上，在中世工匠行业竞争上，先进宋技术的优势和光环，和样未必愿意让唐样独占，势必吸收和仿效部分唐样技术和做法，而模数设计方法应是其中的一个内容，并由此形成和样与唐样二者设计技术上的相近和关联性。

在镰仓时代初宋技术传入之前，日本不存在真正意义上的模数设计技术。12世纪末以来日本中世建筑设计技术的进步，主要表现为模数设计技术的产生与发展，而中世宋技术的引领和影响，应是这一变化的一个重要促进因素。

关于中世和样设计技术的比较分析，详见第七章“宋技术背景下的和样设计技术：唐样的影响及其关联性”。

第三章 间架关系与尺度设计

第三章　间架关系与尺度设计

本章通过间架关系与尺度设计这一线索，讨论唐宋以来东亚中日建筑设计技术的特色及其演化进程，并以此内容作为本书关于设计技术分析的整体架构的首个环节。

本章基于间架关系的特点，探讨间架细分单位“椽架”与“朵当”的角色作用及其关联性，从而为间架尺度设计的分析建立相关的模型和依据。其目的是首先从间架整体的层面把握尺度设计的意图与方法。

本章关于间架构成关系的讨论，建立在如下两个问题的基础上：一是椽架作为基准的属性，二是椽架与朵当的关联性。

朵当作用的显著化是间架构成关系演进的一个重要因素和转变契机，因此本章从椽架关系入手，并基以椽架与朵当的对应关联，最终聚焦于朵当关系上。

分析中国古代木构建筑设计思维及营建逻辑，间架配置关系在先，间架尺度关系在后，且二者间关联互动。故本章将间架配置关系的分析作为间架尺度关系及其设计方法分析的基础和线索，且本章内容也是后面诸章关于设计技术讨论的相关铺垫和认识基础。

一、间架形式与构成要素

1. 间架的意义与内涵

木构建筑是中国古代建筑的主体形式，秦汉以来，随着木构技术的不断发展，木构体系逐渐成熟和定型，形成了以间架形式为特征的大木结构体系。独特的间架形制，在很大程度上表现了中国木构传统的特色。

传统大木结构的规模构成，由面阔上的“间”和进深上的“架”组成。作为规模表记方式，“间”“架”分别成为面阔与进深上的两向量度。其“间”指面阔上的两柱为间，“架”指进深上槫或椽之架构。而“间架”一词，一般则指整体构架规模。

“间”“架”之称，应在汉代即已形成。而“间架”一词，至迟唐代也已使用，并成为表述建筑规模的习用术语，历代传承，沿用至明清时期。通常面阔与进深分别计以“间”与“架”，称作几间几架，从而形成建筑规模的间架表记形式。

相对于所指明确的面阔单位“间”，进深单位“架”的所指，则有不同的变化，即“架”在不同时期分指进深上的槫架或椽架。分析历代“架”义的差异与变化，大致汉唐与明清之“架”指槫架，宋辽之“架”指椽架。具体而言，唐之一槫谓之一架，进深架数以槫数计；宋之一椽谓之一架，进深架数以椽数计，故唐之九架屋相当于宋之八椽屋[1]。

间、架至迟在唐代已成为衡量建筑规模的基本单位，至宋《营造法式》则成为习用的术语[2]。《营造法式》间架的“架”指椽架，或直接称“椽”，其指进深上跨置于两槫间的椽架。也即在进深量度上无开间的概念，唯以椽架数计之，椽架成为间架构成的基本要素。为表述上的统一，本文以下凡言及架，皆指椽架。

“间架”表记中的“间”与“架”，不涉及具体尺寸，只关系“间”“架”之数。相应于“间架”数的规制，另有相应的尺度规制或习用尺寸。如《营造法式》中对“间”“架”尺度的限定。

2. 间架要素及其关联性

间架构成上有三个相关要素，即开间、椽架和朵当三者。所谓朵当，又称补间或步间，也即补间铺作中距。由此三要素的配置及构成关系，形成中国古代木构建筑特有的间架规制以及相应的间架设计技术。

自唐宋以来，在间架构成上，椽架与朵当作为开间的细分单位，二者相互关联、对应和转换，在性质上逐渐具备了构成基准的作用和特色，进一步丰富了间架规制的性质和内涵。

关于椽架与朵当的对应和关联，在唐宋时期的间架构成上，椽架要素占据主导地位，是间架构成的支配因素。由于补间铺作尚未发达，在间架构成上，朵当要素处于从属椽架和开间的地位，表现为对应椽架和均分开间的特点。而随着补间铺作的成熟和发达，朵当要素的重要性逐渐显现，尤其是在北宋以后的南方厅堂构架上。

在间架构成上，椽架要素与朵当要素的重要性随时代而变化和转换，其趋势大致是从椽架转向朵当的。以补间铺作两朵的出现为契机，朵当的作用趋于显著化，并逐渐取代椽架，成为间架构成上的支配因素，进而在间架设计技术上，朵当由规模量度向尺度量度演进。

由唐至宋是中国古代建筑发展的鼎盛时期，其间建筑间架形式高度成熟和定型化，并成为建筑规模与等级的重要标志。其相应的间架规制在性质上可称是构架文法，对于认识大木构架形制的特色和演变，具有重要的意义。

间架规制是中国古代木构建筑趋于成熟的表现，以及标准化、制度化的必然结果。作为木构建筑技术的一个重要内容，间架规制因地域差异和时代变化而不

1　张十庆．古代建筑间架表记的形式与意义 [M]// 王贵祥．中国建筑史论汇刊（第 2 辑）. 北京：清华大学出版社，2009：109-128.

2　陈明达．中国古代木结构建筑技术（战国—北宋）[M]．北京：文物出版社，1990：3.

同。相应地，各种构架形制的基本特色，大都缘于间架配置。以宋元南北两地的方三间构架而言，南北间架配置的差异显著而分明，从而左右和区分了不同构架体系的基本特色。

间架构成上，开间不是孤立的存在，而是与椽架、朵当相关联。以往设计技术的分析，多专注于开间尺度关系，而忽略间、架的关联性及其构成关系，必须将间架作为一个关联整体对待。相应地，朵当与椽架的关系，以及开间与椽架、朵当的关联性，也都成为不可忽视的分析线索。

二、间架关系的推理与分析

1. 间架配置：构架技术属性的表现

唐宋以来，三间方形平面是中小型佛殿的多见形式，所谓方三间，就是指这类中小型佛殿的平面形式，即其平面柱网构成上，面阔、进深各三间的方形平面形式。方三间也是东亚中小型佛殿的主要形式，如日本现存唐样佛堂遗构，普遍为方三间的形式。方三间成为一种构架典型，其独特性与独立性是相当显著的。本文关于间架关系的讨论，即主要针对方三间这一典型构架形式。

比较现存宋金时期南北两地的方三间构架，虽平面形式大致相似，然其所对应的间架形式却迥然不同。方三间构架的南北地域差异，根本地表现在间架形式上，即构架侧样上三间八架与三间六架之别。

江南方三间构架的间架形式，侧样以月梁造八架椽为特征，而北式方三间构架的间架形式，侧样则以直梁造六架椽为特征（部分小型者为四架椽）。上述二式鲜明地表现了南北间架构成的地域特色。南北典型的方三间构架，其间缝用梁柱形式虽有若干变化，但八架椽屋和六架椽屋的规模是不变的。南北方三间构架形式有着显著的地域性差异（图 3-2-1）。

图 3-2-1　南北方三间构架的比较：保国寺大殿与开化寺大殿 [左图来源：东南大学建筑研究所. 宁波保国寺大殿：勘测分析与基础研究 [M]. 南京：东南大学出版社，2012；右图来源：姜铮整理. 山西高平开化寺测绘图 [M]// 王贵祥. 中国建筑史论汇刊（第 16 辑），2018]

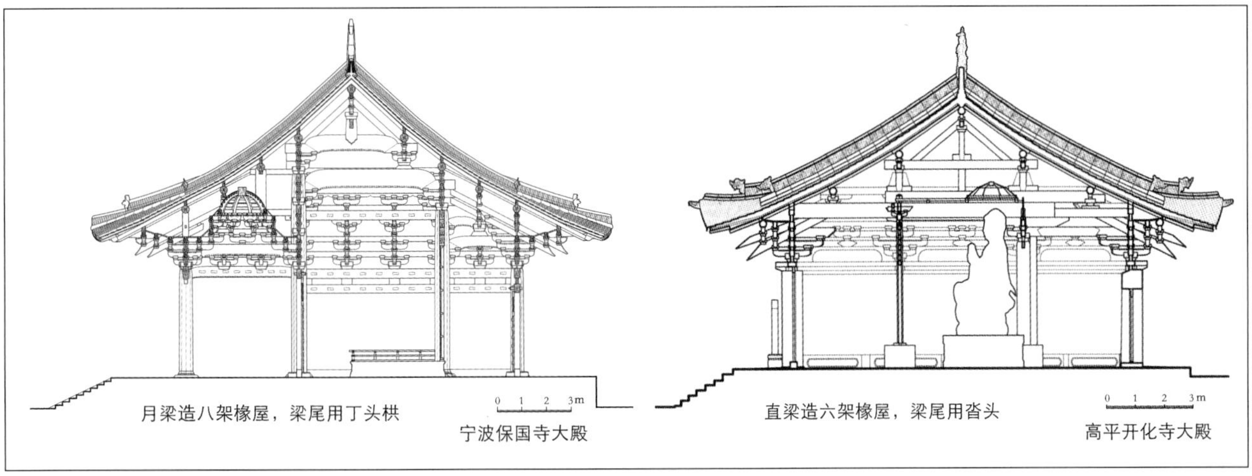

上述方三间构架的间架配置及地域特征，相信唐宋时期就已经形成，《营造法式》大木作侧样图清晰地表明了这一点。《营造法式》南式厅堂与北式厅堂的显著区别之一，正在于用椽数的差异。

分析《营造法式》厅堂侧样椽架特征：其共收录由四架椽到十架椽的厅堂侧样18幅，其中八架椽屋6幅，皆月梁造；余者皆为直梁造的四架、六架和十架椽屋。在《营造法式》厅堂形制上，“月梁造八架椽屋”是一关联的整体存在，而此正是江南厅堂间架的基本形式。

南北典型方三间构架的间架配置特色，概括而言即三间八架与三间六架的分别。侧样用八架椽与侧样用六架椽，其内涵表现的是南北方三间构架的技术属性和地域特征。

2. 基本间架范式

（1）江南八架椽屋的间架配置

江南厅堂方三间八架椽屋，根据间架配置的变化，形成不同的间架分椽形式，其中最主要的有两种：一是以甪直保圣寺大殿为代表的“八架椽屋前后乳栿用四柱”间架形式，二是以宁波保国寺大殿为代表的“八架椽屋前三椽栿后乳栿用四柱”间架形式。二者代表了江南宋元时期中小型厅堂间架配置的两种基本形式（图3-2-2）。

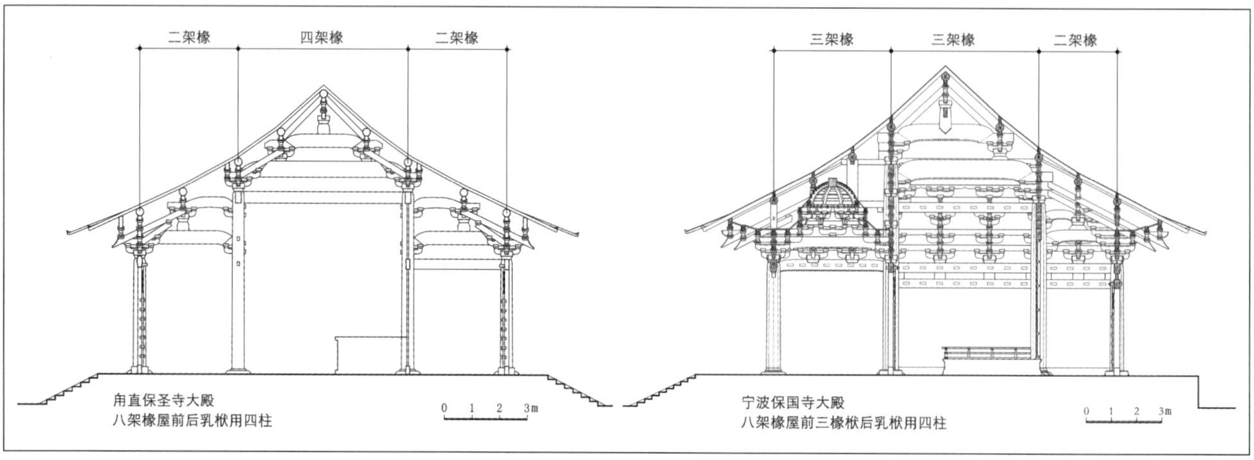

图3-2-2　江南宋构保圣寺大殿与保国寺大殿椽架配置比较（作者自绘）

分析比较上述两种间架形式，二者侧样皆为八架椽屋间缝用四柱形式，唯间架分椽形式不同。前者八架椽屋的间架分椽形式为“2-4-2”式（数字代表进深上各间梁栿所对应的椽架数，顺序为从前檐到后檐，下同），其宋元实例有北宋的甪直保圣寺大殿、苏州罗汉院大殿[3]以及元代的苏州轩辕宫正殿；后者八架椽

3　苏州罗汉院大殿建于北宋太平兴国七年（982），毁于19世纪后半叶，现存遗址和石柱、石础等构件。关于大殿形制的复原分析，详见：张十庆．苏州罗汉院大殿复原研究[J]．文物，2014（8）：81-96.

屋的间架分椽形式为“3-3-2”式，其宋元实例有北宋的宁波保国寺大殿，以及元代的金华天宁寺大殿、武义延福寺大殿。

在平面柱网形式上，江南方三间八架椽屋皆为身内用四内柱的形式，在结构上也就是中心四内柱主架、周匝八榀辅架的井字型构架形式，北宋保国寺大殿是其现存最早之例（图 3-2-3、图 3-2-4），其后元构天宁寺大殿、延福寺大殿亦是这一井字型构架形式（图 3-2-5、图 3-2-6）。

唐宋以来，成熟的间架规制以对称型的“八架椽屋前后乳栿用四柱”为基本形式，从而有一间对应二架椽的基本定式，梁栿跨度一般不过二间四椽。后世间架形式的诸多变化，大多是在此基本形式上演化而来。

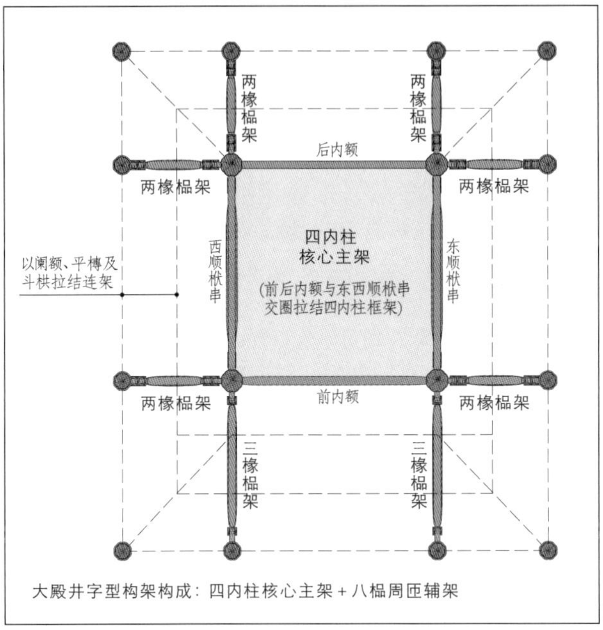

大殿井字型构架构成：四内柱核心主架＋八榀周匝辅架

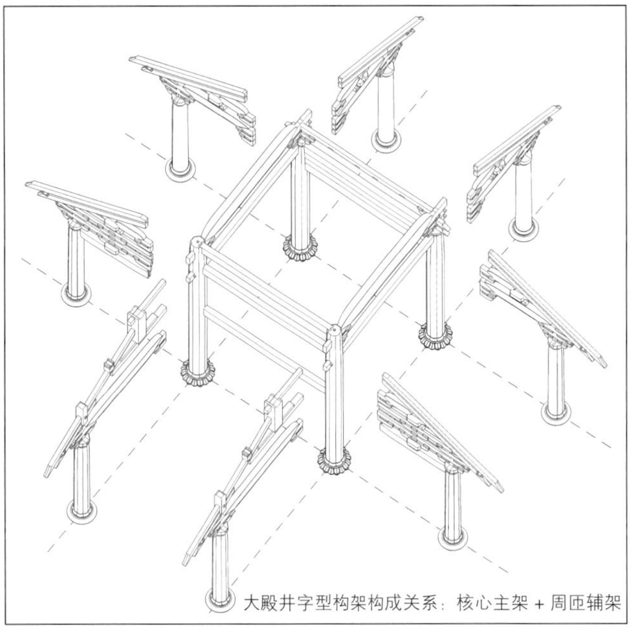
大殿井字型构架构成关系：核心主架＋周匝辅架

图 3-2-3　保国寺大殿井字型构架构成分析（作者自绘）（左）

图 3-2-4　保国寺大殿井字型构架构成关系：主架＋辅架（作者自绘）（右）

比较江南厅堂构架的间架形式，保圣寺大殿的“2-4-2”对称间架形式，在性质上为传统间架的基本形式，而保国寺大殿的“3-3-2”非对称间架形式，则是基于“2-4-2”传统间架形式的演化。因此，可将保圣寺大殿的“2-4-2”间架形式称为基本型，将保国寺大殿的“3-3-2”间架形式称为演化型。相比较而言，后者更能反映和表现江南厅堂构架独具的地域特色。

概而言之，江南厅堂构架以方三间八架椽屋为基本规模，其间架分椽上“2-4-2”基本型和“3-3-2”演化型，以其典型性和代表性，构成了江南厅堂构架的两个基本范式。

图 3-2-5 金华天宁寺大殿井字型构架（作者自摄）（左）

图 3-2-6 武义延福寺大殿井字型构架（作者自摄）（右）

（2）北方六架椽屋的间架配置

唐宋北方间架构成上，面阔开间数与侧样椽架数之间，保持着相应的关联对应，即以六架椽与八架椽为区分和限定，三间规模的中小型殿堂，椽架数不过六架椽；而八架椽对应于五间规模以上者，由此形成北方唐宋间架构成的基本特色。

文献记载也表明了北方间架构成的这一特色。北宋徽宗朝皇太后之献殿，“殿身三间各六椽”[4]，皇家也不违此三间六椽之制。且即使宋室南迁，间架仍沿用北地规制，如南宋永思陵上下宫主要建筑皆三间六椽，仍是典型的北式间架规制。

三间四架椽屋与三间六架椽屋，是北方中小型构架的主要规模形式。本章作为间架配置的比较，主要讨论更具典型意义的三间六架椽屋，其间架配置除少数六椽通栿外，主要有两种形式：其一是“六架椽屋前后乳栿用四柱”间架形式，间架分椽形式为“2-2-2”式，平面上为殿内用四内柱的形式，实例如少林寺初祖庵大殿（北宋）、忻州金洞寺转角殿（北宋）、襄城乾明寺中佛殿（明）等构[5]（图3-2-7）；其二是“六架椽屋四椽栿对乳栿用三柱”间架形式，当心间缝的间架分椽形式为“4-2”式，平面上为殿内用二内柱的减柱形式，实例如涞源阁院寺文殊殿（辽）、山西榆次永寿寺雨花宫（1008 年）、山西晋城青莲寺大殿（1089 年）、山西平顺龙门寺大殿（1098 年）等构。现存北方中小型构架的间架配置，以身内减柱的“4-2”式或“2-4”式为主流形式[6]（图 3-2-8）。

概而言之，北方中小型构架以方三间六架椽屋为基本规模，其间架配置上“2-2-2”式和“4-2”式，具有典型性和代表性，可称作北方三间规模构架的两个基本范式。

4 《宋会要辑稿》第二十九册·卷七三六八·礼三三“钦圣宪肃皇后”条：“徽宗建中靖国元年正月十三日，皇太后崩于慈德殿”，“十三日太常寺言：大行皇太后山陵一行法物，欲依元丰二年慈圣光献皇后山陵故事……献殿一座，共深五十五尺，殿身三间各六椽，五铺下昂作事，四转角，二厦头，步间修盖，平柱长二丈一尺八寸。副阶一十六间，各两椽，四铺下昂作事，四转角，步间修盖，平柱长一丈。”引自：（清）徐松. 宋会要辑稿 [M]. 北京：中华书局，1957：1250.

5 北方六架椽屋身内用四柱的间架配置形式，还有较少见的“1-4-1”式，如阳曲不二寺正殿（1195 年）、寿阳普光寺正殿（北宋）。

6 北方六架椽屋间缝用三柱的间架配置形式，还有较少见的“5-1”式，如文水则天庙正殿（金）等例。

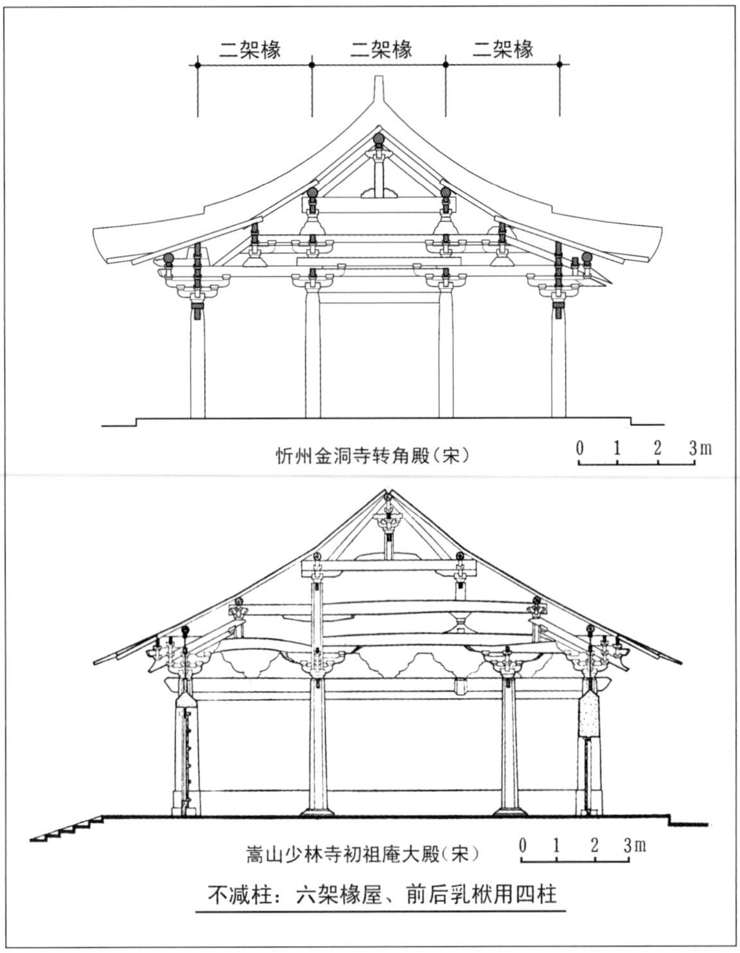

图 3-2-7　北方方三间“2-2-2”式间架分椽形式 [上图来源：周淼．五代宋金时期晋中地区木构建筑研究 [D]．南京：东南大学，2015；下图来源：祁英涛．对少林寺初祖庵大殿的初步分析 [M]// 自然科学史研究所．科技史文集（第 2 辑），上海：上海科学技术出版社，1979]

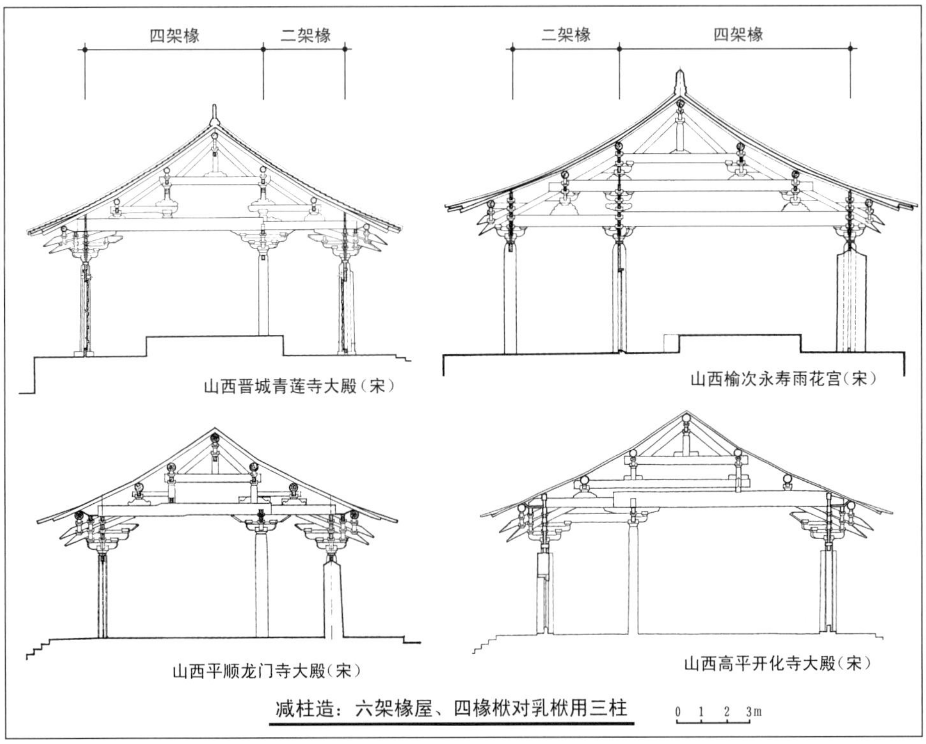

图 3-2-8　北方方三间“4-2”式间架分椽形式（集图自绘）

（3）南北间架配置的比较

南北方三间构架的间架特色，典型地表现在椽架数及相应的间架配置上。试将南北方三间构架典型的间架形式归纳如下：

江南两式：面阔三间，进深八椽

八架椽屋、前后乳栿用四柱，“2-4-2”式

八架椽屋、前三椽栿对后乳栿用四柱，“3-3-2”式

北方两式：面阔三间，进深六椽

六架椽屋、前后乳栿用四柱，“2-2-2”式

六架椽屋、四椽栿对乳栿用三柱，“4-2”式

值得指出的是，南北用椽数的差异，与进深尺度的大小并无直接的关系。比较南北方三间进深尺度，北方六架椽屋进深尺度多接近或大于南方八架椽屋的进深尺度，相应地，北方椽架平长也多大于南方椽架平长。也就是说六架与八架的取舍，并不以进深尺度为依据，其用椽差异在根本上反映的是地域做法的特色。

三间八架是江南厅堂构架不变的法则，且与进深尺度无关，即使再小的进深尺度，侧样亦不离八架椽规制，四架或六架厅堂不见于江南。而北式方三间构架，无论等级高下与尺度大小，只用四架椽或六架椽规制，迥异于江南的八架椽规制。方三间构架的六架椽与八架椽之别，区系的意义大于技术的意义。

根据《营造法式》大木作制度规定，用椽数为建筑等级的标志之一，并与开间规模相匹配。然江南方三间厅堂用椽形式，远在《营造法式》规定之上。更有意味的是，根据《营造法式》大木作制度侧样，北式殿阁、厅堂用椽，从四架椽至十架椽不等，然其中独无八架椽，而南式厅堂用椽则全为八架椽形式。《营造法式》大木作制度侧样这一用椽差异，从一个侧面反映了宋代南北两地用椽规制的不同特色。

3. 间架关系的调整与变化

（1）江南椽架的尺度关系

在确定的间架规模下，间架配置的调整和变化，主要源自内部空间的需要。就佛殿而言，则主要出于对礼佛空间拓展的追求。而地域、时代及构架体系的差异也成为间架形式变化的关联因素。

江南厅堂间架配置，从“2-4-2”基本型到“3-3-2”演化型的变化，其动力主要在于前部礼佛空间拓展的需要。也就是说，基本型的前部两椽空间已满足不了需要，于是在三间八椽的进深空间内进行间架分配的调整重组，以达满足空间需求的目的（图 3-2-9）。

江南厅堂间架关系的调整，通过变化进深上梁栿所对应椽架数，从而有“2-

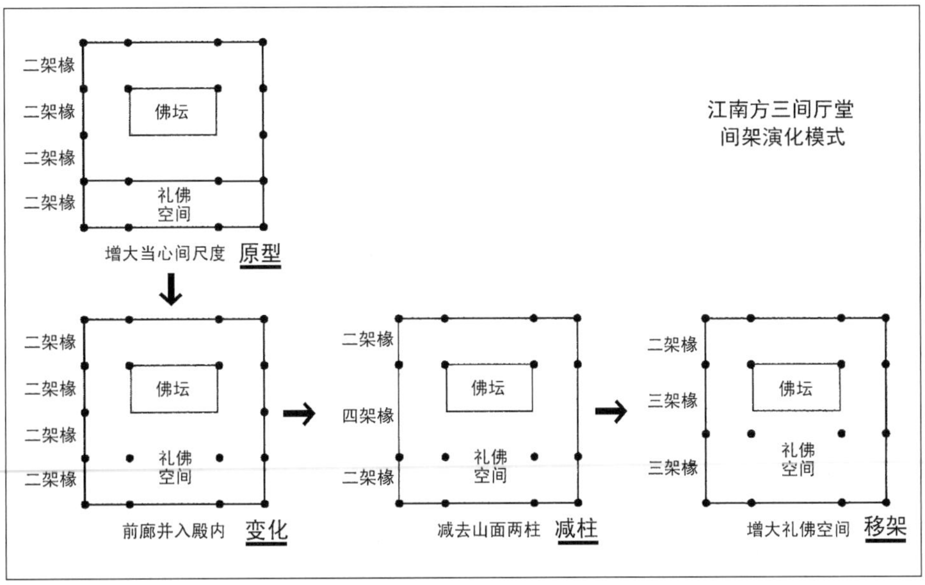

图 3-2-9　江南方三间厅堂间架演化模式（作者自绘）

4-2”与“3-3-2”这两种间架分椽形式。后者由前者通过移架的方法而形成。移架做法表现了基本型与演化型之间的变化关系：将基本型的前内柱缝纵架后移一椽架，变“2-4-2”间架形式为“3-3-2”间架形式，相应地，传统的对称式间架演变为非对称式间架，室内佛像空间与礼佛空间，从以往的绝对主次关系，演变为近于并列关系，保国寺大殿即其典型之例。礼佛空间的重要性在保国寺大殿上得到极大的强化，而这种间架关系的调整方式，应是江南佛殿所独有的形式。

北式方三间六架椽屋从“2-2-2”式到“4-2”式间架配置的变化，表现了对内部空间追求的不同方式。作为主流的“4-2”式间架形式，以减前内柱的方式，满足扩大殿内空间的需要。

从构架整体设计的角度而言，间架配置关系在前，间架尺度关系在后。椽架的变化，表现在架数与架深两个方面，即通过架数的变化，形成特定的间架配置关系；而架深的调整，则是进一步对间架尺度关系的设定和区分。

分析江南厅堂间架构成上的椽架尺度变化，其表现有如下的规律和特色：无论是“2-4-2”式还是“3-3-2”式间架配置，皆以大小两种椽长的组合变化，形成相应的间架尺度关系。

首先分析“3-3-2”式间架配置的尺度关系。在两种椽长的组合变化下，其侧样三间对应的椽架尺度关系有如下两种形式（以 A、B 分别代表两种不同的椽长，且 B ＞ A）：

AAA-BBA-AA

BAA-BBA-AB

江南厅堂“3-3-2”式间架配置上，其架深尺度的设定和调整的目的在于：

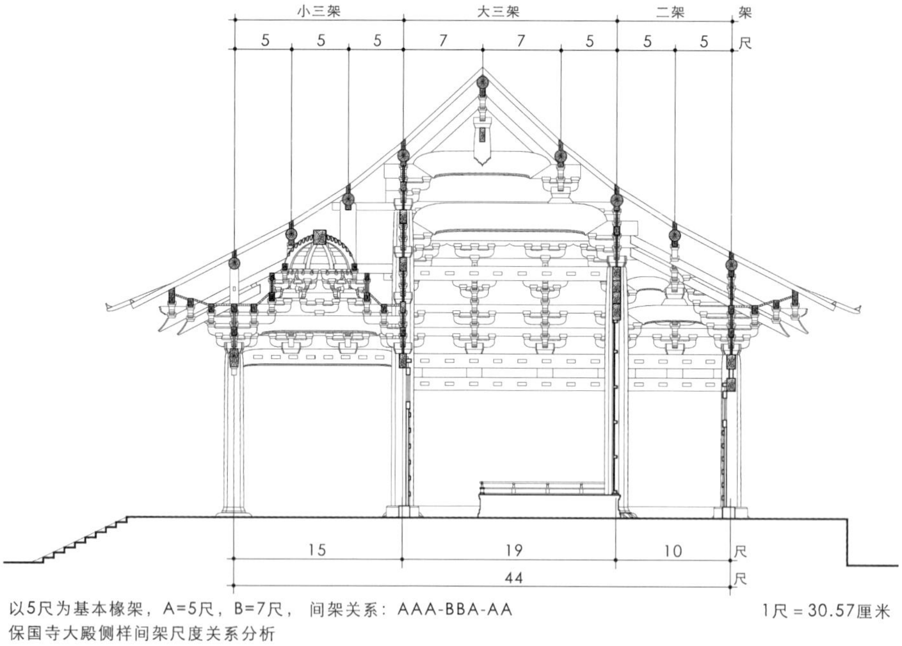

图 3-2-10　保国寺大殿侧样间架的尺度关系分析（作者自绘）

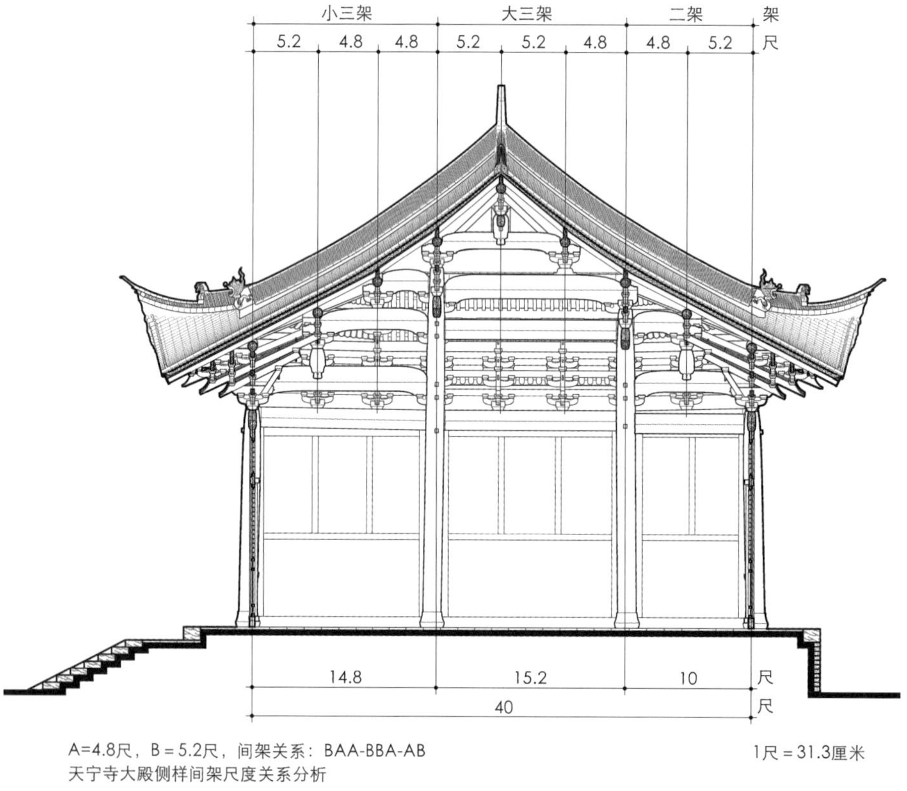

图 3-2-11　天宁寺大殿侧样间架的尺度关系分析（作者自绘）

区分进深上前进间与中进间这两个三架椽空间的尺度大小和主次关系。上述两种间架尺度关系的设定，皆在于追求这一目标。

第一种间架尺度关系 AAA－BBA－AA（B＞A），其特点是以加大脊步二架椽长（B）的形式，形成小三架与大三架的空间区分，即前进间为小三架，中进间为大三架的形式，实例中以宋构保国寺大殿为代表（图 3－2－10）。

第二种间架尺度关系 BAA－BBA－AB（B＞A），其特点是在第一种尺度关系的基础上，进一步加大前后檐步尺度，但仍保持着一致的两种椽长以及小三架与大三架的尺度关系。实例中以元构天宁寺大殿为代表（图 3－2－11）。

关于“3－3－2”式构架的上述两种间架尺度关系，其实质是相同的，即以两种椽长的组合变化，通过加大脊步对称两架的简单方法，区分前进间小三架与中进间大三架的尺度大小关系和空间主次关系。

江南厅堂“2－4－2”式间架配置上，在两种椽长的组合变化下，其侧样三间对应的椽架尺度关系有如下两种形式（以 A、B 分别代表两种不同的椽长，且 B＞A）：

BB－AAAA－BB

BA－AAAA－AB

江南“2－4－2”式间架的上述两种尺度关系，其架深尺度调整的目的皆在于加大前进间二架椽的礼佛空间，以适当减小前进间与中进间的尺度差，从而形成适宜的间架尺度关系。上述两者尺度关系中，前者的特点是加大前后间的两架椽长，实例如宋构保圣寺大殿（图 3－2－12）、华林寺大殿；后者的特点是仅加大前后间的檐步椽长，也即中间六椽架等距（A），前后檐步椽架独长（B），实例如元构轩辕宫正殿。

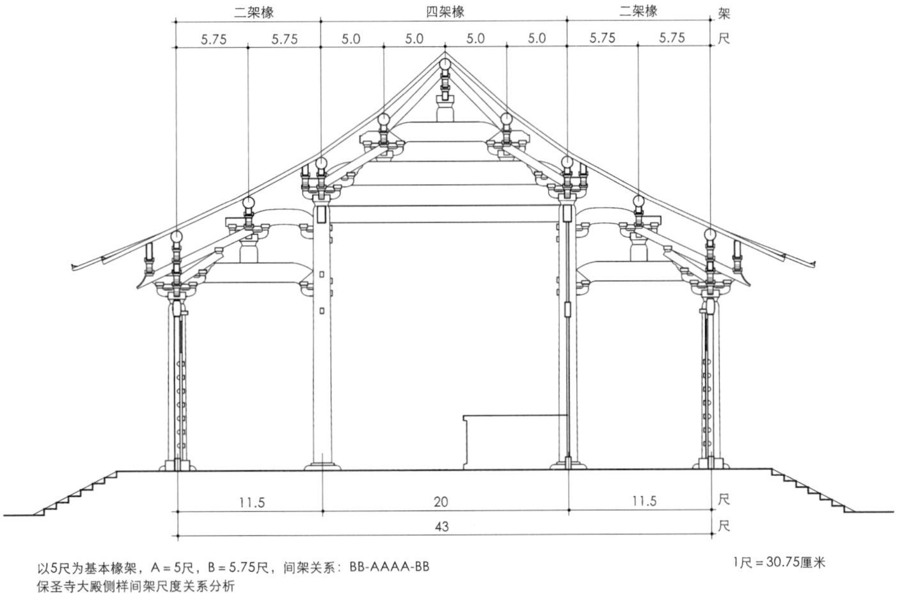

图 3－2－12　保圣寺大殿侧样间架的尺度关系分析（作者自绘）

江南厅堂间架形式的不同尺度关系，目标在于内部空间尺度的筹划和调整。江南宋元方三间厅堂构架，其间架形式与尺度关系根据空间需要而灵活变化。

（2）北方椽架的尺度关系

就目前所见北方早期遗构而言，其椽架尺度关系，在八架及八架以上的大型唐宋辽遗构上，椽长均等是一个显著现象，如唐构佛光寺大殿面阔七间，进深八架，椽长等距 7.5 尺[7]；宋构晋祠圣母殿面阔五间，进深八架，椽长等距 6 尺；辽构奉国寺大殿面阔九间，进深十架，椽长等距 8.5 尺。实际上北方部分早期中小型佛殿上，同样也见此椽架等距的做法。如面阔三间、进深四架的唐构南禅寺大殿，以及面阔五间、进深八架的辽构广济寺三大士殿。再如元初的北岳庙德宁殿，殿身面阔七间，进深四间，椽长等距，皆 7.25 尺。此外，日本奈良时代遗址、遗构也见有相同的特色[8]。

单一椽长的等距椽架形式，应是早期椽架配置的基本特色。《营造法式》“举折”条记有“如架道不匀”[9]，由此可知架道均等应是唐宋时期椽架配置的常态和一般形式。在此基础上，基于空间变化及构架技术的需要，产生单一椽长的分化以及不同椽长的变化。

本文关于南北椽架尺度关系的比较，重点置于南北遗构丰富的方三间构架上。

北方现存宋辽金时期的方三间遗构较多，数量远超江南。且在椽架规模上，有四架椽屋和六架椽屋这两种形式。为了与江南三间八架椽屋以及后文的唐样三间佛堂间架形式进行比较，下文以规模相近且具代表性的六架椽屋为分析对象。

关于椽架尺度，其椽长起止一般以槫位划分，即将进深上跨置于两槫间的椽架平长称为椽长。然值得注意的是，檐部的槫位及配置，南北迥然不同，由此产生了关于北方檐步椽长划分的分歧和变化。

江南厅堂檐部的承椽做法是：檐柱正心缝上设槫，斗栱跳头令栱上设橑檐枋；而北方构架檐部的承椽做法是：檐柱正心缝上设承椽枋，斗栱跳头令栱替木上设橑风槫[10]。南北构架檐部承椽的槫、枋位置关系正相反，表明了南北檐部构造逻辑的差异[11]。

《营造法式》造檐之制，以江南的橑檐枋做法为制度，而对于北方唐辽宋金遗构所用的橑风槫加替木做法，仅于小注中带及而已，这表露了《营造法式》技术源流中的江南因素[12]。

那么，在间架尺度设计上，北方檐步椽长的起止划分，是以檐柱缝上承椽枋至下平槫间距计，还是以橑风槫至下平槫间距计？根据遗构椽架尺度分布的规律分析，两种情况皆存，且似以前者较多，尤其是在唐宋辽大型遗构上更为显著，如前文所列举大型唐宋辽遗构的椽架等距做法，檐步椽长皆以檐柱缝为起始节点，即以檐柱缝上承椽枋至下平槫的方式计算檐步椽长；同时在方三间中小型构架上，

7　清华大学研究团队认为佛光寺大殿进深各间 14.8 尺，椽长 7.4 尺。参见：清华大学建筑设计研究院，北京清华城市规划设计研究院，文化遗产保护研究所．佛光寺东大殿建筑勘察研究报告 [M]．北京：文物出版社，2011：125-126.

8　日本早期建筑遗址、遗构所表现的开间尺度关系是一佐证。奈良时代遗址如山田寺金堂、川原寺金堂、药师寺金堂，遗构如唐招提寺讲堂、法隆寺传法堂、新药师寺本堂等，皆是进深间广相等的实例。

9　《营造法式》卷五《大木作制度二》“举折”。引自：梁思成．梁思成全集（第七卷）[M]．北京：中国建筑工业出版社，2001：157-158.

10　北构承檐所用橑风槫做法具有普遍性，北方早期遗构中，唯初祖庵大殿等少数个别例外，采用的是江南承檐方式，即檐柱缝上设槫，斗栱跳头令栱上设橑檐枋。值得注意的是，《营造法式》造檐制度及侧样图多为典型的江南承檐做法。这一特点表明了《营造法式》及初祖庵大殿技术源流中的江南因素。

11　明清官式建筑不同于唐宋，其檐柱正心缝上和斗栱跳头令栱替木上皆设槫（檩），如故宫建筑、承德外八庙建筑、西安钟楼、曲阜孔庙建筑等皆是如此。

12　橑风槫加替木的做法在东南沿海如闽南、浙东一带亦有用，故推测《营造法式》与江南的关系，偏重于苏南、杭州一带。

檐步椽长以檐柱缝为起始节点，也是多用的形式。

以第一种檐步椽长的起止划分方式，即以檐柱缝上承椽枋至下平槫间距计，考察北方宋辽金时期三间六架椽屋的尺度关系，其椽长虽驳杂和多样变化，但以大小两种椽长作组合变化，仍是一种多见的形式。排除构架变形、误差等因素，其侧样三间对应的椽架尺度关系中，最为简单、规整的是下平槫居中的布椽方式（以A、B分别代表两种不同的椽长，且B＞A）：

AA–BB–AA

上述椽架尺度关系的特点是，在大小两种椽长的组合中，平梁所对应的脊步椽长取大者。五代镇国寺万佛殿是其代表之例，其单侧三架椽长尺寸为5.75–5.75–6（尺）（图3–2–13），其他如宋构忻州金洞寺转角殿、昔阳离相寺正殿等例[13]。又有高平资圣寺毗卢殿、沁县普照寺大殿等构，也是类似之例[14]。

图3–2–13　镇国寺大殿侧样间架尺度关系分析（底图来源：刘畅，廖慧农，李树盛. 山西平遥镇国寺万佛殿与天王殿精细测绘报告[M]. 北京：清华大学出版社，2013：145）

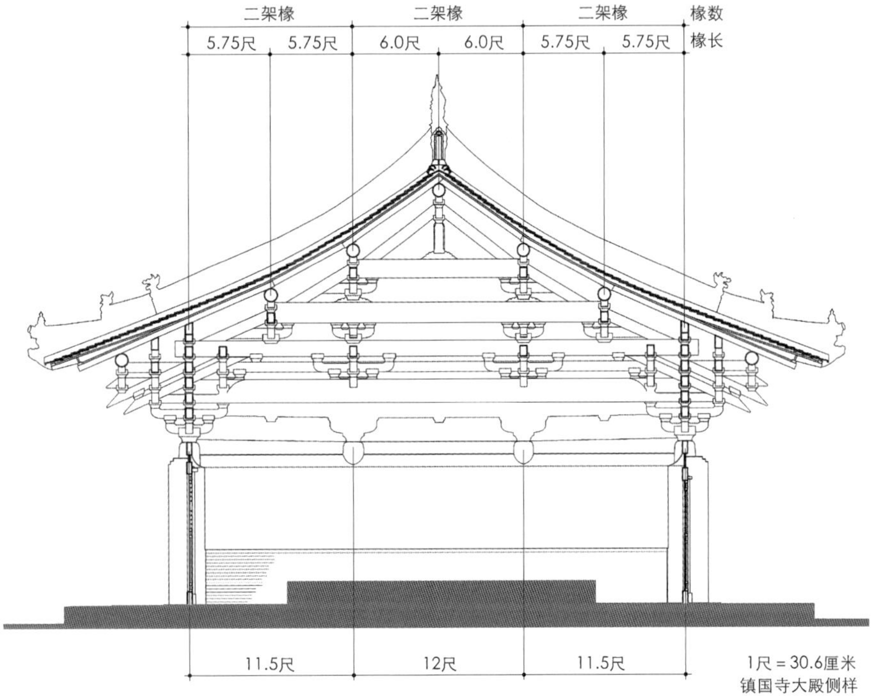

13　宋构昔阳离相寺正殿，方三间六架椽屋，侧样间架配置为AA–BB–AA式，其单侧三架椽长实测值为：1400–1400–1610（毫米）。参见：周森. 五代宋金时期晋中地区木构建筑研究[D]. 南京：东南大学，2015：198.

14　高平资圣寺毗卢殿（1082年），方三间六架椽屋，橑风槫起算的檐步椽长为7.4尺，减去斗栱出跳2.9尺，檐柱缝起算的檐步椽长为4.5尺，相应地，单侧三架椽长尺寸为：4.5–6.5–6.5（尺）。参见：姜铮. 晋东南地域视角下的宋金大木作尺度规律与设计技术研究[D]. 北京：清华大学，2019：表0–3.

沁县普照寺大殿（金代），方三间六架椽屋，橑风槫起算的檐步椽长为6.9尺，减去斗栱出跳2.3尺，檐柱缝起算的檐步椽长为4.6尺，相应地，单侧三架椽长尺寸为：4.6–6.3–6.3（尺）。参见：喻梦哲. 晋东南五代、宋、金建筑与《营造法式》[M]. 北京：中国建筑工业出版社，2017：301.

关于第二种檐步椽长的起止划分方式，即以橑风槫至下平槫间距计，主要见于部分晋东南的方三间遗构，这一类构架往往斗栱出跳值不大，且其檐部承椽做法上，多省略去檐柱缝上的承椽枋，直观地呈现出从橑风槫至下平槫的檐步椽架关系，也就是说其檐步椽长是包括斗栱出跳在内的。而其六架椽屋的尺度关系，大多仍采取的是大小两种椽长的组合方式。其侧样三间对应的椽架尺度关系多为以下形式（以A、B分别代表两种不同的椽长，且B＞A）：

BB–AA–BB

上述椽架尺度关系的典型之例，如晋东南的高平开化寺大殿与晋城青莲寺大殿（图 3-2-14、图 3-2-15）。开化寺大殿单侧三架椽长尺寸为 7.5-7.5-7（尺），青莲寺大殿单侧三架椽长尺寸为 7-7-6.5（尺）[15]。晋东南遗构中又如崇庆寺千佛殿（1016 年），单侧三架椽长尺寸为 7.25-7.25-7（尺）[16]；南吉祥寺中殿（1030 年），单侧三架椽长尺寸为 5.5-5.5-6（尺）。

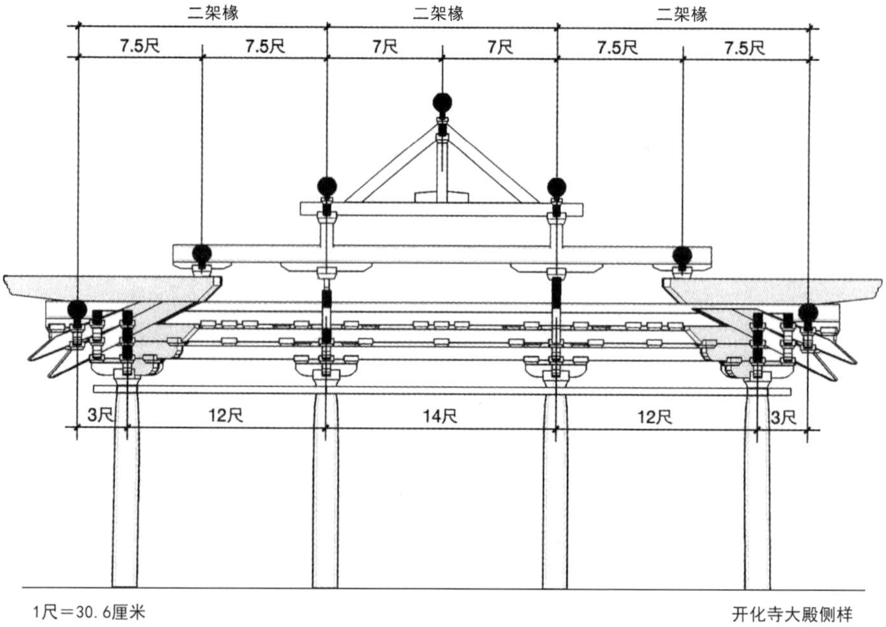

图 3-2-14　开化寺大殿侧样间架的尺度关系分析 [来源：刘畅 . 算法基因：晋东南三座木结构尺度设计对比研究 [M]// 王贵祥. 中国建筑史论汇刊（第 10 辑）. 北京：清华大学出版社，2014]

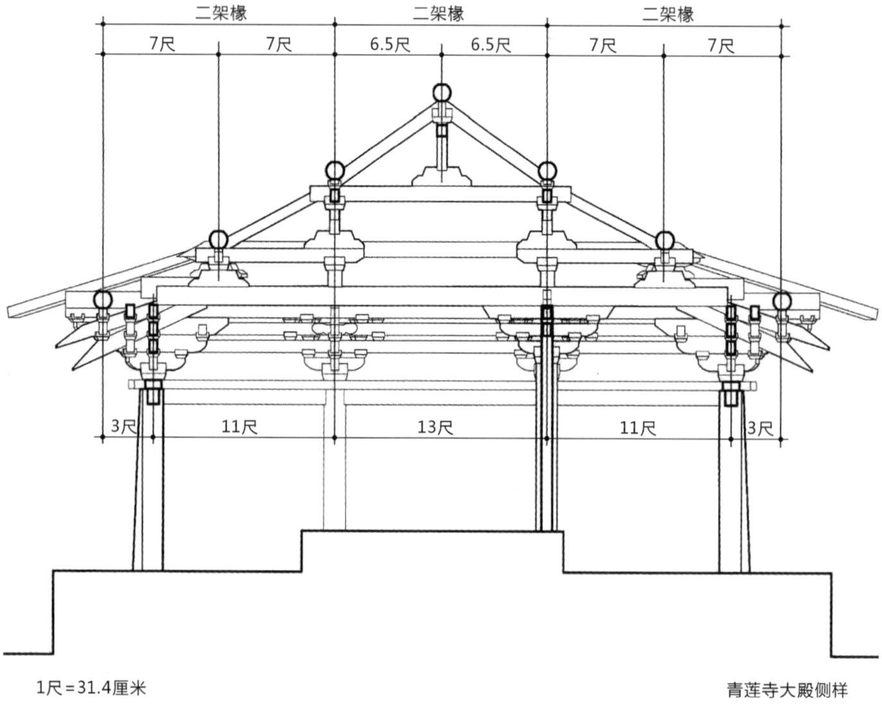

图 3-2-15　青莲寺大殿侧样间架的尺度关系分析 [底图来源：刘畅. 算法基因：晋东南三座木结构尺度设计对比研究 [M]// 王贵祥. 中国建筑史论汇刊（第 10 辑）. 北京：清华大学出版社，2014]

15　关于晋东南高平开化寺大殿与晋城青莲寺大殿二例的椽架尺度关系分析，参见：刘畅. 算法基因：晋东南三座木结构尺度设计对比研究 [M]// 王贵祥. 中国建筑史论汇刊（第 10 辑）. 北京：清华大学出版社，2014：202-229.

16　崇庆寺千佛殿（1016 年），方三间六架椽屋，平面正方，面阔、进深两向开间尺寸为：12-14-12（尺），椽架配置 7.25-7.25-7（尺），斗栱出跳 2.5 尺。关于崇庆寺千佛殿的椽架尺度关系分析，参见：姜铮. 山西省长子县崇庆寺千佛殿实测尺度与设计技术分析 [M]// 贾珺. 建筑史（第 41 辑）. 北京：清华大学出版社，2018：53-78.

分析上述诸例的椽架尺度关系，可知由于檐步椽长包括斗栱出跳，从而加大了檐步椽长尺寸。相应地，其椽架尺度分布的特点是，在大小两种椽长的组合中，平梁所对应的脊步椽长取小者，其间架尺度设计的意图及方法是相当清晰和明确的。

相较于江南八架椽屋的间架配置，北方六架椽屋的间架配置相对简单，而南北间架尺度设计的意图和方法，则是大致类似和关联的。

（3）侧样与正样的间架关系

前节讨论了间架构成上椽架要素的性质与特点。椽架作为间架构成上的基本单位，直观地表现在侧样的间架构成关系中。进而，基于早期厦两头构造上角梁转过两椽的特征[17]，方三间构架的正样次间亦在椽架制约之下，形成与侧样间架的对应关系，间广设计等同于架长设计。所以说转角造方三间构架的次间亦是以椽长权衡的，即正样次间对应于侧样两架椽。

明确了方三间构架的面阔次间构成关系后，当心间的构成关系则成为问题的焦点。面阔当心间与侧样椽架虽无直接的关系，然却与次间保持着稳定的比例关系。唐宋以来通过补间铺作这一中介要素，并基于开间设置上“朵当求匀”这一要求，建立起当心间与次间的关联性和整体性。相应地，当心间通过次间与侧样椽架形成了间接的关联。这一特色在补间铺作发达的江南厅堂构架上表现得尤为典型和突出。

补间铺作的发达以及向补间两朵的演进，首先出现在唐末五代的江南厅堂建筑上。自此以后，其间架构成上侧样与正样的关联性，在补间铺作的作用下趋于显著化，补间铺作逐渐替代椽架的角色和作用，形成基于朵当的整体间架构成关系。

朵当因素的介入及其与椽架的关联，对于间架构成关系的演进具有重要的意义。

椽架与朵当之间的对应和关联，是间架构成演化进程上的一个重要步骤和阶段特征，具体分析详见本章第四节“椽架与朵当的关联性及其意义”。

南北间架构成关系的差异性中，朵当角色及其作用是一个重要方面。相比较而言，补间铺作的发达以及补间两朵做法，在北方构架上至金代才逐渐开始多见，且其技术源流与江南建筑相关联。基于此，下文关于唐样建筑间架关系的比较分析，主要置于江南建筑与唐样建筑二者之间。

上述关于唐宋以来南北间架关系的分析，置于东亚宋技术背景下，则显现出相应的意义和内涵，后文关于唐样间架关系的讨论，正是以上述内容为背景和线索的。在间架关系及尺度设计上，中日间具有显著的整体性和关联性。中国本土的地域间架做法对日本中世建筑的影响，在中日建筑设计技术比较上是一个值得重视的论题和线索。

17　依《营造法式》卷五“造角梁之制”：“凡厅堂并厦两头造，则两梢间用角梁，转过两椽。”如此的话，厅堂梢间间广为两架椽。参见：梁思成．梁思成全集（第七卷）[M]．北京：中国建筑工业出版社，2001：139.

4. 唐样佛堂的间架形式

（1）唐样佛堂的构架类型

关于日本中世唐样建筑的研究，以往较多关注的是对样式层面的分析，而对构架类型及间架形式的讨论则几未涉及。然对唐样构架类型及间架形式的比较分析，对于认识唐样祖型及其中世以来的技术演变有着独特的意义，是深入研究唐样建筑的一个重要线索。

现存中世唐样佛堂遗构，皆为方三间或方三间带副阶者，方五间唐样佛堂无一遗存，唯存有少数文献史料。中世以来的唐样佛堂遗构，以方三间规模为最普遍和多见的形式，是中小型唐样佛堂的典型和代表。

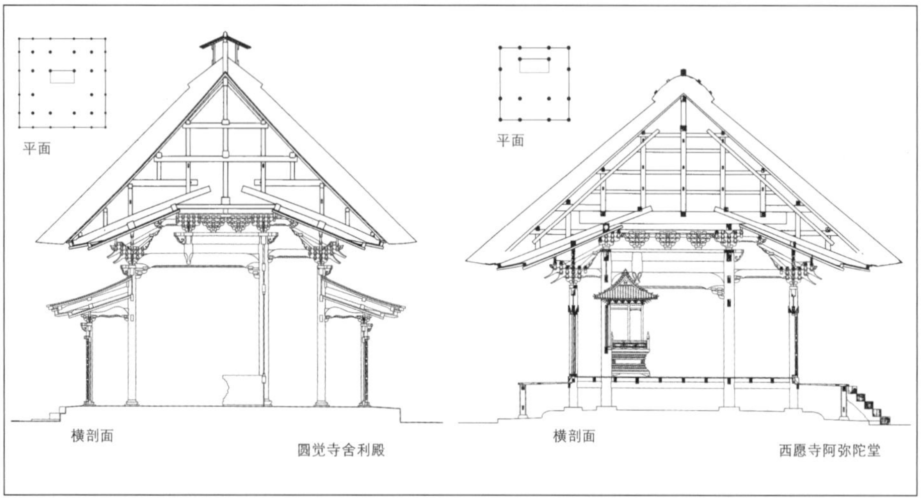

图 3-2-16　中世唐样方三间佛堂侧样（左图来源：下出源七. 建築大辞典 [M]. 東京：彰国社，1974；右图来源：重要文化財西願寺阿彌陀堂修理工事報告書 [M]. 東京：彰国社，1955）

图 3-2-17　圆觉寺舍利殿构架形式（来源：円覚寺编. 国宝円覚寺舎利殿修理工事報告書 [M] 鎌倉：円覚寺，1968）

分析现存中世唐样方三间佛堂，在构架形式上显著区别于此前的和样殿阁式构架。其典型构架形式是：方三间佛堂身内两后内柱，后内柱随举势升高，与大月梁所承蜀柱取平，上承周圈内檐铺作以及局部天花平板（日称镜天井）；内檐铺作及局部天花位于佛堂内部中心，天花以上用穿斗草架（日称小屋组）；露明构架呈柱、梁、铺作穿插连接、咬合一体的有机构成形式，其构架形式表现了显著的江南厅堂因素（图 3-2-16）。

唐样佛堂的构架形式，颇具特色的是其局部天花做法，区别于通常厅堂构架的全面彻上露明形式（图 3-2-17）。比较南中国建筑的构架形式，天花草架做法在江南及华南地区也是一个多见的构架特色，且根据天花草架与整体构架的关系，其构架属性可分作两类：一是局部殿阁化的厅堂构架形式，二是南方殿阁构架形式。二者在构成上皆有殿阁因素，但前者构架主体为南方厅堂，后者构架主体为南方殿阁。

厅堂构架是南中国构架的主流形式，在此基础上，又有其变体或混融形式，即以厅堂构架为主体，带有部分殿阁做法，如局部天花草架做法以及内檐铺作层形式，其例有北宋的保国寺大殿与华林寺大殿、元代的延福寺大殿以及众多的明清实例。而南方殿阁构架形式，在构成上具有明显的分层特征以及相应的铺作层形式，尤其是天花以上穿斗草架做法，构成了南方殿阁构架形式的典型特征。苏州玄妙观三清殿、景宁时思寺大殿、泉州开元寺大殿皆是其例。

现存唐样佛堂遗构的构架形式，尽管其技术成分并不单一，应有不同因素的叠加，然整体上还是近于局部殿阁化的江南厅堂构架形式。

（2）唐样佛堂的间架形式

关于唐样方三间佛堂的间架形式，由于早期遗构不存，现存遗构的天花草架多为类似于穿斗草架的形式，其椽架配置难以明确和计算。推测原初草架形式或被部分改变，然现状穿斗草架做法，与宋元江南厅堂局部殿阁草架的构成形式相似。

虽然仅依现状天花草架，难以直观地认识唐样方三间佛堂的椽架配置形式，但可以通过一些相关线索分析推定。分析唐样方三间佛堂的地盘形式，身内用四内柱者只是少数个别，遗构中仅见有西愿寺阿弥陀堂（1495 年）和宝珠院观音堂（1563 年）两例，余皆为身内用两内柱的形式。基于此，典型的唐样方三间佛堂间架构成的特点可概括为：间缝用三柱的间架配置形式。进而，以宋金时期方三间构架为参照，根据唐样佛堂侧样用柱形式以及分间比例关系，进而拟合相应的椽架配置形式，可得到如下的认识：

唐样方三间佛堂间架配置的原型应为“六架椽屋、四椽栿对乳栿用三柱”的形式，其间架分椽形式为“4-2”式，侧样三间对应的椽架尺度关系为 AA-BB-AA（B ＞ A）的形式，而这一特色正与宋金北式方三间构架的间架形式相同。也就是说，唐样方三间佛堂间缝用三柱的构架形式，只能是方三间六架椽屋的形式。

现存唐样方三间佛堂遗构，吻合于北式构架的六架椽屋规制及相应的分间比例关系和间架空间模式，而无一例满足于江南厅堂的八架椽屋规制。

要之，分析唐样方三间佛堂的间架构成，其原型在逻辑上应是六架椽屋间缝用三柱的形式，虽然穿斗草架弱化了古典的椽架配置以及现状屋架已为后世改易或日本化，但其原型仍是可以通过侧样用柱形式与分间比例关系的分析而推知和复原的，如唐样佛堂圆觉寺舍利殿椽架配置的原型分析（图 3-2-18）。

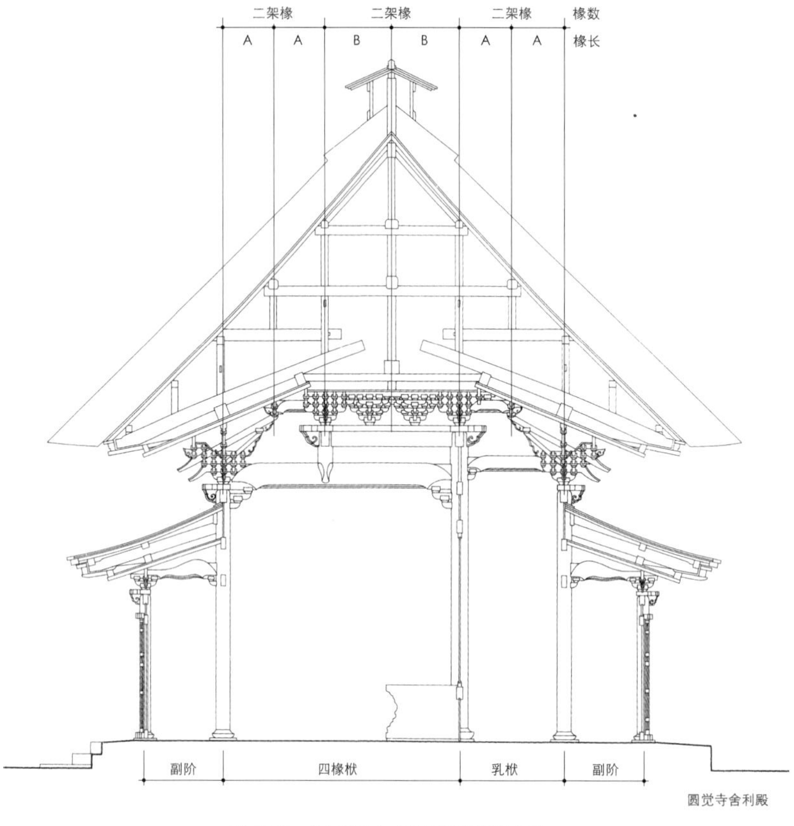

图 3-2-18　中世唐样方三间佛堂间架原型分析：圆觉寺舍利殿（底图来源：下出源七. 建築大辞典 [M]. 東京：彰国社，1974）

由上述椽架配置的原型复原可见，圆觉寺舍利殿间架构成的原型，无疑应属于"六架椽屋、四椽栿对乳栿用三柱"的形式，并与中国北方宋金时期的方三间构架形式相关联。

圆觉寺舍利殿所代表的唐样佛堂间架形式，其原型是典型的六架椽屋形式，且侧样六架的分椽形式为当心间缝"4-2"式。这一形式应是中世唐样方三间佛堂间架原型的基本模式，且其椽架尺度关系，可归类于北式六架椽屋的 AA-BB-AA 模式。

在方三间构架的间架构成上，八架椽屋用四内柱是一个典型，六架椽屋用两内柱是另一个典型，江南厅堂属前一个类型，唐样佛堂应属后一个类型。这一现象从间架层面表明了中世唐样技术成分的多样性和复杂性的特色。

从原型比较来看，以宋元江南建筑为祖型的唐样佛堂，其间架构成关系却近于北式，这是唐样建筑形成过程中的一个颇有意味的现象，其表明了中世唐样建筑技术成分中北系因素的存在。中世唐样佛堂构架的源流祖型及其差异性，是一值得深入关注的线索，详见下节分析。

从间架构成及其要素演变的角度而言，在中世唐样佛堂间架构成上，椽架实际上已失去了相应的意义，原先椽架作为规模量度的角色和作用已转移至补间铺作的朵当上，或者说已为补间铺作的朵当所替代。

日本自平安时代后期，随着草架小屋组以及出檐桔木构造做法的出现，其屋架做法上逐渐弱化了古典的椽架规制。至中世唐样佛堂流行时期，在间架构成关系上，日益发达和显著化的朵当，替代了传统的椽架角色，成为制约间架关系的主要因素。也就是说，这一时期唐样佛堂的间架构成关系已转至朵当主位阶段。

补间铺作的发达是中世以来唐样建筑最显著的特征，相应地，在间架构成上确立了基于朵当的设计方法。如典型的唐样方三间佛堂，其标准的间架构成形式为：以朵当为基准，面阔与进深的构成关系皆为三间七朵当，由此形成唐样佛堂的正方间架构成形式。

分析现存中世唐样佛堂遗构，其技术成分的多样性和复杂性是一相当突出的现象，唯有将此现象置于东亚背景下作整体性的考察，才有可能认识其性质和内涵，而间架关系这一线索则至关重要。

（3）唐样间架的谱系与传承

日本中世唐样建筑以宋元江南建筑为祖型，是迄今学界一致认定的通说。然以宋元江南厅堂建筑的技术特点，分析比较唐样佛堂建筑可见，中世唐样方三间佛堂构架形制中，叠加有迥异于江南做法的北系因素。其主要有如下两点：

一是如上节所分析，唐样方三间佛堂的间架构成，其原型为六架椽屋间缝用三柱的形式，而这一间架形式不同于江南厅堂的八架椽屋间缝用四柱的形式，却与北式方三间构架形式相同一致；

二是唐样方三间内柱（日称来迎柱）后移的移柱做法。这一做法在唐样方三间佛堂上相当普遍，仅中世唐样佛堂遗构中即见有十余例，这表明内柱后移做法是日本唐样方三间佛堂构架的一个重要特征，而这一内柱后移做法，在中国本土仅见于北方。

以江南建筑为祖型的唐样方三间佛堂，其六架椽屋的间架形式与内柱后移做法，皆是北方技术因素的典型表现，唐样佛堂构架形式上这一近北而远南的技术现象耐人寻味。分析唐样方三间佛堂构架形制的技术源流，其中应吸收了部分中土北式构架的技术因素，唐样方三间佛堂构架形制有着非单一的技术源头。

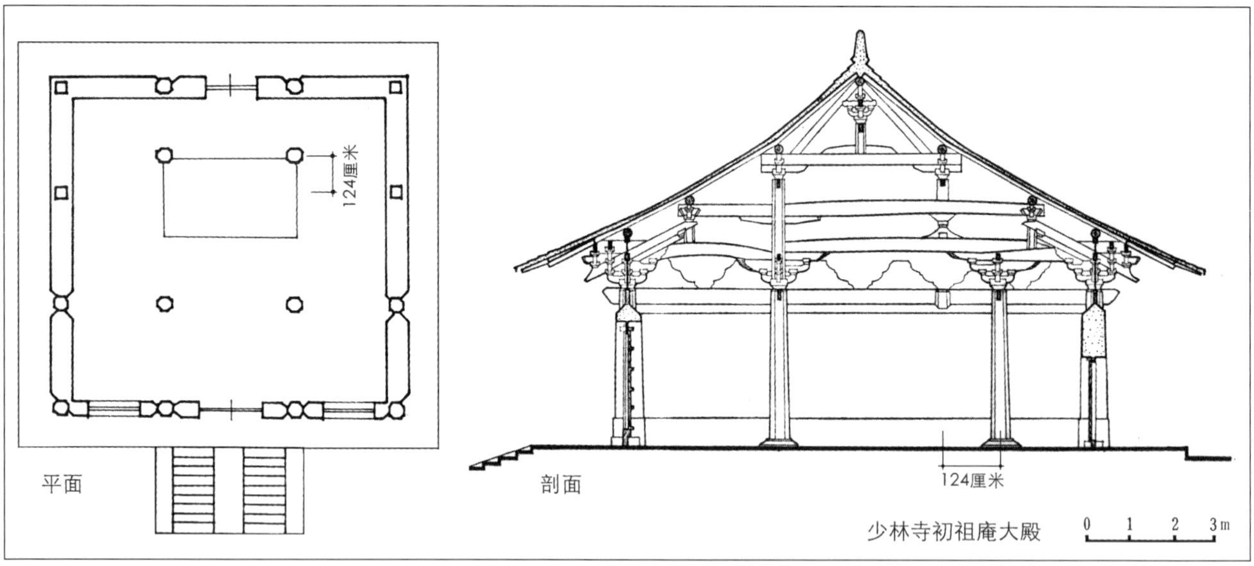

图 3-2-19　初祖庵大殿平面、剖面［来源：祁英涛. 对少林寺初祖庵大殿的初步分析 [M]// 自然科学史研究所. 科技史文集（第 2 辑），上海：上海科学技术出版社，1979］

进而，以唐样方三间佛堂构架形制的特点，考察和比较宋元时期的方三间遗构，值得注意的是，唐样方三间佛堂所表现的上述两点北系技术因素，以及当心间补间铺作两朵的江南技术因素，在初祖庵大殿上均有典型的表现，且这三点集于一身者，在宋元时期方三间遗构中，唯少林寺初祖庵大殿一例（图 3-2-19）。对于禅宗寺院专属的唐样建筑而言，上述这一现象别具意味。

那么，在唐样建筑形成和发展的过程中，宋元时期的北方构架技术又是如何融入其中的呢？首先从唐样遗构的年代线索入手分析。

据查，中世唐样方三间佛堂内柱后移做法的遗构年代皆在 14 世纪及以后，主要有：永福寺观音堂（1327 年）、普济寺佛殿（1357 年）、天恩寺佛殿（1362 年）、常德寺圆通殿（1401 年）、洞春寺观音堂（1430 年）、祥云寺观音堂（1431 年）、西愿寺阿弥陀堂（1495 年）、东禅寺药师堂（1518 年）、酬恩庵本堂（1506 年）、宝珠院观音堂（1563 年）、长乐寺本堂（1577 年）以及成法寺观音堂（1589 年）等诸例。据此推测唐样佛堂内柱后移做法的出现，应是在元代（1271—1368）及以后。

唐样建筑形成与发展的历史背景，在于宋元时期中日禅僧的往来以及相伴随的技术传播。而南宋时期由于宋金对峙，日僧无法北上。故入宋日僧求法巡礼之地，仅限于禅宗寺院兴盛的江南范围。

1276 年元军占领临安，1279 年南宋灭亡，元朝一统南北。其间 1274 年、1281 年元军两次东征日本[18]，致使元日关系紧张，双方交往受到限制。直至 1299 年，以禅僧一山一宁为元使赴日通好为契机[19]，元日关系始有改善，众多日本僧人纷纷入元巡礼参拜禅宗名山大寺。

据木宫泰彦《日中文化交流史》所记，在一山一宁出使日本前，中日间已中断交往二十多年，至日本永仁年间（1293—1298）渐有少数日僧西渡入元，最早

18　1274 年为日本文永十一年，1281 年为日本弘安四年，这两次的元日战争皆以元朝失败而告终，日本史称“文永之役”与“弘安之役”。

19　禅僧一山一宁（1247—1317），宋末元初高僧。元大德三年（1299）任江浙释教总统，同年三月由元成宗亲派，作为元朝使者前往日本，修复两国关系，在日本十八年，弘扬佛法，培养了大批弟子，并主持镰仓建长寺、圆觉寺以及京都南禅寺。

者为 1296 年入元的圆光禅师，历访江浙禅寺。而 1299 年一山一宁出使日本后，其弟子龙山德见受其影响，于 1305 年首先入元，其后入元僧与年俱增，有时竟有数十人大举渡海，史册留名的日本入元僧多达二百二十余人[20]。

这一时期入元僧的足迹所至，比前代更广，日僧巡游之地扩大至北方，其中参拜禅宗少林祖庭者，应不在少数。如文献记载，日僧古源邵元于 1327 年入元，不仅遍访江南名刹，而且巡游五台山圣迹，久住嵩山少林寺，被授予首座职务，至 1347 年归国。在不到百年的元代，大批日本禅僧入元求法巡礼，人数空前。日本史学家木宫泰彦所著《日中文化交流史》称："元末六七十年间，恐怕是日本各个时代中，商船开往中国最盛的时代。"[21] 其时赴元日本人除商人外，以禅僧最多。

比较中世唐样佛堂与初祖庵大殿的技术特征，初祖庵大殿在间架关系上，为扩大佛像前的礼佛空间，将佛坛随内柱后移半架（124 厘米）。这与中世唐样佛堂内柱后移做法，在目的与形式上都是相同的。实际上，初祖庵大殿与中世唐样佛堂，无论是在间架关系上，还是在斗栱样式、铺作配置上，都有着诸多相似或一致之处，其中的关联应非偶然。上述现象从做法和年代上提示了初祖庵大殿对日本中世唐样佛堂影响的可能性[22]。

中世唐样佛堂遗构中，更有西愿寺阿弥陀堂、宝珠院观音堂二构，不仅在六架椽屋、后内柱后移以及当心间补间铺作两朵这三个方面，而且在身内用四内柱做法上，也都与初祖庵大殿构架形制完全相同，显示了唐样佛堂遗构与初祖庵大殿在构架形制上可能存在的关联性。

从佛教文化层面而言，作为禅宗祖庭圣地的少林寺初祖庵大殿，对于日本禅寺无疑有着特殊的意义。元朝统一全国后，日本禅僧慕名而至，并以之作为唐样佛堂效仿对象，则是十分自然和可以想象的。

作为比较，方三间构架也是和样中小型佛堂的多见形式，然其构架形制却不同于唐样方三间佛堂。首先，和样方三间佛堂不设补间铺作，且以身内用四内柱为基本形式；其次，减前内柱且移后内柱的做法虽也多见，但其现存遗构年代较迟，在年代确定的遗构中，现存最早者为 1371 年的奈良圆福寺本堂，其年代不仅在元朝之后，且也迟于唐样永福寺观音堂（1327 年）近半个世纪。因此和样方三间佛堂的减前内柱且移后内柱的做法，或有可能是受唐样佛堂的影响。

分析 14 世纪之后的唐样佛堂遗构的技术成分，就与中国南北两地构架的关系而言，间架谱系上更近于北式方三间六架椽构架，且综合多方面因素权衡考虑，其构架形制上北系技术因素的源头，有可能在于禅宗祖庭的少林寺初祖庵大殿。

基于以上的分析可以认为：中世后期的唐样佛堂建筑，有可能通过对禅宗祖庭的初祖庵大殿的模仿，吸收和融汇了部分北方技术因素。基于此，我们也就能顺利、合理地解释，为何移植宋元江南建筑技术的日本唐样建筑，在构架形制上会出现和叠加北系技术因素，并由此认识唐样建筑技术成分多样性和复杂性的特点。

20 木宫泰彦著，胡锡年译. 日中文化交流史 [M]. 北京：商务印书馆，1980：420.

21 木宫泰彦著，胡锡年译. 日中文化交流史 [M]. 北京：商务印书馆，1980：394.

22 少林寺初祖庵大殿斗栱形式，与日本关西唐样的斗栱做法十分相似。此外，初祖庵大殿出檐两层方椽的做法，也是日本唐样用椽的通常形式。

三、间架尺度构成：椽架基准

在唐宋时期整体构架设计上，间架关系最为首要。间架关系包含两个层次：一是规模，二是尺度。二者是两个相关的概念，且在间架设计上，从规模控制到尺度控制，是间架设计技术的一个自然演进过程。基于间架关系的尺度设计，是构架整体尺度关系的基本特征。

从整体构架设计的角度而言，间架配置关系先于间架尺度关系。基于这一构架秩序及设计思维特点，本节在上节讨论间架配置关系的基础上，进而探讨间架的尺度关系。也即从间架配置关系入手，探讨间架尺度设计的方法与特点。首先还是从中国本土唐宋时期建筑的相关分析开始。

1. 整体尺度取值的唐宋规制

中国古代建筑构架尺度设计的取值，大致经历了一个从常用尺到模数尺的过程。在构架整体尺度模数化之前，其尺度设计以整数尺制为基本方法。关于构架整体尺度模数化的时代性与阶段性，其中涉及诸多因素，或难有明确的界定。然有理由认为，其初始时期大致在南宋、元代之间。因此，在此之前的构架整体尺度取值，整数尺制或许难以概括全部，但应是最主要和最基本的方法。

所谓构架整体尺度，指间广、架深、柱高、举高等与构架相关的尺度，间架尺度是其最重要者。而所谓整数尺制，则指以半尺为最小整数单位的尺度取值方法[23]。

关于早期建筑整体尺度的整数尺制这一特点，不仅相关文献记载可为佐证，而且早期唐宋辽金遗构的尺度分析，也都表明了这一点。以辽构应县木塔为例，即使是构成关系如此特殊、复杂的八边形多层塔，其各层总面阔尺度也是以整数尺控制和递变的。

通过解读《营造法式》制度、功限内容并辅以对宋代遗构的分析，可见这一时期建筑整体尺度的设定，都表现出直接取用营造尺的特点。众多其他相关营造文献记载也都是整数尺制的佐证，如两宋皇陵相关文献所记建筑整体尺度亦皆是直接取用营造尺的。因此，整数尺制及其相应特点，是本文关于唐宋时期间架尺度分析的一个前提和基础。

间架尺度取值的整数尺制，作为早期尺度设计的基本方法，应主要行用于两宋之前。而两宋以后的变化，概括而言表现为模数化的发展方向，由此形成整体尺度设计的前后两个阶段及相应的阶段性特征[24]。

中国古代建筑模数制作为一种生产、设计方法，与中国古代建筑性质相适应，是中国古代建筑技术发展的必然。中国古代木构建筑预制拼装的生产方式，决定

23 所谓整数尺，包括1/2尺，进而有可能也包括1/4尺。0.25尺在分数思维下是一个半整数。

24 参见：张十庆．部分与整体：中国古代建筑模数制发展的两大阶段[M]// 贾珺．建筑史（第21辑）．北京：清华大学出版社，2005：45-50.

了中国古代模数制的基本属性为规格化与标准化，即以材料加工与构件生产的规格化和标准化，配合生产施工中预制和拼装的要求。相应地，以构件尺度的规格化和标准化为起点，模数设计技术随木构技术的进步而发展、演变。

古代建筑尺度模数化的发展是一个程度渐进的过程，其趋势和方向应是从构件尺度模数化到间架尺度模数化的。构件尺度模数化早在唐宋时期应已成熟，而间架尺度模数化的发展应是相当滞后的，且不说在12世纪的《营造法式》大木作制度上还难以看到整体尺度模数化的表现，在现存木作遗构上，间架整数尺规制直至元、明时期，仍是整体尺度取值的一个多用方法。

椽架尺度作为间架整体尺度的基本单元，也表现出相应的阶段性特征。

2. 椽架尺度的取值特点

（1）《营造法式》的椽长尺度

关于唐宋时期椽架尺度的取值特点，首先从具有代表性的《营造法式》的文本分析开始。

椽架尺度在《营造法式》中具有特殊的意义。作为间架尺度的基本单元，其不仅关系到间架的尺度关系，还具有类型、等级的衍生意义。分析《营造法式》椽架尺度的取值方法，是认识唐宋以来间架尺度设计特点的一个重要线索。

先从分析《营造法式》的尺度表记方式入手。梳理《营造法式》的尺度相关内容，有两种尺度表记形式：一是尺丈形式，二是材份形式[25]。前者为营造尺，后者为模数尺，两种尺度表记形式，依对象区分而用。也就是说，相应于对象的不同，采取不同的尺度表记形式。这是《营造法式》尺度表记的特点所在。

关于《营造法式》尺度表记的对象区分，归纳有如下的规律和特点：

首先，区分的是整体尺度与构件尺度，相应的尺度表记形式为：整体尺度用尺丈，构件尺度用材份；其次，在构件尺度的材份表记中，进一步区分构件尺度中的结构性尺寸与装饰性尺寸。相应地，材份表记又分作材栔表记与份表记两种，即：构件的结构性尺寸（如截面尺寸、柱径尺寸）用材栔，构件的装饰性尺寸（如长度、细部尺寸）用份。由此，构成了《营造法式》依对象而区分的尺度表记方式。

基于以上分析可知，《营造法式》尺度表记的特点是：整体尺度处于基于营造尺的整数尺制阶段，而构件尺度则已至较成熟的模数化阶段。

椽架尺度作为间架整体尺度的基本单元，在《营造法式》的尺度表记法中，直接采用尺丈的表记形式。

接着探讨《营造法式》关于椽架尺度的具体内容。

通过分析《营造法式》大木作制度，可见《营造法式》关于椽架尺度并未给出具体的取值规定，而是根据构架类型，以整数尺的形式规定椽架尺度的取值上

25　“材份”，《营造法式》原文作“材分”，为模数单位，为区别于实际长度单位的“分”，除直接引文外，以下文中作模数单位时皆以“份”替代“分”。

限，其内容可归纳为如下三个要点：整数尺制、等级差别、上限规制。

椽长的整数尺制，即椽长尺度取值直接以营造尺为单位和表记形式；

椽长的等级差别，即以构架类型分作殿阁与厅堂的两大类别，殿阁椽长大于厅堂椽长；

椽长的上限规制，即以“不过”的形式限定最大椽长，并基于三等材规定：厅堂不过六尺，殿阁不过七尺五寸[26]。

《营造法式》的用椽制度，厅堂最大用三等材，且三等材厅堂“椽每架平不过六尺”，若殿阁椽长可加一尺五寸，也即三等材殿阁椽长每架不过七尺五寸；若用一等材，则殿阁椽长每架不过九尺[27]。

（2）唐宋椽架尺度的特点

对唐宋时期椽架尺度特点的分析，从《营造法式》文本制度转至唐宋时期的具体实例，包括文献实例与遗构实例两个方面，以作为与《营造法式》相关内容的比照。

《营造法式》前后时期的遗构分析，对于认识唐宋椽架尺度的特点甚为必要，然若无严格的遗构尺度复原，椽长取值是难以判定的。此外，椽长尺度关系的分析也是一个相当复杂的问题。因此，需要从多方面寻找相关的分析线索，并在定性与定量两方面着手。

关于椽架尺度的定性分析，地域性是一线索。椽长设置是否有地域性的差异？以下还是以南北两地方三间构架为分析对象。

由分析可见，南北两地方三间构架用椽数的差异，与进深尺度并无直接的关系。三间八架是南方厅堂构架不变的法则，且与进深尺度无关，即使再小的进深尺度，侧样亦不离八架的规制。而北式方三间构架，无论等级高下与尺度大小，只用四架椽或六架椽规制。

比较南北方三间构架的进深尺度，北方六架椽屋进深尺度多接近或大于南方八架椽屋的进深尺度，相应地，北方椽架平长也多大于南方椽架平长。总之，江南厅堂取小椽架、多椽数的形式，区别于北方殿堂取大椽架、少椽数的形式。南北椽架差异之成因，在于构架体系之分，而非间架尺度之别。

至于具体椽架尺寸，根据这一时期遗构的尺度复原分析，中小型构架大都基本上符合《营造法式》“椽每架平不过六尺”这一原则，其基本椽长多保持在六尺上下。如江南宋构保国寺大殿的7尺、保圣寺大殿的5尺，元构天宁寺大殿的5.5尺；北方五代镇国寺大殿的6尺，宋构青莲寺大殿的6.5尺，初祖庵大殿的6尺，开化寺大殿的7尺，崇庆寺千佛殿的7尺等例。

又有文献中关于重要实例尺度的记载，如北宋徽宗朝皇太后献殿椽长5.5尺、南宋临安大内垂拱殿椽长5尺、南宋思陵诸殿椽长5尺等例，也同样皆守“椽每

26　《营造法式》卷五《大木作制度二》“椽”：“用椽之制，椽每架平不过六尺。若殿阁，或加五寸至一尺五寸。”参见：梁思成.梁思成全集（第七卷）[M].北京：中国建筑工业出版社，2001：155.

27　参见：张十庆.关于《营造法式》大木作制度基准材的讨论[M]//贾珺.建筑史（第38辑）.北京：清华大学出版社，2016：73-81.

架平不过六尺”之规制。因此，总体而言，唐宋中小型构架的椽长尺度大致以6尺上下为一般特色[28]。

（3）椽长尺度的十材上限

关于《营造法式》的椽长尺度，上节归纳了三个要点，即整数尺制、等级差别、上限规制。除以上三个因素外，椽长尺度还应与材等之间存在着对应关联。也就是说，《营造法式》关于椽长尺度的上限规制，即厅堂不过六尺，殿阁不过七尺五寸，相应于八个材等并非是一个不变的定数，而是以特定材等为基准所给出的椽长上限尺寸，其中反映了材等与椽长上限尺寸之间的折算关系以及相应于不同材等的比类增减。

根据对《营造法式》大木作制度的用椽和造檐这两项与椽相关的制度分析可知，其所记椽距、椽长、檐出尺寸，都是以三等材为法的，按三等材份数而折算的[29]。也就是说，《营造法式》关于椽长上限的厅堂不过六尺、殿阁不过七尺五寸，是以三等材而言的。基于此，按三等材作椽长上限尺寸的材份折算：厅堂椽长，三等材者不过六尺，折合120份；殿阁椽长，三等材者不过七尺五寸，折合150份。

厅堂最大用三等材，故六尺是厅堂的最大椽长；而用椽制度中的殿阁不过七尺五寸，也是以三等材而言的，故一、二等材殿阁的最大椽长则在其上。基于此，厅堂与殿阁的最大椽长尺寸如下：

厅堂：三等材，椽径5寸，椽架平长6尺，折合8材、120份；

殿阁：一等材，椽径6寸，椽架平长9尺，折合10材、150份。

以上基于三等材的最大椽架平长的材份折算，可用另一线索作进一步的佐证，即通过铺作里转传跳的份数叠加，推导椽架平长的材份关系及其折算基准。

据《营造法式》卷四“总铺作次序”条：“凡铺作自柱头上栌斗口内出一栱或一昂，皆谓之一跳，传至五跳止。”卷四“栱”条：华栱“每跳之长，心不过三十分；传跳虽多，不过一百五十分”[30]。由此可见斗栱传跳份数受椽架平长的限制，且以150份为上限。

又据《营造法式》卷十七“殿阁外檐补间铺作用栱斗等数”中所列下昂长度计算，八铺作两只下昂身长，减去外跳出跳份数，所余里跳长度均为150份；其他七铺作、六铺作依同样计算，里跳昂身长度也皆为150份。而下昂里跳的最大长度也就是一椽架平长[31]，故此150份也即椽架平长的份数[32]。所举例之昂用于殿阁，由此可知殿阁最大椽架平长不过150份。以此与“用椽之制”的殿阁不过七尺五寸规制相校，折算得每份0.5寸，可知是以三等材为法的。

《营造法式》大木作制度用椽之制与造檐之制的分析表明，这两项制度内容都是统一以三等材为法的，具体表现有以下两个特点：一是以材份确定椽径，其他相关尺寸依椽径而变化；二是椽长尺度设定上限规制，并基于三等材分作厅堂

28　北方部分早期四架椽屋的椽架尺度，由于椽架数少，相应椽长较长，如南禅寺大殿椽长8.25尺，大云院弥陀殿椽长8.85尺。而六架椽屋的椽长尺度则以6尺上下为一般特色。

29　张十庆．关于《营造法式》大木作制度基准材的讨论[M]// 贾珺．建筑史（第38辑）．北京：清华大学出版社，2016：73-81.

30　梁思成．梁思成全集（第七卷）[M]．北京：中国建筑工业出版社，2001：104、81.

31　《营造法式》卷四·大木作制度一“飞昂”：“若昂身于屋内上出，即皆至下平槫”。梁思成．梁思成全集（第七卷）[M]．北京：中国建筑工业出版社，2001：92.

32　“殿阁外檐补间铺作用栱斗等数”中所列昂长称“身长”，应指平长而非实长。其依据是：此处所记昂身长度的份数，若指昂身实长的话，其份数不可能皆为整齐划一且与跳距30份成整倍数关系的份数，因而此处昂长应指的是平长。对于此昂长所指，陈明达先生也认为应指平长：“按《法式》惯例凡称身长，系跳中至跳中长度。”参见：陈明达．《营造法式》大木作研究[M]．北京：文物出版社，1981：72.

6尺与殿阁7.5尺两档，份数折算分别为120份和150份。或者说，总体上最大椽长尺度以10材为上限。

《营造法式》大木作制度的椽长上限规制，是以三等材为基准的，并通过材份折算而通用于其他材等。这一椽长上限规制，具有等级与材料两方面的意义，是《营造法式》制度中明确的一条间架尺度规制。

上文讨论了《营造法式》的椽长规制，再以《营造法式》前后时期遗构作比较。

历代椽长尺度的设定，既与构架规模、等级相关，又有一定的时代性。分析唐宋辽金时期大型或重要遗构的最大椽长，大致上或营造尺寸不过9尺，或材份尺寸不过10材。其中唐宋遗构如：唐大明宫含元殿（遗址）椽长8.25尺、佛光寺大殿椽长7.5尺（合7.5材）；宋晋祠圣母殿椽长6尺（合8.3材）、保国寺大殿椽长7尺（合10材）、初祖庵大殿椽长6尺（合10材）、青莲寺大殿椽长6.5尺（合9.7材）。也有部分宋构椽长略长，然也接近10材，如崇庆寺千佛殿椽长7尺（合10.5材）、开化寺大殿椽长7尺（合10.4材）。

辽金时期部分建筑的尺度规模有显著的增大，然最大椽长多也不过9尺，如辽构奉国寺大殿椽长8.5尺（合8.5材）、善化寺大殿椽长8.5尺（合9.7材）、下华严寺海会殿椽长8尺（合10材）、广济寺三大士殿椽长7.75尺（合9.5材）等例。其中唯始建于辽、重建于金的大同上华严寺大殿，面阔九间，进深五间十架，最大椽长达9.5尺（合9.5材）。金构如崇福寺弥陀殿椽长9尺（合10.3材）、善化寺三圣殿椽长8.5尺（合10材）[33]。

唐宋辽金时期的遗构状况千差万别，并不能直接等同于《营造法式》制度，然在椽长尺度上也大致不离左右，表现出十材上限的规律或倾向。而就椽长尺度而言，大致上大型构架椽长以9尺为限；中小型的方三间构架，则以6尺上下为基本椽长。

椽长尺度的设定是唐宋时期间架尺度规制的一项基本内容。

3. 整体尺度设计的椽架基准

（1）整数尺制下的椽架基准

构架整体尺度设计上，开间尺度是最主要的尺度形式，而椽架与朵当则是与之相关的两个次级尺度单元。且在早期建筑间架构成上，椽架的作用较朵当更为重要。

关于间架构成上椽架的角色及作用，根据对文献与遗构的分析，在早期间架构成的互动关系中，椽架处于主导地位，充当了唐宋时期间架构成的基准单元。

唐宋时期关于椽架的相关文献，最重要的是《营造法式》。其大木作制度中，椽有着两层含义：一指跨置于两槫间的椽构件，用于承载屋面；一指两槫间的平长，

33 金构善化寺三圣殿，面阔五间，进深四间八架，面阔当心间施双补间铺作，间广25尺（7.68米）；斗栱用材26×17（厘米），合0.85×0.55（尺）；最大椽长8.5尺，合10材；营造尺约30.72厘米。

作为进深上的度量单位。故椽与材一样，既是一种构件名称，又是一种度量单位。相应地，在间架构成上，椽数与椽长成为规模的度量单位和尺度的基准所在。

椽长作为间架尺度的细分单位，制约和控制着开间尺度及比例关系，构架的地盘尺度关系，实际上是椽架尺度关系的投影与叠加。基于椽架的这种基准属性，在唐宋时期间架尺度设计与比例权衡上，整数尺制下的椽架基准应是一个基本方法，并成为这一时期的技术特色。

关于唐宋时期间架尺度的设计方法，学界有诸多的分析与推测，其中关于尺度基准的探讨是焦点之一。实际上，唐宋时期基于椽架的间架设计方法，注重的是从整体构架层面把握间架规模及其尺度关系，而非追求精细的尺度设定。

椽架基准作为一种大尺度单元，在性质上反映的是间架尺度模数化之前的尺度关系。唐宋时期在整数尺制的制约下，唯“尺”是间架尺度构成的基本单位，而真正意义上的间架尺度模数化应尚未实现。

此外，椽长在《营造法式》中，作为间架构成上的尺度单元，同时又与尺丈和材份相关联。因此，椽长在间架尺度设计上，无疑也担负着尺丈与材份相互转换的中介作用。这是椽长基准的另一内涵所在，其对于催生和推进间架尺度的模数化，具有重要的意义。

（2）基于椽架的间架设计方法

基于椽架的间架尺度设计，其基本方法是以不同椽长的组合变化，权衡、设定间架尺度及其比例关系。这种基于椽架的间架设计方法，在江南八架椽屋构架上表现得尤为突出。江南八架椽屋的间架尺度关系，相对于较简单的北方四架或六架椽屋更显匠心。

前节关于南北方三间构架的间架配置，分析和归纳了相应的间架尺度关系模式。本节再以与唐样佛堂关系密切的江南方三间宋构为例，进一步讨论基于椽长的间架尺度设计方法。

如上节分析，江南间架构成上的椽架尺度变化，无论是“3-3-2”式还是“2-4-2”式的间架分椽形式，皆以大小两种椽长的组合变化形成相应的间架尺度关系。以下以具体宋构实例，分别讨论上述间架两式的尺度关系和设计方法。

首先是“3-3-2”式间架配置。

在大小两种椽长的组合变化下，该式侧样三间的间架尺度关系表现为如下两种形式（以 A、B 分别代表不同的椽长，且 B ＞ A）：

AAA-BBA-AA

BAA-BBA-AB

此“3-3-2”式间架配置最重要的实例为宋构保国寺大殿。

保国寺大殿复原椽长分作两种，即脊步椽平长 B 为 7 尺，其余各步椽平长 A

为 5 尺。A、B 两种椽长的组合变化及其尺度关系，反映了大殿整体尺度设计的意图和方法。

从整体构架设计的角度而言，间架关系先于尺度关系，故在选定八架椽屋的“3-3-2”式间架配置之后，确定椽长及其变化形式，即脊步两架 B 为 7 尺，其余六架 A 为 5 尺，以形成特定的侧样间架尺度关系，并通过侧样椽架与正样次间的对应关系以及四内柱正方开间的设定，建立正、侧样间架的对应关系，最终基于两种椽长的组合变化，形成正、侧样间架的尺度关系。

地盘开间形式是间架关系在平面上的投影。根据保国寺大殿间架关系的认识，以椽架为基准，即 A、B 两种椽长，表示保国寺大殿平面开间构成关系如下：

进深三间：AAA-BBA-AA　（前进间—中进间—后进间）

面阔三间：AA-BBA-AA　（西次间—当心间—东次间）

基于 A、B 两种椽长尺寸，即：A ＝ 5 尺，B ＝ 7 尺，大殿进深三间的间架尺度关系如下：

前进间 15 尺、中进间 19 尺、后进间 10 尺

保国寺大殿侧样间架构成上，以 5 尺为基本椽长，通过加大脊步对称两架椽长至 7 尺，形成小三架 15 尺与大三架 19 尺，中进间的佛域空间较前进间的礼佛空间大 4 尺，由此区分两个三架椽空间的尺度大小及主次关系。保国寺大殿的间架尺度权衡与椽长设置，简洁、明晰而有序（参见前图 3-2-10）。

基于 A、B 两种椽长尺寸，大殿面阔三间的间架尺度关系如下：

东次间 10 尺、当心间 19 尺、西次间 10 尺

保国寺大殿面阔东、西两次间各对应两椽，为 10 尺开间，合两个 5 尺椽长；当心间虽不与椽长直接相关，然通过与进深上的中进间对等关联，而呈 19 尺、三椽（BBA）的构成形式。

地盘开间尺度构成，受制于椽长基准的支配和制约。工匠运用 5 尺与 7 尺这两个椽长的组合变化，形成保国寺大殿的间架尺度及相应的地盘尺度（图 3-3-1、图 3-3-2）。

根据间架尺度关系，保国寺大殿相应于间广的梁栿、额串尺度，皆由椽架基准控制，如平梁长 2B、合 14 尺，乳栿长 2A、合 10 尺，前三椽栿长 3A、合 15 尺，后三椽栿长 2B ＋ A、合 19 尺。大殿柱高尺度构成上，檐柱高 2B、合 14 尺。当心间 19 尺与檐柱高 14 尺之差 5 尺，正为椽长 A。

椽长 A 与椽长 B，成为保国寺大殿间架尺度构成上的基准尺度和表达方式。整数尺制下的椽架基准，应更贴近大殿间架尺度构成的真实状况。

江南“3-3-2”式间架配置，在宋构保国寺大殿之后，又有元构延福寺大殿和天宁寺大殿两例。其中天宁寺大殿的间架尺度关系为第二种形式，即：BAA-BBA-AB（B ＞ A），其特点是在第一种尺度关系的基础上，进一步加大前后檐

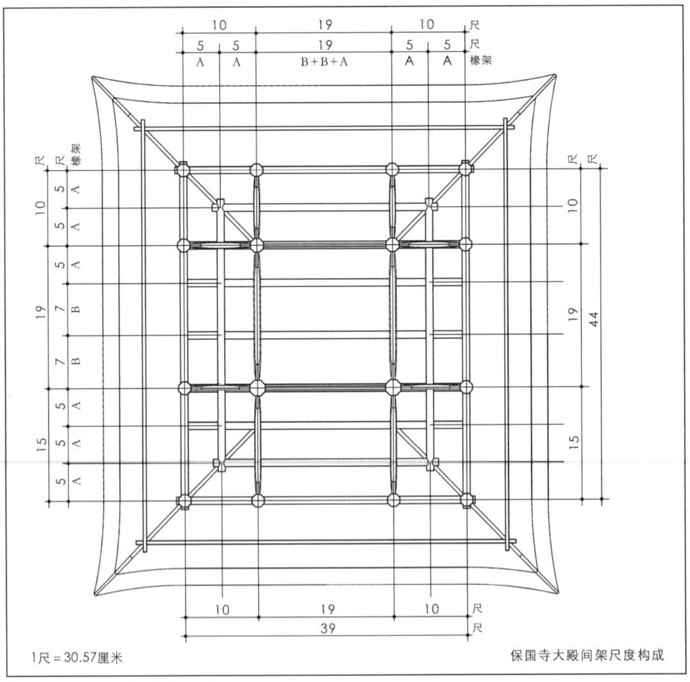

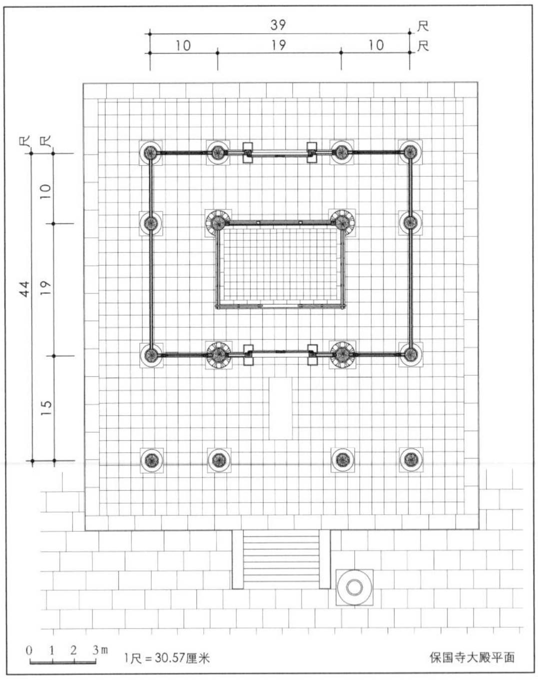

图 3-3-1　保国寺大殿间架尺度关系分析（作者自绘）（左）

图 3-3-2　保国寺大殿基于间架构成的平面尺度形式（作者自绘）（右）

步尺度，但仍保持着一致的两种椽长以及小三架与大三架的尺度关系。其两种椽长 A 为 4.8 尺，B 为 5.2 尺，大殿间架尺度关系的设定，基于这两种椽长的组合变化（参见前图 3-2-11）。

其次是“2-4-2”式间架配置。

在大小两种椽长的组合变化下，该式侧样三间的间架尺度关系表现为如下两种形式（以 A、B 分别代表两种不同的椽长，且 B ＞ A）：

BB-AAAA-BB

BA-AAAA-AB

此“2-4-2”式间架配置的典型实例为宋构保圣寺大殿。

根据保圣寺大殿的间架尺度复原分析[34]，其侧样间架尺度关系如下：

BB-AAAA-BB　（B ＞ A）

基于 A、B 两种椽长尺寸，即：A ＝ 5 尺，B ＝ 5.75 尺。其侧样三间的间架尺度关系如下：

前进间 11.5 尺、中进间 20 尺、后进间 11.5 尺

保圣寺大殿侧样间架尺度关系，以 5 尺为基本椽长，中进间四架取 5 尺基本椽长，前进间与后进间的两架椽长加大至 5.75 尺，由此形成中进间 20 尺、前进间与后进间各 11.5 尺的间架尺度关系（参见前图 3-2-12）。保圣寺大殿的间架尺度关系，应代表了江南宋构“2-4-2”式间架配置的一般形式。江南元构轩辕宫正殿“2-4-2”式间架的尺度关系，与保圣寺大殿类似，呈 BA-AAAA-AB 的形式，同样为两种椽长形式，所不同的是，只加大前后檐步椽长，而非加大前

34　关于保圣寺大殿尺度复原分析，参见：张十庆．角直保圣寺大殿复原探讨 [J]．文物，2005（11）：75-87.

后间两架椽长，这一点与天宁寺大殿相同。

华林寺大殿是南方厅堂“2-4-2”式间架配置的另一早期之例，其侧样间架尺度关系同于保圣寺大殿，进一步证实了南方厅堂“2-4-2”式间架尺度关系的特色。对华林寺大殿的间架尺度分析表明，其侧样间架尺度关系如下：

BB-AAAA-BB（B ＞ A）

其间架尺度关系上，A、B 两种椽长尺寸分别为：A ＝ 6 尺，B ＝ 6.6 尺，营造尺长 28.9 厘米[35]。

华林寺大殿侧样三间的间架尺度关系如下：

前进间 13.2 尺、中进间 24 尺、后进间 13.2 尺

此 28.9 厘米的推定营造尺长，较通常唐宋尺略小，如若复原营造尺推定为 29.5 厘米，则 A ＝ 5.9 尺，B ＝ 6.5 尺，相应地，前进间 13 尺、中进间 23.6 尺、后进间 13 尺，上述间架尺度关系依然存在。

综上分析，制约早期构架整体尺度的诸因素中，椽架平长显得最为重要和显著。由椽长基准所表达的间架构成关系，其逻辑性及关联性是相当清晰和明确的。其基本特征可概括为如下三点：

整数尺制的椽架取值

不过十材的椽架上限

椽架基准的设计方法

间架尺度构成上，由整数尺制向模数制的转变，始于朵当意识的形成和发展。而椽架基准在间架构成上的角色及作用，对于此后朵当基准的形成以及间架尺度的模数化发展，具有重要的意义。

四、椽架与朵当的关联性及其意义

1. 椽架与朵当的关联对应

间架构成上，椽架与朵当是相关的一对要素，二者的角色及作用随时代而变化和转换，其趋势大致是从椽架主导转向朵当主导，从规模量度转向尺度量度。在这一进程中，以补间铺作的发达为契机，朵当的重要性趋于显著化，并逐渐取代椽架，成为间架构成的基准。这一变化催生和促进了整体尺度设计的模数化意识和方法，间架尺度的模数化发展也由此而展开。

关于椽架与朵当的关联性及其变化，首先从构架层面上讨论二者的对应关系。

椽架与朵当作为间架构成的两个同级要素，形成了特定的对应性和关联性：其一，在早期一间两椽与补间一朵的情况下，椽长与朵当呈自然的对应和关联；其二，椽架与朵当在间架构成上的角色及作用，随构架技术的演进而转换、替代。

35 关于华林寺大殿营造尺分析，参见：孙闯，刘畅，王雪莹．福州华林寺大殿大木结构实测数据解读 [M]// 王贵祥．中国建筑史论汇刊（第 3 辑）．北京：清华大学出版社，2010：181-225.

在补间铺作尚不发达的时期，间架构成上朵当要素处于从属椽架和开间的地位，表现为对应椽架和均分开间的特点。随着补间铺作的成熟和发达，朵当要素在间架构成上的作用逐渐显现，并与间架尺度的设定产生关联，进而形成左右间架尺度关系的相应规制及基准属性。

在构架技术的演进过程中，椽架与朵当在性质上由关联对应趋向转换替代，朵当的作用愈显重要。就时代而言，唐宋时期的间架构成，大致表现为椽架基准的形式，而随着朵当要素的显著化，间架构成逐渐从椽架主导转向朵当主导。

关于朵当与椽架的对应关系，基于南北构架所用椽架数及补间铺作数的不同，其表现形式有显著差异及相应特色，故以南北两地典型的方三间构架为例进行分析和比较。

先从对应关系相对简洁明晰的唐宋北式方三间构架论起。

这一时期的北式方三间构架，其间架特征主要有两点：一是侧样六架椽，二是逐间补间铺作（或补间铺作雏形）一朵。基于此，其椽架与朵当形成简洁明晰的对应关系：一是侧样三间的六架椽与六朵当，在数量与尺度上的对应相等；二是侧样三间六架椽与正样三间六朵当在数量上的对应关联。

在补间铺作两朵出现之前的早期建筑上，一间两架椽与一间两朵当是对等和相当的。

进而，对于北式方三间的正方构架而言，椽架与朵当不仅在数量上对应，且在尺度上相等，由此形成椽架与朵当二者之间简洁而明晰的对应乃至对等的关系。概言之，即“一椽一朵当”的对应关联。

相对于北式方三间构架的椽架与朵当的简单对应关系，南式方三间构架的椽架与朵当的对应关系，则显得复杂和具有变化性。其原因在于江南宋构侧样八架椽与正样七朵当的不对等性。

五代北宋以来的南式方三间构架，其间架特征主要有两点：一是侧样八架椽，二是面阔心间补间铺作两朵，次间补间铺作一朵。基于此，其椽架与朵当的对应关系表现为：侧样三间八架椽与正样三间七朵当的对应。相应地，侧样较正样大一个构成单位，这也正是江南宋构进深大于面阔的主要原因，尤其是江南“3-3-2”式构架，如保国寺大殿。

江南方三间的正方构架，可看作是在间架构成上对椽架与朵当对应和对等关系的一种追求和修正。其方法是加大面阔心间尺度，将心间补间铺作两朵增为三朵，从而达到侧样三间八架椽与正样三间八朵当的对应和对等，也即“一椽一朵当”的对应关联。江南元构天宁寺大殿，即表现了这种间架配置的意图和方法。关于江南正方构架的间架配置，详见后章相关内容。

要之，这一时期南北两地典型的方三间构架，其椽架与朵当的关联对应及演化，可用下式概括和对照：

北式方三间构架：

面阔、进深逐间补间铺作一朵

侧样六架椽 × 正样六朵当（6×6 模式）

南式方三间构架：

面阔心间补间铺作两朵，并增至三朵

侧样八架椽 × 正样七朵当（8×7 模式）→ 侧样八架椽 × 正样八朵当（8×8 模式）

2. 椽架与朵当的尺度关系

（1）“步”的量度概念及步架尺度

关于椽架与朵当的关联性，继上节就二者构成关系的讨论后，必然要涉及二者的尺度关系。

从规模控制到尺度控制，是间架设计技术的一个自然演进过程。在这一进程中，作为间架构成要素的椽架与朵当，逐渐由规模量度向尺度量度演进。椽架与朵当二者的尺度关系由此显得重要，且作为尺度基准的作用亦趋显著，尤其是朵当要素。

在关于椽架与朵当的尺度概念中，“步架”与“步间”二者值得重视，是分析椽架与朵当尺度关系的一个重要线索。

所谓步架与步间，是椽架与朵当的另称，其前缀“步”者，指椽架与朵当的尺度特点。

“步”是最原始的长度计量单位之一。古时举足一次为跬，举足两次为步，也就是左右脚各跨一次，其跨距为长度单位“步”[36]。

大致一定的步距，逐渐被赋予量度单位的性质，步与尺之间形成了相应的比例关系。秦汉以来以六尺为步，唐以后行大小尺制，以旧来所用之尺为小尺，其一尺二寸为大尺，大小尺比率为 1.2∶1，大五尺与小六尺相当。大小尺功用不同，小尺用于“调钟律，测晷景，合汤药及冠冕之制则用之，内外官司悉用大者”[37]。唐以大尺为日常用尺，故将汉以来的 6 尺为步改为 5 尺为步，每步所含尺数减少，实际长度不变。自唐以后，皆以 5 尺为步。

唐宋一步约相当于现今的 1.5 米。因历代尺长略有变化，唐尺按 29.4 厘米计，唐步约等于 1.47 米；宋尺略有增大，宋步约当 1.55 米。

步作为古代长度计量单位，在生产与生活中多有运用，并将 5 至 6 尺的约略长度，以步称之，如建筑构架上的所谓“步架”和“步间”即是其例。明清官式有“檐不过步”的规定，即檐出不过步架，“步”是古代的一个长度单位。

大木构架相邻两槫中心的平长称“步”，也称步架。宋《营造法式》称两槫

36 《小尔雅·广度》：“跬，一举足也，倍跬谓之步。”参见：迟铎. 小尔雅集释 [M]. 北京：中华书局，2008.

37 《唐六典》卷三·金部郎中。参见：（唐）李林甫撰，陈仲夫点校. 唐六典 [M]. 北京：中华书局，2014.

间距为椽架，与步架相当。步架尺度是大木构架尺度的基本单位，从材料和等级的角度而言，步架尺度应有相对稳定的取值规定。“步”的意义在于尺度，所谓步架，以其尺度取值特色而得名。以“步”指称架距，意味架距一般约略 5 至 6 尺，遗构现状及文献分析也表明了这一特色。

步架尺度通常多为 5 至 6 尺，尤其是中小型构架。《营造法式》规定厅堂椽架平长不过 6 尺，也说明 5 至 6 尺应是厅堂椽架的适宜尺度。清式一步架为 22 斗口，按最常用的 2.5 寸斗口折算，则为 5.5 尺，与步相当。

文献记载，北宋徽宗朝皇太后献殿椽长 5.5 尺[38]，南宋临安大内垂拱殿椽架平长也只在 5 尺[39]，南宋永思陵主要建筑上宫殿门、攒宫献殿、攒宫龟头屋以及下宫殿门、殿门东西挟屋、前后殿、前后殿东西挟屋、神厨等诸构，除中心建筑攒宫龟头屋架深 6 尺外，余皆架深 5 尺[40]。更有江南宋元遗构保国寺大殿、保圣寺大殿以及天宁寺大殿的椽架复原尺度也都以 5 尺为基准。因此，一般中小型构架的椽架尺寸，大致多在 5 至 6 尺这一范围，并与步架之称相应对照。

（2）朵当基本尺度：补间与步间

间架尺度构成上，与“步架”类似和对应的另一用语是“步间”。所谓类似，即二者都以“步”指称其尺度特色，前者以“步”示其“架”距，后者以“步”示其“间”距。“步间”应是与间、架相关的重要概念。

“步间”一词首见于北宋皇陵营造记录，且根据记录文献分析，步间之意与《营造法式》补间相同。北宋皇陵营造记录中以“步间”与“柱头作事”作为相对应的概念，表达补间铺作与柱头铺作的意味[41]，而宋《营造法式》则明确指出“步间”为“补间”之旧称。

《营造法式》大木作制度“总铺作次序”：“凡于阑额上坐栌斗安铺作者，称之补间铺作（小字注：今俗谓之步间者非）。”[42] 据此可以推知，在《营造法式》之前，匠人习称补间铺作为步间铺作，至宋末李诫编纂《营造法式》，取步间之谐音，改称或讹作补间铺作。

补间之所以旧称步间，还是与其基本尺度相关，即指其约略为步距的间距特色。因而所谓步间，意味着约当步距之大小，其尺度约略 5 至 6 尺；而步间铺作或补间铺作，则是指位于步间分位上的铺作。步间尺度即为补间铺作中距。也就是说，宋代朵当的基本尺度，以约略 5 至 6 尺为则，故谓步间。步间的这一尺度特色，遗构及文献中皆有反映。

《营造法式》大木作制度“总铺作次序”规定：“当心间须用补间铺作两朵，次间及梢间各用一朵，其铺作分布，令远近皆匀。”并举例说明：“假如心间用一丈五尺，次间用一丈之类。”[43] 其铺作中距为 5 尺，正是步间尺度。又，《营造法式》功限记小木作栱眼壁版长五尺[44]，故其铺作中距也就在 5 尺余。以步为则，

38　《宋会要辑稿》第二十九册·卷七三六八·礼三三“钦圣宪肃皇后”条：“徽宗建中靖国元年正月十三日，皇太后崩于慈德殿，十三日太常寺言，大行皇太后山陵一行法物，欲依元丰二年慈圣光献皇后山陵故事……献殿一座，共深五十五尺，殿身三间各六椽，五铺下昂作事，四转角，二厦头，步间修盖，平柱长二丈一尺八寸；副阶一十六间，各两椽，四铺下昂作事，四铺作，步间修盖，平柱长一丈。”献殿共深五十五尺，指殿身六椽加前后副阶四椽，共十椽，平均椽长 5.5 尺。参见：（清）徐松．宋会要辑稿 [M]. 北京：中华书局，1957：1250.

39　绍兴十二年，南宋宫室增建垂拱、崇政二殿。《宋史》卷一五四《舆服志六》：“其实垂拱、崇政二殿，权更其号而已。二殿虽曰大殿，其修广仅如大郡之设厅。……每殿为屋五间，十二架，修六丈，广八丈四尺。”以此计算，其进深六丈，十二椽架，椽架平长 5 尺。参见：（元）脱脱．宋史 [M]. 北京：中华书局，1977.

40　根据南宋周必大《思陵录》所记修奉司交割勘验公文内容。具体间架尺度分析参见：张十庆．中日古代建筑大木技术的源流与变迁 [M]. 天津：天津大学出版社，2004：92-93.

41　《宋会要辑稿》（第二十九册·礼三三）关于皇陵神门、献殿与亭的诸条相关记载中，凡“铺作事”，皆并记“步间修盖”，唯“铺作柱头作事”，不记“步间修盖”，可证“步间修盖”与“铺作柱头作事”为相对应的概念，前者指设有补间铺作者，后者指仅有柱头铺作者。参见：李容淮. 大木作“补间”与“步间”：从尺度构成角度的探讨 [J]. 华中建筑，2003（3）：89-91.

42　《营造法式》卷四《大木作制度一》。参见：梁思成．梁思成全集（第七卷）[M]. 北京：中国建筑工业出版社，2001：104.

43　《营造法式》卷四《大木作制度一》。参见：梁思成．梁思成全集（第七卷）[M]. 北京：中国建筑工业出版社，2001：104.

44　《营造法式》卷二十一《小木作功限二》“栱眼壁版”：“栱眼壁版，一片，长五尺，广二尺六寸。”参见：梁思成．梁思成全集（第七卷）[M]. 北京：中国建筑工业出版社，2001：318.

是椽架与朵当尺度的共同特色。

《武经总要》为北宋前期的官修兵书，涉及诸多技术内容，包括军事构筑物的木作技术内容，其中也涉及“步”这一长度单位，如关于敌楼：“敌楼前高七尺，后五尺。每间阔一步，深一丈。”所谓“每间阔一步”，即以“步”单位直接指代5尺，也就是每间面阔5尺的形式；又如弩台：“弩台，上狭下阔如城制，高与城等，面阔一丈六尺，长三步，与城相接。”[45]弩台“长三步”，也即长一丈五尺。二者皆明确以“步”指代5尺，作为开间尺度的基本单位。

通过步间概念所认识的朵当尺度特点，对于分析间架尺度构成具有重要意义。

3. 椽架与朵当的关联意义

（1）朵当：侧样与正样的关联中介

唐宋时期的大木构架技术上，椽架与朵当的关联主要表现在两个方面：一是间架构成，二是尺度关系，且这两个方面是相互依存的整体。

间架构成上，朵当区别于椽架的特点在于其作为正侧样两向的共同要素。基于这一特点，伴随构架技术的发展，朵当的作用趋于显著化，并逐渐替代椽架，向正侧样两向的统一基准演进。这一技术演进，将原先相对松散的正侧样对应关系推进了一步，朵当成为强化正侧样关联性和一体化的中介，以及间架构成上正侧样两向的统一基准。统一的朵当基准，进而又成为追求精确尺度设计以及间架尺度模数化的条件和契机。

朵当作为正侧样两向量度的特点，是椽架所不具备或不充分的。由椽架、朵当两要素的对应互动向单一朵当要素的演进趋势，是北宋以来大木构架技术发展的显著特色。基于补间铺作发展的地域性，这一特色在江南厅堂构架上表现得尤为突出。如宋构保国寺大殿的间架构成，即表现了这一演进的早期形态以及椽架与朵当的互动关系。

间内均分是早期朵当设置的基本方法。然而，随着江南厅堂构架补间铺作的发达，作为开间细分单位的朵当的重要性日显突出，朵当的属性逐渐由间内均分的被动生成，转向开间构成的支配基准。

江南厅堂间架构成上，朵当意义显著化的一个重要原因是对间架视觉匀称效果的追求。相比较而言，椽架与视觉的关系较弱，而朵当则密切和直接得多。朵当与间架的对应关系由此逐渐加强，并最终促成基于朵当的正样与侧样关联一体的构成关系。

椽架与朵当作为开间的细分单位，早期二者分别作为构架侧样与正样的两向量度，如保国寺大殿构架，其侧样构成为三间八椽架，正样构成为三间七朵当，构成关系的表述形式如下：

45　曾公亮《武经总要》（前集）卷十二。参见：曾公亮. 武经总要[M]. 陈建中，黄明珍点校. 北京：商务印书馆，2017.

基于椽架的侧样三间构成：3 + 3 + 2 = 8（椽架）

基于朵当的正样三间构成：2 + 3 + 2 = 7（朵当）

江南厅堂间架构成上，椽架与朵当并非毫无关联的孤立存在，解析二者之间的对应关联，实质上也就是对厅堂构架侧样与正样的关联性的认识。且这种关联性，在江南方三间厅堂构架上的表现尤具意味，并形成江南厅堂间架构成的显著特色。

江南厅堂间架构成上，椽架与朵当的对应关联表现在数量与尺度两方面，其内涵是：在间内椽架等距的情况下，同间椽架与朵当不仅数量相同，且尺寸相等，二者完全对应；在间内椽长不等的情况下，同间椽架与朵当数量相同，尺寸相关，朵当尺寸为对应开间之均分。椽架与朵当的这一关系在江南早期较为突出，至南宋、元代以后逐渐发生变化，朵当的角色作用趋于显著。保国寺大殿作为江南厅堂早期遗构，其间架构成上椽架与朵当的对应关系典型而突出。

保国寺大殿间架构成上，椽架与朵当的对应关系解析如下：

侧样构成：进深三间、八架椽，各间朵当与椽架数量相同，尺寸相关。

正样构成：面阔三间、七朵当，两梢间朵当与椽架数量及尺寸全同；面阔心间与进深中间对应，朵当与椽架数量相同，尺寸相关。

根据保国寺大殿的尺度复原分析[46]，大殿椽架、朵当、开间的尺度关系整理如表 3-1 所示。

表 3-1　保国寺大殿椽架、朵当、开间的尺度关系　　单位：尺

<table>
<tr><td rowspan="4">进深侧样</td><td></td><td colspan="3">前进间</td><td colspan="3">中进间</td><td colspan="2">后进间</td><td>总量</td></tr>
<tr><td>椽架</td><td>5</td><td>5</td><td>5</td><td>7</td><td>7</td><td>5</td><td>5</td><td>5</td><td>8 椽架</td></tr>
<tr><td>朵当</td><td>5</td><td>5</td><td>5</td><td>6.33</td><td>6.33</td><td>6.33</td><td>5</td><td>5</td><td>8 朵当</td></tr>
<tr><td>开间</td><td colspan="3">15</td><td colspan="3">19</td><td colspan="2">10</td><td>44 尺</td></tr>
<tr><td rowspan="4">面阔正样</td><td></td><td colspan="3">西次间</td><td colspan="3">当心间</td><td colspan="2">东次间</td><td>总量</td></tr>
<tr><td>椽架</td><td colspan="2">5</td><td>5</td><td colspan="3">对应中进间三椽架</td><td>5</td><td>5</td><td>7 椽架</td></tr>
<tr><td>朵当</td><td colspan="2">5</td><td>5</td><td>6.33</td><td>6.33</td><td>6.33</td><td>5</td><td>5</td><td>7 朵当</td></tr>
<tr><td>开间</td><td colspan="3">10</td><td colspan="3">19</td><td colspan="2">10</td><td>39 尺</td></tr>
</table>

由上表分析可见，保国寺大殿间架构成上，朵当与椽架关系密切，并通过二者的对应关系，建立侧样与正样的关联性。比较侧样与正样的间架构成，正样的七朵当构成，实际上完全等同于侧样八架椽构成中的后七架椽构成，而朵当则成为正样与侧样对应关联的中介。

基于厦两头造转角结构的对称性特征，保国寺大殿正样构成上，东西两次间朵当直接对应于椽架；而当心间朵当，则是通过四内柱正方间 19 尺 ×19 尺的构成关系，建立起与侧样中进间椽架的间接对应关系。椽架因素不仅支配了侧样的尺度关系，而且通过与朵当的关联，也间接影响了正样的尺度关系。

46　东南大学建筑研究所．宁波保国寺大殿：勘测分析与基础研究 [M]．南京：东南大学出版社，2012：102-117.

对于保国寺大殿的“3-3-2”式构架而言，侧样大于正样是一种常态，那么宋构保圣寺大殿的“2-4-2”式构架，其正、侧样间架尺度关系的决定性因素，则在于四内柱方间的两向尺度关系，具体而言也就是正样当心间与侧样中进间的尺度对应关系，而其正样东、西次间与侧样前、后进间分别对应相等，已成定式。

宋构保圣寺大殿，面阔 42 尺，进深 43 尺[47]，侧样大于正样 1 尺。

分析拆解保圣寺大殿正侧样间架的构成关系，以朵当与椽架的形式表示如下：

基于椽架的侧样三间构成：2 + 4 + 2 = 8（椽架）

基于朵当的侧样三间构成：2 + 3 + 2 = 7（朵当）

基于朵当的正样三间构成：2 + 3 + 2 = 7（朵当）

由上式可见，在保圣寺大殿正侧样的间架构成上，朵当已初具双向基准的作用。在侧样构成上，中进间以 3 朵当均分 4 椽架的形式，取得与正样当心间 3 朵当的对应关联，使得正侧样间架构成皆为 7 朵当。这是“2-4-2”式构架与“3-3-2”式构架在正侧样对应关系上的主要区别。

保圣寺大殿正侧样间架的尺度关系，决定于四内柱方间的尺度关系及其变化。其侧样中进间构成上，以 3 朵当均分 4 椽架 20 尺，朵当 6.66 尺；正样当心间构成上，以 3 朵当等分 19 尺，朵当 6.33 尺，侧样中进间朵当微大于正样当心间朵当 0.33 尺。保圣寺大殿侧样与正样的间架尺度差别，唯在于四内柱方间的进深大于面阔 1 尺。

江南厅堂间架构成上，基于椽架与朵当的对应关系所建立的侧样与正样的关联性，概括如下：

侧样：开间 ⟷ 椽架
↑↓
正样：开间 ⟷ 朵当

上述关于江南宋代厅堂构架椽架与朵当的关系可概括为：数量上的对应与尺度上的关联。在这一构成关系上，四内柱方间的构成，具有重要的意义，其决定了正样当心间与侧样中进间的尺度关系。

在江南厅堂构架演化进程上，保国寺大殿所表现的间架构成特色，提示了江南方三间厅堂“3-3-2”式间架上，一种共通的构成规制和设计方法的存在。保国寺大殿间架构成上椽架与朵当关联对应的技术特征，应是当时工匠间架设计意识的表现。

间架构成上朵当作用的显著化，其内在原因在于补间铺作的发达，其中反映出显著的南方因素。两宋以来朵当作用的显著化与朵当基准的演进，应都是始自江南厅堂构架的。对于南北构架技术的发展而言，这一时期江南厅堂构架技术的影响是显著和重要的，其中补间铺作的发展以及朵当作用的显著化，是最突出的表现。

47　张十庆. 角直保圣寺大殿复原探讨 [J]. 文物，2005（11）：75-87.

江南厅堂间架构成上，进深大于面阔是一个多见的现象。这一现象背后的实质是，侧样大于正样一个基准单位，即进深八架椽对应于面阔七朵当。其后江南厅堂建筑对于正方构架的追求，可视作对上述构架现象的调整和修正，即消除侧样大于正样的一个基准单位差，其方法是增加面阔心间补间铺作数及相应尺度，从而实现进深与面阔皆八朵当的构成形式，由此朵当真正成为间架构成的主角。详见后文关于正方平面间架的分析。

（2）椽架与朵当尺度的极限规制

关于椽架与朵当的关联性，继上节讨论二者的构成关系后，进而再论二者的尺度关系。正如前文的相关分析，“以步为则”是椽架与朵当二者最基本的尺度关系，也即中等规模的椽架与朵当尺度，通常多以 5 至 6 尺为特色。

关于椽架与朵当的尺度关系分析，相对遗构而言，建筑技术文献对于认识尺度设计的性质，应更为直接和可靠，尤其是宋官式制度《营造法式》值得重视，其相关内容为椽架与朵当尺度特点的探讨，提供了重要的分析依据。

《营造法式》关于椽长、朵当尺度的设定，如前文所述，应大致不离“以步为则”这一粗略的尺度特色。然二者的尺度设定，在性质与目标上是有所不同和区别的，且有其特定的意义和内涵，概而言之，即“极限规制”[48]。

《营造法式》椽长、朵当尺度的相关规制，其特点在于“极限规制”，而不在于给定具体的设计尺寸。且其极限规制，于椽长为“上限规制”，于朵当为“下限规制”。

关于椽长的“上限规制”，《营造法式》有厅堂不过六尺、殿阁不过七尺五寸这一用椽规制。且这一用椽规制是以三等材为基准的，即：厅堂椽长，三等材者不过六尺，以材份折算，合 120 份、8 材；殿阁椽长，三等材者不过七尺五寸，以材份折算，合 150 份、10 材。按照比类增减，可推得厅堂及殿阁其他材等的椽长上限尺寸。

厅堂最大用三等材，故 6 尺即是《营造法式》厅堂椽长的上限。而殿阁最大椽长为一等材的椽长上限 9 尺。《营造法式》在用椽规制上，以“不过”的表述形式，控制椽长上限，其目的一是考虑材料的承载限度，二是以椽长尺度表达相应于材等的等级高下。这与唐宋律令法典营缮制度的表述方式及目的是一致的。

相对于椽架尺度的“上限规制”，朵当尺度则表现为“下限规制”。《营造法式》“总铺作次序”关于朵当尺度的基本原则是“远近皆匀”，而其规定“与补间铺作勿令相犯”的原则，则是朵当尺度的“下限规制”。这一“勿令相犯”原则，本是就复杂的转角铺作而言的，且可用连栱交隐作变通处理，以避铺作相犯。然这一原则对于梢间以外的其他开间而言，则是严格和不可变通的。

所谓朵当尺度的“下限规制”，是指保证铺作配置“勿令相犯”的最小朵当

48　张十庆. 关于《营造法式》大木作制度基准材的讨论 [M]// 贾珺. 建筑史（第 38 辑）. 北京：清华大学出版社，2016：73-81.

尺寸。宋式重栱造的慢栱长92份，加散斗耳4份共96份，为一朵斗栱的最大实长，从而有最小100份的朵当下限规制，并相应决定了施用补间铺作的最小开间尺寸。

《营造法式》大木作制度“总铺作次序”是讨论补间铺作与开间尺度关系的，并规定有如下原则：“当心间须用补间铺作两朵，次间及梢间各用一朵，其铺作分布令远近皆匀。（小字注：若逐间皆用双补间，则每间之广，丈尺皆同。如只心间用双补间者，假如心间用一丈五尺，次间用一丈之类）。”[49]

“总铺作次序”内容可概括为如下三个要点：一是当心间补间铺作两朵的定式，二是朵当均等的要求，三是举例心间15尺、次间10尺的形式，也即朵当5尺。这三个要点相互关联，并以补间铺作两朵这一定式为核心。作为北宋官式的《营造法式》大木作制度，其“总铺作次序”的这一内容，反映了其时相应于补间铺作新因素的间广构成变化。

《营造法式》之前，北方建筑在间架构成上以补间铺作一朵（或补间雏形一朵）为普遍形式。而《营造法式》当心间须用补间铺作两朵的要求，成为间架构成的一个新因素。此前习用的传统心间尺寸，在补间铺作两朵的新因素下，其最大的变化是铺作趋密，空当变小，从而产生铺作相犯的可能。如《营造法式》小木作制度“钩阑”所记，在心间补间铺作两朵的情况下，已有可能出现“补间铺作太密”的现象[50]。在此背景下，“总铺作次序”在讨论心间补间铺作两朵时，所举例的心间15尺、次间10尺、朵当5尺，其意义应在于朵当尺度的下限控制。

朵当5尺，合三等材100份，正是朵当的下限份数。因此，“总铺作次序”的相应规定可以理解为：以基于三等材的间广和朵当尺寸，表达朵当尺度下限控制的意义，正如同“用椽制度”中以基于三等材的椽长尺寸表达椽长尺度上限控制的意义一样。

朵当100份的下限控制，是针对补间铺作增多所提出的对策和要求。这在《营造法式》补间铺作密集的小木作帐藏制度上有更充分的表现，可作为上述分析的佐证。

《营造法式》壁藏、佛道帐、转轮藏一类补间铺作繁多的小木作，以檐下补间铺作密集排列的形式，追求造型的装饰性。因此，相应于间广的铺作排列筹划成为必然的要求：既追求铺作分布均匀，又避免铺作相犯。其设计方法是以朵当100份下限为基准，配置补间铺作和设定小木作帐藏的间广尺寸[51]。

《营造法式》小木作帐藏构成上以朵当100份下限为基准的这一特色，与大木作“总铺作次序”的朵当下限规制，其目的及方法是一致的，实际上大小木作二者本就是一个整体，故有小木作帐藏“准大木作制度随材减之”的规制[52]。

根据上文的讨论，关于椽架与朵当的尺度特点可作如下的认识：基于“以步为则”的尺度特点，椽长与朵当二者尺度控制的差异，在于椽长的上限控制与朵当的下限控制。然《营造法式》毕竟只是制度，并不能等同众多遗构复杂的尺度

49　《营造法式》卷四《大木作制度一》。参见：梁思成. 梁思成全集（第七卷）[M]. 北京：中国建筑工业出版社，2001：104.

50　《营造法式》卷八《小木作制度三》“钩阑”：“凡钩阑分间布柱，令与补间铺作相应。如补间铺作太密或无补间者，量其远近，随宜加减。”参见：梁思成. 梁思成全集（第七卷）[M]. 北京：中国建筑工业出版社，2001:220-222.

51　陈涛.《营造法式》小木作帐藏制度反映的模数设计方法初探 [M]// 王贵祥. 中国建筑史论汇刊（第4辑）. 北京：清华大学出版社，2011：238-252.

52　《营造法式》卷九“佛道帐”：“其屋盖举折及斗栱等分数，并准大木作制度随材减之，卷杀瓣柱及飞子亦如之。”卷十“牙脚帐”“壁帐”制度，亦皆记有“斗栱等分数，并准大木作制度”。参见：梁思成. 梁思成全集（第七卷）[M]. 北京：中国建筑工业出版社，2001:232、235、238.

状况。结合遗构的尺度分析，在椽长与朵当对应乃至对等的关系下，椽长与朵当的通常取值，大多趋向于二者尺度极限的中值，或者说二者趋向等量模度关系。以朵当下限 100 份与椽长上限 150 份折算，这个中值为 125 份。以作为基准并普遍使用的三等材而言，这个中值为 6.25 尺，近于步距，是中等构架椽长和朵当适宜的尺度取值。

关于间架构成关系的讨论，再将视线转向关系密切的日本中世唐样建筑。

中世唐样建筑约出现于 13 世纪中叶，其时无论是中国本土建筑还是日本唐样建筑，间架构成的演变阶段都已进入朵当主导阶段，尤其在唐样建筑间架构成上，朵当已取代椽架成为主导因素，并从粗略的规模量度，转向精确的尺度量度，逐渐向基于朵当的模数化方向演进。关于 12 世纪以来间架构成上朵当作用的显著化，以及基于朵当的间架构成模数化发展，详见第四章“宋式朵当基准与间架构成关系”。

第四章　宋式朵当基准与间架构成关系

第四章 宋式朵当基准与间架构成关系

上一章从间架构成关系的角度，探讨了椽架与朵当的性质与关联，并认为椽架在早期间架构成上处主导地位，而朵当与之呈从属和对应的关系。然在间架构成关系的演化上，朵当作用的显著化是总的趋势和方向。由椽架而朵当的变化以及朵当基准的确立，是本书研究架构上的重要环节与内容。本章重点讨论间架构成上朵当基准的性质与特色，分析和比较宋技术背景下日本中世唐样佛堂间架设计的方法与特色。

关于间架构成关系的分析，前章的重点在椽架，本章的重点在朵当。

一、间架构成演化的新趋向：朵当作用的显著化

1. 间架构成关系中的朵当意识

如前章所述，在间架构成上，朵当是与椽架关联的同级要素，二者的重要性随时代而变化和转换，其趋势大致是从椽架主导转向朵当主导的。在这一进程中，以补间铺作的发达为契机，朵当的重要性趋于显著化，其与椽架的关系逐渐从对应到替代，并成为间架构成的基准所在。这一变化表现了间架构成演变进程上的新趋向以及不同的阶段特色。

间架构成关系的演进上，朵当要素的显著化具有重要的意义。伴随着朵当意识的出现及强化，控制间架规模、配置形式以及尺度关系的朵当特色逐渐形成，并成为之后间架构成模数化的基础。

补间铺作的发达以及朵当要素的显著化，促使了间架构成上朵当意识的出现和强化，朵当性质由此逐渐发生改变，由开间的被动细分单位，产生与开间的互动机制，并逐渐形成对开间的支配作用，最终向基于朵当的间架构成模数化的方向演进。而这一切又都是从伴随补间铺作发展而出现的朵当意识开始起步的。

相比较而言，朵当意识在补间铺作发达的江南厅堂构架上出现得较早，如北宋保国寺大殿上，已有较显著的朵当意识，而至北宋末的《营造法式》大木作制度，其铺作分布原则不仅朵当意识明确，而且开启了向朵当基准演变的进程。

两宋以来，间架构成上椽架作用退化，朵当作用突出。朵当实际上已在相当程度上取代椽架，成为支配间架构成的主因。这一时期无论是南方还是北方，方三间构架所呈现的正方间架特色，应都是朵当意识的作用及表现。

在间架尺度构成上，相较于早期的椽架基准，新兴的朵当基准的意义主要表现在如下四个方面：一是追求更直接的视觉效果，二是由规模量度向尺度量度的演进，三是正侧样的统一基准，四是朵当与斗栱的关联性的建立。

2. 从被动到主动：朵当支配作用的形成

间架构成关系上，朵当的特点在于其成为正侧样构成的两向要素和量度，且这一特点是椽架所不具备或不充分的。由椽架、朵当两要素的对应互动，向单一朵当基准的演进趋势，是北宋以来大木构架技术发展的显著特色。这一技术演进改变了原先松散的正侧样对应关系。朵当要素的中介作用，成为强化正侧样的关联性和整体性的关键。间架构成最终统一于朵当基准，即以朵当作为间架构成上正样与侧样两向的统一基准。

朵当基准属性的强化，促使了间架构成从松散的约束关系走向精确的尺度关系，其目标是追求铺作分布匀整、进而朵当等距。且这一追求经历了从间内均分到逐间求匀的发展过程，最终基于朵当的支配作用，实现逐间的朵当等距，朵当成为间架尺度构成的基准所在。

朵当的角色从被动向主动转化，乃至形成支配作用，意味着间架尺度模数化进程的起步。

从唐至宋，中国本土建筑发生了相当大的变化，其最显著者，无论在样式上，还是在技术上，都莫过于斗栱的演变和发展。以斗栱自身来看，从偷心向计心，从单材向足材，从单栱向重栱的发展，以及从硕大、简洁向秀丽、精致的发展，都显著地改变了斗栱自身的形象及性质。但从建筑构架整体来看，最大的变化莫过于由斗栱配置的演变所引发的间架构成方法的改变，也即从无补间铺作至补间铺作雏形的出现，由补间铺作一朵至补间铺作两朵及多朵的演进，这些由斗栱配置所产生的变化，不但改变了建筑的形象，更重要的是伴随及带来了一系列技术上的演变和发展。现存遗构实例以及《营造法式》表明：对于这一时期以及其后建筑技术的发展影响重大的因素是补间铺作两朵的出现，其促使了此前开间与斗栱相互分离的状态以及开间之间相互独立的状态演变成为一个相互关联、制约的整体构成。而上述这些重大的技术变化，皆源于补间铺作发达所带来的朵当角色的改变以及朵当基准的形成。

间架构成上朵当的支配作用表现在如下两个层面上：其一，以朵当为基准的间架构成关系；其二，以朵当为中介的间架与斗栱的关联构成。这意味着通过朵当基准的中介，最终建立开间、朵当和斗栱三者关联的整体构成关系。也就是说，间架尺度设计上，中尺度的朵当，介于大尺度的间架和小尺度的斗栱之间，并以模数化的方式将三者勾连成一个关联整体，而朵当的角色和作用，则是上述这一设计技术演进的关键。

两宋以来中国本土建筑以及日本中世唐样建筑的间架设计技术的演变，莫不如此。

二、朵当基准：间架尺度的模数化发展

1. 间架尺度模数化的起步

整数尺制下的椽架基准，在根本上注重从构架层面把握间架规模及尺度关系，而非追求精细的尺度权衡。这一时期，真正意义上的间架模数化的意识和方法尚未形成。间架构成关系由传统的整数尺制向模数制的转变，始于由补间铺作发达而产生的朵当意识以及朵当基准的确立。

这一演进序列可概括为：由补间铺作的发达引发间架构成上的朵当意识，进而朵当发展为间架构成上的基准单元，并由规模量度向尺度量度演进，最终促成基于朵当的间架尺度模数化。

朵当基准的性质及作用表现为：朵当角色由传统的间内均分，转为基于朵当的间广设定，并以之建立开间、朵当和斗栱三者关联的整体构成关系，催生间架尺度模数化的意识和方法，间架尺度模数化的历程由此而展开。

朵当间内均分与基于朵当设定间广，是两种互逆的设计逻辑，而朵当角色的变化则是其关键和意义所在。

古代模数技术的发展是一个渐进的过程，最初是从构件规格化开始起步的，并逐渐从构件尺度模数化向间架尺度模数化发展，由此形成模数技术发展上的前后两大阶段，即构件尺度模数化阶段与间架尺度模数化阶段。间架尺度的模数化，应是模数技术发展至成熟阶段的产物。从宋《营造法式》到清《工程做法》的发展，正表现和反映了古代模数技术演化的这一进程。

如果说构件尺度模数化，最初是由构件规格化开始起步的话，那么，间架尺度模数化则是始于朵当意识的出现以及朵当基准的确立。间架构成上，朵当基准从规模量度向尺度量度的演进，成为追求精确尺度设计以及间架尺度模数化的基本条件。基于朵当的间架尺度模数化发展，开启了两宋以来中国古代设计技术发展的新阶段。

2. 基于朵当的间架构成关系

（1）正方间架构成及其设计方法

地盘平面趋近正方形式，是南北两地方三间构架的共同现象。前一章讨论了

南北两地方三间构架的间架特征，指出作为规模量度的侧样椽架与正样朵当，二者在数量上的对等与尺度上的相近或对等，是南北两地方三间构架平面趋近正方的内在原因。值得注意的是，在诸多方三间构架中，存在着刻意追求正方平面的现象。也就是说，趋方是方三间构架的一般性特征，正方则是设计上有意识的追求，而这在补间铺作发达且间架关系复杂的南方厅堂构架上尤具意义。因此，正方构架这一约束条件，有可能成为探讨方三间构架尺度规律的切入点。并且，这一基于正方构架构成关系的讨论，又成为串联中国本土南北方三间构架以及唐样方三间佛堂的一个重要线索，有助于三者间设计技术异同关联的比较和认识。

根据分析，追求正方平面现象的实质是：间架构成上侧样与正样的关联性的建立，以及朵当作用的强化和演进。尤其是在两宋以来江南厅堂构架上，其正方平面的倾向和追求，应是朵当因素作用的表现和结果。这意味着朵当从粗略的规模量度向精确的尺度量度的演进，以及基于朵当的间架尺度关系从弱约束走向强约束。

然而相比较而言，北方建筑则未必如此。宋金时期的北方构架上，补间铺作滞后、简单，朵当意识薄弱，其间架构成关系大多仍是基于椽架的作用。关于这一时期北方建筑补间铺作的状况，大致其年代较早者，或无补间铺作，或只是补间铺作雏形，其后则以补间铺作一朵为主要形式。北方补间铺作的发展及其与间架构成的关联，远滞后于同期的南方建筑。故这一时期的北方间架构成上，椽架仍是主导因素，而借助于正方平面这一约束条件，其相应的设计思路及尺度规律则易于显现。

以下以北宋晋东南地区的方三间正方构架为例作进一步的分析，首先是11世纪初的长子崇庆寺千佛殿[1]。

长子崇庆寺千佛殿（1016年）为晋东南北宋之构，方三间六架椽，身内二柱，侧样四椽栿对后乳栿用三柱，呈“4-2”式分椽形式；斗栱五铺作，单杪单下昂，单栱偷心造，各间无补间铺作，平面为严格的正方形式，是宋构中所见最早者。其间架尺度设计上，以正方间架形式为约束条件，并基于进深三间的六架椽长，设定面阔三间的尺度关系，椽长是大殿间架尺度设计的基准所在（图4-2-1）。

大殿进深三间六架椽，以橑风槫起算的六架椽长的尺度关系为：BB-AA-BB（B>A），其中檐步椽长包括斗栱出跳2.5尺。椽长B＝7.25尺，A＝7尺，单侧三架椽长尺寸为：7.25-7.25-7（尺），相应地进深三间尺寸分别为：

前进间、后进间尺寸为檐步椽长加金步椽长并减去斗栱出跳2.5尺：2B-2.5＝12尺；

中进间尺寸为两个脊步椽长：2A＝14尺；

进深三间尺寸为：12＋14＋12（尺）。

大殿面阔三间尺寸的设定，分别对应于进深三间尺寸，即：当心间14尺，

1　姜铮．山西省长子县崇庆寺千佛殿实测尺度与设计技术分析[M]// 贾珺．建筑史（第41辑）．北京：清华大学出版社，2018：53-78.

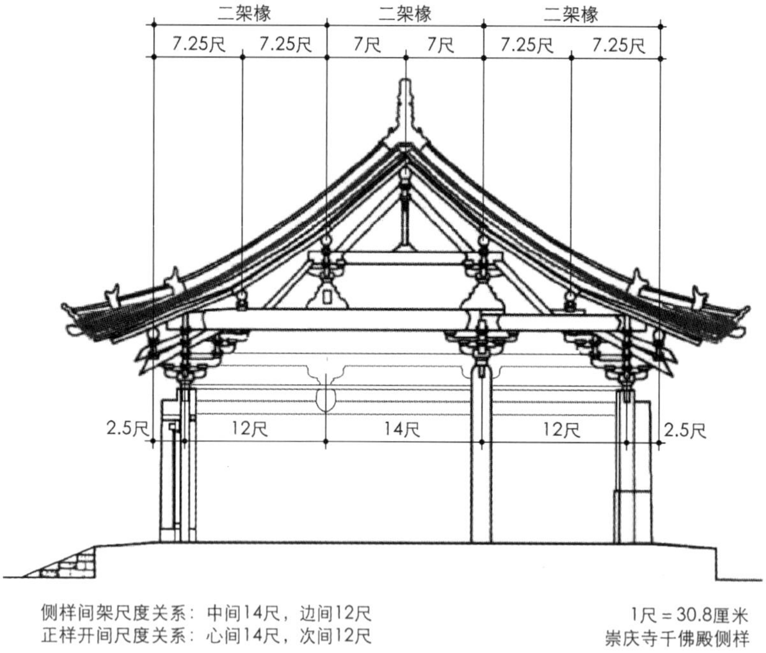

图 4-2-1　崇庆寺千佛殿侧样间架的尺度关系（底图来源：韩晓兴．山西宋金建筑大木作发展演变研究 [D]. 太原：太原理工大学，2018）

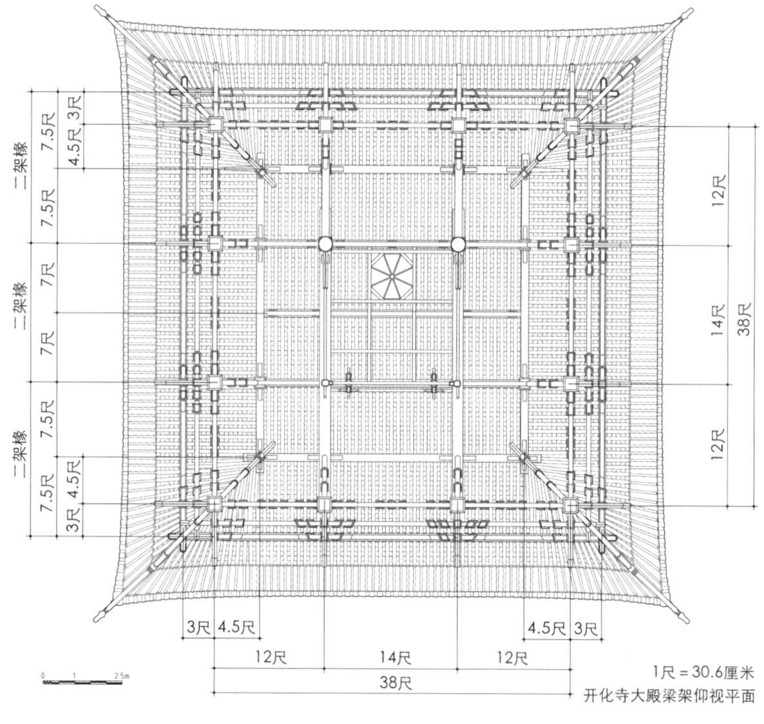

图 4-2-2　开化寺大殿间架尺度关系 [底图来源：姜铮整理．山西高平开化寺测绘图 [M]// 王贵祥．中国建筑史论汇刊（第 16 辑）. 北京：中国建筑工业出版社，2018]

次间 12 尺。面阔三间尺寸为：12 + 14 + 12（尺），总体呈 38×38（尺）的正方平面形式 [2]。

崇庆寺千佛殿的正方间架配置，代表了一种明晰的设计思路和方法，即正样依从于侧样，间架尺度的设定基于椽长配置。崇庆寺千佛殿之后，在设计方法上与之类似之例还有高平开化寺大殿（1073 年）、游仙寺毗卢殿（990—1041 年）、

2　崇庆寺千佛殿实测值如下：面阔三间 3697-4321-3697（毫米），进深三间 3697-4321-3697（毫米），斗栱出跳 772.6 毫米，复原营造尺长 308 毫米。参见：姜铮．晋东南地域视角下的宋金大木作尺度规律与设计技术研究 [D]. 北京：清华大学，2019：表 0-3.

资圣寺毗卢殿（1082 年）、平顺龙门寺大殿（1098 年）等例。以上晋东南宋构诸例，皆为方三间的正方间架形式，且年代相近，地域相同，间架尺度设计上，皆以正方间架形式为约束条件，采用基于椽长配置的设计方法。

高平开化寺大殿（1073 年）为晋东南北宋之构[3]，方三间六架椽，身内二柱，呈“4–2”式分椽形式，逐间补间分位隐刻扶壁单栱一朵，平面为严格的正方形式。其间架设计方法乃至间架尺度，都与崇庆寺千佛殿几近相同，即：进深三间六架椽，以橑风槫起算的六架椽长的尺度关系为：BB–AA–BB（B>A），其中檐步椽长包括斗栱出跳 3 尺。椽长 B ＝ 7.5 尺，A ＝ 7 尺，单侧三架椽长尺寸为：7.5–7.5–7（尺），相应地进深三间尺度分别为（见前图 3–2–14）：

前进间、后进间：2B–3 ＝ 12 尺

中进间：2A ＝ 14 尺

进深三间：12 ＋ 14 ＋ 12（尺）

大殿面阔三间尺寸的设定，分别对应于进深三间尺寸，即：当心间 14 尺，次间 12 尺。面阔三间尺寸为：12 ＋ 14 ＋ 12（尺），总体呈 38×38（尺）的正方平面形式[4]（图 4–2–2）。

再看另一例高平资圣寺毗卢殿（1082 年），时代略迟于开化寺大殿，同为晋东南北宋之构[5]，方三间六架椽，身内二柱，呈“4–2”式分椽形式，逐间补间分位隐刻扶壁单栱一朵，平面为严格的正方形式。

间架尺度设计上，以橑风槫起算的六架椽长的尺度关系为：BA–AA–AB（B ＞ A），其中檐步椽长包括斗栱出跳 2.9 尺。椽长 B ＝ 7.4 尺，A ＝ 6.5 尺，单侧三架椽长尺寸为：7.4–6.5–6.5（尺），相应地进深三间尺度分别为（图 4–2–3）：

前进间、后进间：A ＋ B–2.9 ＝ 11 尺

中进间：2A ＝ 13 尺

进深三间：11 ＋ 13 ＋ 11（尺）

大殿面阔三间尺寸的设定，分别对应于进深三间尺寸，即：当心间 13 尺，次间 11 尺。面阔三间尺寸为：11 ＋ 13 ＋ 11（尺），总体呈 35×35（尺）的正方平面形式[6]（图 4–2–4）。

上述晋东南北宋三构间架设计上的共同规律是：方三间六架椽，以正方间架形式为约束条件，以简单、规整的两种椽长组合方式，设定间架尺度关系，正样依从于侧样，间架尺度的设定基于椽长配置。

晋东南地区正方间架的宋构中，又有侧样三种椽长组合之例，如游仙寺毗卢殿、平顺龙门寺大殿等例，同样是以正方间架形式为约束条件，表现了基于椽长配置的间架尺度设计方法。

高平游仙寺毗卢殿（990–1041 年），方三间六架椽，身内二柱，呈“4–2”式分椽形式，逐间施补间铺作一朵，平面为严格的正方形式。

3　张博远，刘畅，刘梦雨．高平开化寺大雄宝殿大木尺度设计初探 [M]// 贾珺．建筑史（第 32 辑）．北京：清华大学出版社，2013：70–83；刘畅．算法基因：晋东南三座木结构尺度设计对比研究 [M]// 王贵祥．中国建筑史论汇刊（第 10 辑）．北京：清华大学出版社，2014：202–229.

4　开化寺大殿实测值如下：面阔三间 3672–4280–3672（毫米），进深三间 3672–4280–3672（毫米），斗栱出跳 911.1 毫米，复原营造尺长 306 毫米。参见：姜铮．晋东南地域视角下的宋金大木作尺度规律与设计技术研究 [D]．北京：清华大学，2019：表 0–3.

5　刘畅，姜铮，徐扬．算法基因：高平资圣寺毗卢殿外檐铺作解读 [M]// 王贵祥．中国建筑史论汇刊（第 14 辑）．北京：中国建筑工业出版社，2016：147–181.

6　资圣寺毗卢殿实测值如下：面阔三间 3387.6–3974.1–3387.6（毫米），进深三间 3387.6–3974.1–3387.6（毫米），斗栱出跳 894.3 毫米，营造尺长 306 毫米。参见：姜铮．晋东南地域视角下的宋金大木作尺度规律与设计技术研究 [D]．北京：清华大学，2019：表 0–3.

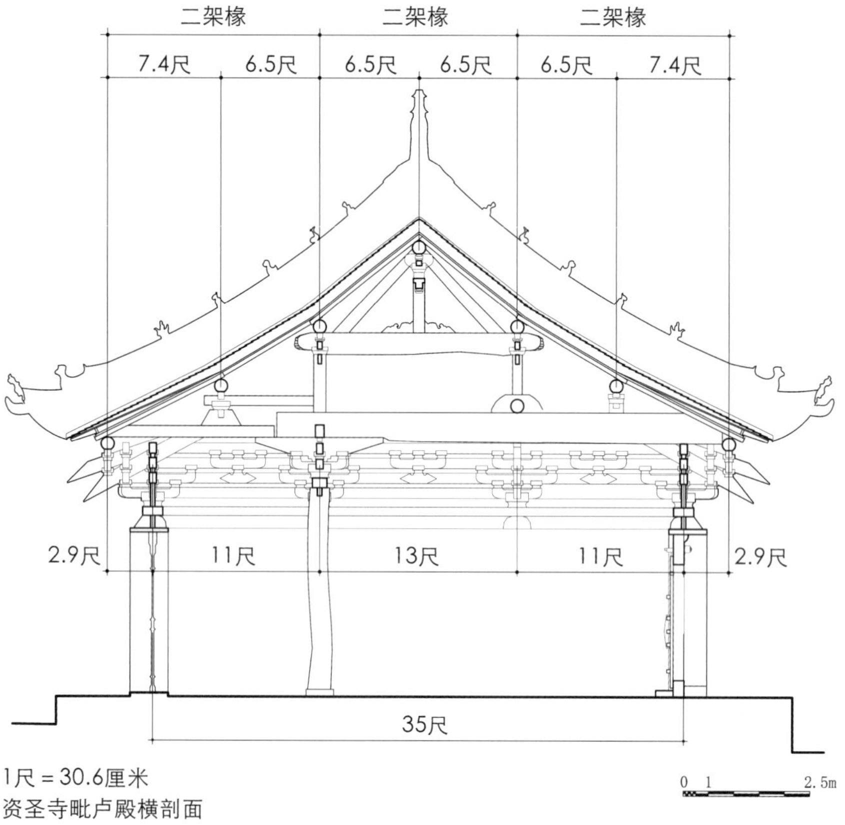

图 4-2-3　资圣寺毗卢殿侧样间架的尺度关系（底图来源：清华大学建筑学院测绘，姜铮提供）

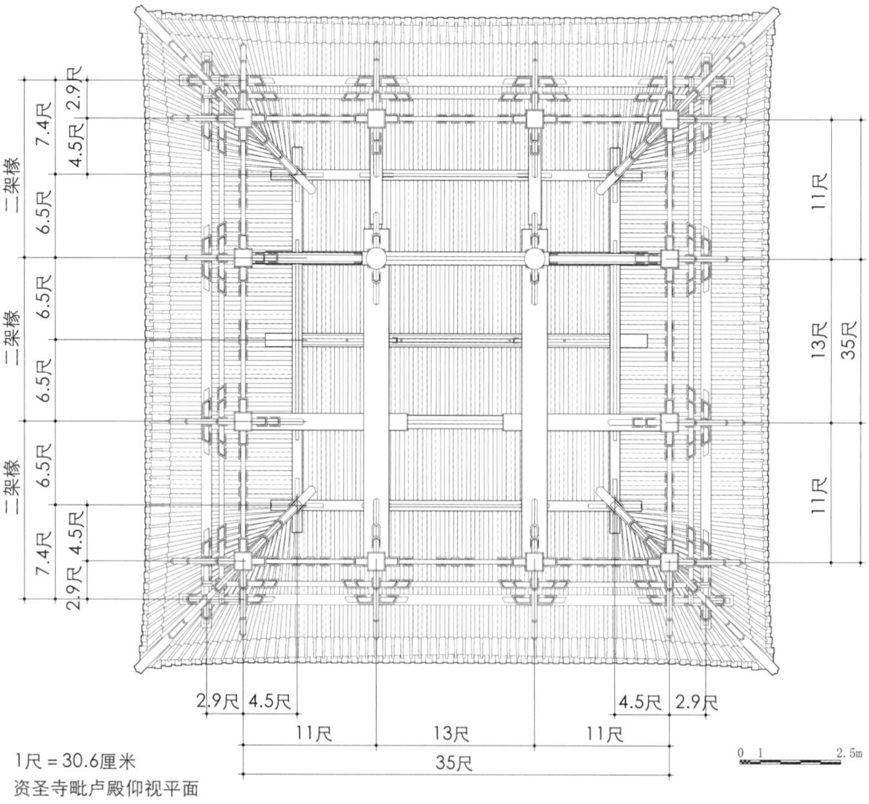

图 4-2-4　资圣寺毗卢殿间架尺度关系（底图来源：清华大学建筑学院测绘，姜铮提供）

毗卢殿进深三间六架椽，椽架配置及其尺度设计上，上平槫与中进间柱子对位，脊步平长平分中进间；檐步平长由下平槫至橑风槫，即包括斗栱出跳 2.25 尺。以橑风槫起算的六架椽长为：脊步 6.25 尺，金步 5.75 尺，檐步 6.75 尺。相应地，进深三间的中进间 12.5 尺，边间 10.25 尺，且边间加斗栱出跳等于中进间；进而基于正方间架形式的设计意图，正样依从于侧样，面阔当心间 12.5 尺，次间 10.25 尺；毗卢殿总体呈 33×33（尺）的正方平面形式[7]。

龙门寺大雄宝殿的间架构成及其设计方法，与游仙寺毗卢殿类似。大殿三间六架椽，补间分位隐刻扶壁单栱或施单斗。以橑风槫起算的六架椽长为：脊步 5.5 尺，金步 4.75 尺，檐步 7 尺（包括斗栱出跳 2.75 尺）；相应地，进深及面阔的三间尺寸为：8.5 ＋ 12 ＋ 8.5（尺），总体呈 29×29（尺）的正方平面形式[8]。

然而，新的变化也在北方间架构成上有所隐现，其源于宋金时期逐间补间铺作一朵做法的成熟和流行，朵当因此有可能作为正侧样的关联因素而起作用，间架构成上的朵当因素逐渐显现。关于上述这一变化，亦可通过正方构架的约束条件，分析正侧样的对应关系，讨论相应设计思路的变化以及比较南北构架的异同特色。

六架椽、逐间补间铺作一朵的北式方三间构架上，椽架与朵当的对应关联，促使了开间构成上椽架与朵当的关系向对等的量度演变。基于一椽一朵当的对应关系，若以朵当替代椽架作为正侧样构成的两向量度，则正侧样的开间构成呈 6×6（朵当）的模式。因此只要正侧样的朵当尺度对等，则易于简单、直观地实现正方平面形式。而这一模式在北宋后期的方三间遗构上已可见到，其实例如晋中北的忻州金洞寺转角殿（北宋中后期）[9]、晋中阳泉关王庙大殿（1122 年）[10]。

北宋中后期的金洞寺转角殿，方三间六架椽，身内四柱，侧样呈“2-2-2”式分椽形式；柱头用五铺作双杪斗栱，逐间补间分位隐刻扶壁重栱一朵，平面为严格的正方形式。转角殿侧样间架构成上，以檐柱缝起算的六架椽长的尺度关系为：AA-BB-AA（B>A），且椽架与朵当对应、对等；进而，面阔三间朵当与进深三间朵当分别尺度对等，平面呈面阔与进深相等的正方形式（图 4-2-5）。

金洞寺转角殿侧样构成上，其隐刻的扶壁重栱作为补间铺作虽未成熟，然已具备生成朵当的功能和性质。且基于椽架与朵当的对应、对等，可由朵当建立起侧样与正样的对应和关联。相应地，其侧样与正样的开间构成，由此前的基于椽架转向基于朵当。

金洞寺转角殿这一转变，应是北方间架构成上朵当作用显露的初步表现，随着宋末金初补间铺作一朵做法的成熟和流行，朵当基准的作用愈趋显著化，其例如阳泉关王庙大殿。

宋末遗构关王庙大殿，方三间六架椽，身内二柱，侧样呈“2-4”式分椽形式，

7　游仙寺毗卢殿实测值如下：面阔三间 3166-3862-3166（毫米），进深三间 3168-3868-3168（毫米），斗栱出跳 704 毫米，营造尺长 309 毫米。参见：赵寿堂. 晋中晋南地区宋金下昂造斗栱尺度解读与匠作示踪 [D]. 北京：清华大学，2021：262-265.

8　龙门寺大雄宝殿实测值如下：面阔三间 2601-3688-2601（毫米），进深三间 2602-3680-2602（毫米），斗栱出跳 841.2 毫米，复原营造尺长 306-307 毫米。大殿的特色在于：椽架尺寸作有调整，为避免金步与檐步尺寸差距过大，上平槫内移 0.5 尺，使得槫位偏离中进间柱缝，相应地，脊步尺寸略减，由 6 尺减小至 5.5 尺。参见：赵寿堂. 晋中晋南地区宋金下昂造斗栱尺度解读与匠作示踪 [D]. 北京：清华大学，2021：305-308；耿昀. 平顺龙门寺及浊漳河谷早期佛寺研究 [D]. 天津：天津大学，2017：134-140.

9　李艳蓉，张福贵. 忻州金洞寺转角殿勘察简报 [J]. 文物世界，2004（6）：38-41.

10　史国亮. 阳泉关王庙大殿 [J]. 古建园林技术，2003（2）：40-44.

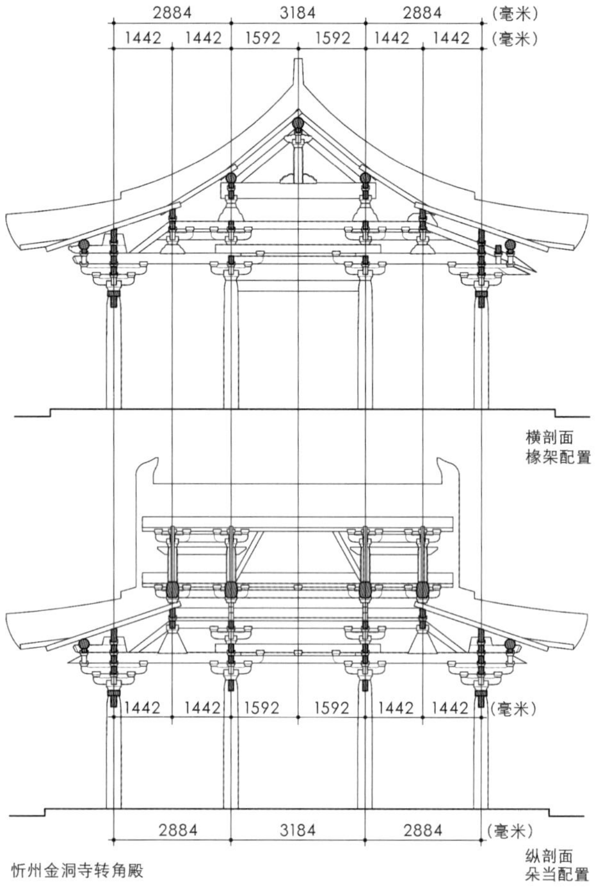

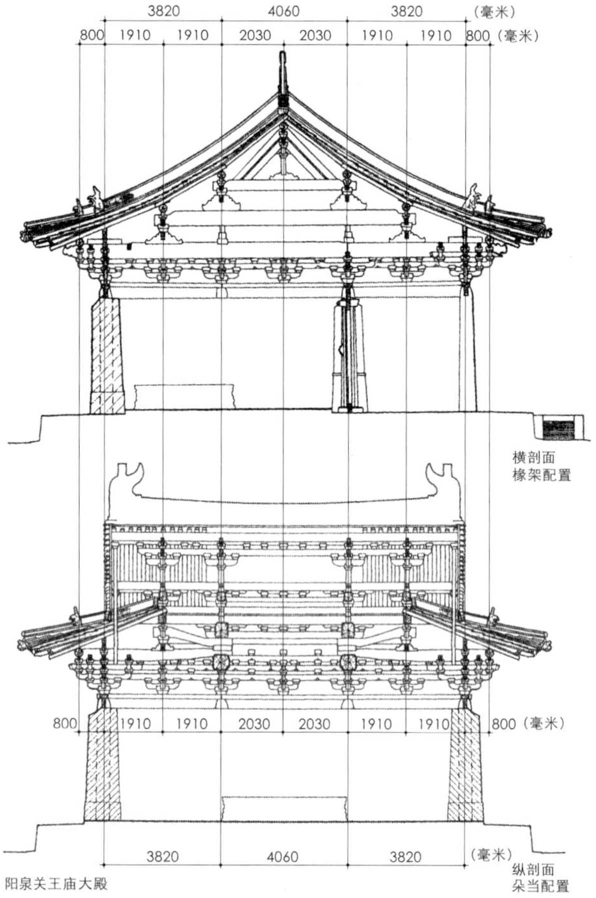

图 4-2-5　间架构成上椽架与朵当的对应关联：忻州金洞寺转角殿（底图来源：周淼绘制）（左）

图 4-2-6　间架构成上椽架与朵当的对应关联：阳泉关王庙大殿 [底图来源：史国亮. 阳泉关王庙大殿 [J]. 古建园林技术，2003（2）]（右）

逐间补间铺作一朵，平面为严格的正方形式。大殿侧样间架构成上，以檐柱缝起算的六架椽长的尺度关系为：AA-BB-AA（B>A），且椽架与朵当对应、对等；进而，面阔三间朵当与进深三间朵当分别尺度对等，平面呈面阔与进深相等的正方形式（图 4-2-6）。

该构侧样构成上，基于椽架与朵当的对应、对等，由朵当建立起侧样与正样的直接而明确的对应和关联。相应地，其侧样与正样的开间构成，由此前的基于椽架转向基于朵当。这一现象应是宋末金初以来，伴随着逐间补间铺作的流行，北方间架构成上的一个重要变化。而该构则是北方间架构成从基于椽架转向基于朵当的演变进程上的一个早期实例。

自金代以来，北方逐间补间铺作一朵的做法开始普及，间架构成上的朵当因素更趋显著，在此过程中，朵当逐渐脱离了与椽架的对应、关联，开间构成直接与朵当建立关联性。以方三间的正方构架而言，正样与侧样基于朵当形成对应和对等关系，朵当成为关联正侧样构成的直接而显眼的中介，这一特色可以晋东南金代前、后期的两构为例：高平三王村三嵕庙大殿、阳城开福寺中殿。

高平三王村三嵕庙大殿（金代前期），平面方三间，六架椽屋，身内二柱，

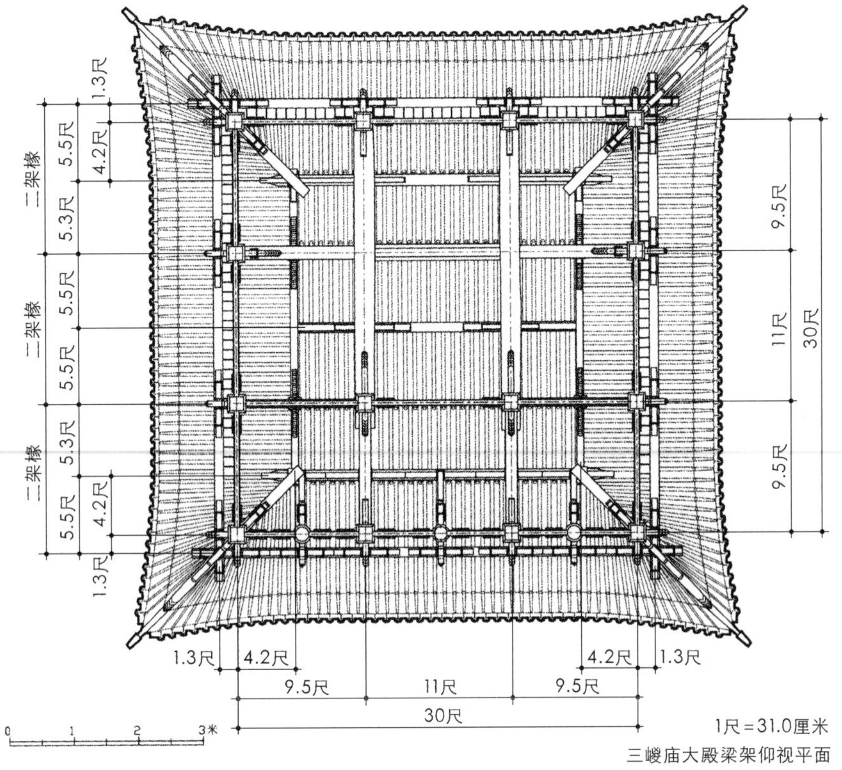

图 4-2-7　三嵕庙大殿间架尺度关系 [底图来源：赵寿堂，刘畅，李妹琳，蔡孟璇．高平三王村三嵕庙大殿之四铺作下昂造斗栱 [M]// 贾珺．建筑史（第 45 辑）．北京：清华大学出版社，2020]

侧样呈“2–4”式分椽形式；用四铺作斗栱，面阔正面三间各施补间铺作一朵，其他三面各间补间铺作皆省略不用；间架构成上，面阔三间六朵当与进深三间六架椽对等，平面为严格的正方形式。三间尺寸为：9.5 + 11 + 9.5（尺），总体呈 30×30（尺）的正方平面形式[11]（图 4-2-7）。

三嵕庙大殿是宋金遗构尺度设计上侧样决定正样的好例。而金代后期的阳城开福寺中殿，基于补间铺作的间架构成更加成熟和完备。

阳城开福寺中殿（金代后期），平面方三间，六架椽屋，身内二柱，侧样呈“2–4”式分椽形式；逐间补间铺作一朵，居各间中位，面阔、进深皆为 6 朵当，平面为严格的正方形式。面阔与进深的三间朵当、间广分别对等，三间尺寸为：12 + 14 + 12（尺），总体呈 38×38（尺）的正方平面形式[12]。

除了上述两例外，山西地区类似的金构还见有平定马齿岩寺大殿、五台延庆寺大殿等诸构，其正方间架的尺度设计方法与前述诸构类似，简述如下：

马齿岩寺大殿与延庆寺大殿二构，形制上皆为平面方三间，六架椽屋，逐间各施补间铺作一朵；间架构成上，面阔三间六朵当与进深三间六架椽对等，平面为严格的正方形式。以檐柱缝起算的六架椽设置，皆分作两种椽长，二构的间架尺度关系分别为：

马齿岩寺大殿：脊步 6 尺，金步 5.5 尺，檐步 5.5 尺，斗栱出跳 2.4 尺；相应地，进深及面阔的三间尺寸为：11 + 12 + 11（尺），总体呈 34×34（尺）的正

11　三嵕庙大殿间架实测数据如下：面阔三间 2948–3414–2948（毫米），进深三间 2944–3414–2944（毫米），复原营造尺长 310 毫米；檐步（从橑风槫起算）实测均值 1699.5 毫米，合 5.5 尺，金步实测均值 1643.2 毫米，合 5.3 尺，脊步实测均值 1704.9 毫米，合 5.5 尺，出跳 1.3 尺。参见：赵寿堂，刘畅，李妹琳，蔡孟璇．高平三王村三嵕庙大殿之四铺作下昂造斗栱 [M]// 贾珺．建筑史（第 45 辑）．北京：清华大学出版社，2020：22–40.

12　开福寺中殿间架实测数据均值如下：面阔三间 3718–4348–3718（毫米），进深三间 3714–4345–3714（毫米），复原椽架尺寸为：脊步 7 尺，金步 7.25 尺，檐步 7.5 尺（包括出跳 2.75 尺），营造尺长 310 毫米。参见：赵寿堂．晋中晋南地区宋金下昂造斗栱尺度解读与匠作示踪 [D]．北京：清华大学，2021：397–403.

方平面形式[13]。

延庆寺大殿：脊步7尺，金步6.5尺，檐步6.5尺，斗栱出跳2.5尺；相应地，进深及面阔的三间尺寸为：13＋14＋13（尺），总体呈40×40（尺）的正方平面形式[14]。

由于朵当角色及其作用的显著化，宋末金初以来的北方六架椽、逐间补间铺作一朵的方三间构架，其整体构成关系可以用朵当表示和概括，即：6×6（朵当）的模式。

相比之下，江南八架椽、当心间补间铺作两朵的方三间构架（指江南典型的3−3−2式），其正侧样的朵当关系为7×8（朵当）的模式，侧样多于正样一个朵当，因此如若不经过复杂的协调处理，是难以简单、直观地达成正方平面形式的。而元代江南厅堂构架的发展，通过增加面阔当心间补间铺作一朵的方式，从根本上消除了正侧样朵当数量的不对等的问题，从而实现正侧样构成上基准数量的对等关系，即：8×8（朵当）的模式。

因此，实现趋方乃至正方平面的最简单和直观的方式是：在正侧样构成上，从朵当数量的对应到朵当尺寸的对等。在这一前提下，有意识地追求逐间朵当尺寸的均等，最终促成间架构成上朵当基准的确立。相应地，以朵当为基准成为实现正方间架构成的模数方法。

两宋以来在朵当因素的作用下，趋方乃至正方间架构成的目标模式如下：

北式方三间六架椽屋：正样 × 侧样＝6×6（朵当）

南式方三间八架椽屋：正样 × 侧样＝8×8（朵当）

正样与侧样的尺度关联性的建立，其最显著和直观的标志是对正方平面形式的追求。而正方平面的现象与朵当基准的作用，二者之间密切相关。两宋以后，方三间构架上正方平面的真正实现，是在朵当基准的作用下而达到的。

以上间架构成的目标模式表达了朵当因素作用下趋方平面的两个基本条件：正侧样朵当数量的对应与朵当尺寸的对等。然而实际上，这一目标的真正实现是分步达到的。首先是基准数量的对应，然后是基准尺寸的对等乃至统一，且在这一演进过程中又存在着相应的中间环节和过渡形式，如宋构保国寺大殿到元构天宁寺大殿的间架构成变化。而日本唐样方三间佛堂则真正和完全地实现了基于朵当的间架构成及其成熟形态，而且，唐样佛堂方三间的构成模式：正样 × 侧样＝7×7（朵当），又反映了其技术源流的独特性与内涵，详见本章第四节的具体分析。

实际上，追求正方构架的设计意匠，在更早的方三间四架椽屋宋构上已有表现。其例是晋中的太谷安禅寺藏经殿，营造年代为北宋咸平四年（1001），比起方三间六架椽屋的崇庆寺千佛殿（1016年），还要早十几年。

安禅寺藏经殿，三间四架椽，用四铺作斗栱，三间中唯当心间施补间铺作一

13 马齿岩寺大殿间架实测数据如下：面阔三间3438−3728−3438（毫米），进深三间3415−3758−3415（毫米），斗栱出跳744.6毫米，营造尺长312毫米。参见：赵寿堂．晋中晋南地区宋金下昂造斗栱尺度解读与匠作示踪[D]．北京：清华大学，2021：515−522.

14 延庆寺大殿间架实测数据如下：面阔三间4007−4300−4007（毫米），进深三间3991−4305−3991（毫米），斗栱出跳774.3毫米，营造尺长307−308毫米。参见：赵寿堂．晋中晋南地区宋金下昂造斗栱尺度解读与匠作示踪[D]．北京：清华大学，2021：538−547.

关于延庆寺大殿的建筑年代，有宋构、金构两说。大殿外檐柱头用单杪单下昂偷心造，泥道用单栱造，令栱与泥道栱等长，交互斗与散斗不分型。若以此栱、斗形式而言，该殿有宋构的特点。

朵[15]，当心间间广为次间的 2 倍，逐间朵当均等；且朵当与椽架对应，正侧样皆三间四朵当，呈标准的正方形平面形式[16]（图 4-2-8），其正方间架构成的目标模式如下：

方三间四架椽屋：正样 × 侧样＝ 4×4（朵当）

北式方三间正方构架的意匠源头，最初应来自间架关系更为简单、直观的三间四架椽屋。由于本文讨论和比较的对象限于中国南北方三间构架以及唐样方三间佛堂，故重点关注的是形制更加完备、更具代表性的三间六椽构架。

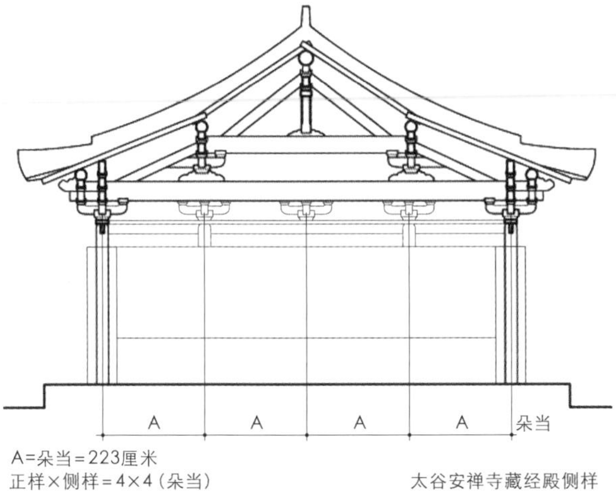

图 4-2-8　太谷安禅寺藏经殿的正方间架关系（底图来源：周淼提供）（左）

图 4-2-9　天宁寺大殿面阔当心间补间铺作三朵（作者自摄）（右）

（2）朵当因素与江南厅堂间架构成的演变

在北方无补间铺作或补间铺作一朵的情况下，江南则从五代以来补间铺作发达，朵当意识强烈，当心间补间铺作两朵做法成为五代、两宋时期的定式。这一技术特征并影响至构架形式，补间铺作成为间架设计上的重要因素。补间铺作在间架构成上的意识和作用，南方远甚于北方。

两宋以来江南厅堂间架构成的变化，主要源自朵当因素的作用。以宋构保国寺大殿到元构天宁寺大殿的间架构成变化而言，其中朵当因素的作用是决定性的。

保国寺大殿与天宁寺大殿在间架配置上同为江南典型的“3-3-2”式。此江南宋元二构间架构成模式的比对分析，对于认识江南厅堂间架构成的演变具有代表性和典型意义。

宋构保国寺大殿：

当心间补间铺作两朵，次间一朵；

侧样三间八架椽、八朵当、44 尺；正样三间七朵当、39 尺。侧样大于正样一个朵当、5 尺，平面呈进深大于面阔的纵长方形，基于朵当的正侧样构成关系为 7×8（朵当）。

元构天宁寺大殿：

15　有研究认为太谷安禅寺藏经殿，原构补间位置只隐出扶壁栱而不出跳，现存补间斗栱出跳部分的华栱、令栱样式与其他栱构件都不同，可能为元代延祐年间修缮时所添加。参见：周淼. 五代宋金时期晋中地区木构建筑研究 [D]. 南京：东南大学，2015：28.

16　根据清华大学所藏中国营造学社实测记录“太谷安禅寺前殿”，安禅寺藏经殿当心间 446 厘米，次间 223 厘米。

当心间补间铺作三朵，次间一朵；

侧样三间八架椽、八朵当、40 尺；正样三间八朵当、40 尺。侧样与正样朵当数量相同，尺度对等，平面呈正方形式，基于朵当的正侧样构成关系为 8×8（朵当）。

以保国寺大殿为代表的纵长方形平面，是一种异于传统的平面形式。保国寺大殿之后，江南方三间厅堂间架构成上，出现追求正方形平面的特色，如元构天宁寺大殿。

元构天宁寺大殿的间架构成关系，反映了其追求正方间架形式的匠心和方法，即其通过面阔当心间补间铺作增加一朵的方式（图 4-2-9），实现正侧样朵当数量的对等，即 8×8（朵当）。

分析、拆解天宁寺大殿正侧样间架构成关系，以朵当和椽架的形式表示如下（图 4-2-10）：

基于椽架的侧样三间构成：3 + 3 + 2 = 8（椽架）

基于朵当的侧样三间构成：3 + 3 + 2 = 8（朵当）

基于朵当的正样三间构成：2 + 4 + 2 = 8（朵当）

显然，天宁寺大殿间架构成上朵当的角色和作用已较宋构有显著的进步。那么，在朵当尺度的设置上，天宁寺大殿又是如何处理的呢?

要实现正方间架的追求，在正侧样朵当数量对等的前提下，最简单的思路和方法是所有朵当尺寸均等。然而，天宁寺大殿所采取的方式是：正样八朵当与侧样八椽架的数量对应、尺寸对等。即：对应于侧样两种椽长 A、B，正样则为两种朵当 A、B，从而实现正方间架的形式。其构成模式如下（B=5.2 尺，A=4.8 尺）[17]：

侧样三间八架椽：BAA-BBA-AB（40 尺）

正样三间八朵当：BB-AAAA-BB（40 尺）

通过椽架与朵当的精细配置，天宁寺大殿实现了正方间架的构成形式，即构架正样与侧样的对应和对等关系。天宁寺大殿正侧样构成上不仅实现了朵当与椽架的数量对等关系（八朵当对八架椽），而且对于朵当与椽架的各自八个尺度单元，以 A、B 作为两个参数，同取 4A + 4B 的形式，从而取得正侧样的尺度对等关系。

天宁寺大殿通过协调正侧样间架的构成关系，达到正侧样构成上八朵当与八架椽的对等关系，较保国寺大殿正侧样间架构成关系有了显著的进步。

接着再看天宁寺大殿进深三间的朵当设置，其尺度关系也是别有意味。

首先，天宁寺大殿进深三间朵当的设置，在数量上与椽架对应，同为“3-3-2”的形式；其次，在尺寸上，前进间与后进间的朵当尺寸皆与对应的椽长相同，前进间为 BAA，后进间为 AB。唯中进间上，为改善朵当匀称的视觉效果，将对应于三架椽长的 BBA 朵当尺寸作微调，中间仍保持为 B，两侧的 B、A 调整为二者的均值 C，即：C =（B+A）/2，从而中进间的 3 朵当尺寸呈对称的 CBC 形式[18]。

17　天宁寺大殿间架实测数据如下（柱头尺寸）：面阔三间 3240-6050-3240（毫米），进深三间 4645-4755-3130（毫米），B=1620 毫米，A=1510 毫米。基于复原营造尺长 313 毫米，B、A 的修正值分别为 1627 毫米和 1503 毫米。参见：丁绍恒. 金华天宁寺大殿木构造研究 [D]. 南京：东南大学，2014：32、97.

18　丁绍恒. 金华天宁寺大殿木构造研究 [D]. 南京：东南大学，2014：33.

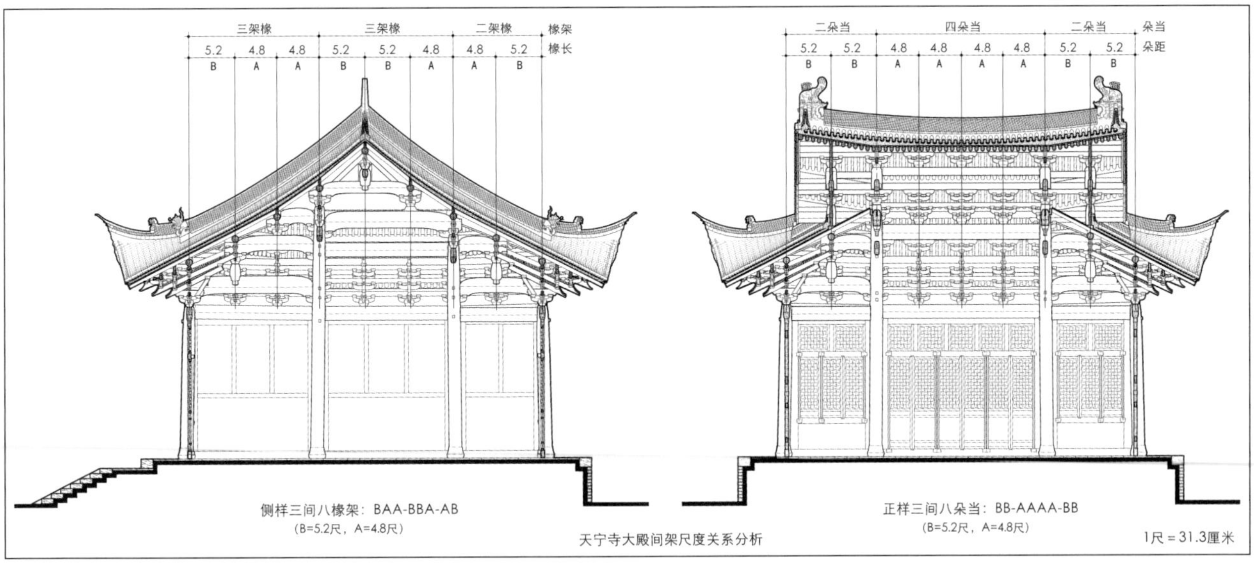

图 4-2-10：天宁寺大殿间架尺度关系分析（底图来源：丁绍恒. 金华天宁寺大殿木构造研究[D]. 南京：东南大学，2014）

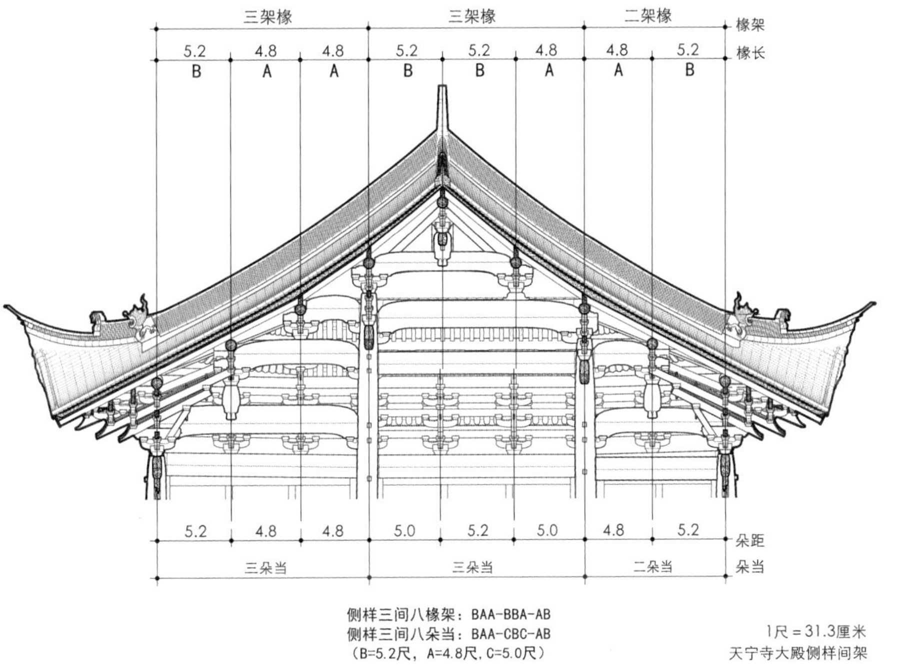

图 4-2-11　天宁寺大殿侧样朵当与椽架的对应关系（底图来源：丁绍恒. 金华天宁寺大殿木构造研究[D]. 南京：东南大学，2014）

大殿进深三间的朵当与椽架的尺度关系如下（B＝5.2尺，A＝4.8尺，C＝5.0尺）（图 4-2-11）：

侧样三间八架椽：BAA-BBA-AB（40尺）

侧样三间八朵当：BAA-CBC-AB（40尺）

朵当尺寸的设置上，视觉效果是一个重要因素。实际上也正是基于正方间架形式这一约束条件，天宁寺大殿的间架设计思路和方法才相对易于察觉和把握。

天宁寺大殿在间架设计上，表现有如下几个特点：

其一，相较于宋构保国寺大殿，朵当的作用趋于显著化，但在朵当设置上仍取与椽架对应的方法；在正侧样的关系上，基于正方间架形式的约束，表现为正样两种朵当对应侧样两种椽长的形式，这表明朵当的角色尚未完全脱离椽架而独立。

其二，出现主动的朵当求匀意识，如在进深的中进间朵当设置上，将基于与椽架对应的三朵当尺寸 BBA，微调为对称的三朵当尺寸 CBC，既表现了残存的朵当与椽架的对应意识，又显示了追求朵当对称视觉效果的心态。

其三，大殿间架构成上的尺寸参数 A、B，作为朵当尺寸已具有一定的基准作用。其根据是：面阔次间尺寸的设定固然与转角构造及相应的椽架尺度相关，而面阔心间尺寸的设定则具有相对的独立性，最能表现朵当的性质、作用及相应的设计匠心。大殿面阔心间补间铺作三朵，间广尺寸设定为 4A 的形式，这表明当心间尺寸设定上朵当的主动性特征。也就是说，朵当尺度 A 已初步具备了支配开间尺度的基准特性，至少朵当已具有与开间尺度互动的能力。

上述天宁寺大殿所表现的追求正侧样对等关系及其方式，反映了由宋至元江南厅堂间架构成上正侧样关联性的建立，以及间架构成从基于椽架转向基于朵当的过渡形态。其后的演变则表现为：将基于椽架和朵当的复杂间架关系，一统于朵当基准的形式，间架构成关系由此变得更为简洁而有序。

由五代、两宋至元代，心间补间铺作两朵一直是江南铺作配置的典型做法和显著特征。且自元代以来，江南方三间构架心间补间铺作增多、尺度增大的倾向显著，面阔心间补间铺作三朵，成为江南元构区别于宋构的一个重要特征。这一现象背后的一个动力是间架构成上对正侧样对应关系的追求，即通过增加面阔当心间补间铺作一朵，达到正侧样基准数量的对等，从而消除了早期江南方三间构架上进深大于面阔的内在因素。由宋至元，江南厅堂间架构成关系的演变轨迹，可大致归纳为如下模式：

正样 7 朵当 × 侧样 8 椽架 → 正样 8 朵当 × 侧样 8 椽架 → 正样 8 朵当 × 侧样 8 朵当

宋元之间江南厅堂间架构成上朵当作用的显著化以及朵当替代椽架的演变进程，通过从保国寺大殿到天宁寺大殿的变化分析，可以得到大致的认识和体察，从中可感受到江南宋元厅堂间架尺度现象背后的关联性和秩序感。

天宁寺大殿是江南厅堂设计技术演变上的一个重要案例，其反映了厅堂间架构成上朵当作用的强化，是朝着基于朵当的间架设计方法演变的重要一步。其后正侧样朵当一统的演变，从现存遗构实例来看，日本中世唐样佛堂表现得更为突出。江南由于缺少宋元厅堂遗构，无法了解全面的状况，而日本唐样佛堂则弥补了这一缺憾。在间架构成关系上，日本唐样方三间佛堂同样表现有强烈的正方形平面特色。这一时期中日在间架设计技术上的关联性，值得深入探讨。

3. 朵当基准与间架尺度的模数化

探讨间架尺度构成是如何从传统的整数尺制向模数制发展的，“部分”与“整体”的主从关系，是一条重要的线索。作为“部分”的朵当与“整体”的间架的关系及其演化，反映了间架尺度模数化发展的历程和特色。

中国古代模数设计的基本方法在于以特定的单元基准权衡和把握整体，并形成相应的部分与整体的比例关系。单元基准这一概念最初应来自整体的等分，且随着演进过程中主从关系的反转，“部分”成为权衡“整体”比例关系的基准，而朵当的角色和性质同样也经历了这一转变。

建筑尺度关系模数化的意义，在于以单元基准有序地组织和筹划部分与整体的尺度关系，且部分与整体的关系及其演化，成为模数设计技术变迁的一个重要标志。在部分与整体的关系上，唐宋以来的演化趋势是：由整体决定部分的方法转变为由部分支配整体的方法，由此区分设计技术演化的前后两个阶段。前后两阶段的设计思维和方法发生了根本的转变。

由整体决定部分的阶段，间架尺度构成表现为传统的整数尺规制，朵当作为开间的细分单位，是相应于开间的被动生成；由部分支配整体的阶段，间架尺度构成表现为基于朵当的模数关系，朵当成为间架尺度构成的支配因素。作为间架构成要素的朵当，在间架尺度模数化的历程上，经历了从被动到主动的角色转变。

前后两阶段的变化概括而言：前者由整体的分割而决定部分，后者由部分的重复而支配整体，这正反映了基于朵当的间架尺度模数化的技术变迁过程。

以前文分析的宋构保国寺大殿和元构天宁寺大殿为例，保国寺大殿应处于前一阶段，天宁寺大殿则处于前后两阶段的中间进程；而后文将分析的日本中世唐样佛堂，则已完成前后阶段的跨越，表现了后一阶段的成熟形态。

间架尺度权衡和设定的方法，相应于设计技术的变迁而变化，在表象上大致呈由整数尺到非整数尺的变化。这一现象背后的意义在于计量单位的改变，即开间尺度单位由营造尺向模数尺的转变。而其根本还在于设计思维和方法的变迁，即在部分与整体的关系上，从整体决定部分到部分支配整体的转变。

开间尺寸所呈现的整数与小数是相对的，其取决于计量单位的设定，也即其所用之尺，是营造尺还是模数尺。由营造尺计量所得的规整之数，在模数尺下则成零散小数，反之亦然。宋元以及日本中世以来，非整数尺间广的出现，其实质即是开间尺度模数化的表现，也即朵当基准支配开间尺度构成。

概括而言，唐宋以来间架构成关系的演变历程，始于椽架与朵当的对应和关联，经历补间铺作的发达以及朵当意识的萌生、强化，直至朵当基准的确立，从而推动间架尺度模数化的进程。在这一技术演变进程中，朵当角色的作用及变化最为重要。

三、《营造法式》朵当规制的形式与内涵

1. 宋式朵当形态的性质与演变

从朵当意识到朵当基准，是唐宋以来间架尺度模数化历程上的标志性现象。从朵当意识开始的起步，经历长期的演变，逐渐形成宋式朵当规制的形式与内涵，以及其后不同时期相应的阶段形态。

这一演进历程至北宋末的《营造法式》是一重要节点，其所表现的承上启下的阶段形态，反映了朵当规制初期的性质与特点，即强烈的朵当意识以及向朵当基准演进这一阶段形态。

间架尺度关系上，朵当等距原则是基于朵当意识以及朵当匀整要求而逐渐发展形成的，其间经历了从间内求匀到逐间均等这样一个演变过程。朵当等距原则的形成，标示着间架尺度构成上朵当基准的确立。

分析《营造法式》之后间架尺度模数化的演变，大致有如下两个步骤和阶段：其一是朵当基准的确立与成熟，朵当等距原则的真正形成；其二是朵当自身尺度的模数化，间架尺度模数化的进一步深入，传统的整数尺规制解体。

从宋《营造法式》到清《工程做法》，表现了这一演变过程及其最终形态，即：从朵当意识起步，到间架构成上朵当基准的确立；进而，朵当与斗栱尺度关联性的形成，最终建立开间、朵当和斗栱三者关联的整体构成关系。

间架尺度模数化的历程，根据其性质和特点而分，大致前期处于传统的整数尺规制下，朵当意识强烈，是朵当均等的追求和形成时期；而真正意义上的间架尺度模数化，是在朵当自身完成模数化之后，才完全实现和成熟的，如清《工程做法》所表现的朵当角色及模数形态：间架构成以朵当为基准，朵当构成以斗口为基准。

中国本土由于相关遗构的缺乏，且所表现的朵当角色亦不完整和典型，故难以深入追究宋式朵当规制的特色和变化。然基于东亚中日整体的角度分析，这一时期间架尺度模数化最成熟和典型的表现，当属日本中世唐样建筑，是分析宋式朵当规制及其演变所不可缺少的一环。

2. 补间铺作两朵的意义

间架尺度关系的演化进程上，补间铺作两朵具有重要和深远的意义。在此之前的补间铺作雏形以及补间铺作一朵，多只是一种局部的样式做法，而与间架整体构成基本无关。而补间铺作两朵的出现，则产生了如下两个现象：其一是铺作分布的不匀现象，影响了檐下斗栱匀称的视觉效果，其二是铺作排列的密集现象，

出现了相邻斗栱相犯的可能。

《营造法式》之前，北方建筑以无补间铺作或补间铺作（补间雏形）一朵为普遍形式。而《营造法式》规定的当心间用补间铺作两朵，成为间架构成的一个新因素。此前习用的传统当心间尺寸，在补间铺作两朵的新因素下，最大的变化首先是铺作趋密，空当变小，即《营造法式》所称的“补间铺作太密”[19]的现象；其次，当心间补间铺作两朵做法还带来了不同开间铺作分布不匀的现象，上述现象表明补间铺作两朵这一新因素与传统开间尺寸之间的冲突和不适应。

由补间铺作两朵所引发的问题及其解决方法，与间架构成相关联。其解决方法有两个：一是调整开间尺度，铺作配置上力求朵当均匀；二是加大开间尺度，并设定朵当下限，以免斗栱相犯。也就是说，补间铺作两朵所引发的问题，是通过铺作配置与开间尺度的调整来解决的。在此过程中，朵当的重要性逐渐显现，间架构成上的朵当意识由此而生。

因此，在间架尺度构成上，补间铺作两朵的意义表现为：促成铺作配置与间架尺度构成之间的关联，并由此影响间架尺度构成的方法及其演变。也就是说，间架构成上朵当意识的催生以及朵当基准的形成，源于补间铺作的发达，而补间铺作两朵则成为其契机。

分析补间铺作两朵现象，显著的南方因素是其重要的特征，补间铺作两朵的地域性值得重视。纵观中土南北，补间铺作一朵做法早在初唐就已出现，而补间铺作两朵的出现则应在晚唐五代时期，且其技术源头应在晚唐五代的江南厅堂建筑。

从现存遗构来看，唐至宋初的北方建筑上，当心间不用补间铺作，其后逐渐出现补间铺作一朵的做法。除北宋中期隆兴寺摩尼殿殿身（1052年）以及宋末少林寺初祖庵大殿外，北方宋代极少用补间铺作两朵的形式。且即便至金元时期，北方尤其是山西地区，补间铺作两朵做法仍不多见，更不用说普遍。相比之下，江南至迟在五代宋初，补间铺作两朵的形式已成熟、盛行。砖石遗构如五代宋初的杭州闸口白塔、灵峰探梅塔、灵隐寺双石塔以及苏州云岩寺塔等都是其例（图4-3-1、图4-3-2、图4-3-3），木构则有五代福州华林寺大殿及北宋宁波保国寺大殿、甪直保圣寺大殿等例（图4-3-4、图4-3-5）。

补间铺作两朵的出现，是江南建筑技术发展的标志性因素。铺作配置的变化，不但改变了厅堂建筑的形象，更重要的是带来及伴随了诸多技术上的演变和发展，其中最重要的当属由铺作配置的演变所引发的间架构成形式的发展。自宋以来江南厅堂间架形制的成熟和演进，应与补间铺作的发展相关联。

在斗栱发展历程上，江南补间铺作的发达无疑是一重大进步，有研究认为：“斗栱的功能自柱头铺作转移到补间铺作，这是开启宋代以后建筑发展的真正原因。”[20]这指出了江南自五代北宋以来补间铺作发展的重要意义。

在补间铺作出现之始，装饰意义就大于结构意义。江南建筑上早期当心间补

19　《营造法式》卷八《小木作制度三》“钩阑”：“凡钩阑分间布柱，令与补间铺作相应。如补间铺作太密或无补间者，量其远近随宜加减。”参见：梁思成. 梁思成全集（第七卷）[M]. 北京：中国建筑工业出版社，2001：220-222.

20　汉宝德. 斗栱的起源与发展[M]. 台北：境与象出版社，1982：105.

图 4-3-1　杭州灵峰探梅出土五代石塔第二层（来源：潘谷西，何建中.《营造法式》解读[M]. 南京：东南大学出版社，2005）

图 4-3-2　苏州云岩寺塔补间铺作两朵形式（作者自摄）

图 4-3-3　杭州灵隐寺石塔补间铺作两朵形式（作者自摄）

图 4-3-4　宁波保国寺大殿补间铺作两朵做法（后檐心间）（作者自摄）

图 4-3-5　甪直保圣寺大殿补间铺作两朵做法（来源：蔡元培等编. 甪直保圣寺唐塑一览 [M]. 北京：教育部保存吴县甪直唐塑委员会，1928）

间铺作两朵的形式，更主要表现的是等级与装饰的意义。也可以说，当心间补间铺作两朵的配置形式，最初是作为一种等级及装饰的手法而运用的。如福州华林寺大殿前檐心间施补间铺作两朵，次间一朵，而后檐及两山各间皆不施补间铺作，正表现的是这一等级和装饰意味。这一做法南北皆然，如北方宋构晋祠圣母殿、金构三王村三嵕庙大殿，唯前檐各间施补间铺作一朵，所注重的仍是补间铺作的装饰意味。

两宋以来南方建筑的补间铺作两朵做法，成为一种传统的形象特征，直至明初相沿不衰，闽粤尤然，如泉州明代开元寺大殿。受中国影响的日本及朝鲜半岛建筑上也见类似现象。也就是说，日本和朝鲜在运用补间铺作两朵这一做法时，是明确理解和把握了其内在意味的，日本中世唐样佛堂尤为典型。又如韩国李朝中期的金山寺大寂光殿（1635 年），正面七间，各间间广相同，然唯当心间施补间铺作两朵，其余各间则置补间铺作一朵[21]，明确地表示了当心间补间铺作两朵的特殊意义。

当心间补间铺作两朵、次间一朵的做法，在《营造法式》颁布之前的北方地区所用极少，而南方则已成惯例。因此，五代两宋以来，由补间铺作发达而引发的间架设计技术的进步，无疑也是源自南方地区的。两宋以来江南厅堂建筑技术，对中国本土乃至东亚建筑技术皆有显著的影响，其中由补间铺作所引发的技术发展是最重要的表现。

基于上述这一视角，补间铺作的发达在地域性上有着两层意义：其一，在中国本土，表明了从南到北的技术传播；其二，在东亚日本，明确了唐样建筑的地域祖型和技术源流。

3.《营造法式》铺作分布原则

（1）铺作分布令远近皆匀

自晚唐五代以来，随着补间铺作的演进和发达，建筑构架技术发生了显著的变化，铺作配置成为间架构成的重要内容，至北宋末的官颁《营造法式》中，专门有关于铺作配置的规定，即大木作制度“总铺作次序”，是分析宋式铺作配置的重要史料。

《营造法式》大木作制度“总铺作次序”是专门讨论铺作配置与开间尺度的关系的，凡铺作配置及间广设定相关的一应规制，皆由“总铺作次序”而出。就铺作配置与朵当、开间的尺度关系，“总铺作次序”具体讨论了如下内容：

“当心间须用补间铺作两朵，次间及梢间各用一朵，其铺作分布令远近皆匀。（小字注：若逐间皆用双补间，则每间之广，丈尺皆同。如只心间用双补间者，假如心间用一丈五尺，次间用一丈之类。或间广不匀，即每补间铺作一朵，不得过一尺）。”[22]

分析《营造法式》“总铺作次序”内容，其要点可概括为两条，即：一个前提与一个原则。一个前提是：“当心间须用补间铺作两朵”；一个原则是：“铺作分布令远近皆匀”。《营造法式》“总铺作次序”提出的上述前提与原则，在铺作配置与间架构成的演化进程上，具有重要的意义。

首先讨论“一个前提”。

《营造法式》“总铺作次序”要求“当心间须用补间铺作两朵”，“须用”

21　鄭寅國．韓國建築樣式論 [M]．漢城：一志社，1974：95.

22　《营造法式》卷四《大木作制度一》。参见：梁思成．梁思成全集（第七卷）[M]．北京：中国建筑工业出版社，2001：104-107.

一词表明，强调推行铺作配置新法，补间铺作两朵是强制性规定。准确地说这一规定是：当心间必须用补间铺作两朵，而不是最多用补间铺作两朵，当心间补间铺作两朵是定式和前提。

其次分析“一个原则”。

“总铺作次序”要求在当心间补间铺作两朵的情况下，“铺作分布令远近皆匀”。其实质是提出了朵当控制的概念，以分布均匀为原则。正是这一朵当求匀原则成为推动间架技术发展的最初动力。

《营造法式》铺作分布求匀意识，是在补间铺作两朵做法确立之后出现的，并成为后世朵当等距规制以及朵当基准的起点。间架构成上的补间铺作配置，从间内匀置到逐间均等这一历程，也就是朵当基准逐渐确立和发展的过程。

《营造法式》大木作制度“总铺作次序”内容，反映了其时相应于补间铺作新因素的传统开间构成关系的变化。

（2）传统旧制与法式新规的协调

《营造法式》基于补间铺作两朵的铺作配置，追求“铺作分布令远近皆匀”。然在传统的整数尺规制下，铺作分布不匀现象往往是难以避免的。在整数尺规制下，如果心间间广不是 3 的倍数时，补间铺作一朵的次间间广，则无法满足与心间朵当等距的要求，由此形成传统旧制与法式新规的矛盾。

实际上，自补间铺作出现以来，就产生了铺作分布不匀的问题，并随着补间铺作两朵形式的出现及普及，补间铺作分布不匀的现象愈加突出和显著。因此，无论是在视觉效果上，还是在间架构成上，对铺作分布均匀的要求，都日益受到重视。至北宋末《营造法式》时，终于以大木作制度的形式，明确提出“铺作分布令远近皆匀”这一原则和要求。

然而，由于传统整数尺旧制与法式新规的矛盾，《营造法式》又不得不辅以变通措施，以在整数尺规制无法满足“铺作分布令远近皆匀”这一原则时，尽量减小和限制朵当之不匀，其方法和变通措施，在“总铺作次序”中记作三条附注。

《营造法式》在“当心间须用补间铺作两朵”的前提下，规定了“铺作分布令远近皆匀”的原则，并以三条附注的形式，具体讨论三种相应的间广形式：

其一：“若逐间皆用双补间，则每间之广，丈尺皆同。”

其二：“如只心间用双补间者，假如心间用一丈五尺，次间用一丈之类。”

其三：“或间广不匀，即每补间铺作一朵，不得过一尺。”

以上三种情况，讨论的是在“当心间须用补间铺作两朵”这一前提下，次间间广的取值如何满足“铺作分布令远近皆匀”这一原则。其中第一种情况，以次间取与心间同样的补间铺作两朵以及同样的间广形式。第二种情况，以次间取补间铺作一朵以及间广取心间的三分之二的形式，分别都满足了“铺作分布令远近皆匀”这一原则。第三种情况讨论的是在“间广不匀”以至于无法满足“铺作分布令远近皆匀”的情况下，所采用的变通性措施，即尽量减小和限制铺作分布之不匀，并使不匀值不得过一尺，也即铺作中距差值不得过一尺。

总之，“总铺作次序”条文的规定和措施，都是围绕着在“当心间须用补间铺作两朵”的前提下，无论何种开间形式，都要尽力满足“铺作分布令远近皆匀”这一原则和要求。

“总铺作次序”表现了《营造法式》大木作铺作分布及朵当形态的阶段性特征，即传统旧制与朵当新规的折中和协调，以期在传统整数尺规制下实现对朵当匀整的追求。

整数尺旧制下的朵当等距追求，是受限的，是不可能真正实现的；相应地，所建立的间架尺度关系也只是一个松散的约束关系。进一步的发展方向是突破整数尺旧制，以朵当为基准，从而实现朵当的绝对均等，实现从间内求匀到逐间均等，而间架尺度关系则随之走向基于朵当的模数化。

（3）《营造法式》模数制的阶段性

《营造法式》关于铺作分布的相应规制，在大木构架技术发展上具有重要的意义。“铺作分布令远近皆匀”的追求，实际上开启了间架尺度模数化的进程。根据《营造法式》强烈的朵当意识及相应的朵当规制，其间架尺度虽仍处于传统整数尺规制下，然在旧制与新规的冲突中，亦开始萌生初期的模数意识。

《营造法式》“总铺作次序”所提出的“铺作分布令远近皆匀”这一原则，是铺作配置与开间尺度之间最初的虽较松散却至关重要的构成原则。此构成原则不但改变了这一时期的开间尺度规则，而且对其后建筑技术的发展产生了深远的影响。

中国本土现存遗构表明，朵当等距之例，在12世纪前一例不见。《营造法式》“铺作分布令远近皆匀”原则，虽是补间铺作两朵出现所促成的结果，但此原则并未能立即得到真正的实现。补间铺作两朵的出现，只不过使得铺作配置与开间尺度之间第一次产生了相互配合、相互关联的需要。这一整体尺度构成上松散的约束关系，在发展中逐渐趋于深化，最终“铺作分布令远近皆匀”这一原则以朵当作为开间尺度构成的模数基准而得以真正确立。

从特定的角度而言，《营造法式》之后设计技术发展的过程，即是间架尺度模数化的过程，且可以说是围绕着“铺作分布令远近皆匀”以及消除朵当不匀而展开的。早在1103年《营造法式》所提出的这一力求朵当等距的原则，约至元明时期才得以完全实现，并在清工部《工程做法》中成为明文记载的制度，这一演变和发展过程历时几百年。

以中国本土的现存遗构而言，基于朵当的间架构成见于明初实例。明清北京紫禁城角楼，是基于朵当的间架尺度模数化的重要实例。紫禁城角楼的平面形式仍保持明初的原状，其复杂变化的曲尺形平面尺度关系，显示了成熟的基于朵当的尺度设计方法。

根据傅熹年的研究，紫禁城角楼大木构架平、立、剖面的尺度设计，是以斗栱攒当 2.5 尺为基本模数的 [23]。

角楼平面十字形，核心主体为方亭，四面出抱厦。根据实测数据分析 [24]，角楼营造尺长为明尺 31.73 厘米，攒当 2.5 尺，基于攒当的开间尺寸皆为整数尺形式。主体方亭面阔三间，明间 7 攒当、17.5 尺，次间 2 攒当、5 尺，面阔三间共 11 攒当、27.5 尺。方亭四面所出抱厦，浅者 2 攒当、5 尺，深者 5 攒当、12.5 尺。角楼复杂变化的整个平面布置，吻合攒当 2.5 尺的正方格网，这表明角楼平面尺寸是以攒当 2.5 尺为基准而设定的。角楼平面正、侧两向基于攒当 2.5 尺的尺度构成为：18 × 18（攒当）、45 × 45（尺）（图 4-3-6）。

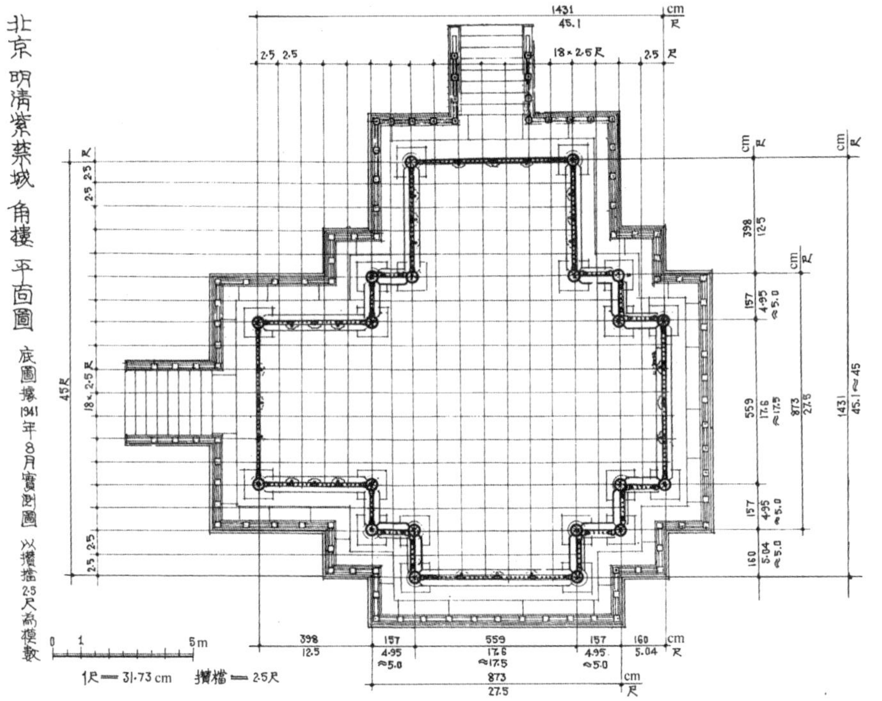

图 4-3-6　北京紫禁城角楼基于攒当的平面尺度构成 [来源：傅熹年．中国古代城市规划建筑群布局及建筑设计方法研究（下册）[M]．北京：中国建筑工业出版社，2001]

实测数据表明，角楼剖面高度同样是以攒当 2.5 尺为基准而设定的。室内柱底至脊槫上皮 42.5 尺，分作 17 攒当；左右及前后檐柱中距 45 尺，分作 18 攒当，整体剖面结构布置吻合 17 × 18（攒当）的正方格网（图 4-3-7）。

明清官式建筑遗构中，攒当模数之例还见于紫禁城英华殿。

英华殿始建于明代，是明清两代宫中的一处佛教场所。其面阔五间，进深三间，为九檩单檐庑殿。该构平面开间尺寸的设定，以斗栱攒当 2.5 尺为基准，即：面阔明间 9 攒当、22.5 尺，次间 7 攒当、17.5 尺，梢间 5 攒当、12.5 尺；进

23　傅熹年．中国古代城市规划建筑群布局及建筑设计方法研究（上册）[M]．北京：中国建筑工业出版社，2001：135.

24　1941 年张镈领导的测绘组曾对紫禁城角楼进行测绘，绘有附有精确数据的实测图，傅熹年关于角楼的尺度分析，即据此实测资料。

深中间 9 攒当、22.5 尺，前后廊间 3 攒当、7.5 尺。英华殿平面正侧两向基于攒当 2.5 尺的尺度构成为：33×15（攒当）、82.5×37.5（尺）[25]（图 4-3-8）。

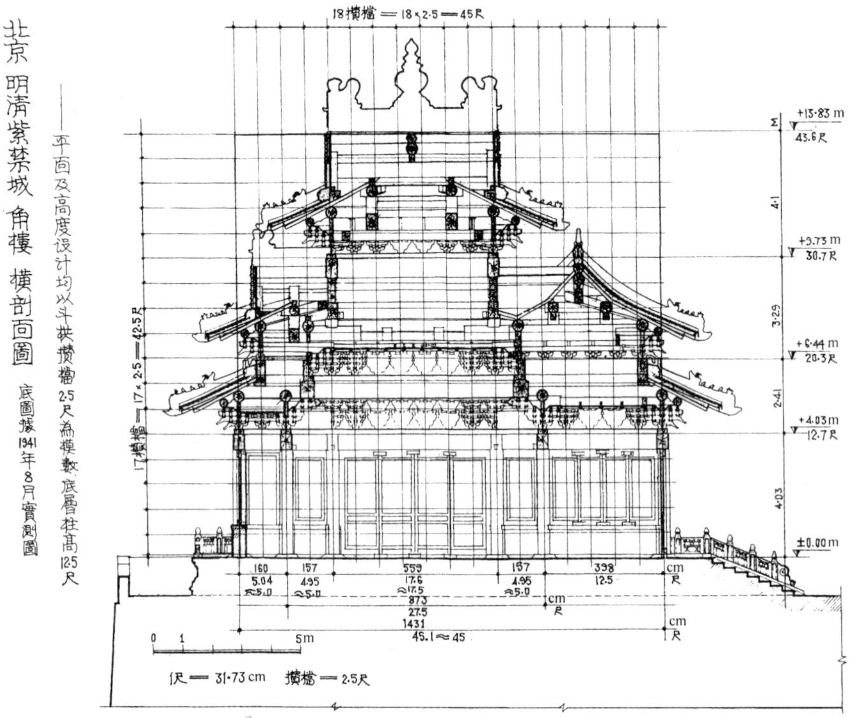

图 4-3-7 北京紫禁城角楼基于攒当的剖面尺度构成 [来源：傅熹年. 中国古代城市规划建筑群布局及建筑设计方法研究（下册）[M]. 北京：中国建筑工业出版社，2001：176]

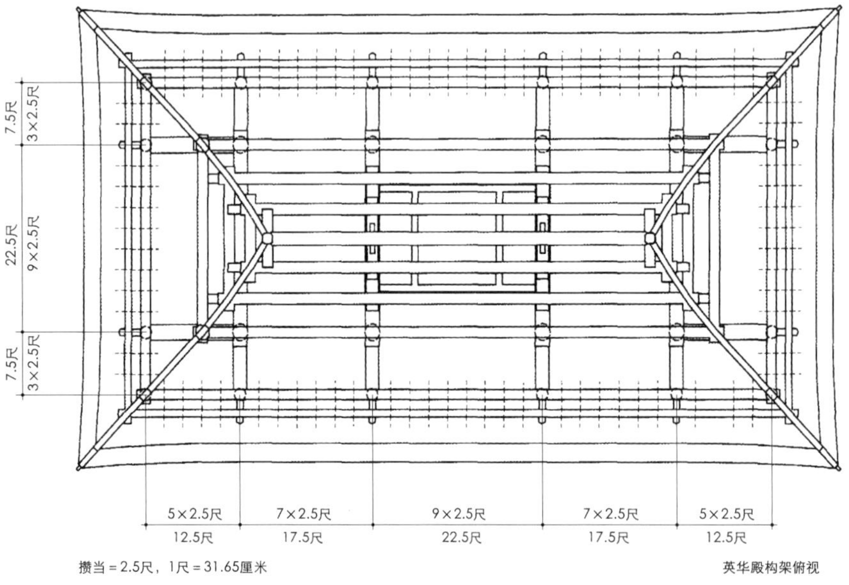

图 4-3-8 紫禁城英华殿基于攒当的平面开间尺度设计 [底图来源：李越，刘畅，王丛. 英华殿大木结构实测研究 [J]，故宫博物院院刊，2009（1）]

相对于紫禁城角楼，英华殿的特色在于其 2.5 尺攒当只用于平面尺度设计，而侧样尺度设计似另有他法。

上述二构的尺度设计分析表明，以现存遗构而言，至少明代官式做法中可见典型的基于攒当的间架尺度设计方法。

25 英华殿开间实测数据如下（柱头尺寸均值）：面阔五间 3940–5535–7120–5535–3940（毫米），进深三间 2360–7140–2360（毫米），斗栱攒当均值 791.9 毫米，复原营造尺长 316.5 毫米。参见：李越，刘畅，王丛. 英华殿大木结构实测研究 [J]. 故宫博物院院刊，2009（1）：6–21.

由宋至明、清的设计技术演变进程中，朵当基准的确立标志着间架尺度模数化的实现。相比较而言，《营造法式》的模数化程度远较《工程做法》为低，二者表现为构件尺度模数化与整体尺度模数化的区别。《工程做法》的攒当构成，基于斗口而达到绝对的规则与统一。与《营造法式》的朵当构成相较，《工程做法》不但消除了《营造法式》朵当不匀的内在因素，而且量度单位也从营造尺转为模数尺。

《营造法式》与《工程做法》的模数形式，大致代表了建筑整体尺度模数化历程上的首尾两个阶段形态。

4. 宋式小木作的模数设计方法

（1）《营造法式》小木作的朵当规制

基于补间铺作两朵这一新出技术因素，《营造法式》大木作制度提出了“铺作分布令远近皆匀”的铺作配置原则以及协调开间尺度关系的变通措施。补间铺作的多朵化，是促成这一变化的直接原因。然而，补间铺作多朵化这一现象在小木作上更为显著。相对于大木作的补间铺作两朵，《营造法式》小木作则采用了更多的补间铺作，如有多达十三朵者[26]。因此，小木作基于铺作配置的整体尺度设计，相较于大木作无疑更显必要和迫切。

小木作是《营造法式》的一个重要内容，尤其是其中的帐、藏内容。就所占卷数而言，大木作制度两卷，小木作制度六卷，且小木作制度六卷中帐、藏内容占三卷。

所谓小木作帐、藏，指《营造法式》卷九、卷十、卷十一所记载的各项内容，在性质上大致可分作供奉神像的神龛和庋藏经书的经橱这两类。其中神龛包括佛道帐、牙脚帐、九脊小帐、壁帐，经橱包括转轮经藏、壁藏。帐藏类小木作在样式做法上逼真地模仿大木作建筑，以微缩比例制成。

帐藏类小木作在形制上的一个显著特征是补间铺作繁多，以檐下补间铺作密集排列的形式，追求帐藏造型的装饰性。现存同期帐藏类小木作遗构也都表现了这一特点（图 4-3-9）。《营造法式》以功限多寡表达高下等级，促使装饰的繁琐化，且宋较唐更注重装饰性，小木作帐藏的补间铺作多朵化即是典型表现。

《营造法式》小木作帐藏由于补间铺作繁多，铺作排列密集，故相应于开间尺度的铺作排列筹划尤显必要，其目的一是铺作分布匀整，二是避免构件相犯。分析表明，《营造法式》小木作帐藏制度采取基于朵当的模数设计方法，筹划补间铺作的配置，权衡和设定整体尺度和构件尺度[27]。

《营造法式》的帐藏制度和功限，规定了帐藏整体尺寸和构件尺寸，据此可探讨其尺度设计的意图和方法，以下讨论的重点主要置于铺作中距与帐身开间的尺度关系上。

26　《营造法式》卷十《小木作制度五》“壁帐”：“每一间用补间铺作一十三朵。”参见：梁思成．梁思成全集（第七卷）[M]. 北京：中国建筑工业出版社，2001：237.

27　陈涛．《营造法式》小木作帐藏制度反映的模数设计方法初探 [M]// 王贵祥．中国建筑史论汇刊（第 4 辑）．北京：清华大学出版社，2011：238-252。下文关于帐藏的尺寸分析，参见陈涛文。

图 4-3-9　正定隆兴寺转轮经藏（唐聪摄）

图 4-3-10　《营造法式》卷三十二“天宫楼阁佛道帐图”（来源：南工陶本《营造法式》）

关于小木作帐藏尺度设计方法的分析，《营造法式》帐藏形制和尺寸的以下几个特点需要关注：

其一，小木作帐藏形制，以高等级者而言，由下至上可分作帐座、帐身、腰檐、平座、天宫楼阁这几个水平分层的部分。这一分层形式，同时也用于帐藏尺寸的设定。《营造法式》对帐藏整体尺寸及构件尺寸皆有规定，其中整体尺寸和斗栱用材，直接以营造尺寸规定，而其他构件尺寸则通过“其名件广厚，皆取逐层每尺之高积而为法”[28]的方法来设定，即以水平分层的每层之高为基数，设定各部分的比例尺寸。

28　《营造法式》卷九《小木作制度四》“佛道帐”。参见：梁思成．梁思成全集（第七卷）[M]．北京：中国建筑工业出版社，2001：227.

其二，帐藏形制上，帐座的芙蓉瓣、龟脚与各层铺作（帐座铺作、腰檐铺作和平座铺作）相互对应、关联。根据帐藏制度，其位置及尺度关系表现为：芙蓉瓣长、龟脚中距和铺作中距，上下位置对应，尺寸相等，即帐藏制度所规定的芙蓉瓣、龟脚“上对铺作”[29]，在帐藏的尺度关系上，三者具有基准的性质与特点。“上对铺作”是帐藏制度中关于铺作性质和作用的表述。按帐藏制度，帐座长、广的设定以芙蓉瓣长也即铺作中距为基准。

其三，按帐藏制度，诸帐藏的芙蓉瓣长、龟脚中距和铺作中距的规定尺寸，折成份数为 100 份，并以之作为尺度设定的基准。既然芙蓉瓣长、龟脚中距和铺作中距皆基于份数规定，那么这一规定必然与铺作相关，也就是说铺作中距最为根本。

其四，关于铺作用材，同一帐藏的帐座铺作、腰檐铺作和平座铺作，虽铺作形式不同，但用材尺寸相同。《营造法式》诸小木作帐藏的用材尺寸，从 1 寸材至 1.8 寸材不等。如佛道帐用 1.8 寸材，牙脚帐用 1.5 寸材，九脊小帐、壁帐用 1.2 寸材，转轮经藏、壁藏用 1 寸材。

其五，天宫楼阁为帐藏的一种帐头形式，是高等级帐藏的标志。按制度其各部分尺寸以芙蓉瓣长也即铺作中距为基准而设定。

其六，帐身是帐藏的主体部分。关于帐身尺寸，帐藏制度记有帐身和腰檐（帐头）这两种面阔、进深尺寸，而这与帐藏制度关于帐身与腰檐（帐头）的尺寸记录方式有关。二者之不同在于帐身面阔、进深尺寸以角柱（方柱）外侧计算，而腰檐面阔、进深尺寸以转角铺作栌斗中线计算，后者小于前者一个栌斗斗底尺寸。因此，关于帐身尺寸与铺作关系的分析，应取腰檐面阔、进深尺寸计之，而这一尺寸的设定又是以铺作中距为基准的。

基于上述关于《营造法式》帐藏形制和尺寸的特点分析，以下以佛道帐、转轮经藏举例，讨论小木作帐藏的尺度设计方法[30]。

《营造法式》小木作帐藏中佛道帐与转轮经藏是形制最为繁复且具代表性的两例。其他帐藏制度多“并准佛道帐之制”[31]，且诸小木作帐藏内容中，尤以佛道帐、转轮经藏二例，最为典型和完美地表现了基于朵当的尺度设计方法。此二例帐藏的相关尺寸及其尺度关系排列如下：

例一：佛道帐（图 4-3-10）。

a. 铺作用材

帐座铺作、腰檐铺作、平座铺作皆用 1.8 寸材，份值为 0.12 寸。

腰檐用六铺作，单杪双下昂，重栱造。

b. 铺作中距

按制度规定“凡佛道帐芙蓉瓣，每瓣长一尺二寸，随瓣用龟脚，上对铺作”[32]，可知铺作中距与芙蓉瓣长、龟脚中距相等，同为 1.2 尺，合 100 份。

芙蓉瓣长、龟脚中距和铺作中距三者，上下位置对应，尺寸相等。三者具有

29　《营造法式》卷九《小木作制度四》“佛道帐”。参见：梁思成. 梁思成全集（第七卷）[M]. 北京：中国建筑工业出版社，2001：232.

30　关于《营造法式》帐藏制度的研究，中日学界以竹島卓一的研究最为深入。其根据《营造法式》制度、功限的记载，对帐藏的各项做法进行了细致的分析和复原，本文关于佛道帐、转轮经藏基于朵当的整体尺度关系分析，即根据和采用竹島卓一的相关复原图。参见：竹島卓一. 営造法式の研究（1-3）[M]. 東京：中央公論美術出版，1970.

31　《营造法式》卷十一《小木作制度六》“壁藏”。参见：梁思成. 梁思成全集（第七卷）[M]. 北京：中国建筑工业出版社，2001：245.

32　《营造法式》卷九《小木作制度四》“佛道帐”。参见：梁思成. 梁思成全集（第七卷）[M]. 北京：中国建筑工业出版社，2001：232.

作为尺度基准的性质和特点。

c. 帐身尺寸

关于帐身尺寸，功限具体记载了两个相关数据：一是帐身面阔 59.1 尺，进深 12.3 尺；二是腰檐面阔 58.8 尺，进深 12 尺[33]。二者之不同在于：帐身面阔、进深尺寸以角柱（方柱）外侧计算，而腰檐面阔、进深尺寸（斗槽板长度）以转角铺作栌斗中线计算，二者相差 0.3 尺[34]。

进而根据对此差值的分析可知，腰檐转角铺作的栌斗斗底外侧与帐身角柱外侧对齐。因此，关于帐身尺寸与铺作关系的分析，帐身尺寸应取腰檐面阔、进深尺寸计之[35]，即：面阔 58.8 尺，进深 12 尺。

d. 铺作配置与帐身尺寸

佛道帐制度规定“帐身：长与广皆随帐坐，量瓣数随宜取间”[36]，表明帐身长广及分间尺寸，决定于芙蓉瓣长，也即铺作中距。铺作配置与帐身尺寸的关系如下：以铺作中距 1.2 尺权衡面阔 58.8 尺和进深 12 尺，得面阔方向 49 朵当，进深方向 10 朵当。按制度帐身“作五间造”[37]，进而根据小木作佛道帐图样以及竹岛卓一的复原，帐身腰檐面阔分作五间，进深一间。基于铺作中距 1.2 尺（100 份），其铺作配置和分间尺寸如下：

面阔五间：9.6 + 12 + 15.6 + 12 + 9.6 = 58.8（尺）

面阔当心间 15.6 尺，用补间铺作 12 朵，计 13 朵当；次间 12 尺，用补间铺作 9 朵，计 10 朵当；梢间 9.6 尺，用补间铺作 7 朵，计 8 朵当；五间共计 49 朵当。

进深一间 12 尺，用补间铺作 9 朵，计 10 朵当。

腰檐面阔、进深尺寸与铺作中距之间存在着简洁的整数倍关系，故帐身尺寸是以铺作中距（朵当）为基准而设定的，其面阔与进深的构成关系为：49 × 10（朵当）（图 4-3-11）。

e. 天宫楼阁

天宫楼阁为佛道帐的帐头部分，按制度其尺寸以芙蓉瓣长（即铺作中距）1.2 尺为基准。由此可知，角楼长 1.8 尺，合 1.5 朵当；殿身及茶楼各长 3.6 尺，合 3 朵当；殿挟长 1.2 尺，合 1 朵当；龟头及行廊各长 2.4 尺，合 2 朵当。

例二：转轮经藏（图 4-3-12）。

a. 铺作用材

外槽腰檐铺作、平座铺作和里槽帐座铺作、帐头铺作皆用 1 寸材，份值为 0.067 寸。

外槽腰檐用六铺作，单杪双下昂，重栱造；平座用六铺作卷头，重栱造。

b. 铺作中距

按制度规定“凡经藏坐芙蓉瓣，长六寸六分，下施龟脚，上对铺作”[38]，可知铺作中距与芙蓉瓣长、龟脚中距相等，同为 0.66 尺，合 100 份。

33 《营造法式》原文中规定佛道帐腰檐“深一丈”，但据竹岛卓一分析，应为“深一丈二尺”之误。参见：竹島卓一. 営造法式の研究（2）[M]. 東京：中央公論美術出版，1970：511.

34 竹島卓一. 営造法式の研究（2）[M]. 東京：中央公論美術出版，1970：499-500.

35 陈涛.《营造法式》小木作帐藏制度反映的模数设计方法初探 [M]// 王贵祥. 中国建筑史论汇刊（第 4 辑）. 北京：清华大学出版社，2011：245.

36 《营造法式》卷九《小木作制度四》“佛道帐”。参见：梁思成. 梁思成全集（第七卷）[M]. 北京：中国建筑工业出版社，2001：228.

37 《营造法式》卷九《小木作制度四》“佛道帐”。参见：梁思成. 梁思成全集（第七卷）[M]. 北京：中国建筑工业出版社，2001：227.

38 《营造法式》卷十一《小木作制度六》“转轮经藏”。参见：梁思成. 梁思成全集（第七卷）[M]. 北京：中国建筑工业出版社，2001：242.

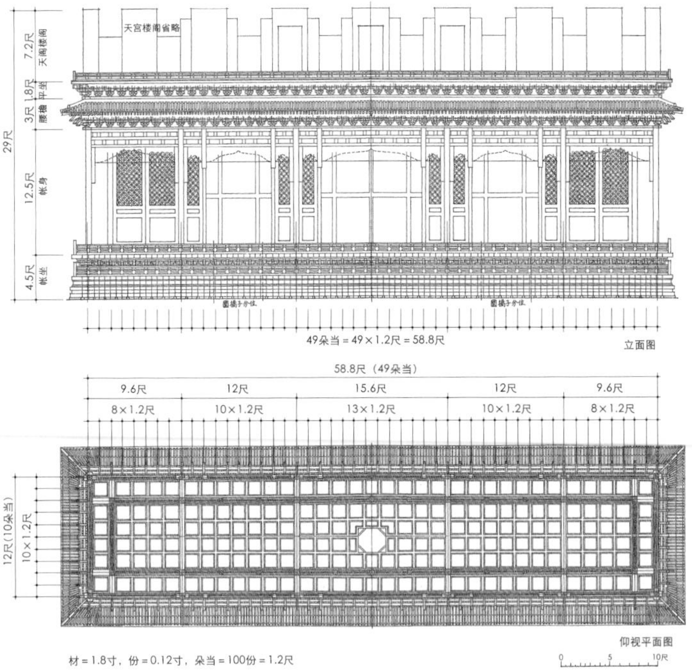

图 4-3-11　基于朵当的佛道帐尺度关系 [底图来源：竹島卓一. 営造法式の研究（2）[M]. 東京：中央公論美術出版，1970：499]（左）

图 4-3-12　《营造法式》卷三十二“转轮经藏图”（来源：南工陶本《营造法式》）（右）

c. 帐身尺寸

转轮经藏平面为正八边形。按制度其外槽腰檐斗槽、平座斗槽径皆为 15.84 尺[39]。根据《营造法式·看详》“取径围”篇的规定“八棱径六十，每面二十有五”[40]的计算方式，可知外槽腰檐和平座的每面长为 6.6 尺，合于转轮经藏“每棱面广六尺六寸六分”[41]的规定。

d. 铺作配置与平座尺寸

在补间铺作配置上，由于外槽腰檐补间铺作与里槽帐头补间铺作有对应关系，须与里槽一样用五朵补间铺作，故外槽腰檐补间铺作配置宽疏，铺作中距合 167 份。而外槽平座因不与里槽对应，不受里槽制约，故其平座每面长 6.6 尺，以铺作中距 0.66 尺（100 份）为基准，用补间铺作 9 朵，计 10 朵当[42]。

外槽平座边长尺寸与铺作中距间存在着简洁的整数倍关系，即以铺作中距（朵当）为基准，权衡设定平座边长尺寸（图 4-3-13）。

e. 天宫楼阁

天宫楼阁为转轮经藏的帐头部分，按制度其尺寸以芙蓉瓣长（即铺作中距）0.66 尺为基准。由此可知，下层副阶内角楼子长 0.66 尺，合 1 朵当；角楼挟屋长 0.66 尺，合 1 朵当；茶楼子与行廊各长 1.32 尺，合 2 朵当。

以上通过佛道帐和转轮经藏两例，具体分析了《营造法式》小木作帐藏的尺度设计方法，即以铺作中距为基准的模数设计方法。基于其性质和特点，这一设计方法可称作《营造法式》小木作帐藏的朵当规制。

综合上述的讨论和分析，关于小木作帐藏的朵当规制，归纳如下结论和认识：

39　《营造法式》卷十一《小木作制度六》“转轮经藏”：“腰檐，共高二尺，斗槽径一丈五尺八寸四分……平坐，高一尺，斗槽径一丈五尺八寸四分。”参见：梁思成. 梁思成全集（第七卷）[M]. 北京：中国建筑工业出版社，2001：239-240.

40　梁思成. 梁思成全集（第七卷）[M]. 北京：中国建筑工业出版社，2001：10.

41　《营造法式》卷十一《小木作制度六》“转轮经藏”：“造经藏之制，共高二丈，径一丈六尺，八棱，每棱面广六尺六寸六分。”参见：梁思成. 梁思成全集（第七卷）[M]. 北京：中国建筑工业出版社，2001：239.

42　陈涛.《营造法式》小木作帐藏制度反映的模数设计方法初探 [M]// 王贵祥. 中国建筑史论汇刊（第 4 辑）. 北京：清华大学出版社，2011：248-249.

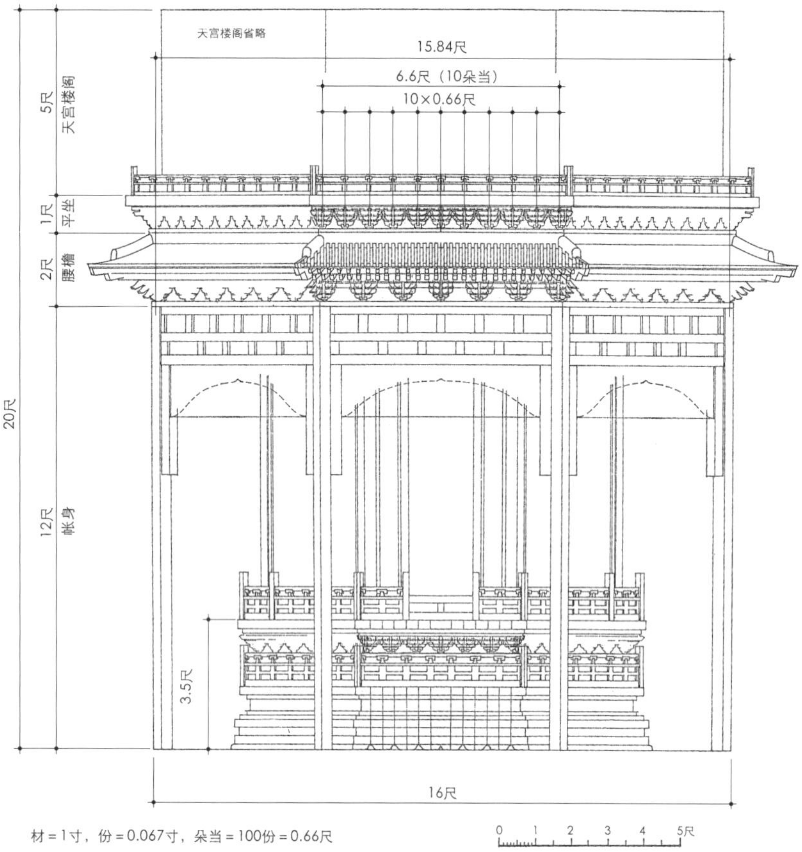

图 4-3-13　基于朵当的转轮经藏尺度关系 [底图来源：竹島卓一. 営造法式の研究（2）[M]. 東京：中央公論美術出版，1970]

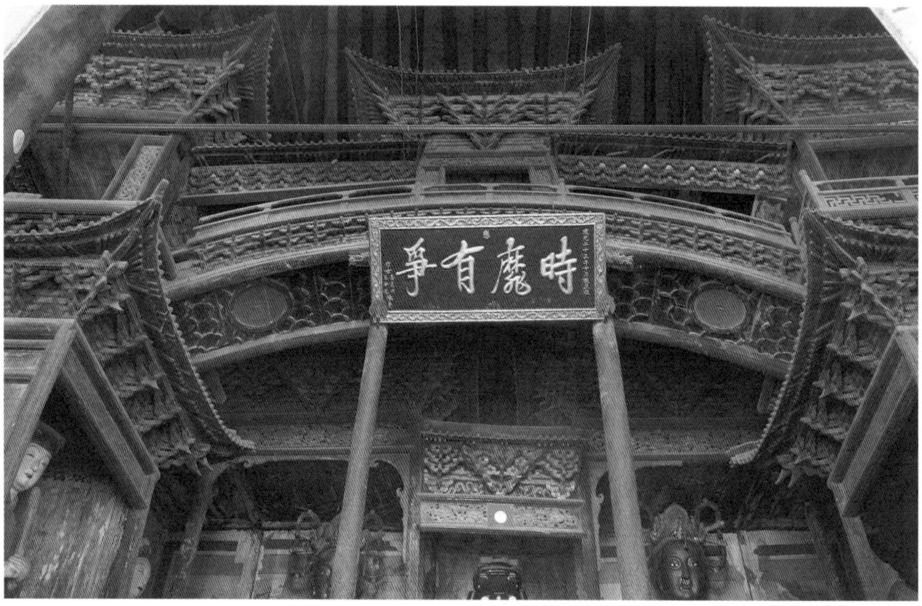

图 4-3-14　晋城南村二仙庙帐龛（丁垚摄）

其一，小木作帐藏的尺度基准在于铺作中距，朵当是小木作帐藏尺度设计的基本模数。

依小木作帐藏制度的记述，表面上芙蓉瓣长、龟脚中距和铺作中距皆有作为基准的特点，实际上，基于铺作在帐藏形制上的特殊性和重要性以及与材份制度的关联性，唯铺作中距是小木作帐藏尺度基准的根本所在。又，《营造法式》小木作制度三“钩阑”条：“凡钩阑分间布柱，令与补间铺作相应……如补间铺作太密，或无补间者，量其远近随宜加减。”[43]就连小木作钩阑的分间布柱，亦强调与补间铺作相对应，这也说明了铺作中距的基准特性。

其二，小木作帐藏的朵当基准以100份为定式。

小木作帐藏制度明确记载了铺作中距尺寸，且合100份，表明小木作帐藏的朵当基准以100份为定式。具体而言，小木作帐藏中佛道帐、牙脚帐、转轮经藏、壁藏，明确记有铺作中距尺寸，其他两例九脊小帐、壁帐的铺作中距虽未明确记载，但通过制度内容的验算可知其铺作中距同样也合100份[44]。小木作帐藏朵当100份定式的意义在于：既保证铺作分布均等，又避免铺作构件相犯[45]。小木作帐藏朵当100份，是针对补间铺作繁密的对策和要求。

其三，小木作帐藏以朵当为基准，权衡和设定帐藏的整体尺寸与构件尺寸。

小木作帐藏的铺作中距，不仅用以权衡帐藏的整体尺寸（面阔和进深尺寸），而且用于其他构件水平尺寸的设定，如帐藏天宫楼阁的各部分，皆合100份的朵当模数。这说明《营造法式》小木作帐藏的朵当规制已比较成熟。

其四，小木作帐藏在帐身尺寸设定上的差异，反映了整数尺旧制与朵当新规的矛盾及其协调。

帐身面阔与进深尺寸的设定，以铺作中距为基准是一基本原则和方法，即“量瓣数随宜取间”。然在具体细节上又略有差异，分作两种情况：一是帐身面阔及进深尺寸与铺作中距间呈完美的整数倍关系，如佛道帐、转轮经藏；一是帐身面阔及进深尺寸与铺作中距的关系，不如佛道帐和转轮经藏那样完美，但帐身尺寸取为整数。第二种情况反映了帐身整数尺旧制对朵当模数的制约，推测其协调方法是：整体上以铺作中距为基准，至两端转角铺作处，适当调整与相邻补间铺作的间距，或稍加大铺作中距，或稍减小铺作中距（作鸳鸯交首栱），以吻合帐身尺寸的取整。其例如牙脚帐、九脊小帐、壁帐、壁藏等。

综上所述，《营造法式》小木作帐藏的朵当规制表现为：以铺作中距100份为基准的帐藏整体尺度和构件尺度的模数设计方法。

《营造法式》小木作帐藏基于朵当的尺度设计方法，无疑是因应于小木作帐藏补间铺作密集化的表现。正是密集的补间铺作配置，使得小木作帐藏横向尺度的精细筹划显得迫切而必要，而100份的朵当规制，即是帐藏横向尺度精细筹划的表现。在这一过程中，横向尺度单位斗口的意义和作用显现而出，100份朵当隐含有10斗口朵当的意味，这一现象或表明了其时斗口作为隐性基准的可能。

上述基于斗口的横向尺度精细筹划的特色，也见于宋式小木作帐藏遗构，其例如晋城南村二仙庙帐龛（图4-3-14）。

南村二仙庙帐龛作为12世纪初的早期小木作帐藏遗存，是与《营造法式》

43　梁思成．梁思成全集（第七卷）[M]．北京：中国建筑工业出版社，2001：220-222.

44　关于九脊小帐铺作中距，其制度中提及“坐内壸门等，并准牙脚帐制度”，可知其壸门、龟脚也是上对铺作，其铺作中距同样合100份。参见：梁思成．梁思成全集（第七卷）[M]．北京：中国建筑工业出版社，2001：237.

45　宋式单朵重栱铺作宽度为96份，100份是接近铺作间距最小值的整数份数。

刊行年代最为接近的小木作实物，可与《营造法式》小木作制度作比较对照。

补间铺作繁密同样是二仙庙帐龛形制上的特色，因此在横向尺度筹划上，必有其相应的设计方法。根据实测数据的分析研究，二仙庙帐龛的正龛、配楼、天宫开间、朵当的尺度设定，皆由斗口作权衡和控制。基于斗口尺寸，其规律变化的朵当分作三种：15 斗口朵当、14 斗口朵当和 14.5 斗口朵当，相应地，其正龛、配楼、天宫的开间尺度设定，存在着以斗口、朵当为基准的两级模数现象[46]。

相应于补间铺作的密集化，二仙庙基于斗口的横向尺度精细筹划的特色，与《营造法式》小木作帐藏制度大致相同。然在尺度关系上，二仙庙帐龛表现有如下两个特点：一是斗口为 0.5 寸，易于与简单尺寸的朵当、间广恰合；二是朵当尺寸随开间大小而变化，似有间内均分之嫌。因此二仙庙帐龛的尺度现象在性质上，固然反映有基于斗口、朵当的模数化倾向，然相比较而言，其模数化的意识和程度尚不及《营造法式》的小木作帐藏。官颁《营造法式》小木作帐藏规制，在设计技术上有着领先和开创的意义。

（2）朵当规制：小木作与大木作的比较

补间铺作的多朵化，促使了《营造法式》朵当规制的形成和发展。比较小木作与大木作的朵当规制，其关联和差异性反映了这一时期设计技术发展的性质与特点。

小木作帐藏在样式和做法上逼真地模仿大木作建筑，按佛道帐制度规定："其屋盖举折及斗栱等分数，并准大木作制度随材减之，卷杀瓣柱及飞子亦如之。"[47]在样式做法上，几近全面模仿，在尺度上"随材减之"，按比例微缩而成。故在尺度设计方法上，二者间的关联性也是必然的，朵当规制即是最重要的表现。

在补间铺作多朵化的背景下，大木作与小木作同样都面临筹划铺作配置的要求，其目的亦皆在于追求视觉匀整和避免构件相犯，然二者的铺作筹划思路及方法是有差异的。

补间铺作数量的多寡，是大木作与小小作形制上最显著的不同，并由此产生了不同的应对方式：在"铺作分布令远近皆匀"的目标上，大木作只是定性的，较为宽松，且在整数尺旧制无法满足铺作分布均等的情况下，辅以变通性措施，减小和限制朵当之不匀，以满足铺作分布大致均等的视觉效果；小木作则是定量的，更为严格，由于铺作排列密集，迫使横向尺度须有精细筹划，故采用以朵当下限份数为基准的模数方法，既避免构件相犯，又实现铺作分布的完全均等。

大木作的朵当规制，着眼于与间广整数尺旧制的协调；小木作的朵当规制，则开启新的模数方法，并逐渐动摇传统的间广整数尺旧制。

《营造法式》小木作帐藏的朵当规制，表明以朵当为基准的模数设计方法的形成。

46　南村二仙庙帐龛斗栱用材、朵当的实测数据及复原尺寸如下：推算营造尺长 314 毫米，材广均值 25.1 毫米，合 0.8 寸；材厚均值 15.8 毫米，合 0.5 寸。三种基本朵当值为：下檐朵当，实测值 235.2 毫米，合 0.75 尺、15 斗口；正龛侧立面朵当，实测值 219.3 毫米，合 0.7 尺、14 斗口；上檐朵当，实测值 227.5 毫米，合 0.725 尺（14.5 斗口）。参见：姜铮．南村二仙庙正殿及其小木作帐龛尺度设计规律初步研究 [M]// 王贵祥．中国建筑史论汇刊（第 14 辑）．北京：中国建筑工业出版社，2016：182-212.

47　《营造法式》卷九《小木作制度四》"佛道帐"。参见：梁思成．梁思成全集（第七卷）[M]．北京：中国建筑工业出版社，2001：232.

小木作帐藏的尺度设计方法具有两方面的意义：其一，反映大木作尺度设计方法的基本特点，表现与大木作设计方法的关联性；其二，表明在设计方法的发展上，小木作领先于大木作，基于朵当的开间尺度模数化，应始于小木作。

小木作帐藏所表现的模数设计方法具有重要的意义。《营造法式》之后大木作以朵当为基准的模数设计方法，有可能来自小木作的引导。也就是说，基于朵当的模数设计方法应经历了由小木作到大木作这样一个过程。

基于朵当的模数设计方法，小木作应是先行于大木作的；而在大木作的跟进上，以现存遗构而言，日本中世唐样佛堂似较中国本土建筑更为完善和成熟。唐样佛堂间架构成上所表现的朵当模数设计方法，约始于14世纪初，且有可能与宋式小木作技术相关联。

《营造法式》之后，基于朵当的模数设计方法的发展，东亚范围内日本中世唐样建筑是一个典型。实际上，做工精致、尺度小巧的日本中世唐样佛堂，与宋式小木作十分相近和关联。在尺度设计方法上，日本中世唐样佛堂有可能间接地受到宋式小木作的影响和推动。

从宋《营造法式》到清《工程做法》的发展，表现和反映了模数设计技术演进的历程和轨迹，而日本唐样建筑及其技术文献，有可能弥补宋清之间的缺失环节。

四、唐样佛堂的朵当基准与间架构成关系

1. 中世初期的宋式朵当形式

（1）初期唐样的朵当求匀意识

宋技术在东亚的传播，极大地改变了日本平安时代以来的建筑传统，成为推动日本中世建筑技术发展的新动力，其影响表现在形制与技术的诸多方面。

新兴宋技术的一个重要表现，在于补间铺作的发达以及基于补间铺作而引发的设计技术的进步。中世唐样建筑补间铺作的发达以及相应的技术演进，成为日本中世建筑技术发展最重要的内容。

宋技术背景下的日本中世建筑新貌，显著地表现在铺作配置与斗栱形式上，传承宋技术的中世唐样建筑，以当心间补间铺作两朵的形象特征，区别于无补间铺作的传统和样建筑（图4-4-1）。中世建筑的新兴与传统，在补间铺作上泾渭分明。中世唐样建筑补间铺作的发达以及朵当规制的演进，反映了唐样建筑以南宋江南建筑为源地祖型的性质与特色。

日本现存中世唐样遗构，皆为中世中、后期者，中世初期的唐样建筑虽无实物遗存，但存有反映中世初期五山禅院建筑的古图。由对古图的分析可见，其时五山佛殿的开间尺度，仍是传统的整数尺形式，与《营造法式》所表现的技术形

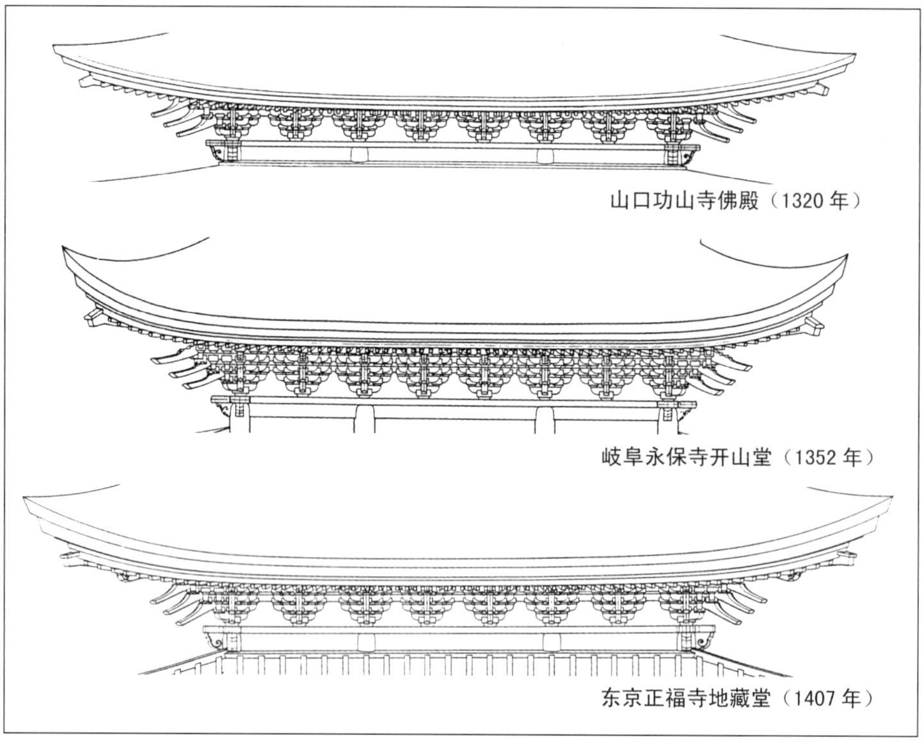

图 4-4-1　唐样佛堂心间补间铺作两朵的配置形式（集图自绘）

态相吻合。其铺作配置的性质，也与《营造法式》完全一致，即虽表现出对“铺作分布令远近皆匀”的追求，但真正意义上的朵当等距并未完全实现，其代表之例如建长寺指图（1331 年）。此图中所标注的诸堂开间尺寸，皆守传统的整数尺规制[48]。然至 16 世纪的圆觉寺佛殿古图（1573 年），传统的整数尺规制已突破，以追求朵当的绝对均等，这已相当接近真正意义上的朵当等距原则。由此可见，日本唐样建筑也同样经历了类似于中国本土建筑的演变过程。下文以建长寺指图和圆觉寺佛殿古图这两个文献实例，分析这一演变过程上的前后两个不同的阶段形态。取建长寺指图中的法堂、大彻堂与圆觉寺佛殿古图的佛殿这三个当心间同为 20 尺的佛堂进行比较（表 4-1）。

表 4-1　建长寺法堂、大彻堂与圆觉寺佛殿的开间尺度关系比较

分类	殿堂名称	部位	当心间	次、梢间	朵当不匀值
法式型	建长寺法堂（殿身）（1331 年）	面阔开间 朵当	20 尺 6.66 尺	14 尺 7 尺	0.34 尺
	建长寺大彻堂（殿身）（1331 年）	面阔开间 朵当	20 尺 6.66 尺	13 尺 6.5 尺	0.16 尺
演变型	圆觉寺佛殿（殿身）（1573 年）	面阔开间 朵当	20 尺 6.66 尺	13.33 尺 6.66 尺	0

注：表中所记开间尺寸为古图上所标记的尺寸。

48　关口欣也基于建长寺指图的研究指出：建长寺指图中，除千手堂的次间外，其余诸堂的开间尺寸皆为整数尺，且千手堂的当心间也是整数尺。参见：関口欣也. 中世禅宗様仏堂の柱間（2）[J]. 日本建築学会論文報告集（第 116 号），1965：61.

上表中三例唐样佛堂的铺作配置及开间形式，皆属于《营造法式》“总铺作次序”所述三种形式中最主要的一种，即“当心间须用补间铺作两朵，次间及梢间各用一朵，其铺作分布令远近皆匀”。三例依其间广尺度的性质分作法式型与演变型两种，在法式型建筑上，朵当不匀的现象常常是不可避免的，因为如果当心间尺寸为非 3 的倍数时，在传统的整数尺制下，朵当不匀的现象则必然出现，而《营造法式》采取的变通措施是：尽量减小和限制朵当之不匀，且不得过一尺。基于间广整数尺制的建长寺法堂与大彻堂即采取这一方法，其朵当不匀值限制在最低程度，分别为 0.34 尺与 0.16 尺，满足《营造法式》的朵当不匀“不得过一尺”的要求，与《营造法式》整数尺制下的铺作配置原则相吻合。

（2）传统整数尺规制的突破

建长寺指图之后两百多年的圆觉寺佛殿古图所反映的唐样建筑设计技术，已完成了转向朵当等距的演变过程，朵当尺寸达到了绝对的均等。

在当心间补间铺作两朵、次梢间补间铺作一朵的情况下，消除朵当不匀的方法只有两种：其一，当心间取 3 倍数的整数尺，此即为《营造法式》“总铺作次序”所讨论的三种形式中的第二种：“心间用一丈五尺，次梢间用一丈”；其二，突破传统的间广整数尺旧制，以非整数尺的间广形式，满足朵当等距的要求。圆觉寺古图佛殿的开间尺度即采用了这一方法，其当心间二丈，次、梢间一丈三尺三寸三分，彻底消除了由传统整数尺规制所产生的朵当不匀。这一类型可称为演变型，是日本唐样建筑主要的间广形式。

间广形式演变的动力，最初源于视觉匀称效果的需要，进而形成对朵当绝对均等的追求。至此阶段，补间铺作的配置已使得开间尺度关系产生了质的变化，传统的间广整数尺规制随之动摇和解体，相应地建立新的开间尺度法则，开间尺度关系由此前相对独立的状态，演变成为与铺作配置密切相关的整体构成。

要之，这一追求“铺作分布令远近皆匀”的演变过程，以补间铺作两朵的出现为契机，以传统间广形式并辅以变通措施，协调补间铺作两朵对开间尺度关系提出的新要求作为过渡阶段，最终突破间广整数尺旧制，建立开间尺度与铺作配置相互关联和制约的构成关系，朵当成为开间尺度的决定因素。

朵当等距的现象，在现存两宋遗构上几不见其例。而据文献记载，南宋永思陵建筑（1188 年）以及径山寺法堂（1248 年），仍保持的是传统的间广整数尺形式。前文建长寺指图中的建长寺法堂、大彻堂同属这一时期的技术特征。然至元明时期，朵当等距之制应已形成。根据对日本现存唐样建筑遗构的统计，14 世纪初，朵当等距之例仍属个别，而至 15 世纪中期，则已成为主流和定式。朝鲜半岛至少在李朝（1392—1910）中期，开间尺度构成上的朵当等距之制也已确立[49]。

伴随着朵当等距规制的确立，唐样建筑上传统的间广整数尺形式随之消失，

49 李朝中期忠南、扶余郡的无量寺极乐殿，明间 16. 4 尺，补间铺作三朵；次间 12.35 尺，补间铺作二朵；梢间 8.2 尺，补间铺作一朵，明显表现出以 4.1 尺朵当为尺度基准的设计意图。李朝中期的长谷寺下大雄殿，明间 12.16 尺，补间铺作二朵，次间 8.12 尺，补间铺作一朵，朵当等距也已形成。以上尺寸数据根据：鄭寅國. 韓國建築様式論 [M]. 漢城：一志社，1974：98、91.

大量非整数尺间广形式出现。为求朵当绝对均等而突破间广整数尺规制，是这一现象出现的内在原因。现存中世唐样建筑遗构中，间广整数尺者仅早期的善福院释迦堂（1327 年）一例，其所传承的仍是传统的间广整数尺规制[50]。

日本中世初期的唐样建筑，表现出强烈的朵当意识以及对铺作分布均等的追求，并逐渐突破传统的间广整数尺规制，向基于朵当的模数设计方法演进。从现存唐样遗构来看，至 14 世纪前期，基于朵当的模数设计方法已相当成熟和完善，若与中世初期建长寺法堂的尺度现象相较，可见其间巨大的差异、变化和进步。

从整体上来看，唐样建筑朵当及开间的尺度关系，同样也经历了与中国本土建筑类似的演变过程。目前关于中国本土建筑的这一技术演变，由于相关遗构所存较少，缺乏充足的实证而难以完全解明。而日本中世唐样建筑则提供了这一技术演变进程上的中间形态及演变环节。通过对中世唐样佛堂诸多实例的实证分析，使得对这一间架尺度模数化历程的探讨成为可能。

2. 朵当基准的概念与方法

（1）唐样的朵当基准概念

日本中世建筑诸样式中，唯唐样独有朵当这一要素，其来自宋式补间铺作配置。朵当是唐样建筑间架构成上重要的尺度单元。而所谓的朵当基准，即指这一尺度单元在唐样建筑尺度关系上所具备的基准属性，且以其重要性而言，可谓唐样模数设计技术的基石。

经历了中世初期朵当意识的萌发和演进，唐样设计技术上朵当基准的概念逐渐得以确立，以朵当为基准成为唐样建筑尺度设计的基本方法。

唐样朵当基准的确立，有如下几个标志：

其一，朵当等距追求的真正实现；

其二，朵当与开间尺度关系的性质，由从属到支配的转变；

其三，传统的间广整数尺规制的解体。

唐样朵当基准的确立，意味着朵当被动属性的改变，伴随的必然是间广整数尺旧制的解体以及模数设计新规的形成。

唐样设计技术上朵当基准及相应规制的存在，不仅在众多中世唐样遗构的分析中得以确认，并且在近世唐样建筑技术书中也有明确的记载，如近世唐样建筑技术书《建仁寺派家传书》（1710 年）。

《建仁寺派家传书》中，朵当以日文假名记作“あいた”，或以汉字记作“間”，读音“ayita”（阿依他），意为铺作配置的间隔，是与宋式“步间”“补间”相对应的概念。进而，相对于朵当这一小尺度的“間”，大尺度的当心间则记作“大間”，且其基于朵当的尺度关系记作“三間”，也就是补间铺作两朵的当心间为“三

50 早期唐样建筑善福院释迦堂（1327 年），传承传统的间广整数尺规制，其心间、次间及副阶尺寸分别为 11 尺、7 尺、6 尺；各间朵当尺寸分别为 3.66 尺、3.5 尺和 3 尺，朵当之不匀小于 1 尺。另外，建长寺昭堂（1458 年），因当心间 12 尺正为 3 的倍数，故次间为整数尺的 8 尺。

間”，补间铺作一朵的次间为“二間”。“間”与“大間”的性质及其尺度关系，成为唐样建筑设计技术的一个基本内容。

“間”（朵当）是唐样建筑尺度设计的基准单位。

（2）唐样的朵当基准方法

基于宋式补间铺作配置及其演变，唐样朵当从一个被动生成的尺度单元，转变为支配性的尺度基准。唐样建筑尺度构成上，朵当是作为一个抽象和独立的尺度基准而存在的，由此构成唐样建筑尺度设计上独特的朵当基准法。

唐样朵当基准法的形成和演变，应是分步推进和逐步细化的。

朵当成为开间乃至斗栱构成的尺度基准，就逻辑关系而言，是基于其本身与开间、斗栱的对应关系而生成和演变的。那么，与朵当无直接对应关系的其他尺度构成上，如柱高尺度、檐出尺度，朵当基准的作用是否存在呢？也就是说，中世以来唐样建筑的尺度设计上，朵当基准是否已成为独立和抽象的模数基准？在中世唐样遗构的实证分析上，由于高度、檐出等实测数据不足的限制，对此尚难有深入和充实的认识依据，然作为文献史料的圆觉寺佛殿古图所给出的尺寸数据，则有助于这一问题的认识。

圆觉寺佛殿古图为1563年圆觉寺火灾之后，于日本元龟四年（1573）所作的复建设计图。图共二张，分别称为瑞鹿山圆觉寺佛殿差图（平面图）与瑞鹿山圆觉寺佛殿地割之图（剖面图），复建设计图由圆觉寺工匠所作。复建佛殿为殿身方五间、副阶周匝、厦两头的形式，平面图上标有开间尺寸：大间（当心间）二丈，胁之间（次间）一丈三尺三寸三分，梢间同次间，副阶间八尺六寸。剖面图虽未标记尺寸，然绘制精确细致，并包含有部分立面内容。由于此二图标有尺寸且比例精确，故是探讨唐样建筑尺度关系及设计方法的珍贵史料（图4-4-2、图4-4-3）。

圆觉寺佛殿古图作为唐样佛殿的复建设计图，除了图中所记平面尺寸外，通过量图的方法，可获得斗栱以及高度方向上的尺寸数据。根据量图尺寸分析，其朵当已成为佛殿间架尺度构成的基准。佛殿当心间设计尺寸20尺，量图尺寸为19.5尺；朵当设计尺寸6.665尺，量图尺寸为6.5尺（现行尺长为设计作图尺长的1.025倍），以此朵当6.5尺权衡佛殿剖面图的间架尺寸（量图尺寸），可得如下构成关系（设朵当尺寸为A，量图尺寸取自关口欣也相关论文[51]，其构成关系的数值，均为基于量图尺寸的推算值）（图4-4-4）：

当心间	19.5尺	3A
次间、梢间	12.95尺	2A
副阶	8.45尺	1.3A
上檐柱高	25.9尺	4A（含柱础高）

51　関口欣也．円覚寺仏殿元亀四年古図について[J]．日本建築学会論文報告集（第118号）．1965：37-44.

殿身内柱高	32 尺	5A
副阶柱高	14.6 尺	2.25A
殿身脊高	65 尺	10A
上檐出	12.95 尺	2A
下檐出	8.2 尺	1.25A

上述基于朵当的构成关系表明：中世唐样设计技术上，朵当不仅是开间、斗栱构成的尺度基准，而且是高度和檐出尺度构成的基准所在。也就是说，朵当已

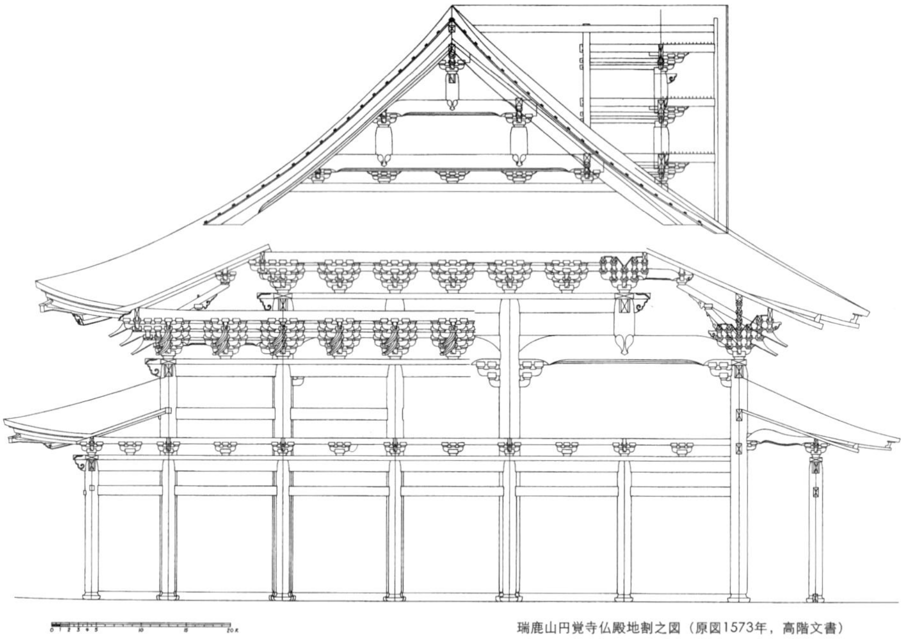

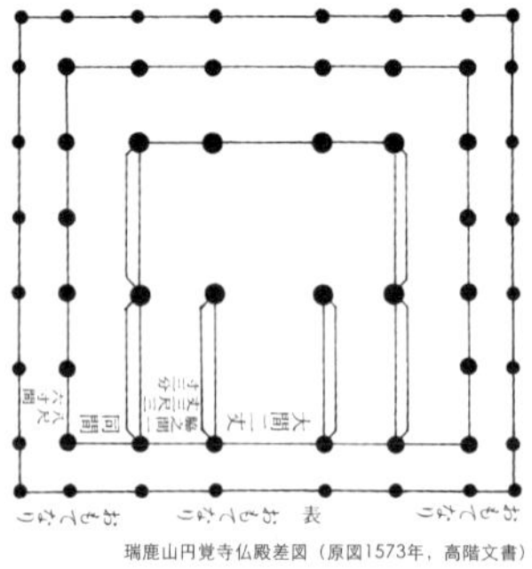

图 4–4–2　圆觉寺佛殿差图（平面图）（来源：関口欣也．五山と禅院 [M]．東京：小学館，1983）（右）

图 4–4–3　圆觉寺佛殿地割之图（剖面图）（来源：関口欣也．五山と禅院 [M]．東京：小学館，1983）（左）

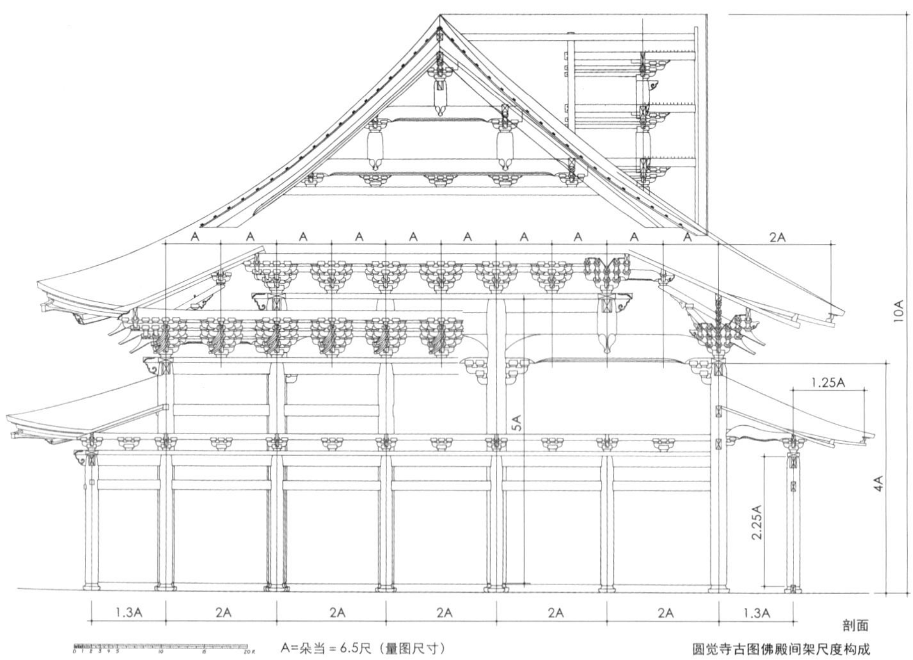

图 4–4–4　基于朵当的圆觉寺古图佛殿间架尺度构成(底图来源:関口欣也. 五山と禅院 [M]. 東京:小学館，1983)

成为唐样设计技术的抽象和独立的尺度基准。圆觉寺佛殿古图所表现的朵当基准的性质和特色，具有重要的意义。

及至近世，唐样建筑技术书所记朵当规制，不仅明确表明了唐样朵当作为尺度基准的抽象性和独立性，即水平向与垂直向尺度基准的同一性，作为水平向尺度基准的朵当，转用于垂直向的柱高尺度及檐出尺度的权衡和设定，而且朵当基准又表现出细化和分级的特性，即以朵当之倍数，权衡、设定间架整体尺度，以朵当之分数为次级基准，权衡、设定斗栱尺度。这充分表明了唐样朵当作为模数基准的属性特征。而中日技术文献所记载的宋式以半莲瓣、清式以半攒当、唐样以半朵当作为尺度基准的特色[52]，其用意及方法也都是一致和传承相关的。

尺度关联性的建立，是唐样朵当基准法的意义所在，即通过朵当基准的作用，使得以往相互孤立和分离的各部分尺度形成整体的关联性，其中最重要的环节是：以朵当为中介，建立开间、朵当、斗栱三者关联的整体构成关系。

唐样的朵当基准法，以其强烈的朵当意识促成了唐样设计方法的独特性，而这种独特性甚至影响了唐样建筑设计的作图法，如上文讨论的圆觉寺佛殿复建设计图。

圆觉寺佛殿复建设计图的一个特点在于作图比例，剖面图为 1/10，平面图为 3/100。根据日本学者关口欣也的研究，平面图如此特殊的作图比例，是当时尺度设计上以朵当为基准的强烈意识对作图法影响的结果[53]。

圆觉寺佛殿的平面图设计上，当心间设计尺寸 20 尺，作图尺寸 6 寸，朵当作图尺寸 2 寸，作图比例为 3/100，也就是 1/33.33。佛殿设计作图上，以简洁的朵当作图尺寸，使得基于朵当的设计作图更为简单和方便。

佛殿当心间 2 丈、补间铺作两朵的形式为唐样五山级大型佛殿的等级标志。其当心间作图尺寸取 6 寸的目的是便于分作三份时可得简单的朵当作图尺寸，进而朵当的倍数和分数也呈简单的作图尺寸，也即设定朵当作图尺寸为 2 寸，其他作图尺寸以此朵当 2 寸为基准而设定：当心间 3 朵当为 6 寸，次间 2 朵当为 4 寸，小斗长取 1/8 朵当为 1/4 寸；进而以 1/4 寸的小斗长为次级基准，权衡和设定其他相关构件尺寸。如此基于朵当的折算方法，使得设计作图十分简单和方便，这表现了其时佛殿尺度设计上强烈的以朵当为基准的意识及方法。

朵当基准法作为唐样设计技术的核心内容，反映了唐样设计技术最重要的特色。在唐样设计技术研究上，有必要强调和重视对朵当规制及其意义的认识，朵当规制是关于唐样设计技术研究的重要线索和关键节点。

3. 基于朵当的开间构成形式

（1）唐样佛堂的开间构成形式

本节在上节讨论的基础上，进一步分析中世唐样佛堂基于朵当的开间构成形

52 《建仁寺派家传书》与宋式小木作和清《工程做法》的相近，还表现在朵当基准的折半上，即半朵当单位的采用。如《建仁寺派家传书》在柱高的尺度关系上，多用三个半朵当的形式；而清《工程做法》有用半攒当单位，如廊宽为二个半攒当。

53 関口欣也．円覚寺仏殿元亀四年古図について[J]．日本建築学会論文報告集（第 118 号）．1965：37-44.

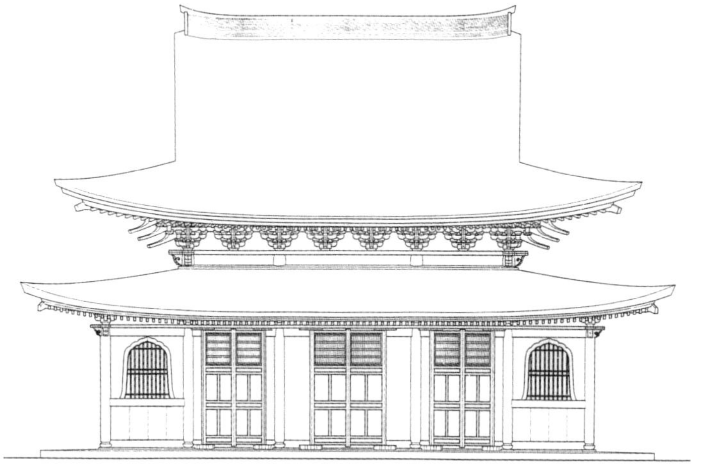

图 4-4-5　功山寺佛殿正立面（来源：日本文化财图纸）（左）

图 4-4-6　功山寺佛殿构架形式（来源：関口欣也. 五山と禅院[M]. 東京：小学館，1983）（右）

式。本节着重于对中世唐样遗构（包括上文提及的中世古图）的分析，近世唐样遗构以及近世唐样技术书的朵当规制内容，分别于第八章、第九章再作讨论。

佛堂是中世唐样建筑的代表和主要内容，其典型的形式为方三间与方五间这两种规模，尤其方三间佛堂是现存中世唐样遗构的普遍形式。而五山级的方五间佛堂虽一构无存，然有相关的古图史料，可作分析依据。以下依次分析、归纳唐样方三间与方五间佛堂基于朵当的开间构成形式。

唐样方三间佛堂分带副阶与不带副阶两种形式，其主体方三间的基本构成形式为：面阔、进深各三间，堂内两后内柱；面阔心间与进深中间各补间铺作两朵，面阔次间与进深前后间各补间铺作一朵，朵当逐间等距；心间与次间的比例为准确的 3∶2，地盘平面呈严格的正方形式。

方三间佛堂基于朵当的开间构成关系如下（A 为朵当）：

面阔三间：$2A + 3A + 2A = 7A$

进深三间：$2A + 3A + 2A = 7A$

以朵当为基准，面阔与进深的规模同为 7 朵当。标准方三间佛堂的构成模式为 7×7（朵当）。副阶构成模式一般为 1.6 至 1.8 朵当。

7×7（朵当）的构成模式，是唐样方三间佛堂的基本定式。现存中世唐样佛堂遗构中，属镰仓时代的甚少，大多是 15 世纪以后的遗构。其中年代为 14 世纪的有功山寺佛殿（1320 年）、清白寺佛殿（1332 年）等例，余皆为 15 世纪及以后者，如：建长寺昭堂（1458 年）、信光明寺观音堂（1478 年）、东庆寺佛堂（1518 年）、不动院金堂（1540 年）、长乐寺本堂（1577 年）以及圆通寺观音堂（天文年间）等例。

山口县功山寺佛殿（1320 年），是镰仓时代仅存的少数唐样佛堂遗构之一。佛堂形式为方三间带副阶，面阔当心间补间铺作两朵，次间补间铺作一朵，进深三间与面阔三间对应相等，呈正方平面形式；整体呈厅堂构架形式，侧样为大月梁对乳栿用三柱，以大月梁蜀柱的形式减前内柱，呈身内两后内柱形式。功山寺

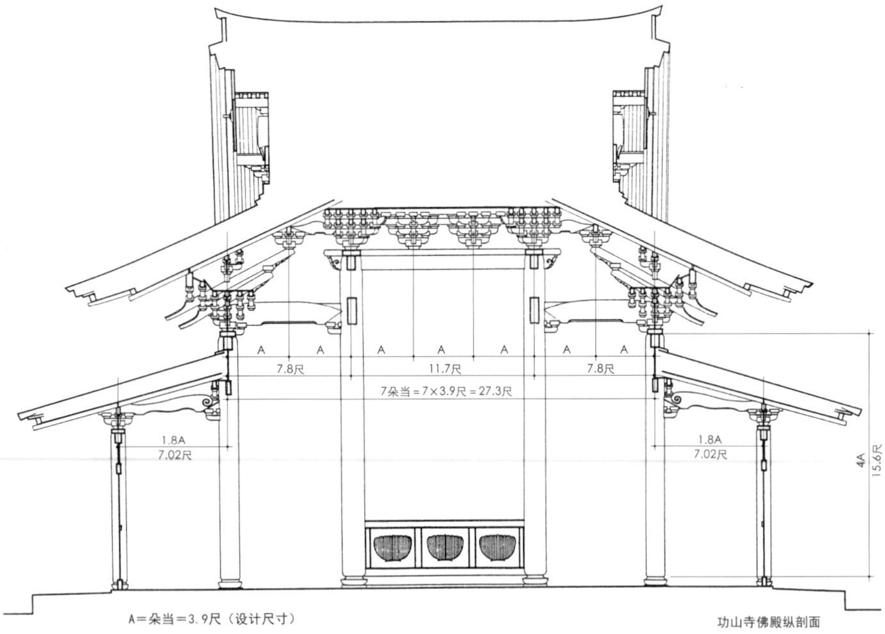

图 4-4-7　功山寺佛殿基于朵当的纵剖间架尺度构成分析（底图来源：日本文化财图纸）

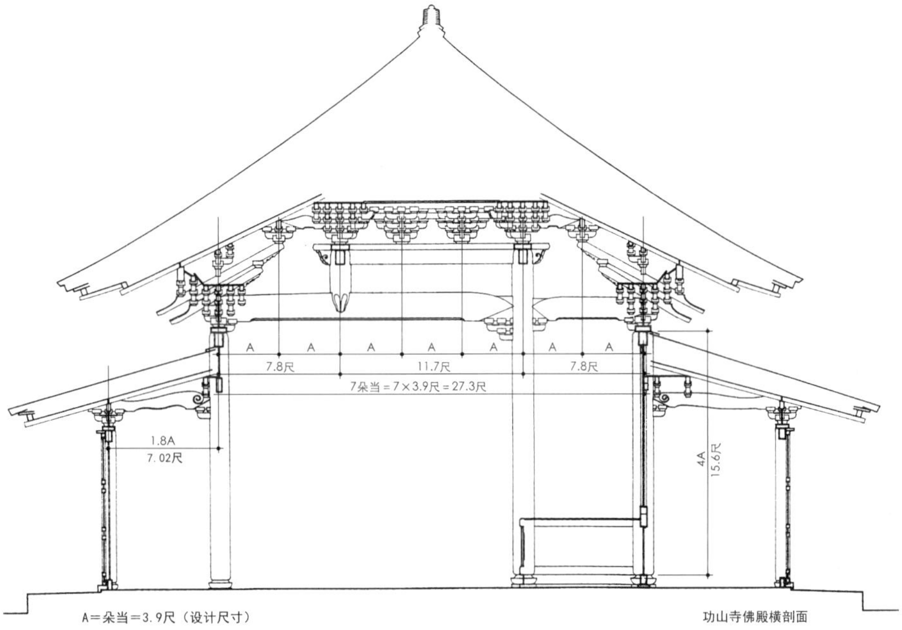

图 4-4-8　功山寺佛殿基于朵当的横剖间架尺度构成分析（底图来源：日本文化财图纸）

佛殿形制是中世唐样方三间佛堂的典型和代表（图 4-4-5、图 4-4-6）。

佛殿当心间 11.73 尺（实测尺寸，下同），次间 7.82 尺，副阶 7.04 尺[54]，逐间朵当等距。朵当实测值3.91尺，设计尺寸应为3.9尺，营造尺长为现行尺的1.0026倍，开间尺寸的设定以朵当为基准。基于3.9尺朵当的开间设计尺寸为：当心间 11.7 尺、次间 7.8 尺，副阶 7.02 尺。

佛殿殿身面阔、进深皆三间七朵当，朵当等距，方三间的尺度构成为 7×7（朵当），副阶合 1.8 朵当。功山寺佛殿基于朵当的间架构成关系，代表了中世唐样佛堂间架尺度构成的基本形式（图 4-4-7、图 4-4-8）。

54　功山寺佛殿背面副阶的现状尺寸略大，实测 9.03 尺，应为后世改造加大所致。参见：関口欣也. 中世禅宗様仏堂の柱間（1）[J]. 日本建築学会論文報告集（第 115 号）. 1965：44-51.

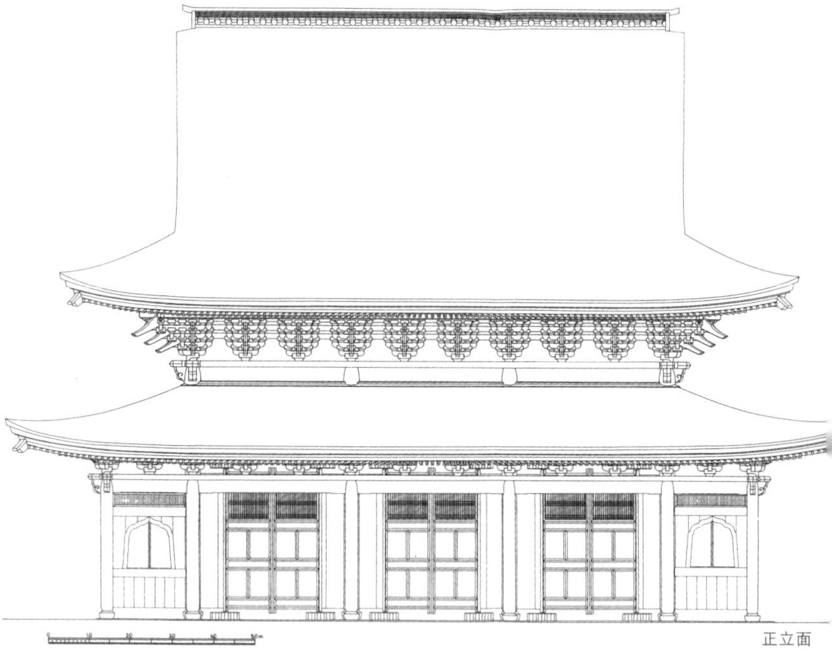

图 4-4-9　不动院金堂构架形式（来源：浅野清. 日本建築の構造 [M]. 東京：至文堂，1986）（左）

图 4-4-10　不动院金堂正立面 [来源：広島市教育委員会. 不動院（広島市の文化財第二三集）[M]. 広島：白鳥社，1983]（右）

关于柱高尺度构成，基于上檐柱高实测值 15.56 尺以及变形因素，可得到如下基于朵当的构成关系：

上檐柱高＝ 4 朵当

上檐柱高构成 4 朵当，合现行尺为 15.64 尺，复原营造尺为 15.6 尺。

值得比较的是，近世唐样建筑技术书《建仁寺派家传书・禅家》，在柱高的尺度关系上，规定三间佛殿柱高四朵当半，副阶柱高三朵当半；此外，圆觉寺佛殿古图的上檐柱高为四朵当。功山寺佛殿基于朵当的柱高尺度关系，与唐样建筑技术书及古图文献相近和相同。

功山寺佛殿的间架尺度构成，完成了整数尺制向朵当模数的转换，标志着唐样模数设计技术在 14 世纪初已经形成。

现存唐样方三间佛堂的规模尺度多在 14 尺至 28 尺之间，带副阶的规模尺度一般也只在 23 尺至 41 尺之间，总体尺度甚为小巧。

总之，7×7（朵当）的正方构架形式，成为唐样中小型佛堂间架构成的基本模式。近世建筑技术书中的唐样方三间佛堂间架构成，也皆为 7×7（朵当）的正方形式。

中世唐样佛堂遗构中，广岛不动院金堂（1540 年）是一独特之例。其独特之处一是间架构成上包含有部分方五间佛堂的因素和特色，二是由于殿身檐柱减柱甚多，形成变化复杂的间架形式（图 4-4-9），在诸多方面不同于唐样方三间佛堂的标准形式。不动院金堂是现存中世唐样佛堂遗构中规模及尺度最大者，其规模介于方三间与方五间之间，整体尺度达 55 尺余，然金堂基于朵当的间架构成，仍是不变的基本法则。

图 4-4-11　不动院金堂侧立面 [来源：広島市教育委員会. 不動院（広島市の文化財第二三集）[M]. 広島：白鳥社，1983]

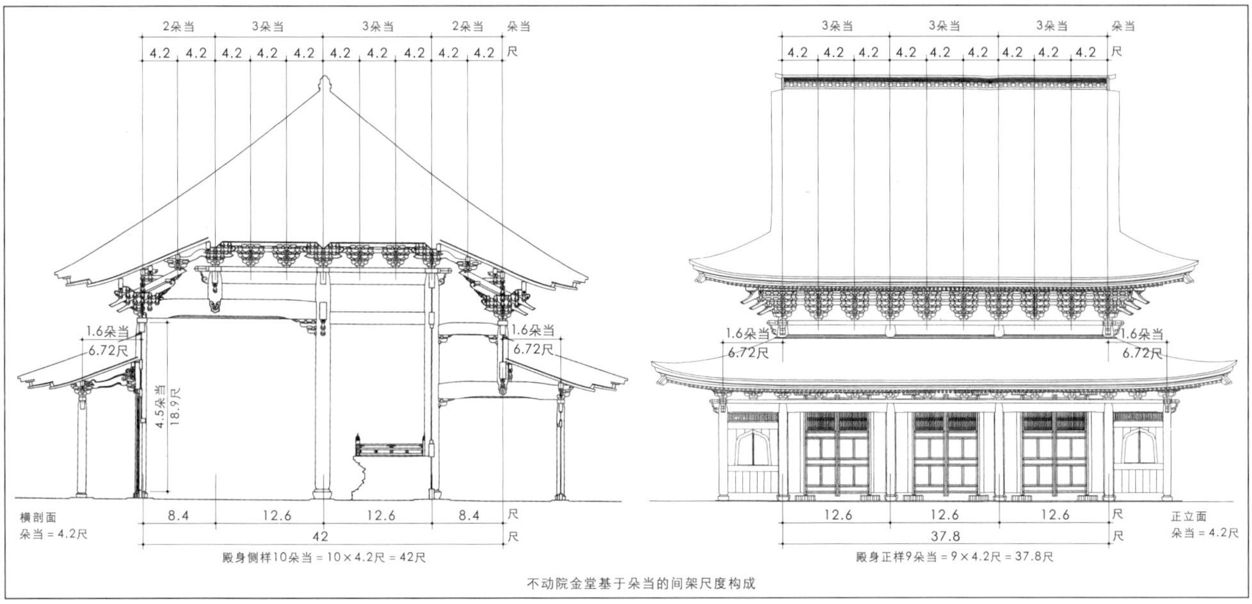

图 4-4-12　不动院金堂基于朵当的正、侧样间架尺度构成分析 [底图来源：広島市教育委員会. 不動院（広島市の文化財第二三集）[M]. 広島：白鳥社，1983]

不动院金堂殿身面阔正面三间，进深四间，副阶周匝。殿身正面心间、次间各补间铺作两朵，进深两中间各补间铺作两朵，前后间各补间铺作一朵（图 4-4-10、图 4-4-11）。

分析金堂开间尺度与铺作配置的关系，殿身正面三间，每间 12.6 尺，补间铺作两朵，朵当 4.2 尺；进深四间，当中两间各 12.6 尺，补间铺作两朵，朵当 4.2 尺，前后两间各 8.4 尺，补间铺作一朵，朵当 4.2 尺。金堂殿身正面三间共 37.8 尺，9 朵当；进深四间共 42 尺，10 朵当。副阶补间铺作一朵，间广 6.72 尺，1.6 朵当（图 4-4-12）。

金堂营造尺长与现行曲尺相等，金堂开间尺度的权衡与设定以朵当 4.2 尺为基准，面阔三间 9 朵当（4.2 尺 ×9），进深四间 10 朵当（4.2 尺 ×10），即殿身规模为 9×10（朵当）、37.8×42（尺）的形式，进深大于面阔 1 朵当、4.2 尺。

进深略大于面阔的做法是宋元江南佛殿多见的形式，中日共同的尺度现象之间存在着技术传承关系。比较保国寺大殿与不动院金堂间架构成上的尺度现象：前者进深大于面阔一椽架、5 尺，后者进深大于面阔一朵当、4.2 尺：二者之间既反映了源流祖型上的深刻关联性，又表现了间架构成上从椽长基准到朵当基准的演进关系。

从不动院金堂间架构成上，能够看到与保国寺大殿类似的间架设计方法。唯不动院金堂较保国寺大殿更进了一步，具体表现为如下两点：其一，开间构成上朵当作用的强化，并完全替代椽架；其二，基于朵当的开间尺度模数化。

保国寺大殿与不动院金堂不是两个孤立无关的尺度现象，而是宋技术背景下的关联技术表现。不动院金堂的间架尺度设计方法，无疑根源于宋代的江南建筑。

在规模形式上，不动院金堂殿身进深 10 朵当的构成形式，有唐样方五间佛堂间架构成的身影。不动院金堂殿身基于朵当的开间构成关系如下（A 为朵当）：

面阔三间：3A + 3A + 3A = 9A

进深四间：2A + 3A + 3A + 2A = 10A

根据金堂实测数据，又有如下基于朵当的构成关系：上檐柱（殿身檐柱）高 18.90 尺，合 4.5 朵当。这与近世唐样建筑技术书《建仁寺派家传书・禅家》三间佛殿柱高“四朵当半”的规定完全相同。

朵当 4.2 尺是不动院金堂间架构成的基准所在。

接着比较唐样方五间佛堂的开间构成形式。

方五间佛堂是日本禅宗寺院佛堂的最高等级形式，殿身方五间，副阶周匝[55]。唐样方五间佛堂，实物遗构无存，然存有详细的古图文献，重要者如建长寺指图（1331 年）和圆觉寺佛殿古图（1573 年）。前者朵当基准尚未形成，后者已确立朵当基准，朵当达到绝对的均等，且图中记有详细尺寸，可以之分析方五间佛堂的开间构成形式。

圆觉寺古图佛殿的殿身基本形制如下：面阔、进深各五间，身内设前后两排内柱；面阔心间 20 尺（图记设计尺寸，下同），用补间铺作两朵，次间、梢间 13.33 尺，各用补间铺作一朵；进深五间各 13.33 尺，逐间用补间铺作一朵。面阔、进深的朵当逐间等距，面阔心间与次间的比例为准确的 3∶2。

圆觉寺古图佛殿开间构成上，以朵当 6.665 尺为基准，面阔心间 3 朵当，次、梢间 2 朵当，面阔五间计 11 朵当，合 73.32 尺；进深各间 2 朵当，五间计 10 朵当，合 66.65 尺；面阔大于进深 1 朵当、6.665 尺。副阶 1.3 朵当，8.66 尺。

方五间佛堂殿身基于朵当的开间构成关系如下（A 为朵当）：

面阔五间：2A + 2A + 3A + 2A + 2A = 11A

55　对日本相关史料进行分析，日本五山佛殿在建筑规模、平面形式、柱网布置及内部空间形式等诸方面，皆已十分成熟、定型。根据现存古图可知：如下日本中世五山佛殿——建长寺佛殿、天龙寺新旧佛殿、南禅寺新旧佛殿、圆觉寺佛殿及东福寺佛殿中，除东福寺佛殿为殿身 5 间 ×4 间带副阶以外，其他均为方五间带副阶的形式。上述诸佛殿的年代从 14 世纪初至 16 世纪，约当中国的元至明朝中期。

进深五间：2A + 2A + 2A + 2A + 2A = 10A

以朵当为基准，方五间佛堂殿身构成模式为：面阔 11 朵当，进深 10 朵当，总体呈 11×10（朵当）的构成形式。这一构成模式应是中世后期以来唐样方五间佛堂的基本形式，近世唐样技术书《镰仓造营名目》所记“五间佛殿篇”，其基于朵当的开间构成形式，也与此圆觉寺古图佛殿完全相同（详见第九章相关内容）。

上述方五间佛堂进深 10 朵当的形式，从间架构成的演变关系而言，应是由早期侧样十架椽的形式演变而来。后期侧样构成上，朵当取代椽架的角色和作用，成为侧样构成的基准单位。

相对于中小型方三间佛堂，大型方五间佛堂有其相应的等级特点，根据中日相关史料分析，侧样椽架数与当心间尺度，是表现五山大型佛殿等级的两个重要标志。

五山佛殿的椽架规模，以十架椽屋为标志性特征，其间架配置主要有如下两种形式（当心间缝上）：其一是“十架椽屋四椽栿对乳栿用四柱”，即“4-4-2”式的间架配置，其例如日本五山佛殿的圆觉寺佛殿古图；其二是“十架椽屋前后三椽栿用四柱”，即“3-4-3”式的间架配置，其例如五山十刹图所记南宋径山寺法堂[56]。

13 世纪以来，日本中世唐样方五间佛堂的间架配置上，早先侧样十架椽的规模形式，已由侧样十朵当的规模形式所取代，上述圆觉寺古图佛殿即其代表之例，而不动院金堂侧样十朵当的构成形式，也反映有方五间佛堂的身影。

当心间尺度是五山佛殿的另一个等级标志。在当心间尺度这一指标上，南宋五山佛殿为 30 尺[57]，日本五山佛殿为 20 尺。而在唐样五间佛殿的尺度设计上，其朵当基准的作用是通过与当心间 20 尺的互动而达到的。如圆觉寺古图佛殿以及《镰仓造营名目》五间佛殿皆是如此。

宋式铺作配置法，逐渐改变了整数尺旧制下开间与朵当的主从关系，朵当之于开间，在性质上由从属转为支配。然而实际上，具有象征意义的整数尺当心间并未就此消失，朵当基准与整数尺当心间的互动关系，在唐样尺度设计上仍是一个重要因素，如圆觉寺古图佛殿的 20 尺当心间与 6.665 尺的朵当基准之间的互动作用。

日本现存唐样佛堂遗构中，功山寺佛殿（1320 年）是已知朵当等距的最早之例，然朵当等距成立的实际年代应较之更早。伴随朵当等距成立的是开间整数尺旧制的消失，朵当成为决定开间尺度的基准所在。由现存唐样遗构可见，至少在功山寺佛殿之后，宋式朵当基准法在唐样佛堂间架尺度设计上得到广泛的运用。在年代时序上，功山寺佛殿较《营造法式》晚 220 年，较《工程做法》早 400 余年。

综上所述，中世以来随着朵当基准的确立，唐样方三间与方五间佛堂的开间构成形式表现为如下两个模式（正样 × 侧样）：

56 参见：张十庆. 南宋径山寺法堂复原探讨 [J]. 文物，2007（3）：68-81.

57 就已知史料，南宋五山第一位的径山寺法堂当心间 30 尺，五山第五位的阿育王寺舍利殿当心间 30 尺。参见：张十庆. 南宋径山寺法堂复原探讨 [J]. 文物，2007（3）：68-81.

方三间佛堂的构成模式：7×7（朵当）

方五间佛堂的构成模式：11×10（朵当）

宋式朵当基准法是唐样佛堂开间尺度构成的基本法则。

（2）构成模式的传承与演变

就中国本土南北方三间构架而言，其正侧样间架构成上朵当要素的变化，首先从数量的对应到尺度的对等，进而有意识地追求逐间朵当尺度的均等，最终促成间架构成上朵当基准的建立，间架尺度关系趋于模数化。然而有意味的是这一演变进程，有可能在日本中世唐样佛堂上表现得更为成熟、典型和完美。中世唐样佛堂无疑是探讨宋技术背景下东亚设计技术演变的重要标本和线索。

对正方平面形式的追求，是唐样方三间佛堂的显著特色，且这一目标的实现，是在朵当基准的作用下而达到的。这表明在唐样佛堂的间架构成上，朵当这一尺度单元，已从粗略的规模量度向精确的尺度量度演进，最终以朵当为基准，建立正样与侧样开间构成上精确的尺度对等关系，从而达到追求正方平面形式的目的。

基于朵当的正方平面形式，是唐样佛堂强烈的朵当意识和成熟的朵当规制的表现。

比较中日方三间构架的构成模式及其变化，从中可见唐样佛堂在这一演变进程上的表现及其特色。

唐样方三间佛堂正方平面的7×7（朵当）的构成模式，并非孤立的无本之木，且其成熟的构成模式也是分步实现的。在东亚宋技术的背景下，探讨其传承、演变及相应的阶段形态，有助于对唐样设计技术演变的认识。

唐样方三间佛堂7×7（朵当）的构成模式，其技术源头在于宋元方三间构架的间架形式，其传承演变的历程亦有赖于宋元构架技术的推动。如第三章所探讨和分析，宋元南北典型方三间构架的间架形式及其演变阶段和步骤，可概括和比对如下：

北式方三间构架，以典型的六架椽屋、逐间补间铺作一朵为代表

南式方三间构架，以典型的八架椽屋、心间补间铺作二朵为代表

第一阶段：朵当与椽架的对应

北式方三间构架：正样六朵当 × 侧样六架椽（6×6模式）

南式方三间构架：正样七朵当 × 侧样八架椽（7×8模式）

北南二式的代表实例分别为阳泉关王庙大殿与宁波保国寺大殿。

第二阶段：朵当取代椽架及其构成关系的演进

北式方三间构架：正样 × 侧样＝6×6（朵当）→ 正样 × 侧样＝7×6（朵当）

南式方三间构架：正样 × 侧样＝7×8（朵当）→ 正样 × 侧样＝8×8（朵当）

第二阶段表现为朵当作用的显著化，以及当心间补间铺作增加一朵。然这一

变化的动因，南北并不相同：北式方三间的动因来自江南当心间补间铺作两朵做法的影响，其代表例为少林寺初祖庵大殿、梁泉龙岩寺中殿；南式方三间的动因来自追求正侧样构成关系的对应和对等，其代表例为金华天宁寺大殿。

第三阶段：以朵当为基准，追求严格的正方平面形式

唐样方三间佛堂：正样 × 侧样＝7×7（朵当）

第三阶段表现为朵当从粗略的规模量度向精确的尺度量度演进，追求正侧样构成关系完全的对应和对等，间架构成以朵当为基准，呈严格的正方平面形式，现存遗构中其成熟和典型者为日本中世唐样方三间佛堂。

基于上述分析可见，唐样佛堂间架构成形式，显然介于中国南式与北式之间。解析和比较唐样方三间佛堂的间架构成，其传承了南北两方面的技术因素，即：间架关系的北式特征，铺作配置的南式特征。唐样方三间佛堂7×7（朵当）的构成模式，是中国南北技术因素关联和叠加的结果，且促成这种关联性的媒介，有可能正是在东亚禅宗史上具有独特意义的少林寺初祖庵大殿，而初祖庵大殿本身又是中国南北技术交融的产物。

正如第三章分析所指出的那样，唐样间架构成上技术成分的多样性和复杂性，应来自对禅宗祖庭的初祖庵大殿的模仿，从而唐样佛堂融汇了部分北式构架的技术因素。在间架构成模式上，唐样方三间佛堂与初祖庵大殿的关联性，也证明了这一可能。

方三间六架椽的初祖庵大殿，其间架构成模式的7×6（朵当），在宋代北方也是一个独特之例，其在北式构架模式6×6（朵当）的基础上，仿取江南心间补间铺作两朵做法，增加面阔心间补间铺作一朵，从而形成7×6（朵当）的构成形式。而唐样佛堂进而又在初祖庵大殿7×6（朵当）构成模式的基础上，为追求正侧样对等的正方平面形式，增加进深中间补间铺作一朵，将初祖庵大殿的间架模式改进为7×7（朵当）的模式。而中土北式方三间构架，宋金时期始终未走到这一步。然而值得注意的是，江南方三间佛堂“2-4-2”式间架构成上，也呈7×7（朵当）的构成形式，如甪直保圣寺大殿。然保圣寺大殿与唐样方三间佛堂的不同之处在于：前者为八架椽屋，后者为六架椽屋，唐样方三间佛堂的间架构成形式，更近于初祖庵大殿。

在吸收江南补间铺作两朵做法上，中世唐样佛堂较初祖庵大殿更进了一步，不仅在面阔心间上采用双补间，而且在进深中间上也采用双补间，从而在六架椽屋的构架上，实现了7×7（朵当）的正方形式。这一模式叠加了江南补间铺作两朵与北方六架椽屋这两重要素，从而成就了唐样佛堂所独有的正方间架形式。及至近世建筑技术书，其唐样方三间佛堂的间架构成也皆定型为7×7（朵当）的正方形式。

因此可以说，方三间构架7×7（朵当）的构成形式，是中世唐样佛堂在中国

南北构架原型上的一个改进模式，其动力在于追求更加规整的正方平面形式。具体而言，唐样方三间佛堂的间架构成模式，是对初祖庵大殿间架构成形式的改进的结果。且在这一改进过程中，唐样佛堂追求正方平面的思路及方法，与江南元构天宁寺大殿相似。

江南由宋至元间架模式的变化，表现为在宋式原型 7×8（朵当）上，正样心间增加一朵补间铺作，从而形成 8×8（朵当）的构成模式，如从保国寺大殿到天宁寺大殿的演变。而唐样佛堂则表现为在初祖庵大殿原型 7×6（朵当）上，侧样心间增加一朵补间铺作，形成 7×7（朵当）的构成模式。上述两个间架演变系列的差异，反映了各自间架谱系的属性，前者为江南的八架椽屋谱系，后者为北方的六架椽屋谱系。7×7（朵当）的间架构成模式，应是唐样佛堂所独有的，这一模式反映了中世唐样佛堂的改进和追求。

中世唐样间架设计技术，在初祖庵大殿的基础上显然有了长足的进步，其中最重要的就是基于朵当的模数设计方法。

综上而言，在朵当因素的作用下，唐样方三间佛堂间架构成形式的源头、原型及其演变大致呈如下三个阶段和步骤：

正样 × 侧样＝ 6×6（朵当）：北式方三间构架

↓

正样 × 侧样＝ 7×6（朵当）：初祖庵大殿构架

↓

正样 × 侧样＝ 7×7（朵当）：唐样方三间构架

回顾本章所讨论的间架构成上从朵当意识到朵当基准的模数化演变历程，《营造法式》就铺作分布，虽已明确提出朵当求匀的要求，然而至少在大木作上，真正意义上的朵当等距原则并未形成，间架尺度构成仍是传统的整数尺规制。就现存遗构而言，大木构架上朵当基准的真正确立，在《营造法式》之后二百年且传承宋式的日本中世唐样佛堂上表现得更为成熟和完美。推测约在 14 世纪初，唐样佛堂真正实现了基于朵当的间架尺度模数化的演变。进而，在间架尺度模数化演变的下一环节，也即在朵当自身尺度的模数化上，中世唐样佛堂也有充分的表现和发挥。而在中国本土直至清《工程做法》，始见有明确记载的基于攒当的间架尺度模数化和基于斗口的朵当尺度模数化。关于中国本土间架尺度模数化的演变历程，至今我们的认识有可能缺失了诸多环节。

第五章接着讨论间架尺度模数化演变的下一环节：中世唐样佛堂朵当尺度的模数化。

第五章 朵当模数化及其模数构成形式

第五章　朵当模数化及其模数构成形式

间架尺度模数化的进程上，开间尺度的模数化与朵当尺度的模数化，是前后衔接、分步递进的两个关联环节和阶段形态。

前章讨论了基于朵当的开间尺度模数化及其演变过程，本章接着讨论下一环节的演变步骤及相应阶段，即朵当尺度的模数化。此前后两章的内容及目标是：在尺度关系分析的对象及线索上，由开间尺度而朵当尺度，从而完成对间架尺度模数化的层次、阶段及其过程的讨论。

一、朵当构成的模数化发展

1. 从间架构成到朵当构成：模数化的分步递进

基于朵当的开间尺度模数化，只是间架尺度模数化发展的前期。而至朵当尺度的模数化，这一模数化进程始趋成熟。基于栱斗（材、斗口、斗长）的朵当尺度模数化，是两宋以来间架尺度模数化进程上的一个重要环节和阶段形态。间架尺度模数化进程的上述两个阶段，前后衔接，分步递进，逐渐深化间架尺度模数化的程度。

从尺度设计的逻辑而言，间架尺度的模数化在前，朵当尺度的模数化在后。整体尺度模数化的演进，在逻辑关系上是从间架细化至朵当，而非由朵当扩大至间架的。这一点在日本唐样佛堂整体尺度模数化的进程上，表现得尤为突出和具有代表性，而《营造法式》小木作帐藏的整体尺度构成，也反映了这一特点。上述这一关于整体尺度模数化进程的认识，是本章分析和讨论的基础所在。

朵当尺度的模数化，意味着模数化进程上如下两个目标的实现：

其一是意味着整体尺度模数化程度的提高，以及模数构成的分级和细化，也即两级模数形式的确立；

其二是标志着整体尺度与斗栱尺度的关联性的建立。

至此阶段，斗栱尺度筹划与朵当、开间尺度筹划，成为一个相互关联衔接的整体，即以基于栱斗的朵当尺度模数化为中介，建立整体尺度与斗栱尺度的关联性，进而形成开间、朵当、斗栱三者关联的整体构成关系。基于朵当的开间尺度模数化与基于栱斗的朵当尺度模数化，成为整体尺度模数构成的两个递进层次。

在整体尺度设计上，朵当尺度模数化这一环节，是整体尺度精细化组织与筹划的表现及结果，自此大尺度的间架与小尺度的斗栱，不再是孤立无关的尺度现象，而成为相互关联的整体构成。

就尺度模数化的整体架构及其演变关系而言，促成朵当尺度模数化的关键，在于建立斗栱与朵当的关联构成。基于此，朵当及开间的尺度构成，必须从斗栱与朵当的关联构成的角度去认识和把握，如若缺少了这一分析视角和线索，是难以正确认识朵当及开间尺度关系的性质及其规律性的。

中国本土在北宋时期，就已初步建立了斗栱与朵当的关联性，如《营造法式》小木作制度，以份模数建立起二者的关联性，即朵当100份的形式。至明清时期，斗栱与朵当的关联构成建立在斗口基准上，即《工程做法》大木作的朵当11斗口，宋清法式代表了中国本土朵当模数化演变历程上的前后两个阶段形态。

然在中国本土的遗构实证上，缺少由宋至清斗栱与朵当关联构成的中间阶段形态。从东亚整体的视角而言，日本中世唐样建筑或是补上这一缺环的好例。唐样朵当构成的性质及多样性特色，为我们认识朵当模数化及其演变历程，提供了有益的参照和实证。

2. 朵当模数化的意义与形式

分析中国本土以及唐样建筑的朵当模数化，其原因简单而直观：补间铺作两朵以及向多朵的演进，使得檐下斗栱排布密集，并产生相犯的可能。而解决这一问题的有效方法就是筹划和组织斗栱与朵当的尺度关系。其最初的追求不外两点：一是分布匀称，二是避免相犯，中日皆然。最终，这一追求促成了斗栱与朵当的关联构成，基于栱斗的朵当尺度模数化由此而展开。

既然认定唐样设计技术上的重要一环在于斗栱与朵当的关联构成，那么对于朵当构成基准的认识和推定，就必须从斗栱与朵当的关联构成上去寻找和发现。这也是本章在唐样设计技术分析上所采取的基本思路和方法。也就是说，探讨斗栱与朵当的关联构成，成为唐样设计技术研究的一个关键线索。

基于分步探讨和层次架构的需要，本章首先分析和探讨基于栱斗的朵当构成，第六章进一步分析斗栱构成以及斗栱与朵当的关联构成，从而为本章的朵当尺度模数化的分析提供实证。

本章关于唐样朵当尺度模数化的分析，在基准形式的认定以及构成关系的认识上，实际上综合了第六章的斗栱构成以及斗栱与朵当关联构成的相关内容，也就是说本章关于唐样朵当尺度构成分析的实证支持，在于第六章的斗栱构成以及斗栱与朵当的关联构成的分析。具体详见第六章的相关内容。

关于建筑整体尺度的取值规律，一般认为早期以整数尺（及至半尺）为单位，而模数设计方法则是此后逐步发展形成的，且在建筑整体尺度模数化的进程上，朵当尺度的模数化是至关重要的一个环节和步骤。其意义主要表面在如下几个方面：

其一，传统整数尺旧制的制约至此得以彻底消除，长久以来对朵当等距的追求，最终真正实现，消除了以往不匀朵当的内在因素，朵当达到绝对的均等；

其二，以栱斗为基准的朵当构成，促使了整体尺度与斗栱尺度的关联性的建立，也即打通和整合了大尺度的间架与小尺度的构件之间的尺度关系，从而使得开间、朵当、斗栱三者间的尺度关系，从旧有的松散、分离的状况，演进为关联和整体的构成关系；

其三，基于朵当的开间构成与基于栱斗的朵当构成，呈“朵当＋栱斗”的两级模数形式，并成为此后中国本土以及日本唐样模数分级的基本形式。

所谓栱、斗基准，分作材栔、斗口、斗长等几种不同的形式。早在《营造法式》小木作的朵当构成上，已初见基于份的朵当模数化的权衡方式，至清《工程做法》演变为基于斗口的权衡方式。以材栔为代表的模数基准形式，反映了两宋以来建筑尺度模数化的特色和变化，以及对日本中世唐样设计技术的影响。

宋清之间最具意义的朵当形态是日本中世唐样佛堂。以不同的栱、斗基准形式为区分，唐样朵当构成呈相应的三个模式，即：材栔模式、斗长模式和斗口模式，其朵当构成以10材朵当为基本形式，并有8斗长朵当、13斗口朵当等多种演变形式。且近世以后，随着唐样设计技术的和样化，又形成8枝朵当、9枝朵当的变化形式。自此唐样设计技术逐渐远离宋式，显现出本土化的技术特色。

由宋至清朵当构成的演变趋势是从材栔基准转向斗口基准的。而日本唐样佛堂的朵当构成及其变化，也大致不离这一轨迹，且又有自身的特点。

朵当构成形式及其变化，反映了唐样设计技术不同阶段的性质和特色。

二、模数构成的分级形式

1. 模数基准的分级

（1）模数分级的目的与形式

尺度模数化的一个标志是，尺度权衡的基准从常用尺转为模数尺。作为权衡基准的模数尺，与常用尺一样，其计量单位具有分级的需求，以满足不同级别尺度权衡的要求。常用尺的分级，依计量对象的尺度级别，有丈、尺、寸、分的分级设定，从而满足便利与精度这两方面的要求。

模数尺同样也有类似的计量单位分级的要求。以《营造法式》为例，从间架大尺度到构件小尺度，其模数基准的分级有如下三级形式：其一，以材为代表的基本模数（材、栔、斗口、斗长属同级模数单位）；其二，积材为朵当的扩大模数；

其三，以材而定份的细分模数。其中朵当扩大模数在大木作上虽尚未成熟，但整体上已初具“朵当、材、份”三级模数的分级形式。

计量基准与计量对象是相对应匹配的，这是基准分级的目的所在。不同的分级基准，对应不同级别尺度的权衡要求。以《营造法式》的三级模数基准而言，朵当基准是用于权衡、设定间架尺度的，份基准是用于权衡、设定构件的装饰性尺度的；而材基准一是用于权衡、设定构件的结构性尺度，二是用于建立斗栱与朵当的关联构成，从而沟通间架大尺度与构件小尺度的关联性。

因此，就计量基准与计量对象相适配的原则而言，如若以精细的份基准，权衡和控制间架大尺度，是不合理和繁琐的，也是完全没有必要的。即使至清代，最小的计量单位也只是斗口，而不用1/10斗口的“分”单位，日本唐样建筑同样也不用细小的份制。

《营造法式》的模数分级有其时代性和独特性，大致有如下几个方面的特点：一是朵当模数的形式在大木作上只是雏形，尚未真正完成，而在小木作帐藏上已然实现；二是强调以材为基本模数的特性，三是确立份的细分模数。

《营造法式》基本上建立了以材栔为基本模数、以朵当为扩大模数、以份为细分模数的三级模数形式，此三级模数涵盖了从整体尺度到构件尺度的模数关系。《营造法式》之后模数技术发展的主线，基本上延续这一形式，然差异和变化也是显著的，其中最重要的一点是取消了第三级的份基准，从而形成“朵当＋栱斗”的两级模数形式，如清《工程做法》与日本唐样佛堂的模数分级，皆归属于“朵当＋栱斗”的两级模数形式。

进而，相比之下，唐样模数的分级方式及特点，也与《营造法式》有所不同。

在朵当与斗栱整合、关联的互动过程中，《营造法式》强调的是材栔作为基本模数的属性，从而有以材栔为基本模数、以朵当为扩大模数、以份为细分模数的分级特色；而日本唐样则强调的是朵当作为基本模数的属性，而朵当尺度的模数化，是间架尺度关系精细化的表现，从而有以朵当为基本模数、以材栔为次级模数的分级特色，也就是以朵当基准的倍数和分数，权衡、设定从整体到部分的尺度关系。

唐样模数关系上以朵当基准为主导的特色，在近世唐样技术书中有明确的记述，朵当作为基本模数的表现为：以朵当的倍数权衡、设定间架尺度，以朵当的分数权衡、设定斗栱尺度。相信这一特色是与唐样设计技术形成过程中朵当独特的意义和作用相关联的，而这也是唐样设计技术有别于宋式模数的重要之处。

基于上述分析，有可能重新认识间架尺度的设计逻辑与演变时序，即：基于朵当的开间尺度模数化是先于基于材栔的朵当尺度模数化的。对于间架尺度的模数化而言，朵当基准的意义是最基本的和优先于材栔基准的。这一设计逻辑和演变时序在设计技术发展上十分重要。其过程大致如下：

孤立分离的整数尺开间 → 朵当与整数尺开间的互动 → 基于朵当的间架尺度模数化 → 基于材栔的朵当尺度模数化

以朵当为基本模数、以材栔为次级模数的模数分级形式，是中世唐样设计技术的主要形式和演变主线。

（2）关于份基准的讨论

《营造法式》细分模数的份基准，由基本模数的材而定份，即以材广的 1/15 或材厚的 1/10 作为份。

份基准具有明确的对象性，微小的份基准是用来权衡精细变化的小尺度对象的，如构件长宽高的精细尺寸、构件细部的装饰尺寸，唯有精细尺寸的权衡、设定需要份基准。精细度的追求是份基准的目标所在，份是权衡微小尺寸和精细变化时所用的模数单位。

《营造法式》精细的 15 份制，很有可能形成于崇宁《营造法式》时期，是李诫“新一代之成规”（《进新修〈营造法式〉序》）的表现。李诫于《进新修〈营造法式〉序》中斥责董役之官“不知以材而定分”[1]，这有可能恰表明了“以材而定分”是一代新规，连主管工程的官员都没有熟悉和掌握。《营造法式》中凡强调的内容多半是新规，而不言自明的陈规旧法则是为工匠所熟知，是不需要强调的。

份基准的一个重要属性是作为两向模数单位的特点，因此份基准的产生必定建立在材截面广厚的简洁比例关系之上，或者说材广厚的简洁比例，是份制的必要条件，份制对材广厚的比例关系，具有强制的约束。

材广厚取值有意识的比例化，是建立份制的需要和标志。《营造法式》材广厚比例 3∶2 与 15 份制的关联性和整体性是不可忽视的。也就是说，《营造法式》3∶2 的材广厚比例形式是 15 份制的前提，所谓“以材而定分”，可以理解为以广厚 3∶2 之材，定 15 份之制。清斗口制的材广厚比例变化，从反面印证了这一点：相应于 15 份制的弃用，3∶2 的材广厚比例形式随之也失去了存在的必要，清斗口制的材广厚比例改为 7∶5 的形式，相应地，清式材广厚取值也由宋式的简洁比例形式，再次回至简单尺寸形式。

作为前提条件，无论何种份制的设定，一定都离不开材广厚的简洁比例关系，否则，何来两向比例单位的份制？正所谓皮之不存，毛将焉附？因此可以说，材广厚比例 3∶2 者，未必就一定有 15 份制，但材广厚比例非 3∶2 者，则一定无 15 份制。对材广厚比例非 3∶2 的遗构的任何 15 份制的分析，都是不真实和不可靠的，更不用说足材的 21 份制。

实际上，仅仅根据遗构的实测尺寸，难以真实判定份制的存在与否，然而至少日本近世建筑技术书与清《工程做法》一样，皆不存份基准的形式。《营造法式》

1　《营造法式》之《进新修〈营造法式〉序》：“董役之官，才非兼技，不知以材而定分，乃或倍斗而取长。”参见：梁思成. 梁思成全集（第七卷）[M]. 北京：中国建筑工业出版社，2001：3.

份制在两宋以后的持续性和广泛性，是值得怀疑的。

早期的用材广厚取值以简单尺寸形式为特色，并未刻意追求材广厚的简洁比例形式。对材广厚简洁比例的追求和定型，应是在宋代以后，尤其是在《营造法式》中得以制度化。《营造法式》材份新规的最大特点在于：基于份制的需要，用材广厚取值的特点从早期的简单尺寸形式转为新规的简洁比例形式。

2. 模数基准的形式与变化

两级模数的分级形式，是《营造法式》之后模数分级的基本形式，其构成可概括为“朵当＋栱斗”的两级模数形式。作为次级基准的“栱斗”，其形式主要有材广（材）、材厚（斗口）以及斗长这几种形式。

“材”是模数基准的主要形式。《营造法式》所定义的基本模数“材”，指标准方桁的截面尺寸，以栱材截面为标志，分作“材广”与“材厚”两个基本模数单位，然通常狭义上“材”专指“材广”，“斗口”对应于“材厚”。模数基准的“材”与“斗口”这两种形式，在日本中世唐样佛堂尺度设计上，皆有典型的表现。

此外，根据对唐样遗构的分析以及唐样建筑技术书的记载，“斗长”是模数基准的另一种形式，并形成相应的“朵当＋斗长”的两级模数形式。

因此，在模数技术发展的历程上，模数基准“材”的含义有更多所指与变化。模数基准“材”的广义，指作为基准的标准栱、斗构件尺寸，具体指以材栔为代表的相关同级构件尺寸，包括材广、材厚、斗长这三者[2]。

从宋式的材栔模数到清式的斗口模数，其间经历了几百年的演变过程。日本中世以来的唐样建筑尺度设计的基准形式及变化，同样也复制了从宋式到清式的这一演变历程。

根据唐样遗构分析，“朵当＋材栔”的两级模数形式，是中世唐样模数设计的基本形式。而至中世后期以及近世，遗构分析以及唐样技术书记载表明，斗口、斗长取代了此前的材栔基准，成为次级基准的主要形式。相应地，其朵当构成转而呈斗口、斗长基准的形式。同时，在近世和样化的背景下，唐样朵当构成又与和样的枝割基准整合、关联，形成“朵当＋枝”的两级模数形式。

唐样模数设计的基本结构，以两级模数的形式为主体。就模数分级形式而言，唐样“朵当＋栱斗”的两级模数形式，大致同于清《工程做法》的“攒当＋斗口”形式，但唐样朵当的基准属性，较清式更为主动和重要。

基于攒当的模数设计方法，至清代已有明确的制度规定，如清《工程做法》规定：“凡面阔、进深以斗科攒数而定，每攒以口数十一份定宽……如面阔用平身斗科六攒，加两边柱头科各半攒，共斗科七攒。”[3] 清《营造算例》规定：“面

2 《营造法式》的《看详》及《总释》中，“栔”是作为“材”来解释的，可视作大材与小材之分；而小斗构件则是由标准枋材扁作而成的，故小斗尺寸与材相关、同级。

3 《工程做法》卷一·九檩单檐庑殿周围廊单翘重昂斗科斗口二寸五分大木做法。参见：王璞子主编. 工程做法注释 [M]. 北京：中国建筑工业出版社，1995：73.

阔按斗栱定，明间按空当七份，次、梢间各递减斗栱空当一份。”[4]

清官式大木做法，间广以斗科攒数而定，带斗科建筑按所用斗科攒数多少，以每攒通宽 11 斗口为准，乘以斗科攒数，即得面阔、进深开间尺寸。如明间用平身科六攒，明间尺寸就是 7 个攒宽，合 77 斗口。所谓斗科攒宽，等同于斗科中距，清《营造算例》中改称“空当”，与斗科攒宽同为 11 斗口。

相比之下，唐样建筑的两级模数在内涵上，与清式略有不同。清式两级模数的重点在斗口，只要选定斗口尺寸，确定开间攒数，从间架到构件的相应尺寸就随之而出；唐样两级模数的重点在朵当，即以朵当的倍数和分数权衡、设定从间架到构件的尺度关系。自中世以来，基于朵当的设计理念，始终是唐样设计技术的核心与基石，在这一点上，其与宋清法式以材为祖的设计方法是有所侧重和区别的。

三、唐样朵当构成的十材关系

1. 唐样朵当的构成形式

（1）唐样朵当的十材定式

唐样两级模数构成上，朵当构成是最具变化并能反映技术变迁的一个关键环节，而在多样化的朵当构成中，朵当 10 材确立了唐样朵当构成的一个基本定式。

所谓朵当构成的十材关系，指 10 倍材广的朵当构成形式。在时间节点上，这一构成关系主要出现在 14 至 16 世纪的中世唐样遗构上，且随着近世唐样设计技术的变迁，朵当 10 材的构成形式退居次要，几近消失，唯近世唐样那谷寺三重塔（1642 年）上仍见朵当 10 材的身影。更具意义的是，唐样这一标志性的朵当 10 材，也见于近世唐样技术书《镰仓造营名目・五间佛殿》的所记内容。

朵当构成的十材关系，以中世唐样佛堂遗构的表现最为典型。以下首先以现存最早的唐样佛堂遗构功山寺佛殿为例，分析唐样朵当构成的十材关系。

山口县功山寺佛殿（1320 年），为镰仓时代末期的唐样遗构。佛殿方三间带副阶，当心间补间铺作两朵，次间一朵，朵当等距。前章分析并确认了功山寺佛殿基于朵当的间架构成关系，即：当心间 3 朵当，次间 2 朵当，副阶 1.8 朵当，方三间 7×7（朵当），这是中世唐样佛堂标准和典型的间架构成形式。

功山寺佛殿开间实测值为：当心间 11.73 尺，次间 7.82 尺，副阶 7.04 尺。朵当实测值 3.91 尺，推算设计尺寸为 3.9 尺，复原营造尺长为现行尺的 1.0026 倍。相应地，基于 3.9 尺朵当的开间设计尺寸为：当心间 11.7 尺、次间 7.8 尺，副阶 7.02 尺，方三间 27.3×27.3（尺）。

接着讨论功山寺佛殿基于材的朵当构成形式。

4 《营造算例》斗栱大木大式做法·通例。参见：梁思成编订. 营造算例 [M]// 梁思成. 清式营造则例. 北京：中国建筑工业出版社，1981.

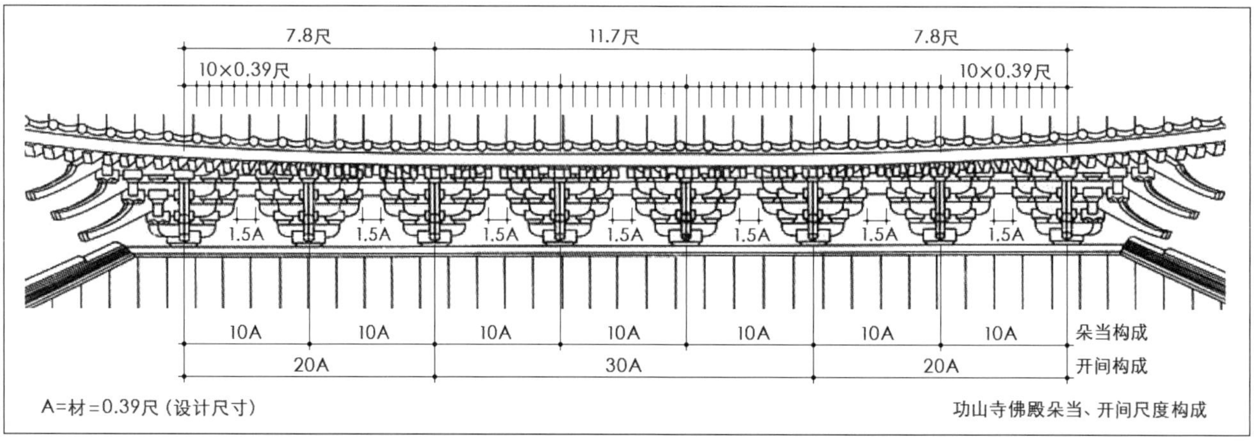

图 5-3-1 功山寺佛殿基于材的朵当尺度构成示意（作者自绘）

整体、关联地梳理和分析功山寺佛殿斗栱、朵当、开间的尺度关系，可以认定材广作为次级基准的性质及作用。材广（3.9 寸）作为斗栱尺度构成的基准[5]，进而与朵当尺度建立关联性，最终实现基于材广的朵当尺度模数化，并形成朵当 10 材的构成关系（图 5-3-1）。

功山寺佛殿基于材广 0.39 尺的朵当、开间尺度构成如下（设计尺寸）：

以材（0.39 尺）为基准，朵当 10 材（3.9 尺），心间 30 材（11.7 尺），次间 20 材（7.8 尺），方三间 70×70（材）、27.3×27.3（尺）。

在横向尺度的组织和筹划上，佛殿以材为基准，建立朵当与斗栱的关联构成，其构成关系为：朵当 10 材，斗栱全长 8.5 材，相邻斗栱空当 1.5 材，朵当及开间的尺度构成，呈基于材的模数关系。

10 材朵当、30 材心间、70×70（材）殿身，是中世唐样方三间佛堂构成的一个标准形式。

副阶周匝是唐样佛堂的普遍形式，而副阶尺寸设定的分析，则是探寻和佐证唐样佛堂次级基准及尺度设计方法的又一线索。

功山寺佛殿殿身四面设副阶，补间铺作一朵。左右与正面副阶尺寸相同，实测尺寸皆 7.04 尺；背面副阶经后世改造加大至 9.03 尺[6]。根据前章所分析的该构副阶构成为 1.8 朵当，设计尺寸 7.02 尺，进而以材尺寸权衡，可得副阶合 18 材，朵当 9 材。副阶朵当较殿身朵当小 1 材（图 5-3-2）。

关于柱高尺度构成，根据上檐柱高实测值 15.56 尺以及变形因素，可以得到如下的模数关系：

上檐柱高＝ 4 朵当＝ 40 材＝ 15.6 尺（设计尺寸）

功山寺佛殿柱高尺度的设定，与近世唐样技术书《建仁寺派家传书》基于朵当的柱高设定方法类似（参见第九章相关内容）。

关于材基准在斗栱尺度构成上的性质与作用，详见下一章分析。

功山寺佛殿基于材的朵当和开间尺度构成整理见表 5-1。

5 功山寺佛殿斗栱用材尺寸的现状实测值，《国宝功山寺佛殿修理工事报告书》中未记，关口欣也自测的材广尺寸为 3.8 寸，考虑材料的收缩形变以及各种误差因素，材广的实测修正值为 3.91 寸，推算设计尺寸为 3.9 寸。实测数据来源：関口欣也．中世禅宗様建築の研究 [M]．東京：中央公論美術出版，2010：213.

6 功山寺佛殿背面副阶的现状尺寸略大，实测 9.03 尺，应为后世改造加大。参见：関口欣也．中世禅宗様仏堂の柱間（1）[J]．日本建築学会論文報告集（第 115 号）．1965：44-51.

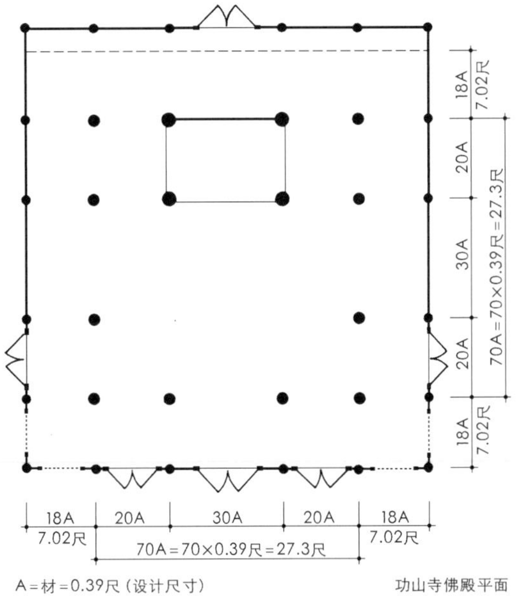

图 5-3-2　功山寺佛殿基于朵当、材的开间尺度构成（底图来源：関口欣也. 五山と禅院 [M]. 東京：小学館，1983）

表 5-1　功山寺佛殿平面尺度构成　　　　**单位：尺**

数据	心间	次间	副阶	殿身规模	总规模
实测尺寸	11.73	7.82	7.04	27.37 × 27.37	41.45 × 41.45
设计尺寸	11.7	7.8	7.02	27.3 × 27.3	41.34 × 41.34
补间朵数	2	1	1		
朵当构成	10A	10A	9A		
开间构成	30A	20A	18A	70A × 70A	106A × 106A

注：A ＝材广，材广实测修正值 0.391 尺，设计值 0.39 尺，1 尺＝ 30.303 厘米。

对于唐样方三间佛堂而言，由于开间数较少，不利于尺度关系的分析推定。而副阶尺寸因素的加入，则为尺度关系的认定增加了新的校验依据。根据对诸多中世唐样方三间佛堂副阶尺寸的分析，副阶朵当一般取小于殿身朵当 1~2 材的形式，也即 9 材或 8 材的形式。相应地，副阶构成多为 18 材或 16 材的形式。

唐样佛堂基于材的副阶构成关系，是对唐样尺度构成上“朵当＋材”两级模数形式的有力支持和佐证。以朵当的 1/10 为次级基准，有效、完美地解释了副阶尺度的设定方法及其内在逻辑性，并在其他唐样佛堂遗构上得以验证。

功山寺佛殿是一个典型，代表了中世唐样方三间佛堂尺度构成的基本形式。就现存遗构而言，自功山寺佛殿之后，两级模数“朵当＋材”的间架构成形式，在中世唐样佛堂上多有实例。现存中世唐样佛堂遗构中，如建长寺昭堂、东庆寺佛殿、正福寺地藏堂、西愿寺阿弥陀堂、清白寺佛殿、不动院金堂等例，皆与功山寺佛殿具有相同或类似的构成关系。

关于唐样佛堂朵当 10 材的构成关系，以下再举建长寺昭堂与东庆寺佛殿两例。

京都建长寺昭堂（1458 年），为室町时代中期的唐样遗构，方三间带副阶，当心间补间铺作两朵，次间一朵，逐间朵当等距，殿身方三间 7×7（朵当）。该堂的平行椽形式应是近世改造的结果。

开间实测值为：当心间 12 尺，次间 8 尺，副阶 6 尺，殿身朵当 4 尺。该堂为整数尺间广形式，且营造尺与现尺相同，是探求唐样尺度设计规律的好例。

建长寺昭堂用材尺寸（材广 × 材厚，下同）的实测值为 4.0×3.2（寸），以材广 0.4 尺为基准，其朵当、开间尺度构成如下：

朵当 10 材（4 尺），心间 30 材（12 尺），次间 20 材（8 尺），副阶 15 材（6 尺），方三间 7×7（朵当）、70×70（材），整体 100×100（材）。

建长寺昭堂以材为基准，建立朵当与斗栱的关联构成，其构成关系为：朵当 10 材，斗栱全长 8 材，相邻斗栱空当 2 材，朵当及开间的尺度构成呈基于材的模数关系（参见第六章的斗栱构成相关分析，下同）。

神奈川东庆寺佛殿（1518 年），为室町时代后期的唐样遗构。佛殿方三间带副阶，当心间补间铺作两朵，次间一朵，逐间朵当等距。开间实测值为：当心间 8.435 尺，次间 5.625 尺，副阶 4.53 尺。殿身朵当实测值为 2.812 尺，推算设计尺寸为 2.8 尺，营造尺长为现行尺的 1.0036 倍。

佛殿用材尺寸的实测值为 2.75×2.4（寸），推算材广设计值为 2.8 寸。

以材广 0.28 尺为基准，东庆寺佛殿朵当、开间尺度构成如下（设计尺寸）：

朵当 10 材（2.8 尺），心间 30 材（8.4 尺），次间 20 材（5.6 尺），副阶 16 材（4.48 尺），方三间 7×7（朵当）、70×70（材）、19.6×19.6（尺）。

佛殿以材为基准，建立朵当与斗栱的关联构成，其构成关系为：朵当 10 材，斗栱全长 8.5 材，相邻斗栱空当 1.5 材，朵当及开间的尺度构成呈基于材的模数关系。

由上述分析可知，唐样设计技术的演进上，最迟至 14 世纪初的功山寺佛殿，两级模数“朵当＋材”的间架构成关系已经形成，传统的间广整数尺规制消失，模数基准的朵当、材广以递进的方式，权衡、设定间架尺度构成。现存最早的唐样遗构功山寺佛殿（1320 年），可称作唐样尺度模数化进程上的一个重要坐标，其意味着宋式设计技术的影响已相当深入。

《营造法式》所力求的朵当等距原则，在功山寺佛殿上通过“朵当＋材”两级模数的方式得以实现和推进。而在《营造法式》阶段，大木朵当构成与斗栱之间尚未建立起直接的关联，功山寺佛殿设计技术的演进，是《营造法式》之后所迈出的重要一步。此现象表明：基于材的整体尺度构成，在元明时期应已形成，且根据从《营造法式》至《工程做法》模数技术演变的逻辑关系推测，在朵当、斗口基准支配整体尺度构成之前，应存在着朵当、材广基准支配整体尺度构成的阶段，日本中世唐样佛堂正表现了宋清之间这一中间阶段形态。

在模数构成关系上，日本中世唐样佛堂较《工程做法》具有更为简洁的构成关系。唐样佛堂以当心间补间铺作两朵、次间补间铺作一朵为定式，其铺作配置未如清式的密集化程度。相较而言，唐样佛堂朵当构成 10 材，也较清式攒当构成 11 斗口略为疏朗。

（2）朵当十材定式的变化

10 材朵当是唐样朵当构成的基本形式，基于 10 材朵当这一基本形式，又衍生出一些变化，以适应规模、等级、比例关系的变化和需要，正如清式斗口模数也反映有相应的调节和变化：清式攒当以 11 斗口为基本形式，采用一斗二升交麻叶及一斗三升的小型简单建筑的攒当为 8 斗口，城阙角楼等大型建筑的攒当则为 12 斗口。这种朵当构成的变化，在唐样建筑上也有类似的表现。

根据对中世唐样佛堂遗构的分析，基于10材朵当的变化是相当丰富和多样的，然在性质上大致可将其归纳为如下两种变化形式：一是基于开间尺度变化的需要而增减变化朵当的构成关系；一是基于开间比例变化的需要而改变朵当的构成关系。

首先讨论第一种情况下的朵当变化。以下举例基于 10 材朵当的四种朵当构成的变化形式。

其一，朵当 10.5 材：

山梨县东光寺药师堂（室町时代），方三间带副阶，实测当心间 7.02 尺，次间 4.68 尺，副阶 4.68 尺，朵当均等 2.34 尺；材广实测值 2.2 寸，修正值 2.229 寸。朵当构成 10.5 材，较朵当 10 材的定式增大 0.5 材；相应地，当心间 31.5 材，次间 21 材，副阶 21 材。朵当与斗栱的关联构成为：斗栱全长 8.5 材，相邻斗栱空当 2 材，朵当合 10.5 材。

其二，朵当 9.5 材：

山梨县清白寺佛殿（1333 年），方三间带副阶，实测当心间 6.48 尺，次间 4.32 尺，副阶 4.32 尺，朵当均等 2.16 尺；材广实测值 2.25 寸，修正值 2.274 寸。朵当构成 9.5 材，较朵当 10 材的定式减小 0.5 材；相应地，当心间 28.5 材，次间 19 材，副阶 19 材。朵当与斗栱的关联构成为：斗栱全长 8 材，相邻斗栱空当 1.5 材，朵当合 9.5 材。

其三，朵当 8.5 材：

福岛县常福院药师堂（室町时代），唐样方三间佛堂，实测当心间 8.55 尺，次间 5.69 尺，朵当均等 2.85 尺；材广实测值 3.35 寸。朵当构成 8.5 材，较朵当 10 材的定式减小 1.5 材；相应地，当心间 25.5 材，次间 17 材。朵当与斗栱的关联构成为：斗栱全长 8 材，相邻斗栱空当 0.5 材，朵当合 8.5 材。

其四，朵当 8 材：

福岛县奥之院弁天堂（室町末期），唐样方三间佛堂，实测当心间 6.975 尺，次间 4.65 尺，朵当均等 2.325 尺；材广实测值 2.9 寸，朵当构成 8 材，较朵当 10 材的定式减小 2 材；相应地，当心间 24 材，次间 16 材。朵当与斗栱的关联构成为：

斗栱全长 7.5 材，相邻斗栱空当 0.5 材，朵当合 8 材。

以上诸例的特点是：基于朵当 10 材的基本形式，以 1/2 材为单位，增减变化朵当的构成关系，从中可见唐样建筑尺度构成的调整与变化。其朵当构成从 10.5 材到 8 材的变化，显示了中世以来唐样朵当趋小、趋密的倾向，而朵当 8 材已是唐样朵当构成的极限。

接着讨论第二种情况下的朵当变化，即基于开间比例的变化而改变朵当的构成关系。以正福寺地藏堂、西愿寺阿弥陀堂二构为例。

就比例关系而言，唐样佛堂的开间形式可分作两种：一是明次间为标准的 3:2 比例关系，一是明次间偏离标准的 3:2 比例关系。

基于当心间 3 朵当、次间 2 朵当的铺作配置，唐样方三间佛堂明次间的比例关系以 3:2 为标准形式和普遍做法。而偏离标准的 3:2 比例关系者，只是少数个别，如正福寺地藏堂、西愿寺阿弥陀堂二构。那么，如何认识这类唐样遗构的尺度规律呢？分析表明其关键是：首先探讨这类唐样遗构的明次间为何偏离标准的 3:2 比例关系，其追求的目标是什么，进而以此为线索解析和认识相应的尺度规律和设计方法。

对此，日本学者伊藤要太郎指出：相较于唐样佛堂明次间通常和标准的 3:2，正福寺地藏堂明次间比例的追求在于 3:2.1，也就是 10:7 [7]。

10:7 是中日古代习用的开间比例关系，其源自古代“方七斜十”的思维方式和设计方法，也就是正方与八棱的转换及其比例关系 [8]。

历史上，中日古代建筑的尺度设计，以传统数学思维为背景，由此形成独特的尺度设计方法。简洁的数字比例关系是中日古代尺度设计的显著特色，如八棱形式是由正方折而得之，并通过图形比例数值化而达到的，其核心是勾股比例关系，也就是基于正方比例分割中$\sqrt{2}$的近似取值，以“方七斜十”替代。而八棱模式中基准方形边长分割的数字比例“7+10+7”，则成为正方平面开间比例关系的一个特色，也即明次间比例关系为 10:7 形式。应县木塔与法隆寺五重塔二构的开间尺度构成，正是基于八棱与正方的转换及其比例关系 [9]（图 5-3-3）。

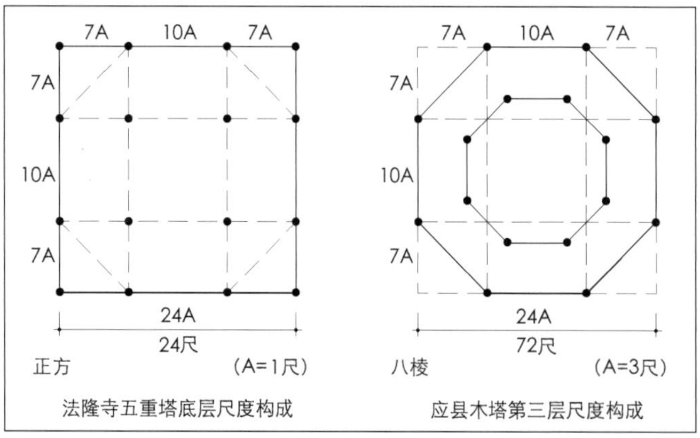

图 5-3-3 正方与八棱的转换：开间尺度构成与比例关系（作者自绘）

7 伊藤要太郎．唐様建築の木割について [J]．日本建築学会研究報告（第 16 号），1951：430-433.

8 八棱正面与斜面的比例 10 : 7 形式，既是八角形的规律，同时又是古代习用的面阔明次间比例之一种。参见：陈明达．应县木塔 [M]．北京：文物出版社，2001：40.

9 参见：张十庆．《营造法式》八棱模式与应县木塔的尺度设计 [M]//贾珺．建筑史（第 25 辑）．北京：清华大学出版社，2009：1-9.

又如和样的净琉璃寺三重塔（1178 年），平面正方三间，底层面阔 10 尺，均分为 24 枝，中间 10 枝，次间 7 枝，同样也是尺度设计上追求明次间 10∶7 比例关系的表现。

唐样正方三间的平面尺度构成，与正方平面的佛塔类似。正福寺地藏堂、西愿寺阿弥陀堂二构明次间 3∶2.1 的比例关系，其目标应在于追求明次间 10∶7 的特定比例关系。也就是说，上述唐样二构明次间偏离标准的 3∶2 比例关系，在尺度设计上是有其特定目的和追求目标的。

基于上述分析，如果说伊藤要太郎所指出的正福寺地藏堂明次间尺度设定的目标在于追求 3∶2.1 也就是 10∶7 的特定比例关系的话，那么，根据中世唐样佛堂基于材的尺度构成特色，这一目标同样也可能是通过材模数的形式而实现的，即：明次间的构成关系为 30 材∶21 材，而地藏堂和阿弥陀堂二构的实测数据分析也支持和证明了这一点。

正福寺地藏堂与西愿寺阿弥陀堂二构，形制上为典型的中世唐样方三间佛堂，根据实测数据分析，二构心间与次间的构成关系，从通常的 30 材与 20 材调整为 30 材与 21 材，即当心间朵当 10 材，次间朵当 10.5 材的形式，二构开间尺度构成如表 5–2 所示。

表 5–2　特定比例的唐样方三间佛堂平面尺度构成

实例	年代	开间实测值（尺）			开间构成（A）			A（寸）	
		心间	次间	副阶	心间	次间	副阶	修正值	实测值
正福寺地藏堂	1407	8.03	5.68	4.34	30	21	16	2.68	2.65
西愿寺阿弥陀堂	1495	9.03	6.31		30	21		3.01	3.0

注：A＝材，1 尺＝ 30.303 厘米。

基于对特定比例关系的追求，上述二构尽管改变了唐样佛堂明次间标准的 3∶2 比例关系，然而在当心间尺度构成上，唐样象征意义的 10 材朵当与 30 材心间的定式则是不变的。

正福寺地藏堂当心间朵当实测值 2.68 尺，合 10 材；次间朵当实测 2.84 尺，合 10.5 材。实测材广的修正值为 0.268 尺，为当心间朵当的 1/10。当心间朵当与斗栱的关联构成为：斗栱全长 8.5 材，相邻斗栱空当 1.5 材，朵当合 10 材；而次间则将相邻斗栱空当增至 2 材，相应地，朵当合 10.5 材（图 5–3–4）。

实际上，唐样佛堂基于材的朵当、开间的尺度构成，其实质在于以栱心格线的形式，权衡、设定斗栱与朵当、开间的关联构成，正福寺地藏堂特定的朵当构成，同样也是以栱心格线的形式而权衡和设定的（图 5–3–5）。基于栱心格线的尺度设计方法，是唐辽宋以来建立斗栱与朵当、开间尺度关系的基本方法，日本唐样遗构的表现更为典型，详见第六章的相关分析。

西愿寺阿弥陀堂当心间朵当实测值 3.01 尺，设计尺寸为 3 尺，合 10 材；次

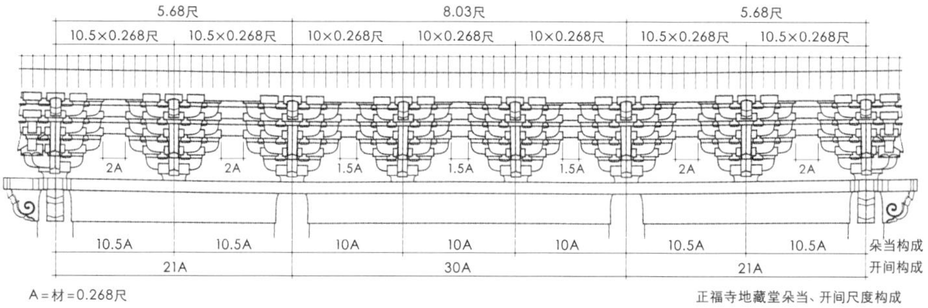

图 5-3-4　正福寺地藏堂基于材的朵当尺度构成（底图来源：东村山市史编纂委员会. 国宝正福寺地藏堂修理工事報告書 [M]. 東京：大塚巧藝社，1968）

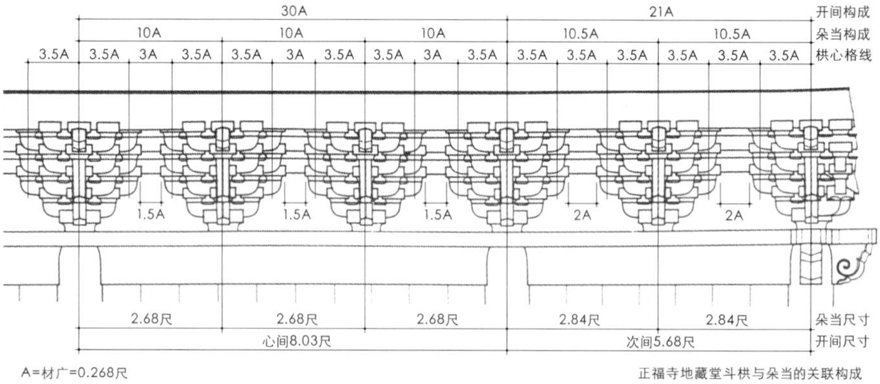

图 5-3-5　正福寺地藏堂基于栱心格线的斗栱与朵当的关联构成（底图来源：日本文化财图纸）

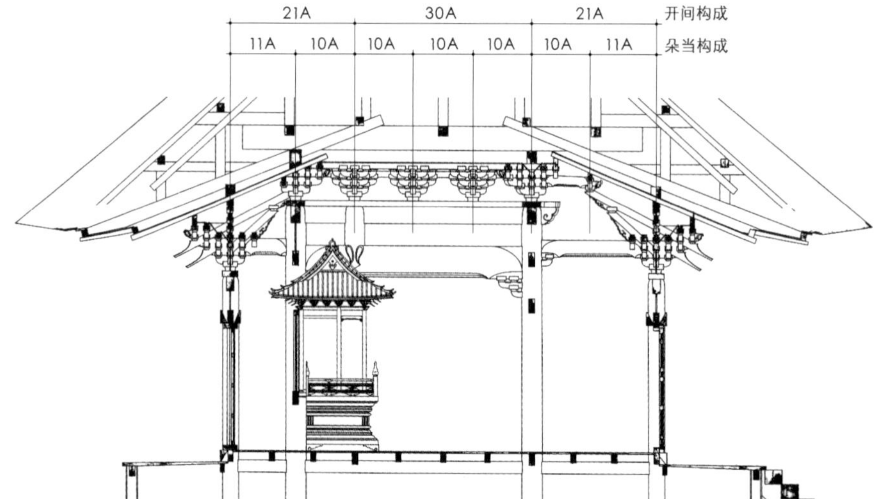

图 5-3-6　西愿寺阿弥陀堂侧样朵当、开间尺度构成（底图来源：西願寺阿弥陀堂修理工事事務所. 重要文化財西願寺阿弥陀堂修理工事報告書 [M]. 東京：彰国社，1955）

间朵当实测 3.155 尺，设计尺寸 3.15 尺，合 10.5 材。材广实测值 0.3 尺，为当心间朵当的 1/10，西愿寺阿弥陀堂的尺度设计方法及其朵当与斗栱的关联构成与正福寺地藏堂完全相同。

根据侧样构成分析，西愿寺阿弥陀堂以 10 材朵当为基本形式，而次间 2 朵当、21 材的构成形式，其实质是次间两架椽长的复合，即以檐步大于金步 1 材的形式，形成次间两架椽长合计 21 材的构成形式（图 5-3-6）。

开间比例关系相同的西愿寺阿弥陀堂，进一步印证了关于正福寺地藏堂基于材的设计方法的分析，二构的设计思维方式及逻辑关系是一致的，其明次间追求特定的 10∶7 比例关系的目标也是相同的。

关于中世唐样佛堂基于材的朵当构成的认识，并非仅凭材尺寸与开间尺寸的拟合，实际上遗构间广及用材尺寸也包含有各种形变和误差，如正福寺地藏堂次间尺寸即略有微差。因此，最根本的设计逻辑及实证支持，还是基于斗栱与朵当的关联构成的分析和认识。

上述两例唐样佛堂基于材的尺度关系分析，在开间、朵当及斗栱构成上，西愿寺阿弥陀堂的测值与算值十分吻合；而正福寺地藏堂的 2.68 寸材基准，在当心间及斗栱的尺度构成上十分吻合，唯在次间上略有微差，次间测值较算值略大 0.9%。然综合权衡地藏堂开间及斗栱的尺度关系，再加之同类的西愿寺阿弥陀堂的示范与佐证，对地藏堂基于材的尺度关系认定，应是合理和可信的。

地藏堂尺度设计上存在着另一种可能，即枝割关系。地藏堂现状副阶为平行椽形式，是中世唐样遗构中所少见的。在尺度关系上，关口欣也认为地藏堂是中世唐样遗构中唯一可能与枝割相关者，然仍强调地藏堂明次间的设定首先基于 10∶7 的比例关系，然后以枝割作调整修正[10]。

以枝割关系而言，地藏堂现状心间 24 枝，次间 17 枝，副阶 13 枝。其枝割关系吻合得较好，明次间基于枝割的 24∶17，较标准的 3∶2（24∶16）比例关系，次间增加了 1 枝。那么疑问在于：尺度设计上地藏堂明次间偏离标准比例关系的目的何在，追求的目标是什么呢？更何况枝割在斗栱层面上得不到支持，地藏堂斗栱构成以材为基准，而与枝割完全无关。再者，以唐样副阶平行椽做法的时序性而言，地藏堂现状副阶也存在着经后世改造的可能。

中世唐样尺度设计上，开间构成与斗栱构成是一个关联整体。因此，综合多方面因素考虑，正福寺地藏堂的开间尺度设定，基于材的可能性更大。

小尺度的斗栱，本与大尺度的开间并无直接的关联，然唐样补间铺作的多朵配置，令朵当尺度趋近一朵斗栱的宽度，故在横向尺度的组织与筹划上，以斗栱基本尺寸权衡朵当尺寸成为必然和必要。进而，基于朵当与斗栱的关联构成，使得斗栱尺度与开间尺度的关联性得以建立。

上文所讨论的唐样佛堂诸例基于材的朵当构成，第六章将进一步以斗栱构成以及斗栱与朵当的关联构成的分析，作为实证支持。

2. 不动院金堂的朵当构成形式

（1）复杂开间形式下的多样化朵当

不动院金堂是中世唐样佛堂的独特之例。其独特之处在于其特殊的规模形式

10　関口欣也．中世禅宗様仏堂の柱間（1）[J]．日本建築学会論文報告集（第 115 号），1965：44-51.

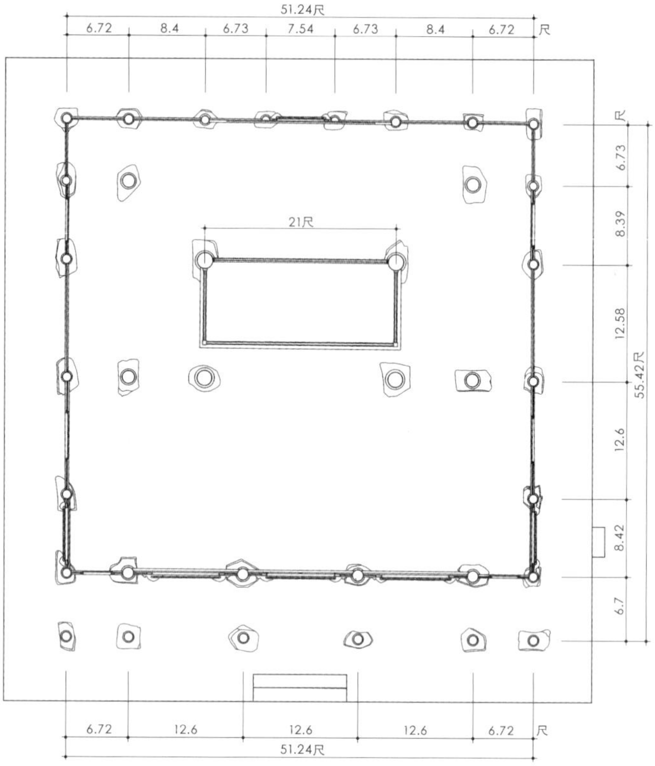

不动院金堂现状平面

图 5-3-7　不动院金堂构架形式（来源：関口欣也. 五山と禅院[M]. 東京：小学館，1983）(左)

图 5-3-8　不动院金堂现状平面 [底图来源：広島市教育委員会 . 不動院（広島市の文化財第二三集）[M]. 広島：白鳥社，1983]（右）

以及复杂变化的间架形式，相应地在尺度设计上也有其变化和特色，不同于唐样方三间佛堂的标准形式。

前面第四章已在基于朵当的唐样间架构成这一层面分析讨论了不动院金堂的间架构成特色。由于方三间佛堂开间数较少，构成关系简单，难以充分表现朵当基准的特点，而不动院金堂由于开间数量增加、间架形式复杂，开间、朵当尺度多样变化，有助于分析和认识唐样间架、朵当尺度关系的性质及特点。以下在朵当尺度模数化这一层面，以不动院金堂多样变化的朵当为对象，分析和验证唐样佛堂基于材的朵当尺度构成。

现存唐样佛堂遗构在规模形制上，均为方三间或方三间带副阶的形式，中世方五间带副阶的五山佛堂皆已无存。现存唐样佛堂遗构中，规模最大的不动院金堂是唯一残存有五山佛堂身影者，其规模介于方三间与方五间之间，在形制及尺度设计上，也较通常的方三间佛堂别具特色。

不动院为位于广岛的真言宗寺院，金堂初建于山口县，年代为 1540 年前后，其后移建于现址[11]。金堂殿身面阔正面三间，进深四间，副阶周匝（参见前图 4-4-10、图 4-4-11）。金堂在整体构架上，采用大量减柱做法，14 根殿身檐柱中，减柱 6 根，由此形成独特而复杂的间架形式。殿身檐柱的减柱做法，在江南也多见其例，如苏州罗汉院大殿和文庙大殿，然在唐样不动院金堂上则达其极致（图 5-3-7）。

11　不动院为 14 世纪中期室町幕府将军所建立的全国性安国寺之一。关于营造年代，根据《新山杂记》，金堂为大内义隆始建于周防山口县，又由政僧惠琼于日本天正年间（1573—1591）移建于广岛现址。又根据不动院金堂须弥坛上部天花绘铭“天文九庚子冬十月日僧元怡画而寄进”，金堂营造年代当为日本天文九年（1540）前后。

金堂殿身面阔正面心间、次间间广相等，各补间铺作两朵，这一形式反映了唐样五山大型佛殿的特征，也吻合《营造法式》“总铺作次序”中关于补间铺作所提出的三种构成形式中的第一种，即“若逐间皆用双补间，则每间之广，丈尺皆同”[12]。

金堂间架构成的特色在于其面阔正、背面的分间差异，即金堂总面阔的正面为五间形式，背面为七间形式。相应地，金堂平面开间关系复杂，朵当尺度多样变化。金堂这一独特而复杂的间架构成形式，对于分析和认识唐样两级模数“朵当＋材”的尺度设计方法，是一难得的好例。

不动院金堂现状平面开间实测尺寸如下（包括副阶）[13]（图 5-3-8）：

正面五间：6.72 ＋ 12.6 ＋ 12.6 ＋ 12.6 ＋ 6.72 ＝ 51.24（尺）

背面七间：6.72 ＋ 8.4 ＋ 6.73 ＋ 7.54 ＋ 6.73 ＋ 8.4 ＋ 6.72 ＝ 51.24（尺）

侧面六间：6.7 ＋ 8.42 ＋ 12.6 ＋ 12.58 ＋ 8.39 ＋ 6.73 ＝ 55.42（尺）

基于以上实测数据，首先分析不动院金堂开间尺寸与铺作配置的关系。

关于金堂基于朵当的间架构成关系，前章已有分析讨论，此处再作简述：金堂殿身面阔正面三间，每间 12.6 尺，补间铺作两朵，朵当 4.2 尺；进深四间，当中两间各 12.6 尺，补间铺作两朵，朵当 4.2 尺；前后两间各 8.4 尺，补间铺作一朵，朵当 4.2 尺。金堂殿身面阔正面三间共 37.8 尺，9 朵当；进深四间共 42 尺，10 朵当。金堂开间尺寸的设定以朵当 4.2 尺为基准，殿身面阔三间 9 朵当、9 × 4.2（尺），进深四间 10 朵当、10 × 4.2（尺），即殿身规模为 9 × 10（朵当）的形式，进深大于面阔 1 朵当、4.2 尺（参见前图 4-4-12）。

不动院金堂间架构成上面阔正面与背面的分间差异，形成复杂的朵当尺寸变化。相对于殿身正面三间的形式，殿身背面檐柱以大额减去两根平柱，殿身背面呈一整间，而与此殿身背面整间对应的背面副阶上，则相应分作五间的形式，其五间尺寸为：当心间 7.56 尺，次间 6.72 尺，梢间 8.4 尺，各间补间铺作一朵，相应地产生三种朵当的形式，其尺寸分别为：3.78 尺、3.36 尺与 4.2 尺。其中的 4.2 尺朵当为标准朵当，3.78 尺朵当和 3.36 尺朵当为变异朵当。显然变异朵当的出现，是因面阔正、背面的分间差异而产生的协调形式。

不动院金堂相对于复杂开间形式的三种朵当形式如下：

标准朵当：4.2 尺朵当

变异朵当：3.78 尺朵当

　　　　　3.36 尺朵当

标准朵当与变异朵当的组合，构成了不动院金堂尺度关系的独特性和复杂性，而正是这一多样变化的朵当形式，成为分析金堂朵当尺度模数化的一个重要线索。

12　梁思成. 梁思成全集（第七卷）[M]. 北京：中国建筑工业出版社，2001：104.

13　不动院金堂开间实测数据来源：関口欣也. 中世禅宗様建築の研究 [M]. 東京：中央公論美術出版，2010：43.

（2）基于材模数的标准朵当及其变化

不动院金堂尺度关系的独特性和复杂性，与其多样化的朵当尺度相关。分析表明：万变不离其宗，基于材模数的标准朵当及其变化，依然是不动院金堂多样化朵当构成的根本所在。

首先以金堂材尺寸权衡和分析标准朵当的构成关系。

金堂用材的实测尺寸为 4.2×3.15（寸），材广 4.2 寸与标准朵当 4.2 尺，正吻合唐样朵当构成的十材关系。不动院金堂标准朵当 4.2 尺的构成关系，依然是唐样典型的十材定式。

基于此，金堂殿身正面三间各 30 材，进深四间的当中两间各 30 材，前后两间各 20 材。金堂殿身总体规模为：面阔正面 9 朵当、90 材，进深侧面 10 朵当、100 材，也即总体 9×10（朵当）、90×100（材）的构成关系。进深大于面阔 1 朵当、10 材。

唐样佛堂典型的 10 材朵当与 30 材心间的构成形式，在间架形制独特和复杂的不动院金堂上，同样也是不变的定式（图 5–3–9）。

其次分析金堂两种变异朵当的构成关系。

以材广 4.2 寸权衡两种变异朵当尺寸 3.78 尺和 3.36 尺，二者分别合 9 材和 8 材。由此可知，金堂两种变异朵当的尺度构成，同样是基于材模数的朵当变化，即在 10 材标准朵当的基础上以材为单位进行调整、递变，相应形成 9 材朵当（3.78 尺）与 8 材朵当（3.36 尺）这两种变异朵当形式，其设计逻辑分明而有序。

因此，不动院金堂复杂开间形式下的三种朵当形式，皆统一于基于材的构成关系，三者的模数关系排比如下：

标准朵当：4.20 尺 → 10 材朵当（4.2 寸 ×10）

变异朵当：3.78 尺 → 9 材朵当 （4.2 寸 ×9）

3.36 尺 → 8 材朵当 （4.2 寸 ×8）

关于金堂朵当与斗栱的关联构成，殿身斗栱为重栱造六铺作单杪双下昂的形式，4.2 尺的标准朵当构成为：斗栱全长 8 材，相邻斗栱空当 2 材，朵当合 10 材。而金堂殿身纵架的间架配置，基于减柱的构架形式，以朵当 4.2 尺为基准，重新分作三开间的形式：中间 5 朵当、50 材，合 21 尺；边间 2 朵当、20 材，合 8.4 尺。三间朵当均等，皆为标准朵当 4.2 尺、10 材（图 5–3–10）。

不动院金堂间架构成的复杂性，源自面阔正、背面的分间差异，变异朵当由此而生。金堂整体尺度设计上，以材基准的方式，调整背面开间的朵当构成，形成两个变异朵当，从而使得面阔正、背面开间的尺度构成，在分间差异和朵当不等的情况下，呈对应和统一的关系，即：以材广 0.42 尺为基准，令金堂面阔正、背面开间尺度及构成关系，统一在殿身 37.8 尺与 90 材、总体 51.24 尺与 122 材上（图 5–3–11）。

此外，不动院金堂的副阶尺度，作为另一尺度要素，为不动院金堂尺度构成分析提供了进一步的依据。

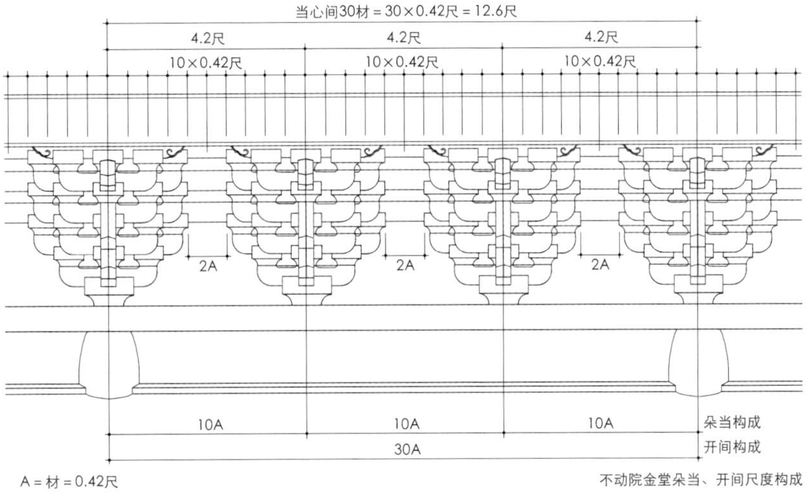

图 5-3-9　不动院金堂基于材的朵当构成示意（作者自绘）

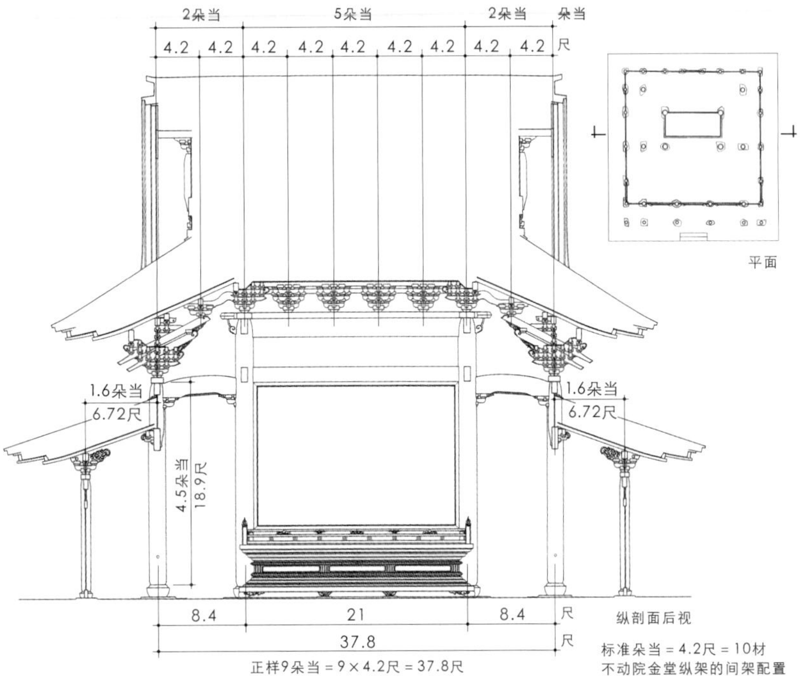

图 5-3-10　不动院金堂纵架基于标准朵当的间架尺度构成 [底图来源：広島市教育委員会. 不動院（広島市の文化財第二三集）[M]. 広島：白鳥社，1983]

图 5-3-11　不动院金堂面阔背面分间形式及尺度构成 [底图来源：広島市教育委員会. 不動院（広島市の文化財第二三集）[M]. 広島：白鳥社，1983]

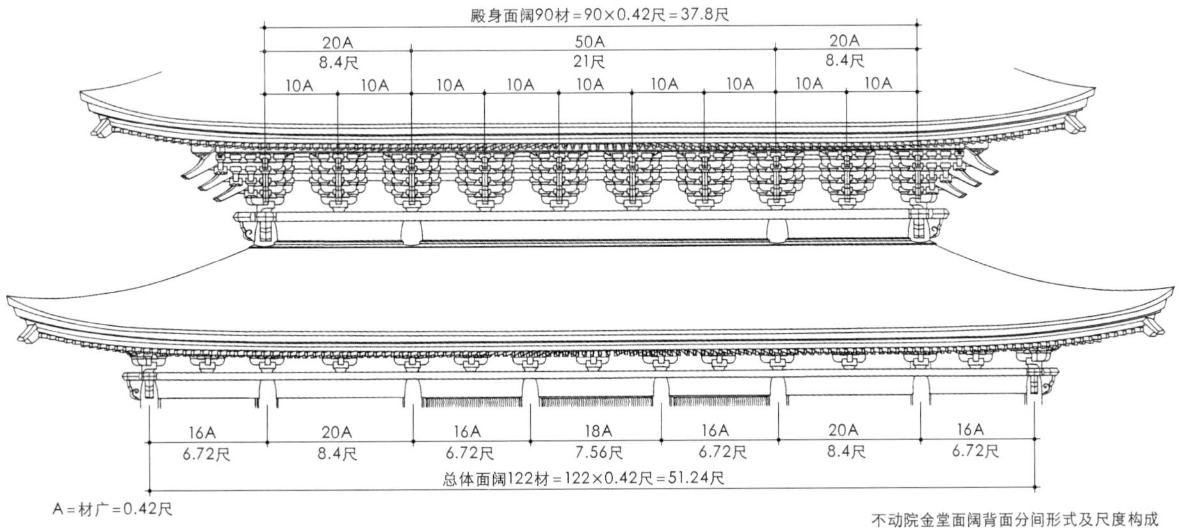

不动院金堂副阶周匝，副阶尺度实测值为6.72尺，补间铺作一朵，朵当3.36尺，为8材朵当的形式。结合前节关于唐样方三间佛堂副阶尺度的分析，8材朵当应是中世唐样佛堂副阶多用的朵当形式。

不动院金堂两级模数“朵当+材”的构成关系中，材作为次级基准，通过朵当权衡开间尺度关系。基于4.2寸材的殿身构成关系为（面阔 × 进深）：90×100（材）、37.8×42（尺），殿身加副阶的总体构成关系为：122×132（材）、51.24×55.42（尺），进深大于面阔10材、4.2尺，即一个标准朵当。

不动院金堂基于材模数的朵当、开间及规模的构成关系如表5-3及图5-3-12所示。

表5-3　不动院金堂平面尺度构成

位置	项目	心间	次间	梢间	副阶	殿身	总体
正面（共五间）	实测值（尺）	12.6	12.6		6.72	37.8	51.24
	朵当构成	10A	10A		8A		
	开间构成	30A	30A		16A	90A	122A
背面（共七间）	实测值（尺）	7.54	6.73	8.4	6.72	37.8	51.24
	朵当构成	9A	8A	10A	8A		
	开间构成	18A	16A	20A	16A	90A	122A
侧面（共六间）	实测值（尺）	12.6	8.42		6.7	41.99	55.42
	朵当构成	10A	10A		8A		
	开间构成	30A	20A		16A	100A	132A

注：A＝材＝4.2寸，1尺＝30.303厘米。

不动院金堂的朵当构成，与前述唐样方三间佛堂朵当构成的性质完全一致，即以10材朵当为标准朵当形式。唯金堂基于复杂的间架构成关系，而有三种变化的朵当形式，且此三种不匀朵当，在材基准的作用与制约下，形成简洁、有序的10A、9A、8A三种朵当形式，设计逻辑分明，尺度关系简洁。

实际上，正是模数化的朵当构成形式，成为解决和应对不动院金堂这样复杂开间尺度关系的有效方法。

相比较功山寺佛殿的尺度构成，不动院金堂不仅通过副阶尺寸这一指标，更借助复杂变化的朵当尺寸，进一步证实了唐样佛堂尺度设计上基于材的朵当构成的规律和特点。

近世唐样技术书《镰仓造营名目》所记五间佛殿的开间构成，不仅朵当10材，而且殿身进深100材，皆与不动院金堂相同。间架形制独特的不动院金堂，有大型五间佛殿的身影（详见第九章的相关内容）。

此外，根据不动院金堂实测数据[14]，还有如下基于材模数的构成关系：殿身内柱径1.68尺，合4材；上檐柱（殿身檐柱）径1.25尺，合3材，柱高18.90尺，合4.5朵当、45材。

14　関口欣也. 中世禅宗様仏堂の柱高と柱太さ[J]. 日本建築学会論文報告集（第119号）. 1966：66-79.

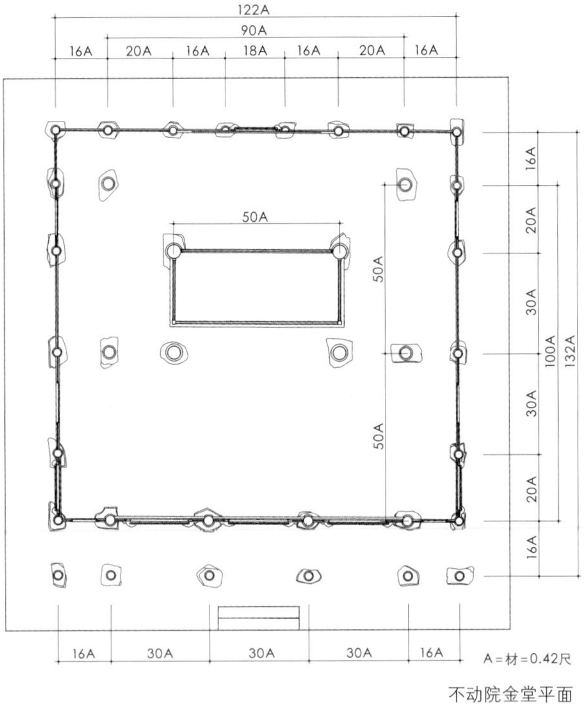

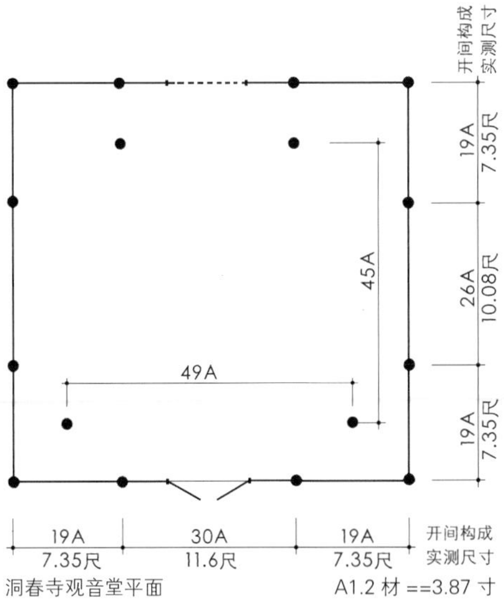

图 5-3-12　不动院金堂基于材的开间尺度构成 [底图来源：広島市教育委員会. 不動院（広島市の文化財第二三集）[M]. 広島：白鳥社，1983]（左）

图 5-3-13　洞春寺观音堂的开间尺度构成（作者自绘）（右）

探寻和认识尺度现象背后所反映的设计意图及方法的关键在于尺度规律的发现。唯有在尺度规律的映衬下，纷繁复杂的现状尺度现象方显现出其有序的内在关系，如不动院金堂表现出基于朵当 4.2 尺、材广 4.2 寸的模数设计意图和方法，其间架尺度构成上，以“朵当＋材”的两级模数形式，有序、简洁、周密地组织和筹划复杂变化的尺度关系。

不动院金堂有序变化且富于逻辑性的间架尺度构成，是唐样尺度设计技术圆满成熟的标本和范例。

中世唐样遗构中，还有一些在比例关系上甚为特殊者，但通过分析仍可看出类似的模数构成关系，如山口县洞春寺观音堂（1430 年）。观音堂为平面方三间带副阶形式，唐样扇面椽做法，该构与不动院金堂相似，因大量减柱的构架做法，形成了复杂的开间形式和特殊的比例关系。根据实测数据分析，观音堂平面开间尺度的特点：一是非整数尺形式，二是皆由基准长 A（3.87 寸）所权衡和设定，开间构成富于比例关系[15]（图 5-3-13）。此基准长 3.87 寸虽非材广，然与材广 3.22 寸呈 1.2 倍的关系[16]，且其当心间与基准长的比例关系，同样也呈现唐样标志性的 30 倍关系。

模数化的朵当构成，是唐样设计技术的核心。其中又以朵当构成的十材关系最为典型和重要。

作为现存中世遗构中规模最大的唐样佛堂，不动院金堂间架构成的独特性和复杂性是其他唐样方三间佛堂所不可比拟的。然而，唐样佛堂典型的形制特征及尺度关系，在不动院金堂上依然是不变的特色，尤其是 10 材朵当、30 材心间，成为唐样佛堂尺度构成的一个基本定式。

15　《重要文化财洞春寺观音堂修理工事报告书》所记开间实测数据如下：面阔当心间 11.6 尺，次间 7.35 尺；进深中间 10.08 尺，前后间 7.35 尺。

16　根据《重要文化财洞春寺观音堂修理工事报告书》，观音堂殿身斗栱腐朽破损，旧状难究。其修理竣工图上，殿身斗栱材广标记为 0.32 尺，而由间广推得的基准长 0.387 尺，与此材广修正值 0.322 尺之比，正为 1.2 倍的关系，也即 6∶5 的比例关系。

作为中世唐样遗构的不动院金堂，为基于材的朵当模数化分析提供了有力的实证案例。不动院金堂应对复杂开间形式的多样朵当变化，充分表明了朵当构成上材模数的性质与作用。

唐样设计技术的研究上，一个构成关系复杂的典型个案的分析论证，往往较一般性案例的分析归纳，更具意义和价值。也就是说，通过不动院金堂这一间架构成关系复杂之案例，易于发现通常形制下所难以发现的规律和特点，并有可能由典型个案形成对中世唐样建筑尺度规律的认识。而这也正是不动院金堂个案在唐样设计技术研究上的独特意义和价值。

关于唐样朵当构成的十材关系，不仅有遗构分析的实证，又有文献史料的佐证。近世唐样技术书《镰仓造营名目》唐样五间佛殿篇中，记有唐样五间佛殿朵当构成的十材关系，其应是中世唐样朵当规制的传承与遗痕，可与遗构分析相印证。

分析表明两级模数“朵当＋材”的构成关系，是中世唐样佛堂尺度规律所在。其中朵当尺度的模数化这一环节尤为重要。作为中介环节的朵当，促使了小尺度斗栱与大尺度开间的关联性的建立，进而形成三者关联、衔接的整体构成关系。

日本学界关于中世唐样佛堂尺度规律的分析，往往忽视朵当模数化这一线索，多采用表象的“开间比例法”的分析思路[17]，而未能触及和深入基于补间铺作配置的唐样设计技术的实质，故往往难以解释唐样朵当、开间的尺度关系，以及副阶尺度的设定方法。如不动院金堂复杂的开间尺度现象，是无法用比例关系来解释的。实际上，唐样佛堂的开间比例关系只是表象，其实质是朵当尺度的模数化。期望本文所关注的唐样朵当与斗栱的关联构成能为唐样尺度关系及其规律的认识提供新的思路和线索。

中世唐样建筑尺度规律及设计方法的分析，有必要强调唐样设计技术的独立性和独特性，否则无法正确认识和把握唐样建筑设计技术的本质特征。

3. 宋辽时期朵当构成的十材倾向

（1）《营造法式》朵当构成的比较

朵当构成的十材关系，作为中世唐样佛堂尺度构成上的一个基本定式，在东亚宋技术背景下，应有其特定的历史渊源和传承关系。比较宋《营造法式》朵当构成的相关规制，有助于对唐样朵当构成十材关系的进一步认识。

在朵当构成关系的演变上，《营造法式》是一个重要节点，代表了那个时代朵当构成的基本特征。最迟从这一节点开始，在整体尺度的组织和筹划上对朵当构成关系有了追求以及相应的规制。

如第三章所讨论的那样，《营造法式》时期，作为开间尺度细分单位的椽长与朵当，二者是同级和对应的两个尺度单元。也就是说，一朵补间斗栱的分布宽

17　关于对唐样佛堂开间尺度的权衡和设定，关口欣也推定的是开间比例法，并就明、次间的比例形式，总结了五种类型，最主要的是 1.5:1，其次是 1.2:1，1:0.8，1:0.75 及 1:0.7。参见：関口欣也．中世禅宗様仏堂の柱間（1）[J]．日本建築学会論文報告集（第 115 号）．1965：44-51.

度，大致对等一个椽长，进一步而言，以材尺度权衡，二者的取值皆可归属于 10 材级的尺度单元。

所谓 10 材级的尺度单元，于北宋时并非定数，而是一个概数，或者说是一个大致的限度。如《营造法式》的椽长规制，即以 10 材为上限，且椽长与朵当是相关、对应的存在。基于《营造法式》厦两头造角梁转过两椽的做法，椽长上限 10 材的规制，就单补间铺作的转角开间而言，也就是朵当上限 10 材。当然，《营造法式》时期关于大木作椽架及朵当尺度，尚只是一个宽松的约束关系。

然而在小木作上，由于其补间铺作分布繁密、尺度精细的特点，其朵当尺度的筹划及相应规制则较大木作严格。《营造法式》小木作帐藏的朵当规制，如第四章所分析的那样，其朵当的设定以朵当下限的 100 份（10 斗口）为定值。

《营造法式》的间广与材等，是规模和等级的重要标志，故二者之间应存在着一个大致的对应关系。分析《营造法式》大木作间广与用材尺寸的关系，在理想条件下有可能存在如下的对应关系，即：单补间铺作的间广上限与用材尺寸呈 20 倍的对应关系，而《营造法式》八个材等的原型，应为以 0.75 寸递变的七个材等[18]。基于此，在单补间铺作的情况下，此七个材等尺寸与最大间广的对应关系如表 5–4 所示。

表 5–4　《营造法式》单补间铺作的间广上限与用材尺寸的对应关系

材等	一等材	二等材	三等材	四等材	五等材	六等材	七等材
材广（寸）	0.9 × 20	0.825 × 20	0.75 × 20	0.675 × 20	0.6 × 20	0.525 × 20	0.45 × 20
间广（尺）	18	16.5	15	13.5	12	10.5	9

这是一个理想条件下单补间铺作的间广上限与用材尺寸的对应和匹配关系，进而可以推出其朵当 10 材的构成关系。实际上，上述这一对应于材等的开间尺寸，既是单补间铺作的开间上限，也是双补间铺作的开间下限，二者相应的朵当构成为：朵当 10 材上限与朵当 10 斗口下限。

《营造法式》的朵当规制，基于大木作与小木作的不同特点，其尺度设定的方式表现为从宽松约束到定数规制的变化，然二者的朵当尺度设定，皆属 10 材级的尺度单元，前者以 10 材广为上限，后者以 10 材厚为定值，这一特色可概括为《营造法式》朵当构成的 10 材倾向。

根据《营造法式》朵当规制的性质及特点，有理由认为：其一，严格的朵当规制以及朵当尺度的模数化，应是从小木作到大木作的；其二，《营造法式》开启的朵当构成的演变进程，与后世的朵当尺度模数化之间有着传承关系。

在朵当尺度模数化的演变上，宋《营造法式》与清《工程做法》是同一进程上的头尾两个阶段形态，《工程做法》的 11 斗口朵当形式，是《营造法式》朵当规制的变迁和余绪，而日本中世唐样佛堂的 10 材朵当这一演变形态，则揭示了从

18　参见：张十庆．中日古代建筑大木技术的源流与变迁 [M]．天津：天津大学出版社，2004：111–116.

《营造法式》至《工程做法》这一演变进程上的中间阶段形态。上述这一朵当尺度模数化的演变历程，反映了东亚模数设计技术的成长和成熟。

（2）早期遗构朵当构成的十材倾向

关于朵当构成十材倾向的讨论，视线从《营造法式》转向大致同期的宋辽金遗构。

历史上补间铺作从无到有、从疏到密是一个大致的演变趋势。唐、辽早期遗构的当心间，大多已开始出现补间铺作一朵或补间铺作一朵的雏形，相应地，其开间构成呈初期的两朵当形式。进而，以材广权衡这一时期遗构的当心间尺寸，二者的比例关系多在 20 倍左右，从而表现出朵当构成趋近 10 材的倾向。以下排列比较部分唐、辽、宋、金遗构的当心间、朵当与材广的比例关系 [19]。

其一，唐遗址遗构。

首先分析唐宫殿遗址麟德殿与含元殿的开间尺度关系。根据考古发掘资料分析，二殿面阔开间尺寸皆为 18 尺。麟德、含元二殿的补间铺作形式，应为补间铺作一朵或补间铺作雏形，由此可知其朵当 9 尺。若以《营造法式》最大材等的一等材（9 寸）权衡，则其 9 尺朵当合 10 材。

再看以下唐代遗构二例（括号内为实测数值：心间 / 材广）：

南禅寺大殿：心间 19.6 材，朵当 9.8 材（499 厘米 /25.5 厘米）

佛光寺大殿：心间 17 材，朵当 8.5 材（504 厘米 /29.6 厘米）

上述唐代遗址、遗构的分析表明，其尺度关系或有趋近心间 20 材、朵当 10 材的倾向。

其二，辽、五代遗构。

辽、五代木构在风格形制上是最接近唐风者，当心间铺作配置为补间铺作一朵或补间铺作雏形。根据实测尺寸，比较以下几例辽、五代遗构当心间及朵当构成推算（表 5–5）：

表 5–5　五代、辽遗构当心间及朵当构成推算

遗构	补间	心间（材）	朵当（材）	心间 / 材广（厘米）
大云院弥陀殿（后晋）	1	20	10	405/20.2
镇国寺大殿（北汉）	1	20.6	10.3	455/22
阁院寺文殊殿（辽）	1	22.6	11.3	610/27
独乐寺观音阁（辽）	1	19.7	9.85	472/24
奉国寺大殿（辽）	1	20	10	580.5/29
广济寺三大士殿（辽）	1	22.8	11.4	548/24

朵当 10 材或趋近 10 材的倾向和特色，在辽构上表现得较为显著。表中朵当构成的推算，大致围绕着 10 材而波动变化。

19　所选遗构实测数据的来源，主要为以下文献：
陈明达．唐宋木构建筑实测记录表 [M]// 贺业钜．建筑历史研究．北京：中国建筑工业出版社，1992：233–261.
傅熹年．中国古代城市规划、建筑群布局及建筑设计方法研究 [M]．北京：中国建筑工业出版社，2001.
王贵祥，刘畅，段智钧．中国古代木构建筑比例与尺度研究 [M]．北京：中国建筑工业出版社，2011.
姜铮．晋东南地域视角下的宋金大木作尺度规律与设计技术研究 [D]．北京：清华大学，2019.
以及《文物》《建筑史》《中国建筑史论汇刊》等刊物的相关论文。

其三，宋、金遗构。

北方宋、金遗构绝大多数当心间仍为补间铺作一朵的形式，根据实测尺寸，比较以下几例宋、金遗构当心间及朵当构成推算（表 5-6）：

表 5-6　宋、金遗构当心间及朵当构成推算

遗构	补间	心间（材）	朵当（材）	心间 / 材广（厘米）
崇明寺中佛殿（宋）	1	21.2	10.6	452.2/21.3
安禅寺藏经殿（宋）	1	20.3	10.15	446/22
永寿寺雨花宫（宋）	1	20.1	10.05	483/24
崇庆寺千佛殿（宋）	1	21.5	10.75	432.1/20.1
游仙寺毗卢殿（宋）	1	20.8	10.4	386.8/18.6
南吉祥寺中殿（宋）	1	20.2	10.1	457.7/22.7
开化寺大殿（宋）	1	20.8	10.4	428/20.6
资圣寺毗卢殿（宋）	1	20.2	10.1	397.4/19.7
青莲寺大殿（宋）	1	21.4	10.7	454.9/21.23
龙门寺大殿（宋）	1	18.8	9.4	375/20
晋祠圣母殿（宋）	1	22.2	11.1	495/22.3
开元寺毗卢殿（宋）	1	19.1	9.55	420/22
阳泉关王庙大殿（宋）	1	19.3	9.65	406/21
西溪二仙宫后殿（金）	1	22	11	479.3/21.6
岩山寺文殊殿（金）	1	20.7	10.35	374/18
长子天王寺前殿（金）	1	20.7	10.35	466.2/22.5
石掌玉皇庙正殿（金）	1	19.8	9.9	393/19.8
阳城开福寺中殿（金）	1	21.4	10.7	450/21

以上所选宋、金遗构在补间铺作一朵的情况下，其尺度关系相当趋近心间 20 材、朵当 10 材的倾向和特色。

五代、北宋时期，补间铺作两朵的做法主要出现在江南地区。根据遗构实测数据分析，江南补间铺作两朵的方三间厅堂，当心间尺度显著增大，且在尺度关系上，表现出逐渐接近心间 30 材、朵当 10 材的倾向和过程。首先是五代末的福州华林寺大殿（964 年），心间 21.7 材，朵当 7.2 材（心间 652 厘米，材广 30 厘米）；其次是北宋的宁波保国寺大殿（1013 年），心间 27 材，朵当 9 材（心间 580.8 厘米，材广 21.5 厘米）。而保国寺大殿之后 60 年的甪直保圣寺大殿（1073 年）[20]，心间 29.25 材，朵当 9.75 材（心间 585 厘米，材广 20 厘米），保圣寺大殿的尺度关系，已相当接近心间 30 材、朵当 10 材的唐样模式。

江南现存宋元遗构中与日本唐样建筑最为接近且最具可比性的是苏州虎丘二山门。该构在时代、形制及源流关系上，皆与唐样建筑相当接近和关联。二山门面阔三间，进深二间；当心间补间铺作两朵，次间补间铺作一朵。据陈明达整理的实测数据，二山门斗栱材广 20 厘米，当心间 600 厘米，次间 350 厘米，进深两间各 350 厘米[21]，以材广权衡当心间尺寸，正合心间 30 材、朵当 10 材的构成关系，

20　民国时期损毁的甪直保圣寺大殿的实测数据，取自如下两份史料：一是日本美术史学家大村西崖的《塑壁残影・吴郡奇蹟》（東京：文玩莊，1926），二是清华大学所藏《中国营造学社实测记录》：吴县甪直保圣寺大殿斗栱 23-11-27。

21　陈明达. 唐宋木结构建筑实测记录表 [M]// 贺业钜. 建筑历史研究. 北京：中国建筑工业出版社，1992：233-261。虎丘二山门间架形式及铺作配置颇具宋风，经历代修缮，构件替换较多，选取斗栱旧材所测的材广为 20 厘米。

与日本中世唐样佛堂一致。

基于补间铺作配置从一朵到两朵的变化，唐宋以来当心间的尺度关系，表现出从20材趋向30材的变化趋势，其原因在于朵当10材机制的内在约束，尤其表现在江南厅堂建筑上。在这一背景下，中世唐样佛堂的尺度构成，就有了更广泛的认识视角和论证依据。

北方补间铺作两朵的宋构稀少，其中大型的隆兴寺摩尼殿（1052年）较接近这一模式，其心间27材，朵当9材（心间572厘米，材广21厘米）[22]。而宋末金初以来的北方中小型方三间遗构中，补间铺作两朵者有初祖庵大殿（1125年）、龙岩寺中殿（1129年）等少数几例，虽采用补间铺作两朵做法，然当心间尺度却并未相应增大，如宋末的初祖庵大殿，其心间仅22材，朵当缩减至7.3材（心间412厘米，材广18.5厘米）；而至金代的龙岩寺中殿，心间24.6材，朵当8.2材（心间435.4厘米，材广17.7厘米），虽朵当略显宽松，然仍不及江南厅堂趋近心间30材、朵当10材的程度。

关于当心间、朵当的尺度关系，再以日本奈良、平安时代的佛堂遗构以及中世和样建筑，作分析、比较。

在铺作配置上，奈良、平安时代遗构以及中世和样建筑，补间以斗子蜀柱的形式作为单补间铺作的雏形，相应地，其开间构成可视作初期的两朵当形式。根据实测数据分析，其开间及朵当构成，同样也存在着趋近心间20材、朵当10材的倾向和特色，见以下排比诸例（括号内为实测数值：心间/材广）。

奈良、平安时代佛堂遗构：

唐招提寺金堂（770年）：心间19.2材，朵当9.6材（15.75尺/0.82尺）

平等院凤凰堂（1035年）：心间20.6材，朵当10.3材（14尺/0.68尺）

药师寺东院堂（1285年）：心间21.6材，朵当10.8材（13.6尺/0.63尺）

中世和样佛堂遗构：

大善寺本堂（1286年）：心间19.26材，朵当9.63材（13.10尺/0.68尺）

鑁阿寺本堂（1299年）：心间22.7材，朵当11.35材（12.07尺/0.53尺）

松生院本堂（1295年）：心间19.4材，朵当9.7材（7.955尺/0.41尺）

长弓寺本堂（1279年）：心间20.3材，朵当10.15材（11.16尺/0.55尺）

本山寺本堂（1300年）：心间18.3材，朵当9.15材（10.08尺/0.55尺）

净土寺本堂（1327年）：心间20材，朵当10材（10.645尺/0.53尺）

观心寺本堂（1370年）：心间19.84材，朵当9.92材（9.92尺/0.5尺）

那么，完全无补间铺作的早期建筑又如何呢？从飞鸟样式的法隆寺金堂、五重塔来看，推测其当心间尺寸存在着趋近10材的可能[23]（金堂取下层，五重塔取底层，括号内为营造尺：心间/材广）：

法隆寺金堂（8世纪初）：心间12材（12尺/1尺）

22 关于隆兴寺摩尼殿的尺度关系，有相关研究作如下推算：N＝6.6寸（材广），铺作中距9N，面阔心间27N，上檐柱高41.5N，下檐柱高18N。参见：肖旻．唐宋古建筑尺度规律研究[D]．广州：华南理工大学，2002：102.

23 关于法隆寺金堂、五重塔的营造尺，以往日本学界推定为高丽尺，尺长35.93厘米，笔者通过分析考证认为应为北朝尺，尺长26.95厘米，北朝尺长相当于高丽尺长的3/4。参见：张十庆．是比例关系还是模数关系——关于法隆寺建筑尺度规律的再探讨[J]．建筑师，2005（5）：92-96.

法隆寺五重塔（8 世纪初）：心间 10 材（10 尺 /1 尺）

当心间尺度和材尺度，是标志建筑等级和尺度规模的两个关联指标。从上述遗构尺度关系的分析可见，早期单补间铺作遗构的当心间尺度，多在 19 至 21 材之间，双补间铺作遗构的当心间尺度，多在 27 至 30 材之间，相应地，朵当尺度表现出趋近 10 材的倾向和特色。这一现象表明：朵当趋近 10 材的特色有可能反映了早期建筑上习用和适宜的尺度关系，并逐渐表现出从概数向确数的变化，最终演变为朵当构成的相应规制，如日本中世唐样佛堂的尺度设计技术。

四、朵当构成的斗长基准：倍斗模数

在两级模数形式“朵当＋材”的架构下，“材”在广义上指斗栱构件的基本尺寸，具体有材广、材厚（斗口）、斗长这三者，且此三者表现为两类构件模数的交杂：一类为栱模数，一类为斗模数。实际上，《营造法式》栱模数与斗模数之间是相互关联的，栱模数隐含了斗模数的部分内容。

基于栱、斗的朵当构成，其本质为横向尺度的组织与筹划。对于横向尺度的权衡而言，竖向尺度单位的材栔并不直接和直观，而横向尺度单位的斗长、斗口无疑具有更为直接和直观的特点，因此，斗长、斗口逐渐替代材栔，成为组织和筹划横向尺度的主要基准形式。

前文分析了基于材广的朵当构成，以下继续分析基于斗长、斗口的朵当构成。斗长基准与斗口基准有一个共同点，即皆为与斗相关的尺度单位。以下先从斗长基准开始讨论。

1. 文献记载的倍斗模数法

所谓斗长，具体指小斗长。小斗长是材的一种表现形式，斗与材有直接的关联，二者不仅为同级尺度构件，且小斗的制作，亦是由材扁作而成。按《营造法式》的构件比例关系，散斗长小于材 1 份，齐心斗长大于材 1 份，故斗长与材是大小近乎相同的尺度单元。

斗长作为尺度基准，早在《营造法式》中已见记载，且有可能是在《营造法式》之前就已存在的一种模数方法，也就是《营造法式》称为“倍斗而取长”的方法。

《进新修〈营造法式〉序》指出：“董役之官，才非兼技，不知以材而定分，乃或倍斗而取长。弊积因循，法疏检察。非有治三宫之精识，岂能新一代之成规。”[24] 文中关于“倍斗而取长”的论述，其意可理解为：旧时董役之官，不知以材而定份的新法，仍沿用倍斗而取长的旧制。

该段文字出自李诫完成新修崇宁《营造法式》时所作的序，是就此前元祐《营

24　梁思成. 梁思成全集（第七卷）[M]. 北京：中国建筑工业出版社，2001：3.

造法式》之积弊而发的感言。李诫新修《营造法式》的一个重要特点是革除旧弊，“新一代之成规”，这也是李诫新修《营造法式》的抱负和追求。因此，可有如下的认识：“倍斗而取长”为元祐旧制，“以材而定分”为崇宁新规。如此则易于解释其时董役之官的作为：沿用倍斗旧制，不知材份新规。

李诫新修的《营造法式》，弃用倍斗旧制，确立材份新规。“以材而定分”的份制，应是崇宁大木作制度最重要的新规之一[25]。《营造法式》的《看详》《总释》中有“材”“栔”而无“分”，即是一个佐证。

《营造法式》所弃用的倍斗旧制，具体内容因记载不详，不得而知。然根据模数技术发展的趋势以及参照日本的相关史料，“倍斗而取长”之法，以“倍斗长而取长”的可能性最大，也即以斗长为基准，并与后世的斗口同作为横向的尺度基准，区别而关联。

实际上，唐辽遗构如佛光寺大殿、应县木塔、华严寺薄伽教藏殿、镇国寺万佛殿、独乐寺观音阁等构，都显示了早期斗栱尺度设计上有基于栱心格线的“倍斗而取长”的身影。

“倍斗而取长”应是一种古老的尺度设计方法。详见后文第六章斗栱构成的相关分析。

关于倍斗模数法，相较于《营造法式》只是提及而已，于日本唐样建筑则是切实的存在。

中世后期至近世，唐样模数基准由材广向斗长、斗口转变。尤其是斗长基准形式，成为这一时期唐样设计技术的一个重要特征，且又有相关技术文献记载，如唐样建筑技术书《建仁寺派家传书》，是认识以斗长为基准的倍斗模数法的直接文献史料。

《建仁寺派家传书》是近世唐样设计体系的代表。该书设计体系的最大特征是：尺度设计以朵当为基本模数，即以朵当的倍数和分数，权衡、设定从间架到斗栱的尺度关系。具体而言，明间、次间分别为 3 朵当和 2 朵当；并以朵当的分数，设定次级的斗长基准，即斗长取朵当的 1/6，相应地，也就是朵当 6 斗长，明间 18 斗长；进而以斗长基准权衡和设定斗栱的尺度关系。这是唐样倍斗模数法的明确制度规定。

朵当构成从“十材关系”到“六斗长关系”，表现了中世以来唐样设计技术的变迁，以及设计技术多样性的特色。

2. 东大寺钟楼的倍斗模数

（1）钟楼的背景与意义

以上讨论了中日建筑技术书记载的倍斗模数法，下文结合中世遗构中斗长基

25　崇宁《营造法式》大木作制度新规中，应有两个重点：一是变造用材制度（增减之法），二是份制。

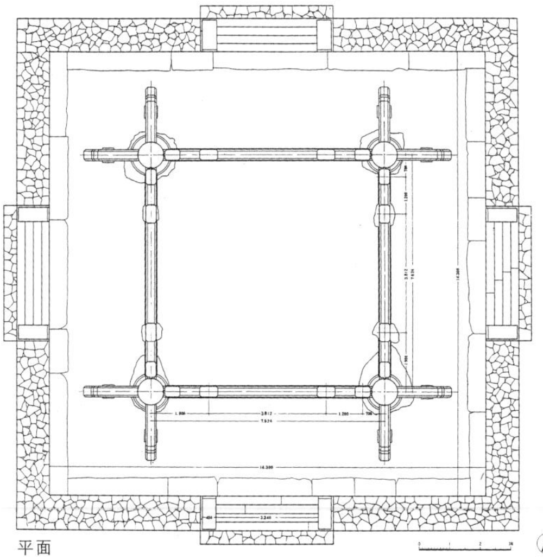

平面

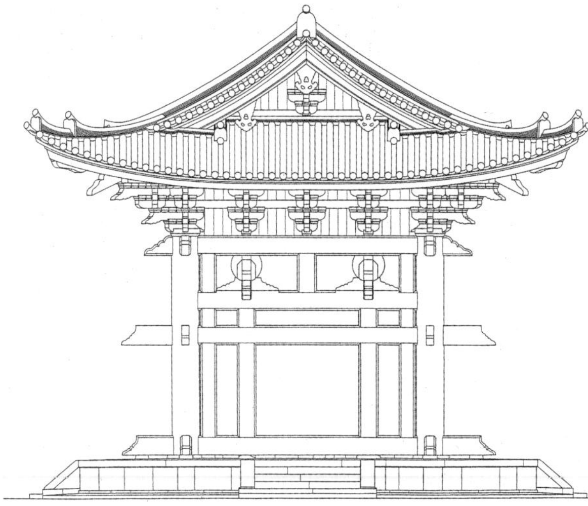

侧立面

图 5-4-1　东大寺钟楼平面（来源：奈良県文化財保存事務所编．国宝東大寺鐘楼修理工事報告書 [M]．奈良県文化財保存事務所，1967）（左）

图 5-4-2　东大寺钟楼立面（来源：奈良県文化財保存事務所编．国宝東大寺鐘楼修理工事報告書 [M]．奈良県文化財保存事務所，1967）（右）

准现象，作进一步的分析、论证。首先选择中世初期的东大寺钟楼为例，探讨宋技术背景下钟楼的设计技术特色及其意义。

奈良东大寺是日本佛教史上的一个重要寺院，东大寺的镰仓再建，在日本建筑史上具有划时代的意义，日本建筑史上的中世时代由此而始。

奈良时代繁盛的东大寺，于 1180 年毁于兵火。随后重源和尚作为东大寺造营大劝进，引入南宋技术，重建东大寺大佛殿等建筑，时为镰仓时代（1185—1333）初。而东大寺钟楼，据传为日僧荣西接任东大寺第二代大劝进职的承元年间（1207—1211）所再建之构[26]。作为镰仓东大寺再建的现存建筑之一，钟楼是日本中世初期的珍贵遗构。且钟楼的传承关系表明，钟楼的技术源流与中国南方的建筑技术有密切的关联。东大寺钟楼对于认识宋技术背景下中世初期建筑技术的性质与特色具有重要的意义。

东大寺钟楼的再建，采用来自南宋的新样式与新技术，整体上融合了天竺样与唐样的技术特色。尤其是在铺作形式上，所采用的补间铺作、重栱、计心、足材等做法，都是唐样建筑所独有的特征。13 世纪初再建的东大寺钟楼，是认识初期唐样建筑的唯一现存实例，在唐样设计技术研究上尤为珍贵和重要[27]。

在以天竺样为特色的东大寺的再建过程中，钟楼所表现的唐样特色，推测应与主持再建的荣西相关。日僧荣西（1141—1215），曾二度入宋，巡访江南名寺，回国后建立日本宋风禅寺，是传入和采用宋风建筑的先驱。故钟楼的唐样做法，应源自荣西所传的江南建筑技术，反映的是早期唐样建筑的特色。东大寺钟楼之后，纯正宋风的唐样建筑才逐渐流行，而东大寺钟楼则成为认识早期唐样建筑技术的重要线索。

钟楼单层，正方一间，每面用补间铺作三朵，屋顶单檐歇山形式。钟楼经 1966 年的落架修缮，镰仓时代再建的形制面貌得以复原（图 5-4-1、图 5-4-2）。

26　根据荣西《入唐缘起》中的“造钟楼”记载，也有研究认为钟楼年代或稍迟，但不会晚于 13 世纪中叶。

27　太田博太郎监修的《日本建筑样式史》，将东大寺钟楼定性为初期唐样，该构是认识中世初期唐样的唯一实例。参见：太田博太郎监修．日本建築様式史 [M]．東京：美術出版社，1999：64.

（2）基于尺度复原的宋尺特色

在设计技术上，中世初期的东大寺钟楼表现有哪些新的特点呢？根据钟楼实测数据的分析，可以得到如下两个推定和认识：一是钟楼直接采用了宋尺，二是钟楼采用了宋式的模数设计方法。也就是说，宋技术因素是钟楼设计技术的特色所在。这一推定和认识如果成立的话，对于认识日本中世初期建筑的性质和特点具有十分重要的意义。以下作进一步的分析论证。

营造尺复原是钟楼尺度分析的关键。《国宝东大寺钟楼修理工事报告书》根据钟楼开间实测数据 762.4×762.4（厘米），合现行曲尺 25.16 尺，推测钟楼开间的设计尺寸为 25 尺，尺长 30.5 厘米，并认为此营造尺为镰仓尺，较现行曲尺（30.303 厘米）稍大。

然而根据多方面的分析校验，《国宝东大寺钟楼修理工事报告书》所推定的营造尺与钟楼实际情况的吻合性并不理想，有必要对钟楼营造尺再作探究。通过分析可见，钟楼形制及尺度上的一些现象指向了其开间设计尺寸为 24 尺的可能性，如钟楼采用的和样平行椽的布椽方式，就提示了这种可能，即钟楼布椽 24 枝，有可能匹配的是间广 24 尺[28]。

早期和样建筑设计上，其布椽枝数与整数尺间广的匹配关系，以一尺一枝、二尺三枝的形式为特色，中世初的东大寺钟楼应延续了这一和样传统做法。上述关于钟楼一尺一枝的布椽与间广匹配关系的推定，也正是基于钟楼兼有和样平行椽做法这一特点。

如果钟楼间广 24 尺成立的话，那么其营造尺长为：762.4 厘米 /24 尺＝31.76 厘米 / 尺。比较这一营造尺长，在东亚尺制上属宋尺系[29]。对于受宋技术影响强烈的日本中世初期建筑而言，钟楼的宋营造尺是一个十分有意味的现象。以下根据钟楼的实测数据校验宋营造尺的可能性，并与《国宝东大寺钟楼修理工事报告书》所提出的镰仓尺作比较。

东大寺钟楼方一间，每面施补间铺作三朵。四面开间内又以槏柱分作三间，其实测值及复原尺寸如表 5-7 所示。

表 5-7　东大寺钟楼开间复原尺寸分析

项目	边间	中间	边间	总间
实测值	190.6 厘米	381.2 厘米	190.6 厘米	762.4 厘米
宋　尺	6.0 尺	12.0 尺	6.0 尺	24.0 尺
镰仓尺	6.25 尺	12.5 尺	6.25 尺	25.0 尺

注：宋尺＝ 31.76 厘米，镰仓尺＝ 30.50 厘米。

以上间广尺寸的复原分析，宋尺的吻合性显然好于镰仓尺。以下以此推定营造尺，并根据钟楼尺度构成的特点，再作进一步的校验。

28　根据《国宝东大寺钟楼修理工事报告书》，钟楼檐部于 1745 年（日本延享二年）曾有修理改造，飞檐椽及封檐板被认为是延享年间（1744—1747）修理时的新补材，而檐椽及布椽仍是原初形式。1966 年的落架修缮，复原了镰仓时代当初的钟楼形制面貌。由此可知，24 枝布椽形式为钟楼原初形式。

29　宋尺长约 31 厘米余，如宋三司布帛尺长 31.68 厘米，1964 年南京孝陵卫宋墓出土木尺长 31.4 厘米。东大寺钟楼营造尺长 31.76 厘米，应属三司布帛尺系。宋代尺制复杂，南宋时江南一带还行用南宋官尺，又称省尺、浙尺。

实测数据分析表明：钟楼的尺度构成以间广 762.4 厘米的 1/32 为基准，且基准长 23.82 厘米正为钟楼斗栱之斗长。也就是说，斗长是钟楼尺度构成的基准单位（详见下节分析）。上述钟楼这一尺度构成的特点，可作为推析营造尺的另一个线索。其方法如下：

分别以 24 尺和 25 尺的复原间广尺寸权衡和校验 1/32 间广的基准长的特点，以此反推和印证复原间广尺寸的可能性。

24 尺复原间广：1/32 间广的基准长为 0.75 尺（宋尺）

25 尺复原间广：1/32 间广的基准长为 0.78125 尺（镰仓尺）

由以上比较可见，复原间广 24 尺所对应的基准长 0.75 尺，符合基准长的简洁性特征。而复原间广 25 尺所对应的基准长 0.78125 尺，小数零碎，不可能作为尺度构成的基准，由此反证复原间广 25 尺的非真实性。上述钟楼尺度构成基准长的分析，验证了 24 尺复原间广以及宋营造尺的真实性和可靠性。此外，开间以外的其他实测尺寸的复原分析，也都表明与宋尺的吻合性远好于镰仓尺。

基于对以上钟楼实测数据的分析校验，可以认定钟楼营造尺为宋尺而非镰仓尺，钟楼间广的设计尺寸为 24 尺而非 25 尺。

如前所述，东大寺钟楼在样式属性上，以天竺样与唐样的折中为主，并融有部分和样因素。然在设计技术上，东大寺钟楼直接采用宋尺以及倍斗模数的设计方法，与同期的其他天竺样建筑显著不同。比较同期天竺样遗构东大寺南大门、开山堂以及净土寺净土堂，此三构营造尺皆非宋尺，其尺长接近于现行曲尺（30.303 厘米），仍属传统的唐尺系。如南大门营造尺约 29.97 厘米，开山堂营造尺约 29.8 厘米，净土堂营造尺则与现行曲尺相同，长 30.303 厘米。钟楼弃用旧唐尺，取用新宋尺，表现了钟楼传承宋风新技术的强烈意愿和追求。

日本建筑史上，自奈良时代以来，营造尺基本上一直以沿用唐尺为特色，直至近现代的现行曲尺仍是唐尺系统。而 13 世纪初的钟楼采用宋尺的现象，从一个侧面反映了中世初期新兴宋技术的活跃及其时代特色。

以上分析推定了钟楼营造尺的宋尺特点。而关于钟楼的间架尺度构成，分析表明同样也具有宋式特色，即以斗长为基准的倍斗模数设计方法。

图 5-4-3 东大寺钟楼连斗形式（里跳部分）[来源：奈良六大寺大観刊行会編. 東大寺（奈良六大寺大觀第 9 卷）[M]. 東京：岩波書店，1980]

（3）以斗长为基准的倍斗模数

东大寺钟楼斗栱七铺作，双杪双昂，隔跳计心并出假昂。斗栱构成形式别具特色，其小斗与栱枋相连一体，由一木制成，斗附于栱枋下，所有斗长均一，无间隙地排列成横向连斗形式（图 5-4-3）。

钟楼横向连斗这一特性，决定了其斗长尺寸（23.82 厘米，0.75 尺）在钟楼尺度构成上的重要性，即斗长成为钟楼尺度构成的基准所在，这可称是宋式倍斗模数法的特殊形式。

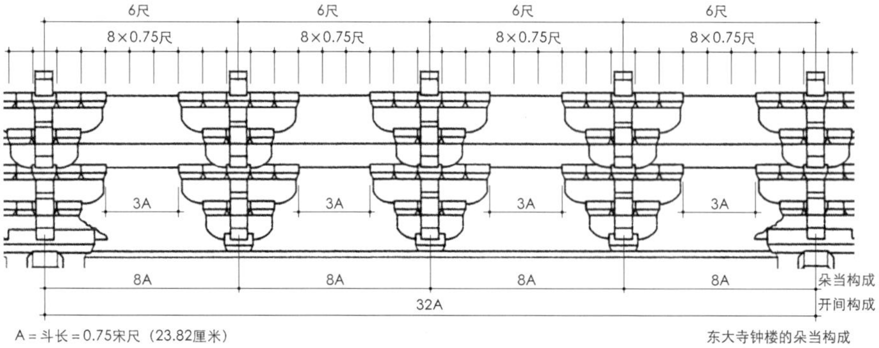

图 5-4-4　东大寺钟楼基于斗长的朵当构成（底图来源：奈良県文化財保存事務所編. 国宝東大寺鐘楼修理工事報告書 [M]. 奈良県文化財保存事務所，1967）

钟楼斗栱构成上，斗的本意已经淡化，成为附于栱上的一种斗形装饰，而其真正的作用和意义则体现在作为尺度基准的斗长之上——“倍斗长而取长”。

钟楼所有横向尺度的设定，皆基于斗长尺寸（0.75 尺），且构件尺度以直观的连斗方式设定：附斗之栱枋，依所处位置及长短之不同，形成九种连斗形式，从三连斗的短栱（2.25 尺）、五连斗的长栱（3.75 尺），到七连斗的栱枋（5.25 尺），直至 17 连斗的栱枋（12.75 尺）；而空间尺度则以抽象的模数方式设定：朵当 8 斗长（190.6 厘米，6 尺），间广 32 斗长（762.4 厘米，24 尺），椽平长、檐出 8 斗长（190.6 厘米，6 尺）。

根据横向连斗的特色，钟楼朵当、间广的尺度构成一目了然，皆由斗长基准所权衡，即朵当以 8 斗长为之，相应地，开间则以 4 朵当、32 斗长为之（图 5-4-4）。钟楼间架尺度的构成关系归纳如下（斗长基准以 A 表示）：

斗长基准：A　（23.82 厘米，0.75 尺）

朵当构成：8A　（190.6 厘米，6 尺）

开间构成：32A（762.4 厘米，24 尺）

钟楼朵当与斗栱的关联构成为：斗栱全长 5 斗长（3.75 尺），相邻斗栱空当 3 斗长（2.25 尺），朵当合 8 斗长（6 尺）。

钟楼尺度构成上，以斗长为基准，形成斗栱、朵当及开间三者关联的整体构成关系。

此外，根据实测数据分析，钟楼斗长基准的特色，还有如下诸多的表现（A 为斗长基准）：

间广中间 381.2 厘米，12 尺，合 16A

间广边间 190.6 厘米，6.0 尺，合 8A

方形台基边长 1430 厘米，45 尺[30]，合 60A

台阶踏步长 334 厘米，10.5 尺，合 14A

柱缝至台基边 333.8 厘米，10.5 尺，合 14A

椽架平长 190.6 厘米，6 尺，合 8A

30　根据《国宝东大寺钟楼修理工事报告书》，钟楼方形基座为 1966 年修缮的结果，然基座边长实测数据的折合，却是十分准确的 45 宋尺，记此以作参考。

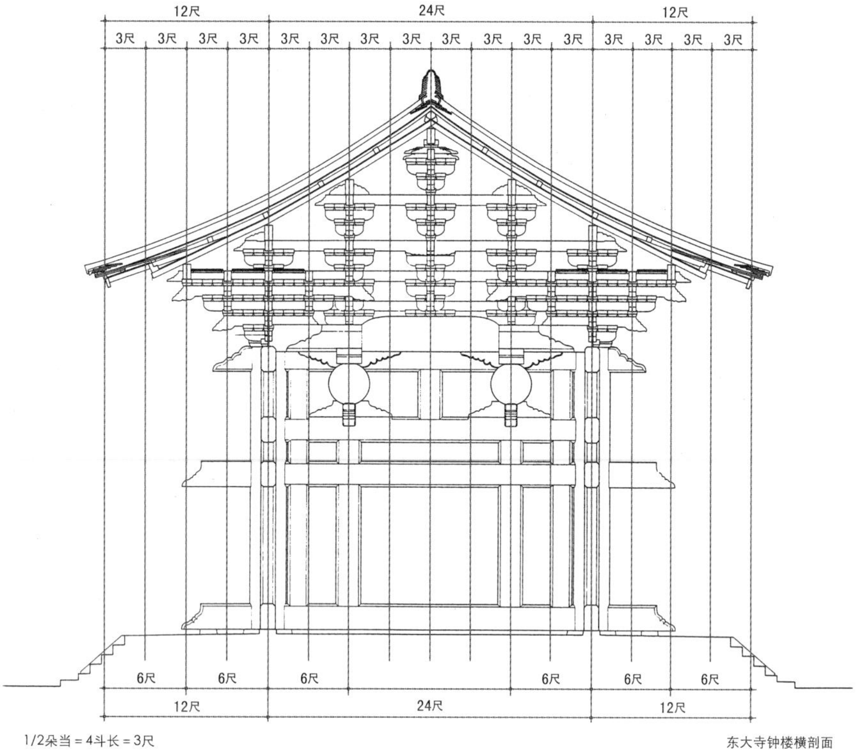

图 5-4-5　东大寺钟楼剖面尺度关系分析（底图来源：奈良県文化財保存事務所編. 国宝東大寺鐘楼修理工事報告書 [M]. 奈良県文化財保存事務所，1967）

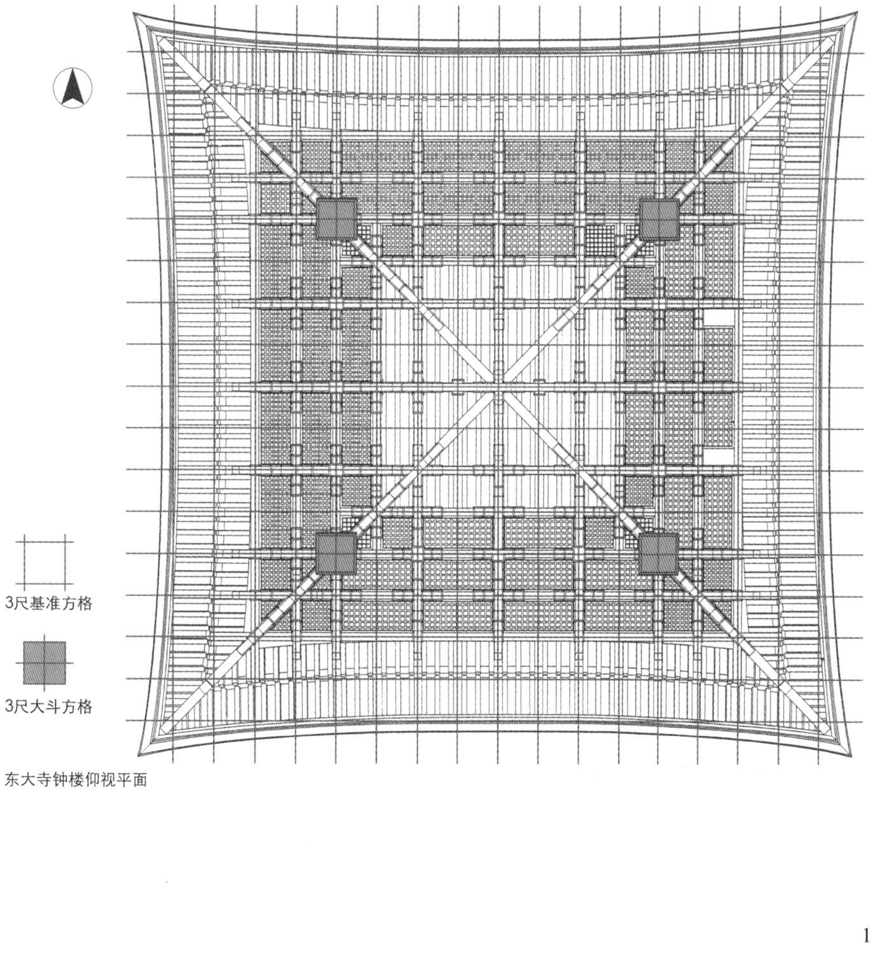

图 5-4-6　东大寺钟楼仰视平面尺度关系分析（底图来源：奈良県文化財保存事務所編. 国宝東大寺鐘楼修理工事報告書 [M]. 奈良県文化財保存事務所，1967）

橑檐枋出 190.6 厘米，6 尺，合 8A

总檐出 381.1 厘米，12 尺，合 16A

斗长基准的作用，深入至局部细节，转角铺作 45 度缝上的斗长，也皆取标准斗长的 1.41 倍为之。

钟楼间架尺度构成上朵当基准的作用显著而分明。由实测数据分析可见，以 1/2 朵当为基准，钟楼间架尺度的朵当、架深、间广、跳距、檐出等尺寸，皆与之成简洁的倍数关系（图 5-4-5）。

在尺度关系上，钟楼 1/2 朵当合 4 斗长、3 尺。朵当与斗长二者构成钟楼两级模数的基准形式。

4 倍小斗长的 1/2 朵当，实际上又可称作大斗模数。钟楼转角铺作栌斗，正方形，实测斗长 95 厘米，设计尺寸 3 尺，合 4 小斗长。故钟楼的尺度构成，实际上又形成了小斗模数（0.75 尺）与大斗模数（3 尺）的两级形式（图 5-4-6）。东大寺钟楼这一别具特色的斗长模数，意味深远。

与东大寺钟楼同时期的天竺样诸构，虽都有用材规格化的倾向，但尺度构成上未见明显的模数化现象，这与东大寺钟楼的尺度特色形成显著的差异，其原因正在于东大寺钟楼的唐样技术因素。也就是说，尺度关系的模数化，在中世前期应是唐样独有的技术特色。

东大寺钟楼的个案意义，堪比不动院金堂。二者成为唐样设计技术发展进程上的两个重要的标杆，具有独特和重要的意义。不动院金堂与东大寺钟楼，分别以独特的尺度构成形式表达了唐样材广模数与斗长模数的性质与特色。

东大寺钟楼再建于 13 世纪初，其时正值宋技术传入日本的初期，故钟楼所表现的唐样技术因素，应直接由模仿、移用宋技术而来，其尺度设计方法真实地再现了当时江南建筑的设计技术。由此推知斗长模数在南宋江南建筑上，应是一种流行的设计方法，这是东大寺钟楼案例意义的另一层面。

东大寺钟楼斗长模数的突出特点是：斗长模数意识及其表达方式的原始性和直观性。在钟楼的尺度构成上，斗长因素显著而直接。钟楼以横向密集连斗的原始形式，直观地表达了斗长模数的意识和追求。而就中世设计技术的整体而言，钟楼这一斗长模数的原始形式，则成为中世唐样斗长模数成长的起点。其后中世斗长模数的演变和成熟，应与东大寺钟楼的模数技术有着密切的传承关系。东大寺钟楼斗长模数的意义和定位正在于此。

3. 圆觉寺佛殿的斗长模数

（1）再建设计图呈现的设计方法

如果说东大寺钟楼的横向密集连斗的构成形式反映的是倍斗模数的原始形态，

那么圆觉寺佛殿古图所表现的斗长模数，则是倍斗模数的成熟形态。

圆觉寺佛殿是日本中世唐样五山佛殿的重要代表。佛殿于1563年圆觉寺大火时烧毁。随后筹备再建，并于日本元龟四年（1573）作佛殿再建设计图，此即留存至今的圆觉寺佛殿古图（参见前图4-4-2、图4-4-3）。

关于此佛殿古图，日本学者已有相关研究[31]。在中世五山佛殿一构不存的情况下，圆觉寺佛殿古图被认为是探讨日本中世五山佛殿全貌的唯一可靠史料。更基于此图作为设计图的性质，其描绘精细，比例准确，并标注尺寸，为分析唐样建筑设计意图和方法，提供了直接和可靠的依据。

关于其图纸比例，剖面图为1/10，平面图相当于1/33.3。平面图如此特殊的比例，是当时尺度设计上追求朵当基准的意识在作图法上的表现。

根据佛殿再建设计图，佛殿为殿身方五间带副阶的形式。其面阔当心间20尺（图记尺寸，下同），补间铺作两朵；次间、梢间13.33尺，各补间铺作一朵；进深五间相等，尺寸省略未记，应与面阔梢间相等，即间广13.33尺，补间铺作一朵。面阔、进深逐间朵当等距。佛殿副阶尺寸，图中标记8.6尺。

前文第四章关于唐样佛堂间架构成关系的讨论，以圆觉寺古图佛殿为例，分析唐样方五间佛堂的构成形式，指出圆觉寺佛殿尺度构成上，以朵当6.665尺为基准，面阔心间3朵当，次、梢间2朵当，面阔五间计11朵当，合73.32尺；进深各间2朵当，五间计10朵当，合66.65尺；面阔大于进深1朵当、6.665尺。

本节根据圆觉寺佛殿古图的尺寸数据，就佛殿的朵当构成作进一步的分析。

（2）八斗长的朵当构成关系

圆觉寺古图佛殿尺度分析所用的尺寸数据分为两种：一是图中标注的平面开间尺寸，为作图时的设计尺寸；二是斗栱构件尺寸，为以日本现行曲尺（30.303厘米）量图所得。根据日本学者关口欣也的研究，设计尺相当于现行尺的0.98倍，尺长29.70厘米。故依现行尺所量的尺寸，皆只是当时设计尺寸的0.98倍。

值得注意的是，佛殿斗栱尺度构成上，斗长基准是一重要的特色，佛殿斗栱所有的横向尺度关系，皆以斗长为基准而权衡和设定（具体详见第六章的相关分析）。基于这一尺度关系，并根据圆觉寺佛殿古图的尺寸数据分析，佛殿斗栱的斗长与朵当、间广之间具有简洁、明快的比例关系，即：殿身朵当、开间尺度构成基于殿身斗长，副阶朵当、开间尺度构成基于副阶斗长，殿身与副阶的尺度构成，各以自身斗长为基准。佛殿开间尺度构成呈基于斗长的模数关系。

具体而言，在殿身尺度构成上，以殿身斗长为基准，朵当呈8斗长的构成关系。相应地，当心间20尺为3朵当、24斗长，次间、梢间13.33尺为2朵当、16斗长。殿身朵当与斗栱的关联构成为：斗栱全长6斗长，相邻斗栱空当2斗长，朵当合8斗长。

31　関口欣也. 円覚寺仏殿元亀四年古図について[J]. 日本建築学会論文報告集（第118号）. 1965：37-44.

关于副阶的尺度构成，副阶深 8.6 尺，副阶其他各间与相应的殿身开间重合。以副阶斗长为基准，朵当呈 10 斗长的构成关系。相应地，当心间 20 尺为 3 朵当、30 斗长，次间、梢间 13.33 尺为 2 朵当、20 斗长；副阶 8.6 尺，合 13 斗长。

由上述构成关系，可推算出殿身斗长与副阶斗长的设计尺寸，具体如下式：

殿身斗长＝ 200 寸 /24 斗长＝ 8.33 寸（设计尺寸）

副阶斗长＝ 200 寸 /30 斗长＝ 6.66 寸（设计尺寸）

根据设计尺与现行尺的折算率（0.98），上述设计斗长折为现行尺分别为 8.17 寸与 6.53 寸，而由量图所得的殿身与副阶斗长分别为 8.2 寸与 6.56 寸[32]。考虑到作图及量图的误差，二者相当吻合。这一验算证实了佛殿基于斗长的朵当、开间尺度关系的成立。以 A 表示殿身斗长，A' 表示副阶斗长，佛殿平面尺度构成如下表所示（表 5−8）（图 5−4−7）：

表 5–8　圆觉寺古图佛殿的平面尺度构成关系

位置	项目	心间	次间	梢间	副阶	殿身规模	总体规模
面　阔（五间）	设计尺寸（尺）	20.0	13.33	13.33	8.60	73.32	90.52
	朵当构成	8A	8A	8A	6.5A'		
	殿身开间构成	24A	16A	16A		88A	
	副阶开间构成	30A'	20A'	20A'	13A'		136A'
进　深（五间）	设计尺寸（尺）	13.33	13.33	13.33	8.60	66.65	83.85
	朵当构成	8A	8A	8A	6.5A’		
	殿身开间构成	16A	16A	16A		80A	
	副阶开间构成	20A'	20A'	20A'	13A'		126A'

注：A 为殿身斗长，A' 为副阶斗长。

基于以上尺寸数据的分析，圆觉寺佛殿再建设计图的设计意图，显然是指向 8 斗长的朵当构成关系的。这一朵当构成关系既与中世初期的东大寺钟楼相同，又与其后的《建仁寺派家传书》6 斗长的朵当构成形式相呼应，在唐样尺度设计上具有重要的意义。

殿身与副阶的尺度构成分别对应于各自的斗长基准，这是一个相当有意味的尺度现象，且在近世唐样建筑技术书《镰仓造营名目》中，也记载有相同的尺度规制，二者同为镰仓工匠的设计技术文献，相互印证。

圆觉寺古图佛殿的殿身斗长与副阶斗长之比为 5∶4，或者说副阶斗长为殿身斗长的 0.8 倍，二者间呈简洁的比例关系。相应地，可以用单一的副阶斗长基准，统一佛殿从殿身到副阶的整体尺度关系，即心间 30 斗长，次、梢间 20 斗长，副阶 13 斗长，而这与材模数的朵当十材关系在形式上完全相同。且以朵当的分数为次级基准（斗长），并以之权衡、设定副阶尺度的设计方法，在此例上又一次得以验证。

32　关于佛殿斗长的量图尺寸，参见：関口欣也．円覚寺仏殿元亀四年古図について[J]．日本建築学会論文報告集（第 118 号）．1965：37−44.

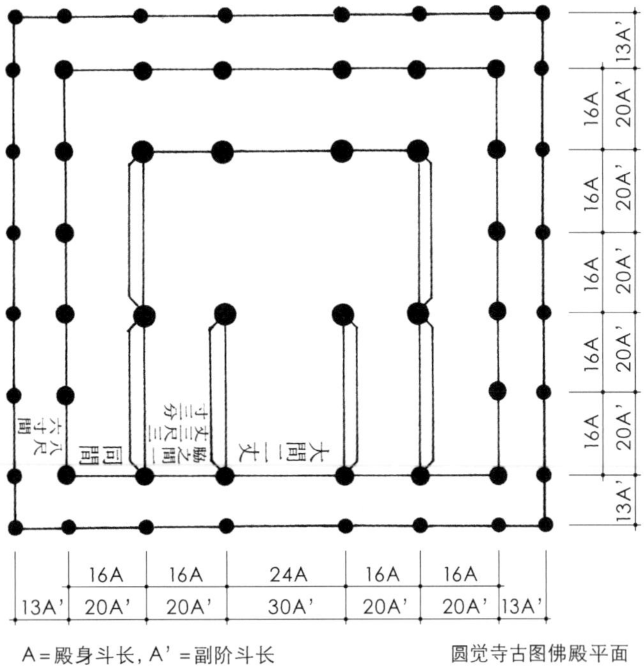

图 5-4-7　基于朵当、斗长的圆觉寺古图佛殿开间尺度构成（底图来源：関口欣也. 五山と禅院[M]. 東京：小学館，1983）

基于斗长的尺度关系，代表了中世唐样尺度设计上不同于材模数的另一种模数形式。圆觉寺古图佛殿之后，近世设计技术上斗长模数得以进一步的发展，并成为唐样模数设计的主要形式。

斗长模数形成于中世，兴盛于近世，近世是唐样斗长模数的主场。详见第八章的相关内容。

五、朵当构成的斗口基准：斗口模数

1. 从材栔模数到斗口模数的演变

（1）模数基准的转变

唐样朵当构成关系上，基准的变化是一显著特征，其中既有技术多样性的表现，又有传承演变关系。如果说材栔模数与斗长模数二者，表现了唐样设计技术的多样性特征，那么材栔模数与斗口模数二者之间则是演变关系，表现了尺度关系演变进程上的前后两个阶段形态。这一演变进程的总体趋向是：模数关系的重心从反映结构关系的竖向尺度，转向以造型、比例为主的横向尺度。其标志是模数基准从竖向尺度单位（材、栔）向横向尺度单位（斗长、斗口）转变。宋之材栔模数向明清斗口模数的转变，即典型地反映了这一变化趋势。

从宋《营造法式》的材栔模数，到清《工程做法》的斗口模数，表现了古代模数设计技术发展的连续性和整体性。作为演变进程上的前后两个阶段形态，分别以材之广、厚为基准。宋之材厚即清之斗口，斗口模数是材栔模数的另一种形式。相对于材栔模数，斗口模数的重心转向横向尺度的设计筹划。而这一重心转变的背景在于：补间铺作的多朵化、密集化，以及随之产生的横向尺度精细筹划的需要。

以横向尺度为重心的斗口基准，其初期意识和雏形在《营造法式》时期应已出现。相对于材栔基准而言，斗口基准在《营造法式》中呈现为隐性基准的形式，而且相较于铺作配置疏朗的大木作，隐性的斗口基准更多地表现在铺作配置繁密的小木作上，如《营造法式》小木作帐藏的 100 份朵当形式，即是朵当 10 斗口的表现。小木作帐藏因补间铺作的多朵化与密集化，必然产生横向尺度精细筹划的迫切需要，从而促使斗口作为基准作用的显现。

宋式模数单位的材是一种截面量度，包括广、厚两个尺寸。而清式模数则将宋之材截面的两向尺寸，简化为单一的斗口尺寸，并取消宋式的“分”单位，模数方法朝着一元斗口的简化方向演变，记忆和使用更为便捷。

实际上，基于材之广厚 3∶2 的比例关系，《营造法式》八个材等之广、厚尺寸的设定，在方法上必然是以材厚定材广的，即以材厚加半成为材广。因唯有如此，方能使得所有材等的广厚尺寸皆为简单尺寸，反之则不然。《营造法式》八个材等的材广尺寸皆为 3 的倍数的现象，说明了这一点，由此可见材厚（斗口）的重要性。

宋式材模数中实际上隐含了斗口模数，即 1 材等于 1.5 斗口，二者间可简便转换。

（2）清式斗口模数法

斗口模数规制的明确记载，最早见于清雍正十二年（1734）颁布的工部《工程做法》，其后又有反映清代晚期做法的《营造算例》（梁思成编订），设计技术上表现为基于斗口的模数设计方法。

清式斗口，指平身科坐斗安翘昂的开口宽度，与材厚等同，为横向的尺度单位。斗口尺寸随材等大小分作 11 等，从头等材斗口宽六寸至十一等材斗口宽一寸，诸等材之间以半寸递增减。带斗科大式建筑主要尺度的权衡、设定，皆以斗口之倍数或分数为基准，称为斗口模数。清《工程做法》以官颁制度的形式，确立和完善了基于斗口的模数制度。

一组斗栱宋式称朵，清式称攒。清式带斗科的大式建筑，以斗科攒数定面阔、进深尺寸。《工程做法》规定：“凡面阔、进深以斗科攒数而定，每攒以口数十一份定宽。如斗口二寸五分，以科中分算，得斗科每攒宽二尺七寸五分。如面阔用平身斗科六攒，加两边柱头科各半攒，共斗科七攒，得面阔一丈九尺二寸五分。如次间收分一攒，得面阔一丈六尺五寸。”[33] 其攒当尺寸的计算通则为：“凡斗科分档

33 《工程做法》卷一·九檩单檐庑殿周围廊单翘重昂斗科斗口二寸五分大木做法。参见：王璞子主编. 工程做法注释 [M]. 北京：中国建筑工业出版社，1995：73.

尺寸，每斗口一寸，应档宽一尺一寸。”[34]

带斗科的大式建筑，按所用斗科攒数，以每攒通宽11斗口为准，乘以斗科攒数，即得面阔、进深开间尺寸。所谓每攒通宽，相当于斗科间距，亦称攒当。

而清式大式举架，步架平长定为22斗口，相当于2攒当。故面阔、进深开间尺度的设定，俱以11斗口的攒当为基准。

《营造算例》中将斗科间距称作“空当”，与每攒通宽同为11斗口：“面阔按斗栱定，明间按空当七份，次、梢间各递减斗栱空当一份。”[35]由此构成清式做法的积斗口为攒当、积攒当为间广的两级模数形式。

根据《工程做法》的记载，至迟在清初，口斗模数作为制度已经成熟和完备。然基于斗口的攒当模数化，于现存明清官式遗构中，严格吻合者并不多见。在整体尺度关系上，吻合“攒当＋斗口”两级模数形式者，似仅见紫禁城角楼、英华殿等少数几例。其原因或是多方面的，一方面或“攒当＋斗口”两级模数形式尚未普及，另一方面或间广整数尺旧制的传统依然强大[36]。

明清官式遗构中，紫禁城角楼是采用斗口模数的典型之例。明清紫禁城角楼共四座，形制相同，应是在明永乐十八年（1420）与紫禁城宫殿一起创建的，此后虽历经明、清和近代多次修缮，但无重建记载，故其基本构架应是明初始建时的原状。

紫禁城角楼的间架尺度关系，如第四章所分析，其特点是以攒当2.5尺作为平面和剖面尺度构成的基准[37]，角楼平面正、侧两面的尺度构成为：18×18（攒当），45×45（尺）（参见前图4-3-6）；角楼整体剖面结构布置吻合17×18（攒当）的正方格网（参见前图4-3-7）。

基于角楼平、剖面尺度构成以攒当2.5尺为基准，进而，角楼攒当2.5尺又与斗口2.5寸之间呈10倍关系[38]，即攒当10斗口，由此形成“攒当＋斗口”的两级模数形式。角楼在整体尺度设计上，以10斗口攒当为基准，权衡和设定平面、剖面的尺度关系。唯角楼补间铺作密集，其10斗口攒当形式，小于《工程做法》的11斗口攒当，而与《营造法式》小木作帐藏的100份朵当形式相同。

明清官式建筑遗构中，斗口模数之例还见于紫禁城英华殿、大高玄殿正殿。如第四章所分析，英华殿面阔五间，进深三间，其开间尺度的设定同样是以攒当2.5尺为基准的，面阔、进深基于攒当2.5尺的构成关系为33×15（攒当）、82.5×37.5（尺）。且其攒当构成也应为10斗口的形式，唯栱厚实测2.4寸，略小于2.5寸。大高玄殿正殿与英华殿相同，开间尺度的设定基于攒当2.5尺，栱厚尺寸也是2.4寸[39]。上述二构栱厚尺寸略小，在料厚上应稍有偷减，可能存在着缩减材厚的偷料做法。

此外，紫禁城养心殿正殿（1537年）的间架尺度关系，也是采用斗口模数之例。

养心殿正殿面阔、进深各三间。面阔明间15攒当，次间13攒当，通面阔总

34　《工程做法》卷二十八《斗科各项尺寸做法》：“凡斗科分档尺寸，每斗口一寸，应档宽一尺一寸（档宽11斗口，城门角楼用斗科按12斗口分档，一斗二升交麻叶及一斗三升斗科按8斗口分档）。从两斗底中线算，如斗口二寸五分，每一档应宽二尺七寸五分。”参见：王璞子主编．工程做法注释[M]．北京：中国建筑工业出版社，1995：170.

35　清《营造算例》斗栱大木大式做法·通例。参见：梁思成编订．营造算例[M]// 梁思成．清式营造则例．北京：中国建筑工业出版社，1981：137.

36　有研究认为，明初尚未对面阔、进深尺度的设定形成定制。自明永乐以来，官式建筑中已开始将斗口倍数的攒当值作为确定间广值之模数的尝试。故宫角楼、钟粹宫、神武门和法海寺大殿等，即以近似10~12斗口的斗科间距为模数定间广。明永乐间及以后的大量明代官式建筑实例表明，平身科的布置日趋均匀而有规律。不仅同一开间内攒当均等，而且相邻间攒当数值近似，多集中在10~12斗口之间。参见：郭华瑜．明代官式建筑大木作研究[D]．南京：东南大学，2001：39、116.

37　傅熹年．中国古代城市规划、建筑群布局及建筑设计方法研究（上册）[M]．北京：中国建筑工业出版社，2001：135-137。

38　紫禁城角楼斗栱所用斗口实测约7.95厘米，合2.5寸。营造尺长约31.8厘米。又据郭华瑜博士学位论文《明代官式建筑大木作研究》（南京：东南大学，2001年），紫禁城角楼斗口值为8厘米以内。

39　大高玄殿是明清两代皇家道教宫观，主殿为大高玄殿正殿，面阔七间，进深三间，重檐庑殿顶，为明嘉靖朝始建时期的遗构。正殿营造尺长317.5毫米，实测斗栱攒当均值794毫米，合2.5尺；实测斗口均值76.14毫米，合2.4寸。参见：何乐君，吴伟．明代斗栱的勘测与分析——大高玄殿木作技术研究之一[J]．故宫博物院院刊，2019（8）：52-69.

计41攒当；进深中间9攒当，边间3攒当，通进深总计15攒当。外檐斗栱为单翘单昂五踩斗栱，斗口78毫米，合0.25尺；逐间攒当匀整，合10斗口、2.5尺。

养心殿正殿开间尺度的设定，同样是以斗口0.25尺、攒当2.5尺为基准的。其面阔、进深的构成关系为41×15（攒当）、102.5×37.5（尺）[40]。

上述几例明清官式建筑大木尺度设计上，皆为斗口0.25尺、攒当2.5尺，呈攒当10斗口的形式。

接着再以明代武当山金殿这一独特案例，考察明代早期间架尺度设计上斗口模数的性质及特点[41]。

武当山金殿为明代皇家道教祭祀建筑，修造年代在明代早期，形制上为金属仿木构建筑，整体形制、尺度精细准确，且几无老化变形的影响，应代表和反映了明代官式建筑的基本特色，是探讨其时尺度设计方法的珍贵实例。

根据实测数据分析，金殿斗栱与攒当的关联构成的建立，显示了开间尺度构成上基于攒当、斗口的两级模数形式，且其攒当10斗口的构成形式，与上文讨论的明清官式建筑相同。武当山金殿案例的意义在于可作为明代早期官式建筑的斗口模数及相应设计方法的实证。

就现存明清遗构的现状而言，在朵当及开间尺度构成上，多不如清《工程做法》的斗口模数那么严密和完备，尤其是严格吻合"攒当＋斗口"两级模数形式者并不多见。这一现象或也表明制度并不完全等同于现实状况。

然而，考察日本中世唐样遗构，14世纪初的功山寺佛殿（1320年），其整体尺度构成已见成熟的"朵当＋材"的两级模数形式；而至16世纪前后，斗口模数相继在唐样建筑上出现，且"攒当＋斗口"的两级模数形式也已相当成熟，在时代上，唐样斗口模数有可能较清《工程做法》早了约二百年。

相比之下，日本唐样遗构的整体尺度关系，吻合两级模数形式者较多，在研究上算是较为理想的状况。故综合、整体地考察12世纪以来的中日建筑，对于完整和真实地认识这一时期东亚中日建筑设计技术的演变及其关联性具有重要的意义。

2. 唐样建筑的斗口模数

（1）基于斗口的朵当构成

从宋式的材栔模数至明清的斗口模数，应是两宋以来建筑设计技术演变的大致趋势和方向。值得注意的是，日本唐样设计技术也同样复制了这一变化过程，且有可能较中国本土建筑表现得更为成熟和典型。

斗口模数在日本近世建筑技术书中虽未见明确记载，然在唐样遗构上却有斗口模数的确凿实证和典型表现，从而证实了中世以来唐样设计技术从材栔模数到斗口模数的演变及其与中国本土设计技术的关联性。以下选取中世唐样遗构斗口

40 养心殿正殿实测尺寸如下：面阔明间11 690毫米，西次间10 150毫米，东次间10 188毫米，通面阔32 028毫米；进深明间7025毫米，南北边间2335毫米，通进深11 695毫米。外檐斗栱斗口78毫米。面阔明间平身科斗栱14攒，攒当779.3毫米；面阔次间平身科斗栱12攒，攒当780.8毫米；进深中间平身科斗栱8攒，攒当780.5毫米；进深边间平身科斗栱2攒，攒当778.3毫米；通面阔41攒当，合410斗口，攒当均值781.2毫米。通进深15攒当，合150斗口，攒当均值779.7毫米。养心殿攒当布置匀整，每攒当10斗口、2.5尺。推算营造尺长31.2厘米。参见：崔瑾．北京故宫养心殿正殿大木构架特征分析[J]．建筑遗产．2020（4）：13-21.

41 姜铮．武当山金殿尺度设计规律探析，未刊稿。

模数的典型之例作分析和讨论。

由中世唐样遗构的分析可见，室町时代以后，唐样佛堂的尺度关系较此前发生了显著的变化，尺度设计上更加关注横向尺度的组织与筹划，模数构成的基准从竖向尺度单位（材、栔）转向横向尺度单位（斗长、斗口），横向尺度基准开始占据主导地位。从中国建筑设计技术发展的角度来看，这已经与斗口模数具有相似的性质，或者说距斗口模数已经不远。

至室町时代后期，斗口模数终于在唐样建筑上出现，尺度构成的基准彻底转向横向尺度单位——斗口，滋贺县延历寺瑠璃堂为其典型之例。

室町时代末期的延历寺瑠璃堂，平面正方三间，实测明间 8.28 尺，补间铺作两朵；次间 5.52 尺，补间铺作一朵，逐间朵当等距（2.76 尺），是典型的中世唐样方三间佛堂形式（图 5–5–1）。

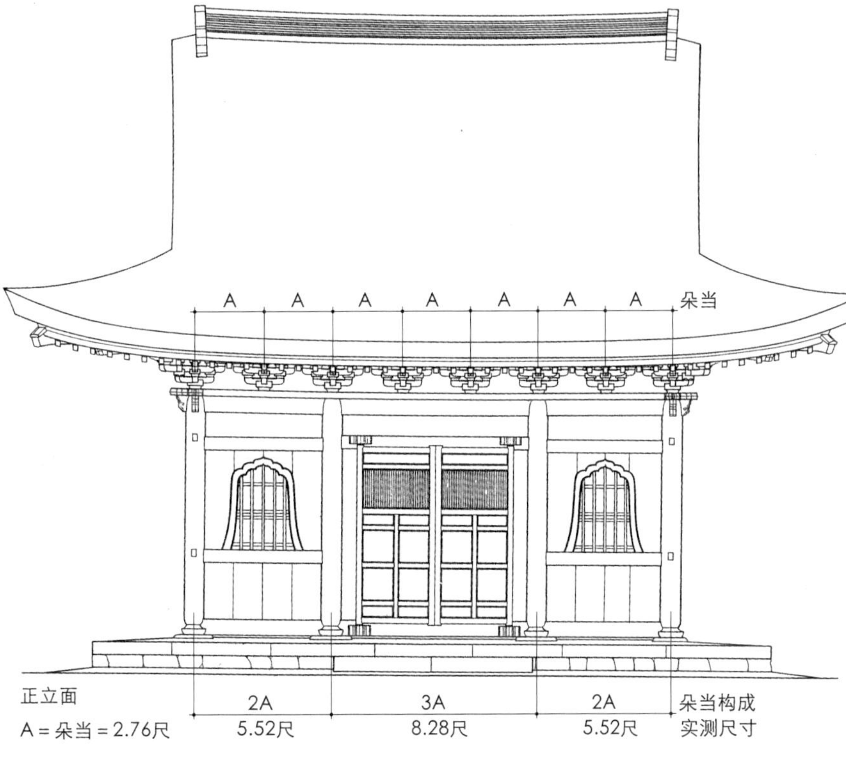

图 5–5–1　延历寺瑠璃堂正立面（底图来源：滋賀県国宝建造物修理出張所編. 国宝延歴寺瑠璃堂维持修理報告書 [M]. 滋賀：滋賀県国宝建造物修理出張所，1940）

唐样朵当构成的基准从材栔向斗口的转变最先是从斗栱尺度关系上发现和确认的。分析表明瑠璃堂的斗栱构成，已不同于此前基于材栔的构成形式，斗口替代材栔成为斗栱构成的基准所在。关于唐样斗栱构成的分析，详见第六章的相关内容。

基于斗栱构成上斗口基准的确认，进而探讨瑠璃堂朵当构成的形式及其基准的变化。

实测数据分析表明，瑠璃堂的朵当构成已转向斗口基准的形式。

瑠璃堂斗口（栱厚）实测值为 2.1 寸，根据朵当、开间及斗栱尺寸的综合分析，推算斗口实测修正值为 2.12 寸。相应地，基于斗口 2.12 寸，瑠璃堂朵当、开间的尺度构成为：朵当 2.76 尺、13 斗口，明间 8.28 尺、39 斗口，次间 5.52 尺、26 斗口，方三间 19.32×19.32（尺）、91×91（斗口）。瑠璃堂朵当构成的基准，彻底转向横向尺度单位的斗口。在横向尺度的筹划上，朵当与斗栱的关联构成为：斗栱全长 12 斗口，相邻斗栱空当 1 斗口，朵当合 13 斗口，朵当构成呈精细的斗口模数化（图 5-5-2）。

进而，根据尺度复原分析，瑠璃堂的斗口设计尺寸应为 2.1 寸，朵当设计尺寸为 2.73 尺，相应地开间设计尺寸为：明间 8.19 尺，次间 5.46 尺；方三间 19.11×19.11（尺）。推算营造尺长 30.6 厘米，为现行曲尺的 1.01 倍。

延历寺琉璃堂是唐样尺度设计上“朵当＋斗口”两级模数的一个重要实例，在朵当及开间尺度构成上，瑠璃堂与明清斗口模数有着本质的一致。其朵当 13 斗口、明间 39 斗口、殿身 91×91（斗口）的构成形式，应是中世唐样方三间佛堂斗口模数的基本形式。

与延历寺瑠璃堂相同或类似的斗口模数，中世唐样遗构中见有多例，如园城寺一切经藏、圆通寺观音堂、圆融寺本堂、玉凤院开山堂等构，以下依次分析诸构的朵当构成关系。

其一，滋贺县园城寺一切经藏。

园城寺藏殿，建立时代推定为室町时代末期，形制上为殿身方一间带副阶，总体面阔三间、进深四间。间广实测尺寸如下：面阔中间 21.15 尺，边间 8.46 尺；进深第一间 13.5 尺，第二间 12.69 尺，后面两间各 8.46 尺；殿身方一间，间广 21.15×21.15（尺），施补间铺作四朵；副阶 8.46 尺，施补间铺作一朵；逐间朵当均等，皆 4.23 尺。

斗栱用材实测值（材广 × 材厚）为 3.9×3.1（寸）。根据朵当、开间及斗栱尺寸的综合分析，推算斗口实测修正值为 3.02 寸。以斗口值 3.02 寸权衡朵当及开间尺寸，得以下构成关系：朵当 4.23 尺合 14 斗口，面阔明间 21.15 尺合 5 朵当、70 斗口，面阔次间及进深后两间 8.46 尺合 2 朵当、28 斗口，进深第一间 13.5 尺，进深第二间 12.69 尺合 3 朵当、42 斗口（图 5-5-3）。

朵当与斗栱的关联构成为：斗栱全长 12 斗口，相邻斗栱空当 2 斗口，朵当合 14 斗口。园城寺藏殿基于斗口的斗栱构成一如延历寺瑠璃堂，唯相邻斗栱空当改为 2 斗口，故其朵当构成 14 斗口，较朵当基本形式的 13 斗口大 1 斗口（图 5-5-4）。

进而，根据尺度复原分析，园城寺藏殿的斗口设计尺寸为 3 寸，朵当设计尺寸为 4.2 尺，相应的开间设计尺寸为：面阔明间 21 尺，次间 8.4 尺；进深第二间 12.6 尺，后两间各 8.4 尺。

关于藏殿更进一步的斗栱构成分析，详见第六章斗栱构成及其与朵当的关联

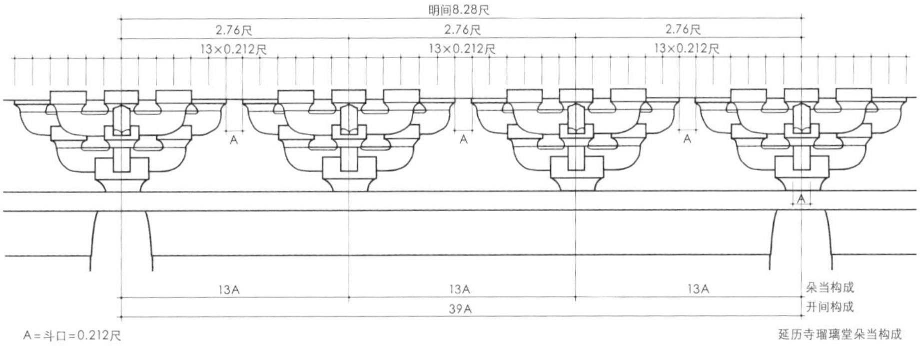

图 5-5-2　延历寺瑠璃堂基于斗口的朵当构成关系（底图来源：滋賀県国宝建造物修理出張所编．国宝延歷寺瑠璃堂维持修理報告書 [M]．滋賀：滋賀県国宝建造物修理出張所，1940）

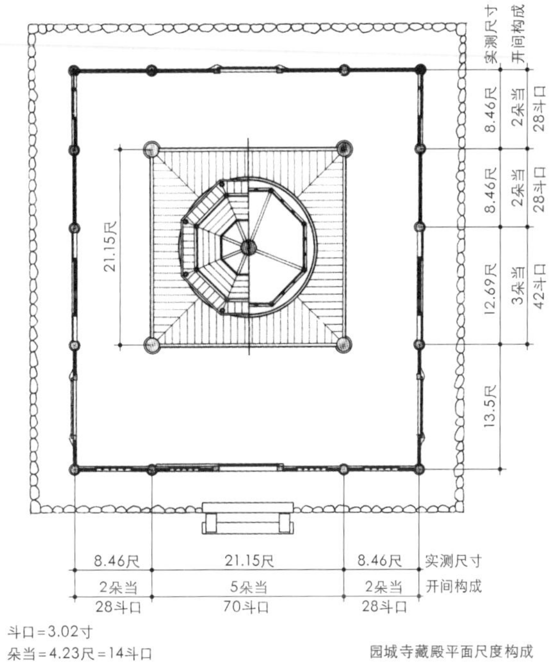

图 5-5-3　园城寺藏殿平面尺度构成（底图来源：日本文化财图纸）

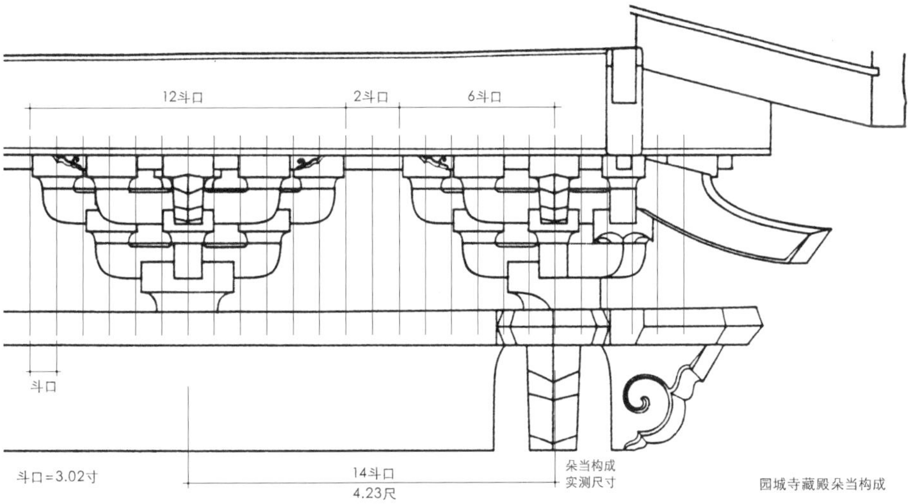

图 5-5-4　园城寺藏殿基于斗口的朵当构成关系（底图来源：日本文化财图纸）

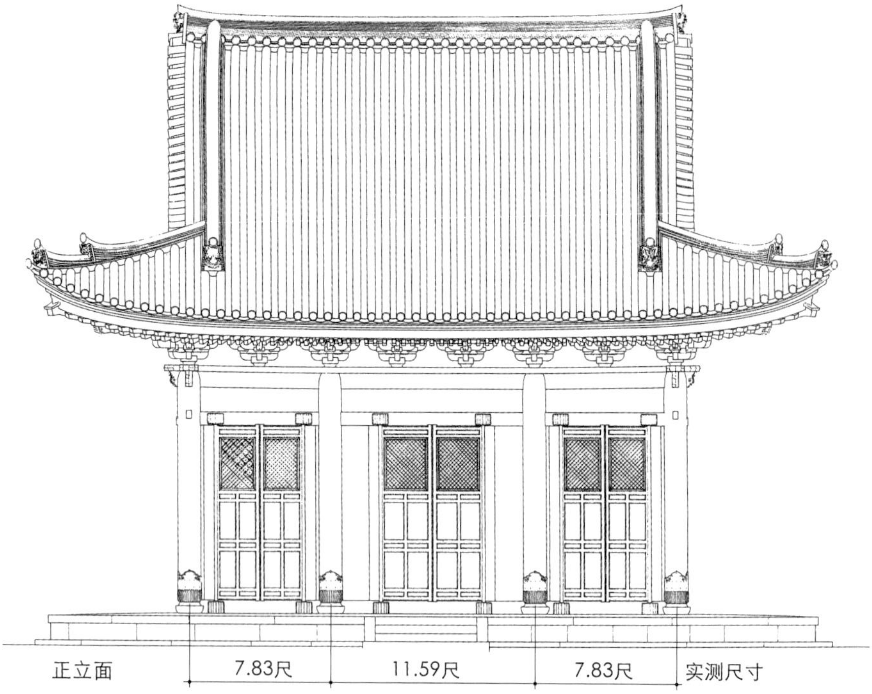

图 5-5-5　玉凤院开山堂正立面（来源：重要文化財玉鳳院開山堂並表門修理事務所編．重要文化財玉鳳院開山堂並表門修理工事報告書 [M]．京都府教育庁文化財保護課，1958）

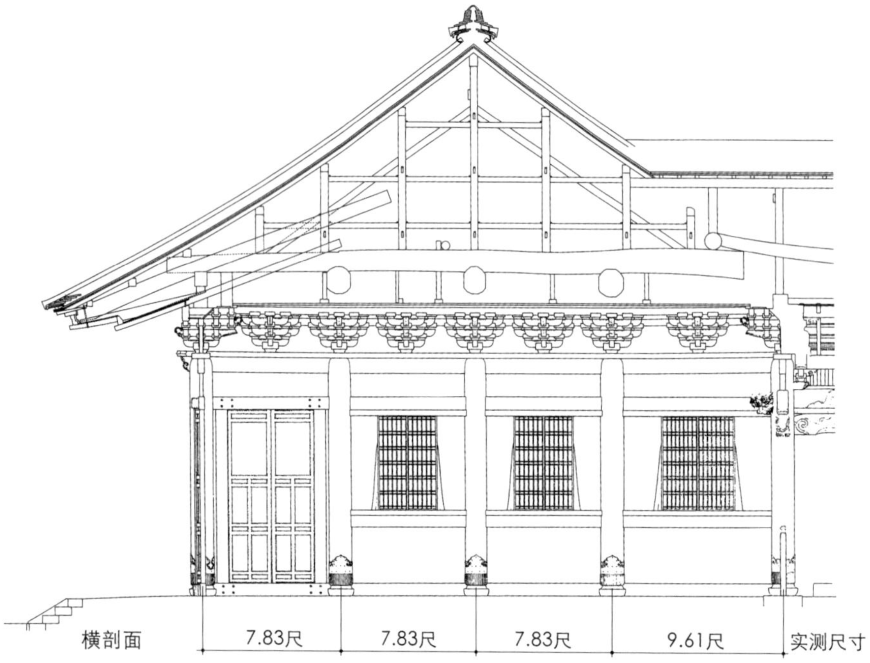

图 5-5-6　玉凤院开山堂横剖面（来源：重要文化財玉鳳院開山堂並表門修理事務所編．重要文化財玉鳳院開山堂並表門修理工事報告書 [M]．京都府教育庁文化財保護課，1958）

构成的相关内容。

其二，广岛县圆通寺观音堂。

圆通寺观音堂，建立年代推定为室町时代末期，形制上为方三间唐样佛堂。间广实测尺寸如下：明间 10 尺，次间 6.67 尺，逐间朵当等距，皆 3.34 尺[42]。

斗栱用材实测值为 3.3×2.64（寸），根据朵当、开间及斗栱尺寸的综合分析，

42　圆通寺观音堂开间、斗栱的实测数据，取自日本文化财图纸。原实测数据为毫米单位，文中为了与其他案例的单位统一，换算为日本现行曲尺。

推算斗口实测修正值为2.57寸，相应地，观音堂朵当、开间的构成关系为：朵当3.34尺、13斗口，明间10尺、39斗口，次间6.67尺、26斗口，方三间23.34×23.34（尺）、91×91（斗口）。

观音堂朵当与斗栱的关联构成为：斗栱全长12斗口，相邻斗栱空当1斗口，朵当合13斗口。关于圆通寺观音堂基于斗口的斗栱构成分析，详见第八章圆通寺观音堂斗栱分型及其与朵当的关联构成的相关内容。

（2）玉凤院开山堂的朵当构成

中世唐样建筑遗构中，采用斗口模数的另一重要实例是京都玉凤院开山堂，营建年代推测为室町时代初[43]，该构是最早被确认采用斗口模数的唐样遗构实例[44]。开山堂面阔三间，进深四间，面阔明间补间铺作两朵，间广11.59尺；面阔次间及进深前三间各补间铺作一朵，间广7.83尺；进深最后间补间铺作一朵，间广9.61尺。各间朵当略不等，其朵当及开间的尺度关系别具特色（图5-5-5、图5-5-6）。

开山堂进深四间中，最后一间尺寸大于前三间。由于其构架正脊设于进深中柱分位上，故以歇山梁架的前后对称及对位关系而言，开山堂进深上最后一间有可能是后世改造的结果，其不规则的间广尺寸，应非设计初衷，原初设计上有可能是进深四间相等。

开山堂整体尺度设计上的斗口模数，同样是从其斗栱尺度关系上发现和确认的。开山堂斗栱以斗口2.9寸为基准的构成关系，一如延历寺瑠璃堂。

具有特色的是基于斗口的朵当、开间的尺度构成。开山堂面阔明间11.59尺，合40斗口；面阔次间及进深前三间7.83尺，合27斗口；进深最后间9.61尺，非常接近33斗口（9.57尺）（图5-5-7）。开山堂的平面尺度构成上，朵当尺寸略有不等，其基于斗口的朵当构成，较通常的13斗口稍有变化，即：面阔明间补间铺作两朵，朵当为13.33斗口，面阔次间及进深前三间补间铺作一朵，朵当为13.5斗口。

关于开山堂明间朵当13.33斗口这一不同常规的形式，推测设计意图上存在着如下两种可能：

其一，开山堂的明间尺度是直接求于斗口，然后再均分朵当的。这与明清以攒当作为开间设定基准的构成方法略有不同。值得注意的是，玉凤院开山堂明间补间铺作两朵、40斗口的构成形式，与近世唐样建筑技术书《镰仓造营名目》所记唐样三间佛殿的构成关系一致。其三间佛殿基于斗口的折算关系如下：

柱径＝1/10明间，斗口＝1/4柱径

基于明间、柱径及斗口的折算关系，可得：

明间＝10柱径＝40斗口，朵当＝1/3明间＝13.33斗口。

由上述基于斗口的构成关系推测，玉凤院开山堂与《镰仓造营名目》唐样三间佛殿之间，或存在着传承关系。

43　玉凤院开山堂，日本学界一般认为1537年由东福寺移建于现址，推测其营建年代为室町时代初。

44　日本学者大森健二最早指出玉凤院开山堂斗栱立面构成以栱厚2.9寸为基准的尺度关系。参见：大森健二．中世における斗栱组的発达[M]//平凡社編．世界建築全集（日本Ⅱ·中世）．東京：平凡社，1960：78-82.

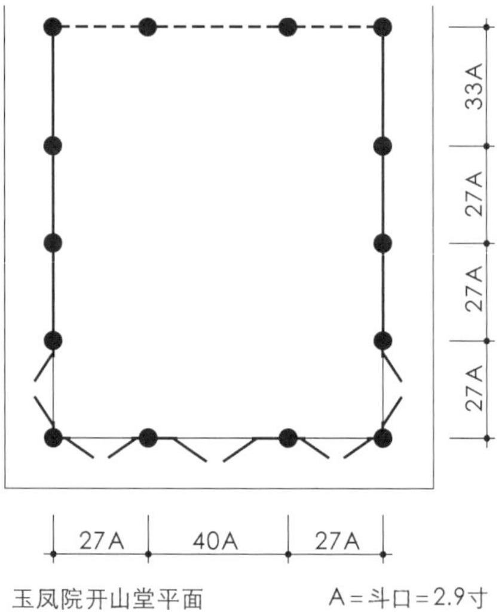

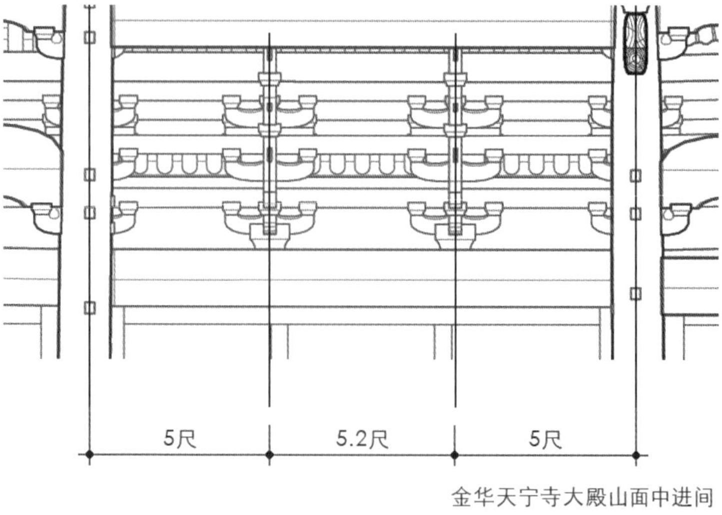

图 5-5-7　玉凤院开山堂基于斗口的平面尺度构成（作者自绘）（左）

图 5-5-8　金华天宁寺大殿进深中间的朵当配置（作者自绘）（右）

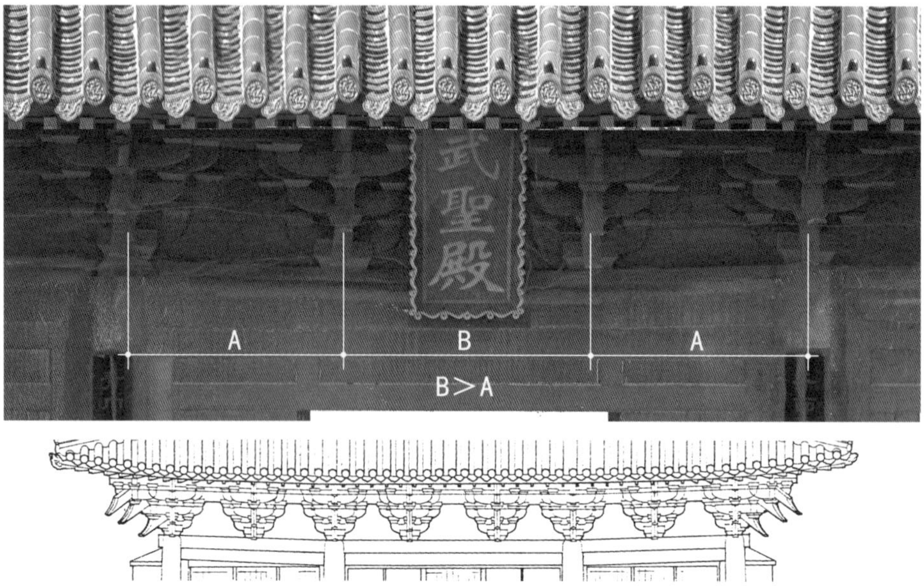

图 5-5-9　广饶关帝庙大殿的明间朵当配置（底图来源：胡占芳摄）

其二，开山堂明间 3 朵当、40 斗口的形式，其设计初衷应是：取当中朵当 14 斗口、两侧朵当 13 斗口的形式，即：13 ＋ 14 ＋ 13（斗口）的形式。这种强调中间朵当的做法，在元构天宁寺大殿上也见运用：天宁寺大殿进深上的中进间 15.2 尺，分作 3 朵当，其尺寸分别为 5 尺、5.2 尺、5 尺（图 5-5-8）。此外，金构广饶关帝庙大殿的面阔明间的朵当配置，也同样是当中朵当大于两侧朵当的做法（图 5-5-9）。

上述中日三构的设计意图应是一致的，即以居中朵当略大的形式，表达强调居中朵当的意图。如这一推测成立的话，那么开山堂朵当构成仍是以通常的 13 斗口为基本形式，并在此基础上作相应的变化。

中世唐样遗构中采用斗口模数者，除上述诸例外，根据实测数据的分析，还有岐阜县永保寺观音堂之案例值得关注。该构的斗栱尺度关系严格吻合基于斗口的构成模式，然由于观音堂无补间铺作之设，故关于其斗口模数的分析置于第六章的唐样斗栱构成分析的专门章节中。

以上讨论的中世唐样诸构，其基于斗口的朵当与斗栱的关联构成为：斗栱全长 12 斗口，相邻斗栱空当 1 斗口，朵当合 13 斗口，这应是中世唐样斗口模数的一个基本形式。比较清式斗口模数，在朵当与斗栱的关联构成上，《工程做法》表现为：斗栱全长 9.6 斗口，相邻斗栱空当 1.4 斗口，朵当合 11 斗口；《营造法原》表现为：斗栱全长 10.4 斗口，相邻斗栱空当 1.6 斗口，朵当合 12 斗口[45]。

也就是说，在朵当构成上，《营造法式》小木作朵当 10 斗口，《工程做法》朵当 11 斗口，《营造法原》朵当 12 斗口，中世唐样朵当 13 斗口，唐样朵当看似略为疏朗。再比较相邻斗栱空当：《营造法式》小木作 0.4 斗口，《工程做法》1.4 斗口，《营造法原》1.6 斗口，中世唐样 1 斗口，以相邻斗栱空当这一指标而言，大木作朵当中唐样最为密集。

近世唐样斗口模数，在中世斗口模数的基本形式上，又有进一步的变化。如在朵当构成上，近世以后的斗口模数，其朵当构成大多缩减至 12 斗口，最小者甚至缩减至 10.75 斗口，相邻斗栱空当则缩小至 0.5 斗口，如近世唐样的瑞龙寺佛殿。

基于斗口的朵当模数化的分析讨论，本章所选取的对象皆为中世唐样遗构。而至中世末期和近世，唐样斗口模数表现出诸多本土化的倾向和特色，这一部分斗口模数的内容，置第八章“近世唐样设计技术的和样化蜕变”中再作分析和讨论。

（3）斗口模数的时代性

从宋《营造法式》到清《工程做法》，设计技术演变的一个重要标志是尺度基准的转换和变化，如从材契到斗口的基准转换，这从一个侧面反映了设计技术的变迁以及尺度关系的变化。如前节所分析，其变化趋势是：补间铺作向多朵化和密集化的发展，促使了尺度设计的重心从注重竖向尺度关系转向注重横向尺度关系，而斗口模数的出现则是这一变化趋势的反映，斗口基准因应了便于横向尺度精细筹划的需要。

相应于两宋以来设计技术的发展及其在东亚的传播，不同基准之间有其特定的时序性。中世唐样建筑设计技术的变迁上，同样是材栔基准在前，斗口基准在后，其时序节点大致为：自 13 世纪以来以材栔模数为主流，约至 16 世纪前后，出现斗口模数的设计方法。

中国本土有关斗口模数的最早文献记载为 1734 年的清《工程做法》。作为一种建筑设计技术，斗口模数源自材栔模数的变化，且应形成于更早之时。参照现存明代遗构以及日本唐样建筑的相关史料，推测斗口模数的形成应在 15 至 16 世纪的明代中后期，并于 16 世纪前后传入日本。

45　《营造法原》五七式牌科：大斗高 5 寸，长 7 寸，故谓五七寸式。材广 3.5 寸，材厚 2.5 寸，栔高 1.5 寸，材广厚比 1.4，足材 2 斗口。牌科每座攒当 3 尺，合 12 斗口；斗栱全长 26 寸，合 10.4 斗口，相邻斗栱空当 1.6 斗口。参见：姚承祖原著，张至刚增编. 营造法原 [M]. 北京：中国建筑工业出版社，1989：190.

基于上述关于斗口模数时序性的分析，斗口模数现象可作为唐样遗构时序排列以及大致年代判定的一个辅助依据和参考指标。

中世唐样遗构中，有部分年代不明或断代存疑者。其中一些遗构年代的判定，与遗构斗口模数所表现的时代性不相吻合。因此，斗口模数的时代性，有可能成为质疑这些遗构年代判定的一个依据，尤其是部分年代判定为室町初（14 世纪中叶到 15 世纪）的唐样遗构。基于上述这一思路和方法，以下几例日本学界关于中世唐样遗构的年代判定，或有质疑的可能。

首先是上文分析提及的玉凤院开山堂。

现存的玉凤院开山堂营建年不明，其修理工事报告书认为此构 1537 年（日本天文六年）由东福寺移建而来。营建年代推定为南北朝时期（1333—1392），又有关口欣也推测其年代不迟于 14 世纪中叶。若以上述推定年代排序，玉凤院开山堂是现存唐样遗构中年代偏早者。然而，玉凤院开山堂的这一年代判定，与其尺度构成上斗口模数的时代性或不相称。根据唐样斗口模数的时代性，玉凤院开山堂的营建年代或应推后，推测应在 16 世纪初的室町后期，年代上大致与延历寺瑠璃堂相仿。日本学界所认为的玉凤院开山堂的移建年代（1537 年），或有可能就是其营建年代。

其次是永保寺观音堂。

关于永保寺观音堂的建立年代，日本学界根据梦窗疏石年谱，推定其建立时间为 1314 年（日本正和三年），关口欣也根据观音堂纹样及细部做法推测其建立年代为 15 世纪初。如此的话，在现存中世唐样建筑遗构中，该构年代之早位居第一。然观音堂斗栱尺度构成上斗口模数的性质，却对这一断代提出了疑问。也就是说，如果对观音堂斗栱尺度构成的分析成立的话，那么，根据斗口模数的时代性，永保寺观音堂的建立年代不可能早至 14 世纪初或 15 世纪初，而应在室町时代中期以后。此外，2006 年永保寺观音堂的年轮年代调查，也不认可观音堂的 1314 年建立说[46]。

日本中世部分唐样遗构的年代判定，若置于东亚中日建筑关系的大背景下，或有可能产生新的分析线索及相应结果。

东亚设计技术演变上，斗栱构成的模数化应早于朵当构成的模数化。建筑尺度的模数化进程，应是从构件尺度模数化走向间架尺度模数化的。

以中国本土为例，明永乐年间的诸多建筑，足材高为 2 斗口，单材高为 1.4 斗口，与清初《工程做法》的斗口规制相同[47]。明代斗栱虽已普遍运用斗口规制，然攒当尺度并未呈基于斗口的模数化，大多仍是整数尺旧制。

整体尺度设计上，日本中世以来模数设计方法的演变，从材栔模数到斗口模数，其脉络清晰，实证充分。然而关于这一演变进程的论证，在中国本土虽有明确的文献记载，却缺乏充足的遗构实证，故以东亚整体而言，唐样遗构的实证分

46　2006 年，经奈良文化财研究所以年轮年代法的调查检测，认为现存永保寺观音堂并非 1314 年由梦窗疏石所建。参见：関口欣也. 中世禅宗様建築の研究 [M]. 東京：中央公論美術出版，2010：353-366.

47　郭华瑜. 明代官式建筑大木作研究 [D]. 南京：东南大学. 2001：13.

析弥补了这一缺环。

本章主要讨论了自宋以来中日建筑间架尺度关系上，朵当尺度模数化的内涵、形式与方法。间架尺度模数化的发展进程可分作两个阶段，以模数化程度区分，前后衔接、分步递进：前者为基于朵当的间架尺度模数化，后者为基于栱斗的朵当尺度模数化，由此形成间架构成以朵当为基准、朵当构成以栱斗为基准的两级模数形式，从而建立斗栱、朵当及开间三者关联的整体构成关系。

间架构成以朵当为基准，朵当构成以栱斗为基准。以此两级模数形式而言，日本中世唐样佛堂是最成熟和典型者。对于唐样设计技术而言，朵当意识及朵当构成的模数化，不是一个单纯的尺度现象，而是宋式设计技术的表现和象征。

中世唐样建筑尺度设计上，宋式的材梨模数是主流，其他的斗长模数、斗口模数则是次流。中世唐样尺度构成上的两种横向基准（斗长、斗口）中，最终斗长基准成为主流，并沿用和发展于近世，成为近世唐样设计技术和样化的基本条件，即基于斗长与枝割的整合和匹配关系，近世唐样设计技术趋于和样枝割化。

朵当尺度模数化的关键，在于朵当与斗栱的关联构成的建立。下一章延续并深入至这一论题的斗栱层面，着重分析唐样建筑的斗栱构成及其与朵当的关联构成。

第六章　斗栱构成关系的传承与演变

第六章　斗栱构成关系的传承与演变

从间架构成到朵当构成再到斗栱构成，是认识唐宋以来设计技术演进的重要线索和完整过程。本书自第三章至第六章的四章内容，正是基于这一线索而展开和递进的，即自第三章始，以间架构成关系为分析对象，进而第四、第五章围绕间架构成中的朵当因素，推演朵当意识的萌生和朵当基准的形成，以及朵当模数化的性质与演变。第六章以斗栱构成关系的分析为最终环节，完成本书设定的设计技术演变分析的一个完整过程。希望以此架构形式把握设计技术整体的不同层面和阶段，认识设计技术演变进程上整体与局部的关联互动及其性质与特点。

古代建筑设计技术的演变过程，是一个间架大尺度与构件小尺度之间逐步关联一体化的过程。而大尺度间架与小尺度斗栱的关联构成的建立，则是通过中尺度朵当的中介和勾连而完成的。

本章的分析对象从前几章关于整体尺度关系的讨论，转向关于斗栱尺度关系的讨论，具体分析斗栱构成关系的传承与演变，以及宋式斗栱与唐样斗栱的关联和变迁。其重点在于斗栱尺度模数化及其方式，进而以斗栱与朵当的关联构成的分析，回应和印证第五章讨论的基于栱斗的朵当尺度模数化内容。

在整体架构的安排上，第四章讨论的是基于朵当的间架尺度模数化，第五章讨论的是基于栱斗的朵当尺度模数化，而本章主要讨论两个方面内容：一是斗栱构成关系的组织与筹划，二是斗栱与朵当、间广的关联构成。

一、斗栱形制与构成关系

1. 斗栱形制的演进与定型

（1）斗栱形制的演进

斗栱形制是宋技术背景下日本中世建筑技术的一个重要内容。从中世的唐样、天竺样到和样，新兴宋技术的影响无处不在，且最典型和醒目地表现在斗栱形制上。

中国古代建筑诸要素中，斗栱是反映技术特征的重要标志，由斗栱变化所反映的时代演化和地域差异最为显著。唐宋以来斗栱形式变化巨大，从偷心造到计心造，从单栱造到重栱造，从单材到足材，从硕大简洁到工巧精致等等，无不显著地改变建筑的形象。而唐宋斗栱的这些变化，皆随宋技术的传播而影响日本中世斗栱形制。宋技术新规与传统和样旧制的交汇并行，造就了日本中世斗栱形制的多样性特色。

日本中世斗栱的旧制与新规，在斗栱形制上主要表现在如下两个方面：

其一，从单栱偷心造到重栱计心造。

唐宋以来，斗栱形式逐渐由单栱向重栱、由偷心向计心演化。至北宋时期，重栱计心造已相当普遍，《营造法式》的斗栱制度即以重栱计心造为主。而以盛唐样式为祖型的日本奈良、平安时代的斗栱样式，皆以单栱偷心造为基本特色。

在南宋技术传入日本之前，日本斗栱形式一直保持着盛唐样式的单栱偷心做法，历时半个世纪，固守祖型的原初形态，而无形制上的演进。至镰仓时代初期，随着南宋技术在日本的传播，新兴的唐样建筑上出现全新的重栱计心造的斗栱形式。唐样较和样在斗栱形制上，一下跨越了近四百年的演变历程。而中世和样的斗栱形式，依旧延续此前传统，保持着早期的单栱偷心做法。中世以来，新兴唐样与传统和样在斗栱形式上，各自固守着原初形态和祖型特征，直至近世。

其二，华栱从单材到足材。

与单栱、偷心做法相似，单材华栱做法也是斗栱发展进程上的早期形态。中国本土大致宋以后，足材华栱做法开始趋于普遍，斗栱用材趋小，应是这一变化的内在原因。

单材华栱作为斗栱的早期形态，同样也是和样斗栱形制的一个基本特征。而华栱从单材到足材的变化契机，在日本也是始于中世之初南宋技术的传入，足材华栱成为唐样斗栱形制的基本特征。

从斗栱形制演变的角度而言，单栱、偷心和单材做法皆为早期形态，唐宋以来逐渐向重栱、计心和足材的形式演进。而对于日本而言，祖型的差异则是和样与唐样斗栱形制区别的根本因素。

在细部样式和做法上，唐样斗栱新出的琴面昂形式、华头子、耍头、橑檐枋以及上昂与鞾楔等做法，无不显示了唐样区别于和样的祖型特征及技术源流。

对于日本建筑而言，祖型的技术特征凝固和定型为纯粹的样式形制，缺乏技术演进的内在机制。因此，和样自身不可能产生单栱偷心向重栱计心的技术演变，单栱、重栱与偷心、计心，在日本建筑只有样式分类的意义，而无技术演进的意义。日本不同时期斗栱的重要技术变化，皆源自外来力量的推动。而 13 世纪以来的变化，则源自南宋建筑给日本中世建筑带来的宋式斗栱技术。

（2）六铺作的定型：标准斗栱形式

日本在吸收唐、宋斗栱技术的过程中，基于中国本土祖型的变化和差异，初始时期必然呈现出多样性的特征。随着技术移植的完成与完善，纷繁的形制变化和差异逐渐消失，斗栱形制趋于统一和定型。尤其是六铺作斗栱的成熟和定型，成为和样与唐样斗栱的一个标准形式。

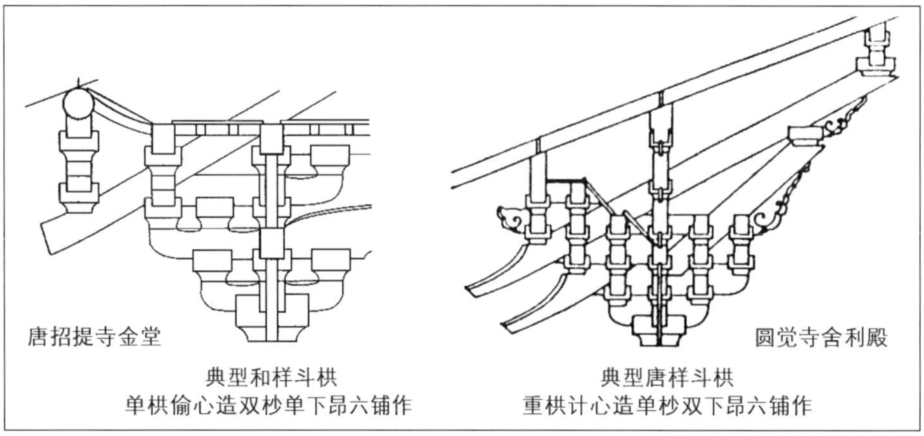

图 6-1-1　典型唐样与和样斗栱形式比较 [左图来源：太田博太郎等 . 日本建築史基礎資料集成（四）[M]. 東京：中央公論美術出版，1981；右图来源：関口欣也. 中世禅宗様建築の研究 [M]. 東京：中央公論美術出版，2010]

比较唐样与和样的定型六铺作斗栱，其变化显示了二者祖型之间的巨大差异。成熟和典型的唐样斗栱，以"重栱计心造单杪双下昂六铺作"为基本形式，显著区别于定型和样斗栱的"单栱偷心造双杪单下昂六铺作"的基本形式（图 6-1-1）。同样是六铺作形式，唐样的重栱计心和单杪双昂做法，都表露了唐样较和样装饰性的加强。

六铺作斗栱在出跳杪昂上有两种形式，即"双杪单昂"和"单杪双昂"的组合变化。从中国本土遗构实例分析来看，这两种形式反映有特定的地域特征，即江南皆取"单杪双下昂"这一较具装饰性的铺作形式，而北方则多用"双杪单下昂"这一较简单的铺作形式[1]。分别源于华北和江南的日本和样与唐样的铺作形式，间接地反映了上述两种斗栱杪昂形式的地域特征，即以北方盛唐建筑为祖型的日本和样斗栱，以六铺作双杪单下昂为定式，而以江南宋元建筑为祖型的日本唐样斗栱，则以六铺作单杪双下昂为定式。

等级性与装饰性作为铺作形式的两个内涵，影响和制约着铺作形式的选择。适中的六铺作，反映了和样及唐样对铺作等级高下、装饰繁简的适中性的认同和选择。日本自奈良时代以来，未见中国建筑那样斗栱复杂化的发展，而是以追求斗栱形式的适中性和定型化为特色。

六铺作在日本建筑样式史上的意义为：既丰富和有形式感，又不十分复杂。现存实例中六铺作斗栱形式始于奈良时代的药师寺东塔（730 年），至平安时代的平等院凤凰堂（1053 年）近于成熟。此后六铺作斗栱成为佛教建筑所多用的斗栱形式，日本现存众多的楼阁式佛塔，绝大多数为六铺作斗栱[2]。而六铺作斗栱也是唐样佛堂斗栱的一个主要形式。

日本佛教建筑斗栱形式趋于六铺作的统一和定型，是一个显著现象。

（3）中世以来的精细化倾向

从单一的雄劲唐风到精致宋风的出现，是日本中世建筑样式风格的显著变化。

1　比较南北六铺作斗栱形式，南方现存宋元六铺作实例，皆为单杪双下昂形式，如元构天宁寺、延福寺二殿。南宋五山十刹图所记径山寺法堂副阶斗栱，也为六铺作单栱偷心造单杪双下昂的形式。北方三间规模的众多宋辽金遗构中，斗栱绝大多数为四铺作和五铺作，六铺作极少，除敦煌窟檐两例为不用昂的三杪形式外，其他用昂者有三例，然皆为五间规模，即山西绛县太阴寺大殿（1180 年）、太原晋祠圣母殿上檐（北宋）及大同善化寺三圣殿（金）。善化寺三圣殿六铺作为单杪双插昂形式，只是装饰性下昂；而晋祠圣母殿、太阴寺大殿两例为双杪单下昂形式，与江南厅堂六铺作的单杪双下昂对照，显示了南北六铺作的不同特色。

2　日本现存众多的楼阁式佛塔，除海住山寺五重塔、大法寺三重塔以及那谷寺三重塔初层为五铺作，兴福寺三重塔初层为四铺作，其他皆为六铺作。参见：濱島正士. 塔の斗栱について（1）[J]. 日本建築学会論文報告集（第 172 号），1970：55-77.

其特点可概括为精细化，表现在中世建筑的各方面，如构件加工精致度的提高、尺度比例关系的精细化、样式风格的精致细腻等等，都是这一变化的显著表现。尤其是中世唐样斗栱，以其精巧细致的宋风做法，代表了中世以来日本建筑精细化发展的主要特色。

中世以来，样式风格的变化尤为醒目，总体而言，从雄劲质朴转向工巧精致，如柱由粗变细，材由大变小，布椽由疏变密，屋面由平缓变陡峻，细部做法由简单变繁复，铺作配置由疏朗变密集，斗栱形式由单材偷心变重栱计心，由硕大简洁变小巧精致，新颖的宋风显著地改变了日本中世建筑的形象及审美趣味。精致之美，成就了南宋以及受之影响的日本中世社会的审美特色，而中世唐样及唐样斗栱则是精致化日本的典型。

日本中世以来建筑精细化现象的背后，不仅表现了宋风影响下的日本审美趣味，同时也反映了中世建筑设计技术的进步。从设计技术的角度而言，中世以来日本建筑精细化的倾向和特色，也是设计技术精细化的反映。

所谓设计技术的精细化，其目标指向的是模数设计方法，主要表现在两个方面：一是从整体到局部的比例关系的精细化，二是模数构成的精细化和复杂化。且有理由相信，尺度设计技术的精细化是与斗栱比例关系的精细化分不开的。中世以来，无论是唐样还是和样，斗栱比例关系的精细化都是设计技术进步的一个关键环节。

2. 斗栱构成与整体尺度的关联

以材为基准的斗栱构成，是斗栱尺度比例化和模数化的基本形式，并成为唐宋以来斗栱构成关系最本质的特色。宋《营造法式》的材份规制与清《工程做法》的斗口规制，表现了由宋至清斗栱构成关系的变化与特色。

尺度设计技术演变进程上，斗栱构成关系尤受重视，其中包括两个方面的内容：一是斗栱自身尺度的比例化和模数化，二是斗栱与朵当、开间的关联构成。

唐宋以来斗栱尺度的组织筹划，与朵当及开间尺度的权衡设定是一个相互衔接和关联的整体。斗栱尺度通过朵当的中介与勾连，建立与间架尺度的关联性。且在“朵当＋栱斗”的两级模数形式上，作为次级基准的栱、斗形式，无论是材广、斗长，还是斗口，都必须首先成为斗栱构成的基准，进而建立从斗栱到朵当、间架的整体构成关系。从宋《营造法式》的起步，到清《工程做法》的成熟，宋清设计技术的演进表现了这一特点。

对于宋技术背景下的日本中世建筑而言，唐样建筑尺度构成上两级模数关系的建立，同样是以模数化的斗栱尺度构成为前提条件的，进而通过斗栱与朵当的关联构成的建立，促成唐样整体尺度的模数化发展。

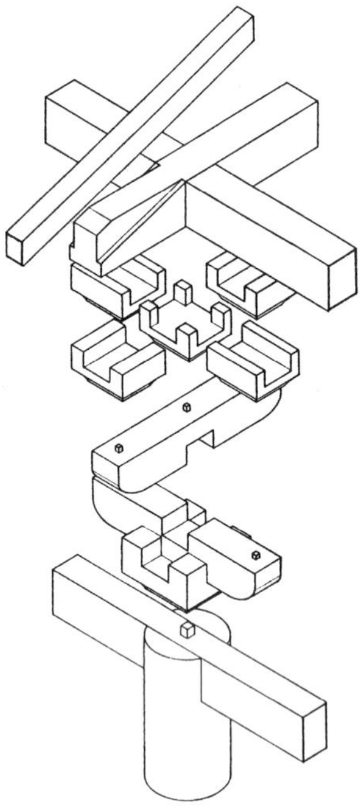

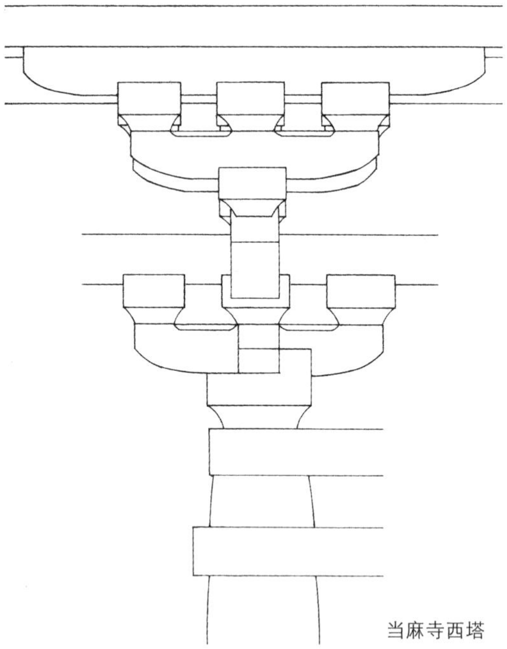

图 6-2-1　斗栱分解图：单槽小斗与十字槽方斗（来源：浅野清 . 日本建築の構造 [M]．東京：至文堂，1986）（左）

图 6-2-2　单一小斗形式：当麻寺西塔斗栱立面（平安时代）（来源：山田幸一．日本建築の構成 [M]．東京：彰国社，1986）（中）

图 6-2-3　当麻寺东塔底层六铺作斗栱正面（奈良时代）（来源：日弄贞夫，桑子敏雄．日本のかたち——塔 [M]．東京：山と溪谷社 .2003）（右）

中世以来和样设计技术的演进及其枝割模数的建立，本质上也同样是基于这一方式，即：原本与斗栱无关的檐椽配置，通过建立布椽与斗栱的对应关联，进而取得对斗栱构成的支配，以及建立基于枝割的斗栱与开间的关联构成。

尺度设计技术上斗栱构成与间架构成的关联整合，且不论遗构中的诸多表现和实证，就技术文献而言，既有中国本土的《营造法式》与《工程做法》的相关制度，又有日本唐样及和样建筑技术书的明确记载。不同时期的模数设计方法虽各具特色，但斗栱构成关系的意义及作用都是显著和重要的。

基于上述的认识，斗栱构成关系的分析成为解析设计技术发展的一个重要环节，这也正是本章关于斗栱构成关系分析的追求和立意所在。

二、斗型与栱型

顾名思义，斗栱由斗与栱构成，二者是斗栱构成的主要构件。斗的垫托功能与栱的悬挑功能，构成了斗栱的两个基本功能。

斗栱的形成和发展是一个长期的演进过程，并经由早期简单的形式，发展成为宋以来成熟繁复的形式。随着斗栱技术的发展，斗栱构件的分型是必然的趋势，尤其斗型与栱型的演变，成为斗栱演化进程上的重要标志，并直接影响了后世斗栱构成的比例关系。本章从最基本的斗型、栱型的分析入手，探讨和认识唐宋以来斗栱构成的比例关系及相应的性质与特点。

1. 斗型的分析与比较

（1）早期斗型的特点

斗栱构成上斗的分类，依尺寸大小，可分作大斗与小斗两类。斗的形式多样变化，尤以小斗显著，历史上斗型的变化主要表现在小斗体系上。其斗型变化在斗栱比例关系上意义重要。

小斗的分型，主要有位置与尺寸这两个差异性标识，二者彼此关联，相互对应，如《营造法式》的相关制度。然实际上，早期斗栱的小斗斗型，相应于不同的施用位置，尺寸几乎没有什么变化和差异。早期斗型远较后世简单，小斗的单一斗型成为显著的特征。

所谓早期斗栱形式，指以单栱偷心造为特色的斗栱形式。其小斗无论是位于横栱两头，还是位于杪栱跳头，皆为形式和尺寸相同的单槽小斗，唯正心分位十字栱心上的小斗，呈十字槽小斗形式。故早期斗栱的小斗斗型，以斗槽形式的不同，可区分为单槽小斗和十字槽小斗两种形式，且以单槽小斗为最基本的斗型（图6–2–1）。尤其是在斗栱立面上，所有可见小斗，皆为大小相同的单槽小斗形式（图6–2–2）。因此，早期斗栱的小斗，可视作只有单槽小斗一个斗型，其中尤以“令栱小斗单元”的表现最具意义。

所谓“令栱小斗单元”，指最外跳令栱上下配置的四小斗所构成的基本单元。

在前述的早期斗型体系中，“令栱小斗单元”中的四小斗，斗型单一，皆为尺寸相同的单槽小斗形式。若以此令栱小斗单元，描述、划分早期斗栱的小斗斗型特征，可概括为单一斗型的形式（图6–2–3）。

作为比较，后世《营造法式》的小斗体系中，此令栱小斗单元中的四小斗，恰囊括了《营造法式》所有的三种小斗斗型：散斗、齐心斗、交互斗。这表明后世斗栱的小斗分型，主要集中于这一基本单元。

小斗的单一斗型做法，表现了早期建筑斗型的基本特色，其早期形象可见北齐太宁二年（562）厍狄迴洛墓屋宇式木椁的斗栱构件[3]，以及盛唐大雁塔门楣石刻斗栱形象（图6–2–4）。在目前所见北方早期遗构上，小斗的单一斗型做法是一普遍现象，唐、五代遗构如南禅寺大殿、广仁王庙大殿、天台庵大殿、镇国寺万佛殿、大云院弥陀殿、长子玉皇庙前殿等例，皆三种小斗尺寸相同[4]。辽宋时期的遗构小斗也大都保持着单一斗型的旧制，如独乐寺观音阁、独乐寺山门、奉国寺大殿、开善寺大殿、文水则天庙正殿、崇明寺大殿、永寿寺雨花宫、晋祠圣母殿、隆兴寺摩尼殿，以及南方的华林寺大殿等例[5]。以早期木构遗存最多的晋东南地区为例，金代以前的早期遗构大多为单一斗型做法。

唐辽宋时期北方遗构无论是交互斗还是齐心斗，大多与散斗不分，尺寸相同[6]。其偷心交互斗（单槽小斗）以散斗转90度替代[7]。这一时期也见有少数交互斗略

3　山西寿阳县贾家庄村出土的北齐太宁二年（562）厍狄迴洛墓屋宇式木椁构件中，有数个齐心斗与散斗构件，齐心斗与散斗斗型相同，且斗面宽大于斗侧深，皆顺纹斗形式。参见：王克林．北齐厍狄迴洛墓[J]．考古学报，1979（3）：377–402.

4　相关遗构调查报告参见：祁英涛，柴泽俊．南禅寺大殿修复[J]．文物，1980（11）：61–75.

贺大龙．长治五代建筑新考[M]．北京：文物出版社，2008.

杨列．山西平顺县古建筑勘察记[J]．文物，1962（2）：40–51.

刘畅．山西平遥镇国寺万佛殿天王殿精细测绘报告[M]．北京：清华大学出版社，2012.

5　相关遗构调查报告参见：丁垚．蓟县独乐寺山门[M]．天津：天津大学出版社，2016.

莫宗江．山西榆次永寿寺雨花宫[J]．中国营造学社汇刊（第七卷第二期），1945：1–26.

祁英涛．晋祠圣母殿研究[J]．文物季刊，1992（1）：50–68.

林钊．福州华林寺大雄宝殿调查简报[J]．文物参考资料，1956（7）：45–48.

6　关于镇国寺万佛殿小斗尺寸：“散斗实测数据组中接近承跳斗尺度者，被认为更有可能代表原始设计，即原始设计中栌斗之外小斗设计尺度可能只有一种。万佛殿用斗二种——栌斗和小斗，后者包括单向承跳斗、交互斗、散斗，甚至从露明部来看，可能还包括补间铺作底斗。”参见：刘畅，廖慧农，李树盛．山西平遥镇国寺万佛殿天王殿精细测绘报告[M]．北京：清华大学出版社，2013：54.

7　早期遗构上多用顺放散斗作为偷心交互斗，以此减少斗型规格，简化加工流程。遗构如南禅寺大殿、独乐观音阁、镇国寺万佛殿、应县木塔、义县奉国寺大殿、新城开善寺大殿等唐辽遗构，以及文水则天庙正殿、晋祠圣母殿殿身、晋祠献殿、盂县大王庙后殿等宋金遗构，都以顺放散斗用作偷心交互斗。

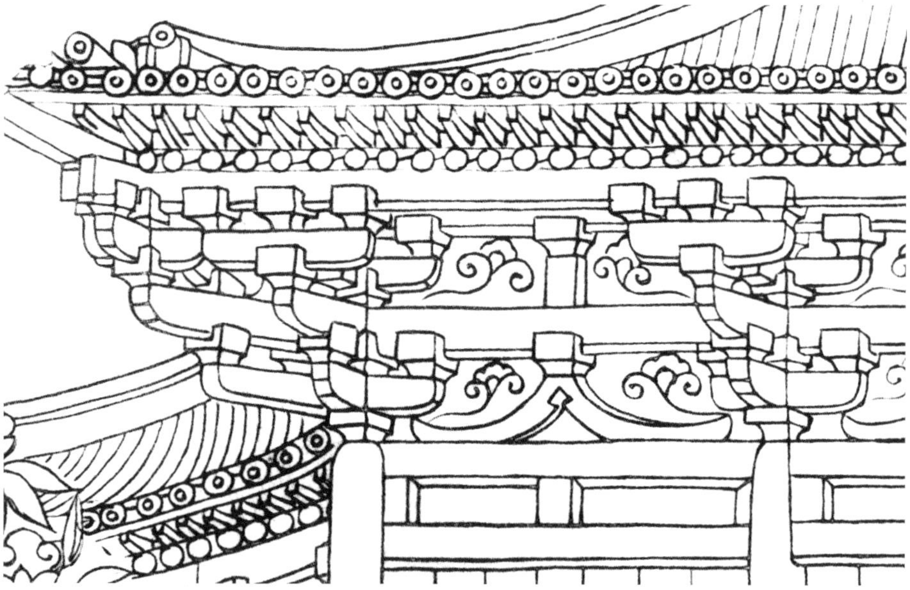

图 6-2-4　西安慈恩寺大雁塔门楣石刻斗栱形象 [来源：常盘大定，関野貞. 中国佛教史蹟（一）[M]. 東京：佛教史蹟研究会，1928]

图 6-2-5　佛光寺大殿计心交互斗尺寸略大（姜铮摄）（左）

图 6-2-6　法隆寺金堂副阶斗栱（来源：浅野清，渡辺義雄. 法隆寺西院伽蓝 [M]. 東京：岩波書店，1974）（右）

大者，多出现在计心交互斗（十字槽小斗）的场合，如佛光寺大殿、应县木塔等例（图 6-2-5）。

以盛唐建筑为祖型的日本奈良、平安时代建筑，其小斗亦为单一斗型这一早期形式。现存遗构中 8 世纪初的法隆寺金堂（副阶）为最早之例（图 6-2-6），其他如药师寺东塔（730 年）、海龙王寺五重小塔（奈良时代）、元兴寺极乐坊五重小塔（奈良时代）、当麻寺东塔（奈良时代），以及唐招提寺金堂（770 年代）、东大寺法华堂（8 世纪）等构皆是如此。实际上，作为日本古典样式的和样建筑，直至近世基本上一直保持着小斗单一斗型的旧制[8]。

中土北方唐辽宋遗构与日本和样建筑，皆表现了早期小斗单一斗型的特色。

（2）小斗的分型

早期的单一斗型，其小斗只有位置的区别，而无尺寸的差异。而此后斗型的分化，则表现为不同位置小斗尺寸的差异变化，小斗的分型由此而始。以尺寸区分斗型，是小斗分型的主要方式。此外，如开槽方式、斗面纹理也是斗型区分的

8　日本平安后期也偶见小斗分化之例，如醍醐寺五重塔（952 年）、平等院凤凰堂（1053 年），其交互斗略有增大。小斗分化现象在和样建筑上只是少数个别之例，且只表现在交互斗上，散斗与齐心斗尺寸相同。单一斗型直至近世仍是和样的主流形式。

图 6-2-7　镇国寺万佛殿十字栱心上的齐心斗做法（作者自摄）

图 6-2-8　保国寺大殿十字栱心上的齐心斗做法（前檐心间补间铺作）（作者自摄）（左）

图 6-2-9　醍醐寺五重塔十字栱心上的齐心斗做法（作者自摄）（右）

相关要素。

《营造法式》造斗之制，将施用于不同位置的小斗分作三种斗型，即：栱心的齐心斗、华栱跳头的交互斗、横栱两头的散斗，并赋予三种斗型尺寸上的差异，从而使小斗的分型，既有位置的不同，又有尺寸的差异。

计心造的流行及相应的构造需要，是交互斗分型而出的主要动力。对于早期偷心造斗栱而言，应不存在交互斗这一斗型概念的，其华栱跳头交互斗位置上所用者为转 90 度方向的散斗，《营造法式》中仍残存这一旧制痕迹[9]。

另外，由于足材华栱的出现和普及，致使十字栱心上的齐心斗消失。《营造法式》造斗之制指齐心斗"施之于栱心之上"[10]，其栱心位置有二处：一是最外跳令栱的栱心上，其斗顺身开口，两耳；一是正心分位的单材十字栱心上，其斗十字开口，四耳。《营造法式》大木作制度所记斗栱偏于繁复的高等级形式，故其造斗之制只记令栱心上的单槽齐心斗，而单材十字栱心上的十字槽齐心斗则略而不记。然在其造栱之制中，又记华栱柱头铺作用足材，补间铺作用单材，故《营造法式》补间铺作单材十字栱心上仍存十字槽齐心斗的做法。

补间铺作单材十字栱心上的十字槽齐心斗，中国本土早期遗构上多见其例，如佛光寺大殿、镇国寺万佛殿以及保国寺大殿（图 6-2-7、图 6-2-8）。日本和

9 《营造法式》卷四《大木作制度一》"斗"："散斗，施之于栱两头。……如铺作偷心，则施之于华栱出跳之上。"参见：梁思成. 梁思成全集（第七卷）[M]. 北京：中国建筑工业出版社，2001：103.

10 《营造法式》卷四《大木作制度一》"斗"。参见：梁思成. 梁思成全集（第七卷）[M]. 北京：中国建筑工业出版社，2001：103.

图 6-2-10 江南五代宋初砖石塔的斗栱形象（作者自摄）

样柱头铺作十字栱心上的齐心斗做法仍守盛唐旧制（图 6-2-9）。而唐样斗栱则一如江南宋式，补间铺作单材十字栱心上也存齐心斗做法，并称之为方斗，意指斗平面正方形式，而这也是对唐宋齐心斗尺度特色的描述。《营造法式》栱心上的齐心斗，即为正方 16 份的形式。

就小斗分型的逻辑而言，十字栱心上的正方齐心斗是所有小斗的基本斗。

根据现存遗构的斗型分析，《营造法式》成熟的小斗分型，应是分步演进而达到的。推测首先是交互斗的分型而出，尤其是十字槽的计心交互斗，从而区别于齐心斗与散斗，然后是散斗与齐心斗的分型。三型小斗都是在单一斗型的基础上，通过尺寸的变化而实现的。

一方面，从江南现存早期仿木的砖石构可知，小斗的分化至少在唐末五代已经出现，交互斗增大的做法，有可能较早流行于江南地区。江南五代宋初的梵天寺经幢、闸口白塔、灵隐寺石塔、罗汉院双塔等遗构，交互斗已显著增大（包括单槽交互斗），细腻地区分出小斗之间的尺寸差异，且作为仿木构的砖石塔，无疑真实可靠，不存后世改易的可能（图 6-2-10）。

另一方面，江南地区应在北宋初期，小斗体系已开始了由二斗型向三斗型的演进，其例如宁波保国寺大殿（1013 年）、甪直保圣寺大殿（1073 年）的三斗型做法（图 6-2-11）。相比之下，北方建筑的小斗分型，则主要是在宋末金初以来的法式化之后。北方现存遗构中，北宋末的初祖庵大殿（1125 年）与金初的龙岩寺中殿（1129 年），是北方小斗分型具有代表性的两例，其交互斗开始出现显著的增大，其后金构也普遍出现小斗分型的变化。然而即便是金代之后，单一斗型旧制仍有延续，如崇福寺弥陀殿（1143 年）等例。

交互斗、齐心斗、散斗在尺寸上的分型，是北方建筑斗栱法式化的一个典型表现。

在斗栱尺度关系上，如果说交互斗的增大现象，主要反映的是构造需要的话，那么散斗与齐心斗的分型，则表现的是对中线意识及主次之别的强调。散斗与齐心斗的进一步分型，完成了小斗体系从二斗型向三斗型的演进。外跳令栱小斗单元的四小斗，通过尺寸差异的变化，分型为散斗、齐心斗与交互斗这三种斗型，

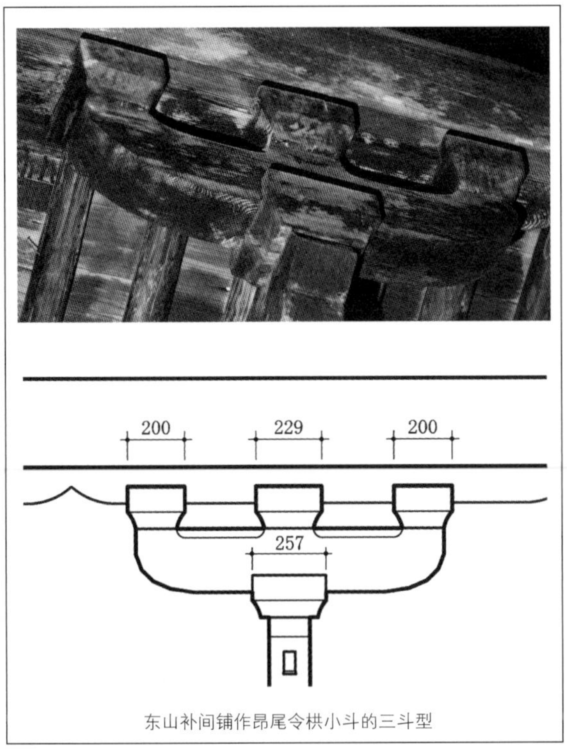

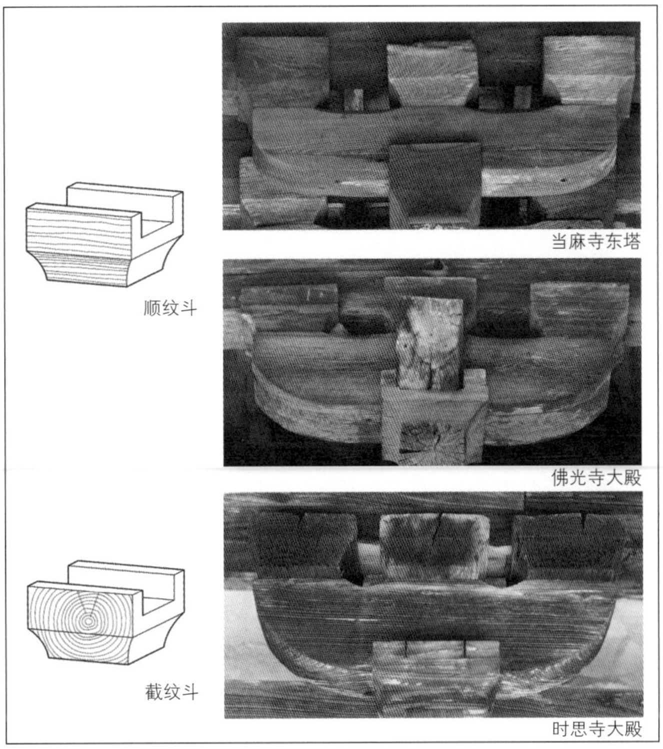

图 6-2-11　保国寺大殿小斗的三斗型（作者自摄、自绘）（左）

图 6-2-12　顺纹斗与截纹斗（作者自绘）（右）

三者间以尺寸的差异，对应于施用位置的变化。位置与尺寸成为小斗分型的双重标识。

现存木作遗构中，所见三斗型做法最早者为江南宋初的保国寺大殿[11]。而至宋末的《营造法式》则以官式制度的形式，首次规定了小斗体系的三斗型名称、施用位置以及比例关系。江南地区在保国寺大殿、保圣寺大殿之后，小斗的三斗型做法逐渐成为主流形式。而北方地区的小斗分型，尤其是散斗与齐心斗的分型，则主要是在宋末金初以来法式化的推动下而逐步实现和完成的。

小斗分型的完成，成为斗栱形制演化进程上的一个重要标志。

（3）斗纹与斗型

如果说位置与尺寸是小斗分型的两个主要标识，那么斗纹则是第三个标识，且其内涵更具独特的意义。

斗纹形式反映的是斗构件的加工制作方式。所谓斗纹，指单槽小斗基于开槽方式所形成的斗面纹理。斗纹有顺纹和截纹两种，顺纹开槽的斗面呈顺纹形式，称顺纹斗；截纹开槽的斗面呈截纹形式，称截纹斗（图 6-2-12）。

基于开槽方式的不同，小斗形式可分作两类，一是单槽斗，一是十字槽斗。其中单槽斗为散斗，十字槽斗为齐心斗和交互斗，偷心处及令栱下的交互斗以及无耍头令栱上的齐心斗，虽作单槽形式，然属十字槽斗的特例。也就是说，以开槽方式归类，小斗只有两种：一是单槽的散斗，一是十字槽的交互斗与齐心斗。

11　保国寺大殿三种小斗表现出尺寸上的规律性差异，并与施用位置的变化相对应，吻合于《营造法式》交互斗、齐心斗和散斗的规定。

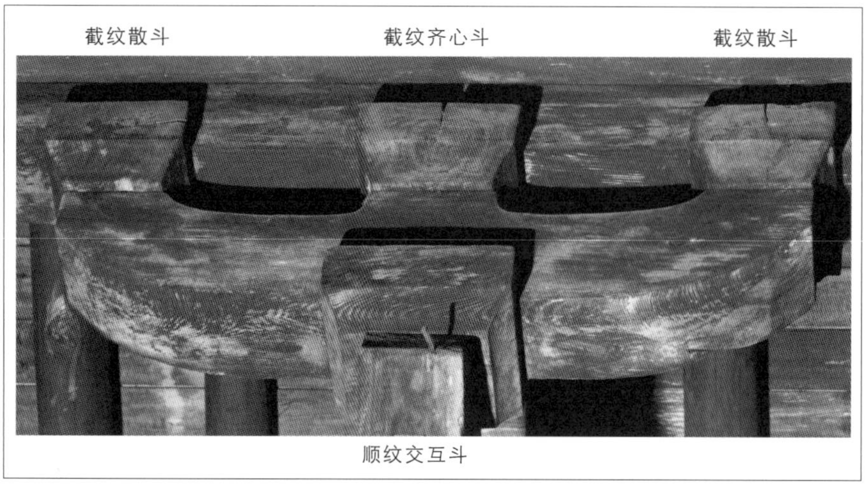

图 6-2-13 保国寺大殿截纹斗形式（西山补间铺作里跳令栱位置）（作者自摄）

斗的开槽，是斗加工制作的重要工序，且开槽方式决定斗纹形式。所谓截纹斗和顺纹斗皆是就单槽斗而言的。因此，作为单槽的散斗，根据开槽方式的不同，分作截纹散斗与顺纹散斗两种。

如果说单槽散斗的斗纹具有加工制作的意义，那么十字槽的交互斗和齐心斗，其斗纹则只有朝向摆放的意义，即以顺纹面或截纹面作为正向看面的摆放方式的差别。

单槽散斗以其基于加工制作的斗纹差异，成为散斗斗型的又一标识，并在技术谱系上具有独特的意义。

根据现存南北遗构的分析，截纹斗做法是江南小斗加工制作的基本方式，截纹斗现象具有显著的江南地域特色，并形成江南斗型的独特性。

江南截纹斗做法，遗构上最早见于保国寺大殿。其不仅散斗为截纹斗形式，且令栱心上的单槽齐心斗亦为截纹斗形式，与交互斗的顺纹斗形式呈显著的对比（图 6-2-13）。斗纹形式反映了保国寺大殿斗栱加工制作的一个重要特色。

保国寺大殿截纹斗现象的意义在于：截纹斗做法并非保国寺大殿的个别现象，而是江南木构建筑典型和普遍的特色。江南自保国寺大殿以来的历代木作遗构，截纹斗做法是不变的定式，且传承直至现代，至今江南传统木构建筑施工中，仍普遍采用截纹斗做法。因此，截纹斗形式是伴随工匠谱系而传承的江南地域做法[12]。

现存江南诸多木作遗构，代表了保国寺大殿以来江南木构技术的传承，其散斗的截纹做法无一例外（图 6-2-14、图 6-2-15）。其中时思寺钟楼的截纹斗做法更具特色，其令栱单元的散斗、齐心斗及交互斗三者，皆为截纹斗形式，进而补间单槽栌斗也取截纹斗形式（图6-2-16）。有意味的是，这种全面的截纹斗做法，现存遗构中还见于日本奈良时代的药师寺东塔（730 年）。

考察北方众多唐宋辽金遗构，散斗的顺纹做法是一普遍现象[13]（图 6-2-17）。散斗做法的南截北顺之别，其对比显著而分明[14]。北方部分遗构的斗纹做法，看

12 南方斗纹做法上，江南与闽、粤又有不同。现存闽、粤遗构普遍采用顺纹斗做法。陈太尉宫宋构部分为顺纹斗，莆田元妙观三清殿及漳州文庙大殿等也皆为顺纹斗。以现存遗构而言，闽、粤两地应为顺纹斗的区域。

13 北方顺纹斗做法，从遗构上看可上溯至北朝时期，如山西寿阳县出土的北齐太宁二年（562）厍狄迴洛墓屋宇式木椁构件中，有数个齐心斗与散斗，皆顺纹斗形式。参见：王克林. 北齐厍狄迴洛墓 [J]. 考古学报，1979（3）：377-402.

14 就目前所见北方遗构中，平顺回龙寺正殿（金代）前内柱丁头栱跳头承榑的单斗支替，其斗（交互斗）为截纹斗。敦煌莫高窟北魏 251 窟木作小斗为截纹斗，且斗型为散斗，甚具意义。另，南禅寺大殿上也见个别截纹斗，位于后檐西平柱头斗栱柱缝顶处，下为皿板，上承素枋，其斗形及材质看似早期者。

图 6-2-14　延福寺大殿截纹斗形式（作者自摄）（左）

图 6-2-15　景宁时思寺大殿截纹斗形式（作者自摄）（右）

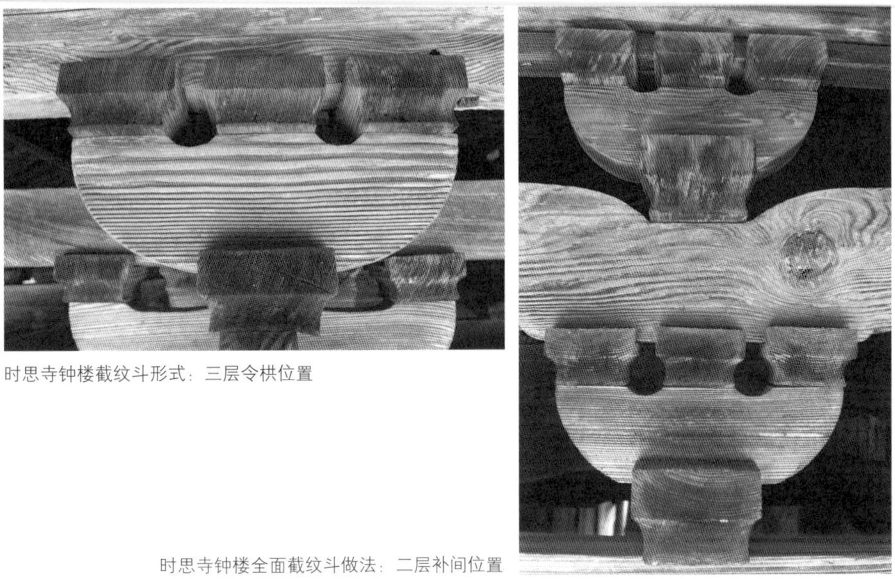

时思寺钟楼截纹斗形式：三层令栱位置

时思寺钟楼全面截纹斗做法：二层补间位置

图 6-2-16　景宁时思寺钟楼截纹斗形式（作者自摄）

大云院弥陀殿（940 年）

镇国寺万佛殿（963 年）

图 6-2-17　北方早期遗构的顺纹斗形式（作者自摄）

似略有变化，然实际上除偷心交互斗的朝向摆放的变化外，余皆完全统一。姑且以同一寺院的晋祠圣母殿与献殿二构为例，分析北方斗纹的变化现象及其规律。二例散斗皆为顺纹斗形式，其变化仅在斗栱里跳偷心交互斗的朝向摆放上（图 6-2-18）。

图 6-2-18　晋祠圣母殿与献殿斗纹比较（作者自摄）

圣母殿型的斗纹特点为：铺作里跳的偷心单槽交互斗看似为截纹斗，实际上与外跳的计心十字槽交互斗的朝向摆放一致，只不过是单槽而已。其斗的朝向摆放规律为：所有斗皆以顺纹面朝向铺作的正面，截纹面朝向铺作的侧面。圣母殿型的斗纹做法，着重于斗纹朝向的摆放意义，而当所有小斗皆以顺纹面朝向铺作正面时，单槽的偷心交互斗则自然成截纹斗形式，并非有意为之，故此并非明确有意识的截纹斗概念[15]。

献殿型的斗纹特点为：除所有十字槽斗的摆放以顺纹面朝向铺作正面外，所有单槽小斗在加工制作上，也皆作顺纹斗形式。故其偷心交互斗以顺纹面朝向铺作侧面。相比较圣母殿型斗纹，献殿型斗纹形式强调单槽斗的顺纹加工，有明确加工意义上的顺纹斗概念。

北方现存遗构中，圣母殿型斗纹做法相对较少，且多偏于早期遗构[16]，北方斗纹做法多数为献殿型[17]。进而可以推知，无论是圣母殿型斗纹，还是献殿型斗纹，唐宋以来的北方工匠并无明确的截纹斗的意识和概念，这是与江南斗纹做法的最大区别。

实际上，除去十字槽斗的摆放朝向外，南北斗纹加工做法的区别只在散斗上。散斗斗纹的特点，代表了工匠的斗纹意识。就唐宋以来的遗构而言，斗纹之南北分别在于南截北顺，斗纹规律成为隐性的技术特征。

北方宋金遗构中，初祖庵大殿的斗纹现象别具意味。其有别于北方的斗纹做

15　此处描述的圣母殿斗纹为圣母殿下檐的斗纹形式，里跳偷心处交互斗截纹面朝向铺作侧面。然圣母殿上檐里跳偷心处交互斗的摆放则与下檐相反，以顺纹面朝向铺作侧面，成顺纹斗形式，其做法与献殿型斗纹相同。圣母殿上下檐偷心处交互斗的斗纹差异的原因值得探讨。

16　圣母殿型斗纹：散斗、齐心斗为顺纹斗，里外偷心交互斗为截纹斗，所有小斗顺纹皆朝向斗栱正面。其例有：平顺天台庵大殿、崇明寺中佛殿、小张村碧云寺大殿、长子县布村玉皇庙、隆兴寺摩尼殿、长子县府君庙正殿等例。

17　北方现存遗构中献殿型斗纹所见较多，其中也见时代较早者，如唐构佛光寺大殿。

图 6-2-19　初祖庵大殿的截纹斗做法（檐柱斗栱）（作者自摄）

图 6-2-20　奈良药师寺东塔底层斗栱截纹斗形式（作者自摄）

图 6-2-21　法隆寺东院梦殿截纹散斗（来源：浅野清. 法隆寺建築の研究 [M]. 東京：中央公論美術出版，1983：图版 56）

法，印证了大殿“北构南相”的技术特征。所谓“北构南相”，指初祖庵大殿样式做法上有诸多南方因素，技术成分上与江南关系密切[18]。考察发现初祖庵大殿现状散斗也存在着截纹斗做法，且老残旧斗表现为截纹散斗的形式，而新斗则为顺纹散斗的形式（图 6-2-19）。这一现象有可能表现了如下两方面的意味：其一，截纹斗是初祖庵大殿散斗的原初形式，后世工匠修缮替换时丢失和掩盖了这一历史信息；其二，初祖庵大殿的截纹散斗做法，在制作加工层面上表露了与江南技术的关联性。

如果说初祖庵大殿双补间铺作、圜斗及讹角斗等诸多做法，只是表象上的南方特色，那么其老旧散斗上所显示的截纹斗做法，则在更深的加工层面上表露了大殿的南方技术特征。

斗纹做法的属性特征，成为认识建筑技术源流的一个独特线索。

（4）东亚斗纹现象

伴随中国木构技术的传播，斗纹做法在东亚诸国亦表现出相应的特色，成为东亚木构技术源流关系中的一个相关细节。

关于斗纹做法，日本现存遗构表现出如下的特色：截纹斗做法为早期样式特征[19]，后期遗构皆为顺纹斗形式。白凤时代遗构药师寺东塔（730 年）是日本现存少数截纹斗遗构之例（图 6-2-20）。

药师寺东塔截纹斗的特点十分典型，并与江南时思寺钟楼截纹斗做法相似。东塔跳头令栱上下的四小斗，不仅斗型相同，尺寸一致，且皆为截纹斗形式，即散斗与单槽齐心斗和单槽交互斗，皆为截纹斗形式，甚至栌斗也以截纹为正向看面。此外，天平时代的法隆寺东院梦殿单槽小斗，也作截纹斗的形式（图 6-2-21）。日本自药师寺东塔及法隆寺梦殿之后，遗构中再不见截纹斗做法，皆为顺纹斗形式。

朝鲜半岛不存早期木构建筑，现存最早的高丽时代后期遗构，时代相当于中国南宋时期。朝鲜半岛现存遗构皆为顺纹斗形式，然根据统一新罗时代遗址的考

18　张十庆. 北构南相——初祖庵大殿现象探析 [M]// 贾珺. 建筑史（第 22 辑）. 北京：清华大学出版社，2006：84-89.

19　关于截纹斗，日本学界称作木口斗。

古研究，发现雁鸭池宫殿遗址出土的斗栱遗迹有截纹斗做法，且截纹斗与顺纹斗并存[20]，其时代相当于中国盛唐时期。与日本类似，朝鲜半岛也表现出截纹斗的早期特色。

东亚斗纹现象，为认识中国本土斗纹做法提供了参照和线索。

从东亚整体的角度看待斗纹现象，日本与朝鲜半岛的截纹斗做法，到底表现的是祖型的地域特征还是时代特征，是东亚斗纹现象分析的关键。根据中国本土的莫高窟北魏 251 窟截纹斗以及日本与朝鲜半岛截纹斗的遗存现象分析，截纹斗做法的早期时代倾向似较为显著，而这一特点与唐宋以后截纹斗显著的地域特色形成对比。

根据东亚建筑的源流和传播关系，统一新罗时代建筑以及日本白凤时代建筑，其祖型皆为初唐至盛唐时期的长安官式建筑。依此线索分析，中国本土北方早期应有截纹斗做法，东亚日本和朝鲜半岛的截纹斗做法应表现的是其祖型的时代特征。

现存日本唐样遗构皆为顺纹斗做法，这表明唐样构件加工制作上，传承的是和样建筑的传统。中世唐样建筑弃用江南的截纹斗做法，据日本学者分析，其一个重要的原因是追求小斗正向看面的平整效果。

根据东亚截纹斗线索的综合分析，古制遗存现象应是江南宋代以后仍普遍采用截纹斗做法的主要原因。截纹斗这一早期的时代特色，在江南地区以古制遗存的形式，转化为地域特征。

江南截纹斗现象，并非完全由材质及加工技术因素所决定。保国寺大殿的单槽小斗中，顺纹（交互斗）与截纹（散斗、齐心斗）并存，且这一特色在江南延福寺大殿、时思寺大殿等构上也同样存在，是一有规律的斗纹现象。一方面，这说明江南截纹斗做法，应反映有制作和施工上的工匠思维和意识，即以斗纹与斗型的对应关系，作为一种形象的识别符号，在大量性斗构件的制作和拼装过程中，起到分类、定位和定向的作用。另一方面，斗的顺纹与截纹做法，作为工匠传统技法，依赖于匠师谱系而传承，从而带有特定的形式意味。

（5）《营造法式》的斗型构成

根据上述讨论的小斗分型的三个标识，分析比较《营造法式》的斗型构成。

《营造法式》交互斗、齐心斗和散斗三者，以施用位置、长广尺寸和斗纹形式区分斗型，三种小斗表现出尺寸上的规律性差异，并与施用位置及斗纹的变化相对应。

以材份尺寸计，三种小斗侧向斗深皆为 16 份，而小斗的正向面宽则分别为 18 份、16 份和 14 份。三小斗正向看面尺寸呈规律性的 2 份差异，以显示三斗型小斗的尺寸识别性。

诸斗中正方 16 份、高 10 份的齐心斗是所有斗的基准斗[21]。诸小斗在基准斗

20 雁鸭池遗址出土统一新罗时代宫殿斗栱小斗三件，现藏于首尔博物馆。

21 关于小斗称谓，日本称十字栱心上的齐心斗为方斗，其他小斗为卷斗。《营造法式》齐心斗的 16 份正方，应是日本方斗名称的由来。

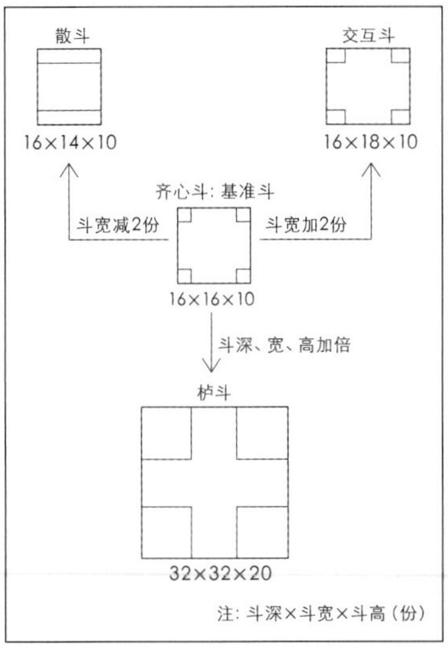

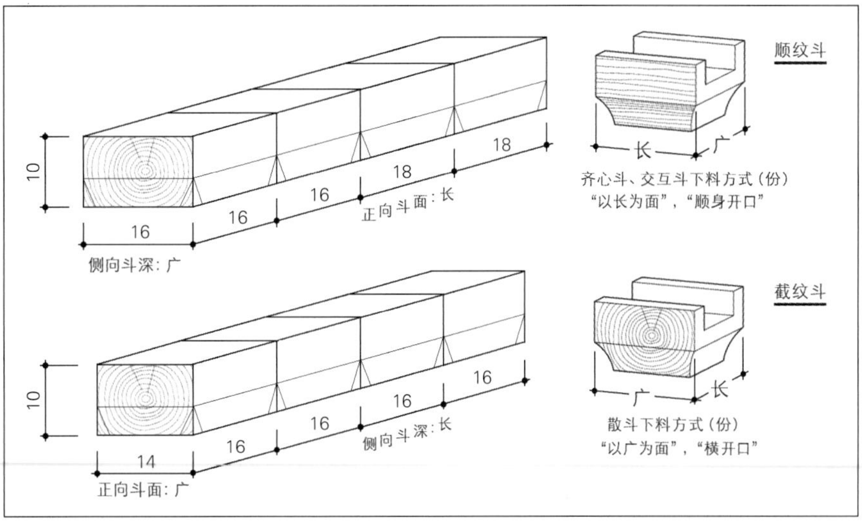

图 6-2-22　《营造法式》基准斗与斗型变化（作者自绘）（左）

图 6-2-23　《营造法式》小斗规格化下料方式（作者自绘）（右）

的基础上，正向斗宽尺寸以 2 份增减变化，即散斗减 2 份，交互斗加 2 份；而栌斗的斗宽、斗深和斗高尺寸 32×32×20（份），则是由齐心斗的相应尺寸加倍而成（图 6-2-22）。

《营造法式》三种小斗，就规格化制作加工而言，本可以用统一的 16 份 ×10 份规格枋材扁作而成，制作相对简单便捷，并成顺纹斗形式，与北方普遍行用的小斗斗型及制作方法相吻合[22]。然《营造法式》在散斗做法上，弃北方通用的顺纹斗形式，而采用江南传统的截纹斗做法[23]。三种小斗以两种不同规格的枋材分别制作，即顺纹的齐心斗和交互斗用一种规格的枋材（16 份 ×10 份），截纹的散斗用另一种规格的枋材（14 份 ×10 份）（图 6-2-23）。在小斗的加工制作上，南北两种加工逻辑完全不同，而《营造法式》则与江南相同。

《营造法式》单槽小斗的开槽方式分作两种，散斗的开槽方式为"横开口，两耳"，单槽交互斗与单槽齐心斗的开槽方式为"顺身开口，两耳"[24]。而顺、横两向最直观的标志就是木纹，故散斗为横纹（截纹）开槽，呈截纹斗形式，单槽交互斗与单槽齐心斗为顺纹开槽，呈顺纹斗形式。

三小斗中，齐心斗"其长与广皆十六分"，交互斗"其长十八分，广十六分"，而散斗"其长十六分，广十四分"，且"以广为面"[25]。16 份是《营造法式》三种小斗侧向斗深的统一份值，故相对于散斗的"以广为面"，齐心斗及交互斗则"以长为面"。基于此，"以广为面"的散斗的斗面纹理，必然与"以长为面"的齐心斗及交互斗的斗面纹理不同，即一截纹与一顺纹。

《营造法式》用材的长、广之称，是有其特定纹理指向的，即材之截面的两向谓之广、厚，材之顺纹向度谓之长。《营造法式》所有构件的三向称谓，顺纹向皆称"长"，截面的两向称"广"与"厚"或"高"。小斗以枋材扁作而成，枋材截面之广、厚，相应成为斗广、斗高，枋材之顺纹方向则成为斗长（图 6-2-24）。

22　北方佛光寺大殿的小斗分型，代表了另一种独特的模式：三小斗皆顺纹斗，然交互斗的长、广两向尺寸都不同于散斗和齐心斗，故交互斗所用枋料须是不同的另一种规格。佛光寺大殿的小斗分型加工，需备两种不同规格的枋料。

23　张十庆. 斗栱的斗纹形式与意义：保国寺大殿截纹斗现象分析 [J]. 文物. 2012（9）：74-80.

24　《营造法式》卷四《大木作制度一》"造斗之制"。参见：梁思成. 梁思成全集（第七卷）[M]. 北京：中国建筑工业出版社，2001：103.

25　《营造法式》卷四《大木作制度一》"造斗之制"。参见：梁思成. 梁思成全集（第七卷）[M]. 北京：中国建筑工业出版社，2001：103.

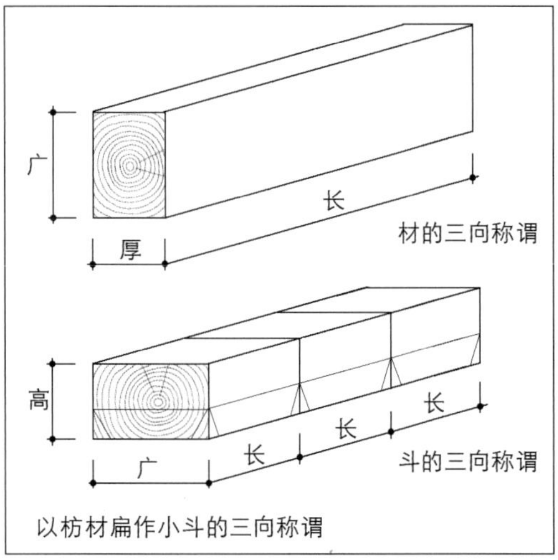

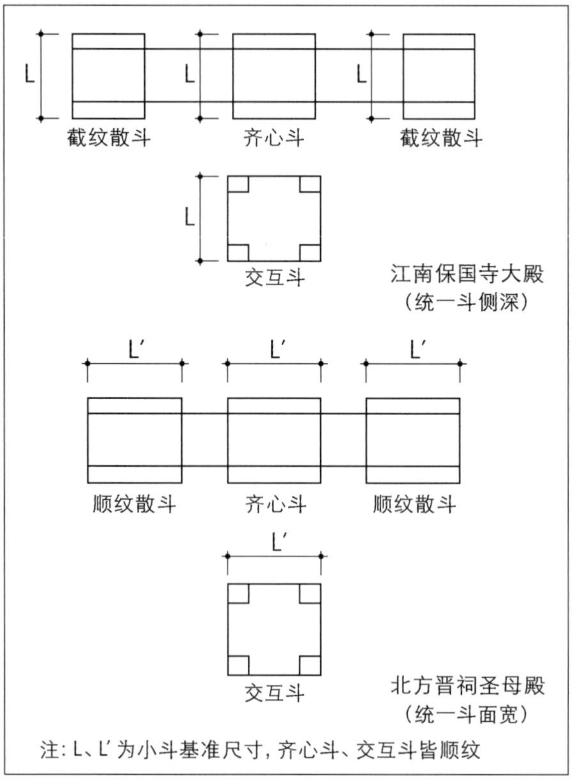

图 6-2-24 以枋材扁作小斗的三向称谓（作者自绘）（左）

图 6-2-25 宋辽时期斗型的两种模式：尺寸标尺与斗纹标尺（来源：唐聪．两宋时期的木造现象及其工匠意识探析 [D]．南京：东南大学，2012）（右）

而“以广为面”的散斗，即指正向看面为截纹的散斗形式。

《营造法式》小斗分型上，位置、尺寸和斗纹三个标识，彼此相关，相互对应。基于斗型与斗纹的关联性，斗纹规律是斗型的隐性技术特征。

小斗斗型的分化，有可能最初源自江南。大致在唐末五代时，江南地区率先出现三种小斗的分型，并成为影响北宋官式斗栱制度的一个重要因素。现存木作遗构中，江南北宋保国寺大殿不仅是三斗型做法所见最早者，且根据实测数据分析，其分型三斗的长广比例关系，与《营造法式》的规定高度吻合[26]，这在五代宋初乃至北宋后期的南北建筑中都是仅见的。在斗型与斗纹的关系上，《营造法式》的截纹散斗特色，异于同时期北方的顺纹斗做法，这在构件加工技术层面上，进一步印证了《营造法式》与江南技术的深刻关联。

根据《营造法式》小斗的分型特征以及斗型与斗纹的关系，推析《营造法式》斗型的生成过程，融汇了不同技术因素的作用和影响，其最终斗型是在北式斗型的基础上，吸收了江南因素而形成的，且又通过宋末金初以来的法式化，影响了部分北方建筑的斗纹做法[27]。

比较南式与北式小斗体系的区别，其主要的差异在于散斗，表现在两点：一是散斗长广比例关系的不同，二是散斗斗纹的不同。

北方唐宋以来的小斗体系，其斗型基本上都是斗面宽大于斗侧深的顺纹斗形式。然从遗构上来看，江南至迟在五代北宋初期，散斗斗型已不同于北方，如北

26 参见：东南大学建筑研究所．宁波保国寺大殿：勘察分析与基础研究 [M]．南京：东南大学出版社，2012：173，177．

27 宋末初祖庵大殿所表现的诸多南方做法，应来自以《营造法式》为中介的江南技术的北传，散斗的截纹斗做法正是其一。此外，金代遗构上也表现有法式化的影响，如长子西上坊成汤庙正殿的截纹斗形式及阑额鼓卯做法，以及三王村三嵕庙正殿的部分老构件散斗上的截纹斗做法。

宋前期的保国寺大殿、保圣寺大殿二构，其散斗皆为斗面宽小于斗侧深的截纹斗形式，相当于将北式散斗（斗坯）转 90 度方向，原先的长广比例关系及纹理形式，随之发生相应的改变。

因此可以认为：《营造法式》现行斗型的生成，是基于北式斗型，并在散斗上受江南技术影响的结果。江南散斗因素融入北式斗型，实际上是将北式散斗转 90 度而成江南散斗，以追求江南独特的截纹斗形式。基于此，《营造法式》的散斗特征，由北式散斗的顺纹、斗面宽大于斗侧深，改为江南散斗的截纹、斗面宽小于斗侧深。

法式型散斗有两个特征，一是截纹斗形式，二是斗面宽小于斗侧深，二者是关联的存在。北方宋金遗构中，法式型散斗的典型是初祖庵大殿老旧构件上残存的截纹散斗。而后世清式散斗（三才升），虽传承沿用宋式散斗的比例关系（16 份 /14 份＝ 1.14），即其斗侧深（1.48 斗口）与斗面宽（1.3 斗口）的比值仍为宋式的 1.14，然其斗纹则已改回北式的顺纹斗形式。实际上早在法式化的金元遗构上，已见散斗斗纹改回北式顺纹斗之例，如金构清源文庙大殿的法式化散斗，比例传承宋式散斗，斗面宽小于斗侧深（斗面宽 17 厘米，斗侧深 20 厘米），而斗纹则已改回北式的顺纹斗形式。

上述关于散斗的变化及特点，在认识《营造法式》斗栱比例关系上，具有关键的作用。详见后文关于《营造法式》斗栱比例关系的分析。

概括唐宋以来南北斗型的区别以及相应的模式，以尺寸标识和斗纹标识而言，南北两种斗型模式的分别如下所示（图 6–2–25）：

以尺寸标识，分作如下两种相对的模式：

南式：诸小斗侧深统一，面宽变化，散斗的面宽小于侧深；

北式：诸小斗面宽统一，侧深变化，散斗的面宽大于侧深。

以斗纹标识，分作如下两种相对的模式：

南式：截纹斗形式，以散斗截纹为标志；

北式：顺纹斗形式，以诸斗顺纹为特征。

小斗体系的上述两种模式，大致代表了这一时期南北斗型的基本特征，前者以江南保国寺大殿为代表，《营造法式》传承此式；后者以北方镇国寺万佛殿、晋祠圣母殿为代表，日本传统和样也归此类。

小斗分型，既有出于加工制作和施工定位的需要，又反映有斗栱立面比例关系的设计意识。南北斗型的差异和变化，与斗栱比例关系相关联。

2. 栱型的分析与比较

栱型在斗栱构成上的意义主要表现在栱长上。栱长作为斗栱构成的一个基本要素，与斗栱纵横两向的出跳长度以及比例关系密切相关。历代栱长随时代和地域变化甚大，本节关于栱型的讨论，从早期栱型的特点入手，分析栱型演变的大致过程及相应特点，并主要偏重于以《营造法式》为代表的官式主线。

（1）单栱造的单一栱长形式

斗栱构成上栱的分型，与斗型类似，以位置与尺度为两个主要标识。本节关于栱型的讨论，主要着重于尺度标识，也就是重点讨论栱长的变化及其比例权衡。

在栱型的诸要素中，栱长最具意义。在斗栱演进过程中，栱长作为一个活跃因素，对斗栱构成及比例权衡有重要的影响，并至《营造法式》形成相应的栱长材份规制。日本中世以来和样及唐样的斗栱构成及其尺度规制，也都与栱长有密切的关系。

重栱造斗栱的栱长形式，分作长栱与短栱两类。而单栱造斗栱的栱长形式，属于短栱一类。栱型的差异最根本地决定于单栱造与重栱造的大类之别。

栱型的特点及栱长关系的分析，首先从最基本的单栱造入手。

单栱造作为早期斗栱的基本形式，表现为单一栱型的特色，其栱只有施用位置的不同，而无尺寸的差异。栱的施用位置，根据受力形式的不同，分作横栱与华栱两大类。最初单栱造斗栱的横栱与华栱，其栱长应是对应相等的。《营造法式》单栱造的栱型特征，应反映了单栱造栱长的原初形式。

根据《营造法式》单栱造的栱型划分，依施用位置虽有华栱、泥道栱与令栱三种栱型之分，然实际上所有横栱皆为令栱，包括正心泥道栱亦用令栱[28]，且华栱与令栱等长（72份）。因此，单栱造斗栱只有一种栱长。

早期斗栱的斗无大小之分，栱无长短之别，反映的是单栱造斗栱的简单性特征。部分早期遗构虽已非完全的单栱造，而是局部施用跳头重栱，然其短栱却仍保持单一栱型的特色，如广济寺三大士殿华栱、瓜子栱、令栱三栱等长，永寿寺雨花宫令栱与泥道栱等长，华严寺大殿更是华栱、瓜子栱、令栱、泥道栱、翼形栱五栱等长，各长120厘米[29]，而佛光寺大殿泥道栱较令栱略长，则是晚唐以来栱型分化的一个表现。

再看日本奈良、平安时代遗构，其单栱造斗栱也多是单一栱长形式。如元兴寺极乐坊五重小塔、当麻寺东塔、一乘寺三重塔、净瑠璃寺三重塔等例。日本和样建筑直至近世，大多仍恪守单栱造的单一栱长形式。

单栱造栱长的单一性，是由令栱的性质所决定的。《营造法式》：“造栱之制有五，四曰令栱，或谓之单栱。”[30] 由此可知令栱的本质即是单栱。正如齐心斗是诸斗的基本斗一样，令栱则是诸栱的基本栱，其他栱型皆由令栱分化而来，尤其是横栱。而单栱造栌斗口内的对称十字栱，又建立起华栱与令栱的栱长对等关系，从而使得单栱造的栱长关系更趋单一性。

28 《营造法式》卷四《大木作制度一》“泥道栱”：“若斗口跳及铺作全用单栱造者，只用令栱。”参见：梁思成.梁思成全集（第七卷）[M]. 北京：中国建筑工业出版社，2001：81.

29 柴泽俊. 柴泽俊古建筑文集 [M]. 北京：文物出版社，1999：105.

30 《营造法式》卷四《大木作制度一》“造栱之制”。参见：梁思成.梁思成全集（第七卷）[M]. 北京：中国建筑工业出版社，2001：81.

图 6-2-26　保国寺大殿斗栱的三种单栱形式（作者自摄）（左）

图 6-2-27　华林寺大殿斗栱的单栱形式（谢鸿权摄）（右）

栌斗口内十字栱的对等，也即华栱与泥道令栱的相交等长，应是早期单栱造斗栱设计的基本法则。《营造法式》仍存此遗痕，其规定单栱造泥道栱只用令栱，与第一跳华栱等长。现存早期遗构如佛光寺大殿、独乐寺观音阁、独乐寺山门、华严寺大殿、晋祠圣母殿、镇国寺万佛殿、崇明寺中佛殿、华林寺大殿[31]等构，都是华栱与泥道栱对应等长之例。敦煌莫高窟五座唐宋窟檐，华栱也皆与泥道栱同长[32]。

单栱造栌斗口内十字栱的栱长对等，在恪守古制的日本早期建筑上更有充分表现，如药师寺东塔、海龙王寺五重小塔、元兴寺极乐坊五重小塔、唐招提寺金堂、东大寺法华堂、平等院凤凰堂、当麻寺东塔、醍醐寺五重塔等等，几无例外。中世以后的和样建筑亦守此规制。

单栱造中所有的横栱统一为令栱，或者说令栱适用于所有位置，依其施用位置分作泥道令栱、扶壁令栱和跳头令栱三种（图 6-2-26）。后世单栱栱长的分化方式，是以施用位置的不同而区分和变化栱长的。

单栱栱长的分化，最先应是从泥道令栱开始的。泥道令栱长于其他令栱的现象，有可能是单栱分化的最初表现。现存早期遗构中泥道栱趋长这一现象相当普遍，其中佛光寺大殿为其最早者。泥道令栱长于跳头令栱的做法，不仅早期遗构较多的北方多见，而且南方早期遗构如华林寺大殿、保国寺大殿以及虎丘云岩寺塔亦是如此[33]（图 6-2-27）。

关于早期遗构上泥道栱的趋长，推测其原因一是强调所处正心的位置，二是作为底座的栌斗尺寸较大，早期栌斗硕大与泥道令栱加长应是相关的尺度现象。泥道令栱在诸单栱中有着独特的意义。

如果说泥道令栱的趋长是单栱分化的最初表现，那么，跳头令栱的趋长则是

31　华林寺大殿泥道栱长 144 厘米，柱头铺作华栱 148 厘米，补间铺作华栱 144 厘米。参见：王贵祥. 福建福州华林寺大殿研究 [M]// 王贵祥，刘畅，段智钧. 中国古代木构建筑比例与尺度研究. 北京：中国建筑工业出版社，2011：150-197. 山西早期遗构的栱长关系，参见：赵寿堂. 晋中晋南地区宋金下昂造斗栱尺度解读与匠作示踪 [D]. 北京：清华大学，2021.

32　萧默. 敦煌建筑研究 [M]. 北京：机械工业出版社，2003：353.

33　保国寺大殿外檐铺作的横栱仍为单栱形式，仅在柱头草架扶壁处使用了重栱，即草架扶壁重栱。根据东南大学建筑研究所 2009 年实测，保国寺大殿泥道令栱长 1137 毫米，跳头令栱和扶壁令栱长 1062 毫米。华林寺大殿外檐斗栱形式为七铺作双杪双下昂，一、三跳头偷心，第二跳头施重栱，其他横栱为单栱形式。大殿横栱中泥道令栱较其他单栱略长，其他单栱以及瓜子栱栱长皆相等。其泥道令栱长 1440 毫米，扶壁令栱、跳头令栱及瓜子栱的栱长皆 1160 毫米。参见：王贵祥. 福建福州华林寺大殿研究 [M]// 王贵祥，刘畅，段智钧. 中国古代木构建筑比例与尺度研究. 北京：中国建筑工业出版社，2011：150-197.

单栱栱长关系的又一变化。其表现为跳头令栱长于泥道令栱，二栱栱长关系的反转，有可能直接影响了后来重栱造中短栱的栱长关系。如《营造法式》规定重栱造的令栱长于泥道栱。

单栱栱长关系中最外跳令栱的趋长，于现存早期遗构有若干实例或相应痕迹，如北方的南禅寺大殿[34]，以及江南的罗汉院双塔、闸口白塔。现存遗构中最令人注目的是唐招提寺金堂（770 年代），其最外跳令栱略长于其他单栱，这表明至少在 8 世纪中期就已出现单栱造最外跳头令栱长于泥道令栱的做法。

日本奈良、平安时代现存遗构的栱长关系，大都保持着单栱造的单一栱长形式，单栱分化的现象所见较少，其重要者有如下两例，即平等院凤凰堂（1053 年）与唐招提寺金堂（770 年代）的栱长变化，且二构分别表现了不同的单栱分化现象：平等院凤凰堂为泥道令栱的趋长，唐招提寺金堂为最外跳令栱的趋长。

唐招提寺金堂单栱造斗栱的最外跳令栱较其他单栱略长，而其他单栱（跳头令栱、泥道令栱、扶壁令栱）等长。在东亚范围内，此例或是现存遗构中令栱长于泥道令栱的最早者。

唐招提寺金堂最外跳令栱的趋长，反映了唐代以来栱长变化的又一特色。

（2）栱型的分化：单栱与重栱

早期单栱造的栱型分化，在尺度上有两个方向：一是高度上的变化，一是长度上的变化，相应地产生两个方向上的尺度分型：单材栱与足材栱的分型，单栱造与重栱造的分型。尤其是随着单栱造向重栱造的演变，基本栱长由单一形式变为长短两种，并以此为契机，栱型趋于多样化。

重栱造长短两种的栱长形式，根据施用位置的不同又有进一步的分型细化。以《营造法式》的分型标准，重栱造分作五种栱型：纵栱的华栱，横栱的泥道栱、瓜子栱、令栱和慢栱。横栱四种中，泥道栱、瓜子栱、令栱为短栱形式，慢栱为长栱形式。

重栱造中的令栱、泥道栱、瓜子栱三短栱，是以位置分型的三种横栱形式，三种短栱的基本栱长原本应是相同的，然《营造法式》中将之分作两种栱长形式，即作为单栱的令栱为一种，作为重栱下层栱的泥道栱、瓜子栱为一种。由于宋代补间铺作的发达，铺作分布趋密，从而迫使重栱的栱长变短，由令栱分化出较短的泥道栱、瓜子栱，用于慢栱之下。以往单栱造中适用于所有横栱位置的令栱，至重栱造中其位置只剩下里外最远跳头一处。

现存早期遗构中，江南的保国寺大殿（1013 年）不仅斗型与《营造法式》高度吻合，而且栱型也与《营造法式》制度最为接近。在栱型配置上，保国寺大殿已具备了华栱、令栱、瓜子栱、慢栱、泥道栱五种栱型的划分，且其栱长关系与《营造法式》制度也较为接近，唯泥道令栱尺寸明显加长，应是早期旧制遗存[35]。保

34　南禅寺大殿斗栱偷心单栱造，泥道令栱长 114 厘米，令栱长 118 厘米。参见：祁英涛．南禅寺大殿修复[J]．文物，1980（11）：61-75.

35　保国寺大殿栱长实测数据如下：令栱长 1062 毫米，慢栱长 1211 毫米，瓜子栱长 772 毫米，泥道令栱长 1137 毫米，华栱长 889 毫米。

国寺大殿在斗型与栱型两方面，皆与《营造法式》斗栱做法相关联，可称是《营造法式》斗栱制度的先驱。稍后的角直保圣寺大殿（1073年），在栱型配置及栱长关系上同样近于《营造法式》制度[36]。而北方遗构中，直至《营造法式》颁行22年后的初祖庵大殿上，才出现与《营造法式》重栱制度相同的栱型配置及栱长关系[37]。

（3）《营造法式》的栱长定型

斗栱形制的演变至宋《营造法式》趋高度成熟，表现了定型化与制度化的特色。以栱型演化而言，《营造法式》无论是在栱型配置上，还是在栱长关系上都已形成明确的规制，并以份模数权衡和设定栱长关系。《营造法式》用栱制度包括单栱偷心造与重栱计心造两种形式，并侧重于高等级的重栱计心造。单栱造只在注文中提及，其内容应是对早期栱型旧制的传承。

单栱造的栱型简单，所有的横栱统一为令栱。因此《营造法式》单栱造的栱型实际上只有纵栱华栱与横栱令栱，且华栱与令栱的栱长相等，皆为72份。

重栱造较单栱造增加了两种新的栱型：瓜子栱与慢栱，栱长关系也发生了相应的变化。重栱造的栱长关系为：单栱的令栱与华栱相对应，栱长72份；短栱的泥道栱与瓜子栱相对应，栱长62份；长栱的慢栱栱长92份。

《营造法式》单栱造与重栱造的栱型配置分别如下：

单栱造：三种栱型，一种栱长

重栱造：五种栱型，三种栱长

《营造法式》造栱之制，以份模数权衡、设定栱长关系。精细的栱长份数背后，隐藏着特定的比例权衡及构成法则，其具体的分析和解读，详见下节“宋式斗栱的比例关系”。

北宋时期木构技术的成熟，在构件体系上表现为构件分型的细化与定型。《营造法式》基于材份制度的斗栱构件比例权衡，进一步促进了模数设计技术的发展。

从比例关系的角度而言，斗的大小与栱的长短，作为斗栱构件类型的主要差异形式，是斗栱比例设定的重要相关因素。以斗型与栱型为线索，探讨唐宋以来的斗栱比例关系及其演进，有助于认识这一时期设计方法的性质与特点。日本中世唐样建筑斗型、栱型演变的背后，正反映的是其斗栱比例设定的意识与追求及其模数化的尺度设计方法。

三、宋式斗栱的比例关系

斗、栱构件的分型，除了基本功能的要求外，应还有两个目的：一是以斗、栱构件分型的差异标志，形成相似构件的识别性；二是蕴含斗栱比例关系的设计

36　保圣寺大殿栱长实测数据如下：泥道栱长86.5厘米，慢栱长134.5厘米，令栱长96厘米，华栱长90厘米。以上斗栱实测数据来源为：中国营造学社实测记录档案（23-11-27），吴县角直保圣寺大殿斗栱。

37　祁英涛．对少林寺初祖庵大殿的初步分析[M]// 自然科学史研究所．科技史文集（第2辑）．上海：上海科学技术出版社，1979：61-70.

意匠。基于上节关于斗、栱构件分型的讨论和认识，本节进一步分析斗栱的比例关系。首先从宋式斗栱开始，进而分析和比较日本中世唐样斗栱的比例关系，并探讨和比较这一时期中日斗栱比例关系的性质、特点及其设计意匠。

1. 材栔比例的演变与定型

（1）材栔比例关系的演变

材栔比例关系及其变化，反映了不同时期斗栱比例关系的变迁和特点。历史上不同时期斗栱的材栔比例关系虽纷杂变化，但主要有两个特点：一是栔高逐渐减小的趋势，二是材栔比例关系趋于定型。

考察现存遗构的材栔比例关系，早期栔高较大，并显现出逐渐减小的趋势。晚唐及辽宋之初的早期遗构，栔高大多接近或等于材广之半，即栔材比为 1∶2。栔为材之半，应是这一时期材栔比例关系的一个主要形式。而至宋末《营造法式》时期，栔高已显著减小，栔材比定型为 2∶5，栔为材的 0.4 倍。

比较现存晚唐二构的材栔比例关系，一是广仁王庙大殿，材广 20 厘米，栔高 10 厘米；二是天台庵弥陀殿，材广 18 厘米，栔高 9 厘米，二构之栔适为材之半[38]。栔材比等于或接近 1∶2 的做法，在五代辽构上相当普遍（单材 / 栔）[39]：

大云院弥陀殿：20/10（厘米）

镇国寺万佛殿：21.89/10.1（厘米）

龙门寺西配殿：18/8.5（厘米）

玉皇庙前殿：21/10（厘米）

碧云寺正殿：19/9.5（厘米）

独乐寺山门：24.5/12.3（厘米）

独乐寺观音阁：26/12.5（厘米）

应县木塔：25.5/12.5（厘米）

华严寺海会殿：23.5/11（厘米）

奉国寺大殿：29/14（厘米）

广济寺三大士殿：23.5/12（厘米）

开善寺大殿：25.5/13（厘米）

善化寺普贤阁：22.5/11（厘米）

同样，北宋遗构如华林寺大殿、晋祠圣母殿等例[40]，也大都保持栔为材之半的做法（单材 / 栔）：

华林寺大殿：30/15（厘米）

安禅寺藏经殿：22/11（厘米）

崇庆寺千佛殿：20/10.1（厘米）

38　广仁王庙大殿与天台庵弥陀殿的材栔实测数据，分别引自：贺大龙. 山西芮城广仁王庙唐代木构大殿 [J]. 文物，2014（8）：69-80；王春波. 山西平顺晚唐建筑天台庵 [J]. 文物，1993（06）：34-43.

39　大云院弥陀殿用材实测数据：20×13.5/10（厘米）。参见：杨列. 山西平顺县古建筑勘察记 [J]. 文物，1962（2）：40-51.

镇国寺大殿用材实测数据：21.89×15.4/10.1（厘米），营造尺长 30.6 厘米，合材广 7 寸，材厚 5 寸，栔高 3.5 寸，栔材比为 1∶2。参见：刘畅，刘梦雨，王雪莹. 平遥镇国寺万佛殿大木结构测量数据解读 [M]// 王贵祥. 中国建筑史论汇刊（第 5 辑）. 北京：中国建筑工业出版社，2012：101-148.

玉皇庙前殿、碧云寺正殿用材实测数据引自：贺大龙. 长治五代建筑新考 [M]. 北京：文物出版社. 2008：57.

华严寺海会殿用材实测数据引自：梁思成，刘敦桢. 大同古建筑调查报告 [J]. 中国营造学社汇刊（第 4 卷第 3、4 期合刊），1933：1-70.

奉国寺大殿用材实测数据引自：杜仙洲. 义县奉国寺大雄殿调查报告 [J]. 文物，1961（2）：5-14.

40　北宋遗构用材实测数据引自：王贵祥. 福建福州华林寺大殿研究 [M]// 王贵祥，刘畅，段智钧. 中国古代木构建筑比例与尺度研究. 北京：中国建筑工业出版社，2011；陈明达. 唐宋木结构建筑实测记录表 [M]// 贺业矩. 建筑历史研究. 北京：中国建筑工业出版社，1992：233-261；祁英涛. 晋祠圣母殿研究 [J]. 文物季刊，1992（1）50-68.

晋祠圣母殿用材实测数据，陈明达《唐宋木结构建筑实测记录表》记作 21.5×15.0/10.5（厘米）；祁英涛《晋祠圣母殿研究》记作 21×15.5/11（厘米），隆兴寺摩尼殿为 21/11（厘米），与晋祠圣母殿同。

晋祠圣母殿：21.5/10.5（厘米）

隆兴寺摩尼殿：21/10（厘米）

开化寺大殿：20.6/10（厘米）

上述诸例若排除测量误差和材料变形等因素，大多栔高应是指向1/2材广的。也就是说，现存辽宋时期遗构大多采用1∶2这样简洁的栔材比形式，晋东南早期遗构也表现了这一特色[41]。

材栔比例关系上栔高的趋小，在江南宋构上表现出显著化的特色。比较以下年代相近、用材尺寸几近相同的南北宋构四例，其材栔比例关系的变化，表明了这一时期江南斗栱技术不同于北方的演变趋势和特色。

南北宋构四例的材栔实测数据比较如下（材广 × 材厚／栔高）：

保国寺大殿（1013年）：21.4×14.3/9.17（厘米）

晋祠圣母殿（1023年）：21.5×15/10.5（厘米）

隆兴寺摩尼殿（1052年）：21×15/10（厘米）

开化寺大殿（1073年）：20.6×15.3/10（厘米）

以上南北宋构四例，年代相距不过几十年，且用材尺寸相同或接近，具有相当的可比性。由比较可见，南北宋构四例中保国寺大殿的年代最早，然栔高已显著小于材之半，其栔材比为0.43，略大于《营造法式》的0.4。而北方宋构三例，虽时代皆晚于保国寺大殿，然基本上仍是栔取材之半，保持着传统旧制。

江南之地，保国寺大殿之后的宋构保圣寺大殿（1073年），栔材比的减小更进一步，其材栔实测数据为：20×12.5/8（厘米）[42]，栔材比减小为0.4，与《营造法式》完全相同。此江南二构在年代上分别早于《营造法式》90年和30年。在材栔比例关系的演变上，显然又是江南宋构引领新风。

材栔比例关系上栔的显著减小，北方宋构首推初祖庵大殿（1125年），然在年代上已是《营造法式》颁行后的22年。其材栔实测数据为：18.5×11.5/7（厘米）[43]，栔材比减小为0.38，大不同于早期旧制。金代以后北方遗构的栔材比，逐渐趋近于《营造法式》的规定。

关于早期遗构材栔比例关系上栔取材之半的现象，陈明达先生根据辽构观音阁的分析，认为栔高在早先有可能是7.5份，也即材之半[44]。实际上，栔取材之半也只是一个阶段形态，且在辽构上尤为显著。而唐代前期的栔高有可能更大，日本奈良、平安时代遗构上保留了这一材栔比例的早期形态，具体见以下遗构实测数据，多层塔取底层斗栱数据（材广 × 材厚／栔高，单位：曲尺）[45]：

法隆寺金堂：0.89×0.71/0.51（尺）

药师寺东塔：0.80×0.62/0.5（尺）

海龙王五重塔：0.085×0.07/0.08（尺）

唐招提寺金堂：0.82×0.7/0.6（尺）

41　晋东南早期遗构的栔材比例，也多见栔取材之半的特色，如：大云院弥陀殿、崇庆寺千佛殿、龙门寺大殿、小会岭二仙庙、开化寺大殿、青莲寺大殿、碧云寺正殿、长春村佛殿等例。参见：姜铮．晋东南地域视角下的宋金大木作尺度规律与设计技术研究[D]．北京：清华大学，2019：表0-3.

42　实测数据来源：中国营造学社实测记录档案（23-11-27），吴县角直保圣寺大殿斗栱。

43　初祖庵大殿斗栱实测数据取自：陈明达．唐宋木结构建筑实测记录表[M]//贺业矩．建筑历史研究．北京：中国建筑工业出版社，1992：233-261.

44　陈明达．蓟县独乐寺[M]．天津：天津大学出版社，2007：10.

45　奈良、平安时代遗构的材栔实测数据，取自相应的日本文化财图纸。

当麻寺东塔：0.65×0.55/0.51（尺）

平等院凤凰堂：0.68×0.65/0.5（尺）

醍醐寺五重塔：0.64×0.54/0.57（尺）

中尊寺金色堂：0.47×0.36/0.42（尺）

日本奈良、平安时代遗构表现了早期材栔比例的两个特点：一是材截面比例偏方，材之广厚比值约在1.2（6∶5）左右；二是栔材比值较大，多在0.8（4∶5）上下，栔远大于材之半，接近甚至大于材厚。上述两点与中国北方遗构相较，可见二者间的时代差异和变化。

日本奈良、平安时代建筑的材栔比例关系，应传承的是中国北方谱系更早的规制，即栔大于材之半。中国本土至唐末辽宋，才多见栔为材之半的做法，且宋金以后，材之广厚比值趋于1.5（3∶2），栔材比值趋于0.4（2∶5）。而日本中世以后的和样与唐样，则传承早期的材栔比例关系，如二者的材之广厚比值，大多在1.2或1.25，即6∶5或5∶4；二者的栔材比值，和样大多趋近于0.6（3∶5），唐样基本定型于0.5（1∶2）。也就是说，和样栔高仍大于材之半，而唐样栔高则多取材之半。

概括材栔比例关系的演变趋势，栔材比大致由隋唐的4∶5，演变为宋以后的2∶5。而栔取材之半（1∶2）这一简洁形式，作为中间形态在宋辽前期是一个较稳定的比例关系，并在日本中世以后为唐样建筑所传承。

栔材比的实质，反映的是小斗高度上各部分的比例关系。早期栔高较大所对应的是高斗平和高斗欹的做法，日本奈良、平安时代建筑多表现有这一特色，唐辽宋早期遗构亦然。至《营造法式》时期，斗耳、斗平、斗欹三者演变为4∶2∶4的比例关系，栔材比也相应地定型为2∶5的形式。

（2）材栔格线与材栔取值

材栔比例在斗栱构成上，具有重要的意义。由简洁的材栔比例关系，形成斗栱竖向构成上特定的材栔格线，如《营造法式》基于栔材比2∶5的材栔格线，中世唐样基于栔材比1∶2的材栔格线。

材栔形式作为斗栱构成的基本关系，表现了斗栱构成上铺作栱枋的层叠关系。相应地，依据确定的材栔比例，在斗栱竖向尺度构成上，形成材栔交叠的材栔格线关系。这一材栔格线成为唐宋以来斗栱构成及其比例关系的基本形式（图6-3-1）。在斗栱构成上，材、栔从结构要素抽象为比例基准，就此角度而言，斗栱构成上的材栔关系，既是构造设计，又是样式设计。

材栔格线关系中，材、栔作为比例基准，控制着斗栱竖向构成的基本比例关系，后世基于斗栱构成的模数设计方法，大多可追溯至这一源头。宋《营造法式》的材栔模数规制，典型地反映了这一特色。而日本中世唐样斗栱尺度设计的要素之一，

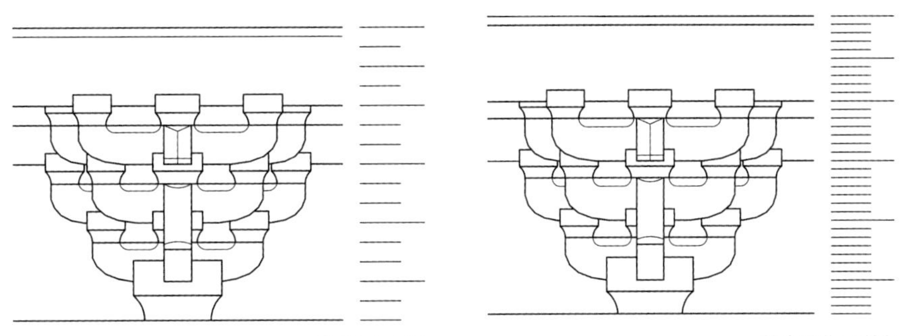

图 6-3-1　斗栱构成的竖向材栔格线及其演变（作者自绘）

即是材栔格线以及基于材栔格线的发展和变化。

材栔作为斗栱构成的比例基准，其广厚尺寸的设定，反映了用材制度的特色、变化以及相应的技术阶段形态。

分析唐宋以来材栔尺寸取值的变化，取简单尺寸是早期材栔尺寸设定的基本特征。即材栔之广厚尺寸，以取简单尺寸为特点，并无特定比例关系的追求。唐辽宋时期以及日本奈良、平安时代的建筑应处于这一阶段。通过这一时期遗构材栔尺寸的复原分析，可以感受到这一特色（材广 × 材厚 / 栔高）：佛光寺大殿为 1.0×0.7/0.45（尺），镇国寺万佛殿为 0.7×0.5/0.35（尺），独乐寺山门为 0.8×0.55/0.4（尺），法隆寺金堂为 1.0 尺 ×0.8/0.6（尺）[46]，唐招提寺金堂为 0.82×0.7/0.6（尺），平等院凤凰堂为 0.68×0.65/0.5（尺）。此外，相关文献史料的记载也表明了这一点。

日本平安时代《延喜木工寮式》以及一些古代营造文献，关于用材尺寸的记述，直接以材之厚、广尺寸名之，且材之厚、广分别取相邻的简单尺寸，如八九寸材、七八寸材、五六寸材的形式，由此可见其时材广厚皆取简单尺寸的形式。这也是早期方材截面尺寸的常用表记方式[47]。

而至北宋后期，材栔尺寸的取值转向另一种倾向，即对简洁比例关系的追求，材栔尺寸取值以简洁比例关系优先为特色，如《营造法式》材栔广厚尺寸的取值，明确规定了以简洁比例 3:2 为前提。《营造法式》所有八个材等的尺寸设定，材广皆为3的倍数尺寸，其目的正在于追求材广厚的简洁比例关系。进而，《营造法式》在材栔尺寸取值上，将栔的设定转由份单位控制，并令栔高与材广呈 2:5 的简洁比例关系。

简单尺寸与简洁比例，是用材尺寸取值的两个不同阶段形式。唐宋以来材栔尺寸取值的演变趋势，可大致概括为从简单尺寸到简洁比例这样一个过程。而《营造法式》的材栔尺寸取值已是成熟的简洁比例关系。或者可以说，在材栔尺寸形式的演变上，《营造法式》有可能是一个转折点，并影响了此后的用材制度以及尺度设计方法。

46　法隆寺金堂的营造尺推定为北朝尺，尺长 26.95 厘米，复原材尺寸吻合简单尺寸的取值特色。参见：张十庆．是比例关系还是模数关系——关于法隆寺建筑尺度规律的再探讨 [J]．建筑师，2005（5）：92-96.

47　《延喜式》为日本平安时代律令制度的施行细则，五十卷，成书于 927 年。其卷三十四《木工寮式》为律令法典中的营缮制度。《木工寮式》中关于方材截面尺寸的记载，广厚以取相邻整数寸为特色，如“削材”：“五六寸已上材，长功一人六千寸，中功五千寸，短功四千寸。”参见：澤村仁．延喜木工寮式の建築技術史的研究ならびに宋営造法式との比較 [Z]．私家版，1963：291.

2. 宋式斗栱的材份规制：显性比例关系

用材制度是古代大木设计技术的基础，也是《营造法式》大木制度的核心内容。

《营造法式》大木制度的斗栱材份规制，确立了宋式斗栱的比例关系：其一是斗栱的材梨比例设定，其二是斗栱构件的份比例设定，进而以材梨、份为基准，权衡和设定其他构件尺度的比例关系。以材梨和份为基准的两种比例设定，各有其相应的对象性，即：材梨基准用于表记构件的结构尺寸，份基准用于表记构件的装饰尺寸，由此形成《营造法式》构件比例关系的基本形式。

如前节所述，斗栱的材梨比例关系，经历唐宋以来的演变，至《营造法式》确立了官式斗栱的材梨比例关系及方法：以份基准的形式，规定材之广厚比例15∶10的形式，以及梨、材比例6∶15的形式，进而形成斗栱竖向尺度构成上，以材、梨为基准的比例关系，以及材、梨交叠的材梨格线关系。

材、梨是《营造法式》基于斗栱层叠构成形式而生成的两个基准单位，其反映的是斗栱竖向构成上结构性尺寸的比例关系。

份是材的细分单位，在斗栱构成及比例关系上，份基准的意义有二：一是斗栱比例关系精细化的需要，二是斗栱比例基准统一的需要。

关于第一点，份基准的出现是基于比例关系精细化的需要，即用于权衡构件细微尺寸的比例关系，如分型斗、栱构件的细微尺寸差异以及装饰性分瓣、卷杀尺寸的比例关系。精细的份基准，确立了宋式斗栱构件所有尺寸相对于材梨的比例关系。

在性质与作用上，份基准有别于材、梨基准。材、梨所表达的竖向尺度构成，是结构性和非装饰性的，不需要精细的份基准作权衡。份基准是用于权衡与材梨无关的装饰性尺寸的，份基准对于权衡和设定构件的细微尺寸及精细比例，具有重要的意义。

关于第二点，份基准的确立是基于比例基准统一的需要，即以份基准的形式，统一竖向结构性尺寸与横向装饰性尺寸的基准单位。实际上，与材、梨无关的横向尺度的比例设定，正是通过份基准，与竖向尺度上的材、梨基准取得了间接的关系，从而实现基准单位的统一。

《营造法式》以材份基准的形式，建立宋式斗栱尺度的显性比例关系。

3. 宋式斗栱的二材关系：隐性比例关系

（1）斗栱构成的隐性比例关系

《营造法式》大木制度斗栱的材份规定，明确了栱、斗构件的比例关系，即基于材份规制的构件比例关系。这一比例关系是直接、明确和显性的。

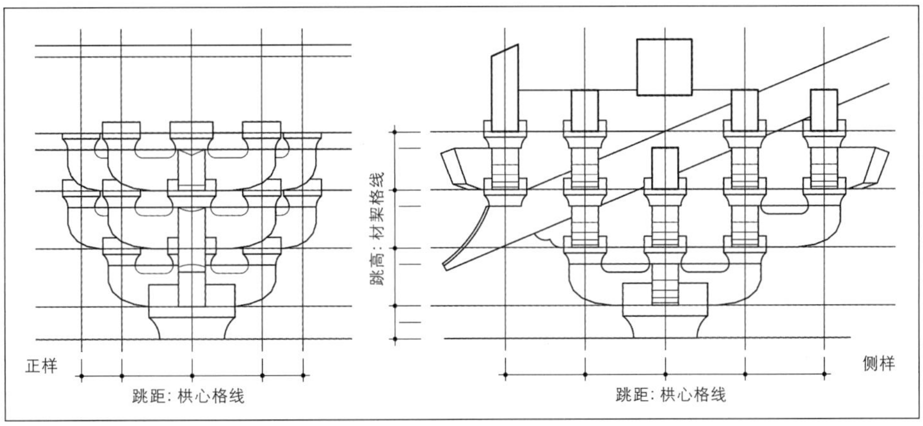

图 6-3-2　唐宋斗栱构成的定位格线关系：竖向跳高与横向跳距（作者自绘）

同时，在斗栱构成上，由于斗栱分件拼合的需要，生成相应的定位格线，其间隐含着基于构件拼合关系所生成的控制性比例关系。也就是说，上下铺叠、前后出跳、左右伸出的斗栱构成，以定位格线的形式显示控制性比例关系的存在及特点。这一斗栱构成上的控制性比例关系，相对显得隐晦、含混，不那么直接和明确，尤其在横向尺度关系上，故称之为斗栱构成的隐性比例关系。

分析斗栱构成的规律和特点，其重要的控制性比例关系有二：一是竖向的跳高，一是横向的跳距：二者决定了斗栱构成的基本比例关系。

斗栱构成上的控制性比例关系，在竖向跳高与横向跳距的两个向度上，各有不同的表现形式。竖向的跳高取材栔分位，以材栔格线的形式控制跳高的比例关系；横向的跳距取栱心分位，以栱心格线的形式控制跳距的比例关系。跳高、跳距尺寸的简洁和取整，唐宋以后愈显重要（图 6-3-2）。

斗栱构成的两个向度中，跳高的尺度构成和比例关系，《营造法式》有明确的规定，即跳高以材、栔计，其值为一材一栔，合一个足材；跳距的尺度构成和比例关系，分作华栱跳距与横栱跳距两种。《营造法式》规定重栱计心造华栱跳距以份计，其值为 30 份；而横栱跳距多样变化，《营造法式》虽未明记横栱心长跳距的规则，然其精致的栱长关系中，必然隐含有特定的控制性比例关系。

斗栱横向尺度构成的关键在于栱长，而栱长的控制分位在于栱之心长跳距。

关于栱长的规定，《营造法式》有两种不同的表记方式：一是实长，一是心长。《营造法式》制度、功限中所记栱枋构件的“长”指实长，“身长”指心长[48]。也就是说，栱长尺寸分作两种，一是实长尺寸，一是心长尺寸，且《营造法式》制度中记栱之实长尺寸，功限中记栱之心长尺寸，这或表明制度注重栱、斗的样式比例，故记实长；功限注重栱、斗的拼合关系，故记心长，即以“跳”为单位。

此外，功限中只记纵向栱、枋的心长，不记横栱的心长。横栱心长多有变化，应隐含有相应的比例规制，尤其表现在斗栱立面的比例关系上。

48　《营造法式》所记栱、枋长度，称身长者指心长。卷十七《大木作功限一》“楼阁平坐补间铺作用栱、斗等数”：“华栱，四铺作一只，身长六十分。”此华栱身长 60 份即指心长两跳的尺寸。对比卷十七《大木作功限一》“殿阁身槽内补间铺作用栱、斗等数”：“华栱，四铺作一只，长两跳。”此华栱长两跳、60 份，正指的是心长。参见：梁思成. 梁思成全集（第七卷）[M]. 北京：中国建筑工业出版社，2001：294，293.

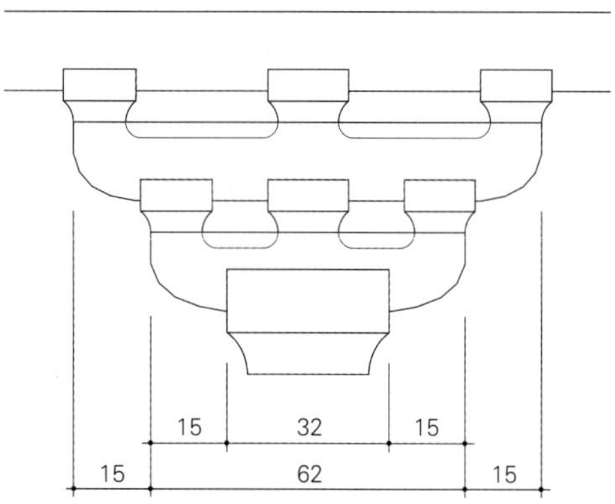

重栱栱长的构成关系（单位：份）

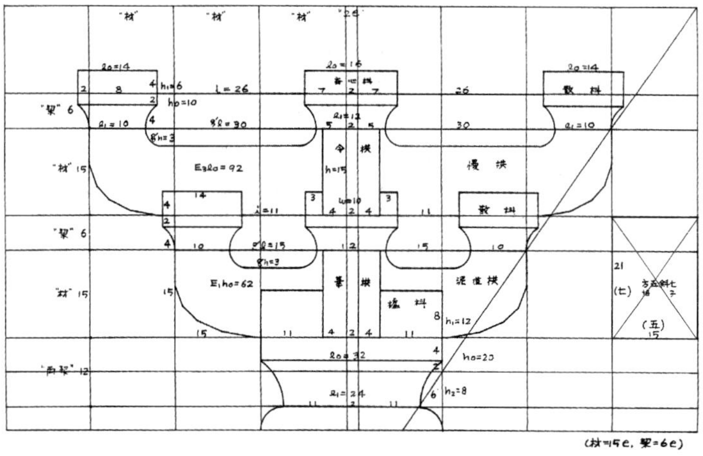

下文根据《营造法式》明文规定的栱、斗份数，首先分析栱长份数的设定法则，然后探讨栱心跳距的构成规律，以此解读《营造法式》斗栱构成上隐含的比例关系和设计法则。

图 6-3-3 《营造法式》重栱栱长的构成关系（作者自绘）（左）

图 6-3-4 《营造法式》重栱立面构成（来源：石井邦信. 日本古代における寸法計画の研究[Z]. 私家版，1975）（右）

（2）栱长构成的二材关系

《营造法式》斗栱标准化之前，历代栱长变化甚大，而《营造法式》标准化的栱长设定与比例关系，是基于份模数对栱长进行权衡和约定的结果。

斗栱构成上横向的栱长毕竟与竖向的材、栔并无直接的关系，《营造法式》的栱长份数，显然也未与材、栔成简洁比例关系，且又不是取简单份数，而是保留 2 份的零头。因此《营造法式》精致的栱长份数规定，必定反映有特定的内涵和意义，也即上文所定义的斗栱拼合关系中的隐性比例关系。

那么《营造法式》在栱长份数的设定上，有何隐含的内在规律及意义呢？分析表明：二材关系是《营造法式》栱长设定的基本法则，表现在华栱与横栱的两向关系上，即：一是华栱心长构成的二材关系，二是横栱实长构成的二材关系。

根据栱、斗的拼合关系，华栱栱长等于华栱心长两跳加上跳头交互斗底深，即：

华栱栱长：6 ＋ 30 ＋ 30 ＋ 6 ＝ 72（份）

华栱栱长的设定，是以栱之心长为目标和基准的。华栱心长跳距的二材关系，是华栱栱长设定的决定性因素。

重栱造横栱的栱长份数设定，是以正心分位的泥道重栱为基本单元和设定基准的。其栌斗口内所承重栱的逐层交接关系为：泥道栱较其下座斗（栌斗）两边各伸出 15 份，合计 30 份、2 材；泥道慢栱较其下座栱（泥道栱）两边各伸出 15 份，合计 30 份、2 材（图 6-3-3），其栱长构成关系如下：

泥道栱长：15 ＋ 32 ＋ 15 ＝ 62（份）

泥道栱长＝栌斗长＋ 2 材

泥道慢栱长：15 + 62 + 15 = 92（份）

泥道慢栱长=泥道栱长+ 2 材

相对于正心位置的泥道栱和泥道慢栱，跳头位置的瓜子栱和慢栱，与之为对应关系，故跳头瓜子栱和慢栱的栱长份数，分别对等于泥道栱和泥道慢栱，栱长62 份和 92 份。

概言之，斗栱构成上无论是纵向华栱的跳距，还是横向泥道栱、瓜子栱和慢栱的伸出尺寸，都存在着“材”的权衡和制约作用，或者说皆守二材关系的法则。日本学者石井邦信也指出《营造法式》重栱立面构成上，无论竖向与横向皆与“材”相关，唯在中线上有 2 份的余数[49]（图 6-3-4）。而这 2 份余数的源头，则在于齐心斗的 16 份，即：栌斗份数为齐心斗份数的加倍。

基于栱、斗的拼合关系，无论是华栱还是横栱，栱长份数皆是以栱之心长为目标而设定的，而栱之实长则是基于栱之心长的栱、斗拼合的结果。在栱长设计上，心长为本，实长为末。

栱之心长，《营造法式》以“跳”权衡计量，而横栱伸出的心长，同样也可视为跳距，制约着横栱的栱长构成。实际上，“跳”本就是《营造法式》斗栱的长度单位，栱长设定的关键在于心长，而心长又是以“跳”为单位的。

“跳”作为长度单位的意义在于栱长的计量。《营造法式》大木作功限中关于华栱、下昂、耍头及衬方头等出跳构件的长度计量，都是以“跳”为单位的，且“跳”合 30 份定数[50]。如重栱计心造的衬方头长度，就是按出跳中距 30 份计量的：

“衬方头，一条，足材，八铺作、七铺作各长一百二十分；六铺作、五铺作各长九十分；四铺作长六十分。”[51] 即八铺作、七铺作各长四跳；六铺作、五铺作各长三跳；四铺作长二跳。

基于功限计量上“跳”的份数是一个定数，标准的华栱、耍头的长度表记则直接以“跳”为单位，而不再记份数：

“八铺作、七铺作各独用：第二杪华栱，一支，长四跳；第三杪外华头子、内华栱，一支，长六跳。”[52]

“自七铺作至四铺作各通用：两出耍头，一支，七铺作长八跳，六铺作长六跳，五铺作长四跳，四铺作长二跳。”[53]

概括而言，斗栱构成上“跳”既是栱、斗拼合关系的定位格线，又是栱长计量的基本单位。

令栱作为最外跳头的横栱，是重栱造中的单栱构件。关于令栱的栱长设定和构成关系，详见下节“令栱心长的二材关系”。

（3）令栱心长的二材关系

令栱作为单栱造的产物，反映了单栱造栱长关系的特点。《营造法式》重栱

49 石井邦信．日本古代における寸法計画の研究 [Z]．私家版，1975.

50 《营造法式》卷十七、十八的殿阁外檐铺作功限中，按最繁复的构造形式开列，且依所列下昂长度计算，八铺作两只下昂身长，减去外跳出跳份数，所余里跳长度均为 150 份；其他七铺作、六铺作依同样计算，里跳昂身长度也均为 150 份。而下昂里跳的最大长度就是一椽架平长，故此下昂里跳昂长 150 份，即指其平长 5 跳，每跳 30 份。另，功限中所列昂长称“身长”，应指心长而非实长，否则其份数不可能皆为极整齐划一的、且与跳距 30 份成整倍数关系的份数。对于此昂长所指，陈明达先生也认为应指平长：“按《法式》惯例凡称身长，系跳中至跳中长度。”参见：陈明达．营造法式大木作研究 [M]．北京：文物出版社，1982：72.

51 《营造法式》卷十七《大木作功限一》“殿阁外檐补间铺作用栱、斗等数”。参见：梁思成．梁思成全集（第七卷）[M]．北京：中国建筑工业出版社，2001：292.

52 《营造法式》卷十七《大木作功限一》“殿阁外檐补间铺作用栱、斗等数”。参见：梁思成．梁思成全集（第七卷）[M]．北京：中国建筑工业出版社，2001：292.

53 《营造法式》卷十七《大木作功限一》“殿阁身槽内补间铺作用栱、斗等数”。参见：梁思成．梁思成全集（第七卷）[M]．北京：中国建筑工业出版社，2001：293.

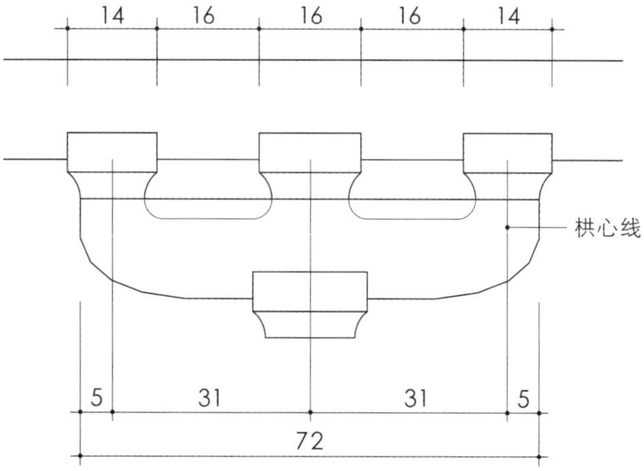

图 6-3-5 《营造法式》令栱栱长的构成关系（作者自绘）（左）

图 6-3-6 高平三王村三嵕庙大殿的截纹散斗（作者自摄）（右）

图 6-3-7 安禅寺藏经殿的截纹散斗（周淼摄）

造栱长关系上，短栱中唯令栱独长（72 份）现象，正是单栱造栱长关系的传承。

重栱造栱型配置及栱长关系上，令栱仍守单栱本色，其栱长与华栱对应相等（72 份）。基于这一特点，令栱与华栱的心长构成本应相同，或者说华栱的纵跳与令栱的横跳应该相等。然而，相对于华栱跳距 30 份，令栱跳距则为 31 份，二者之间有一份之微差（图 6-3-5）。

令栱与华栱心长跳距的一份之差，缘由何在？栱之心长由栱、斗拼合的尺寸关系所决定，造成令栱与华栱心长跳距一份之差的原因在于栱头小斗的斗型差异，即：华栱栱头交互斗的底深之半 6 份与令栱栱头散斗的底宽之半 5 份的一份之差。

由前节关于斗型的分析可知：《营造法式》现行斗型是在原北式斗型的基础上，吸收江南散斗因素而形成的，也就是将原北式斗型中的散斗，替换为江南散斗及相应做法。

比较散斗替代后的变化：原北式散斗，斗面宽大于斗侧深，顺纹斗形式；而江南散斗，斗面宽小于斗侧深，截纹斗形式。从斗纹与斗型的关系而言，江南散斗对北式散斗的替换，实际上相当于将北式散斗转 90 度而成江南散斗。相应地，《营造法式》散斗斗型，由北式散斗的顺纹、斗面宽大于斗侧深，改变为江南散斗的截纹、斗面宽小于斗侧深。

北方宋金遗构中，深受《营造法式》影响的初祖庵大殿的老旧散斗，正为典型的法式型散斗，即截纹散斗、斗面宽小于斗侧深。而在法式化的部分金构上，也可见法式型散斗，如高平三王村三嵕庙大殿（金代前期），其部分老旧散斗为截纹斗形式，且呈斗面宽小于斗侧深的比例形式[54]（图 6-3-6）。

再看北宋前期的安禅寺藏经殿（1001 年），此构于金元时期修缮过程中，受法式化的影响，所添加补间斗栱的出跳华栱、泥道栱、令栱、耍头皆为法式样式，西山补间斗栱令栱上的两个散斗亦为截纹斗形式，且斗面宽小于斗侧深，呈法式型散斗的特征，而不同于柱头斗栱的顺纹散斗形式[55]（图 6-3-7）。

法式型散斗有两个特征：一是截纹斗形式，二是斗面宽小于斗侧深：二者是关联的存在。因此，《营造法式》斗栱立面构成关系，有必要从这一特点入手分析。正是江南散斗因素的介入，改变了以北式斗型为原型的《营造法式》的斗栱立面构成关系，现型斗栱立面构成上令栱心长跳距的一份之差，根源在于散斗斗型的变化。基于上述分析，根据《营造法式》散斗斗型、斗纹的变化，推导令栱构成关系的原型与现型，进而发现和认识令栱心长跳距的演变关系。

《营造法式》令栱构成关系的原型推析如下：

令栱长 72 份，顺纹散斗，斗面宽 16 份，斗侧深 14 份，斗底宽 12 份，斗底深 10 份，心长跳距 30 份。栱长构成关系解析如下式：

令栱长：6 ＋ 30 ＋ 30 ＋ 6 ＝ 72（份）

即：1/2 斗底宽＋ 2 材＋ 2 材＋ 1/2 斗底宽＝ 72 份

《营造法式》令栱构成关系的原型与现型的关联比对如下（图 6-3-8）：

原型令栱长：6 ＋ 30 ＋ 30 ＋ 6 ＝ 72（份）

现型令栱长：5 ＋ 31 ＋ 31 ＋ 5 ＝ 72（份）

《营造法式》现型栱长的材份设定，是在北式原型的基础上，以江南截纹散斗替代北式顺纹散斗的结果。而回归至《营造法式》斗型构成的原型，其斗栱立面上令栱构成关系便清晰地呈现出来，即其令栱心长跳距同样也守二材关系之规制。令栱横跳与华栱纵跳对应关联，二者皆以二材关系为定式。令栱的栱长设定，同样取决于令栱心长的构成关系。

由上述分析可见，《营造法式》原型令栱的栱长构成仍不离二材关系，即令栱心长跳距仍是 2 材 30 份，唯现型较原型在散斗斗型上发生了改变，使得令栱横跳由原型的 30 份变为现型的 31 份。此一份之差，生成于令栱两端散斗斗型的变化。

《营造法式》散斗从原型到现型的变化，同样也改变了重栱心长的构成关系。

54 三嵕庙大殿部分老旧散斗，仍为截纹斗形式。根据实测值分析，大殿小斗的比例关系及份数形式与《营造法式》相同，散斗、齐心斗、交互斗的斗面宽合 14 份、16 份、18 份。参见：赵寿堂，刘畅，李妹琳，蔡孟璇. 高平三王村三嵕庙大殿之四铺作下昂造斗栱 [M]// 贾珺. 建筑史（第 45 辑）. 北京：清华大学出版社，2020：22-40.

55 有研究认为：太谷安禅寺藏经殿，原构补间位置只隐出扶壁栱而不出跳，现存补间斗栱的华栱、令栱样式与其他栱构件不同，可能为元代延祐年间修缮时所添加，包括令栱两端的法式型的截纹散斗。参见：周森. 五代宋金时期晋中地区木构建筑研究 [D]. 南京：东南大学，2015：173.

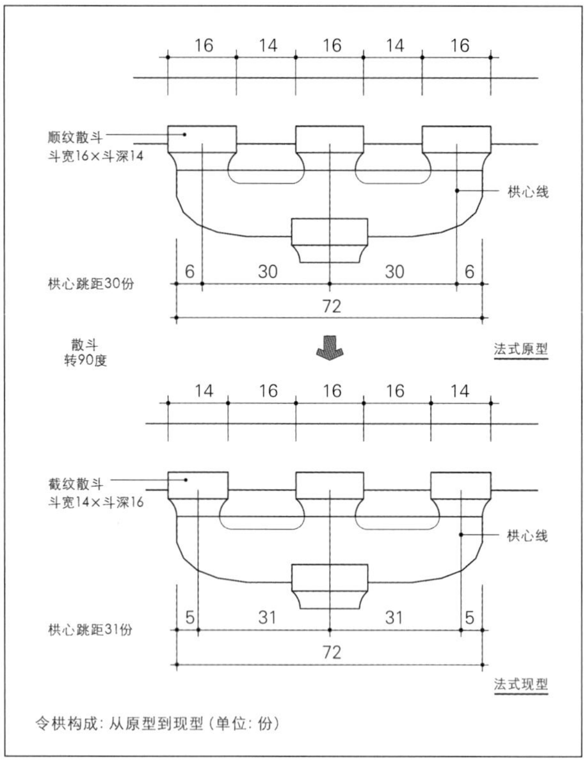

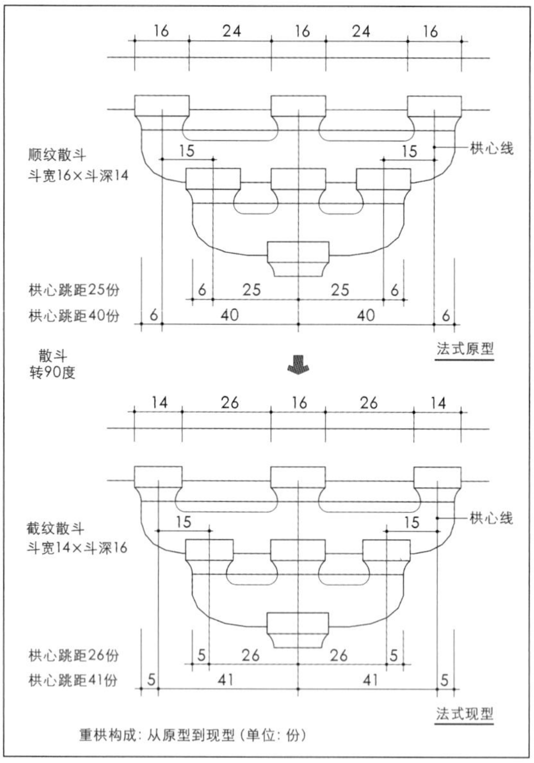

图 6-3-8 《营造法式》令栱构成：从原型到现型（作者自绘）（左）

图 6-3-9 《营造法式》重栱构成：从原型到现型（作者自绘）（右）

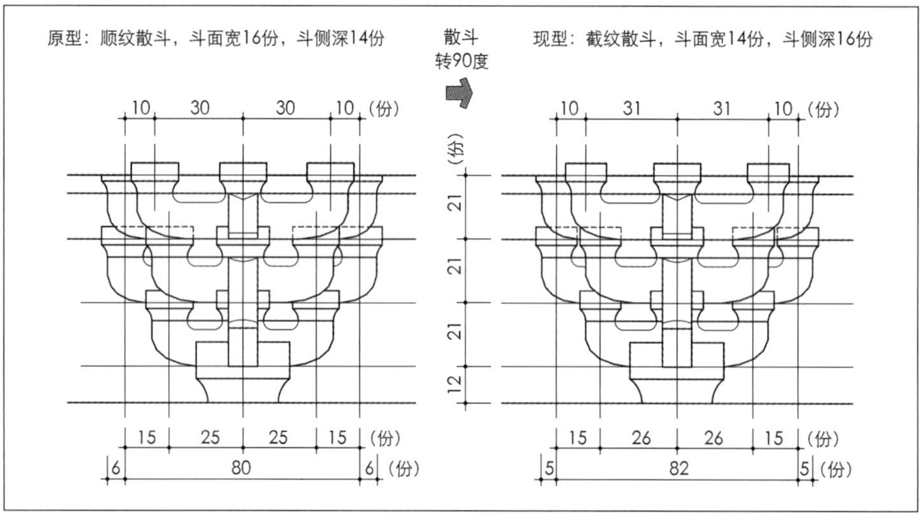

图 6-3-10 《营造法式》重栱造斗栱构成关系的演变：从原型到现型（作者自绘）

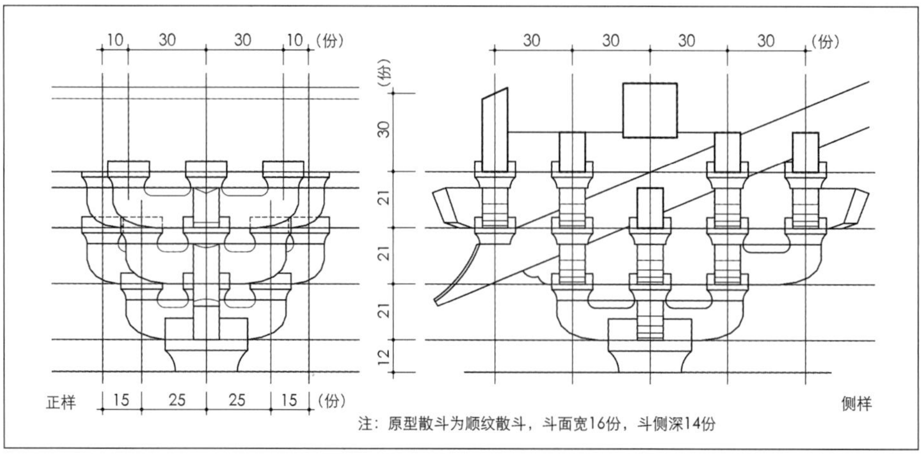

图 6-3-11 《营造法式》斗栱原型正侧样的对应构成关系（作者自绘）

由比较可见，原型的栱长构成关系简洁有序，重栱之心长皆以整10份倍数为特征，表现了基于栱之心长的栱长设计的初衷（图6-3-9）。以重栱造五铺作斗栱为例，其斗栱立面构成从原型到现型的演变关系，清晰而明确（图6-3-10）。

《营造法式》原型令栱构成与华栱相同，保持了单栱造构成上令栱与华栱的对应、对等关系，华栱纵跳与令栱横跳的材份构成，同守二材关系这一规制（图6-3-11）。

令栱构成从原型到现型的变化，从一个侧面表现了《营造法式》技术成分的多样性和复杂性特色。

斗栱构成关系上，基于栱、斗的拼合关系，栱之心长设定最为本质和重要。栱之心长的意义在于栱斗拼合关系中的定位，且栱之心长跳距隐含有特定的意义。《营造法式》的栱长份数，是以栱之心长为基准而设定的，而栱之实长则是基于栱之心长的栱、斗拼合的次生结果，也就是栱之心长与斗底尺寸的复合。因此，栱之心长的设定，既是构造设计，也是样式设计，栱之心长跳距在斗栱构成上具有重要的意义。

由《营造法式》栱长构成的原型分析可知，所有横栱心长皆取10份（材厚）之倍数，即：令栱心长60份、瓜子栱（泥道栱）心长50份、慢栱心长80份。《营造法式》栱长份数的设定，反映有材的约束以及立面比例关系，二材关系是栱长构成上的隐性比例关系。

4. 格线关系的演进与变化

（1）栱心格线的细化：以斗间为细分基准

从单栱偷心到重栱计心的演变，斗栱形制趋于成熟和完善，在构成关系上表现为跳高、跳距的权衡、定型及模数化，并以相应的定位格线，控制栱、斗的拼合关系以及斗栱构成的比例关系。

竖向的跳高与横向的跳距，是斗栱构成上的两个基本定位格线，二者决定斗栱构成的基本比例关系，并反映斗栱尺度模数化的特点。《营造法式》重栱计心造制度，在斗栱构成上以足材的跳高与二材的跳距，形成一对基于材的定位格线。

以材为基准，是《营造法式》斗栱构成上跳高与跳距的共同特色。这表明这一时期材契基准的作用，已从竖向的尺度交接，转用于横向的比例设定，并基于材的中介，建立起竖向跳高与横向跳距的关联性，从而令斗栱尺度构成，统一于基于材契的双向格线关系，这一格线关系可称作宋式斗栱构成的材契方格模式。

上述关于《营造法式》斗栱构成的分析，是以成熟的宋式重栱计心造为对象的，然而从偷心到计心的演进，斗栱构成上跳高与跳距（尤其是跳距）的变化是相当显著的。那么，早期偷心造斗栱跳距尺度的设定又有何特点呢？陈彤根据早

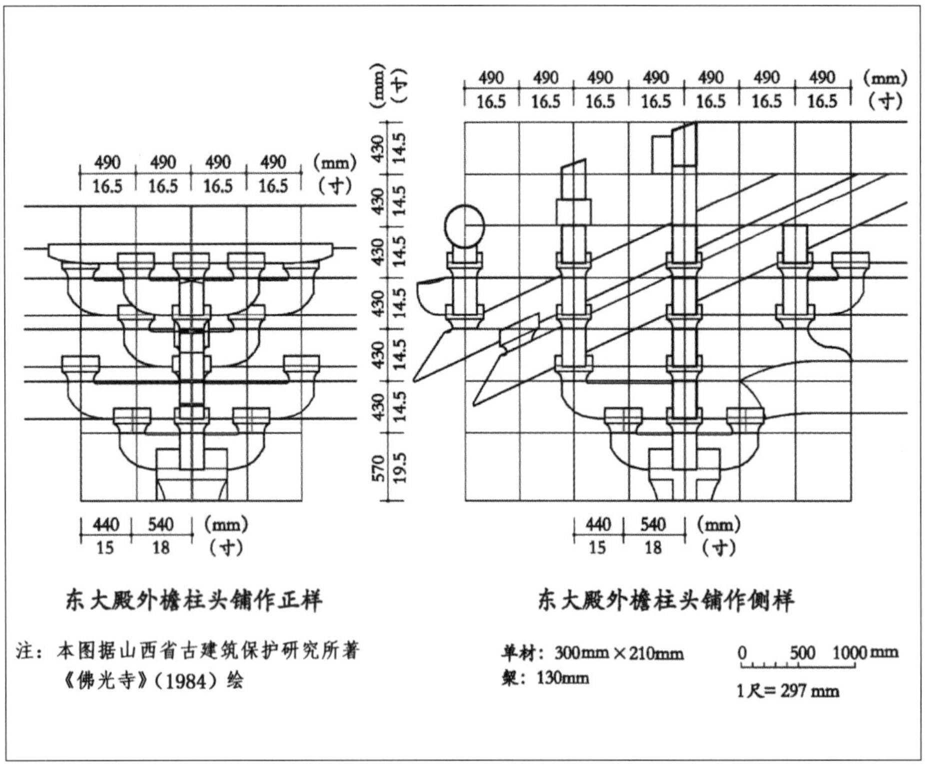

图 6-3-12 佛光寺大殿偷心造斗栱的尺度构成 [来源：陈彤.《营造法式》与晚唐官式栱长制度比较. [M]// 王贵祥. 中国建筑史论汇刊（第13辑）. 北京：中国建筑工业出版社，2016]

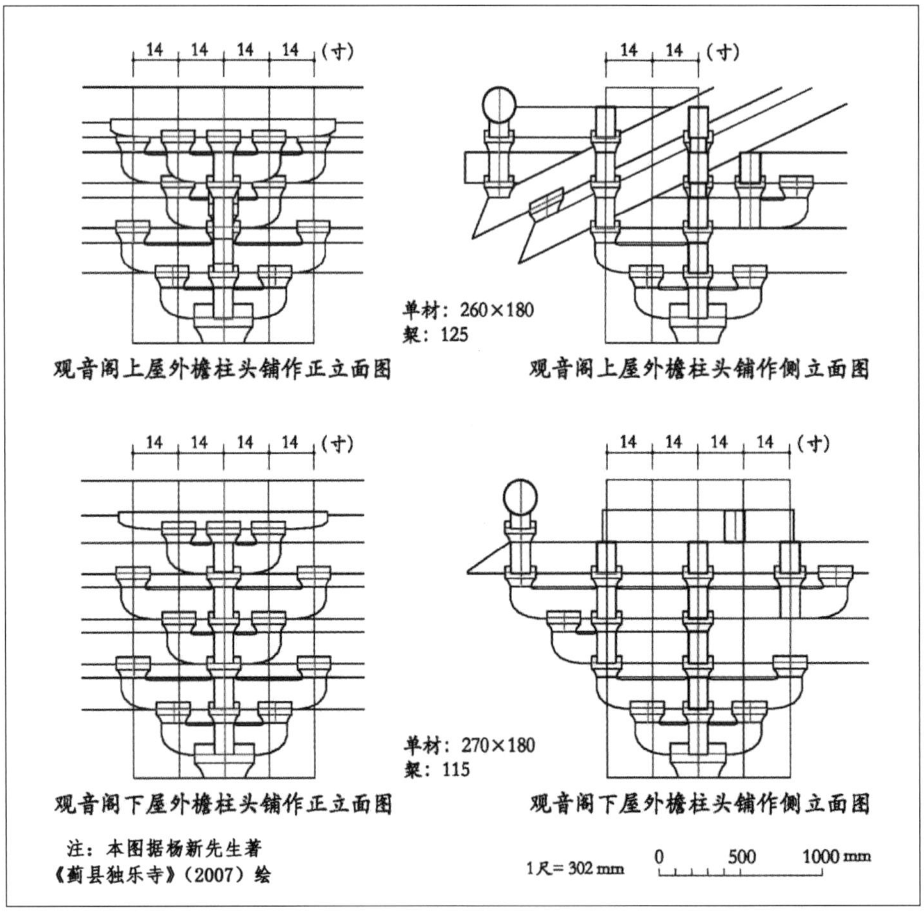

图 6-3-13 独乐寺观音阁偷心造斗栱的尺度构成 [来源：陈彤.《营造法式》与晚唐官式栱长制度比较 [M]// 王贵祥 . 中国建筑史论汇刊（第13辑）. 北京：中国建筑工业出版社，2016]

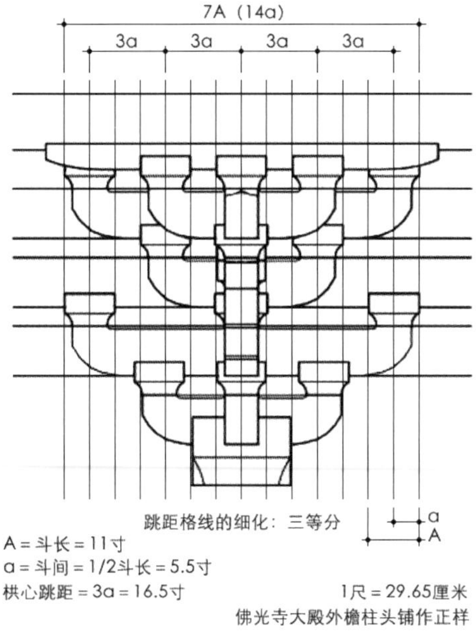

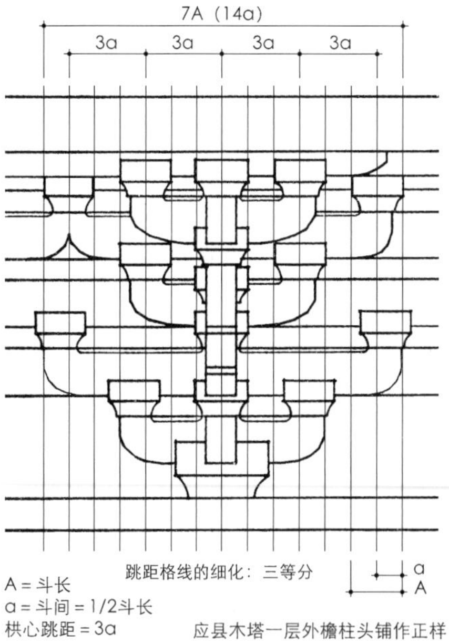

图 6-3-14　佛光寺大殿斗栱立面横向尺度关系的组织与筹划 [底图来源：陈彤.《营造法式》与晚唐官式栱长制度比较 [M]// 王贵祥 . 中国建筑史论汇刊（第 13 辑）. 北京：中国建筑工业出版社，2016]（左）

图 6-3-15　应县木塔斗栱立面横向尺度关系的组织与筹划（底图来源：陈明达 . 应县木塔 [M]. 北京：中国建筑工业出版社，2001：21）（右）

期遗构佛光寺大殿、独乐寺观音阁的分析，指出早期偷心造斗栱跳距尺度的如下特色和规律[56]：

七铺作隔跳偷心斗栱，侧样以每二跳计心位置的跳距心长之半为格线，正样与侧样对应，同样以横栱二跳的跳距心长之半为格线，且正侧样跳距格线尺寸对应相等，佛光寺大殿为 16.5 寸，独乐寺观音阁为 14 寸（图 6-3-12、图 6-3-13）。

上述早期二构偷心造斗栱构成上正、侧两向的一大跳心长对应相等，且以一大跳心长之半为控制格线。也就是说，斗栱的横向尺度构成，是以基于跳距的栱心格线为基准和目标的。这与《营造法式》计心造斗栱构成的栱心格线关系，表现出相应的关联和变化。相比之下，《营造法式》的显著变化和进步有二：其一是泥道栱、慢栱变短，原因在于北宋以来补间铺作从一朵至两朵的发展，使得传统间广旧制下铺作分布趋密，迫使慢栱的栱长变短；其二，斗栱的栱心格线尺寸从营造尺寸，转向模数尺寸。

同时，从唐辽遗构上可见，其时斗栱横向尺度筹划的意识及方法已经形成，栱心格线有了进一步的细化，基于栱心跳距分数的格线关系隐约可见。如佛光寺大殿斗栱正样横向尺度的组织与筹划，应是基于栱心跳距三等分的细分格线关系，在斗栱立面尺度权衡上，表现为 1/2 斗长格线的形式（图 6-3-14）。辽构应县木塔的斗栱尺度构成，也见有与佛光寺大殿斗栱相同的形式，其斗栱正样的横向尺度组织与筹划，有可能也是基于 1/2 斗长的格线关系（图 6-3-15）。时代相近的辽构华严寺薄伽教藏殿的斗栱尺度构成，也具有同样的特色（图 6-3-16）。

唐辽遗构上斗栱横向尺度的组织与筹划，表现出基于栱心跳距的方法和特色，即以小斗长的简单分数的格线形式，权衡斗栱的横向尺度关系。除上述唐辽遗构

56　陈彤.《营造法式》与晚唐官式栱长制度比较 [M]// 王贵祥 . 中国建筑史论汇刊（第 13 辑）. 北京：中国建筑工业出版社，2016：81-91.

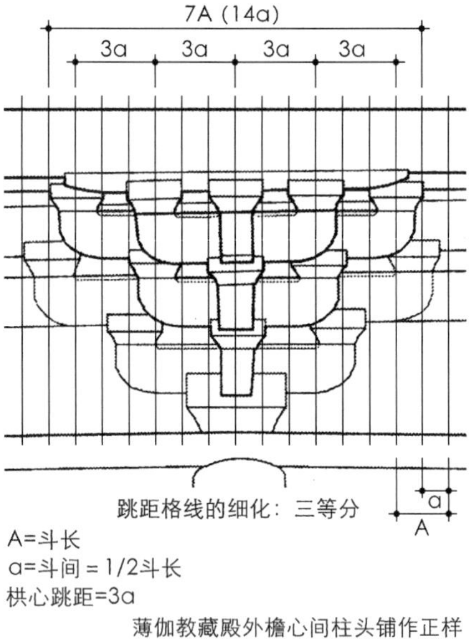

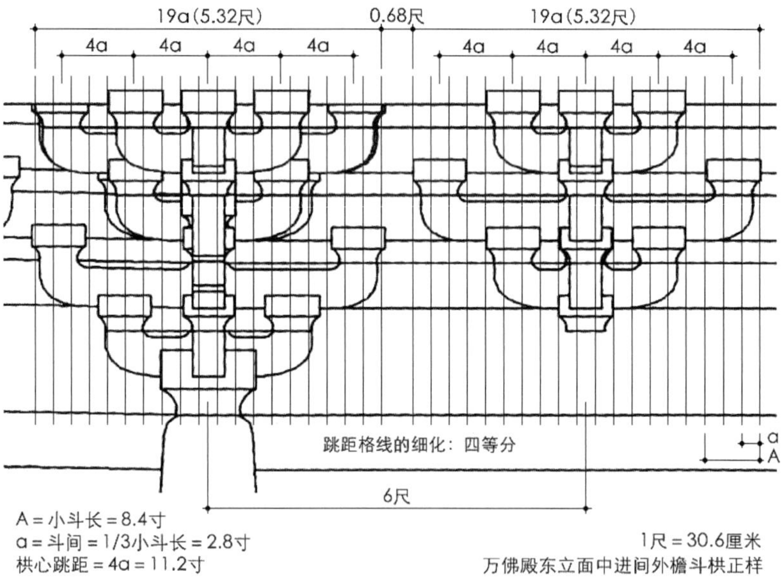

图 6-3-16　华严寺薄伽教藏殿斗栱立面的尺度构成（底图来源：刘翔宇提供）（左）

图 6-3-17　镇国寺万佛殿斗栱立面的尺度构成（底图来源：刘畅，廖慧农，李树盛. 山西平遥镇国寺万佛殿与天王殿精细测绘报告 [M]. 北京：清华大学出版社，2013）（右）

的 1/2 斗长格线关系外，1/3 斗长格线关系在辽宋遗构上也存在，如镇国寺万佛殿斗栱横向尺度的组织与筹划，应是基于栱心跳距四等分的细分格线关系，在斗栱立面尺度权衡上，表现为 1/3 斗长格线的形式[57]（图 6-3-17）。

辽构中的另一例独乐寺观音阁，其基于栱心跳距格线的斗栱构成关系，与镇国寺万佛殿相同（图 6-3-18）。

再举宋构一例。根据实测尺寸及图示分析，敦煌第 431 窟宋初窟檐（980 年）斗栱的横向尺度关系，应也存在着基于细分栱心格线的构成关系（图 6-3-19）。

斗栱构成上，由栱心跳距的细化所产生的最小细分单元，称作“斗间”，指相邻小斗之间的空当[58]，且斗间与小斗长呈简洁比例关系，相应地，形成细化的斗间格线形式，并以之筹划和权衡斗栱的横向尺度关系。

上述斗栱横向尺度筹划的方法与特色，多见于早期遗构上，也就是在补间铺作多朵尚未出现、慢栱长未相应缩减的时代，其表现尤为典型。以上从唐、五代到北宋初的几个遗构实例，斗栱立面构成显示出一致的规律性，诸例斗栱立面横向尺度的组织与筹划，实质上都是基于栱心跳距格线而展开和变化的。

有意味的是，唐宋斗栱构成的这一特色，在此后的日本唐样建筑上也有典型的表现。实际上，唐宋斗栱构成上跳高与跳距这两个基本格线关系，是此后所有斗栱尺度关系组织和筹划的原点与基石。日本中世以来唐样斗栱立面构成的基准方格模式，也是由上述唐宋斗栱的基本格线关系细化、演变而来。基于栱心跳距以及细化的斗间格线，同样是传承宋技术的中世唐样斗栱尺度设计的基本方法，详见下节分析。

57　镇国寺万佛殿原始设计中栌斗之外，小斗设计尺寸可能只有一种，即散斗、齐心斗和交互斗的尺寸相同。小斗实测尺寸如下（均值）：散斗、齐心斗面宽 253.1 毫米，交互斗面宽 255.2 毫米，营造尺长 306 毫米。引自：刘畅，廖慧农，李树盛. 山西平遥镇国寺万佛殿与天王殿精细测绘报告 [M]. 北京：清华大学出版社，2013：107.

58　日本近世建筑技术书中，将令栱上小斗间的空当称作“斗间”。“斗间”在唐样斗栱构成上，是一个细分基准单位。

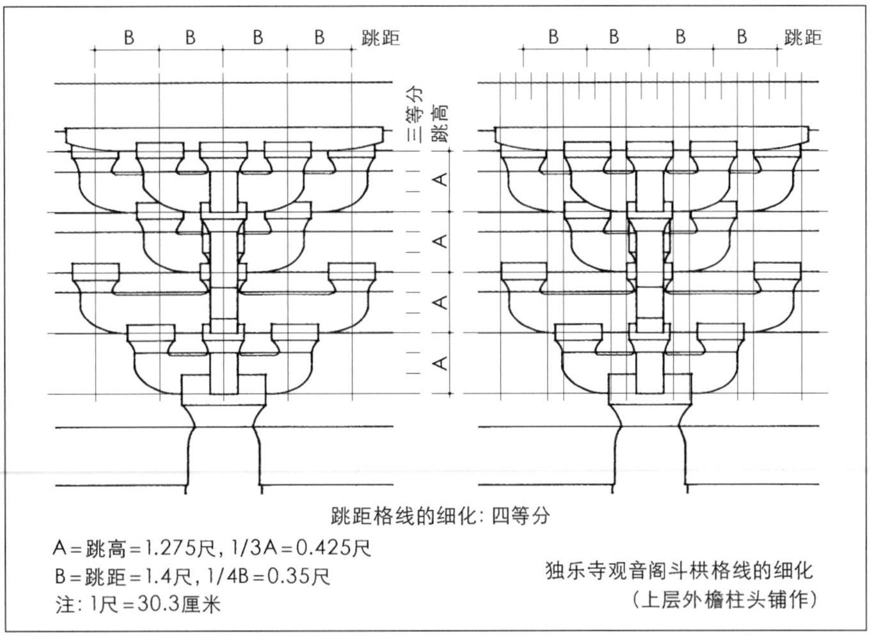

图 6-3-18　独乐寺观音阁斗栱立面的尺度构成（底图来源：杨新．蓟县独乐寺 [M]．北京：文物出版社，2007）

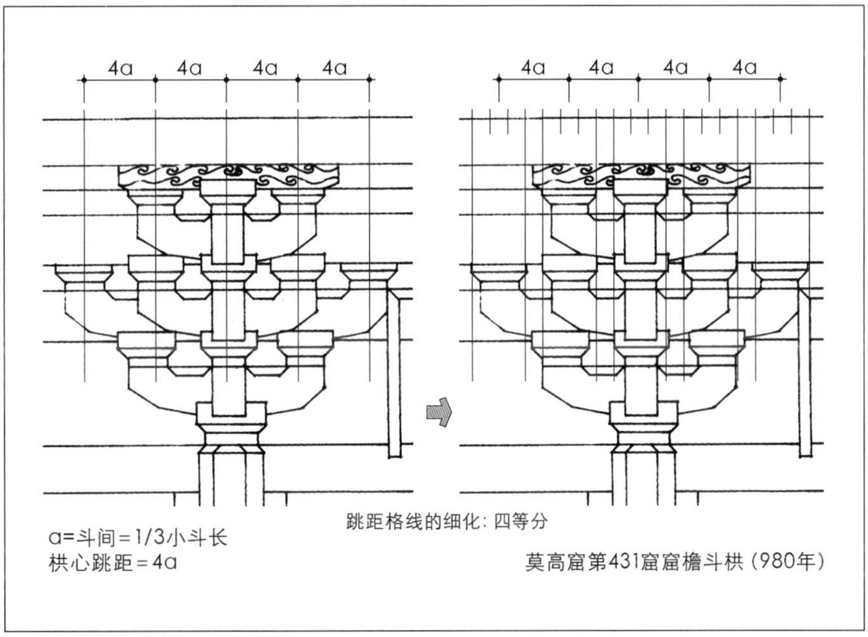

图 6-3-19　敦煌宋窟斗栱立面横向尺度关系的组织与筹划（底图来源：萧默．敦煌建筑研究 [M]．北京：文物出版社，2003：361）

（2）栱心格线与朵当、间广的关联性

栱心格线的意义，不只在于斗栱自身比例关系的权衡设定，随着补间铺作以及重栱造的出现，横栱的栱心跳距对朵当及间广的影响也愈趋显著，尤其表现在扶壁栱横向尺度的组织与筹划上。

从现存遗构来看，江南五代宋初，补间铺作两朵以及扶壁重栱做法已相当普及和成熟，这使得扶壁栱排布密集，空当狭小，其横向尺度的精细筹划已显得迫切和必要，如北宋初的灵隐寺经幢斗栱形象上，檐下斗栱排布密集，跳头令栱以栱心格线的方式排布小斗，斗间尺寸均等，约为小斗长的四分之一，显示了这一

图 6-3-20　灵隐寺经幢檐口斗栱排布（来源：吴修民摄）

图 6-3-21　大云院弥陀殿扶壁栱排布（来源：作者自摄）

时期在斗栱的横向尺度上已有精心的组织和筹划（图 6-3-20）。

而北方唐宋建筑上，虽补间铺作尚未成熟，然通过隐刻扶壁栱的形式，补间扶壁栱形象也相当丰富和充实，横向尺度上小斗排布匀整而规律（图 6-3-21）。根据分析，这一时期扶壁栱的横向尺度的组织与筹划，应有相应的设计方法，而以栱心格线的方式组织和筹划扶壁栱的横向尺度关系则是显著特色。

现存唐宋北方遗构，补间铺作多呈铺作雏形或扶壁栱的形式，且扶壁栱设计及其横向尺度的筹划，已与朵当、间广产生互动关联，建立斗栱与开间的尺度关联性的意识相当显著。其最直接和直观的方法是：以开间尺寸的比例细分，权衡、设定栱心格线关系，且以均分开间的方式较为多见和典型，见以下山西地区诸例[59]。

高平游仙寺毗卢殿（北宋），逐间补间铺作一朵，扶壁单栱承柱头方隐刻慢栱，并呈交隐连栱的形式。扶壁栱尺度设计上，逐层交隐的栱、斗匀整排布，栱心格线的尺寸为间广的 1/8（图 6-3-22）。时代相近的南吉祥寺中殿（北宋），在扶壁栱设计及尺度关系上，与游仙寺毗卢殿相同（图 6-3-23）。

同样，小张碧云寺大殿（北宋）以及佛光寺文殊殿（金代）二构，其扶壁栱的栱心格线设计也都是采取均分开间的形式（图 6-3-24、图 6-3-25）。

上述诸例的扶壁栱设计，皆采用柱头枋交隐连栱的形式，并以均分间广的栱心格线，建立斗栱与朵当、开间的尺度关联性。这一时期，基于栱心格线的栱长权衡，是依附从属于开间尺寸并与开间尺寸互动的结果，且根据开间尺寸的不同，调

59　参见：赵寿堂. 晋中晋南地区宋金下昂造斗栱尺度解读与匠作示踪[D]. 北京：清华大学，2021.

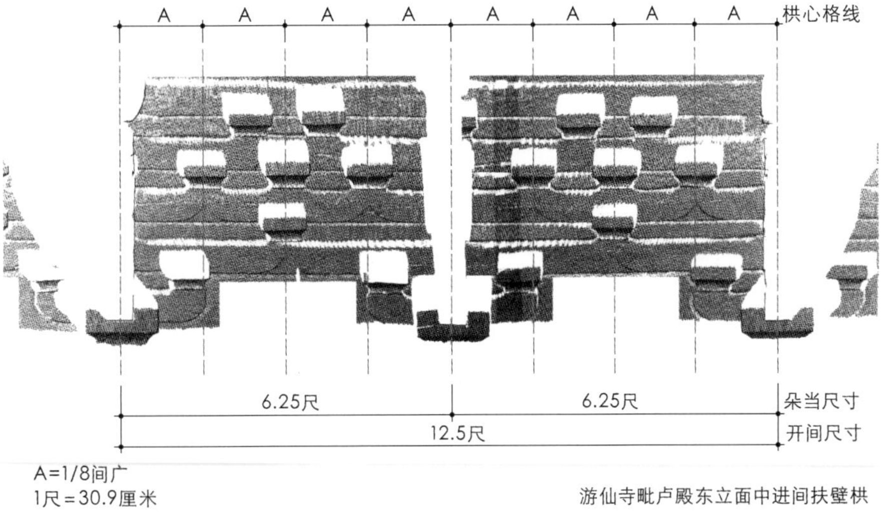

图 6-3-22　游仙寺毗卢殿扶壁栱及栱心格线设计（来源：赵寿堂．晋中晋南地区宋金下昂造斗栱尺度解读与匠作示踪 [D]．北京：清华大学，2021：265，作者改绘）

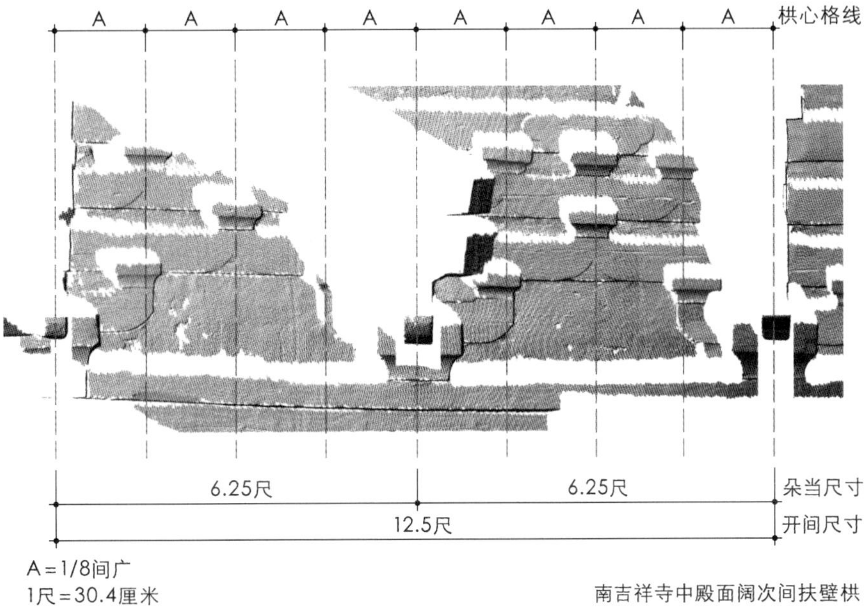

图 6-3-23　南吉祥寺中殿扶壁栱及栱心格线设计（面阔次间）（来源：赵寿堂．晋中晋南地区宋金下昂造斗栱尺度解读与匠作示踪 [D]．北京：清华大学，2021：259，作者改绘）

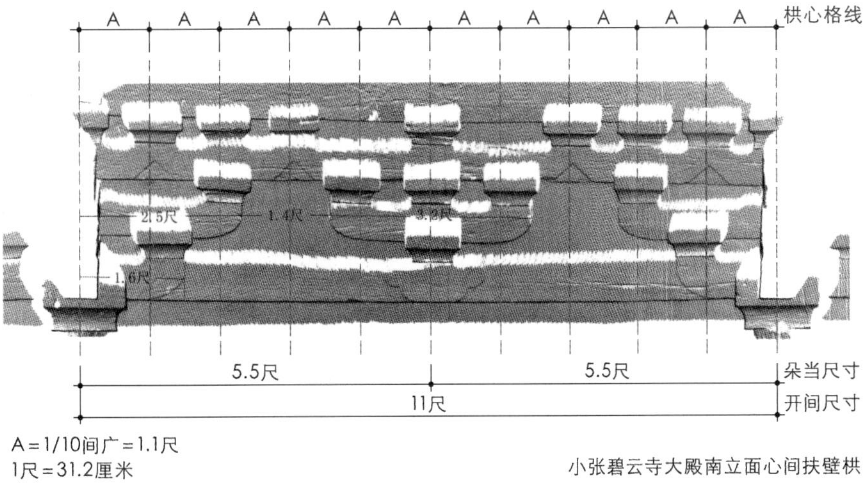

图 6-3-24　小张碧云寺大殿扶壁栱及栱心格线设计（来源：赵寿堂．晋中晋南地区宋金下昂造斗栱尺度解读与匠作示踪 [D]．北京：清华大学，2021：277，作者改绘）

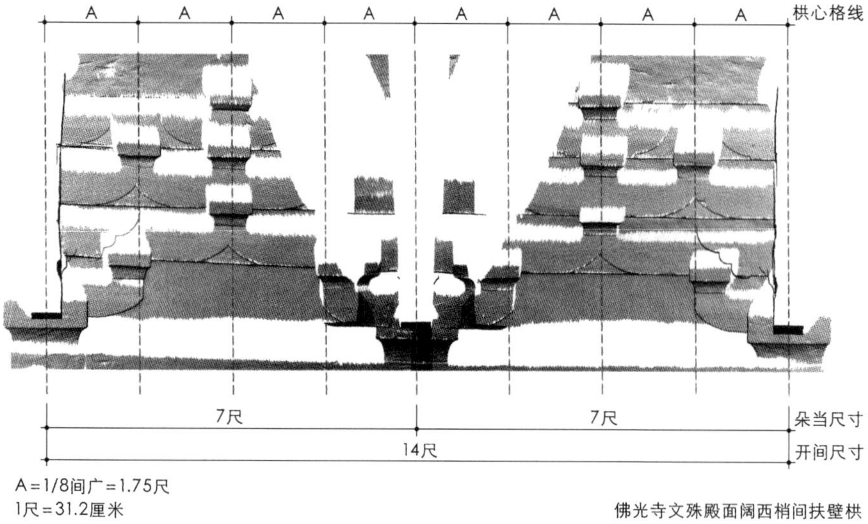

图 6-3-25 佛光寺文殊殿扶壁栱及栱心格线设计（来源：赵寿堂．晋中晋南地区宋金下昂造斗栱尺度解读与匠作示踪 [D]．北京：清华大学，2021：550，作者改绘）

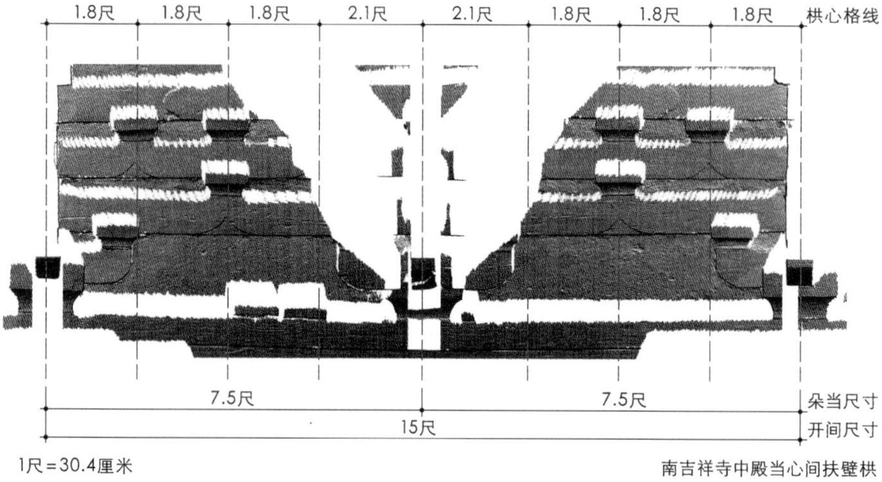

图 6-3-26 南吉祥寺中殿扶壁栱及栱心格线设计（面阔心间）（来源：赵寿堂．晋中晋南地区宋金下昂造斗栱尺度解读与匠作示踪 [D]．北京：清华大学，2021：259，作者改绘）

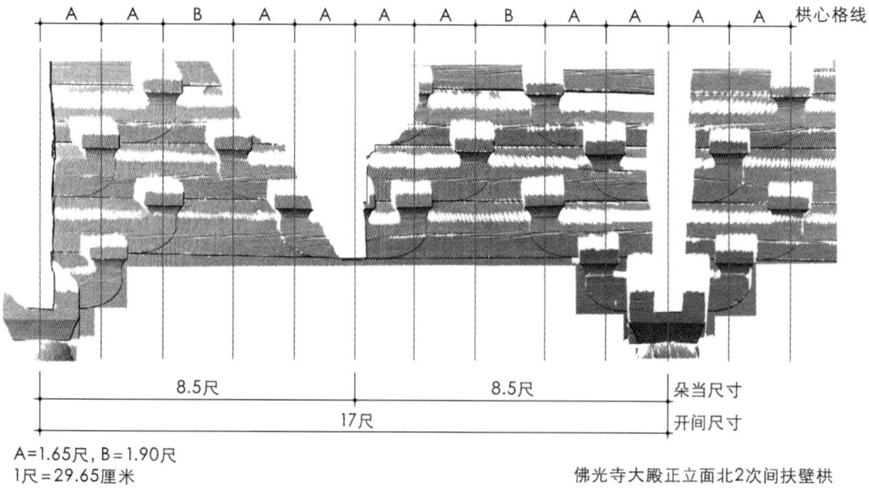

图 6-3-27 佛光寺大殿扶壁栱及栱心格线设计（底图来源：赵寿堂．晋中晋南地区宋金下昂造斗栱尺度解读与匠作示踪 [D]．北京：清华大学，2021：62）

整相应的栱心格线关系，如南吉祥寺中殿面阔心间栱心格线的变化（图 6-3-26）。

以上所举诸例在扶壁栱设计上，皆为柱头枋采用交隐连栱的形式。而这一时期另一类非交隐连栱的扶壁栱设计，其栱心格线的尺度权衡，主要决定于斗栱自身的比例关系，而与朵当、间广之间，则未必有那么直接和明确的关联性。其例如佛光寺大殿、镇国寺万佛殿等构（图 6-3-27）。

以栱心格线的方式，追求扶壁栱小斗的均匀排布是唐宋时期尺度设计的一个重要特点。

综上所述，唐宋时期的斗栱尺度设计，在横向尺度的组织与筹划上已颇具匠心，尤其是建立斗栱与朵当、间广关联构成的意识已初步显现，其方法主要是以栱心格线的方式，权衡斗栱的横向尺度关系，进而建立斗栱与朵当、开间的关联性。

随着栱心格线性质和功能的演进，栱心格线有可能逐渐从与间广的互动关系转变为支配因素，最终栱心跳距成为权衡横向尺度关系的一个基准单元。而这一特点在日本中世唐样建筑尺度设计上，表现得尤为显著和典型，主要表现在如下两个方面：

一是唐宋栱心格线法的细化与拓展；

二是栱心格线性质的进化，即在斗栱与朵当、开间的关联构成上，由之前的互动关系转为支配关系。

尺度比例设计上的格线法，是中国古代设计理念与方法的一个重要特点[60]，反映了设计技术上寓繁于简的思维方式，其实质是以单一基准权衡和把握整体尺度及比例关系。格线法在中日古代建筑设计上皆有丰富和典型的表现，基于格线法的模数思维，中日是同源和共通的。

四、唐样斗栱的比例关系

上节关于宋式斗栱比例关系的探讨，其目的之一即在于本节关于唐样斗栱的分析，进而探讨唐样斗栱尺度设计与宋式斗栱的关联性及其传承与演变。在分析方法与思路上，本节同样基于斗型、栱型、材栔关系、格线关系等相关因素和线索，展开关于唐样斗栱的构成模式、尺度关系、设计方法的分析以及与宋式斗栱的关联比较。

1. 宋式传承与变化

（1）宋式斗栱的传承

以传承宋技术为特色的中世唐样建筑，在斗栱技术上的进步最为显著。唐样所表现的新兴宋式斗栱，较传统和样斗栱有了巨大的变化。以东亚整体的视野而

60　王其亨，Li Yingchun. 清代样式雷建筑图档中的“平格”研究——中国传统建筑设计理念与方法的经典范例 [J]. 建筑遗产，2016（1）：24-33.

言，其实质反映的是二者祖型之间在时代变迁和地域跨越上的巨变。中世以来日本建筑的这一巨变，在斗栱层面上的呈现，尤具意义和特色。

中世唐样斗栱技术的进步，除补间铺作发达之外，最显著的是斗栱形制的变化，如从单栱到重栱、从偷心到计心、从单材到足材的变化，完全改变了此前传统斗栱的形象和面貌。而那些无形、非直观的设计理念、尺度规律和比例关系，相对而言则是潜在的，不易认识和把握的，然这些内容恰是宋式斗栱传承的一个重要方面，也是本节探讨的重点所在。

唐样斗栱的宋式传承，其特点表现在对宋式的模仿与改造这两个方面。对于宋式制度，唐样既有精简，也有增繁，在斗栱的比例关系及尺度设计上，同样也表现了这一特点。

注重细节和追求精致，历来是日本民族的一个特色。13 世纪以来唐样斗栱构成的精致化和比例关系的精细化，是这一特色的典型表现。中世唐样斗栱将南宋江南建筑的精致更推进一步，进而加以改造、发挥，表现出日本的特色。在斗栱设计技术层面上，唐样也表现了这一精细化的特色。

基于宋式斗栱技术，中世以来唐样斗栱构成及其尺度设计逐渐成长和成熟，并成为唐样设计技术的一个重要内容。实际上，13 世纪以来东亚中日建筑设计技术的演进，都可从斗栱构成这一线索去认识和把握。

新兴唐样与传统和样的并立，是中世以来日本建筑发展的一个独特现象。至中世后期及近世，唐样与和样的混融、交杂又成为一个显著特色。因此，中世后期以来唐样建筑的和样化，逐渐改变了唐样斗栱技术鲜明和独特的个性，并影响唐样斗栱的尺度设计方法。

（2）唐样的斗型与栱型

承接前节关于宋式斗型、栱型的分析，本节继续讨论唐样斗型与栱型的特点及其与宋式的关联性，为下节的唐样斗栱比例关系分析作准备和铺垫。

唐样斗栱的小斗分型，以施用位置分作方斗与卷斗两种。方斗指正心分位单材十字栱心上的十字槽小斗，平面正方，故名。唐样方斗相当于宋式斗栱十字栱心上的齐心斗。卷斗指单向栱上的小斗，也就是方斗以外的所有小斗，包括华栱跳头与横栱两头及栱心上的所有小斗。卷斗是唐样小斗的主要形式，宋式斗栱中除十字栱心上的齐心斗之外的散斗、齐心斗和交互斗，于唐样统称卷斗。

关于唐样卷斗与方斗的尺度关系，日本学者关口欣也网罗中世唐样遗构所作的统计分析表明：中世唐样佛堂斗栱 46 例中，35 例卷斗与方斗的正面斗宽相同；进而，此 35 例中 21 例，侧面斗深也同样相等[61]。也就是说，大多数唐样遗构上，卷斗与方斗尺寸相同，尤其是在正面的斗宽上，故唐样斗栱小斗通常为单一斗型的简单形式。唐样小斗斗型的这一特色，在奈良、平安时代的早期遗构上就

61　関口欣也. 中世禅宗様仏堂の斗栱（1）：斗栱組織 [J]. 日本建築学会論文報告集（第 128 号），1966：46-60.

已存在，唐样建筑传承了早期斗栱的斗型旧制。

唐样斗栱的斗型特色表明，除了遮隐于十字栱心处的方斗，唐样斗栱立面上所见所有小斗（卷斗）皆尺寸相同。而正是这一特色，对于后文所讨论的唐样斗栱立面尺度的组织与筹划尤为重要。

唐样小斗形式，除上述35例的主流斗型外，遗构中也见有少数的斗型变化，主要表现为十字栱心上的方斗，略大于其他位置上的卷斗，46例唐样佛堂遗构中见有11例。这一斗型变化在现存遗构中虽只是少数，然却有其相应的意义，即此11例中除个别外，皆为以镰仓为中心的关东地区唐样遗构，而这一地区历史上是唐样的早期重镇，故此11例应反映了宋式初传时期唐样斗型的早期形式，并成为镰仓唐样斗栱的一个特色[62]。

斗型变化的11例中，最具意义的是最恩寺佛殿（1420年代）。其最外跳令栱心上的小斗（齐心斗）略大于令栱两头的小斗（散斗），且与十字栱心的方斗尺寸相同，也即在小斗尺度关系上，栱心上的小斗大于栱端的小斗，这与宋式齐心斗和散斗的尺度关系完全相同。此外，镰仓圆觉寺舍利殿的小斗尺度关系也与最恩寺佛殿相同[63]。上述二构是唐样斗栱构成上齐心斗分型而出的少数之例。此外，中世唐样遗构中还见有少数交互斗增大之例，也多出现在镰仓及其周边的唐样遗构上，如镰仓圆觉寺舍利殿、长野安乐寺三重塔[64]。镰仓唐样斗栱交互斗增大这一特点，在近世镰仓唐样技术书《镰仓造营名目》中也有记述。

最恩寺佛殿所代表的小斗形式，是典型的法式斗型。作为唐样祖型的江南保国寺和保圣寺大殿的小斗分型做法，应是其源头所在。日本关东唐样保存了较纯粹的祖型特征，在斗型上是最接近于江南宋式祖型的中世唐样遗构。

日本近世唐样技术书中的斗型，只分大斗和卷斗两种，小斗不再细化分型。

接着讨论和比较唐样栱型。中世新兴唐样与传统和样之别，在栱型上即重栱造与单栱造的不同。以重栱造为特色的唐样斗栱，基本栱长分作长、短栱两种，从而区别于传统和样的单一栱长形式。

根据现存遗构的统计，除少数个别外，绝大部分中世唐样遗构的栱型，皆为长、短两种栱长形式，短栱不再如《营造法式》那样作进一步的分型。

在栱型的变化上，现存唐样遗构同样也见有个别令栱趋长的做法。实例如长野县净光寺药师堂（1408年）[65]，其栱长分作三种，长栱一种，短栱二种，最外跳令栱略长，栱长分型与《营造法式》相同（图6-4-1）。此构年代较早，应较多地保留了早期唐样的宋式特征，其斗栱形制接近于宋式祖型。

分析比较唐样斗栱的斗型与栱型特征，其中反映有如下几方面的内涵与特色：

其一，成熟和定型的中世唐样斗栱，在斗型上受传统和样的影响，其表现一是小斗采用单一斗型的旧制，二是弃用江南宋式的截纹斗做法，传承和样的顺纹斗形式；

62　唐样遗构中，十字栱心上的方斗尺寸略大于其他位置上的小斗者共11例：正福寺地藏堂、普济寺佛殿、圆觉寺舍利殿、最恩寺佛殿、高仓寺观音堂、安乐寺八角塔、大法寺厨子、信光明寺观音堂、西愿寺阿弥陀堂、圆觉寺古图佛殿、凤来寺观音堂。除普济寺佛殿、信光明寺观音堂二构，余皆为关东唐样遗构，表现出显著的地域性特征。

63　根据1924年作成的圆觉寺舍利殿修缮设计图（文化财保护委员会藏），其斗栱图所记上檐斗栱最外跳头令栱上的小斗尺度关系，与最恩寺佛殿相同，即令栱心上的齐心斗大于两头的散斗，且与十字栱心上的方斗尺寸相同。然舍利殿现状令栱上齐心斗与散斗尺寸相同，与上图所记不符。关口欣也认为现状令栱心上的齐心斗尺寸是有问题的，并根据现状调查，发现舍利殿各朵斗栱中唯令栱心上的齐心斗非原初旧材，已是改易后的斗，因此1924年的修理设计图，应是基于相关依据的复原图。参见：関口欣也．中世禅宗様仏堂の斗栱（1）：斗栱組織[J]．日本建築学会論文報告集（第128号），1966：46-60.

64　安乐寺三重塔的交互斗增大，散斗、齐心斗长4寸，交互斗长4.5寸。

65　関口欣也．中世禅宗様仏堂の斗栱（1）：斗栱組織[J]．日本建築学会論文報告集（第128号），1966：46-60.

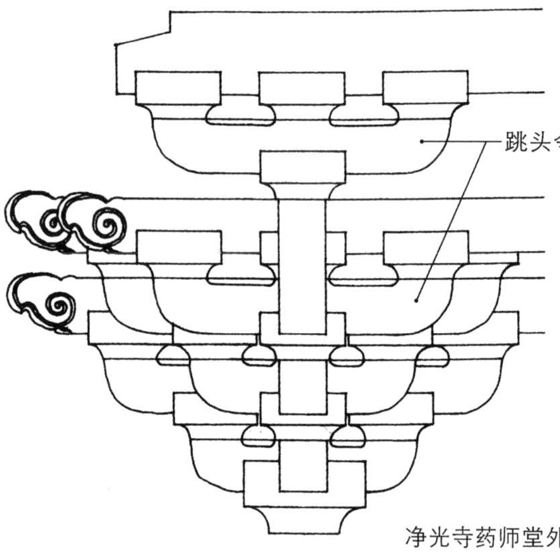

图 6-4-1　净光寺药师堂斗栱正立面 [来源：関口欣也．中世禅宗様仏堂の斗栱（1）：斗栱組織 [J]. 日本建築学会論文報告集（第 128 号），1966]

其二，最外跳头令栱略长以及令栱上齐心斗大于散斗这两种做法，在现存唐样斗栱中虽只是极少数，但其存在这一事实，表现了唐样与宋式斗栱的关联性；

其三，唐样重栱造的标准栱型，短栱的栱长统一，形成简洁和规整的栱长特色，表现了对宋式栱型的简化和改造；

其四，简洁和规整是唐样斗型、栱型的基本追求，其背后隐含有特定的设计意识和方法。唐样斗栱立面尺度的有序组织和筹划，正是以其斗型与栱型的简洁和规整为基本条件的。小斗尺寸的统一与栱长构成的规整，对于唐样斗栱尺度构成及其设计技术，有着重要的意义。

下节所讨论的唐样斗栱立面构成模式，正是以规整化斗型和栱型为前提和条件的。

2. 唐样斗栱的构成模式

（1）斗栱立面构成的分型

中世以来唐样斗栱尺度现象纷繁复杂，斗栱构成形式多样变化，如何透过纷繁复杂的尺度现象去认识唐样斗栱的尺度规律，是唐样斗栱构成分析所面对的问题。而寓繁于简，思考唐样斗栱立面构成的分型，有助于从纷杂的斗栱尺度现象中认识和把握斗栱构成的本质与规律。

分析中世唐样斗栱尺度关系及构成特点，其重点主要表现在横向尺度上，且唐样斗栱立面构成关系，主要取决于如下三个要素：

一是基准形式：中世以来唐样斗栱构成的基准形式分作材栔基准、斗长基准以及斗口基准这三种形式，是斗栱立面构成分型上最基本的要素和指标；

二是斗畔关系：指唐样重栱造斗栱的栱端小斗间的斗畔关系，分作三种形式，即斗畔相接型、斗畔相错型和斗畔相离型。唐样斗栱立面构成的分型上，斗畔关系是次于基准形式的第二层次指标；

三是比例关系：指斗间[66]与小斗长的比例关系。唐样斗栱立面构成上，斗间与小斗长的比例关系主要有三种形式：斗间等于1/2小斗长、斗间等于1/3小斗长、斗间等于1/4小斗长。斗间与小斗长的比例关系，作为第三层次指标，用以区分斗栱立面构成的细节差异。

中世唐样斗栱构成上，基于不同的基准形式，其构成关系已基本定型，在横向尺度的组织与筹划上，可作变化的唯有二处：一是斗畔关系的变化，二是斗间与小斗长的比例关系的变化。因此，影响和左右唐样斗栱立面构成的因素，主要是上述三个要素。基于此，以上述三要素为分型指标，建立唐样斗栱立面构成的分型关系，并以此分析、归类唐样斗栱立面构成的规律和特点。

首先，以基准形式的不同和变化，分作材栔基准型、斗长基准型与斗口基准型三大类型；

其次，以三种斗畔关系的不同作为第二层次的分型指标，分作Ⅰ、Ⅱ、Ⅲ三型：斗畔相接型为Ⅰ型，斗畔相错型为Ⅱ型，斗畔相离型为Ⅲ型。其中以斗畔相接的Ⅰ型为基本型，最为多用，Ⅱ型次之，Ⅲ型则为少数个别；

再次，以斗间与小斗长的比例关系的变化，在Ⅰ、Ⅱ、Ⅲ型之下，进一步细分不同的亚型。

唐样斗栱立面构成的分型及其层次关系，可用以下简式表示：

基准形式：材栔、斗长、斗口

斗畔关系：相接（Ⅰ型）、相错（Ⅱ型）、相离（Ⅲ型）

比例关系：斗间为斗长的1/2、1/3、1/4

以构成关系最为多样化的斗口基准型为例，排列唐样斗栱立面构成的分型关系（材栔基准型、斗长基准型类同）：

斗口方格模式Ⅰ型（斗畔相接型）

亚型1、亚型2

斗口方格模式Ⅱ型（斗畔相错型）

亚型1、亚型2

斗口方格模式Ⅲ型（斗畔相离型）

亚型1、亚型2

基于上述斗栱立面构成的分型，有可能将中世以来纷繁变化的唐样斗栱尺度现象作分型归类，从而较清晰、有序地认识唐样斗栱构成关系及其尺度规律。这一斗栱立面构成的分型，虽未必能涵盖全部唐样遗构的斗栱形式，但可以解释和描述多数唐样斗栱的尺度现象及其构成关系。

再就斗畔关系作进一步的解释和讨论。所谓斗畔关系，指重栱造斗栱立面构

66　唐样斗栱立面上的“斗间”，指令栱上小斗间的空当，是唐样斗栱立面构成上的一个基本要素。

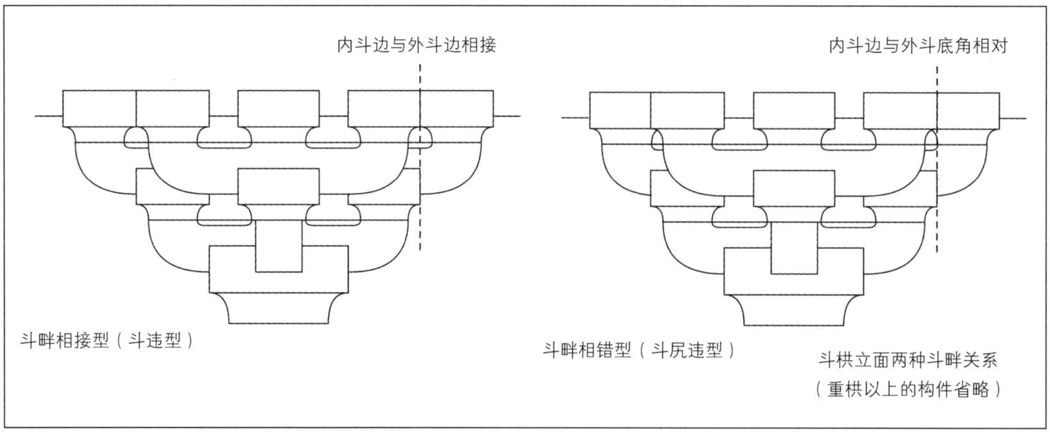

图 6-4-2　唐样斗栱立面构成的两种斗畔关系（来源：坂本忠規. 大工技術書《鎌倉造営名目》の研究：禅宗様建築の木割分析を中心に [D]. 東京：早稲田大学，2011）

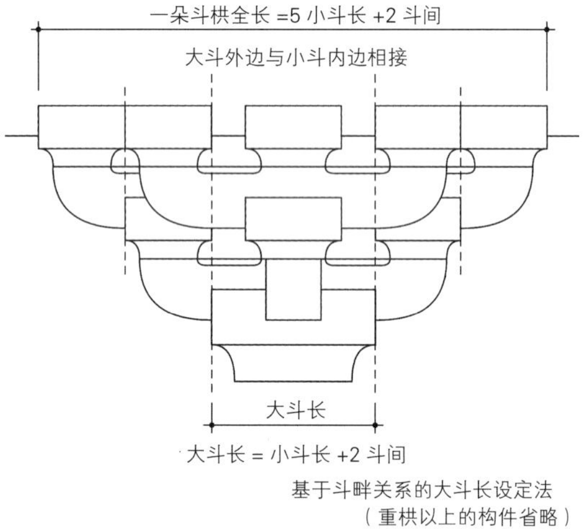

图 6-4-3　基于斗畔关系的大斗长设定法（作者自绘）

成上，短栱小斗外边与长栱小斗内边的对位交接关系。遗构中主要有两种形式：一是斗畔相接型（日本称斗违型），一是斗畔相错型（日本称斗尻违型）（图 6-4-2）。前者表现为短栱小斗外边与长栱小斗内边相接的形式，后者表现为短栱小斗外边与长栱小斗内边相错的形式[67]。两种斗畔关系的不同，最终表现为长栱的栱长微差。

两种斗畔关系中，基于斗畔相接型的斗栱立面构成模式为基本形式，占主流多数，中世唐样佛堂遗构 46 例中占 28 例；基于斗畔相错型的斗栱立面构成模式为变化形式，居次要少数，中世唐样佛堂遗构 46 例中占 10 例，其斗栱立面构成关系除长栱的栱长缩减外，余皆与斗畔相接型相同。

斗栱立面的斗畔对位关系，也成为大斗长设定的一个方法，即：基于大斗外边与小斗内边的斗畔对位关系，大斗长＝小斗长＋ 2 斗间（图 6-4-3），近世和样技术书《匠明》也记有这一方法。据关口欣也统计，现存唐样遗构中具有这一比例关系的有 21 例，是一较普遍的设计方法[68]。

中世唐样斗栱构成上，追求对位关系，构成关系简洁、规整和直观，斗畔关

67　斗畔相错型所指的斗边交错关系，具体交错位置为：短栱小斗外边与长栱小斗底边内角相接的形式，故日本称斗尻违型。斗畔关系除上述二型外，还有一种斗畔相离型，指短栱小斗外边与长栱小斗内边分离的形式，此型于唐样所见较少，仅有安国寺释迦堂、最恩寺佛殿等少数几例，此型与《营造法式》现型斗栱的斗畔关系相同。

68　其 21 例唐样遗构中，年代上属中世的有：功山寺佛殿、圆觉寺舍利殿、高仓寺观音堂、祥云寺观音堂、建长寺昭堂、竹林寺本堂、西愿寺阿弥陀堂、常福寺药师堂、酬恩庵本堂、东庆寺佛殿、不动院金堂、圆觉寺古图佛殿、奥之院弁天堂、凤来寺观音堂。参见：関口欣也. 中世禅宗樣仏堂の斗栱：斗栱寸法計画と部材比例 [J]. 日本建築学会論文報告集（第 129 号），1966：46.

系成为斗栱立面构成的一个基本要素，影响和制约着斗栱立面的比例关系。

实际上，斗畔对位关系在《营造法式》中也有用心和表现，如在侧样多跳华栱跳头交互斗的关系上，“令上下两跳交互斗畔相对”[69]。然在斗栱正样立面构成上，重栱散斗的斗畔关系，或斗畔分离1份（现型），或斗畔相错1份（原型），这表明《营造法式》斗栱正样立面构成上，并无唐样斗栱那样严格的斗畔对位意识。

唐样斗栱设计上斗畔对位意识的强调和细化，促进了斗栱立面构成模式的建立，且其所关注的主要是斗栱横向尺度的组织与筹划，是唐样斗栱尺度设计的一个重要特色。

唐样斗栱的尺度组织与筹划，是以立面格线的形式作权衡的，且最基本的格线形式还是跳高和跳距这两个基本格线，并基于跳高、跳距格线作进一步细化和改造，最终形成斗栱立面构成的基准方格模式。

（2）斗栱尺度的组织与筹划：立面方格模式

以宋式为祖型的唐样斗栱，在尺度构成和比例关系上尤为着力，并基于宋式斗栱构成的基本格线关系，形成了唐样斗栱独特的尺度权衡方式，其中最具代表性的是斗栱立面的基准方格模式。

在尺度设计方法上，唐样斗栱立面方格模式的实质就是格线法。前述唐样斗栱立面构成的分型，正是以基准格线的形式而定义和标识的。而唐样斗栱立面方格模式，则是斗栱格线法中最为规整的一种形式，即以基准方格的形式，权衡、设定斗栱立面的两向尺度关系，其基准方格分作材梨方格、斗长方格和斗口方格这三种形式，并吻合于斗栱立面构成的分型特征。斗栱立面基准方格模式，成为唐样斗栱尺度设计上最具特色的表现。

日本学者根据中世唐样遗构斗栱实测数据的分析，指出唐样斗栱立面构成以基准方格模式为特色[70]，这为认识唐样斗栱的尺度构成和比例关系提供了思路和依据。

关于唐样斗栱立面基准方格模式，有必要进一步探究这一尺度现象背后的本质，认识方格模式的意义，并使之成为中世唐样建筑尺度规律分析的重要线索。

唐样斗型、栱型的单一以及构成关系的简洁、规整，是其斗栱立面方格模式成立的基本条件。所谓唐样斗栱立面方格模式，即以简明、直观的基准格线，权衡和筹划斗栱立面的比例关系，进而生成斗栱尺度模数化的形式与方法。这一模数理念与宋式材份规制近似和相通，而格线基准（材梨、斗长、斗口）所表现的多样变化，也进一步显示了与中国本土技术的整体性和关联性。

唐样斗栱立面方格模式，尽管形式多样变化，但实质上都是由唐宋斗栱基本格线细化和改造而来。其方法是以跳高格线和跳距格线的若干等分为基准，建立

69 《营造法式》卷四《大木作制度一“栱”：“一曰华栱，足材栱也。小字注：若铺作多者，里跳减长二分。七铺作以上，即第二里外跳各减四分。六铺作以下不减。若八铺作下两跳偷心，则减第三跳，令上下两跳交互斗畔相对。”参见：梁思成．梁思成全集（第七卷）[M]．北京：中国建筑工业出版社，2001：81.

70 关于中世唐样建筑斗栱立面构成的基准方格模式，最初是由日本学者大森健二就正福寺地藏堂的斗栱尺度关系而提出的，参见：大森健二．中世における斗栱組的発达 [M]// 平凡社編．世界建築全集（日本Ⅱ·中世）．東京：平凡社，1960；关口欣也则根据大量斗栱实测数据的分析，进一步指出斗栱立面的基准方格模式，揭示了唐样斗栱尺度关系的基本特色。参见：関口欣也．中世禅宗様仏堂の斗栱：斗栱寸法計画と部材比例 [J]．日本建築学会論文報告集（第129号），1966：43-56.

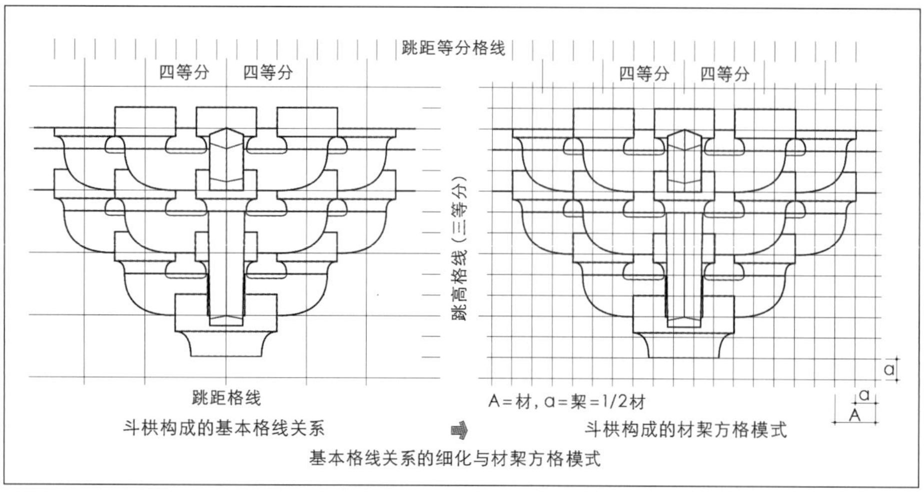

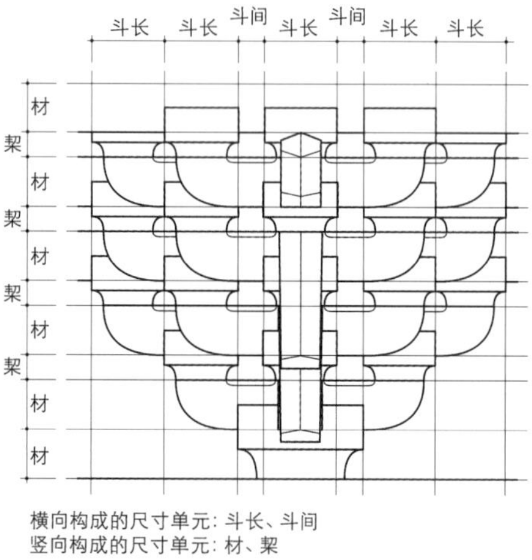

图 6-4-4　基本格线关系的细化与材栔方格模式（作者自绘）

图 6-4-5　唐样斗栱立面构成的基本格线形式（作者自绘）

斗栱立面构成的基准方格模式（图 6-4-4）。与唐宋斗栱一样，在横向尺度的组织与筹划上，唐样斗栱也是基于栱心跳距而展开和变化的，而由栱心格线细分而出的斗间格线、斗长格线，对于横向尺度的权衡，更加直接、直观和便利。相应地，唐样斗栱立面构成的基本格线关系，呈如下的方格形式：横向的斗长格线与竖向的材栔格线，且横向格线的两个基本尺寸单元为斗长、斗间，竖向格线的两个基本尺寸单元为材、栔（图 6-4-5）。

唐样斗栱立面的尺度构成与比例筹划，是在上述基本格线关系的基础上作进一步的细化和推进，其方法是建立栔与材、斗间与斗长之间的简洁比例关系，也即栔取 1/2 材，斗间取 1/2 斗长或 1/3 斗长，相应地形成细化的斗栱立面方格模式。

在此基础上，若进一步地规整化和比例化，如取竖向的栔与横向的斗间相等，则上述的斗栱立面方格则呈标准的正方格线形式，从而以一元基准的形式，权衡和设定斗栱立面尺度构成和比例关系。

唐样斗栱格线法的意义在于：简化斗栱立面构成关系，从而使得尺度构成和比例关系更加清晰、简明和直观。

正方格线形式，是斗栱立面构成上最为规整、严格的格线形式。然实际上，唐样斗栱尺度关系多样复杂，统计分析表明：现存唐样遗构中严格吻合斗栱立面正方格线者，数量或并不太多，而部分唐样遗构虽非严格的正方格线形式，但多趋近这一模式，尤其是在斗栱横向尺度关系上，以斗间、斗长为基准的格线形式，成为唐样斗栱尺度设计上所注重和多用的形式。而在斗栱竖向尺度关系上，若取栔等于 1/2 材，其竖向格线可细化为均等统一的格线形式；若栔不等于 1/2 材，其竖向格线则呈材栔交替的格线形式。唐样斗栱尺度设计上，所注重的是横向尺度关系及其与朵当的关联性，而斗栱的竖向尺度关系，则是相对次要的局部比例设定。

横向尺度的组织与筹划，是唐样斗栱立面构成的重心所在。而横向尺度单元的斗间与斗长的比例关系以及斗畔关系，成为唐样斗栱横向尺度构成上的两个要素。进而，通过将斗栱与朵当的尺度关系，转化为基于斗间、斗长的模数形式，从而建立斗栱、朵当及开间三者关联的整体尺度构成，而唐样斗栱立面的尺度构成，则成为其中的一个重要环节。

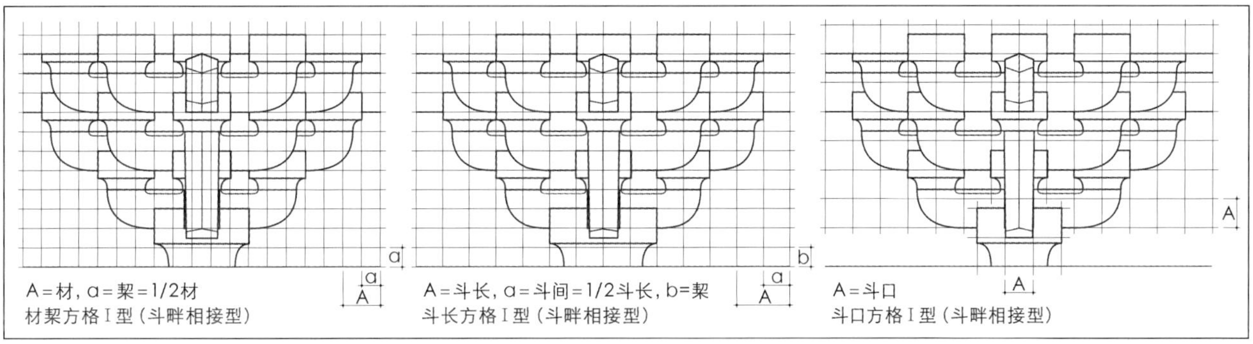

图 6-4-6　中世唐样斗栱立面基准方格模式的分型（作者自绘）

基于中世唐样遗构的多样性和复杂性，在尺度关系上或难以寻找统一不变的规律。即便如斗栱立面基准方格模式，日本学者所能确认完全吻合者也是数量有限[71]，然这一方格模式所表现的尺度规律，未必就只限于目前所确认的案例，由于现存中世唐样遗构数量的有限以及实测数据的不足，再加上构件制作加工与实测数据误差等因素，都限制了这一尺度规律的发现和验证。不过即使是现已掌握的案例，也具有作为一类标本的意义，并基于个案的积累和连缀，进而有可能构建对唐样尺度规律的整体认识和把握。就此意义而言，基准方格模式虽未必是中世唐样斗栱构成的唯一模式，但无疑是具有代表意义的一种重要形式。

综上所述，唐样斗栱立面构成的基准方格模式的分型，以基准形式的不同和变化，可分作材栔方格模式、斗长方格模式与斗口方格模式三大类型，三型的基本模式如图所示（图 6-4-6）。

以下分节讨论唐样斗栱构成模式的三种类型及其变化，所选分析实例中，大多数为双向格线形式者，也有少数为单向格线形式者，即横向尺度关系吻合基于斗

71　关口欣也指出中世唐样遗构中严格吻合基准方格者，已知有以下五例：永保寺开山堂、正福寺地藏堂、圆觉寺舍利殿、东光寺药师堂、圆觉寺古图佛殿。参见：関口欣也. 中世禅宗様仏堂の斗栱：斗栱寸法計画と部材比例 [J]. 日本建築学会論文報告集（第 129 号），1966：51。实际上，通过进一步的分析，斗栱立面构成吻合基准方格模式的中世唐样遗构，应不止这五例，若再加上近世唐样遗构，则数量更多。此外，还有部分唐样遗构的斗栱尺寸或略有出入，但整体上仍可归类为上述几种斗栱立面构成的格线形式。

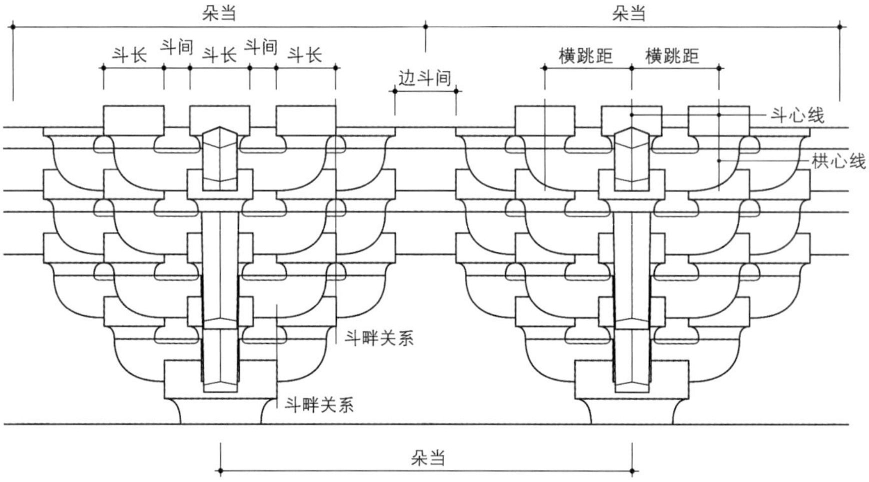

图 6-4-7　唐样斗栱构成的相关术语（作者自绘）

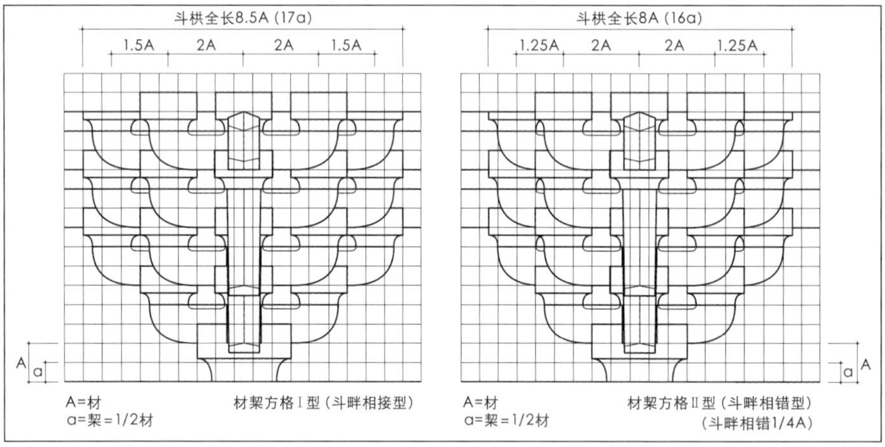

图 6-4-8　唐样斗栱立面构成：材栔方格Ⅰ型与材栔方格Ⅱ型（作者自绘）

间、斗长的格线关系，而竖向尺度关系上栔略不合 1/2 材的比例关系。因此，本章关于唐样斗栱尺度规律的分析，偏重于唐样尺度设计重心所在的斗栱横向尺度关系。

3. 材栔方格模式

（1）材栔方格模式的建立及分型

关于唐样斗栱立面构成的基准方格模式，首先从最基本的材栔方格模式开始讨论。

分析讨论之前，先以图示的方式，定义和解释唐样斗栱构成的几个相关术语（图 6-4-7）。

材栔方格模式是中世唐样斗栱立面方格模式中最基本的一种形式。其特点在于斗栱立面基准方格的两向边长尺寸，取材、栔尺寸为之，故称为材栔方格模式。根据斗栱立面斗畔关系的变化，材栔方格模式又分作Ⅰ、Ⅱ两型（图 6-4-8）。

如图所示，材栔方格模式的两向以材、栔为基准，方格呈正方形式。

材栔方格模式成立的基本条件是：

垂直方向：栔＝ 1/2 材

水平方向：斗间[72]＝栔＝ 1/3 小斗长

对于材栔方格模式而言，唯上述的尺度关系最为关键和重要，或者说是主动和决定性的；而其他的尺度关系则是从属和次要的，如栱长就是基于小斗配置关系而被动生成的从属性尺寸。

唐样斗栱的材栔方格模式，表现为以材、栔为基准的斗栱立面构成形式，栔为最小基准单位，栔、材之比为 1∶2。以材、栔为基准的双向格线形式，构成斗栱立面的材栔方格模式。

基于材栔方格模式，斗栱立面的构成关系如下（设栔为 a，材为 A）：

垂直方向：栔＝ a，材＝小斗高＝ 2a，足材＝ 3a，大斗平欹高＝ 2a，大斗高＝ 3a；

水平方向：斗间＝ a，小斗长＝ 3a，大斗长＝ 5a，短栱长＝ 10a，长栱长＝16a，栱心跳距＝ 4a。

以材（A ＝ 2a）为权衡基准，则有如下的构成关系：

栔＝ 1/2A，小斗高＝ A，足材＝大斗高＝ 1.5A，大斗平欹高＝ A；

斗间＝ 1/2A，小斗长＝ 1.5A，大斗长＝ 2.5A，短栱长＝ 5A，长栱长＝8A，栱心跳距＝ 2 A。

材栔方格模式Ⅱ型（斗畔相错型）的尺度关系的变化，唯在于长栱长缩减为 7.5A，相应地，Ⅰ、Ⅱ两型的斗栱全长分别为 8.5A 和 8A。

唐样斗栱材栔方格模式的实质在于斗栱构成的材栔模数关系。

关于唐样斗栱材栔方格模式的讨论，以下按斗畔关系所区分的Ⅰ、Ⅱ两型，依次讨论。

本文所采用的唐样斗栱实测数据，主要来源于如下两处：一是关口欣也整理的中世唐样斗栱实测数据[73]，二是日本文化财相关修理工事报告书及图纸所记实测数据，以下将此两类斗栱实测数据的来源，分别记作："关口欣也整理数据"和"文化财图纸所记数据"。实测数据以日本现行曲尺为单位，1 尺＝ 30.303 厘米。

此外，关于唐样斗栱的实测尺寸，改易、形变以及各种误差因素的干扰，应是相当显著的。然相对于开间及其他构件的实测尺寸而言，斗栱实测尺寸在修正校验上有着一个明显的优势，即可通过斗栱相关构件之间尺寸上的关联性作校验修正，例如中世唐样斗栱构件尺寸上表现有如下的关联性：

小斗底长＝小斗高＝材广，或：小斗高＝材广

上述小斗尺寸与材尺寸的关联性，与基于规格枋材的小斗下料制作方式相关。因此，可借助这一关联线索，校验和修正材广实测尺寸，以弥补和修正斗栱实测尺寸的不足以及可能存在的误差。作为比较，这一斗栱构件尺寸的关联现象，也

72　"斗间"为日本术语，《建仁寺派家传书·匠用小割》中又称"斗相"，指短栱上小斗之间的空当。相应地，"边斗间"指两朵相邻斗栱的边斗之间的空当。

73　关口欣也整理的唐样斗栱实测数据，收录于：関口欣也．中世禅宗様仏堂の斗栱：斗栱寸法計画と部材比例 [J]．日本建築学会論文報告集（第129号），1966：48-49.

存在于宋式斗栱上，如《营造法式》规定：

散斗底长＝散斗高＝材厚

中世唐样与《营造法式》的区别在于二者小斗制作上斗高对应的是材广还是材厚：前者为材广，后者为材厚。有意味的是，日本近世唐样小斗的底长和斗高，也转向了材厚，并成为校验和修正唐样斗口实测尺寸的一个依据。

又如，由于材料干缩变形的原因，小斗长的测值往往变小，相应地，斗间的测值往往变大，然二者的测值之和则不受材料变形的影响，且在构成关系上，斗间加斗长等于栱心跳距，而栱心跳距又是斗栱构成的一个重要尺度指标。

实际上，在现有斗栱实测数据的基础上，唐样尺度规律分析的关键，与其说在于提高实测数据的详细及精度，不如说取决于分析的视角和思路。

（2）材栔方格模式Ⅰ型

首先讨论材栔方格模式Ⅰ型（斗畔相接型）。

根据实测数据分析，现存中世唐样遗构中，吻合材栔方格模式Ⅰ型者大致有如下几例：正福寺地藏堂、西愿寺阿弥陀堂、东光寺药师堂、圆觉寺舍利殿、东庆寺佛殿等构。上述诸例的共性特征在于斗栱立面构成上共同的材栔方格模式，而个性特征则大多表现在斗栱与朵当的关联构成上。下面以上述唐样五构为例，依次分析讨论唐样斗栱材栔方格模式Ⅰ型的性质、特点及其与朵当的关联构成。

首先分析正福寺地藏堂与西愿寺阿弥陀堂两例。

唐样斗栱材栔方格模式的遗构中，正福寺地藏堂与西愿寺阿弥陀堂二构别具特色，二构不仅斗栱构成模式相同，而且斗栱与朵当的关联构成亦取相同的形式。如前文分析，二构明次间尺度的设定，追求特定的 10∶7 比例关系。

东京正福寺地藏堂（1407 年），方三间带副阶，为唐样佛堂的典型和代表之例，与圆觉寺舍利殿并称为关东唐样之双璧。当心间补间铺作两朵，次间一朵，实测当心间 8.03 尺，次间 5.68 尺，副阶 4.35 尺。明次间呈特定的 10∶7 比例关系。

地藏堂上檐斗栱六铺作单杪双下昂，华栱为足材，横栱为单材。实测材广 2.65 寸，栔高 1.35 寸。根据实测尺寸分析，其斗栱立面构成吻合于材栔方格模式Ⅰ型，基准方格以栔 1.34 寸为单位。相应地，垂直与水平方向上的两个基本单元尺寸的推算值如下：

垂直方向：材＝ 2.68 寸，栔＝ 1.34 寸

水平方向：小斗长＝ 4.02 寸，斗间＝ 1.34 寸

地藏堂斗栱尺寸皆由基准方格 a、A（栔、材）所律，且与斗栱实测尺寸相当吻合[74]。进而推析 a、A 的设计尺寸分别为：a ＝ 1.35 寸，A ＝ 2a ＝ 2.7 寸。

正福寺地藏堂在尺度设计上，以材、栔为基准，构建斗栱立面构成的材栔方

74 正福寺地藏堂斗栱实测尺寸（单位：寸），据关口欣也整理数据：材广 2.65，材厚 2.21，栔高 1.35，跳高 4；斗间 1.3，小斗长 4.1，小斗底长 2.7，小斗高 2.65；大斗长 7.59，大斗高 3.9，大斗平欹高 2.65；短栱长 13.5，长栱长 21.7，短栱心长 10.8，短栱跳距 5.4。

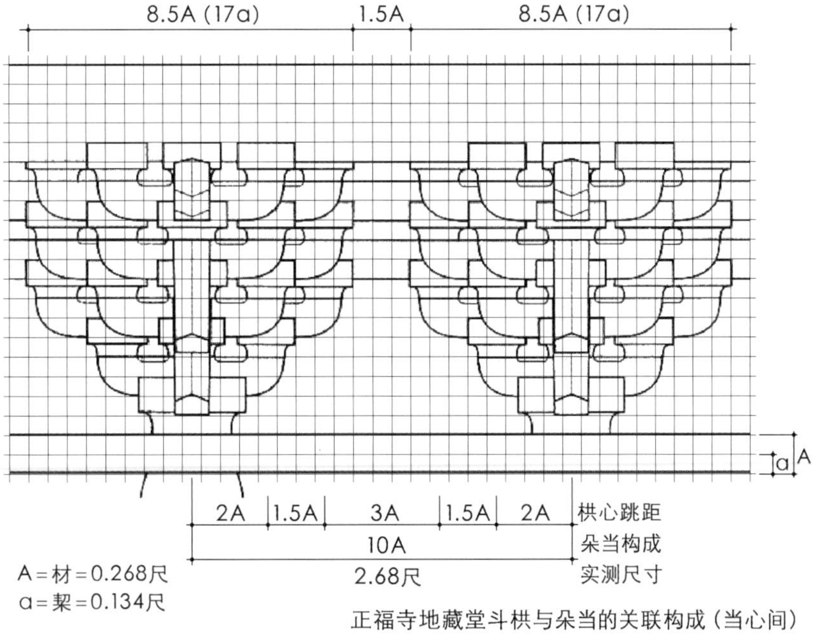

图 6-4-9 正福寺地藏堂斗栱构成及其与朵当的关联构成（底图来源：东村山市史编纂委员会．国宝正福寺地藏堂修理工事報告書 [M]．東京：大塚巧藝社，1968）

格模式，以及斗栱与朵当的关联构成（图 6-4-9）。基于材、栔的斗栱与朵当的关联构成为：斗栱全长 8.5 材，当心间的相邻斗栱空当（边斗间）1.5 材，合朵当 10 材、当心间 30 材；次间的相邻斗栱空当（边斗间）2 材，合朵当 10.5 材、次间 21 材。地藏堂以基于材、栔的斗栱与朵当的关联构成，建立明次间 10∶7 的特定比例关系。

尺度设计上与正福寺地藏堂相同的另一例是西愿寺阿弥陀堂。

千叶县西愿寺阿弥陀堂（1495 年），为方三间的唐样佛堂，当心间补间铺作两朵，次间一朵，扇列椽形式。实测当心间 9.03 尺，次间 6.31 尺；实测材广 3 寸，栔高 1.3 寸。综合斗栱、朵当的实测尺寸分析，阿弥堂斗栱立面构成吻合于材栔方格模式 Ⅰ 型，垂直与水平方向上的两个基本单元尺寸的推算值如下：

垂直方向：材＝ 3.0 寸，栔＝ 1.5 寸

水平方向：小斗长＝ 4.5 寸，斗间＝ 1.5 寸

以材栔方格对照斗栱实测尺寸[75]，在垂直方向上，栔为 1/2 材，材、栔关系吻合材栔方格模式；在水平方向上，小斗长、斗间的测值，与算值略有不合，即小斗长偏小，斗间偏大，然二者之和的栱心跳距（5.9 寸），相当接近和吻合材栔方格模式，实测尺寸上或有各种误差因素。

阿弥陀堂当心间斗栱与朵当的关联构成，一如正福寺地藏堂，即斗栱全长 8.5 材，边斗间 1.5 材，合朵当 10 材、当心间 30 材（图 6-4-10）。次间的相邻斗栱空当（边斗间）2 材，合朵当 10.5 材、次间 21 材。

地藏堂与阿弥陀堂二构的特色在于：以材、栔为基准，权衡和设定斗栱与朵

75 西愿寺阿弥陀堂斗栱实测尺寸（单位：寸），据关口欣也整理数据：材广 3，材厚 2.3，栔高 1.3，跳高 4.3；斗间 1.69，小斗长 4.2，小斗底长 2.9，小斗高 2.9；大斗长 7.6，大斗高 4.4，大斗平欹高 3；短栱长 14.7，长栱长 22.9，短栱心长 11.8，短栱跳距 5.9。

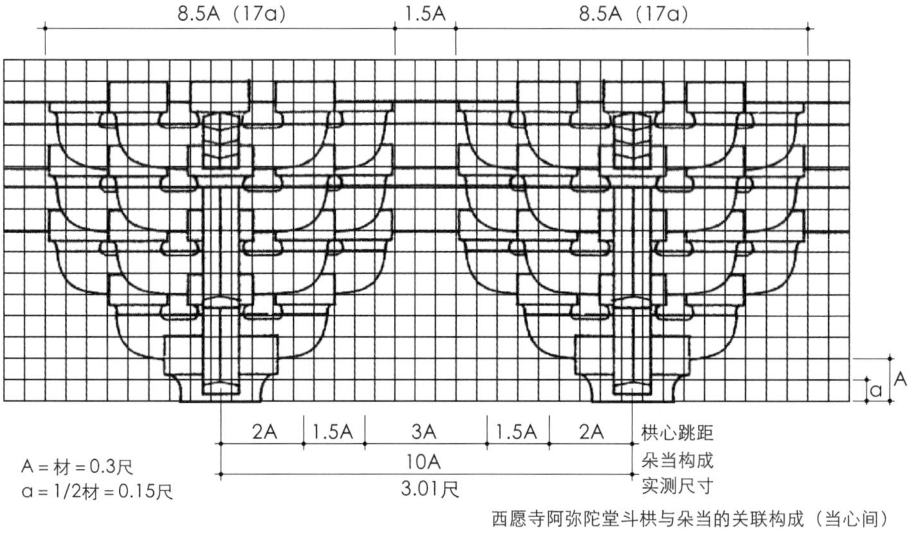

图 6-4-10 西愿寺阿弥陀堂斗栱构成及其与朵当的关联构成（底图来源：坂本忠規. 大工技術書〈鎌倉造営名目〉の研究：禅宗様建築の木割分析を中心に[D]. 東京：早稲田大学，2011：151）

当的关联构成，以追求明次间的特定比例关系。唐样设计技术分析上，正福寺地藏堂与西愿寺阿弥陀堂是两个重要而独特的案例。

关于正福寺地藏堂、西愿寺阿弥陀堂的开间尺度构成分析，详见第五章的相关内容。

接着讨论东光寺药师堂、圆觉寺舍利殿、东庆寺佛殿三例。

从现存遗构来看，斗栱构成上吻合材契方格模式者，多为关东地区的唐样佛堂。除上述的正福寺地藏堂、西愿寺阿弥陀堂二例外，还有关东地区的东光寺药师堂、圆觉寺舍利殿、东庆寺佛殿三例。其斗栱构成的材契方格模式相当典型，且斗栱与朵当的关联构成，也颇具特色。以下依次分析讨论上述关东唐样三构。

其一，东光寺药师堂。

山梨县东光寺药师堂（室町时代），方三间带副阶，当心间补间铺作两朵，次间一朵。实测当心间 7.02 尺，次间、副阶 4.68 尺，逐间朵当等距，皆 2.34 尺；实测斗栱材广 2.2 寸，栔高 1.1 寸。

基于斗栱、朵当及开间的关联构成分析，朵当构成合 10.5 材、21 栔，并由此推算材、栔的精确值为：材＝ 2.22 寸，栔＝ 1.11 寸，且以此材、栔为基准的斗栱立面方格模式，与药师堂斗栱实测尺寸相当吻合[76]，也即药师堂斗栱构成吻合以栔 1.11 寸为单位的基准方格模式。

东光寺药师堂斗栱立面材栔方格模式的基本单元尺寸的推算值如下：

垂直方向：材＝ 2.22 寸，栔＝ 1.11 寸

水平方向：小斗长＝ 3.33 寸，斗间＝ 1.11 寸

相较于通常朵当 10 材、20 栔的构成关系，药师堂的特色在于朵当构成合 10.5 材、21 栔。在斗栱与朵当的关联构成上，斗栱全长 8.5 材，相邻斗栱空当（边斗间）由通常的 1.5 材、3 栔，变为 2 材、4 栔。如东光寺药师堂这样复杂变化的

76 东光寺药师堂斗栱实测尺寸（单位：寸），据关口欣也整理数据：材广 2.2，材厚 1.8，栔高 1.1 寸，跳高 3.33；斗间 1.1，小斗长 3.4，小斗底长 2.2；小斗高 2.2；大斗长 6.6，大斗高 3.45，大斗平欹高 2.3；短栱长 11.2，长栱长 18，短栱心长 9，短栱跳距 4.5。

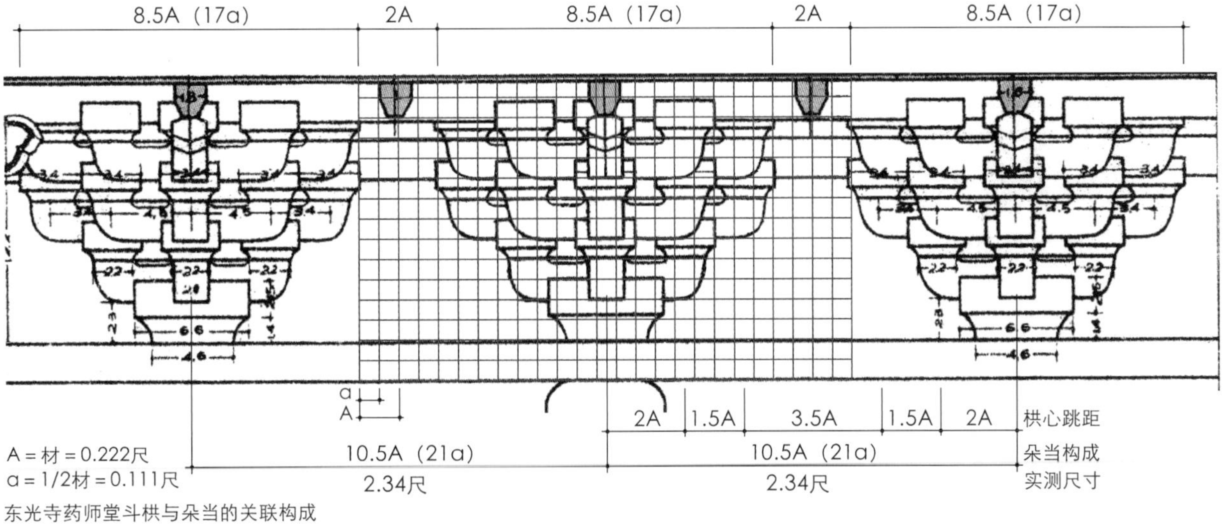

图 6-4-11　东光寺药师堂斗栱构成及其与朵当的关联构成（来源：坂本忠規. 大工技術書〈鎌倉造営名目〉の研究：禅宗様建築の木割分析を中心に [D]. 東京：早稲田大学，2011：151，作者改绘）

图 6-4-12　圆觉寺舍利殿上檐次间六铺作补间斗栱（来源：円覚寺编. 国宝円覚寺舎利殿修理工事報告書 [M]. 鎌倉：円覚寺，1968）

朵当、开间尺度关系，唯有通过斗栱与朵当的关联构成分析，方能得以发现和认识（图 6-4-11）。

其二，圆觉寺舍利殿。

关东唐样遗构中，神奈川县的圆觉寺舍利殿是一典型和代表，其建立年代日本学界推测为室町时代初[77]。

舍利殿是关东唐样遗构中斗栱构成吻合材栔方格模式的又一例，且其斗栱与朵当的关联构成不同于其他关东唐样遗构。

舍利殿为方三间带副阶的唐样佛堂，当心间补间铺作两朵，次间一朵。实测当心间 7.4 尺，次间 5.57 尺，副阶 4.15 尺，明次间之比不成标准的 3∶2 形式，朵当略不等。

舍利殿上檐斗栱六铺作单杪双下昂（图 6-4-12），实测材广 2.6 寸，栔高 1.3

77　圆觉寺舍利殿初建于镰仓时代，后烧失，现存者应为室町时代再建之构。1933 年正福寺地藏堂解体修理时，发现了“应永八年”（1407）的墨书，因圆觉寺舍利殿与之极似，故推定舍利殿再建年代为室町时代初。

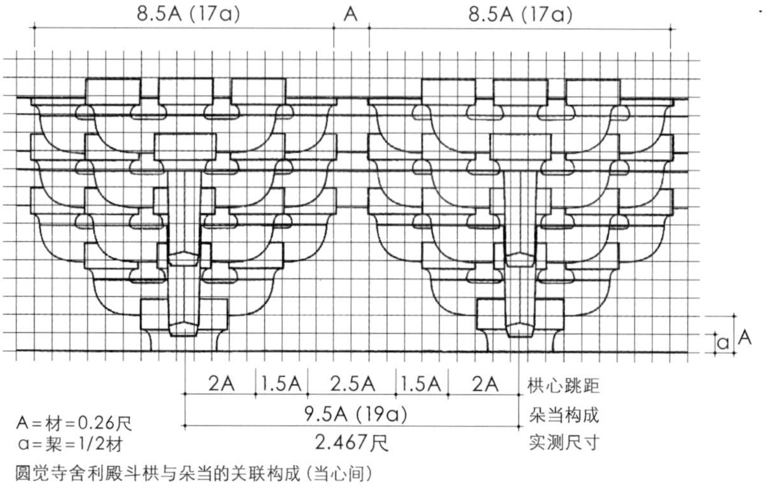

图 6-4-13　圆觉寺舍利殿斗栱构成及其与朵当的关联构成（底图来源：坂本忠規. 大工技術書〈鎌倉造営名目〉の研究：禅宗様建築の木割分析を中心に[D]. 東京：早稲田大学，2011：151）

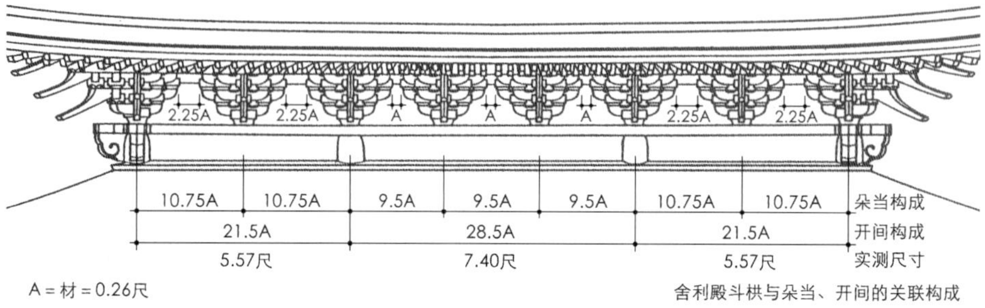

图 6-4-14　圆觉寺舍利殿斗栱与朵当、开间的关联构成（底图来源：円覚寺编. 国宝円覚寺舎利殿修理工事報告書[M]，鎌倉：円覚寺，1968）

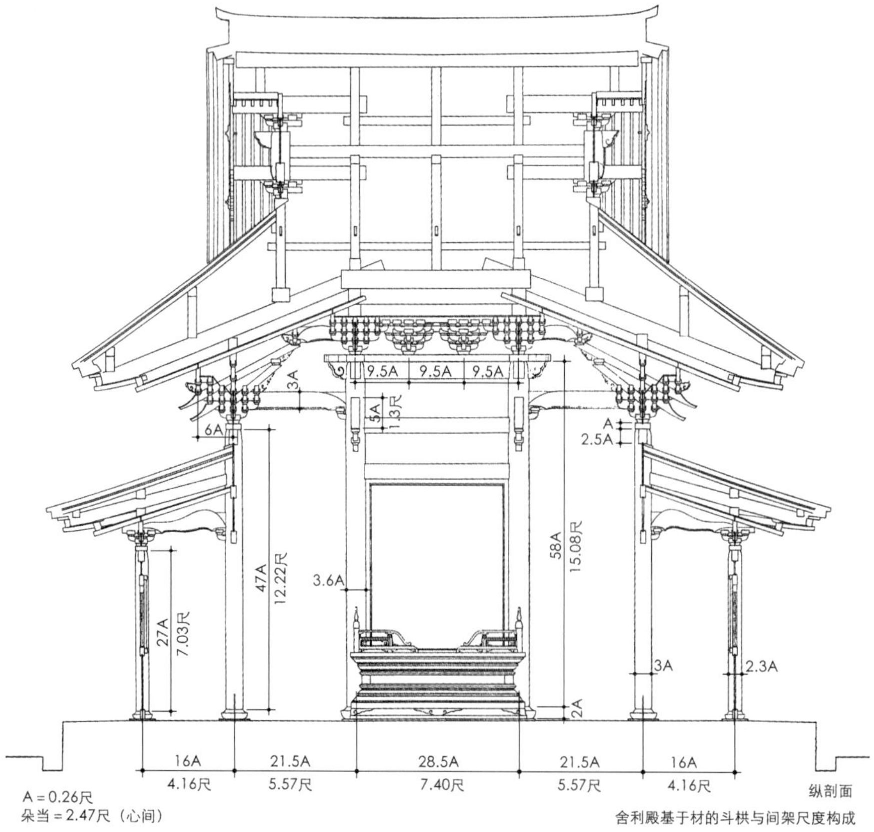

图 6-4-15　圆觉寺舍利殿基于材的尺度构成（底图来源：円覚寺编. 国宝円覚寺舎利殿修理工事報告書[M]，鎌倉：円覚寺，1968）

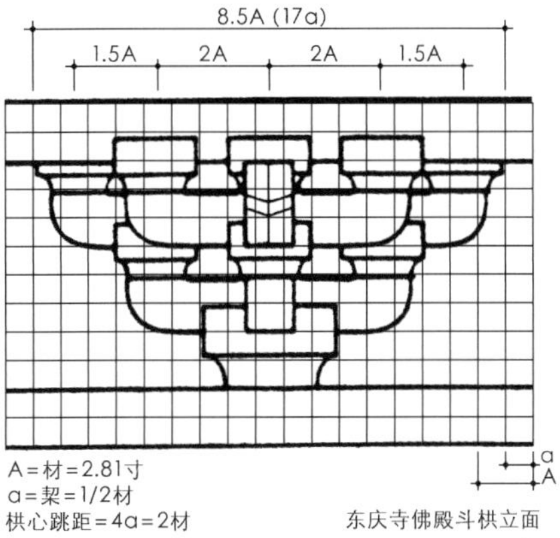

图 6-4-16　东庆寺佛殿基于材栔的斗栱立面构成（底图来源：日本文化财图纸）

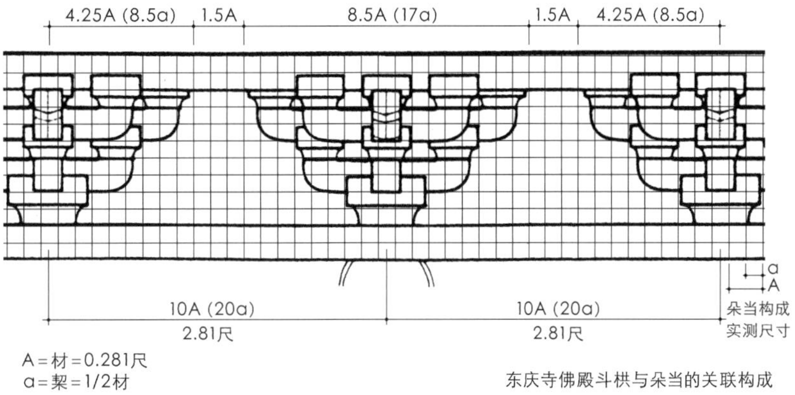

图 6-4-17　东庆寺佛殿斗栱与朵当的关联构成（底图来源：日本文化财图纸）

寸，斗栱立面构成与材栔方格模式相当吻合[78]，其基准方格以栔 1.3 寸为单位。

圆觉寺舍利殿斗栱立面材栔方格模式的基本单元尺寸的推算值如下：

垂直方向：材＝ 2.6 寸，栔＝ 1.3 寸

水平方向：小斗长＝ 3.9 寸，斗间＝ 1.3 寸

舍利殿的特色在于斗栱与朵当的关联构成，其当心间的朵当构成为 9.5 材，较标准朵当的 10 材减小 0.5 材，即斗栱全长 8.5 材，边斗间 1 材，合朵当 9.5 材（图 6-4-13）。相应地，当心间 7.4 尺，合 28.5 材、57 栔；次间 5.57 尺，合 21.5 材、43 栔；副阶 4.15 尺，合 16 材、32 栔（图 6-4-14）。

若以开间实测尺寸反推材、栔的精确值，则：材＝ 2.594 寸，栔＝ 1.297 寸。

圆觉寺舍利殿看似不规则的朵当、间广的构成关系中，隐含了材栔模数的权衡和调节。且基于材栔的模数权衡有着更广泛的表现，从斗栱、开间延伸向其他相关构件：基于舍利殿实测数据分析，普拍方厚 1 材（实测 2.6 寸，下同），阑额广 2.5 材（6.5 寸），大月梁高 5 材（13 寸），小月梁高 3 材（7.7 寸）；殿身檐柱径 3 材（7.8 寸），殿身檐柱高 47 材（122.2 寸）；殿身内柱径 3.6 材（9.35 寸），殿身内柱高 58 材（150.8 寸），殿身内柱础石高 2 材（5.2 寸）；副阶柱径 2.3 材（6 寸），副阶柱高 27 材（70.35 寸）[79]（图 6-4-15）。

其三，东庆寺佛殿。

神奈川县东庆寺佛殿（1518 年），建立年代稍迟，同为日本关东地区方三间带副阶的唐样佛堂遗构。当心间补间铺作两朵，次间一朵，逐间朵当等距，扇列椽形式。实测当心间 8.435 尺，次间 5.625 尺，朵当 2.81 尺，副阶 4.53 尺。实测斗栱材广 2.8 寸，栔高 1.4 寸，小斗长 4.1 寸，斗间 1.55 寸[80]。

基于斗栱、朵当及开间的关联构成分析，朵当构成合 10 材、20 栔，依此推算材、栔的精确值为：材＝ 2.81 寸，栔＝ 1.405 寸。进而以此材、栔之值，权衡佛殿斗栱实测尺寸，佛殿斗栱构成基本吻合以材、栔为基准的方格模式（图 6-4-16）。

东庆寺佛殿斗栱立面材栔方格模式的基本单元尺寸的推算值如下：

78　圆觉寺舍利殿斗栱实测尺寸（单位：寸），据关口欣也整理数据：材广 2.6，栔 1.3，跳高 3.9；斗间 1.4，小斗长 3.9，小斗底长 2.6，小斗高 2.6；大斗长 6.5，大斗高 3.8，大斗平欹高 2.4；短栱长 13.2，长栱长 21.1，短栱心长 10.6，短栱跳距 5.3。

据文化财图纸所记数据：材厚 2.1，斗间 1.3，交互斗长 4.5，齐心斗长 4.5，华栱、令栱跳距 5.2。

79　圆觉寺舍利殿实测资料来源：円覚寺编. 国宝円覚寺舍利殿修理工事報告書 [M]. 鎌倉：円覚寺，1968.

80　东庆寺佛殿斗栱实测尺寸（单位：寸），据关口欣也整理数据：材广 2.8，材厚 2.4，栔高 1.4，跳高 4.2；斗间 1.2，小斗长 4.1，小斗底长 2.8，小斗高 2.7；大斗长 6.5，大斗高 4，大斗平欹高 2.8；短栱长 13.4，长栱长 21.6，短栱心长 10.6，短栱跳距 5.3。

据文化财图纸所记数据：材广 2.75，材厚 2.4，栔高 1.4；斗间 1.55，小斗长 4.05，小斗底长 2.8，小斗高 2.65；短栱跳距 5.6，吻合 2×2.8 的二材关系。

垂直方向：材＝2.81寸，栔＝1.405寸

水平方向：小斗长＝4.215寸，斗间1.405寸

佛殿基于材栔的斗栱与朵当的关联构成，与正福寺地藏堂当心间相同：斗栱全长8.5材，边斗间1.5材，合朵当10材，当心间30材，次间20材（图6-4-17）。

佛殿副阶实测4.53尺，合16材。

若进一步作设计尺寸的复原，根据佛殿实测尺寸分析，现行尺应略小于营造尺，佛殿用材及间广的设计尺寸推算如下：

材广2.8寸，栔高1.4寸；小斗长4.2寸，斗间1.4寸；

朵当2.8尺，当心间8.4尺，次间5.6尺，副阶4.48尺。

比较佛殿测值与算值的关系，考虑到现状实测数据的各种误差因素，二者的吻合性尚好。唯相邻斗栱空当（边斗间）略大于算值，其原因是现状小斗长测值4.1寸，略小于算值的4.2寸，由此所积累而成的差值，反映在相邻斗栱空当上。

东庆寺佛殿基于材栔的斗栱与朵当的关联构成，反映的是唐样材栔模数的基本形式。

由上述五例唐样遗构的分析推测，斗栱构成的材栔方格模式，应是关东地区唐样的传统，且有可能反映了唐样早期基于材栔的尺度设计规制。

相较于严格的材栔方格模式，部分中世唐样遗构在竖向尺度关系上，呈现一些变异或不合；而在横向尺度关系上，则吻合材栔格线模式的规制。关于这一类唐样遗构的斗栱构成关系，留置后一小节，将Ⅰ、Ⅱ两型材栔构成关系的变异实例，一并讨论。

（3）材栔方格模式Ⅱ型

其次讨论材栔方格模式Ⅱ型（斗畔相错型）。

相对于材栔方格模式Ⅰ型（斗畔相接型），材栔方格模式Ⅱ型（斗畔相错型）是唐样斗栱较次要和少用的形式。

根据实测尺寸分析，现存中世唐样遗构中，吻合材栔方格模式Ⅱ型的实例主要有清白寺佛殿、常福院药师堂、奥之院弁天堂等几例。其构成关系与Ⅰ型基本相同，唯基于斗畔相错的特点，栱长及斗栱全长有相应的缩减。下文就上述遗构三例，依次分析讨论唐样斗栱材栔方格模式Ⅱ型的性质、特点及其与朵当的关联构成。

其一，清白寺佛殿。

现存中世唐样遗构中，吻合材栔方格模式Ⅱ型者，以15世纪初山梨县的清白寺佛殿（1415年）年代最早，作为关东周边地区的唐样遗构，其斗栱构成同样表现出强烈的材栔方格模式的特色。

佛殿为方三间带副阶的形式，当心间补间铺作两朵，次间一朵，逐间朵当等距，

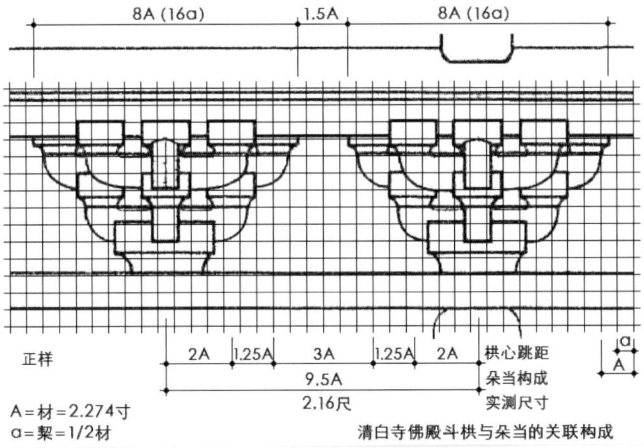

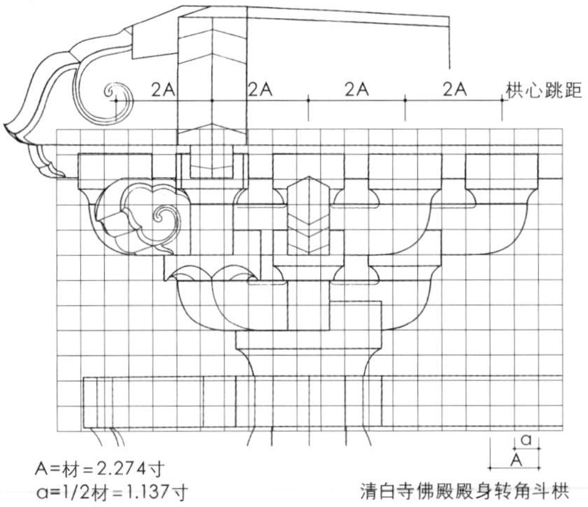

图 6–4–18　清白寺佛殿斗栱与朵当的关联构成（底图来源：国宝清白寺仏殿保存会編. 国宝清白寺仏殿修理工事報告書 [M]. 山梨県教育委員会，1958）（左）

图 6–4–19　清白寺佛殿转角斗栱的立面构成（底图来源：日本文化财图纸）（右）

扇列椽形式。实测当心间 6.48 尺，次间与副阶 4.32 尺，朵当 2.16 尺。实测斗栱构成的基本尺寸为：材广 2.25 寸，栔高 1.15 寸，小斗长 3.4 寸，斗间 1.15 寸。

基于斗栱、朵当及开间的关联构成分析，朵当构成合 9.5 材、19 栔。依此推算材、栔的精确值为：材＝ 2.274 寸，栔＝ 1.137 寸。以此材、栔之值，权衡斗栱实测尺寸[81]，佛殿斗栱立面构成吻合材栔方格模式Ⅱ型。

清白寺佛殿斗栱立面材栔方格模式的基本单元尺寸的推算值如下：

垂直方向：材＝ 2.274 寸，栔＝ 1.137 寸

水平方向：小斗长＝ 3.411 寸，斗间＝ 1.137 寸

佛殿斗栱立面构成以材、栔为基准，斗栱立面上斗畔相错 1/4 材，斗栱全长由Ⅰ型的 8.5 材，缩减为 8 材，余皆与材栔方格模式Ⅰ型相同。

佛殿基于材栔的斗栱与朵当的关联构成如下：斗栱全长 8 材，边斗间 1.5 材，合朵当 9.5 材，当心间 28.5 材，次间 19 材，副阶 19 材（图 6–4–18）。

佛殿殿身转角斗栱的立面构成上，同样清晰地表现了以材、栔为基准的特色，唯斗畔关系呈相离的形式，与殿身柱头斗栱、补间斗栱不同（图 6–4–19）。

在朵当构成上，清白寺佛殿与圆觉寺舍利殿同为 9.5 材，但基于斗畔关系的不同，斗畔相接型的圆觉寺舍利殿斗栱全长 8.5 材，边斗间 1 材；斗畔相错型的清白寺佛殿，斗栱全长 8 材，边斗间 1.5 材。唐样佛堂的朵当构成，是其斗栱与边斗间的构成关系的反映。

其二，常福院药师堂。

室町时代的常福院药师堂，建立年代迟于清白寺佛殿。药师堂位于日本东北地区的福岛县，与清白寺佛殿一样，同属关东周边地区的唐样遗构，其斗栱构成同样具有关东唐样材栔方格模式的特色。

药师堂为方三间唐样佛堂形式。当心间补间铺作两朵，次间一朵，逐间朵当均等，扇列椽形式。实测当心间 8.55 尺，次间 5.69 尺，朵当 2.85 尺。实测斗栱

81　清白寺佛殿斗栱实测尺寸（单位：寸），据关口欣也整理数据：材广 2.3，材厚 2.0，栔高 1.2，跳高 3.5；斗间 1.15，小斗长 3.4，小斗底长 2.4，小斗高 2.3；大斗长 6.8，大斗高 3.3，大斗平欹高 2；短栱长 11.5，长栱长 17.4，短栱心长 9.1，短栱跳距 4.55。
　据文化财图纸所记数据：材广 2.25，材厚 2.0，栔高 1.15，跳高 3.4；斗间 1.1，小斗长 3.4，大斗长 6.8，大斗高 3.35；短栱长 11.4，长栱长 17.1，短栱跳距 4.5。

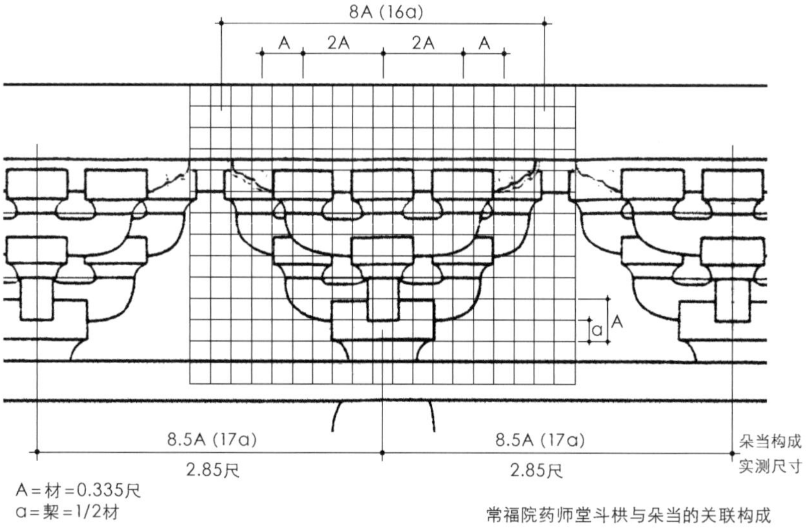

图 6-4-20　常福院药师堂斗栱构成及其与朵当的关联构成（底图来源：重要文化財常福院藥師堂修理委員会編. 重要文化財常福院藥師堂修理工事報告書[M]，1956）

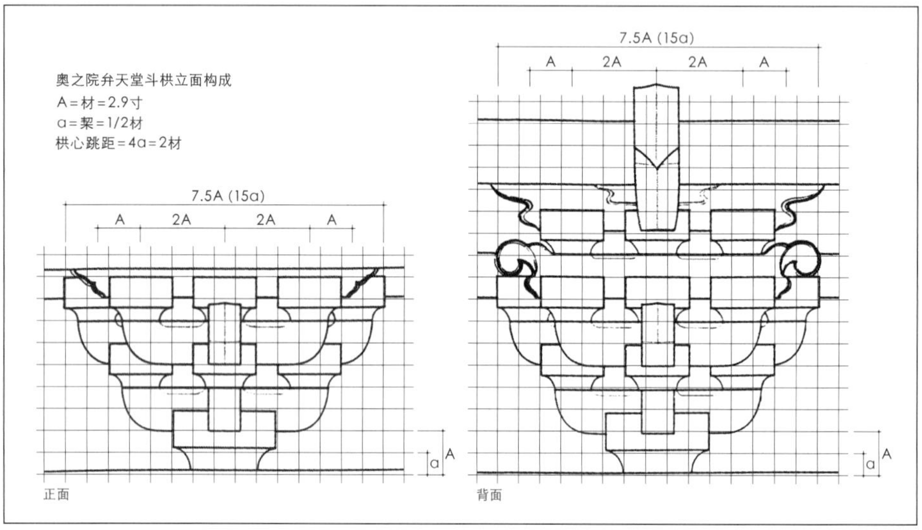

图 6-4-21　奥之院弁天堂基于材栔的斗栱立面构成（底图来源：日本文化财图纸）

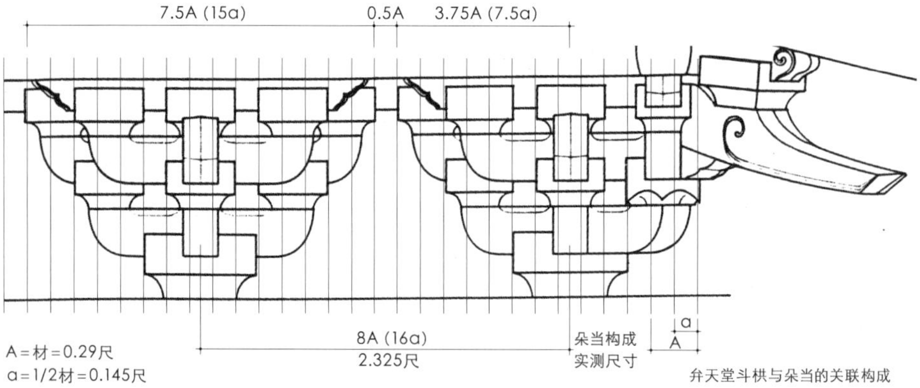

图 6-4-22　奥之院弁天堂斗栱与朵当的关联构成（底图来源：日本文化财图纸）

构成的基本尺寸为：材广 3.35 寸，栔高 1.75 寸，小斗长 4.9 寸，斗间 1.65 寸。

基于斗栱、朵当及开间的关联构成分析，朵当构成合 8.5 材、17 栔；依此推算材、栔的精确值为：材＝ 3.35 寸，栔＝ 1.675 寸。进而以此材、栔之值，权衡佛殿斗栱实测尺寸[82]，药师堂斗栱立面构成吻合材栔方格模式Ⅱ型。

常福院药师堂斗栱立面材栔方格模式的基本单元尺寸的推算值如下：

垂直方向：材＝ 3.35 寸，栔＝ 1.675 寸

水平方向：小斗长＝ 5.025 寸，斗间＝ 1.675 寸

药师堂斗栱构成以材、栔为基准，斗栱立面上斗畔相错 1/4 材。其斗栱与朵当的关联构成如下：斗栱全长 8 材，边斗间 0.5 材，合朵当 8.5 材；相应地，当心间 25.5 材，次间 17 材（图 6–4–20）。

药师堂斗栱、朵当及间广的测值与算值十分接近和吻合。

常福院药师堂朵当构成较清白寺佛殿缩减 1 材，其方法是将相邻斗栱空当（边斗间）由 1.5 材缩减至 0.5 材，朵当构成更趋密集和紧凑。

常福院药师堂在唐样尺度设计上的意义在于：基于材栔模数关系，以斗畔相错和缩减边斗间尺寸的方式，使得斗栱全长及朵当构成，趋近最小极限。

其三，奥之院弁天堂。

福岛县奥之院弁天堂也是关东周边地区的唐样遗构，其斗栱构成上的材栔方格模式，同样表现了关东地区唐样斗栱的显著特色。

弁天堂的建立年代，日本学界推测为室町时代末期，该构上已见枝割因素，其年代应在中世末或近世初期。弁天堂斗栱构成上的枝割因素，置第八章再作讨论。

奥之院弁天堂为平面正方三间的形式，当心间补间铺作两朵，次间一朵，逐间朵当等距。实测当心间 6.975 尺，次间 4.65 尺，朵当 2.325 尺。实测斗栱构成的基本尺寸为：材广 2.9 寸，栔高 1.55 寸，小斗长 4.35 寸，斗间 1.4 寸。

基于斗栱、朵当及开间的关联构成分析，朵当构成合 8 材、16 栔；依此推算材、栔的精确值为：材＝ 2.9 寸，栔＝ 1.45 寸。进而以此材、栔之值，权衡斗栱实测尺寸[83]，弁天堂斗栱立面构成吻合材栔方格模式。

弁天堂斗栱立面材栔方格模式的基本单元尺寸的推算值如下：

垂直方向：材＝ 2.9 寸，栔＝ 1.45 寸

水平方向：小斗长＝ 4.35 寸，斗间＝ 1.45 寸

弁天堂斗栱构成的特点在于斗畔相错的比例变化，通常斗畔相错 1/4 材，而弁天堂斗畔相错 1/2 材，相应地，斗栱全长也随之较通常的 8 材缩减 0.5 材，呈 7.5 材的形式（图 6–4–21）。

弁天堂斗栱与朵当的关联构成如下：以材、栔为基准，斗栱全长 7.5 材，边斗间 0.5 材，合朵当 8 材；相应地，当心间 24 材，次间 16 材（图 6–4–22）。

弁天堂斗栱、朵当及间广的测值与算值十分接近和吻合。

82　常福院药师堂斗栱实测数据（单位：寸），据修理报告书所记数据：材广 3.35，材厚 2.6，栔高 1.75，跳高 5.1；斗间 1.65，小斗长 4.9，小斗底长 3.2，小斗高 3.35；大斗长 8.4，大斗高 4.9；短栱长 16.3，长栱长 24.4，短栱心长 13.1，长栱心长 21.2；短栱跳距 6.55，华栱跳距 6.55；边斗可见长度 3.95。

83　奥之院弁天堂斗栱实测数据（单位：寸），据关口欣也整理数据：材广 2.9，材厚 2.2，栔高 1.55 寸，跳高 4.45；斗间 1.4，小斗长 4.35，小斗底长 2.5，小斗高 2.9；大斗长 7，大斗高 3.9，大斗平欹高 2.6；短栱长 14，长栱长 20，短栱心长 11.5，短栱跳距 5.75，华栱跳距 5.81。

图 6-4-23 高仓寺观音堂外檐斗栱（来源：坂本忠規. 大工技術書〈鎌倉造営名目〉の研究：禅宗様建築の木割分析を中心に [D]. 東京：早稲田大学，2011）

奥之院弁天堂的斗栱构成形式，代表了材契方格模式Ⅱ型的一种亚型。

从斗栱立面分型来看，前一节讨论的关东地区中世唐样佛堂遗构，皆为斗畔相接的形式，现存遗构中唯琦玉县高仓寺观音堂有所不同，斗栱为斗畔相错的形式，斗栱尺度构成亦呈不同的特点。

高仓寺观音堂的建立年代一般认为在室町时代前期，是关东地区中世唐样佛堂的代表性遗构之一，整体呈正方三间的形式，当心间补间铺作两朵，次间一朵，扇列椽形式。斗栱形式为唐样重栱造五铺作单杪单下昂，立面分型为斗畔相错的形式（图 6-4-23）。

观音堂实测当心间 8.02 尺，次间 6.01 尺，朵当略不等。

观音堂斗栱由于风蚀及收缩等原因，实测尺寸斑驳不一，由平均值所得的斗栱基本尺寸为：材广 2.9 寸，栔高 1.45 寸，小斗长 4.5 寸，斗间 1.45 寸，栱心跳距 5.95 寸[84]。

综合权衡斗栱、朵当的实测数据，推算材、栔的精确值为：材＝ 2.96 寸，栔＝ 1.48 寸。以此材、栔之值，权衡斗栱实测尺寸，观音堂斗栱立面构成吻合以栔 1.48 寸为基准的材栔方格模式。

观音堂斗栱立面材栔方格模式的基本单元尺寸的推算值如下：

垂直方向：材＝ 2.96 寸，栔＝ 1.48 寸

水平方向：小斗长＝ 4.44 寸，斗间＝ 1.48 寸，栱心跳距＝ 5.92 寸

如前文所述，唐样斗栱立面方格模式的实质在于斗栱构成的基本格线关系，也即基于跳高格线与跳距格线的斗栱构成关系。以此权衡观音堂的斗栱构成关系，其生成内涵及逻辑关系显得清晰和有序（图 6-4-24）。具体而言，观音堂基于跳高、跳距的斗栱构成，以跳高 4.44 寸细分作三份，跳距 5.92 寸细分作四份，以之一份 1.48 寸为细分基准，权衡、设定斗栱构成关系。

观音堂基于材栔的斗栱与朵当的关联构成如下：斗栱全长 8 材，边斗间 1 材，

84 高仓寺观音堂斗栱实测尺寸（单位：寸），据坂本忠规整理数据：材广 2.9，华栱厚 2.5，横栱厚 2.3，栔高 1.45，跳高 4.35；斗间 1.45，小斗长 4.5，小斗高 2.9；大斗长 7.5，大斗高 4.4，大斗平欹高 2.9；令栱跳距与华栱跳距相同，在 5.9～5.95 之间。来源：坂本忠規. 大工技術書〈鎌倉造営名目〉の研究：禅宗様建築の木割分析を中心に [D]. 東京：早稲田大学，2011：108-113.

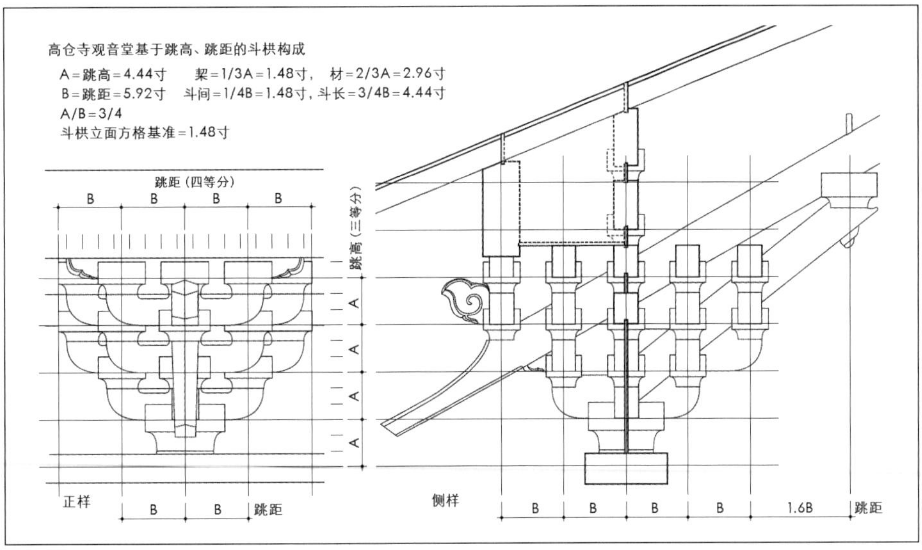

图 6-4-24　高仓寺观音堂基于跳高、跳距的斗栱构成（底图来源：坂本忠規. 大工技術書〈鎌倉造営名目〉の研究：禅宗様建築の木割分析を中心に [D]. 東京：早稲田大学，2011）

合朵当 9 材、2.664 尺；相应地，当心间设计尺寸 8 尺，合 27 材；次间为当心间的 3/4 倍，合 6 尺。在比例关系的设定上，观音堂次间与当心间之比，恰等于斗栱跳高与跳距之比，同为 3∶4。

高仓寺观音堂之例，显示了唐样斗栱立面方格模式背后所隐含的宋式格线关系的作用和意义。

根据唐样遗构斗栱与朵当的尺度关系分析，斗栱构成上斗畔相错做法的初始之时，应非只是单纯出于缓解朵当过密的目的，而是反映有技术谱系特征的意味，如现存唐样遗构中时代较早的善福院释迦堂、清白寺佛殿等例，朵当构成疏朗，相邻斗栱空当充足，然斗栱却为斗畔相错的形式。

而 16 世纪以后，唐样斗栱构成上斗畔相错形式的趋多，则应是出于缓解朵当过密、避免铺作相犯的目的。斗畔相错形式成为朵当过密的后期唐样斗栱构成上的一个显著特色。

斗栱立面构成的材栔方格模式，从现存遗构看，以关东唐样佛堂最为典型，应是关东唐样佛堂尺度设计上的一个特色。进而，基于斗栱与朵当的关联构成，关东唐样的朵当构成，较标准的 10 材朵当有所变化，其方法是在标准的 10 材朵当的基础上，以一个基准单位（栔、1/2 材）作增减变化。

关东唐样佛堂的上述尺度设计特色，是与其斗栱立面材栔方格模式相关联的，即以材、栔基准的形式，建立斗栱、朵当及开间三者关联的整体构成关系，而这也正是中世以来唐样建筑尺度设计的一个基本路径和方法。

（4）材栔方格模式的变化

从相关遗构的分布来看，材栔方格模式是关东地区唐样斗栱构成的一个重要特征，而其他地区唐样斗栱立面构成的材栔方格模式，或不如关东唐样那么严格

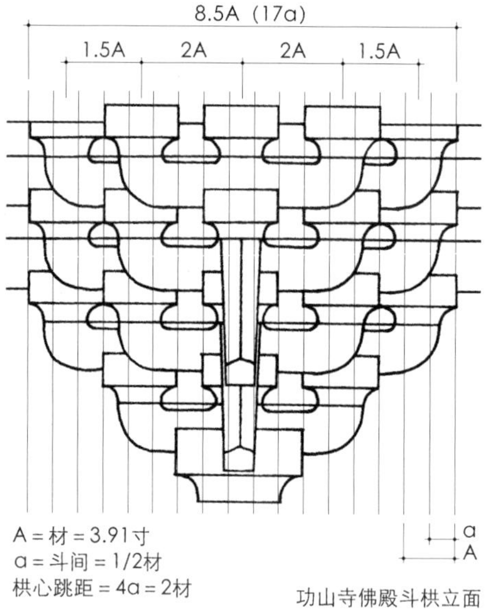

图 6-4-25　功山寺佛殿斗栱的立面构成（底图来源：関口欣也. 中世禅宗様建築の研究[M]. 東京：中央公論美術出版，2010）

和完整，主要表现为栔、材之比不是严格的 1∶2 比例关系，材栔格线呈非均等的形式，相应地，其斗栱立面格线关系也有所变化。以下选择具有代表意义的唐样二构——功山寺佛殿与不动院金堂，分析斗栱立面格线关系的变化，以及相应的尺度设计方法。在斗栱立面构成上，上述二构代表了两种不同的斗畔关系：前者为斗畔相接型，后者为斗畔相错型。

其一，功山寺佛殿。

山口县功山寺佛殿（1320 年），建于镰仓时代末期，是现存唐样佛堂遗构的最早者。作为唐样建筑的早期之例，其斗栱的尺度构成具有重要意义。

佛殿方三间带副阶，当心间补间铺作两朵，次间补间铺作一朵，逐间朵当均等，扇列椽形式。实测当心间 11.73 尺，次间 7.82 尺，朵当 3.91 尺，副阶 7.04 尺。实测斗栱构成的基本尺寸为：材广 3.8 寸，栔高 2.4 寸，小斗长 6 寸，斗间 2 寸。

佛殿斗栱立面分型为斗畔相接的形式。分析其斗栱立面构成关系，在横向尺度上，吻合于 1/2 材的格线关系，横向尺度构成一如关东唐样斗栱的材栔方格模式 I 型（斗畔相接型）；而在竖向尺度上，由于栔不等于 1/2 材，故仅横向尺度上呈单向格线形式。

基于斗栱与朵当的关联构成的分析，朵当构成合 10 材，依此推算材广的精确值为：材＝ 3.91 寸。进而以此材值权衡斗栱实测尺寸[85]，佛殿斗栱立面构成在横向尺度上，吻合以材为基准的格线形式（图 6-4-25）。

佛殿斗栱立面格线的基本单元尺寸的推算值如下：

垂直方向：材＝ 3.91 寸，栔＝ 2.4 寸

水平方向：小斗长＝ 5.865 寸，斗间＝ 1.955 寸

佛殿斗栱立面格线形式的重点在于横向尺度关系，即基于 1/2 材的格线形式，

85　功山寺佛殿斗栱实测尺寸（单位：寸），据关口欣也整理数据：材广 3.8，材厚 2.8，栔高 2.4，跳高 6.2；斗间 2.0，小斗长 6.0，小斗底长 3.5，小斗高 3.8；大斗长 10，大斗高 5.7，大斗平欹高 3.7；短栱长 19.5，长栱长 31.5，短栱心长 16，短栱跳距 8。

据工事报告书所记数据：华栱跳距 7.8 寸。

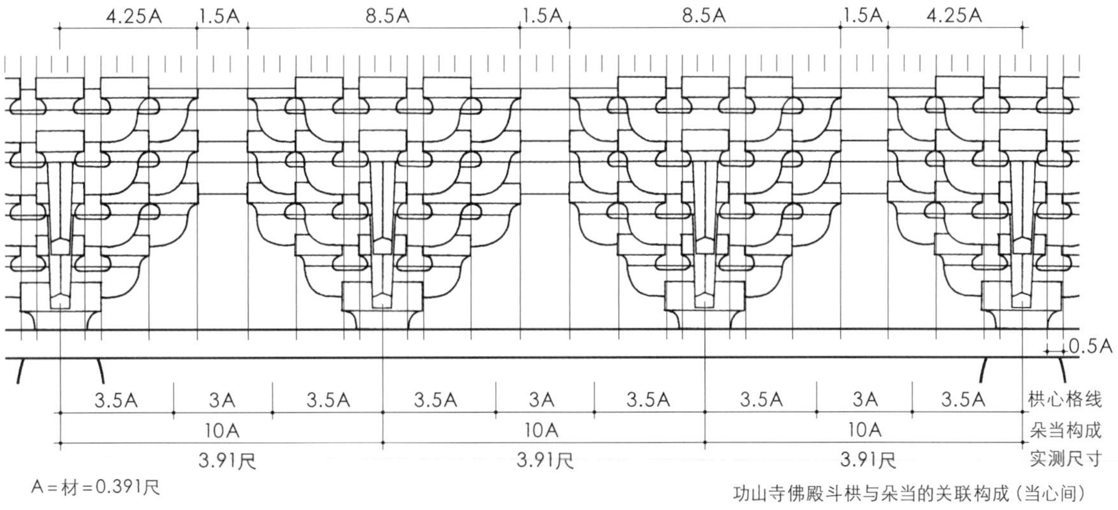

图 6-4-26　功山寺佛殿斗栱与朵当的关联构成示意（作者自绘）

权衡、设定斗栱的横向尺度关系：

小斗长＝1.5材，斗间＝1/2材，短栱长＝5材，长栱长＝8材，斗栱全长＝8.5材。

佛殿斗栱立面的横向尺度构成，皆由1/2材的格线关系所律。

佛殿斗栱与朵当的关联构成如下：以材为基准，斗栱全长8.5材，相邻斗栱空当（边斗间）1.5材，合朵当10材，当心间30材，次间20材，副阶18材（图6-4-26）。

比较斗栱构件的测值与算值，材广的测值略小于算值，小斗长的测值略大于算值，其测值应包含有误差和形变的因素，然整体上斗栱、朵当及开间的测值与算值，还是相当吻合与一致的。

进而，若以复原设计尺寸而论，佛殿材尺寸应为3.9寸；相应地，朵当及间广的设计尺寸推算如下：

朵当3.9尺，当心间11.7尺，次间7.8尺，副阶7.02尺。

功山寺佛殿的斗栱立面构成，由材架方格模式的双向格线形式，变换为专注横向尺度的单向格线形式，这是功山寺佛殿斗栱尺度构成的特点所在。

唐样斗栱构成的格线形式，就斗栱本身而言，其意义在于斗栱尺度关系的组织和筹划；而就整体尺度关系而言，其意义在于成为从斗栱到间架的整体尺度模数化序列上的一环。唐样斗栱构成之所以注重横向尺度关系，正是因其最终目标在于建立斗栱与朵当、开间的整体性和关联性，而功山寺佛殿斗栱与朵当的关联构成，也表明了这一点。

从现存唐样佛堂遗构来看，14世纪初的功山寺佛殿，已完成了上述这一整体尺度模数化序列的演进。结合第五章关于功山寺佛殿朵当、开间尺度构成的分析，功山寺佛殿基于材的斗栱、朵当、开间的关联构成，可以下式表述（A为材基准，

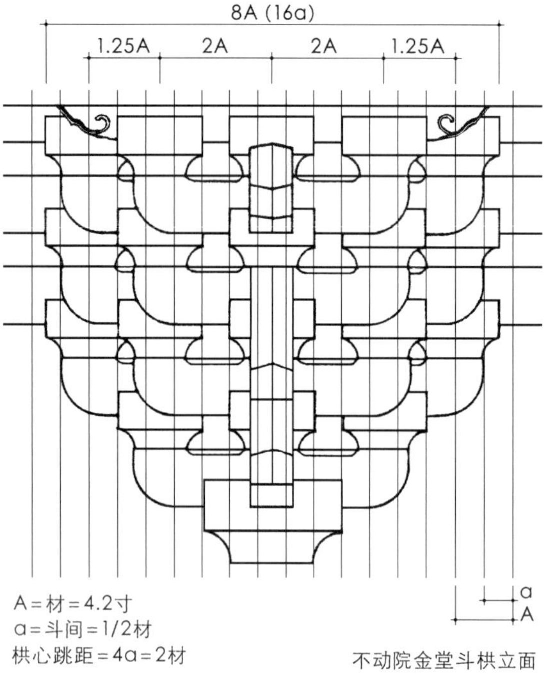

图 6-4-27　不动院金堂斗栱的立面构成 [底图来源：広島市教育委員会. 不動院（広島市の文化財第二三集）[M]. 広島：白鳥社，1983]

括号内为实测尺寸）：

斗栱构成：A　（0.391 尺）

朵当构成：10A、9A　（3.91 尺、3.52 尺）

开间构成：30A、20A、18A　（11.73 尺、7.82 尺、7.04 尺）

殿身构成：70A × 70A　（27.36 尺 × 27.36 尺）

总体构成：106A × 106A　（41.45 尺 × 41.45 尺）[86]

其二，不动院金堂。

接着讨论不动院金堂（1540 年）。建成于 16 世纪中期的广岛县不动院金堂，殿身正面面阔三间，进深四间，副阶周匝，上、下檐皆扇列椽形式。实测殿身正面面阔三间 12.6 尺，进深当中两间 12.6 尺，补间铺作各两朵；进深前后两边间 8.4 尺，补间铺作各一朵。金堂逐间朵当均等，皆为 4.2 尺，副阶 6.72 尺。

实测斗栱构成的基本尺寸为：材广 4.1 寸，栔高 2.4 寸，小斗长 6.3 寸，斗间 2.1 寸。斗栱立面构成关系上，不动院金堂与功山寺佛殿类似，即在横向尺度上，吻合于 1/2 材的均等格线关系，而在竖向尺度上，栔大于 1/2 材，呈材、栔交替的格线形式。不动院金堂的特色在于斗栱立面上斗畔相错 1/4 材，斗栱全长呈 8 材的形式。

基于斗栱、朵当及开间的关联构成分析，金堂朵当构成合 10 材，依此推算材广的精确值为：材＝ 4.2 寸。进而以此材值权衡斗栱实测尺寸[87]，金堂斗栱立面构成在横向尺度上，吻合以材为基准的格线形式（图 6-4-27）。

金堂斗栱立面格线的基本单元尺寸的推算值如下：

86　总体构成指殿身加副阶的总体尺度构成，该构的正面及左右副阶尺寸相同，皆 7.04 尺，而背面副阶经后世改造增至 9.03 尺。故总体构成上，背面副阶尺寸采用原初尺寸 7.04 尺。

87　不动院金堂斗栱实测尺寸（单位：寸），据《不动院》所记数据：材广 4.1，材厚 3.2，栔 2.4，小斗长 6.3，斗间 2.1，小斗底长 4.1，小斗高 4.1，大斗长 10.3，大斗高 5.8，短栱长 20.9，长栱长 31.2，短栱心长 16.8，短栱跳距 8.4。

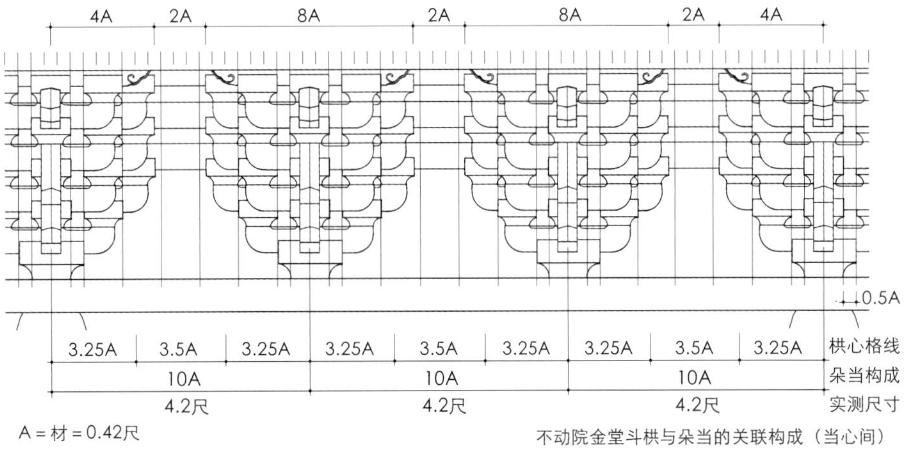

图 6-4-28　不动院金堂斗栱与朵当的关联构成示意（作者自绘）

垂直方向：材＝ 4.2 寸，栔＝ 2.4 寸

水平方向：小斗长＝ 6.3 寸，斗间＝ 2.1 寸

不动院金堂斗栱立面格线形式的重点在于横向尺度关系，即以 1/2 材的格线形式，权衡和设定斗栱的横向尺度关系：

小斗长＝ 1.5 材，斗间＝ 1/2 材，短栱长＝ 5 材，长栱长＝ 7.5 材，斗栱全长＝ 8 材

金堂斗栱正、侧样栱心跳距相等，皆为 8.4 寸，吻合二材关系。

金堂斗栱立面的横向尺度构成，皆由 1/2 材的格线关系所律，且测值与算值相当吻合。

金堂尺度构成上，以材基准的形式，建立斗栱、朵当及开间三者关联的整体构成关系，其斗栱与朵当的关联构成如下：

斗栱全长 8 材，边斗间 2 材，合朵当 10 材、殿身面阔三间各 30 材（图 6-4-28）。

结合第五章关于不动院金堂朵当、开间尺度构成的分析，不动院金堂基于材的斗栱、朵当、开间的关联构成，可以下式表述（A 为材基准，括号内为实测尺寸）：

斗栱构成：A　（0.42 尺）

朵当构成：10A、9A、8A　（4.2 尺、3.78 尺、3.36 尺）

开间构成：50A、30A、20A、18A、16A　（21 尺、12.6 尺、8.4 尺、7.56 尺、6.72 尺）

殿身构成：90A × 100A　（37.8 尺 × 42 尺）

总体构成：122A × 132A　（51.24 尺 × 55.44 尺）

不动院金堂与功山寺佛殿有着相同的斗栱格线形式，在斗栱尺度关系上，具有典型性和代表意义。且二构专注横向尺度关系的单向格线形式，又与前文所讨论的中国本土唐辽遗构基于栱心格线的斗栱立面构成完全一致。

关于唐样斗栱构成上的材栔模数关系，最后再讨论一个问题，即基于材、栔的唐样斗栱尺度设计，是否存在如《营造法式》那样的进一步细分基准的可能呢？

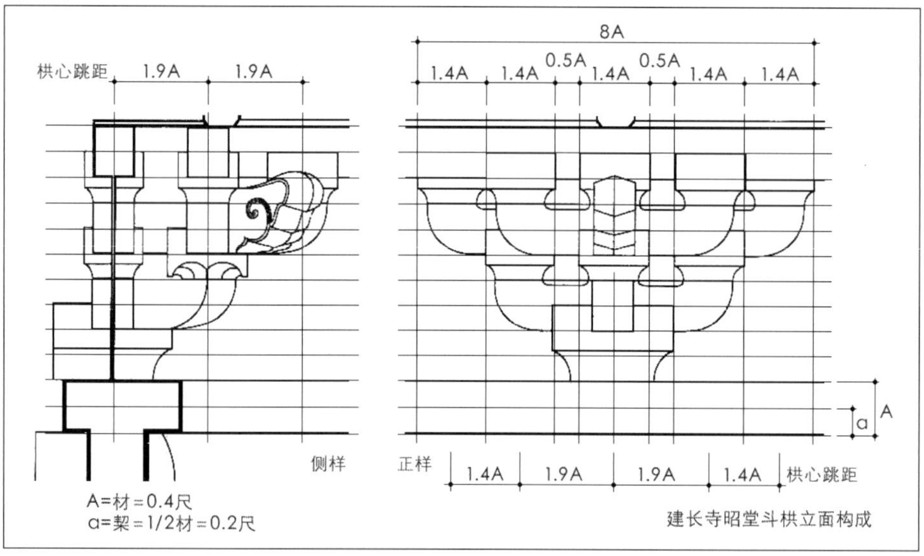

图 6-4-29　建长寺昭堂基于材栔的斗栱立面构成（底图来源：日本文化财图纸）

虽仅凭遗构现状的尺度现象，难以得到确切的结论，但从建长寺昭堂的尺度关系中，或可以想象这种可能性的存在。

神奈川县的建长寺昭堂（1458 年），为室町时代中期的唐样遗构，方三间带副阶，面阔当心间补间铺作两朵，次间一朵，朵当等距。实测当心间 12 尺，次间 8 尺，进深三间各 8 尺，副阶 6 尺，殿身朵当 4 尺。实测斗栱构成的基本尺寸为：材广 4 寸，栔高 2.1 寸，小斗长 5.5 寸，斗间 2 寸。

建长寺昭堂的斗栱立面分型为斗畔相接的形式。基于斗栱、朵当及开间的关联构成分析，昭堂朵当构成合 10 材、20 栔，依此推算材、栔的精确值为：材＝ 4 寸，栔＝ 2 寸。

进而以此材、栔之值，权衡建长寺昭堂的斗栱实测尺寸[88]，其斗栱构成与标准的材栔方格模式略有变化，且其变化在于小斗长不同于通常的 1.5 材，而取 1.4 材的形式，而斗间仍一如通常的 0.5 材。根据斗栱全长的计算模式，建长寺昭堂的一朵斗栱全长，较通常的 8.5 材，缩减 5 个 0.1 材，呈 8 材的形式（图 6-4-29）：

斗栱全长＝ 5 小斗长＋ 2 斗间＝ 5×1.4 材＋ 2×0.5 材＝ 8 材

基于此，建长寺昭堂斗栱立面材栔方格模式的基本单元尺寸的推算值如下：

垂直方向：材＝ 4 寸，栔＝ 2 寸

水平方向：小斗长＝ 5.6 寸，斗间＝ 2 寸

建长寺昭堂斗栱的测值与算值十分吻合。

进而，昭堂斗栱与朵当的关联构成如下：斗栱全长 8 材，边斗间 2 材，合朵当 10 材，当心间 30 材，次间 20 材，副阶 15 材，斗栱与朵当的关联构成更加简洁明快（图 6-4-30）。

建长寺昭堂尺度关系的意义在于：

其一，显示了材栔方格模式的变化形式，通过减小斗长尺寸，从而缩减一朵

88　建长寺昭堂斗栱实测数据（单位：寸），据关口欣也整理数据：材广 4.0，材厚 3.2，栔高 2.1，跳高 6.1；斗间 2.0，小斗长 5.5，小斗底长 3.8，小斗高 3.7；大斗长 9.7，大斗高 5.9，大斗平欹高 3.9；短栱长 18.8，长栱长 29.8，短栱心长 15，短栱跳距 7.5。

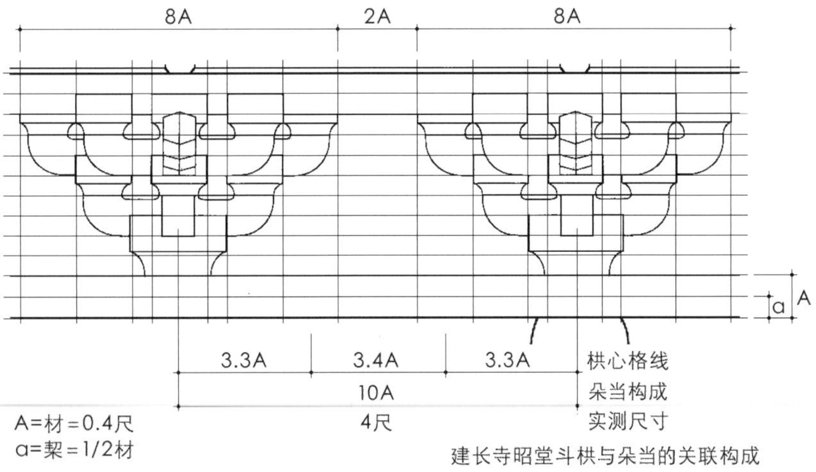

图 6-4-30　建长寺昭堂斗栱与朵当的关联构成（底图来源：日本文化财图纸）

斗栱的全长；

其二，提示了存在材栔基准细化的可能，即以 1/10 材为细分基准的意识和方法。

建长寺昭堂的斗栱尺度构成，表现了基于标准材栔方格模式的一种变化形式和调节方法，并表明其时斗栱横向尺度的筹划已相当精致细腻。

此外，建长寺昭堂还表现有如下特色：开间尺寸为整数尺的形式，相应于整数尺开间，副阶平行椽配置取一尺二枝的形式，一枝尺寸（椽中距）为 0.5 尺[89]，且枝与材基准呈简单比例关系：枝＝ 1.25 材。

15 世纪中叶的唐样建长寺昭堂，一枝 5 寸只是附和整数间广而生成的被动尺寸单元，且与斗栱构成无关。然基于枝与材基准的简单比例关系，建长寺昭堂的朵当 10 材，可转换为朵当 8 枝，相应地，开间构成呈如下关系：

心间：30 材、24 枝

次间：20 材、16 枝

副阶：15 材、12 枝

建长寺昭堂朵当、开间的枝割关系，在 17 世纪以后近世唐样佛堂上成为普遍的形式，如近世唐样佛堂瑞龙寺佛殿，其朵当及开间构成的枝割关系，与建长寺昭堂完全相同。这一现象也提示了近世唐样建筑的和样枝割化有可能采用的一种方式和轨迹。

中世唐样建筑尺度规律研究上，建长寺昭堂营造尺与现尺相同，易于探求设计规律，且基于材与枝的关联性，对于认识近世唐样建筑的和样枝割化演变，意义重要。

中世唐样斗栱尺度的组织与筹划，呈高度的规整化和比例化，斗栱立面的尺度构成，统一于基于材栔的双向格线关系。

89　从现存中世唐样遗构的比较来看，15 世纪中叶的唐样建长寺昭堂上出现的副阶平行椽做法，有可能是后世改造的结果。

前文分析探讨了宋式斗栱材栔格线的性质与特点，比较中世唐样斗栱的材栔方格模式，二者间的关联性及相通处是分明和显著的。相较而言，唐样斗栱构成的材栔方格模式，更为简明、直观和细化，与唐宋斗栱的传承演变关系亦清晰可见。唐样斗栱材栔方格模式的实质，在于唐宋斗栱跳高与跳距的基本格线关系，且与《营造法式》相同，唐样斗栱的横向尺度构成，也直接纳入材、栔的权衡和控制下，并成为斗栱立面尺度构成的重心所在。

唐样斗栱的材栔方格模式，在性质上与《营造法式》用材制度的“固定模数单位数，变动模数单位值”的方法一致，即在同一构成模式下，只要变动 a、A 基准值的大小，即可得到相应的斗栱构件尺寸，这为唐样斗栱构件的设计与制作带来便利。

唐样尺度设计上，以材、栔为基准，组织和筹划斗栱横向尺度关系及其与朵当的关联构成。材栔格线法是中世唐样斗栱、朵当尺度设计的一种基本方法。

唐样斗栱构成上的材栔方格模式，其进一步的意义在于斗栱与朵当、开间尺度的整体性和关联性的建立。模数基准的“材”贯穿从斗栱到朵当、开间的整体尺度构成，从而完成从斗栱局部到间架整体的尺度模数化演变。

4. 斗长方格模式

（1）斗长方格模式的建立及分型

唐样斗栱的斗长方格模式，是以小斗长为基准的斗栱立面构成形式，代表了中世唐样斗栱尺度构成的另一种形式。

相较于材栔方格模式，斗长方格模式的特点在于：其竖向尺度构成仍保持材栔格线的形式，而横向尺度构成则改为斗长格线的形式，这反映了模数基准形式由竖向的材栔转向横向的斗长这一倾向。斗长方格模式或可视作竖向尺度基准向横向尺度基准转变的一种形态。

斗长基准方格的竖向边长为材、栔尺寸单元，横向边长为斗长尺寸单元，且基准方格横竖两向的重点在于横向尺度关系上，故称之为斗长方格模式。

斗长方格模式成立的基本条件是：竖向以栔为最小基准单位，且单材为 2 栔，足材为 3 栔；横向以 1/2 或 1/3 小斗长为最小基准单位，权衡斗栱的横向尺度关系。根据方格两向边长的比例关系，基准方格或为正方形式，或为长方形式。

根据中世遗存的唐样实例分析，斗长方格模式有三种表现形式：一是东大寺钟楼的形式，二是圆觉寺古图佛殿的形式，三是以永保寺开山堂为代表的六间割的形式。在斗栱立面构成的分型上，三种形式皆为斗畔相接型。

上述三种斗长方格模式各具特色，且有传承关系。其中东大寺钟楼为特殊的密集连斗形式，其他两种斗长方格模式，根据斗间与斗长的比例关系可分作两个

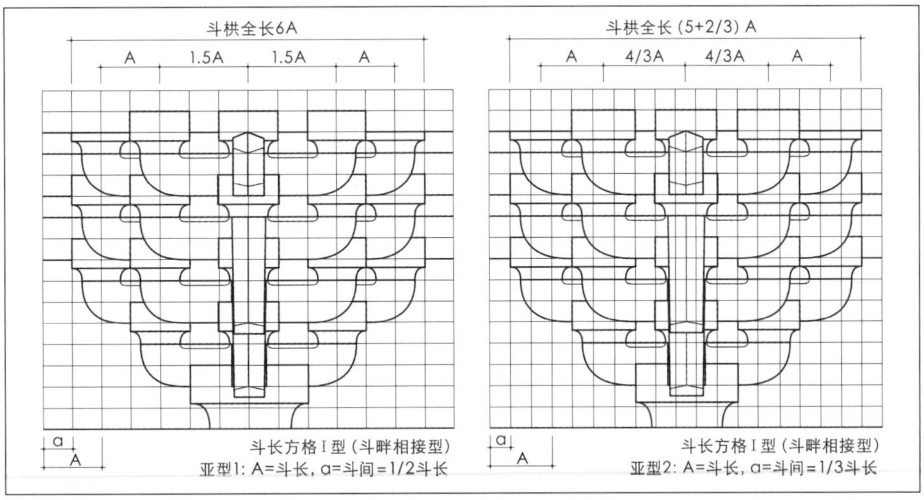

图 6-4-31　中世唐样斗栱立面构成的斗长方格模式（作者自绘）

图 6-4-32　东大寺钟楼一木而成的斗、栱形式（来源：奈良県文化財保存事務所編. 国宝東大寺鐘楼修理工事報告書 [M]. 奈良：奈良県文化財保存事務所，1967）

亚型：

亚型 1：斗间＝ 1/2 斗长

亚型 2：斗间＝ 1/3 斗长

上述两个亚型应是中世唐样斗长方格模式的主要形式（图 6-4-31）。

至近世以后，唐样斗长方格模式又有变化，既有斗畔关系的不同，又有与和样枝割因素的整合，呈现出近世唐样斗长模数的特色。本节关于斗长方格模式的分析讨论，限于中世唐样遗构，而关于近世唐样斗栱的斗长模数分析，见后文第八章、第九章的相关内容。

（2）东大寺钟楼的斗长方格模式

首先分析东大寺钟楼斗栱构成的斗长方格模式。

东大寺钟楼再建于 13 世纪初（1207—1210），时值日本镰仓时代初期，作为现存最早的中世宋风建筑遗构，是认识初期唐样技术特色的重要实例。

东大寺钟楼平面方一间，每面补间铺作三朵，斗栱形制独特，如其横向密集连斗的构成形式。

钟楼斗栱七铺作，双杪双昂，隔跳计心并出假昂。斗栱构成上，斗与栱相连一体，由一木作成，斗附于栱、枋之下（图 6-4-32），且所有斗长均一，无间

图 6-4-33　东大寺钟楼斗栱的连斗形式（外跳部分）（来源：奈良県文化財保存事務所編. 国宝東大寺鐘楼修理工事報告書 [M]. 奈良：奈良県文化財保存事務所，1967）

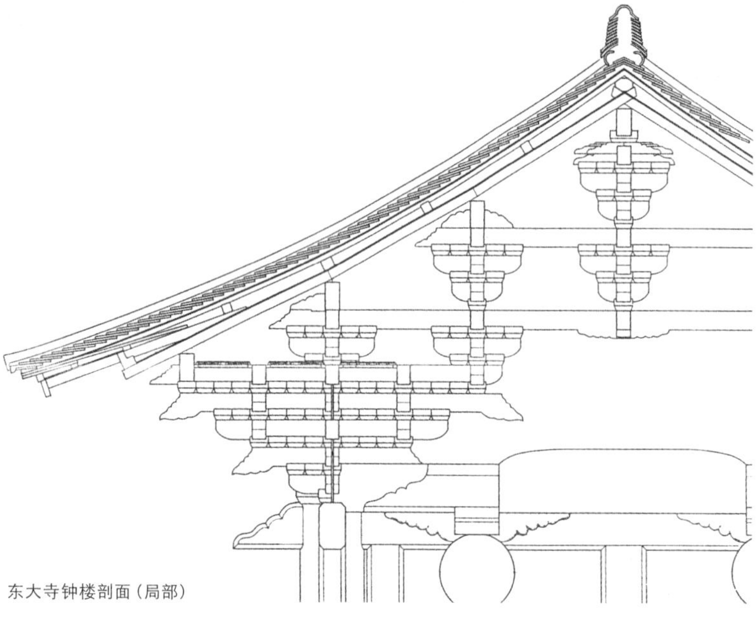

图 6-4-34　东大寺钟楼剖面及斗栱侧样（来源：奈良県文化財保存事務所編. 国宝東大寺鐘楼修理工事報告書 [M]. 奈良：奈良県文化財保存事務所，1967）

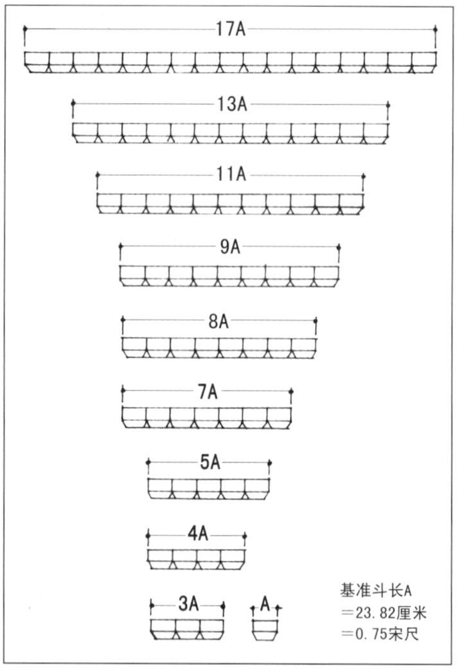

图 6-4-35　东大寺钟楼的九种连斗形式（作者自绘）

隙地排列成横向连斗的形式[90]（图 6-4-33、图 6-4-34）。并根据栱、枋长度，从 3 连斗至 17 连斗，形成九种连斗形式（图 6-4-35）。

进而，根据实测数据分析，钟楼斗栱立面构成吻合于斗长方格模式。其斗栱构成上无间隙排列的横向连斗这一特性，决定了其斗长尺寸在钟楼尺度构成上的重要性，斗长的意义首先表现在斗栱横向尺度构成上的基准作用。

东大寺钟楼斗栱立面的斗长方格模式，在竖向尺度上，保持传统的材栔比例关系，即栔取材之半，形成以栔为基准的等距材栔格线形式；在横向尺度上，采用以 1/2 斗长为基准的斗长格线形式，由此形成斗栱立面基准方格的两向尺度关系，且其基准方格相当接近正方形式。

以下基于钟楼斗栱的实测数据，分析斗栱立面基准方格的两向尺度关系。

根据钟楼修理工事报告书所记，斗长 23.82 厘米，材广 23.5 厘米，材厚 17.7 厘米，栔高 11.6 厘米，足材 35.1 厘米[91]。其中横向连斗的斗长尺寸清晰、明确，而竖向的材、栔尺寸及其与横向斗长的关系，则不那么清晰，需作进一步的分析推敲。

由于钟楼的斗与栱相连一体，由一木而制成，故在竖向尺度关系上，作为总尺寸的足材尺寸最为关键和重要，而作为装饰性分尺寸的材、栔尺寸及其比例关系，在制作上则未必那么严格和精确，且实测数据中有可能包含各种误差和取舍因素。因此，以修理工事报告书所记足材 35.1 厘米为基本尺寸，同时考虑栔取材之半这一传统的材栔比例关系，推算钟楼材、栔的精确值及其比例关系如下：

栔高 11.7 厘米，材广 23.4 厘米，足材 35.1 厘米；栔为 1/2 材，3 栔为足材。

钟楼斗栱的竖向尺度构成上，以 1/2 材广的 11.7 厘米为竖向材栔格线的基准单位。

需要讨论的是基准方格的比例关系。比较基准方格竖向的 1/2 材广（11.7 厘米）与横向的 1/2 斗长（11.91 厘米），二者之间有 0.21 厘米的微差。那么这一微差是原初的设计意图，还是各种误差、形变和实测数值取舍的结果？

斗栱尺度设计意图的确认，无疑是以实测数据为基础的，然而辅以分析思路的指引，也是必要和有效的。因为年代悠久的遗构实测数据，包含历代施工误差和材料变形以及实测误差。而实测数据的分析取舍上，相较于简单地求取平均值，分析思路的指引更值得重视。

上述钟楼修理工事报告书中所记材、栔及足材尺寸，只是实测数据的平均值。根据修理工事报告书所记，实际上钟楼斗栱的足材尺寸，也即附斗的栱枋总高尺寸，多在 35.1～35.4 厘米之间，最小值 33.7 厘米，最大值 36.2 厘米[92]。钟楼构件尺寸驳杂，加上实测数据的取舍，使得竖向尺度的分析产生不同的可能性。

如果原初斗栱尺度设计上，将斗栱立面的基准方格设定为标准的正方形式，那么，栔高等于 1/2 斗长的关系成立；否则二者不等，微差存在，基准方格只

90　横向连斗在中国本土也见有实例，如四川阆中汉桓侯祠（张飞庙）敌万楼（明代），有类似的做法。此条由李林东提供。

91　钟楼的足材实测数值范围为 35.1～35.4 厘米，实测图的图记足材值为 35.1 厘米。钟楼斗栱实测数据取自：奈良県文化財保存事務所編. 国宝東大寺鐘楼修理工事報告書 [M]. 奈良：奈良県文化財保存事務所，1967.

92　《国宝东大寺钟楼修理工事报告书》所记材、栔及足材的实测尺寸统计（单位：毫米）：
栱高实测值：平均值 231～235，最小 225，最大 245；
足材实测值：平均值 348～354，最小 337，最大 362；
斗长实测值：平均值 237～239.6，最小 233，最大 242；
栱厚实测值：平均值 178～182，最小 160，最大 190。

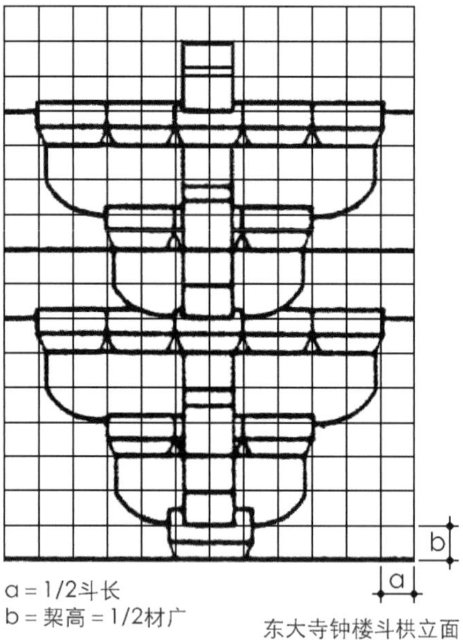

图 6-4-36　东大寺钟楼基于斗长的斗栱立面构成（底图来源：奈良県文化財保存事務所編. 国宝東大寺鐘楼修理工事報告書 [M]. 奈良：奈良県文化財保存事務所，1967）

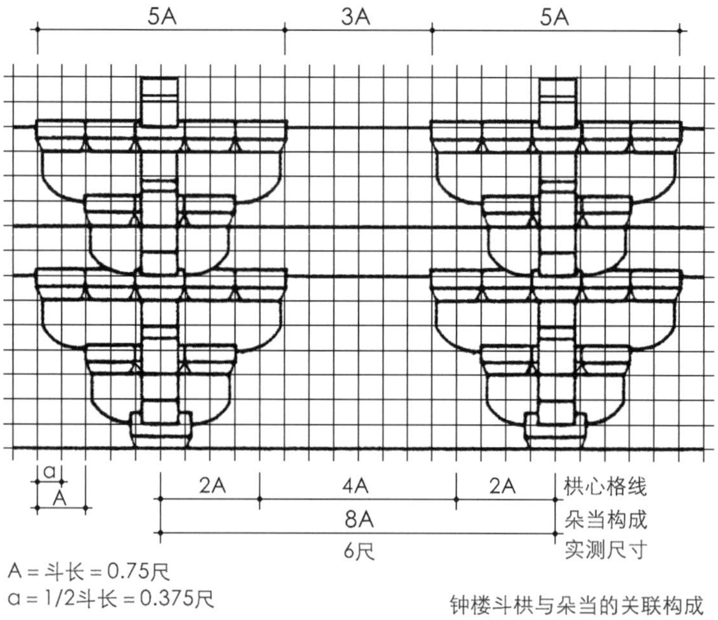

图 6-4-37　东大寺钟楼斗栱与朵当的关联构成（底图来源：奈良県文化財保存事務所編. 国宝東大寺鐘楼修理工事報告書 [M]. 奈良：奈良県文化財保存事務所，1967）

是近似正方[93]。考虑到中世唐样斗栱立面方格模式的正方传统，钟楼斗栱实测 11.7×11.91（厘米）的方格形式，原初设计上存在着作为正方形式的可能性，钟楼斗栱立面也相当吻合于正方形式的基准方格模式（图 6-4-36）。

中世唐样建筑尺度设计上，随着补间铺作的发达和密集，横向尺度的组织与筹划成为关注的重点。东大寺钟楼是反映这一特色的现存最早之例。在斗栱构成模式上，钟楼斗长方格模式所关注的重心，已从基于材栔的竖向尺度，转向基于斗长的横向尺度。

分析钟楼斗栱立面的斗长方格模式，其基本构成关系如下：

以 1/2 斗长为方格模式的横向基准，以 1/2 材广为方格模式的竖向基准。

设 1/2 斗长为 a，斗长为 A。a ＝ 11.91 厘米，A ＝ 2a ＝ 23.82 厘米。又如前文第五章所分析，钟楼复原营造尺长为宋尺 31.76 厘米，基于此，a ＝ 0.375 尺，A ＝ 0.75 尺。钟楼斗栱横向尺寸皆由斗长 A、a 所律[94]，即：

单斗长＝ A（23.82 厘米，0.75 尺）

3 连斗横栱长＝ 3A（71.47 厘米，2.25 尺）

5 连斗横栱长＝ 5A（119.12 厘米，3.75 尺）

首跳 5 连斗华栱长＝ 5A（119.12 厘米，3.75 尺）

二跳 9 连斗华栱长＝ 9A（214.42 厘米，6.75 尺）

三跳 13 连斗华栱长＝ 13A（309.72 厘米，9.75 尺）

93　学界有研究基于实测数据上钟楼斗栱的栔高略小于 1/2 斗长，认为竖向尺度上不吻合于以 1/2 斗长为基准的方格形式，记此以备参考。参见：林琳. 也谈日本东大寺钟楼的模度制 [M]// 贾珺. 建筑史（第 36 辑）. 北京：清华大学出版社，2015：182-187.

94　钟楼实测数据取自：奈良県文化財保存事務所編. 国宝東大寺鐘楼修理工事報告書 [M]. 奈良：奈良県文化財保存事務所，1967.

四跳 17 连斗华栱长＝ 17A（405.02 厘米，12.75 尺）

柱头大斗长＝ 4A（95 厘米，3 尺）

钟楼基于斗长的尺度权衡，贯穿于从斗栱至朵当、开间的尺度构成。如前文第五章关于钟楼间架尺度分析所指出的那样，钟楼尺度构成的特色在于：一是以宋尺为营造尺，尺长 31.76 厘米；二是基于斗长的斗栱与朵当、开间的关联构成，钟楼斗栱全长 5 斗长，边斗间 3 斗长，合朵当 8 斗长（图 6-4-37）。

钟楼实测斗长 23.82 厘米，合宋尺 0.75 尺。斗长 0.75 尺成为钟楼尺度构成的基准所在，这一方法可认为是倍斗模数的原始形态。

东大寺钟楼斗长方格模式的意义，进一步表现在基于斗长的斗栱、朵当及开间三者关联的整体尺度构成上。斗长作为横向尺度的基准，在钟楼从斗栱局部到间架整体的模数关系中，具有支配性作用。结合第五章关于间架尺度构成的相关分析，东大寺钟楼基于斗长的整体构成关系可以下式表述（A 为斗长，括号内为实测值和复原宋尺）：

斗栱构成：A　（23.82 厘米，0.75 尺）

朵当构成：8A （190.6 厘米，6 尺）

开间构成：32A（762.4 厘米，24 尺）

东大寺钟楼的斗栱形式，虽是非常独特的个案，然其基于斗长的模数方法，则是中世以来唐样设计技术的重要一环。360 余年后的圆觉寺古图佛殿上，倍斗模数的设计方法已是完全成熟的形态。

唐样设计技术研究上，中世唐样遗构的样本数量有限，因此，一些重要个案所呈现的尺度规律，更具独特的意义，即借助于重要个案的线索，推进对唐样建筑尺度规律的整体认识。就此角度而言，东大寺钟楼的个案意义堪比不动院金堂，二者成为唐样设计技术发展进程上重要而独特的标杆，进而在更多史料分析的支持下，有可能逐渐勾勒出唐样设计技术演变进程的轨迹和趋势。

（3）圆觉寺古图佛殿的斗长方格模式

接着分析圆觉寺古图佛殿斗栱构成的斗长方格模式。

如果说东大寺钟楼斗栱横向密集连斗的构成形式反映的是倍斗模数的原始形态，那么圆觉寺古图佛殿的斗栱构成形式，则表现的是倍斗模数的成熟形态。

圆觉寺古图佛殿为方五间带副阶的中世大型唐样佛殿形式，该殿于 1563 年烧失，圆觉寺佛殿古图为烧失十年后（1573 年）所作的再建设计图。该图标记尺寸且比例准确，是探讨唐样建筑尺度关系及设计意图的珍贵史料。

圆觉寺古图佛殿殿身外檐斗栱为宋式重栱计心造六铺作、单杪双下昂形式（图 6-4-38）。其斗栱立面构成同样也吻合斗长方格模式，且斗长方格模式的构成关系，与前述东大寺钟楼基本相同，即：竖向尺度上表现为等距材栔格线的形式，横向尺度上表现为斗长格线的形式。二者方格模式不同之处在于：东大寺钟楼斗栱基准方格为正方或近似正方，即取横向的斗长与竖向的材广相等或相近的形式；而圆觉寺古图佛殿斗栱基准方格则明确为长方形，其横向的斗长大于竖向的材广，且竖向的小斗高等于材广。因此，其斗栱基准方格的设定，由横向的斗长与竖向的斗高形成双向基准，并且，斗长与斗高之比为$\sqrt{2}$这一特定的比例关系。

分析圆觉寺古图佛殿斗栱构成的斗长方格模式，其基本构成关系如下：

分别以1/2斗长和1/2斗高为斗栱立面方格的横向基准和竖向基准，即基准方格的长为1/2斗长，高为1/2斗高；

材广＝斗高；

栔材之比为传统的1∶2的形式，栔高＝1/2材广＝1/2斗高；

斗长/斗高＝$\sqrt{2}$；

设1/2斗长为a，斗长为A；设1/2斗高为b，斗高为B。a与b成为斗栱立面基准方格的两向基准，基于斗长格线与斗高格线的双向权衡，构成圆觉寺古图佛殿斗栱立面的斗长方格模式（图6-4-39）。

圆觉寺古图佛殿斗栱的斗长方格模式，在分型特征上，为标准的斗长方格模式Ⅰ型（斗畔相接型），且根据斗间与斗长的比例关系，分属于亚型1，即斗间为1/2斗长。斗栱构成上的斗长方格模式，意味着基于斗长的横向尺度关系，成为佛殿斗栱乃至朵当、开间尺度设计的重心所在。

根据以现行尺量图所得数据的分析（古图设计尺与现行尺的折算率约为0.98），基准方格单位a＝4.1寸，b＝2.9寸，A＝2a＝8.2寸，B＝2b＝5.8寸；并且，a/b＝A/B＝$\sqrt{2}$。佛殿斗栱尺寸皆由基准方格A、B（斗长、斗高）所律，即：

垂直方向：栔＝b，材＝2b，足材＝3b，小高斗＝2b，大斗平欹高＝2b，大斗高＝3b；

水平方向：斗间＝a，小斗长＝2a，大斗长＝4a，短栱全长[95]＝8a，长栱全长＝12a。

圆觉寺古图佛殿的斗长方格模式，其特点在于以小斗的双向尺寸（斗长与斗高），作为斗栱方格模式的双向基准。进而，斗栱与朵当的关联构成为：斗栱全长6斗长，边斗间2斗长，合朵当8斗长，斗长基准的支配作用是主导和决定性的（图6-4-40）。

圆觉寺古图佛殿斗长方格模式的进一步意义，无疑也在于基于斗长的斗栱、朵当及开间三者关联的整体尺度构成。

结合第五章关于佛殿间架尺度构成的相关分析，并根据古图设计尺与现行尺的折算率约0.98，斗长基准的设计尺寸为：斗长＝8.33寸，斗高＝5.89寸。圆觉寺古图佛殿以斗长为基准的整体尺度构成可以下式表述（A为斗长，括号内为设计尺寸）：

斗栱构成：A　　　　（8.33寸）

95　栱之实长不在格线位或半格线位上，故所计栱长包括栱端小斗，称为全长。

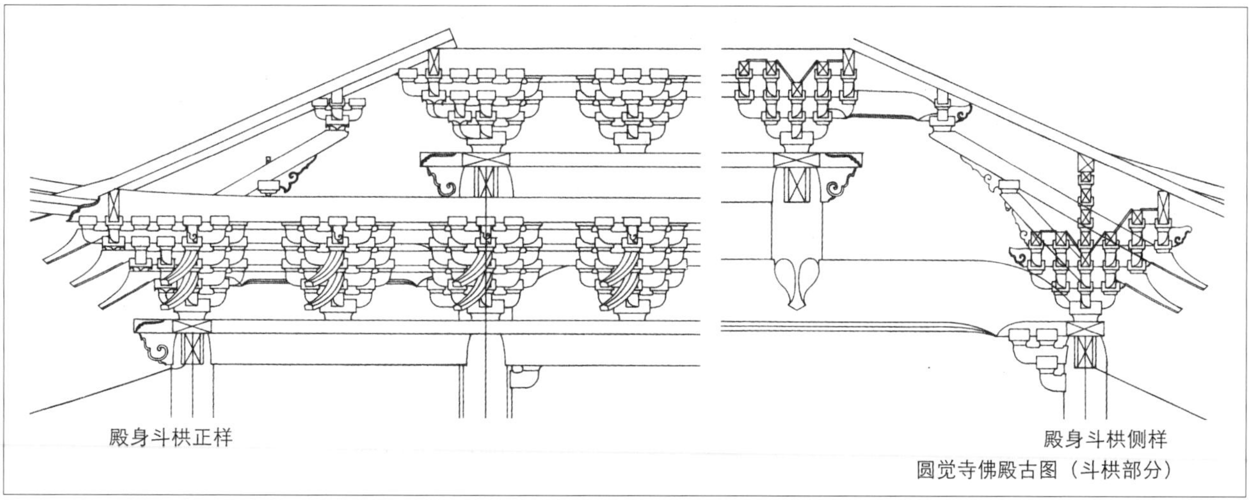

图 6-4-38　圆觉寺古图佛殿的斗栱形式（来源：関口欣也. 五山と禅院 [M]. 東京：小学館，1983）

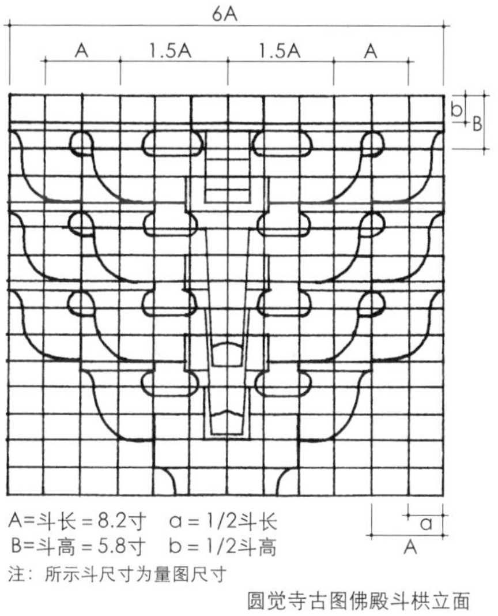

图 6-4-39　圆觉寺古图佛殿基于斗长的斗栱立面构成（底图来源：関口欣也. 中世禅宗様建築の研究 [M]. 東京：中央公論美術出版，2010：93）

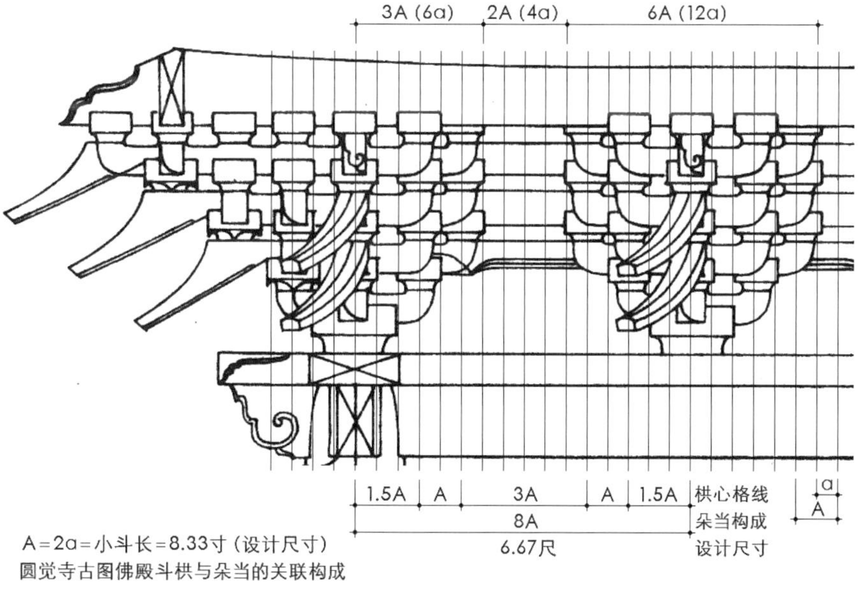

6-4-40　圆觉寺古图佛殿斗栱与朵当的关联构成（底图来源：関口欣也. 五山と禅院 [M]. 東京：小学館，1983）

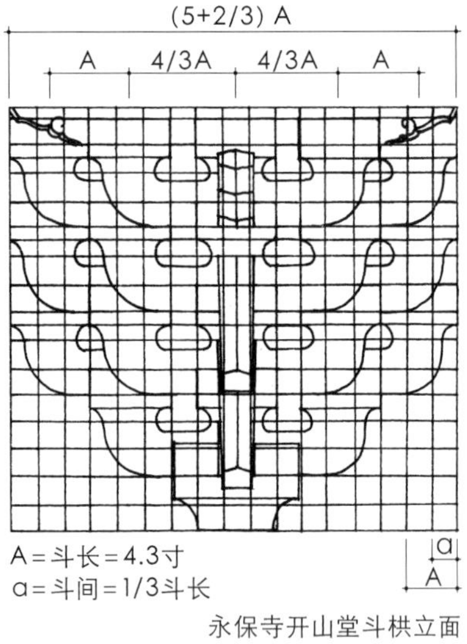

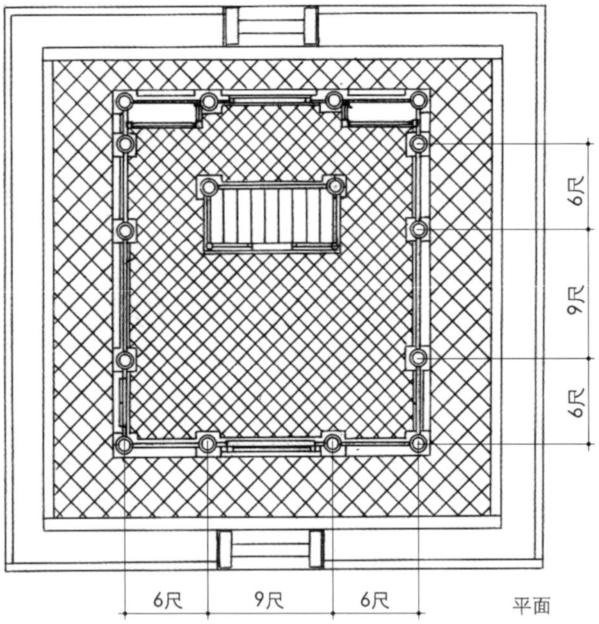

图 6-4-41　永保寺开山堂基于斗长的斗栱立面构成（底图来源：関口欣也．中世禅宗様建築の研究 [M]．東京：中央公論美術出版，2010：217）（左）

图 6-4-42　酬恩庵本堂平面（来源：鹓功．図解社寺建築——社寺図例 [M]．東京：理工学社，1993：141）（右）

朵当构成：8A　　　　　（6.67 尺）

开间构成：24A、16A　　（20 尺、13.33 尺）

殿身构成：88A × 80A　（73.32 尺 × 66.65 尺）

圆觉寺古图佛殿的斗长模数形式，应反映了中世后期大型五山佛殿基于斗长的模数设计方法及其特色，相较于中世初期东大寺钟楼的斗长模数，显示出长足的进步和成熟，然此并非唐样斗长模数的最终形态，至室町末期和近世，唐样斗长模数最终定型为所谓“六间割”的斗长模数形式，显示了唐样斗长模数三种不同的阶段形态。

（4）六间割斗长模数

所谓六间割斗长模数，为近世唐样建筑技术书中的术语，指室町时代末期出现的六斗长朵当的构成形式以及相应的斗栱、开间尺度设计方法。六间割斗长模数，以朵当的 1/6 为小斗长，并以此斗长为基准，权衡和设定斗栱、开间的尺度关系。

现存中世唐样遗构中，六间割斗长模数见于永保寺开山堂与酬恩庵本堂二例。六间割斗长模数的斗栱立面构成，在分型特征上为斗长方格模式 I 型（斗畔相接型），且根据斗间与斗长的比例关系，分属于亚型 2，即斗间为 1/3 小斗长。

以下依次分析讨论二构基于斗长的斗栱构成以及斗栱与朵当的关联构成。

首先分析永保寺开山堂。

岐阜县永保寺开山堂为唐样方三间佛堂，扇列椽形式，无和样枝割因素；当心间补间铺作两朵，间广 7.74 尺；次间补间铺作一朵，间广 5.23 尺，明次间之比为 1.48，朵当略不等，当心间朵当 2.58 尺，次间朵当稍大，2.615 尺。

开山堂斗栱为唐样六铺作单杪双下昂的形式，实测斗栱构成的基本尺寸为：

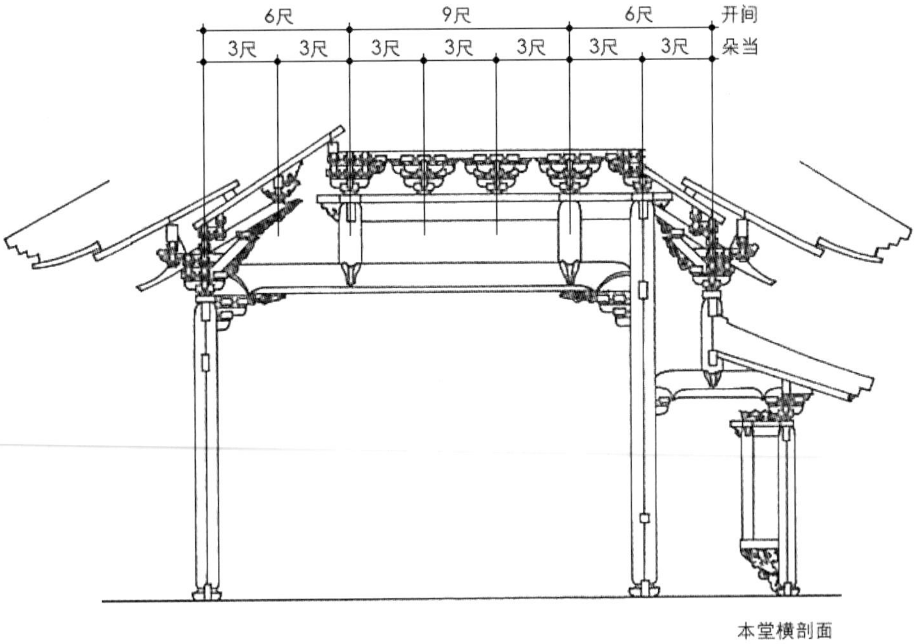

图 6-4-43　酬恩庵本堂横剖面（底图来源：関口欣也. 中世禅宗様建築の研究 [M]. 東京：中央公論美術出版，2010：157）

材广 2.8 寸，栔高 1.5 寸，小斗长 4.3 寸，斗间 1.3 寸。

基于斗栱、朵当及开间的关联构成分析，当心间朵当构成合 6 斗长、18 斗间，依此推算斗长、斗间的精确值为：小斗长＝ 4.3 寸，斗间＝ 1.433 寸。以此斗长、斗间之值，权衡开山堂斗栱实测尺寸[96]，开山堂斗栱立面构成吻合斗长方格模式，正方基准方格以 1/3 斗长的斗间 1.433 寸为单位（图 6-4-41）。

永保寺开山堂斗栱立面斗长方格模式的基本单元尺寸的推算值如下：

垂直方向：材＝ 2.866 寸，栔＝ 1.433 寸

水平方向：小斗长＝ 4.3 寸，斗间＝ 1.433 寸

开山堂斗栱立面构成的斗长方格模式，其斗间与斗长的比例关系，由此前的 1/2 变化为 1/3。

开山堂斗栱与朵当的关联构成如下：以斗长为基准，斗栱全长（5 ＋ 2/3）斗长，边斗间 1/3 斗长，合朵当 6 斗长，当心间 18 斗长。即：当心间朵当 2.58 尺，与小斗长 0.43 尺呈整六倍数关系，开山堂斗栱、朵当及开间的尺度构成，统一于斗长基准。这一构成关系正是所谓“六间割”的斗长模数形式。

中世唐样遗构中六间割斗长模数的另一实例是室町时代后期的京都酬恩庵本堂（1506 年）。

酬恩庵本堂平面为方三间形式，五铺作斗栱，扇列椽形式，且无和样枝割因素，为一纯粹的唐样佛堂。当心间补间铺作两朵，次间补间铺作一朵，实测当心间 9 尺，次间 6 尺，朵当逐间等距，各 3 尺；内柱后移一朵当、3 尺（图 6-4-42、图 6-4-43）。

本堂斗栱为唐样五铺作单杪单昂形式，斗栱立面分型为斗畔相接的形式。

96　永保寺开山堂斗栱实测尺寸（单位：寸），据关口欣也整理数据：材广 2.8，材厚 2.0，栔高 1.5，跳高 4.3；斗间 1.3，小斗长 4.3，小斗底长 2.8，小斗高 2.8；大斗长 6.6，大斗高 4.5，大斗平欹高 2.8；短栱长 13.9，长栱长 22.5，短栱心长 11.1，短栱跳距 5.55。

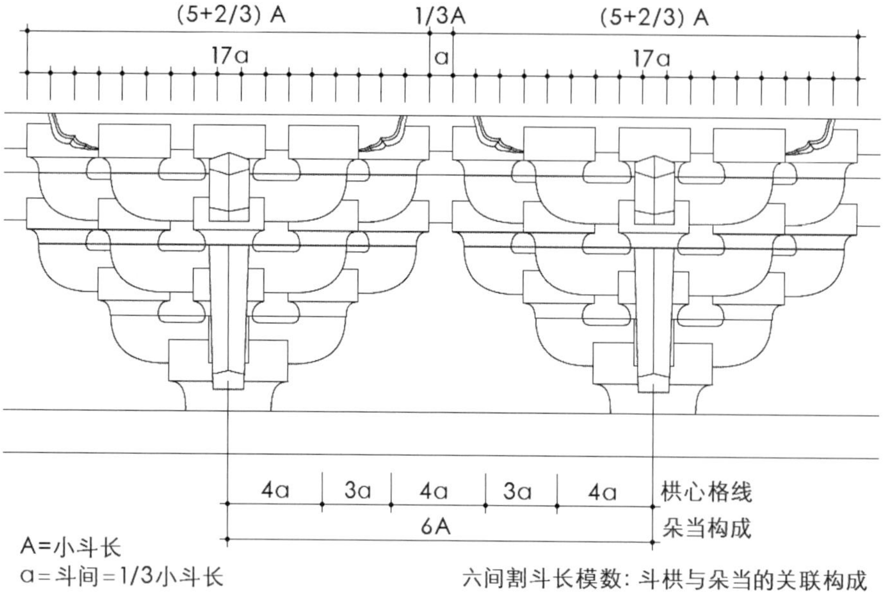

图 6-4-44　六间割斗长模数：斗栱与朵当的关联构成（作者自绘）

实测本堂斗栱构成的基本尺寸如下：材广 3.5 寸，栔高 1.67 寸，小斗长 5 寸，斗间 1.6 寸。

权衡小斗长 5 寸与朵当 3 尺的关系，二者间呈六倍关系，即：小斗长＝ 1/6 朵当，且斗间＝ 1/3 小斗长。基于斗栱、朵当及开间的关联构成分析，本堂朵当构成合 6 斗长、18 斗间，依此推算斗长、斗间的精确值为：

小斗长＝ 5 寸，斗间＝ 1.67 寸

以此斗长、斗间之值，权衡本堂斗栱实测尺寸[97]，横向尺度上吻合斗长格线关系，且以 1/3 斗长的斗间为细分基准；进而，在斗栱与朵当的关联构成上，以斗长为基准，斗栱全长（5 ＋ 2/3）斗长，边斗间 1/3 斗长，合朵当 6 斗长，当心间 18 斗长，一如永保寺开山堂的斗长模数形式。

斗栱竖向尺度上，虽栔高实测值（1.67 寸）吻合于 1/3 小斗长，然材广实测值（3.5 寸）略大于 2/3 小斗长（3.33 寸）。因此，如果不是形变和误差的话，材、栔尺寸略不合斗栱竖向的等距格线。或者说，酬恩庵本堂尺度设计的特点，在于横向尺度构成上基于斗长的单向格线关系。

实际上，六间割斗长模数的实质，只在于横向尺度的构成关系。

六间割斗长模数成立的基本条件如下：一是斗栱立面分型为斗畔相接的形式，二是小斗长等于 1/6 朵当，斗间等于 1/3 小斗长。进而，斗栱与朵当的关联构成为：斗栱全长（5 ＋ 2/3）斗长，边斗间 1/3 斗长，合朵当 6 斗长。相应地，在间广构成上，以朵当、斗长为两级模数形式：当心间 3 朵当、18 斗长；次间 2 朵当、12 斗长，总体方三间 42 斗长 ×42 斗长（图 6-4-44）。

六间割斗长模数，以斗长的 1/3 为细分基准，在斗栱构成以及斗栱与朵当的

97　酬恩庵本堂斗栱实测尺寸（单位：寸），据关口欣也整理数据：材广 3.5，材厚 2.6，栔高 1.67，跳高 5.2；小斗长 5.0，斗间 1.6，小斗底长 3.0，小斗高 2.95；大斗长 8.0，大斗高 4.3，大斗平欹高 2.6；短栱长 16.2，长栱长 26.2，短栱心长 13.2，短栱跳距 6.6。又据大斗外边与小斗内边的斗畔对位关系，推得短栱跳距 6.65 寸，吻合斗长格线关系。

关联构成上作精细筹划。

在斗栱与朵当的关联构成上，酬恩庵本堂实测尺寸与六间割斗长模数相当吻合，其吻合度要高于永保寺开山堂。

以酬恩庵本堂斗栱全长的测值与算值的比较为例：

测值：斗栱全长＝长栱长 26.2 寸＋两边小斗斗凹 2 寸＝ 28.2 寸

算值：斗栱全长＝（5 ＋ 2/3）小斗长＝ 28.3 寸

本堂斗栱全长的测值与算值几近完全吻合。

唐样尺度规律的分析上，酬恩庵本堂不仅算值与测值十分吻合，且现行尺与营造尺相同，应是分析六间割斗长模数的好例。

分析永保寺开山堂斗栱构成的斗长方格模式，其竖向构成上，栔＝ 1/2 材，足材＝ 1.5 材，且足材与斗长相等，皆为 4.3 寸，故在形式上看似等同于材栔方格模式。然二者的区别在于：设计思维上斗长模数更注重的是横向尺度构成上基准形式的直接和直观，以及斗长与朵当的简洁整倍数关系，开山堂朵当构成为 6 倍斗长的简洁关系，正表明了基准之所在。及至室町时代后期，由于对横向尺度关系的愈加注重，唐样尺度构成上材栔的基准属性，基本上已转移至更为直接和直观的斗长基准上。

实际上，中世唐样佛堂的尺度设计，无论是材栔模数、斗长模数，还是斗口模数，在横向尺度构成上，最终都可转换成斗长基准的形式，并通过斗间与斗长的比例关系的设定，组织和筹划斗栱构成以及斗栱与朵当的关联构成。或者说，在斗栱与朵当的关联构成上，建立“朵当—斗长—斗间”三者间的简洁比例关系。

对于注重横向尺度关系的唐样尺度设计而言，斗长基准是最为直接和直观的基准形式，室町末以来斗长模数逐渐成为主流的变化说明了这一点，而最终定型的六间割斗长模数，正是这一变化的表现和结果。

近世以后，六间割斗长模数逐渐定型和制度化，并作为唐样设计技术规制，收录于唐样建筑技术书。

从斗长模数传承演变的角度而言，六间割做法应来自此前的八间割做法，即从八斗长朵当构成向六斗长朵当构成的演变。这表明室町末至近世以来，唐样设计技术上横向尺度的构成关系更趋细密，其表现一是缩小相邻斗栱空当（边斗间），从东大寺钟楼的 3 斗长，至圆觉寺古图佛殿的 2 斗长，再缩小至六间割的 1/3 斗长；二是缩小斗间尺寸，即斗间从 1/2 斗长缩小至 1/3 斗长。至此阶段，横向尺度构成上的斗间与边斗间达到对应均等，皆等于 1/3 斗长。

唐样斗长模数的演变，显示了朵当构成趋向紧凑细密的变化过程。

从唐样模数形式演变的角度而言，六间割斗长模数的时代性迟于材栔模数，推测应在室町时代后期的 16 世纪前后。六间割斗长模数的唐样遗构中，酬恩庵本堂建于 16 世纪初的 1506 年，与六间割斗长模数的时代性吻合。而永保寺开山堂

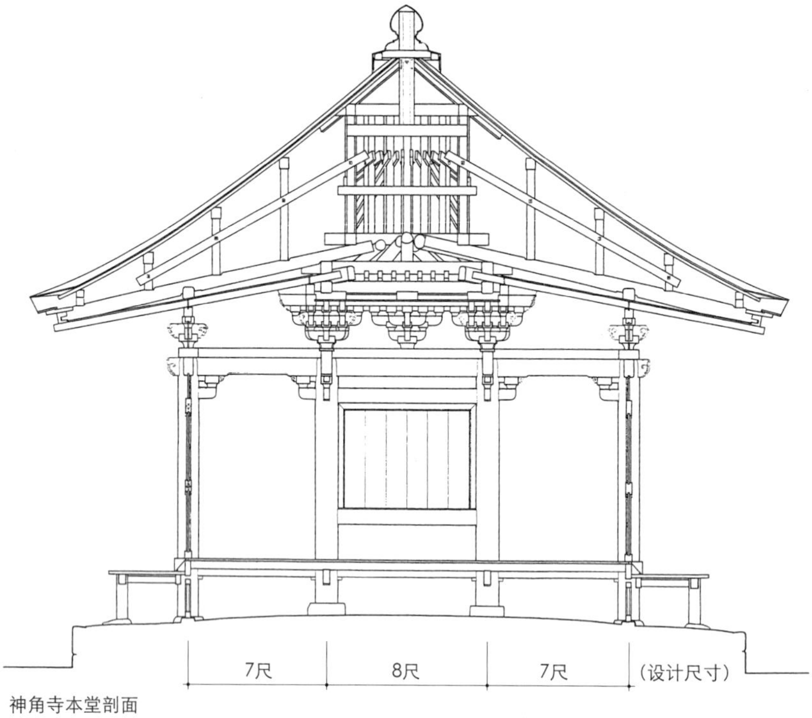

图 6-4-45　神角寺本堂纵剖面（来源：神角寺編．重要文化財神角寺本堂修理工事報告書 [M]，1963）

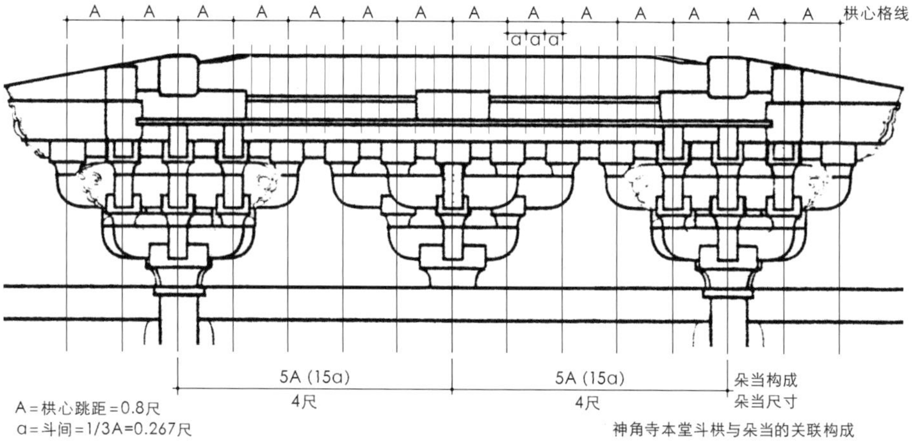

图 6-4-46　神角寺本堂斗栱与朵当的关联构成（底图来源：神角寺編．重要文化財神角寺本堂修理工事報告書 [M]，1963）

的年代，据传建于日本文和元年，也即 14 世纪中期的 1352 年[98]，关口欣也根据该构的样式特征，认为其年代应在 14 世纪后半期的南北朝（1333—1392）末期[99]。依此断代，永保寺开山堂在现存唐样遗构中年代甚早，然若以六间割斗长模数的时序性而言，永保寺开山堂的年代或要推后，有可能在 15 世纪后期。

永保寺开山堂应是近世唐样建筑技术中所记六间割斗长模数的先驱之例。

（5）唐样斗长模数的两个特例

以上基于遗构实测数据，分析讨论了中世唐样斗长模数的三种形式：东大寺

98　永保寺为梦窗疏石所开的庵居，开山堂由祀堂与礼堂两部分构成。建立年代不明，据传为日本文和元年（1352）所建。

99　参见：関口欣也．中世禅宗様建築の研究 [M]．東京：中央公論美術出版，2010：357.

钟楼的原始斗长模数形式、圆觉寺古图佛殿的成熟斗长模数形式，以及永保寺开山堂、酬恩庵本堂的六间割斗长模数形式。

上述三种唐样遗构及相应的斗长模数形式，应具有演变关系：三者在斗栱立面分型上皆为斗畔相接形式；在模数阶段上，从原始的斗长模数，向成熟的斗长模数演变；在比例关系上，既有斗间与斗长比例关系的演变，又有朵当构成关系的演变，即：从斗间取 1/2 斗长，演变为斗间取 1/3 斗长；从 8 斗长朵当构成，演变为 6 斗长朵当构成，斗栱构成以及斗栱与朵当的关联构成，趋于细密紧凑。

上述三类唐样遗构所表现的三种斗长模数形式，大致构成和勾勒了中世唐样斗长模数的整体存在和演变脉络。

以下再举中世唐样斗长模数实例中较为特殊的两例：神角寺本堂与安乐寺三重塔。二构的特殊之处，一是在于斗栱形式的分别：神角寺本堂斗栱为斗畔分离的形式，安乐寺三重塔斗栱为唐样单栱造的形式，二者皆不同于中世唐样重栱造、斗畔相接的标准斗栱形式；二是在于斗间与斗长比例关系的变化，安乐寺三重塔斗栱的斗间取 1/4 小斗长，不同于中世唐样斗栱的通常比例关系。

上述二构斗栱形式及比例关系的特殊性，带来二构斗栱构成以及斗栱与朵当关联构成的相应变化。神角寺本堂、安乐寺三重塔二构，在认识中世唐样斗长模数的多样性上，有特殊的意义。以下依次分述二构斗长模数的形式与特点。

首先讨论神角寺本堂。

大分县神角寺本堂（1369 年），平面方三间，屋顶为攒尖形式（图 6-4-45）。本堂外檐斗栱为一斗三升的简单斗栱形式，内檐斗栱为唐样重栱造四铺作单杪的形式，斗栱立面分型为斗畔相离的形式，这是本堂斗栱形制的一个特点。

实测本堂明间 8.04 尺，次间 7.04 尺，推算设计尺寸应为 8 尺与 7 尺。内檐方一间，补间铺作一朵，朵当 4.02 尺。本堂开间及朵当的设计尺寸应为整数尺形式，这是本堂斗栱配置的一个特点。

基于本堂斗栱的上述两个特点，其斗栱构成以及斗栱与朵当的关联构成，亦与中世唐样斗长模数的通常形式有显著的不同。

实测本堂斗栱构成的横向基本尺寸如下：小斗长 5.2 寸，斗间 2.8 寸，栱心跳距 8 寸[100]。

本堂尺度构成的特色，表现在基于斗长的横向尺度关系上，斗栱构成及其与朵当的关联构成如下（图 6-4-46）：

斗栱构成：斗间为 1/2 小斗长，栱心跳距为 3/2 小斗长，斗栱全长为 7 小斗长；

斗栱立面构成的分型上，本堂属斗长格线模式Ⅲ型（斗畔相离型）。

斗栱与朵当的关联构成：斗栱全长 7 小斗长，边斗间 1/2 小斗长，合朵当 7.5 小斗长，当心间 15 小斗长。

100　神角寺本堂斗栱实测尺寸（单位：寸），据关口欣也整理数据：材广 5.0，材厚 3.0，栔高 2.3 寸，跳高 7.3；斗间 2.8，小斗长 5.2，小斗底长 3.4，小斗高 4.6；大斗长 9.8，大斗高 6.2，大斗平欹高 3.7；短栱长 19.4，长栱长 35.4，短栱心长 16，短栱跳距 8.0。

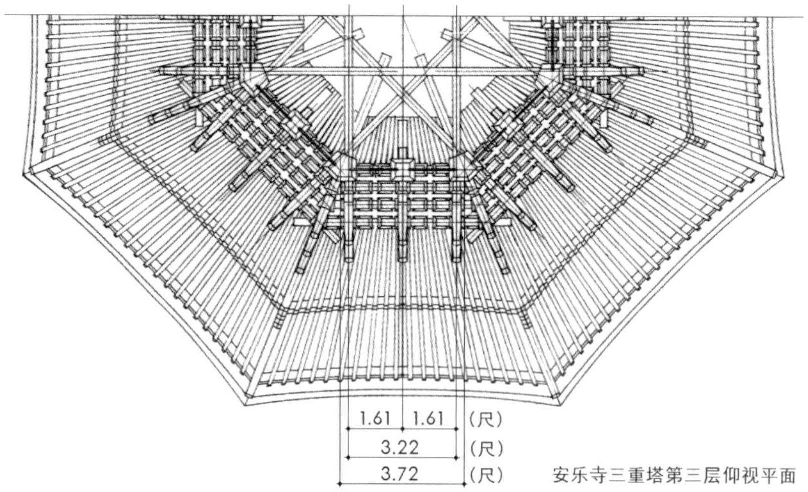

图 6-4-47　安乐寺三重塔立面 [来源：太田博太郎等. 日本建築史基礎資料集成（十二）・塔婆Ⅱ [M]. 東京：中央公論美術出版，1999]（左）

图 6-4-48　安乐寺三重塔第三层仰视平面 [底图来源：太田博太郎等. 日本建築史基礎資料集成（十二）・塔婆Ⅱ [M]. 東京：中央公論美術出版，1999]（右）

若以栱心跳距（A）格线作权衡，则有如下构成关系：

斗间＝ 1/3A，小斗长＝ 2/3A，边斗间＝ 1/3A，斗栱全长＝（4 ＋ 2/3）A；

朵当＝ 5A，当心间＝ 10A，次间＝ 8.75A

测值与算值相校，小斗长测值略小于算值，斗间测值略大于算值，然小斗长与斗间的测值之和，也即栱心跳距的测值，与算值完全吻合。考虑小斗长的变形收缩以及误差因素，神角寺本堂横向尺度构成的测值与算值相当吻合。

神角寺本堂开间设计尺寸应为整数尺的形式，即：当心间 8 尺，次间 7 尺，栱心跳距 0.8 尺，小斗长 0.533 尺。本堂尺度设计上，栱心跳距取朵当的 1/5、当心间的 1/10 ；而作为基准的小斗长取值为：2/3 斗心跳距、1/7.5 朵当、1/15 当心间。

相对于中世唐样斗长模数的通常形式，神角寺本堂的特色在于：斗栱构成上以斗畔相离的形式，弥补补间铺作一朵所带来的朵当稀疏，并由此形成横向尺度构成上的视觉匀称。神角寺本堂的 7.5 斗长朵当，仅略小于东大寺钟楼、圆觉寺古图佛殿的 8 斗长朵当，远大于六间割斗长模数的 6 斗长朵当。

基于上述分析可知，神角寺本堂斗栱的斗畔分离形式及其尺度关系，只是针对补间铺作一朵及朵当过疏的应变形式。

中世唐样遗构的尺度关系分析上，宋风楼阁式八角塔的安乐寺三重塔，是无论如何不可忽视的一例。

古代八棱平面的尺度设计，基于勾股定律的计算，有一定的误差，故在平面尺度规律的分析上难以精确。然在斗栱尺度设计上，则有可能以模数的形式，精细组织和筹划尺度关系，中世唐样安乐寺三重塔即是其例。

长野县安乐寺三重塔（室町初期）[101]，是日本现存中世唐样楼阁式塔的孤例。该塔三重，底层带副阶，扇列椽形式，整体上为纯粹、典型的唐样做法。平面八棱，每面一间，各层逐间施补间铺作一朵（图 6-4-47）。

关于三重塔的斗栱形式，副阶用唐样重栱造四铺作出单杪、里转五铺作出双杪的形式，塔身一层用唐样重栱造六铺作单杪双下昂的形式，第二、第三层由于间广递减、朵当过窄，改用唐样单栱造六铺作单杪双下昂的形式。该塔斗栱双下昂为典型的宋式假昂形式。

由于楼阁式塔的逐层递减关系，安乐寺三重塔至顶层（第三层），其横向尺度关系已十分密集，故在斗栱构成及斗栱与朵当的关联构成上，精细组织和筹划横向尺度关系尤显必要。基于这一特点，安乐寺三重塔的尺度关系分析，从横向尺度关系最为密集的顶层入手。

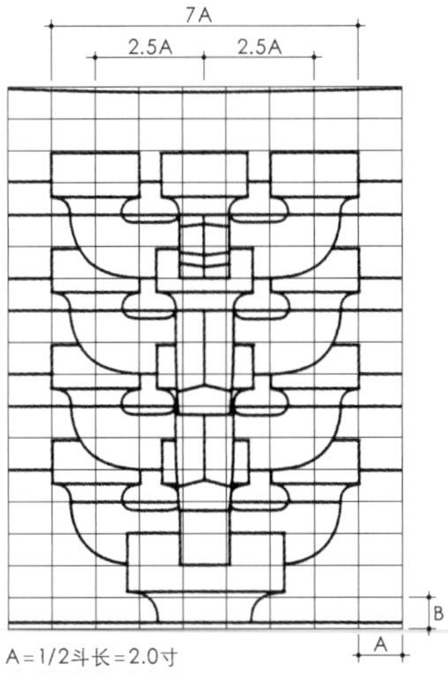

A＝1/2斗长＝2.0寸
B＝1/2材广＝1.45寸
斗间＝0.5A，栱心跳距＝2.5A
安乐寺三重塔斗栱立面（第三层）

图 6-4-49　安乐寺三重塔基于斗长的斗栱立面构成（底图来源：日本文化财图纸）

实测三重塔第三层开间（柱心间距）3.72 尺，转角铺作的边缝华栱间距 3.22 尺，朵当 1.61 尺（图 6-4-48）。

安乐寺三重塔由于八边形平面的限制，其开间设计尺寸虽难以精确控制，然其转角铺作上所设的三缝出跳华栱中，边缝与补间铺作之间的朵当尺寸，却是可以精细调控和筹划的。由柱头边缝华栱所测开间 3.22 尺，朵当 1.61 尺，基于此实测尺寸，进而分析斗栱构成以及斗栱与朵当的关联构成。

实测三重塔第三层斗栱构成的基本尺寸为：材广 2.9 寸，栔高 1.45 寸，小斗长 4.05 寸，斗间 1 寸[102]。

综合权衡斗栱、朵当尺寸及其构成关系，可知三重塔斗栱竖向以材广 2.9 寸、横向以小斗长 4 寸，权衡斗栱尺度关系，并以小斗长 4 寸为基准，设定斗栱与朵当的关联构成，具体构成关系如下：

斗栱立面构成吻合于斗长方格模式，即横向尺度上吻合于 1/2 斗长的格线关系，竖向尺度上吻合于 1/2 材广的格线关系（图 6-4-49）。

安乐寺三重塔斗栱立面斗长方格模式的基本单元尺寸的推算值如下：

垂直方向：材＝ 2.9 寸，栔＝ 1.45 寸

水平方向：小斗长＝ 4 寸，斗间＝ 1 寸

三重塔斗栱的竖向尺度构成为栔取 1/2 材的传统形式，由此形成基于 1/2 材的竖向格线关系；斗栱的横向尺度构成，基于 1/2 斗长的格线关系，斗间取 1/4 斗长，栱心跳距为 1.25 斗长，斗栱全长为 3.5 斗长。若以 1/2 斗长（A）为权衡基准，则有如下构成关系：

斗间＝ 1/2A，小斗长＝ 2A，栱心跳距＝ 2.5A，斗栱全长＝ 7A

在斗栱与朵当的关联构成上，基于 1/2 斗长的格线关系，斗栱全长 3.5 斗长，边斗间 1/2 斗长，合朵当 4 斗长，开间 8 斗长。若以 1/2 斗长（A）作权衡，则

101　关于安乐寺三重塔的建立年代，日本学界有镰仓末期和室町初期两说。据年轮年代法测定，安乐寺三重塔虾形月梁构件的用料采伐年代为 1289 年，时为镰仓时代（1185—1333）后期。也就是说，三重塔的建立年代，存在镰仓时代后期的可能。然三重塔的建筑样式已是成熟完备的唐样，故也存在转用旧材或后世改造的可能。参见：加藤修司．長野県国宝安楽寺八角三重塔：年輪年代調査の記録．文建協通信，2008（93）．转引自：関口欣也．中世禅宗様建築の研究[M]. 東京：中央公論美術出版，2010：365-366.

102　安乐寺三重塔斗栱实测尺寸（单位：寸），据文化财图纸所记数据：材广 2.9，材厚 2.3，栔高 1.45；斗间 1.0，散斗与齐心斗长 4.05，交互斗长 4.5，小斗高 2.8；大斗长 6.6；华栱跳距 5.05，令栱跳距 5.05。各层斗栱尺寸相同。

关口欣也整理数据：小斗长 4.0，短栱心长 10，短栱跳距 5.0。

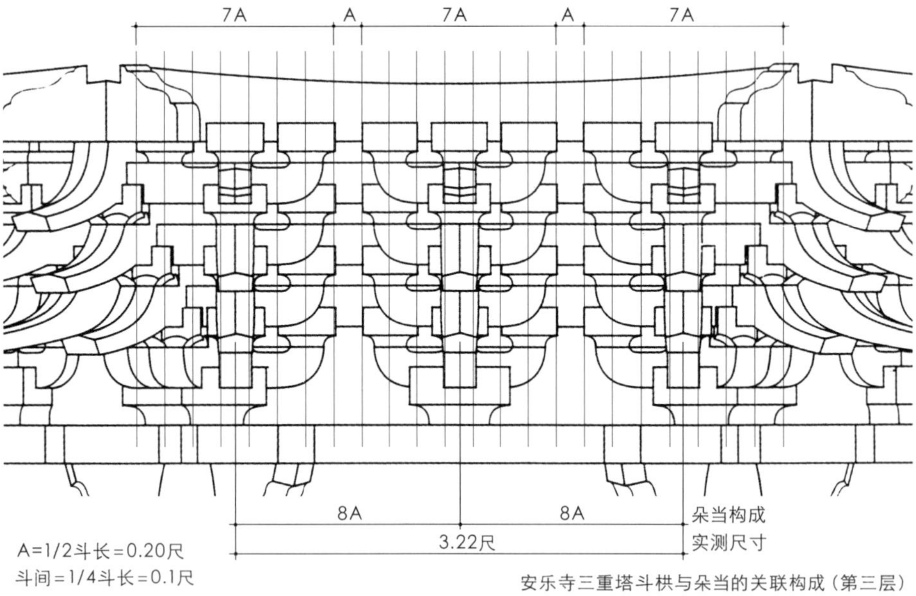

图 6-4-50　安乐寺三重塔斗栱与朵当的关联构成（底图来源：日本文化财图纸）

有如下构成关系（图 6-4-50）：

斗栱全长＝ 7A，边斗间＝ A，朵当＝ 8A，开间＝ 16A

安乐寺三重塔斗栱、朵当及开间的算值与测值十分吻合。

第三层间广实测 3.22 尺，开间构成合 8 小斗长，折算小斗长 4.025 寸；若以设计尺寸而论，推定小斗长 4 寸，相应地，朵当 1.6 尺，开间 3.2 尺。安乐寺三重塔的设计营造尺长微大于现行曲尺。

安乐寺三重塔的斗长模数，相对于中世唐样斗长模数的通常形式，其变化表现在两点：一是斗栱形式，从重栱造变为单栱造，二是斗间与小斗长的比例关系，斗间从 1/2 小斗长缩小为 1/4 小斗长。

实际上，安乐寺三重塔的上述两个变化，其目的都是缩减一朵斗栱的长度，以适合第三层过小的朵当尺寸，其思路和方法推析如下：

为使第三层朵当 3.2 尺（设计尺寸），可容纳下一朵斗栱，首先将重栱造改为单栱造，而一朵单栱造斗栱的全长为：3 小斗长＋ 2 斗间，如果斗间与小斗长的比例，仍取中世唐样通常的比例关系，即：斗间＝ 1/2 小斗长，那么，一朵单栱造斗栱的全长为 4 小斗长，合 1.6 尺。然而，经过逐层递减后的第三层朵当，也仅有 1.6 尺（设计尺寸），不足以容纳一朵通常的单栱造斗栱。于是，又采用缩减斗间尺寸的方法，将通常斗间取 1/2 小斗长，改为斗间取 1/4 小斗长，从而将斗栱全长再缩减 1/2 小斗长，最终一朵单栱造斗栱的全长，缩减为 3.5 小斗长，合 1.4 尺，适合于朵当 1.6 尺，并余 0.2 尺（合 1/2 小斗长）的相邻斗栱空当（边斗间）。

如果说神角寺本堂斗栱的斗畔相离形式，是针对朵当过疏的应变措施的话，那么安乐寺三重塔斗栱的单栱造形式以及斗间取 1/4 小斗长的做法，则是针对朵当过密的应变措施，在横向尺度的组织与筹划上，二构异曲同工。

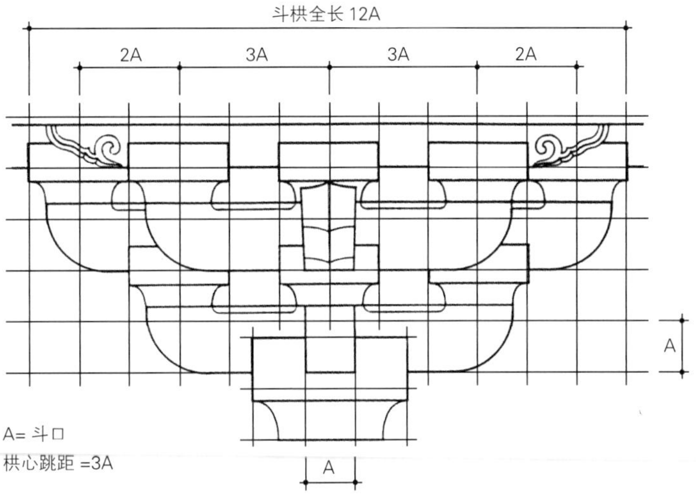

图 6-4-51　中世唐样斗栱立面构成的斗口方格模式（作者自绘）

近世以后，随着唐样建筑朵当更趋密集，安乐寺三重塔上述缩减斗间尺寸的一时性应变措施，在近世唐样建筑上则成为常用做法，斗间＝ 1/4 小斗长，成为近世唐样斗栱横向尺度筹划的一个通则定式。

5. 斗口方格模式

（1）斗口方格模式的建立及分型

唐样斗栱构成的斗口方格模式，指以斗口为基准的斗栱立面构成形式。唐样斗栱方格模式的多样性变化中，斗口方格模式是较后出的形式。相较于材栔方格模式，斗口方格模式的特点在于：其横向与竖向的两向尺度构成，皆由单一的斗口格线权衡，构成关系更为简洁和统一。

根据现存唐样遗构分析，中世唐样的斗口方格模式较为统一，其立面构成的分型，皆为斗口方格模式 I 型（斗畔相接型）。而至近世唐样斗口方格模式则有所变化，既有斗畔关系的不同，又有斗间与斗长比例关系的变化，呈现出近世唐样斗口模数的多样性特色。本节关于斗口方格模式的分析讨论，限于中世唐样遗构，而关于近世唐样斗口模数的分析，见后文第八章的相关内容。

中世唐样斗口方格模式成立的基本条件是：

垂直方向：跳高＝ 2 斗口

水平方向：小斗长＝ 2 斗口，斗间＝ 1 斗口

方格两向以斗口为基准，基准方格呈正方形式，并以斗口格线的双向控制，构成斗栱立面的斗口方格模式（图 6-4-51）。

基于斗口方格模式，斗栱立面的构成关系如下（设斗口为 A）：

垂直方向：跳高＝ 2A，大斗高＝ 2A

水平方向：斗间＝ A，小斗长＝ 2A，大斗长＝ 3A；短栱全长＝ 8A，长栱全

长＝12A，栱心跳距＝3A

上述这一构成模式应是中世唐样斗口模数的基本定式。

在斗栱尺度关系上，唐样斗口模数与清式斗口模数基本相同，但唐样较清式更为简洁、明快。

唐样斗栱的斗口方格模式，最终以单一的斗口基准统一了斗栱两向的尺度关系。模数基准由竖向尺度单位的材栔，彻底转向横向尺度单位的斗口。

日本室町时代后期，唐样尺度关系有了进一步的变化，其主要表现是横向尺度基准逐渐占据主导地位，斗栱立面构成的斗口方格模式即其典型表现。从现存唐样遗构来看，至室町时代（1336—1573）后期，斗口模数之例开始出现和增多，如延历寺瑠璃堂、圆融寺本堂、园城寺藏殿、玉凤院开山堂、永保寺观音堂等诸构。

（2）唐样斗口方格模式三例

中世唐样斗口模数的实例中，延历寺瑠璃堂、圆融寺本堂以及园城寺藏殿三构，不仅斗栱构成关系相同，而且斗栱与朵当的关联构成亦一致或相近，故将此三构一并讨论。

首先从延历寺瑠璃堂开始。

滋贺县延历寺瑠璃堂，营建年代推定为室町时代末期，形制上为唐样方三间佛堂，明间补间铺作两朵，次间补间铺作一朵。实测明间 8.28 尺，次间 5.52 尺，逐间朵当等距，皆 2.76 尺。

瑠璃堂斗栱为唐样重栱计心造四铺作，斗栱立面分型为斗畔相接的形式。

实测斗栱构成的基本尺寸如下：材厚（斗口）2 寸，跳高 4 寸，小斗长 4.2 寸，斗间 2.2 寸[103]。

权衡斗栱及朵当尺寸，得朵当构成 13 斗口，斗栱全长 12 斗口，依此推算斗口的精确值为：斗口＝2.12 寸，瑠璃堂斗栱立面构成吻合斗口方格模式，其基本单元尺寸的推算值如下：

垂直方向：跳高＝4.24 寸

水平方向：斗口＝2.12 寸，斗间＝2.12 寸，小斗长＝4.24 寸

测值与算值相较，垂直方向上，测值略显不足；水平方向上，则相当吻合基于斗口的格线关系。

以延历寺瑠璃堂斗栱全长的测值与算值作比较：

测值：斗栱全长＝长栱长 23.7 寸＋两头小斗斗凹 1.4 寸＝25.1 寸

算值：斗栱全长＝12 斗口＝25.4 寸

测值略小于算值，考虑到构件的变形收缩以及各种误差因素，瑠璃堂斗栱全长的测值与算值相当吻合。

此外，大斗尺寸以及栱心跳距，也是斗口模数的一个重要指标，其测值吻合

103　延历寺瑠璃堂斗栱实测尺寸（单位：寸），据关口欣也整理数据：材广 2.6，材厚 2.0，栔高 1.4，跳高 4.0；斗间 2.2，小斗长 4.1，小斗底长 2.8，小斗高 2.5；大斗长 6.2；短栱长 15.5，长栱长 23.7，短栱心长 12.7，短栱跳距 6.35。

文化财图纸所记尺寸：小斗长 4.2，华栱、令栱跳距 6.5。

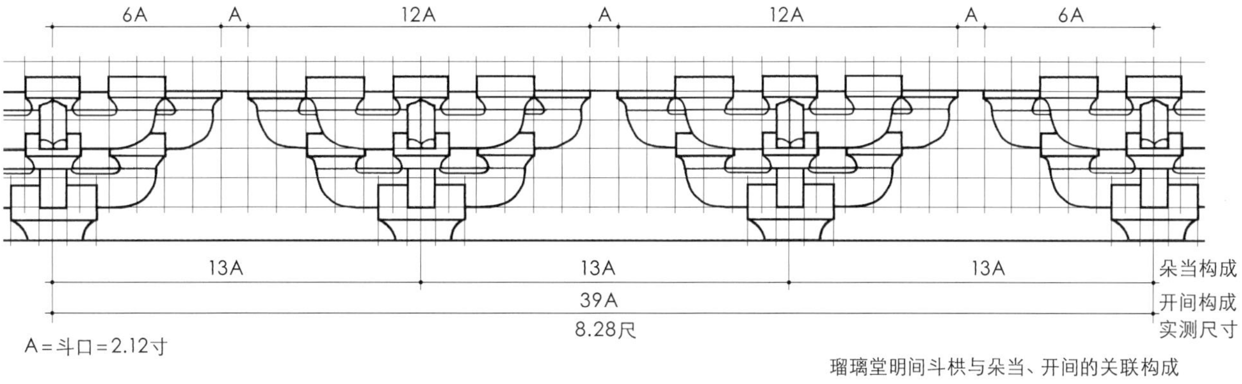

图 6-4-52　延历寺瑠璃堂斗栱与朵当的关联构成示意（作者自绘）

于大斗长 3 斗口、栱心跳距 3 斗口的构成关系。

唐样斗口模数的实质和追求，仍是在于横向尺度上斗栱与朵当的关联构成，瑠璃堂基于斗口的斗栱与朵当的关联构成如下：斗栱全长 12 斗口，相邻斗栱空当（边斗间）1 斗口，朵当合 13 斗口。相应地，明间 39 斗口，次间 26 斗口，整体 91 斗口 ×91 斗口（图 6-4-52）。

结合第五章的相关分析，瑠璃堂基于斗口的整体构成关系可以下式表述（A 为斗口，括号内为实测值）：

斗栱构成：A（2.12 寸）

朵当构成：13A（2.76 尺）

开间构成：39A、26A（8.28 尺、5.52 尺）

殿身构成：91A×91A（19.32 尺 ×19.32 尺）

接着讨论第二例圆融寺本堂。

位于东京的圆融寺本堂，建立年代不明，日本学界推测为室町时代中期，而依圆融寺本堂斗口模数的时序性特点，推测其年代或近于室町时代后期。圆融寺本堂为唐样风格的天台宗佛堂，且唐样纯正。

本堂面阔三间，进深四间。进深前一间分隔为礼佛空间，后三间为佛堂（释迦堂），内柱后移半间（一个朵当）。实测面阔明间 7.5 尺，次间 6.66 尺；进深四间均等，皆 6.66 尺，与面阔次间相等（图 6-4-53）。

圆融寺本堂采用纯正的唐样斗栱形式。外檐斗栱为简单的出三斗（类斗口跳）形式，内檐斗栱为重栱造四铺作形式。面阔、进深各间施补间铺作一朵，明次间朵当不等。斗栱立面分型为斗畔相接的形式（图 6-4-54）。

本堂斗栱构成以及斗栱与朵当的关联构成的分析，以内檐斗栱为对象。

实测斗栱构成的基本尺寸如下：材厚（斗口）2.6 寸，跳高 5 寸，小斗长 5 寸，斗间 2.5 寸[104]。

综合权衡斗栱尺寸及其构成关系，可推得斗口精确值为 2.5 寸，与斗间尺寸相同，且斗栱立面构成吻合斗口方格模式，其基本单元尺寸的推算值如下：

104　圆融寺本堂内檐斗栱实测尺寸（单位：寸），据关口欣也整理数据：材广 3.3，材厚 2.6，栔高 1.7，跳高 5.0；斗间 2.5，小斗长 5.0，小斗底长 3.0，小斗高 3.4；大斗长 7.6，大斗高 4.1，大斗平欹高 2.4；短栱长 18，长栱长 28.2，短栱心长 15，短栱跳距 7.5。又据文化财图纸所记，华栱跳距 7.5 寸。

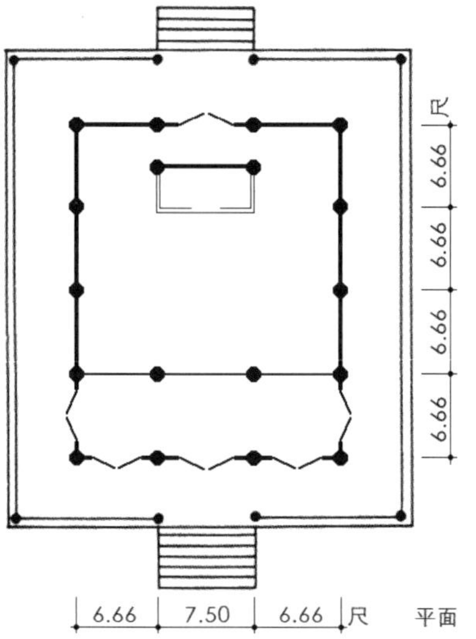

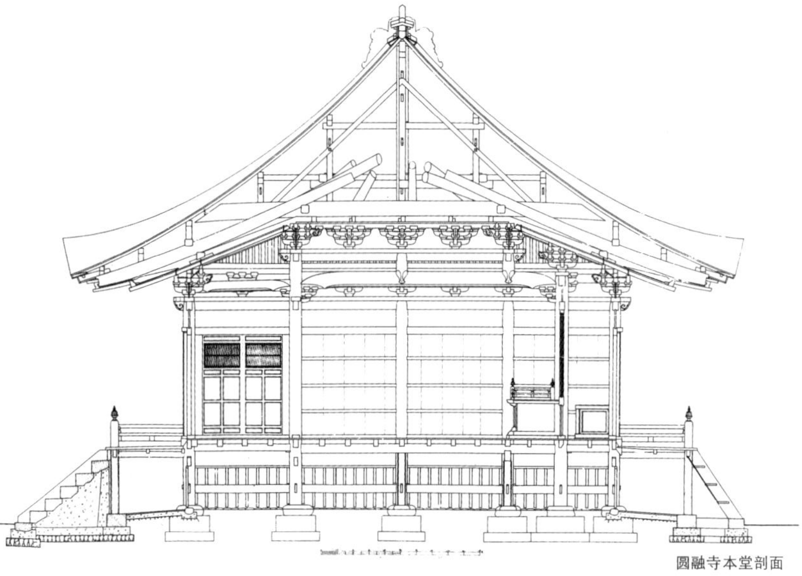

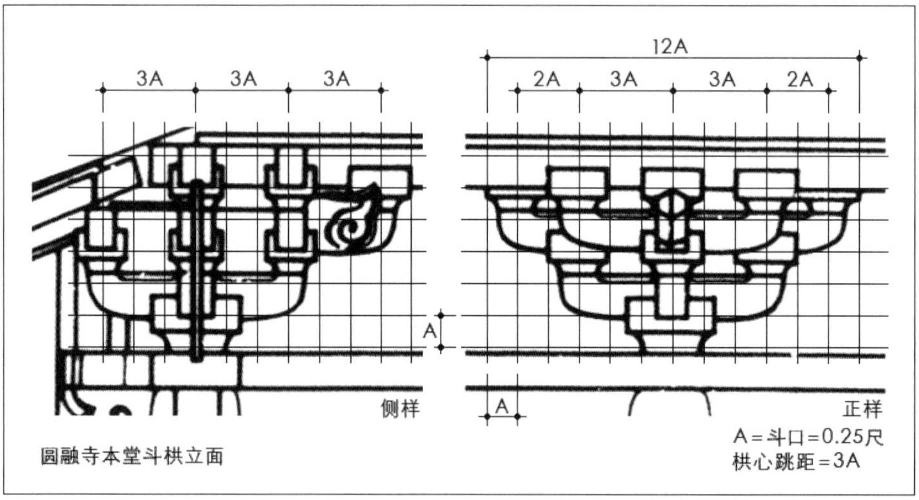

图 6-4-53　圆融寺本堂平面（作者自绘）（左）

图 6-4-54　圆融寺本堂横剖面［来源：国宝・重要文化财（建造物）実測図集（東京都その 2）[M]．文化财保护委员会，1967］（右）

图 6-4-55　圆融寺本堂基于斗口的斗栱立面构成［底图来源：国宝・重要文化财（建造物）实测図集（東京都その 2）[M]．文化财保护委员会，1967］

垂直方向：跳高＝ 5 寸

水平方向：斗口＝ 2.5 寸，斗间＝ 2.5 寸，小斗长＝ 5 寸

本堂斗栱的测值与算值十分吻合。此外，实测华栱跳距 7.5 寸，合 3 斗口；实测横栱（短栱）跳距 7.5 寸，合 3 斗口，皆与斗口方格模式完全吻合。圆融寺本堂的斗栱构成，是典型的斗口模数形式（图 6-4-55）。

关于斗栱与朵当的关联构成，首先以斗口基准权衡明间的朵当构成。明间 7.5 尺，补间铺作一朵，合朵当 15 斗口、明间 30 斗口。本堂基于斗口的斗栱与朵当的关联构成为：斗栱全长 12 斗口，边斗间 3 斗口，朵当 15 斗口（图 6-4-56）。

此外，本堂后内柱的柱高实测 10.5 尺（室内地面至普拍枋上皮），合 42 斗口。

斗口 0.25 尺、明间 7.5 尺，应是圆融寺本堂尺度设计上的基本尺寸。

本堂面阔次间以及进深四间，实测间广 6.66 尺，补间铺作一朵，朵当合 13.3 斗口，推测此开间尺寸后世有过改动。圆融寺本堂于江户时代有过较大的改造，原初形式不明，日本学界有研究认为原初可能为面阔五间、进深四间的形式。现状平

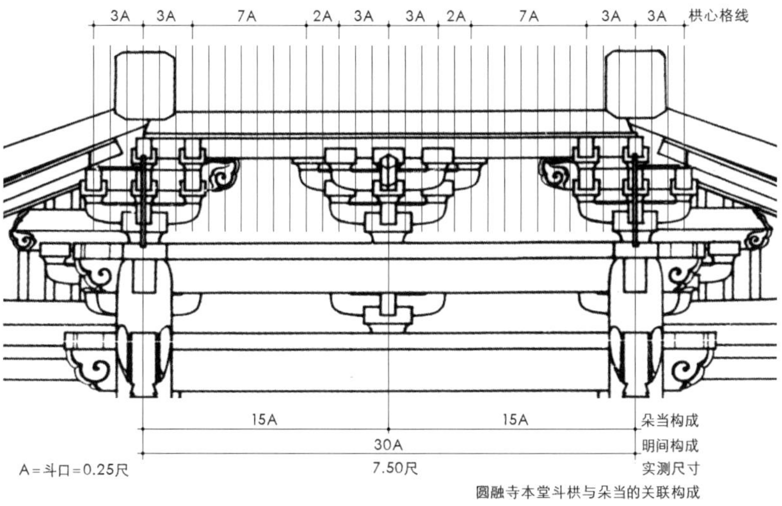

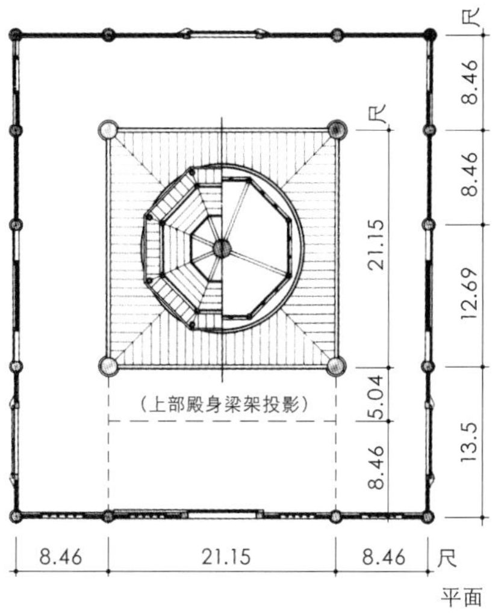

图 6-4-56　圆融寺本堂斗栱与朵当的关联构成 [底图来源：国宝・重要文化財（建造物）実測図集（東京都その 2）[M]．文化財保护委员会，1967]（左）

图 6-4-57　园城寺藏殿平面（底图来源：日本文化财图纸）（右）

行椽的布椽形式，有可能也是后世改造的结果[105]。

关于斗口模数讨论的第三例是园城寺藏殿。

滋贺县园城寺藏殿（室町末期）为转轮经藏的藏殿，日本转轮经藏及藏殿的样式风格，皆为典型的唐样形式。

藏殿为殿身方一间、副阶周匝的形式，当中方一间设置转转经藏（图 6-4-57）。

实测殿身间广 21.15 尺，补间铺作四朵，斗栱形制为重栱计心造四铺作；副阶 8.46 尺，补间铺作一朵，斗栱为简单的出三斗形式（类斗口跳）。殿身、副阶朵当均等，皆为 4.23 尺。

实测殿身斗栱构成的基本尺寸如下：材厚（斗口）3.1 寸，跳高 6 寸，小斗长 5.9 寸，斗间 3 寸[106]。

综合权衡斗栱尺寸及其与朵当的关联构成，可推得斗口精确值为 3.02 寸，与斗间尺寸相同，且斗栱立面构成吻合斗口方格模式 I 型，其基本单元尺寸的推算值如下：

垂直方向：跳高＝ 6.04 寸

水平方向：斗口＝ 3.02 寸，斗间＝ 3.02 寸，小斗长＝ 6.04 寸

上述算值与测值相较，唯小斗长的测值微小于算值，其他则相当吻合。

基于上述推算和分析，藏殿斗栱与朵当的关联构成如下：斗栱全长 12 斗口，边斗间 2 斗口，朵当 14 斗口（图 6-4-58）；相应地，殿身开间 70 斗口，副阶 28 斗口。

由上图可见，由于小斗长的实测值略小，故在横向尺度构成上，小斗斗畔间有一微小空隙，以及边斗间略大于 2 斗口。这一微小不合，未知是构件收缩形变所致，还是设计尺寸如此。

查关口欣也所记藏殿斗栱尺寸，由长栱心长的计算，比较斗口的测值与算值：

长栱心长＝长栱长 3.4 尺—小斗底长 0.4 尺＝ 3 尺

长栱心长 3 尺，构成关系为 10 斗口，合斗口 3 寸，十分接近推算的斗口值

105　圆融寺本堂经 1924 年的解体修理、1951 年的复原修缮，始呈目前的面貌。此次复原修缮，将开间尺寸与平行椽的枝割尺寸进行拟合，并微调了开间尺寸，即：基于一枝 0.416 尺，面阔明间 18 枝、7.488 尺，面阔次间以及进深四间 16 枝、6.656 尺。然而这一拟合调整，或有可能掩盖和抹去斗口模数的相关信息。

106　园城寺藏殿斗栱实测尺寸（单位：寸），据文化财图纸所记数据：材广 3.9，材厚 3.1，栔高 2.1，跳高 6.0；小斗长 5.9，小斗底长 4.0，小斗高 3.9；大斗长 10.8，长栱心长 29.9。
又据关口欣也整理数据：斗间 3.0，小斗高 4.0，大斗高 6.0；短栱长 21.7，长栱长 34.0，短栱心长 17.7，短栱跳距 8.85。

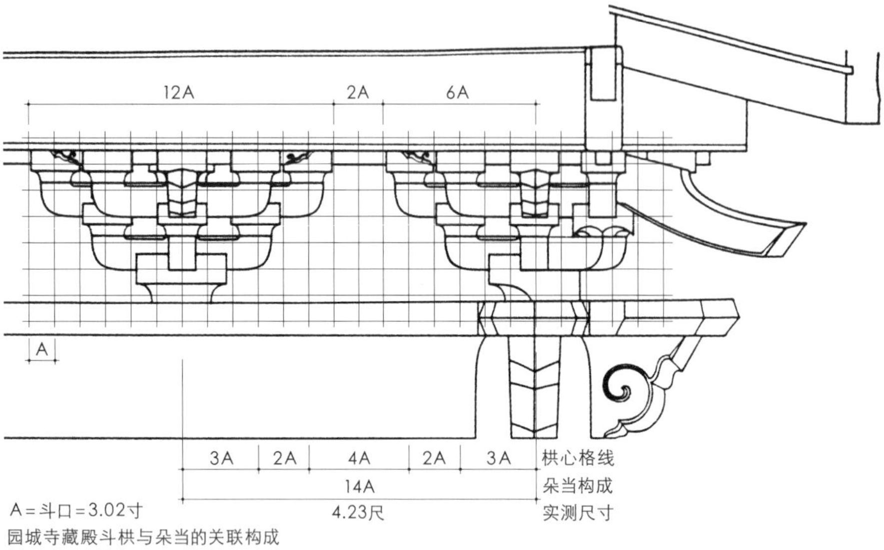

图 6-4-58　园城寺藏殿斗栱与朵当的关联构成（底图来源：日本文化财图纸）

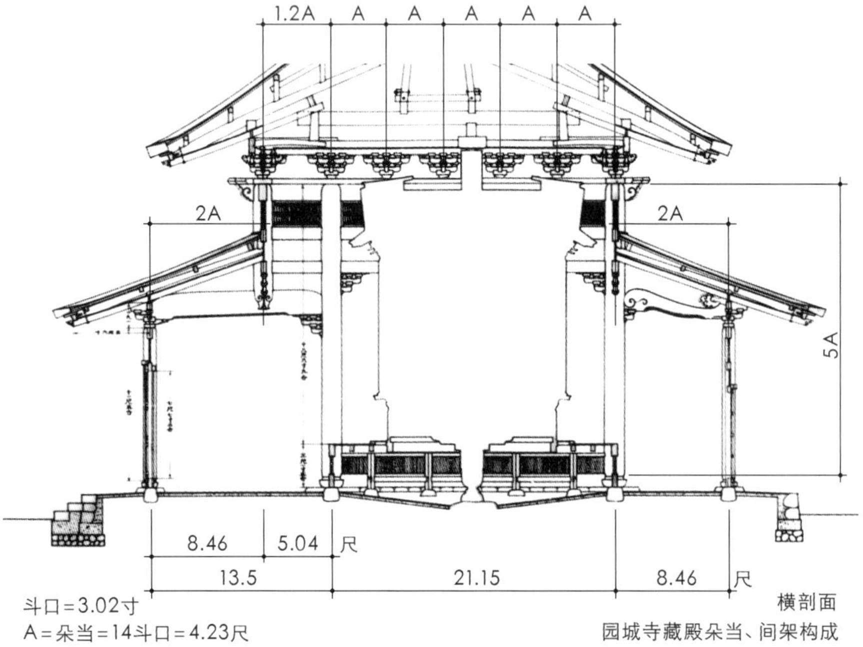

图 6-4-59　园城寺藏殿基于斗口、朵当的间架构成（底图来源：日本文化财图纸）

3.02 寸。

若以复原设计尺寸而论，斗口 3 寸、朵当 4.2 尺，应是园城寺藏殿的基本设计尺寸。

在柱高尺度上，实测殿身柱高（柱顶至柱础上皮）21.35 尺，相当接近 5 朵当、70 斗口（21.15 尺），而这与唐样技术书所记基于朵当的柱高设定方法相同：《建仁寺派家传书》三间佛殿柱高四朵当半、五间佛殿柱高五朵当半；《匠明》“雨打作唐用三间佛殿”以及圆觉寺古图佛殿的殿身柱高皆为五朵当。

园城寺藏殿以斗口、朵当的两级模数形式，建立斗栱、朵当及间架三者关联的整体构成关系（图 6-4-59）[107]。

107　图 6-4-59 所用底图为日本文化财图纸的园城寺藏殿横剖面图，原图上进深中间的补间铺作少画了一朵。本文作此分析图时，修改了原图上的这一遗漏错误，添补了一朵补间铺作。

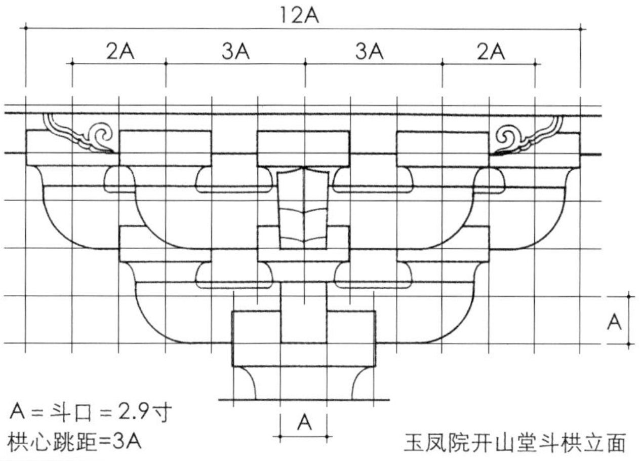

图 6-4-60　玉凤院开山堂斗栱立面构成的斗口方格模式（底图来源：日本文化财图纸）

上述三构斗栱立面构成的斗口方格模式，应是室町时代后期唐样斗栱构成的一个定式。在斗栱比例关系上，足材与斗口之比转为 2 倍关系，是明清斗口模数的一个重要标志。与清式斗口模数相较，上述唐样三构斗栱构成上的几个标志性斗口关系，都与清式规定相同或相仿。

在斗栱与朵当的关联构成上，斗栱全长 12 斗口、斗间 1 斗口、边斗间 1 斗口、朵当 13 斗口这一形式，应是中世唐样斗口模数的基本构成关系，如上述三构中的延历寺瑠璃堂、圆融寺本堂。而园城寺藏殿的边斗间 2 斗口，较基本形式增加了 1 斗口，朵当构成呈 14 斗口的形式。这一时期，唐样基于斗口的横向尺度的组织与筹划已相当精细。

（3）唐样斗口模数的两个特例

以下再讨论斗口模数的两个特例：玉凤院开山堂与永保寺观音堂。

中世现存唐样遗构中，京都玉凤院开山堂是中世斗口模数的重要实例[108]。开山堂基于斗口的斗栱构成，一如前述的基本形式，即：

垂直方向：跳高＝ 2 斗口

水平方向：小斗长＝ 2 斗口，斗间＝ 1 斗口

玉凤院开山堂斗栱构成，是中世唐样斗口方格模式的典范之例。而在斗栱与朵当的关联构成上，开山堂则表现出不同的特色。

开山堂面阔三间，进深四间，面阔明间 11.59 尺，补间铺作两朵；次间及进深各间 7.83 尺，补间铺作一朵，明次间朵当略不等，扇列椽形式。

开山堂斗栱形式为重栱计心造四铺作，斗栱立面分型为斗畔相接的形式。

实测开山堂斗栱构成的基本尺寸如下：材厚（斗口）2.9 寸，跳高 5.9 寸，小斗长 5.8 寸，斗间 2.9 寸[109]。

斗栱实测数据分析表明，开山堂以斗口 2.9 寸为基准，建立斗栱立面构成的斗口方格模式（图 6-4-60）。开山堂斗栱尺寸皆由斗口基准所律，且与斗口方

108　关于玉凤院开山堂，日本学界认为是东福寺建筑于日本天文六年（1537）移建于现址，并推测其建立年代为室町时代初，关口欣也推测其建立年代不迟于 14 世纪中叶。然根据斗口模数的时序性，该构建立年代或为室町时代后期的 16 世纪前后，日本学界所谓的移建年代，有可能就是其营建年代。

109　玉凤院开山堂斗栱实测尺寸（单位：寸），据文化财图纸所记数据：材广 3.9，材厚 2.9，栔高 2.0，跳高 5.9；斗间 2.9，小斗长 5.8，小斗底长 3.8，小斗高 3.5；大斗长 9.0，大斗高 5.5；短栱长 21.2，长栱长 32.8，短栱心长 17.4，短栱跳距 8.7；华栱心长 17.4，跳距 8.7。

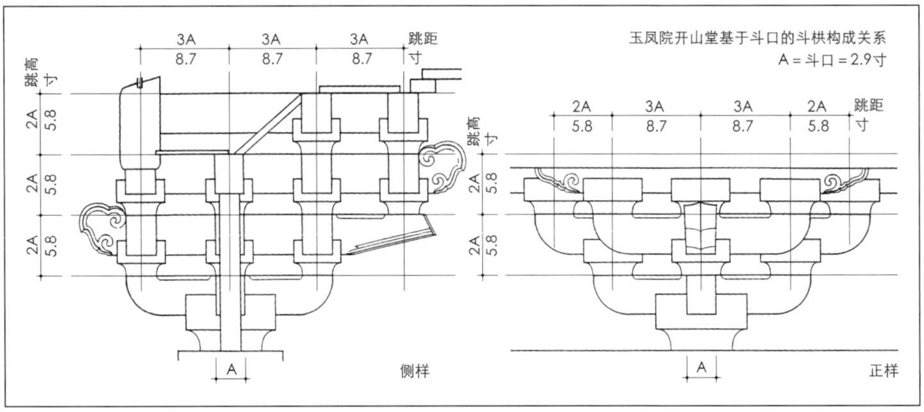

图 6-4-61 玉凤院开山堂基于斗口的栱心跳距构成关系（底图来源：日本文化财图纸）

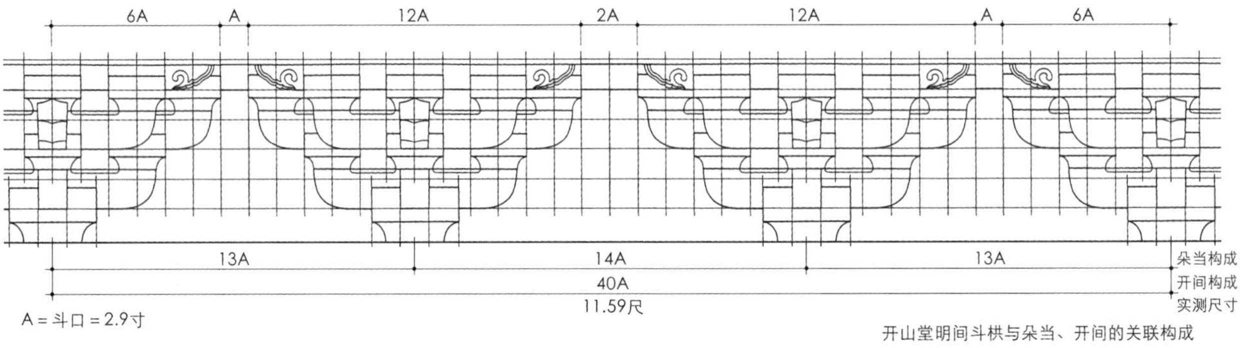

图 6-4-62 玉凤院开山堂斗栱与朵当的关联构成示意（作者自绘）

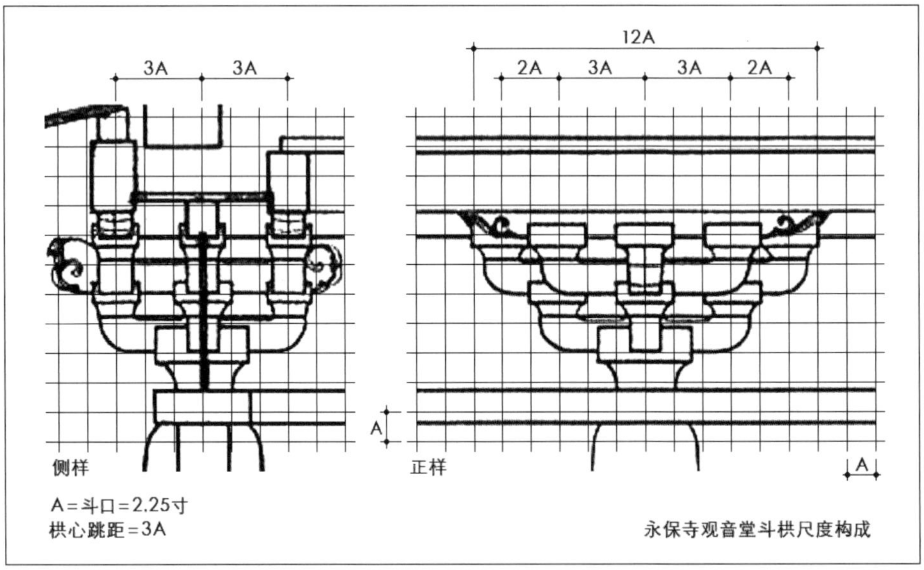

图 6-4-63 永保寺观音堂基于斗口的斗栱立面构成(底图来源：文化财建造物保存技術協会. 国宝永保寺開山堂及び觀音堂保存修理工事報告書 [M]. 1990）

格模式十分吻合，其基本单元尺寸的推算值如下：

垂直方向：跳高＝ 5.8 寸

水平方向：斗口＝ 2.9 寸，斗间＝ 2.9 寸，小斗长＝ 5.8 寸

上述算值与测值相较，唯跳高的测值微大于算值，其他则十分吻合。

开山堂斗栱正侧两向之栱心跳距同为 8.7 寸，皆以 3 斗口为则。唐样斗口模数的栱心跳距，由宋式的 2 材转为清式的 3 斗口形式（图 6-4-61）。

关于斗栱与朵当的关联构成，开山堂的表现别具特色。

首先是面阔明间的朵当构成。开山堂明间实测 11.59 尺，补间铺作两朵，呈 3 朵当、40 斗口的形式。开山堂修理工事报告书虽指出朵当间内均等，也即明间 3 朵当各 13.33 斗口，然推测明间朵当配置的初衷仍有可能是：明间三个朵当中，取中间朵当略大于两侧朵当的形式，也就是取当中朵当 14 斗口、两侧朵当 13 斗口的形式，即：13 + 14 + 13（斗口）的形式（图 6-4-62）。

相较于朵当 13 斗口的基本形式，开山堂明间的中间朵当增加 1 斗口，两侧朵当仍取 13 斗口的基本形式。

开山堂明间朵当配置上，有可能以居中朵当略大的形式，表达强调中心轴线的意图。如唐样竹林寺本堂（1469 年），其正面一间披厦的三个朵当配置，同样也是采取中间朵当大于两侧朵当 0.5 尺的方式。比较中国本土的金华天宁寺大殿山面中间、广饶关帝庙大殿面阔明间的朵当配置，也见中间朵当略大的做法。

开山堂次间及进深各间 7.83 尺，补间铺作一朵，呈朵当 13.5 斗口、开间 27 斗口的形式。其朵当构成略大于 13 斗口的基本形式，其增大的 0.5 斗口，置于边斗间上，即斗栱与朵当的关联构成为：斗栱全长 12 斗口，边斗间 1.5 斗口，合朵当 13.5 斗口。

玉凤院开山堂斗口模数的特色在于斗栱与朵当的关联构成上。

关于唐样斗口模数，永保寺观音堂是不可忽视的一例，其中有着值得讨论的问题和线索。

岐阜县永保寺观音堂为方三间带副阶的形式。关于其建立年代，日本学界认为在 14 世纪初（1314 年）[110]，然根据观音堂斗栱构成关系的分析，这一断代或是有疑问和值得探讨的。

观音堂的一个重要特色是其基于斗口的斗栱构成关系，这为观音堂尺度设计的分析，提供了重要的线索。

观音堂各间无补间铺作之设，实测开间尺寸为：明间 7.52 尺，次间及副阶 6.03 尺。

观音堂斗栱为唐样重栱造四铺作的形式，斗栱立面分型为斗畔相接的形式。

实测观音堂斗栱构成的基本尺寸如下：材厚（斗口）2.3 寸，跳高 4.41 寸，小斗长 4.5 寸，斗间 2.25 寸[111]。

综合权衡斗栱尺寸及其构成关系，可推得斗口的精确值为 2.25 寸，与斗间尺寸相同，且斗栱立面构成吻合于斗口方格模式（图 6-4-63）。

观音堂斗口方格模式的基本单元尺寸的推算值如下：

垂直方向：跳高＝ 4.5 寸

水平方向：斗口＝ 2.25 寸，斗间＝ 2.25 寸，小斗长＝ 4.5 寸

关于栱心跳距的构成关系，实测短栱跳距 6.75 寸，合 3 斗口。

110　永保寺为梦窗疏石所开设的庵居，日本学界根据梦窗国师年谱所记，推测观音堂为 1314 年（日本正和四年）造立。关于永保寺观音堂的年代分析，参见第五章的斗口模数时代性的相关内容。

111　永保寺观音堂斗栱实测数据（单位：寸），据关口欣也整理数据：材广 2.7，材厚 2.3，栔高 1.7，跳高 4.41；斗间 2.25，小斗长 4.5，小斗底长 2.8，小斗高 2.7；大斗长 7.2，大斗高 4.8；短栱长 16.3，长栱长 25.5，短栱心长 13.5，短栱跳距 6.75。

观音堂斗栱测值与算值相当吻合，斗栱构成基于以斗口 2.25 寸为单位的双向格线关系。

永保寺观音堂基于斗口的斗栱构成关系，与室町后期的玉凤院开山堂、延历寺瑠璃堂、圆融寺本堂完全一致，即：小斗长 2 斗口，斗间 1 斗口，跳高 2 斗口，栱心跳距 3 斗口，斗栱全长 12 斗口。

无补间铺作的永保寺观音堂，其开间的设计尺寸，应是以整数尺为目标的，即明间 7.5 尺，次间及副阶 6 尺，营造尺微大于现行尺。

基于上述斗栱构成关系的分析，再回过头来讨论永保寺观音堂的建立年代问题。

依日本学界所推定的观音堂的建立年代（1314 年）而言，观音堂在现存唐样遗构中为年代最早者，然而问题在于：这一断代与斗口模数的时序性不符，且相差甚大。如果对观音堂斗口模数的分析成立的话，那么其建立年代应推后至 16 世纪前后。观音堂的断代或有存疑的必要，而对其斗栱构成的分析，为其年代判定提供了一个参考依据。

永保寺观音堂斗口模数的意义在于：有可能成为遗构断代与斗口模数时序性的互证标尺。

基于斗口的唐样斗栱构成，其基准性质发生了根本的改变，以往的材、栔基准已完全失去作用，取而代之的是以单一的斗口基准权衡斗栱的两向尺度关系，斗栱构成更加简洁、明晰。这与清式单一的斗口基准取代宋式的材、栔、份基准的做法相同而关联。

就技术逻辑而言，斗口模数应是材栔模数的演变形式。然基于斗口的尺度设计方法有可能起源甚早，或与斗长基准一样，也是一种古老的设计方法。实际上，《营造法式》小木作尺度设计上，已隐约可见横向尺度单位斗口（10 份）的作用，斗口在小木作制度上，有可能已经是一种辅助或隐性的尺度基准，只是至明清以后，才成为大木尺度设计的主角。因此从整体上来看，从材栔基准到斗口基准，或许并不一定就是简单的线性演变关系，尤其对于日本建筑而言，唐样设计技术的演变历程，应非单线式和连续性的，而是多源头和分段式的。

6. 斗栱与朵当的关联构成

唐样尺度规律研究上，孤立的斗栱分析是没有意义的，而将斗栱分析置于整体关系中，或者说置于斗栱与朵当的关联构成中，方显示出其意义所在。

第五章关于间架构成分析指出：大尺度的间架与小尺度的斗栱之间的尺度关联，是以朵当为中间环节而沟通、递进和实现的；而朵当构成的模数化，又是通过斗栱与朵当的关联构成而完成的。本章至此已探讨分析了唐样斗栱尺度模数化的形式与方法，以下进一步讨论斗栱与朵当关联构成的意义。

斗栱与朵当的关联构成的建立，意味着以模数的方式精细组织和筹划斗栱与朵当的尺度关系。从宋式到清式莫不如此，唐样亦采用的是这一思路和方法。

唐样斗栱与朵当的关联构成，是以基于栱心格线的小斗配置作为横向尺度组织与筹划的基本方法的。实际上，基于栱心格线的斗栱、朵当的横向尺度关系，可简化和抽象为小斗长、斗间及边斗间这三个要素的组合和变化。进而根据斗间与小斗长的比例关系，上述三个要素的组合和变化，可进一步简化和抽象至“斗间”这一个要素上。

对于斗栱构成而言，前述三种基准方格模式虽各有不同，然三者的共同特点是皆以“斗间”为细分基准的，也就是说，三种方格模式皆以斗间对应于一个方格单元，且斗间与小斗长成简洁的比例关系，即斗间为小斗长的 1/2、1/3 或 1/4，从而以斗间这一细分基准，精细筹划斗栱的横向尺度关系。

对于朵当构成而言，在斗栱构成模数化的前提下，边斗间的组织和筹划，也就成为朵当构成模数化的关键所在。故其方法是将边斗间纳入斗栱构成关系中一并筹划，从而使得朵当构成与斗栱构成相关联和一体化。

斗栱与朵当的关联构成的实质是：边斗间与小斗长的比例关系的建立。正是这一微小细节，显示了唐样斗栱在横向尺度组织和筹划上的匠心所在。

在横向尺度关系上，以小斗长的分数，精细筹划斗栱构成以及斗栱与朵当的关联构成，是唐样模数设计的特色所在。唐样基于各种基准的模数设计方法，其基本思路都是通过权衡斗间和小斗长的比例关系而实现的。实际上，近世和样基于椽当的枝割设计方法，采取的也是这一思路。

唐样尺度设计上，微观细节反映全局和整体的设计意匠，在有意识地精细筹划斗栱与朵当的关联构成上，唐样或远甚于宋清法式。

斗栱尺度的组织筹划以及朵当、开间尺度的权衡设定，在成熟的模数体系中是一个相互衔接和关联互动的整体。正如本章开篇所强调的那样：古代建筑尺度设计技术的演变过程，是一个间架大尺度与构件小尺度之间逐步关联一体化的过程，而斗栱与朵当的关联构成的建立，则是这一进程中的关键环节。因此，朵当、开间的尺度关系，必须从斗栱与朵当的关联构成的角度去认识。

要之，唐样设计技术演变的关键，主要体现在如下两个关联环节：整体尺度模数化的关键，在于斗栱与朵当的关联构成的建立；而斗栱与朵当关联构成的关键，又在于边斗间与小斗长的比例关系的建立。唐样设计技术的演进，大致是沿着这条主线而展开、变化和完成的，而这也正是唐样设计技术的逻辑所在。

以朵当为核心的唐样模数构成，包括如下两个关系：一是层级关系，一是序列关系。以六间割斗长模数为例，其模数构成的层级关系为：以朵当为基本模数，以斗长、斗间为次级和细分模数；其模数构成的序列关系为：以朵当的倍数和分数，权衡和设定开间及斗栱的尺度关系；其横向尺度的组织和筹划，基于如下分层递进的格线关系：开间构成的朵当格线、朵当构成的斗长格线、斗栱构成的斗间格线（图 6-4-64）。

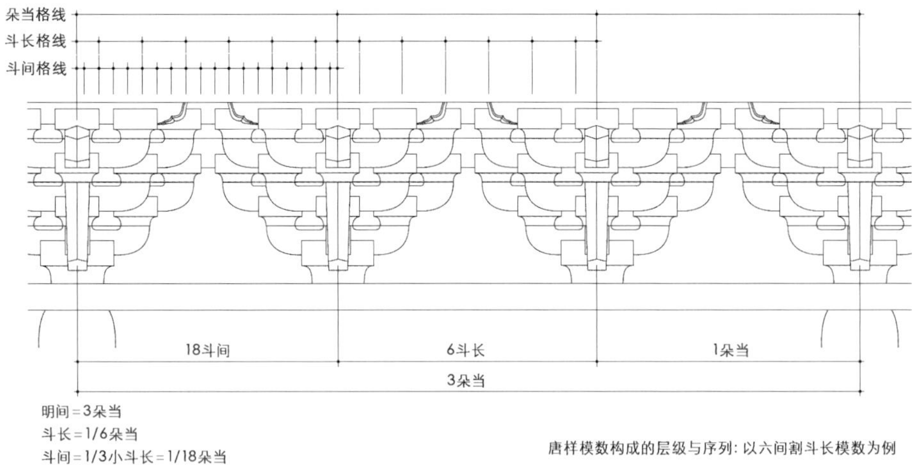

图 6-4-64　唐样模数构成的层级与序列（作者自绘）

7. 唐样斗栱的二材关系

前节分析了《营造法式》斗栱构成的二材关系，指出栱心跳距的二材关系是宋式斗栱构成的隐性比例关系。本节在此基础上进而讨论唐样斗栱构成的二材关系及其与宋式的关联性。

唐样斗栱构成，以立面基准方格模式为重要特征。根据材栔方格模式的计算，其栱心跳距为 4 栔、2 材，同样遵守二材关系这一宋式规制。也就是说，唐样斗栱独特的立面基准方格模式中，传承和隐含了宋式斗栱构成的二材关系，二材关系仍是唐样斗栱构成的一个基本定式。

唐样斗栱构成上的二材关系，是之前未被关注的一个尺度现象，然此现象却是认识唐样斗栱与宋式关联性的一个重要线索。现存唐样遗构中，斗栱构成吻合二材关系是一个显著特征。若论尺度关系上唐样斗栱与宋式的关联性，最典型地表现在如下两点：一是基于栱心格线的尺度筹划，二是栱心跳距的二材关系。

唐样斗栱尺度的组织和筹划上，正样的重要性甚于侧样，也即更多关注的是斗栱正立面的整然有序。然而作为一个整体，其侧样尺度构成上，华栱心长跳距同样也不离二材关系这一宋式规制，唐样斗栱尺度设计上，华栱的纵跳与令栱的横跳是一个整体。

唐样遗构斗栱实测尺寸的分析，表明斗栱构成上二材关系这一特色。以如下典型唐样遗构为例：

功山寺佛殿：材广 3.9 寸，令栱、华栱跳距 7.8 寸，合二材关系；

清白寺佛殿：材广 2.25 寸，令栱、华栱跳距 4.5 寸，合二材关系；

不动院金堂：材广 4.2 寸，令栱、华栱跳距 8.4 寸，合二材关系；

永保寺开山堂：材广 2.8 寸，令栱、华栱跳距 5.6 寸，合二材关系。

现存关东唐样遗构的斗栱构成，也皆合二材关系。

尺度设计上，基于材栔的中世唐样遗构的栱心跳距，排除变形及误差因素，多守二材关系这一宋式规制。唐样斗栱构成的材栔方格模式，是基于宋式斗栱格线关系的传承、细化和改造。

材栔模数向斗口模数的转换，是设计技术由宋式向清式演变的表现和标志，模数尺度构成上，材栔基准为斗口基准所取代。在栱心跳距的设定上，宋式为 2 材，清式为 3 斗口，二者本质相同，即以材厚 10 份计，二者皆为 30 份。基于这一转换关系，宋式斗栱构成的二材关系，相应地转化为清式斗栱构成的三斗口关系，二者性质上是同一尺度关系的不同阶段形态。

中世唐样斗栱构成上，同样重复了由宋至清的演变轨迹，斗栱构成的基准，由材栔转向斗口，材栔方格模式转为斗口方格模式。相应地，栱心跳距的二材关系亦随之转化为三斗口关系。然唐样斗栱材广厚比例为 5∶4 或 6∶5，不存在宋式的转换机制，故唐样斗栱构成上二材关系向三斗口关系的转换，并非自身演变的结果，而是与明清技术的联动和呼应。

基于中世唐样斗口方格模式的计算，令栱跳距为 3 斗口。同样，在斗栱侧样构成上，华栱跳距的设定，也基于三斗口关系这一明清规制。前文关于中世唐样遗构斗口方格模式的分析，清晰地表明了上述这一转变。以如下典型唐样遗构为例：

玉凤院开山堂：斗口 2.9 寸，令栱、华栱跳距 8.7 寸，合三斗口关系；

延历寺瑠璃堂：斗口 2.12 寸，令栱、华栱跳距 6.36 寸，合三斗口关系；

圆融寺本堂：斗口 2.5 寸，令栱、华栱跳距 7.5 寸，合三斗口关系；

永保寺观音堂：斗口 2.25 寸，令栱、华栱跳距 6.75 寸，合三斗口关系。

唐样斗栱构成上二材关系向三斗口关系的转换，表明继宋技术之后，明清技术对唐样建筑影响的存在。

近世以后，唐样建筑设计技术受和样影响，斗栱构成上的宋式二材关系，转化为和样的二枝关系，这一现象成为唐样设计技术和样化的一个显著标志。而和样斗栱构成上的二枝关系，应有其原型和源头，也即源自宋式斗栱的二材关系。在模数形式上，和样斗栱构成的二枝关系一如宋式，唯模数基准由宋式的“材”改换为和样的“枝”。就此线索而言，和样斗栱构成上的枝割关系，表露有宋技术的影响因素，具体分析详见第七章相关内容。

本章分析讨论了唐样斗栱构成及其尺度关系，其最具特色的形式是基于材栔、斗长及斗口的斗栱立面方格模式，即以基准方格模式的方式，筹划斗栱立面尺度和比例关系。

唐样斗栱构成的基准方格模式，其原型和源头在于唐宋斗栱跳高与跳距的基本格线关系。在此基本格线关系上，唐样斗栱所作的细化和改造，表现了其设计技术精细化和程式化的特色。实际上，相同及类似的斗栱立面格线关系的细化以及相应的设计意识，在中国本土唐辽五代遗构中已经出现，如前文所讨论的佛光寺大殿、应县木塔以及镇国寺万佛殿的斗栱格线形式。

由本章分析的案例可见，众多个案的尺度现象及趋势，呈现规律性的指向。就某些单例个案而言，实测数据与构成模式相较，或略有微差，或似是而非，然而若排除各种形变和误差因素的干扰，将诸多个案串联成一个整体和过程，并综合斗栱、朵当及间架各个层面作关联分析，所呈现而出的尺度规律和设计意匠，还是相当显著和分明的。

从第三章至第六章的内容，可视作一个关于东亚大木设计技术演变历程的系列讨论，其目的在于解析和认识从间架构成到斗栱构成这一设计技术演进的整体架构和完整过程。本章的目的和方法是：从局部和细节入手，以使微观层面的现象，反映整体层面的信息，并完成整体序列分析中的最后一环。

本章的内容为第五章关于朵当模数化及其构成形式的讨论，提供了设计逻辑及实证支持，即：朵当模数化的前提和支撑在于斗栱构成以及斗栱与朵当的关联构成，模数化的朵当、开间尺度关系，必须从斗栱与朵当的关联构成的角度去认识。

传承宋技术的日本中世唐样建筑，其朵当的意义鲜明而独特，朵当理念及相应的朵当规制，成为唐样设计技术的核心与基石。基于朵当的唐样设计技术可概括为：以朵当为中介，勾连小尺度斗栱与大尺度间架成为一个关联整体；作为基准的朵当，以其倍数权衡大尺度的间架尺度关系，以其分数权衡小尺度的斗栱尺度关系。

12 世纪以来东亚中日建筑设计技术的变迁，表现出共同趋势和关联整体的特色。

第七章 宋技术背景下的和样设计技术：唐样的影响及其关联性

第七章　宋技术背景下的和样设计技术：唐样的影响及其关联性

相对于前面三章是作为一个关联序列而展开的分步讨论，从本章开始的三章，在前面诸章的基础上，以专题的形式分析讨论中世唐样设计技术的若干相关问题。本章的讨论关注宋技术背景下的中世和样设计技术，且讨论的内容主要集中和限定于唐样的影响以及二者的关联性这一视角和线索上。

宋技术背景下的日本中世和样建筑，被定义为与新兴唐样相对立的传统样式。然在中世以来宋风激荡的百年历史背景下，已无纯粹的和样存在。宋文化传入后，其影响和渗透无处不在，由此中世和样得以重塑和再造，所谓的“新和样”正是中世和样面貌的写照。

本章讨论的主角是中世和样，然并非就和样设计技术的全面性分析，而是着眼于中世和样与唐样设计技术的关联性，从宋技术背景下中世和样与唐样的整体性以及二者设计技术上的关联性这两方面，对中世和样设计技术的认识，建立新的视角和线索，并提出相应的构想。

成熟的和样枝割设计技术，内容庞杂，本章关于中世和样设计技术与唐样关联性的讨论，主要从如下两个层面展开：一是开间尺度关系，二是斗栱尺度关系。希望通过这一专题的分析讨论，能够更全面和深入地认识宋技术背景下日本中世设计技术跃进式的变化及特点，并以此呼应前面几章的相关内容。

一、中世和样与唐样设计体系的分立

1. 宋技术与中世新和样

（1）中世新和样的出现

日本中世建筑样式“和样”，字面含义为日本样式，实质上为日本化的盛唐样式，其根源于奈良、平安时代从中国北方传入的盛唐建筑样式。中世将此旧有样式称作“和样”，区别于镰仓时代从中国南方传入的南宋建筑样式。

日本中世镰仓时代以来，相对于基于南宋样式的新兴唐样，此前基于盛唐样式的和样，则成为传统样式。由此形成了中世建筑发展上新兴唐样与传统和样相互依存和对立的局面。

自古代奈良、平安时代至近世江户时代，和样一直是佛教寺院建筑样式的主流形式。然自中世之初宋技术传入以来，中世和样已然不同于之前平安时代的旧样式。二者的区别，最根本的一点在于新兴宋技术的介入，因此，将宋技术背景下展开的中世和样称作新和样。中世新和样在基本骨干上，仍传承、墨守唐风古朴旧制，然在各个层面上也程度不同地吸收了新兴宋技术因素，这一特点构成了中世新和样的基本内涵。

南宋文化及技术对日本中世社会的影响和推动，是整体性和全面性的，宋风弥漫于日本中世社会的各个方面，唐样成为中世文化的时尚。中世镰仓时代以来，以唐样与和样之别，定义所有艺术风格的分类形式，二者代表了外来与本土的两类风格形式，在建筑上即唐样建筑与和样建筑。

中世以来，唐样显示了其新颖的宋风魅力，其耀眼的光环效应，和样是不可能不受到影响的，所谓“新和样”即是这一时期宋风浸染的产物，这是一个和样的宋风化时代。

日本中世建筑的发展中，新兴宋技术的影响无处不在。宋技术作为当时东亚最先进技术的代表，传入日本之初并无特定宗派的属性，其影响之广泛，不只限于新兴的唐样和天竺样，传统和样亦在其中，宋技术的影响遍及整个中世建筑。新兴的先进宋技术是日本中世建筑全体的共同追求，以唐样与和样比较而言，只不过是程度的不同和形式的差异。唐样是日本中世传承宋技术的主流和代表者，和样则是参与者。所以说，不只是唐样与宋技术相关，而是整个中世建筑皆受宋技术的影响，而唐样则被视为宋技术传承的正统。

以往的研究多强调的是唐样与和样的差异性，然学者们也关注到二者间的关联及影响，指出“唐样对中世中期以后的和样具有极大的影响”[1]以及“唐样纤细的木割比例、装饰化细部，给予平安时代以来的建筑样式（和样）以重大影响”[2]。实际上，日本中世建筑的发展，包括和样建筑技术的发展，都离不开宋技术的传播与推动这一背景。中世和样建筑上的许多新因素，大都可在宋技术和唐样上找到根源及关联。

（2）和样设计技术的进步

对于中世日本建筑而言，宋技术的意义不止于新样式的出现，更重要的是在各个层面上对日本中世建筑发展的引领与推动。具体而言，其主要表现在如下三个层面：一是样式体系的确立，二是构造技术的革新，三是设计方法的推进。中世和样建筑的发展，同样处于这一背景之下。

中世以来，受宋技术及唐样的影响，和样本身也发生了深刻的变化，无论是构造技术、样式形制，还是设计方法，都表现出不同程度的变化和进步。然以往学界更多关注的是构造技术与样式形制上的宋技术影响，而忽视宋技术背景下和样设计技术的演进，以及设计技术层面上和样与唐样的关联性。

1　中川武．建築様式の歴史と表現[M]．東京：彰国社，1987：81.

2　平凡社編．世界建築全集（日本Ⅱ・中世）[M]．東京：平凡社，1960：3.

12 世纪末以来中世建筑的蓬勃发展，设计技术的演进是一个重要的方面。不仅是唐样传承和发展了南宋设计技术，和样设计技术亦出现了诸多新的因素和变化，其中以模数设计技术的发展最具意义，如模数意识的出现、模数方法的演进以及模数形式的成熟，都反映了中世和样设计技术的进步。

中世和样设计技术的进步，最重要的表现是枝割技法的形成和发展。所谓和样枝割技法，即基于用椽规制的模数设计方法，至近世江户时代，发展为成熟和完整的和样枝割设计体系。

中世唐样与和样接受宋技术的方式和程度是不同的：前者更多的是对其直接移植与仿效，而后者则偏于受到间接影响与渗透。唐样设计技术所受宋技术的影响无疑是直接和显著的，而对于中世和样设计技术而言，宋技术的出现既是一个契机，又是一种引导，其影响当主要表现在模数理念的引导与模数方法的推进上。对先进宋技术的追求与仿效，传统的和样虽不如新兴的唐样那样热烈和直接，但还是隐约可见的。

中世以来，宋技术的影响充实和改变着和样设计技术的内涵和存在方式。基于宋技术背景下的中世和样设计技术的进步是不可忽视的。

（3）宋技术背景下的关联性

日本中世建筑发展的一个重要特色是和样与唐样设计体系的分立。而日本中世建筑史上这一分立局面，最根本地源自和样与唐样的祖型差异。和样与唐样的区别以祖型而论，为中原唐样式与江南宋样式的区别，二者间既有地域差异，又有时代差别。

在设计体系的形成过程上，祖型的技术特征具有决定性的意义，并造就了和样与唐样设计技术上显著的差异性和独立性。尤其在中世以后，唐样与和样所标榜的新兴与传统、革新与守陈的对立这一文化内涵，也反衬和强化了二者技术体系的差异性。日本近世江户时代分别基于唐样与和样的两大匠作派系的对立，也表明了这一特色。

然而差异性的强调并不意味着关联性的否定，和样与唐样的关联性恰是中世设计技术演进的一个重要特征。在中世设计技术研究上，二者间的关联性是不可忽视的线索，而差异性的强调有可能掩盖了关联性的认识。

相对于样式、构造的显性影响关系而言，设计技术之间的关联性则显得隐约和不易察觉，尤其是背景纷繁、关系复杂的中世和样设计技术。长久以来，在中世设计技术的研究上，日本学界将和样与唐样视作两个隔绝和孤立的技术体系。而这种将二者截然分开的认识，或有碍于中世和样设计技术研究的深入。

中世设计技术成分的多样性和复杂性，是以往研究所未关注和忽视的。实际上且不说和样设计技术与宋技术的关联性的认识，即便是基于宋技术的唐样，在设计技术这一层面上与宋技术的关联性，日本学界也少有关注的意识，更不用说深入地探讨。脱离以宋技术为主导的东亚整体背景，忽视宋技术的影响以及和样与唐样的关联性，应是问题的根源所在。

中世和样设计技术的演进，不是一个孤立的现象。将中世和样设计技术的诸多现象，置于宋技术影响强烈的整个中世大背景下，就不难看出其中的关联性。宋技术的影响以及与唐样的关联，或许不是中世和样设计技术演进的主要原因，然却有可能是一个相关因素。

中世和样设计技术的变革，应始于中世之初宋技术的引导与推动。而在此后的技术演进上，唐样则成为其间的传递者和媒介者。和样与唐样之间并非截然隔绝和完全对立的存在，在共同的宋技术背景下，二者的关联性值得注意。

伴随宋技术的传播以及唐样设计技术的成熟，和样的枝割技法也逐渐形成，其间应非毫无关联的孤立现象。中世唐样及和样的设计技术上，模数意识的出现和模数技术的进步，在不同程度上应与宋技术的引导和推进相关联。而分头并进的中世唐样与和样在设计技术上所呈现的一些交集和趋同现象，都是研究上值得关注的线索。以此视角整体地看待中世和样设计技术，或有新的认识。

同处于宋技术影响的背景下，中世唐样与和样的关联性是必然的，日本中世建筑的诸多现象，都指向二者的关联性及其背后的宋技术影响因素。这一论题的探讨有助于认识中世设计技术成分的多样性和复杂性。

中世以来百年激荡的历史背景下，和样与唐样的分立与交融，是日本中世建筑史上最重要的内容和特色。

2. 模数基准及其对应属性：朵当基准与椽当基准

中世设计技术的进步，很大程度上表现为模数设计方法的形成与确立，无论是唐样还是和样。而模数基准的选择，则是模数关系中的重要一环，且模数基准应来自模数对象的基本构件的尺度单元。也就是说，模数基准反映和表现模数对象的基本特征，二者之间具有对应关系。

模数形式及其性质，随模数基准的变化而不同。

在开间尺度模数化的进程上，唐样与和样在模数思路上相仿，而区别主要在于模数基准的差异，即：基于补间铺作的唐样朵当基准与基于平行椽做法的和样椽当基准，基准的差异表现了唐样与和样设计技术的不同特色。

模数基准与对象属性之间，可谓皮毛之依存关系。补间铺作和平行椽做法，分别成为唐样朵当法与和样枝割法的生成条件，所谓皮之不存，毛将焉附。

补间铺作的配置，是中世唐样建筑形制的典型特征，区别于无补间铺作的和样建筑。朵当基准的属性，反映和表现的是唐样建筑形制上的这一特征。就此意义而言，唐样设计技术的核心在于朵当规制，基于补间铺作的朵当规制，成为唐样设计技术的基本法则。

尺度设计上，相对于唐样的朵当基准形式，和样则为椽当基准形式。椽当基准的前提和条件在于平行椽做法，而平行椽做法正是和样建筑形制的基本特征。

角椽排列有两种形式，一是平行椽，一是扇列椽。就东亚建筑而言，这两种角椽形式表现有不同的源流关系及相应的时代与地域特征。大致而言在中国本土，早期平行椽做法北方多用，扇列椽做法南方多用；约中唐以后，北方平行椽做法逐渐为扇列椽做法所取代，此后南北椽列形式基本统一于扇列椽做法[3]。

日本飞鸟时代以后，受盛唐中原建筑的影响，其角椽排列皆为平行椽形式。直至中世镰仓时代初，随着江南宋技术的传入，扇列椽做法出现于日本，由此形成和样平行椽与唐样扇列椽并行的局面。中世以后和样建筑以其特有的平行椽做法，演化出和样的枝割设计技术。

补间做法与椽列形式，成为中世唐样与和样标志性的形制特征：唐样为双补间铺作和扇列椽形式，和样为无补间铺作和平行椽形式。而唐样与和样模数基准的差异，正对应于各自独特的形制特征，即：唐样补间铺作做法与朵当基准的对应，和样平行椽做法与椽当基准的对应。

作为两个分立的设计体系，中世唐样与和样在共性的模数法则下，以模数基准的差异，表现出各自的核心技术特征，即唐样的朵当规制与和样的椽当规制。

中世和样与唐样的设计体系的差异性，很大程度上是基于基准形式的差异而展开和变化的。

二、中世和样本堂的宋风影响：折中样的形式与意义

1. 折中样的宋式因素及表现形式

（1）宋技术影响的独特呈现

中世以来新兴唐样与传统和样的发展进程中，二者间既对立又交融的互动关系，是一值得重视的现象。以二者间的交集与关联现象而言，最简单且直白的表现形式就是折中样。折中样是宋技术背景下中世建筑纷繁样相的一个独特表现。

中世镰仓时代以来，以密教本堂为代表的和样建筑，受到新传入的宋样式的较大影响。先是12世纪末东大寺再建引进福建宋样式，史称天竺样，其影响于13世纪初显现；接着，13世纪中期镰仓建长寺的建立（1253年），传入江南宋样式，史称唐样，其影响于13世纪末显现。新旧样式的纷呈交杂，促使了这一时期折中样的出现。

所谓折中样，日本学界的定义为以传统和样为主体，不同程度地吸收、融合

3　南方汉阙中多见扇列椽做法，北魏石窟中既有扇列椽做法，也有平行椽做法。另据日本考古发掘，在平行椽做法传入日本之前，扇列椽做法就已存在。1957年发掘调查飞鸟时期的四天王寺讲堂（七世纪中叶），发现有塌落的扇列椽遗迹。这表明飞鸟时代建筑的技术源流与中国南朝关系密切，且提示了南朝建筑扇列椽的特色。飞鸟时代以后，日本受唐代中原建筑的影响，其翼角均为平行椽形式。

部分天竺样和唐样细部做法所形成的和样形式，即和样主体加上宋式细部做法，在性质上折中样可称作宋风和样。就此现象日本学者也指出：镰仓末期以后，和样建筑在构造、装饰以及尺度、比例关系上，无不受唐样的影响，由此和样显著地唐样化[4]。这种唐样化的表现，除了构造和装饰方面，还应包括设计技术方面，而这也正是本章所要讨论的内容。

然而，若单以宋技术影响因素为据，那么几乎所有的中世和样建筑都是折中样，宋风浓郁的中世，已无纯粹的和样[5]。因此狭义的折中样以吸收宋技术的程度和方式为限定，特指采用宋技术因素显著的和样形式。本章分析的宋技术因素主要限于唐样，不涉及天竺样，其折中样专指和样与唐样的折中，也就是唐样影响强烈的和样建筑，如采用唐样的斗栱形式、补间铺作、月梁蜀柱以及扇列椽等样式和做法。江户时代的工匠技术书以“半唐样”指称这种折中样现象，正表明了其唐样因素的显著程度。

13 世纪相继传入的两个宋样式，对日本中世和样有着重要的意义。折中样是中世和样追求宋技术的一种独特表现形式。镰仓时代折中样的出现，可谓是中世宋技术流行的报春花。

从现存和样遗构来看，带有唐样因素的折中样，大致在 13 世纪末以后开始出现，并盛行于中世中期的南北朝时代（1333—1392）[6]，且此后的和样建筑多少都带有折中样的特色。

室町时代后期的爱知县三明寺三重塔（1531 年），表现了折中样的一种独特形式：第一、第二层为和样，第三层为纯粹的唐样。唐样化的改造，缩小了雄劲硕壮的和样与精巧纤细的唐样的距离，以至将二者并置于同一建筑上，显得浑然一体，甚至表现出折中的调和之美[7]。宋技术的影响和折中，对和样的改变是相当显著的。

（2）折中样的中世密教本堂

中世和样建筑以密教寺院本堂为代表，本节关于折中样的分析，即主要为受唐样影响强烈的中世和样密教本堂。

中世和样密教本堂，在内容与形式上传承平安时代以来的传统，其特点表现为：一是样式上以日本化的盛唐样式为基础，二是礼拜空间的发达以及相应的大进深的建筑形式，形制上以平面方五间的佛堂形式最为典型。

以密教本堂为代表的中世和样建筑，受新兴宋技术的影响，自 13 世纪初以来的百年间，相继吸收天竺样、唐样的各种技术因素，形成了折中样的密教本堂形式。

折中样的中世密教本堂，其折中关系的基本模式是：和样骨干＋宋式细部，即在构造与样式做法上，部分采用天竺样、唐样的细部做法。折中样丰富和改造了传统和样的构造做法和样式风格，其独特的混融样式风格，呈现出北方盛唐样式与南方南宋样式的奇妙结合，即：唐风骨干兼容宋风细部的整体形式。

4 “和样的装饰化，至室町后半尤为显著，且不仅表现在细部做法上，而且唐样的纤细木割，也进入和样中，由此和样显著地唐样化。”参见：平凡社編. 世界建築全集（日本Ⅱ・中世）[M]. 東京：平凡社，1960：13.

5 “随着唐样的发展，和样中也逐渐采用了唐样的手法，如松生院本堂（1294 年）、长保寺本堂（1311 年）等例。镰仓末期以后的和样，可以说没有不受唐样影响的。”参见：平凡社編. 世界建築全集（日本Ⅱ・中世）[M]. 東京：平凡社，1960：13.

6 南北朝时期是日本历史上一段分裂时期（1333—1392），这一时期同时出现了南、北两个天皇，并有各自的传承。日本历史年代划分上，南北朝是中世前后期的分界，南北朝之前为镰仓时代，之后为室町时代。

7 和样与唐样混用的三重塔，还有滋贺西明寺三重塔（1539 年），底层和样，第二、第三层唐样。

图 7-2-1　中世宋风密教本堂内部梁架 [左图来源：太田博太郎等．日本建築史基礎資料集成（七）・仏堂Ⅳ [M]．東京：中央公論美術出版，1975.]

图 7-2-2　鑁阿寺本堂外檐铺作配置（来源：東京藝術大学大学院美術研究科保存修復建造物研究室．鑁阿寺本堂調查報告書 [M]. 足利市教育委员会，2011）

中世折中样密教本堂的宋技术因素，首先出现的是天竺样，其后是唐样。奔放的天竺样与优美的唐样，为中世和样建筑带来了不同的风格，增添了奇异的色彩。其中唐样的影响因素大致有如下一些表现：补间铺作做法、宋式斗栱形式（重栱、计心、足材）、昂尾挑平榑做法[8]、扇列椽做法、月梁形式、耍头做法、出华头子形式、丁头栱做法、霸王拳做法、普拍枋做法，橑檐枋做法、隔扇门窗形式、串枋做法、柱头卷杀以及月梁蜀柱构架等等。这些唐样典型的样式做法，不同程度地为和样所追求和吸收，其方法大致为局部移植、模仿和套用，从而促成风格独特的折中样的流行（图 7-2-1、图 7-2-2）。

中世密教本堂的“拟唐样”流行，混杂着各种宋风要素。尤其是自 13 世纪末，唐样通过对密教本堂外阵（礼佛处）构造及样式的改造，持续给和样以极大的影响[9]。

中世折中样的密教本堂，现有多处遗构留存，其典型者有如下几例：和歌山松生院本堂（1294 年）、栃木鑁阿寺本堂（1299 年）、大阪观心寺本堂（1370 年）、兵库鹤林寺本堂（1397 年），以及高知竹林寺本堂（1469 年）。

以上几例皆宋风影响强烈的中世和样密教本堂。中世折中样的另一重要之例是奈良东大寺钟楼（1207 年）。作为中世折中样遗构，东大寺钟楼的独特之处在于：一是钟楼独特的结构和构造形式，二是其技术成分以天竺样与唐样为主，并兼有

8　和样佛堂中采用唐样下昂后尾挑平榑做法的有松生院本堂和鑁阿寺本堂两例，皆为中世折中样密教本堂。

9　中川武．建築様式の歴史と表現 [M]．東京：彰国社，1987：111.

部分和样因素，可谓三样折中之例，三是建于13世纪初，是现存最早的中世初期遗构，具有重要的标杆意义。

关于折中样设计技术与唐样的关联现象分析，鉴于现存折中样遗构上唐样因素的程度不同，故有必要进一步选择比较对象，即设定补间铺作、宋式斗栱、扇列椽这三个唐样最本质和典型的做法为选择依据，其中尤其是补间铺作两朵这一做法最为重要，这是因为诸唐样影响要素中，唯补间铺作两朵，最有可能影响和改变和样传统的开间尺度关系。依之筛选结果为如下三例：鑁阿寺本堂、竹林寺本堂、东大寺钟楼。此三例作为中世折中样建筑，皆表现有强烈的唐样技术因素。三例皆有补间铺作两朵之设和宋式斗栱形式，竹林寺本堂又兼有扇列椽做法，唐样的技术因素更为浓厚。而以遗构的时代而言，13世纪的东大寺钟楼与鑁阿寺本堂二构，更可称作镰仓时代的唐样先驱，别具意义[10]。

作为镰仓时代禅宗重镇的关东地区，至今已不存镰仓前期的禅寺建筑，唯少数采用唐样做法的密教本堂尚存早期唐样身影，如鑁阿寺本堂（1299年）为其最重要者[11]。该构大量吸收唐样建筑的样式和做法，反映了13世纪末镰仓唐样建筑的样式风貌，是关东现存镰仓时代的深受唐样技术影响的唯一密教本堂。而15世纪的竹林寺本堂（1469年）则反映了室町时代唐样建筑的特色。

日本竹林寺历史上就与中国有着密切的关系。如其竹林寺之山号，即仿自唐代高僧法照所创五台山竹林寺。入唐求法僧圆仁法师于公元840年曾到访五台山竹林寺，其所著《入唐求法巡礼行记》中记述五台山见闻，并详记竹林寺道场法事[12]，竹林寺对日本佛教寺院的影响由此而来。中世以后对宋风的追求和仿效，也反映了日本竹林寺与中国文化延绵不绝的关联。

关于中世和样设计技术关联性的讨论，首先从折中样入手。下文关于折中样尺度构成与唐样设计技术的关联现象分析，即以上述折中样三构为例而展开。

2. 折中样的朵当模数现象及其意义

（1）和样佛堂开间与宋式补间铺作

和样佛堂间架与宋式补间铺作，是新旧两个技术体系的典型特征，二者的混融并用，成为中世折中样密教本堂的一个特色。如中世鑁阿寺本堂、竹林寺本堂，采用宋式补间铺作两朵的做法，是现存中世折中样密教本堂中仅见的两例。

补间铺作两朵之设，作为新兴唐样最显著和本质的技术特征，与唐样佛堂间架是一个整体的存在。而折中样的中世密教本堂，则表现为局部移用唐样的补间铺作两朵做法。如鑁阿寺本堂、竹林寺本堂二构，其平面及空间关系为典型的和样密教本堂形式，即方五间的平面形式，大进深的空间上，前二间设为密教礼拜空间，与其他密教本堂几无二致。基于方五间的平面形式，移用而来的宋式补间

10　太田博太郎的《日本建筑样式史》（东京：美術出版社，1999），将东大寺钟楼定性为初期唐样，是认识早期唐样技术的唯一遗构。

11　鑁阿寺本堂于日本应永、永享年间（1394—1441）曾经大修，然规模及样式基本上仍存创立时面貌，为关东地区现存最早的折中样密教本堂。

12　（日）圆仁. 入唐求法巡礼行记（卷二）[M]. 上海：上海古籍出版社，1986：105-107.

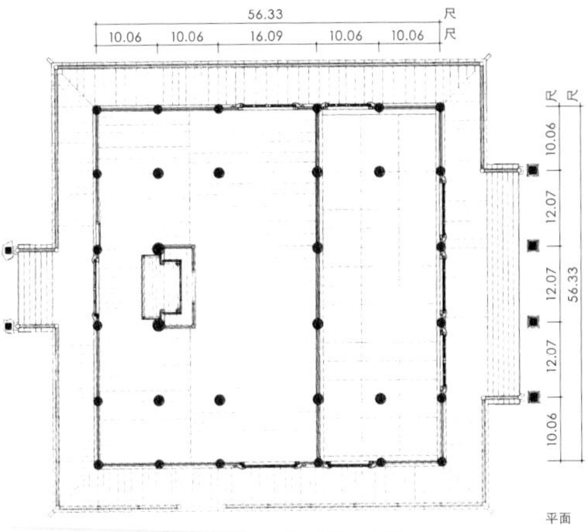

图 7-2-3　鑁阿寺本堂平面（来源：東京藝術大学大学院美術研究科保存修復建造物研究室．鑁阿寺本堂調査報告書 [M]．足利市教育委員会，2011）

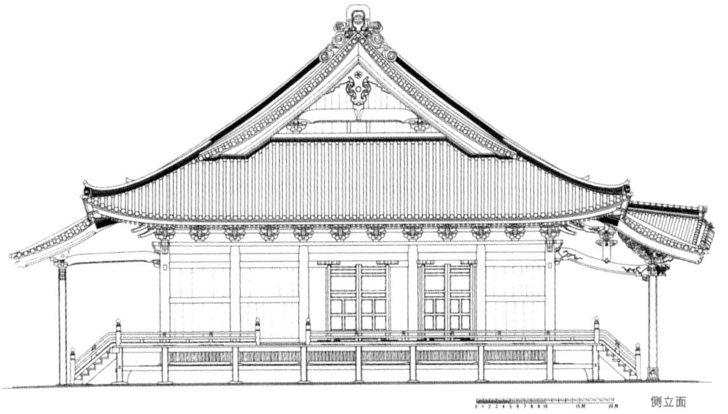

图 7-2-4　鑁阿寺本堂侧立面（来源：東京藝術大学大学院美術研究科保存修復建造物研究室．鑁阿寺本堂調査報告書 [M]．足利市教育委員会，2011）

铺作两朵，相应地置入不同的开间位置。

鑁阿寺本堂面阔五间，中间三间相等，稍间略小，逐间施补间铺作一朵；进深五间，当心间较大，施补间铺作两朵，其余四间相等，各施补间铺作一朵。相应于补间铺作的设置，通过协调面阔、进深的间广尺寸，最终拟合呈正方五间的佛堂平面形式，其总面阔与总进深的实测尺寸，同为现行尺的 56.33 尺（图 7-2-3、图 7-2-4）。

竹林寺本堂面阔五间，当心间较大，施补间铺作两朵，其余四间相等，各间施补间铺作一朵；进深五间，前进间较大，施补间铺作两朵，其余四间相等，各施补间铺作一朵。相应于补间铺作的设置，通过协调面阔、进深的间广尺寸，最终拟合呈正方五间的佛堂平面形式，其总面阔与总进深的实测尺寸，同为现行尺的 45.2 尺（图 7-2-5、图 7-2-6、图 7-2-7）。

比较上述折中样的密教本堂二构，首先二者在年代上相距 170 年，13 世纪末的鑁阿寺本堂是中世折中样的早期之例，而 15 世纪中叶的竹林寺本堂，已至中世后期的室町时代；其次在整体构成上，二者甚为相近，唯补间铺作配置有所不同。竹林寺本堂将补间铺作两朵设于面阔的当心间及进深的前进间，而鑁阿寺本堂则只设于进深的当心间。相比之下，竹林寺本堂的补间铺作之设更为醒目和具装饰性，再加上兼有扇列椽做法，故竹林寺本堂较鑁阿寺本堂更近于唐样佛堂形式。

采用补间铺作两朵这一现象，是上述二构深受唐样技术影响的一个典型表现，双补间铺作形象成为宋式的一个标志和符号。对于和样密教本堂而言，补间铺作的象征意义远大于实际意义。

折中样的另一重要之例东大寺钟楼，为中世镰仓之初东大寺再建之构，其补间铺作之设，是现存遗构中所见最早者。钟楼平面方一间，每面设补间铺作三朵。

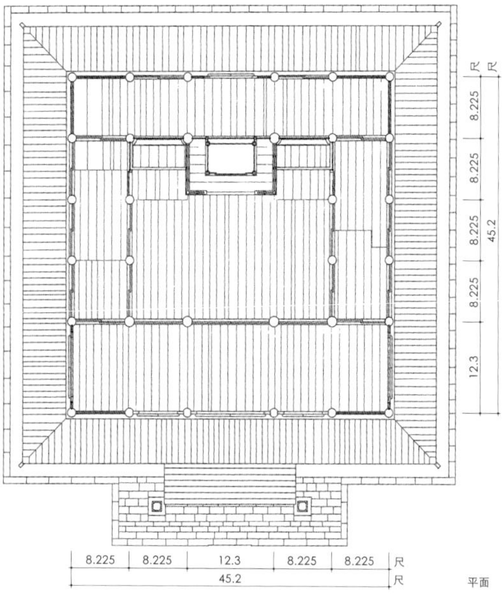

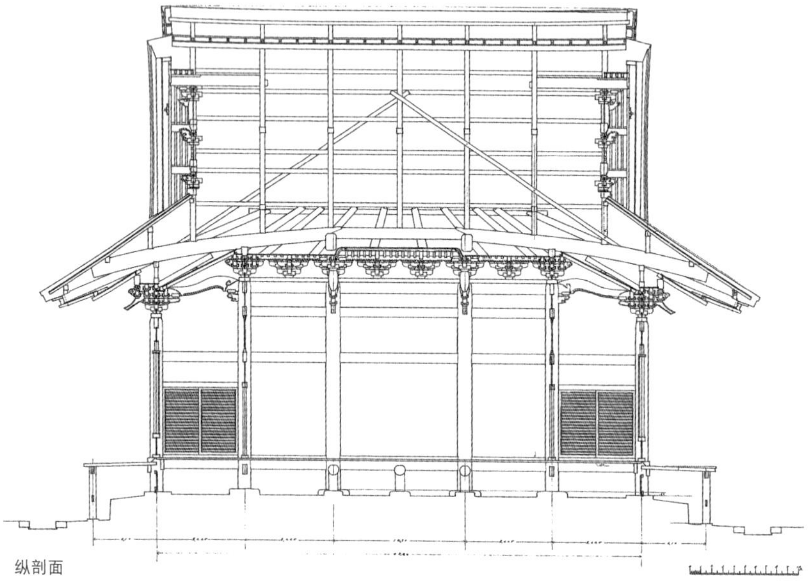

图 7-2-5　竹林寺本堂平面（来源：日本文化财图纸）（左）

图 7-2-6　竹林寺本堂侧立面（来源：日本文化财图纸）（右）

图 7-2-7　竹林寺本堂纵剖面（来源：日本文化财图纸）

作为三样混融的早期折中样之构，东大寺钟楼的宋式补间铺作及相应的设计技术，对于认识中世之初宋技术的影响，是一重要线索和案例。

（2）唐样朵当模数的套用：鑁阿寺本堂模式

中世和样密教本堂对新兴宋技术的追求及所受影响，在设计技术层面上无疑是隐性和不易察觉的。因此，有必要选取相关线索深入这一层面作分析比较，希望能有所发现。

如前章分析，中世唐样佛堂尺度设计上，补间铺作两朵与基于朵当的开间构成是一个整体存在。其模数形式表现为：以朵当的倍数和分数，权衡和设定开间及斗栱的尺度关系，以及 10 材朵当、30 材心间的构成定式。这可称是中世唐样尺度设计的基本方法和标志性特征。

图 7-2-8　鑁阿寺本堂唐样五铺作补间斗栱（来源：東京藝術大学大学院美術研究科保存修復建造物研究室．鑁阿寺本堂調查報告書 [M]．足利市教育委員会，2011）（左）

图 7-2-9　鑁阿寺本堂铺作配置以及五铺作斗栱里跳（来源：東京藝術大学大学院美術研究科保存修復建造物研究室．鑁阿寺本堂調查報告書 [M]．足利市教育委員会，2011）（右）

以此为参照线索，分析比较上述两例折中样密教本堂朵当、开间的尺度关系。

首先分析鑁阿寺本堂（1299 年）。

鑁阿寺本堂采用唐样单栱计心造五铺作斗栱以及补间铺作两朵的形式，是早期唐样斗栱的珍贵实例（图 7-2-8、图 7-2-9）。尽管本堂在样式做法上有显著的唐样特色，然在平面柱网配置上，则是典型的和样密教本堂形式。

鑁阿寺本堂平面方五间，以现行尺所测间广尺寸，面阔当中三间 12.07 尺，梢间 10.06 尺；进深当心间 16.09 尺，余四间 10.06 尺[13]。

铺作配置上，唯进深当心间施补间铺作两朵，余面阔、进深各间皆补间铺作一朵。朵当间内均等。分析补间铺作两朵所在的进深当心间的尺度关系，当心间 16.09 尺分作 3 朵当，各 5.36 尺。依斗栱实测数据，材广 5.3 至 5.4 寸，材厚 4.3 寸。以材广实测尺寸权衡进深当心间的朵当尺寸，10 材朵当的构成关系成立，推算材广尺寸为 5.36 寸。

基于上述分析可得如下认识：鑁阿寺本堂平面方五间，进深当心间施补间铺作两朵；尺度设计上，以朵当 10 材、心间 30 材为则。10 材朵当与 30 材心间，是折中样鑁阿寺本堂尺度设计上的特色所在，而这一特色来自唐样尺度设计上的标志性尺度关系，是对唐样尺度关系的直接套用。

进一步分析基于现行尺的开间实测尺寸，鑁阿寺本堂开间的设计尺寸，应为整数尺形式。根据开间实测尺寸的推算，营造尺长 30.48 厘米，略大于现行尺；本堂开间及材广的设计尺寸推算如下：

面阔五间：10 ＋ 12 ＋ 12 ＋ 12 ＋ 10（尺）

进深五间：10 ＋ 10 ＋ 16 ＋ 10 ＋ 10（尺）

整体规模：56 × 56（尺）

心间朵当：5.33 尺

材广尺寸：5.33 寸

分析作为折中样的鑁阿寺本堂的尺度关系，其表现了如下两方面的基本

13　鑁阿寺本堂的实测数据来源：太田博太郎等．日本建築史基礎資料集成（七）・仏堂Ⅳ [M]．東京：中央公論美術出版，1975．以下斗栱实测数据同。

特征：

其一，作为和样密教本堂，其开间尺寸保持和样传统的整数尺规制以及平面正方五间的形式；

其二，基于宋技术的影响，进深当心间的尺度关系套用唐样的朵当模数，并与和样的整数尺间广互动协调。具体而言，通过加大本堂进深的当心间尺度，以容纳补间铺作两朵，进而协调材尺寸与朵当尺寸的关系，而材尺寸的 5.33 寸，是唐样 10 材朵当定式与和样整数尺间广 16 尺的协调互动的结果。

在斗栱尺度关系上，鑁阿寺本堂亦深受宋技术的影响。本堂斗栱实测尺寸较为驳杂，其实测数据排列如下：

材广 5.3 ~ 5.4 寸，材厚 4.3 寸，栔高 2.6 ~ 2.8 寸，跳高 7.9 ~ 8.2 寸，小斗长 8 ~ 8.2 寸，斗间 2 ~ 2.2 寸，令栱、华栱跳距 10.2 寸。

分析权衡以上斗栱实测数据，并基于设计尺略大于现行尺的特点，复原本堂斗栱设计尺寸如下：

材广 5.33 寸，材厚 4.26 寸，栔高 2.67 寸，跳高 8 寸，小斗长 8 寸，斗间 2 寸，令栱、华栱跳距 10 寸。

基于上述的斗栱设计尺寸，分析本堂斗栱的尺度设计意图与方法，本堂斗栱构成采取的仍是宋式斗栱格线法，即以跳高、跳距格线权衡和设定斗栱的尺度关系，并以跳高 0.8 尺、跳距 1 尺为本堂斗栱构成的基本尺寸（图 7-2-10）。

本堂斗栱的尺度构成，在宋式斗栱格线关系的基础上，作进一步的细化，进而建立斗栱立面方格模式，充分表现了本堂斗栱尺度设计的意匠和方法（图 7-2-11）。

本堂斗栱尺度设计方法如下：

横向尺度上，以 B 表示跳距，并将跳距细分作 5 等份，每份为 0.2 尺，作为权衡横向尺度关系的细分基准：

小斗长 = 4/5B=0.8 尺，斗间 = 1/5B = 0.2 尺，斗栱全长 = 14/5B = 2.8 尺；

竖向尺度上，以 A 表示跳高，并将跳高细分作 3 等份，每份 0.267 尺，以之权衡竖向尺度关系：

材广 = 2/3A = 0.533 尺，栔高 = 1/3A = 0.267 尺，斗栱总高 = 4A = 3.2 尺（栌斗底至橑檐枋下皮）。

本堂斗栱构成的特点在于立面方格模式的建立：以跳距的 2/5 为方格横向单位（0.4 尺），以跳高的 1/2 为方格竖向单位（0.4 尺），建立斗栱立面的基准方格模式[14]，表现了与唐样斗栱设计技术的关联性。

鑁阿寺本堂的斗栱尺寸，由斗栱格线关系及斗栱立面方格模式所权衡和设定。

鑁阿寺本堂的尺度现象，反映了中世折中样在设计技术层面上的一种表现：在保持和样间架形式及整数尺制的基础上，调整相关开间尺寸，以协调唐样补间

14 鑁阿寺本堂斗栱立面构成的方格模式，看似与斗口模数相近，然并非斗口模数，其不合斗口方格模式之处主要有两点：一是斗口尺寸偏大，不等于 1/2 小斗长，二是跳高尺寸小于 2 斗口。

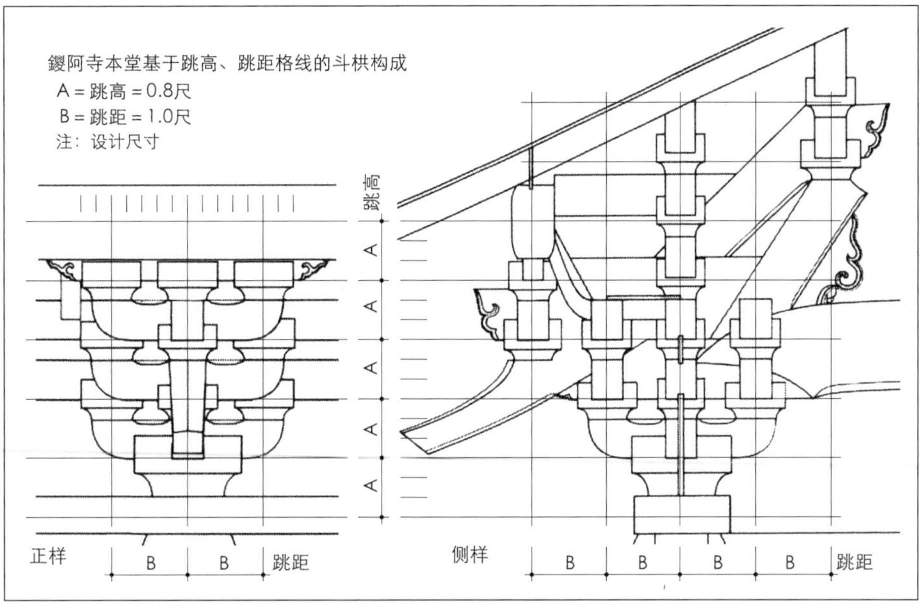

图 7-2-10　鑁阿寺本堂基于跳高、跳距格线的斗栱构成（底图来源：東京藝術大学大学院美術研究科保存修復建造物研究室. 鑁阿寺本堂調査報告書 [M]. 足利市教育委員会，2011）

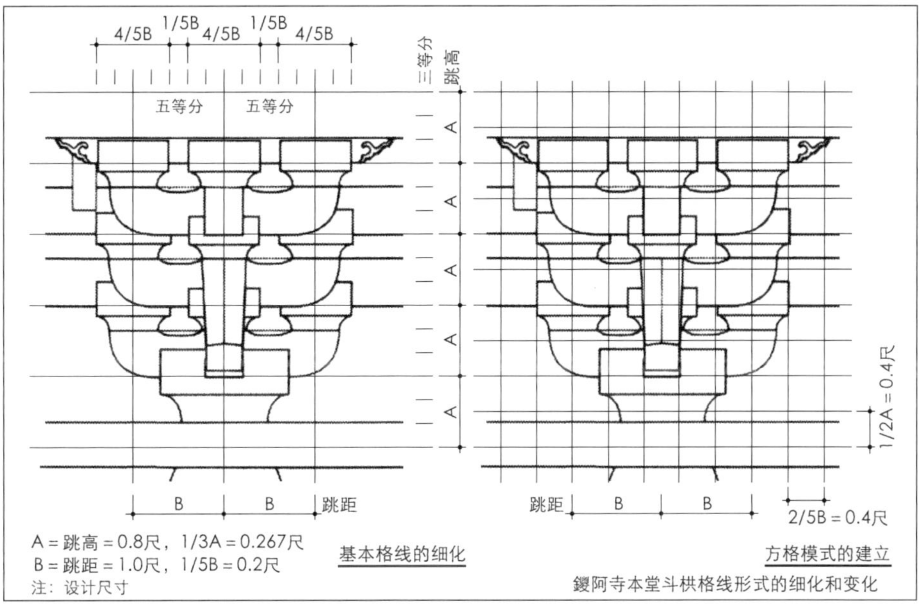

图 7-2-11　鑁阿寺本堂斗栱格线形式的细化和变化（底图来源：東京藝術大学大学院美術研究科保存修復建造物研究室. 鑁阿寺本堂調査報告書 [M]. 足利市教育委員会，2011）

铺作两朵做法，进而套用唐样的 10 材朵当定式；在斗栱构成上传承宋式斗栱格线关系，并作进一步的细化。

中世以来和样建筑上逐渐形成的枝割技术，是和样设计技术发展的主要成果，即基于用椽规制的斗栱及开间尺度的模数设计方法。而作为中世前期折中样的鑁阿寺本堂，尽管具有和样典型的间架形式及平行椽做法，然并未出现和样特色的枝割设计技术。其布椽与间广的对应关系仍是传统的二尺三枝（间广 2 尺配 3 椽当）的形式，且枝割亦与斗栱构成无关。总之，支配性的枝割技法尚未形成，鑁阿寺本堂的和样设计技术仍停留在传统的整数尺制阶段。上述关于鑁阿寺本堂尺度设计上套用唐样尺度关系的认定，首先已排除了间广及斗栱构成上枝割因素的存在及其作用[15]。

鑁阿寺本堂是深受唐样影响的代表性和样密教本堂，大量吸收最新引入的宋技术，不仅在样式做法上，而且在尺度关系上。鑁阿寺本堂所在的关东地区，是中世唐样的初兴之地和早期重镇。自13世纪末以来，关东地区中世寺院建筑的发展，即受唐样的强烈影响。然关东地区现已不存镰仓时代前期的寺院建筑，最盛期的镰仓五山建筑亦一无所存，唯遗存有部分唐样影响深厚的和样密教本堂，这为认识早期唐样技术以及唐样与和样设计技术的关联性，提供了相关线索，而鑁阿寺本堂则是其中最重要的一个案例，日本学者甚至称鑁阿寺本堂是镰仓时代现存唯一的并具先驱性的唐样实例[16]。

关东折中样密教本堂，不同程度地反映了初期唐样建筑的技术特色。

（3）和样本堂的唐样化：竹林寺本堂模式

接着分析中世折中样密教本堂的另一实例竹林寺本堂（1469年）[17]。

竹林寺本堂为室町中期的折中样密教本堂遗构，在年代上迟于鑁阿寺本堂百余年，其唐样因素较鑁阿寺本堂更为显著，尤其是增加了扇列椽做法。而在尺度设计上，竹林寺本堂仿效唐样朵当模数的程度，也较鑁阿寺本堂更进了一步。

竹林寺本堂采用纯正的唐样重栱计心造五铺作斗栱以及补间铺作两朵的形式（图7-2-12），平面为和样密教本堂典型的方五间形式，正面带一间披厦（日本称向拜）。以现行尺（曲尺30.303厘米）所测的本堂开间尺寸，面阔当心间12.3尺，次、梢间8.225尺，总面阔45.2尺；进深前一间12.3尺，后四间8.225尺，总进深45.2尺（实测数据取自日本文化财图纸，以下同）。

补间铺作配置上，面阔当心间与进深前一间，施补间铺作两朵，相应于间广12.3尺，朵当4.1尺；余面阔、进深各间皆补间铺作一朵，相应于间广8.225尺，朵当4.11尺；总面阔和总进深各45.2尺、11朵当，每朵当实测均值4.11尺，本堂朵当逐间均等统一。竹林寺本堂尺度设计上，基于补间铺作配置以及朵当4.11尺，生成本堂的平面开间尺寸（图7-2-13）。

根据斗栱实测数据，本堂斗栱用材4.11×3.8（寸）。以之权衡朵当4.11尺，正吻合10材朵当的构成关系。

分析竹林寺本堂朵当及开间尺度关系，表现有如下几个特点：

其一，面阔当心间补间铺作两朵，次间补间铺作一朵，当心间与次间之比为准确的3∶2，再现了唐样佛堂标志性的铺作配置形式以及开间比例定式。

其二，朵当4.11尺，逐间均等，朵当等距原则成立。开间尺度构成上，朵当成为支配性因素，以朵当为基准的设计意图明确而清晰。

其三，采用唐样“朵当＋材”的两级模数形式，以朵当的倍数和分数，权衡和设定开间及斗栱尺寸，并取10材朵当、30材心间的经典模数关系。

15　鑁阿寺本堂尺度设计上，不存在和样的枝割规制，其开间构成为整数尺制下的二尺三枝关系，枝由整数尺开间的分割而被动生成。鑁阿寺本堂16、12、10尺的三种间广，分别配椽24、18、15枝。

16　上野胜久著，包慕平、唐聪译．日本中世建筑史研究的现状和课题——以寺院建筑为主[M]// 王贵祥．中国建筑史论汇刊（第12辑）．北京：清华大学出版社，2015：83-96.

17　竹林寺本堂的营建年代未能确定，一般认为建于日本文明年间（1469—1487），也有认为建于江户时代，仿前朝室町时代的唐样风格。

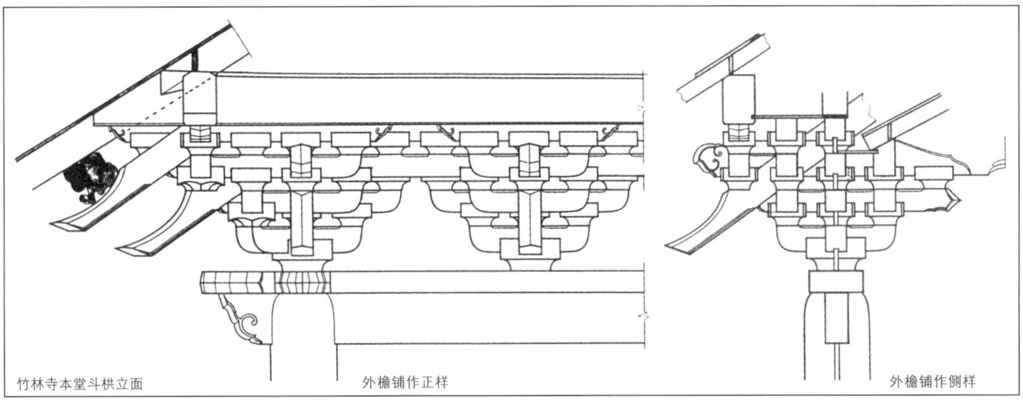

图 7-2-12 竹林寺本堂唐样重栱计心造五铺作斗栱（来源：日本文化财图纸）

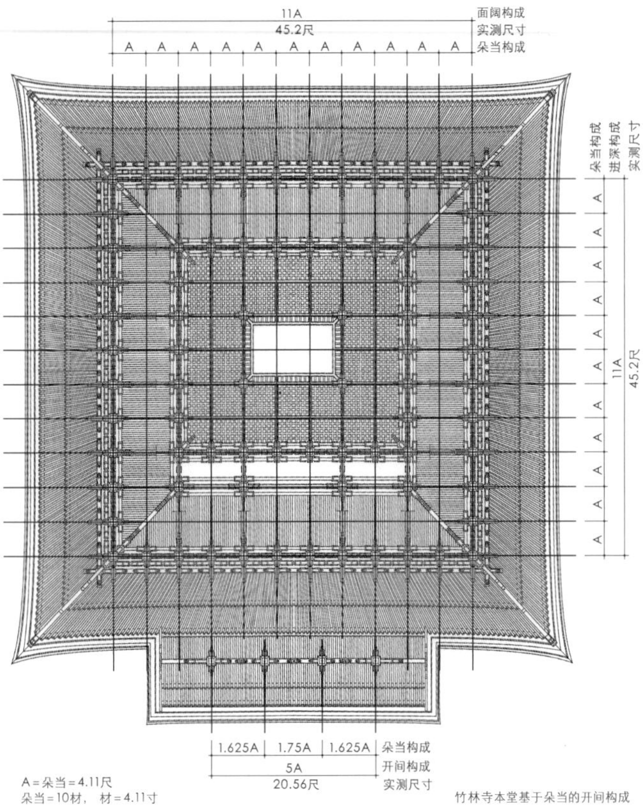

图 7-2-13 竹林寺本堂基于朵当的开间构成（底图来源：日本文化财图纸）

以上三个方面的特色，表现了折中样竹林寺本堂尺度设计上显著和全面的唐样因素，可谓是和样本堂设计技术的唐样化。

竹林寺本堂所处的室町时代，和样的枝割技术已相当成熟，然而，在折中样竹林寺本堂上，和样设计技术近乎全被压抑，本堂采用的唐样扇列椽形式，令和样枝割技法全无施展之地，在开间尺度设计上，唐样朵当基准成为支配性因素和基本方法。

分析本堂开间实测数据，现行尺应微小于营造尺，推算营造尺长 30.35 厘米，营造尺为现行尺的 1.0016 倍，朵当设计尺寸 4.1 尺。基于上述分析，并考虑各种变形和误差的因素，竹林寺本堂朵当、开间的设计尺寸如下所示（单位：营造尺，尺长 30.35 厘米）：

面阔五间：8.20 + 8.20 + 12.3 + 8.20 + 8.20（尺）

进深五间：12.3 + 8.20 + 8.20 + 8.20 + 8.20（尺）

整体规模：45.1 × 45.1（尺），11 × 11（朵当），110 × 110（材）

朵当尺寸：4.1 尺

材广尺寸：4.1 寸

此外，本堂正面所带披厦一间，依实测数据所记，面阔 20.56 尺，合 5 朵当、50 材。庇厦开间尺寸同样是由朵当基准所权衡和设定的。

相对于鑁阿寺本堂开间尺度设计上的部分唐样因素，竹林寺本堂开间尺度设计上则呈全面的唐样化，即完全采用唐样"朵当＋材"的两级模数形式。

然而有意味的是，根据本堂斗栱构成及其与朵当的关联构成的分析，在横向尺度的组织与筹划上，斗长已取代材广成为横向尺度构成的基准，而这一变化正与中世唐样斗栱构成基准的演变趋势吻合一致。

分析竹林寺本堂斗栱的尺度关系，斗栱立面分型为斗畔相接的形式，其横向尺度构成基于 1/3 小斗长的斗间格线关系（图 7-2-14）。

折中样密教本堂所用唐样斗栱及其格线关系，与唐样佛堂别无二致。

进一步分析竹林寺本堂斗栱与朵当的关联构成，根据边斗间等于斗间这一现象，可知本堂斗栱与朵当的关联构成已经建立，且是以横向尺度单元的斗间、斗长为基准而建立的。也就是说，竹林寺本堂的朵当尺度关系，不仅保持着传统的 10 材朵当形式，而且又跟随室町时代以来唐样设计技术的变化，基准形式转向横向的斗长基准，其方法是：以 3 : 5 的简洁比例关系（0.6 比值），将材广基准转为斗长基准，即材广 4.11 寸，斗长 6.85 寸，从而以横向的斗长基准，更加直接、直观地建立斗栱与朵当的关联构成；相应地，10 材朵当的形式转为 6 斗长朵当的形式，也就是唐样设计技术上的六间割斗长模数形式。

基于斗栱、朵当及开间的关联构成分析，本堂朵当构成合 6 斗长、18 斗间，由此推算本堂斗栱横向尺度构成上的斗长、斗间尺寸如下：

小斗长＝ 6.85 寸，斗间＝ 2.28 寸

以此斗长、斗间为基准的斗栱立面格线关系，与本堂斗栱实测尺寸相当吻合[18]，也即竹林寺本堂斗栱构成以及斗栱与朵当的关联构成，吻合以斗间（1/3 斗长）为单位的基准格线关系。若以斗长为权衡基准，其构成关系为：斗栱全长为（5 + 2/3）斗长，边斗间 1/3 斗长，朵当合 6 斗长（图 7-2-15）。

竹林寺本堂尺度设计上，以斗长的 1/3 为细分基准，在斗栱构成以及斗栱与朵当的关联构成上作精细筹划。

以本堂斗栱全长的测值与算值的比较为例：

测值：斗栱全长＝长栱长 36.3 寸＋两边小斗斗凹 2.6 寸＝ 38.9 寸

18　竹林寺本堂斗栱实测尺寸（单位：寸），据关口欣也整理数据：材广 4.0，材厚 3.6，栔高 2.3，跳高 6.3；小斗长 6.9，斗间 2.1，小斗底长 4.3；小斗高 3.2；大斗长 11.0，大斗高 5.5；短栱长 22.4，长栱长 36.3，短栱心长 18.1，短栱跳距 9.05。

又据文化财图纸：材广 4.1 寸，材厚 3.8 寸，华栱跳距 9 寸，短栱跳距 9 寸。

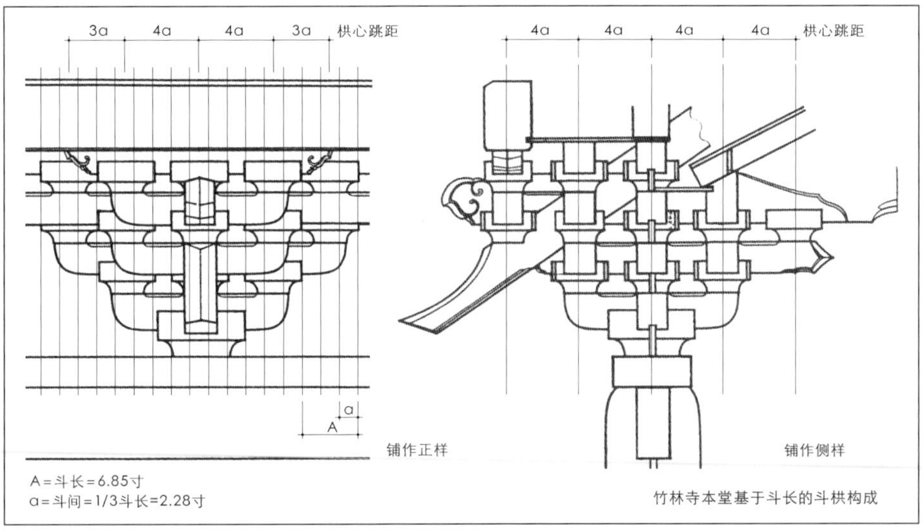

图 7-2-14　竹林寺本堂基于斗长的斗栱立面构成（底图来源：日本文化财图纸）

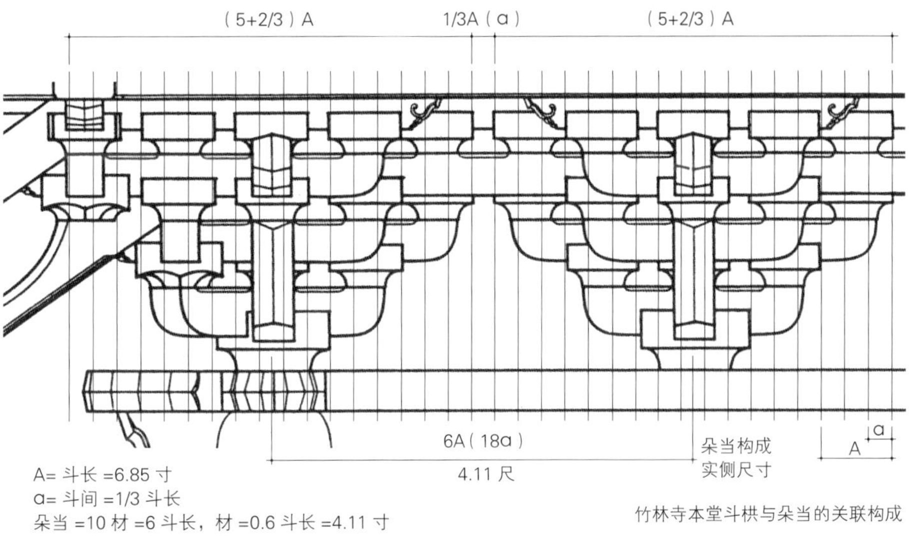

图 7-2-15　竹林寺本堂斗栱与朵当的关联构成（底图来源：日本文化财图纸）

算值：斗栱全长＝（5 ＋ 2/3）× 小斗长 6.85 寸＝ 38.82 寸

本堂斗栱全长的测值与算值相当吻合。

竹林寺本堂的特色在于材广基准与斗长基准之间的简洁比例关系，以及尺度构成上的基准转换，即：本堂基于材广的 10 材朵当形式，可转换为基于斗长的 6 斗长朵当形式，相应地，基于材广与斗长的规模构成比较如下（设计尺寸，单位：营造尺）：

基于材广的规模构成：45.1 × 45.1（尺），11 × 11（朵当），110 × 110（材）

基于斗长的规模构成：45.1 × 45.1（尺），11 × 11（朵当），66 × 66（斗长）

竹林寺本堂斗栱与朵当的关联构成，与前一章讨论的中世后期唐样设计方法完全相同，而以朵当的倍数和分数，权衡和设定开间及斗栱的尺度关系，则是唐样设计技术的基本法则和典型特色。

在斗栱与朵当的关联构成上，竹林寺本堂的模数基准转向注重横向尺度关系的斗长基准，反映了室町中期唐样设计技术的时代特点。折中样竹林寺本堂所吸收、采用的唐样设计技术，甚于鑁阿寺本堂以及其他中世折中样建筑。

鑁阿寺本堂与竹林寺本堂作为中世折中样密教本堂的两例，二者皆表现出在和样间架骨干和空间形式的基础上，采用唐样技术因素的特点，尤其是补间铺作两朵做法更具意义。此折中样二构可称作日本中世宋风最为浓厚的和样本堂两例。二者的区别在于采用唐样因素的程度差异，就折中的程度而言，鑁阿寺本堂不虚"半唐样"之名，且是中世早期和样建筑上唐样模数意识及模数形式的初见之例；而竹林寺本堂尺度设计上，唐样独特的补间铺作两朵形式以及朵当模数技法，不再如鑁阿寺本堂那般生硬，已至相当纯熟、自如和有序，近于完全唐样化的程度[19]。

唐样的标志性尺度关系 10 材朵当和 30 材心间，出现在中世折中样密教本堂上，是中世和样追求新兴宋技术以及所受影响在设计技术层面上的一个典型表现。

上述折中样密教本堂二构，在形式上虽已相当的唐样化，然骨子里仍是和样，如间架结构、空间形式，甚至竹林寺本堂所仿效的唐样扇面椽形式，仅用于视线可及的橑檐枋外，而橑檐枋内仍为和样的平行椽形式[20]。这种生硬且构造不合理的模仿方式，也反映了对宋样式执着的追求和心态。

（4）东大寺钟楼的唐样朵当模数法

关于东大寺钟楼的朵当模数，第五章、第六章分别从唐样设计技术的朵当构成和斗栱构成的角度作了讨论。本节再以钟楼的折中样现象为线索，作相关分析和比较。

13 世纪初的东大寺钟楼，是中世早期折中样的独特之例。作为宋技术传入初期的折中样遗构，东大寺钟楼具有重要的意义。与上述折中样密教本堂二构相较，折中样东大寺钟楼的独特之处在于三样混融，即以天竺样与唐样的混融为主，兼有部分和样技术因素。上述折中样三构虽在折中因素和折中程度上互有不同，然其共同之处却是十分显著的，即：基于唐样技术的影响，采用补间铺作两朵或多朵做法以及尺度构成上的朵当模数法。

三样折中的东大寺钟楼，天竺样因素主要表现在构架形式上，和样因素表现在平行椽做法及平闇形式上，而唐样因素则表现在补间铺作、斗栱形式以及基于朵当的尺度设计方法上。

东大寺钟楼斗栱的特色在于其横向密集连斗的形式，这一特性决定了其斗长尺寸在尺度构成上的基准作用，钟楼斗栱尺度的基准在于斗长，而斗长又由朵当的分数而权衡和设定。

根据钟楼的实测数据以及设计尺度复原(营造尺长31.76厘米，宋尺)，其斗栱、朵当、开间有如下的尺度关系：

19　伊藤延男认为竹林寺本堂宋风之浓厚，近于完全的唐样。参见：伊藤延男. 中世和樣建築の研究 [M]. 東京：彰国社，1961：172.

20　参见：大森健二. 社寺建築の技術——中世を主とした歴史・技法・意匠 [M]. 東京：理工学社，1998：232.

钟楼方一间，每面施补间铺作三朵，斗长 23.82 厘米（0.75 尺）；四面各间内又以槏柱分作三间，中间 381.2 厘米（12 尺），边间 190.6 厘米（6 尺），总间 762.4 厘米（24 尺）。钟楼每面四朵当，朵当 190.6 厘米（6 尺），四面朵当等距。

钟楼朵当、开间尺度构成的两级模数表现为：以 8 斗长为朵当（8×0.75 尺），以 4 朵当为间广（4×6 尺）。

作为三样折中的东大寺钟楼，其唐样技术因素最具意义的表现在于朵当模数法。

折中样东大寺钟楼，与前述两例折中样密教本堂相较，尽管性质、形制不同，但补间铺作多朵做法，则是三者最重要的共同特点。进而，补间铺作与朵当模数的相伴，更成为三者尺度设计上共通的模数方法。这一现象无疑源自折中样中的唐样技术因素的表现，反映的是唐样尺度设计上补间铺作与朵当模数作为一个整体存在的特征，同时也表明基于宋技术的影响和普及，朵当模数成为当时流行的设计方法。

在中世工匠行业竞争上，宋技术的技术优势不会让唐样独占，和样必须也急于吸收宋技术的因素和做法，而和样所选取的要素正是宋技术的代表和象征：补间铺作两朵及相应的朵当模数法。

本节讨论的中世折中样三构，基本特色皆表现为对宋式的追求和模仿以及唐样的影响，且这一追求和影响并不止于样式、构造层面，而有可能深入至设计技术层面，表现为朵当模数的形式。且此三例折中样，在尺度设计上皆可排除和样枝割技法的存在。

折中样三构相较，唐样因素以及模数化程度以东大寺钟楼和竹林寺本堂更为显著，且三构中又以镰仓之初的东大寺钟楼年代最早。这一现象值得关注和重视[21]。一方面，13 世纪初的东大寺钟楼，其年代正处于宋技术传入之初，故钟楼表现的技术因素，有可能直接移用自宋技术。另一方面，东大寺钟楼案例表明：中世建筑的尺度模数化，最先出自唐样设计技术，且是唐样设计技术独特性的表现，钟楼有可能是中世建筑尺度模数化发展及其技术序列的起点。

折中样的设计技术特点，为分析唐样与和样的关联性提供了重要的案例和视角，同时中世早期折中样密教本堂上的宋技术因素，也成为认识现已遗构不存的早期唐样建筑的线索和史料。也就是说，从折中样中寻找早期唐样技术的痕迹。

折中样所采用的宋式补间铺作及朵当模数方法，其目的不单在于尺度关系的模数化，而是以此标示和展现对先进宋技术的向往和追求。补间铺作两朵的形象与相伴的朵当模数，成为最醒目的宋式招牌和符号。在当时的中世社会文化背景下，折中样的心态和目的大抵如此。

以上关于折中样三构的讨论，对于中世和样设计技术发展的认识有其特定的意义。

21　关于中世初期的折中样东大寺钟楼，日本学界多注重其天竺样的属性，而忽视了钟楼表现的唐样技术因素及其意义。

三、传统和样的整数尺间广及相应的布椽形式

和样设计技术以枝割模数为特征，也就是基于布椽的尺度设计方法。然而，真正意义上的和样枝割技术的形成和确立，是在中世的 14 世纪以后，并经历了一个逐渐发展和成熟的历程。在这一过程中，和样椽当的角色逐渐由被动转为主动，最终成为权衡和样建筑尺度关系的基准所在。以下就和样布椽形式与其开间、斗栱的尺度关系这一线索，梳理和讨论从古代到中世和样设计技术的演变历程。

1. 间广整数尺制下的布椽形式

（1）基于整数尺间广的椽当匹配：一尺一枝形式

和样设计技术演进的历程上，中世是一个重要的转折时期。中世之前的日本古代建筑，其开间尺度设定以整数尺制为基本特征，且早期又以 10 尺为基本开间尺寸。从奈良时代至平安时代的约五个多世纪，其开间尺度一直保持着传统的整数尺规制以及基于整数尺间广的布椽形式。

这一时期布椽形式的特点是与整数尺间广保持简单的匹配关系，如一尺一枝和二尺三枝的形式，也就是间广一尺配椽一枝和间广二尺配椽三枝的简单布椽形式。其“枝”的定义，指相邻两椽之中距。椽中距也称椽当，故上述布椽形式所对应的椽当尺寸，前者为 1 尺，后者为 2/3 尺。

布椽之疏密，基于建筑规模以及椽径大小，从而有从一尺一枝至二尺三枝之别。早期建筑由于尺度硕大，其布椽多取一尺一枝的形式，其最早者如法隆寺金堂和五重塔[22]。现存奈良时代的遗构，相应于整数尺间广，其布椽形式普遍以一尺一枝为特色。

唐招提寺金堂（770 年）为奈良时代后期的代表建筑，其开间尺度以唐尺计，皆为整数尺形式：面阔七间，心间 16 尺，次间 15 尺，再次间 13 尺，梢间 11 尺；进深四间，当中两间各 13.5 尺，边间 11 尺。其布椽相应于整数尺间广，取一尺一枝的形式，即由心间到梢间所配椽数分别为 16 枝、15 枝、13 枝、11 枝的形式，进深上当中两间合计 27 枝，边间 11 枝的形式。

又如新药师寺本堂（奈良时代末期），面阔七间，进深四间，间广整数尺形式。面阔心间 16 尺，余各间皆为 10 尺。布椽为一尺一枝的形式，即心间 16 枝，余各间皆 10 枝。

奈良时代遗构中一尺一枝之例还有法隆寺传法堂、法隆寺食堂、唐招提寺讲堂等遗构。平安时代遗构中，也见有一尺一枝之例，如法隆寺讲堂（990 年重建）。根据现状分析，唐代佛光寺大殿也可能是当心间 17 尺、布椽 17 枝的形式。

此外，中世以后也仍有少数建筑沿用一尺一枝的旧法，如奈良东大寺钟楼

22　关于法隆寺金堂、五重塔的营造尺复原，以往日本学界推定为高丽尺，尺长约 35.93 厘米。笔者根据分析认为应为北朝尺，尺长 26.95 厘米。以此北朝尺权衡法隆寺金堂和五重塔，所有间广皆为整数尺，且布椽亦取一尺一枝的形式，符合这一时期开间用尺和布椽方式的特点。参见：张十庆．是比例关系还是模数关系——关于法隆寺建筑尺度规律的再探讨 [J]. 建筑师，2005（5）：92-96.

（1207年）[23]以及桃山时代的奈良金峰山寺本堂（1588年），二构是现存中世以后遗构中用材尺度雄壮硕大者。

归纳上述分析，日本古代前期的奈良时代建筑，用材硕大，布椽疏朗，椽当匀整。在间广整数尺规制下，其布椽与间广的匹配关系，为一尺一枝的最简形式。这一时期布椽受制于整数尺间广，椽当处于从属和被动的地位，完全不存在后世的枝割意识和方法。

在布椽方式上，这一时期还有两个特点：一是分间布椽，逐间椽当均等，椽当与柱缝对位[24]；二是当心间椽当坐中，即椽当对位开间中线，当心间偶数布椽。

奈良时代这种一尺一枝的简单布椽方式，约至平安时代开始出现变化，布椽上椽当小于一尺开始成为主要形式。这一现象反映了平安时代之后布椽趋密的特色，平安时代的布椽渐改奈良时代简单、疏朗和匀整的形式，并由此产生了初步的布椽意识。

（2）布椽趋密与不匀椽当的控制

从奈良时代至平安时代的布椽变化，主要表现为布椽趋密，以及整数尺间广制约下的椽当尺寸的变化。在这一背景下，椽当尺寸出现了如下两个现象：一是小于一尺的畸零小数椽当尺寸，二是分间椽当尺寸的不匀和微差。奈良时代通常的椽当均等匀齐、尺寸简单划一的布椽形式逐渐消失。平安时代和样佛堂的布椽状况及其变化，见以下两例。

首先看一下平安时代初期的遗构室生寺金堂，该构是反映这一期布椽方式变化的重要实例。

室生寺金堂间广为传统的整数尺制。金堂面阔五间，逐间相等，间广各8尺；进深四间，当中两间各6尺，前后边间各8尺。其布椽状况如下：面阔、进深的8尺开间配椽9枝，椽当尺寸0.889尺；进深的当中两间6尺开间合计12尺，共配椽13枝，椽当尺寸0.923尺。不匀椽当约0.034尺，合1.03厘米。

平等院凤凰堂（1035年）是平安时代中期的代表遗构，其造型及间广形式，较室生寺金堂更为丰富和变化。凤凰堂殿身面阔三间，进深二间，副阶周匝。其间广设置为传统的整数尺制，各开间尺寸如下：面阔心间14尺，次间10尺；进深二间各13尺，副阶6.5尺。

殿身布椽状况如下：心间14尺配椽16枝，次间10尺配椽11枝，进深二间各13尺，各配椽14枝，相应形成殿身各间的椽当尺寸。各间椽当尺寸参差不齐，且皆为小于一尺的畸零小数，即：面阔心间椽当0.875尺，次间椽当0.909尺，进深二间椽当各0.929尺。其椽当不匀值最大0.054尺，约合1.6厘米。

副阶开间的布椽，又较殿身多1至2枝。即面阔心间17枝、次间12枝，进深二间各16枝，副阶深6.5尺配椽8枝，相应形成副阶各间的椽当尺寸，即：心

23　东大寺钟楼方一间，间广762.4×762.4（厘米），布椽24枝。根据营造尺的复原分析，钟楼间广24尺，营造尺长31.76厘米，间广与布椽的对应关系为一尺一枝的形式。参见：张十庆．宋技术背景下的东大寺钟楼技术特色探析[M]// 贾珺．建筑史（第27辑）．北京：清华大学出版社，2011：201-211。

24　相对于分间布椽的做法，也见有少数总间布椽的形式，即相应于总间尺寸进行统一配椽的形式，椽当均等，遗构如醍醐寺五重塔（951年）、中尊寺金色堂（1124年）等。

间椽当 0.824 尺，次间椽当 0.833 尺，进深开间椽当 0.813 尺。副阶椽当尺寸较殿身椽当略小一些。

归纳室生寺金堂与平等院凤凰堂二构布椽方式的特点如下：

其一，基于整数尺间广的布椽形式，布椽趋密，椽当尺寸由此前通常的一尺转为小于一尺的形式；

其二，相应于整数尺间广，被动生成的椽当尺寸呈畸零小数；

其三，分间布椽，间内匀置，各间椽当尺寸略有微差；

其四，当心间椽当坐中，偶数布椽；

其五，副阶布椽较殿身每间增加一至二椽。

室生寺金堂与平等院凤凰堂二构的布椽状况，反映了平安时代以来布椽方式的变化，并代表了这一时期和样佛堂布椽形式的典型特色。

随着平安时代以来的布椽趋密，椽当尺寸相应减小。布椽筹划上，整数尺间广与椽数的匹配关系，主要限定于一尺一枝至二尺三枝这一范围。相应地，其椽当尺寸的变化区间在 1 尺至 2/3 尺之间。

平安时代以来，随着不匀椽当的出现，控制和消除不匀椽当之微差，势必是布椽筹划上的一个追求。因此这一时期在布椽上，不仅椽当于各间内均分，而且在整数尺规制下，若不能达到各间椽当皆匀，则尽量控制椽当之不匀值。对于接近一尺的古代椽当尺寸而言，分间椽当不匀的这点微差，实际上并不影响其布椽匀整的视觉效果。而这种控制椽当不匀的意识和方法，类似于《营造法式》控制整数尺间广下的朵当不匀。

平安时代以来布椽趋密的特征，至中世初期愈为显著，布椽更密，椽当进一步减小。中世以后间广与椽数的匹配关系，一般限定为二尺三枝至一尺二枝这一范围，相应地，其椽当尺寸的变化区间则在 2/3 尺至 1/2 尺之间。

对于和样设计技术的演进而言，间广与椽当的相互关系始终是一重要因素。整个古代时期（奈良与平安时代），间广尺寸的设定以整数尺制为则，与椽当无关。基于整数尺间广的椽当匹配，成为这一时期布椽形式的基本特征。

这一时期的椽当尺寸只是相应于整数尺间广的被动生成，椽当之于间广，一直处于从属与被动的地位。平安时代的椽当畸零尺寸这一特点，亦表明了其相应于整数尺间广的被动生成的属性。

奈良、平安时代建筑的布椽方式可概括为：基于间广整数尺制的间内匀置及相应的椽当被动生成。而间广尺寸的设定受制于布椽方式，则是很久以后的事[25]，基于布椽方式的枝割技法的确立是在中世以后。日本学界认为：日本全国性的枝割技法，确立于镰仓时代末期[26]。

椽当相对于间广的从属和被动关系，中世以后开始出现了变化，从最初二者间的互动，逐渐到二者关系的转换，椽当由之前从属于间广的被动角色，转变为

25 凤凰堂平面开间尺寸的设定上，不存布椽枝割的影响，而这种枝割的影响是很久以后的事。参见：大森健二. 凤凰堂昭和修理概要 [J]. 仏教芸術（第 31 号），1957.

26 鈴木嘉吉，渡辺義雄. 法隆寺東院伽藍と西院諸堂 [M]. 東京：岩波書店，1974：5.

间广构成的支配性因素，基于布椽方式的枝割技法由此得以确立，其时约在中世中期的 14 世纪中叶，且这一转变经历了一个较长时段的过程。

间广与椽当二者关系的逆转，表明间广尺寸的设定开始受制于布椽方式。至此，平安时代的布椽求匀的追求得以真正实现，基于布椽筹划的中世枝割设计技术，彻底消除了此前不匀椽当的内在因素。

布椽筹划成为中世以后和样设计技术演进的关键环节。

2. 宋式布椽形式与椽当规制

（1）用椽之制及其布椽筹划

中国北宋时期（960—1127），大致相当于日本平安时代后期。基于上节关于日本奈良、平安时代建筑布椽形式的讨论，本节进一步比对大致同时期的北宋建筑的布椽形式，具体以《营造法式》的相关制度作为比较依据[27]。

布椽筹划是《营造法式》大木作制度所注重的一项内容，大木作制度中称之为“用椽之制”。其相关内容有三项，即椽架平长、椽径及布椽疏密这三项内容，具体规定如下：

《营造法式》卷五“椽”[28]：

“用椽之制：椽每架平不过六尺。若殿阁或加五寸至一尺五寸，径九分至十分；若厅堂椽径七分至八分，余屋径六分至七分。”

“凡布椽，令一间当心；若有补间铺作者，令一间当耍头心。……其稀密以两椽心相去之广为法：殿阁广九寸五分至九寸，副阶广九寸至八寸五分，厅堂广八寸五分至八寸，廊库屋广八寸至七寸五分。”

分析《营造法式》用椽之制，关于布椽筹划的内容有如下几个要点：

一是用椽之制以椽径为本，布椽疏密及等级划分，皆由椽径决定。

二是布椽以椽中距（椽当）为法，而椽中距取决于椽径大小。

三是在表记形式上，椽径以份数表记，椽中距转以基准材的折算尺寸表记。研究表明“用椽之制”的份数规制及相应的尺寸折算，是以作为基准材的三等材为法的[29]。

四是椽径大小依殿阁、厅堂、余屋的等级分类而不同。据陈明达分析，椽径大小按建筑的等级类型，自 10 份至 6 份分作五等，每等相差一份；对应的椽中距从九寸五分至七寸五分，也分为五等，每等相差五分（半寸），其份数折算从 19 份至 15 份，分作五等，每等相差一份[30]。

上述这一基于椽径的布椽份数规制可表述为：布椽以椽径为本，以椽径 6 份对应椽中距 15 份为始，椽径每增 1 份，椽中距亦增 1 份，至椽径 10 份对应椽中距 19 份止，且不论椽径大小，椽净距一律为 9 份。椽径、椽中距和椽净距的份数

27 由于中国本土同时期遗构的改造替换，已难以探知原初布椽方法与意图，故以《营造法式》文本分析，作为这一问题讨论的对象和线索。

28 梁思成. 梁思成全集（第七卷）[M]. 北京：中国建筑工业出版社，2001：155.

29 参见：张十庆. 关于《营造法式》大木作制度基准材的讨论 [M]// 贾珺. 建筑史（第 39 辑）. 北京：清华大学出版社，2016：73-81.

30 陈明达. 营造法式大木作研究 [M]. 北京：文物出版社，1981：20-21.

关系及相应的尺寸折算如表 7–1 所示（以三等材为基准）：

表 7–1 《营造法式》基于椽径的布椽规制

类 型	椽径	椽中距	椽净距	椽中距 / 椽径
殿 阁	10 份（5.0 寸）	19 份（9.5 寸）	9 份（4.5 寸）	1.90
殿阁及副阶	9 份（4.5 寸）	18 份（9.0 寸）	9 份（4.5 寸）	2.00
副阶及厅堂	8 份（4.0 寸）	17 份（8.5 寸）	9 份（4.5 寸）	2.125
厅堂及余屋	7 份（3.5 寸）	16 份（8.0 寸）	9 份（4.5 寸）	2.286
余 屋	6 份（3.0 寸）	15 份（7.5 寸）	9 份（4.5 寸）	2.50

根据上述分析可知，布椽筹划在《营造法式》大木作制度中已有成熟的规制，其基本内容可归纳为如下三条：

其一，布椽以椽径为本，椽径以份数定，依所用建筑的类型分作五等，以 1 份递增减，从 6 份至 10 份；

其二，确立椽径与椽中距的份数关系，椽中距依椽径大小而变化，亦相应分作五等，以 1 份递增减，从 15 份至 19 份，以此权衡布椽之疏密；

其三，椽中距的份数计算如下式：椽中距＝椽径＋椽净距。而椽净距为 9 份定数，故椽中距份数的计算公式为：椽中距＝椽径＋ 9 份。

《营造法式》用椽之制的特色在于强调布椽筹划上椽径的基准作用。《营造法式》大木作制度中与用椽相关的制度有“用椽之制”与“造檐之制”二项，此二项制度皆规定以椽径为基准，即布椽的椽当尺寸与造檐的檐出尺寸的设定，皆以椽径大小为依据。进而，“用椽之制”中的椽架平长实际上也是基于椽径而设定的，即以 15 倍椽径为椽长[31]。

《营造法式》布椽筹划的意识、方法及相应规制，远较同时期的和样建筑先进和成熟，且有可能影响了后世和样设计技术的演变，并成为和样枝割技术的一个源头。如布椽筹划上椽中距的设定，中世和样枝割规制就与《营造法式》相同，亦以椽径为基准，且在椽中距的计算上，其椽净距也是一个定数，即 1.2 倍椽径，故依公式：椽中距＝椽径＋椽净距，和样枝割规制中的椽中距等于 2.2 倍椽径[32]，也即椽中距与椽径之比为 2.2，而这一比值又与《营造法式》布椽规制的厅堂相同（2.125 至 2.286，中值为 2.2）。这一椽中距与椽径之比值，反映的是基于椽径的布椽疏密状况。

布椽筹划上，宋式布椽规制与和样枝割规制，二者基于椽径的实质是相同的。进一步而言，中世以后出现的和样枝割设计技术，在源头上也可能与《营造法式》相关，因为《营造法式》既然以椽径为基准设定与用椽相关的椽距、椽长及檐出尺寸，那么也有可能将此椽径基准的方式扩展、发散至更多的对象，如同清式的柱径基准那样。

31 《营造法式》“用椽之制”“造檐之制”这两项与椽相关的制度中，既然椽中距尺寸与檐出尺寸都是由椽径决定的，那么另一项椽架平长应该也是由椽径决定的，椽长与椽径的材份关系分析也证明了这一点。根据《营造法式》“用椽之制”椽架尺寸规制的分析，殿阁椽长上限为 150 份，厅堂椽长上限为 120 份，那么，椽长与椽径则有如下的材份关系：
殿阁椽长上限 150 份，椽径 10 份，以 15 倍椽径为椽长；
厅堂椽长上限 120 份，椽径 8 份，以 15 倍椽径为椽长；
关于椽长上限的分析，参见：张十庆．关于《营造法式》大木作制度基准材的讨论 [M]// 贾珺．建筑史（第 39 辑）．北京：清华大学出版社，2016：73-81.

32 和样檐椽为方椽形式，故其椽径即为椽宽。中世和样枝割技术规定：方椽截面的椽高为 1.2 倍椽宽，且椽净距等于椽高，故椽中距计算公式为：椽中距＝椽宽＋椽净距＝椽宽 ×2.2。

另外，《营造法式》的椽径、椽距既以份单位标识，则必然与同样以份为制度的斗栱尺度产生比例关系，进而又与补间铺作的配置建立对应关系，从而与斗栱、朵当尺度的设定相关联，一如下节分析的《营造法式》小木作制度所表现的那样，而这或正是和样枝割设计技术的原型与源头所在。

和样枝割技法的特色在于布椽筹划，而这与《营造法式》用椽制度相似和关联。椽子既是大木作重要的结构构件，也是大量性的重复构件，具有作为模数基准的条件，且布椽又与开间尺度对应关联，相应地，布椽间距有条件并有可能成为开间尺度设定的模数基准。

（2）布椽之法与椽当规制

如上节分析的那样，《营造法式》既规定了以椽径为基准，设定椽距、椽长和檐出尺寸，那么椽径作为基准，进而有可能权衡和控制更多的相关尺寸，如斗栱、朵当和间广尺寸。实际上，《营造法式》“用椽之制”所涉及的椽架平长、椽径及布椽疏密三项内容，皆与间广尺寸相关联。

由《营造法式》“总铺作次序”可知，铺作配置是这一时期间广构成上的一个重要因素，而布椽筹划与铺作配置以及斗栱尺度之间也应存在着关联性。也就是说，既然《营造法式》椽径、椽距以份数规定，那么，椽径、椽距与斗栱之间，就必然产生基于份制的比例关系以及尺度上的对应关联。比较日本中世以后的和样枝割技术，同样也表现了类似的思路和方法，如和样以“六枝挂斗栱”的形式，建立椽径、椽距与斗栱尺度比例上的对应和整合关系。

以上讨论了《营造法式》的布椽筹划及相应规制，进而，就《营造法式》布椽之法的具体细节及其设计意图再作解析，并与大致同期的日本平安时代建筑的布椽方式进行比较。

关于布椽之法，《营造法式》卷五“椽”规定：“凡布椽，令一间当心。若有补间铺作者，令一间当耍头心。……其稀密以两椽心相去之广为法。”[33] 由此布椽规制，可认识如下的细节做法和设计意图：

其一，布椽“令一间当心”，“一间”指椽当，其意指布椽以椽当坐中，椽当对位开间中线，不使一椽落在开间的中线上。且按字面意思，椽当坐中不仅只是当心间，而是逐间坐中。由此推知，《营造法式》的布椽采取的是分间布椽、间内匀置的形式。

其二，根据椽当坐中的原则，逐间所配椽数应为偶数，这一传统至清代依然存在[34]。然实际做法上，椽当坐中多只限于当心间。

其三，既是分间布椽，则柱缝必须对位椽当[35]。而间广整数尺规制下，分间布椽则必然会产生开间之间的不匀椽当。

其四，“若有补间铺作者，令一间当耍头心”，此条应指相应于单补间铺作

33　梁思成．梁思成全集（第七卷）[M]．北京：中国建筑工业出版社，2001：155.

34　清《工程做法》规定柱间所配椽数为偶数，北方明清官式建筑，一般遵循“底瓦坐中”的原则。

35　至清代官式做法中仍规定椽当对柱缝，郭黛姮先生认为这是因为柱中线位置正当檩子相接缝隙，无法钉椽，故柱中心线处必为椽当。参见：郭黛姮．中国古代建筑史（第三卷）宋、辽、金、西夏建筑，[M]．北京：中国建筑工业出版社，2003：667.

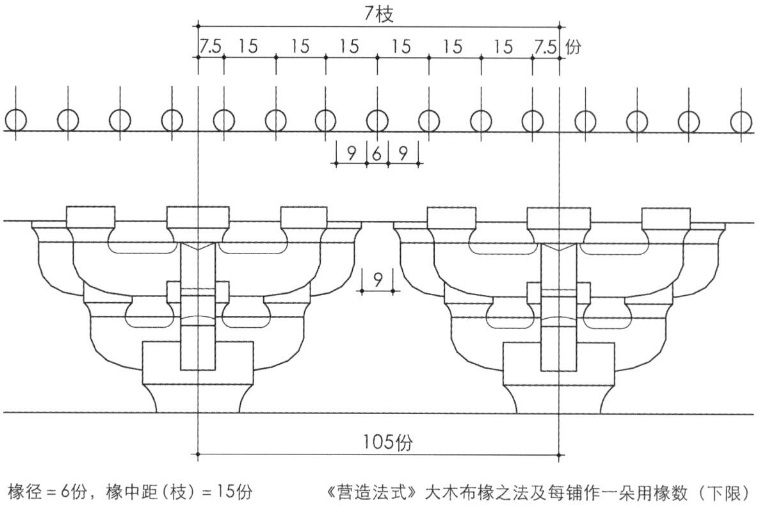

图 7-3-1 《营造法式》基于椽径的大木布椽之法（作者自绘）

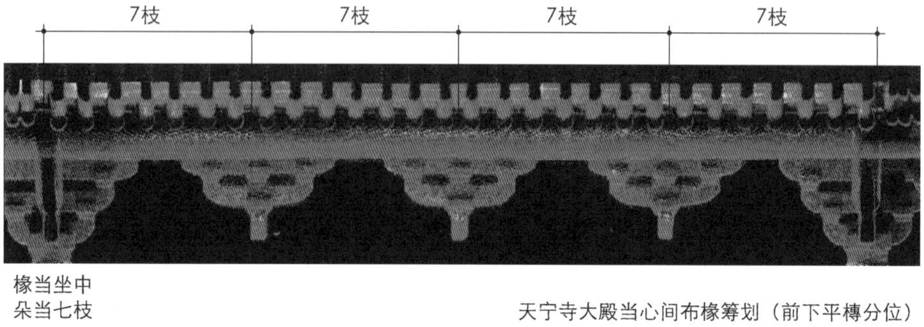

图 7-3-2 天宁寺大殿当心间布椽筹划：椽当坐中、朵当七枝（底图来源：丁绍恒. 金华天宁寺大殿木构造研究 [D]. 南京：东南大学，2014）

开间的布椽形式，而双补间铺作的当心间布椽，必是“一间当心”的形式。

根据上述分析，并以椽径及相应的朵当下限为条件，推算《营造法式》基于椽径的大木布椽之法以及铺作一朵的用椽数（图 7-3-1）。上述推算是《营造法式》布椽筹划相对于朵当的一个下限匹配关系。这种匹配关系在大木作制度虽只是一种推导，然在小木作制度，却有明确的规定和记载（具体见下节分析）。

《营造法式》的布椽筹划及椽当规制，反映了北宋时期大木作布椽与开间尺度的基本关系，其特点是：基于椽径的布椽筹划，相应于朵当、开间尺度产生了初步的对位意识和匹配关系，并促成了相应的布椽规制，如分间布椽、间内匀置、椽当坐中、偶数布椽等，表现了宋式布椽的细节做法和设计意图[36]。江南元构天宁寺大殿应传此宋式布椽规制，其当心间布椽形式为：椽当坐中，偶数布椽，椽当对柱缝，朵当七枝（图 7-3-2）。此宋式布椽之法，并有可能对日本中世以后的和样布椽方式产生影响，如分间布椽规制以及“一间当心”的偶数布椽法，在中世和样布椽筹划上尤受强调。

（3）小木作制度的布椽之法

如上节所述，《营造法式》大木作基于椽径的布椽之法，在一定程度上反映

36 宋式布椽法后世于闽南地区一直沿用。闽南地区椽子（桷木）布置，先定明间的中心线（分金线），然后向左右布置，桷枝不落在每间中心线上，也不落在每缝梁架上，且桷枝的数目均为双数。此布椽法于明代以后成为一种禁忌、信仰，（明）刘基《多能鄙事》卷 5“居室·住宅宜忌”：“凡盖屋布椽，勿当柱头梁上，须两边骑梁，犯之谓之‘小加大’，凶。”即椽当应正当柱缝线上，否则为不吉。明方以智《物理小识》卷 12“破木工机法”中也说：“屋龙脊下，椽宜开（双），瓦宜仰。椽单、瓦覆，主不利。”即应该椽当、板瓦居于中轴线上。参见：曹春平. 闽南古建筑的屋顶做法（未刊稿）。

了布椽与铺作的对位意识和约束关系，而这种关联性在小木作制度中表现得更为直接和明确，《营造法式》小木作制度明确规定了布椽与铺作的对应关系。

首先分析小木作制度的铺作配置特点。

《营造法式》大木作制度规定心间须用补间铺作两朵，而小木作则采用更多补间铺作的形式，如有多达十余朵者。壁藏、佛道帐、转轮藏一类补间铺作繁多的小木作，以檐下补间铺作密集排列的形式，追求造型的装饰性。因此，相应于开间尺度的铺作排列筹划成为必然的设计要求：既追求铺作分布均匀，又避免铺作构件相犯。其基本方法是以朵当 100 份为基准，配置补间铺作和设定小木作帐藏的间广尺寸[37]。

其次分析小木作制度的布椽与铺作的对应关系。

《营造法式》小木作制度中，关于布椽与铺作对应关系的记载有如下四条[38]：

卷九“佛道帐”：腰檐“曲椽，长七寸六分，其曲广一寸，厚四分。每补间铺作一朵用四条”。

卷十“九脊小帐”：帐头“曲椽，曲广同脊串（广六分），厚三分，每补间铺作一朵用三条”。

卷十一“转轮经藏”：腰檐“曲椽，长八寸，曲广一寸，厚四分，每补间铺作一朵用三条，与从椽取匀分擘”。

卷十一“壁藏”：腰檐“曲椽，长八寸，曲广一寸，厚四分。每补间铺作一朵用三条，从角匀摊”。

上述四条所记小木作布椽与铺作的对应关系，分作两种形式，即每补间铺作一朵用四条和每补间铺作一朵用三条这两种。以下根据小木作制度的铺作配置特点，逐条分析四例布椽的材份尺寸及其与铺作的对应关系。

第一，佛道帐：

腰檐斗栱用六铺作一杪两昂，重栱造。用 1.8 寸材，份值 0.12 寸。根据“凡佛道帐芙蓉瓣，每瓣长一尺二寸，随瓣用龟脚（上对铺作）”[39]，可知铺作中距与芙蓉瓣长度、龟脚中距相等，为 1.2 尺，合 100 份。

腰檐曲椽为方椽形式，广一寸，厚四分。制度规定其布椽为每补间铺作一朵用四条，即 1.2 尺的铺作中距，配置四椽四空当[40]，曲椽中距 0.3 尺，合 25 份，也就是铺作中距 100 份的 1/4（图 7-3-3）。

第二，九脊小帐：

帐头斗栱用五铺作单杪单下昂，重栱造。用 1.2 寸材，份值 0.08 寸。铺作中距未见明确记载，但通过对帐头尺寸和补间铺作数的验证，铺作中距应为 0.8 尺，合 100 份[41]。

帐头曲椽为方椽形式，广六分，厚三分。制度规定其布椽为每补间铺作一朵用三条，即 0.8 尺的铺作中距，配置三椽三空当，曲椽中距 0.267 尺，合 33.3 份，

37　陈涛.《营造法式》小木作帐藏制度反映的模数设计方法初探[M]// 王贵祥. 中国建筑史论汇刊（第 4 辑）. 北京：清华大学出版社，2011:238-252.

38　梁思成. 梁思成全集（第七卷）[M]. 北京：中国建筑工业出版社，2001：229、236、239、245.

39　《营造法式》卷九《小木作制度四》“佛道帐”。参见：梁思成. 梁思成全集（第七卷）[M]. 北京：中国建筑工业出版社，2001：232.

40　根据《营造法式》分间布椽规制，柱缝上应为椽空当，也即椽不位于柱缝上，故“一朵用四条”，应为四椽四空当的形式。

41　陈涛.《营造法式》小木作帐藏制度反映的模数设计方法初探[M]// 王贵祥. 中国建筑史论汇刊（第 4 辑）. 北京：清华大学出版社，2011：238-252.

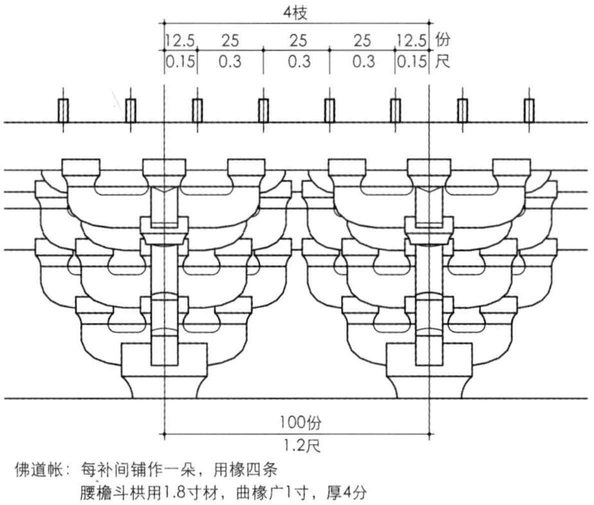

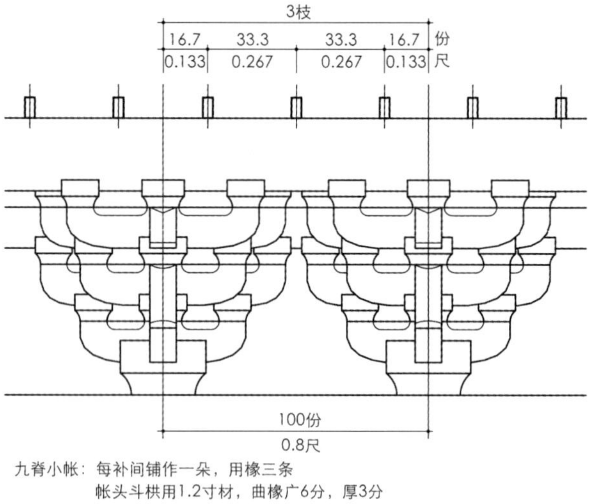

图 7-3-3 《营造法式》小木作佛道帐布椽与铺作、朵当的对应关系（作者自绘）（左）

图 7-3-4 《营造法式》小木作九脊小帐布椽与铺作、朵当的对应关系（作者自绘）（右）

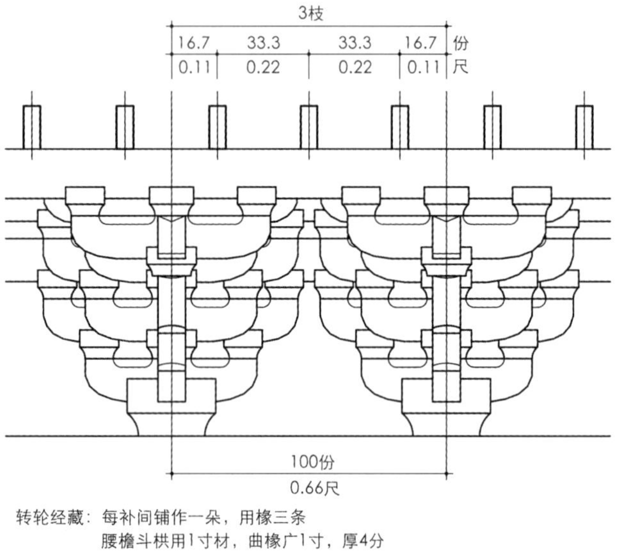

图 7-3-5 《营造法式》小木作转轮经藏布椽与铺作、朵当的对应关系（作者自绘）

也就是铺作中距 100 份的 1/3（图 7-3-4）。

第三，转轮经藏：

腰檐铺作用六铺作单杪重昂，重栱造。用 1 寸材，份值 0.066 寸。根据“凡经藏坐芙蓉瓣，长六寸六分，下施龟脚（上对铺作）”[42]，可知铺作中距与芙蓉瓣长度、龟脚中距皆为 0.66 尺，合 100 份。

腰檐曲椽为方椽形式，广一寸，厚四分。制度规定其布椽为每补间铺作一朵用三条，即 0.66 尺的铺作中距，配置三椽三空当，曲椽中距 0.22 尺，合 33.3 份，也就是铺作中距 100 份的 1/3（图 7-3-5）。

第四，壁藏：

腰檐斗栱用六铺作单杪双昂，用 1 寸材，份值 0.066 寸。比照帐坐平坐铺作“每

42 《营造法式》卷十一《小木作制度六》“转轮经藏”。参见：梁思成．梁思成全集（第七卷）[M]．北京：中国建筑工业出版社，2001：242.

六寸六分施补间铺作一朵”[43]，可推知腰檐铺作中距 0.66 尺，合 100 份。

腰檐曲椽为方椽形式，广一寸，厚四分。制度规定其布椽为每补间铺作一朵用三条，即 0.66 尺的铺作中距，配置三椽三空当，曲椽中距 0.22 尺，合 33.3 份，也就是铺作中距 100 份的 1/3。壁藏的斗栱形式、用材、曲椽尺寸以及每补间铺作用椽数，皆与转轮经藏相同。

《营造法式》所记曲椽，即小木作帐藏的檐椽，并配有飞子。曲椽为方椽形式，便于布椽筹划上尺寸的精准计算。上述四例小木作帐藏的每铺作用椽数显著少于大木作，相应地，其椽中距份数从 25 份至 33 份，也远较大木作椽中距的 15 份至 19 份宽疏。

值得注意的是，在布椽筹划上，根据所记铺作中距及芙蓉瓣长度，即可知相应的椽中距尺寸。然而小木作帐藏制度行文中，却不直接标记椽中距尺寸，而是通过与铺作对应的方式，表示相应的椽中距尺寸，其目的是强调布椽与补间铺作的对应关系。这一布椽筹划的思路与方法，在东亚设计技术上有其独特的意义，日本中世和样设计技术的六枝挂斗栱做法，与此应有密切的关联。

以上四例的分析表明，《营造法式》小木作帐藏制度，以 100 份为朵当常值，其布椽与铺作之间成明确的对应关系，即基于 100 份的铺作中距，根据不同的对象，配椽三枝或四枝，并在朵当模数的控制下达到布椽均匀，椽中距统一为朵当份数的 1/3 或 1/4。

总结《营造法式》小木作帐藏制度的尺度设计方法及特点，以下两点最为重要和关键：一是基于朵当的间广尺度设计方法，二是布椽与铺作之间基于材份的对应关系。也就是说，以铺作中距为模数，既控制总体的间广尺度，又权衡布椽的尺度关系，其中尤以间广、朵当、椽当三者的模数关系的建立意义深远。《营造法式》小木作制度这一特色，对于认识宋代大木作设计技术的发展以及日本中世和样枝割技术的形成，具有重要的意义。

3. 设计技术的阶段性特征

（1）布椽筹划与间广关系的变化

古代中日建筑设计技术的演进，从七、八世纪至十二世纪大致可看作一个相对完整的前期阶段。这一时期间架尺度的设定及其变化，以整数尺规制为基本原则。基于间广整数尺制的尺度关系筹划及其发展，是这一时期中日建筑设计技术演进的主线和特色。

在这一发展进程中如下两方面的相关技术因素最为重要：一是补间铺作的趋多以及相应的朵当意识的增强；二是布椽筹划与间广对应关系的强化。上述两方面的变化，成为这一时期设计技术发展的重要契机和促进因素。

43　《营造法式》卷十一《小木作制度五》“壁藏”。参见：梁思成. 梁思成全集（第七卷）[M]. 北京：中国建筑工业出版社，2001：243.

一方面由补间铺作增多所引发的朵当意识及相应的朵当规制，是北宋时期设计技术发展的特色和趋势，以此为契机，间广尺度的权衡与朵当的关联性趋于密切。这在补间铺作密集的小木作上，表现得更为突出。至12世纪初颁行的《营造法式》小木作帐藏制度中，其相应的朵当规制已较成熟。

另一方面，这一时期设计技术的演进表现在布椽筹划上。对布椽与斗栱及开间的尺度关系的重视，是这一时期中日设计技术的共同特色，尤其是在和样设计技术上，将布椽与斗栱及间广的尺度关系逐渐推进和深化。

基于整数尺间广的布椽筹划，从早期一尺一枝的简单匹配关系开始，至平安时代布椽趋密、椽当减小，使得布椽与间广的匹配关系趋于多样化和复杂化，并在12世纪末以后的日本中世和样建筑上，逐渐产生了基于布椽筹划的尺度设计意识，最终形成和样建筑独特的枝割设计技术。

宋式布椽以12世纪初的《营造法式》相关制度为代表，布椽筹划以份制权衡椽径、椽距尺寸，尺度关系呈模数化的特色，进而布椽相应于铺作、朵当、开间产生对位意识和匹配关系，其方法及意图与平安时代后期的布椽筹划，有其相似和一致处，而在设计意识及相应规制上，宋式布椽法表现得更为先进和成熟，尤其是小木作帐藏制度。

12世纪以来，在补间铺作配置与布椽筹划这两个因素的不断强化和推动下，中日建筑设计技术萌生了相应的设计意识和方法，基于整数尺制的间广尺度筹划，出现逐渐脱离传统方式的趋势，呈现多样化和复杂化的特色，由此构成这一时期设计技术的阶段性特征。

此外，值得注意的是这一时期宋式小木作在布椽筹划上以及铺作与朵当的关联构成上的模数化特色。宋式小木作的这一表现，可视作12世纪以来设计技术发展的一个标志，对此后东亚中日建筑设计技术的演进，有着深远的意义。

（2）小木作设计技术的性质与意义

《营造法式》小木作设计技术的一个重要特征是朵当及间广尺度模数化的特色。相较于大木作制度而言，小木作的这一技术现象，不仅表现了其设计技术先行于大木作的特点，也反映了小木作自身的特殊性。

《营造法式》帐藏小木作，基于朵当100份的间广尺度设计方法，显然较基于整数尺制的大木作间广尺度关系，在设计意识和方法上先行和超前。帐藏小木作的尺度设计较大木作更强调铺作中距的意识和作用，注重从整体到部分的权衡与把握。小木作的尺度设计技术，显然与其独特的补间铺作繁密的特点相关。

尽管小木作的设计技术有其特殊性，与大木作不能完全等同，然而《营造法式》小木作与大木作并非隔绝的存在，小木作帐藏与大木作建筑同属一个工匠体系，二者间的影响和关联是必然的，如小木作帐藏形制“准大木作制度随材减之”[44]。

实际上，追求与补间铺作的对位与关联，同样是大木作尺度设计上所采用的基本方法，不仅间广尺度的设计如此，其他如钩阑的分间布柱，亦强调与大木补间铺作的对位：“凡钩阑分间布柱，令与补间铺作相应。”[45]钩阑分间布柱的这一规定，与小木作帐藏“上对铺作”的设计方法是一致的。

《营造法式》大木作因补间铺作数较少，故基于铺作中距的设计方法，尚只是一个较宽松的约束。而小木作帐藏因补间铺作繁密，促使了基于朵当的尺度设计方法的发展。基于朵当的尺度设计方法，应始于小木作，并以小木作引领和推动大木作的形式发展。

分析《营造法式》帐藏小木作的技术特色，在设计技术的发展上具有如下两方面的意义：

其一，表现了基于朵当的间广尺度设计方法。这一方法虽在大木作上未必严格和成熟，但至少表明至12世纪初，这一模数思维和设计方法的存在。

其二，确立了布椽与铺作之间的关联性以及对应关系。宋式小木作的这一做法，在12世纪以后的东亚设计技术的发展上有着不可忽视的意义。

《营造法式》小木作布椽与铺作之间所建立的对应关系，在意图与形式上，与日本中世和样斗栱的枝割设计技术相当接近，其间的关联性令人关注和回味。对此，日本学者竹岛卓一虽不愿承认二者间可能存在的影响关系，只是将二者间的关联性归结为一种共通现象，但也认为《营造法式》小木作布椽与铺作之间对应关系的建立，令人感到“意味深长”[46]。实际上竹岛卓一的内心还是难以无视《营造法式》小木作制度与和样六枝挂斗栱的关联性。

在东亚宋技术传播的大背景下，《营造法式》小木作所表现的布椽与铺作之间的关联性，预示了12世纪之后东亚设计技术发展上一个可能的方向，并成为日本中世枝割设计技术发展的先声。

12世纪之后的百年间，是日本设计技术发展的一个重要时期，呈现诸多因素交汇、积累的状况，其中既有传统技术演进的因素，又有宋文化初传带来的技术交融以及新旧样式体系的互动，使得这一时期的技术发展纷繁而复杂。而日本中世建筑设计技术的发展，正是以此为基础和背景的。

四、中世和样间广构成的模数化及关联比较

前节讨论了日本奈良、平安时代建筑的布椽状况，以及《营造法式》用椽制度的比较，由此可知，通过布椽与开间尺度的对应和互动，二者间的关联性逐渐形成。始于平安时代的布椽意识及方法，对于日本中世以后的开间尺度设定具有

44　《营造法式》卷九“佛道帐”：“其屋盖举折及斗栱等分数，并准大木作制度随材减之，卷杀瓣柱及飞子亦如之。”卷十“牙脚帐”“壁帐”制度，亦皆记有“斗栱等分数，并准大木作制度”。参见：梁思成. 梁思成全集（第七卷）[M]. 北京：中国建筑工业出版社，2001：232、235、238.

45　《营造法式》卷八《小木作制度三》“钩阑”：“凡钩阑分间布柱，令与补间铺作相应。角柱外一间与阶齐，其钩阑之外，阶头随屋大小，留三寸至五寸为法。如补间铺作太密，或无补间者，量其远近，随宜加减。”参见：梁思成. 梁思成全集（第七卷）[M]. 北京：中国建筑工业出版社，2001：220–222.

46　竹島卓一. 営造法式の研究 [M]. 東京：中央公論美術出版，1970：514.

潜在的影响，尤其对于中世和样设计技术而言，其枝割技术的演进正是基于布椽与开间尺度的关联性之上。

中世和样设计技术以枝割技术为特征，也就是基于椽当的尺度设计方法。所谓椽当，指相邻两椽的椽中距，和样枝割技术上称作“一枝尺寸”，并以之作为尺度设计的基准。然而，和样枝割技术的真正形成和确立，是在中世的14世纪中叶之后，并经历了一个逐渐发展和成熟的历程。在这一过程中，和样椽当的角色逐渐由被动转为主动，最终成为权衡和支配建筑尺度构成的基准所在。椽当基准与和样尺度构成，可分作两个层面：一是与开间尺度构成的关联，二是与斗栱尺度构成的关联。本节就布椽筹划与开间尺度构成的关联，梳理和讨论从古代到中世和样设计技术的演变历程及相关成因。

1. 中世和样尺度关系的演进

12世纪末，日本进入中世的镰仓时代（1185—1333），这是日本建筑史上一个充满生机和激荡变革的时期。由平安时代延续而来的传统和样，亦呈现出诸多新因素和新发展，如设计技术的演进即是其中的一个重要内容，其标志是开间尺度的模数化趋势及相应的设计技术。

镰仓时代以来和样设计技术的发展，经历了一个逐步积累和演进的过程，从设计技术上传统规制与新因素的交汇，到模数意识的萌生与模数形式的建立，以及间广构成的模数化发展，并最终形成和样枝割设计技术。而中世以来和样布椽筹划与开间尺度关系的变化，正反映了枝割设计技术演进的历程和特色。

和样间广构成上，椽当是相对于开间的细分单位，二者在性质上呈部分与整体的尺度关系。从设计逻辑上而言，这一部分与整体的尺度关系，表现为主动与被动、支配与从属的关系，而二者尺度关系的变化和转换，则意味着设计逻辑的改变，或者说和样设计技术从早期的间广整数尺规制转向基于椽当的枝割设计方法。

作为一种设计方法，古代东亚设计技术的特色表现在部分与整体的关系上，其基本思路及方法是以单元基准权衡和把握部分与整体的比例关系。在部分与整体的关系上，其总体演化趋势是：由整体决定部分的方法转变为由部分支配整体的方法，由此大致区分出设计技术演变的前后两个阶段。

比较前后两个阶段的特色，前一阶段强调整体，设计方法上从整体到部分，以整体优先为原则；后一阶段强调部分，设计方法上从部分到整体，以部分优先为原则。概括而言，前者由整体的分割而决定部分，后者由部分的重复而支配整体，前后两个阶段的思维方法和设计逻辑发生了根本的转变。

上述这一尺度关系的演变趋势，从一个侧面反映了古代设计技术的变迁及其阶段性特征，中日莫不如此。中国本土由宋至清，间广设定与铺作配置的关系及其变化，正反映了上述两种设计思维的改变；在侧样设定上，由宋式的“先举后折”至清式的“先折后举”，同样也是这一设计思维变化的表现。而13世纪以来日本中世设计技术的发展，则处于这一演变历程的转折时期。

宋技术背景下的日本中世建筑，无论是唐样还是和样，其尺度关系皆表现出相同的演变趋势，即在开间尺度构成上，部分与整体的关系出现转换的趋势，唯唐样表现为朵当与开间的尺度关系的变化，和样表现为椽当与开间的尺度关系的变化。二者虽现象有所不同，然其本质则是相同的。

对于中世和样设计技术而言，这一转化意味着平安时代以来的传统设计逻辑的改变。也即在开间尺度构成上，椽当角色由被动转为主动，由从属变为支配。

关于椽当与开间的尺度关系，自平安时代后期愈受重视。而椽当与开间尺度关系的转变，也正是基于不断强化的椽当意识。从椽当意识的强化至椽当角色的变化，中世和样设计技术经历了一个漫长的演进过程，最终促成二者间传统的主从关系的逆转，基于椽当的开间尺度模数化得以实现，作为部分的椽当尺寸，支配了作为整体的开间尺度关系。

在椽当与开间的尺度关系上，椽当角色的转变，是开间尺度模数化的关键。这一转变的实现，具有两个标志性的尺度现象：一是椽当逐间均等的实现，二是非整数尺间广的出现。前者表明以模数基准的形式，椽当真正实现了逐间均等的追求，椽当尺寸由被动生成的畸零尺寸，转向作为基准的简洁尺寸；后者意味着间广设定方式的变化，改变了传统的间广整数尺旧制，开间尺寸生成于椽当尺寸的叠加，并呈非整数尺的形式。间广尺寸的整数与畸零只是现象，其背后反映的是思维方法和设计逻辑的变迁。

椽当意识的强化与椽当角色的转变，是中世和样设计技术演变的最重要的表现，并构成了中世枝割设计技术发生与发展的基本条件。基于此，和样间广构成由传统的整数尺规制，转向新兴的枝割规制。

2. 整数尺间广与椽当的互动

（1）椽当意识的强化与出檐构造的革新

中世以来椽当意识的强化，无疑是和样枝割技术发生与发展的一个重要促进因素。而椽当意识强化的背后，则反映出中世初期和样出檐构造革新的技术支持。

自平安时代末，随着室内草架与天花的发达，装饰椽成为天花的一种重要形式。而中世初期出檐草架斜梁（日本称作桔木）做法的出现[47]，更使得椽檐摆脱了受力构件的制约，成为纯粹的装饰构件，这为中世枝割设计技术的形成提供了

47　出檐草架斜梁的桔木做法，产生于镰仓时代。

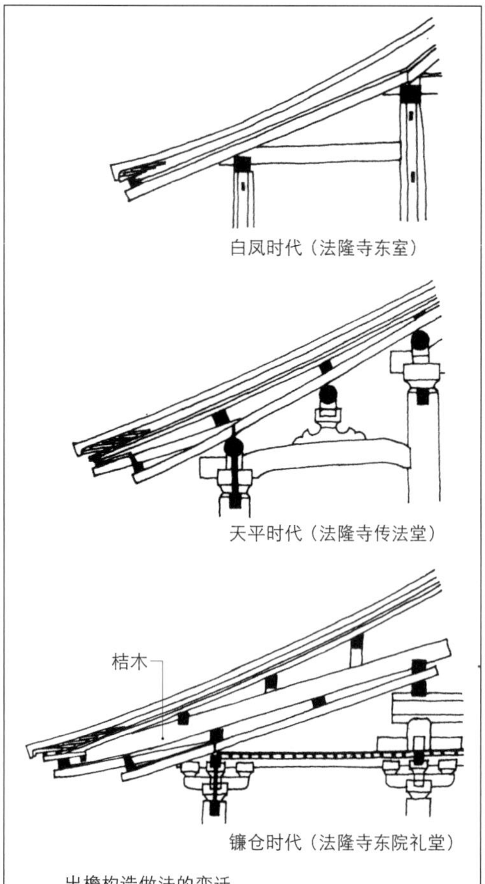

出檐构造做法的变迁

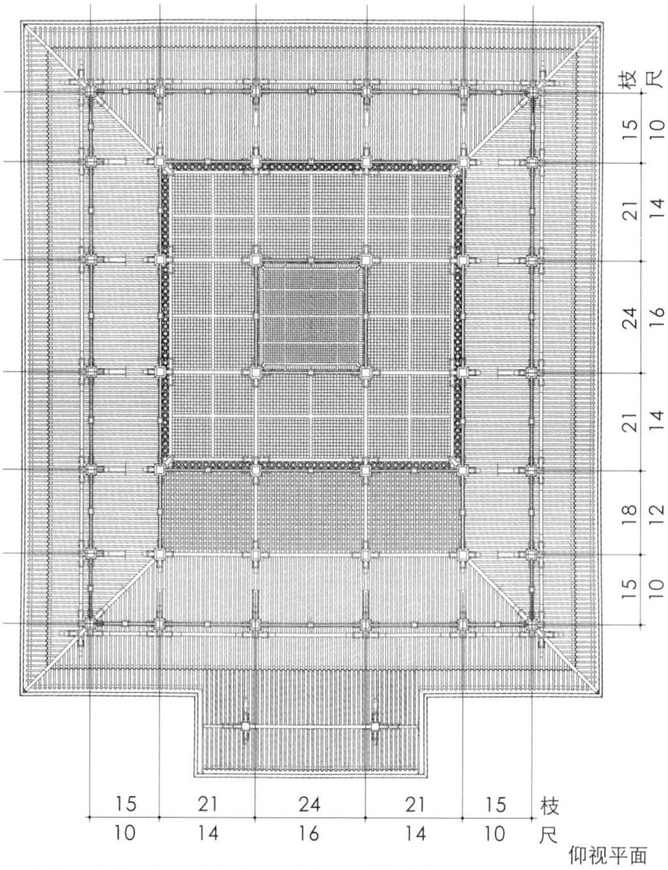

大报恩寺本堂开间尺度构成：二尺配三枝的形式

技术上的可能和条件（图 7-4-1）。

附丽性的装饰椽构件，在出檐草架斜梁的支持下，得到了自由的塑造，形成布椽上整齐纤细的风格。布椽形式由此出现显著的装饰化和细密化倾向，其表现一是椽径变小，二是椽当趋密，三是追求布椽整齐划一的装饰效果。在这一变化过程中，摆脱构造约束的装饰化布椽，进一步促进了椽当意识的强化。和样布椽筹划的演进，是与中世初期出檐构造做法的革新分不开的。

中世初期和样布椽的上述变化，其技术背景在于檐椽从结构构件转为装饰构件。正是这一和样出檐构造技术的革新和进步，为中世枝割设计技术的完成提供了构造可能和技术支持。如中世后期出现的六枝挂斗栱做法，即是建立在檐椽做法装饰化和精细化的基础之上。

始于平安时代末的出檐草架的改革、装饰椽做法的出现、精细加工技术的提高以及椽当意识的强化，是中世和样枝割技术产生的条件，而中世以来宋技术及唐样的引导与推动也是不可忽视的因素。和样枝割技法在中世的发展，既有自身的内在因素，也有外来影响的推动。

中世和样椽当意识的强化，进一步促进了布椽与开间尺度关联性的增强，这对于中世和样设计技术的演进，具有重要的意义。

图 7-4-1　出檐构造做法的变迁：和样出檐草架的桔木做法［来源：日本建築学会．日本建築史図集（新订版）[M]．東京：彰国社，1986：103］（左）

图 7-4-2　大报恩寺本堂开间尺度构成（底图来源：国宝大報恩寺本堂修理事務所編．国宝大報恩寺本堂修理工事報告書 [M]．京都府教育庁文化財保護課，1954）（右）

（2）整数尺旧制下统一椽当的追求

从椽当意识的强化至椽当角色的转变，中世枝割设计技术的演进并非一蹴而就，而是经历了一个渐进的演变过程。且根据尺度现象的分析，中世初期存在着椽当与间广互动的过渡阶段，其相应的尺度关系表现了中世设计技术演进的初期形态，并成为中世初期和样尺度设计的一个特色。

和样布椽筹划上，椽当的匀整始终是其不懈的追求。随着中世以来椽当意识的强化以及布椽与开间尺度关联性的增强，布椽上对逐间椽当均等和统一的追求，愈加受到重视，即布椽筹划从以往的间内匀置，转向追求逐间均等。然而，在传统的间广整数尺旧制下，这一时期的布椽匀整，只限于间内，而逐间均等这一追求则难以真正实现。也就是说，间广整数尺旧制与逐间椽当均等，成为一对难以避免的矛盾现象。

为了应对上述这一矛盾，这一时期的相应策略，一是继续平安时代以来的旧法，尽量控制不匀椽当于最小；二是通过椽当与间广的互动，在间广整数尺旧制下满足逐间椽当均等的追求，其形式如二尺三枝或一尺二枝的形式[48]，又或以总间整数尺与椽当尺寸的互动，取得逐间椽当均等的形式。

以下中世初期的几例和样遗构，作为椽当与间广互动的重要案例，表现了中世初期和样设计技术演进的初期形态。

首先是镰仓前期的京都大报恩寺本堂（1227 年）。

大报恩寺本堂是现存中世和样佛堂的最早遗构。该堂面阔五间，进深六间。其尺度设计的特色表现为：在间广整数尺规制下，以二尺三枝的形式，取得了逐间椽当的均等和统一。具体尺度关系如下：本堂面阔与进深共有四种间广形式（复原尺），即 16 尺、14 尺、12 尺、10 尺这四种间广形式，相应于二尺三枝的配椽形式，则上述四种间广的配椽枝数依次为 24 枝、21 枝、18 枝、15 枝，各间椽当尺寸（一枝尺寸）统一为 0.666 尺，也即 2/3 尺。本堂间广既为整数尺，又为偶数尺，以迎合二尺三枝的配椽形式。椽当尺寸由整数尺的开间分割而生成，其性质为被动和从属性的。进而，其布椽之法遵循宋制：分间布椽，椽当对柱缝，当心间偶数布椽，椽当坐中（图 7-4-2）。

大报恩寺本堂间广构成二尺三枝的配椽形式，现存遗构中还见有鑁阿寺本堂（1299 年）、西明寺本堂（镰仓前期）、室生寺灌顶堂（1308 年）等例，其中鑁阿寺本堂尤具特色。

鑁阿寺本堂是中世前期折中样的重要遗构，其折中做法表现为和样对宋式因素的吸取。而在设计方法上，其不仅套用宋式的 10 材朵当做法，而且又表现了显著的和样椽当意识，即对椽当均等的追求，其方法同大报恩寺本堂，采用间广构成二尺三枝的配椽形式。该构平面方五间，间广整数尺（复原尺）形式，面阔当中三间 12 尺配 18 枝，两梢间 10 尺配 15 枝；进深心间 16 尺配 24 枝，余四间 10

48　中世建筑上也见有少数一尺一枝之例，如东大寺钟楼（1207 年）与金峰山寺本堂（1456 年）。

尺配 15 枝。鑁阿寺本堂同样在间广整数尺旧制下，以二尺三枝的配椽形式，实现了椽当均等的追求。

整数尺制下的间广与椽当的互动关系，除了上述二尺三枝的形式外，又有一尺二枝的形式。其例如京都大福光寺本堂（1327 年）、冈山本山寺本堂（1350 年）等构。所不同的是，前者的统一椽当尺寸为 2/3 尺，后者为 1/2 尺。

无论是二尺三枝还是一尺二枝的配椽形式，二者的性质是相同的，皆反映的是整数尺间广对布椽方式的制约，其目标在于整数尺旧制下追求椽当均等。

此外，部分建筑由于总规模尺度较小，其间广整数尺制表现在总间尺度控制上。如镰仓初期的京都海住山寺五重塔（1214 年），其底层三间的总间尺寸为整数尺的 9 尺。在此总间 9 尺的限定下，通过椽当与间广的互动，追求椽当的均等、统一。其方式是：以总间的 9 尺 22 等分，得每份 0.409 尺，以此为统一的椽当尺寸，进而以其 8 份为心间尺寸，合 3.27 尺，配椽 8 枝；以其 7 份为次间尺寸，合 2.86 尺，配椽 7 枝，三间共配椽 22 枝。海住山寺五重塔的间广构成上，椽当意识显著而突出，在总间整数尺制下，实现了椽当的均等和统一。

再如中尊寺金色堂（1124 年），为平安时代末小规模尺度的和样方三间佛堂，其布椽与分间无关，而是以左右、前后檩风榑间的总尺寸作统一布椽，其檩风榑间的总尺寸为 18 尺，布椽 27 枝，即二尺三枝的形式，椽当尺寸统一为 2/3 尺[49]。

上述案例表现的几种情况，不管各自在具体形式和细节上有多少变化，其共同的内涵和特征是：在整数尺旧制下，通过椽当与间广的互动，追求逐间椽当的均等和统一。然而，在整数尺旧制的局限下，椽当均等统一的追求，未必都能完全实现。

中世以来和样设计技术的演进，基于布椽筹划这一线索，从椽当意识的强化，到椽当与间广关联性的建立，从椽当的间内匀置，到逐间均等的追求，这一系列的变化无疑为中世后期枝割设计技术的发生与发展，提供了前期的基础和条件。

若从部分与整体的关系这一角度视之，这一时期的和样设计技术尽管有上述诸多的新因素和新变化，然仍受制于间广整数尺旧制，在部分与整体的关系上，其设计逻辑并未改变，间广与椽当的关系仍表现为整体决定部分、部分从属于整体的传统主从关系。也就是说，椽当的角色属性仍是从属和被动的，依然停留在基于整数尺间广的被动生成阶段，而未有实质性的改变。故此，间广整数尺旧制下椽当均等统一的追求，只是走向真正枝割模数制的过渡阶段。

中世以来和样设计技术演变的进程中，椽当均等统一的追求目标，最终是以基于椽当的间广模数化的形式而真正得以实现和完成的。

值得关注的是，这一时期和样设计技术演变的内涵与形式，与同期的唐样十分相似。相对于和样的椽当与间广关联性的建立，唐样则表现为朵当与间广关联性的建立，且二者皆表现出在间广整数尺规制下对统一椽当或统一朵当的追求，以及向模数化演进的趋势。这反映了中世和样与唐样在设计技术演进上，其思维

49 参见：溝口明則．法隆寺建築の設計技術 [M]．東京：鹿島出版会，2012：165.

方式的相通以及二者在中世共同背景下的关联性。

3. 从旧制到新规：枝割模数的形成

（1）旧制的解体与新规的确立

间广整数尺旧制的解体，是中世设计技术演进历程上的一个重要标志。

奈良、平安时代以来传统的间广整数尺规制，约至13世纪末、14世纪初的镰仓时代后期开始出现变化，非整数尺间广与统一椽当相伴随的现象逐渐出现，这是中世和样建筑上的一个具有重要意义的尺度现象，其意味着长久以来的间广整数尺旧制的解体。

观察如下四例镰仓时代（1185—1333）后期的和样本堂的尺度现象，其开间与椽当的尺度关系显著异于前朝旧制。

其一，香川县本山寺本堂（1300年），为镰仓后期方五间形式的和样佛堂。根据实测尺寸分析，本堂间广的设计尺寸计有10.71尺、10.08尺、8.82尺、7.56尺四种形式，间广呈非整数尺形式，而椽当尺寸逐间均等统一，一枝尺寸为6.3寸，且间广与椽当呈整倍数的关系，即：间广10.71尺合17枝，间广10.08尺合16枝，间广8.82尺合14枝，间广7.56尺合12枝[50]。本堂开间与椽当的尺度关系排列如下：

面阔五间：8.82 + 10.08 + 10.08 + 10.08 + 8.82（尺）

椽当配置：　14　　16　　16　　16　　14（枝）

进深五间：8.82 + 10.08 + 10.71 + 10.71 + 7.56（尺）

椽当配置：　14　　16　　17　　17　　12（枝）

整体规模：47.88 × 47.88（尺），76 × 76（枝）

一枝尺寸：6.3寸

开间与椽当的尺度关系异于前朝旧制的和样佛堂遗构中，该构是现存年代最早者。

其二，和歌山县长保寺本堂（1311年），为镰仓后期方五间形式的和样佛堂。根据实测尺寸分析，本堂间广的设计尺寸计有9.35尺、8.8尺、7.15尺三种形式，布椽与间广存在对应关系，椽当逐间均等统一，一枝尺寸为5.5寸。本堂间广不再是整数尺形式，而为一枝尺寸的整倍数关系，即：间广9.35尺合17枝，间广8.8尺合16枝，间广7.15尺合13枝[51]。本堂开间与椽当的尺度关系排列如下：

面阔五间：7.15 + 8.80 + 8.80 + 8.80 + 7.15（尺）

椽当配置：　13　　16　　16　　16　　13（枝）

进深五间：9.35 + 8.80 + 8.80 + 8.80 + 7.15（尺）

椽当配置：　17　　16　　16　　16　　13（枝）

整体规模：40.70 × 42.90（尺），74 × 78（枝）

50　参见：大森健二. 社寺建筑の技术——中世を主とした歴史·技法·意匠 [M]. 东京：理工学社，1998：15. 实测数据来源：太田博太郎. 日本建築史基礎資料集成（七）·仏堂Ⅳ [M]. 東京：中央公論美術出版，1975：141.

51　长保寺本堂实测尺寸为：面阔心间与次间8.799尺，梢间7.149尺；进深第一间9.349尺，中间与次间同为8.798尺，进深最后间7.149尺。此例营造尺与现尺几近相同。三种开间复原尺寸为：9.35尺配17枝，8.8尺配16枝，7.15尺配13枝，一枝尺寸为0.55尺。实测数据来源：太田博太郎等. 日本建築史基礎資料集成（七）·仏堂Ⅳ [M]. 東京：中央公論美術出版，1975：154.

一枝尺寸：5.5 寸

其三，广岛县明王院本堂（1321 年），为镰仓末期方五间形式的和样佛堂。根据尺度复原分析，本堂间广的设计尺寸为面阔心间 9.36 尺，次间 7.8 尺，梢间 6.76 尺，进深五间与面阔相同。开间尺寸皆非整数尺形式，而椽当逐间均等统一，一枝尺寸为 5.2 寸，且间广与椽当呈整倍数的关系，即：心间 9.36 尺合 18 枝，次间 7.8 尺合 15 枝，梢间 6.76 尺合 13 枝[52]。本堂间广与椽当的尺度关系排列如下：

面阔五间：6.76 ＋ 7.80 ＋ 9.36 ＋ 7.80 ＋ 6.76（尺）

椽当配置：　13　　15　　18　　15　　13（枝）

进深五间：6.76 ＋ 7.80 ＋ 9.36 ＋ 7.80 ＋ 6.76（尺）

椽当配置：　13　　15　　18　　15　　13（枝）

整体规模：38.48×38.48（尺），74×74（枝）

一枝尺寸：5.2 寸

其四，广岛县净土寺本堂（1327 年），为镰仓末期方五间形式的和样佛堂。根据尺度复原分析，本堂间广的设计尺寸计有 10.8 尺、9.6 尺、8.4 尺三种形式，皆非整数尺的间广形式，而椽当逐间均等统一，一枝尺寸为 6 寸，且间广与椽当呈整倍数的关系，即：间广 10.8 尺配 18 枝，间广 9.6 尺合 16 枝，间广 8.4 尺合 14 枝[53]。本堂间广与椽当的尺度关系排列如下：

面阔五间：8.40 ＋ 9.60 ＋ 10.80 ＋ 9.60 ＋ 8.40 （尺）

椽当配置：　14　　16　　18　　16　　14 （枝）

进深五间：8.40 ＋ 8.40 ＋ 10.80 ＋ 10.80 ＋ 8.40（尺）

椽当配置：　14　　14　　18　　18　　14 （枝）

整体规模：46.80×46.80（尺），78×78（枝）

一枝尺寸：6.0 寸

以上四例和样佛堂遗构具有代表意义，年代为 1300 年到 1327 年的 14 世纪初，是和样建筑尺度关系变化的初出之例。此四例和样本堂的尺度现象，表现了中世和样设计技术演变的新特点：一是传统整数尺旧制的动摇和瓦解，间广尺寸设定不再基于传统的整数尺旧制，此前的间广整数尺转为非整数尺形式；二是基于椽当的模数新规逐渐形成，椽当为简洁尺寸，间广尺寸以之倍数而设定，椽当均等统一的追求由此得以真正实现。

上述的尺度现象及特点，其根本原因在于设计逻辑的改变，即设计逻辑上的部分与整体关系的转变，其初出时间大致在 14 世纪初。

间广整数尺规制与枝割模数规制代表了和样设计技术演进历程上的前后两个阶段形式。以部分与整体的关系而言，前后两个阶段的椽当属性发生了根本的转变，即：椽当由从属于间广的被动生成，演变为支配间广的模数基准。

中世和样枝割技术生成与演进的复杂与多样性，未必就如上述所概括的那样呈

52　明王院本堂实测尺寸为：面阔当心间 9.502 尺配 18 枝，次间 7.891 尺配 15 枝，梢间 6.838 尺配 13 枝；总间 38.96 尺，配椽 74 枝，一枝尺寸为 0.526 尺，进深五间尺寸同面阔五间。复原一枝寸法为 0.52 尺，复原营造尺为现尺的 1.0115 倍，即 30.65 厘米。实测数据来源：太田博太郎．日本建築史基礎資料集成（七）・仏堂Ⅳ [M]．東京：中央公論美術出版，1975：158.

53　净土寺本堂实测尺寸为：面阔当心间 10.645 尺，配椽 18 枝；次间 9.465 尺，配椽 16 枝；梢间 8.28 尺，配椽 14 枝；面阔总间 46.135 尺，配椽 78 枝。进深上第一、二间分别为 8.28 尺，配椽 14 枝；第三、四间 10.645 尺，配椽 18 枝；第五间 8.28 尺，配椽 14 枝；进深总间 46.135 尺，配椽 78 枝。所有椽当尺寸均等统一，实测一枝尺寸为 0.5915 尺。复原一枝寸法为 0.6 尺，复原营造尺为现尺的 0.9858 倍，即 29.87 厘米。参见：溝口明則．法隆寺建築の設計技術 [M]．東京：鹿島出版会，2012：122、132. 实测数据来源：太田博太郎等．日本建築史基礎資料集成（七）・仏堂Ⅳ [M]．東京：中央公論美術出版，1975：165.

现单一的形式和线性的变化，然这一线索和相应形式，应是和样技术演进的基本形式。

根据现存遗构分析，和样枝割技术的初成年代，应在镰仓时代末期，并在室町时代逐渐展开。枝割技术的发展和成熟是一个复杂和漫长的渐进过程，至近世江户时代的和样技术书《匠明》（1608年），枝割设计技术体系臻于成熟和完备。

中世以来和样设计技术的发展可概括为：从追求布椽均等统一开始的技术演进，最终促使部分与整体关系的反转，基于椽当的枝割模数技术初步形成。

（2）基于椽当的枝割模数方法

作为一种尺度设计方法，枝割模数的最初动力在于以模数方式，解决开间尺度筹划的相关问题。而中世以来，椽当均等统一的追求与间广整数尺旧制的矛盾，正是和样设计技术所面临的一个主要问题。在此背景下应运而生的枝割设计技术，以椽当基准的方式，真正和彻底地解决了这一问题。以椽当为基准的枝割设计方法，首先在开间尺度筹划上得以体现，促成了开间尺度构成的模数化发展。

中世枝割设计技术的发展，在佛教寺院建筑上主要表现在两个层面：一是开间构成的枝割规制，二是斗栱构成的枝割规制。

椽尺寸与斗栱尺寸的整合，是枝割设计技术发展的一个重要方向。作为模数基准的椽当，一旦与斗栱尺寸相关，模数关系及方式便趋于扩张和复杂，进而追求建立椽当、斗栱、开间关联一体的模数构成关系。关于斗栱构成的枝割规制，置于后文讨论，本节从间广构成的枝割规制开始分析。

对于平行椽的和样建筑而言，椽当的基准属性或可追溯至椽当与瓦垄的原始对应关系。中国早期的屋面构造做法上，瓦垄本就是间广构成的一个相关因素。直至近代，广东民居开间的设定，仍以“瓦坑”为基准。其屋面构造做法上，一旦瓦的规格尺寸确定，椽当就是一个定数，并与开间尺度存在着关联性。广东民居开间尺度的大小，一般由统一的基准“垄”决定，“垄”是计量房屋开间尺度的基本单位。一般民间建筑的开间尺度从9垄到17垄不等，甚至有以半垄计算的做法[54]。相比之下，和样布椽与间广的关系与此相近，广东地区的一尺一垄与奈良、平安时代的一尺一枝，都表示的是布椽常用的一个尺度关系。也就是说，从屋面构造的角度而言，布椽与间广之间存在着原始的对应和关联。

基于椽当的尺度设计方法，在近世和样技术书《匠明》中有明确、繁复的规定，然在枝割设计技术初生之时，则未必有那么复杂、繁琐和僵化，应是相对简单和变化的。中世和样间广构成的尺度现象也表明了这一点。

根据镰仓时代后期以来的和样遗构分析，枝割模数的间广构成有如下一些尺度现象和规律：

其一，非整数尺间广与统一椽当的伴随现象，表现了这一时期基于椽当的尺度关系和设计逻辑。

54　广东、海南传统建筑，椽上往往不设望砖或望板，直接铺瓦，两行底瓦之间的瓦坑称为一“垄”。一“垄”大小根据瓦的尺寸略有不同，其数值基本在25~27厘米之间，是计量房屋开间尺度最基本的单位。海南民居的面宽也是以屋顶瓦坑数来计算的。当地称一瓦坑为一路，明间一般为13~17路，次间11~15路。参见：陆元鼎．广东民居[M]．北京：中国建筑工业出版社，1990：93.

其二，作为基准的椽当尺寸（一枝尺寸），以取整、简单为则，且尾数多取半寸的形式，以使得间广尺寸不致过分零散[55]。

其三，椽当尺寸急剧趋小，其值主要分布在6.5寸至5寸之间。而椽当基准与斗栱尺寸的整合，也即六枝挂斗栱的形成，进一步促使了椽尺寸的纤细化。

其四，当心间布椽以偶数为则，多为18枝或16枝，次、梢间以1至2枝递减。依次分间布椽，椽当对柱缝。“一间当心”的宋式布椽法，促成了和样当心间布椽的偶数规制，椽当坐中。

其五，枝割设计技术的发展，首先在单层的佛堂上逐渐成熟，而多层佛塔由于尺度关系的复杂，其枝割设计技术的成熟显著滞后于单层佛堂，其间约有一二百年的时间差。

其六，和样檐出尺寸，也逐渐由枝割权衡和设定，这与《营造法式》檐出尺寸由椽径权衡的方法是相同的。

关于宋式布椽规制及其影响，镰仓中期的大善寺本堂之例，别具意义。

山梨县大善寺本堂（1286年），为方五间形式的和样佛堂。其时和样建筑在布椽筹划上，虽追求椽当配置的匀整，然大致仍处于布椽与整数尺间广相匹配的阶段[56]。与前述的大报恩寺本堂相同，大善寺本堂布椽筹划上采用传统的二尺三枝的形式，面阔、进深各间的所有椽当尺寸统一为2/3尺（0.667尺），即：面阔当中三间总计38尺（设计尺寸，下同），计划配椽57枝，每间19枝，椽当尺寸0.667尺；进深当中三间各12尺，配椽18枝，椽当尺寸0.667尺；面阔、进深梢间10.67尺，配椽16枝，椽当尺寸0.667尺。而大善寺本堂的独特之处在于：为追求面阔当心间的偶数布椽形式，硬是在当心间多加一枝，将原计划配椽的19枝改为20枝的偶数形式，并在面阔当中三间总计38尺不变的情况下，微调三间尺寸，从而使得面阔当中三间的总配椽数由原计划的57枝变为58枝，当中三间椽当尺寸微调为0.655尺，略小于其他各间椽当尺寸的2/3尺（0.667尺）[57]。中世和样佛堂布椽筹划上，对宋式布椽偶数规制的强求，莫过于此（图7-4-3）。

大善寺本堂这一实例说明：这一时期的和样设计技术上存在着宋技术的影响，和样所吸收和采用的宋式布椽规制，当不止于分间布椽、偶数规制这一条。

中世以来的枝割设计技术的生成与发展是一个渐进的过程，从现存遗构的分析来看，约在14世纪前期，枝割设计方法在和样佛堂上初步形成。然而，初成时期的枝割设计技术，既不成熟完备，也远未普及，只是一种少数现象，表现出不平衡性和非普遍性的特征，即使至百余年之后的室町时代中期，枝割模数技术仍存在着诸多的例外。

分析现存中世和样遗构的尺度现象，直至室町时代（1336—1573）初，椽当不匀现象依然存在，枝割关系未成立或不完备的遗构仍较多见[58]。尤其是在尺度关系复杂的多层塔上，基于逐层递减的椽当统一更是一个困难之事，各层椽当不

55 遗构椽当尺寸的推定，实际上与营造尺的复原相关。根据现存遗构和史料分析，中世营造尺与现行曲尺相近，在其上下区间浮动，其尺系属唐尺。

56 大善寺本堂现状开间实测尺寸及所配枝数如下：面阔当心间13.1尺、20枝，次间12.465尺、19枝，梢间10.72尺、16枝；进深当中三间11.995尺、18枝，边间10.72尺、16枝。进深尺寸应有少许施工误差。

57 溝口明則. 法隆寺建築の設計技術[M]. 東京：鹿島出版会，2012：126-129.

58 中世和样佛堂上，枝割设计技术发展的进程并不均衡、统一。如至15世纪中期的滋贺大行社本殿（1447年），其各开间的椽当尚不均等，斗栱构成也与枝割无关。参见：溝口明則. 法隆寺建築の設計技術[M]. 東京：鹿島出版会，2012：21.

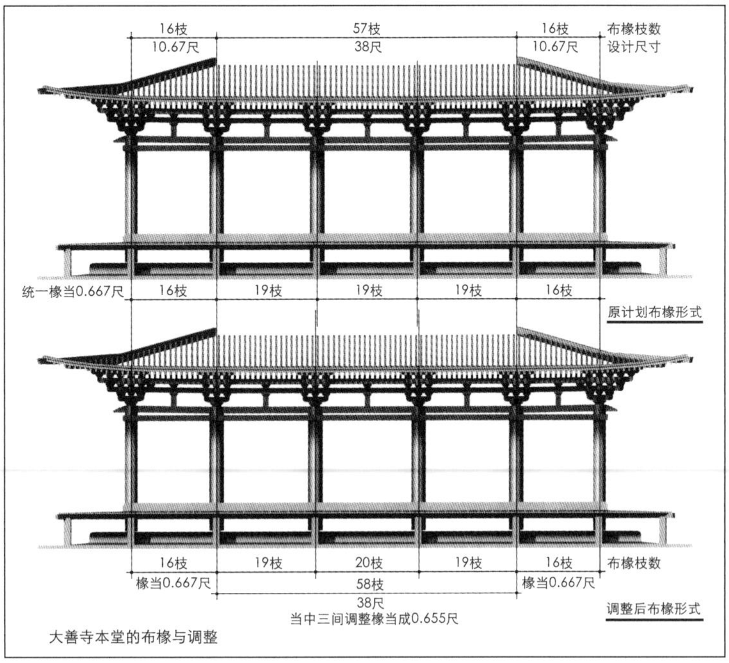

图 7-4-3　大善寺本堂的布椽与调整：宋式偶数布椽法的追求（来源：溝口明則. 法隆寺建築の設計技術 [M]. 東京：鹿島出版会，2012：129，作者改绘）

等之例尤多，多层佛塔上的枝割技术远未成熟，如 14 世纪中叶的广岛明王院五重塔（1348 年），其枝割技术虽有相当的进步，然各层椽当尺寸变化不等，逐层椽当仍未统一。从现存遗构来看，枝割技术在最为复杂的五重塔上的实现和完成，有可能迟至 15 世纪初，严岛神社五重塔（1407 年）是现存五重塔遗构中枝割技术真正实现的首例。

严岛神社五重塔上终于实现了逐层各间椽当的完全统一，这是和样五重塔上椽当基准真正支配整体尺度关系的初见实例。就遗构比较而言，尺度关系稍简单的和样三重塔，其枝割技术的实现和成熟要较五重塔略早一些。

然而，严岛神社五重塔之后的奈良兴福寺五重塔（1426 年）、京都法观寺五重塔（1440 年）、山口瑠璃光寺五重塔（1442 年）上，枝割规制仍未成熟和完备。进入室町时代后，开间尺度模数化和非模数化的两种尺度现象依然并存。

4. 和样佛塔的枝割设计技术

（1）尺度构成的独特性与复杂性

中世和样佛教建筑主要有两个类型，一是佛堂，二是佛塔。二者形式上的主要不同在于单层与多层的区别。中世和样设计技术的发展上，二者间除了共性之外，相对于单层佛堂，多层佛塔又表现出独特的个性特征，成为中世和样设计技术发展的一个重要内容。

日本楼阁式佛塔分作三重塔与五重塔两种形式。和样佛塔设计技术的独特性，主要源自其多层的构成形式。相对于单层的佛堂，多层佛塔尺度关系的复杂性尤为显著。多层佛塔的尺度组织与筹划，无疑较单层佛堂要复杂和困难得多，这是佛塔设计技术的一个重要特征。尤其在中世和样枝割技术发展的背景下，和样佛塔设计技术的相应形式，更显出其独特和重要的意义。

中世以来的和样佛塔设计技术上，表现出如下两个特色：一是其枝割技术滞后于佛堂，二是其促成了枝割技术的进一步发展。也就是说，佛塔多层构成的复杂性和独特性，既在前期制约了枝割技术的表现，又在其后成为枝割技术发展的促进因素。中世和样枝割技术发展的成熟、完善以及由简入繁，在很大程度上，得益于多层佛塔这一尺度关系复杂的对象。

比较中世和样佛堂与佛塔的枝割技术的演进，椽当基准的统一，多层佛塔要远迟于单层佛堂。根据现存遗构分析，佛堂开间尺度构成上椽当基准的真正确立，最早出现在14世纪前期，而五重塔开间尺度构成上逐层椽当的均等统一，则初见于15世纪初的严岛神社五重塔（1407年），其普及则更迟至约16世纪的室町时代后期。

另外，尺度关系复杂的多层佛塔，也为枝割技术的进一步发展提供了条件，枝割技术最终成为组织和筹划多层佛塔复杂尺度关系的利器。

在枝割技术的发展上，相对于单层佛堂的椽当尺寸从分间均等到逐间均等，多层佛塔则在此基础上更进一步，其椽当尺寸从分层统一到逐层统一。这一过程中枝割设计技术的进步表现在：从单层佛堂的简单构成，趋向多层佛塔的复杂构成。在佛塔复杂尺度关系这一因素的促进下，多层佛塔设计技术的进步，反映了枝割设计技术从简单到复杂的逐步深化和成熟的演进过程。

关于佛塔枝割技术的发展，首先回顾一下奈良、平安时代多层佛塔的布椽特点：这一时期五重塔的间广设定皆与椽当无关，故其布椽也都不特意考虑与柱中缝的对位关系，全无中世以后的枝割意识。时至中世初期的兴福寺三重塔（镰仓时代初期），底层总间为整数的16尺，其椽当尺寸各间、各层相异不同，仍无枝割意识的作用和表现[59]。而在此后，多层佛塔上枝割技术的发展逐渐开始了起步。

以尺度关系较为复杂的五重塔为主线，梳理中世和样佛塔设计技术发展的历程，可大致归纳出如下三个阶段和关键节点：

第一阶段：枝割意识的出现，表现为在间广整数尺规制下追求同层椽当尺寸均等，其代表实例如镰仓时代前期的京都海住山寺五重塔（1214年）。此塔同层分间椽当均等，而各层椽当尺寸不一，椽当尚不具备作为多层塔的尺度基准的性质。

海住山寺五重塔为平面方三间的形式，底层三间的总面阔9尺（实测9.035尺），以之22等分为椽当尺寸（0.41尺），并以明间8枝（3.285尺）、次间7枝（2.875尺）的形式，形成开间与椽当的匹配关系，以及分间布椽、椽当对柱缝的布椽形式。其设计思路和方法是：先以整数尺确定分层总间尺寸，再等分总间形成椽当尺寸，并以之设定明、次间尺寸。此构是现存多层佛塔遗构上枝割意识出现的最早之例。然整体构成上，逐层间广及相应配椽的递减变化不规律，基于枝割的逐层统一椽

59　濱島正士．塔の柱間寸法と支割について[J]．日本建築学会論文報告集（第143号），1968：57-67.

当的规制尚未形成。

第二阶段：枝割技术的初成，表现为整数尺规制的解体与椽当尺寸的分层统一，性质上等同于单层佛堂的叠加，非整数尺间广与椽当基准相伴生，椽当尺寸已初具基准性质。其代表实例如广岛明王院五重塔（1348 年）。此塔虽逐层椽当仍未统一，然分层椽当已作为尺度基准，分别支配了相应各层的间广尺度构成。

明王院五重塔为平面方三间的形式，尺度设计上以底层为基准而逐层上推：底层明间 5.14 尺（10 枝）、次间 4.63 尺（9 枝），各以底层椽当尺寸（0.514 尺）为基准而设定，总间 14.4 尺（28 枝）。二层以上的各层总间尺寸，以底层椽当尺寸（0.514 尺）为基准，逐层以 2 枝（1.028 尺）递减而设定，即：二层总间 13.37 尺（26×0.514 尺）、三层总间 12.34 尺（24×0.514 尺）、四层总间 11.31 尺（22×0.514 尺）、五层总间 10.28 尺（20×0.514 尺），然二层以上的分间尺寸及配椽枝数，却不受底层椽当基准控制，各层的椽当尺寸不一，统一的椽当基准仍未形成。整体上，各层开间尺寸的组织筹划仍显散乱，唯各层六铺作斗栱出跳尺寸相同，皆三跳计 6 枝、3.084 尺，每跳 2 枝，每枝 0.514 尺，也即以底层的椽当基准（0.514 尺），设定各层斗栱的跳距尺寸。

该塔的设计思路和方法，已较前者海住山寺五重塔有所进步，一是分层椽当基准的出现以及整数尺间广旧制的解体；二是着手组织和筹划逐层总间的尺度关系；三是各层斗栱跳距尺寸为统一的二枝关系（2×0.514 尺）。然而，该塔尚未形成基于统一椽当的严密、有序的逐层间广递变规制。

第三阶段：枝割技术的成熟和完成，表现为基于统一椽当的逐层间广递变规制的形成，其代表实例如严岛神社五重塔（1407 年）。此塔的椽当基准实现了逐层完全的统一，是现存和样五重塔遗构中枝割规制真正实现和完成的初见之例。

严岛神社五重塔为平面方三间的形式，底层三间总面阔 15.04 尺，配椽 32 枝，每枝 0.47 尺，明、次间尺寸基于椽当 0.47 尺而设定，分别为 5.64 尺、12 枝和 4.70 尺、10 枝；二层以上的各层总间尺寸以 3 枝递减，明、次间各以 1 枝递减，及至第五层总间 9.4 尺、20 枝，明间 3.76 尺、8 枝，次间 2.82 尺、6 枝，椽当基准统一、有序地支配了五重塔的整体尺度构成。

中世和样佛塔设计技术的演变，在现存和样五重塔遗构上，从枝割意识的出现到枝割技术的完成，前后历时约两百年，即始于 13 世纪初，完成于 15 世纪初。

室町时代之后，枝割技术在多层佛塔复杂尺度关系上的运用和发展，标志着中世枝割技术的成熟和完成。室町时代是和样枝割技术的大成时期。

在和样枝割设计技术演进的时序上，不仅多层佛塔滞后于单层佛堂，而且三重塔与五重塔之间也不同步。也就是说，中世枝割设计技术的成熟和完成，单层佛堂早于多层佛塔，而多层佛塔中三重塔又早于五重塔。现存三重塔遗构中，福井县明通寺三重塔（1270 年）是枝割技术接近完成的最早之例[60]，其分层的椽当

60　濱島正士. 塔の柱間寸法と支割について[J]. 日本建築学会論文報告集（第 143 号），1968：57-67.

基准仅略有微差，近于统一：底层 0.53 尺、二层 0.525 尺、三层 0.52 尺，椽当尺寸逐层递减 5 厘。其后的灵山寺三重塔（1356 年）与之大致相仿，分层椽当基准的微差在 0.4 尺与 0.404 尺之间。而至半个世纪后的常乐寺三重塔（1400 年），和样三重塔的枝割技术终呈成熟的面貌，无论是间广构成，还是斗栱构成，逐层皆基于统一的椽当基准 0.47 尺。

根据现存遗构分析，和样多层塔上椽当基准的统一，是在室町时代中期才至普及，然这与单层的佛堂相比，迟了百年以上[61]。

上述和样三重塔三构的演变进程表明：如果明通寺三重塔的年代不误的话，那么在 13 世纪末，和样三重塔整体统一的枝割技术已近于完成，并经历 14 世纪的百年演变，最终在常乐寺三重塔上呈现完全的成熟。相比之下，和样三重塔的这一演进时序早于五重塔。这一现象反映了中世和样设计技术演进的复杂性和渐进性的特色。

（2）基于统一椽当的逐层间广递变规制

现存中世和样佛塔遗构，皆为面阔三间的方塔形式。面阔三间的三重塔与五重塔，是日本现存佛塔的主要形式。

相对于单层佛堂而言，多层佛塔尺度关系之独特，在于逐层的尺寸递减变化。而如何以枝割模数的方式，权衡和设定佛塔逐层的尺寸递减变化以及整体的尺度关系，是佛塔枝割技术演进的关键所在。

根据对中世和样佛塔遗构的分析，中世前期的佛塔尺度组织与设定方式，停留在与单层佛堂类同的程度和阶段，逐层之间的递减变化和尺度关系尚未形成严密、有序的枝割规制。中世后期的室町时代以后，佛塔尺度构成上的递变规制逐渐形成，其枝割技术的进步表现为：在单层佛堂枝割技术的基础上，以统一椽当基准的方式，权衡和设定多层佛塔逐层的尺寸递减变化及其尺度关系，从而完成椽当基准从分层统一到逐层统一的技术演进过程。

由于三重塔与五重塔的尺度递变的程度区别，其递变规制亦有所不同。相应地，中世和样佛塔尺度构成上成熟的间广递变规制，大致有如下两种形式：一是三重塔的四枝递减法，一是五重塔的三枝递减法。

和样三重塔的四枝递减法，其基本形式为：逐层递减 4 枝，心间递减 2 枝，次间递减 1 枝。这一递减法的最早之例为福井县明通寺三重塔（1270 年），其基于椽当的开间尺度构成如下，唯分层椽当基准略有微差（表 7–2）。

表 7–2　明通寺三重塔基于椽当的开间尺度构成

层数	总间	心间	次间	椽当基准
三层	9.36 尺 /18 枝	3.12 尺 /6 枝	3.12 尺 /6 枝	0.52 尺
二层	11.55 尺 /22 枝	4.20 尺 /8 枝	3.675 尺 /7 枝	0.525 尺
一层	13.78 尺 /26 枝	5.30 尺 /10 枝	4.24 尺 /8 枝	0.53 尺

61　濱島正士. 塔の柱間寸法と支割について [J]. 日本建築学会論文報告集（第 143 号），1968：57–67.

灵山寺三重塔（1356 年）的四枝递减法，与明通寺三重塔大致相仿，椽当基准仍有微差（表 7–3）。

表 7–3　灵山寺三重塔基于椽当的开间尺度构成

层数	总间	心间	次间	椽当基准
三层	8.00 尺 /20 枝	3.20 尺 /8 枝	2.40 尺 /6 枝	0.40 尺
二层	9.66 尺 /24 枝	4.00 尺 /10 枝	2.83 尺 /7 枝	0.40~0.404 尺
一层	11.30 尺 /28 枝	4.85 尺 /12 枝	3.225 尺 /8 枝	0.403~0.404 尺

和样三重塔的四枝递减法，至常乐寺三重塔（1400 年）而完全成熟和完善，逐层椽当基准终呈统一（表 7–4）（图 7–4–4）：

表 7–4　常乐寺三重塔基于椽当的开间尺度构成

层数	总间	心间	次间	椽当基准
三层	11.28 尺 /24 枝	3.76 尺 /8 枝	3.76 尺 /8 枝	0.47 尺
二层	13.16 尺 /28 枝	4.70 尺 /10 枝	4.23 尺 /9 枝	0.47 尺
一层	15.04 尺 /32 枝	5.64 尺 /12 枝	4.70 尺 /10 枝	0.47 尺

四枝递减法是室町时代以来成熟的和样三重塔所多见的分层递变形式，而 1400 年建立的常乐寺三重塔，则是这一时期和样三重塔尺度设计的典范之例。

和样五重塔的三枝递减法，其基本形式为：逐层递减 3 枝，逐间递减 1 枝的形式。现存五重塔遗构中，这一递减法的最早之例为严岛神社五重塔（1407 年）。该塔以统一的椽当基准（0.47 尺）以及逐层 3 枝（1.41 尺）递变的模数方式，彻底解决了以往多层塔尺度构成上繁琐的二次调整以及不匀椽当的问题。严岛神社五重塔的开间尺度构成及其逐层递变形式统一而有序（表 7–5）（图 7–4–5）。

表 7–5　严岛神社五重塔基于椽当的开间尺度构成

层数	实测值（尺）				开间构成（枝）			
	次间	心间	次间	总间	次间	心间	次间	总间
五层	2.82	3.76	2.82	9.40	6	8	6	20
四层	3.29	4.23	3.29	10.81	7	9	7	23
三层	3.76	4.70	3.76	12.22	8	10	8	26
二层	4.23	5.17	4.23	13.63	9	11	9	29
一层	4.70	5.64	4.70	15.04	10	12	10	32

注：枝＝ 0.47 尺

严岛神社五重塔之后，约至 17 世纪，基于统一椽当、逐层三枝递变的五重塔逐渐多见，如妙成寺五重塔（1618 年）、宽永寺五重塔（1639 年）、仁和寺五重塔（1644 年）等例。和样五重塔的复杂尺度构成上，由此确立了基于枝割的逐

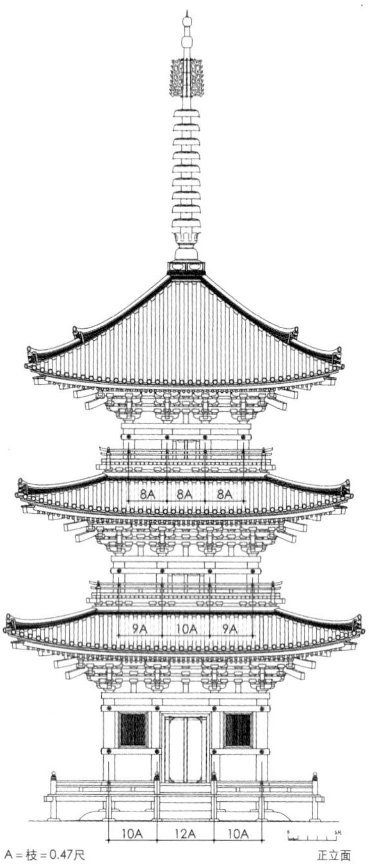

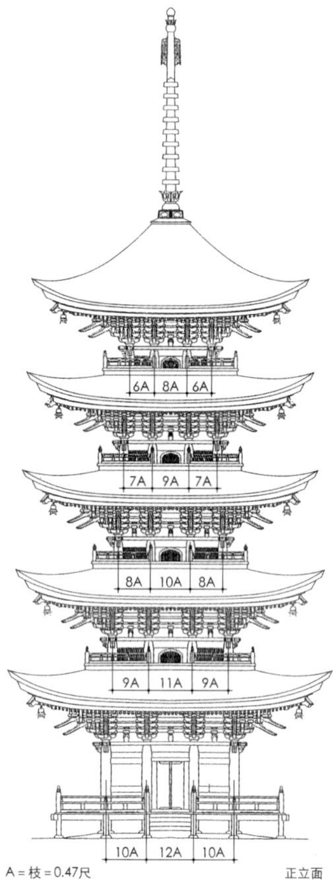

图 7-4-4　常乐寺三重塔正立面 [底图来源：太田博太郎等 . 日本建築史基礎資料集成（十二）· 塔婆Ⅱ [M]. 東京：中央公論美術出版，1999]（左）

图 7-4-5　严岛神社五重塔正立面（底图来源：濱島正士. 日本仏塔集成 [M]. 東京：中央公論美術出版，2001）（右）

层递变规制。

然严岛神社五重塔之后的奈良兴福寺五重塔（1426 年）、山口瑠璃光寺五重塔（1442 年）上，枝割之制仍未完备。也就是说，室町时代之后，和样五重塔上基于枝割的尺度设计方法仍未完全普及。

多层佛塔尺度关系的特色在于其复杂的逐层递变，而正是这一复杂的尺度关系，促进了枝割设计技术的进步。上述分析的常乐寺三重塔与严岛神社五重塔二构，是中世和样多层塔设计技术演变进程上的重要标杆。

佛塔开间尺度的逐层递减变化，早期在整数尺规制下，表现为以简单尺寸的形式，设定逐间、逐层尺度及其递减变化。如法隆寺五重塔、醍醐寺五重塔等诸多早期遗构。然而，对于尺度关系复杂的多层塔而言，传统的尺度组织和设定方式，其局限与制约则是一个显著的问题。

中世以来，随着椽当意识的增强以及枝割技术的作用，佛塔的开间尺度构成以及逐层递减变化，逐渐由基于实际尺寸的组织方式，转向基于模数尺寸的枝割规制。多层塔尺度构成上的这一枝割规制传承至近世，并为近世和样技术书《匠明》（1608 年）所记载。

近世和样技术书《匠明》中记有和样五重塔的枝割规制，其枝割构成关系如

表 7–6 所示。

表 7–6　《匠明》五重塔的枝割构成关系　　单位：枝

层数	次间	明间	次间	总间
五层	7	8	7	22
四层	8	9	8	25
三层	9	10	9	28
二层	9	12	9	30
一层	10	12	10	32

《匠明》所记五重塔的枝割关系，在逐层递减三枝规制的基础上，一至三层的枝割递变，根据比例关系的需要又有增减变化。

尺度构成的枝割模数化，是中世以来和样设计技术演变的基本方向和目标。

图 7–4–6　那谷寺三重塔整体外观（来源：重要文化財那谷寺三重塔修理委員会. 重要文化財那谷寺三重塔修理工事報告書 [M]，1956）

（3）佛塔设计技术的关联比较

本章讨论的主题是中世和样设计技术的进步及其与宋技术的关联性，前面几个小节关于《营造法式》以及和样设计技术的分析，都是为这一关联性讨论所作的铺垫和准备。自本节以后的内容则主要着眼于和样设计技术的关联比较。

分析中世以来佛塔设计技术的变迁及其特点，可概括为以下两点：一是模数化的演变趋势，二是和样与唐样关联类似的模数形式。中世以来的现存佛塔遗构，以和样佛塔为绝大多数，唐样佛塔所存虽数量甚少，然二者相较，仍然可见上述这两个特点。

首先，中世以来的佛塔设计技术的发展，无论是和样还是唐样的尺度关系，模数化是二者共同的方向和目标；其次，在模数形式上，和样与唐样亦十分类似：和样佛塔表现为枝割模数的形式，唐样佛塔表现为材栔模数的形式，二者分别以椽当基准和材广基准，权衡佛塔的整体尺度关系以及逐层的尺度递减变化。

中世以来纯粹的唐样佛塔遗构仅存两例：一是中世的安乐寺三重塔（平面八棱），二是近世的那谷寺三重塔（平面方三间）。作为与和样佛塔设计技术比较的对象，同为方三间、三层的那谷寺三重塔较为合适（图 7–4–6）。

石川县那谷寺三重塔（1642 年），平面方三间，底层明间施补间铺作两朵，斗栱形式为单栱计心造单杪双下昂六铺作，出檐做法为逐层扇列椽形式，设计技术上传承中世唐样的模数设计方法，并在单层佛堂的基础上，进一步表现了多层佛塔独特的设计方法[62]。

那谷寺三重塔尺度设计的特色如下：以材广为基准，底层方三间的尺度构成，表现了唐样佛堂典型的 10 材朵当的特色，即当心间补间铺作两朵，朵当 10 材，心间 30 材，次间 10 材；进而，逐层、逐间依次以材递减变化，形成那谷寺三重

62　那谷寺三重塔各层方三间，除底层明间补间铺作两朵以外，其他各间皆无补间铺作。根据对那谷寺三重塔实测数据的分析，其材广 0.193 尺（实测值为 0.195 尺）为三重塔尺度构成的基准所在。

塔的整体尺度构成（表 7–7）（图 7–4–7）。

表 7–7　那谷寺三重塔基于材的开间尺度构成

层数	实测值（尺）			开间构成（材）			
	次间	心间	次间	次间	心间	次间	总间
三层	1.351	1.737	1.351	7	9	7	4.439 尺 /23 材
二层	1.544	1.930	1.544	8	10	8	5.018 尺 /26 材
一层	1.940	5.790	1.940	10	30	10	9.670 尺 /50 材

注：材＝ 0.193 尺，1 曲尺＝ 30.3 厘米。

那谷寺三重塔的尺度设计，不仅传承了唐样佛堂典型的 10 材朵当、30 材心间的普遍性特色，而且在多层的复杂尺度关系上，又表现有相应的逐层递变方法，其构成模式及递变规律与和样佛塔相同，即：基于统一的材基准，逐层以 3 材、逐间以 1 材递变的整体尺度构成模式。所不同的只是模数基准的分别，唐样的材广基准对应和样的椽当基准。

以唐样那谷寺三重塔与和样常乐寺三重塔相较，二者在尺度构成上的异同可表述为：模数形式相同，模数基准变换。在多层塔的尺度构成上，唐样与和样分别以不同的模数基准，建立起相同的构成关系，二者的思维方式及设计方法是相通的，其间的关联性也是显然和可以认定的，且这种关联性的产生应源自如下两个因素：一是基于共同的技术背景，二是基于仿效和影响关系。

再从构成关系上看，那谷寺三重塔以中层当心间为法，即基于 10 个基准单位的“十分为率”，而这种“以中为法”的尺度设计方法，在中世以来的和样三重塔、五重塔以及《匠明》所记五重塔上都有一致的表现。

在多层塔尺度设计关联性的比较上，仅存的唐样那谷寺三重塔是一关键和重要的案例。

基于东亚共同的技术背景，上述佛塔的设计方法及构成关系，实际上早在间广整数尺规制下已有类似的表现。如辽构应县木塔以及法隆寺五重塔、极乐坊五重塔的尺度构成[63]，都表现了基于营造尺的逐层、逐间有序递变的尺度关系（表 7–8）。

表 7–8　中日古代五重塔面阔总间的尺度构成比较

层数	应县木塔	法隆寺五重塔	极乐坊五重塔
	A ＝ 1.5 尺	A ＝ 1.0 尺	A ＝ 1.0 尺
第五层	18A	12A	21A
第四层	19A	15A	24A
第三层	20A	18A	27A
第二层	21A	21A	30A
第一层	22A	24A	33A

注：A 为面阔总间尺度构成的基准。

63　应县木塔营造尺长 29.46 厘米，法隆寺五重塔营造尺长 26.95 厘米，极乐坊五重塔为 1/10 塔模型，表中尺寸为放大 10 倍的实足尺寸，营造尺长 29.6 厘米。

上述早期三塔，不仅具备完整、有序的整体尺度关系，而且已形成逐间以一个基准单位、逐层以三个基准单位的递变规律[64]。东亚古代多层楼阁式塔，由于尺度关系复杂，其尺度设计上必然形成相应的尺度规制和构成特点，尤其是在逐层的尺度递变和折算关系上。根据文献记载，北宋喻皓设计十三重塔，其模型的设计尺寸即反映有尺度递变规律和折算关系，从而使得“所造小样末底一级折而计之”[65]。

因此，尺度关系复杂的多层塔，必然成为尺度设计技术发展的一个重要平台和契机。自唐宋以来，传统整数尺旧制逐渐难以适应尺度关系复杂的多层塔，而尺度关系的模数化，则成为设计技术进一步发展的必然途径和方向。

在此东亚技术进步的背景下并与上述三塔相较，日本中世佛塔设计技术一方面反映有传承前代技术传统的因素，另一方面，中世以来新兴宋技术的流行，无疑也是一个重要的影响和促进因素。相应地，中世佛塔设计技术的进步主要表现为整体尺度关系的模数化。

在唐样与和样设计技术上的关联性上，唐样那谷寺三重塔个案可称是证据链上的重要一环。进而，近世和样的东京教王护国寺五重塔（1644 年）的尺度构成，也为此提供了一个重要线索，该塔尺度构成上的模数基准“枝”与“材”尺寸对等，这一线索指向的也是和样设计技术与唐样的关联性（图 7-4-8）。

教王护国寺五重塔平面尺度构成如表 7-9 所示。

表 7-9 教王护国寺五重塔平面尺度构成

层数	实测值（尺）			开间构成（材、枝）		
	次间	心间	次间	次间	心间	次间
五层	7.36	7.36	7.36	8	8	8
四层	7.36	9.20	7.36	8	10	8
三层	8.28	9.20	8.28	9	10	9
二层	9.20	10.12	9.20	10	11	10
一层	10.12	11.04	10.12	11	12	11

注：材＝枝＝ 0.92 尺。

值得指出的是，在和样模数构成关系上，枝与材的尺寸对等是一个多见的现象，其中的内涵值得关注，具体参见后文所举案例和相关分析。

关于中世多层塔设计技术的影响关系，再举一相关案例，即和样羽黑山五重塔的尺度现象。

山形县羽黑山五重塔（1372 年），是日本东北地区现存最早的佛塔。该塔独特之处在于：形制上为纯粹的和样，平面间广仍为传统的整数尺形式[66]，且间广构成与枝割无关，即不受枝割关系的支配，布椽与整数尺间广适当匹配，椽当尺寸不统一。然该塔斗栱的尺度构成及比例关系的整合，却采用的是基于材基准的

64 法隆寺五重塔、极乐坊五重塔的尺度关系为：逐间以一尺、逐层以三尺递变；应县木塔逐层以 1.5 尺递变。

65 （宋）文莹撰《玉壶清话》卷二（北京：中华书局，1984）：“郭忠恕画殿阁重复之状，梓人较之，毫厘无差。大宗闻其名，诏授监丞，将建开宝寺塔。浙匠喻皓料一十三层，郭以所造小样末底一级折而计之，至上层余一尺五寸，杀收不得，谓皓曰：‘宜审之。’皓因数夕不寐，以尺较之，果如其言，黎明，叩其门，长跪以谢。”这说明其时塔由底至上收杀甚大，且有规律，可由底层“折而计之”。文莹为钱塘人，生活于真宗至神宗朝期间，与杭人喻皓同地，且时代甚近，其所记内容应真实可靠。

66 羽黑山五重塔底层三间间广的实测尺寸为：总间 16.55 尺，心间 6.52 尺，次间 5.015 尺，复原尺寸为整数尺间广形式，即：总间 16.5 尺，心间 6.5 尺，次间 5.0 尺。复原营造尺略大于现行尺，长 30.39 厘米，约为现行尺的 1.003 倍。

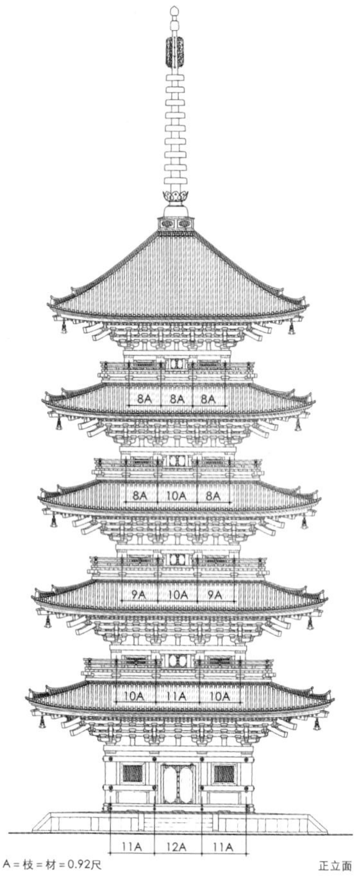

图 7-4-7　那谷寺三重塔正立面（底图来源：重要文化財那谷寺三重塔修理委員会. 重要文化財那谷寺三重塔修理工事報告書[M]，1956）（左）

图 7-4-8　教王护国寺五重塔正立面（底图来源：濱島正士. 日本仏塔集成[M]. 東京：中央公論美術出版，2001）（右）

唐样方式，而非基于枝割基准的和样方式，这从一个侧面显示了和样设计技术与唐样的关联性（详见后节和样斗栱尺度关系的分析比较）。和样羽黑山五重塔现象，反映了和样尺度设计上对宋式模数方法的追求和仿效。

羽黑山五重塔现象可概括为：间广构成为传统的整数尺旧制，斗栱构成为新兴的宋式模数方法。这一现象在现存和样遗构中并不少见，是具有代表性的和样与唐样的关联性表现。羽黑山五重塔现象及其意义值得重视和深究。

5. 间广构成模数化的关联性及其意义

（1）间广构成模数化的关联现象

本章以上诸节，围绕着宋技术背景下中世和样建筑间广构成模数化的历程这一线索，从单层佛堂到多层佛塔展开讨论，并就中世和样与唐样设计技术的差异性与关联性进行了比较分析。其目的在于探讨和认识这一时期设计技术发展的规律与内涵，以及在此过程中和样与唐样的关联互动。下文梳理和归纳本章讨论的中世建筑间广构成模数化的进程及其关联性，并作进一步的讨论。

在间广构成模数化这一设计技术的演进上，中世和样与唐样的关联现象，主要可归纳为如下两个方面：一是设计技术演变进程的一致性，二是模数形式及方法的相近和一致。上述这两个方面应是认识中世和样与唐样设计技术关联性的重要线索。

关于中世设计技术演变进程的分析，部分与整体的关系及其变化，应是最具本质性的视角。其抽象和概括地反映了中世设计技术的演变轨迹以及设计逻辑的变化。从此视角分析中世和样与唐样间广构成模数化的演变进程，二者表现出显著的一致性和关联性。

中世设计技术的发展上，如下两个技术因素最为关键和重要：一是唐样的铺作配置，二是和样的布椽筹划。在间广构成模数化的进程上，相应于开间尺度设定的铺作配置与布椽筹划，分别充当了唐样与和样设计技术发展的两个推动力，进而形成了基于补间铺作做法的唐样朵当基准与基于平行椽做法的和样椽当基准，相应地，传统的整数尺规制终为新兴的模数设计法则所取代。

在部分与整体的关系上，朵当与椽当这两个尺度因素的变化，反映了开间尺度设计的性质与特点。比较唐样与和样间广构成模数化的演变进程，二者表现了相同的阶段性变化及相应的演变轨迹：

唐样：整数尺间广 → 整数尺间广与朵当的互动 → 基于朵当的间广构成模数化

和样：整数尺间广 → 整数尺间广与椽当的互动 → 基于椽当的间广构成模数化

在上述这一演进过程中，唐样朵当与和样椽当的性质，由从属转为支配，由被动转为主动。唐样与和样的间广构成模数化，虽基准形式有别，然二者的思维方式及设计逻辑是一致的。

中世唐样与和样的设计技术发展，经历了相同的演变历程。在设计思维方式上，唐样与和样的间广模数化的演进历程，皆以朵当配置或椽当配置从“间内匀置”到“逐间均等”为阶段特征，并最终以模数的方式真正实现均等统一的追求和目标。

唐样与和样的技术关联现象的另一方面，表现为模数形式及方法的相近和一致。而从单层佛堂到多层佛塔的设计技术演进，唐样与和样表现出相同的趋势和方式，进而在以模数方式统一佛塔尺度关系以及逐层尺度递变上，唐样与和样也都表现出一致的模数形式和设计方法。

因此或可以认为：唐样间广尺度模数化的思维方式及设计方法，给中世和样提供了可以复制的思路及方法，并影响、促进了和样模数设计方法的探索和发展。

（2）设计技术的关联性及其意义

关于中世唐样与和样设计技术关联性的分析，需要基于中世的历史背景进行考察和认识。

对于中世建筑而言，中世之初汹涌的宋文化与先进宋技术的传播与引领，无疑是其最重要的历史背景。南宋文化及技术对日本中世社会的影响和推动，是整体性和全面性的。日本中世建筑的发展，在各个方面都离不开宋技术的影响与推动这一背景。正是中世宋技术影响的全面性和整体性，构成了唐样与和样关联性的基本背景。

在此背景下，中世唐样与和样的设计技术发展，就不再是孤立和隔绝的存在。实际上中世以来无论是唐样还是和样，其设计技术的发展都受到先进宋技术的推动与影响，只是在影响程度上唐样更为显著。中世前期宋风浓郁的折中样，即是和样对宋技术追求的一种表现。而中世后期形成的和样枝割设计技术，其与宋技术及唐样的关联，当主要表现在模数理念的引导与方法的推进上。实际上，和样枝割设计技术的基本要素，在12世纪的宋式小木作上大都有所体现，其间应存在着影响和传承关系。

中世以来，不只是唐样与宋技术相关，而是整个中世建筑的发展都受宋技术的影响，唐样是其突出者而已，中世唐样与和样设计技术的关联性是必然的结果。

伴随宋技术的传播以及唐样设计技术的成熟，中世和样的枝割技法也逐渐形成，且二者间更表现出诸多的交集和趋同现象，这些都表明了中世唐样与和样设计技术的发展，并非无关的孤立现象。有理由认为中世设计技术的发展和变革，应始于中世之初宋技术的引领与推动，且唐样则成为宋技术影响和样的传递者和媒介。

中世以来，新兴唐样与传统和样的发展进程中表现出了既对立又交融的互动关系，这反映了宋技术背景下中世建筑纷繁复杂的样相，中世设计技术演进的复杂性，亦是其中的一项内容。

枝割技法是中世和样设计方法上区别于唐样的最重要的特色。然分析中世和样枝割技法的形成过程，可以发现这样一个现象：中世和样枝割意识的初现及至技法的成熟，最初多是出现在唐样因素显著的折中样建筑上。也就是说，中世初期和样本堂、佛塔上，但凡率先出现模数意识和枝割技法者，多是唐样因素显著的折中样。

中世早期和样的松生院本堂（1295年）、明王院本堂（1321年）二例，是镰仓时代重要的折中样遗构，在样式做法上唐样的影响显著，而值得注意的是，前者已有较显著的枝割意识，后者则是和样建筑中枝割技法出现的早期之例。

和样三重塔上，基于统一椽当的逐层间广递变规制的确立，常乐寺三重塔（1400年）为现存遗构中最早之例。而正是常乐寺三重塔，又表现出作为模数基准的枝与材的对等现象，进而其斗栱构成也与唐样模数方式相关联。

15世纪初的严岛神社五重塔（1407年），是和样枝割技法成熟的一个标志。和样五重塔上逐层统一枝割基准的确立，严岛神社五重塔是已知最早之例，而此严岛神社五重塔也正是典型的折中样，其斗栱样式、柱式、普拍枋、花头窗、丁头栱及橑檐枋等诸多要素，皆表现出显著的唐样特色。严岛神社五重塔和样枝割技法的成熟，与其显著的唐样因素应不无关系。上述折中样与枝割技法之间的关联现象，多少表露了唐样影响因素与枝割技法形成之间一定的关联性。

关于中世设计技术关联性的分析，必然涉及分析对象的时序排比。然由于中世前期遗构所存较少，尤其是缺少早期唐样遗构，故难以作出较全面的统计分析。然单就孤立个案而言，中世初期的东大寺钟楼（1207—1210 年），作为现存最早的中世遗构，其技术谱系具有重要的意义。日本学界视东大寺钟楼为初期唐样，且是认识初期唐样的唯一实例[67]。

东大寺钟楼所表现的朵当模数，不仅是已知唐样的最初之例，也是现存中世遗构中所见模数技术的最早者。更且东大寺钟楼基于朵当、斗长的两级模数形式已相当纯熟老练，相比之下，同一时期的和样在设计技术上甚至连真正意义上的模数意识都尚未出现。因此，东大寺钟楼所表现的唐样设计技术，在中世设计技术的演变时序上具有起点标杆的意义。同样，中世初期折中样的密教本堂上所呈现的宋式设计技术，也都是中世设计技术演变时序上的重要坐标和例证。

根据现存中世遗构分析，中世以来唐样朵当模数的出现和成熟，皆远早于中世和样的枝割模数，这一现象从设计技术的演变时序上印证了关于唐样设计技术的意义的认定，即：在中世设计技术的发展进程上，唐样的引领作用及其对和样的影响。

唐样与和样在设计技术上的诸多一致和相近现象，表露了二者之间关联性的存在。进而，关于斗栱构成上唐样与和样的比较分析，也为二者间的关联性提供了进一步的证据和线索。

五、中世和样斗栱的比例整合及关联比较

中世以来和样设计技术的进步，表现为枝割技术的形成与发展，即以枝割模数的方式支配和权衡部分与整体的尺度关系。和样间广和斗栱的尺度构成，逐步形成相应的枝割规制。

关于中世和样枝割设计技术的演进，本章的讨论略去其他方面，主要关注如下两个层面：一是枝割与开间的关联构成的建立，二是枝割与斗栱的关联构成的建立。前文讨论了和样间广构成的枝割规制及其与唐样设计技术的关联比较，本节再就和样斗栱尺度构成进行讨论，进一步分析论证和样设计技术与唐样的关联性。

1. 和样斗栱构成与比例筹划

关于斗栱构成，前文第六章讨论了诸多相关内容，如基本形制、斗型与栱型、

67　太田博太郎監修. 日本建築様式史 [M]. 東京：美術出版社，1999：64.

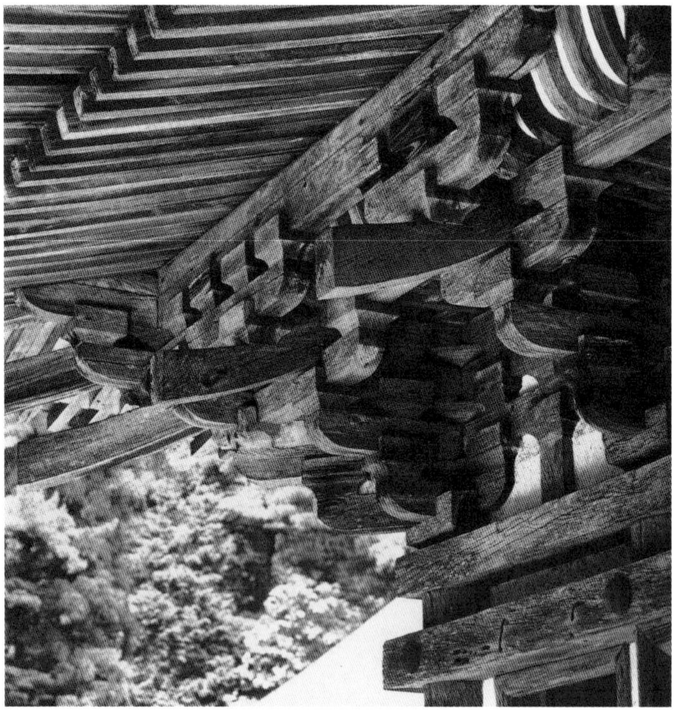

图 7-5-1 中世和样定型六铺作斗栱形式：西明寺三重塔（镰仓中期）（来源：伊藤延男. 密教の建築 [M]. 東京：小学館，1973）

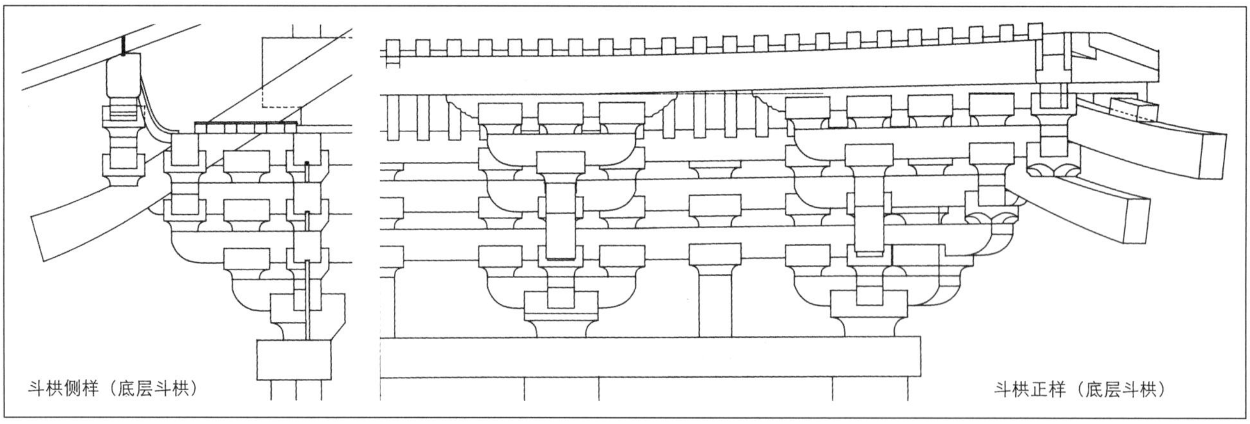

图 7-5-2 中世和样定型六铺作斗栱形式：常乐寺三重塔 [来源：太田博太郎等. 日本建築史基礎資料集成（十二）・塔婆 Ⅱ [M]. 東京：中央公論美術出版，1999]

宋式斗栱比例关系、唐样斗栱比例关系等等，本节在此基础上，进一步讨论和样斗栱的基本形式、比例整合以及基于枝割的构成关系及其关联比较。

斗栱的发展在中国本土经历了从单栱造到重栱造的演变，相应地，栱型、栱长关系发生了显著的变化。而日本是在中世唐样建筑上首次出现重栱做法，相应地，栱型从传统的单一栱长，转变为栱长两种的长短栱形式。然而，中世和样斗栱依然墨守祖型的原初形态，其单栱偷心的基本形式至近世江户时代几无变化。和样斗栱形制上的另一特点是六铺作的定型，定型和样斗栱以“单栱偷心造双杪单下昂六铺作”为基本形式，并为佛寺建筑所多用（图 7-5-1、图 7-5-2）。

单栱造与重栱造的斗栱形式，对日本建筑设计技术的发展具有重要的意义。中世和样与唐样的模数规制，在很大程度上即分别建立在其单栱造斗栱与重栱造斗栱的尺度关系上。

基于祖型的时代与地域特征，和样斗栱形制反映了中国北系斗栱的早期特点，且在斗型与栱型上，始终保持着早期的单一形态。定型和标准的和样斗栱，排除了斗型分化与栱型分化的演变属性。近世和样设计技术书《匠明》中，仍保持着单一斗型与栱型的早期特征。

斗型与栱型的单一性，是和样单栱造斗栱构成的基本特征，这一特征对于中世和样斗栱构成和比例筹划，具有重要的意义。简洁、规整的和样斗栱形式，成为中世和样斗栱构成与枝割整合的前提和条件。

斗栱尺度及比例关系的精细化，是中世建筑的重要特色，无论是唐样还是和样，皆注重和追求斗栱立面的尺度组织与比例筹划。唐样斗栱已如前文第六章所述，中世和样斗栱立面的比例筹划，则表现为基于枝割关系的斗栱构成。

中世和样斗栱立面的比例筹划，主要表现在横向尺度关系上。而在横向尺度的筹划上，中世和样斗栱与唐样一样，注重的是基于栱心格线的小斗配置以及相应的栱长关系，并以小斗配置与枝割整合的方式，建立二者间的关联性，由此形成和样斗栱尺度模数化的方式和特色。中世和样斗栱对单一斗型、栱型的坚守，反映了其斗栱立面比例权衡的意识与追求，中世后期形成的基于枝割的六枝挂斗栱形式，正是建立在简洁、规整的斗栱尺度关系上的。

中世和样斗栱尺度模数化的契机，在于斗栱比例筹划上枝割因素的介入，斗栱构成与枝割的整合，促使了和样斗栱尺度关系的模数化，其成熟和定型的形式即是所谓的和样六枝挂斗栱。

和样斗栱构成与枝割的整合，标志着布椽与斗栱构成之间关联性的建立，枝割成为斗栱尺度权衡的基准所在。其进一步的意义表现为布椽与斗栱、开间的关联构成的建立，基于枝割的整体模数关系由此而形成。

基于枝割的斗栱尺度模数化，是中世和样设计技术演进的一个重要表现。

2. 和样六枝挂斗栱：斗栱枝割关系的定型

（1）布椽与斗栱的关联构成

中世和样斗栱构成上，基于布椽与斗栱之间所建立的关联性，逐渐形成和样斗栱构成的枝割规制，其形式表现为檐椽配置与一朵斗栱的对应关系和比例权衡，如：一朵三枝、一朵四枝、一朵五枝和一朵六枝等对应形式，也就是一朵斗栱所对应的檐椽枝数。其所谓的“枝”，为椽数的计量单位，《营造法式》称作“条”，小木作帐藏制度中记有一朵三条和一朵四条这两种形式；而作为尺度基准，“枝”或“条”则指椽中距，也即椽当尺寸，日本称一枝尺寸。

奈良、平安时代建筑上，布椽与斗栱之间呈相互分隔、独立的状态，二者之间并无位置及尺寸上的对应关联。而自镰仓时代以来，布椽与斗栱之间开始产生微妙的关联，并逐渐建立起对应关系。

檐椽配置与斗栱构成的比例整合，约始于14世纪前后，且其早期形式多样，如从一朵三枝至一朵六枝变化不等，尺寸对位关系也从粗略逐渐走向精细。唯其目标是不变的，即以一朵斗栱对应若干檐椽的形式，建立起檐椽配置与斗栱构成之间的关联性，且椽当尺寸逐渐取得基准的属性，从而权衡和支配斗栱构成关系。

斗栱构成的枝割化，是日本中世和样斗栱构成演进的基本方向。与斗栱构成的关联整合，是和样枝割技术进步的关键一环。

和样设计技术上，檐椽配置与开间构成的关联整合，是一种直观的简单思维，自平安时代后期已初见萌芽；而檐椽配置与斗栱构成的关联整合，则相对而言是一种复杂思维，自镰仓时代中期才开始出现，且这一变化背后，应存在着新的设计思维的引领和推动。

和样布椽匀整的追求，促成了椽当配置与开间构成的对应关系，然布椽筹划与斗栱构成之间并不存在必然的关联，二者的关联整合，应来自宋技术的推动以及对唐样斗栱构成方式的模仿。

由比较可见，唐样斗栱整然划一的尺度组织方式，无疑给和样斗栱及枝割技术带来重要的影响。实际上日本学者也认识到“唐样纤细的木割（尺度及比例）、装饰化细部，给予平安时代以来的和样建筑以重大影响”[68]；大森健二则明确地指出：“六枝挂斗栱完成之前，复杂的斗栱技术已经存在，并与镰仓初期的宋技术相关。”[69]且通过镰仓初期传承宋技术的唐样，影响了和样的斗栱构成：“唐样新技术给予和样的影响，表现在斗栱构成方式上，在促使和样斗栱构成的整然划一的变化上，唐样的影响是不可否认的，其结果就是和样六枝挂斗栱的产生。对照唐样整然的斗栱构成，和样斗栱构成的整合可以说是借力于唐样。”[70]也就是说，镰仓时代以来和样斗栱技术的进步，其背后有宋技术的促进和推动作用，中世和样斗栱构成的精细组织与筹划，受惠于传承宋式的唐样斗栱技术。宋技术背景下的中世斗栱设计技术的进步，唐样与和样是一个关联整体。

实际上，中世和样所表现的檐椽配置与斗栱构成之间的关联性，早在北宋时期就已存在。《营造法式》以份模数的形式，建立二者间的关联性及相应规制，前文“宋式布椽形式与椽当规制”已有分析讨论。相对于大木作较松散、粗略的对应关系，《营造法式》小木作檐椽配置与斗栱构成的对应关系，则明确和精细。小木作帐藏制度规定：基于100份的铺作中距，相应于帐藏对象的不同，配椽三枝或四枝，即“一朵用三条”和“一朵用四条”这两种形式，相应的椽中距份数分别为33份和25份，从而以份模数，建立斗栱、朵当、开间三者间的关联对应。

檐椽配置与斗栱构成的关联性的建立，是日本中世和样枝割技术的一项基本内容，然而其并非孤立的存在，《营造法式》的相关制度表露了日本枝割技术与

68　太田博太郎．中世の建築[M]//平凡社編．世界建築全集（日本Ⅱ・中世）．東京：平凡社，1960：3.

69　大森健二．枝割の発達、特に六枝掛斗栱の発生について[J]．建築史研究（第21号），1955：6-11.

70　大森健二．中世における斗栱組的発達[M]//平凡社編．世界建築全集（日本Ⅱ・中世）．東京：平凡社，1960：82.

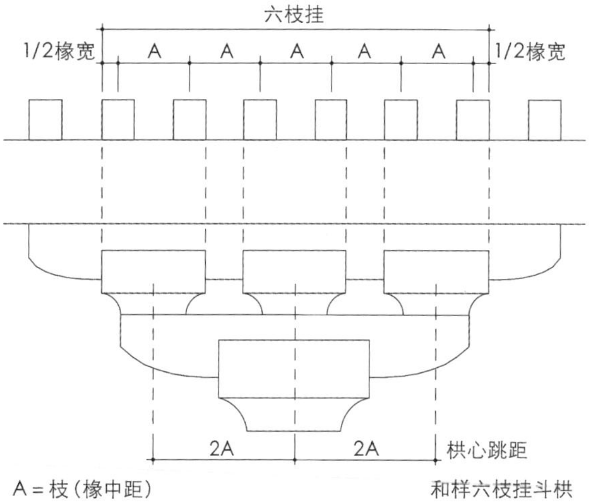

图 7-5-3　和样令栱三斗与檐椽配置的关联对应：明王院五重塔（作者自摄）（左）

图 7-5-4　和样六枝挂斗栱的基本形式（作者自绘）（右）

宋式布椽规制之间的关联性乃至传承性，至少在思维方式与构成形式上，二者间的关联性是相当显著的。这一关联线索在东亚建筑技术史上意义非凡，日本学者卓岛竹一认为“意味深长”[71]。

（2）和样六枝挂斗栱的定型

中世和样斗栱枝割关系的多样变化，至镰仓后期逐渐趋于定型，最终和样斗栱的枝割关系定型为六枝挂形式。

和样布椽与斗栱的对应关系表现为一朵单栱造斗栱实长所对应的椽数，而所谓六枝挂斗栱，即指一朵单栱造斗栱实长对应六枝椽的构成形式。和样斗栱立面及檐口造型上，最外跳的令栱三斗与其上六枝檐椽的对应，构成视觉上突出而醒目的形象特征（图 7-5-3）。其斗栱与檐椽的对位关系可分解为一斗对二枝、三斗对六枝的形式，即小斗长与二枝椽的外边间距对应相等，一朵斗栱的实长与六枝椽的外边间距对应相等（图 7-5-4）。

六枝挂斗栱的尺度关系上，以椽中距为基准，而椽中距又受制于椽径（和样用椽为方椽形式，故其椽宽相当于椽径），这与宋式基于椽径的用椽之制是相同的。相比宋式用椽之制，椽净距恒以 9 份为定数，和样枝割规制的椽净距则以 1.2 倍椽宽为定数。基于此，六枝挂斗栱立面构成上横向尺度与檐椽建立的对应关系，可以椽宽为基准而权衡、设定。和样技术书《匠明》所记六枝挂斗栱基于椽宽的尺度关系如下：

椽净距＝椽高＝ 1.2 椽宽

椽中距＝椽净距＋椽宽＝ 2.2 椽宽

斗间＝椽净距＝ 1.2 椽宽

斗长＝椽净距＋ 2 椽宽＝ 3.2 椽宽

71　竹島卓一. 営造法式の研究 [M]. 東京：中央公論美術出版，1970：514.

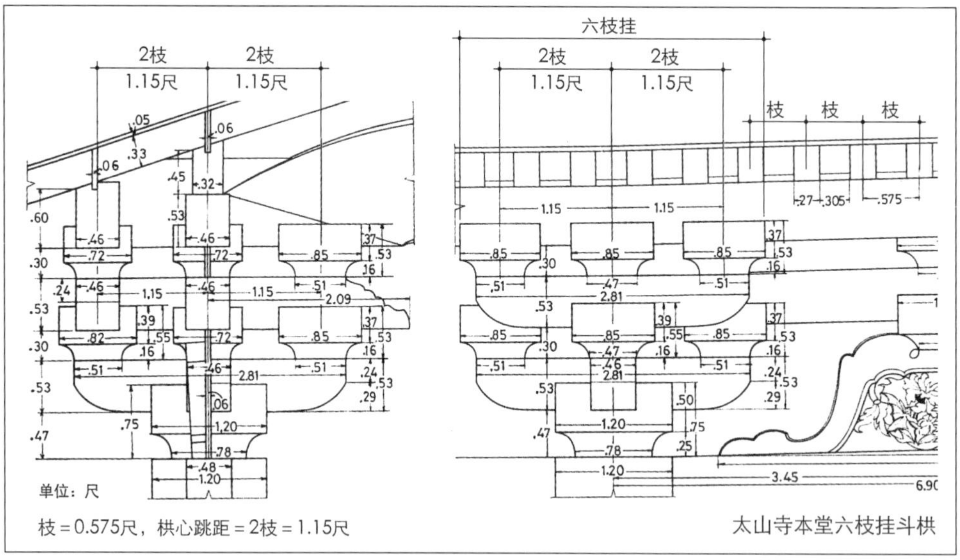

图 7-5-5　六枝挂斗栱的二枝关系：太山寺本堂 [底图来源：太田博太郎等. 日本建築史基礎資料集成（七）·仏堂Ⅳ [M]. 東京：中央公論美術出版，1975：152]

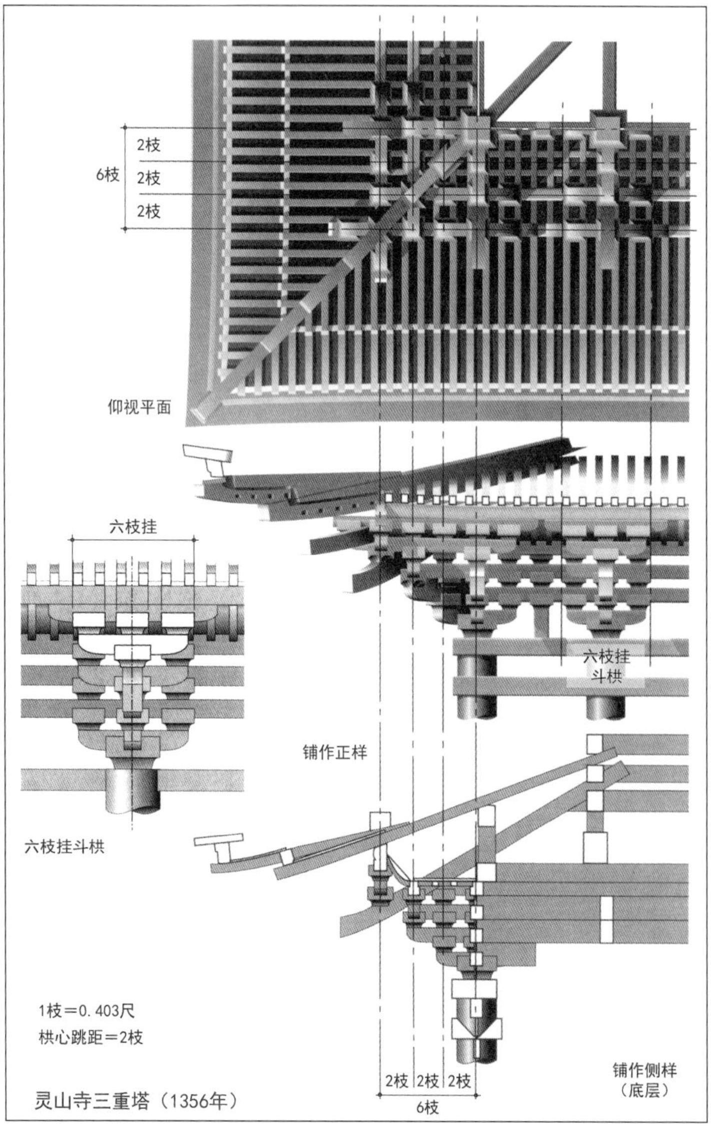

图 7-5-6　六枝挂斗栱的二枝关系：灵山寺三重塔（来源：溝口明則. 法隆寺建築の設計技術 [M]. 東京：鹿島出版会，2012：137）

一朵斗栱全长＝ 6 椽宽＋ 5 椽净距＝ 12 椽宽

相对于唐样斗栱构成的立面方格模式，中世和样斗栱则以六枝挂的形式，完成斗栱构成的比例权衡和视觉统一。六枝挂斗栱表现了基于枝割的和式简约关系，是中世和样枝割技术成熟的一个重要标志。

上述和样六枝挂斗栱，以令栱三斗与枝割关联整合的形式，形成基于枝割的小斗配置和栱长关系，其特点是：栱长的设定以心长为则，而栱之心长构成同样受制于枝割关系。六枝挂斗栱上，华栱与令栱的心长跳距以枝割为基准，且守二枝关系这一规制（图 7-5-5）。

斗栱六枝挂的实质在于二枝关系。和样定型的六铺作斗栱，华栱纵向出三跳六枝，每跳二枝；令栱横向出一跳二枝。二枝关系权衡、设定了和样六枝挂斗栱乃至开间的整体尺度关系（7-5-6）。

斗栱六枝挂的定型，在和样斗栱构成上具有如下两方面的意义：

其一，一朵斗栱对应枝数的固定化，并以之建立斗栱构成上基于枝割的精确比例关系，枝割基准得以权衡和设定斗栱尺度关系；

其二，通过枝割与斗栱构成的整合，从而以椽当为中介，建立斗栱与开间尺度的关联构成。

和样六枝挂斗栱的枝割模数，注重的是斗栱横向尺度的组织与筹划，这与中世唐样模数的方法和目标是一致的。唐样模数的方法和目标是：通过横向尺度构成上斗栱与朵当的关联构成，建立斗栱、朵当及开间三者关联的整体构成关系；而和样模数的方法和目标是：通过横向尺度构成上斗栱与椽当的对应关联，建立斗栱、椽当及开间三者关联的整体构成关系。

3. 从二材关系到二枝关系：关联的斗栱构成

（1）二材关系与二枝关系

中世和样与唐样的关联性认识上，斗栱构成是一个不可忽视的视角和线索。中世和样与唐样设计技术的发展，在斗栱构成上的交汇与互动，揭示了和样与唐样的关联性的一个重要方面。

斗栱构成的一个基本比例关系在于栱心格线关系，其分位是正侧两向的栱之心长跳距。比较唐样与和样斗栱构成上栱心跳距的构成关系，二者表现出意味深长的关联现象，即唐样的二材关系与和样的二枝关系的关联对应。

具体而言，在栱心跳距构成上，唐样斗栱表现为基于材栔规制的二材关系，和样斗栱表现为基于枝割规制的二枝关系。二者在性质上属于同一构成模式，即构成关系上共通的二倍基准关系，唯二者的基准形式有别，即“材”与“枝”的变化，由此形成唐样与和样斗栱构成上最具意义的交集和关联。

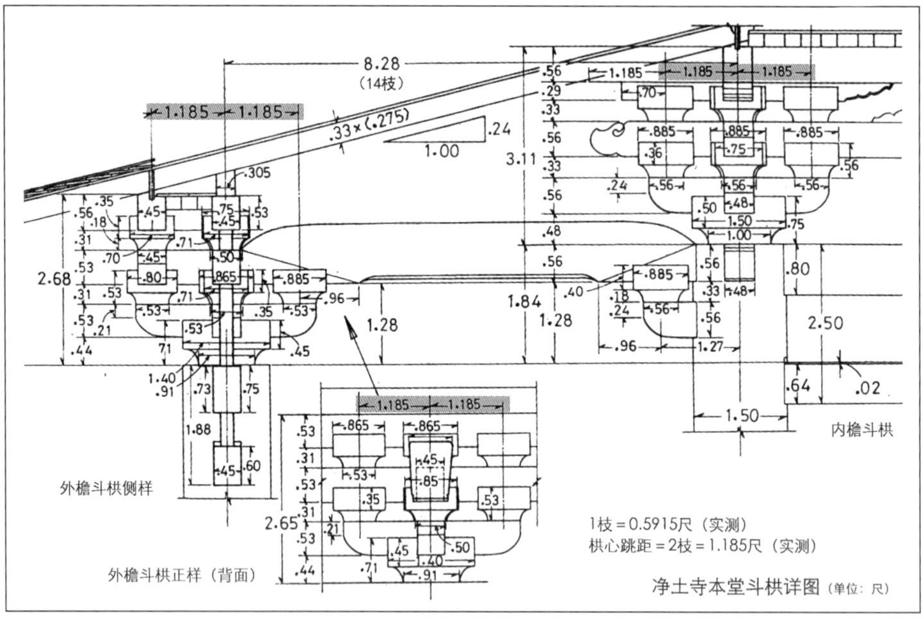

图 7-5-7　净土寺本堂六枝挂斗栱 [来源：太田博太郎等. 日本建築史基礎資料集成（七）・仏堂Ⅳ [M]. 東京：中央公論美術出版，1975：168]

关于宋式斗栱及唐样斗栱构成的二材关系，前文第六章已有分析和讨论，概括而言，即以二材关系设定栱之心长跳距，并成为宋式斗栱的基本构成关系。而和样斗栱构成的二枝关系，同样表现为栱心跳距以二枝为定数，由此形成六枝挂斗栱的基本构成关系。

对于和样六枝挂斗栱而言，二枝关系的意义在于其是六枝挂成立的必要条件。凡斗栱六枝挂者，栱心跳距必合二枝关系，反之则不然。和样六枝挂斗栱的构成核心即是二枝关系。

而唐样也是如此，唐样斗栱立面构成的材栔方格模式，也是以栱心跳距的二材关系为必要条件的。也就是说，栱心跳距的构成关系，在宋式为二材关系，在和样为二枝关系。纵向华栱如此，横向令栱亦然，两向栱之心长跳距皆以二倍基准为定式。

根据现存遗构分析，和样佛堂上枝割对斗栱构成的支配，约始于镰仓时代后期（14 世纪初），并逐渐成熟和定型 [72]，其早期之例如本山寺本堂（1300 年）、太山寺本堂（1305 年），以及明王院本堂（1321 年）和净土寺本堂（1327 年）等构。以上和样本堂诸构，不仅开间构成基于枝割基准，而且斗栱构成上也完成了基于枝割的六枝挂形式。

例如本山寺本堂，开间构成基于一枝尺寸 0.63 尺，栱之心长跳距 1.26 尺，呈二枝关系（2×0.63 尺）；太山寺本堂，开间构成基于一枝尺寸 0.575 尺，栱之心长跳距 1.15 尺，呈二枝关系（2×0.575 尺）。

再如明王院本堂，开间构成与斗栱构成皆基于枝割基准，六枝挂斗栱成立。实测一枝尺寸 0.526 尺，栱心跳距 1.052 尺，呈二枝关系（2×0.526 尺）；净土寺

72　根据日本学者的统计分析，枝割对斗栱构成的支配，从现存遗构看约始于 14 世纪之后，最早之例为本山寺本堂（1300 年），其次是太山寺本堂（1305 年）。太田博太郎等. 日本建築史基礎資料集成（七）・仏堂Ⅳ [M]. 東京：中央公論美術出版，1975.

本堂，开间构成与斗栱构成皆基于枝割基准，六枝挂斗栱成立。实测一枝尺寸0.5915尺，栱心跳距1.185尺，呈二枝关系（2×0.5915尺）（图7-5-7）。

二材关系与二枝关系，作为中世唐样与和样斗栱构成上的关联现象，为认识唐样与和样设计技术的关联性，提供了技术细节上的分析线索和论证依据。

（2）模式的效仿与基准的转换

中世斗栱构成上二材关系与二枝关系的关联现象耐人寻味。将此现象置于中世宋技术的背景下分析和讨论，则有理由相信，其表现的是在新兴宋技术的引领和推动下，中世唐样与和样设计技术的交融和影响的结果。对于这一现象的解析，应有助于进一步认识中世唐样与和样的设计技术关联性及其内涵。

解析上述这一斗栱构成的关联现象，有两个基本要素：一是构成模式，二是构成基准。以此两个要素比较唐样的二材关系与和样的二枝关系，二者斗栱构成上的关联性可概括为：共同的模式与区别的基准。

进而，在中世新兴宋技术的背景下，以此两个基本要素的线索分析中世斗栱构成上的这一关联现象，其性质和内涵可概括为：构成模式的仿效与构成基准的替代。唐样斗栱基于材栔的模数构成方式，有可能给中世和样斗栱构成提供了可以复制的思路及方法，并促成了和样布椽与斗栱的关联性的建立以及枝割基准与斗栱构成的整合。

根据上述分析，和样斗栱构成上的二枝关系，应来自对唐样二材关系的模拟。然若追溯这一关联性的原型及源头，最终还在于宋式斗栱。基于日本中世建筑发展的宋技术背景，可以认为不只是中世唐样，包括和样的斗栱构成关系的演进，皆与宋式斗栱有着传承和影响关系。也就是说，宋式斗栱构成上的二材关系，应是唐样二材关系以及和样二枝关系的原型与源头，其传承和影响关系，表现为如下的轨迹：

宋式二材关系 → 唐样二材关系 → 和样二枝关系

比较以上三者斗栱的构成关系，从模数理念到构成模式的相同一致，正是三者内在关联性的反映。概言之，栱心跳距构成上的二倍基准关系，始于宋式斗栱，并为唐样、和样所传承。

实际上早在13世纪初的唐样遗构东大寺钟楼（1207年）上，已表现出栱心跳距呈二倍基准关系这一宋式特色，即其纵栱与横栱的栱心跳距皆为二倍斗长关系[73]。东大寺钟楼为这一宋式构成模式的传承和演变提供了一个重要的早期案例。

从二材关系到二枝关系，重要的是二倍基准关系这一共同的构成模式，而构成基准则是可变换和替代的。在栱心跳距构成上，二倍基准这一共同模式，为唐样与和样设计技术的关联性提供了实证线索和依据。

关于和样斗栱构成的二枝关系的分析，以下以和样羽黑山五重塔的尺度现象

73　东大寺钟楼在间广与斗栱的尺度构成上以斗长（0.75尺）为基准，根据东大寺钟楼斗栱的斗长立面方格模式，其令栱与华栱的心长跳距为1.5尺，合2斗长。参见第六章第四节“唐样斗栱的比例关系”。

为例进一步讨论。

斗栱构成上和样以二枝关系模拟唐样二材关系的现象，已如上文所论证，实际上在和样斗栱构成枝割化之前，或者说在二枝关系确立之前，其栱心跳距甚至有可能存在直接套用宋式二材关系这一阶段形式。和样羽黑山五重塔（1372 年）的营建年代，为中世中期的南北朝时期（1333—1392），在现存中世和样五重塔遗构中，属年代偏早者，其独特的斗栱构成关系有可能是和样早期做法的遗存。

羽黑山五重塔在样式形制上是纯粹的和样佛塔，然其枝割技术远未成熟，不仅逐层椽当尺寸尚未统一，而且同层各间的椽当尺寸也未均等。然与此相对照的是，五重塔斗栱尺寸实现了逐层的均等统一，且斗栱尺度构成以材广为基准。

羽黑山五重塔尺度设计的独特之处在于：平面间广仍是传统的整数尺形式，底层心间 6.5 尺，次间 5 尺，间广构成与枝割无关；进而，斗栱构成不仅未取和样的枝割方式，反而直接采用宋式模数方法，即其栱心跳距为唐样标志性的二材关系。

羽黑山五重塔的斗栱形式，为和样典型的单栱偷心造双杪单下昂六铺作的形式，斗栱实测用材尺寸为 0.54×0.45（尺），材之广厚比值为 1.2，即 6∶5，是和样用材的典型比例形式。五重塔斗栱六铺作出三跳，总出跳尺寸为 3.24 尺，华栱每跳为 1.08 尺；立面令栱跳距亦为 1.08 尺。华栱与令栱的两向跳距对应相等，皆为 1.08 尺，正合二材关系（2×0.54 尺）。也就是说，纯粹和样的羽黑山五重塔的斗栱尺度构成上，其华栱与令栱的跳距构成，与和样枝割无关，而用二材关系这一宋式规制（图 7–5–8）。更有意味的是，羽黑山五重塔斗栱的立面构成，直接套用了唐样斗栱立面构成的材栔方格模式（图 7–5–9）。

根据实测尺寸分析，羽黑山五重塔各层斗栱尺寸统一，斗栱立面构成吻合唐样斗栱的材栔方格模式，其正方基准方格的设计尺寸分别为：a ＝ 0.27 尺，A ＝ 2a ＝ 0.54 尺。相应地，垂直向与水平向的基本单元尺寸如下：

垂直方向：栔＝ 0.27 尺，材＝ 0.54 尺

水平方向：斗间＝ 0.27 尺，小斗长＝ 0.81 尺

斗栱构成的垂直方向上，栔＝ 1/2 材，材栔交叠，形成等距的材栔格线关系；而水平方向的横向尺度关系，则是斗栱立面构成的重心所在，其方法是：基于 1/2 材的格线关系，权衡和设定斗栱的横向尺度关系：

斗间＝ 1/2 材，小斗长＝ 1.5 材，大斗长＝ 2.5 材，栱长＝ 5 材；

斗栱全长＝ 5.5 材，栱心跳距＝ 2 材。

斗栱侧样构成上，六铺作出三跳，逐跳 1.08 尺，合 2 材（2×0.54 尺），三跳计 3.24 尺、6 材。

羽黑山五重塔斗栱尺度关系，由材栔基准方格所律[74]。

和样羽黑山五重塔斗栱尺度构成，不但与和样枝割无关，反而套用唐样斗栱构成的材栔方格模式。羽黑山五重塔这一尺度现象，提供了一个和样斗栱构成与

74　羽黑山五重塔斗栱实测尺寸如下：各层斗栱尺寸统一，材广 0.54～0.55 尺，材厚 0.45 尺，栔高 0.29 尺；斗间 0.27 尺，小斗长 0.81～0.82 尺，小斗底长 0.54 尺，小斗高 0.55 尺，大斗长 1.4 尺，大斗高 0.75 尺；栱长 2.71 尺，令栱跳距 1.08 尺，华栱跳距 1.08 尺。实测数据来源：濱島正士．日本仏塔集成 [M]．東京：中央公論美術出版，2001；太田博太郎等．日本建築史基礎資料集成（十一）· 塔婆 I[M]．東京：中央公論美術出版，1966.

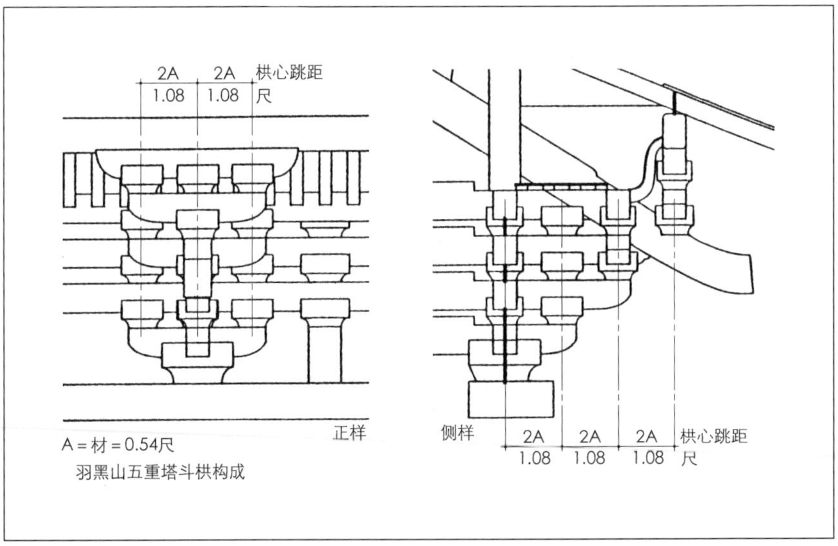

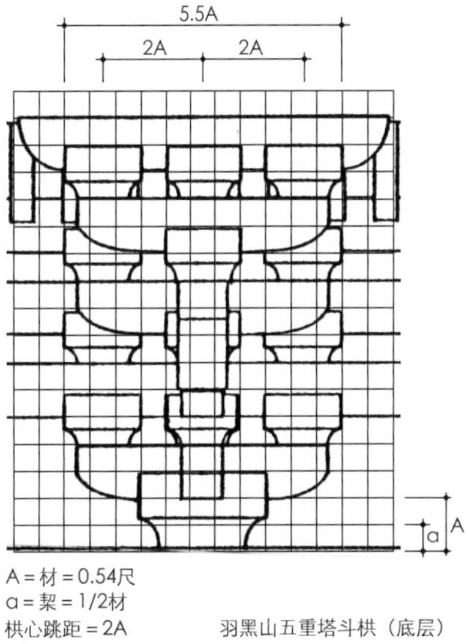

图 7-5-8　羽黑山五重塔斗栱构成的二材关系［底图来源：太田博太郎等．日本建築史基礎資料集成（十一）·塔婆 I[M]．東京：中央公論美術出版，1966]（左）

图 7-5-9　羽黑山五重塔基于材栔的斗栱立面构成［底图来源：太田博太郎等．日本建築史基礎資料集成（十一）·塔婆 I[M]．東京：中央公論美術出版，1966]（右）

唐样关联性的案例，反映了和样斗栱构成上对宋式模数方法的仿效乃至套用，从而进一步证实和样斗栱构成的二枝关系，其原型与源头在于宋式的二材关系，且二材关系有可能成为向二枝关系演变的过渡阶段形式。

羽黑山五重塔独特的尺度现象，从一个侧面表明了中世和样设计技术上宋技术影响的存在，以及对和样设计技术的影响和引领的方式。羽黑山五重塔的个案意义，正在于此塔所反映的与宋技术的关联性。

（3）枝与材的尺度关联现象

比较唐样二材关系与和样二枝关系，值得关注的是除了构成模式的相同外，作为构成基准的枝与材，在尺度上也有一定的关联性，从而成为枝、材基准转换替代的一个条件。

枝、材之间的尺度关联性，分作两种形式：一是对等关系，一是比例关系。

所谓枝、材的尺度对等关系，也就是和样遗构上多见的枝、材取相同尺寸的做法。实际上，枝、材在尺度关系上，本就是同级尺度单位，以《营造法式》为例，其大木作用椽之制规定，布椽以椽径为本，椽中距（枝）随椽径而变化，其大小从 15 份至 19 份。

宋式椽中距下限 15 份，与材相等，上限 19 份也只是略大于材。因此，按《营造法式》制度，一枝一材是宋式的下限，也就是说宋式椽中距不小于材。枝与材尺寸相同或相近，二者属同级的尺度单位。相应地，一枝一材应是唐宋建筑上通常的尺度关系，且同样也是和样建筑上多见的形式。

一枝一材的尺度关系，最早可追溯至法隆寺建筑。如法隆寺金堂与五重塔的枝、材尺寸，皆取 1 尺的形式[75]。这一尺度关系在其后的奈良时代建筑上也多有表现。且在一枝一材的尺度关系中，早期较多地表现为枝、材皆取 1 尺的形式。

75　法隆寺金堂、五重塔的营造尺属北朝尺系，尺长 26.95 厘米。以此复原营造尺权衡法隆寺金堂和五重塔的实测数据，其枝、材皆为 1 尺。参见：张十庆．是比例关系还是模数关系——关于法隆寺建筑尺度规律的再探讨[J]．建筑师，2005（5）：92-96.

中世以来的和样建筑上仍见有一枝一材的尺度对应关系，如桃山时代的奈良金峰山寺本堂（1588 年），其枝、材皆为 1 尺，且其开间和斗栱的尺度构成上，枝、材呈双重基准的条件和可能。即：开间尺度为枝、材的整倍数，栱心跳距呈二枝、二材关系。

金峰山寺本堂面阔五间，进深六间，副阶周匝。殿身面阔当中三间 13 尺（13 枝），梢间 12 尺（12 枝）；进深当中四间 11 尺（11 枝），边间 12 尺（12 枝），周匝副阶深 11 尺（11 枝）。基于一枝一材的尺度对等关系，本堂平面构成上同样存在以材为基准的条件和可能。

金峰山寺本堂殿身斗栱等级甚高，为和样单栱造双杪双下昂七铺作的形式。斗栱用材实测材广 1 尺，材厚 0.78 尺，栔高 0.5 尺，且椽中距同为 1 尺，枝与材相等，斗栱六枝挂成立。

本堂斗栱七铺作出四跳，计 8 尺，每跳 2 尺，合二枝、二材；令栱心长跳距 2 尺，合二枝、二材（图 7-5-10）。

金峰山寺本堂是和样佛堂一枝一材和枝材对等的好例。

上述金峰山寺本堂，由于枝、材恰为 1 尺，其尺度构成上的枝、材关系或有偶然性，以下再以尺度关系更为复杂的和样多层塔为例，讨论和样建筑上枝、材尺度的对等现象。

关于中世和样佛塔枝、材关系的讨论，以逐层椽当基准均等统一的和样佛塔为分析对象，分别以三重塔和五重塔各举一例：一例是室町时代的常乐寺三重塔，一例是江户时代的教王护国寺五重塔。

15 世纪初的和样常乐寺三重塔（1400 年），在尺度构成上有两个特点：一是开间构成上椽当基准的逐层均等统一，二是基于统一椽当的斗栱六枝挂的成立并通用于各层。此塔是枝割技术在三重塔上的成熟之例，且为现存和样三重塔中的首例。而在此之前的和样佛塔遗构，各层间广构成上的椽当尺寸多未统一，且各层斗栱尺寸不一，逐层向上减小。而常乐寺三重塔的尺度构成，实现了逐层间广构成与斗栱构成上椽当基准的统一，并成为其后和样三重塔遗构所多见的形式。

更值得关注的是，常乐寺三重塔的枝、材尺寸对等，皆为 0.47 尺。因此，其开间和斗栱的尺度构成上，存在枝、材呈双重基准的条件和可能，即：间广构成上以枝、材为基准，斗栱构成上，二枝关系与二材关系并存。常乐寺三重塔斗栱构成上的枝、材尺度关系排比如下[76]：

椽当尺寸逐层均等统一，一枝尺寸为 0.47 尺

用材尺寸逐层相等，材之广厚尺寸为 0.47 尺 ×0.42 尺

枝＝材＝ 0.47 尺

令栱、华栱跳距＝ 0.94 尺＝ 2×0.47 尺，栱心跳距合 2 枝、2 材。

并且，基于：栔高＝斗间＝ 0.25 尺，从而建立斗栱竖向尺度构成与横向尺度

76　常乐寺三重塔斗栱实测尺寸，据修理工事报告书所记数据：各层斗栱尺寸统一，小斗长 0.69 尺，小斗高 0.45 尺，栱厚 0.42 尺，栱高 0.47 尺，栱长 2.3 尺，正样令栱跳距 0.94 尺，侧样华栱出三跳，每跳 0.94 尺，三跳 2.82 尺；椽高 0.25 尺，椽宽 0.22 尺，1 枝 0.47 尺。1 枝＋椽宽＝小斗长＝ 0.69 尺，栔高＝斗间＝ 0.25 尺，栱心跳距＝ 2 枝＝ 2 材＝ 0.94 尺。

又据《日本建筑史基础资料集成十二·塔婆Ⅱ》所记，小斗高 0.47 尺，斗间＝栔＝ 0.25 尺。其小斗高 0.47 尺，是校验材广的一个指标。

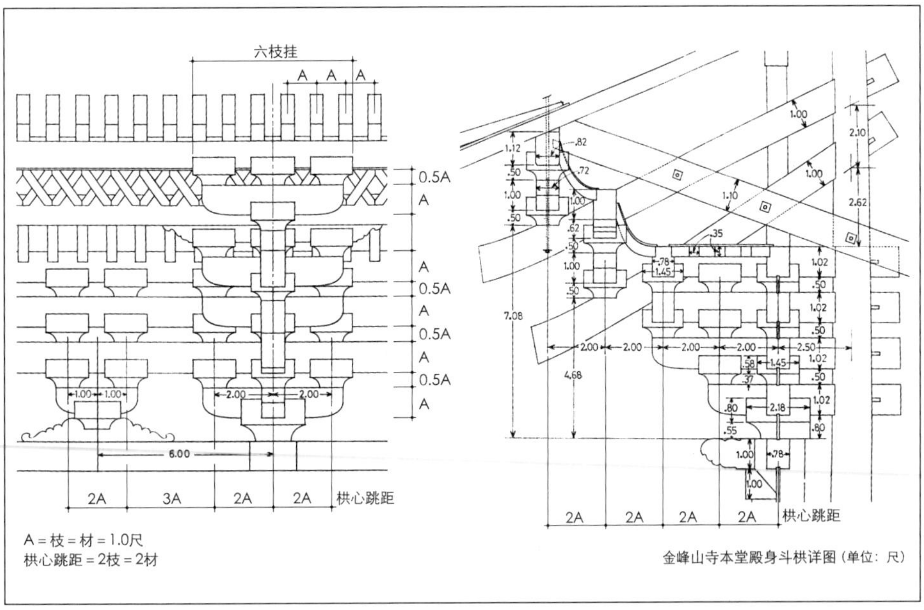

图 7-5-10　金峰山寺本堂斗栱尺度构成 [底图来源：太田博太郎等. 日本建築史基礎資料集成（七）· 仏堂Ⅳ [M]. 東京：中央公論美術出版，1975：196]

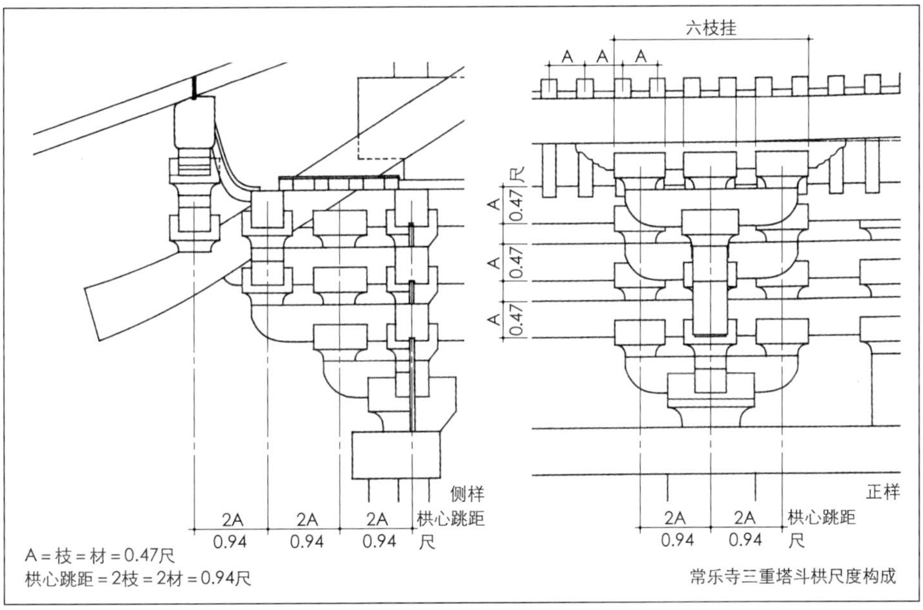

图 7-5-11　常乐寺三重塔斗栱尺度构成：枝材尺度的对等 [底图来源：太田博太郎等. 日本建築史基礎資料集成（十二）· 塔婆Ⅱ [M]. 東京：中央公論美術出版，1999]

构成的关联性，这与唐样斗栱立面方格模式有着相似处和关联性。

常乐寺三重塔的斗栱尺度构成，呈枝、材尺度的对等关系（图 7-5-11）。

再以江户时代的教王护国寺五重塔为例。

东京教王护国寺五重塔（1644 年），是江户时代最重要的和样遗构之一，作为尺度关系复杂的和样五重塔，其严密和有序的模数构成关系具有代表意义。该构上同样表现了枝、材对等的尺度关系，是近世和样遗构尺度关系上一枝一材、枝材对等的典型之例。

教王护国寺五重塔各层面阔三间，斗栱为和样六铺作出三跳。其尺度构成上的枝材对等关系，在间广构成上表现为：以统一枝、材为基准，设定逐层开间尺

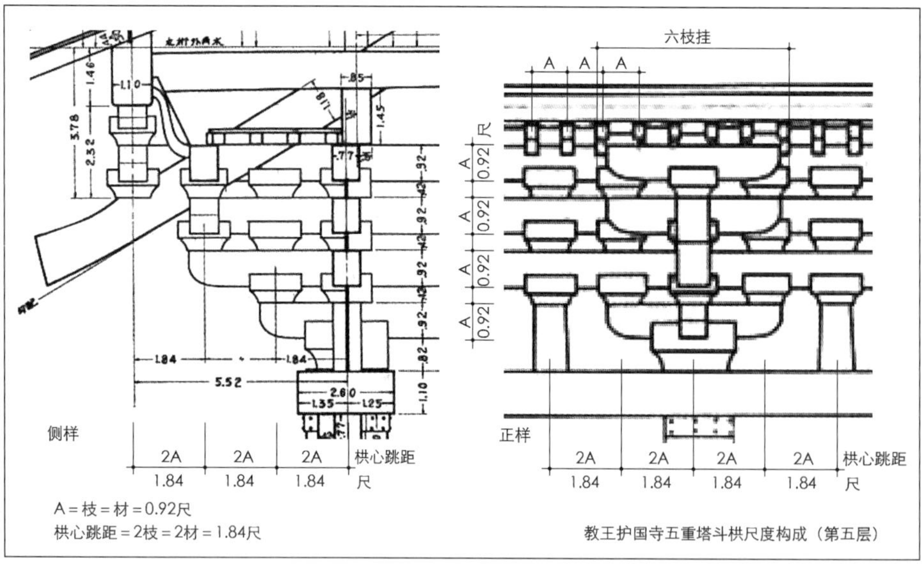

图 7-5-12 教王护国寺五重塔斗栱尺度构成（底图来源：京都府教育厅文化财保護課編. 国宝教王護国寺五重塔修理工事報告書 [M]. 京都府教育厅文化财保護課，1960）

寸以及递变关系（参见前文“佛塔设计技术的关联比较”）；在斗栱构成上表现为：逐层统一的六枝挂斗栱形式，栱心跳距上，二枝关系与二材关系并存。

教王护国寺五重塔斗栱构成上的枝、材尺度关系排列如下[77]：

椽当尺寸逐层均等统一，一枝尺寸为 0.92 尺

用材尺寸逐层相等，材之广厚尺寸为 0.92 尺 ×0.77 尺

枝＝材＝ 0.92 尺

令栱、华栱跳距＝ 1.84 尺＝ 2×0.92 尺，栱心跳距合 2 枝、2 材。

教王护国寺五重塔的斗栱尺度构成上，呈枝、材尺度的对等关系（图 7-5-12）。

斗栱及开间尺度构成上的枝、材对等关系，在江户时代的仁和寺五重塔（1644 年）与宽永寺五重塔（1639 年）上，也见有同样的表现。

仁和寺五重塔斗栱及开间尺度构成上，枝、材对等，二者皆为 0.6 尺；宽永寺五重塔斗栱及开间尺度构成上，枝、材对等，二者皆为 0.47 尺。

和样遗构基于枝、材对等关系，从而有栱心跳距上二枝关系与二材关系的并存。而枝、材对等关系这一细节，有可能表露了唐样与和样二者间基于仿效和影响关系所建立的关联性，以及唐样影响下枝割技法形成与发展的轨迹。和样尺度构成上枝、材的对等关系，也为由材至枝的基准转换和替代提供了可能及条件。

和样佛塔尺度构成上枝、材的对等关系，或看似偶然，然与唐样尺度设计方法相对照，就难说是一种偶然现象了。并非说这一现象有多少的代表性，然至少反映了一种类型的设计方法。

从和样遗构到和样技术书，可进一步见证上述这一关联现象的整体性和连续性。关于斗栱跳距，近世和样技术书《匠明》明确规定和样六铺作斗栱出三跳六枝，这与宋式六铺作斗栱出三跳六材何其一致，其源头和原型应在于宋式斗栱构成的

77 教王护国寺五重塔斗栱，各层材尺寸统一，材广 0.92 尺，材厚 0.77 尺。斗栱正样：各层栱心跳距皆为 1.84 尺，合 2 材、2 枝；斗栱侧样：各层华栱跳距由下向上逐渐减小，至第五层栱心跳距为 1.84 尺，合 2 材，六铺作华栱出三跳，共计 5.52 尺，合 6 材。

斗栱实测数据引自：濱島正士. 日本仏塔集成 [M]. 東京：中央公論美術出版，2001.

二材关系。

日本中世以来随着和样斗栱尺寸的逐渐减小，枝、材尺度关系出现背离的倾向，且在部分和样遗构中二者尺寸呈特殊的比例关系。如枝、材之比呈 6∶5（比值 1.2）、5∶4（比值 1.25）、3∶2（比值 1.5）这样的特殊比例关系。且这一倾向在中世折中样建筑上较为多见，如中世前期折中样的鑁阿寺本堂，其枝、材比为 1.25（5∶4）。基于这一枝、材比例关系，其开间尺度的构成形式，在材基准与枝基准之间形成可转换关系。即一朵当合 10 材、8 枝，当心间合 30 材、24 枝的转换关系。

枝与材的关联性的建立，在一定程度上消解了唐样与和样之间设计体系上的对立和隔绝，并促使了二者之间的融合与互动。近世唐样设计技术的和样化蜕变，即可视作在这一方向上的进一步演变，具体详见后文第八章的相关内容。

本节讨论了中世和样与唐样在尺度关系上的一些关联现象，并非否定和样枝割设计技术的独特性和独立性，而是试图以此关联现象为线索，探讨宋技术背景下中世和样设计技术发展进程中一些可能的影响及关联因素。

（4）斗栱与开间的关联构成

和样斗栱构成的枝割化，其重点还是在于横向尺度关系上，即注重的是斗栱横向尺度的组织与筹划，并以椽当基准为中介，建立斗栱与开间的关联构成，而这也是和样斗栱六枝挂的意义所在。

相对佛堂而言，由于多层佛塔的开间尺度较小，故斗栱间距较密，从而使得斗栱与开间的关联构成显得必要，以避斗栱相犯。

关于相邻斗栱的相犯，在无补间铺作的和样佛堂上虽不成问题，然在开间尺度较小且逐层递减的多层佛塔上，尤其最上层，则是必须考虑和筹划的问题。因此，为避免相邻斗栱相犯，和样多层佛塔整体尺度的组织与筹划，必须从尺度关系的极限处入手，也就是从最上层的斗栱与开间的关联构成入手，而这与唐样佛堂尺度的组织与筹划非常相似。

如第六章所分析，唐样佛堂斗栱与朵当的关联构成上，其横向尺度的组织与筹划，可归结为以斗间、斗长两要素的组合配置，而和样斗栱与开间的关联构成，在思路及方法上与唐样相同，也是以斗间、斗长两要素的组合配置，权衡和筹划斗栱与开间的尺度关系，只不过是加入了枝割因素。实际上，无论是唐样还是和样，在斗栱与开间的关联构成上，最终都与小斗长发生关系，并归结为基于斗间、斗长的组合配置。

和样斗栱与开间的关联构成，可分解为如下两个部分：一是和样六枝挂斗栱的横向尺度构成，一是相邻斗栱空当（边斗间）的尺度构成。而当这两部分皆处于枝割的权衡控制时，则基于枝割的斗栱与开间的关联构成得以建立。而当相邻

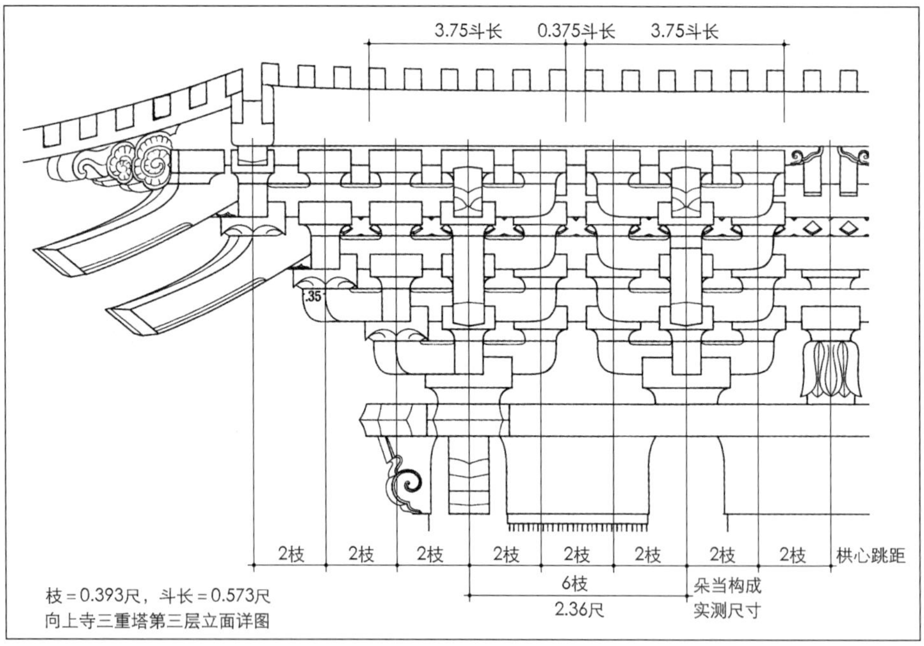

图 7-5-13　六枝挂斗栱与开间的关联构成：向上寺三重塔 [底图来源：太田博太郎等. 日本建築史基礎資料集成（十二）· 塔婆Ⅱ [M]. 東京：中央公論美術出版，1999：174]

斗栱空当（边斗间）为 1 斗间或 1 椽净距时，则是和样斗栱与开间关联构成的间广下限。

进一步分析之前，再复述一下六枝挂斗栱的斗间、斗长与枝割的对应关系：

椽净距＝ 1.2 椽宽

椽中距（枝）＝ 2.2 椽宽

斗间＝椽净距＝ 1.2 椽宽

斗长＝椽净距＋ 2 椽宽＝ 3.2 椽宽

以斗间、斗长以及对应的枝割关系，权衡六枝挂斗栱与开间的关联构成，并以向上寺三重塔第三层次间构成为例，得如下构成关系（图 7-5-13）：

一朵斗栱全长＝ 3 斗长＋ 2 斗间＝ 3.75 斗长

相邻斗栱空当＝ 1 斗间＝ 0.375 斗长

关联间广下限＝ 3 斗长＋ 3 斗间＝ 4.125 斗长＝ 6 枝

向上寺三重塔第三层次间的尺度组织与筹划，以枝割基准为中介，建立斗栱与开间的关联构成，若以小斗长权衡，一朵六枝挂斗栱全长 3.75 斗长，相邻斗栱的空当取最小极限的 1 斗间，合 0.375 斗长，相应地，可得次间间广下限为 4.125 斗长，合 6 枝；若以栱心跳距权衡，则次间间广下限为 3 个栱心跳距，合 6 枝。

向上寺三重塔斗栱与开间的关联构成及其横向尺度的组织与筹划，有着浓厚的唐样特色。实际上该塔在样式形制上也确实是吸收了大量唐样因素的折中样佛塔，如其底层布椽为扇列椽形式，以及逐层采用唐样的普拍枋、钩阑以及斗栱形式，细部做法呈唐样化。因此，在向上寺三重塔的尺度设计上，唐样设计技术的影响也是可以想象的。

在横向尺度的组织与筹划上，和样佛塔斗栱与开间的关联构成，其思路及方法与唐样是一致的。

在斗栱横向尺度的组织与筹划上，和样与唐样的差别，一在于单栱造与重栱造的区别，二在于斗间与斗长的比例关系的不同：

唐样：斗间＝ 1/3 斗长

和样：斗间＝ 0.375 斗长

若和样的斗间也取 1/3 斗长，则其斗栱的横向尺度关系就与唐样相同。有意味的是，近世和样化的唐样设计技术上，确实存在着这样的追求，即将和样的枝割模数与唐样的斗长模数相结合，这在近世唐样技术书《建仁寺派家传书》中记作“九枝挂六间割”的斗栱法。其方法是在布椽上设定椽宽等于椽净距，如此的话，唐样斗栱与和样枝割的整合，仍能保持斗间等于 1/3 斗长的比例关系，从而在斗栱与朵当、开间的关联构成上，和样的枝割模数与唐样的斗长模数，和谐地整合于一体。具体详见第九章的相关内容。

本节从斗栱与开间的关联构成这一视角，分析和探讨了和样与唐样设计技术的关联性。在宋技术广泛和深刻影响的背景下，中世和样设计技术的发展不会是一个孤立隔绝的存在。和样斗栱枝割技术的发展，至六枝挂斗栱而趋成熟，在这一演进历程上，传承宋式的唐样斗栱技术的引领和影响作用不容忽视。

在中世建筑多样性和复杂性的背景下，若孤立地抽取某些枝节片段来看，唐样与和样设计技术的关联性或许似是而非。然而，若将之置于中世建筑的整体背景中看待，其中的关联性和逻辑性则是分明的。有理由认为：以往视为对立和隔绝的唐样与和样的设计技术，在一定程度上是一个关联的整体存在。

本章不是单纯就和样设计技术的讨论，而是着眼于中世和样与唐样设计技术的关联性。笔者相信在设计技术层面上，中世和样与唐样并非孤立隔绝的存在，宋技术背景下的中日设计技术应是同源一体的。对于日本中世建筑而言，不只是唐样与宋技术相关，而是整个中世建筑的发展，皆受宋技术的引领和推动，和样也不例外，而唐样则是其突出和代表者。

第八章　近世唐样设计技术的和样化蜕变

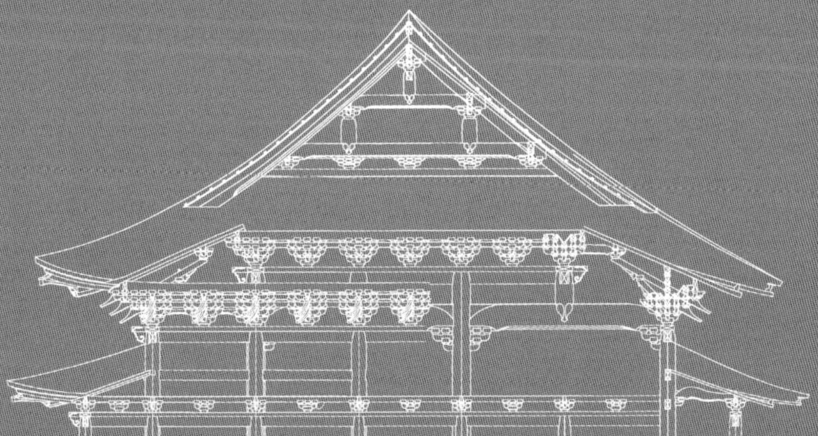

第八章　近世唐样设计技术的和样化蜕变

第八章与第七章在内容上是对应相关的两章，分别从两个对立的视角讨论唐样与和样在设计技术上的关联性。其中第七章是关于唐样对中世和样设计技术的影响的讨论，其线索是关联性，主角是和样；第八章是关于近世唐样设计技术的和样化的讨论，其线索是和样化，主角是唐样。

第七、第八两章作为一个相对整体和关联的专题内容，在时代上从中世跨越至近世，并以关联而非孤立的视角，探讨中世以来和样与唐样在设计技术上的盛衰消长、角色变化、影响关系及演变历程。

从中世至近世的唐样设计技术变迁，反映了唐样设计技术演进历程上的两个阶段及相应的技术特征，中世以来宋式特色鲜明的唐样设计技术，至近世逐渐为传统和样所侵蚀和同化，呈现和样化的特色。上述两个阶段的技术形态，构成了唐样设计技术演变的整体内容。

一、近世设计体系中的唐样

1. 近世设计技术的性质与特点

以技术先进、谱系正统、样式新颖为特色的唐样，是中世建筑发展进程上最具活力的新生因素，中世建筑技术的变革与进步大都与唐样相关联。

作为新兴技术代表的唐样，所面对的是以传统自居的和样。中世以来此两大样式的对峙与并行，反映了新兴与传统的盛衰消长这一过程，新兴与传统、变革与守陈成为中世以来建筑技术发展的主题与主线。

从中世至近世，新兴唐样的光环渐褪，而传统和样则愈趋强势。在这一过程中，唐样与和样的交汇互动关系，经历了此消彼长的角色转换，而这一过程也与这一时期中日关系的亲疏远近、文化上外来与本土的起伏态势相一致。对于东亚背景下的日本建筑而言，一个时期的技术形态，多与时代风习相吻合，并成为这个时期文化心理的反映；技术现象背后，折射的是相应时代的文化特点。

近世的桃山、江户时代，是日本历史上和风文化转盛和高昂的时代，这也是一个宋风文化的日本化时期。这一时期建筑技术上唐样与和样的对立、交融以及互动关系，正处于这一时代背景下。因此，对于唐样设计技术而言，近世并不只是一个时代概念，还包涵了和样化的演变这一内涵。

中世至近世，伴随唐样与和样的盛衰消长及角色转换，形成设计技术的不同阶段形态和技术特色，即：中世和样的宋风化与近世唐样的和样化。

在宋风炽盛的中世文化氛围下，新兴唐样的影响无处不在。而至和风高昂的近世文化环境中（约 16 世纪以后），传统和样的影响则侵蚀、同化了唐样的鲜明个性特色。中世至近世设计技术的多样性与复杂性，多与上述这一历史背景相关联。近世唐样设计技术成分的混融特征，即是其和样化的反映。

关于唐样设计技术和样化的现象，实际上在中世的室町时代后期已经出现，但其主流应是在桃山时代之后的近世（1573—1868）。

从中世至近世的唐样设计技术是一个整体的两个不同阶段。以往关于中世唐样设计技术的分析，多是以遗构为对象的摸索；而近世唐样设计技术的分析，既有技术书的文献记载，又有较多的遗构实例，故把握从中世至近世这一整体过程，使得对唐样设计技术的探讨有了明确的方向、线索和较完整的认识。

唐样设计技术从影响和样到和样化蜕变的时代变迁，表现了处于不同阶段的唐样性质及其技术特征。唐样设计技术研究上，应注重区分不同的阶段形态及相应的技术特征，从而避免将近世唐样设计技术和样化的现象推及中世唐样的认识陷阱，而这也是学界关于中世唐样设计技术分析上的一个问题。也就是说，近世唐样设计技术的和样化倾向，有可能掩盖中世唐样设计技术的独特性，进而误导对中世唐样与和样二者关系的认识，例如关于中世唐样设计技术的分析，忽视唐样自身的技术特点，而套用和样的枝割设计方法。

设计技术的体系化，是近世设计技术发展的重要表现。唐样与和样分别形成各自的设计体系：唐样为建仁寺流设计体系，和样为四天王寺流设计体系。二者代表了近世设计技术的两大主流形式和最高成就。

中世以来唐样设计技术的演变，至近世以建仁寺流为代表的设计技术体系化，完成了其演变历程上的最后一步，近世唐样技术书《建仁寺派家传书》记录了这一成熟的技术体系。准确、有序和完整地把握这一整体过程，对于认识唐样设计技术具有重要的意义。

2. 近世唐样设计技术的两个方向

（1）宋式的演进及其关联性

室町时代后期以来，唐样设计技术的多样性和复杂性是一显著现象，且在此纷繁复杂的技术现象中，唐样设计技术的变化及其趋势大致可区分出如下两个方向：一是宋式的传承与演进，二是和样化的蜕变。基于此，近世唐样设计技术呈现出不同于中世的面貌以及多样性和复杂性的特征。

从中世至近世的唐样设计技术的传承和演进，从其技术形态及特征来看，其动力还是来自中国，也即自16世纪以来明清设计技术的传播和影响。其表现与中国本土技术相近和关联：一是宋式的材栔模数转向明清的斗口模数；二是宋式斗长模数的延续与演进。相应地，其技术形态仍然保持唐样个性化和独立性的特色，从而有别于和样化的近世唐样设计技术的存在形态。

近世唐样设计技术的两个方向及相应的两种形态，其最显著的分别在于与和样枝割技术的关联与否。近世唐样设计技术和样化的表现形式，主要指的是和样枝割化。

对唐样设计技术而言，两种形态中的前者表现为宋式的延续和清式的改造，且不受和样枝割技术的影响，唐样设计技术的个性特色依然鲜明；而后者由于和样枝割技术的介入和影响，使得唐样设计技术有了若干质的变化。

中世以来唐样设计技术的独特性和独立性，最重要的表现是其对宋式朵当法的传承与坚守。唐样设计技术的核心在于朵当法，即基于补间铺作配置的尺度设计方法。这一核心内涵从中世至近世传承不变，成为唐样设计技术的标志性特征。即使在近世的和样化过程中，唐样朵当法的核心内涵也未曾改变，从而成为区别于和样设计技术的底线。

关于从中世至近世唐样设计技术的演变现象，以下两点有必要辨别和强调：一是中世唐样设计技术的存在形式，与和样枝割技术无关；二是近世唐样设计技术的演变，和样枝割化虽是主流，然并非唯一的形式，宋式传承及改造也是不可忽视的形式。两个方向同行并进，成为近世唐样设计技术的一个特色，其中的原因也是多样复杂的，如技术传承、地域传统以及工匠谱系等因素。

中世至近世唐样设计技术的传承与演进表明：作为东亚设计技术的一环，其始终未脱离东亚技术发展的整体性和关联性，并与中国本土设计技术相呼应。

（2）和样化的蜕变及其影响

自中世以来，新兴与传统的关系一直是建筑技术发展的一个相关因素，并随时代而起伏变化。中世宋风化与近世和风化，作为两种相对立的技术倾向，表现了新兴唐样与传统和样的角色关系及其变化。在此过程中，相应于中世唐样的流行，近世则表现为和样的强势。至近世桃山、江户时代，在强势和样的影响下，唐样呈现部分的和样化倾向，其设计技术相比于中世唐样，不再那么纯粹和个性鲜明。

强势和样的影响，无疑是近世以来唐样设计技术演变的一个重要因素。近世唐样设计技术的变化，在诸多方面可以看到和样的身影和作用。相对于中世唐样对和样的影响而言，近世和样对唐样的影响更为直接和显著。

近世唐样建筑虽仍保持着唐样形制上的基本面貌，然相对于样式上的些微变化而言，设计技术层面上所表现的和样化倾向，则更具意义和值得关注。近世唐样设计技术受和样的改造和同化，是相当显著的，如和样的枝割因素融入唐样设计技术。唐样设计技术和样化的最主要的表现就是枝割化。

近世唐样设计技术的和样化蜕变，主要表现在如下两个层面：一是唐样朵当、开间尺度构成的枝割化，二是唐样斗栱尺度构成的枝割化。在这两个层面上，唐样传统的基准形式为和样的枝割基准所取代，唐样设计技术呈和样枝割化。

唐样设计技术的和样枝割化有特定的时代性，中世唐样建筑上，尤其是室町时代中期之前的唐样建筑上，不存在和样枝割化的可能。现存中世唐样遗构中，也无一例开间、斗栱尺度的权衡，是由和样枝割所决定的。日本学者关口欣也认为正福寺地藏堂是中世唐样遗构中唯一以枝割设定间广的例子[1]，然分析表明即便此例或也非由枝割决定，如前文第五章所分析，地藏堂开间及斗栱尺度构成的基准在于材栔，而其副阶平行椽的枝割现象，有可能是后世的改造和附会。

平行椽做法是和样枝割技术存在的前提与条件。皮之不存，毛将焉附？室町末以及近世以来，部分唐样建筑在副阶部分改唐样的扇列椽做法为和样的平行椽做法，其目的正是为唐样设计技术的和样枝割化提供条件。自此以后，基于平行椽做法的和样枝割技术，在近世唐样建筑上才有了存在的条件和可能。

关于近世唐样设计技术的分析和认识，不仅依靠遗构的摸索，更有唐样技术书的指引。近世唐样遗构所表现的设计技术演变的两个方向，在近世唐样技术书中都可得到对照和印证，这为分析和认识近世唐样设计技术提供了有利条件和可靠实证。

本节论及的近世唐样设计技术演变的两个方向，即宋式的演进与和样化的蜕变，以下依次展开分析、讨论。

二、近世唐样设计技术的传承与演进

1. 近世唐样：横向尺度基准的主流化

（1）从材栔模数到斗口模数的转变

以补间铺作发达为特色的唐样建筑，中世以来其设计技术的演进，表现为关注的重心从竖向尺度转向横向尺度。唐样补间铺作的密集化以及相应的横向尺度关系的精细化，是这一技术演变的背景和内因。也就是说，在补间铺作密集的状况下，唐样设计技术更加注重横向尺度关系的精细筹划，并促使尺度构成的基准从竖向的材栔转为横向的斗口。

从唐样遗构实例的分析，可见上述这一变化趋势。中世以来唐样基于材栔的设计方法，至室町后期和近世初有了新的变化，尺度构成上基于斗口的设计方法在唐样建筑上出现，并逐渐占据主导地位。

1　関口欣也. 中世禅宗様仏堂の柱間（1）[J]. 日本建築学会論文報告集（第115号），1965：44-51.

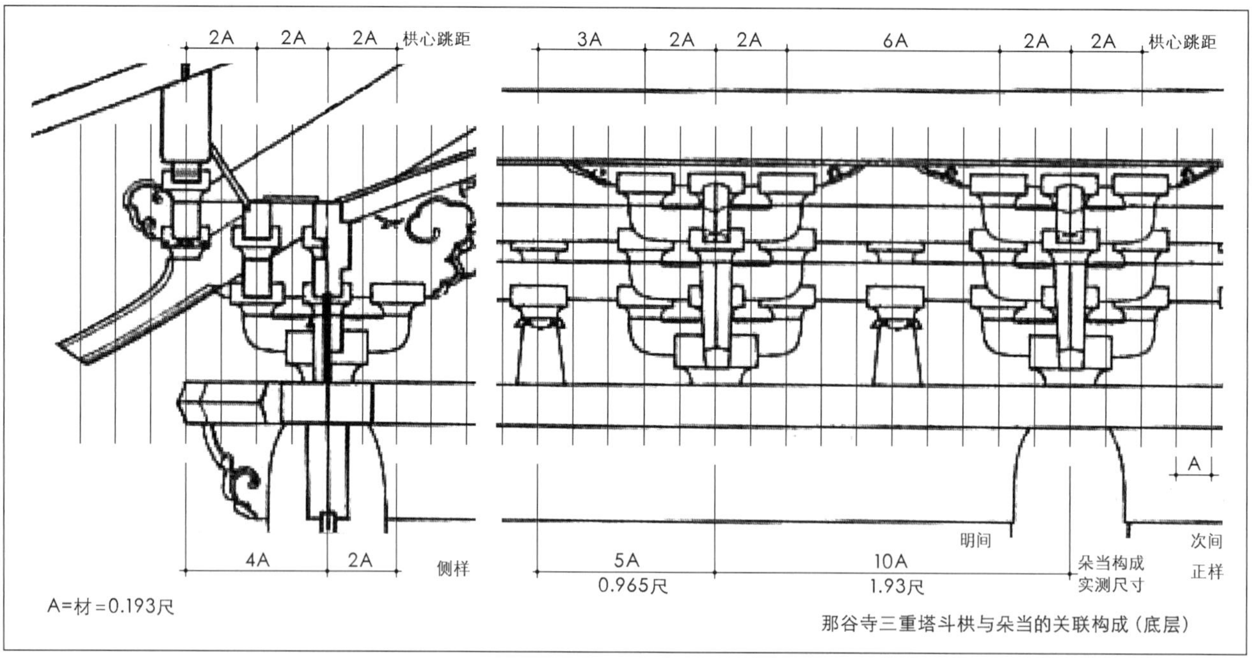

图 8-2-1　那谷寺三重塔斗栱构成及其与朵当的关联构成（底图来源：重要文化財那谷寺三重塔修理委員会. 重要文化財那谷寺三重塔修理工事報告書 [M], 1956）

唐样尺度构成上斗口模数的出现，表现了室町后期唐样设计技术变化的一个方向，然并不意味着完全替代了旧有的材栔模数，二者之间在性质上并非线性演变和替代关系。根据现存遗构分析，从中世末至近世江户时代，材栔模数仍有延用，其典型之例如江户时代初期的石川县那谷寺三重塔（1642 年），该塔无论是开间还是斗栱的尺度权衡与设定，仍以传统的材栔为基准。

关于那谷寺三重塔基于材广的开间尺度构成，前文第七章已作分析，概括如下：

那谷寺三重塔平面方三间，唯底层明间施补间铺作两朵，其他各层各间皆无补间铺作，逐层扇列椽形式。底层方三间的尺度构成，以材广 0.193 尺为基准，明间补间铺作两朵，朵当 10 材，明间 30 材，次间 10 材；进而，基于统一的材基准，逐层、逐间依次以材递减变化，形成那谷寺三重塔的整体尺度构成。

那谷寺三重塔在斗栱尺度设计上，同样采用中世唐样材栔模数的方法。

那谷寺三重塔斗栱形式，底层为单杪单下昂五铺作，二至三层为单杪双下昂六铺作。实测材广 1.95 寸，根据三重塔斗栱及开间的实测数据分析，材广修正值为 1.93 寸。三重塔斗栱的尺度构成，即以材广 1.93 寸为基准。底层五铺作出两跳，计 0.772 尺，每跳 0.386 尺，合 2 材；二至三层六铺作出三跳，逐跳 0.386 尺，合 2 材。斗栱立面上令栱的栱心跳距统一为 0.386 尺，合 2 材。进而，以 2 材的栱心跳距格线，权衡、设置斗栱与朵当的关联构成（图 8-2-1）。

此外，在塔的高度构成上，柱础底至额枋上皮 4.84 尺，合 25 材；柱础底至普拍枋上皮 6.17 尺，合 32 材；柱础底至橑檐枋上皮 7.732 尺，合 40 材。再如地栿、腰串、额枋、檫檐枋之广，皆合 2 材（实测 0.39 尺）。近世那谷寺三重塔表现了典型的唐样材栔模数的构成形式，是中世唐样设计技术的忠实传承。

以材为基准的模数设计方法，在尺度关系复杂的那谷寺三重塔上，更显其作用和意义。

近世唐样设计技术上，材栔模数的身影已相当少见，而横向尺度基准的斗口模数与斗长模数，则成为绝对的主角。

就现存唐样遗构的年代来看，斗口模数的出现约在室町时代的后期，并延绵于近世的桃山、江户时代。室町时代后期之例如延历寺瑠璃堂、玉凤院开山堂、圆融寺本堂、园城寺藏殿等诸构，而至近世的桃山、江户时代则逐渐趋多，如常乐寺本堂、妙成寺开山堂、瑞龙寺法堂等例，且较中世的斗口模数又有不同的特色和变化。另外，近世唐样技术书中也显露有斗口模数的痕迹和线索。

中国本土模数技术的演变上，材栔模数与斗口模数是同一模数体系的两个不同阶段形式，而对唐样设计技术而言，基准的改变则意味着两个独立的模数形式，其间并不存在连续性的演变关系。也就是说，唐样斗口模数的出现，代表了一种全新的模数形式的确立。

在中国本土，随着材栔模数向斗口模数的转变，斗栱构成关系也出现相应的转换。其中最具意义的转换关系表现在栱心跳距上，即栱心跳距由宋式材栔模数的二材关系，转向明清斗口模数的三斗口关系，且基准虽由材广变为材厚，而栱心跳距 30 份则是恒定不变的。

然中国本土斗栱的这一转换机制和条件，在唐样建筑上并不存在。在宋式斗栱上，基于材之广厚 3∶2 的比例关系，其二材与三斗口是等量关系（皆 30 份）；而中世以来唐样的材之广厚比值为 1.25（5∶4）或 1.2（6∶5），也就是说，其二材不等于三斗口。因此，唐样栱心跳距的三斗口关系，只是明清斗口模数的套用，而与材栔模数之间并无演变关系。这也表明室町时代后期以来，唐样设计技术追随、仿效明清模数方法的意识及相应的变化。

唐样设计技术上材栔模数向斗口模数的转变，其实质同样反映的是关注的重心从反映构造关系的竖向尺度，转向以造型、比例关系为主的横向尺度这一趋势和特点。唐样遗构呈现的斗口模数，也提示了中国本土斗口模数的时代性并不拘于清《工程做法》的记载。斗口模数的出现，应远早于清《工程做法》颁布的雍正十二年（1734）。

本节关于斗口模数的分析，其对象主要是近世唐样的斗口模数，并与中世唐样斗口模数作比较、对照。

（2）近世斗口模数的特色与变化

斗口模数作为一种设计方法，是以斗口为基准权衡和设定建筑尺度关系的模数设计方法，其中斗栱尺度关系最为基本和首要。

室町时代后期斗口模数在唐样遗构上的出现，最先就是依靠对尺度关系精细的斗栱尺度分析而识别和认识的，然后以之推及和认识开间尺度的构成关系，从而确认和区分唐样尺度构成上材栔模数向斗口模数的转变。

关于近世唐样斗栱构成上的斗口模数，首先从斗栱构成的分型开始讨论。

如前文第六章所分析，中世唐样斗栱构成的特色在于斗栱立面的基准方格模式，且基于斗口的立面方格模式的分型，有如下两个特点：一是斗栱立面构成皆为斗口方格Ⅰ型（斗畔相接型），斗畔关系统一；二是斗栱立面构成上斗间皆为1斗口，为小斗长的1/2。也就是说，中世唐样斗栱构成的斗口方格模式，其分型单一和规则，在斗畔关系与斗间比例这两个要素上，皆无进一步的亚型变化。

相较于中世唐样斗栱立面构成的分型单一，近世唐样斗口模数则在分型上呈现多样化的特色，主要表现在如下两个方面：

首先是斗畔关系的变化，近世唐样斗栱的斗口方格模式，基于斗畔关系的变化，出现两种分型，即斗口方格Ⅱ型（斗畔相错型）与斗口方格Ⅲ型（斗畔相离型）；其次是斗间比例的变化，斗间取1/2斗口，为小斗长的1/4，并结合不同的斗畔关系，形成相应的亚型，其共同的特点是：斗间＝1/2斗口＝1/4小斗长。

相较于中世唐样斗栱的斗口方格模式，近世唐样将斗间统一减小为1/2斗口，从而达到缩减斗栱全长的目的。斗间比例的变化，是近世唐样斗栱构成上最具特色的表现。

在斗栱与朵当的关联构成上，近世唐样的斗栱构成，通过斗畔相错和减小斗间和边斗间的方式，使得朵当构成进一步减小，最小者为10.75斗口（瑞龙寺佛殿），近世唐样的铺作配置更趋紧凑。

近世唐样斗栱构成的斗口方格模式，其分型模式如下图所示（图8-2-2）。

近世唐样斗栱构成的斗口方格模式，与中世唐样斗栱一样，其实质皆在于跳高、跳距的基本格线关系。也就是说，近世斗口方格模式的生成及变化，还是基于跳高、跳距基本格线关系的细化和改造，且最小格线单位进一步细化至1/2斗口（图8-2-3）。

近世以来，相较于材栔模数，唐样斗口模数与斗长模数进入主场时代，在唐样模数的多样基准形式中，模数基准的主角转向横向尺度单位的斗口、斗长形式。其中又以斗口模数的多样变化最为丰富，并显示出与中世唐样斗口模数的不同特色，主要表现在斗畔关系及斗间比例的变化上。

室町时代后期至近世的唐样设计技术，再现了中国本土材栔模数转向斗口模数的演变历程。然在细节上较明清斗口模数有诸多变化，反映了近世唐样设计技术的在地化特色。

下节通过具体遗构实例，分析讨论近世唐样斗口模数的形式与特点。

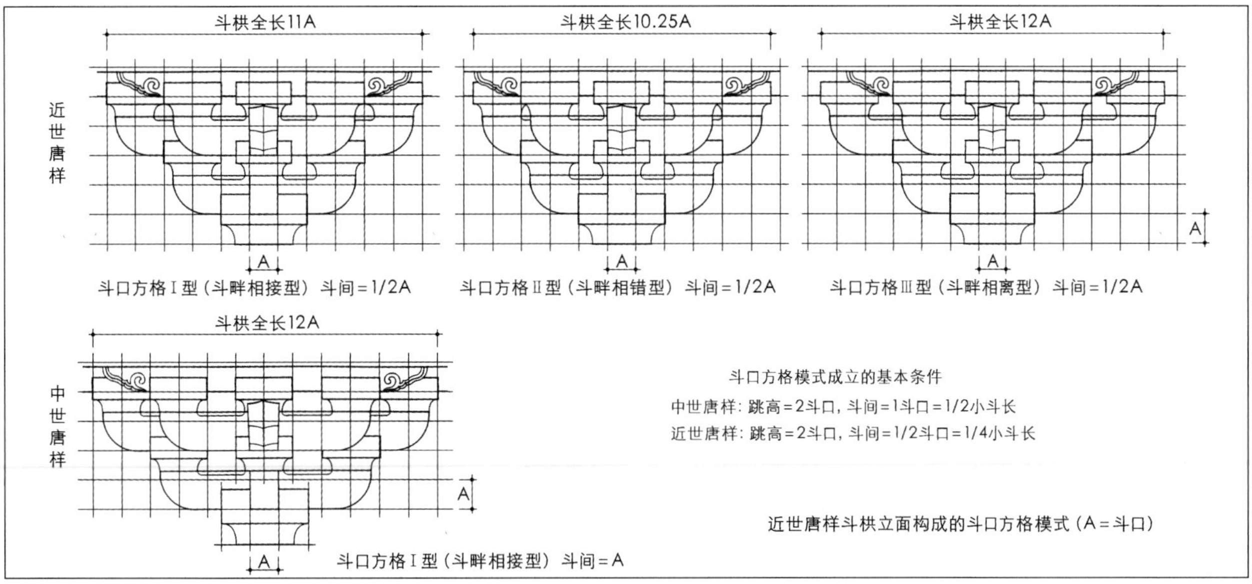

图 8-2-2　近世唐样斗栱立面斗口方格模式的分型（作者自绘）

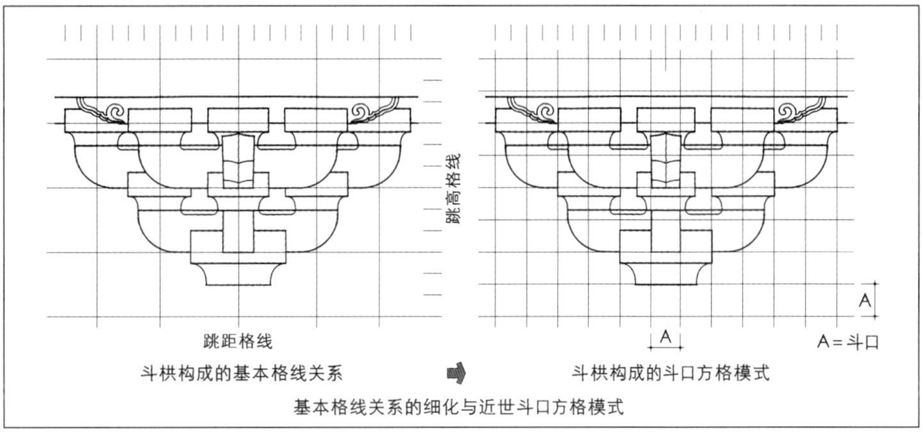

图 8-2-3　基本格线关系的细化与近世斗口方格模式（作者自绘）

2. 近世唐样斗口方格模式

关于近世唐样斗栱构成的斗口方格模式，以下按斗畔关系所区分的Ⅰ、Ⅱ、Ⅲ三型，依次分析讨论。

（1）斗口方格模式Ⅰ型

近世唐样斗口方格模式的三型中，斗口方格模式Ⅰ型（斗畔相接型）是主要形式。

根据实测尺寸分析，近世唐样遗构中，吻合斗口方格模式Ⅰ型的典型者，可举以下二构为例：妙成寺开山堂与天恩寺佛殿。二构斗栱立面构成分型的共同特征是：以斗口为基准，斗畔相接，斗间等于 1/2 斗口，斗栱全长 11 斗口；而二构的个性特征则表现在斗栱与朵当的关联构成上，也就是相邻斗栱空当（边斗间）的不同。以下基于上述二构案例，并以妙成寺开山堂为重点，分析讨论近世唐样斗口方格模式Ⅰ型的性质、特点及其斗栱与朵当的关联构成。

首先讨论妙成寺开山堂。

关于近世唐样斗口模数，现存遗构中石川县妙成寺开山堂（1612年），是一典型和代表之例。

妙成寺开山堂为近世唐样主流谱系的工匠所设计、施工[2]，传承和反映的是近世唐样设计技术的基本特色。开山堂平面方五间，不同于现存唐样佛堂所多见的方三间形式；斗栱形式为唐样重栱造六铺作单杪双下昂，并单檐歇山和扇列椽形式。

开山堂面阔明间补间铺作两朵，次间与梢间补间铺作各一朵；进深第一间补间铺作两朵，后四间补间铺作各一朵。实测面阔明间与进深第一间10.53尺，其余面阔、进深各间皆7.02尺，逐间朵当均等，朵当3.51尺（图8-2-4、图8-2-5）。

实测开山堂斗栱构成的基本尺寸如下：材厚（斗口）2.6寸，跳高5.4寸，小斗长5.4寸，斗间1.3寸[3]。

综合权衡斗栱尺寸及其与朵当的关联构成，推算斗口的精确值为2.7寸，等于1/2小斗长，且斗栱立面构成吻合基于斗口2.7寸的斗口方格模式。开山堂斗栱立面斗口方格模式的基本单元尺寸的推算值如下：

垂直方向：跳高＝5.4寸

水平方向：斗口＝2.7寸，斗间＝1.35寸，小斗长＝5.4寸

开山堂斗栱测值与算值相当吻合，斗栱立面构成基于以斗口2.7寸为单位的双向格线关系（图8-2-6）。

开山堂大斗尺寸，也由斗口格线而权衡设定。基于大斗与小斗的斗畔对位关系，大斗长等于：小斗长＋2斗间＝3斗口，斗栱构成更加规整、简洁。

再以妙成寺开山堂斗栱全长的测值与算值作比较：

测值：斗栱全长＝长栱长27.5寸＋两端小斗斗凹2.1寸＝29.6寸

算值：斗栱全长＝11斗口＝11×2.7寸＝29.7寸

考虑到构件的变形收缩以及各种误差因素，开山堂斗栱全长的测值与算值高度吻合。

妙成寺开山堂的斗栱构成关系，确立了近世唐样斗口方格模式的两个基本条件：

垂直方向：跳高＝2斗口

水平方向：斗间＝1/2斗口＝1/4小斗长

在栱心跳距的构成关系上，基于斗间减小至1/2斗口的变化，近世唐样以栱心跳距2.5斗口的形式，区别于中世唐样栱心跳距3斗口的形式，呈现近世唐样斗栱构成关系的变化和特色。

小斗长2斗口，斗间1/2斗口，跳高2斗口，跳距2.5斗口，是近世唐样斗口方格模式的基本构成关系。

2　日本学界推定该构为建仁寺流的坂上越后守嘉绍（坂上嘉绍）所设计施工，属纯粹的唐样技术谱系。

3　妙成寺开山堂斗栱实测尺寸（单位：寸），据关口欣也整理数据：材广3.3，材厚2.6，絜高2.0，跳高5.3；斗间1.3，小斗长5.4，小斗底长3.3，小斗高3.3；大斗长8.0，大斗高4.6；短栱长16.7，长栱长27.5，短栱心长13.4，短栱跳距6.7。

据文化财图纸所记数据：跳高5.4，华栱跳距6.7；小斗长5.4，小斗高3.3；大斗长8.0，大斗高4.6。

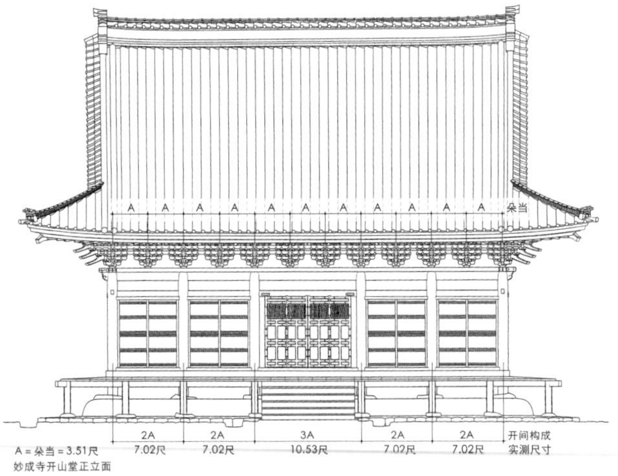

图 8-2-4　妙成寺开山堂正立面（底图来源：重要文化财妙成寺開山堂修理委員会編．重要文化財妙成寺開山堂及鐘樓修理工事報告書 [M]，1954）

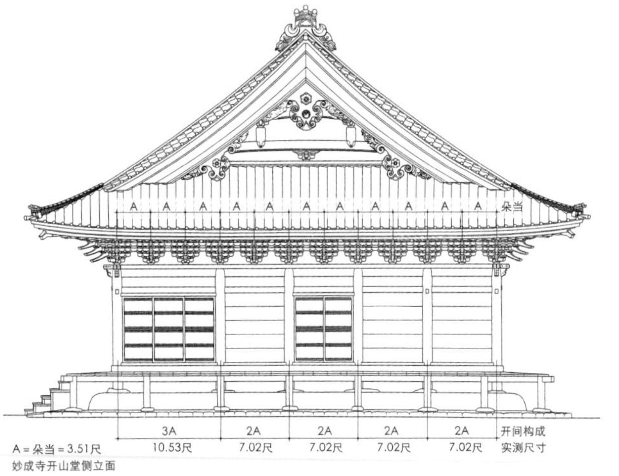

图 8-2-5　妙成寺开山堂侧立面（底图来源：重要文化财妙成寺開山堂修理委員会編．重要文化財妙成寺開山堂及鐘樓修理工事報告書 [M]，1954）

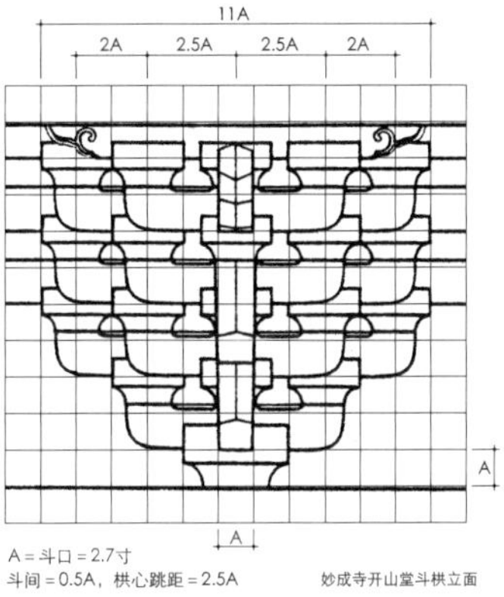

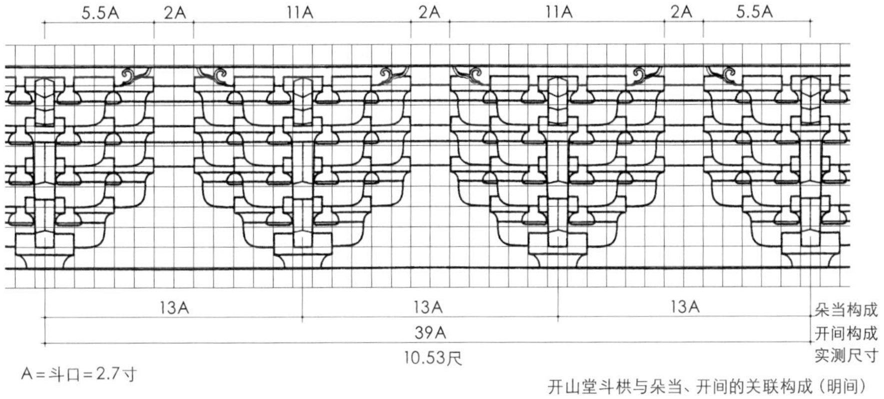

图 8-2-6　妙成寺开山堂基于斗口的斗栱立面构成（底图来源：重要文化财妙成寺開山堂修理委員会編．重要文化财妙成寺開山堂及鐘樓修理工事報告書 [M]，1954）（左）

图 8-2-7　妙成寺开山堂斗栱与朵当的关联构成示意（作者自绘）（右）

进而，基于上述推算和分析，开山堂斗栱与朵当的关联构成如下：斗栱全长 11 斗口，边斗间 2 斗口，朵当 13 斗口；相应地，明间 3 朵当、39 斗口，次、梢间 2 朵当、26 斗口（图 8-2-7）。

近世唐样斗栱由于斗间的减小，斗栱全长较中世唐样通常的 12 斗口，缩减了 1 斗口。

朵当及开间尺度关系的分析，进一步表现和验证了妙成寺开山堂基于斗口的模数设计方法。

妙成寺开山堂基于斗口的开间尺度的设定如下：

基于斗口 2.7 寸，朵当 3.51 尺，合 13 斗口；面阔明间及进深第一间 10.53 尺、3 朵当，合 39 斗口；面阔次、梢间及进深后四间 7.02 尺、2 朵当，合 26 斗口；总体 38.61×38.61（尺）、11×11（朵当）、143×143（斗口）。开山堂基于朵当、斗口两级模数的开间尺度关系，归纳排列如下：

面阔五间：7.02 ＋ 7.02 ＋ 10.53 ＋ 7.02 ＋ 7.02（尺）

进深五间：10.53 + 7.02 + 7.02 + 7.02 + 7.02（尺）

整体规模：38.61×38.61（尺），11×11（朵当），143×143（斗口）

朵当构成：3.51 尺，13 斗口

斗口尺寸：2.7 寸

妙成寺开山堂的尺度设计，是近世唐样斗口模数的一个代表和范例。

接着讨论近世唐样斗口模数的另一例：爱知县天恩寺佛殿。

在斗栱立面构成的分型上，天恩寺佛殿与妙成寺开山堂相同，同属近世唐样的斗口方格模式Ⅰ型，即小斗配置为斗畔相接的形式，斗间等于 1/2 斗口，而二者的不同则表现在朵当构成上。

天恩寺佛殿为平面方三间的唐样佛堂形式，面阔明间补间铺作两朵，间广 8.64 尺，朵当 2.88 尺；次间补间铺作一朵，间广 6 尺，朵当 3 尺（图 8-2-8）。

佛殿进深中间 8.62 尺，前间 6 尺，后间 8.9 尺；殿内金柱后退一朵当，相应地，明间间缝侧样形式为：前、后间各 6 尺，补间铺作两朵，朵当 3 尺；中间 11.52 尺，补间铺作三朵，朵当 2.88 尺（图 8-2-9）。

佛殿面阔与进深的明、次间朵当尺度关系相同，即：明间朵当 2.88 尺，次间朵当 3 尺，明、次间朵当略不等。

实测佛殿斗栱构成的基本尺寸如下：材厚（斗口）2.3 寸，跳高 4.8 寸，小斗长 4.9 寸，斗间 1.1 寸[4]。

综合权衡佛殿斗栱尺寸及其与朵当的关联构成，推得斗口精确值为 2.4 寸，等于 1/2 小斗长，且斗栱立面构成吻合基于斗口 2.4 寸的斗口方格模式。佛殿斗栱立面斗口方格模式的基本单元尺寸的推算值如下：

垂直方向：跳高＝ 4.8 寸

水平方向：斗口＝ 2.4 寸，斗间＝ 1.2 寸，小斗长＝ 4.8 寸

测值与算值相较，斗间测值略小，小斗长测值略大，然二者之和 6 寸的栱心跳距，正吻合 2.5 斗口的构成关系。考虑构件形变与误差因素，佛殿斗栱测值与算值相当吻合，斗栱立面构成基于斗口 2.4 寸的双向格线关系（图 8-2-10）。

再以天恩寺佛殿斗栱全长的测值与算值作比较：

测值：斗栱全长＝长栱长 24.8 寸＋两端小斗斗凹 1.7 寸＝ 26.5 寸

算值：斗栱全长＝ 11 斗口＝ 11×2.4 寸＝ 26.4 寸

佛殿斗栱全长的测值与算值吻合。

佛殿令栱心长跳距，吻合近世唐样斗栱跳距 2.5 斗口的构成关系。

进而，基于上述推算和分析，佛殿斗栱与朵当的关联构成如下（明间）：斗栱全长 11 斗口，边斗间 1 斗口，朵当 12 斗口（图 8-2-11）。

佛殿朵当分作两种：一是面阔与进深的明间朵当 2.88 尺，合 12 斗口；一是面阔与进深的次间朵当 3 尺，合 12.5 斗口。二者朵当构成的差别反映在边斗间上，

4　天恩寺佛殿斗栱实测尺寸（单位：寸），据关口欣也整理数据：材广 3.1，材厚 2.3，栔高 1.7，跳高 4.8；斗间 1.1，小斗长 4.9，小斗底长 3.2，小斗高 2.7；大斗长 7.3，大斗高 4.5；短栱长 15.1，长栱长 24.8，短栱心长 11.9，短栱跳距 5.95。

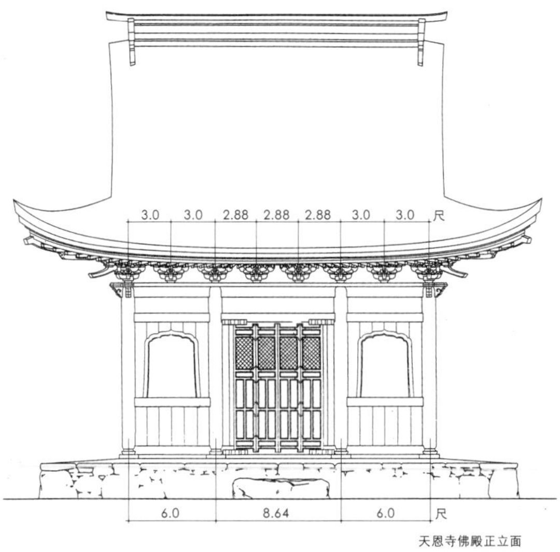

图 8-2-8　天恩寺佛殿正立面（底图来源：重要文化財天恩寺佛殿山門修理委員会編. 重要文化財天恩寺佛殿山門修理工事報告書 [M]，1952）

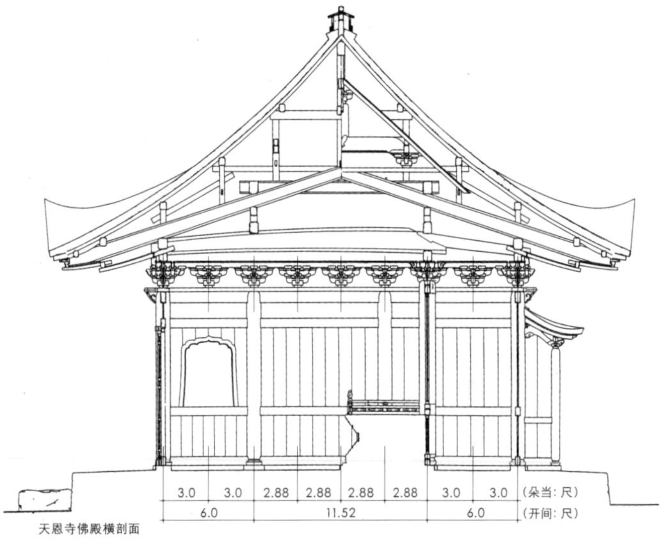

图 8-2-9　天恩寺佛殿明间间缝的侧样开间与朵当（底图来源：重要文化財天恩寺佛殿山門修理委員会編. 重要文化財天恩寺佛殿山門修理工事報告書 [M]，1952）

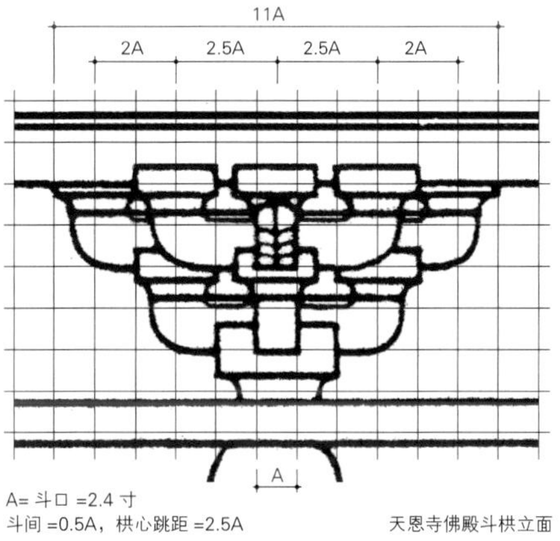

图 8-2-10　天恩寺佛殿基于斗口的斗栱立面构成（底图来源：重要文化財天恩寺佛殿山門修理委員会編. 重要文化財天恩寺佛殿山門修理工事報告書 [M]，1952）

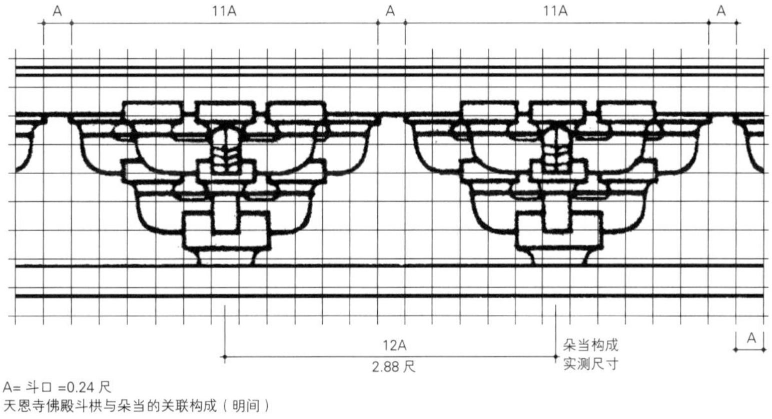

图 8-2-11　天恩寺佛殿斗栱与朵当的关联构成（底图来源：重要文化財天恩寺佛殿山門修理委員会編. 重要文化財天恩寺佛殿山門修理工事報告書 [M]，1952）

前者边斗间 1 斗口，后者边斗间 1.5 斗口。相应地，佛殿明间 3 朵当，合 36 斗口；次间 2 朵当，合 25 斗口。

天恩寺佛殿基于斗口的开间尺度的设定如下：

基于斗口 2.4 寸，朵当分作 2.88 尺、12 斗口与 3 尺、12.5 斗口两种，进而以朵当、斗口的两级模数形式，设定佛殿明间与次间尺寸，其开间尺度关系归纳排列如下：

面阔三间：6.0 + 8.64 + 6.0（尺）

进深三间：6.0 + 11.52 + 6.0（尺）

整体规模：20.64 × 23.52（尺），86 × 98（斗口）

朵当构成：2.88 尺，12 斗口；3 尺，12.5 斗口

斗口尺寸：2.4 寸

天恩寺佛殿的尺度设计，是近世唐样斗口模数的典型。此外，该构营造尺与现行尺的尺长相等，是分析尺度设计规律的好例。

关于天恩寺佛殿的建立年代，日本学界推定为 1362 年，然而 14 世纪中期这一建立年代，与佛殿斗口模数的时序性相当不符。尤其是天恩寺佛殿斗栱构成的斗口方格模式，反映的是近世唐样斗口模数的典型特征。因此，基于佛殿斗口方格模式的分型特征及其相应的时序性，天恩寺佛殿的建立年代，似应推后至 16 世纪中期。在天恩寺佛殿的断代分析上，或可将斗口模数的时序性及其斗口方格模式的分型特征作为一个参考因素。

本章所谓的“近世唐样”，正如前文所说，并不单纯是一个时代概念，应还包涵了宋清法式的在地化这一内涵。依此标准权衡，少数被断为室町末期的唐样遗构，实际上具有近世唐样设计技术的特征，故归入本章作分析讨论。

近世以来，和样枝割化的倾向在部分唐样建筑上逐渐显现，且最先表现在朵当、开间尺度构成上，然未及至斗栱构成层面，由此形成基于斗口的斗栱构成与基于枝割的朵当构成的两种模数形式的并存。关于这一类近世唐样建筑的斗口模数，置于下一节“近世唐样设计技术的和样枝割化”一并讨论。

（2）斗口方格模式Ⅱ型

关于近世唐样斗栱构成的斗口方格模式Ⅱ型（斗畔相错型），现存唐样遗构中见有瑞龙寺佛殿一例。

富山县瑞龙寺佛殿（1659 年），建于 17 世纪中期，作为近世唐样建仁寺流工匠之作，是近世唐样建筑的典型和代表。

瑞龙寺佛殿为殿身方三间带副阶的形式，斗栱重栱造六铺作单杪双下昂，斗栱立面上斗畔相错。实测明间 12.9 尺，补间铺作两朵；次间 8.6 尺，补间铺作一朵，逐间朵当均等，皆 4.3 尺。

实测佛殿斗栱构成的基本尺寸如下：材厚（斗口）4.1 寸，跳高 7.96 寸，小斗长 8 寸，斗间 2 寸[5]。

综合权衡佛殿斗栱尺寸及其与朵当、开间的关联构成，推得斗口精确值为 4 寸，等于 1/2 小斗长，斗栱立面构成吻合基于斗口 4 寸的斗口方格模式Ⅱ型。佛殿斗栱立面斗口方格模式的基本单元尺寸的推算值如下：

垂直方向：跳高＝ 8 寸

水平方向：斗口＝ 4 寸，斗间＝ 2 寸，小斗长＝ 8 寸

佛殿斗栱测值与算值相当吻合，斗栱立面构成基于以斗口 4 寸为单位的双向格线关系（图 8-2-12）。

5　瑞龙寺佛殿斗栱实测尺寸（单位：寸），据关口欣也整理数据：材广 5.1，材厚 4.1，架高 2.86，跳高 7.96；斗间 2.0，小斗长 8.0，小斗底长 4.8，小斗高 4.85；大斗长 12，大斗高 7.0；短栱长 24.8，长栱长 37.8，短栱心长 20，短栱跳距 10。

文化财图纸补充数据：斗畔相错 1.5，边斗外露斗长 6.5，华栱、令栱跳距 10。

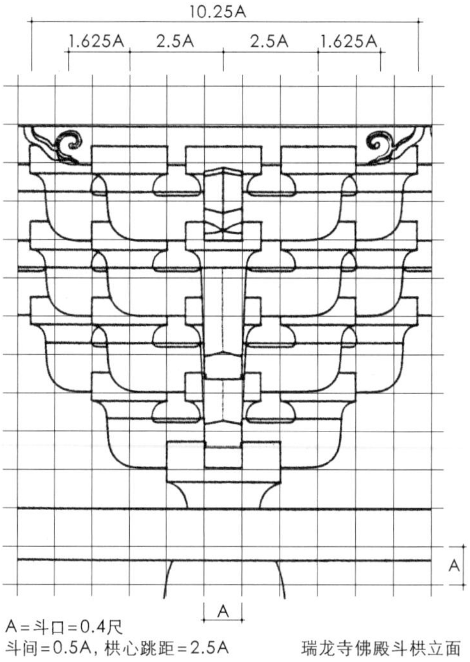

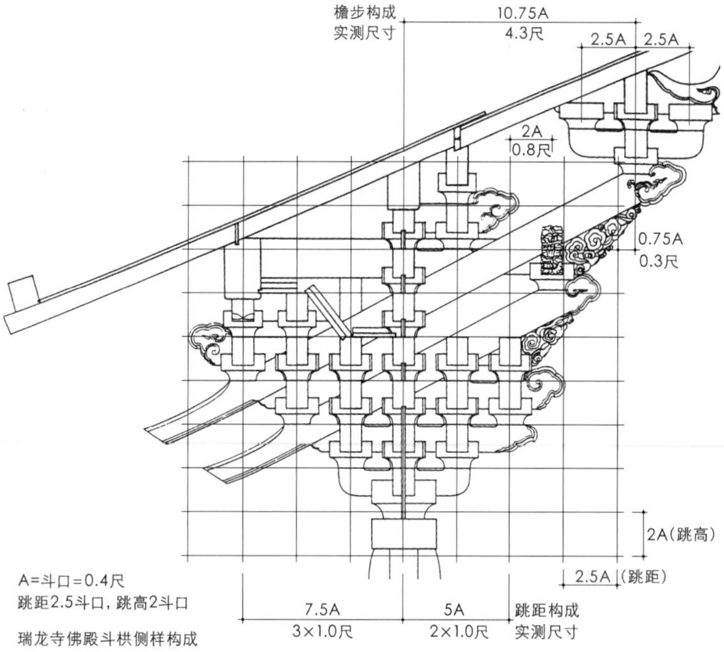

图 8-2-12　瑞龙寺佛殿基于斗口的斗栱立面构成（底图来源：日本文化财图纸）（左）

图 8-2-13　瑞龙寺佛殿基于斗口的斗栱侧样构成（底图来源：日本文化财图纸）（右）

斗栱立面构成上，小斗的斗畔相错 1.5 寸，合 0.375 斗口；边斗的外露斗长实测 6.5 寸，合 1.625 斗口。佛殿大斗尺寸也由斗口格线而权衡设定，即基于大斗与小斗的斗畔对位关系，大斗长等于：小斗长＋ 2 斗间＝ 3 斗口，吻合于实测值 12 寸，斗栱构成关系规整、简洁。

再以瑞龙寺佛殿斗栱全长的测值与算值作比较：

测值：斗栱全长＝长栱长 37.8 寸＋两端小斗斗凹 3.2 寸＝ 41 寸

算值：斗栱全长＝ 10.25 斗口＝ 10.25 × 4 寸＝ 41 寸

瑞龙寺佛殿斗栱全长的测值与算值完全吻合。

瑞龙寺佛殿斗栱的正、侧样构成，表现了近世唐样斗口模数独有的两个标志性特征（图 8-2-13）：

斗间＝ 1/2 斗口＝ 1/4 小斗长

正、侧样栱心跳距＝ 2.5 斗口

近世唐样基于斗口的斗栱构成上，上述两个构成关系互为因果和条件，并区别于中世唐样斗口模数的如下两个标志性特征：

斗间＝ 1 斗口＝ 1/2 小斗长

正、侧样栱心跳距＝ 3 斗口

瑞龙寺佛殿横向尺度的组织与筹划，精细、周密和有序。其特色在于小斗配置的斗畔相错，以缩减斗栱全长，从而使得横向尺度关系更加紧凑。佛殿边斗间实测 2 寸，与斗间相等，合 0.5 斗口。在现存唐样遗构中，该构是斗栱全长最小、朵当构成最密之例。

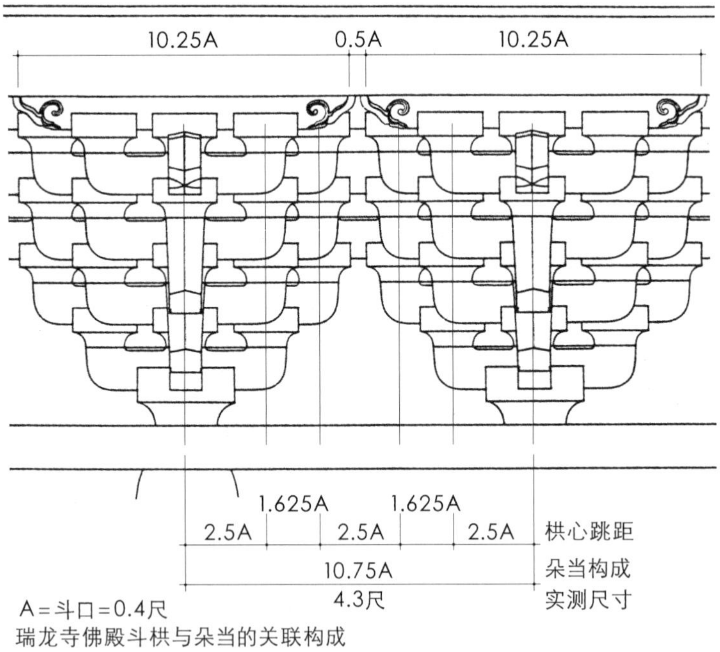

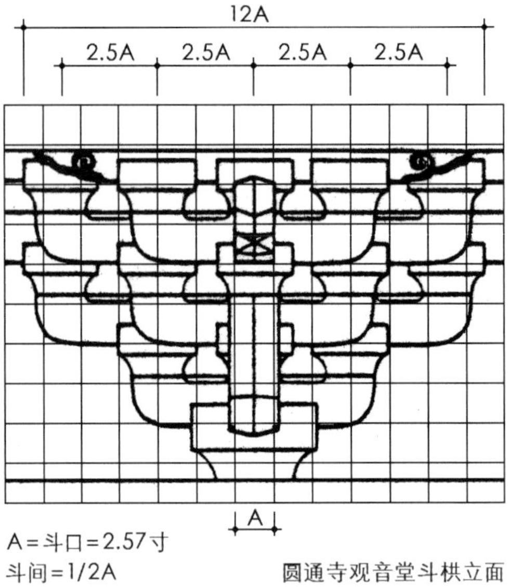

图 8-2-14　瑞龙寺佛殿斗栱与朵当的关联构成（底图来源：日本文化财图纸）（左）

图 8-2-15　圆通寺观音堂基于斗口的斗栱立面构成（底图来源：文化財建造物保存技術協会編．重要文化財円通寺本堂修理工事報告書 [M]．円通寺本堂修理委員会，1972）（右）

基于上述实测尺寸的分析，佛殿斗栱与朵当的关联构成如下：斗栱全长 10.25 斗口，边斗间 0.5 斗口，朵当 10.75 斗口；相应地，明间 3 朵当、32.25 斗口，次间 2 朵当、21.5 斗口（图 8-2-14）。

佛殿檐步椽长与朵当尺寸相等，皆 4.3 尺，合 10.75 斗口。

从尺度关系来看，瑞龙寺佛殿的斗口模数设计，实际上是以 1/4 斗口为最小细分单位的。此外，佛殿的营造尺与现行尺的尺长相等，尺度规律显著、清晰，是分析近世唐样尺度设计方法的难得之例。

瑞龙寺佛殿尺度设计上的另一个特点是：斗口模数与和样枝割基准的整合，在朵当、开间构成上，呈现两套模数并存的现象，具体详见第三节“近世唐样设计技术的和样枝割化”的分析讨论。

（3）斗口方格模式Ⅲ型

现存近世唐样遗构中，斗口方格模式Ⅲ型（斗畔相离型）只是少数个别，如广岛圆通寺观音堂之例。

圆通寺观音堂为方三间的唐样佛堂形式，扇列椽做法，斗栱为唐样重栱造五铺作单杪单下昂的形式。

实测观音堂明间 10.02 尺，补间铺作两朵；次间 6.68 尺，补间铺作一朵，逐间朵当均等，皆 3.34 尺。

实测观音堂斗栱构成的基本尺寸如下：材厚（斗口）2.64 寸，跳高 5.28 寸，

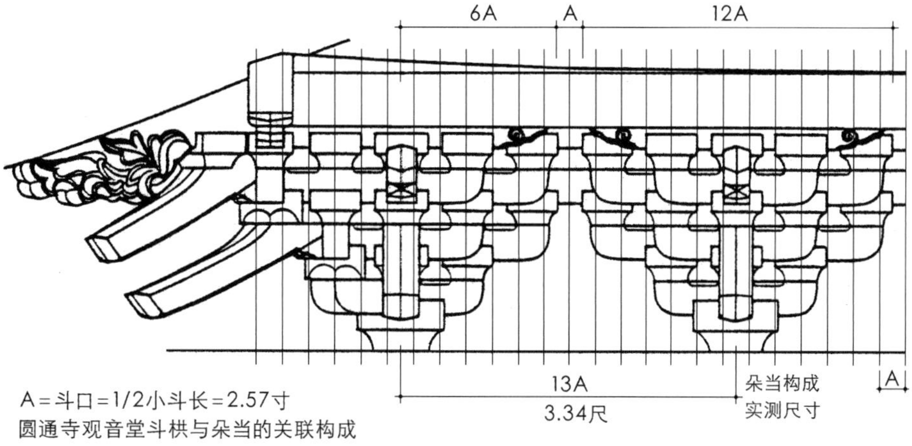

图 8-2-16　圆通寺观音堂斗栱与朵当的关联构成（底图来源：文化財建造物保存技術協会編. 重要文化財円通寺本堂修理工事報告書 [M]. 円通寺本堂修理委員会，1972）

小斗长 5.08 寸，斗间 1.3 寸[6]。

综合权衡观音堂斗栱尺寸及其与朵当的关联构成，可推得斗口精确值为 2.57 寸，等于 1/2 小斗长，斗栱立面构成吻合基于斗口 2.57 寸的斗口方格模式Ⅲ型。观音堂斗栱立面斗口方格模式的基本单元尺寸的推算值如下：

垂直方向：跳高＝ 5.14 寸

水平方向：斗口＝ 2.57 寸，斗间＝ 1.285 寸，小斗长＝ 5.14 寸

观音堂斗栱实测值与算值基本吻合，斗栱立面构成基于以斗口 2.57 寸为单位的双向格线关系（图 8-2-15）。

唯垂直方向上，测值与算值略有微差，跳高实测 5.28 寸，算值 5.14 寸，相差 0.14 寸，其间或存在着变形及误差因素。

基于上述推算和分析，观音堂斗栱与朵当的关联构成如下：斗栱全长 12 斗口，边斗间 1 斗口，朵当 13 斗口；相应地，明间 3 朵当、39 斗口，次间 2 朵当、26 斗口（图 8-2-16）。

若以复原营造尺而论，推测营造尺长较现行尺略小，观音堂斗口的设计尺寸应为 2.6 寸；相应地，跳高＝ 5.2 寸，斗间＝ 1.3 寸，小斗长＝ 5.2 寸。而另一种可能是：观音堂明间设计尺寸为 10 尺，并以明间朵当为基本模数，以 1/13 朵当为次级基准的斗口设计值。

关于观音堂的建立年代，日本学界认为在日本天文年间（1532—1555），即室町时代末期。观音堂的断代与其斗口模数的分型特征基本相符。

观音堂斗栱构成上的斗畔相离形式，表明了 1/2 斗口的斗间单元，在横向尺度构成上作为细分基准的作用。

（4）单栱造斗栱构成的斗口模数

中世以来的唐样以重栱造斗栱为特色，其斗栱立面构成的基准方格模式，皆

6　圆通寺观音堂斗栱实测尺寸（单位：寸），据修理工事报告书所记数据：材广 3.3，材厚 2.64，栔高 1.98，跳高 5.28；斗间 1.14，小斗长 5.08，小斗底长 3.3；大斗长 8.44，大斗高 5.0；跳距 6.4。

关口欣也补充数据：斗间 1.3，小斗长 5.0；短栱长 15.7，长栱长 25.7。短栱心长 12.6，短栱跳距 6.3。

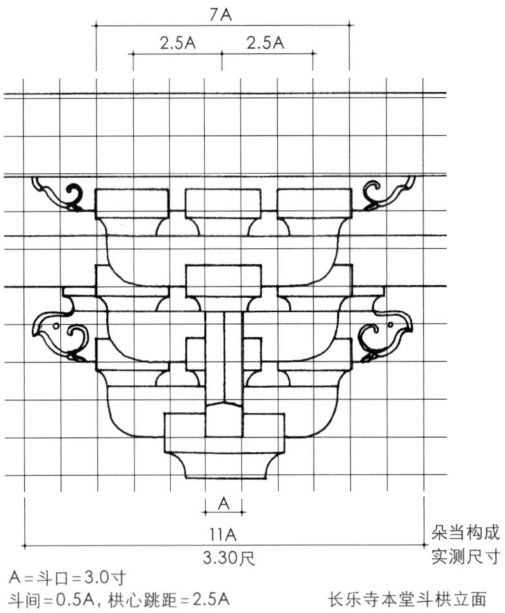

图 8-2-17　长乐寺本堂基于斗口的斗栱立面构成（底图来源：関口欣也. 中世禅宗様建築の研究[M]. 東京: 中央公論美術出版，2010：174）

是以重栱造为对象的。而在特殊的唐样单栱造斗栱构成上，一样体现了相同的构成法则，如近世初的和歌山县长乐寺本堂（1577 年），其斗栱设计上，呈现唐样单栱造斗栱构成的斗口方格模式。

长乐寺本堂为方三间带副阶的唐样佛堂形式，斗栱为唐样单栱造五铺作单杪单下昂的形式。

实测本堂明间 9.9 尺，补间铺作两朵；次间 6.6 尺，补间铺作一朵，逐间朵当等距，皆 3.3 尺；副阶 4.95 尺。

实测本堂斗栱构成的基本尺寸如下：材厚（斗口）3 寸，跳高 6 寸，小斗长 6.2 寸，斗间 1.45 寸[7]。

以实测斗口值 3 寸，权衡本堂斗栱尺寸及其与朵当的关联构成，可知斗栱构成关系吻合基于斗口 3 寸的斗口方格模式。本堂斗口方格模式基本单元尺寸的推算值如下：

垂直方向：跳高＝ 6 寸

水平方向：斗口＝ 3 寸，斗间＝ 1.5 寸，小斗长＝ 6 寸

本堂斗栱测值与算值相较，除小斗长测值略大以外，其他皆相当吻合。斗栱立面构成基于以斗口 3 寸为单位的双向格线关系（图 8-2-17）。

基于上述实测尺寸的分析，长乐寺本堂斗栱与朵当的关联构成如下：斗栱全长 7 斗口，边斗间 4 斗口，朵当 11 斗口；相应地，明间 3 朵当、33 斗口，次间 2 朵当、22 斗口；副阶 4.95 尺，合 16.5 斗口，恰为明间的一半。

长乐寺本堂单栱造斗栱基于斗口的立面构成，同样体现了近世唐样斗口模数的基本特征：

7　长乐寺本堂斗栱实测尺寸（单位：寸），据关口欣也整理数据：材广 4.0，材厚 3.0，栔高 2.0，跳高 6.0；斗间 1.45，小斗长 6.2，小斗底长 4.0，小斗高 3.8；大斗长 9.98，大斗高 5.8；短栱长 19.3，短栱心长 15.3，短栱跳距 7.65。

斗间＝1/2斗口＝1/4小斗长

栱心跳距＝2.5斗口

长乐寺本堂尺度关系上，尺度规律明晰，营建年代与近世斗口模数的分型特征相符，且本堂营造尺与现行尺的尺长相等，是分析近世唐样尺度设计方法的重要实例。

唐样单栱造因与和样斗栱形式相近，其模数形式有可能影响和样斗栱的构成形式，如前文第七章所例举和样羽黑山五重塔底层斗栱的立面构成，就完全套用了唐样斗栱的材栔方格模式。而唐样单栱造斗栱的斗口方格模式，也有可能对近世和样斗栱构成产生相应的影响。

本章讨论的近世唐样斗口模数，在根本上还是宋清法式的传承以及在地化的演变，在尺度构成上皆与和样枝割无关，或者说不受和样枝割的影响和支配。其模数形式大都是在宋清法式基础上的细化和改造，可谓宋清法式的余绪，并未有本质性的变化。

从中世至近世的江户时代，唐样形制上宋式风范犹存，尤其是表现在补间铺作配置上，仍守明间补间铺作两朵的宋式，未如明清建筑那样补间铺作向多朵化发展。近世唐样建筑成为延续宋风记忆的载体，即便近世和样化的侵蚀，也未能消褪和抹去这种记忆的存在。

自室町时代后期至近世桃山、江户时代，唐样设计技术的和样化是一个主流趋势，而在此背景下唐样斗口模数的存在，表现了唐样设计技术中仍保持着这样一条技术脉络，即对中国本土设计技术的追随和呼应。由中世至近世的唐样设计技术的发展，始终未脱离东亚技术的整体性和关联性。

近世斗口模数的内涵及其技术形态，充实和丰富了对唐样设计技术演变步骤、序列、阶段形态及相应特色的认识。

相较而言，两向尺度构成上，斗口模数所关注的重点在于横向尺度关系。因此，斗栱构成上斗口模数成立的基本条件，中世唐样与近世唐样分别如下：

中世唐样：斗间＝1斗口＝1/2小斗长

近世唐样：斗间＝1/2斗口＝1/4小斗长

也就是说，近世唐样基于斗口的斗栱构成，最大的变化表现在斗间与小斗长的比例关系上。近世唐样斗栱构成，斗间由中世唐样的1斗口，缩减为1/2斗口，相应地，栱心跳距由中世唐样的3斗口，转变为近世唐样的2.5斗口。

在唐样模数技术的演变逻辑上，斗口模数在时代上应迟于材栔模数；而斗口模数关系的演变上，1/2斗口的斗间形式，在时代上应迟于1斗口的斗间形式。上述这一线索可作为唐样遗构时代分析及时序排列的一个辅助指标。

唐样斗口模数形式上，唯斗间与小斗长的比例关系是决定性的，而其他相应的尺度关系则是次生和非本质性的。这是因为唐样斗栱构成上，斗间比例决定小斗配置关系以及栱长的设定，而这一关系也正是斗栱横向尺度的基本关系。实际上，唐样的材栔模数、斗长模数，乃至和样的枝割模数，莫不如此。

作为横向基准单位的斗口，相较于材广、斗长基准，尺度趋小，从而在斗栱乃至朵当、开间的横向尺度筹划上，更为精细和便利；而前述的瑞龙寺佛殿斗口模数的构成关系，进一步以 1/4 斗口为最小细分单位。

由于唐样补间铺作两朵所产生的横向尺度关系的密集化，中世以来唐样设计技术的匠心用意，主要表现在斗栱、朵当的横向尺度的组织与筹划上，并不断向精细化、模数化和体系化演进。

3. 斗长模数的主流化发展

（1）斗长模数的传承

关于中世唐样设计技术的斗长模数，第五、第六两章分别就基于斗长的朵当构成和斗栱构成作了相关分析，论及了中世唐样斗长模数的实例及其变化：东大寺钟楼、圆觉寺古图佛殿，以及永保寺开山堂与酬恩庵本堂诸构。本节就近世唐样斗长模数的传承和演变，作进一步的讨论。

中世至近世唐样设计技术的演变上，相对于材栔模数和斗口模数，斗长模数更具意义和值得关注。其原因一是斗长模数出现得较早（13 世纪初）；二是中世以来唐样斗长模数的发展与中国本土拉开了距离，更具日本特色；三是近世以来斗长模数趋于主流化和体系化；四是近世斗长模数与和样枝割技术之间形成了关联整合，成为唐样设计技术和样化的主要方式。唐样斗长模数的上述这些特色及意义，是材栔模数和斗口模数所不可比拟的。

中世至近世的唐样斗长模数的传承和演进，成为唐样设计技术发展上最具特色的表现。

唐样设计技术上，斗长模数最早见于中世之初的东大寺钟楼（1207 年）。其时正值引入宋技术的初期，而东大寺钟楼技术成分中包含了显著的宋风因素，尤其是在铺作配置与斗栱形式上。

东大寺钟楼设计技术的特点在于斗长模数，而这一模数形式无疑源自宋技术。也就是说，宋技术因素是钟楼设计技术的实质所在[8]。

基于钟楼独特的连斗做法，其斗长模数的构成关系直观和明晰。钟楼的尺度构成以均一的斗长 0.75 尺为基准[9]，有序地构建了斗栱、朵当及开间三者关联的整体构成关系。在斗长模数下，钟楼确立了不同于材栔模数的另一种朵当构成形式，即 8 斗长朵当。

东大寺钟楼独特的连斗做法，表现了唐样斗长模数的原始形式。中世及近世唐样斗长模数，都是从这里开始起步的。

8 张十庆．宋技术背景下的东大寺钟楼技术特色探析 [M]// 贾珺．建筑史（第 27 辑）．北京：清华大学出版社，2011：201-211.

9 关于东大寺钟楼实测尺寸和尺度复原的分析，第六章已有专论，本节略去实测尺寸分析，以钟楼的复原尺寸进行分析。

自中世以来，唐样设计技术一直以材栔模数为主要形式，东大寺钟楼原始的斗长模数应只是少数之例和非主流形式。然至室町时代末的圆觉寺古图佛殿，斗长模数已不同于早期的东大寺钟楼，不仅在模数形式上趋于成熟和完善，且用于最高等级的禅宗五山寺院大型佛堂，这表明相较于材栔、斗口模数，这一时期的斗长模数已成为最重要的模数形式，并呈主流化的特色。

从东大寺钟楼至圆觉寺古图佛殿，反映了中世以来斗长模数的传承与演变。中世三百余年间斗长模数的变化是显著和分明的。

圆觉寺佛殿古图为1563年圆觉寺大火之后，于日本元龟四年（1573）所作的再建设计图，论作图时间恰为日本安土桃山时代（1573—1603）之始[10]，在日本历史上已属近世初，时值中国明朝后期。这一时期唐样设计技术已开始呈现和样化的倾向及特色，然圆觉寺古图佛殿所表现的斗长模数形式，并无显著的和样化因素，也即不同于近世以后与枝割整合的斗长模数形式。

唐样设计技术上，朵当构成始终是整体尺度设计的关键所在。朵当构成及其变化，最能表现唐样模数设计方法与特色。8倍斗长的朵当构成形式，是东大寺钟楼与圆觉寺古图佛殿的共同特色，表现了二者间的传承关系。

在唐样斗长模数的演变历程上，圆觉寺古图佛殿的斗长模数形式，具有承上启下的重要意义。

六间割斗长模数，应是室町时代后期出现的另一种斗长模数形式，即以1/6朵当作为斗长基准，所谓“六间割”的意义正在于此。六间割斗长模数所关注的重点在于横向尺度关系，并以斗长的1/3为细分基准，精细筹划斗栱构成及其与朵当的关联构成。

现存中世唐样遗构中，六间割斗长模数见于永保寺开山堂与酬恩庵本堂二例。

从斗长模数传承演变的角度而言，六间割斗长模数应来自此前的八间割斗长模数，即从8斗长朵当构成向6斗长朵当构成的演变。这表明室町末至近世以来，唐样设计技术上的横向尺度关系更趋紧凑细密，其方法一是缩减相邻斗栱空当尺寸（边斗间），从2斗长缩小至1/3斗长；二是缩减斗间尺寸，从1/2斗长减小至1/3斗长。至此阶段，唐样横向尺度构成上的斗间与边斗间，在比例尺度上达到对应均等，皆等于1/3斗长。

近世以来，唐样斗长模数的演变呈现如下的趋势和特色：

一是朵当构成更趋紧凑细密，在斗栱构成上，通过斗畔相错以及减小斗间的方式，缩减一朵斗栱全长；

二是斗长模数的主流化与和样化，通过唐样斗长与和样枝割的关联整合，使得唐样斗栱及朵当构成呈和样枝割化。

以上概述了中世以来唐样斗长模数的演变历程，以下再以近世唐样遗构的斗长模数为例，分析讨论近世唐样斗长模数的上述特色。

10　日本安土桃山时代又称织丰时代，是织田信长与丰臣秀吉称霸日本的时代，始于织田信长驱逐将军足利义昭，灭室町幕府，止于德川家康建立江户幕府，以织田信长的安土城和丰臣秀吉的桃山城为名，持续30年。

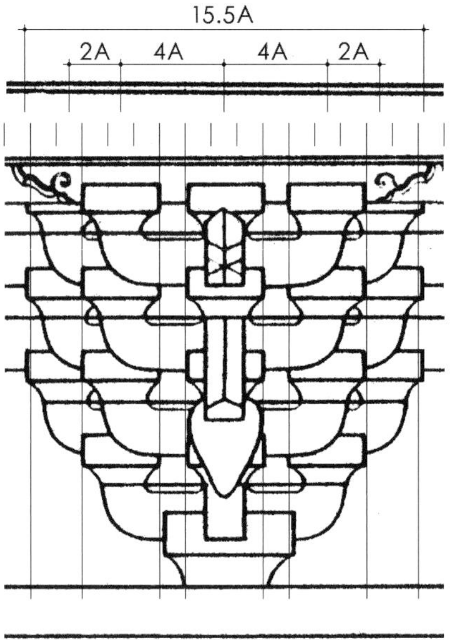

图 8-2-18　金刚峰寺灵台侧立面（底图来源：高野山文化财保存会. 重要文化財金剛峰寺徳川家霊台修理工事報告書 [M]，1962）（左）

图 8-2-19　金刚峰寺灵台基于斗长的斗栱立面构成（底图来源：高野山文化财保存会. 重要文化財金剛峰寺徳川家霊台修理工事報告書 [M]，1962）（右）

（2）近世斗长模数的特色与变化

近世斗长模数的一个变化，表现在斗畔关系上，即出现斗畔相错的形式。现存遗构中见有和歌山县金刚峰寺灵台一例。

金刚峰寺灵台（1633 年），为江户幕府的祭祀灵台，平面方三间，攒尖顶，扇列椽形式；斗栱为唐样重栱造六铺作单杪双下昂形式，灵台整体样式为典型的唐样风格。

实测灵台明间 6.6 尺，补间铺作两朵；次间 4.4 尺，补间铺作一朵，逐间朵当等距，皆 2.2 尺（图 8-2-18）。

实测灵台斗栱构成的基本尺寸如下：材厚（斗口）2.1 寸，跳高 4.3 寸，小斗长 4.0 寸，斗间 1.35 寸[11]。

分析斗栱立面尺度关系，在横向尺度上，吻合于 1/3 小斗长的格线关系；而在竖向尺度上，跳高大于小斗长，跳高与小斗长不成简洁比例关系，可知斗栱立面构成仅为横向尺度上的单向格线关系。

以实测小斗长 4 寸，权衡灵台斗栱尺寸及其与朵当的关联构成，吻合基于斗长的斗栱立面格线关系。灵台斗栱立面格线关系的基本单元尺寸的推算值如下：

水平方向：小斗长＝ 4.0 寸，斗间＝ 4/3 寸

灵台斗栱立面分型为斗畔相错的形式，实测斗畔相错 1 寸，外露小斗长 3 寸。

基于实测尺寸的分析，金刚峰寺灵台的横向尺度构成，以斗长为基准，以 1/3 斗长的斗间为细分基准，精细组织和筹划斗栱构成及其与朵当的关联构成。

11　金刚峰寺灵台斗栱实测尺寸（单位：寸），据工事报告书所记数据：材广 2.8，材厚 2.1，栔高 1.5，跳高 4.3；斗间 1.35，小斗长 4.0，小斗底长 2.35，小斗高 2.5；斗畔相错 1.0，外露小斗长 3.0；大斗长 6.6，大斗高 3.7；短栱全长（包括小斗）14.7，长栱全长（包括小斗）20.6，短栱心长 10.7，短栱跳距 5.35。

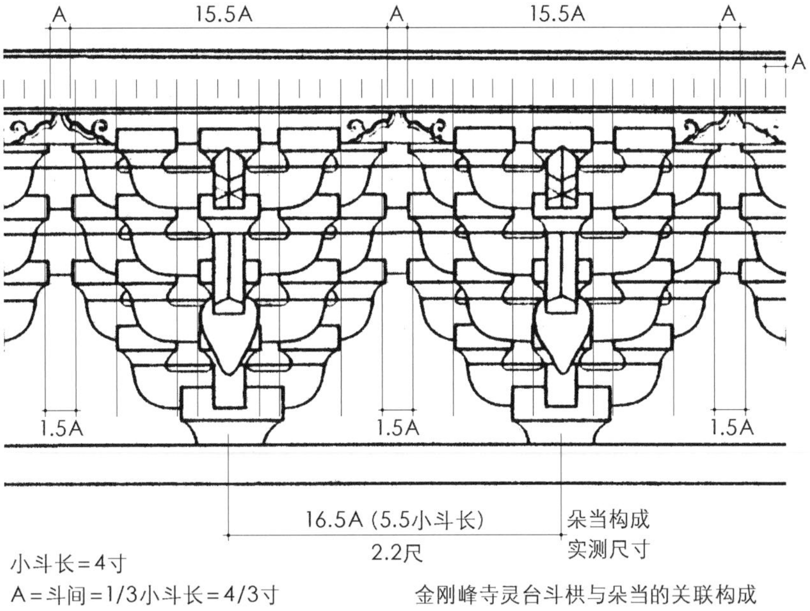

图 8-2-20　金刚峰寺灵台斗栱与朵当的关联构成（底图来源：高野山文化财保存会. 重要文化財金剛峰寺德川家霊台修理工事報告書 [M]，1962）

设 1/3 斗长为 A，灵台斗栱构成关系如下：

斗间 1A，小斗长 3A，斗畔相错 0.75A，斗栱全长 15.5A，合（5 + 1/6）斗长（图 8-2-19）。

进而，斗栱与朵当的关联构成如下：

斗栱全长 15.5A，边斗间 1A，朵当 16.5A，合 5.5 小斗长；相应地，明间 16.5 斗长，次间 11 斗长，总体 38.5×38.5（斗长）（图 8-2-20）。

再以金刚峰寺灵台斗栱全长的测值与算值作比较：

测值：斗栱全长＝ 20.6 寸

算值：斗栱全长＝ 15.5 斗间＝ 15.5×4/3 寸＝ 20.66 寸

金刚峰寺灵台斗栱全长的测值与算值近于完全吻合。

那么，在斗栱构成上，灵台为何采取斗畔相错的形式呢？分析表明：在斗栱与朵当的关联构成上，若小斗配置采用斗畔相接的形式，则斗栱全长为 17 斗间，合 2.266 尺，那么其 2.2 尺的朵当则放不下一朵斗栱。因此，设计上将斗畔相接的形式改为斗畔相错的形式，每边相错 0.75 斗间（1/4 斗长），两边一共缩减 1.5 斗间（1/2 斗长），斗栱全长由 17 斗间减小为 15.5 斗间，从而使得相邻斗栱之间留有 1 斗间（1/3 斗长）的空当。此例表明唐样斗栱立面设计上，斗栱构成与朵当构成的整体性和关联性。

通过斗畔相错的形式，金刚峰寺灵台的朵当构成，较中世唐样的六间割斗长模数，更减小 1/2 斗长，呈朵当 5.5 斗长的形式。

金刚峰寺灵台尺度设计上，以 1/3 斗长的斗间为细分基准，精细筹划斗栱与朵当的关联构成，其关注的重点在横向尺度关系上。

这是一例营造尺与现行尺尺长相同的案例，有助于发现和认识其原初的设计意图与方法。

唐样斗长模数的和样枝割化，是近世以来斗长模数演变的主要趋势。故近世唐样遗构中，几乎不见纯正的唐样斗长模数之例，与和样枝割无关的近世唐样斗长模数，或仅此金刚峰寺灵台一例。

中世以来，唐样所有的模数形式中，唯斗长模数由中世至近世，贯穿始终。而材栔、斗口模数形式，至近世几近消失或一统于斗长模数的形式。

斗长基准的独特属性，决定了斗长模数必然成为唐样设计技术演变上最具特色的表现。相较于其他基准形式，斗长基准的特点在于：

其一，作为横向尺度单元的斗长，在注重横向尺度筹划的唐样模数设计上，有着其他基准形式所不具备的独特作用和意义。

其二，小斗配置在斗栱立面横向尺度构成上的主导性，使得斗长成为沟通和关联斗栱、朵当及开间三者构成关系的最合适的基准形式，或者说相较于其他基准形式，基于斗长的整体构成关系最为直观简明和衔接有序。

其三，唐样斗栱立面构成上，基于材栔、斗口与斗长之间的简洁比例关系，材广基准、斗口基准实际上皆可由斗长基准替代。

其四，斗长与枝割的关联整合，是近世唐样设计技术和样化的主要方式。实际上，和样六枝挂斗栱形式的建立，同样也是基于斗长与枝割的整合关系。

综上所述，由中世至近世的唐样设计技术的演变，斗长模数的意义尤值得关注。中世以来由于唐样补间铺作配置所带来的斗栱密集化，促使了唐样尺度设计上对横向尺度精细筹划的极度强调，从而使得斗长基准的作用显著而突出。而和样枝割化，又进一步促成了近世唐样斗长模数的主流化。

斗长模数的主流化趋势，是中世末期至近世唐样设计技术演进的一个重要特色，而六间割斗长模数的出现，标志唐样斗长模数的主流化及其定型。所谓主流化的实质，也就是和样枝割化，唐样的六间割斗长模数，为近世唐样设计技术的和样枝割化准备了条件。

中世唐样永保寺开山堂、酬恩庵本堂所表现的六间割斗长模数形式，与江户时代唐样技术书《建仁寺派家传书》所记“九枝挂六间割”有着传承演变关系，近世唐样九枝挂六间割的模数形式，即是中世唐样六间割斗长模数的和样枝割化。近世以来，六间割斗长模数与枝割整合而呈现和样化面貌，并最终在近世唐样技术书中得以体系化、制度化，成为近世唐样设计技术的一个基本范式。

唐样设计技术上，出于对横向尺度关系的重视和追求，基准形式的变化呈现出向斗长基准归结的倾向和特色。或者说中国风的材栔模数、斗口模数逐渐被弃用，最终转向更为直观和直接的斗长模数。

概括而言，中世以来的唐样设计技术，在和样枝割因素未介入之前，其模数形式大都是宋清法式的传承、细化和改造，未有本质的改变。而近世以来，随着和样枝割因素的介入，唐样设计技术出现质的变化，且唐样诸模数形式中，唯斗长模数通过与和样枝割技法的整合得以延续。

近世唐样设计技术呈现技术形态多样化和技术成分多元化的面貌。

三、近世唐样设计技术的和样枝割化

1. 和样的侵蚀与唐样的蜕变

（1）唐样模数方法与枝割的整合

如前文所述，近世唐样设计技术的演变可大致分作两个方向：一是宋式传承与演进，二是和样化的蜕变。上节讨论了近世唐样设计技术的宋式传承与演进，本节继续讨论近世唐样设计技术演变的另一个方向——和样化的蜕变。

近世唐样设计技术演变的上述两个方向中，和样化的蜕变代表了主流方向，更为典型地表现了近世唐样设计技术的性质和特色。

唐样与和样，作为两个截然不同并互动相关的设计体系，及至近世二者的角色关系发生了此消彼长的变化。这一时期强势和样的影响，在相当程度上侵蚀和同化了唐样设计技术的个性特色，并部分地改变了唐样设计技术的初衷和形态，其典型的表现即是唐样设计技术的和样枝割化。

和样枝割因素的介入，给唐样设计技术带来了相当大的变化，无论是形式上还是内涵上，如模数基准的替代、构成关系的变化，乃至朵当属性的蜕变。近世唐样设计技术部分地呈现与和样同质化的倾向。

唐样设计技术的和样化蜕变，其实质是两种设计体系的交融互动，表现为唐样朵当模数与和样椽当模数的关联性的建立。在和样化的作用下，唐样模数设计方法，经历了和样枝割技术的影响和改造，最终呈现近世唐样设计技术的交杂形态与独特面貌。

朵当模数与椽当模数各有其相应的对象性特征，即唐样的补间铺作配置与和样的平行椽做法。然而，唐样扇列椽做法与基于平行椽做法的枝割设计技术，二者是相悖和矛盾的。

如何处理和协调这一矛盾，是唐样设计技术和样化的一个关键，并最终通过折中的方式在近世唐样建筑上得以实现和样枝割技术。其方法是局部引入和样平行椽做法，唐样建筑殿身上檐保持唐样标志性的扇列椽做法，副阶下檐采用和样平行椽做法。和样平行椽做法的引入，为唐样设计技术与和样枝割的整合提供了前提和条件。

和样平行椽做法的引入，改变了传统唐样形象上的标志性特征。然而，中世末期以来，部分唐样建筑上出现的平行椽做法，其意义应不在于唐样造型的和样化，而在于其所提供的唐样设计技术和样化的条件和可能性，二者间具有因果关系。

近世唐样建筑的和样化进程中，样式形制的变化是直观醒目的，而设计技术的变化则是非直观和潜在的。

（2）唐样设计技术枝割化的两个层面

近世唐样设计技术的和样化，既有模数基准的替代，又有构成关系的改变，从而改变了唐样设计技术的传统规制，并形成新的枝割规制，和样枝割基准取代唐样的材栔、斗口基准，唐样传统的构成关系枝割化。由此，和样的枝割技术在唐样设计体系中登堂入室，为唐样所用。

“枝”为和样术语，包含两个含义：一指椽数，如六枝挂斗栱，指其一朵斗栱全长与六枝椽的外边相对应；二指椽中距，即椽当，日本称一枝尺寸，为模数基准单位，用于权衡和设定开间、斗栱的尺度关系，如朵当八枝，指朵当构成为8个椽中距。

从现存遗构的分析来看，近世唐样设计技术的和样化，也即和样枝割对唐样的渗透和改造，并非一蹴而就，而是经历了分步实现的过程。在初期阶段或部分地域，和样枝割的影响只限于朵当和间广构成，未及至斗栱构成的层面。而随着和样化的深入，和样枝割逐渐实现了对唐样朵当构成和斗栱构成的全面整合与支配。

概括而言，近世以来和样枝割的影响，首先在唐样的朵当、开间构成上表现出来，并逐渐扩展、延伸至斗栱构成，由此形成和样化进程的如下两个步骤和层面：

一是朵当、间广构成转而受制于和样的枝割规制，斗栱构成仍保持唐样的旧有规制，可称为唐样设计技术的部分和样化；

二是朵当、间广、斗栱构成皆受制于和样的枝割规制，唐样设计技术呈现全面的和样化。

和样枝割对近世唐样斗栱构成的支配，其方式是建立枝割与斗长的关联整合。

檐椽配置本与斗栱构成无关，然若筹划二者间的关联对应，在位置上与檐椽配置最接近和相关的就是跳头横栱上的小斗排列。实际上和样斗栱的枝割模数，正是基于檐椽配置与小斗排列在位置和尺寸上的对应关系，建立和样斗栱六枝挂的构成关系。而和样化的唐样斗栱构成，则模仿和样斗栱六枝挂的方法，并由单栱造的和样斗栱六枝挂形式，拓展为重栱造的唐样斗栱八枝挂形式。

近世以来唐样斗长模数的主流化发展，其根本原因还在于和样枝割化的推动，而唐样又将复杂的斗栱构成关系简化到横向尺度关系上，使得基于枝割的唐样斗栱横向尺度构成直观、清晰和有序。

近世唐样设计技术的和样化进程，从粗浅到深入，从简单到复杂，从局部到整体，逐渐实现斗栱、朵当、开间三者关联的整体枝割化的演变。

（3）唐样设计技术的蜕变：从形式到内涵

和样枝割因素的介入，改变了唐样设计技术的方方面面，在模数形式上的变化尤其显著，并且逐渐深入至模数内涵的层面，其作用从量变到质变，最终在部分近世唐样建筑上实现了唐样设计技术的质的变化，其最重要的表现是朵当属性的改变。

唐样设计技术的核心在于朵当法，即基于补间铺作配置的尺度设计方法。然随着和样枝割因素的介入和侵蚀，唐样设计技术逐渐失去其鲜明的个性特色，甚至包括其核心的内涵，即朵当基准的属性。

在部分近世唐样遗构上，和样枝割化的朵当构成，促使了朵当属性的改变，表现为朵当与椽当的主从关系的转换。也即唐样朵当失去作为基准的属性，和样的椽当基准取而代之。在开间尺度构成上，椽当成为主动和支配因素，朵当则沦为被动性尺度单元。这一主从关系的转换，触及唐样设计技术的核心内涵，是唐样设计技术和样化最彻底的表现。

随着和样枝割因素的介入，近世唐样设计技术的朵当属性，呈现出主动型朵当与被动型朵当的分别。而这两种唐样朵当现象，其实质表现的是唐样设计技术和样化程度的不同。

和样化的近世唐样设计技术，必然反映在相应的尺度关系上，也即可以通过分析朵当和椽当的尺度关系及其性质和特点，认识并区分两种朵当属性以及相应的设计方法。

实际上，对于技术交融的近世设计技术，其时工匠也意识到上述两种朵当属性的存在和区别，并于近世建筑技术书中，将这两种不同的朵当属性，分别以“あいた”（读音 ayita）和“そなえ”（读音 sonae）这两个术语表记和区分，其内涵表达的是朵当与开间的尺度关系上两种朵当现象及其属性差异，而这种差异性可概括为主动型朵当与被动型朵当的差别。

基于上述分析，和样化的近世唐样设计技术，可根据朵当属性的差异分作如下两个类型：一是主动型朵当法，即由朵当的倍数决定间广；二是被动型朵当法，即由开间的分割生成朵当。前者对应于近世建筑技术书中的あいた法，后者对应于そなえ法。

相似的和样化现象背后，包含有两种不同的朵当属性及相应的设计方法。

众多和样化的近世唐样遗构中，京都禅寺唐样与日光灵庙唐样是两种典型和代表。这两类唐样建筑的不同，表面上在于禅寺佛堂与灵庙本殿的属性分别，实际上更具意义的是二者分别代表了近世唐样设计技术和样化的两种不同路线及相应方法，即：京都禅寺唐样设计技术归属于被动型朵当法，日光灵庙唐样设计技术归属于主动型朵当法。

基于朵当属性差异的上述两种和样化类型，反映并概括了近世唐样设计技术和样化进程中的纷繁现象和特色，并与中世唐样设计技术相承续和衔接。以下依次分析近世唐样设计技术和样化的这两种类型，先从被动型朵当法的京都禅寺唐样开始讨论。

2. 京都禅寺唐样：走向朵当质变的和样化

（1）相国寺法堂：朵当构成与枝割的整合

如前文所述，近世唐样设计技术的和样化进程，在初期阶段，和样化的程度是有局限的，枝割的影响限于朵当和间广构成，而未及至斗栱构成，其性质可认为是唐样设计技术的部分和样化。从现存唐样遗构来看，这一过程始于 17 世纪初的京都大禅寺相国寺法堂（1605 年）。

17 世纪是日本禅宗寺院发展上的一个重要时期，继中世之后，近世禅宗寺院复兴，营造了一批禅宗大寺殿堂，且大多集中于禅宗重镇的京都地区，如京都相国寺、大德寺、妙心寺等。这些京都禅宗大寺殿堂成为近世唐样建筑的代表，以及唐样设计技术和样化的重要实例，相国寺法堂即是其一。

17 世纪初的相国寺法堂的意义在于：唐样遗构上首次出现朵当、间广构成与和样枝割产生关联和整合，而斗栱构成仍保持唐样的传统规制。相国寺法堂的部分枝割化现象，代表了近世初期唐样设计技术和样化的一个典型。

分析相国寺法堂的尺度关系，在朵当构成上，相国寺法堂已从唐样的材栔规制转为和样的枝割规制，其朵当构成与枝割的整合，取一朵当配八枝的形式，以此取代唐样基于材栔的朵当构成形式。

相国寺法堂首先在样式做法上，改副阶扇列椽为平行椽的形式，为和样枝割介入提供了基本条件。进而法堂朵当构成又与副阶平行椽的枝割建立对应关联，实测朵当均值 6.52 尺，合椽当 8 倍，每枝 8.15 寸，朵当八枝的构成关系成立。

下面基于朵当八枝的构成关系，进一步分析相国寺法堂朵当、间广的整体枝割关系。

相国寺法堂的规模为殿身方五间、周匝副阶的形式。面阔明间补间铺作两朵，次、梢间及副阶补间铺作各一朵，进深各间补间铺作一朵（图 8-3-1）。殿身上檐扇列椽形式，保持唐样特色；副阶下檐平行椽形式，为和样枝割的介入提供条件，是近世唐样佛堂和样化的基本形式。殿身各间朵当均等，皆 6.52 尺。法堂开间实测尺寸如下：

面阔七间：明间 19.60 尺，次间 13.03 尺，梢间 13.03 尺，副阶 10.60 尺

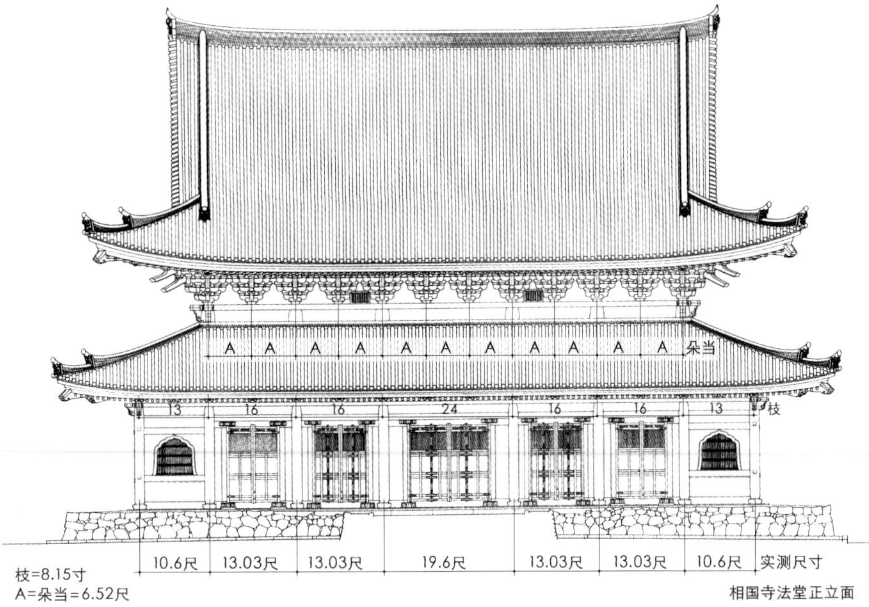

图 8-3-1　相国寺法堂正立面
[底图来源：京都府教育厅指導部文化財保護課編. 重要文化財相国寺本堂（法堂）・附玄関廊修理工事報告書 [M]. 京都府教育委員会，1997]

进深七间：中间 13.03 尺，次间 13.03 尺，边间 13.03 尺，副阶 10.60 尺

殿身规模：71.72 × 65.15（尺），11 × 10（朵当）

整体规模：92.92 × 86.35（尺）

基于相国寺法堂朵当八枝的构成关系，实测朵当均值 6.52 尺，椽当 8.15 寸，开间构成关系为：殿身面阔明间 24 枝，次、梢间 16 枝；进深五间各 16 枝，副阶 13 枝。法堂开间构成关系排比如下（单位：枝）：

面阔七间：13 ＋ 16 ＋ 16 ＋ 24 ＋ 16 ＋ 16 ＋ 13（枝）

进深七间：13 ＋ 16 ＋ 16 ＋ 16 ＋ 16 ＋ 16 ＋ 13（枝）

殿身规模：88 × 80（枝）

整体规模：114 × 106（枝）

在上述分析的基础上，通过法堂的设计尺寸复原，探讨其直接的尺度设计意图和方法。

中世营造尺长与现行尺（尺长 30.3 厘米）相仿，而近世江户时代以来，营造尺长更与现行曲尺几近相等，或仅略有微差。依此特点并基于实测尺寸，可作朵当及椽当尺寸的复原分析。

根据相国寺法堂的实测尺寸分析，其营造尺长应微大于现尺，约为现尺的 1.003 倍，即：朵当实测值 6.52 尺，设计值 6.5 尺；椽当实测值 8.15 寸，设计值 8.125 寸。法堂应以朵当 6.5 尺为基准，作为尺度设计上先行、主动的基准尺寸。基于复原朵当 6.5 尺以及开间构成关系，推得开间设计尺寸为：明间 19.5 尺，次、梢间 13 尺，副阶 10.5625 尺。

根据上述的复原设计尺寸以及尺度关系的分析，相国寺法堂的尺度设计意图及方法推导如下：

其一，法堂开间尺度设计上，采用“朵当＋枝”的两级模数形式，且根据尺度关系分析，设计方法上为主动型朵当法，即：以朵当为基准，间广设定取朵当的倍数，椽当取朵当的分数，即以朵当的 1/8 为之；

其二，一朵当配八枝，相应形成明间 24 枝、次间与梢间 16 枝的构成关系；

其三，副阶尺寸由枝割设定，即副阶 13 枝。

分析相国寺法堂开间、朵当和椽当的尺度关系，朵当仍是间广构成的基准所在，而椽当相应于朵当则是后出和被动的，呈依附、从属的特色，即朵当与椽当为主从关系。

与朵当、间广构成枝割化相对照的是，相国寺法堂的斗栱构成与枝割完全无关，二者间不存在整合关系，斗栱构成仍守唐样模数旧制。

近世唐样尺度构成的和样枝割化，首先表现在相对简单、直观的朵当与开间的尺度构成上，其方式是直接套用和样开间构成的枝割规制。而斗栱尺度构成上，唐样重栱造较和样单栱造复杂，故唐样斗栱构成与枝割的整合滞后于朵当和开间。相国寺法堂的斗栱构成应反映的是这一状况。

相国寺法堂殿身斗栱为唐样重栱造六铺作单杪双下昂形式，斗栱立面分型为斗畔相接的形式。

实测法堂斗栱构成的基本尺寸如下[12]：

小斗长 10.8 寸，斗间 3.55 寸，跳距 14.3 寸

权衡斗栱的实测尺寸，法堂斗栱立面的横向尺度关系，吻合基于 1/3 小斗长（3.6 寸）的格线关系。其基本单元尺寸的推算值如下：

小斗长＝ 10.8 寸，斗间＝ 3.6 寸

在斗栱尺度构成上，相国寺法堂以 1/3 小斗长（3.6 寸，设为 A）为细分基准，权衡和设定斗栱的横向尺度关系：

斗间＝ A，小斗长＝ 3A，大斗长＝ 5A，栱心跳距＝ 4A，斗栱全长＝ 17A

法堂斗栱的测值与算值相当吻合，斗栱立面的横向尺度构成，基于 1/3 小斗长（3.6 寸）的单向格线关系（图 8-3-2）。

法堂基于斗长的斗栱构成，与枝割不存在整合关系。然而，朵当构成上由于枝割因素的介入，使得原先基于斗长所建立的斗栱与朵当的关联构成不复存在。

由实测尺寸可见，法堂斗栱的边斗间未与斗间统一，边斗间尺寸略大于斗间尺寸。根据斗栱全长及朵当尺寸的推算，边斗间的算值如下：

边斗间＝朵当尺寸 - 斗栱全长＝ 6.52-（0.36×17）＝ 0.4 尺

边斗间的 0.4 尺，未置于斗间格线 0.36 尺的权衡和支配下。

法堂的朵当构成与斗栱构成呈分离状态：前者基于和样枝割，后者基于唐样斗长（图 8-3-3）。近世唐样相国寺法堂的尺度构成，表现了和样化初期唐样尺

12　相国寺法堂殿身斗栱实测尺寸（单位：寸），据工事报告书所记数据：材广 7.8，材厚 6.0，栔高 4.6，跳高 12.4；斗间 3.55，小斗长 10.8，大斗长 17.9；华栱与令栱跳距 14.3。又依大斗外边与小斗内边的斗畔相接关系，推算令栱跳距为 14.35。

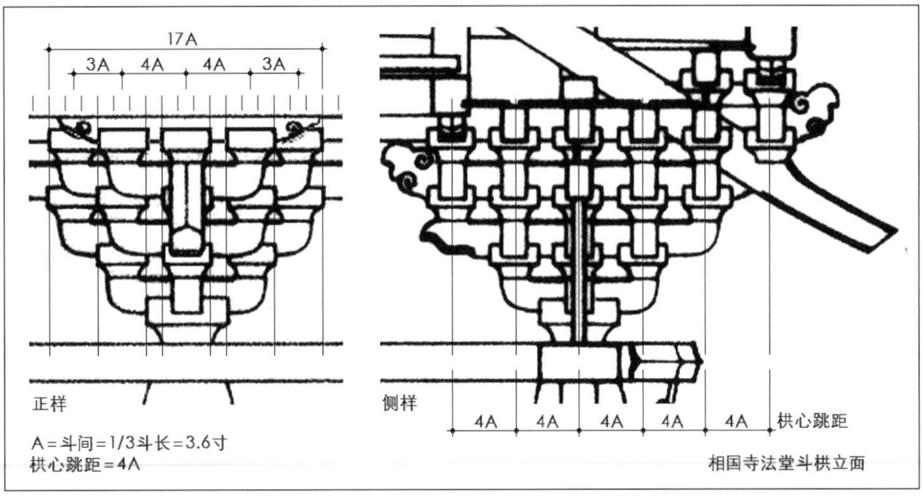

图 8-3-2　相国寺法堂基于斗长的斗栱立面构成 [底图来源：京都府教育庁指導部文化財保護課編. 重要文化財相国寺本堂（法堂）・附玄関廊修理工事報告書 [M]. 京都府教育委員会，1997]

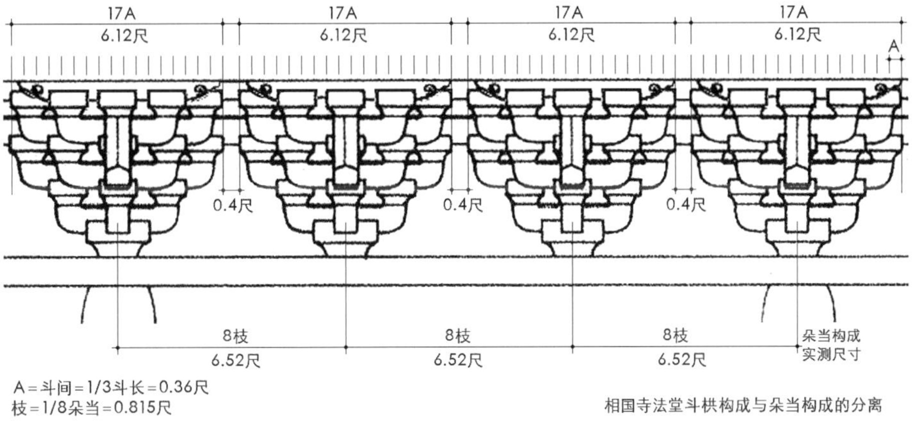

图 8-3-3　相国寺法堂斗栱构成与朵当构成的分离 [底图来源：京都府教育庁指導部文化財保護課編. 重要文化財相国寺本堂（法堂）・附玄関廊修理工事報告書 [M]. 京都府教育委員会，1997]

度构成上两种模数形态的并存。

相国寺法堂的分析表明，唐样设计技术的和样枝割化在 17 世纪初已经出现。就现存唐样遗构而言，以相国寺法堂的朵当枝割化为标志，和样的枝割因素开始介入唐样的尺度设计。然这一和样化的过程应是分步实现的，首先是朵当、间广构成的枝割化，然后推及至斗栱构成的枝割化。相国寺法堂设计技术的部分和样化，一是表明这一时期唐样尺度构成的枝割化，限于朵当、开间，二是唐样遗构上确认了此后唐样朵当构成的八枝定式。

朵当构成是唐样设计技术的独特性所在。而近世唐样设计技术的和样化，也正是从朵当构成的变化开始的。

在唐样设计技术的演变上，就现存遗构而言，相国寺法堂首次确立了朵当、开间构成的枝割关系，即：朵当 8 枝、面阔明间 24 枝、次间 16 枝的枝割关系。且这一枝割关系成为近世唐样开间构成和样化的一个基本模式。

概括相国寺法堂设计技术上的两个特色：一是尺度构成上的部分枝割化，二是设计方法上的主动型朵当法。

在唐样设计技术和样化的进程上，相国寺法堂具有坐标的意义。

继相国寺法堂之后，相同或近似的做法在京都大德寺法堂、佛殿上也可见到，其设计技术的性质及方法一如相国寺法堂。

大德寺为京都禅宗大寺，规模宏大，寺中主要建筑法堂与佛殿，分别建于1636年与1665年，时间上约在相国寺法堂之后的半个世纪，然其和样化的程度，仍停留在相国寺法堂的部分枝割化的阶段。也即法堂、佛殿二构的朵当、开间构成已呈和样枝割化，而斗栱构成则与枝割无关，仍守唐样斗口模数的旧制。

京都大德寺法堂（1636年），殿身面阔五间，进深四间，副阶周匝。面阔明间补间铺作两朵，余面阔、进深各间皆补间铺作一朵。殿身上檐扇列椽，副阶下檐平行椽。法堂开间实测尺寸如下：

面阔七间：明间15.90尺，次间10.60尺，梢间10.60尺，副阶8.61尺

进深六间：中间11.26尺，边间11.26尺，副阶8.61尺

殿身规模：58.30×45.04（尺）

整体规模：75.52×62.26（尺）

与相国寺法堂一样，大德寺法堂的朵当构成也转为基于和样的枝割规制。其朵当、开间构成与副阶布椽的关联性表现为：殿身面阔各间朵当5.3尺，合朵当8枝；进深各间朵当5.63尺，合朵当8.5枝，椽当6.625寸。基于枝割的开间构成关系为：殿身面阔明间24枝，次、梢间16枝；进深四间各17枝，副阶13枝。法堂开间构成关系排比如下（单位：枝）：

面阔七间：13 + 16 + 16 + 24 + 16 + 16 + 13（枝）

进深六间：13 + 17 + 17 + 17 + 17 + 13（枝）

殿身规模：88×68（枝）

整体规模：114×94（枝）

大德寺法堂的面阔朵当8枝，以及明间24枝、次间与梢间16枝、副阶13枝的枝割构成关系，与相国寺法堂完全相同。

在上述分析的基础上，探讨大德寺法堂的尺度设计意图和方法。

根据法堂的实测尺寸分析，法堂营造尺长与现尺相同，其设计方法为主动型朵当法，即以面阔朵当5.3尺为基准，作为尺度设计上先行、主动的基准尺寸，开间尺寸由朵当的叠加而生成。

进而，以朵当5.3尺配椽八枝，椽当取朵当的1/8，即椽当6.625寸，并以此椽当尺寸为基准，调整进深开间尺寸以及设定副阶尺寸，得进深四间各17枝，副阶13枝。其设计思路及方法与相国寺法堂基本相同，即朵当是间广设定的基准，而椽当则是次生和从属的，朵当与椽当为主从关系。

大德寺法堂斗栱为唐样重栱造六铺作单杪双下昂形式，斗栱立面分型为斗畔相接的形式。

实测法堂斗栱构成的基本尺寸如下[13]：

材厚（斗口）4.7 寸，跳高 9.3 寸，小斗长 9.2 寸，斗间 2.5 寸

权衡斗栱的实测尺寸关系，大德寺法堂的斗栱立面构成，吻合基于斗口 4.64 寸的斗口方格模式。其基本单元尺寸推算值如下：

垂直方向：跳高＝ 9.28 寸

水平方向：斗口＝ 4.64 寸，小斗长＝ 9.28 寸，斗间＝ 2.32 寸

在斗栱构成上，大德寺法堂以斗口（4.64 寸，设为 A）为基准，权衡和设定斗栱构成的尺度关系：

斗口＝ A，斗间＝ 1/2A，小斗长＝ 2A，大斗长＝ 3A

跳高＝ 2A，栱心跳距＝ 2.5A，斗栱全长＝ 11A

进而，再以法堂斗栱全长的测值与算值，作比较和验证：

测值：斗栱全长＝长栱长 47.8 寸＋两端小斗斗凹 3.4 寸＝ 51.2 寸

算值：斗栱全长＝ 11 斗口＝ 11 × 4.64 寸＝ 51.04 寸

法堂斗栱全长的测值与算值，几近相等。

基于实测数据分析，法堂斗栱测值与算值相当吻合，斗栱立面构成基于以斗口 4.64 寸为单位的双向格线关系。大德寺法堂的斗栱立面构成模式，一如前文分析的妙成寺开山堂基于斗口的斗栱构成模式：斗畔相接型，斗栱全长 11 斗口，斗间 1/2 斗口，栱心跳距 2.5 斗口，属近世唐样斗口方格Ⅰ型。

大德寺法堂的斗栱构成与和样枝割无关，而是采用近世唐样斗栱构成的斗口规制。

同样，由于法堂朵当构成上枝割因素的介入，故斗栱与朵当的关联构成不复存在。基于斗栱全长及朵当尺寸的推算，法堂边斗间的算值如下：

边斗间＝朵当尺寸 - 斗栱全长＝ 5.3−5.104 ＝ 0.196 尺

边斗间的 0.196 尺，未置于斗口基准 0.464 尺的权衡和支配下。

考虑到构件变形以及误差因素，此边斗间的算值 1.96 寸，与河田克博所记边斗间的测值 2 寸，相当接近和吻合。大德寺法堂边斗间尺寸缩减至不足 1/2 斗口，这意味着斗栱配置的密集程度，达到了一个新的极限值。

与相国寺法堂一样，大德寺法堂的朵当构成与斗栱构成呈分离状态：前者基于和样枝割，后者基于唐样斗口，法堂尺度构成上两种模数形态并存。

大德寺法堂尺度设计的特色在于：斗栱构成基于唐样的斗口模数，而朵当、开间构成已与和样枝割整合。和样枝割化虽未及至斗栱层面，然已深入朵当和开间的尺度构成，完成了和样枝割化的第一步。

大德寺的另一唐样遗构为大德寺佛殿，时代上虽晚于相国寺法堂 60 年，也同样表现了与相国寺法堂相同或近似的和样化特色。

就现存遗构而言，17 世纪初的相国寺法堂（1605 年），开启了唐样设计技

13　大德寺法堂斗栱实测尺寸（单位：寸），据关口欣也整理数据：材广 6.0，材厚 4.7，栔高 3.3，跳高 9.3；斗间 2.59，小斗长 9.2，小斗底长 5.8，小斗高 5.8；大斗长 14.0，大斗高 7.2；短栱长 29.4，长栱长 47.8，短栱心长 23.6，短栱跳距 11.8。

河田克博补充数据：斗间 2.5，边斗间 2.0。参见：河田克博. 近世建築書——堂宫雛形（建仁寺流）[M]. 東京：大龍堂書店，1988：834.

术和样化的进程，成为唐样遗构中朵当、开间构成枝割化的初例，然尚未实现基于枝割的斗栱、朵当、开间三者关联的整体筹划。斗栱构成的枝割化，成为相国寺法堂之后唐样设计技术和样化的下一步目标。直至 17 世纪中期，唐样斗栱构成的枝割化终于出现，从而在京都唐样建筑上实现朵当构成与斗栱构成的全面枝割化，其例是京都禅宗大寺的妙心寺法堂（1656 年）。京都禅寺唐样设计技术的和样化，由此进入更加全面和深入的阶段。

（2）妙心寺法堂：斗栱构成与朵当构成的枝割一体化

在唐样设计技术和样化的进程上，继朵当、开间构成枝割化后，接续而来的是斗栱构成的枝割化。

和样化初期的唐样朵当、开间构成的枝割化，基本上是套用和样开间构成的枝割方式，而唐样重栱造斗栱的枝割化则相对复杂。就大势而言，朵当枝割化在前，斗栱枝割化在后，和样枝割化的进程从简单到复杂。和样枝割与唐样尺度构成的整合乃至支配，应该是从朵当、开间构成扩展到斗栱构成的。

现存京都唐样遗构中，斗栱构成枝割化的首例是京都妙心寺法堂（1656 年），其时已较京都相国寺法堂的朵当枝割化，过去了半个世纪。在唐样设计技术演变序列上，妙心寺法堂有其独特的意义。以下以妙心寺法堂为例，解析京都唐样斗栱构成枝割化的方法与特点。

妙心寺为临济宗妙心寺派大本山，据寺藏文书，现法堂 1656 年建成。法堂殿身面阔五间，进深四间，副阶周匝；面阔明间补间铺作两朵，次间、梢间及进深各间补间铺作一朵；殿身上檐扇列椽，副阶下檐平行椽。斗栱为重栱造六铺作单杪双下昂形式（图 8-3-4）。

法堂开间实测尺寸如下：

面阔五间：明间 17.307 尺，次间 11.538 尺，梢间 11.538 尺，副阶 10.096 尺

进深四间：中间 11.538 尺，边间 11.538 尺，副阶 10.096 尺

殿身规模：63.459 × 46.152（尺），11 × 8（朵当）

整体规模：83.650 × 66.343（尺）

法堂朵当、开间构成受制于副阶平行椽的枝割关系，以实测的一枝 7.21 寸为基准。殿身面阔、进深各间朵当均等，实测 5.769 尺，合朵当 8 枝。相应地，面阔明间 24 枝，次、梢间 16 枝；进深四间各 16 枝，副阶 14 枝。法堂间广构成的枝割关系排比如下（单位：枝）：

面阔七间：14 ＋ 16 ＋ 16 ＋ 24 ＋ 16 ＋ 16 ＋ 14（枝）

进深六间：14 ＋ 16 ＋ 16 ＋ 16 ＋ 16 ＋ 14（枝）

殿身规模：88 × 64（枝）

整体规模：116 × 92（枝）

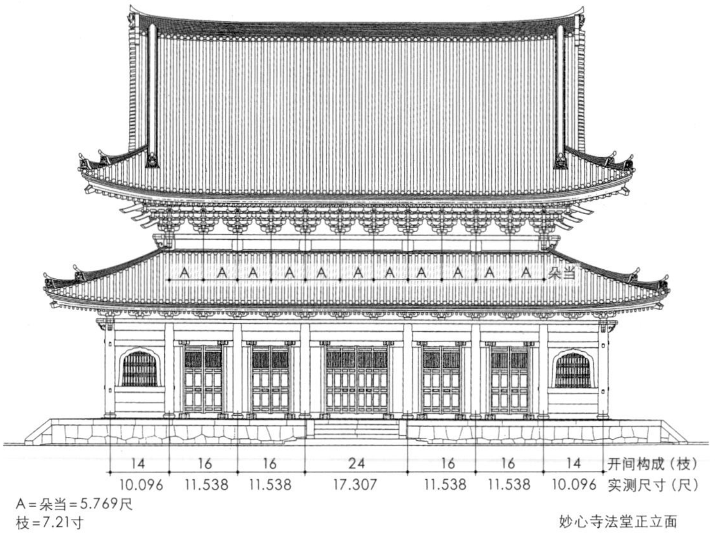

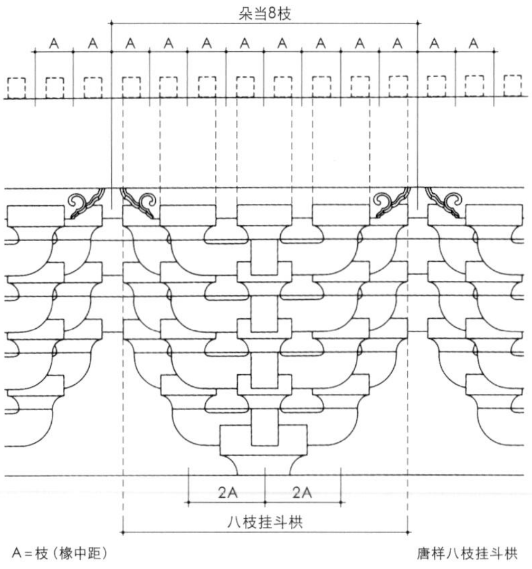

图 8-3-4　妙心寺法堂正立面（底图来源：京都府教育委員会. 重要文化財妙心寺法堂、経蔵修理工事報告書 [M]. 東京：便利堂，1976）（左）

图 8-3-5　近世唐样斗栱八枝挂的构成形式 [来源：河田克博. 近世建築書——堂宫雛形 2（建仁寺流）[M]. 東京：大龍堂書店，1988，作者改绘]（右）

妙心寺法堂的殿身朵当 8 枝，以及明、次间各 24、16 枝的构成关系，一如近世唐样佛堂的通式，唯副阶 14 枝，大于一般副阶 12 枝或 13 枝的形式。

根据妙心寺法堂的实测尺寸分析，该构营造尺长应略大于现尺，约相当于现尺的 1.0015 倍，即：椽当实测值 7.21 寸，设计值 7.2 寸；朵当的实测值 5.769 尺，设计值 5.76 尺。

在设计意图及方法上，法堂以椽当 7.2 寸为基准，作为尺度设计上先行、主动的基准尺寸，基于前述开间构成的枝割关系，法堂间广设计尺寸为：明间 17.28 尺，次、梢间 11.52 尺，副阶 10.08 尺。

妙心寺法堂的开间尺度设计上，朵当与椽当的主从关系发生逆转，枝割确立了支配性的地位。进而，实测数据分析表明，妙心寺法堂的斗栱构成，也已实现与枝割的整合，基准形式转为和样的枝割基准。其斗栱构成的枝割关系为：基于枝割与斗栱的对应关系，形成斗栱八枝挂的构成形式，即：一小斗长对应二枝椽、一朵斗栱全长对应八枝椽的构成形式（图 8-3-5）。

解析唐样斗栱构成的枝割关系，其要点在于小斗长与枝割的关联对应，即：重栱造斗栱立面构成，跳头令栱上三小斗对应六枝椽，加上长栱两端小斗各加一枝椽，一共八枝椽，从而构成唐样重栱造斗栱的八枝挂形式。也就是说，唐样重栱造斗栱八枝挂，是由和样单栱造斗栱六枝挂扩展而来的。

唐样斗栱的八枝挂形式，小斗长与枝割的对应关系如下式：

小斗长＝ 1 枝＋椽宽

八枝挂斗栱的全长，等于七枝加上一个椽宽，即：

八枝挂＝ 7 枝＋椽宽

和样化的唐样斗栱构成受制于枝割关系，椽尺寸（椽中距、椽宽）成为尺度构成的基准所在。

图 8-3-6　妙心寺法堂殿身斗栱形式（来源：京都府教育委員会．重要文化財妙心寺法堂、経蔵修理工事報告書 [M]．東京：便利堂，1976）

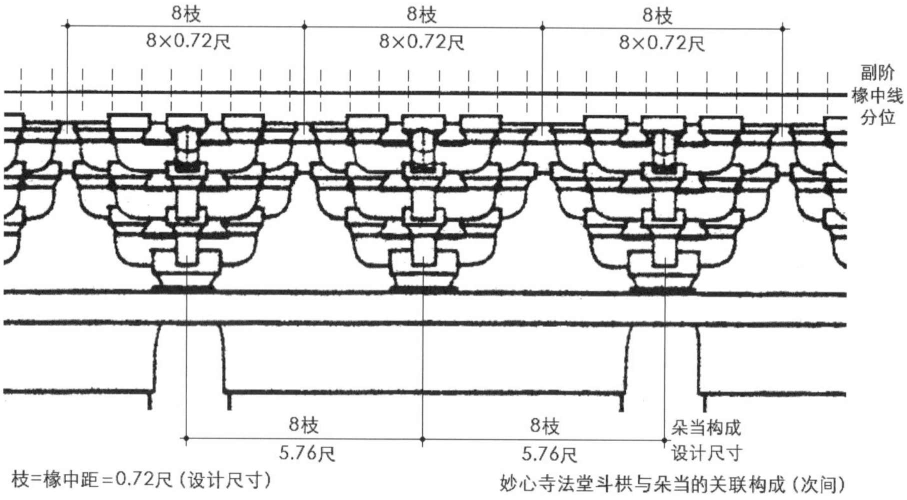

图 8-3-7　妙心寺法堂斗栱与朵当的关联构成（来源：京都府教育委員会．重要文化財妙心寺法堂、経蔵修理工事報告書 [M]．東京：便利堂，1976）

以下具体讨论妙心寺法堂基于枝割的斗栱构成关系。

妙心寺法堂斗栱为唐样重栱造六铺作单杪双下昂形式，铺作排列密集，边斗间狭小，斗栱立面分型为斗畔相错的形式（图 8-3-6）。

和样化的妙心寺法堂斗栱构成，以枝割作权衡和设定。实测法堂斗栱构成的基本尺寸如下[14]：

小斗长 10.3 寸，椽当 7.2 寸

相关工事报告书和研究文献中未记斗间、椽宽尺寸，然记有如下三条信息：一是大斗外边与令栱小斗内边呈斗畔对位关系，二是小斗长等于椽当加椽宽，三是斗间与边斗间相等一致[15]。据此可知，妙心寺法堂斗栱八枝挂的构成关系成立，其基于枝割的斗栱构成，以椽尺寸为基准，作斗栱横向尺度关系的组织和筹划，

14　妙心寺法堂斗栱实测尺寸（单位：寸），据修理工事报告书所记数据：材广 6.0，材厚 4.8；小斗长 10.3，小斗高 6.0；大斗长 17，大斗高 9.5。

15　河田克博．近世建築書——堂宮雛形 2（建仁寺流）[M]．東京：大龍堂書店，1988.

进而建立斗栱与朵当的关联构成（图 8-3-7）。

斗栱构成的枝割化，标志着唐样设计技术和样化的全面和深入，以及基于枝割的斗栱、朵当、开间三者关联的整体构成关系的形成，唐样设计技术由此走向全面的和样化。

妙心寺法堂斗栱、朵当、开间三者关联的尺度构成，是以和样枝割为基准而建立的，其标志性的斗栱八枝挂与朵当八枝的构成形式，具有典型性和代表意义：前者确立基于枝割的斗栱构成，后者确立基于枝割的斗栱与朵当的关联构成。

概括妙心寺法堂设计技术上的两个特色：一是尺度构成上的全面枝割化，二是设计方法上的被动型朵当法。

此外，妙心寺法堂的如下尺度现象值得关注：枝与材广、斗口之间呈简洁的比例关系，即：1 枝＝ 1.2 材＝ 1.5 斗口，其中或表露了不同基准之间的关联性及其转换关系。相应地，基于不同基准的法堂开间尺度构成及转换，比较见表 8-1。

表 8-1　妙心寺法堂开间尺度构成　　　　**单位：基准数**

基准形式	心间	次间	梢间	副阶	殿身规模	总规模
朵当基准	3	2	2	1.75	11 × 8	14.5 × 11.5
枝割基准	24	16	16	14	88 × 64	116 × 92
斗口基准	36	24	24	21	132 × 96	174 × 138

注：1 枝＝ 1.5 斗口，1 朵当＝ 8 枝＝ 12 斗口。

同样，在斗栱构成上，妙心寺法堂栱心跳距的权衡关系为：2 枝＝ 3 斗口，表现了枝割规制对斗口规制的传承和转换，反映了近世唐样设计技术和样枝割化的路径和方法。

唐样设计方法上，妙心寺法堂是一个质的变化，其朵当的属性由主动转为被动，意味着设计逻辑及方法的改变，椽当取代朵当，成为尺度设计上的先行基准，和样枝割的影响不仅深入至斗栱构成，而且改变了唐样基于朵当的设计方法。妙心寺法堂作为唐样斗栱构成与枝割整合的首例，在唐样设计技术和样化进程上是一重要的标杆和节点。

妙心寺法堂之后，具有相同或近似枝割关系的京都唐样遗构还见有妙心寺佛殿（1827 年）等例，设计方法上皆为被动型朵当法，椽当为尺度设计的基准所在，且朵当八枝与斗栱八枝挂，成为妙心寺法堂之后京都唐样枝割关系的一个定式。

如第七章所分析的那样，布椽与斗栱、朵当的关联性的建立，在《营造法式》帐藏小木作上已经实现。从现存小木作遗构来看，北宋晋城南村二仙庙小木作帐龛设计上，也存在布椽与斗栱、朵当之间的对应关系[16]，且非常接近朵当八枝、

16　吕舟，郑宇，姜铮. 晋城二仙庙小木作帐龛调查研究报告 [M]. 北京：科学出版社，2017：83.

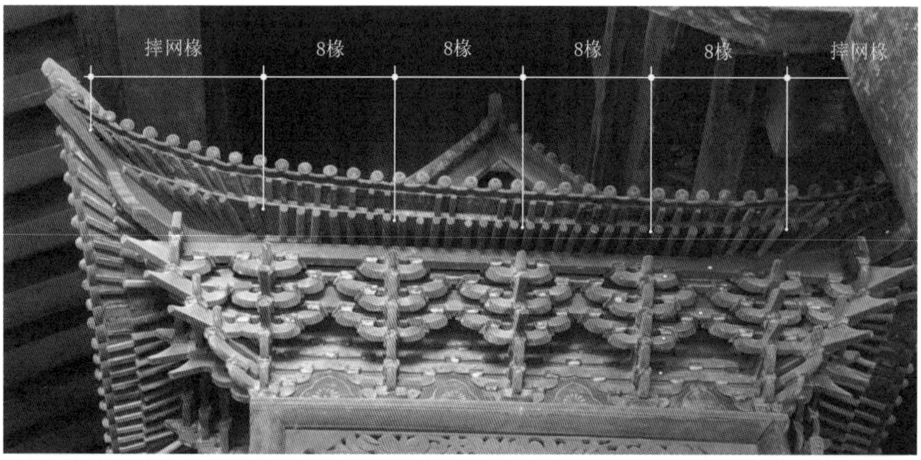

图 8-3-8　晋城二仙庙配楼上檐布椽与斗栱、朵当的关联性（来源：吕舟，郑宇，姜铮．晋城二仙庙小木作帐龛调查研究报告 [M]．北京：科学出版社，2017）

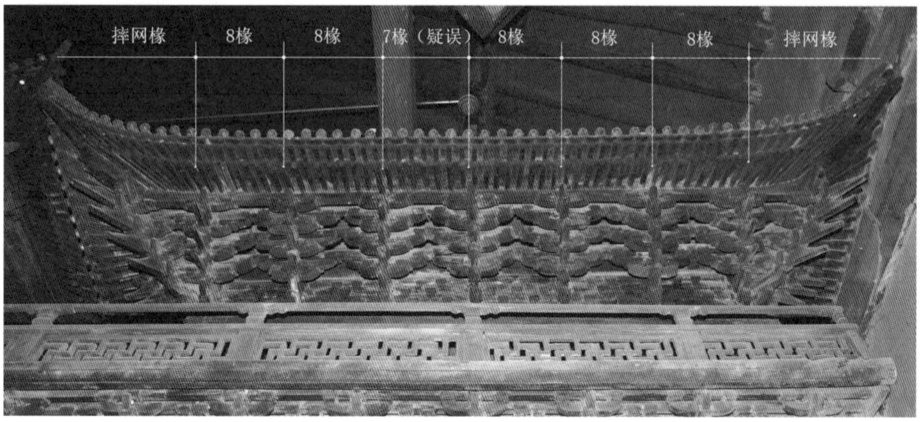

图 8-3-9　晋城二仙庙正龛布椽与斗栱、朵当的关联性（来源：吕舟，郑宇，姜铮．晋城二仙庙小木作帐龛调查研究报告 [M]．北京：科学出版社，2017）

斗栱八枝挂的构成关系，这与近世唐样建筑的枝割关系十分相似，值得关注（图 8-3-8、图 8-3-9）。

（3）从相国寺法堂到妙心寺法堂

近世唐样设计技术的和样化，京都禅寺唐样是一个典型，从相国寺法堂到妙心寺法堂的设计技术的变化，代表了这一和样化演变的阶段性及其大致进程。上述二构可视作这一进程上的两个重要节点和坐标，具有如下两方面的意义：

一是和样化程度的变化，从部分到整体，从简单到复杂，和样化趋于全面和深入；

二是唐样设计方法的改变，主动型朵当转向被动型朵当，椽当基准取代朵当基准。

妙心寺法堂是近世唐样佛堂全面枝割化的遗构初例，其与此前京都其他禅寺佛堂的差异，不只是和样化程度的变化，更重要的是设计方法的改变，即从唐样朵当法到和样椽当法的变化，这意味着中世以来唐样设计技术的质的改变。

中世以来唐样设计技术的核心在于基于补间铺作的朵当法，而随着近世和样化的侵蚀，唐样设计技术从形式到内涵的改变是相当显著的，且至17世纪中叶的妙心寺法堂，甚至朵当法这一区别和样设计技术的最后底线也终失守，和样椽当法成为主角，唐样朵当有形而无实。至此阶段，唐样设计技术的鲜明特色渐趋黯淡，在设计技术上唐样与和样已相当靠近。

唐样设计技术上朵当与椽当的主从关系的反转，无疑是与唐样设计技术的全面枝割化相关联的，然而二者间未必就一定是因果关系，大致同期的日光灵庙唐样建筑即是反例（见下一节分析）。

近世唐样尺度构成的枝割关系上，朵当八枝与斗栱八枝挂是关联对应的存在。斗栱、朵当、开间关联一体的枝割关系，有赖于基于枝割的斗栱与朵当的关联构成。其基本方法是：基于枝割的小斗空当的均质化。具体而言，令斗栱立面构成上的斗间与边斗间相等，并皆等于一个椽净距，则朵当八枝与斗栱八枝挂的枝割关系即告成立。

朵当八枝与斗栱八枝挂的对应关系中，朵当八枝指向铺作中距，斗栱八枝挂指向一朵斗栱全长。二者的关系为：朵当＝斗栱全长＋边斗间。前述的妙心寺法堂即是唐样朵当八枝、斗栱八枝挂的典型。

中世以来唐样斗栱与朵当的关联构成，可概括为斗栱立面构成上小斗空当尺寸的趋同并最终均质化的过程。近世以来枝割化的斗栱与朵当的关联构成，也是沿袭了这一模式，即以枝割模数的形式实现横向尺度筹划上对小斗空当均质化的追求。

近世唐样尺度关系的枝割化，以朵当八枝、斗栱八枝挂为主流形式。此外，又有朵当九枝、斗栱九枝挂的次要形式，现存遗构中仅见少数案例，如栃木大猷院本殿（1653年）、京都泉涌寺佛殿（1669年）。

斗栱八枝挂与斗栱九枝挂这两种形式，在近世唐样技术书中皆有记载，是近世唐样设计技术上两种代表性的斗栱法。

近世唐样设计技术的和样化，京都禅寺唐样代表了一个典型，日光灵庙唐样则代表了另一个典型。日光灵庙唐样作为江户幕府灵庙建筑的代表，反映了江户时期唐样建筑的最高等级及相应的技术水平。比较而言，近世唐样设计技术变革的主场，在以幕府江户城[17]为中心的江户建筑圈。

下一节接着讨论作为技术变革主场的日光灵庙唐样设计技术的和样化演变。

3. 日光灵庙唐样：朵当法的传承与坚守

（1）东照宫本殿：基于朵当的斗栱八枝挂

近世唐样建筑若以性质的差异而言，可分作两类不同的形式：一是随着近世

17　江户城始建于15世纪中叶，1603年德川家康就任征夷大将军并在此设立幕府后，江户成为江户时代的日本首都。日本明治元年（1868），江户改为东京。

禅宗复兴而出现的一批唐样佛堂，以京都禅宗大寺佛堂为代表；二是采用唐样做法的近世灵庙建筑，以江户幕府的日光灵庙建筑为代表。

中世以来，镰仓与京都作为前后相继的两个禅宗中心，禅寺兴盛，唐样流行，两地唐样建筑是中世唐样技术的主流和代表。而至近世，唐样技术发展的重心转向以江户城为中心的江户建筑圈，并以江户幕府官匠的技术谱系为代表。

如果将近世唐样设计技术的和样化视作一场技术变革，那么这场变革的主场和主体则以江户幕府的日光灵庙建筑为代表，其匠师谱系则是作为江户幕府官匠的甲良家工匠。

江户幕府时期，优秀工匠云集江户建筑圈，其中和样的平内家与唐样的甲良家作为江户幕府的官匠，代表了当时建筑技术的最高水平。尤其是建仁寺流的甲良家，传承先进的宋式技术，是近世唐样技术谱系的主流和代表，在江户建筑圈有着显赫的声名和业绩，如供奉江户幕府开府将军德川家康的日光东照宫造替工程[18]，即是1634年由甲良一门所承担的业绩和代表作。1651年，第三代将军德川家光过世，于日光山为其建灵庙大猷院，守护东照宫，由此在日光山形成了两代幕府将军一组的两个灵庙。

东照宫本殿（1636年）和大猷院本殿（1653年），是这一组灵庙中的两个主体建筑。一方面，就技术谱系而言，二构皆为基于甲良家技术的纯正唐样，代表了江户时代甲良家唐样技术的最高水平。另一方面，东照宫本殿和大猷院本殿又是两个相当特殊的唐样建筑：一是在性质上，二构作为江户幕府官匠所营建的灵庙中心主殿，表现了最高的等级形式；二是其极端绚烂华丽的装饰风格反映了幕府将军的趣味追求，与中世唐样素朴风格大异其趣；三是两灵庙本殿在唐样设计技术的演变上具有重要的意义，近世唐样设计技术的变革及其和样化的演变，应主要是由江户幕府官匠所引领和完成的，而甲良一门工匠在日光山江户幕府灵庙的造营活动，促进了近世唐样设计技术的成熟和体系化，日光山两灵庙本殿正是这一演变过程中最重要的两个建筑，且二殿以其幕府官式唐样的性质，具有引领和示范的意义。

枝割化是近世唐样设计技术的普遍特色，而在近世和样化背景下，两灵庙本殿传承和坚守唐样朵当法的特色，又与京都禅寺唐样形成鲜明的对照。

在和样枝割化形式上，东照宫本殿和大猷院本殿又各具特色，二者表现了近世唐样设计技术上的两种斗栱法，即八枝挂和九枝挂这两种形式，且以遗构实物的形式，印证了近世唐样技术书中所记述的两种斗栱法。

日光山两灵庙本殿既是技术成熟的实物遗存，又有近世唐样技术书的记载和对照，是分析近世唐样设计技术演变的重要实例。以下依次讨论两灵庙本殿的唐样设计技术及其和样化的特色。

东照宫本殿（1636年）作为东照宫建筑的主殿，规模宏大，装饰绚丽华美，是东照宫建筑组群中等级最高者。本殿面阔、进深各五间，面阔明、次间各补间

18　日光东照宫位于日本栃木县日光市，是德川幕府第一代将军德川家康的灵庙，初建于1617年，其后由第三代将军德川家光于1634年进行扩建，史称宽永造替。现今的东照宫建筑群大多是1634年宽永造替时所建造的。宽永为日本年号，自1624年至1643年。

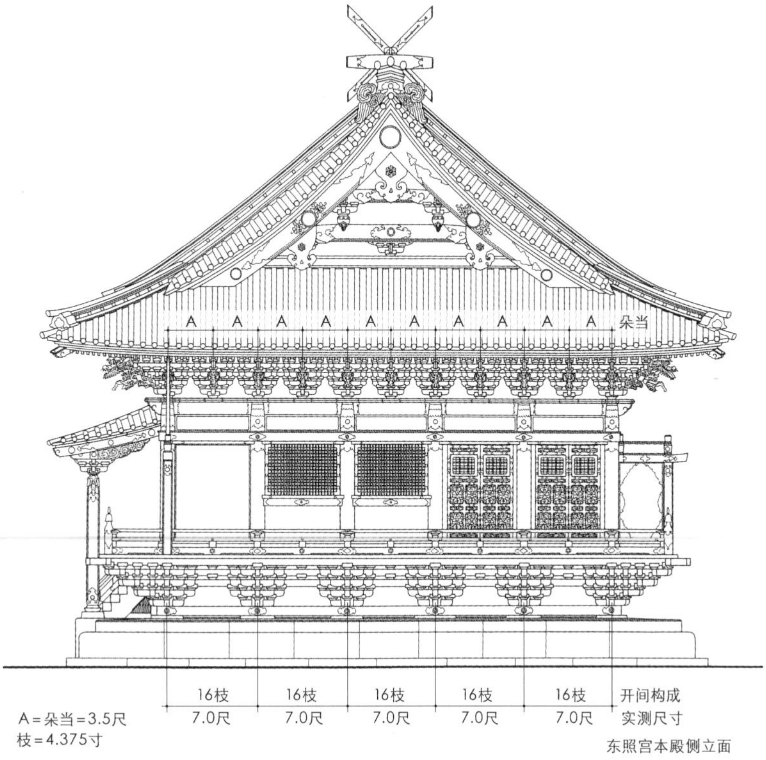

图 8-3-10 东照宫本殿侧立面（来源：日光二社一寺文化財保存委員会編. 国宝東照宮本殿·石之間·拝殿修理工事報告書 [M]. 日光二社一寺文化財保存委員会，1967）

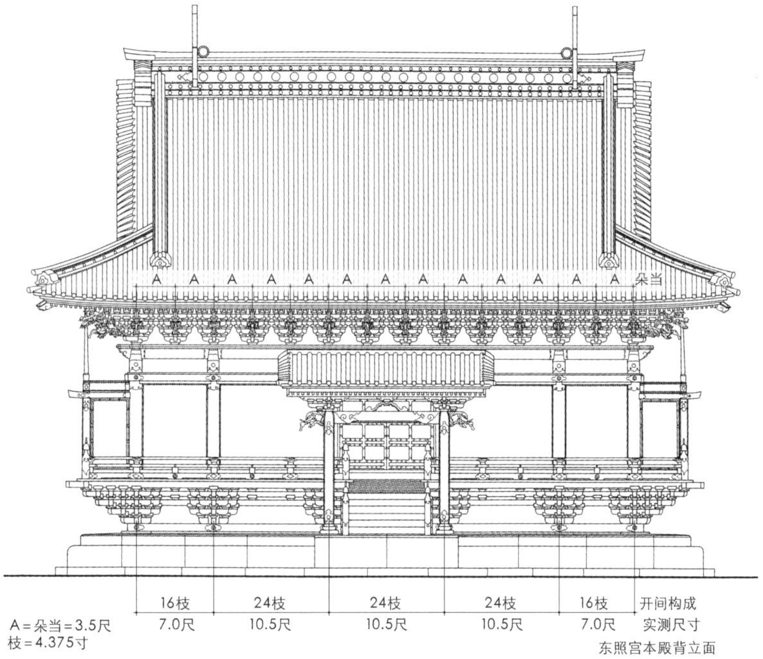

图 8-3-11 东照宫本殿背立面（来源：日光二社一寺文化財保存委員会編. 国宝東照宮本殿·石之間·拝殿修理工事報告書 [M]. 日光二社一寺文化財保存委員会，1967）

铺作两朵，梢间补间铺作一朵；进深五间，各补间铺作一朵。逐间朵当均等，皆 3.5 尺，是唐样典型的基于铺作配置的间广形式（图 8-3-10、图 8-3-11）。

东照宫本殿单檐歇山，采用和样平行椽形式，为和样枝割化提供了基本条件。斗栱形式为唐样重栱造六铺作出三杪，立面分型为斗畔相错的形式。

本殿尺度设计上最重要的特色是传承和坚守唐样基于朵当的设计方法，即以朵当的倍数和分数，权衡和设定开间及斗栱的尺度关系。具体而言，以朵当 3.5

尺的简洁整数尺寸，作为本殿尺度设计上先行的尺度基准。

开间尺寸的筹划上，以朵当 3.5 尺之倍数作权衡和设定，即：面阔明间、次间各补间铺作两朵，相应开间尺寸为 3 倍朵当的 10.5 尺；面阔梢间及进深五间各补间铺作一朵，相应开间尺寸为 2 倍朵当的 7.0 尺。

以朵当 3.5 尺为基准，东照宫本殿开间尺度关系排比如下（实测尺寸）：

面阔五间：明间 10.5 尺，次间 10.5 尺，梢间 7 尺

进深五间：各间 7 尺

整体规模：45.5×35（尺），13×10（朵当）

本殿朵当与枝割的关系上，基于朵当 3.5 尺，以 1/8 朵当生成为椽当尺寸（4.375 寸），也就是朵当 8 枝。相应地，面阔明、次间各 24 枝，梢间 16 枝；进深五间各 16 枝。东照宫本殿开间构成的枝割关系排比如下（单位：枝）：

面阔五间：16 ＋ 24 ＋ 24 ＋ 24 ＋ 16（枝）

进深五间：16 ＋ 16 ＋ 16 ＋ 16 ＋ 16（枝）

整体规模：104×80（枝）

进而，在斗栱尺寸的筹划上，以 1/8 朵当生成的椽当尺寸（4.375 寸）为次级基准，权衡、设定斗栱的尺度关系。

根据东照宫本殿修理工事报告书的勘测记录，本殿斗栱八枝挂的构成关系成立。其相关实测尺寸如下[19]：

小斗长 6.4 寸，栱心跳距 8.75 寸，椽当 4.375 寸。

进而，根据实测椽当 4.375 寸与小斗长 6.4 寸的整合关系，可知椽宽 2.025 寸，椽净距 2.35 寸。

东照宫本殿斗栱吻合八枝挂的构成关系，其枝割与斗栱的整合关系如下（图 8-3-12）：

小斗长＝ 1 枝＋椽宽＝ 4.375 ＋ 2.025 ＝ 6.4 寸

斗间＝椽净距＝ 2.35 寸

栱心跳距＝ 2 枝＝ 4.375×2 ＝ 8.75 寸

斗栱全长＝ 7 枝＋椽宽＝ 4.375×7 ＋ 2.025 ＝ 32.65 寸

进而，以斗间＝边斗间＝椽净距的形式，建立基于枝割的斗栱与朵当的关联构成，即：斗栱全长与边斗间之和，对应朵当 8 枝、3.5 尺（图 8-3-13）。

在斗栱与朵当的关联构成上，朵当八枝与斗栱八枝挂是一个关联对应的存在。其基本方法是基于枝割的斗间均质化，即在横向尺度的筹划上，令斗间与边斗间相等，并对应于椽净距。

在朵当八枝、斗栱八枝挂的枝割关系下，斗栱立面的横向尺度皆与枝割关联对应，其中有两个标志性的对应关系：

其一，小斗长对应二枝椽，即：小斗长等于椽当加上椽宽；

19　东照宫本殿斗栱实测尺寸（单位：寸），据修理工程报告书所记数据：材广 4.2，材厚 3.3；小斗长 6.4，小斗高 3.6；大斗长 9.9 寸，大斗高 5 寸；华栱跳距 8.7 寸，而同组相连的石之间、拜殿的斗栱尺寸与本殿相同，且栱心跳距皆为 8.75 寸，故本殿栱心跳距应同为 8.75 寸，合 2 枝。

根据实测椽中距 4.375 寸及小斗长 6.4 寸，可知椽宽 2.025 寸，椽净距 2.35 寸。

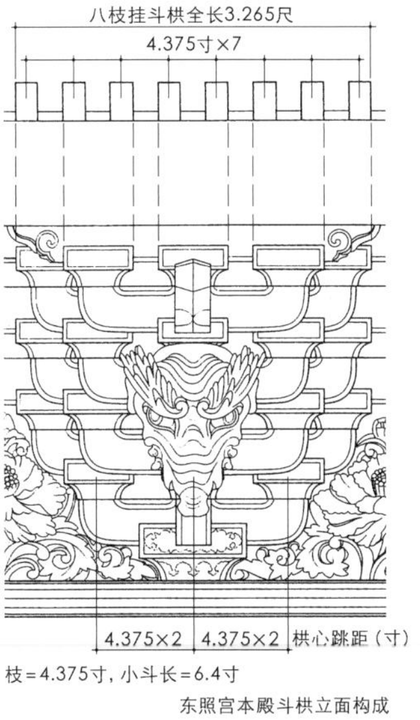

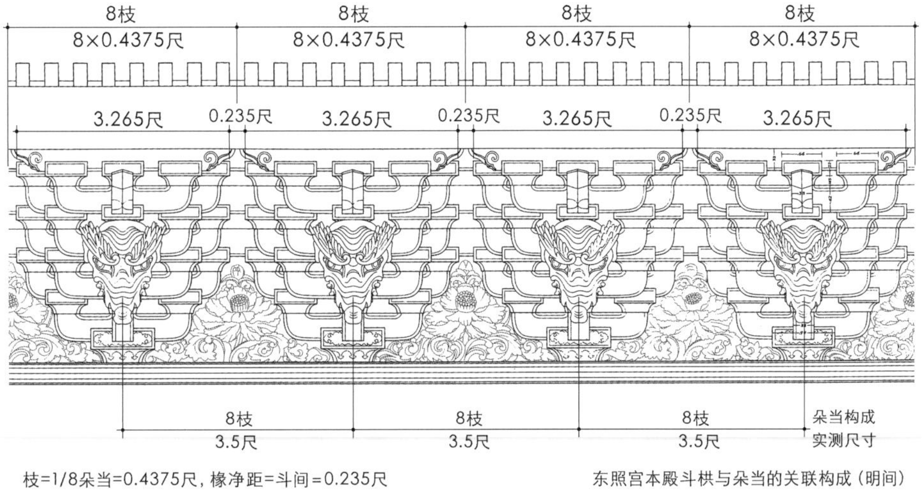

图 8-3-12　东照宫本殿基于枝割的斗栱立面构成（底图来源：日光二社一寺文化財保存委員会編．国宝東照宮本殿・石之間・拝殿修理工事報告書 [M]．日光二社一寺文化財保存委員会，1967）（左）

图 8-3-13　东照宫本殿斗栱与朵当的关联构成（底图来源：日光二社一寺文化財保存委員会編．国宝東照宮本殿・石之間・拝殿修理工事報告書 [M]．日光二社一寺文化財保存委員会，1967）（右）

其二，栱心跳距呈二枝关系，即：栱心跳距等于 2 倍椽中距。

斗栱构成的枝割关系，注重的是斗栱横向尺度的组织筹划及其与枝割的关联对应，而其他一些构件尺寸的设定，多以简单尺寸为特色，且斗口基准仍隐含其间。如大斗长 9.9 寸合 3 斗口，普拍枋厚 3.3 寸合 1 斗口，替木广 3.3 寸合 1 斗口，阑额广 9.8 寸合 3 斗口等。

基于上述的分析，东照宫本殿的设计方法归纳如下：

东照宫本殿传承唐样基于朵当的设计方法，以朵当的倍数设定开间尺寸，以朵当的分数生成次级的椽当基准，并以之权衡斗栱和朵当的尺度关系，从而建立基于枝割的斗栱、朵当、开间三者关联的整体构成关系。

概括东照宫本殿设计技术上的两个特色：一是尺度构成上的朵当八枝、斗栱八枝挂的枝割关系，二是设计方法上的主动型朵当法。

东照宫本殿的朵当八枝、斗栱八枝挂的枝割构成形式，代表了近世唐样设计技术和样化的主流形式。且以东照宫本殿的等级和性质而言，有可能是这一技术变革的引领和完成者。

相比之下，同样是朵当八枝、斗栱八枝挂的和样枝割化形式，在设计理念和方法上，东照宫本殿的主动型朵当法，与京都禅寺的妙心寺法堂截然不同。东照宫本殿二十年后的妙心寺法堂，在和样化的侵蚀下，基于朵当的设计方法发生了质的变化，朵当属性由主动转向被动。在近世汹涌的和样化背景下，唐样设计技术的主动型朵当法唯在江户建仁寺流的甲良家一派得以传承和坚守，日光灵庙本殿即是其代表之例。

（2）大猷院本殿：唐样斗长模数的枝割化

接着分析日光大猷院本殿（1653 年）。

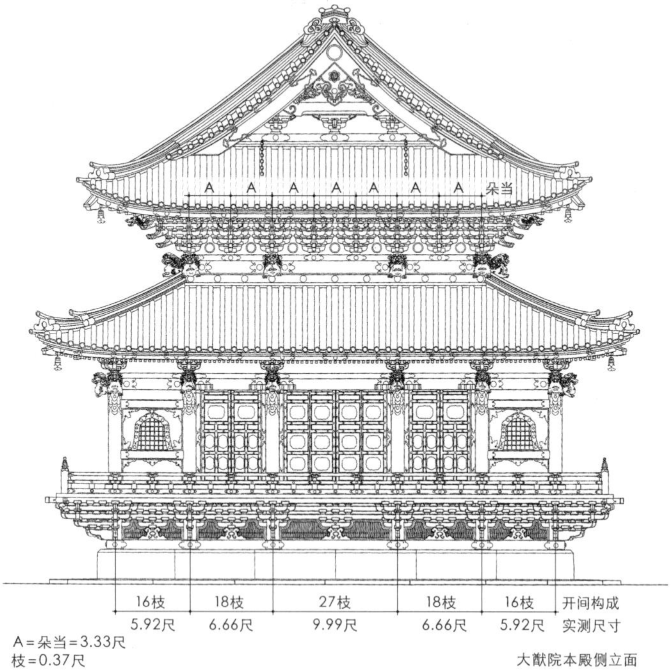

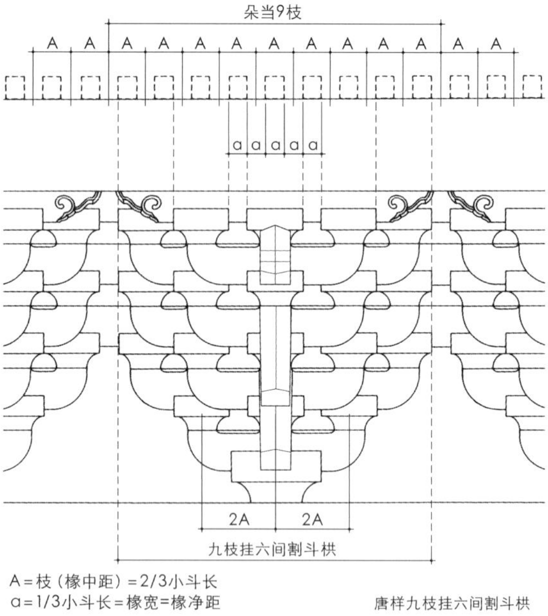

图 8-3-14　大猷院本殿侧立面（来源：日光二社一寺文化财保存委員会編. 国宝輪王寺大猷院靈廟本殿・相之間・拝殿修理工事報告書 [M]. 日光二社一寺文化財保存委員会，1966）（左）

图 8-3-15　唐样九枝挂六间割斗栱 [来源：河田克博. 近世建築書——堂宮雛形 2（建仁寺流）[M]. 東京：大龍堂書店，1988，作者改绘]（右）

大猷院本殿在形制上近于典型的唐样佛堂，平面为殿身方三间带副阶，重檐歇山，上檐扇列椽，下檐平行椽。明间施补间铺作两朵，次间补间铺作一朵，逐间朵当均等，皆 3.33 尺；斗栱形式为唐样重栱造六铺作单杪双下昂，立面分型为斗畔相接的形式（图 8-3-14）。

在设计方法上，大猷院本殿的特点在于唐样六间割斗长模数与和样枝割的关联整合，从而有别于东照宫本殿的枝割化方式。

唐样所谓“六间割”，指室町时代后期出现的斗长模数形式，即：以 1/6 朵当为小斗长，并以之为次级基准的模数设计方法。相应地，间广构成为明间 3 朵当、18 斗长，次间 2 朵当、12 斗长，方三间 42 × 42（斗长），并以次级基准的小斗长，权衡和设定斗栱尺度关系。这一设计方法在近世唐样技术书《建仁寺派家传书》中记作“六间割”规制。

近世以来唐样斗长模数的流行，在很大程度上是迎合唐样设计技术和样化的需要，即通过建立斗长与和样枝割的整合关系，为近世唐样设计技术的枝割化提供一种途径。最终，唐样六间割斗长模数的枝割化，呈朵当九枝、斗栱九枝挂的构成形式，又称作“九枝挂六间割”。在近世唐样遗构中，大猷院本殿是其经典之例。

与日光灵庙本殿一样，大猷院本殿尺度设计上坚守唐样基于朵当的设计方法，即以朵当的倍数和分数，权衡和设定开间及斗栱的尺度关系，具体而言，以朵当 3.33 尺作为本殿尺度设计上先行的尺度基准。

开间尺寸的筹划上，以朵当 3.33 尺之倍数作权衡和设定，即：明间 3 朵当，合9.99尺，次间2朵当，合6.66尺；进而基于枝割与小斗长的整合关系，即：枝＝2/3小斗长＝1/9朵当＝0.37尺，以枝设定副阶尺寸，即：副阶16枝，合5.92尺。

基于朵当3.33尺以及六间割设计法，大猷院本殿开间尺度关系排比如下（实测尺寸）：

面阔尺寸：明间9.99尺，次间6.66尺，副阶5.92尺

进深尺寸：中间9.99尺，边间6.66尺，副阶5.92尺

殿身规模：23.31×23.31（尺）、7×7（朵当）、42×42（斗长）

整体规模：35.15×35.15（尺）

在朵当与枝割的关系上，基于朵当3.33尺，并以1/9朵当生成椽当尺寸（0.37尺），也就是朵当9枝。相应地，面阔明间27枝，次间18枝；进深中间27枝，边间18枝；副阶16枝。大猷院本殿开间构成的枝割关系排比如下：

面阔五间：16＋18＋27＋18＋16（枝）

进深五间：16＋18＋27＋18＋16（枝）

殿身规模：63×63（枝）

整体规模：95×95（枝）

在斗栱尺寸的筹划上，以1/6朵当为小斗长，并以1/3小斗长为细分基准，权衡斗栱的尺度关系，进而与枝割整合，即令椽宽、椽净距皆为1/3小斗长，则椽中距为2/3小斗长，最终呈小斗长对应3倍椽宽、斗栱全长对应九枝椽的构成形式（图8-3-15）。

实测大猷院本殿斗栱的基本尺寸如下[20]：

小斗长5.5寸，斗间1.9寸，栱心跳距7.4寸，椽中距3.7寸

实测尺寸分析表明：大猷院本殿斗栱的横向尺度关系，吻合九枝挂六间割的斗栱构成关系。依此推算小斗长、斗间以及枝割尺寸的精确值如下：

小斗长＝5.55寸，斗间＝1.85寸，栱心跳距＝7.4寸

椽中距＝3.7寸，椽宽＝椽净距＝1.85寸

大猷院本殿斗栱立面构成上，以1/3小斗长的斗间为细分基准（设为a），权衡、设定斗栱的横向尺度关系，并通过枝割的依附和整合，形成斗栱与枝割的如下对应关系：

小斗长＝3椽宽＝3×1.85寸＝5.55寸

斗间＝椽宽＝椽净距＝1.85寸

栱心跳距＝2枝＝2×3.7寸＝7.4寸

大猷院本殿基于六间割的斗栱构成关系，又由枝割的依附和整合，最终呈九枝挂六间割的构成关系（图8-3-16）。

进而，大猷院本殿斗栱与朵当的关联构成如下：斗栱全长17斗间，边斗间等

20　大猷院本殿殿身斗栱实测尺寸（单位：寸），据修理工程报告书所记数据：材广3.9，材厚3.0；小斗长5.5，小斗高3.3；大斗长9.3，大斗高5；令栱、华栱跳距皆7.4寸，六铺作出三跳共2.22尺，椽中距3.7。

河田克博补充数据：材广3.85，材厚3.1，大斗外边与小斗内边对位。参见：河田克博．近世建築書——堂宫雛形2（建仁寺流）[M]．東京：大龍堂書店，1988：835.

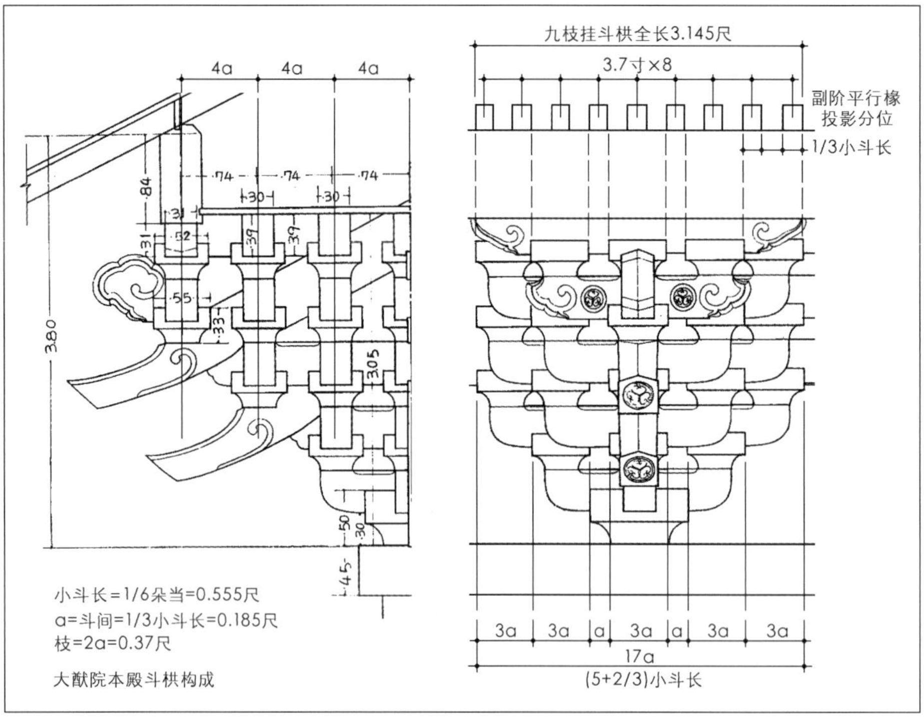

图 8-3-16　大猷院本殿的斗栱尺度构成（底图来源：日光二社一寺文化財保存委員会編. 国宝輪王寺大猷院霊廟本殿・相之間・拝殿修理工事報告書 [M]. 日光二社一寺文化財保存委員会，1966）

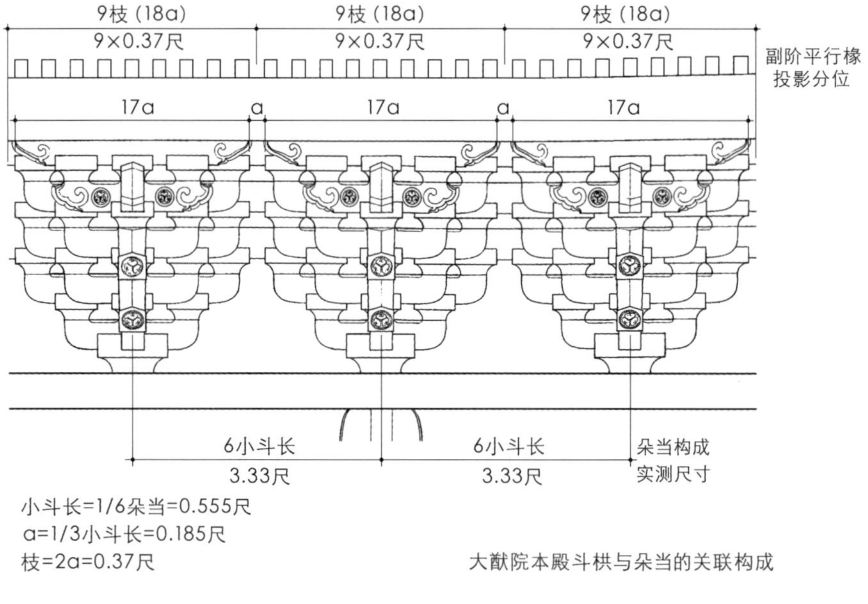

图 8-3-17　大猷院本殿斗栱与朵当的关联构成（底图来源：日光二社一寺文化財保存委員会編 . 国宝輪王寺大猷院霊廟本殿・相之間・拝殿修理工事報告書 [M]. 日光二社一寺文化財保存委員会，1966）

于斗间，合朵当 18 斗间、6 小斗长；而以依附于斗栱的枝割作权衡，则斗栱与朵当的关联构成呈斗栱九枝挂、朵当九枝的构成形式（图 8-3-17）。

大猷院本殿和样枝割化的特色在于唐样六间割斗长模数与和样枝割之间整合关系的建立。

在朵当、斗栱横向尺度的组织、筹划上，朵当九枝与斗栱九枝挂的关联对应，呈现更加简单划一的形式，也即将原先椽中距与椽宽这两个基准统一在椽宽上，其方式是令椽净距等于椽宽，并等于 1/3 小斗长，而椽中距等于 2 倍椽宽。

在朵当九枝、斗栱九枝挂的整体枝割关系下，斗栱立面横向尺度与枝割的整合，呈特定的对应关系，其中也有两个标志性的对应关系：

其一，椽宽与椽净距相等，皆为 1/3 小斗长，而椽中距等于 2 倍椽宽；

其二，栱心跳距呈二枝关系，即：栱心跳距等于 2 倍椽中距。

斗栱构成上的枝割关系，关注的是斗栱、朵当横向尺度的组织与筹划，而其他一些构件尺寸的设定，多仍基于材之广厚尺寸。

值得强调的是，无论是八枝挂还是九枝挂，其斗栱构成上的二枝关系都是不变的定式。而斗栱构成从八枝挂到九枝挂，二者间有两个变化：

其一，从斗畔相错形式变为斗畔相接形式，以此增加一朵斗栱全长；

其二，缩小椽净距尺寸，椽净距从 1.2 倍椽宽变为 1 倍椽宽。

大猷院本殿九枝挂六间割的尺度构成，更多地保留了唐样斗长模数的性质及特征。相较于八枝挂斗栱的小斗长受制、从属于枝割，九枝挂斗栱的小斗长则是直接求之于朵当，即小斗长取 1/6 朵当，且小斗长与枝割为主从关系，椽中距由朵当及小斗长的分数而生成，和样枝割是依附于斗长、朵当的存在。

在斗栱与枝割的整合关系上，八枝挂斗栱构成为枝割主导型，九枝挂斗栱构成为斗长主导型，二者的和样化程度及方式显著不同，且有质的区别。相比较而言，唐样八枝挂可视作和样六枝挂的扩展，唐样九枝挂则是和样六枝挂的重构。

唐样九枝挂六间割设计方法上，枝割的依附如同一种外在的装饰，并不改变唐样六间割斗长模数的初衷本意。九枝挂六间割斗栱法中的“枝”，是形式大于内容的。

现存大猷院本殿古图是一份别具意义的史料[21]，本殿平面图上记有间广尺寸和相应枝数，明间记作“壹丈、椽贰十七”，次间记作“六尺六寸六分、椽拾八”，副阶记作“五尺九寸二分、椽拾六”。相比大猷院本殿修理工程报告书所记实测尺寸和枝数，除明间为 9.99 尺外，次间、副阶尺寸以及各间枝数皆与古图所记相同。其缘由在于本殿尺度设计上基于朵当的设计思维和方法。也就是说，古图所记明间一丈只是作为具有象征意义的指向性目标，而真实尺寸则为近于一丈且可三等分的 9.99 尺，相应地，朵当为 3.33 尺。否则，次间及副阶也不会记作基于朵当 3.33 尺倍数的 6.66 尺和 5.92 尺。这一现象反映了大猷院本殿尺度设计上强烈的朵当意识以及对朵当法的执着追求。

东照宫本殿与大猷院本殿的枝割关系的不同，源自两种不同的和样枝割化方式。二者分别代表了唐样设计技术和样枝割化的两种斗栱模式：斗栱八枝挂与斗栱九枝挂，并与近世唐样技术书的记载相对照和印证。

江户时代最重要的两个灵庙本殿，反映了以江户建筑圈为中心、以建仁寺流为技术谱系的近世唐样设计技术。

21　《大猷院御造毕之图》（贞享四年）中的本殿、相之间、拜殿平面图，据《国宝轮王寺大猷院灵庙本殿、相之间、拜殿修理工事报告书》所录。贞享为日本年号，从 1684 年至 1688 年。

（3）主动型朵当法的另例：两种模数的整合与叠加

近世唐样设计技术的和样化变迁，日光灵庙本殿二构代表了一个方向，其最重要的意义在于：在模数形式上全面和样枝割化的背景下，设计技术的核心仍保持唐样传统的朵当意识以及基于朵当的设计方法。

朵当设计理念的独特性与独立性，是唐样设计技术存在的基石，自中世以来的唐样设计技术纷繁复杂的演变中，始终贯穿着朵当这一条主线。及至近世的和样化浪潮中，虽然京都禅寺唐样的朵当属性逐渐质变，然仍有日光灵庙唐样的坚守初衷，使得唐样朵当法传承不绝。

在和样枝割因素的介入下，日光灵庙唐样表现为由朵当生成枝割的朵当法，京都禅寺唐样表现为由枝割支配朵当的枝割法。朵当属性的主从变化，区分近世唐样设计技术和样化的不同类型。

日光灵庙本殿二构的唐样设计技术，有其特定的技术谱系和传承关系，即其直接或间接地传承近世唐样甲良家的技术谱系[22]。这一技术谱系的传承，还见有富山县瑞龙寺佛殿（1659年），其与日光东照宫本殿具有相同的设计技术特征，即基于主动型朵当法的朵当八枝、斗栱八枝挂的构成形式。

瑞龙寺佛殿由建仁寺流工匠山上善右卫门所建，是这一时期典型的唐样建筑，设计技术上传承甲良家的技术谱系[23]。

瑞龙寺佛殿为殿身方三间带副阶的形式，殿身上檐扇列椽，副阶下檐平行椽；明间补间铺作两朵，次间补间铺作一朵，逐间朵当均等，皆4.3尺，是近世唐样方三间佛堂的典型形式（图8-3-18）。

与东照宫本殿相同，瑞龙寺佛殿设计技术的特色表现为基于朵当的设计方法，即以朵当4.3尺，作为佛殿尺度设计上先行的基准尺寸。

开间尺寸的筹划上，以朵当4.3尺之倍数作权衡和设定，即：明间3朵当、12.9尺，次间2朵当、8.6尺；副阶取1.5朵当为之，合6.45尺。

以朵当4.3尺为基准，瑞龙寺佛殿开间尺度关系排比如下[24]：

面阔尺寸：明间12.9尺，次间8.6尺，副阶6.45尺

进深尺寸：中间12.9尺，边间8.6尺，副阶6.45尺

殿身规模：30.1×30.1（尺）、7×7（朵当）

整体规模：43×43（尺）、10×10（朵当）

基于朵当八枝的构成关系，椽当（一枝尺寸）为5.375寸。相应地，明间24枝，次间16枝，副阶12枝。瑞龙寺佛殿开间构成的枝割关系排比如下：

面阔五间：12＋16＋24＋16＋12（枝）

进深五间：12＋16＋24＋16＋12（枝）

殿身规模：56×56（枝）

整体规模：80×80（枝）

22　大猷院灵庙本殿的建造者，实际上是和样平内家二代的大隅应胜。这一现象表明为了追求唐样设计技术的先进性，和样工匠也学习和掌握了与甲良家相同的唐样设计技术，从而间接地传承了唐样甲良家的技术谱系。

23　山上善右卫门为加贺建仁寺流大工名门山上家第十七代，号称建仁寺流始祖横山吉春的子孙，工匠技术上传承建仁寺流的谱系。据日本学者研究，建仁寺流的不同门派间存在着技术交流，加贺建仁寺流受江户建仁寺流的甲良家技术的影响，设计技术上也采用甲良家技术的朵当法，瑞龙寺佛殿即其作品之一，并成为这一时期的代表性遗构，是典型、正宗的唐样建筑。此外，唐样那谷寺三重塔也是山上善右卫门的作品。上述桃山至江户初期的两个重要唐样作品，同属一个技术谱系，有着相同的设计方法。

24　根据开间实测尺寸分析，营造尺长为现尺的1.00166尺，修理工事报告书中平面图所记尺寸为以营造尺折算的尺寸。本次修理工事，佛殿面阔、进深尺寸皆以营造尺43尺、一枝5.375寸进行施工。参见：国宝瑞龍寺総門佛殿及法堂修理事務所編. 国宝瑞龍寺総門佛殿及法堂修理工事報告[M]，1938：24.

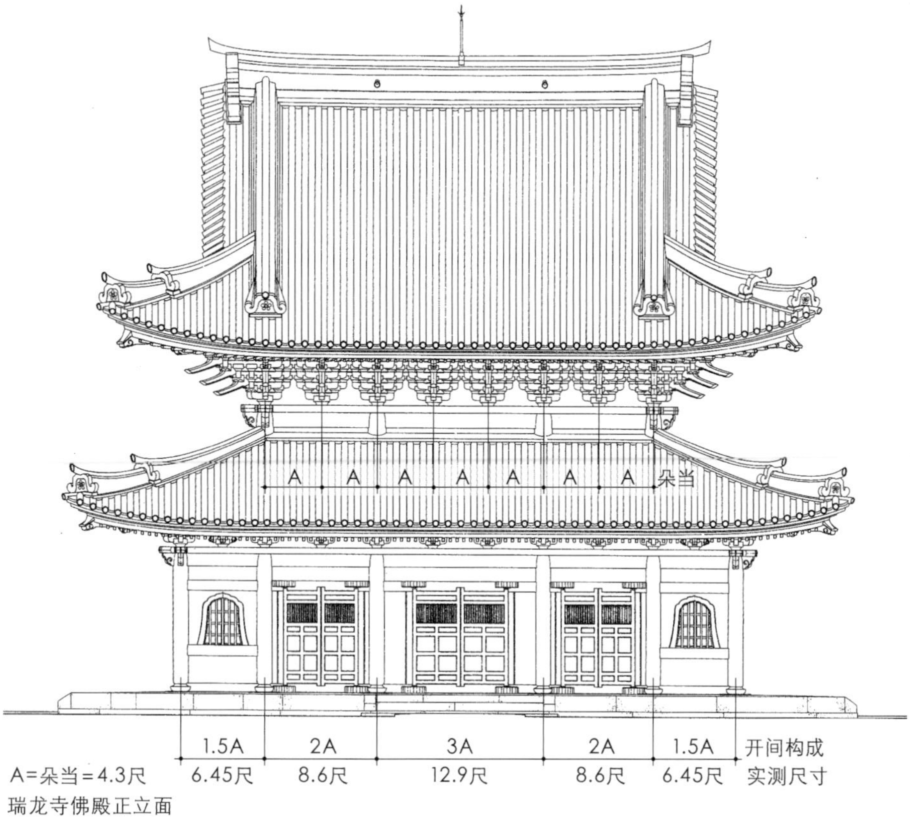

图 8-3-18 瑞龙寺佛殿正立面（底图来源：国宝瑞龍寺総門佛殿及法堂修理事務所編．国宝瑞龍寺総門佛殿及法堂修理工事報告 [M]，1938）

瑞龙寺佛殿明间、次间、副阶的枝割关系为 24∶16∶12，三间比例呈 3∶2∶1.5 的最简形式，是近世枝割化的唐样佛堂三间比例的一个成熟模式。

在斗栱尺寸的筹划上，以朵当的分数权衡斗栱的尺度关系，即取朵当 4.3 尺的 1/8 为一枝尺寸（5.375 寸），进而以此一枝尺寸整合斗栱与朵当的关联构成，即：斗栱八枝挂、朵当八枝的构成形式。

瑞龙寺佛殿尺度设计的特色在于：基于主动型朵当法，其和样化的尺度构成，呈斗口模数与枝割模数的整合与叠加。

实际上，近世唐样设计技术的和样化，并非都是采取和样模数取代唐样模数的形式，也追求两种模数形式的整合与叠加，如大猷院本殿的九枝挂六间割，表现的即是唐样斗长模数与和样枝割模数的整合与叠加，而瑞龙寺佛殿则表现为唐样斗口模数与和样枝割模数的整合与叠加。

关于瑞龙寺佛殿斗栱构成的斗口模数，前文已作分析和讨论，简述如下：

佛殿斗栱形式为重栱造六铺作单杪双下昂，斗栱立面构成为斗口方格模式Ⅱ型（斗畔相错型）。

佛殿斗口 0.4 尺，斗栱立面构成基于以斗口 0.4 尺为单位的双向格线关系。

佛殿斗栱构成，表现了近世唐样斗口模数独有的两个标志性特征：

斗间＝ 1/2 斗口＝ 1/4 小斗长

正、侧样栱心跳距＝ 2.5 斗口

佛殿基于斗口的斗栱与朵当的关联构成为：

斗栱全长 10.25 斗口，边斗间 0.5 斗口，朵当 10.75 斗口；

佛殿基于枝割的斗栱与朵当的关联构成为：斗栱八枝挂、朵当八枝的构成形式。

概括而言，和样化的瑞龙寺佛殿在尺度设计上，建立唐样斗口模数与和样枝割模数的关联性，在斗栱、朵当及开间的关联构成上，呈现两套模数的整合叠加（图 8–3–19）。

瑞龙寺佛殿是以日光灵庙本殿为代表的唐样设计技术谱系上的重要一例。

在唐样设计技术和样化的背景下，唐样与和样的模数整合，同样也出现在唐样材栔模数上，如奥之院弁天堂之例。相对于瑞龙寺佛殿表现的是斗口与枝割的整合叠加，奥之院弁天堂则表现的是材栔与枝割的整合叠加，且时代上有可能在近世之初。

奥之院弁天堂为唐样方三间佛堂，平行椽形式。实测当心间 6.975 尺，补间铺作两朵；次间 4.65 尺，补间铺作一朵，逐间朵当均等，皆 2.325 尺。

尺度关系分析表明：弁天堂朵当构成以材广 2.9 寸为基准，即朵当 8 材，较唐样通常的朵当 10 材减小 2 材；相应地，当心间 24 材，次间 16 材。

关于奥之院弁天堂斗栱构成上的材栔模数，前文第六章已作分析和讨论，简述如下：

弁天堂斗栱重栱造四铺作出单杪，斗栱立面构成为材栔方格模式Ⅱ型（斗畔相错型）。

实测弁天堂材广 2.9 寸，栔高 1.45 寸，斗栱立面构成基于以材、栔为基准的斗栱立面方格模式。

弁天堂斗栱构成，表现了唐样材栔模数的两个标志性特征：

斗间＝ 1/2 材＝ 1/3 小斗长

正、侧样栱心跳距＝ 2 材

弁天堂基于材栔的斗栱与朵当的关联构成为：斗栱全长 7.5 材，边斗间 0.5 材，朵当 8 材。

奥之院弁天堂尺度设计的特色在于：以枝、材相等的形式，建立和样枝割模数与唐样材栔模数的关联整合，在斗栱、朵当及开间构成上，呈现材栔模数与枝割模数的整合与叠加（图 8–3–20）。

弁天堂基于枝割的朵当、开间的构成关系为：朵当 8 枝，当心间 24 枝，次间 16 枝；

弁天堂基于枝割的斗栱与朵当的关联构成为：朵当八枝，斗栱八枝挂。

奥之院弁天堂的枝割关系，采用椽宽与椽净距相等的形式，与九枝挂斗栱的

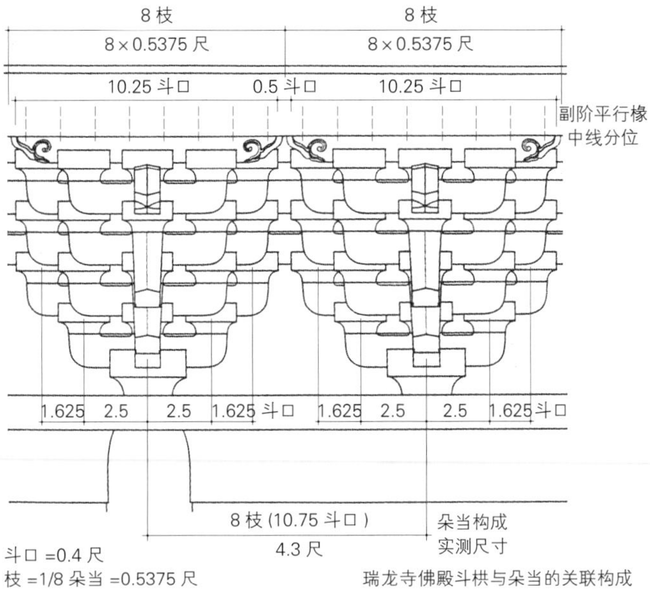

图 8-3-19 瑞龙寺佛殿斗栱与朵当的关联构成（底图来源：国宝瑞龍寺総門佛殿及法堂修理事務所編. 国宝瑞龍寺総門佛殿及法堂修理工事報告 [M]，1938）

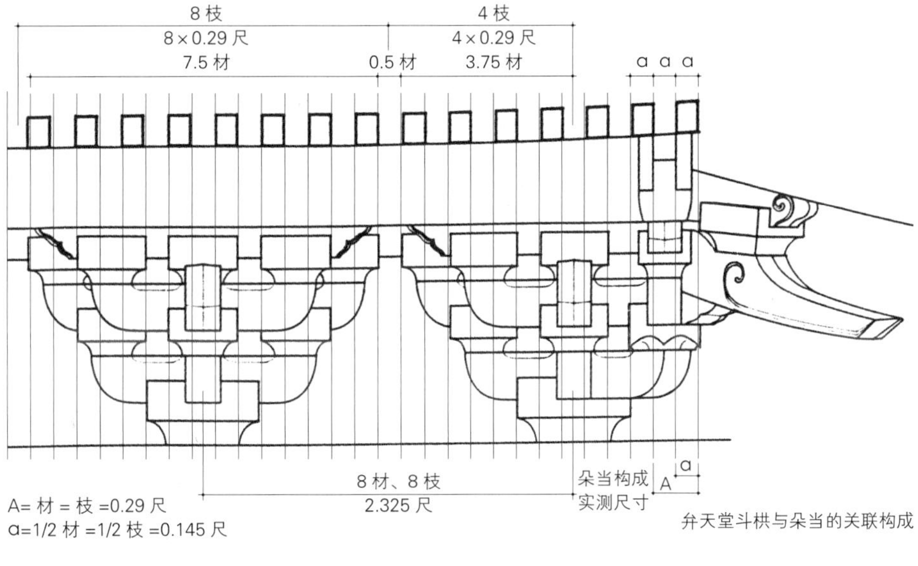

图 8-3-20 奥之院弁天堂斗栱与朵当的关联构成（底图来源：日本文化财图纸）

枝割关系相同，且在设计逻辑上，其枝割关系的生成，应是在材栔关系上的依附与整合，是被动和次生的存在。

奥之院弁天堂的建立年代，日本学界推测为室町时代末，然从其和样化的程度以及枝割与材栔的整合来看，有可能是近世初期之构。

瑞龙寺佛殿与奥之院弁天堂二例，以其两种模数的整合叠加，从一个侧面反映了近世唐样设计技术和样化的方法，以及和样枝割技术与唐样模数的关联性。

和样斗栱六枝挂完成于 14 世纪初，并成为此后和样斗栱构成的主流形式。至 200 余年后的近世，伴随唐样设计技术上枝割因素的介入，模仿和样六枝挂斗栱的方法与理念，相继实现了唐样斗栱八枝挂和九枝挂的形式，这标志着近世唐样设计技术在形式上的高度和样化。

基于补间铺作的朵当法是唐样设计技术的核心所在。朵当基准的理念与方法，与唐样设计技术的演变相始终。以日光灵庙本殿为代表的近世唐样建筑，尽管经历了近世和样枝割化的改造，然设计技术上仍显现唐样主导的特征，在强势的和样化背景下，唐样设计技术的朵当法依然鲜活。

另外，近世唐样设计技术的和样化，也缩小了唐样与和样的差异性，在相当程度上掩盖和模糊了唐样设计技术的个性特征。

4. 折中样与近世唐样设计技术的枝割化

（1）和样化进程上折中样的先行意义

日本建筑史上的折中样现象，自中世宋样式的传入而始，历中世至近世的几百年间，实例丰富，表现多样。在外来影响持续不断的背景下，折中样是日本建筑技术发展进程中始终伴随的一个独特现象，并随时代的变化而呈现出不同的表现形式。

所谓折中样，指以和样为主体、部分吸收唐样所形成的混融样式，其中包括设计技术的影响与交融，从而不同程度地呈现出和样与唐样的双重特征。相较于中世折中样，近世折中样又是一个轮回，表现出相应的时代特色。近世折中样现象，成为分析近世唐样设计技术与和样交融关系的独特视角。

近世折中样现象，在性质上不同于近世唐样设计技术的和样化。近世折中样虽也表现为唐样与和样两种技术因素的混融，然在设计技术上却是以和样为主导的，从而区别于和样化的唐样设计技术。

近世折中样的技术交融，主要表现为和样模仿唐样的补间铺作与斗栱形式，相应地，在斗栱、朵当及开间的尺度关系上，呈现两种设计技术的交叠与折中。设计技术上折中样区别于唐样，主要在于朵当的属性与作用，即折中样徒有唐样朵当之形，而无唐样朵当之实，其尺度基准不在于朵当，朵当只是开间分割的被动生成。

近世折中样的另一层意义在于其与唐样设计技术和样化的关联性，或者说，在近世唐样设计技术和样化的进程上，折中样具有先行意义，这为认识唐样设计技术和样化的可能途径、方法及演变时序，提供了重要的线索。

梳理和比较近世遗构的尺度现象可见，唐样斗栱构成枝割化的最初之例，并非出现在唐样建筑上，而是首先出自折中样建筑，即17世纪初的栃木县轮王寺法华堂（1619年）。该折中样佛堂上，首次出现了朵当八枝、斗栱八枝挂的枝割形式。而在京都禅寺佛堂上，直至近40年后的妙心寺法堂（1656年），才出现与轮王寺法华堂一样的朵当八枝、斗栱八枝挂的枝割形式。即便是同处栃木县的唐样东照宫本殿（1636 年），其朵当八枝、斗栱八枝挂的枝割形式，也晚于折中样的轮王寺法华堂近 20 年。

上述这一现象表明近世唐样设计技术的和样化途径，或经历了折中样这一中间环节，折中样有可能是唐样斗栱枝割化的先驱，并成为引导唐样设计技术和样化的一个重要因素。

近世唐样斗栱枝割化的进程上，折中样轮王寺法华堂的先行意义显著而重要。

（2）近世折中样典型二例：轮王寺法华堂与日光本地堂

折中样作为反映唐样与和样相互关系的一种特殊形式，其尺度关系及设计方法，是认识唐样设计技术和样化的一个线索。以下就现存近世折中样的典型二例轮王寺法华堂与日光本地堂，依次分析其尺度关系、设计方法及其与唐样设计技术和样化的关联性。

首先分析轮王寺法华堂。

栃木县轮王寺法华堂（1619 年），面阔三间，每间 12 尺，各间补间铺作两朵；进深四间，前间 12 尺，补间铺作两朵，后三间 8 尺，补间铺作各一朵；各间朵当均等，皆 4 尺。法华堂基本形制为和样，单檐攒尖顶，平行椽形式，椽当 5 寸；样式做法上采用诸多唐样做法，如补间铺作配置、唐样斗栱、普拍枋做法。法华堂斗栱为唐样重栱造五铺作出双杪的形式（图 8-3-21）。

图 8-3-21　轮王寺法华堂正立面（来源：日光社寺文化財保存委員会. 重要文化財輪王寺法華堂修理工事報告書 [M]，1981）

法华堂开间实测尺寸如下：

面阔三间：明间 12 尺，次间 12 尺

进深四间：前间 12 尺，后三间 8 尺

整体规模：36×36（尺）、9×9（朵当）

基于朵当 4 尺、椽当 5 寸的尺度关系，法华堂朵当、开间构成的枝割关系为：朵当 8 枝，面阔明、次间与进深前间 24 枝，进深后三间 16 枝。法堂开间构成的枝割关系排比如下：

面阔三间：24 + 24 + 24（枝）

进深四间：24 + 16 + 16 + 16（枝）

整体规模：72×72（枝）

实测法华堂斗栱及椽尺寸如下[25]：

椽当 5 寸，椽宽 2.2 寸；

小斗长 7.2 寸，栱心跳距 10 寸。

权衡比较斗栱尺寸与椽尺寸的整合关系，满足斗栱八枝挂成立的两个基本条件：

其一，小斗长等于椽当加椽宽：小斗长＝ 5 + 2.2 ＝ 7.2 寸

其二，栱心跳距吻合二枝关系：栱心跳距＝ 5×2 ＝ 10 寸

法华堂斗栱尺寸的权衡和设定，以枝割为基准，斗栱八枝挂的构成关系成立（图 8-3-22）。

25 轮王寺法华堂斗栱实测尺寸（单位：寸），据工程报告书所记数据：栱心跳距 10，长栱较短栱伸出 5。

河田克博所记数据：椽当 5，椽宽 2.2，小斗长 7.25，大斗长 10.8，斗栱八枝挂成立。且由椽当加椽宽的推算，小斗长的精确值为：小斗长＝ 5 + 2.2 ＝ 7.2 寸。

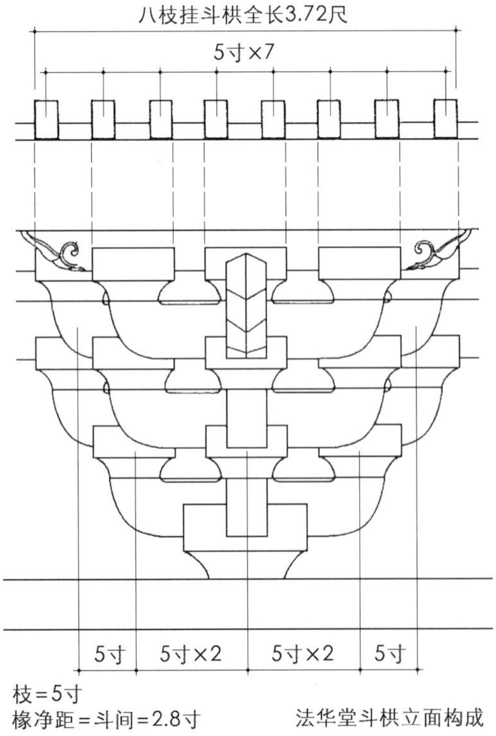

图 8-3-22　轮王寺法华堂基于枝割的斗栱立面构成（底图来源：日光社寺文化财保存委员会．重要文化財輪王寺法華堂修理工事報告書 [M]，1981）

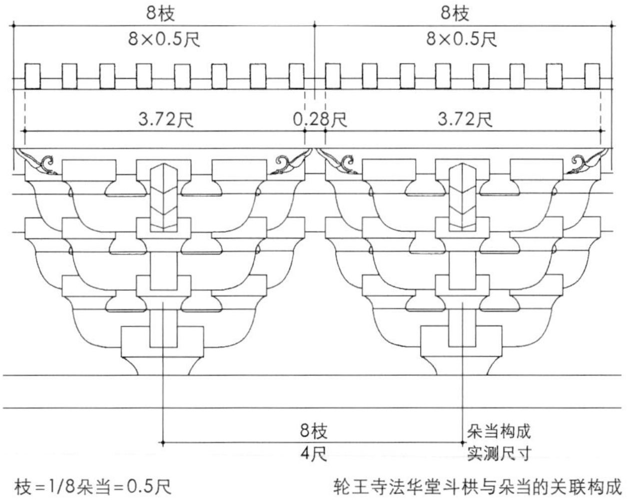

图 8-3-23　轮王寺法华堂斗栱与朵当的关联构成（底图来源：日光社寺文化財保存委員会．重要文化財輪王寺法華堂修理工事報告書 [M]，1981）

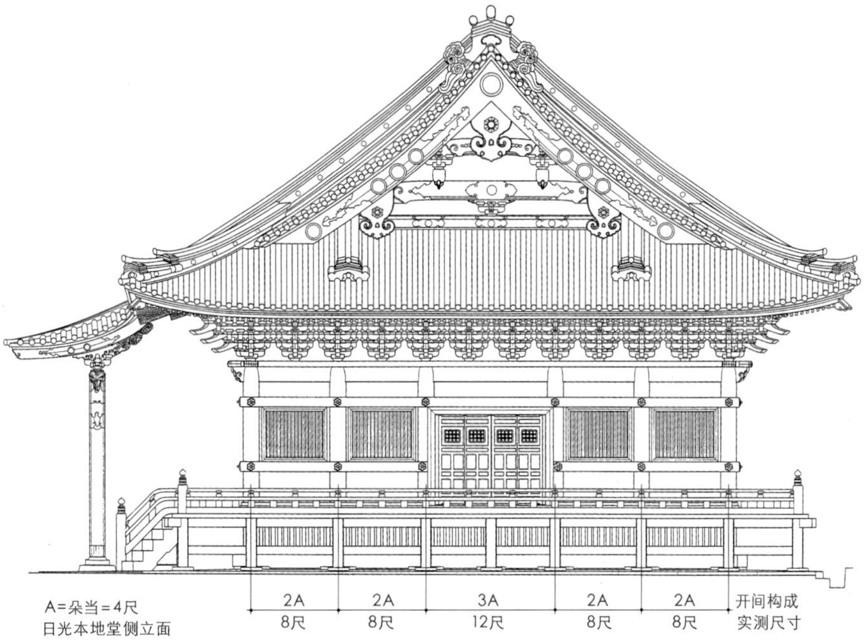

图 8-3-24　日光本地堂侧立面（底图来源：栃木県教育委員会事務局編．重要文化財本地堂修理工事報告書 [M]．栃木県教育委員会，1968）

法华堂尺度设计上，朵当只是基于明间分割的被动生成。作为折中样的轮王寺法华堂，尺度设计采用的是基于“明间+椽当”的和样模数方式。

基于明间、椽当的斗栱尺寸权衡，是和样设计方法的一个主要特征。法华堂明间 12 尺，正是和样三间佛殿明间尺寸的基本形式。近世和样技术书的《诸记集》与《匠明·堂记集》中所记三间佛殿，皆规定明间为整数尺的 12 尺，法华堂明间 12 尺，即同此规制。

法华堂基于枝割的斗栱与朵当的关联构成为：朵当八枝、斗栱八枝挂的枝割关系（图 8-3-23）。

概括而言，折中样的轮王寺法华堂采用和样的尺度设计方法，以明间 12 尺和椽当 5 寸为基本尺寸，形成朵当八枝、斗栱八枝挂的构成关系。而这一朵当、斗栱构成的枝割关系，以现存遗构而言，开创了一个先例，并对近世唐样设计技术的和样枝割化，应有影响和引导作用。

再看近世折中样的另一例栃木县日光本地堂（1636年）[26]。

日光本地堂年代上迟于轮王寺法华堂17年，与法华堂一样，是以和样为主体的佛堂形式，然又具有浓厚的唐样特色，如补间铺作配置、唐样斗栱、普拍枋做法等等。

本地堂面阔七间，进深五间，是东照宫规模最大的单体建筑。单檐歇山，平行椽形式；斗栱为唐样重栱造六铺作单杪双下昂形式。明间12尺，补间铺作两朵；次、梢间8尺，补间铺作一朵；各间朵当均等，皆4尺，椽当5寸（图8-3-24）。

本地堂开间实测尺寸排比如下：

面阔七间：明间12尺，次间12尺，次间8尺，梢间8尺

进深五间：中间12尺，次间8尺，梢间8尺

整体规模：68×44（尺）、17×11（朵当）

基于朵当4尺、椽当5寸的尺度关系，本地堂朵当、开间构成的枝割关系为：朵当8枝，明间24枝，次间、梢间16枝。本地堂开间构成的枝割关系排比如下：

面阔七间：16＋16＋24＋24＋24＋16＋16（枝）

进深五间：16＋16＋24＋16＋16（枝）

整体规模：136×88（枝）

朵当与枝割的尺度关系上，本地堂与法华堂相同，都是朵当4尺、椽当5寸，即朵当八枝；且斗栱与枝割的整合关系亦同轮王寺法华堂，基于枝割的斗栱八枝挂成立。

日光本地堂的尺度关系和设计方法，与轮王寺法华堂相同，皆以明间12尺及椽当5寸为基本尺寸，形成朵当八枝、斗栱八枝挂的构成关系。

在尺度关系及设计方法上，本地堂的特色在于：枝与材相等，皆为0.5尺，且斗口0.4尺，材之广厚比为5∶4。基于此，本地堂的开间、朵当、斗栱的尺度构成，呈三种基准并存的现象：

明间12尺，合24枝、24材、30斗口

次间8尺，合16枝、16材、20斗口

朵当4尺，合8枝、8材、10斗口

栱心跳距1尺，合2枝、2材、2.5斗口

综上分析，本地堂尺度关系上三种基准的并存，可归结为如下两个关系：

朵当＝10斗口＝8材＝8枝＝4尺

跳距＝2.5斗口＝2材＝2枝＝1尺

技术成分的交杂与混融，于近世表现得尤为显著和突出。而折中样本地堂的尺度现象及其所引出的相关线索，耐人寻味，其中或表露了和样枝割基准与唐样

26　日光本地堂建成于1636年，1961年遭火灾焚毁，其后再建于1963—1968年，现被指定为重要文化财。

材栔、斗口基准的关联性。

本地堂材广 0.5 尺，材厚 0.4 尺，与整数尺的朵当、开间易于形成契合关系，或也是多种基准并存的一个原因。

折中样轮王寺法华堂与日光本地堂二构，在形式上虽有显著的唐样因素，然在尺度关系和设计方法上，仍是纯粹的和样，而未采取基于补间铺作的唐样朵当法，朵当并非尺度设计的基准所在。

折中样与唐样的交集及其关联性，主要表现为折中样对唐样补间铺作与斗栱形式的模仿和吸收，然折中样的补间铺作之设有形无实，其尺度设计的基准仍在于和样的明间及相应的椽当。折中样的补间铺作和唐样斗栱的意义，在于其形象的符号性和象征性。唐样补间铺作两朵这一形式，在和样语境中被重新定义，丧失了原有的内涵，而成为单纯的形式符号。

近世折中样的一个重要意义在于其与唐样设计技术和样化的关联性，也即在唐样设计技术和样化的进程上，折中样具有先行意义和引导作用。轮王寺法堂的折中样现象表明：近世唐样斗栱的枝割化有可能是从折中样开始起步的，折中样或是唐样设计技术枝割化的先驱和推动。

折中样是唐样设计技术和样化进程上的重要关联因素。

（3）唐样设计技术的和样化变迁

始于中世初期的宋风唐样建筑，其设计技术的变迁经历了近半个世纪的历程，由移植、初成至成熟，再至和样化的蜕变。回顾这一演变历程，基于补间铺作配置的朵当角色及其属性变化，始终是一条不变的主线，朵当理念及相应的朵当模数成为唐样设计技术的核心与基石。自中世初以来，唐样建筑在部分与整体的尺度关系上，经历了从相互孤立、松散的状态，走向斗栱、朵当、开间三者关联的演变过程。以朵当为主角的两级模数形式，与唐样设计技术的演变相始终。

中世以来，新兴与传统的关系一直是建筑技术发展的一个相关因素，并随时代而起伏变化。中世以来唐样设计技术的变迁，是在与和样的关联互动中展开和推进的。以唐样与和样的角色变化及影响关系而言，这一演变历程可概括为从中世唐样对和样的影响到近世唐样的和样化的两个阶段。中世宋风化与近世和风化的两种倾向，表现了新兴唐样与传统和样的角色关系及其变化。而上述两个阶段的技术形态及时代变迁，则构成了唐样设计技术演变的整体内容。

就设计方法的变化而言，唐样设计技术的演变历程，经历了两个重要的转折变化：其一是尺度筹划的重心从竖向尺度关系转向横向尺度关系，模数基准相应地从竖向的材栔基准，转向横向的斗口、斗长基准；其二是近世唐样设计技术的和样枝割化，且伴随着朵当属性的蜕变及相应的技术形态分型。

前一个转折变化始自中世室町时代后期，唐样补间铺作的密集化以及相应的横向尺度关系的细密化，是这一转折变化的背景和内因；且在横向尺度关系筹划上，相较于斗口模数，斗长模数的主流化趋势更显意义：一是以斗长与枝割整合的形式，为其后近世唐样斗栱的和样枝割化提供了条件；二是室町时代的六间割斗长模数，成为近世唐样九枝挂六间割斗栱法的直接源头。概而言之，斗长因素构成了近世唐样斗栱构成枝割化的基础所在。近世唐样设计技术的枝割化，是通过建立枝割与斗长的关联整合而实现的。

后一个转折变化始自近世江户时代初期，唐样设计技术趋于和样化，且既有程度上的演进，又有朵当属性的分化。唐样设计技术的和样枝割化，首先表现在朵当、开间构成上，并相继扩展至斗栱构成上。其枝割化进程从简单到复杂，从局部到整体，最终实现基于枝割的斗栱、朵当、开间三者关联的整体构成。从相国寺法堂的部分枝割化，到妙心寺法堂的全面枝割化，是这一和样枝割化过程的典型之例。

近世唐样设计技术和样化的特色及差异，以朵当主从属性的变化分作两个类型：京都禅寺唐样代表一个典型，日光灵庙唐样代表另一个典型。前者为被动型朵当法，后者为主动型朵当法。这两种唐样朵当法的类型分别，其实质是唐样设计技术和样化程度的不同。唐样朵当属性的改变，意味着朵当与枝割的主从关系的转换。这一转换触及唐样设计技术的本质，是唐样设计技术和样化最彻底的表现。

基于朵当属性差异的上述两种类型，反映并概括了近世唐样设计技术和样化进程中的纷繁现象和特色，并与中世唐样设计技术相承续和衔接。从中世至近世的唐样设计技术的不同阶段形态，表现了唐样设计技术的演变过程和整体内容。

近世以来的唐样设计技术的变迁，在本质上是宋风技术的日本化。因此可以说，真正表现日本气质和审美趣味的唐样建筑技术，始自 16 世纪末的近世安土桃山时代。

第九章　唐样建筑技术书的设计体系与技术特色

第九章　唐样建筑技术书的设计体系与技术特色

前文第三章至第八章关于唐样设计技术的分析和讨论，主要是以遗构为对象进行的。本章以近世唐样建筑技术书为对象，就唐样设计技术的若干问题进行分析和比较。

本章并非试图对近世唐样建筑技术书作整体和全面的分析，且这也非笔者力所能及。本章的目标是通过近世唐样建筑技术书所记载的设计技术内容及线索，对近世乃至中世唐样设计技术作进一步的分析、比较和追溯，进而以本章的文本解读与前章的遗构分析形成比对、印证和综合分析，从而完成对从中世至近世唐样建筑设计技术的较为完整的认识。

一、近世唐样建筑技术书的性质与特色

1. 关于近世建筑技术书

中世末期以来，建筑技术书的出现、发展及成熟，成为近世建筑技术发展的一个重要特色和标志，唐样与和样建筑设计技术的演进，由此进入了一个新的阶段。

所谓建筑技术书，是对这一时期各类工匠用书的统称。其内容丰富，形式多样，涉及广泛，其中技术内容无疑是最重要者，然又不止于此，这一时期的建筑技术书更涉及诸多文化、历史内容。其内容所属和构成，在不同程度上，类似于中国北宋以来的《营造法式》《鲁班经》以及《营造算例》一类的营缮用书，唯日本建筑技术书在性质上皆为民间而非官颁，且尤以工匠秘传书为特色。日本学界多统称之为建筑书、建筑技术书或大工技术书，其中内容偏重于设计技术者，日本学界又多称之为木割书。

“木割”，是近世建筑技术书中的一个重要概念。所谓木割，即木割术，意指基于特定基准的形式，权衡和设定各部分比例关系的设计方法以及相应的尺度规制。而木割书中的相关设计技术内容，则是本章所主要关注和讨论的对象。

据日本学界统计，中世末期以来出现的建筑技术书，现存有500余本[1]，根据其性质及变化，大致可分作如下三个阶段及相应特色：

第一阶段：早期技术书的简单和粗略

第二阶段：流派意识的形成及其成熟

1　根据日本学者的统计，日本现存建筑书有500余本，其中属于纹样细部意匠方面的有60本以上。参见：河田克博. 近世建築書——堂宮雛形2（建仁寺流）[M]. 東京：大龍堂書店，1988：735.

第三阶段：从秘传到公刊的属性变化

日本早期建筑技术书以室町时代后期的《三代卷》(1489年)和近世初的《木碎之注文》(1562年)为代表。其中《三代卷》为现存最早的建筑技术书，据书跋所记，其成书年代为日本长享三年(1489)，后转抄收录于江户时代的建筑书《愚子见记》。

成书于江户时代前期的《愚子见记》(1683年)，在日本诸多建筑书中是一个比较特殊的存在。该书在性质上相当于一部汇编类的建筑综合丛书，全书九册，1683年由法隆寺工匠、幕府栋梁平政隆编汇。此书内容广泛、丰富和庞杂，现存最早的建筑技术书《三代卷》即是其汇编抄本之一。

《三代卷》全篇文字不多，然在内容上却相当驳杂，如讲述番匠的起源、祇园精舍相关的佛教内容、圣德太子所建殿堂形制，以及关于堂、祠、塔、屋的营造法，寺院布局形式，还有立柱、上梁等营建仪式和工具内容。在营造技术的内容上，所述较为简单，只是构件尺寸的记录，而无比例变化和模数规制。《三代卷》在内容构成和性质上，类似于中国的《鲁班经》。

《三代卷》作为建筑技术书的先驱，其关于设计技术的内容，表现了早期技术书的特色，如设计理念及方法较为简单、设计技术的流派意识尚不分明、设计技术的体系化尚未形成等特点。

近世以来工匠流派的兴起以及代表流派的成熟，推动和促进了建筑技术书的进步，其表现为建筑技术书流派意识的成熟和强化。这一时期的工匠流派主要分作擅长和样的四天王寺流和擅长唐样的建仁寺流这两大流派，其代表性建筑技术书分别为四天王寺流的《匠明》和建仁寺流的《建仁寺派家传书》。以此二书为标志，两大工匠流派的设计技术趋于成熟、精细和体系化。日本设计技术上的木割规制成熟和完善于这一时期，其时约为江户时代中期。

日本建筑技术书一直以来以秘传形式为特色，其使用和传承范围限于一家独门秘传，表现了其时不同匠师门派之间的技术保守与竞争心态。这一工匠技术密传的特色，至建筑技术书公刊本的出现而改变。建筑技术书由秘传到公刊的变化，其意义一是汇集众家之技术，破除门户之限，二是工匠技术得以广泛普及和流传。公刊建筑技术书的先驱是1655年发行的《新编雏形》，其后数量逐渐增多，18世纪后趋于普及。19世纪是公刊建筑技术书的全盛期，其代表者如《新编武家雏形》《番匠方语》等[2]。

本章探讨的重点是匠师流派成熟时期的代表性唐样技术书，主要是建仁寺流的《建仁寺派家传书》以及镰仓工匠技术史料《镰仓造营名目》。

文本史料相对于实物遗构而言，是设计技术的另一种存在和表现形式。在此意义层面上，建筑技术书成为认识设计技术及其演进的一个重要途径和方法。技术文本的解读以及文本解读与遗构分析的印证，在设计技术研究上无疑具有独特

2 内藤昌. 近世大工の系譜 [M]. 東京：ぺりかん社，1981：159.

的意义。

建筑技术书的解读和分析，其意义的一个方面在于发现直接、可信的文本证据，这对于潜在和非直观的设计技术的认识而言，尤为重要。同时，由文本解读所获得的认识线索，也有助于建立探索的方向，对于遗构分析具有指引性的意义。

中世唐样遗构以碎片化的状态显现其设计技术的片段和枝节，因此，唐样技术书的解读，有可能成为中世唐样遗构分析的指引和参照。文本解读与遗构实证相辅相成，具有互补的意义。

近世唐样设计技术，必然传承中世设计技术的基本内涵与方法。中世与近世的唐样设计技术是一个关联和整体的存在，就此意义而言，近世唐样遗构及其相关技术文献，无疑是中世唐样设计技术研究的一个重要线索。

日本学界关于近世建筑技术书的研究已有相当的积累和成果。在和样与唐样的建筑技术书研究上，以往日本学界侧重于平内家技术书《匠明》，而甲良家技术书《建仁寺派家传书》以及《镰仓造营名目》则相对成果较少，研究开始得也较迟，其重要成果主要是近三十年来出现的。本书关于唐样技术书的基础资料及其释读，大都是通过日本学者的著述而获得的，尤其是河田克博与坂本忠规两位学者关于唐样技术书《建仁寺派家传书》和《镰仓造营名目》的相关著述[3]。本章在前人研究的基础上，就此二书的研究作进一步的拓展、发现和深化，尤其在东亚视角以及关联比较的线索上多作努力。

2. 江户工匠的两大流派：四天王寺流与建仁寺流

江户时代日本工匠流派兴盛，江户建筑界形成了四天王寺流与建仁寺流两大流派，其建筑技术及样式分别以传承和样与唐样为特色，并以此显现中世以来技术源流所属上传统与新兴的区别和对立。而在江户匠师诸家中，尤以四天寺流的平内家和建仁寺流的甲良家最具代表性。自江户幕府作事方[4]创设以来，平内、甲良两家历代传承幕府作事方大栋梁之职，以幕府官匠的正统性而夸示，声名远扬。平内与甲良两家代表了当时建筑技术的正统主流和最高水平，并成为四天王寺流与建仁寺流的代表和象征。

近世工匠诸家技术书在体系分属上，以流派而言，形成相应的两大系列，即四天王寺流系本与建仁寺流系本。近世匠师诸家技术书中，尤以四天王寺流的平内家《匠明》和建仁寺流的甲良家《建仁寺派家传书》最为重要和具代表性。二书作为两家最为成熟和体系化的建筑技术书，是和样技术书与唐样技术书的两个代表，被称作江户建筑技术书的双璧。因此，关于近世设计技术的进一步认识，无论是四天王寺流还是建仁寺流，最终都有赖于对平内与甲良两家建筑技术书的解读和分析。

3 河田克博. 近世建築書——堂宫雛形 2（建仁寺流）[M]. 東京：大龍堂書店，1988.

坂本忠規. 大工技術書〈鎌倉造営名目〉の研究：禅宗様建築の木割分析を中心に [D]. 東京：早稲田大学，2011.

4 江户幕府作事方是江户幕府设置的掌管建筑营缮事务的官方组织机构，大栋梁为其中的最高技术者。

近世以来匠师谱系上四天王寺流与建仁寺流的分属，其内涵的一个重要方面在于标榜技术源流的传承及其正统性，这反映了古代中日关系背景下日本建筑技术发展的一个重要特色。

四天王寺流与建仁寺流的名称由来，与中国佛教建筑前后两次传入日本相关。中国佛教初传入日本时，圣德太子创立四天王寺，成为日本佛教寺院的正式起步。这一时期基于盛唐样式的日本佛寺建筑，经奈良时代至平安时代的日本化，成为日本的古典样式。中世以后，中国南宋佛教再次传入日本，相对于新兴的南宋样式，此前基于盛唐样式而形成的日本古典样式，则被视为传统样式，称为“和样”，及至近世又以“四天王寺流”之名，指称传承和样的工匠流派，以夸示其传统之深厚和谱系之正统。

而建仁寺流的名称由来，则源自对传承新兴宋技术的标榜与夸示。日本文化史上，认为南宋禅宗及禅寺建筑样式，最初由僧侣荣西所传入。入宋求法的日僧荣西归国后，传播南宋禅宗文化，并于京都创立建仁寺，弘扬宋风禅寺，引入南宋样式，这一新兴宋风样式，史称“唐样”[5]。自此之后，多有将日本禅寺建筑样式的谱系源流，追溯至日本禅宗初传者荣西创立的建仁寺。近世以来又以“建仁寺流”之名，统称传承唐样技术的工匠流派，以标榜谱系正统和技术先进。

在唐样谱系上，所谓“建仁寺流”是唐样的正宗传承。后世关于建仁寺大工先祖入宋学习技艺的传说相当流行，如关于建仁寺创立时大工横山吉春之传说，后世建仁寺流工匠将之奉为始祖。《建仁工匠家传记》（1810 年），是为横山吉春六百年忌所作，其大要如下：横山吉春于文治三年（1187）随荣西入宋，并参与万年山山门两廊、天童山千佛阁的再建。吉春欲将南宋禅宗建筑技术传入日本，故由宋之工匠传授秘诀，建久二年（1191）随荣西归朝。建久六年（1195），荣西令吉春于博多建立日本最初的禅寺圣福寺，其后建仁二年（1202）于京都建立建仁寺，吉春依宋百丈山七堂伽蓝之图式而建之。自此以来，传授禅宗样式妙术于子孙，建仁寺大工一脉传承至今[6]。

桃山自江户时代初期的工匠，将建仁寺流认作是唐样正统，并多有自称“入唐大工横山吉春”的子孙者，以示其技术之优秀。如日本宽永十一年（1634）建造鹿岛神宫楼门回廊的大工坂上信浓守吉正，自称“入唐大工横山吉治（春）拾六代之孙”[7]；日本万治二年（1659）建造瑞龙寺佛殿的大工山上善右卫门嘉广，自称为建仁寺入唐大工横山吉春第十六代孙[8]。其中或有吹嘘的成分，然多少表明陆续有日本工匠赴宋元江南学习技艺这一史实。

建仁寺流的建筑技术书中，关于其工匠始祖与技艺传承，也多记有大致类似的内容，如《建仁寺派家传书》卷首《继匠录》的相关记载：其始祖三郎左卫门光广，为建仁寺流之工匠，器量拔群，荣西所传宋样式的唯授一人[9]。

5　将禅宗初传日本的僧侣荣西（1141—1215），1202 年（日本建仁二年）于京都创立建仁寺，开始引入南宋新样式，至 1246 年由渡日宋僧兰溪道隆开创纯正宋风的镰仓建长寺，其间约历半个世纪。

6　内藤昌. 近世大工の系谱 [M]. 東京：ぺりかん社，1981：97.

7　“鹿岛神宫楼门回廊御再兴次第”，载《鹿岛神宫文书》296。转引自：国宝瑞龍寺総門佛殿及法堂修理事務所編. 国宝瑞龍寺総門佛殿及法堂修理工事報告 [M]，1938：55-57.

8　此传说见于《山上久男先祖由绪一类附帐》，转引自：国宝瑞龍寺総門佛殿及法堂修理事務所編. 国宝瑞龍寺総門佛殿及法堂修理工事報告 [M]，1938：55-57.

9　河田克博. 近世建築書——堂宫雛形 2（建仁寺流）[M]. 東京：大龍堂書店，1988：142.

建仁寺流工匠谱系中所谓“入唐建仁寺大工”的历史传说，指中世初期建仁寺工匠赴宋学习禅宗建筑技术，代表者为横山吉春，传为建仁寺工匠的始祖，其谱系传承直至近世。此类传说反映了近世唐样工匠追求谱系正统的心态。

建仁寺流的意义在于：相对于传统的四天王寺流，夸示其宋式谱系的正统性和新兴技术的先进性，以此提高其流派谱系的声誉和权威。事实上，至江户幕府全盛期的德川家光时代，在优秀大工云集的新兴都市江户城，作为幕府官匠的平内家与甲良家，成为建筑技术的主流，尤其是建仁寺流的甲良家，倚仗其先进的宋式技术，声誉显赫，如日光东照宫的宽永造替[10]，正是其时建仁寺流的甲良一门所受命承担的业绩和代表作，而这些都是与建仁寺流的宋式谱系和先进技术分不开的。

建仁寺流工匠以唐样作为夸耀、彰显其谱系正统和技术先进的一面旗帜。

3. 近世唐样技术书及其代表

（1）《建仁寺派家传书》

关于建仁寺流技术书，日本学界将以江户、加贺两地为中心而传承的建仁寺流诸史料，统称为“建仁寺流系本”。也就是说，建仁寺流技术书可分作两个系列：一是江户建仁寺流系本，二是加贺建仁寺流系本，二者在性质上是建仁寺流基于不同地域的两个支系。江户与加贺两系本的相互间虽有不同程度的差异，然二者技术本质相同，皆持以建仁寺流为正统的意识，且设计技术的基本精神相同。然相比之下，江户建仁寺流系本更为正宗、完善和体系化。

关于建仁寺流史料，日本学者河田克博编著的《近世建筑书——堂宫雏形（建仁寺流）》一书中收集和整理了 46 种，其中 16 种归属于江户建仁寺流系本，30 种归属于加贺建仁寺流系本。前者如《建仁寺派家传书》《甲良宗贺传来目录》《诸堂社绘图》《东禅家之卷》等本，后者如《山上家文书（金山寺图）》《圣家禅家伽蓝指图》《塔之图》《神社佛阁殿舍之印家》《清水家传来目录》等本。

江户建仁寺流诸系本中，以甲良家的《建仁寺派家传书》最为成熟、完备和体系化，是江户建仁寺流系本的基干和代表。本章基于所讨论的内容及主题，略去其他系本，主要以最具代表性的甲良家《建仁寺派家传书》为对象，作相关的讨论和比较[11]。

关于《建仁寺派家传书》的成书及其年代，一般认为由甲良家第四代的甲良宗员于日本宝永末年（约 1710 年），在其父宗贺、其叔宗俊著述的基础上修订编纂而成，即其原本于 17 世纪中叶应已大致形成，至 18 世纪初由甲良宗员的再编和体系化，最终成书为《建仁寺派家传书》[12]。

《建仁寺派家传书》全书 14 册，内容丰富全面。其具体的内容构成，根据

10　德川家光为江户幕府第三代将军，家光时代是江户幕府的全盛期，所谓“宽永之繁荣”，即指的是这一时期。宽永为日本年号，自 1624 至 1643 年。

11　关于建仁寺流史料的性质、谱系及内容构成，日本学者河田克博有详细的研究和著述，见其编著的《近世建筑书——堂宫雏形 2（建仁寺流）》。本章关于建仁寺流史料背景的讨论，即基于其相关研究和著述。

12　关于《建仁寺派家传书》的成书及其年代，参见：河田克博. 近世建築書——堂宮雛形 2（建仁寺流）[M]. 東京：大龍堂書店，1988：759、761.

各分册的题名，依次分作如下 14 个项目：

《继匠录》《神社》《神宫相殿》《诸堂》《上栋》《上栋三段品》《匠用小割》《匠用小割图》《门集》《禅家》《伽蓝》《层塔》《宝塔类》《数寄屋》。

以上 14 分册的内容，依其内容性质，可分作如下两大方面：一是建筑技术的内容，二是匠师谱系、营造仪式及相关历史的内容。也就是说，《建仁寺派家传书》并非只是单一的技术内容，而是包含了相关的历史、文化内容，从而区别于其他纯技术内容的木割技术书。

《建仁寺派家传书》的建筑技术内容，也是相当丰富和全面的。在建筑类型上，除佛教建筑外，还包括神社、住宅、数寄屋（茶室）等内容；在建筑形式上，涉及诸堂、门、层塔、宝塔等内容；在记录方式上，全书唯《匠用小割图》一册为图示的形式，其他诸册皆为文字的形式。

在内容的性质及构成上，《建仁寺派家传书》最显著的特点是：以唐样建筑技术为主体，突出和强调唐样的技术特色。《建仁寺派家传书》也包含有和样的技术内容，但全书的重点与核心在于唐样技术内容，从而表现了其作为唐样技术书的性质与特色。

《建仁寺派家传书》的唐样技术内容，表现在以下几个方面：

其一，以第 10 册《禅家》作为唐样内容的专册，专门记述禅宗寺院建筑技术，样式为唐样。另以第 11 册《伽蓝》记述禅宗以外的寺院建筑技术，样式以和样为主。专门设置独立分类的唐样技术内容，是和样技术书《匠明》所不具备的特点。

其二，《禅家》记录的禅宗寺院建筑技术内容，详细、丰富和全面。相比之下，和样技术书《匠明》只是兼记了部分唐样做法，并分散于其《堂记集》《门记集》《社记集》中。

其三，涉及唐样设计技术的内容，主要见于《禅家》《匠用小割》及《匠用小割图》这三册。三册中《禅家》所记设计技术，专门是唐样木割内容，而《匠用小割》及《匠用小割图》二册所记，则兼有唐样、和样两方面的木割内容。

其四，第 13 册《宝塔类》中所记华严塔和金刚塔，为唐样八角三重塔的形式，收录有相应的木割内容。

记述唐样技术相关内容的以上诸册，其内容构成及特点大致如下：

作为唐样建筑专册的《禅家》，具体分述了禅宗寺院所特有的建筑形式，如三间山门、五间山门、三间佛殿、五间佛殿、法堂、僧堂、库里（厨房）、茶堂、风吕（浴室）、雪隐（厕所）、轮藏、钟楼、回廊等，并记述其柱径、柱高、开间枝数、构造手法、斗栱种类、屋面坡度等技术内容。然《禅家》所记技术内容中，不包括斗栱等细部做法，而是将之视作各类建筑共通的细部设计，专门抽出置于《匠用小割》分册中详述，并由《匠用小割图》分册作进一步的图解。这一体裁形式在近世建筑技术书中，唯《建仁寺派家传书》所独有，表现了《建仁寺派家传书》设计体系的构成与匠心。

作为比较，江户建仁寺流系本《甲良宗贺传来目录》中关于唐样建筑技术的内容，与《建仁寺派家传书》几乎完全相同，其唐样木割内容，分记于《禅家伽蓝木割》《禅家伽蓝图》《御所样小割》《小割图》这几册中。其中《禅家伽蓝木割》与《御所样小割》，分别与《建仁寺派家传书》的《禅家》《匠用小割》内容相同，而其《小割图》则类同于《建仁寺派家传书》的《匠用小割图》，两书在唐样木割方面并无不同。

加贺建仁寺流系本的诸本中，《清水家传来目录》作为基干本，其内容最为完备和体系化。《清水家传来目录》关于唐样建筑的记述见于《禅家金山寺图》（上、下二卷）。此上、下两卷就总门、山门、佛殿、法堂等的木割内容作有详述。特别是下卷卷末关于七种斗栱形式（六铺作斗栱四种，以及五铺作、四铺作、一斗三升斗栱各一种）的木割记述，相当细致和完备，是堪与甲良家技术书相比肩的内容。

宋元江南五山十刹不仅对日本中世禅寺及唐样建筑极具意义，而且其影响至近世唐样技术书中仍见身影，尤其是“径山样”与“金山寺样”。如近世建筑技术书中仍有依据“径山寺之图”的记载[13]，而十刹之一的“金山寺样”，后世影响亦大，建仁寺流系本中，多有记作“金山寺图”的相关内容，如《山上家文书（金山寺图）》《清水家传来目录·禅家金山寺图》《金山寺图》《金山寺图（门集）》等。

加贺建仁寺流系本《金山寺图》（1750年），篇首记“大唐金山寺者，四角四神相应之灵地也”。篇中图样有“金山寺样三间山门之雏形”“三间佛殿金山寺样雏形”等金山寺样内容，篇尾记“右所记之一卷者，大唐金山寺之图并作形也”以及此图传来日本之由绪，谓建仁寺开山荣西入宋归朝后，于建仁二年草创建仁寺，是为日本禅宗之初始，并由宋传来禅宗诸堂形式及佛具等[14]。上述图文记述，强调建仁寺流技术的渊源所在，南宋金山寺样成为建仁寺流唐样的一个范本。

《建仁寺派家传书》可谓是一部内容全面、完备和体系化的唐样建筑技术书，尤其是关于唐样木割技法的记录，成为认识从中世至近世的唐样设计技术演变的重要史料，其既反映了中世以来唐样设计技术的传承与发展，又经历了近世和样化的影响和改造，可称作是近世唐样设计技术体系化的集大成者。

（2）《镰仓造营名目》

唐样建筑技术相关的诸史料中，除了建仁寺流技术书外，另有一部独特的史料也具重要意义，这一史料即后世所称的《镰仓造营名目》。此史料的特点在于其不像《建仁寺派家传书》《匠明》那样具有明确的整体构架和完整体系，而只是部分零散和独立的工匠技术文书。

13 太田博太郎．日本建築史序説[M]．東京：彰国社，2009：114.

14 河田克博．近世建築書——堂宫雛形 2（建仁寺流）[M]．東京：大龍堂書店，1988：634-649.

《镰仓造营名目》为镰仓大工河内家所旧藏《河内家文书》中的部分史料，也即大工河内家所记录的建筑技术文书。文书中关于木割技术部分的内容，记述了中世室町末至江户初期镰仓工匠的建筑设计技术，其中也包含关于唐样木割技术的相关内容。

《河内家文书》中关于木割设计技术的这一部分文书史料，1980年代由日本学者关口欣也发表了其概略和释文，并将这部分文书史料单独另称为《镰仓造营名目》[15]。关口欣也评价该史料作为镰仓工匠的基础资料，记录了室町末以来镰仓工匠的建筑设计方法，具有很高的史料价值，可与镰仓工匠所作圆觉寺佛殿古图并称双璧。其后2006年以来，日本学者坂本忠规又对此文书作了进一步的分析和研究[16]。以上二人的相关研究成果，成为本文讨论的背景和基础资料。

关于这批文书史料的年代，以日本宽永（1624—1643）、庆安（1648—1651）年间所作者为多，从题跋（奥书）来看，也有成书于天正年间（1573—1586）者，且文书在用语上与室町时代末期的木割书类似，故一般认为这批史料保存有较多的中世要素，反映了中世末期至江户初期镰仓唐样建筑技术的状况。

日本中世以来的唐样建筑技术，在做法细节上因地域差异而有所变化。根据日本中世禅宗中心的地域分布，唐样建筑技术大致可分作两个区系：一是以镰仓为中心的关东唐样，一是以京都为中心的西日本唐样。而《镰仓造营名目》所记录的唐样建筑技术内容，在性质上属于镰仓唐样建筑技术的相关史料。中世以来，镰仓唐样建筑继承和反映了镰仓五山禅寺建筑技术的传统，故《镰仓造营名目》被认为是关于镰仓唐样建筑技术珍贵的文献史料，具有重要的研究价值。

《镰仓造营名目》所记建筑技术内容，包括了唐样与和样两方面的史料。关于唐样建筑技术的内容主要有如下三篇：《三间佛殿》《五间佛殿》《三门阁》。此唐样三篇年代分别为1633年、1634年和1635年，记述了镰仓唐样佛殿和山门阁的木割设计技术。关于和样建筑技术的内容主要有如下七篇：《一间宫名目》《三重塔名目》《五重塔名目》《多宝塔》《钟楼名目》《楼门名目》《三栋作大门》。和样七篇的年代在16至17世纪之间。

以上唐样三篇与和样七篇，是《镰仓造营名目》所记建筑技术的主要内容。本章关注和讨论的主要是三篇关于唐样技术的相关内容，下文称此三篇为唐样三篇。

本章关于近世唐样技术史料的分析和讨论，除了上述的《建仁寺派家传书》和《镰仓造营名目》外，作为分析比较的对象，近世和样技术书《匠明》[17]中也兼记有部分唐样技术的相关内容，如《匠明·堂记集》中称作“唐用”的唐样殿堂，列出三间佛殿、五间佛殿、法堂、僧堂这四项，并记述其木割规制。《匠明》中的这一部分内容，也作为本章关于近世唐样设计技术分析和比较的相关史料。

15　関口欣也. 解題：中世の鎌倉大工と造営名目 [M]// 鎌倉市文化財総合目録（建造物篇），1987.

16　关于《镰仓造营名目》史料的性质、谱系及内容构成，日本学者坂本忠规作有相关研究，即其博士学位论文《大工技術書〈鎌倉造営名目〉の研究——禅宗様建築の木割分析を中心に》，本书关于《镰仓造营名目》史料背景的讨论，即基于上述这一相关研究。

17　《匠明》为幕府大栋梁平内家的家传建筑技术书，据书跋此书为平内政信完成于日本庆长十三年（1608）。传至今日的《匠明》为日本元禄十年（1697）至享保十二年（1727）的增补写本。《匠明》全书五卷，根据记述对象分作殿屋集、门记集、堂记集、塔记集和社记集五集，是平内家传书中内容最为成熟和完备者。

需要强调的是，由于唐样技术书的内容庞杂，本章关于《建仁寺派家传书》和《镰仓造营名目》二书唐样设计技术的讨论，只是限于特定的视角、层面及其相关线索而展开的，属于针对性和专题性的解读，而非全面性的分析。

二、《建仁寺派家传书》的设计体系与技术特色

本节以《建仁寺派家传书》为具体分析对象，讨论近世唐样文本史料中所记录和反映的唐样设计体系及其技术特色。

设计体系和方法，本是一个相对广义的概念，本文只针对比例关系和尺度设计这一狭义的概念进行分析和讨论。就《建仁寺派家传书》庞杂、纷繁的技术内容，本文主要选取如下两条针对性的线索展开：一是基于朵当的设计技术，关注唐样朵当的性质和意义；二是唐样斗栱法的形式与意义。也就是说，为了避免讨论内容的庞杂化，重点关注间架构成与斗栱构成这两个层面。其目的是以此两条线索的聚焦和取舍，把握《建仁寺派家传书》设计技术的主干脉络与核心内容。

基于上述两条线索，本节关于《建仁寺派家传书》设计技术的分析，涉及尺度关系的两个重要层面：一是规模尺度关系，主要是间广、柱高的尺度关系；二是斗栱尺度关系，主要是铺作配置及斗栱构成。这两方面的尺度关系，典型地反映了唐样大木设计技术的性质和特色，而其他次要的尺度关系则基本上略而不论。

本文关于《建仁寺派家传书》分析讨论的基础史料，主要来自日本学者河田克博的相关研究[18]。

1. 基于朵当理念的设计体系

（1）朵当理念及其技术属性

《建仁寺派家传书》设计技术的内容中，“朵当”是一个最为核心和基本的概念。

本文中所称的“朵当”，《建仁寺派家传书》中记作汉字“間”，或日文假名“あいた”，音“ayita”（阿依他），意为“间隔”，指补间铺作的间隔。同时，《建仁寺派家传书》将明间记作“大間”，故而朵当所对应的“間”，在性质上则是“小間”。《建仁寺派家传书》以“大间”与“小间”的关系，权衡和设定开间与铺作配置的尺度关系，反映了唐样设计技术上朵当基准的理念。

唐样建筑技术书中朵当基准的理念，所见最早者为近世初期的《唐样佛殿其外诸木碎》（1614 年）[19]，书中关于唐样三间佛堂开间与铺作配置的关系，补间铺作两朵的明间记作“三間”，补间铺作一朵的次间记作“二間”。其“間”者，即为铺作中距。《唐样佛殿其外诸木碎》所记“間”的概念，在性质上为尺度设

18　河田克博．近世建築書——堂宫雛形 2：建仁寺流 [M]．東京：大龍堂書店，1988.

19　阪口あゆみ．初期木割書に見られる佛殿の設計方法に関する研究 [J]．日本建築学会東北支部研究報告会，2007：129-134.

计的基准单位。近世初期唐样建筑技术书中的这一朵当基准理念，至百年后的《建仁寺派家传书》臻于成熟和体系化。

中国两宋时期，同样以“间”指称铺作中距，即所谓“步间”，意为基本尺度约略为步距的铺作中距，也就是后世所称之朵当。

《营造法式》凡间隔者皆称“间”，如两柱间隔称“间”，两椽间隔称“间”[20]，铺作间隔亦称“间”，也即“补间”或“步间”[21]。从《唐样佛殿其外诸木碎》到《建仁寺派家传书》所称“间”者，其语意及用法完全同于两宋。也就是说，《建仁寺派家传书》的“あいた”（間）这一用语及内涵，与宋《营造法式》的“步间”相同，且在性质上更进一步，已具备作为尺度基准的属性特征。

《建仁寺派家传书》的“あいた”（間），在尺度设计上，相当于后世所称的“朵当”或“攒当”，本文统一用“朵当”称之。

补间铺作是中世以来唐样建筑独有的样式做法和技术特征，而唐样设计技术亦是基于补间铺作的朵当理念而生成、展开和发展的。

唐样设计技术的演进上，朵当理念确立了唐样独特的技术内涵与设计方法，且根据近世建筑技术书的分析比较，设计技术上的朵当理念（あいた）与江户建仁寺流系本最为密切相关；进一步而言，朵当理念是江户建仁寺流的甲良家技术书最具特色的设计理念。

呈对比的是，加贺建仁寺流系本的朵当理念则较为少见、淡薄，如其代表性的《清水家传来目录・禅家金山寺图》中，则不见朵当（あいた）用语及相应规制，相应地，其设计方法也较近于和样。而四天王寺流系本的平内家《匠明》中所兼记的唐样木割，更是完全不取唐样的朵当理念及相应的设计方法，而是全面套用和样枝割的设计方法。因此，基于朵当理念的近世唐样设计体系，主要是以甲良家技术为主体而成立的，而《建仁寺派家传书》则是其代表。

建仁寺流技术书最重要的特质在于基于朵当理念的唐样设计体系。

（2）唐样设计体系的核心与基石

伴随补间铺作发达而逐渐强化的朵当意识，促进了唐样设计技术上朵当理念及其相应设计规制的形成和发展。朵当理念在唐样设计技术的演进上是一划时期的概念。

朵当理念是以甲良家为代表的唐样技术书的重要特征，近世最终完成和完善的唐样设计体系，也是以朵当理念为核心和基本内涵的。朵当理念及相应的设计方法是近世唐样设计体系得以成立的基石。

甲良家《建仁寺派家传书》的设计技术内容，分作和样建筑与唐样建筑两大类。在和样建筑的设计方法上，《建仁寺派家传书》与《匠明》基本类似，并无大的差异；而在唐样建筑的设计方法上，则表现出《建仁寺派家传书》独立

20 《营造法式》大木作制度二《用椽之制》：“凡布椽，令一间当心。”其“间”者指两椽的间隔空当，“一间当心”意为椽空当对应开间中线。参见：梁思成. 梁思成全集（第七卷[M]. 北京：中国建筑工业出版社，2001：155.

21 关于《营造法式》的“步间”，于前文第三章“间架关系与尺度设计”已有讨论，“步”为早期的尺度单位，“步间”之意为约略五尺的铺作间隔。

的个性特征。也就是说，前一类内容表现和样建筑的一般性特征，后一类内容表现唐样建筑的独立性特征。而这一独立性特征可概括为：基于补间铺作的朵当模数设计方法。

《建仁寺派家传书·禅家》中所记述的各类禅宗建筑，在设计方法上几乎全部采用唐样特有的朵当法，如山门、佛殿、法堂、僧堂、库里、茶堂、浴室、雪隐和轮藏，唯钟楼未用唐样朵当法，而是直接采用和样的枝割法，甚为独特。

除《禅家》之外，朵当法还见于《宝塔类》中华严塔和金刚塔。也就是说，基于朵当的设计方法，于《建仁寺派家传书》中唯用于《禅家》《宝塔类》中纯粹的唐样建筑上。

《建仁寺派家传书》基于朵当的设计方法，其基本内涵是：以朵当为尺度基准，以朵当基准的倍数与分数，权衡和设定从间架到斗栱的尺度关系。《建仁寺派家传书》的《禅家》《宝塔类》《匠用小割》及《匠用小割图》诸册中，具体记述了这一基于朵当的模数设计方法和相应规制。

朵当作为唐样尺度基准的属性，还表现在基准单位的细化和分级上。所谓细化，指朵当基准的最小单位可细分至半个朵当单位，以便于间架尺度的权衡和设定。如关于柱高，规定三间佛殿的殿身柱高四朵当半，副阶柱高三朵当半；五间佛殿柱高五朵当半（《禅家》）。半个朵当单位的基准特色，显示了朵当作为模数基准的性质和特色。所谓分级，指以朵当的若干分之一为次级基准，并以之权衡和设定斗栱和其他构件的尺度关系（《匠用小割》《禅家》）。

《建仁寺派家传书》设计体系的最大特征在于模数基准置于朵当，这与中世唐样遗构的分析相同。朵当理念及相应规制，表现和反映了中世以来唐样设计技术的独立性与独特性，成为区别于和样设计技术的标志性特征。

模数基准的不同，是《建仁寺派家传书》与《匠明》之间最显著的差异。在间架尺度关系上，前者以朵当为基准，后者以明间为基准，二者的设计思维与方法是迥然相异的。以禅寺法堂为例：唐样法堂明间设补间铺作两朵，次间补间铺作一朵，法堂柱高尺度的权衡和设定上，《建仁寺派家传书》记作“三あいた半”，即三朵当半，而《匠明》则记作“次间与明间半分”。实际上，《匠明》两朵当的次间加上三朵当的明间的一半，也正是三朵当半，然而《匠明》就是不用朵当基准的概念，而坚持以明间为基准折算尺度关系。相同的尺度比例关系，不同的基准表达形式，表现了唐样《建仁寺派家传书》与和样《匠明》在设计思维和方法上的不同，也就是设计体系的差异。

2. 以朵当为基准的间架构成规制

根据《建仁寺派家传书》所记朵当规制的相关内容，推导其尺度设计的基本方式如下：

首先设定作为基准的朵当尺寸，进而以朵当基准权衡和设定相关的尺度关系。具体分作如下两个层面：

一是以朵当基准的倍数，权衡和设定间架尺度关系，主要是间广、柱高、檐出等尺寸；

二是以朵当基准的分数作为次级基准，以之权衡和设定斗栱及其他相关构件的尺度关系。

以下依次讨论《建仁寺派家传书》在此两个层面上的朵当规制及其相应的设计方法。

（1）基于朵当的间广尺度设定

自中世以来，唐样建筑的铺作配置以明间补间铺作两朵、次间补间铺作一朵为基本形式。相应地，基于朵当的开间比例关系为 3∶2 的定式，即：明间 3 朵当与次间 2 朵当的形式。在此构成关系中，作为基准的朵当是开间尺度构成的支配性因素。

开间尺度构成上的朵当基准作用，《建仁寺派家传书》就各类唐样建筑，皆有明确的记述，无论是主要建筑的佛殿、法堂、僧堂、山门，还是次要建筑的库里、茶堂、风吕（浴室）、轮藏以及宝塔，开间尺度的权衡与设定，皆以朵当为基准。在《禅家》与《宝塔类》两册中，关于间广的记述及规制，皆只规定朵当数量，而不记具体的开间尺寸。且所有开间依朵当数量，分作大、小两种形式：大者三朵当，记作“大间”，小者二朵当，用作次间、梢间以及进深诸间。以下为《禅家》《宝塔类》所记各类建筑基于朵当的开间构成关系，原文中“大间”指明间，“胁之间”指次间，“雨打之间”指副阶[22]，“露明椽之间”指五间规模的面阔梢间及进深边间[23]（图 9-2-1），朵当在原文中以日文假名记作“あいた”：

五间佛殿：间之取样，大间三朵当，胁之间及雨打之间各二朵当。进深五间，亦皆各二朵当。又，进深四间时，当中两间各三朵当，两侧间各二朵当。

三间山门：面阔大间三朵当，胁之间与进深各间皆二朵当。

五间山门：面阔大间三间，每间三朵当，隅之间二朵当。进深三间时，各间二朵当。二间时，各间三朵当。

法堂：面阔大间三间，各三朵当；露明椽之间（指两梢间）二朵当。进深五间时各间同面阔，四间时当中两间各三朵当，露明椽之间（指两边间）二朵当。

僧堂：面阔七间，进深六间。面阔大间三朵当，胁之间与雨打之间各二朵当。进深六间各二朵当。

风吕：进深三间，面阔六间。进深大间三朵当，胁之间二朵当。面阔六间各二朵当。

22　“雨打之间”指副阶，其“雨打”应源自“雨搭”。“雨搭”为清式营造用语，《工程做法》中有“雨搭”一词，《营造法原》中也有相同的用语。和样技术书《匠明》中也将副阶称作“雨打”。

23　原文中的“露明椽之间”，应指五间规模时面阔的两梢间和进深的两边间。唐样佛堂、法堂的室内，于中间部位设天花，而面阔的梢间及进深的边间则呈露明椽的形式。

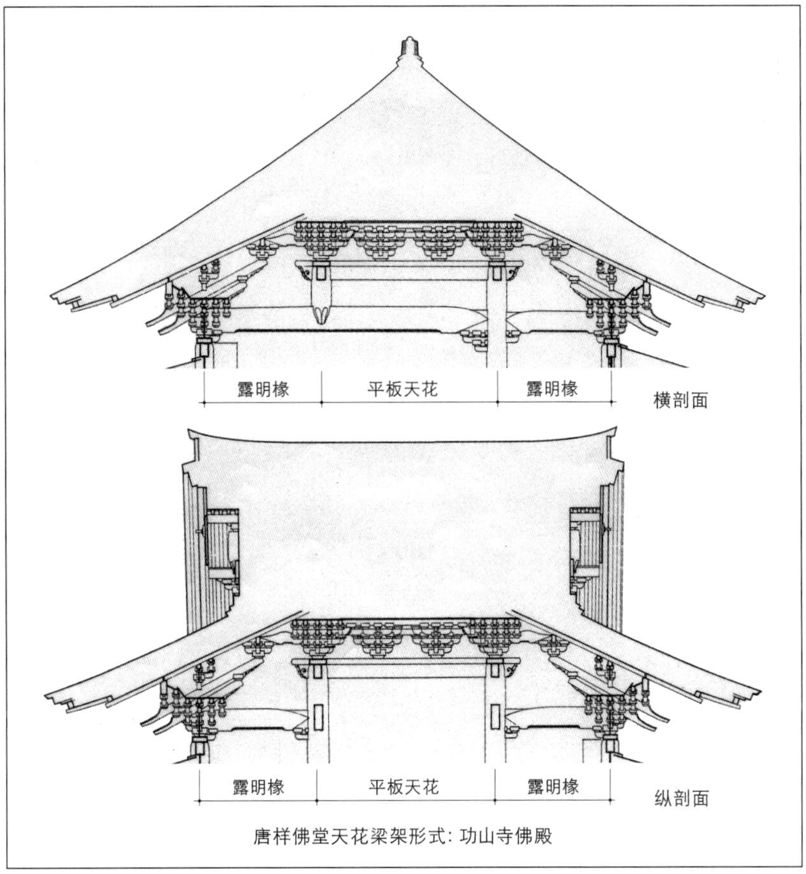

图 9-2-1　唐样佛堂的天花梁架形式（底图来源：日本文化财图纸）

轮藏：殿身三间，加雨打间共五间四面。大间三朵当，胁之间二朵当。

华严塔：初重五间，作唐样形式，大间三朵当，胁间、梢间各二朵当。

金刚塔：上下层八角，作唐样形式，每角（边）各二朵当。

《禅家》《宝塔类》中主要唐样建筑的开间构成关系，皆是以朵当为基准而设定的，即积朵当为间广。其朵当只是抽象的模数基准，而不记实际尺寸。相应地，开间尺寸也不作具体的规定，设计时一旦选定作为基准的朵当尺寸，即可推得相应的开间尺寸。

建仁寺流诸系本中，甲良家《建仁寺派家传书》在朵当理念上表现得最为典型、明确和彻底，其间广设定上只规定朵当数量，而不记实际尺寸。相比之下，其他建仁寺流系本在间广设定上，多标记有实际尺寸甚至枝数，显示出由开间决定朵当的倾向，这已与《匠明》做法相近类似，或者说深受《匠明》做法的影响。如与江户建仁寺流系本相近的小普请方系本《柏木政等传来目录》，其间广设定上虽有朵当（あいた）的概念，然明间上同时又标记实际尺寸，三间佛殿的明间记作一丈三尺，五间佛殿的明间记作一丈六尺。再如加贺建仁寺流系本《清水家传来目录・禅家金山寺图》的三间佛殿，明间记作一丈六尺；《金山寺图》的三间佛殿，明间记作二丈。这一现象表明了朵当基准属性的减弱或丧失[24]。

24　加贺建仁寺流系本《禅家金山寺图》中，全不见あいた概念及用语，开间设置以枝割标记，柱身高度（内法高）设置，亦以开间及柱径为基准。

在近世和样化的背景下，唐样建筑技术书趋近和吸收和样做法是一个显著的特点，《建仁寺派家传书》同样在一些做法上也受和样的影响。然而在唐样设计技术最核心和本质的朵当理念上，唯有《建仁寺派家传书》始终坚守唐样设计技术的独特性与独立性，而基于朵当的间架尺度设计方法，正是其典型表现。

开间尺度设定上，相对于唐样以朵当为基准的朵当法，和样《匠明》的方法则可称为明间法，即直接以营造尺设定明间尺寸，并以明间为基准，权衡、设定其他相关尺寸。即便是《匠明・堂记集》所记唐样建筑，其开间尺度的设定，也完全不用唐样的朵当（あいた）用语和概念，而是以“備”（日语假名记作“そなえ”，音“sonae”）称补间铺作，类似于清式的“攒”。以三间佛殿为例，其补间铺作与开间的关系为：首先设定明间一丈二尺，于明间的三分位上置二備（攒）；次间取明间的三分之二，并于次间的中分位上置一備（攒）。

在开间与朵当的角色关系上，相对于《建仁寺派家传书》的积朵当为间广，《匠明》则以开间分割的形式，确定补间铺作分位。前者基准在朵当，朵当为支配性因素；后者基准在明间，朵当为被动性生成。两法比对呈如下的区别：《建仁寺派家传书》的あいた法，由朵当的叠加而成间广；《匠明》的そなえ法，由间广的分割而成朵当。论朵当属性，前者为主动和支配性，后者为被动和从属性。

和样《匠明》所记唐样建筑，其补间铺作配置只是对唐样做法的形式模仿，其朵当有形而无实。

（2）基于朵当的柱高尺度设定

柱高是建筑规模尺度的另一项主要指标。柱高的设定，表现和反映尺度设计规制的性质与特征。《建仁寺派家传书》以朵当的倍数权衡、设定建筑规模尺度，主要包括间广与柱高尺度。《建仁寺派家传书・禅家》中所记主要建筑的柱高设定，皆表记为以朵当为基准的形式，几无例外。以下为《禅家》所记各类建筑基于朵当的柱高构成关系，原文中“台轮”为普拍枋，“沓”为柱础，“大间”为明间，“雨打”为副阶，“贯”为额或串，其中“柱贯”指阑额，“飞贯”指由额，“腰贯”指腰串，“地覆贯”指地串，朵当在原文中以日文假名记作“あいた”：

三间山门：下柱高度，从台轮下端至沓之上端，三朵当半。其中有柱贯、飞贯、腰贯与地覆贯。

五间山门：下层之高度，从柱贯下端至沓之上端，三朵当半。上层之高度，为下层柱高之半分，由缘之上至台轮之上端。

三间佛殿：其高度从柱贯下端至沓之上，四朵当半。雨打之高度，由沓之上端至桁上端，三朵当，与大间相当。沓之上端至雨打椽尾挂搭之飞贯下端，三朵当半。

无雨打之三间佛殿：其高度从柱贯下端至沓之上端，三朵当半。

五间佛殿：其高度至柱贯下端，五朵当半。雨打之高度，由台轮之上端至沓之下端，三朵当，与大间相当。

法堂：其高度从台轮下端至沓之上端，三朵当半。台轮、柱贯、飞贯、腰贯，一如常法。

僧堂：其高度从台轮下端至沓之上端，四朵当半。雨打柱之高，由丸桁上至沓之上端，三朵当。

库里：其高度从柱贯下端至沓之上端，三朵当半。

茶堂：其高度从台轮上端至沓之上端，三朵当半。

风吕：其高度从柱贯下端至沓之上端，三朵当半。

文中所记不同建筑的柱高界定不一，柱下端皆以柱础上皮为界，上端分作以阑额为界或以普拍枋为界这两种形式：

佛殿殿身檐柱高，从阑额下皮至柱础上皮；副阶柱高，从檐枋上皮至柱础上皮，库里、风吕柱高同此；

法堂、僧堂檐柱高，从普拍枋下皮至柱础上皮。重层山门下层柱高同此；茶堂柱高从普拍枋上皮至柱础上皮。

整理归纳上文基于朵当的柱高设定规制如下：

三间山门：下层檐柱高三朵当半；

五间山门：下层檐柱高三朵当半，上层檐柱高为下层檐柱高之半；

三间佛殿：带副阶者，殿身檐柱高四朵当半，副阶柱高三朵当；不带副阶者，檐柱高三朵当半；

五间佛殿：殿身檐柱高五朵当半，副阶柱高三朵当；

法堂：檐柱高三朵当半；

僧堂：殿身檐柱高四朵当半，副阶柱高三朵当；

库里、茶堂、风吕：檐柱高三朵当半。

《禅家》基于朵当的柱高尺度设定，表现了如下性质和特色：

其一，凡唐样建筑的柱高设定，皆不记实际尺寸，而以朵当的倍数设定，这与开间尺度设定的规制相一致，二者皆以朵当基准的倍数，设定规模尺度的构成关系；

其二，柱高尺度的设定，以半朵当为细分基准单位，这反映了朵当作为尺度基准的属性特征；

其三，副阶柱高三朵当，与明间之广相当。这与《营造法式》“若副阶廊舍，下檐柱虽长不越间之广”[25]的规制相同；

其四，三间佛殿檐柱由额高度的设定，与所搭接的副阶椽尾高度相关，且由额至阑额的高度为一个朵当的定值；

其五，作为平面尺度单位的朵当，转用于垂直方向上的尺度权衡与设定，两

25　《营造法式》卷五《大木作制度二》“柱”。参见：梁思成. 梁思成全集（第七卷）[M]. 北京：中国建筑工业出版社，2001：137.

向尺度构成上的基准统一，表明了朵当基准的独立性与抽象性，并进一步显示了朵当作为模数基准的属性特征。

唐样基于朵当的规模尺度设计规制，完全不同于和样方式。且在建仁寺流技术书的诸本中，间广、柱高构成上的朵当基准属性，唯甲良家《建仁寺派家传书》最为典型和突出。相比之下，即使《镰仓造营名目》的朵当基准也未能达到如此的程度。

在规模尺度上，《建仁寺派家传书》除间广、柱高外，檐出尺寸也以朵当为基准而权衡、设定。以三间佛殿为例，其檐出尺寸的设定，基于扇列椽的上檐与平行椽的下檐，分作如下两种方式：

上檐出尺寸的设定方式为“次间 −1 跳距”，也即“2 朵当 −1 跳距”；

下檐出尺寸的设定方式为 10 枝。

概而言之，扇列椽的上檐出设定，用唐样的朵当规制；平行椽的下檐出设定，用和样的枝割规制。唐样与和样的上下檐出尺寸设定，既区别属性，又相融一体。

唐样设计技术最重要的特质，在于基于补间铺作配置的朵当规制。《建仁寺派家传书》的唐样尺度设计上，将朵当基准的属性强调至极致，其朵当基准的抽象性及其作用的显著和广泛，且不说宋《营造法式》，就是清《工程做法》也多有不及。

3. 斗栱法两式：六间割与八枝挂

上节讨论了《建仁寺派家传书》朵当规制的第一个层面，即以朵当基准的倍数，权衡和设定间架尺度关系。本节进一步讨论朵当规制的第二个层面，即以朵当基准的分数为次级基准，以之权衡和设定斗栱尺度关系，也可称作尺度构成的斗栱法，具体分作两式：一是六间割斗栱法，一是八枝挂斗栱法。以下依次讨论两式斗栱法所建立的斗栱尺度关系。

（1）斗栱法的形式与意义

所谓尺度构成的斗栱法，指由朵当分割而生成次级基准并以之建立斗栱尺度关系的方法。以补间铺作两朵为特征的唐样，其斗栱尺度关系包括两个方面：一是斗栱自身的尺度关系，二是斗栱与朵当的尺度关系，两种尺度关系相辅相成。而这两种尺度关系的建立，则是基于由朵当分数而生成的次级基准之上。这一尺度构成的斗栱法，是《建仁寺派家传书》设计技术的一个重要内容。

斗栱法所基于的次级基准，由朵当基准的分数而生成，其对应的尺度单元有二：一是小斗长，相应为斗长基准；一是椽中距，相应为枝割基准。由朵当分割而生成斗长基准和枝割基准，并以之建立斗栱尺度关系的方法，在《建仁寺派家传书》的斗栱法中分别记作“六间割”和“八枝挂”，是《建仁寺派家传书》唐样设计技术的斗栱法两式。

所谓“六间割”，为比例关系设定上的等分法。“割”，即等分的意思。《建仁寺派家传书》的六间割斗栱法，以朵当尺寸均分作六份，以其一份为小斗长尺寸，并以此斗长为基准，权衡和设定斗栱尺度关系以及斗栱与朵当的关联构成。

所谓“八枝挂”，是唐样斗栱构成枝割化的表现，即以椽当为基准的斗栱比例设定法。《建仁寺派家传书》的八枝挂斗栱法，以朵当尺寸均分作八份，以其一份为椽当尺寸（椽中距），并以此椽当为基准，权衡和设定斗栱尺度关系以及斗栱与朵当的关联构成。

总之，无论是六间割斗栱法，还是八枝挂斗栱法，二者皆建立在朵当基准之上，且由朵当分割生成的两个次级基准，皆与小斗长相关：前者直接以小斗长为基准，后者则间接与小斗长相关，即以枝割与斗长整合关联。

斗长基准在《建仁寺派家传书》的斗栱法中，具有重要的意义。

斗长模数的主流化是近世唐样设计技术的一个显著特点。近世以来唐样设计技术上对斗长作用的重视和强调，一是源自中世唐样斗长模数的传承，二是与近世和样化的演进相关。在横向尺度的组织与筹划上，注重基于斗长配置的尺度关系，是《建仁寺派家传书》斗栱法的特色所在。

归根结底，《建仁寺派家传书》斗栱法的实质是斗长配置法。其目标是：基于横向尺度单元斗长的配置，在横向尺度的组织与筹划上，建立斗栱、朵当和开间三者关联的整体构成关系。

关于唐样尺度构成的斗栱法，《建仁寺派家传书·匠用小割》记述了六间割与八枝挂这两种形式及相关规制，见于“堂宫用小割之事”，具体有三段相关记述，其内容要点整理归纳如下：

第一段，定义朵当（あいた）用语的内涵，记述朵当（あいた）与枝割的关系，以及开间设定的方法；

第二段，记述六间割斗栱法的相关规制，及其与枝割的整合关系；

第三段，记述八枝挂斗栱法的相关规制。

以上三段内容，概括而言，即基于所定义的朵当（あいた）内涵，记述斗栱法两式“六间割”与“八枝挂”的相关规制。

首先分析《匠用小割》关于朵当（あいた）用语的定义及其内涵。根据《匠用小割》所记内容，朵当（あいた）的内涵和性质，表现有如下三个特点：

其一，以朵当作为尺度设计的基准所在；

其二，以朵当的倍数设定间广，形成二朵当间、三朵当间、四朵当间；

其三，以朵当的分数为次级基准，即斗长基准与椽当基准，二者分别为 1/6 朵当和 1/8 朵当。

《匠用小割》关于朵当（あいた）的定义及其内涵，可称作朵当理念。基于

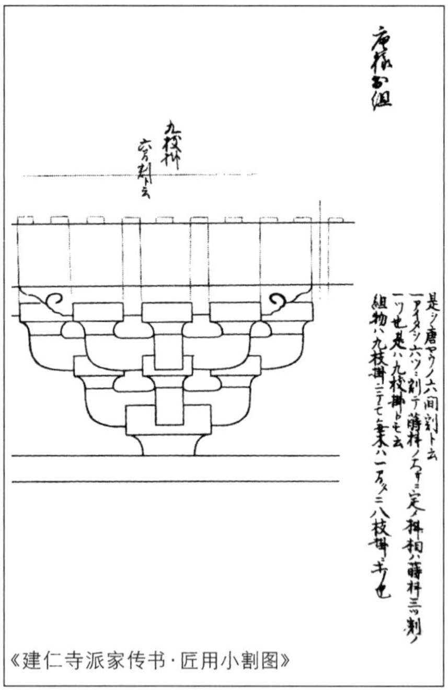

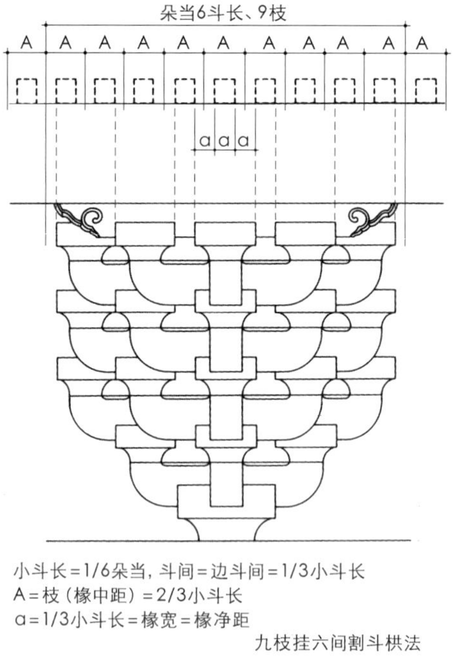

图 9-2-2 《建仁寺派家传书·匠用小割图》“九枝挂六间割”[底图来源：河田克博. 近世建築書——堂宮雛形 2（建仁寺流）[M]. 東京：大龍堂書店，1988：208]（左）

图 9-2-3 九枝挂六间割的斗栱构成 [底图来源：河田克博. 近世建築書——堂宮雛形 2（建仁寺流）[M]. 東京：大龍堂書店，1988]（右）

这一朵当理念，从而有六间割斗栱法与八枝挂斗栱法相关规制的生成和展开。斗栱法两式是《建仁寺派家传书》唐样设计技术的核心内容。

关于六间割斗栱法与八枝挂斗栱法的相关规制，下节依次作进一步的分析和讨论。

（2）六间割斗栱法

六间割是《匠用小割》所记两种斗栱法的第一种，其基本规制的要点如下：

其一，以朵当的 1/6 为小斗长，并以之权衡斗栱尺度关系；

其二，以小斗长的 1/3 为斗间，且小斗配置呈斗畔相接形式；

其三，以小斗长的 1/3 为椽宽和椽净距，斗栱呈九枝挂的构成关系。

以上三点为六间割斗栱法尺度规制的基本内容。作为《匠用小割》内容图解的《匠用小割图》中，记有六间割斗栱法的图示说明，并以六间割与枝割的整合关系，记作“九枝挂六间割”（图 9-2-2）。

关于上述《匠用小割》所记六间割斗栱法的基本规制，就其性质和特色，分作如下几个方面，作进一步的分析和讨论：

① 小斗长的设定与斗长基准的性质

六间割斗栱法的小斗长设定，直接求之于朵当，即小斗长为 1/6 朵当。六间割斗栱法的小斗长不由枝割决定。相对照的是，和样斗栱做法上，小斗长由枝割决定和制约。

六间割斗栱法的小斗长是由朵当生成的次级基准，二者分别相应于大尺度单元和小尺度单元，形成“朵当＋斗长”的两级模数形式。小斗长是斗栱尺度构成的基准所在。

② 基于斗长的斗栱尺度构成

六间割斗栱的尺度构成，主要表现为基于斗长的横向尺度关系的筹划，其方法是以小斗长的 1/3 为斗间，且小斗配置呈斗畔相接形式；进而以斗间为细分基准，筹划斗栱的横向尺度关系。斗栱横向尺度构成的关键，在于权衡斗间与斗长的比例关系，从而使之统一于斗长基准。

③ 基于斗长的斗栱与朵当的关联构成

六间割斗栱法的目标是：以斗长基准建立斗栱、朵当、开间三者关联的尺度构成，其方法是令边斗间受制于斗长基准，且：边斗间＝斗间＝ 1/3 小斗长，从而建立基于斗长的斗栱与朵当的关联构成。

④枝割依附于斗长：九枝挂六间割的形式

在六间割的基础上，进而以枝割与斗长关联整合，形成九枝挂六间割的形式。其方法是：以小斗长的 1/3 为椽宽和椽净距尺寸，令斗间、椽宽和椽净距三者相等，斗栱呈九枝挂的构成关系。相应地，六间割的斗栱尺度关系，附加上枝割因素，呈九枝挂六间割的形式。

九枝挂六间割的尺度基准在于朵当和斗长，而不在于枝割。九枝挂六间割的尺度关系上，朵当、斗长是支配因素，而枝割只是依附和从属的存在。

⑤ 从六间割到九枝挂六间割

九枝挂六间割是六间割的枝割化表现，其反映了近世以来唐样设计技术和样化的特色，其实质是唐样传统的斗长模数与和样枝割的交汇和关联。

六间割斗栱法，于中世后期唐样遗构上可确认数例，如酬恩庵本堂、永保寺开山堂。此外，中世末期的建筑技术书《大工斗墨曲尺之次第》中，也记有六间割的概念和方法[26]。近世以来，唐样六间割斗栱法的和样枝割化，最终形成九枝挂六间割的复合构成关系（图 9-2-3）。

以上五点是对《匠用小割》所记六间割斗栱法基本规制所作的分析和讨论。

《匠用小割》所记六间割斗栱法是中世以来唐样斗长模数的定型和制度化，六间割斗栱法的相关记载，补实了唐样斗长模数演变的最后一环。中世至近世的斗长模数的演变，成为唐样设计技术变迁上最具特色的表现。

（3）八枝挂斗栱法

和样化是近世以来唐样设计技术演变的趋势和特点，如六间割斗栱法的枝割化即是其表现。然而，就和样化的程度而言，较九枝挂六间割更进一步的是八枝挂斗栱法。《匠用小割》所记两种斗栱法中，八枝挂斗栱法的和样化更为深入，且和样枝割替代了斗长，取得次级基准的属性和作用。

26　《大工斗墨曲尺之次第》的成书年代，被认为不迟于桃山时期（1573—1614）。此书于乾兼松《明治前日本建筑技术史》中作有介绍，书中记有斗长取朵当六分之一以及小斗配置方法，与甲良本六间割内容相同。参见：河田克博. 近世建築書——堂宫雛形2（建仁寺流）[M]. 東京：大龍堂書店，1988：844.

《匠用小割》所记八枝挂斗栱法，其基本规制的要点如下：

其一，以朵当的 1/8 为椽当（一枝尺寸），并以之权衡斗栱尺度关系；

其二，以椽当为基准，配列小斗关系，并呈斗畔相错形式，以对应枝割关系；

其三，基于椽当尺寸，设定小斗长、斗间及其与椽宽、椽净距的尺度关系。

以上三点为八枝挂斗栱法尺度规制的基本内容。作为《匠用小割》内容图解的《匠用小割图》中，记有八枝挂斗栱的图示，江户建仁寺流系本《甲良宗贺传来目录》也有图示的唐样八枝挂斗栱（图 9-2-4）。

关于以上《匠用小割》所记八枝挂斗栱法的基本规制，就其性质和特色，分作如下几个方面，作进一步的分析和讨论：

① 枝割的设定与枝割基准的性质

八枝挂斗栱法的枝割设定基于朵当尺寸，即枝割的一枝尺寸为 1/8 朵当，朵当基准是八枝挂斗栱法的基础与前提。

八枝挂的一枝尺寸是由朵当生成的次级基准，二者分别相应于大尺度单元和小尺度单元，形成“朵当＋椽当”的两级模数形式。枝割的一枝尺寸是八枝挂斗栱尺度构成的基准，唐样尺度构成的次级基准，由传统的斗长转为枝割。

② 基于枝割关系的斗长设置

八枝挂斗栱尺度关系的筹划，表现为基于枝割关系的斗长设置，即基于一枝尺寸，设定小斗长、斗间及其与椽宽、椽净距的尺度关系。其方法如下：

一是令椽宽与椽净距之比为 1∶1.2，并使得小斗长等于一枝尺寸加上一个椽宽，也即一斗对应二椽；二是令斗间与椽净距相等；三是令边斗间与斗间相等，由此形成：斗间＝边斗间＝椽净距的尺度关系，从而以枝割基准，建立斗栱与朵当的关联构成。

③ 小斗配置的斗畔相错关系

八枝挂斗栱的斗畔相错，是基于枝割的小斗配置关系，其斗畔相错一个椽宽，从而形成一朵斗栱全长对应八椽，斗栱立面的横向尺度关系统一于枝割基准（图 9-2-5）。

④ 从和样六枝挂到唐样八枝挂

唐样八枝挂斗栱是由和样六枝挂斗栱扩展而成，即由和样单栱造斗栱的六枝挂，扩展为唐样重栱造斗栱的八枝挂。和样化程度及方式的不同，是《匠用小割》所记两种斗栱法差异性的内在原因。

以上四点是对《匠用小割》所记八枝挂斗栱法基本规制的分析和讨论。

唐样尺度构成与枝割的关联整合是有其时代性的。中世唐样遗构斗栱的尺度构成，无一例与枝割相关，即其皆非由枝割所决定。直至近世以后，唐样斗栱的尺度构成，才逐渐与和样枝割产生关联性，并形成九枝挂和八枝挂的两种形式。

唐样设计技术上朵当基准的成立，与和样枝割无关。而朵当基准与枝割的整

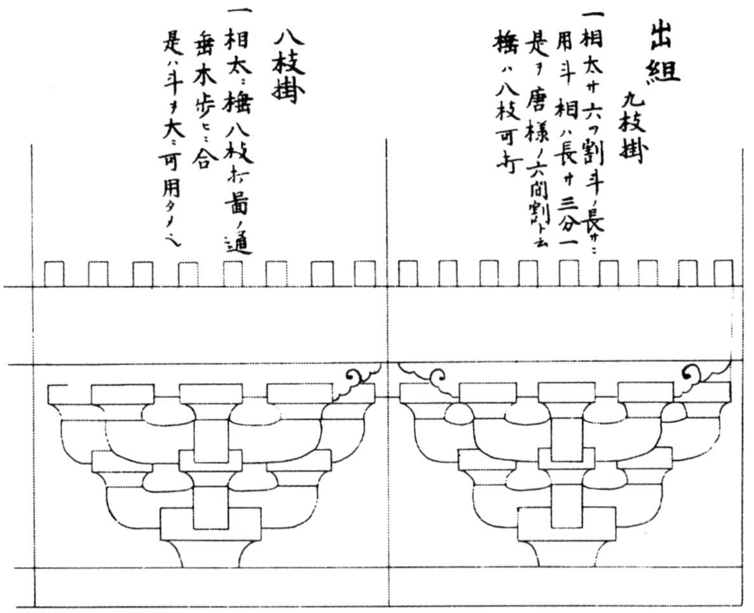

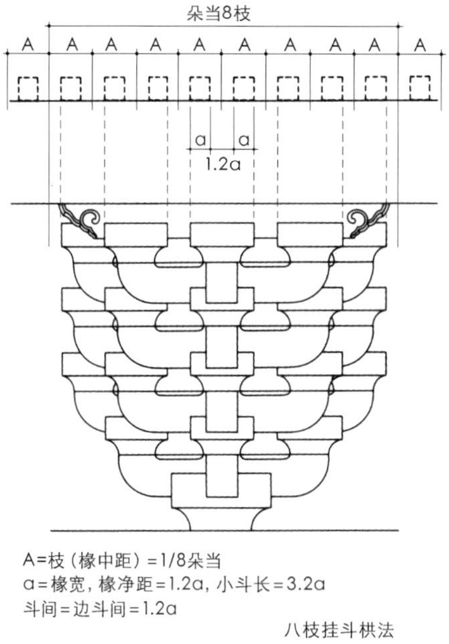

图 9-2-4 《甲良宗贺传来目录·小割图》“八枝挂与九枝挂”[来源：河田克博.近世建築書——堂宮雛形 2（建仁寺流）[M].東京：大龍堂書店，1988：49]（左）

图 9-2-5 八枝挂的斗栱构成[底图来源：河田克博.近世建築書——堂宮雛形 2（建仁寺流）[M].東京：大龍堂書店，1988]（右）

合，只是近世以后唐样设计技术和样化的表现。且即便至此阶段，甲良家设计技术上，朵当仍是所有尺度筹划的基准所在。《建仁寺派家传书》所记两种斗栱法的模数关系，即可概括为如下基于朵当的两个模式：

六间割斗栱法：“朵当＋斗长”的六倍斗长模式

八枝挂斗栱法：“朵当＋椽当”的八倍椽当模式

相比之下，两种斗栱法表现了两种不同的倾向：前者偏重于中世以来唐样技术的传承，后者偏重于近世以来和样化的影响。两种斗栱法在与枝割的对应关系上，后者的和样化程度更加显著。在和样化背景下，上述两种斗栱法皆不改唐样设计技术的初衷，仍守朵当基准这一核心内涵，性质上为主动型朵当法。

4. 三间佛殿的设计方法与模式

日本近世建筑技术书中，佛殿是记述的主要对象，而佛殿木割记述的重点，又主要置于三间佛殿上。综合前几节的讨论和分析，本节以代表性的唐样方三间带副阶佛殿为例，根据《匠用小割》《匠用小割图》的相关记述，归纳推演《建仁寺派家传书》的设计方法和相应步骤。

（1）三间佛殿的尺度设计方法

关于三间佛殿设计方法的分析，仍以规模尺度与斗栱尺度这两个层面为线索和对象。

第一个层面是规模尺度的权衡和设定，包括开间、柱高、檐出等尺度单元。

开间尺度的权衡、设定，以朵当为基准。首先选定作为基准的朵当尺寸，以之倍数设定间广及柱高尺寸。即：面阔明间3朵当，次间2朵当；进深中间3朵当，边间2朵当；副阶尺寸由朵当分割生成的次级基准“枝”决定，副阶14枝或16枝。

柱高尺度的设定，殿身檐柱高为4.5朵当，副阶柱高为3朵当，与明间相当。

檐出尺度的设定，扇列椽的上檐出为“2朵当减1跳距”；平行椽的下檐出为10枝。

第二个层面是斗栱尺度的权衡、设定，基于朵当基准的分割，生成斗长与枝割两种次级基准，相应的两种斗栱法分别为六间割与八枝挂。

六间割的斗栱尺度设定：

首先，以1/6朵当为小斗长，并以之为次级基准，权衡、设定斗栱尺度及其与朵当的关联构成；

其次，以小斗长的1/3为斗间，以斗畔相接的方式配置小斗，则边斗间亦为1/3小斗长；

再次，以小斗长的1/3为椽宽和椽净距，使得斗间、椽宽和椽净距三者相等，皆为1/3小斗长。

最终斗栱与朵当的关联构成为：

以斗长权衡，斗栱全长（5＋2/3）斗长，边斗间1/3斗长，朵当6斗长；

以枝割权衡，斗栱九枝挂，朵当九枝。

八枝挂的斗栱尺度设定：

首先，以1/8朵当为椽中距（一枝尺寸），并以之为次级基准，权衡、设定斗栱尺度及其与朵当的关联构成；

其次，基于一枝尺寸，细分椽宽、椽净距及小斗长的尺度关系，令椽宽与椽净距之比为1∶1.2，小斗长＝1枝＋椽宽；

再次，由枝割设定小斗的配置关系，令边斗间与斗间相等，且皆与椽净距对等，小斗配置呈斗畔相错的形式，斗畔相错一个椽宽。

最终斗栱与朵当的关联构成为：斗栱八枝挂，朵当八枝。

基于朵当九枝和朵当八枝的两种斗栱法，相应的开间枝割关系分别为：

明间3朵当27枝，次间2朵当18枝

明间3朵当24枝，次间2朵当16枝

关于副阶尺寸的设定，八枝挂斗栱法的场合，副阶14枝，朵当7枝；九枝挂斗栱法的场合，副阶16枝，朵当8枝。两种斗栱法的副阶朵当，各较殿身朵当减一枝[27]。

三间佛殿尺度设计上，就规模尺度与斗栱尺度这两个层面，其尺度设定的基本方法及相应步骤大致归纳如上，并以九枝挂六间割的形式为例，作三间佛殿设计图，朵当取4.3尺[28]（图9-2-6、图9-2-7）。

27 《建仁寺派家传书》关于三间佛殿的副阶尺寸设定，九枝挂六间割与八枝挂两种斗栱法中，记有八枝挂斗栱法的副阶为14枝；而未记九枝挂六间割斗栱法的副阶枝数。上文副阶16枝是根据同期大猷院本殿的副阶枝数而推定的。

28 唐样三间佛殿设计图，引自河田克博《近世建筑书——堂宫雏形2（建仁寺流）》一书，并作相应的调整、取舍和补笔。

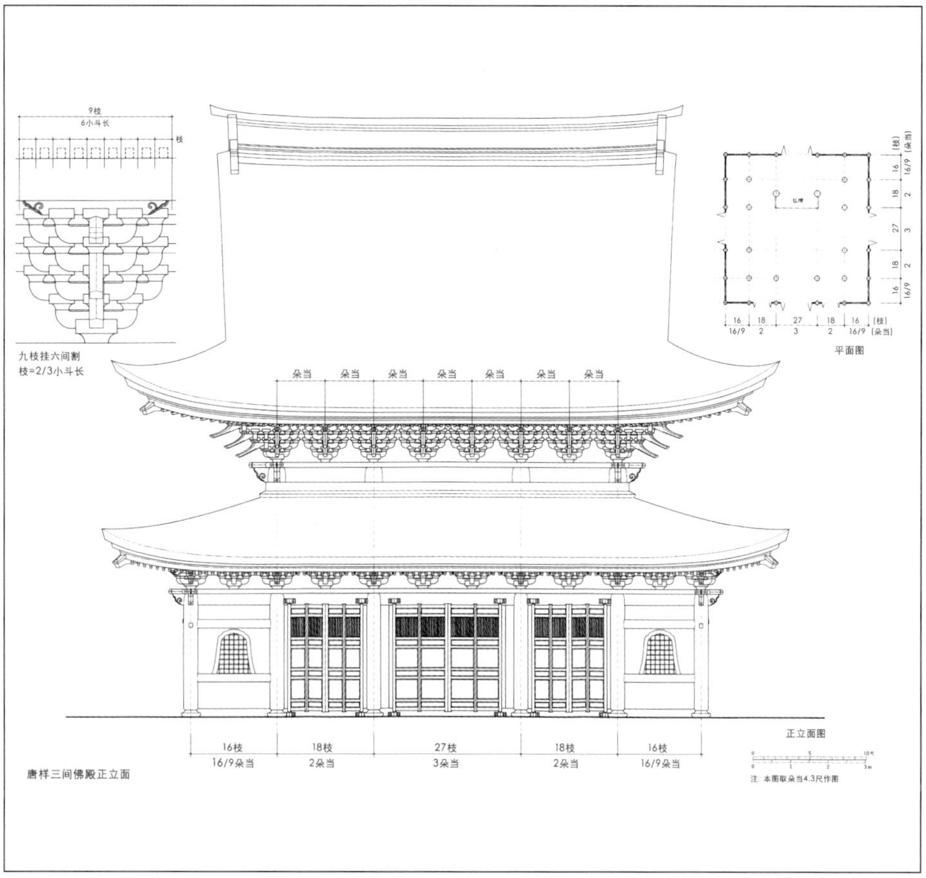

图 9–2–6　《建仁寺派家传书》唐样三间佛殿正立面 [底图来源：河田克博. 近世建築書——堂宫雛形 2（建仁寺流）[M]. 東京：大龍堂書店，1988]

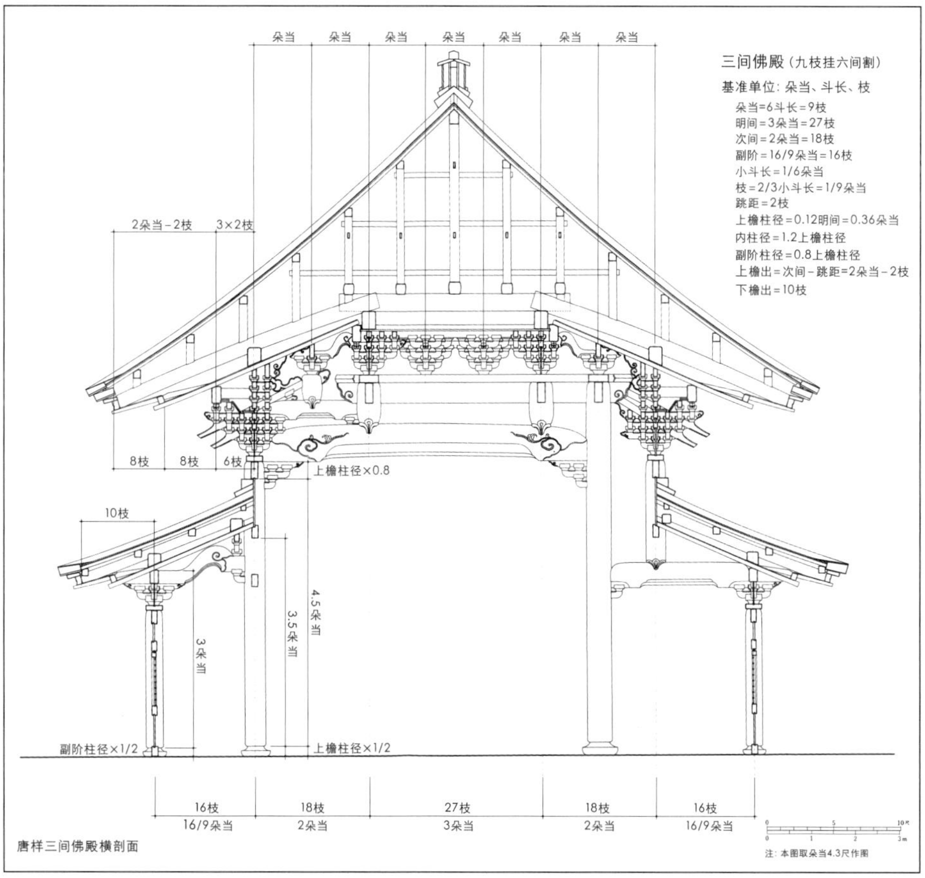

图 9–2–7　《建仁寺派家传书》唐样三间佛殿横剖面 [底图来源：河田克博. 近世建築書——堂宫雛形 2（建仁寺流）[M]. 東京：大龍堂書店，1988]

关于朵当基准、次级基准以及相应的开间、斗栱尺寸，《建仁寺派家传书》皆不作具体的规定。其尺度设计的方法是：基于既定的模数关系，根据规模、等级等因素，选定合适或习用的朵当尺寸，再由朵当细分次级基准，设定相应的间广、柱高以及斗栱尺寸。这一做法表现了唐样模数设计的方法和特色：只规定抽象的基准数量，而不设定具体的实际尺寸。

（2）唐样模数的结构关系与比较

基准形式的多样性，是近世唐样设计体系的一个特色。朵当及斗长、枝割的两级基准之外，柱径则是另一重要的基准形式，并通过明间的中介关联，与基于朵当的两级基准，形成相辅互补的模数体系。大致间广、柱高、檐出以外的其他构件尺寸，多由柱径设定；而柱径又由明间确定，由此构成一套多元基准的复合模数体系。其基本路径和关系是：柱径由明间确定，主柱径（殿身檐柱径）为明间的 0.12 倍，副阶柱径为主柱径的 0.8 倍，后内柱径（来迎柱径）为主柱径的 1.2 倍。由此三个柱径为基准，推算出与三柱相关的其他构件尺寸，如斗栱、普拍枋、阑额、月梁、柱础等相关构件尺寸。

以斗栱尺寸（殿身）的设定为例，并基于《建仁寺派家传书》的记述，其方法及路径关系排列如下，分作九枝挂六间割与八枝挂两种形式：

① 九枝挂六间割斗栱：

小斗长＝ 1/6 朵当，小斗高＝ 0.6 小斗长

栔高＝ 0.06 朵当＝ 0.36 小斗长

枝（椽中距）＝ 2/3 小斗长＝ 1/9 朵当，椽宽＝椽净距＝ 1/3 小斗长

大斗长＝ 0.8 上檐柱径，大斗高＝ 0.55 大斗长

栱厚（斗口）＝ 1/3 大斗长，栱高（材广）＝ 1.2 栱厚

橑檐枋高＝ 0.8 上檐柱径

② 八枝挂斗栱：

枝（椽中距）＝ 1/8 朵当，椽净距＝ 1.2 椽宽

小斗长＝ 3.2 椽宽，小斗高＝ 0.6 小斗长

栔高＝ 0.0655 朵当＝ 0.524 枝

大斗长＝ 0.8 上檐柱径，大斗高＝ 0.55 大斗长

栱厚（斗口）＝ 1/3 大斗长，栱高（材广）＝ 1.2 栱厚

橑檐枋高＝ 0.8 上檐柱径

上述两种斗栱尺寸设定的差异及特色如下：

其一，尺寸设定的路径不同：九枝挂六间割斗栱，由朵当、小斗长决定一枝尺寸（椽中距），枝是依附于朵当和小斗长的存在；八枝挂斗栱，由朵当决定一枝尺寸（椽中距），再由一枝尺寸决定小斗长，枝与小斗长为整合关系。八枝挂

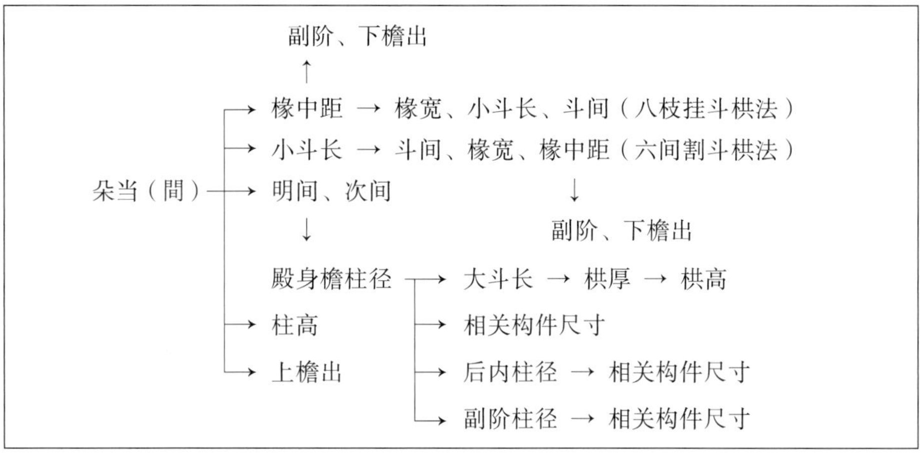

图 9-2-8　《建仁寺派家传书》唐样模数的主体构成及其基本路径（作者自绘）

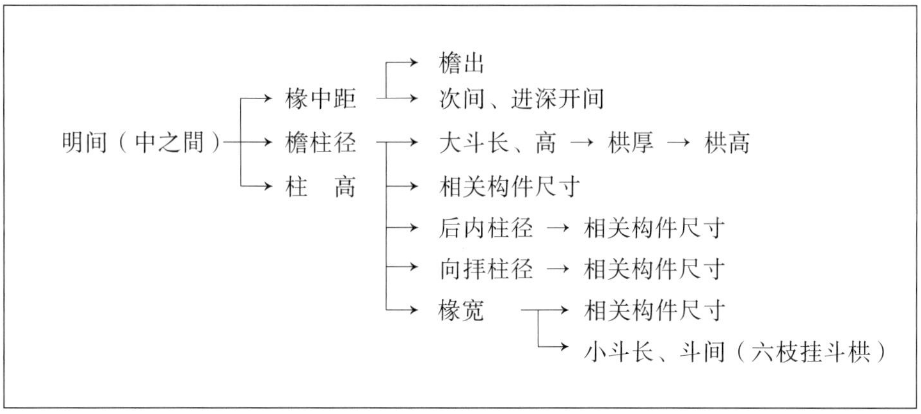

图 9-2-9　《匠明》和样模数的主体构成及其基本路径（三间四面堂）（作者自绘）

斗栱的和样化程度高于九枝挂六间割斗栱；

其二，构件广厚的两向尺寸，首先设定横向尺寸，再由横向尺寸导出竖向尺寸；

其三，基准的多样性和复杂化，以朵当为基本模数，以斗长、枝割、柱径为多元次级基准。

基于明间、柱径的尺度关系，是和样设计方法的一个基本特色，类似于唐样基于朵当、斗长的两级模数形式。比较近世唐样与和样的模数形式及相应的尺度关系，从中可见唐样模数设计方法的独特性及其与和样的关联性。

柱径基准也是近世唐样设计技术的一个重要特色，《建仁寺派家传书》基于朵当、斗长和柱径的模数方法，与清《工程做法》大式建筑基于朵当、斗口和柱径的模数方法近似，其间应存在传承和影响关系，这也反映了日本近世设计技术与明清建筑技术的呼应和关联。

基于以上唐样佛殿尺度设计方法的分析，试将《建仁寺派家传书》唐样模数的主体构成及其基本路径关系简要概括如图 9-2-8。

进而，将《建仁寺派家传书》唐样模数体系与《匠明》和样模数体系作比较，更显现二者设计技术的特色和差别所在。《匠明》和样模数的主体构成及其基本路径关系简要概括如下，以《匠明》所记“三间四面堂”为例（图 9-2-9）。

唐样设计体系上，朵当为基本模数单位，六间割斗栱法以小斗长为次级模数单位，八枝挂斗栱法以枝为次级模数单位。大致上从整体到局部的主要尺度关系，皆由朵当的倍数和分数权衡、设定。

和样设计体系上，明间为基本模数单位，柱径与枝为次级模数单位，大致上以枝（椽当）设定空间尺度，以柱径设定构件尺度，柱径与枝（椽当）皆来自明间的分割。椽径（宽）在性质上，可视作次于柱径的细分模数单位。具体而言，《匠明》和样木割设计的基本方法如下：

设定作为基准的明间尺寸，配椽若干枝，由明间分割而得一枝尺寸，并以之设定其他开间尺寸，明间以外的开间尺寸以枝数表记；

由明间的分数而得檐柱径（12/100），并以之设定相关构件尺寸；

由檐柱径的分数而得椽宽（2/10），并以之设定斗栱及其他相关构件尺寸。

相比之下，《建仁寺派家传书》的唐样设计方法，不设定实际的开间尺寸，而以抽象的模数基准，权衡和设定从整体到局部的尺度和比例关系。而即便是《匠明》所兼记的唐样佛堂，其开间设定的基准也仍在枝割，而不在朵当。唐样与和样的设计思维及基准形式，截然不同。《建仁寺派家传书》与《匠明》相较，二者唐样佛堂设计技术的区别，根本在于主动型朵当法与被动型朵当法的不同。

唐样与和样相较，唐样设计体系以朵当法为基石，和样设计体系以明间法为主导。中世以来唐样与和样在设计技术上互有影响和交融，然二者设计体系的独立性和独特性仍是显著和分明的。

《建仁寺派家传书》最重要的特质在于以朵当法为核心的唐样设计体系。朵当法是中世以来唐样设计技术贯穿始终的主线。近世唐样设计技术书中，朵当理念以及相应的朵当规制，唯甲良家《建仁寺派家传书》最为典型和突出。

5. 模数形式的类型与分级

（1）模数形式的多样性与复杂性

正如前节所概括的那样，《建仁寺派家传书》的特色在于以朵当基准为核心、并辅以斗长、枝割、柱径等多元次级基准的复合设计方法。从东亚设计技术的角度而言，这一多元基准现象应反映的是《建仁寺派家传书》设计体系形成过程中，技术成分的多样性和复杂性。

东亚设计体系上，模数形式的差异和变化的一个来源，在于大式法与小式法的分别，其显著的表现即是模数基准及模数关系的不同。从宋《营造法式》至清《工程做法》的官式设计技术，都表现了这一特点。

关于大、小式建筑的区别，以清《工程做法》的定义，大式建筑最显著的特征是大木结构带斗栱做法[29]；而小式建筑则不允许使用斗栱。此外在间架形制、

29 根据清工部《工程做法》的定义，无斗科的不一定都是小式，大式建筑亦有少数不带斗科者，然以带斗科者为主要和典型。

样式构造、规模尺度等方面，亦多有不同。而尺度设计方法的不同，则是重要的一个方面。

考察宋清大、小式建筑尺度设计方法的差异，其大式的特点在于基于斗栱的设计方法，具体表现为以朵当和栱斗（材、斗口、斗长）为分级基准的模数形式；其小式的特点在于基于明间的设计方法，具体表现为以明间和柱径为分级基准的模数形式，也即：大式建筑以斗口为基本模数，小式建筑以柱径为基本模数。宋清大、小式建筑设计方法的基本模式可概括为：

大式法："朵当＋栱斗"的两级模数形式

小式法："明间＋柱径"的两级模数形式

由此可见，宋清大、小式设计方法的差异是显著和分明的。大木结构带斗栱与否，决定相应设计方法的性质和特色。

比较中世以来唐样与和样的设计技术，尽管二者皆为带斗栱做法的大式建筑，然二者在设计方法上却表现出显著的差异性：唐样设计技术以"朵当＋栱斗"的两级模数为基本形式，表现了宋清大式设计方法的特色；和样设计技术以"明间＋柱径"的两级模数为基本形式，表现了宋清小式设计方法的特色。唐样与和样设计技术的基本方法，可以"大式"和"小式"的特点来概括。宋清大式与小式设计方法的不同，成为区别唐样与和样模数形式的一个标志。

若以宋清定义而言，在设计方法上，大式的和样建筑采用的是小式的设计方法。而唐宋以来盛行的以材为祖的设计意识和方法，在大式的和样建筑上却不见踪迹，反而是小式的设计方法成为主角。

就模数基准的形式而言，近世和样设计技术的特色有二：一是基于清小式的柱径基准法，二是基于和式的枝割基准法。就基准形式的时代性而言，和样设计技术上，柱径基准法早于枝割基准法，且在生成路径上，是由柱径算出椽尺寸的，表示了柱径的优先性。日本近世和样建筑技术书，江户中期以前以柱径基准法为主，江户中期以后枝割基准法盛行[30]。近世前期的和样模数体系，较近于清《工程做法》。

和样设计技术的最早文献记述为15世纪的《三代卷》，其设计方法为"明间＋柱径"的小式设计法；近世初期的《木砕之注文》（1562年）同样如此[31]，二者较接近于清《工程做法》的小式设计法。其后，和样技术书的设计方法逐渐呈现如下的倾向和现象：本土枝割基准法的成熟和制度化，以及"明间＋柱径"模数形式的枝割化，枝割成为与柱径并行的次级基准，其最早者为近世和样技术书《匠明》的设计方法[32]。

实际上中国本土的小式设计法，或许是一种可上溯至唐宋的早期设计方法，而和样与唐样的柱径基准法，有可能也是这一古老设计方法的传承和延续。

中世以来的唐样设计技术，以基于宋清大式的设计方法为特色，而近世唐样

30　费迎庆. 关于日本古建技术文献"木割书"中营造法的研究[C]// 清华大学建筑学院. 中国营造学社成立80周年学术研讨会论文集. 2009: 525-536.

31　《匠明》的前身《诸记集》的相关记述也表现了这一特点，即其小斗长由柱径决定，这一基于柱径的和样斗栱法，应是早期做法的表现。而至《匠明》编纂的江户中期，斗栱构成关系已与枝割整合，小斗长由柱径决定的方式转向与枝割建立关联性。

32　日本枝割技法的最早文献记载为江户时代中期的《匠明》（1608年）。

设计技术的演变，主要来自和样枝割化的影响，并最终呈现基准形式的多元化以及大式、小式、和式复合混融的设计方法。

《建仁寺派家传书》的唐样设计方法，表现出如下三种模数形式的混杂与复合：大式做法的栱斗基准、小式做法的柱径基准、和式做法的枝割基准。在近世和样化的背景下，《建仁寺派家传书》的唐样设计技术，以朵当法为核心，并在次级基准上呈现多元复合的独特现象。

（2）两级模数的基本形式与变化

《建仁寺派家传书》的唐样模数形式，建立在朵当基准之上，并表现为两级模数的分级形式。且基于两种斗栱法的不同，次级基准分作斗长与枝割两种形式。

两级模数的分级形式，其目的在于分别以朵当的倍数和分数，权衡大尺度的间架尺度关系与小尺度的斗栱尺度关系。权衡斗栱尺度关系的次级基准，生成于朵当基准的分割。六间割斗栱法的斗长基准以 1/6 朵当为之，八枝挂斗栱法的枝割基准以 1/8 朵当为之。

《建仁寺派家传书》两级模数的性质可表述为基本模数与次级模数的关系。朵当是基本模数，斗长或枝割是次级模数。值得注意的是，唐样两级模数的路径关系为：先朵当后斗长、枝割，这略不同于清《工程做法》的两级模数形式。《工程做法》以斗口为基本模数，攒当为扩大模数，即先斗口后攒当，大式建筑主要尺寸的权衡设定都与斗口相关，其基本路径关系简要概括如下：

斗口 → 攒当 → 开间

↘ 柱高、柱径、檐出

↘ 斗栱尺寸

↘ 其他构件尺寸

宋清模数关系的起点是材栔、斗口，而唐样模数关系的起点则是朵当。两级模数的关系上，《建仁寺派家传书》强调的是中尺度单元的朵当，《工程做法》强调的是小尺度单元的斗口。最终的模数形式虽然相似，但二者在设计思维上还是有所差异的。以柱高权衡为例，《建仁寺派家传书》以朵当为基准，三间佛殿的殿身檐柱高四朵当半，副阶柱高三朵当；五间佛殿的殿身檐柱高五朵当半，副阶柱高三朵当。《工程做法》以斗口为基准，柱高 70 斗口[33]。从中世唐样遗构到近世甲良家技术书，对朵当基准的强调和强化，始终是十分显著和突出的现象。

然而有意味的是，清民间《营造算例》在两级模数的关系上，与清官式《工程做法》似有所不同。《营造算例》“斗栱分攒做法”：“昂翘斗栱：如先定面阔，后分攒数，按柱径，每六寸得斗口一寸，斗口十一份即是斗中至斗中。再按面阔分攒数，空当坐中。”[34]

其模数关系和基本路径是：

33 《工程做法》卷一：“凡檐柱以斗口七十份定高。”参见：王璞子主编. 工程做法注释 [M]. 北京：中国建筑工业出版社，1995：73. 清大式带斗科的柱高，是包括平板枋、斗科在内的整个高度，即从柱底到挑檐桁下皮的高度，减去平板枋、斗科后，檐柱净高约 60 斗口，近于五攒当半。

34 梁思成编订. 营造算例 [M]// 梁思成. 清式营造则例. 北京：中国建筑工业出版社，1981：139.

明间 → 柱径 → 斗口 → 攒当

上述这一路径顺序，略不同于《工程做法》，然却与《匠明》所记唐样佛堂的尺度设定方法基本相同，即先定面阔，再分攒数，设计逻辑上与《建仁寺派家传书》以朵当为基本模数的方法显然不同。而《营造算例》模数关系中柱径基准的介入、大小式的混杂，也是《匠明》模数体系的一个重要特色，且这一特色在后文讨论的唐样技术书《镰仓造营名目》中，也有类似的表现，由此显示出清民间《营造算例》与日本近世建筑技术的关联性。

关于模数基准的分级，以宋清官式的大式做法而言，宋《营造法式》为朵当、材、份的三级基准形式，以份为最小基准单位；清《工程做法》为攒当、斗口的两级基准形式，以斗口为最小基准单位。相比较而言，《建仁寺派家传书》更近于清式，其模数基准的分级同为两级基准形式，即：朵当、斗长和朵当、枝割这两种形式。

值得注意的是，尽管在尺度权衡和计算上，日本近世建筑技术书多已精细至小数点后多位，但无论是《匠明》还是《建仁寺派家传书》，皆不用更小的份级单位。其次级基准的斗长、椽当或柱径，皆与宋的材基准相当，属于同级基准单位。清《工程做法》也止于斗口，而无精细的份制。《营造法式》第三级的份基准是相当独特的存在。

当然，次级基准的细分现象也有所体现，然并非份制，如《匠明》取 1/5 柱径的椽宽，以及《建仁寺派家传书》取 1/3 小斗长的斗间，显然也起着辅助基准的作用。

《建仁寺派家传书》与《工程做法》的相近，还表现在朵当基准的折半上，即半朵当单位的采用。《建仁寺派家传书》在柱高的设定上，多用半朵当单位，如柱高三朵当半、四朵当半和五朵当半；而《工程做法》也有用半攒当单位，如廊宽为二攒当半。

在模数形式上，《建仁寺派家传书》与宋清法式的最大不同，在于未建立材等的分级形式，《匠明》也同样如此。宋《营造法式》的材分八等与清《工程做法》的材分十一等，标志着模数技术的高度成熟。实际上，无论是唐样遗构还是唐样技术书，其用材尺寸的差异及变化显然是存在的。其时工匠或有习用的材等分级方式，然而这种习用的材等分级方式，或并未规范化，至少尚未形成制度。就这一角度而言，日本近世建筑技术书的设计体系，不及宋清法式那般成熟和完备。

6. 甲良家斗栱法与东照宫唐样设计技术

近世诸多唐样建筑遗构中，与《建仁寺派家传书》所记唐样设计技术最为接近者，为日光东照宫建筑。本节概括东照宫建筑设计技术的性质与特点，并与《建仁寺派家传书》的相关技术内容作比较分析，从遗构与技术书比对的角度，进一步认识《建仁寺派家传书》的唐样设计技术。

（1）东照宫建筑的营造背景与技术谱系

江户幕府第三代将军的德川家光时代，是江户时代建筑技术发展的重要时期。其时新设幕府“作事方”，以平内、甲良两家为幕府作事方大栋梁之职。作为江户幕府的官匠，平内、甲良两家代表了当时建筑技术的正统主流和最高水平，如日光东照宫的宽永造替，即是其时甲良家的业绩和代表作。

东照宫是德川幕府第一代将军德川家康的灵庙，初建于日本元和三年（1617），其后由幕府第三代将军德川家光于日本宽永十一年（1634）进行扩建，史称宽永造替。现今的东照宫建筑群大多是1634年宽永造替时所建造的。

家光时代的宽永时期（1624—1643），是江户幕府的全盛期，世称“宽永的繁荣”。作事方大栋梁甲良宗广一门的技术力量，在这一时期达至鼎盛，深得将军德川家光的信赖，并受命承担了东照宫造替工程的设计与施工。

17年后的1651年，德川家光过世，遵其侍奉祖父德川家康的遗言，于日光山轮王寺为其建灵庙大猷院，面朝东照宫，以示守护。由此在日光山形成了初代将军家康与三代将军家光一组的两个灵庙。甲良家工匠技艺高超，擅长于雕物绘样、豪华绚丽的唐样建筑，所营造的东照宫建筑，雕梁绘栋，沥粉贴金，绚烂华丽至极，洋溢着幕府将军的审美趣味，成就了日本建筑史上的杰作。其最重要者为两个灵庙的本殿，即东照宫灵庙本殿和大猷院灵庙本殿，二者代表了江户时代建筑技术的最高水平（图9-2-10、图9-2-11）。

就两灵庙本殿的技术属性而言，二构无论在样式形制上，还是在设计技术上，皆为基于甲良家技术的纯正唐样。然而，若细究二构的营造匠师，相对于东照宫本殿由甲良家栋梁甲良宗广一门所营建，大猷院本殿实际上是由平内家栋梁大隅应胜所营建的[35]。这一现象表明，当时平内家栋梁也掌握了甲良家独特的唐样设计技术，先进、时尚的甲良家唐样设计技术，同样为平内家匠师所向往和追求。因此，大猷院本殿虽出于平内家工匠之手，然实质上仍是甲良家设计技术的传承。

东照宫本殿和大猷院本殿作为与甲良家技术相关的唐样遗构实例，具有重要的意义，二构代表了甲良家设计技术的两种斗栱法：前者为八枝挂斗栱法，后者为六间割斗栱法。这正如日本学者所指出的那样：近世唐样设计技术的成熟和体系化，主要是在以日光灵庙造营为中心的江户文化圈完成的，并有其特定的技术谱系和传承关系[36]。作为江户幕府初代与三代将军的日光山两灵庙本殿，典型地表现了这一特色。

（2）甲良家斗栱法的典型遗构实例

关于江户时代这两个最重要的灵庙本殿，第八章从近世唐样设计技术和样化

35　参见：河田克博．近世建築書——堂宫雛形2（建仁寺流）[M]．東京：大龍堂書店，1988：839.

36　参见：河田克博．近世建築書——堂宫雛形2（建仁寺流）[M]．東京：大龍堂書店，1988：842.

图 9-2-10　东照宫灵庙本殿 [来源：河田克博．近世建築書——堂宮雛形 2（建仁寺流）[M]. 東京：大龍堂書店，1988]（左）

图 9-2-11　大猷院灵庙本殿 [来源：河田克博．近世建築書——堂宮雛形 2（建仁寺流）[M]. 東京：大龍堂書店，1988]（右）

的角度已有分析和讨论。以下基于本章前文关于《建仁寺派家传书》设计技术的分析，归纳东照宫本殿和大猷院本殿二构的设计方法，并与《建仁寺派家传书》两种斗栱法作参照比对。

先从东照宫本殿开始。

东照宫灵庙本殿（1636 年），为东照宫建筑群中等级最高者，样式形制上是典型的唐样建筑，设计技术上与甲良家八枝挂斗栱法相同。

本殿面阔、进深各五间。面阔明、次间各补间铺作两朵，梢间补间铺作一朵；进深五间，各补间铺作一朵。单檐歇山、平行椽形式，斗栱为唐样重栱造六铺作出三杪的形式。

东照宫本殿设计技术的性质与特色可概括为：基于朵当模数的八枝挂斗栱法，其设计方法与步骤归纳如下：

其一，选定作为基准的朵当尺寸 3.5 尺，并以之倍数设定开间尺寸，得面阔明、次间为三倍朵当的 10.5 尺，面阔梢间及进深五间为二倍朵当的 7 尺；

其二，以朵当的 1/8 为椽中距（4.375 寸），并以此一枝尺寸为次级基准，设定小斗长、椽宽及椽净距的尺度关系；

其三，以枝割的形式，配置小斗关系，设定斗栱与朵当的关联构成，即令斗间、边斗间等于椽净距，斗畔呈相错关系，从而形成斗栱八枝挂、朵当八枝的构成关系；

其四，基于朵当八枝，相应的开间枝割关系为：

面阔明、次间各 3 朵当、24 枝，面阔梢间及进深五间各 2 朵当、16 枝。

接着是大猷院灵庙本殿。

大猷院灵庙本殿（1653 年），样式形制上是典型的唐样建筑，设计技术上与甲良家九枝挂六间割斗栱法相同。

本殿殿身方三间带副阶，重檐歇山，上檐扇列椽，下檐平行椽。明间补间铺作两朵，次间补间铺作一朵，斗栱为唐样重栱造六铺作单杪双下昂形式。

大猷院灵庙本殿设计技术的性质与特色可概括为：基于朵当模数的九枝挂六间割斗栱法，其设计方法与步骤归纳如下：

其一，选定作为基准的朵当尺寸 3.33 尺，并以之倍数设定面阔、进深开间尺寸，得明间为三倍朵当的 9.99 尺，次间为二倍朵当的 6.66 尺；

其二，以朵当的 1/6 为小斗长（5.55 寸），并以此小斗长为次级基准，设定椽宽、椽净距的尺度关系，即椽宽、椽净距为 1/3 小斗长，一枝尺寸为 2/3 小斗长、1/9 朵当；

其三，配置小斗关系，设定斗栱与朵当的关联构成，即以小斗长的 1/3 为斗间、边斗间，斗畔呈相接关系，从而形成斗栱九枝挂、朵当九枝的构成关系；

其四，基于朵当九枝，相应的开间枝割关系为：

明间 3 朵当、27 枝，次间 2 朵当、18 枝；

其五，副阶尺寸由基于朵当所生成枝割决定，即副阶 16 枝，合 5.92 尺。

从遗构实证与技术书比对的角度，日光灵庙本殿二构设计技术的意义及特点表现在如下几个方面：

其一，东照宫本殿和大猷院本殿的设计方法，表现了江户时代唐样设计技术的不同形式，与《建仁寺派家传书》所记两种斗栱法吻合，是甲良家斗栱法的重要实物样本。二构以遗存实物的形式，对照和印证了文献记载的唐样设计规制，忠实反映了建仁寺流甲良家的设计技术，遗构实物与技术文献一同构成了甲良家设计技术的整体。

其二，遗构与文献的互证表明，甲良家唐样斗栱法的实质为基于朵当的模数设计方法，甲良家设计技术上朵当是尺度筹划的直接或间接的基准所在，中世以来朵当作为尺度基准的设计初衷始终未变，所变者只是构成关系的和样枝割化。

其三，《建仁寺派家传书》所记唐样斗栱法，以中世以来的六间割斗长模数为原型，并在和样枝割化的推动下，形成九枝挂六间割的形式。而八枝挂斗栱法的斗畔相错形式，在中世唐样斗栱上早已存在，既有镰仓时代的善福院释迦堂（1327 年），又有室町时代的清白寺佛殿（1415 年）和不动院金堂（1546 年）。及至近世在和样六枝挂斗栱的示范下，从而有唐样八枝挂斗栱的产生。《建仁寺派家传书》所记两种斗栱法，应有着两条不同的演变轨迹。

其四，就时代性而言，1636年的日光东照宫本殿，是唐样遗构中斗栱构成枝割化的首例，17年后竣工的大猷院本殿(1653年)是现存九枝挂六间割的唯一实例。而《建仁寺派家传书》初成于17世纪中叶，再编成书于18世纪初期，与此二构不仅技术谱系一致，且在时序上相衔接。二构以其最高的等级性和明确的谱系性，成为近世唐样设计技术演变上具有标志性的实物样本。

基于朵当的设计方法是甲良家技术书的核心内容，且其必然根源于中世唐样的设计技术。朵当理念与唐样设计技术的历史相始终，从中世至近世的唐样设计技术的变迁，是一个关联的整体存在。唐样设计技术的演变历程上，朵当角色的意义和作用，再怎么强调都不为过。

《建仁寺派家传书》的技术内容反映了中世以来唐样设计技术的传承和演变。

三、《镰仓造营名目》的设计体系与技术特色

前一节分析讨论了唐样技术书《建仁寺派家传书》的设计体系及其技术特色，本节继续讨论和比较唐样技术书的另一重要者，即后世所称的《镰仓造营名目》。作为唐样技术书的代表，二书既反映了唐样设计技术的共同属性，又各具不同背景和技术特色。相对于《建仁寺派家传书》作为唐样建仁寺流技术的代表，《镰仓造营名目》则表现了镰仓唐样技术的地域特色。重要的是，镰仓地区作为中世前期的禅宗重镇，有着镰仓五山的深厚传统，其五山寺院技术及镰仓工匠的技术传承，都与《镰仓造营名目》相关联。就此而言，《镰仓造营名目》具有不同于《建仁寺派家传书》的意义和价值。

本节关于《镰仓造营名目》设计体系的讨论，只是针对比例关系和尺度设计这一狭义的概念而展开的，且关注的重点也主要限定于间架构成与斗栱构成这两个层面，以此把握《镰仓造营名目》设计技术的主干脉络与核心内容。

本节关于《镰仓造营名目》分析讨论的基础史料，主要来自日本学者坂本忠规的相关研究[37]。

1. 镰仓工匠的技术史料：唐样三篇

（1）镰仓唐样技术的传承

关于《镰仓造营名目》的性质、背景与内容构成，本章第一节已有论述，以下就其中唐样三篇的谱系性、时代性及技术特点，作进一步的讨论。

《镰仓造营名目》专指镰仓大工河内家所旧藏古文书中关于建筑技术方面的相关内容，共计十篇，包括和样七篇，唐样三篇。其中唐样三篇为三间佛殿篇、五间佛殿篇、三门阁篇，是镰仓地方工匠重要的唐样技术史料。

37　坂本忠规. 大工技術書〈鎌倉造営名目〉の研究：禅宗様建築の木割分析を中心に[D]. 東京：早稲田大学，2011.

相对于作为近世唐样技术书主流和代表的《建仁寺派家传书》，《镰仓造营名目》则是近世非主流的地方工匠技术史料，这是《镰仓造营名目》区别于《建仁寺派家传书》的一个重要方面。此外，《建仁寺派家传书》是体系化和理论性的技术书，而《镰仓造营名目》在性质上则是非体系化的工匠记述史料，日本称作“觉书”，意为备忘录一类的文献史料。也就是说，在谱系与属性上，《镰仓造营名目》与《建仁寺派家传书》有着较大的差异。

中世以来随着禅宗的发展，先后形成以镰仓五山和京都五山为代表的两个禅宗中心。在此背景下，中世唐样技术的发展亦带有相应的谱系性与时代性的特征，以镰仓和京都为中心形成关东与西日本两地略有不同的技术做法。其中以镰仓为中心的关东地区，作为前期禅宗的重镇和宋技术的初传之地，对于唐样建筑技术的传承与发展，具有重要的意义。

镰仓禅寺的兴盛至15世纪趋于衰退，失去了往日的中心地位及相应影响，以镰仓为中心的关东唐样技术逐渐沦为一种地方做法。《镰仓造营名目》唐样三篇，大致反映了这一背景下唐样技术的谱系性与时代性。

作为唐样技术的文献史料，唐样三篇与《建仁寺派家传书》的技术内容具有一致的共性特征，即基于朵当理念的设计体系与方法，以朵当基准的倍数与分数，权衡和设定从间架到斗栱的尺度关系。虽然在细节及程度上二书互有差异，但朵当理念及相应的设计方法是相同和不变的。

《镰仓造营名目》十篇中，唯唐样三篇采用朵当理念以及基于朵当的设计方法，其基于朵当的间架尺度构成，与《建仁寺派家传书》并无大异。而在朵当尺度构成上，唐样三篇的十材朵当法与《建仁寺派家传书》的六斗长朵当法，其设计理念及方法亦是相通的，且与中世唐样遗构所呈现的设计方法相印证。进而，在唐样朵当与和样枝割的整合关系上，八枝朵当法亦成为二书共同的模式及方法。

朵当理念及相应的设计方法，是中世以来唐样设计技术的共同属性。近世唐样二书也从文献史料的角度表明和印证了这一特点。

相较于《建仁寺派家传书》的唐样技术内容，《镰仓造营名目》唐样三篇在二者共性之上，也表现出显著的独特性。

其一是镰仓唐样技术的地域性特征。唐样三篇所记唐样技术内容，反映了以镰仓为中心的关东唐样技术的独立性与独特性，在样式与技术上，与西日本唐样存在着不同程度的差异和变化；

其二是镰仓时代唐样技术的传承。唐样三篇成文于1633年至1635年之间，时值江户时代初期，在年代上早于《建仁寺派家传书》。其多样复杂的技术成分中，应保留有中世镰仓五山唐样技术的部分内容。

《镰仓造营名目》的意义与价值在于：作为镰仓地方性工匠技术史料，反映了不同于《建仁寺派家传书》的地域技术特色与技术谱系传承，为丰富和推进对

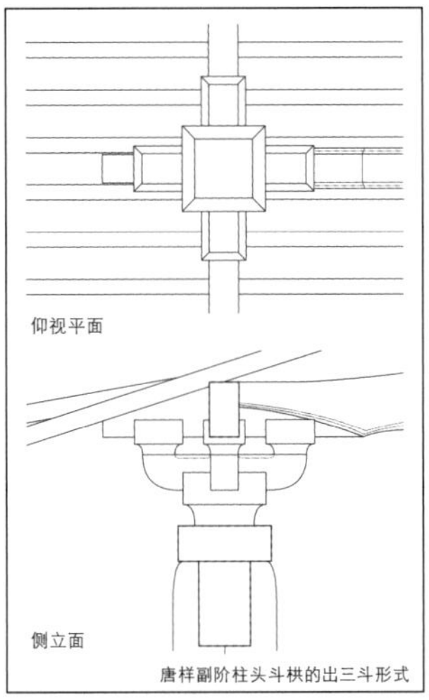

图 9-3-1　唐样副阶柱头斗栱的出三斗形式（作者自绘）

中世以来唐样设计技术的认识，提供了独特的技术史料。

（2）唐样三篇的建筑形式

《镰仓造营名目》唐样三篇，指三间佛殿篇、五间佛殿篇、三门阁篇。唐样三篇以分篇的方式分别记录了禅宗寺院三种主要的建筑形式及其技术规制。根据唐样三篇的记述，上述三种建筑的基本形制如下：

三间佛殿：中小型唐样佛殿的基本形式，殿身方三间带副阶，斗栱形式为重栱造六铺作单杪双下昂，明间补间铺作两朵，次间补间铺作一朵；殿身上檐为扇列椽形式，副阶下檐为平行椽形式，副阶柱头斗栱为出三斗的形式，补间斗栱为平三斗的形式[38]（图 9-3-1）。

五间佛殿：大型唐样佛殿的基本形式，殿身方五间带副阶，斗栱形式为重栱造六铺作单杪双下昂，面阔明间补间铺作两朵，次间、梢间各补间铺作一朵，进深五间，各补间铺作一朵；殿身上檐为扇列椽形式，副阶下檐据分析应也是扇列椽形式，副阶柱头斗栱为出三斗的形式，补间斗栱为平三斗的形式。

山门阁：禅寺唐样门楼，上下二层，下层面阔五间，进深二间，副阶周匝，斗栱形式为重栱造六铺作单杪双下昂，明、次间各补间铺作两朵，梢间补间铺作一朵，进深二间各补间铺作两朵；上檐为扇列椽形式，下檐为平行椽形式。

唐样三篇所记录的禅寺三种主要建筑的基本形制与技术规制，较全面和典型地反映了镰仓唐样建筑技术的性质与特色。

以朵当为基准的间架尺度规制，是《镰仓造营名目》与《建仁寺派家传书》唐样设计技术的共性所在，而斗栱尺度规制则是《镰仓造营名目》唐样设计技术上最具个性特色的表现，代表了唐样设计技术的另一个典型，其特点主要有如下两个方面：

其一，唐样三篇的斗栱尺度规制，包含了两套模数基准形式，即斗口基准与材栔基准，分用于三间佛殿与五间佛殿，表现了唐样三篇设计技术的多样性与复杂性；

其二，五间佛殿篇记述的材栔模数规制，反映了中世唐样材栔模数的技术特色，并有可能传承中世镰仓五山佛殿的设计技术。在镰仓唐样传承宋式设计技术上，五间佛殿篇的技术独特性及其模数规制尤具意义。

2. 间架构成规制与朵当基准作用

（1）朵当基准：间广设定的不变法则

《镰仓造营名目》所记设计技术内容，分作和样建筑与唐样建筑两类。即和样七篇与唐样三篇，以此区分两种不同的设计体系。和样七篇在设计技术上，表

38　唐样佛殿所用斗栱形式，相对于殿身用高等级的六铺作形式，副阶一般采用简单的斗栱形式。副阶柱头斗栱所用“出三斗”，是较斗口跳更为简单的斗栱形式，其特色为栌斗口内出十字栱承乳栿；补间斗栱所用“平三斗”，相当于一斗三升的斗栱形式。推测“出三斗”应是唐宋早期的一种简单斗栱形式。

现为和样设计技术的一般性特征，即基于明间、柱径及枝割的设计方法；唐样三篇在设计技术上，则呈现迥然不同于和样的设计方法，即基于朵当的开间尺度构成与基于材栔的斗栱尺度构成[39]。而这两方面的独特性，也正是《镰仓造营名目》唐样三篇区别于和样七篇的根本所在。

《镰仓造营名目》以分类的形式，有意识地区分和样与唐样的设计方法，这与《建仁寺派家传书》是相同的，实际上这也正是中世以来设计体系构建的基本思维方式。故关于唐样设计技术的分析，必须重视基于补间铺作的朵当理念及其相应的设计方法，对于《镰仓造营名目》与《建仁寺派家传书》的分析讨论皆是如此。

如同前节关于《建仁寺派家传书》所分析的那样，对于唐样设计技术而言，朵当的角色及其作用，是无论如何不容忽视的。关于《镰仓造营名目》唐样三篇设计技术的分析，首先还是从开间尺度关系着手，探讨朵当的角色、作用以及基于朵当的设计方法和相应规制。

关于开间尺度的设定，唐样三篇记述三间佛殿、五间佛殿、三门阁的开间尺度规制，分析表明朵当（あいた）仍是开间构成的基准所在。具体而言，唐样三篇同样以日文假名“あいた”（汉字记作“間”）指称朵当，殿身开间分作大、小两种形式：大者三朵当，记作“大間”，通常指面阔明间；小者二朵当，记作“肋間”，指面阔次间。并且，一朵当配椽 8 丁，相应地明、次间分别呈三朵当 24 丁、二朵当 16 丁的构成关系。

副阶记作“雨打間”，其开间尺度的设定依三间佛殿和五间佛殿而不同。

《镰仓造营名目》唐样三篇关于开间尺度设定的相关记述归纳如下：

① 三间佛殿篇：

大间一间三分为率，一朵当配椽八丁，合大间一间二十四丁；

胁间二朵当，配椽十六丁；

雨打间当大间之半，配椽十二丁；

进深开间与面阔开间同，分设大间、胁间。

② 五间佛殿篇：

大间一间三朵当，一朵当配椽八丁，合大间一间二十四丁；

胁间二朵当，配椽十六丁；

雨打间当胁间六分半；

进深五间同面阔胁间。

③ 三门阁篇（下层）：

大间三间，故谓三门；

大间一间三分为率，一朵当配椽八丁，合大间一间二十四丁；

胁间十八丁，亦可二十丁；

进深大间两间。

39　除唐样三篇外，又有标名为唐样的“唐样多宝塔名目”与“唐样栋门”二项，然未采用朵当规制，而是与和样相同，采用和样的枝割方法。《镰仓造营名目》中真正采用唐样设计方法的只此唐样三篇。

《镰仓造营名目》唐样三篇记录了唐样三间佛殿、五间佛殿以及三门阁的基于朵当的开间尺度设定及其相应规制。

在开间尺度设定上，《镰仓造营名目》唐样三篇与《建仁寺派家传书》禅家篇基本相同，皆以朵当（あいた）为基准，以朵当的倍数，设定面阔、进深的开间尺度，并呈和样枝割化，即一朵当配椽八丁的形式。《镰仓造营名目》的椽数“丁”，相当于《建仁寺派家传书》的椽数“枝”。也就是说，唐样三篇的开间尺度构成以朵当为基准，且朵当为抽象的尺度基准，而非具体的实际尺寸，其基本规制与《建仁寺派家传书》相同。唐样三篇中，三间佛殿与五间佛殿的明、次间尺度构成，保持朵当法的定式，唯三门阁的次间，转而受枝割法的制约。

如上文所记，《镰仓造营名目》唐样三篇开间尺度设定上有两个相关要素：一是唐样的朵当，一是和样的枝割。而根据进一步的分析可知，唐样三篇开间尺度设定上，还存在着另一个相关要素，即唐样的材广，且唯出现在五间佛殿上，这是分析和认识唐样三篇设计技术的一个重要线索，详见后文分析。

考察近世唐样技术书，关于朵当与枝割的主从关系，在《建仁寺派家传书》的唐样尺度规制中表现得明确而肯定，即朵当的主导性与枝割的依附和从属性。而在《镰仓造营名目》唐样三篇的相关记述中，二者的关系却略显模糊和暧昧，故有日本学者认为其中和样枝割因素的作用有可能部分替代了唐样朵当[40]。实际上，虽近世唐样设计技术呈和样化的特色，然唐样朵当因素仍不失其主导性，而和样枝割因素则基本上是依附和从属性的。唐样三篇的上述开间构成关系中，明间、朵当、枝割诸因素之间或有互动关联，然朵当仍是主导性因素。实际上，就凭原文中唐样独特的朵当（あいた）术语的存在及运用，朵当基准的方法也应是无疑的。后文关于佛殿开间尺度关系的分析可为佐证，尤其是五间佛殿，表现了明确的朵当主导性，而枝割则是依附、从属性的。

基于朵当的开间尺度关系，是《建仁寺派家传书》唐样尺度设定的基本方法。仔细体会《镰仓造营名目》唐样三篇的相关记述，朵当仍是间广设定的基准所在，其朵当属性及作用与《建仁寺派家传书》并无二致。二书的区别只在于强调的程度和表述的方式上，而和样化程度的不同也是二书的差别之一。

另外，唐样三篇各自的枝割角色是有区别和变化的，如在副阶构成上，三间佛殿以副阶平行椽的形式，配椽 12 枝；而五间佛殿的副阶既非平行椽形式，也不受枝割的制约；又如三间佛殿朵当构成的基准在于枝，而五间佛殿朵当构成的基准则在于材。因此，三间佛殿的和样化程度显然高于五间佛殿，具体分析详见后文“五间佛殿尺度规制的独特性及其意义”。

（2）尺度关系的多样性与复杂性

开间尺度关系的多样性与复杂性，是《镰仓造营名目》唐样三篇的一个显著

40　日本学者坂本忠规认为：《建仁寺派家传书》以朵当为基准设定开间尺度，《镰仓造营名目》与《建仁寺派家传书》有类似性，然朵当也有可能是由明间分割而成，朵当只是明间之下的一个次级基准。参见：坂本忠规. 大工技術書〈鎌倉造営名目〉の研究：禅宗樣建築の木割分析を中心に [D]. 東京：早稲田大学，2011：172. 然根据分析，《镰仓造营名目》唐样尺度设定上朵当基准的属性，虽不如《建仁寺派家传书》那么强烈和鲜明，但作为尺度基准的属性仍是没有疑问的。

特色，也是相较于《建仁寺派家传书》的差异和变化，而和样化则是其中的一个主要因素。唐样三篇开间尺度构成上的和样枝割因素，显然较《建仁寺派家传书》活跃和显著，且主要表现在三门阁上，即山门阁虽明间尺度构成基于朵当，然次间尺度的设定则不合朵当整倍数关系："胁间十八丁，亦可二十丁。"也就是说，山门阁次间的尺度关系，或脱离了基于朵当的构成规制，转而受制于枝割关系。然而也存在着非整倍数朵当的可能，即基于一朵当配八丁的关系，三门阁次间的18丁或20丁，折合朵当2.25倍和2.5倍，也可以认为是在原先次间2朵当的基础上，以1/4或1/2朵当的形式，权衡和调整次间尺度。正如《建仁寺派家传书》在柱高尺度设定上，也以1/2朵当的形式，权衡和调整柱高尺度。如果这一推测属实的话，那么三门阁次间的枝割因素，则仍是从属和依附性的。

非整倍数朵当的出现，或提示了朵当之下次级基准存在的可能，如枝割、材栔或斗长等，详见后节相关内容。

此外，山门阁在"通之间"的尺度设定上，还采用了以明间尺度增减柱径的微调方式。柱径作为辅助基准，虽是一种特殊和次要的方式[41]，然也反映了唐样三篇尺度关系的多样性和复杂性特征。

唐样三篇开间尺度关系的多样性与复杂性，进一步表现在副阶尺度的设定上。相对于殿身间广设定的朵当法，副阶尺度的设定则采用了开间比例的方式，即以明间或次间为比例基准，设定副阶尺度。

唐样三篇中副阶称作"雨打间"，而关于副阶尺度的设定，三间佛殿与五间佛殿有相关记载，三门阁未记。其尺度关系如下：

三间佛殿：雨打间当大间之半，配椽十二丁；

五间佛殿：雨打间当胁间六分半。

如何解释这一现象呢？实际上此开间比例法表现的仍是朵当基准的形式。三间佛殿的雨打间"当大间之半"，那么副阶间相当于1.5朵当；五间佛殿的雨打间"当胁间六分半"，也即0.65倍，那么副阶间相当于1.3朵当。也就是说，在形式上副阶间的尺度设定为开间比例法，而实质上则是朵当法的折变。

朵当作为大尺度单元的基准形式，三间佛殿副阶间1.5朵当或五间佛殿副阶间1.3朵当，同样也意味着朵当之下次级基准存在的可能。而五间佛殿副阶间"当胁间六分半"，若折合成小尺度单元的枝割单位，其数为畸零的10.4枝，仅此一点即否定了枝割作为开间尺度基准的可能性，实际上在五间佛殿上，朵当之下的次级基准为材广，并以材广设定副阶尺寸。详见后文分析。

《镰仓造营名目》唐样三篇中所记副阶间的尺度关系，别具意味。

《镰仓造营名目》在内容构成上，采用分篇的形式，将唐样三篇区别于和样七篇，相应地，唐样设计技术也必然不同于和样，其最根本的就是朵当法。而和样枝割因素的介入，则带来唐样设计技术独立性的消减和个性的淡化，朵当法多

41　三门阁的"通之间"，原文记作"とうりの間"，其开间尺度的设定，在明间尺度的基础上加以柱径微调："柱セイ一つ分広くする。""通之间"所指不明。参见：坂本忠规. 大工技術書〈鎌倉造営名目〉の研究：禅宗様建築の木割分析を中心に [D]. 東京：早稲田大学，2011：177.

少受到侵蚀，但其在唐样设计技术上的主导性和象征性仍是无疑的。唐样三篇的朵当法，以“一朵当配椽八丁”的形式，建立朵当与枝割的关联性。

与《建仁寺派家传书》有所不同的是，《镰仓造营名目》朵当基准的作用，主要表现在开间尺度上；而柱高尺度的设定则是基于明间尺度，与朵当呈间接的关系。

比较而言，《镰仓造营名目》朵当基准的作用弱于《建仁寺派家传书》，然仍不失唐样朵当规制的基本特色。另外，《镰仓造营名目》斗栱尺度构成上则有独特的表现，即斗栱构成的材栔规制，而这一特色又是《建仁寺派家传书》不那么显著或不尽相同的，由此形成了二书在唐样设计技术上的不同特色。具体详见后文关于斗栱构成的分析。

（3）柱高尺度的设定与方法

柱高与檐出的尺度筹划，是规模尺度设计上的另一项重要内容。那么，在垂直向的尺度关系上，平面尺度的朵当基准是否仍起作用呢？先回顾一下《建仁寺派家传书·禅家》的表现：在规模尺度这一层面上，唐样开间与柱高的尺度设定，皆以朵当为基准，依据不同建筑及柱位，柱高分别为三朵当、三朵当半、四朵当半和五朵当半。也就是说，《建仁寺派家传书》将平面尺度的朵当基准直接转用于垂直向的柱高尺度设定，其朵当基准具有抽象性的特征。那么，《镰仓造营名目》唐样三篇会是如何表现的呢？

唐样三篇中柱高记作“内法高”，也即通过柱额位置的高度来表记柱高。日语中柱额称作“贯”，与柱高相关的柱额主要有“柱贯”“飞贯”，分别相当于宋式的阑额和由额；另有称作“装束贯”者，相当于上槛（图 9-3-2）。唐样三篇中佛殿殿身檐柱高以飞贯（由额）高度表记，山门阁下层柱以及副阶柱高以装束贯（上槛）高度表记。

相对于《建仁寺派家传书》的檐柱高以阑额高度表记，《镰仓造营名目》则以承托副阶椽尾的由额高度表记。二者形式上虽有差异，但实质上却是基本相同的，因为从由额至阑额的高度是一个定值，此定值在《建仁寺派家传书》为一个朵当，《镰仓造营名目》也大抵相仿，故檐柱高同样可以由额高度表记。

分析《镰仓造营名目》唐样三篇关于柱高尺度设定的相关规制，可概括为如下几点：

其一，柱高尺度的设定，以相应的柱额高度表记；

其二，佛殿殿身檐柱高，指柱础上皮至由额下皮的高度；佛殿副阶柱高，指柱础上皮至上槛下皮的高度；山门阁下层檐柱高，指柱础上皮至上槛上皮的高度；

其三，佛殿殿身檐柱高、山门阁下层檐柱高的设定，以明间间广为法；

其四，佛殿副阶柱高的设定，以次间净尺寸为法。

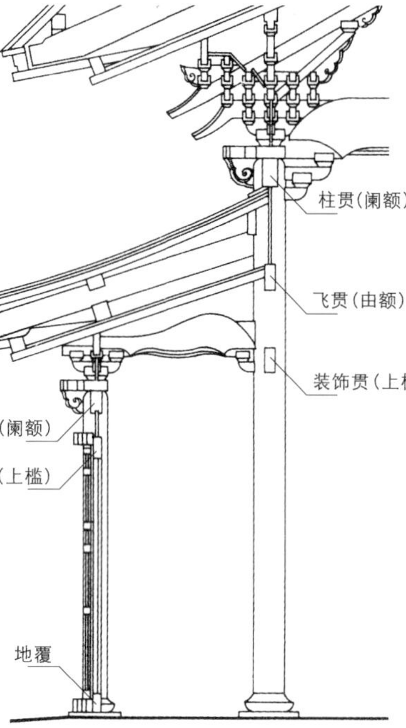

唐样的“贯”构件

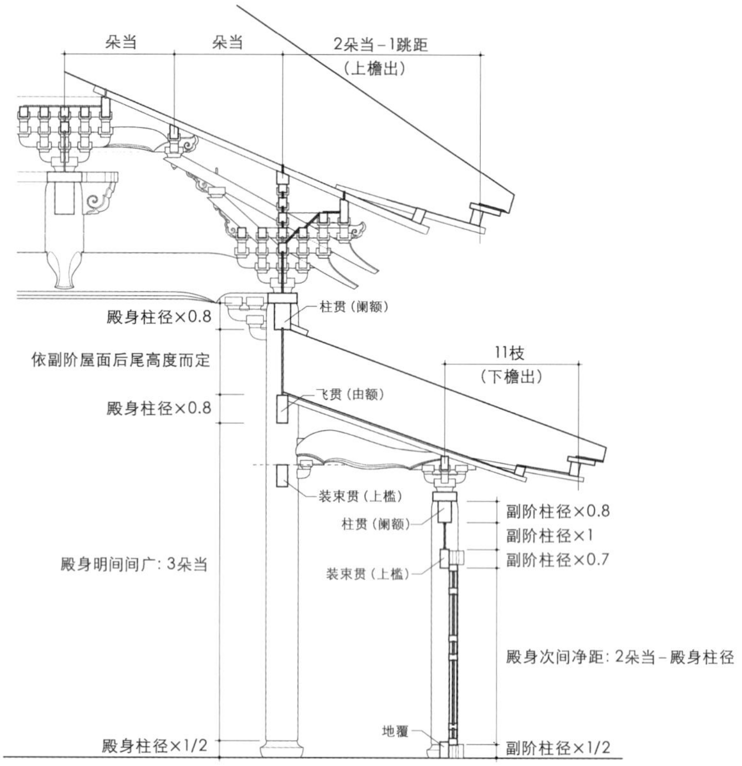

三间佛殿篇关于柱高设定的相关规制

图 9-3-2 唐样三篇的“贯”（底图来源：円覚寺编. 国宝円覚寺舍利殿修理工事報告書[M], 1968）（左）

图 9-3-3 《镰仓造营名目》三间佛殿的柱高权衡与设定（底图来源：坂本忠規. 大工技術書〈鎌倉造営名目〉の研究：禅宗様建築の木割分析を中心に [D]. 東京：早稲田大学, 2011：233）（右）

《镰仓造营名目》唐样三篇关于各种柱高尺度设定的规制相当复杂和繁琐，略去繁杂琐碎的内容，择重要者大致归纳为如上四条内容。值得注意的是，在唐样三篇关于柱高尺度设定的繁杂规制中，其基准形式分作两种：一是开间，一是柱径。

以明间间广为法者，有三间佛殿檐柱、五间佛殿檐柱以及山门阁下层檐柱这三项。又有以次间净尺寸为法者，如三间佛殿副阶柱；而柱径基准则用于柱额、柱础等相关构件高度的设定。

以下以三间佛殿为例，排列唐样三篇关于柱高尺度的设定规制[42]（图 9-3-3）：

副阶柱高：

阑额高＝副阶柱径 ×0.8

阑额与上槛之间隔，取副阶柱径

上槛高＝副阶柱径 ×0.7

柱础上端至上槛下端，取殿身次间之净尺寸

柱础高＝副阶柱径 ×1/2

殿身檐柱高：

阑额高＝殿身檐柱径 ×0.8

阑额下端至由额上端，依副阶后尾高度而定

42 关于《镰仓造营名目》三间佛殿篇柱高尺度的设定规制，参见：坂本忠規. 大工技術書〈鎌倉造営名目〉の研究：禅宗様建築の木割分析を中心に [D]. 東京：早稲田大学，2011：213-217、231.

由额高＝殿身檐柱径 ×0.8（推算求得）

柱础上端至由额下端，取明间尺寸

柱础高＝殿身檐柱径 ×1/2

与《建仁寺派家传书》唐样柱高规制相比较，《镰仓造营名目》唐样柱高以明间、次间为法的规制，虽未见直接的朵当因素，然明间、次间却是由 3 朵当和 2 朵当构成的，故此规制仍可折算成朵当关系。以唐样三篇的三间佛殿而言，其殿身檐柱高（柱础上皮至由额下皮）折合为 3 朵当，而《建仁寺派家传书・禅家》三间佛殿殿身檐柱高，由柱础上皮至由额下皮为 3 朵当半，至阑额下皮为 4 朵当半。因此，《镰仓造营名目》三间佛殿殿身檐柱高度，略小于《建仁寺派家传书》三间佛殿半个朵当。

《镰仓造营名目》基于间广的佛殿柱高的设定，与朵当的关系不如《建仁寺派家传书》的柱高规制那么直接和明确，倒是与《匠明》所记唐样三间佛殿的尺度规制相类似。

《匠明》“雨打作唐用三间佛殿”的柱高尺度规定如下：主屋柱高，自石坛上端（即地面）至台轮（普拍枋）上端，以中之间加胁之间的尺寸为之。也即殿身柱高求之于开间，且等于明间与次间之和。由此可知，《匠明》所记唐样佛堂柱高尺度的设定，也间接地与朵当相关，其殿身柱高折合为 5 朵当。

比较以上三种柱高的设定方式，《建仁寺派家传书》的唐样佛堂为直接朵当法，而《镰仓造营名目》及《匠明》的唐样佛堂为基于开间的间接朵当法。《建仁寺派家传书》朵当法的支配性和全面性，是《镰仓造营名目》所不及的。

唐样三篇的尺度筹划上，相对于殿身檐柱高的设定以明间为法，副阶柱高的设定则采用近于和样的规制和方法。近世唐样建筑上，副阶往往表现有更多的和样因素，如平行椽做法、和样尺度规制等等。下节再以檐出尺度的设定为例，讨论近世唐样建筑的殿身与副阶在尺度设计方法上的分别。

在柱高尺度的设定上，与《镰仓造营名目》最可比的是圆觉寺古图佛殿，二者同为镰仓工匠技术文献史料，在设计方法上必有其相通之处。

根据量图尺寸分析，佛殿心间的量图尺寸为 195 寸，由此可得朵当尺寸为 65 寸，以此朵当尺寸衡量佛殿的柱高尺寸（量图尺寸），可得如下构成关系（设朵当为 A，量图尺寸取自关口欣也论文[43]）（图 9-3-4）：

上檐柱高	259 寸	4A
殿身内柱高	320 寸	5A
副阶柱高	146 寸	2.25A
殿身脊高	650 寸	10A

基于朵当的高度尺度设定，是圆觉寺古图佛殿尺度设计的一个特色，并可与《建仁寺派家传书》以及《镰仓造营名目》的柱高规制相对照和印证。

43　関口欣也. 円覚寺仏殿元亀四年古図について[J]. 日本建築学会論文報告集（第 118 号），1965：37-44.

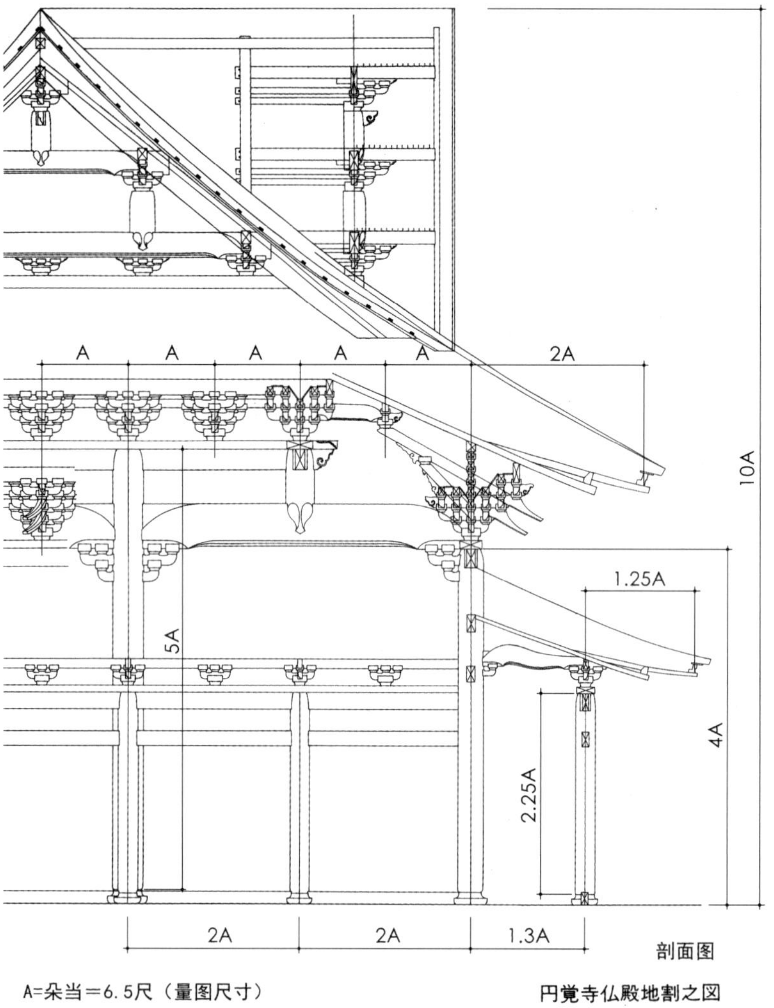

图 9-3-4　圆觉寺古图佛殿基于朵当的柱高设定（底图来源：関口欣也. 五山と禅院 [M]. 東京：小学館，1983）

（4）檐出尺度的设定与方法

经历和样化的改造，近世以来带副阶的唐样建筑形成了如下特色：殿身保持唐样做法，副阶则趋于和样化，尤其表现在出檐做法上。因此，唐样建筑的尺度设计方法，也相应地呈现殿身与副阶的区分现象以及不同尺度基准的选择意识。

近世唐样出檐做法，殿身采用唐样的扇列椽形式，副阶则为和样的平行椽形式。在此形制差异的背景下，《镰仓造营名目》所记唐样建筑的殿身上檐和副阶下檐的檐出尺度设定，表现了如下不同的基准选择及相应的设计方法：

扇列椽的殿身上檐出，以间广为法；平行椽的副阶下檐出，以枝割为法。

关于檐出的定义，《镰仓造营名目》称作"轩长"，其所出范围的界定，上、下檐有所不同。其上檐出所指自檐柱心出，下檐出所指自橑檐枋心出[44]。唐样三篇所记上、下檐出的具体规制如下：

殿身上檐出：

三间佛殿的上檐出尺寸，自檐柱心出，其值为次间减生出。生出值为一个

44　唐样副阶斗栱一般采用简单的出三斗形式，无橑檐枋之设，故副阶檐出，实际上还是自副阶柱心出。

跳距；

三门阁的上檐出尺寸，自檐柱心出，其值为次间减生出。生出值为一个跳距；

五间佛殿的上檐出尺寸，自檐柱心出，其值等于次间。

副阶下檐出：

三间佛殿的下檐出尺寸，自橑檐枋心出，其值为十一丁；

三门阁的下檐出尺寸，自橑檐枋心出，其值为十一丁；

五间佛殿的下檐出尺寸，自副阶柱心出，其值为副阶间减生出。生出值为一个跳距。

分析唐样三篇的檐出规制，在上檐出尺寸的设定上，唐样三篇皆以次间为基准，并辅以斗栱跳距作微调。唐样建筑的开间由朵当构成，故檐出设定上的开间基准是间接的朵当法，上檐出尺寸以次间为基准，相当于2朵当。《镰仓造营名目》唐样三篇的上檐出尺寸设定以间广为法者，其意在朵当基准。

可作为比较的是，同为镰仓工匠技术文献史料的圆觉寺佛殿古图，其上檐出尺寸的设定，亦为2朵当的形式，也即相当于次间[45]，这与《镰仓造营名目》五间佛殿完全相同。

与上檐出相区别，下檐出尺寸的设定，三间佛殿、三门阁以枝割为基准，这与《镰仓造营名目》的和样篇相同。和样篇的檐出尺寸设定，自橑檐枋心出，分作檐椽和飞子两段，分别以枝数设定。

唐样三篇的檐出规制中，五间佛殿独具特色。即唯其上、下檐出皆以开间（也即朵当）为基准，而与枝割无关。推测这一现象与五间佛殿作为五山级大型佛殿的重要性相关，即其下檐做法并未和样化，仍守宋式扇列椽形式及相应规制，故其下檐出尺寸的设定与上檐出相同，皆以间广（也即朵当）为法。且根据五间佛殿篇的记述，其副阶间尺度的设定，亦与枝割无关。唐样三篇中，五间佛殿是一个独特的存在。

概括唐样三篇的檐出规制，上檐扇列椽的檐出尺寸，基于开间和斗栱跳距而设定；下檐平行椽的檐出尺寸，基以枝数而设定。因此，《镰仓造营名目》唐样檐出尺寸设定上，其尺度基准的选择基于样式的分别而不同：扇列椽的上檐出尺寸设定，以唐样的朵当、斗栱为法；平行椽的下檐出尺寸设定，以和样的枝割为法。

由比较可见，《镰仓造营名目》唐样三篇的檐出尺寸规制，与《建仁寺派家传书》近似。《建仁寺派家传书》唐样上檐出尺寸的设定为“次间减1跳距”，也即“2朵当减1跳距”；下檐出尺寸的设定为10枝，即上檐出用朵当规制，下檐出用枝割规制。二书皆表现了上、下檐出尺寸设定的基准区别现象，且上檐出尺寸设定的模式相同，皆为“次间减1跳距”的形式，显示了二书在细节上的关联性。

唐样与和样的檐出尺度的权衡设定，显示了两种设计方法的不同。而在和样

45　根据量图尺寸分析，佛殿心间的量图尺寸为195寸，由此可得朵当图尺寸为65寸，以此朵当尺寸衡量佛殿的上檐出量图尺寸129.5寸，合2朵当。佛殿上檐出的量图尺寸，取自关口欣也论文。参见：関口欣也. 円覚寺仏殿元亀四年古図について[J]. 日本建築学会論文報告集(第118号)，1965：37-44.

化的近世唐样建筑上，两种方法通过上、下檐分用的形式而兼容于一体。

在近世和样化的背景下，唐样设计方法的对象性，逐渐收缩在偏于唐样特色的做法上，而对于一些无明显样式偏向的通用或共性做法，其尺度设定则多采用和样的柱径法或枝割法，如唐样三篇中出际尺度的设定，即取和样的枝割法。这也反映了《镰仓造营名目》唐样三篇的和样化程度。

比较宋清檐出规制，大式建筑檐出定义为自橑檐枋心出，宋以椽径份数作权衡，清以斗口为基准，皆直接或间接地与斗栱相关。而唐样三篇中唐样特色的上檐出设定，同宋清规制，也与斗栱相关；而和样化的下檐出，则采用枝割权衡、设定。

《镰仓造营名目》唐样三篇中，唐样特色最为显著的是其宋式斗栱做法，且在斗栱尺度筹划上，不仅追求区别于和样的设计方法，而且保留了相对早期的宋式材梨基准形式。斗栱尺度关系的组织、筹划成为《镰仓造营名目》唐样设计技术上最具特色的表现。

3. 斗栱尺度构成：两向基准的方式

斗栱尺度构成是《镰仓造营名目》唐样设计技术的重点和特色所在。唐样设计技术上，开间尺度构成与斗栱尺度构成是两个最为重要的层面，且二者间应有着递进、关联的整体性，最终表现为两级模数的形式。开间构成层面的朵当基准，如前文就《建仁寺派家传书》与《镰仓造营名目》的分析所示，是唐样设计技术的基本特色与核心内涵；而斗栱构成层面的次级基准，则有不同的特色和变化，如《建仁寺派家传书》斗栱尺度构成，表现的是以斗长、枝割为基准的特色，而《镰仓造营名目》斗栱尺度构成，则表现了以材梨、斗口为基准的特色，且这一特色来自宋式斗栱规制的传承与变化。

（1）宋式斗栱新因素与技术传承

中世以来的新兴唐样斗栱，传承宋式斗栱的形制与技术，以足材、重栱、计心造为特征，从而区别于传统和样的单材、单栱、偷心造的斗栱形式。《镰仓造营名目》所记唐样斗栱，作为镰仓地方唐样技术，又表现出一些个性化特征。首先在斗栱形制上，以重栱造六铺作单杪双下昂为基本形式，并在交互斗（原文称“カケ斗”）、足材华栱（原文称“重ね肘木”）、斜交双下昂以及装饰纹样等做法上别具特色，显示了镰仓唐样斗栱形制的独特性，在部分细部做法上，不同于京都唐样斗栱形式。

《镰仓造营名目》唐样斗栱技术的特色，表现在部分构件尺寸的变化上，如其足材华栱和交互斗的尺寸。根据《营造法式》斗栱规制，柱头华栱用足材，栱厚不变，一如单材横栱。而《镰仓造营名目》唐样斗栱，其柱头、补间华栱皆用足材，且栱厚也较单材横栱增大一成（1/10）[46]。

宋式斗栱构成上，由小斗分型而形成小斗尺寸的差别，从而有交互斗增大的做法。唐样斗栱构成上，小斗尺寸一般不作分型，统称“卷斗”，尺寸相同。交互斗的增大在唐样遗构中只是少数现象，且多见于关东唐样遗构。而《镰仓造营名目》唐样三篇的小斗做法上，则有交互斗的分型而出，并规定交互斗的长、宽尺寸较其他小斗增大一成（1/10）。

上述两个栱、斗做法及其尺寸特色，根源还在于中国本土。用材分级现象在现存宋辽遗构上多见，典型的如永寿寺雨花宫、开善寺大殿、应县木塔[47]，近年调查发现，华北地区宋金遗构中也普遍存在这一现象。在材厚变化上，一是首跳华栱材厚大于二跳华栱材厚，二是华栱材厚大于横栱材厚[48]。《镰仓造营名目》的用材分级现象，表现了其斗栱技术的宋式传承，且这一做法是关东唐样斗栱所独有的[49]，如正福寺地藏堂足材栱厚，较单材栱厚增加1/10。《镰仓造营名目》唐样三篇的斗栱做法，与关东唐样遗构相呼应，记载和反映了镰仓地方唐样斗栱的特色。

唐样技术书所记斗栱尺度构成，在《建仁寺派家传书》表现为斗长、枝割规制，在《镰仓造营名目》则表现为材栔、斗口规制。相较而言，《镰仓造营名目》的唐样三篇，更近于宋《营造法式》的斗栱规制。

《营造法式》斗栱尺度规制，以材、栔、份为基准，权衡和设定斗栱尺度关系，三者关系为：材＝15份，栔＝6份，另一个基准单位材厚或斗口为10份。以斗栱的组合方式分解斗栱的构成关系，可分作垂直向尺度关系和水平向尺度关系。而材、栔、份三种基准的适用对象为：材、栔基准用于权衡和设定垂直向尺度关系，份基准用于权衡和设定水平向尺度关系。

分析唐样三篇所记斗栱尺度规制，其特点可概括为：垂直向尺度关系基于材、栔基准，水平向尺度关系基于斗口基准。其基本精神与《营造法式》斗栱尺度规制相一致，唯在水平向尺度关系上，以横向基准的斗口替代宋式的份基准，而这一特点则与同样不设份制的清式斗栱规制相同，或者说唐样三篇的斗栱尺度规制，兼有宋、清斗栱规制的特点。

一朵斗栱由栱、斗等诸多构件拼合而成。而大量性的栱、斗构件尺寸则是建立斗栱尺度关系的基本要素。

斗栱构件的三维尺度，一般称作构件的长、宽、高。以斗栱垂直与水平的两向维度而言，高为构件的垂直向尺度，长和宽为构件的水平向尺度（构件正面称长，侧面称宽）。斗栱构件的长、宽、高三者，在《镰仓造营名目》唐样三篇的记述中，分别记作“长”“下端”“丈”。《镰仓造营名目》所记斗栱尺度关系虽较繁杂，但通过垂直向与水平向的分解，其基本规制如上文所概括：斗栱构件的高度尺寸

46　中国本土北方宋构中，也多见单材横栱厚较华栱厚稍小，其中多数折减为9份，还有少数案例的足材华栱厚大于10份。单材栱厚的折减可能出于节材目的，而足材栱厚的增加，则与受力安全的考量相关。参见：赵寿堂. 晋中晋南地区宋金下昂造斗栱尺度解读与匠作示踪[D]. 北京：清华大学，2021：56.

47　参见：莫宗江. 山西榆次永寿寺雨花宫[J]. 中国营造学社汇刊（第七卷二期），1945：1-26；祁英涛. 河北省新城县开善寺大殿[J]. 文物参考资料，1957（10）：23-28。
陈明达就应县木塔的材厚变化指出：“凡出跳华栱的厚度均保持不小于17厘米，跳上横栱及枋子厚多小于17厘米。”参见：陈明达. 应县木塔[M]. 北京：文物出版社，2001：6。

48　周森. 五代宋金时期晋中地区木构建筑研究[D]. 南京：东南大学，2015：147-149.

49　足材华栱及交互斗尺寸增大的做法，是《镰仓造营名目》唐样三篇所记关东唐样斗栱的设计特色。这一特色在正福寺地藏堂、圆觉寺舍利殿、高仓寺观音堂、西愿寺阿弥陀堂等关东唐样遗构上也得到确认。

基于材栔，斗栱构件的长宽尺寸基于斗口。

斗栱尺度构成规制上，《镰仓造营名目》既有别于《营造法式》，又不同于《建仁寺派家传书》，然在基本精神上传承宋式规制这一特点，则是显然和分明的。以下分作垂直向和水平向的两向尺度关系，讨论唐样三篇的斗栱尺度构成规制。

（2）垂直向的斗栱构成规制：材栔基准

斗栱垂直向的构成关系，以材、栔交叠为基本特征，而材、栔的比例关系则成为关键所在。

历史上，材栔比例的变化显著，早期栔高较大，并呈逐渐减小的趋势。宋辽时期，材栔之比多取 2∶1 的形式，也即栔为材之半，至宋末《营造法式》，栔减小至材的 2/5。日本中世之后，和样栔高仍多大于材之半，而唐样栔高则多取材之半，近世唐样技术书则以之为规制，《镰仓造营名目》规定材栔之比为 2∶1。栔为材之半，成为《镰仓造营名目》唐样斗栱垂直向尺度关系的基本特色。

斗栱垂直向的尺度关系上，小斗高是另一个要素，亦与材、栔相关。《营造法式》规定小斗高为 1 材厚，小斗平欹高为 1 栔，相当于上下交叠栱枋之空隙。而《镰仓造营名目》唐样斗栱的小斗高为 1 材广，小斗平欹高为 1 栔，且栔为材之半，也就是说，其小斗高同样受制于材栔基准。

唐样三篇关于斗栱构件尺寸的记述，分作副阶斗栱与殿身斗栱[50]，二者分别以各自材栔为基准。以下整理唐样三篇关于斗栱构件垂直向尺度的相关条文，并以殿身斗栱为对象，略去尺度关系类同的副阶斗栱，以此讨论唐样三篇斗栱垂直向尺度关系。

首先是栱、枋。在垂直向尺度关系上，栱枋交叠，材栔统一；单材栱广 1 材，栔为 1/2 材；足材栱为单材加栔，广 1.5 材。

交叠栱枋的垂直向尺度关系简洁、明晰，是唐样三篇一致的特色。

其次是斗。斗分作大、小斗两种，其垂直向尺寸，主要有两个指标：一是斗高，一是斗之平欹高。唐样三篇关于斗尺寸的记述，有少数的缺漏或省略，下文整理唐样三篇斗尺寸的记述，并依前后文的关联和类同关系，类推并补上缺漏或省略的部分。

① 大斗高（殿身）：

三间佛殿：斗高 1.5 材，平欹高 1 材，其中斗欹 3/5 材，斗平 2/5 材；

五间佛殿：斗高 1.5 材，平欹高 1 材，其中斗欹 3/5 材，斗平 2/5 材；

三门阁：斗高 1.5 材，平欹高 1 材，其中斗欹 4/7 材，斗平 3/7 材。

② 小斗高（殿身）：

三间佛殿：斗高 1 材，平欹高 1 栔，其中斗欹 3/5 栔，斗平 2/5 栔；

五间佛殿：斗高 1 材，平欹高 1 栔，其中斗欹 3/5 栔，斗平 2/5 栔；

50 原文记作“雨打”斗栱与“庇”斗栱，前者指副阶斗栱，后者指殿身外檐斗栱。

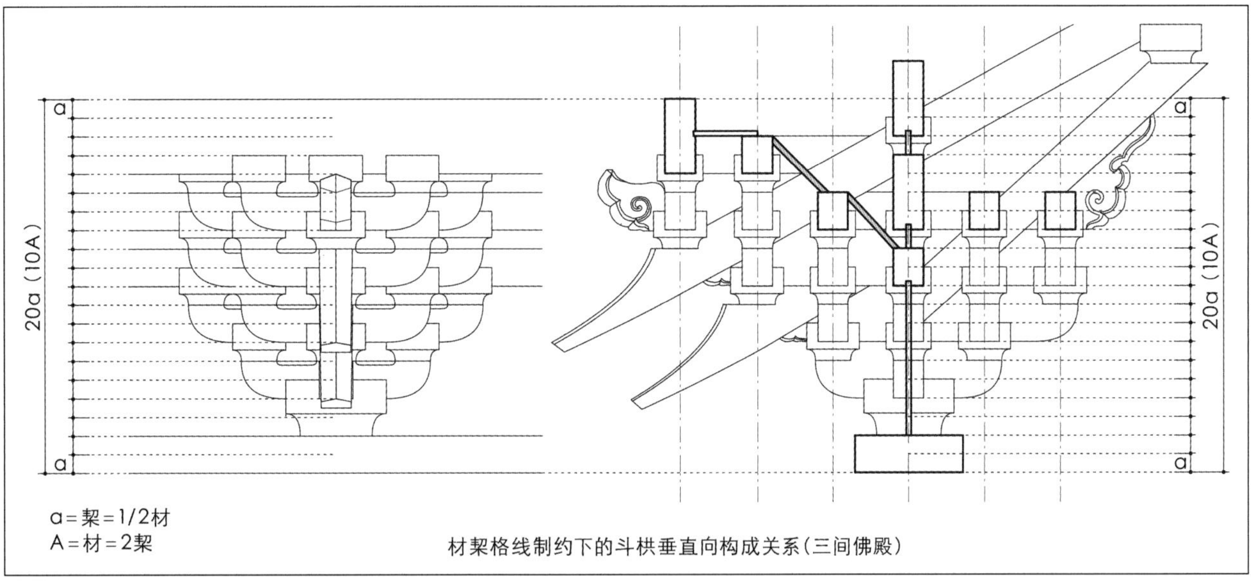

图 9-3-5　唐样三间佛殿斗栱垂直向构成关系（底图来源：坂本忠规 . 大工技術書〈镰倉造営名目〉の研究：禅宗様建築の木割分析を中心に [D]. 東京：早稲田大学，2011：129）

三门阁：斗高 1 材，平欹高 1 栔，其中斗欹 3/5 栔，斗平 2/5 栔。

唐样三篇之间关于斗高的记述基本一致，唯三门阁大斗的斗欹与斗平的比例关系略有不同，佛殿大斗以材广分作 5 份，斗欹 3 份，斗平 2 份；而三门阁大斗则以材广分作 7 份，斗欹 4 份，斗平 3 份。

根据上述唐样三篇相关条文记述的分析，可有以下几点认识：

其一，斗栱垂直向的尺度关系，基本精神与《营造法式》一致，即以材栔为基准，然也呈现细节上的差异。如小斗尺度关系，《营造法式》小斗高 1 材厚，唐样三篇小斗高 1 材广；《营造法式》以栔高分作 6 份，斗欹 4 份，斗平 2 份，唐样三篇则以栔高分作 5 份，斗欹 3 份，斗平 2 份，二者斗栱构件的细部比例不尽相同。

其二，基于栔为材之半的比例关系，斗栱垂直向的构件交叠及尺度关系，在材栔规制的作用下，唐样六铺作斗栱以逐跳用华头子的方式，令交互斗逐跳归平，竖向斗栱构成吻合于统一的材栔格线关系。这一材栔格线关系是唐样三篇斗栱垂直向尺度关系的基本特色，并与中世唐样斗栱之间具有共通性。

其三，以材栔格线关系权衡，殿身外檐重栱造六铺作斗栱的垂直向尺度关系，从大斗底至橑檐枋底的整体高度为 14 栔、7 材；若包括下端的普拍枋（高 1 材）和上端的橑檐枋（广 2 材）[51]，则整体高度为 20 栔、10 材。斗栱垂直向的整体尺度关系简洁、整然和有序，只要给出材广尺寸，即可便捷地求得斗栱高度（图 9-3-5）。

上述分析表明：唐样三篇的斗栱构成规制，在垂直方向上表现为以材栔为基准的特色，以及材栔格线关系的作用。

在构件细部比例关系的权衡和设定上，唐样三篇采用的是所谓间割法的形式。间割法是日本近世木割技术书关于构件比例设定的基本方法，也就是基于等

51　唐样三篇中关于橑檐枋广的取值，三间佛殿未记，五间佛殿、三门阁记作 2.5 材。作为比较，《建仁寺派家传书》三间佛殿橑檐枋广 2 材，《营造法式》橑檐枋广 2 材。基于此，唐样三篇中规模稍小的三间佛殿橑檐枋广取 2 材。

分概念的比例设定方法。其特点是直接以构件自身高、宽尺寸均分作若干份，并以之一份为单位，权衡和设定构件细部比例和尺度。其随构件高、宽均分的份数，依不同构件、不同部位而不同。如分作5份者称五间割，分作7份者称七间割。唐样三篇大、小斗高度的比例关系设定，即采用基于斗高的间割法。

如佛殿大斗的平欹高1材，以此总高分作5份，其中斗欹3份，合3/5材；斗平2份，合2/5材，此为五间割。

三门阁大斗的平欹高1材，以此总高分作7份，其中斗欹4份，合4/7材；斗平3份，合3/7材，此为七间割。

这种基于等分概念的份数比例法，与《营造法式》份制相类似，然又有所不同。“分”在《营造法式》中是一个重要的等分概念，大木作制度以材广作15等分，材厚作10等分，并以其“分”作为权衡度量大木构件尺度的基准。二者相较，《营造法式》的“分”是大木作统一和通用的比例基准，而间割法的“份”则是基于构件自身尺寸的比例基准，二者在性质上的区别可概括为统一基准法与自身比例法的不同。

如果说《营造法式》大木作的份制是特殊的间割法，那么彩画作的份数比例法，则是典型的间割法，如以下彩画作中丹粉刷饰制度的二例：

其一，栱背刷白燕尾时，随栱厚作四等分，两边各以一份为燕尾，其宽为栱厚的1/4[52]，此为四间割；

其二，阑额刷八白时，随额广之不同，均分为五、六、七份不等，各以其中一份为八白，其宽度分别为额广的1/5、1/6或1/7[53]，此分别为五间割、六间割和七间割。

上述基于等分概念的间割法，由整体等分的份为基准，权衡局部比例关系，即所谓“各以逐等份数为法”，“以此份数为率”[54]，是基于构件自身尺寸的份数比例法。

唐样尺度构成上，间割法不仅用于小尺度的构件比例关系，也用于大尺度的朵当构成关系。如《建仁寺派家传书》朵当构成的六间割法，其设计逻辑是由朵当的均分而求得斗长的，也即以1/6朵当为小斗长的比例权衡方法。

（3）水平向的斗栱构成规制：斗口基准

继上节关于斗栱垂直向尺度关系讨论之后，接着讨论唐样三篇斗栱的水平向尺度关系及其相应规制。斗栱构件水平向的尺度关系，主要包括栱、斗两个方面：一是栱厚、栱长尺寸，二是斗长、斗宽尺寸。

唐样三篇斗栱尺度关系上，对材之广、厚的重视是一个重要特色，其表现如上节所讨论的那样，在垂直向尺度关系上以材栔为基准。那么在水平向尺度关系上又会是如何呢？唐样三篇斗栱尺寸的记述表明，斗栱水平向尺度关系的基准在

52 《营造法式》卷十四《彩画作制度》“丹粉刷饰屋舍”：“栱头及替木之类，头下面刷丹，于近上棱处刷白，燕尾长五寸至七寸，其广随材之厚分为四分，两边各以一分为尾，中心空二分，上刷横白，广一分半。”参见：梁思成. 梁思成全集（第七卷）[M]. 北京：中国建筑工业出版社，2001：271.

53 《营造法式》卷十四《彩画作制度》“丹粉刷饰屋舍”：“檐额或大额刷八白者，随额之广，若广一尺以下者，分为五分；一尺五寸以下者，分为六分；二尺以上者，分为七分。各当中以一分为八白，于额身内均之作七隔，其隔之长随白之广，俗谓七朱八白。”参见：梁思成. 梁思成全集（第七卷）[M]. 北京：中国建筑工业出版社，2001：271.

54 《营造法式》卷十四《彩画作制度》“杂间装”：“杂间装之制：皆随每色制度，相间品配，令华色鲜丽，各以逐等份数为法”，“凡杂间装以此份数为率。”参见：梁思成. 梁思成全集（第七卷）[M]. 北京：中国建筑工业出版社，2001：272.

于材厚，这是一个相当有意味的现象，即材之广、厚分别成为斗栱垂直与水平两向尺度关系的基准所在。

宋之材厚，相当于清之斗口，二者皆为水平向尺度单位。清式将坐斗正面的槽口称斗口，并作为权衡斗栱尺度的基准，其值即为标准栱材的厚度。虽然材厚为栱尺寸，斗口为斗尺寸，然二者既关联对应，又取值相等。下文关于斗栱水平向尺度基准的讨论，以斗口指称材厚。

关于材之广厚比例关系，唐样三篇规定为 5∶4，比值 1.2，即：材＝ 1.2 斗口，栔＝ 0.6 斗口。根据计算分析，水平向斗栱尺度关系的权衡设定，应与垂直向的材栔无关。

以下整理唐样三篇关于斗栱构件水平向尺度的相关条文，并以殿身斗栱为对象，略去构成关系类同的副阶斗栱，以此分析讨论唐样三篇斗栱水平向尺度关系。

首先讨论栱厚尺寸。唐样三篇栱厚以单材栱和足材栱分作两种，以单材栱厚为基准，足材栱厚较单材栱厚增加 1/10，即足材栱厚为单材栱厚的 1.1 倍[55]。足材华栱上所承下昂的材厚，亦同足材栱厚，也即作为出跳构件，无论是华栱还是下昂，其材厚皆较横栱增加 1/10。

其次讨论斗的长、宽尺寸。首先是大斗（栌斗）。大斗的正面长与侧面宽，皆以栱厚为基准，即大斗长、宽各为 3 个栱厚。其中正面斗长为 3 个足材栱厚[56]，侧面斗宽为 3 个单材栱厚，斗底收杀为斗长的七分之一，即以七间割的形式，斗底四面各杀 1/7 × 3.3 斗口。以单材栱厚（斗口）为基准作权衡，即：

大斗宽＝ 3 斗口

大斗长＝ 3.3 斗口

斗底收杀＝ 1/7 × 3.3 斗口

转角铺作大斗，为长宽相等的正方形，边长为 3.3 斗口。

再次是小斗，有两种斗型，一是作为基本斗型的小斗，日本称作卷斗，相当于宋式齐心斗和散斗位置上的小斗；一是由卷斗派生的交互斗（原文称作カケ斗），其尺寸大于其他小斗。唐样三篇小斗的长、宽尺寸（正、侧面尺寸），皆以单材栱厚（斗口）为基准。其中卷斗的斗宽为 1.5 斗口，而斗长是由斗宽算出，即斗长为斗宽加上一个斗耳宽，而斗耳宽等于卷斗宽与栱厚之差值的一半，即 0.25 斗口，故斗长为 1.75 斗口；斗底收杀为斗长的六分之一，即：1/6 × 1.75 斗口。

交互斗的长、宽尺寸（正、侧面尺寸），唐样三篇记述不全，且三篇之间稍有不同：五间佛殿交互斗宽，为卷斗宽加斗耳宽，合 1.75 斗口；三门阁交互斗宽，为 1.1 倍的卷斗宽，合 1.65 斗口。以此类推，交互斗长应为卷斗长加斗耳宽，合 2 斗口，或为 1.1 倍的卷斗长，合 1.925 斗口。唐样三篇未记交互斗的斗底收杀。

55　关于足材华栱的栱厚，唐样三篇中的五间佛殿、山门阁记作增加 1/10，而三间佛殿未记，应是省略或漏记。

56　用足材华栱者，大斗长 3.3 斗口，如三间佛殿、五间佛殿；用单材华栱者，大斗长 3 斗口，如三门阁。

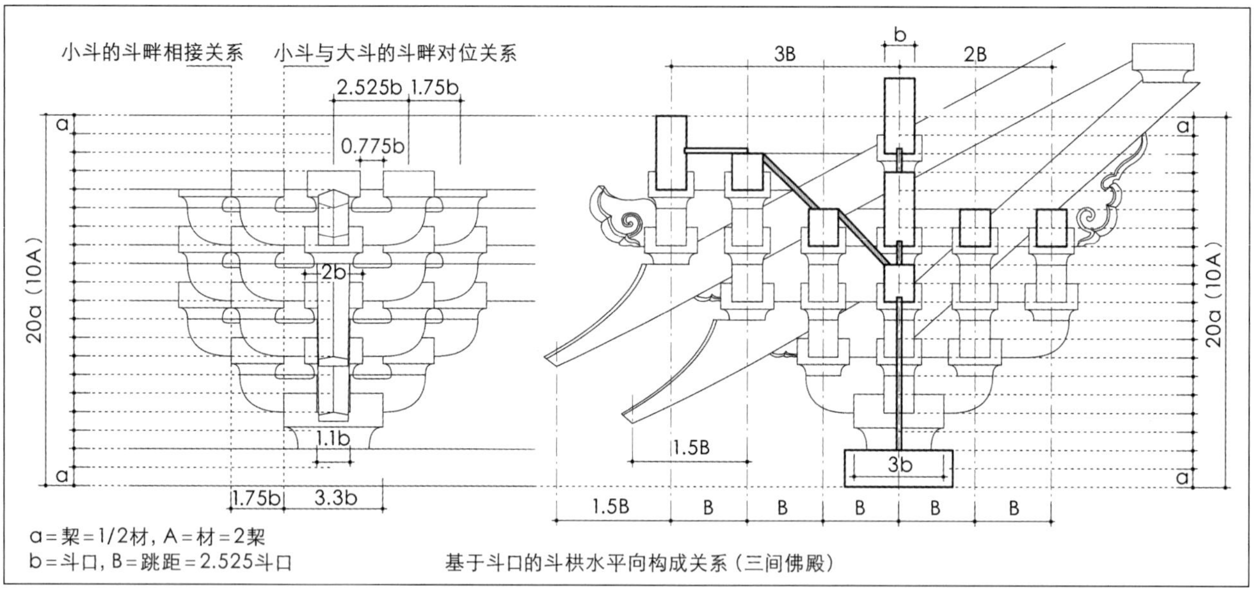

图 9-3-6　唐样三间佛殿斗栱水平向构成关系（底图来源：坂本忠規．大工技術書〈鎌倉造営名目〉の研究：禅宗様建築の木割分析を中心に [D]．東京：早稲田大学，2011：129）

总之，交互斗的长与宽，应较卷斗增加一个斗耳宽（0.25 斗口），或较卷斗增加 10%（0.175 斗口）。

斗之长、宽尺寸，求之于斗口基准，与和样的枝割无关。

以单材栱厚（斗口）为基准作权衡，小斗的水平向尺度关系归纳如下：

卷斗宽＝ 1.5 斗口

卷斗长＝ 1.75 斗口

斗底收杀＝ 1/6 × 1.75 斗口

交互斗宽＝ 1.75 斗口

交互斗长＝ 2 斗口

概括上述的整理和分析，唐样三篇大、小斗的水平向尺度设定，皆以斗口为基准。

接着讨论唐样三篇斗栱立面的横向尺度关系。

唐样三篇的重栱造斗栱立面构成上，其小斗配置与栱长设定，分别由两个斗畔关系所决定：一是小斗与大斗的斗畔对位关系，一是小斗与小斗的斗畔相接关系。基于上述两个斗畔关系，生成小斗配置以及栱长设定。

首先，基于小斗与大斗的斗畔对位关系以及大斗长 3.3 斗口、小斗长 1.75 斗口，可得：斗间＝ 0.775 斗口，栱心跳距＝ 2.525 斗口。

其次，基于小斗与小斗的斗畔相接关系，可得：长栱较短栱伸出 1.75 斗口。

根据唐样三篇所记斗栱尺度，归纳基于斗口的斗栱立面横向尺度关系如图所示（图 9-3-6）。

由上述分析可知：斗栱横向尺度关系上，以斗畔关系为决定因素，相应地，斗间、栱心跳距皆为基于斗畔关系的被动生成，而非直接求之于斗口，故斗间、栱心跳距与斗口不成简单比例关系，斗栱立面横向尺度上不存在规则的格线关系，这与中世唐样斗栱基于栱心跳距的构成关系有显著的不同。

唐样三篇通过斗畔对位关系，反求推算栱心跳距及斗间尺寸，故其栱心跳距以及斗间尺寸不再是斗栱立面构成的基准。唐样三篇的斗栱立面尺度设计，改变了中世以来唐样基于栱心格线的设计逻辑和基本方法。

唐样三篇栱心跳距 2.525 斗口，十分接近于近世唐样栱心跳距 2.5 斗口的标准模式，而其间微差则显示了唐样三篇斗栱尺度设计的独特性。以下比较二者斗栱构成模式的差异和变化。

近世唐样斗口模数的斗栱构成模式为：小斗长 2 斗口，斗间 0.5 斗口，栱心跳距 2.5 斗口；而唐样三篇小斗长为 1.75 斗口，基于斗畔关系所得的斗间为 0.775 斗口，也即其小斗长减小了 0.25 斗口，斗间增加了 0.275 斗口，增减抵扣，二者合计增加了 0.025 斗口，相应地，唐样三篇的栱心跳距也由近世唐样标准的 2.5 斗口，变为 2.525 斗口。唐样基于栱心格线的小斗配置及栱长设定，在唐样三篇已不复存在，取而代之的是斗栱立面的两个斗畔关系。

唐样三篇斗栱侧样构成上，其单杪双下昂六铺作，三跳跳距均等，每跳 2.525 斗口，跳距显然成为斗栱侧样构成的基准。也就是说，斗栱正样的栱心跳距，转而又成为斗栱侧样构成的基准，如橑檐枋心出 3 跳距，昂嘴平出 1.5 跳距。甚至在斗栱以外的檐出尺度设定上，也以跳距作为筹划调节的基准单位，即：上檐出尺寸为 2 朵当减 1 跳距。

值得关注的是，斗栱横向尺度关系以斗口为基准的特色，唐样三篇中只限于三间佛殿和山门阁，而五间佛殿则表现出不同的特色，即其斗栱的横向尺度关系，基于材广而非斗口，且斗栱、朵当、开间三者呈基于材广的关联构成。这一特色表现了唐样三篇中五间佛殿的独特性，并与中世唐样遗构相印证，相关分析详见后文第 6 小节的“五间佛殿尺度规制的独特性及其意义”。

综上所述，唐样三篇斗栱两向尺度的设定，与和样枝割无关，而以材尺寸为基准，且三间佛殿与山门阁呈现两向基准分置并用的特色，即：垂直向尺度基于材广，水平向尺度基于材厚（斗口），而五间佛殿斗栱的两向尺度构成，则统一于材广基准。

（4）梁架尺度构成上的材栔格线关系

唐样三篇斗栱尺度构成以材为基准的特色，并不只限于斗栱自身，且进一步表现在与斗栱相关的构件以及梁架尺度上，甚至表现在与斗栱无关的诸多构件尺度上，从而显示出唐样设计技术上材广与斗口作为尺度基准的抽象性和普遍性特征。

首先是与斗栱无关的构件尺度设定。

依唐样三篇所记，如花头窗框厚、大小连檐厚、缘侧板厚，乃至折屋的尺度

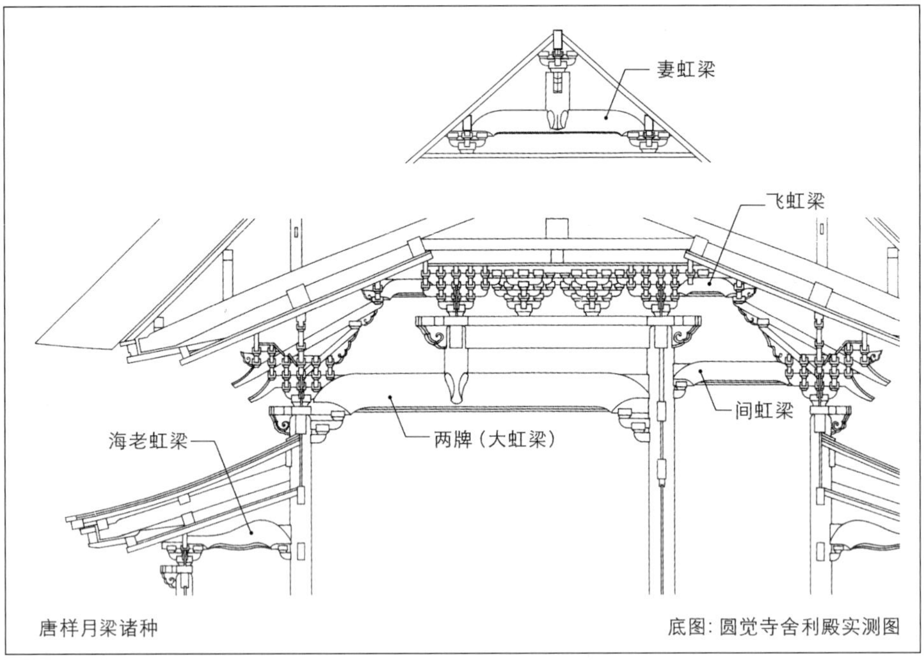

图 9-3-7　唐样三篇所记月梁的诸种形式（底图来源：円覚寺编．国宝円覚寺舍利殿修理工事報告書 [M]，1968）

设定，也都采用基于材广或斗口的方法，由此可知材基准（材广、斗口）的作用超出斗栱的相关范围。

接着讨论与斗栱相关的构件尺度设定及其基于材的尺度关系。

普拍枋、橑檐枋和月梁，是唐样区别于和样的典型构件和做法，其尺度关系亦同样表现为以材为基准的特色。

橑檐枋和普拍枋，分别位于外檐斗栱的上、下两端，在斗栱的垂直向尺度关系上，这两个构件与斗栱保持着尺度的关联性和整体性，即以材广为基准，从而在垂直方向上构成了一个完整的材栔格线关系。

根据唐样三篇的记述，普拍枋厚 1 材，广依柱径；橑檐枋广 2.5 材，厚同材厚，即 1 斗口。唐样三篇普拍枋、橑檐枋以材广、斗口为基准的尺度关系，与《营造法式》规制几近相同 [57]。

唐样佛殿用普拍枋是一个特色，和样只用于三重塔、五重塔、多宝塔及楼门。然在《镰仓造营名目》中，唐样普拍枋厚以材广设定，和样普拍枋厚以柱径设定，二者以尺度基准的不同，表现设计体系的差异。

橑檐枋是与斗栱相交接的枋构件，《镰仓造营名目》在枋、桁尺寸的设定上，唐样一律以材为基准，和样有基于柱径者，也有基于材者，尤其是与斗栱相交接的橑檐枋，和样亦以材为基准，这是因为橑檐枋做法本就是唐样的特色，和样出檐做法一般用橑风榑的形式。

月梁是一种装饰化的梁构件，并与斗栱有着直接的交接关系。唐样月梁有多种形式及尺度变化。唐样三篇中月梁记作虹梁，依所处位置的不同有如下几种形

57 《营造法式》卷四《大木作制度一》“平坐”：“凡平坐铺作下用普拍枋，厚随材广，或更加一栔；其广尽所用方木。”卷五《大木作制度二》“栋”：“凡橑檐枋，当心间之广加材一倍，厚十分。”参见：梁思成．梁思成全集（第七卷）[M]．北京：中国建筑工业出版社，2001：116、148.

式：海老虹梁、飞虹梁、两牌、妻虹梁、间虹梁。以宋式名称而言，大致海老虹梁为副阶月梁，飞虹梁为劄牵，两牌为位于最下层的大月梁，妻虹梁为位于最上层的平梁，间虹梁为与大月梁相对的殿身后槽乳栿（图9–3–7）。

唐样三篇关于月梁截面尺寸的设定，首先，分作副阶月梁和殿身月梁两类，各自分别以自身的材尺寸为基准；其次，月梁截面的梁宽尺寸设定，除大月梁以柱径为基准外，余皆以卷斗宽或足材栱厚为基准；梁高尺寸的设定，除副阶月梁和殿身平梁以柱径为基准外，余皆以材广为基准。

唐样三篇的诸月梁尺寸规制如下[58]：

① 副阶月梁：

海老虹梁：梁宽，三间佛殿为1个卷斗宽，三门阁为1.1个卷斗宽，分别合1.5斗口和1.65斗口；梁高统一为1个柱径。

② 殿身月梁：

劄牵（飞虹梁）：梁宽为1.5个足材栱厚，合1.65斗口；梁高为2.5材广。

大月梁（两牌）：梁宽为1/2柱径，梁高三间佛殿为5材广，五间佛殿为5.5材广。

乳栿（间虹梁）：梁宽三间佛殿为1个卷斗宽，五间佛殿为1.5个足材栱厚，分别合1.5斗口和1.65斗口；梁高皆为3材广。

平梁（妻虹梁）：梁宽为1个卷斗宽，合1.5斗口；梁高为1个柱径。

归纳唐样三篇月梁截面尺寸的设定，有如下几个特点：

其一，多种基准的混杂现象，以及唐样三篇各自在基准选择上的不同；

其二，多种基准中以唐样特色的材基准（材广、斗口）为主导方式，即梁宽以斗口为基准、梁高以材广为基准的方式，且梁高的变化以1/2材作权衡和递变；

其三，注重高度上尺度关系的统一，从而月梁与斗栱形成关联和统一的整体材栔格线关系。

月梁截面尺寸设定的材基准方式，从一个角度表现了《镰仓造营名目》唐样设计技术的特色，与宋式相近。比较和样的《匠明》乃至唐样的《建仁寺派家传书》，二者月梁尺寸的设定，皆以柱径为基准，而未与栱、斗相关联。在月梁尺寸的设定上，同为唐样技术书的《镰仓造营名目》和《建仁寺派家传书》，前者表现了显著的宋式，有别于和样做法，后者则近于和样做法。

唐样三篇关于构件尺寸的设定，大致表现有如下的倾向：唐样特色的构件，以栱、斗为基准，非唐样特色的通用构件，以柱径为基准。

宋《营造法式》的梁栿制度，分直梁与月梁。直梁制作较为简单，故截面广以材栔为基准，厚取广的三分之二；月梁制作追求精致，故截面广、厚皆以份计。唐样三篇的月梁形制，与《营造法式》月梁相近，而截面尺寸的设定，取基于材栔、斗口的形式。在月梁尺寸的权衡、设定上，唐样三篇不及《营造法式》那么细腻

58 参见：坂本忠規. 大工技術書〈镰倉造営名目〉の研究：禅宗様建築の木割分析を中心に[D]. 東京：早稲田大学，2011：208.

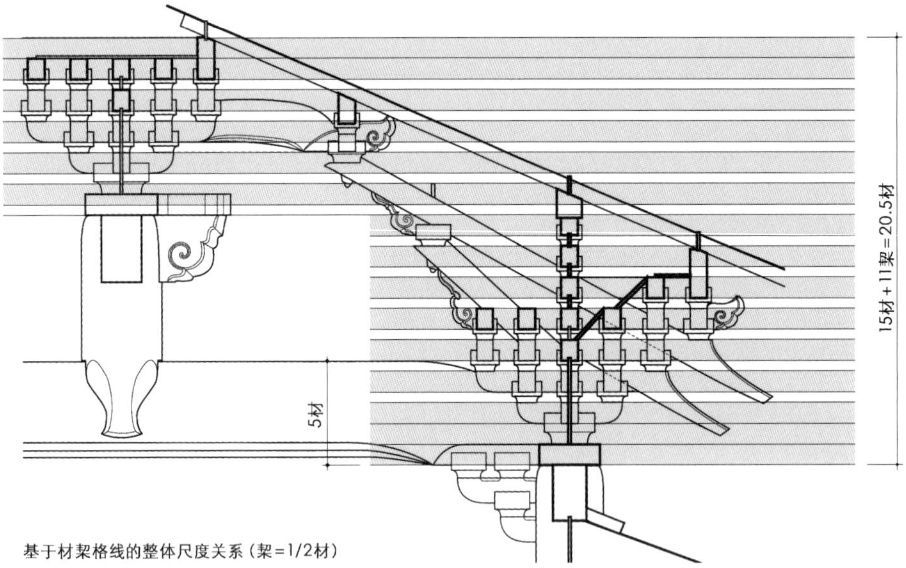

图 9-3-8　唐祥三间佛殿基于材椝格线的整体尺度关系（底图来源：坂本忠規. 大工技術書〈鎌倉造営名目〉の研究：禅宗様建築の木割分析を中心に [D]. 東京：早稲田大学，2011：233）

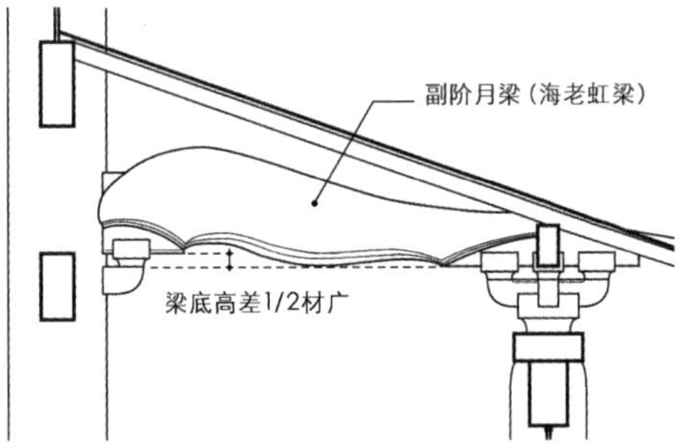

图 9-3-9　基于材广的副阶月梁梁底高差（底图来源：坂本忠規. 大工技術書〈鎌倉造営名目〉の研究：禅宗様建築の木割分析を中心に [D]. 東京：早稲田大学，2011：233）

和深入。

基于普拍枋、橑檐枋与斗栱的尺度关联性，外檐斗栱在垂直方向上构成了一个完整的材椝格线关系。进而月梁又将斗栱与梁架连接在一起，将这一材椝格线关系进一步拓展至梁架构成上，从而基于材椝格线关系，外檐铺作与内檐铺作、月梁构架形成一个关联的整体尺度构成（图 9-3-8）。

称作海老虹梁的副阶月梁，是唐祥月梁的一个重要形式，其特色之一是月梁两端梁底的高差做法。根据唐祥三篇的记述，副阶月梁两端梁底高差这一垂直方向上的尺度关系，也是以材基准而调整和设定的。

关于副阶月梁两端梁底高差的尺寸设置，据三间佛殿篇的规定，连接副阶柱与殿身檐柱的副阶月梁，于殿身檐柱的梁尾处，梁底上抬半个材广，也即梁头与梁尾的底面高差为 1/2 材（图 9-3-9）。这一技法在关东唐祥遗构正福寺地藏堂上亦可得到印证和确认[59]。

月梁首尾两端梁底高差的尺度规制，同样也表现在劄牵（飞虹梁）上。劄牵梁头交于下平槫处的昂尾挑头上，梁尾交于内柱的柱头斗栱处，据三间佛殿篇的规定，劄牵梁尾底面较梁头底面抬高 1/4 材。这一技法在关东唐祥遗构圆觉寺舍

59　参见：坂本忠規. 大工技術書〈鎌倉造営名目〉の研究：禅宗様建築の木割分析を中心に [D]. 東京：早稲田大学，2011：221.

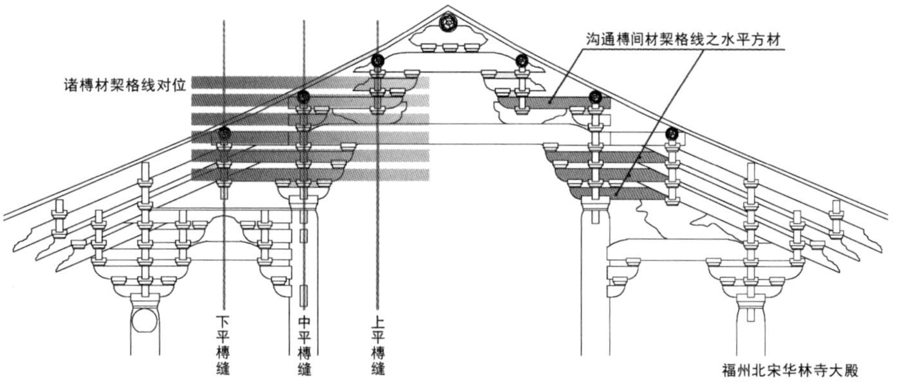

图 9-3-10　福州华林寺大殿斗栱与梁架构成上的材栔格线关系（来源：谢鸿权. 东亚视野之福建宋元建筑研究 [D]. 南京：东南大学，2010）

利殿上同样也得到印证和确认。

上述两例表明在梁架垂直向尺度的筹划和设定上，以材栔为基准，并以 1/2 材或 1/4 材为度作权衡、调节。

如上所述，斗栱、月梁与梁架的关联构成，受制于整体的材栔格线关系。与《镰仓造营名目》关系密切的关东唐样遗构的尺度关系分析，表明并印证了这一特色。

关东地区现存中世唐样佛堂遗构的主要三例是：正福寺地藏堂、圆觉寺舍利殿、西愿寺阿弥陀堂，皆为镰仓工匠所营建[60]。此三例不仅斗栱、开间的尺度构成以材栔为基准，而且在垂直方向上，基于材栔格线关系，形成斗栱与梁架关联的尺度构成。

正福寺地藏堂、圆觉寺舍利殿、西愿寺阿弥陀堂三构，殿身方三间，外檐铺作为重栱造六铺作形式。尺度分析表明：三构殿身外檐斗栱、内檐斗栱及梁架在垂直方向上的尺度构成，吻合于整体的材栔格线关系。在梁架尺度的细节设计上，月梁两端的高差尺寸，以材栔为基准而设定：地藏堂劄牵（飞虹梁）两端的高度相错一个格线关系（1/2 材），舍利殿劄牵（飞虹梁）两端的高度相错半个格线关系（1/4 材）。又如月梁高度的设定，亦以材广为法，地藏堂、舍利殿的大月梁（两牌）广 5.5 材，阿弥陀堂乳栿广 3 材，劄牵广 2 材[61]。

上述唐样遗构梁架的尺度关系，反映的是中世以来关东唐样尺度设计的意图和方法，并与《镰仓造营名目》唐样三篇的尺度规制一致。

值得注意的是，基于材栔格线的斗栱与梁架的整体构成关系，在福建宋构上亦可得到确认[62]，根据 12 世纪以来中日建筑技术的交往关系，二者之间或存在着某些关联性（图 9-3-10）。

（5）两向基准的性质及其比例关系

垂直向的材栔基准与水平向的斗口基准的并用，是《镰仓造营名目》唐样三篇尺度设计的一个独特现象，其不同于宋清两代各自分用的材栔规制与斗口规制，而是叠合和并用了宋清两个不同阶段的基准规制。唐样三篇尺度基准的另一现象

60　千叶县西愿寺阿弥陀堂，依梁架墨书，明确为镰仓大工所营建。

61　参见：坂本忠规. 大工技術書〈镰倉造営名目〉の研究：禅宗様建築の木割分析を中心に [D]. 東京：早稲田大学，2011：222-223.

62　谢鸿权. 东亚视野之福建宋元建筑研究 [D]. 南京：东南大学，2010：30-46.

是，其材广、斗口由柱径的分数而生成。上述两个尺度基准现象，有可能反映了唐样三篇设计技术上某些独特的性质与特色。

值得注意的是，唐样三篇材广、斗口由柱径的分数而生成这一特点，也见于清民间《营造算例》。《营造算例》规定："按柱径每六寸得斗口一寸。"[63] 其斗口的生成方法与唐样三篇相同，此年代相近的建筑技术二书，在模数形式及方法上，有诸多一致处和关联性。

关于唐样三篇两向基准的性质及其关系的分析，首先从材之广、厚尺寸的设定入手。唐样三篇所记三种建筑的材之广、厚尺寸的设定，又依副阶与殿身而区分，下文中的柱径，即分别指对应的副阶柱径和殿身檐柱径。

以下整理唐样三篇材之广、厚尺寸设定的相关记述（原文中记作栱高与栱厚），进而分析其所表达的性质与内涵。

① 栱厚：

三间佛殿副阶：栱高减二分　（栱厚取栱高的 8/10）

殿身：柱径四分取一　（栱厚取柱径的 1/4）

五间佛殿副阶：栱高减二分　（栱厚取栱高的 8/10）

殿身：栱高减二分　（栱厚取栱高的 8/10）

三门阁副阶：柱径四分取一　（栱厚取柱径的 1/4）

殿身：柱径四分取一　（栱厚取柱径的 1/4）

② 栱高：

三间佛殿副阶：柱径三分取一　（栱高取柱径的 1/3）

殿身：栱厚加二分　（栱高取栱厚的 12/10）

五间佛殿副阶：柱径三分取一　（栱高取柱径的 1/3）

殿身：柱径三分取一　（栱高取柱径的 1/3）

三门阁副阶：栱厚加二分　（栱高取栱厚的 12/10）

殿身：栱厚加二分　（栱高取栱厚的 12/10）

唐样三篇所记述的栱高与栱厚，以材尺寸的两向基准称之，即为材广与材厚。根据唐样三篇的上述记述，作为基准的材广与材厚，其生成的路径顺序归纳如下：

三间佛殿副阶：柱径 ×1/3 → 材广 ×0.8 → 材厚[64]

殿身：柱径 ×1/4 → 材厚 ×1.2 → 材广

五间佛殿副阶：柱径 ×1/3 → 材广 ×0.8 → 材厚

殿身：柱径 ×1/3 → 材广 ×0.8 → 材厚

三门阁副阶：柱径 ×1/4 → 材厚 ×1.2 → 材广

殿身：柱径 ×1/4 → 材厚 ×1.2 → 材广

基于以上的梳理、归纳，关于唐样三篇两向基准（材广、材厚）的性质和内涵，有如下几点进一步的分析和认识：

63 《营造算例》"斗栱分攒做法"。参见：梁思成编订. 营造算例 [M]// 梁思成. 清式营造则例. 北京：中国建筑工业出版社，1981：139.

64 根据综合分析，此三间佛殿副阶材广厚的生成路径顺序的记述有误，推测应与山门阁副阶的形式相同，由材厚推得材广，即：柱径 ×1/4 → 材厚 ×1.2 → 材广。

其一，关于两向基准生成的路径顺序。

唐样三篇中，三间佛殿的副阶与殿身，其材之广厚生成的路径顺序是不统一的，即：副阶由材广至材厚，殿身由材厚至材广。而五间佛殿和三门阁两项，副阶与殿身的材之广厚生成的路径顺序则是统一的：五间佛殿由材广至材厚，三门阁由材厚至材广。五间佛殿与山门阁的基准生成的路径顺序，分别代表了两种模式。

根据综合分析，唐样三篇关于三间佛殿副阶材之广厚设定的记述有误，推测应与山门阁副阶的形式相同，故三间佛殿副阶与殿身的材之广厚生成的路径顺序也应是统一的，即由材厚至材广，同三门阁的模式。

其二，尺度基准设定的两种模式。

基准生成的路径顺序，表现的是何为优先的意识。唐样三篇中，五间佛殿与山门阁分别代表了尺度基准设定的两种模式：前者为材广优先，由材广推得材厚；后者为材厚优先，由材厚推得材广。而三间佛殿也应为材厚优先，由材厚推得材广，与山门阁模式相同。

由此，唐样三篇的尺度基准可分作两种模式：一是以五间佛殿为代表的材广优先模式，一是以山门阁为代表的材厚优先模式。

其三，两种模式的意义与内涵。

《镰仓造营名目》和样篇目的材之广厚设定，其基本方式为：

栱厚：柱径三分取一（栱厚取柱径的 1/3）

栱高：栱厚加二分 （栱高取栱厚的 12/10）

其生成的路径顺序为：栱厚优先，由栱厚推得栱高，其式如下[65]：

柱径 ×1/3 → 材厚 ×1.2 → 材广

比较上述和样模式，唐样三篇中的三门阁所用模式，在路径顺序上同于和样，即材厚优先，由材厚推得材广。区别只在于三门阁材厚取柱径的 1/4，和样材厚取柱径的 1/3。

唐样三篇中的五间佛殿，代表了相对于和样材厚优先模式的另一种模式，即材广优先模式。分析这两种模式的性质与内涵，五间佛殿的材广优先模式，应表现的是唐样设计技术的前期形式，即材栔模数形式；而山门阁的材厚优先模式，应表现的是唐样设计技术的后期形式，即斗口模数形式。唐样设计技术前后两个时期的变化，其本质是尺度基准重心的转移，由垂直向的材广转向水平向的材厚，这与中国本土设计技术由宋式至清式的演变轨迹是相同的。而《镰仓造营名目》唐样三篇的特色在于，将此两种模式兼容并用，进而又将宋清大式与小式的模数方法混融一体，其整体的路径顺序概括如下：

明间 → 柱径 → 材基准 → 斗栱尺寸
↘月梁尺寸
↘梁架尺寸

65 和样《匠明》关于栱厚的生成，其路径顺序为：柱径→大斗长→栱厚→栱高，这是《匠明》所代表的正宗和样的方法。而《镰仓造营名目》和样项目则与之略有不同，其栱厚的生成顺序优先于大斗长，表现出镰仓斗栱技术的特色。

由此形成尺度基准混杂、设计方法复合的独特现象，其中所反映的时代背景及技术内涵，值得重视和探讨。

其四，材广厚的比例关系。

相应于材尺寸设定的两种模式，材之广厚比例是不同的，其中也反映有设计体系的差异性。五间佛殿代表的材广优先模式，其材之广厚比为 10∶8（1.25）；三门阁代表的材厚优先模式，其材之广厚比为 12∶10（1.2）。

《镰仓造营名目》的和样篇目，材尺寸设定的路径为材厚优先模式：柱径 → 栱厚 → 栱高，材之广厚比值为 1.2[66]。比较唐样三篇，三门阁代表的材厚优先模式，在材之广厚比例上，与和样相同，皆为 1.2，属性上偏于和样技术特色；而五间佛殿代表的材广优先模式，其材之广厚比值为 1.25，区别于和样，呈现典型的唐样技术特色。

材之广厚比例，源自其广厚生成的路径顺序，是《镰仓造营名目》表现和样与唐样特色及其差异性的一个方面，而五间佛殿在传承唐样技术特色上具有独特的意义。本节所讨论的从材尺寸的设定路径，到材广厚的比例关系，都表现了唐样三篇中五间佛殿的独立性和独特性。并且进一步的分析还可发现，五间佛殿的材广优先模式，在斗栱、朵当、开间的关联构成上，其意义更为显著和分明。唐样三篇中唯五间佛殿传承了中世以来唐样材栔模数的设计方法，详见下节分析。

（6）五间佛殿尺度规制的独特性及其意义

如上所述，唐样三篇中包含了唐样尺度设计的两种模式，其反映了自中世以来唐样设计技术上材栔模数与斗口模数的性质及其变化。比较两种模式，其中五间佛殿的尺度规制，较多地保留了宋式材栔模数的特点，并与中世唐样遗构有着显著的共通性。或者说，在近世唐样传承宋式设计技术上，五间佛殿所代表的模式最具意义。以下通过唐样三篇中两种不同模式下的尺度关系的比较，进一步分析和认识五间佛殿尺度规制的独特性，并探讨五间佛殿所代表的材广优先模式的性质和意义所在。

唐样三篇尺度基准设定的两种模式中，五间佛殿为材广优先模式，山门阁为材厚优先模式。二者尺度关系的比较，首先从斗栱尺度关系开始。如前节所分析，五间佛殿与山门阁的斗栱垂直向的尺度关系是一致的，即以材栔为基准，栔为材之半，在垂直方向上形成整然的材栔格线关系。而水平方向上的尺度关系，前节以斗口为折算基准，作了相关分析讨论。以下基于五间佛殿材广优先模式的特点，再以材广为折算基准，摸索五间佛殿斗栱水平向的尺度关系及其特点。

根据五间佛殿由材广至材厚的生成路径（材广 ×0.8 → 材厚），以材广为折算基准，排比五间佛殿斗栱水平向的尺度关系如下（以材代称材广）：

66 《镰仓造营名目》和样篇目中，仅三重塔底层的材广厚比值为 1.25，其路径顺序仍为和样方式：柱径→栱厚→栱高。除此之外，其他和样篇目的材广厚比例皆为 1.2 倍的关系。

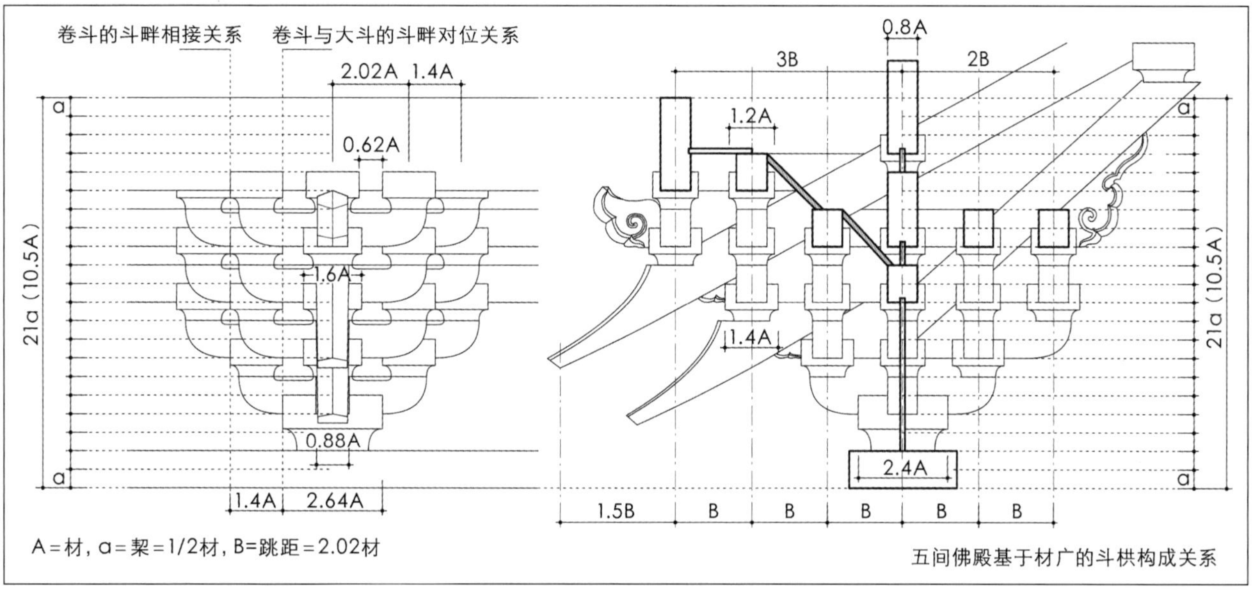

图 9-3-11　五间佛殿基于材广的斗栱构成关系（底图来源：坂本忠规. 大工技術書〈镰倉造営名目〉の研究：禅宗様建築の木割分析を中心に [D]. 東京：早稲田大学，2011：129）

材厚＝ 0.8 材，栔＝ 0.5 材，足材＝ 1.5 材

卷斗长＝ 1.4 材，卷斗宽＝ 1.2 材，卷斗高＝ 1 材

交互斗长＝ 1.6 材，交互斗宽＝ 1.4 材，交互斗高＝ 1 材

大斗长＝ 2.64 材，大斗宽＝ 2.4 材，大斗高＝ 1.5 材

上述斗栱构件尺度折算的分析表明，五间佛殿基于材广的斗栱尺度关系，远较基于斗口的斗栱尺度关系，显得简洁、整齐，由此可知五间佛殿斗栱尺度关系基于材广而非斗口。五间佛殿斗栱垂直与水平的两向基准统一于材广，不同于三间佛殿、山门阁斗栱垂直向基于材广、水平向基于斗口的尺度关系。

进而根据斗栱立面上的两个斗畔关系，以材广为基准，折算斗间、栱心跳距和昂尖平出的尺度关系：

斗间＝ 0.62 材，跳距＝ 2.02 材，昂尖平出＝ 3.03 材

五间佛殿栱心跳距的产生，并非直接基于材广，而是基于斗栱立面上小斗与大斗的斗畔对位关系而被动生成的结果。其栱心跳距 2.02 材，十分接近于中世唐样栱心跳距 2 材的标准模式，而其间微差则显示了唐样三篇斗栱尺度设计的独特性，即其小斗配置与栱长设定，不再基于栱心格线，而是基于斗栱立面的两个斗畔关系。

综上分析，五间佛殿基于材广的斗栱构成关系如图所示（图 9-3-11）。

五间佛殿斗栱构成基于材广的模数意义，进一步表现在朵当与开间的尺度构成上，且更为典型和具有标志性。

首先根据五间佛殿篇的记述，分析其柱径、斗栱、开间的尺度关系。五间佛殿篇的尺度关系上，柱径（指殿身檐柱径）是一个重要参数，且是勾连斗栱与朵当、

开间尺度关系的中介，据之可建立起三者关联的整体构成关系。

五间佛殿篇规定：柱径为明间的 1/10，材广为柱径的 1/3，材厚为材广的 8/10。依此规制并以材广为折算基准，分析和推算基于材广的朵当、开间的构成关系，得到如下简洁、规整、有序且极具意义的构成关系：

朵当 10 材，明间 30 材，次间 20 材，梢间 20 材，进深五间各 20 材[67]。

又据五间佛殿“雨打间当肋间六分半”的规制，副阶为 13 材。

五间佛殿“雨打间当肋间六分半”，意为五间佛殿的副阶为次间的 0.65 倍。次间既是 2 朵当、20 材，那么副阶也就是 1.3 朵当、13 材。由此可知，唐样三篇关于五间佛殿副阶为次间 0.65 倍的规制，来自 13 材与 20 材的比例关系。

综上分析，归纳五间佛殿基于材广的开间构成关系如下：

面阔七间：13 ＋ 20 ＋ 20 ＋ 30 ＋ 20 ＋ 20 ＋ 13（材）

进深七间：13 ＋ 20 ＋ 20 ＋ 20 ＋ 20 ＋ 20 ＋ 13（材）

殿身规模：11 × 10（朵当），110 × 100（材）

整体规模：136 × 126（材）

又据一朵当配椽八枝的规制，并基于朵当十材的关系，则：1 枝＝ 1.25 材，即枝与材呈 5∶4 的简单比例关系。相应地，明间 24 枝，次、梢间 16 枝，进深五间各 16 枝。

五间佛殿的副阶 13 材，折算为 10.4 枝。副阶零散小数的折算关系清楚地表明：平面开间尺度设定的基准在于材而不在于枝，五间佛殿的殿身开间尺度构成上，枝的性质只是依附性和从属性的，而副阶间的尺度构成，则更是与枝完全无关。比较唐样三篇关于三间佛殿与五间佛殿的副阶记载，则可见五间佛殿副阶的这一特色：

三间佛殿：雨打间当大间之半，配椽十二丁；

五间佛殿：雨打间当肋间六分半。

三间佛殿副阶记作 12 枝，而五间佛殿则不记枝数，表明其副阶尺度构成与枝割无关；又如副阶下檐出尺度的设定，唐样三篇中的三间佛殿、三门阁皆为 11 枝的形式，而五间佛殿则不以枝数权衡、设定，而是采取与上檐出相同的基于间广、朵当的形式。因此可以认为：唐样三篇中唯五间佛殿的副阶未受和样化的影响，仍为宋式的扇列椽形式，尺度设计上也仍守宋式规制。近世《镰仓造营名目》唐样三篇中的五间佛殿，无论是在样式形制上，还是在设计技术上，都仍是一个相当纯正的宋式五间佛殿，应与中世唐样五间佛殿相当接近。

基于五间佛殿副阶仍为宋式扇列椽的分析，《镰仓造营名目》所记五间佛殿殿身朵当、开间的枝割关系，应只是和样化背景下尺度设计的一种虚拟方式。

《镰仓造营名目》唐样五间佛殿的开间尺度构成，涉及朵当、材与枝这三个要素，综合上述分析，一并归纳如表 9-1 所示。

67　根据《甲良宗贺传来目录》“禅家伽蓝图·五间佛殿指图”及“圆觉寺佛殿古图”，二图所记五间佛殿的开间配置皆为：面阔心间 3 朵当，次间、梢间 2 朵当，进深五间各 2 朵当。《镰仓造营名目》唐样三篇的五间佛殿，开间配置记作：“大间三朵当，肋间二朵当，进深五间同面阔肋间。”其开间配置关系，同圆觉寺佛殿古图所记五间佛殿。

表 9-1《镰仓造营名目》唐样五间佛殿的开间尺度构成

位置	单位	明间	次间	梢间	副阶	殿身规模	总体规模
面阔七间	朵当	3	2	2	1.3	11	13.6
	材	30	20	20	13	110	136
	枝	24	16	16	10.4	88	108.8
进深七间	朵当	2	2	2	1.3	10	12.6
	材	20	20	20	13	100	126
	枝	16	16	16	10.4	80	100.8

注：1 朵当＝ 10 材，1 枝＝ 1.25 材。

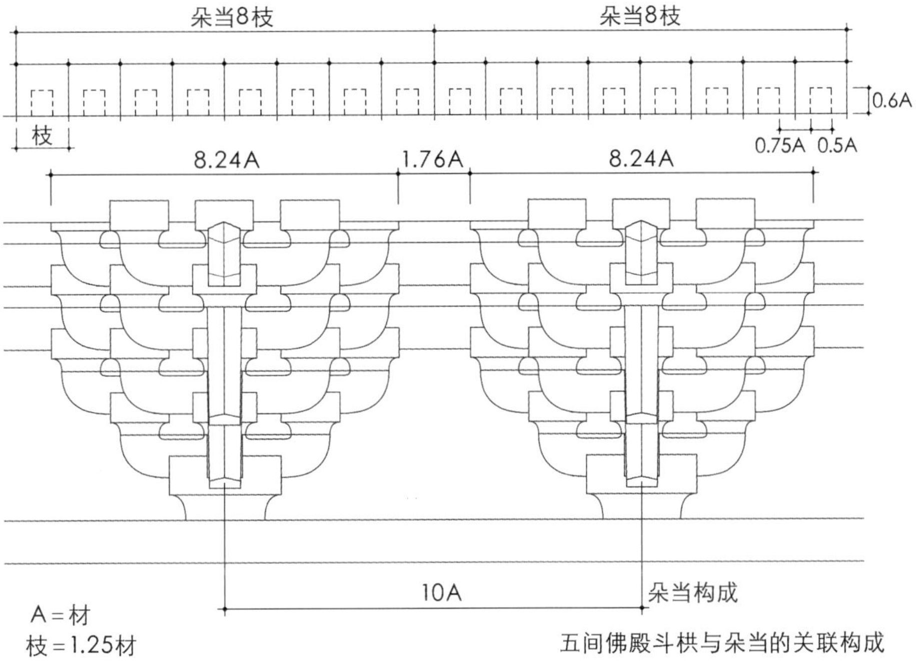

图 9-3-12　五间佛殿斗栱与朵当的关联构成（底图来源：坂本忠規. 大工技術書〈鎌倉造営名目〉の研究：禅宗様建築の木割分析を中心に [D]. 東京：早稲田大学，2011：129）

上述分析表明：五间佛殿不仅斗栱的尺度构成，而且朵当、开间的尺度构成都是以材为基准的。相对于五间佛殿基于材的朵当构成，三间佛殿朵当构成的基准则在于枝。在开间尺度构成上，五间佛殿的两级基准为“朵当＋材”，三间佛殿、山门阁的两级基准为“朵当＋枝”。唐样三篇中，五间佛殿的尺度设计方法具有显著的独立性和独特性。

进而，将斗栱构成置入上述朵当、开间的尺度关系中，权衡三者的整体构成关系，探讨其间尺度设计的特点、规律以及枝割的角色作用和影响关系。

基于前文分析讨论的五间佛殿基于材广的斗栱构成和朵当构成，推算斗栱与朵当的关联构成如下（图 9-3-12）：

斗栱全长＝小斗长 ×5 ＋斗间 ×2 ＝ 1.4×5 ＋ 0.62×2 ＝ 8.24 材

边斗间＝朵当 － 斗栱全长＝ 10−8.24 ＝ 1.76 材

由上述尺度关系分析可知，五间佛殿斗栱的斗间与边斗间，均未与小斗长（1.4材）形成简单比例关系，这一现象说明了如下两点：

其一，斗间不再是斗栱构成上横向尺度组织和筹划的细分基准；

其二，边斗间并未纳入斗栱构成中一并筹划，也即未有意识地建立斗栱与朵当的关联构成。

斗栱与朵当的关联构成的建立，中世以来主要有两种方式：一是建立基于栱斗（材、斗口、斗长）的横向格线关系，如中世唐样遗构的尺度设计；二是建立基于枝割的横向尺度关系，如《建仁寺派家传书》的唐样尺度设计。然而，五间佛殿斗栱构成上既未建立基于栱斗的格线关系，也未与枝割形成关联性。

另外，对照唐样三篇所记椽尺寸的规定，三间佛殿、五间佛殿及山门阁相同，椽宽皆取柱径的1/6，椽高为椽宽的1.2倍。五间佛殿殿身材广为殿身檐柱径的1/3，故椽宽为0.5材，椽高为0.6材。又根据1枝等于1.25材，可知椽净距等于0.75材，上述基于材的椽尺寸简洁和规整，也证明了五间佛殿尺度构成上材基准的真实性和支配性，以及枝割要素的依附性和从属性。

由上述分析可知，五间佛殿尺度构成上和样枝割的影响，只限于开间和朵当层面，未及斗栱层面，其枝割只是依附和从属于朵当的存在，即取1/8朵当为之。在斗栱层面上，《建仁寺派家传书》的和样化程度要甚于《镰仓造营名目》。

上文通过对五间佛殿尺度规制的分析，进一步认识了唐样三篇所包含的两套设计模式，即：三门阁代表的斗口模数与五间佛殿代表的材栔模数。唐样三篇这一现象，表现了唐样设计技术演进历程上技术成分的多样性与复杂性的特色。

中世唐样设计技术的变迁，大致经历了由材栔模数至斗口模数的演变，基于材栔的设计方法，成为中世前期唐样设计技术的主要特征。而唐样三篇中，唯五间佛殿篇呈现前期材栔模数的身影，并与中世唐样遗构有着显著的共通性，二者互为对照和印证。技术泥古和传承旧制，应是五间佛殿篇的一个特色，尤其在朵当构成上，五间佛殿篇以技术文献的形式，实证了中世唐样遗构上朵当十材关系的真实存在，而这一特色是《建仁寺派家传书》中所不见的。

五间佛殿篇所表现的以材为基准的设计方法，将中世唐样遗构的尺度现象与近世唐样技术书的尺度规制勾连贯通，相互印证，使得从中世至近世的唐样设计技术成为一个关联的整体存在。从唐样设计技术研究的角度而言，唐样三篇的特色和意义主要在于五间佛殿篇。

4. 相关遗构及古图史料的比较

（1）相关唐样遗构的分析与比较

关于唐样三篇设计技术的进一步解读和认识，相关遗构及文献史料的比较分析，是一个重要的途径和方法。以下选择与《镰仓造营名目》关系密切的关东唐样遗构以及圆觉寺佛殿古图这两类不同性质的对象，就斗栱、朵当及开间的尺度关系进行比对分析。

中世唐样遗构中，与《镰仓造营名目》最具可比性的是地域相同的关东唐样遗构。现存关东地区中世唐样遗构有五例，即：东京正福寺地藏堂（1407 年）、神奈川圆觉寺舍利殿（室町初期）、千叶西愿寺阿弥陀堂（1495 年）、埼玉高仓寺观音堂（室町前期）、山梨东光寺药师堂（室町时期）。其中尤以正福寺地藏堂、圆觉寺舍利殿、西愿寺阿弥陀堂三构最具代表性。此三构皆殿身方三间、斗栱重栱造六铺作，为关东唐样佛堂的典型形式。

关于唐样三篇与关东中世唐样遗构的比对分析，选择三个典型的尺度关系为指标，即：斗栱立面的格线关系、栱心跳距的尺度关系、朵当构成的尺度关系，以此三个指标为线索，依次进行文献与遗构的比对分析。

其一，关于斗栱构成的格线关系。斗栱立面的材栔方格模式，是关东中世唐样遗构斗栱构成的一个重要特色，即以材栔为基准，斗栱垂直、水平的两向尺度关系，皆为 1/2 材（栔）的单一格线关系所律，这一特色普遍见于关东中世唐样遗构。

比较唐样三篇的相关记述，在斗栱垂直向的尺度关系上，以材栔格线关系为则；而在水平向的尺度关系上，则不存在基于材栔、斗口或枝割的格线关系。也就是说，唐样三篇斗栱立面构成的格线关系，仅限于垂直向的单向格线。这是唐样三篇斗栱尺度关系不同于关东中世唐样遗构的一个方面。

其二，关于栱心跳距的尺度关系。斗栱构成上的栱心跳距是斗栱水平向尺度的定位格线，用于小斗配置和栱长设定。关东中世唐样遗构栱心跳距的尺度关系，皆表现为二材关系，而唐样三篇中，唯五间佛殿的栱心跳距近于二材关系（2.02材）。其原因在于：唐样三篇栱心跳距的产生，已非直接求之于材广，而是基于斗畔对位关系的被动生成。

其三，关于朵当构成。朵当构成的十材关系，是包括关东唐样在内的中世唐样遗构标志性的尺度关系，其意义在于基于材栔的斗栱、朵当及开间的关联构成的建立。而唐样三篇中唯五间佛殿呈现中世唐样设计技术的 10 材朵当、30 材心间的标志性尺度关系，意义非凡。

关于朵当与枝割的关系，唐样三篇规定了朵当八枝的构成关系，表明了朵当构成与和样枝割的整合关系的建立，即一枝为 1/8 朵当，而中世唐样遗构的朵当构成则与枝割无关。唐样朵当乃至斗栱构成的枝割化，是近世唐样设计技术和样化的表现。

唐样三篇与关东中世唐样遗构的比较，异同互见，且二者间的技术差异，应主要还是源于随年代变迁的差异变化，如从材栔模数到斗口模数的转变，又如近世以来和样枝割化的演变。

关东唐样遗构为解读唐样三篇提供了重要的标本实例。

（2）古图史料所记五间佛殿及其比较

与镰仓唐样建筑相关的现存文献史料中，圆觉寺佛殿古图是最重要者。日本建筑史研究上，将《镰仓造营名目》与圆觉寺佛殿古图二者，并称作镰仓技术史料的双璧，且其相互具有密切的关联。二者在性质上，皆为镰仓工匠所作的设计技术史料，相对于文本史料的《镰仓造营名目》，图形史料的圆觉寺佛殿古图，其设计意图和方法的表达则更为直观和形象。

另外，上述两文献史料所记五间佛殿的尺度规制，又有着密切的关联性和可比性。圆觉寺佛殿古图为镰仓工匠所作的圆觉寺五间佛殿再建设计图（1573年），而《镰仓造营名目》五间佛殿篇（1634年），则是关于镰仓唐样五间佛殿设计的文献记录，二者不仅时代相近，且对象、地域及技术谱系更是完全一致。因此，通过上述两个文献史料的印证比对，有助于进一步认识《镰仓造营名目》五间佛殿篇的独特性及其性质和意义。

关于圆觉寺佛殿古图及其设计技术，前章已有相关讨论和分析，圆觉寺佛殿古图与《镰仓造营名目》的比较，日本学者坂本忠规也作有相关讨论[68]。本节仅就圆觉寺佛殿古图与《镰仓造营名目》五间佛殿篇作分析比较，且略去其他枝节，着重于斗栱、朵当、开间三者关联的尺度构成，进而讨论唐样五间佛殿篇尺度规制的性质和意义，并推进对圆觉寺佛殿古图及其设计技术的认识。

关于圆觉寺佛殿古图与《镰仓造营名目》所记两个五间佛殿的开间构成关系，前文第五章和本章前一节已作有分析和讨论，以下归纳和对照两个五间佛殿的开间构成关系，探讨二者尺度设计上的异同及其关联性。

上述两个唐样五间佛殿，在规模形制上皆为殿身方五间、副阶周匝、整体方七间的形式；皆面阔明间施补间铺作两朵，其他各间施补间铺作一朵，逐间朵当均等，开间尺度构成以朵当为基准。

如第五章所分析，圆觉寺古图佛殿尺度设计的特色在于：朵当、开间的尺度构成以小斗长为次级基准，且殿身及副阶又分别基于各自的斗长基准，殿身斗长与副阶斗长呈5∶4的简单比例关系。基于此，分别以殿身斗长和副阶斗长为基准，权衡折算圆觉寺古图佛殿的朵当、开间构成关系如下：

① 基于殿身斗长的构成关系（单位：斗长）：

朵当构成：8

面阔七间：明间24，次间16，梢间16，副阶10.4

进深七间：逐间16　　　　　　　　副阶10.4

② 基于副阶斗长的构成关系（单位：斗长）：

68　坂本忠規．大工技術書〈镰倉造営名目〉の研究：禅宗様建築の木割分析を中心に[D]．東京：早稲田大学，2011：224-236.

朵当构成：10

面阔七间：明间 30，次间 20，梢间 20，副阶 13

进深七间：逐间 20　　　　　　　　　　副阶 13

上述五间佛殿的开间构成关系，进一步归纳整理如下：

① 基于殿身斗长的构成关系：

朵当构成：8 斗长

面阔七间：10.4 + 16 + 16 + 24 + 16 + 16 + 10.4（斗长）

进深七间：10.4 + 16 + 16 + 16 + 16 + 16 + 10.4（斗长）

殿身规模：11 × 10（朵当），88 × 80（斗长）

整体规模：108.8 × 100.8（斗长）

② 基于副阶斗长构成关系：

朵当构成：10 斗长

面阔七间：13 + 20 + 20 + 30 + 20 + 20 + 13（斗长）

进深七间：13 + 20 + 20 + 20 + 20 + 20 + 13（斗长）

殿身规模：11 × 10（朵当），110 × 100（斗长）

整体规模：136 × 126（斗长）

接着比较《镰仓造营名目》五间佛殿篇的朵当、开间构成关系。如本章前一节所分析，《镰仓造营名目》唐样五间佛殿尺度设计的特色在于：朵当、开间的尺度构成以材为次级基准，而枝与朵当、开间为关联因素，且：枝＝ 1.25 材，即枝与材呈 5∶4 的简单比例关系。然五间佛殿朵当、开间构成的基准在于材，枝只是依附和从属者。基于此，分别以材和枝为基准，权衡折算《镰仓造营名目》唐样五间佛殿的朵当、开间构成关系如下：

① 基于材的构成关系（单位：材）：

朵当构成：10

面阔七间：明间 30，次间 20，梢间 20，副阶 13

进深七间：逐间 20　　　　　　　　　　副阶 13

② 基于枝的构成关系（单位：枝）

朵当构成：8

面阔七间：明间 24，次间 16，梢间 16，副阶 10.4

进深开间：逐间 16　　　　　　　　　　副阶 10.4

上述五间佛殿的开间构成关系，进一步归纳整理如下：

① 基于材的构成关系：

朵当构成：10 材

面阔七间：13 + 20 + 20 + 30 + 20 + 20 + 13（材）

进深七间：13 + 20 + 20 + 20 + 20 + 20 + 13（材）

殿身规模：11×10（朵当），110×100（材）

整体规模：136×126（材）

②基于枝的构成关系：

朵当构成：8 枝

面阔七间：10.4 ＋ 16 ＋ 16 ＋ 24 ＋ 16 ＋ 16 ＋ 10.4（枝）

进深七间：10.4 ＋ 16 ＋ 16 ＋ 16 ＋ 16 ＋ 16 ＋ 10.4（枝）

殿身规模：11×10（朵当），88×80（枝）

整体规模：108.8×100.8（枝）

比较上述两个五间佛殿的朵当和开间的构成关系，二者间的一致处和关联性是显著和分明的。其表现为：上述两个五间佛殿分别基于各自两个基准所呈现的四个构成关系，两两分别对应相同，即：基于殿身斗长和基于枝割的两个构成关系完全相同；基于副阶斗长和基于材广的两个构成关系完全相同。因此可知，上述两个五间佛殿的开间构成关系有着完全一致的设计方法和构成模式。

基于上述朵当、开间构成关系的排比对照，以下就其中的四个方面，作进一步的分析比较，以探讨两个五间佛殿尺度设计的特色及其关联性。

其一，关于基准形式。

唐样设计技术上，以朵当及次级基准的两级基准为特色。而次级基准的形式及其变化，则成为从中世至近世唐样设计技术变迁的一个重要标志。从垂直向的材栔基准，到水平向的斗长、斗口乃至枝割基准，大致反映了这一变迁的基本脉络。因此一般而言，材栔基准反映前期唐样设计技术注重垂直向栱斗交叠的特色，斗长、斗口和枝割基准则表现后期唐样设计技术追求水平向尺度精细筹划的特色。基于此，上述两个五间佛殿所交杂的材广、斗长和枝割基准，反映了近世唐样设计技术的时代性叠加以及和样化混融的特色。或者说，近世《镰仓造营名目》的唐样五间佛殿，遗存了中世唐样设计技术的材栔规制。

近世以来斗长基准趋于主流化，对于追求水平向尺度精细筹划的近世唐样设计技术而言，斗长是最重要及合适的基准形式。在这一点上，圆觉寺古图五间佛殿的斗长模数，代表了近世唐样设计技术的主流形式。

上述两个五间佛殿代表了唐样设计技术上两种主要的基准形式：材栔基准与斗长基准。

其二，关于朵当构成。

朵当构成关系，始终是唐样尺度设计的关键及特色所在，也是探讨唐样设计意图和方法的重要线索和视角。中世以来，唐样尺度设计上的朵当构成，相应于基准的变化，主要有两种基本形式，即 8 倍基准的朵当构成与 10 倍基准的朵当构成。而上述两个五间佛殿所表现的 8 斗长朵当与 10 材朵当，正是两个典型的朵当构成关系。

近世以来随着朵当构成的和样枝割化，8 枝朵当成为唐样朵当构成的普遍形式。《镰仓造营名目》的唐样五间佛殿反映了这一特色，而圆觉寺古图佛殿的朵当构成则尚未枝割化。《镰仓造营名目》的唐样五间佛殿的意义在于：在设计方法上，朵当及材栔模数仍是主动和支配性的，和样化的枝割因素则是依附和从属性的存在。近世和样化背景下，关东唐样设计技术的传统依然深厚。

其三，关于副阶构成。

唐样尺度规律的研究上，关于副阶间尺度的设定及其方法，一直是一个未解的难点。而《镰仓造营名目》的五间佛殿篇，提供了五间佛殿副阶尺度设定的相应规制："雨打间当胁间六分半"，即在开间尺度的设定上，副阶取次间的 0.65 倍，且圆觉寺古图佛殿也与此规制相符、吻合，表明了这一副阶规制至少在镰仓五间佛殿上存在。进而根据本章关于五间佛殿设计方法的分析，这一副阶规制的实质在于材模数的设计方法，即副阶与次间的"六分半"（0.65）比值，来自副阶 13 材与次间 20 材的比例关系；以朵当基准而言，则是副阶 1.3 朵当与次间 2 朵当的比例关系。本节所讨论的两个镰仓五间佛殿，在副阶尺度设定上皆同此规制，也即镰仓五间佛殿的副阶尺度定型为 1.3 朵当、13 材的构成关系。

在五间佛殿的副阶规制上，同为镰仓工匠技术史料的《镰仓造营名目》与圆觉寺佛殿古图有着密切的关联性。作为再建设计图的圆觉寺佛殿古图，以其五间佛殿具体的设计尺度，进一步阐释和印证了《镰仓造营名目》五间佛殿篇的副阶规制。

其四，关于构成模式。

圆觉寺佛殿古图与《镰仓造营名目》所记两个五间佛殿，在构成模式上的一致处和关联性，是二者间的一个显著特点。其中有如下几个显著的标志：

一是构成规模一致，二者皆为方五间带副阶、整体方七间的形式，殿身构成皆 11 × 10（朵当），面阔大于进深一朵当；

二是副阶尺寸皆取次间的 0.65 倍，也即 1.3 朵当；

三是分别基以不同的基准形式（斗长、材广），建立相同的规模构成：

殿身规模：110 × 100（基准单位）

整体规模：136 × 126（基准单位）

进而基于朵当构成关系的不同，上述两个五间佛殿又代表了两种典型的朵当构成形式：一是10倍基准的朵当构成形式，一是8倍基准的朵当构成形式。相应地，在开间构成关系上形成如下两种基本模式：

① 以 10 倍基准为朵当的开间构成模式：（单位：1/10 朵当）

面阔七间：13 ＋ 20 ＋ 20 ＋ 30 ＋ 20 ＋ 20 ＋ 13

进深七间：13 ＋ 20 ＋ 20 ＋ 20 ＋ 20 ＋ 20 ＋ 13

② 以 8 倍基准为朵当的开间构成模式：（单位：1/8 朵当）

面阔七间：10.4 + 16 + 16 + 24 + 16 + 16 + 10.4

进深七间：10.4 + 16 + 16 + 16 + 16 + 16 + 10.4

上述两种构成模式，相信也是中世以来唐样五间佛殿朵当、开间构成的两种主要形式，在模数形式上分别对应于材梨模数与斗长模数的设计方法。

在开间尺度设定上，二史料基于各自性质的不同，其记述方式也有相应的变化：《镰仓造营名目》五间佛殿篇在开间尺度上，只记抽象的基准数量，不规定具体尺寸，在性质上是作为抽象的设计规制而存在的。而圆觉寺佛殿古图在开间尺度上，只标记具体尺寸，如明间 20 尺、次间 13.33 尺、副阶 8.6 尺等，在性质上是作为具体的实施设计图而制作的。性质不同的两份唐样技术史料，在五间佛殿设计方法的分析上互为参照印证。

现存日本中世唐样佛堂遗构，皆为中小型的方三间形式。在中世五山佛殿一构不存的情况下，圆觉寺佛殿古图一直被认为是认识中世五山佛殿的唯一可靠史料。实际上就此意义而言，《镰仓造营名目》五间佛殿篇亦有其独特的价值，其意义不亚于圆觉寺佛殿古图，两者校鉴，所见尤多。有理由认为两份史料所记的两个唐样五间佛殿，皆不同程度地传承和保留了中世镰仓五山佛殿的技术特征，甚至有可能反映了南宋五山径山寺佛殿的身影。

上述两份镰仓工匠技术史料的交集在于五间佛殿，而此两个五间佛殿的分析研究及参照互补，对于认识中世镰仓五山佛殿的技术特征，无疑具有重要的推进作用，并有可能逐渐接近真实的状况。如上述归纳总结的唐样五间佛殿开间构成的两个模式，即有可能反映了中世镰仓五山佛殿前后时期的两种尺度设计方法。

5. 唐样二书设计技术的比较

中世以来唐样建筑作为一个独立的技术体系，六百余年间其体系特征总体上是相当稳定和鲜明的。其间的若干差异和变化，大都是基于地域和时代因素的相应变化。而两部唐样技术书的异同关联，应也大致不离上述这一背景和特色。

一方面，镰仓和京都作为中世镰仓五山与京都五山的所在地，是中世唐样技术发展的中心，并相应形成关东与西日本两个区域略有不同的技术做法[69]。另一方面，两地唐样建筑技术及其变化，也反映和代表了唐样前后时期的技术特征。

镰仓禅寺的兴盛至 15 世纪衰退，及至近世唐样佛堂的复兴，则是以京都禅寺为主导，又有建仁寺流的兴起，成为近世唐样技术的主流，而以镰仓为中心的关东唐样技术，则成为次要的地方技术。因此，《建仁寺派家传书》与《镰仓造营名目》差异性的一个重要方面，是二者作为主流技术与地方技术的分别。关于二书设计技术的特色及比较，综合前文的分析讨论，以下从朵当构成模式、斗栱尺度关系、和样化方式这三个方面，试作总结和归纳。

69　镰仓与京都两地的唐样祖型，在中国本土虽皆属江南地区，然也存在着区内的地域性变化，大致近于浙东与苏南两地建筑技术的细微差别。

（1）朵当构成的模式与变化

基于补间铺作的朵当理念，是唐样设计体系最为本质的核心内涵，以此衡量《建仁寺派家传书》与《镰仓造营名目》的唐样设计技术，可见二书所表现的设计理念是完全相同和一致的。无论最终呈现的模数形式如何纷繁复杂，基于朵当理念的这一主线仍是显著和分明的，且是二者设计技术上最重要的共同点和一致处。二书内容上反复诉说和呈现的朵当理念及其意义，正是唐样设计体系的独立性和独特性之所在。

在以朵当为基本模数的两级模数关系中，朵当构成及其变化是反映设计技术性质和传承的一个重要标志。在唐样技术成分多样化的背景下，《建仁寺派家传书》与《镰仓造营名目》的朵当构成，亦呈现出不同的形式和变化。若以技术传承的角度而言，其中朵当构成的六斗长关系与十材关系，应是最具宋式风范的两个模式，也是反映二书唐样设计技术谱系的一个重要方面。

朵当构成的六斗长关系，是《建仁寺派家传书》朵当构成的一个基本模式，称作“六间割”，在技术传承上应与宋式斗长模数的设计技术相关联，且由中世至近世表现出由 8 斗长朵当向 6 斗长朵当的演进关系。

朵当构成的十材关系，是《镰仓造营名目》五间佛殿篇的朵当构成形式，也是中世唐样遗构朵当构成的一个基本模式，在技术传承上应与宋式材栔模数的设计技术相关联。

在朵当构成及其传承关系上，《建仁寺派家传书》与《镰仓造营名目》二书分别表现了唐样设计技术上两个最重要的朵当构成模式以及相应的设计方法，即斗长模数与材栔模数。这反映了二书在近世和样化背景下的宋式传承以及在朵当构成上的关联和区别。

上述宋式朵当构成的两个模式，最终都以整体的关联构成为目标，即：以朵当构成为中间环节，进而实现斗栱、朵当、开间三者关联的整体构成关系。在这一目标和方法上，二书的唐样设计技术是一致的。

《建仁寺派家传书》与《镰仓造营名目》二书关于朵当规制的记载，使得中世唐样遗构基于朵当的设计方法的推析，有了技术文献的依据和印证。

（2）斗栱尺度关系的特色

在斗栱尺度关系上，《建仁寺派家传书》的唐样设计技术，表现为基于斗长、枝割的构成形式；而《镰仓造营名目》唐样三篇则表现为基于材栔、斗口的构成形式。

近世以来唐样设计技术的多样性与复杂化，从模数设计方法所追求的简洁性和秩序化的初衷而言，或是一种技术退步和繁化。从宋技术的视角而言，近世唐样设计技术几乎没有纯粹性可言，多是一种拼合融汇的产物；然以东亚背景的视角看待近世唐样设计技术的这一现象，其背后更多反映的是一种独特的文化现象。

斗栱尺度关系的组织与筹划，是反映唐样设计技术特色的一个重要方面，其重点有二：一是尺度基准的形式，二是尺度筹划的方式。《建仁寺派家传书》与《镰仓造营名目》的唐样设计技术的特色及其分别，也同样表现在斗栱尺度关系的组织与筹划上。

斗栱尺度关系的筹划分作垂直向与水平向两个方面，垂直向的尺度关系大致都是相同的，即基于材栔交叠而形成的尺度关系，且很大程度上是斗栱构造关系使然。而水平向的尺度关系，则更多反映的是尺度筹划的用心所在。因此，斗栱尺度关系的差异和特色，大都表现在水平向的尺度关系上。

关于斗栱尺度构成的基准形式，《建仁寺派家传书》分为斗长基准与枝割基准两种形式，《镰仓造营名目》唐样三篇分为斗口基准与材广基准两种形式。二书各以特定的基准形式，组织和筹划斗栱的水平向尺度关系，且在小斗配置与栱长设定上，形成各自斗栱尺度关系的特点。

在斗栱尺度关系的筹划上，《建仁寺派家传书》强调斗长基准的作用，以斗长基准权衡和设定斗栱水平向的尺度关系，并以枝割与斗长整合的形式，形成斗栱尺度关系的两种形式：八枝挂斗栱与九枝挂六间割斗栱，且依附于斗长基准的枝割，也成为权衡斗栱尺度关系的一个要素，如：栱心跳距二枝、朵当八枝、斗栱八枝挂。枝割化是《建仁寺派家传书》斗栱尺度关系的一个重要特色。

在斗栱尺度关系的筹划上，《镰仓造营名目》唐样三篇以材基准权衡和设定斗栱水平向的尺度关系，和样枝割因素未介入其中。其材基准分作斗口基准与材广基准两种形式，斗口基准用于三间佛殿与山门阁，材广基准用于五间佛殿，相应形成不同基准的两种斗栱尺度关系。唐样三篇显示了唐样基准序列上的材栔、斗口基准的存在，而这是以斗长基准为特色的《建仁寺派家传书》所不见的。

《镰仓造营名目》唐样三篇斗栱尺度关系的另一个特点是，其小斗配置和栱长设定，基于斗栱立面上的两个斗畔关系，故其斗间、栱心跳距皆为被动生成，不存在基于斗间、斗长的横向格线关系。而《建仁寺派家传书》六间割斗栱法的小斗配置及栱长设定，则基于斗间、斗长的横向格线关系，表现出与中世唐样斗栱构成的传承与关联。

（3）和样化的程度与方式

和样化是近世唐样设计技术演变的一个趋势。二书在和样化程度及方法上，亦表现出各自的特色和细微的分别。

近世唐样设计技术成分的多样混杂，和样枝割因素的介入是一个重要方面。相应地，唐样设计技术的和样化，也构成了《建仁寺派家传书》与《镰仓造营名目》

二书关联异同的一个重要内容。

中世以来唐样与和样的相互关系，既有技术体系的对立，又有技术成分的混融，唐样设计技术的和样化便是其中的一个特色。及至近世，唐样设计技术上和样的枝割因素已是如影随形，而二书中唐样的差异首先表现在和样化的程度上。

讨论唐样设计技术的和样化程度，最具意义的是斗栱构成与朵当构成这两个层面。首先以和样化程度而言，二书的区别在于：《建仁寺派家传书》已至斗栱、朵当和开间的整体枝割化阶段，而《镰仓造营名目》唐样三篇则止于朵当、开间的部分枝割化阶段，未及至斗栱构成层面，二书和样化程度的差异是相当分明的。

其次是关于和样化的方式。关于枝割与朵当的整合，两书皆然，唯其方式略有不同。一朵当配八枝是二书共同的基本方式，唯《建仁寺派家传书》另有一朵当配九枝的形式。在和样枝割的介入和整合下，唐样的宋式朵当构成，与和样枝割建立起关联和对应：

其一，《建仁寺派家传书》朵当构成的六斗长关系，关联对应于朵当构成的九枝关系，其基准的转换关系为：1 斗长＝ 3/2 枝，1 枝＝ 2/3 斗长；

其二，《镰仓造营名目》朵当构成的十材关系，关联对应于朵当构成的八枝关系，其基准的转换关系为：1 材＝ 4/5 枝，1 枝＝ 5/4 材。

唐样朵当、开间的构成关系，以此完成由宋式向和式的转换。近世唐样设计技术的枝割化，在本质上是宋式设计方法的改造、转换乃至替代。

总体而言，《建仁寺派家传书》与《镰仓造营名目》二书的唐样设计技术内容，既体现了唐样技术体系的共同属性，又反映了唐样不同谱系、地域和时代的变化及其相应特色。

第十章　结语

第十章　结语

本书前面诸章的内容可概括为：基于东亚整体及关联的视野，以唐样建筑设计技术为主要研究对象，通过解析纷杂无序的尺度现象，分层递进地探讨其尺度规律、演变脉络及相应的设计方法。作为全书最后一章的结语，内容分作如下两个方面：一是就前面诸章关于唐样设计技术的分析讨论，作整体性的回顾和总结；二是进一步讨论作为文化现象的唐样的意义和内涵。技术性和文化性本是唐样建筑的一体两面，本章希望通过对唐样文化内涵的讨论，从而使对唐样设计技术的认识更为充实和全面。

一、作为建筑技术的唐样：宋技术的移植与改造

唐样设计技术及其尺度关系的讨论，出于分析和实证的需要，难免繁复琐细，然细节是为主线服务的，其目的在于探讨和认识唐样尺度设计的隐在秩序和规律。以下基于前面诸章的分析，并舍去所有繁复的实证步骤和细节，简要地归纳13世纪以来唐样设计技术的性质和特色，并勾勒其演变的基本方式和大致轨迹，以求对这一论题有更加整体、连贯的认识和把握。

随着江南宋技术的传播和影响，平安时代以来技术上沉寂停滞的日本建筑，自12世纪末开始了又一轮对大陆新技术的仿效、吸收，并酝酿、推进中世新变革。在此背景下，日本中世建筑技术得以跃进式的发展和变化，而唐样建筑设计技术则是其主角和典型。

1. 由间架关系开始的起步：从椽架基准到朵当基准

基于东亚整体的视野，首先从间架的层面把握尺度设计的意图与方法，并以中国本土南北方三间构架为对象，将间架配置关系与间架尺度关系作为相关的两个层次，从间架配置关系入手，探讨间架尺度关系及其设计特点。

南北典型方三间构架的间架配置特色，概括而言即三间八架与三间六架之别，或者说二者是两种地域性的构架类型。

唐宋以来在间架构成上，椽架与朵当作为开间的细分单位，二者相互关联对应，并逐渐具备基准的属性和作用。间架构成上，椽架要素与朵当要素的重要性随时代而变化和转换，其趋势大致是从椽架主导转向朵当主导。以补间铺作两朵

的出现为契机，朵当的重要性开始显著化，并逐渐取代椽架，成为间架构成的基准所在。

制约早期构架尺度的诸因素中，椽架平长最为显著和重要。唐宋时期基于椽架的间架尺度设计，其基本方法是以不同椽长的组合变化，设定间架尺度及其比例关系。其基本特征可概括为如下三点：

整数尺制的椽架取值

不过十材的椽架上限

椽架基准的设计方法

间架尺度构成上，由整数尺制向模数化的转变，始于朵当意识的形成和强化。从椽架基准向朵当基准的转换，促进和催生了间架尺度模数化的意识和方法，朵当角色从被动向主动的转化，乃至支配作用的形成，其实质是间架尺度模数化的开始。

唐宋时期南北两地典型的方三间构架，其椽架与朵当的关联对应及演变轨迹的基本模式，可概括和对照如下：

南式方三间构架：宋心间补间铺作两朵，元增至三朵

侧样 8 椽架 × 正样 7 朵当 → 侧样 8 椽架 × 正样 8 朵当 → 侧样 8 朵当 × 正样 8 朵当

北式方三间构架：宋金逐间补间铺作一朵

侧样 6 架椽 × 正样 6 朵当 → 侧样 6 朵当 × 正样 6 朵当

在间架尺度构成上，新出的朵当基准的意义在于：

其一，正侧样两向基准的统一；

其二，由规模量度向尺度量度的演进；

其三，斗栱与朵当的关联构成的建立。

要之，唐宋间架构成上，初以椽架为主导因素，并与朵当对应关联；随着江南厅堂补间铺作的发达、朵当意识的强化，朵当的地位趋于显著化，逐渐取代椽架，成为间架构成的基准，并由规模量度向尺度量度演进；进而，间架两向的尺度构成，统一于单一的朵当基准，并成为追求精确尺度设计以及间架构成模数化的条件和契机。

2. 从规模量度到尺度量度：朵当角色的演进

间架构成上，由椽架、朵当两要素的对应互动，以及向单一朵当基准的技术演进，改变了原先相对松散的正侧样关系，而朵当基准的中介作用，成为强化正侧样的关联性和整体性的关键。间架构成最终统一于朵当基准，即以朵当作为正侧样两向的统一基准。

朵当意识的出现及强化在间架构成上表现为：间架构成从粗略的对应关系走向精确的尺度关系，其目标是对铺作分布匀整进而朵当等距的追求。且这一追求经历了从间内均分到逐间均等的发展过程，最终基于朵当的支配作用，实现逐间的朵当等距，朵当成为间架尺度构成的基准所在。

间架构成上朵当的支配作用表现在如下两个层面：其一，基于朵当的间架构成；其二，朵当与斗栱的关联构成。这意味着通过朵当的中介和勾连，建立斗栱、朵当和开间三者关联的整体构成关系，而这一切又都是从伴随补间铺作发展而来的朵当意识开始起步的。

上述这一演进序列可概括为：由补间铺作的发达所引发的间架构成上的朵当意识，促成朵当从粗略的规模量度向精确的尺度量度的演进，最终以朵当基准的形式，建立间架构成的模数关系。

中国南北构架正侧样构成上朵当要素的变化，首先从数量的对应到尺度的对等，进而有意识地追求逐间的朵当均等，最终促成基于朵当的间架构成模数化。且从现存遗构来看，这一演变进程有可能在日本中世唐样佛堂上表现得更为成熟、典型。

3. 唐样间架构成的谱系与传承

《营造法式》之后的模数设计技术的发展，东亚范围内日本中世唐样建筑是一个典型。唐样建筑设计技术的特色表现为：基于补间铺作发达而引发的设计技术的进步。

对正方平面形式的追求，是唐样方三间佛堂的显著特色。唐样佛堂的间架构成上，随着朵当意识的强化以及朵当规制的形成，最终以朵当基准的方式，建立正侧样精确的尺度对等关系，从而实现对正方平面形式的追求。

唐样佛堂的正方平面形式，是其强烈的朵当意识和成熟的朵当规制的表现。

方三间八架椽与方三间六架椽，为中国本土南北两种典型的地域性构架类型，其间架分椽形式上各有两个基本范式：

江南八架椽屋：“2–4–2”式与“3–3–2”式；

北方六架椽屋：“2–2–2”式与“4–2”式。

日本唐样方三间佛堂的构架原型，传承的是北式方三间六架椽屋“4–2”式的谱系。唐样方三间佛堂间架形式，是北式六架椽构架与江南当心间双补间铺作结合、演变的结果，其基于朵当的间架构成模式为 7×7（朵当）（正样 × 侧样，下同），且这一构成模式的形成上，初祖庵大殿应是一个重要的原型。

方三间六架椽的初祖庵大殿，其间架构成模式 7×6（朵当），在宋代北方是一个独特的存在，其来源于在北式构成模式 6×6（朵当）的基础上，仿取江南面阔心间补间铺作两朵做法，从而形成 7×6（朵当）的构成形式。日本唐样佛堂进而又在初祖庵大殿 7×6（朵当）构成模式的基础上，为追求正侧样对等的正方平面形式，在进深中间增加补间铺作一朵，将初祖庵大殿的间架构成模式改进为 7×7（朵当）的形式。在吸收江南补间铺作两朵做法上，日本唐样佛堂较初祖庵大殿更进一步，实现了 7×7（朵当）的正方形式，而中国本土北式方三间构架，宋金时期始终未走到这一步。

江南由宋至元间架构成模式的变化，表现为在宋式 7×8（朵当）的基础上，正样心间增加一朵补间铺作，从而形成 8×8（朵当）的构成模式，如从保国寺大殿到天宁寺大殿的演变。而唐样佛堂则表现为在初祖庵大殿 7×6（朵当）的基础上，侧样心间增加一朵补间铺作，形成 7×7（朵当）的构成模式。上述两个间架演变系列，其追求正方平面的思路及方式是一致的，而二者构成模式的差异，则反映了各自间架谱系的属性，前者为江南的八架椽屋谱系，后者为北方的六架椽屋谱系。

在朵当因素的作用下，唐样方三间佛堂间架构成模式的源头、原型及其演变大致呈如下三个阶段和步骤：

正样 × 侧样＝ 6×6（朵当）：北式方三间构架

↓

正样 × 侧样＝ 7×6（朵当）：初祖庵大殿构架

↓

正样 × 侧样＝ 7×7（朵当）：唐样方三间构架

要之，日本中世唐样佛堂间架设计上传承宋式规制，其间架构成以北式六架椽构架为基本形式，补间铺作配置以江南当心间补间两朵为基本形式，三者基于朵当的正方间架构成关系，如以下三个模式所概括：

江南方三间八架椽屋：8×8（朵当）

北式方三间六架椽屋：6×6（朵当）

唐样方三间六架椽屋：7×7（朵当）

随着朵当基准的确立，唐样大型方五间佛堂的间架构成关系表现为如下模式：

唐样方五间十架椽屋：11×10（朵当）

朵当规制是唐样佛堂间架构成的基本法则。

4. 部分与整体关系的演化

建筑尺度模数化的意义，在于有序地组织部分与整体的比例关系，且部分与整体的关系及其演化，成为设计技术变迁的一个重要标志。在部分与整体的关系上，唐宋以来的演化趋势是：由整体决定部分的方法转变为由部分支配整体的方法，由此大致分出整体尺度关系演化的前后两个阶段。

作为间架构成要素的朵当，在间架尺度模数化的历程中，经历了从被动到主动的角色转换。从宋《营造法式》到清《工程做法》，大致表现了这一演变过程及首尾两个阶段形态，即：从朵当意识的起步，到间架构成上朵当基准的确立；进而到朵当与斗栱尺度关联性的形成，最终建立起斗栱、朵当和开间三者关联的整体构成关系，东亚中日设计技术变迁莫不如此。

《营造法式》整数尺规制下的朵当等距追求，是受限的，是不可能真正实现的，相应地，所建立的间架尺度关系也只是一个松散粗略的约束关系。进一步的发展方向是突破整数尺旧制，以朵当为基准，从而实现朵当的绝对均等，朵当从间内求匀转向逐间均等，间架尺度关系随之趋于模数化。

《营造法式》“总铺作次序”所提出的“铺作分布令远近皆匀”这一原则，是铺作配置与构架尺度之间的第一个虽较松散却至关重要的构成原则。此原则不但改变了早期建筑的间架尺度规则，而且对其后设计技术的发展产生了深远的影响。

补间铺作的发达，在地域性上有如下两层意义：

其一，在中国本土，表明了从南到北的技术传播；

其二，在东亚日本，明确了中世唐样建筑的地域祖型和技术源流。

间架尺度模数化的进程上，朵当意识的出现及朵当基准的建立，是关键因素和重要步骤。

5.《营造法式》帐藏小木作的先行意义

《营造法式》小木作帐藏制度，以基于朵当的模数设计方法，组织和筹划补间铺作的配置，权衡和设定小木作帐藏的尺度关系。

《营造法式》小木作帐藏以朵当 100 份为基准的补间铺作配置，是因应于小木作帐藏补间铺作密集化的表现。正是补间铺作的密集化，使得小木作帐藏横向尺度的精细筹划显得迫切而必要。在这一过程中，横向尺度单位斗口的意义和作用显现而出。100 份朵当的实质在于：一是重栱造斗栱的最小朵当间距；二是相当于 10 斗口的朵当构成，由此开启了注重横向尺度筹划的设计技术演变进程。

《营造法式》大木作的朵当规制，着重于铺作配置与间广整数尺旧制的协调，而小木作的朵当规制，则萌发了新的模数设计方法，并逐渐动摇传统的间广整数尺规制，表明基于朵当的模数设计方法的初步形成。

《营造法式》小木作帐藏的尺度设计方法，以下两点最为重要和关键：一是基于 100 份朵当的间广设计方法，二是确立布椽与铺作之间基于材份的对应关系，也即以朵当为模数，既控制总体的间广尺度，又权衡布椽的尺度关系，其中尤以布椽、朵当、开间三者模数关系的建立意义深远。

相较于大木作制度，小木作帐藏尺度设计方法的意义在于：其一，反映大木作尺度设计方法的基本特点，表现与大木作设计方法的关联性；其二，表明在设计方法的发展上，小木作领先于大木作，基于朵当的开间尺度模数化应始于小木作，并经历由小木作到大木作这样一个过程。而在大木作的跟进上，日本中世唐样佛堂似较中国本土建筑更为成熟。

日本唐样间架构成上基于朵当的模数设计方法，约始于 14 世纪初，且有可能与宋式小木作设计技术相关联。

6. 从间架构成到朵当构成：模数化的分步递进

构架尺度关系模数化的进程上，开间尺度的模数化与朵当尺度的模数化，是前后衔接、分步递进的两个关联环节和阶段形态。

朵当尺度的模数化，标志着传统整数尺旧制的制约至此彻底解除，长久以来对朵当等距的追求得以真正实现，消除了以往不匀朵当的内在因素，朵当达到绝对的均等。

在性质上，朵当模数化是间架模数化的深入和细化，其一意味着整体尺度模数化程度的提高，其二标志着整体尺度与斗栱尺度的关联性的建立，从而使得斗栱、朵当、开间三者的尺度关系，从旧有的松散和孤立的状况，演进为关联和整体的存在。

朵当模数化的原因简单而直观：补间铺作两朵以及向多朵的演进，使得檐下斗栱排布密集，并产生相犯的可能。而解决这一问题最有效的方法是筹划斗栱与朵当的尺度关系，以材为基准的朵当模数化由此而生。其最初的追求不外两点：一是分布匀整，二是避免相犯，中日皆然。

斗栱与朵当的关联性的建立，促成了朵当构成的模数化发展。

唐样设计体系的核心在于基于朵当的设计理念，唐样设计技术发展历程上，朵当线索贯穿始终。唐样设计技术的生成和演变，皆以此为背景和依据。

7. 两级模数的基本形式

唐样间架尺度的设计逻辑与演变时序表现为：基于朵当的开间尺度模数化先于基于栱斗（材、斗口、斗长）的朵当尺度模数化。对于间架尺度的模数化而言，朵当基准的意义是最基本和优先的。这一设计逻辑和演变时序在整体尺度设计演变上十分重要。其过程大致如下：

孤立分离的整数尺开间 → 朵当与整数尺开间的互动 → 基于朵当的间架尺度模数化 → 基于栱斗的朵当尺度模数化

以朵当为基本模数、以栱斗为次级模数的分级形式，应是两宋以来模数设计技术演变的主线。“朵当＋栱斗”的两级模数形式，成为此后中国本土以及日本唐样模数分级的基本形式。

“朵当＋栱斗”的两级模数形式，是中世唐样佛堂尺度规律所在。其中朵当尺度模数化这一环节尤为重要，唐样两级模数的重点和原点在朵当，即以朵当的倍数和分数权衡和设定从间架到斗栱的尺度关系。自中世以来，基于朵当的设计理念，始终是唐样设计技术的核心与基石。对于唐样设计技术而言，朵当及朵当尺度的模数化，不是一个单纯的尺度现象，而是宋式设计技术的表现和象征。

从宋式的两级模数“朵当＋材广”，至清式的两级模数“攒当＋斗口”，应是两宋以来中国本土设计技术演变的大致趋势和方向。受中国建筑影响的日本唐样设计技术，也同样复制了这一变化过程，且有可能较中国本土表现得更为彻底和典型。

8. 唐样朵当构成的基本定式

模数化的朵当构成是唐样设计技术的主要特色。其中又以 10 材朵当最为典型和重要，并成为中世以来唐样尺度构成的一个基本定式。相应地，10 材朵当、30 材心间、70 材 ×70 材殿身，成为中世唐样方三间佛堂构成关系的一个标准形式。

以朵当的 1/10 为次级基准，有效、完美地解释了中世唐样佛堂遗构的尺度设计方法及其内在逻辑，并由近世唐样技术书的记载而得以参照和印证。

唐样设计技术的演进上，最迟至 14 世纪初的功山寺佛殿，两级模数“朵当＋材广”的间架构成关系已经形成，传统的整数尺间广规制消失，两级模数基准的朵当、材广以递进的方式，权衡和设定间架尺度的构成关系。

《营造法式》所力求的朵当等距原则，在 14 世纪初的唐样佛堂上，以“朵当＋材广”两级模数的方式得以真正实现和推进。

根据对中世唐样遗构的分析，唐样尺度设计上基于朵当 10 材的基本形式，并以 1/2 材为度，增减变化朵当的构成关系，其朵当构成从 10.5 材到 8 材之间作变化。这一现象表现了唐样尺度关系调整与变化的方式，显示了中世以来唐样朵当趋小、趋密的倾向。

模数化的朵当构成，其本质为横向尺度的组织与筹划。对于横向尺度的权衡而言，横向尺度单位的斗长、斗口更为直接和直观，故逐渐替代材栔，成为组织和筹划横向尺度的主要基准形式。相应地，朵当构成也从基于材栔转向基于斗长、斗口的形式。

唐样朵当构成及其变化，与斗栱构成相关联和互动，具体表现在斗栱全长以及相邻斗栱空当（边斗间）的变化上。进一步而言，朵当构成的变化，最根本地决定于斗栱构成的分型及其变化。

当心间尺度和材尺度，是唐宋时期标志建筑尺度与等级的两个重要指标。而朵当趋近10材的特色有可能反映了唐宋建筑上习用和适宜的尺度关系，且这一尺度关系在日本中世唐样建筑上，最终演变为朵当构成的规制和定式。朵当10材的构成关系，成为传承宋式的中世唐样尺度设计的重要特色。

9. 模数基准的变化

朵当构成关系上，基准的变化是一显著特征，其中既有技术多样性的表现，又有传承演变关系。这一演变进程的总体趋势是：模数关系的重心从反映结构构成的竖向尺度，转向以造型、比例为主的横向尺度。宋之材栔模数向明清斗口模数的转变，典型地反映了这一变化趋势。而这一转变的背景在于补间铺作的多朵化与密集化，以及相应的横向尺度精细筹划的需要。斗口模数的出现，标志着尺度设计的重心从注重竖向尺度关系转向注重横向尺度关系。

朵当尺度的模数化，以基准形式区分，中世唐样朵当构成形成相应的三个模式，即：材栔模式、斗长模式和斗口模式。日本中世以来的唐样设计技术的发展，也同样复制了从材栔模数到斗口模数这一演变历程。

相应于两宋以来设计技术的发展及其在东亚的传播，不同基准之间有其特定的时序性。中世唐样设计技术上，遗构所表现的时序节点为：自13世纪以来以宋式的材栔模数为主流，约至16世纪前后出现斗口模数。基于此，斗口模数的形成应在15~16世纪的明代中后期，并于16世纪前后传入日本。

中世唐样建筑尺度关系上，宋式的材栔模数是主流，其他的斗长模数、斗口模数则是次流。而两种横向基准单位的斗长与斗口中，最终斗长基准成为主流，为近世唐样设计技术的和样化提供了基本条件，即：基于斗长与枝割的整合关系，近世唐样设计技术趋于和样枝割化。

唐样次级基准的形式及变化，是中世至近世唐样设计技术变迁的一个重要标志。从竖向的材栔基准，到横向的斗长、斗口乃至枝割基准，大致反映了这一变迁的基本脉络。

就整体而言，从材栔模数到斗口模数，或许并不一定就是简单的线性演变关系，尤其是唐样设计技术的演变历程，应非单线式和连续性的，而是多源头和分段式的。

10. 斗栱与朵当的关联构成

大尺度的间架与小尺度的斗栱之间本无直接的关联，而二者尺度关联性的建立，是补间铺作多朵化、密集化在尺度设计上的反映。在这一技术演进的过程中，促成斗栱与开间尺度相关联的关键一环是：在横向尺度的组织与筹划上，建立斗栱与朵当的关联构成。也就是说，大尺度间架与小尺度斗栱的关联性的建立，是以朵当为中间环节而勾连、递进和实现的；而朵当构成的模数化，又是通过斗栱与朵当的关联构成而完成的。

斗栱与朵当的关联构成的建立，意味着以模数化的方式，精细筹划斗栱与朵当的横向尺度关系。从宋式到清式莫不如此，唐样也是这一思路和方法。

斗栱尺度设计上，竖向尺度关系受构造等因素的影响较大，而横向尺度关系则在表现尺度设计意图上较为自由。两宋以来，尺度设计所关注的重心在于横向尺度的组织与筹划，由此促成相应的设计意图和方法，斗栱与朵当的关联构成即是其表现和结果。

唐样设计技术研究上，孤立的斗栱构成分析是没有意义的，而将斗栱构成置于整体关系中，尤其是置于斗栱与朵当的关联构成中，方显示出其意义所在。

斗栱与朵当的关联构成的建立，是以基于栱心格线的小斗配置作为横向尺度组织与筹划的基本方法的。而基于栱心格线的斗栱、朵当的横向尺度关系，又可简化和抽象为小斗长、斗间及边斗间这三个要素的组合和变化。进而，基于斗间与小斗长之间所建立的简洁比例关系，也即斗间、边斗间取小斗长的1/2、1/3或1/4，上述三个要素的组合和变化又可进一步简化和抽象至“斗间”这个单一要素上。

唐辽宋遗构上，基于栱心格线的斗栱横向尺度筹划的意识及方法应已形成，且基于栱心格线而细化的1/2或1/3斗长格线关系隐约可见。这一设计意识及方法，对此后斗栱与朵当、开间的关联性的建立，具有重要的意义。

基于栱心格线的横向尺度的筹划，在日本中世唐样建筑上尤有典型的表现和发挥，主要表现在如下两个方面：

一是斗栱构成上栱心格线的细化与拓展；

二是基于栱心格线的横向尺度筹划，促成斗栱与朵当的关联构成的建立。

基于补间铺作两朵所产生的尺度关系密集化，中世以来唐样设计技术的匠心用意，主要表现在斗栱、朵当的横向尺度的组织与筹划上，并不断地向精细化、模数化和体系化演进。

唐样尺度设计上，微观细节反映全局和整体的设计意匠，其横向尺度筹划的精细化和程式化，或是宋清法式所不及的。

尺度比例设计上的格线法，其实质是以单一基准权衡和把握整体尺度及比例关系。基于格线法的模数思维及设计方法，古代中日是同源和共通的。

11. 宋式斗栱的栱心格线关系

《营造法式》在栱长设定上，以明确的份数规定栱长的模数尺寸，从而确定栱长构成上基于份制的显性比例关系。进而，《营造法式》栱长的份数规定，还反映了基于构件拼合的隐性比例关系，即：栱心跳距的二材关系。

栱长设定的关键在于心长，而心长又是以“跳”为基准单位的。华栱心长跳距的二材关系，是其栱长设定的决定性因素。

令栱作为单栱造的产物，反映了单栱栱长关系的特点。《营造法式》令栱与华栱栱长对应相等（72 份）。基于这一特点，令栱与华栱的心长构成也应相同。然而，相对于华栱跳距 30 份，令栱跳距 31 份，二者之间有一份之微差。

栱之心长由栱、斗拼合的尺度关系所决定。造成令栱与华栱跳距一份之差的原因在于栱头小斗的斗型差异，即：华栱栱头交互斗的底深之半 6 份与令栱栱头散斗的底宽之半 5 份的一份之差。

《营造法式》现型栱长的材份设定，是在北式原型的基础上，以江南截纹散斗替代北式顺纹散斗的结果。从斗纹与斗型的关系而言，江南散斗对北式散斗的替代，实际上相当于将北式散斗转 90 度而成江南散斗。相应地，由北式散斗的顺纹、斗面宽大于斗侧深，改变为江南散斗的截纹、斗面宽小于斗侧深。

法式型散斗的两个特征：一是截纹斗形式，二是斗宽小于斗深，二者是关联的整体存在。

江南散斗因素的介入，改变了以北式斗型为原型的《营造法式》的斗栱立面构成关系，其令栱构成关系的原型与现型比对如下：

原型令栱长：6 ＋ 30 ＋ 30 ＋ 6 ＝ 72（份）

现型令栱长：5 ＋ 31 ＋ 31 ＋ 5 ＝ 72（份）

分析表明：《营造法式》北式原型的令栱心长跳距同样也守二材关系之规制。令栱跳距与华栱跳距对应关联，二者栱心跳距皆以二材关系为定式。

12. 唐样斗栱的尺度构成

斗栱尺度构成包括两方面的相关内容：一是斗栱尺度的组织与筹划，二是斗栱与朵当的关联构成。

宋式斗栱构成的基本格线关系有二：一是跳高格线，一是跳距格线，二者决定斗栱构成的基本比例关系。

《营造法式》重栱计心造制度，其斗栱构成上以足材的跳高和二材的跳距形成一对基于材栔的格线关系。唐宋斗栱上这两个基本格线关系，是此后东亚中日斗栱尺度关系的原点和原型，日本中世以来唐样斗栱构成的基准方格模式，即是由此基本格线关系细化、改造而来。

唐样斗栱尺度设计的特点在于斗栱立面构成的基准方格模式，即以基准方格的形式，权衡和设定斗栱立面的尺度关系。其基准方格模式的分型，以基准形式的不同和变化，分作材栔方格模式、斗长方格模式与斗口方格模式三大类型。

在横向尺度构成上，相对于宋式斗栱的栱心跳距格线，唐样斗栱构成更强调斗长、斗间的格线关系，也即在斗栱横向尺度权衡上，转向更直观的斗长、斗间格线。然唐样斗栱基准方格模式的实质，还在于宋式斗栱基本格线关系的作用和意义。

概括唐样斗栱尺度设计的特点：以简约的单一基准格线形式，权衡和把握整体的构成关系。古代中日设计技术，钟情于格子、格线一类的模数设计方法，反映了设计技术上寓繁于简的思维方式。

13. 从二材关系到二枝关系

《营造法式》的栱长构成，以二材关系为定式。唐样斗栱独特的基准方格模式中，隐含了宋式栱心跳距的二材关系，二材关系仍是唐样斗栱构成的一个基本定式，且一如宋式，表现在令栱与华栱的栱心跳距构成上。二材关系这一尺度现象，表露了唐样尺度设计上对宋技术的传承及其关联性。

传承宋式的唐样斗栱构成，亦重复了由宋至清的演变轨迹，斗栱构成上材栔基准转向斗口基准，材栔方格模式转向斗口方格模式。相应地，唐样斗栱构成上的二材关系亦随之转化为三斗口关系。

中世和样与唐样的设计技术，在斗栱构成上的交汇与互动，真实地揭示了和样与唐样的关联性的一个重要方面。

比较唐样与和样栱心跳距的构成关系，二者表现出意味深长的关联现象，即唐样的二材关系与和样的二枝关系的对应。二者在性质上属于同一构成模式，即构成关系上共通的二倍基准关系。

和样六枝挂斗栱的核心即二枝关系。唐样斗栱的模数构成方式，给中世和样斗栱构成提供了可复制的思路及方法；进而和样布椽与斗栱的关联性的建立，有可能也是复制宋技术的结果。唐样与和样设计技术关联性的线索和证据，往往表现在这些细节里。

基于日本中世建筑发展的宋技术背景，可以认为不只是唐样，包括和样斗栱构成关系的演进，皆与宋式斗栱有着传承和影响关系。宋式斗栱构成上的二材关系，应是唐样二材关系以及和样二枝关系的原型与源头，其传承和影响关系表现为如下的轨迹：

宋式二材关系 → 唐样二材关系 → 和样二枝关系

13 世纪初的唐样东大寺钟楼上，已表现出栱之心长跳距呈二倍基准关系这一宋式特色，东大寺钟楼为这一宋式构成模式的传承和演变提供了一个重要的早期案例。

14. 横向尺度的精细组织与筹划

在斗栱、朵当尺度关系的组织与筹划上，中世唐样的基本思路和方法是：将复杂的斗栱构成关系简化到横向尺度关系上，通过基于栱心格线的小斗配置及斗间比例（斗间与小斗长的比例）的权衡和设定，将斗栱与朵当的尺度关系，转化为基于斗间、斗长的比例关系，最终建立斗栱、朵当及开间三者关联的整体构成关系。

首先，将斗栱的横向尺度关系，简化和抽象为斗间、小斗长的组合变化，进而基于斗间与小斗长的简洁比例关系，即斗间为小斗长的 1/2、1/3 或 1/4，从而以斗间这一细分基准，建立斗栱横向尺度的构成关系。

其次，在斗栱构成模数化的前提下，边斗间的组织和筹划，也就成为朵当构成模数化的关键。其方法是将边斗间纳入斗栱构成关系中一并筹划，从而使得朵当构成与斗栱构成相关联和一体化，斗栱、朵当、开间三者关联的整体构成关系由此而成。

实际上，中世唐样的尺度设计，无论材栔模数、斗长模数和斗口模数，乃至和样的枝割模数，在横向尺度关系上，最终都要转换成基于斗长的形式，并通过斗间与斗长的比例关系的设定，组织和筹划斗栱构成以及斗栱与朵当的关联构成。或者说，在斗栱与朵当的关联构成上，建立“朵当—斗长—斗间”三者间的简洁比例关系。

室町末至近世以来，唐样基准形式显现出向斗长基准归结的倾向和特色。或者说中国风的斗口基准逐渐被弃用，最终转向更为直观和便利的斗长模数，近世唐样技术书中定型和制度化的六间割斗长模数，正是这一变化的表现和结果。

以朵当为核心的唐样模数构成，包括如下两个基本关系：一是层级关系，一是序列关系。以六间割斗长模数为例，其模数构成的层级关系为：以朵当为基本模数，以斗长、斗间为次级和细分模数；其模数构成的序列关系为：以朵当的倍数和分数，权衡和设定开间及斗栱的尺度关系，其横向尺度的组织和筹划，基于如下分层递进的格线关系：

开间构成的朵当格线 → 朵当构成的斗长格线 → 斗栱构成的斗间格线。

东亚中日模数技术的本质，在于尺度关系筹划上对整体性和关联性的追求，且基于补间铺作的发达，这种追求尤其表现在横向尺度关系上。

要之，唐样设计技术演变的关键，主要体现在如下两个关联环节：整体尺度模数化的关键，在于斗栱与朵当的关联构成的建立；而斗栱与朵当关联构成的关键，又在于边斗间与小斗长的比例关系的建立。唐样设计技术的演进，大致是沿着这条主线而展开、变化和完成的。而这也正是唐样设计技术的逻辑所在。

15. 唐样斗口模数及其变化

中国本土模数技术的演变上，材栔模数与斗口模数是同一模数体系的两个不同的阶段形式，而对于唐样设计技术而言，基准的改变意味着两个独立的模数形式，其间并不存在连续性的演变关系。也就是说，唐样斗口模数的出现，代表了一种全新的模数形式的确立。

唐样设计技术上材栔模数向斗口模数的转变，并非基于自力的演进，而是源自明清技术的影响和推动。中世以来唐样的材之广厚比值为 1.25（5∶4）或 1.2（6∶5），也就是说，其二材不等于三斗口。因此，唐样栱心跳距的三斗口关系，只是明清斗口模数的套用，而与材栔模数之间并无演变关系。这也表明室町时代后期以来，唐样设计技术追随、仿效明清模数方法的意识及相应的变化。

近世以来，横向基准的斗口模数与斗长模数进入主场时代，且近世斗口模数又有进一步的变化，表现出本土化的倾向和特色。其基本特征是：横向尺度关系上，斗间由中世的 1 斗口缩减至 1/2 斗口，相应地，栱心跳距由中世的 3 斗口缩减为 2.5 斗口，朵当构成由中世的 13 斗口缩减至 12 斗口，铺作配置更趋密集。

相较于中世唐样斗栱构成的斗口方格模式，近世唐样斗栱构成上将斗间统一减小为 1/2 斗口，从而达到缩减斗栱全长、朵当构成更趋密集的目的。斗间比例的变化，是近世唐样斗栱构成上最具特色的表现。基于此，斗栱构成上斗口模数成立的基本条件，中世唐样与近世唐样分别如下：

中世唐样：足材＝ 2 斗口，斗间＝ 1 斗口＝ 1/2 小斗长

近世唐样：足材＝ 2 斗口，斗间＝ 1/2 斗口＝ 1/4 小斗长

16. 近世唐样设计技术的枝割化

近世唐样设计技术的发展呈现两个方向：一是斗口模数的本土化，表现为斗间比例的缩减变化；二是斗长模数的枝割化，表现为唐样斗长基准与和样枝割的关联整合。

近世唐样设计技术的和样化，主要表现为和样枝割因素的介入以及尺度关系的枝割化，相应地，改变了唐样传统的尺度构成方式。然而，近世唐样设计技术的枝割化，并不改变唐样设计技术的核心内涵，即：朵当理念以及基于朵当的设计方法。近世唐样尺度设计依然是基于朵当规制而展开的：

在整体尺度层面上，以朵当基准的倍数，权衡和设定间架尺度关系；

在斗栱尺度层面上，以朵当基准的分数为次级基准，并与枝割关联整合，进而以之权衡和设定斗栱尺度关系。

根据枝割介入的方式以及与斗栱整合的不同，分作两种枝割化的形式，称作

近世唐样斗栱法两式：一是八枝挂斗栱法，一是九枝挂六间割斗栱法。

中世以来的唐样斗栱、朵当的尺度构成，在和样枝割未介入之前，其模数形式都是宋清法式的传承和改造，并未有本质性的变化。而近世以来，和样枝割因素的介入，不同程度地改变了唐样设计技术的形式与内涵，宋风的材契模数、斗口模数渐被替代和消融，唯斗长模数通过与和样枝割的关联整合，得以残存延续。

17. 近世唐样斗栱法两式

近世唐样斗栱法两式，无论是八枝挂斗栱法，还是九枝挂六间割斗栱法，皆建立在朵当基准之上，其一枝尺寸皆由朵当基准的分割而生成。

八枝挂斗栱法的次级基准为椽中距（枝），以朵当等分为八份，以其一份为椽中距（枝），并以之与小斗长整合及建立对应关系，从而以枝割基准形式，权衡和设定斗栱尺度关系以及斗栱与朵当的关联构成。

九枝挂六间割斗栱法的次级基准为小斗长，以朵当等分为六份，以其一份为小斗长，以之权衡、设定斗栱尺度关系以及斗栱与朵当的关联构成，并建立小斗长与枝割的对应关系，即：小斗长＝ 1.5 椽中距，椽中距＝ 1/9 朵当。

比较近世唐样斗栱法两式，八枝挂斗栱法为枝割主导型，以枝割支配斗栱尺度关系；九枝挂六间割斗栱法为斗长主导型，枝割只是依附和从属于斗长模数的一个次级单位。两种斗栱法的和样化程度及方式不同，且有质的区别。

就枝割化的方式而言，唐样斗栱法两式中，八枝挂为和样六枝挂的扩展，九枝挂为和样六枝挂的重构。九枝挂六间割作为近世唐样甲良家的设计技术，代表了正宗唐样设计技术的直系及其最终演变形式。

相应于斗栱法两式，基于枝割的斗栱与朵当的关联构成呈如下两种形式：

斗栱八枝挂，朵当八枝

斗栱九枝挂，朵当九枝

18. 近世唐样技术书的设计体系与技术特色

近世唐样技术书以《建仁寺派家传书》和《镰仓造营名目》为代表，二书反映了近世唐样设计体系及技术特色，而朵当理念及相应的朵当规制则是近世唐样设计体系得以成立的基石。朵当理念表现和反映了中世以来唐样设计技术的独立性与独特性，成为区别于和样设计技术的标志性特征。

《建仁寺派家传书》代表了近世唐样设计技术的主流形式及其定型化和制度化，所记唐样两种斗栱法的模数关系，可概括为如下基于朵当的两个模式：

六间割斗栱法："朵当+斗长"的六倍斗长模式

八枝挂斗栱法："朵当+椽当"的八倍椽当模式

《镰仓造营名目》唐样三篇，是镰仓唐样设计技术的传承和代表，且在传承宋式设计技术上，五间佛殿篇的技术独特性及其尺度规制尤具意义。五间佛殿篇所表现的基于材契的尺度设计方法，将中世唐样遗构的尺度现象与近世唐样技术书的尺度规制勾连贯通，相互印证，使得从中世至近世的唐样设计技术成为一个关联的整体存在。从唐样设计技术研究的角度而言，唐样三篇的特色和意义主要在于五间佛殿篇。

庞杂繁复的近世唐样设计体系，最终表现为大式、小式、和式三者的混杂融合。

总　结

镰仓时代传入宋技术之前，日本不存在真正意义上的模数设计技术。12 世纪末以来日本中世设计技术的进步，主要表现为模数设计方法的发生与发展，而外来宋技术的引领和影响，应是这一变化的一个促进因素，且以中世唐样为传承宋技术的主角和代表。

12 世纪以来东亚中日建筑设计技术的变迁，表现出共同趋势和关联整体的特色。中世至近世唐样设计技术的传承与演进表明：作为东亚设计技术的一个分支，其始终未脱离东亚技术发展的整体性和关联性。笔者相信，中日古代建筑设计技术是同源一体和相互关联的，而非孤立隔绝的存在。日本唐样设计技术的发生与发展，无论是文物还是典籍，都呈现源流清晰、传承有序的特点。

实际上，在东亚整体的视野和背景下，中国建筑史与东亚建筑史在许多内容上是相重合和关联的。故就此意义而言，日本中世建筑技术的进步和发展，可视为中国古代建筑史的关联环节和相关内容。

设计技术是东亚中日古代建筑史的一条主线。本文以东亚整体和关联的视野，以唐宋以来补间铺作的发达所引发的技术变化为线索，将 12 世纪以来中日建筑间架、斗栱的零散孤立、纷杂无序的尺度现象，连缀拼合成一个关联有序的整体，探讨其间的尺度规律和设计意图，进而勾勒其大致的演变脉络。这一过程中所呈现的线索、思路和认识将不同于以往孤立、隔绝状态下的认识，而这也正是本文的初衷和目标所在。

二、作为文化现象的唐样：宋文化的象征与追求

建筑从来不只是单纯的技术问题，正如唐样建筑成为日本文化的一个典型和代表。日本中世以来唐样建筑的形成与发展，其社会背景在于宋文化的流行与影响。作为文化现象的唐样，反映有丰富和独特的文化内涵。以下基于上述这一线索和视角，分作若干议题讨论唐样的文化内涵，以期进一步充实对唐样建筑技术的理解和认识。

1. 唐样的绽放

日本建筑史上，中世是一个充满朝气、激荡变革的时代，而基于宋技术的唐样建筑的成长，则是这一时代的主角和主要内容。实际上，唐样建筑与其说是技术现象，还不如说是文化现象，其实质是宋文化的象征和追求[1]。

日本自接受隋唐文化的影响之后，“唐”之称谓便被赋予了先进的大陆文化和技术的内涵[2]。中世以来，作为东亚先进的宋文化，再次受到日本社会的热烈追求和效仿，表现在社会生活的方方面面。其时来自大陆的文化、文物被称作唐样、唐物，广受贵族、民间的追求和喜爱，而唐样也成为相对于和样的艺术风格的分类形式，如唐样的建筑、绘画、园林、书法、诗歌、插花、茶道、佛事等等，都是宋文化的载体和表现。唐样与和样的实质是外来宋风与本土和风的两类风格形式。

相对于唐样，唐物则专指由大陆输入的工艺美术品。中世以来，从宋、元、明流入日本的文物典章众多，为时人所尊崇和追求。正如唐样是与和样相对应的存在一样，唐物也是相对于和物的存在[3]。唐样、唐物与和样、和物代表了日本文化上两种艺术形式的分类和审美趣味的分别。唐样所追求和标榜的是区别于传统，对立于和样。

唐样、唐物的内涵在于推崇和追求中土文物之风尚。对于中世日本而言，唐样又是一种心态和社会现象，即对宋文化、宋技术所代表的先进性和正统性的追求与向往。唐样的绽放，成为日本中世社会独特的文化现象。

室町时代初的南北朝时期，是唐样绽放的最盛期。南宋禅宗以及广泛的文化、技术，经镰仓时代的传播和吸收，至此达成熟和鼎盛时期。如禅宗五山十刹建制的完善、五山文学的兴盛、唐样建筑的成熟、唐物时尚的流行等等，皆是其表现。

唐样、唐物对于日本社会的影响是广泛和深远的。以幕府将军为首的武士阶层亲近禅宗，喜好唐物，形成了收集、鉴赏唐物的时尚风潮。甚至“武士之间时兴被称作唐膳的盛馔料理，也是宋风生活文化的影响”[4]。唐物趣味对其时日本社

1 历史上，“中华情结”深厚的日本，自唐之后，将文化发达、技术先进的中国大陆泛称作“唐”，并以之作为学习和模仿的榜样。

2 另据考证，“唐”的语源为海之彼方的国家，“彼”之转讹为“唐”，日语中二者读音相同。进而，以“唐”对“倭”，表示彼我相对的概念，如“唐绘”对“倭绘”。参见：河田克博. 近世建築書——堂宮雛形 2（建仁寺流）[M]. 東京：大龍堂書店，1988：859.

3 日本茶道文化推崇“唐物”，指宋、元、明输入的中国舶来品，其都被称作唐物，其相对应的是“和物”。

4 （日）河添房江著，汪勃译. 唐物的文化史 [M]. 北京：商务印书馆，2018：146.

会的文化、艺术和美意识都产生了重大影响。

日本中世著名的天龙寺船，就与舶来唐物相关联。

1341 年，室町幕府决定派遣天龙寺商船与元朝贸易，为京都禅宗五山之首天龙寺的营建筹措资金，而唐物则成为主要的贸易对象。天龙寺船带回大量唐物，文献记载“大获宝器而归”[5]。其主要有书画、瓷器、漆器、茶具、典籍、佛具、织锦、文具、家具等等，其中最为著名的就是天龙寺青瓷，为中国江南的龙泉窑瓷器，由天龙寺船带回日本而得名。其时青瓷身价尤高，所谓“江南之物皆价翔，陶器况最难运载”[6]。唐物的贸易权的取得意味着源源不断的财富，天龙寺船贸易的获利丰厚，“买卖得利百倍”[7]，为修建天龙寺筹措了充足的资金。1345 年纯正宋风的天龙寺落成供养，寺之开山梦窗疏石以诗盛赞“不动扶桑见大唐”[8]。

唐物作为舶来的奢侈品，成为日本上层贵族身份和地位的象征，进而，唐物的流转又体现了财富、威权的起伏荣衰[9]。唐物追捧成为中世社会的时代风尚，而唐物趣味也培养了日本传统的审美意识。实际上，唐物的意义已超出物质本身，成为中世日本人精神生活的一部分。

日本中世是一个宋风化的时代，唐样的绽放，显示着宋文化的无穷魅力。在这个意义上，可以说唐样是日本中世社会的一个象征。而在此背景下看待中世唐样建筑技术，其认识有可能更加全面和深入，并接近历史的真实。

2. 宋文化的象征

中世以来，伴随着宋文化的传播，形成了源于不同地域祖型的天竺样和唐样这两种风格样式。然而，与唐样的绽放相对比的是天竺样的凋谢。日本为何选择唐样而舍弃天竺样？其中或有多方面的原因，然二者地域祖型意义的高下，应是这一选择和取舍的深层原因。

天竺样作为偏远地区的福建样式，其祖型意义远不及唐样所标榜的南宋文化中心的江南样式。江南样式代表了当时东亚的最先进技术以及汉文化的正统所在。而这一文化背景，有可能决定了天竺样与唐样的兴衰消长。这一现象的背后最根本的是文化选择，而非技术选择。站在东亚的角度看待日本中世建筑，又有了新的内涵。

同样，宋金对峙时期南宋江南样式的流行，也并非只是单纯的技术现象，在东亚具有追求汉文化正统的意味，对于“中华情结”深厚的日本更是如此。日本中世唐样的兴盛，是与其时宋文化正统意识分不开的。

作为中国文化传播的一种形式和载体，历代政治文化中心的建筑样式，多成为东亚建筑的流行样式。相应地，政治文化中心的改变，也带来东亚流行样式的变化。南宋江南样式的流行，表明南宋王朝以临安为中心的江南文化对东亚日本

5 载《天龍寺紀年考略》，收录于：東京大学史料編纂所編．大日本史料（6 編 6 冊）[M]．東京：東京大学出版会，1999，转引自：王一贺．天龙寺船问题研究 [D]．长春：东北师范大学，2019：36.

6 1325 年至 1332 年滞留在元的禅僧中岩圆月，于 1342 年在镰仓滕谷的崇福庵期间，收到了建长寺住持物外可什送的龙泉窑青瓷八卦纹香炉礼物，咏诗《谢惠青瓷香炉》答谢：“窑瓷精致何处来，括苍所产良可爱。滑润生光与玉侔，青炉峙立厌鼎鼒。卦文旋转观有伦，檀片吐香烟蔼蔼。粟散王国苦乱离，十年不见通货卖。江南之物皆价翔，陶器况最难运载。”“括苍”指宋元龙泉窑青瓷产地的浙江丽水。此事记于其著《东海一沤集》。参见：村井章介．“寺社造营料唐船”再探一：以贸易、文化交流、沉船为中心 [M]// 郭万平、张捷编．舟山普陀与东亚海域文化交流．杭州：浙江大学出版社，2009：9.

7 载《太平记》，收录于：東京大学史料編纂所編，大日本史料（6 编 6 冊）[M]．東京：東京大学出版会，1999，转引自：王一贺．天龙寺船问题研究 [D]．长春：东北师范大学，2019：2.

8 《梦窗国师语录》卷上。梦窗疏石诗中“不动扶桑见大唐”这一句讲的是天龙寺，而整首诗的主题应是与天龙寺营造相关的元日贸易，也就是史学上所谓的“天龙寺船”。

9 （日）河添房江著，汪勃译．唐物的文化史 [M]．北京：商务印书馆，2018.

的影响，唐样即其典型的表现。

唐样是一面旗帜，意味着大陆的先进文化和技术。中世统治者的镰仓幕府，正是以禅宗唐样作为武士阶层新文化的装饰与象征，而这种心态在建筑上的表现即是唐样建筑的流行。

随着禅宗寺院在日本的兴盛，唐样作为宋文化的传承者，具有显赫的声誉和地位，代表着先进技术和和正统样式。及至江户幕府时期，依然重用精通唐样的工匠，唐样成为谱系正统与技术先进的标志和保证。

中世以来，唐样技术上的优势是和样所不及的。而至近世，唐样的技术优势渐被拉平，实际上，和样技术书《匠明》兼记有唐样做法，四天王寺流应也掌握了唐样技术，所缺少的只是宋式谱系的正统名号，谱系正统的旗帜仍握在建仁寺流手里。近世唐样工匠谱系的“建仁寺流”，一直是以传承宋技术的正统谱系为标榜的。在此心态下，技术样式被赋予了浓厚的文化意味及相应的等级意义。

建筑样式本身，原本并无特别的含义，然而一旦被赋予文化属性，成为文化现象，也就拥有了相应的象征意义。所谓和样、唐样皆是如此，且文化意义大于技术意义。

中世以来唐样建筑之经久不衰，其原因主要不在于技术内容，而在于其所蕴含的文化意义。及至近世，和样化的倾向削弱了唐样技术的鲜明特色，唐样的技术性不断地淡化和模糊，然唐样的文化性则始终闪耀。

技术从来不是单纯的技术，与文化有着无法分离的关系，这在日本社会尤其如此。

唐样建筑有着两个层面的意义和内涵：一是文化认同，二是技术做法。前者表现的是文化和精神的追求，后者反映的是技术的先进和进步。

从中世至近世，唐样建筑成为延续宋风记忆的一种载体。即便经历和样化的侵蚀，也难以抹去这种记忆的存在，唐样建筑的宋文化属性依然坚实。在这个意义上，唐样建筑的变迁过程也可视作中世以来日本建筑发展的一个缩影。

3. 宋风的直写：不动扶桑见大唐

日本中世对宋文化的热情，反映在其追求忠实仿效的心态上，在江南禅宗寺院的东传过程中，这一心态表现得十分典型和具代表性。

自 13 世纪初的南宋禅宗的初传以来，历经半个世纪的努力，在赴日宋僧兰溪道隆的主持下，拟中国五山之首的径山，创建了日本第一个纯正宋风禅寺——镰仓建长寺（1246 年），自此宋风做法天下流布。又百年之后，京都禅宗五山第一的天龙寺落成供养（1345 年），一派纯正宋风的景象，寺之开山梦窗疏石赞曰“不动扶桑见大唐”[10]，意为如亲见大宋，犹身临其境。其时正值日本宋风禅寺的鼎

10 《梦窗国师语录》卷上。梦窗疏石（1275—1351）是镰仓时代末期著名的禅宗僧人，有“七朝帝师”之称。

盛时期，其丛林规制、伽蓝布局、建筑样式、法器家具，乃至僧服偈语、修行仪轨、生活方式，无不一如宋地丛林。“在镰仓五山，使用中文宋语，流行被称作茶礼的中国式茶会等，宋文化被直接输入，以茶具为首的使用唐物的嗜尚越发风行”[11]。据传当时镰仓五山禅寺，通用的是中国话，而且是当时的浙江口语[12]。由此可以想象其时日本极力仿效宋土禅林的心态。

直写的宋风，是当年日本禅僧所追求的最高境界和理想，希望将大宋丛林原样照搬至日本，所谓“不动扶桑见大唐”，表露的正是这种心态。

日本中世禅宗寺院，致力于对南宋禅寺的全面移植和忠实模仿，尤其是早期的镰仓禅寺，力求一切规式皆仿宋土，表现出对纯正宋风的强烈追求。这种宋风直写的心态，在日僧所作的五山十刹图上，也有充分的体现。

伴随南宋禅的东传，南宋禅宗的寺院形制及建筑技术也被移植于日本。在这一过程中，五山十刹图成为日本中世建立宋风禅刹的直接范本。

五山十刹图为入宋日僧历访南宋五山十刹、手写禅院规矩礼乐及样式形制所成之绘卷，图写内容广泛而详尽。由绘卷图写的全面及详细的程度可知，绘卷是为模仿南宋禅寺全面的规矩制度以应用于日本而作的。

日本中世对宋文化的热情和追求，加深了中日两国文化的密切关系[13]，尤其是中日禅寺之间的关系，正如赴日宋僧大休正念所形容的：“大唐国里打鼓，日本国里作舞”，“无边刹境，自它不隔于毫端”[14]。两国丛林，同气连枝，声气相通，已达无所隔碍之境地。基于此，设计技术上唐样对宋式的追求和模仿，也是不难想象的。

日本大规模地追求和模仿大陆文化，始自唐朝，越是中国风味的，就越受到当时贵族们的喜爱。“本朝制度，多拟唐家”[15]，正反映的是这一特色。日本风俗制度多模自汉土，诗人王维在遣唐留学生阿倍仲麻吕归国时赋诗送别：“正朔本乎夏时，衣裳同乎汉制。”[16]明朝时日本使节诗曰：“衣冠唐制度，礼乐汉君臣。年年二三月，桃李一般春。”[17]皆极言日本风俗制度与中国的一致，而这一切又都由追求和模仿而来，唐宋皆然，且宋更甚于唐。

对于日本中世而言，禅寺的发展与唐样的兴盛是相互关联和不可分的，追求宋风禅寺与仿效宋风建筑的心态也是一样的。

4.“样”的确立：原型向范式的转化

日本建筑史上，千百年来移植、模仿不同时期和地域的中国建筑，相应地形成了若干独立的建筑样式，即所谓的“样”。其内涵除了表现源流祖型的意味之外，还具有榜样范式的作用。

日本自古以来，对于从大陆传入的样式技术，一直专注于讲求“样”，以之

11 （日）河添房江著，汪勃译. 唐物的文化史 [M]. 北京：商务印书馆，2018：146.

12 （日）小岛毅著，何晓毅译. 中国思想与宗教的奔流：宋朝 [M]. 桂林：广西师范大学出版社，2014：334.

13 根据日本学者白石虎月《禅宗编年史》，中世仅中日两国僧侣之间的往来，即达 520 余人。

14 渡日宋僧大休正念的“石桥颂轴序”，参见：玉村竹二·“大休正念墨蹟「石橋頌軸序」について”[M]//玉村竹二. 日本禅宗史論集. 京都：思文閣，1976.

15 （日）《三代实录》贞观十三年（871 年）十月二十一日条。

16 王维《送秘书晁监还日本国》，遣唐留学生阿倍仲麻吕，唐名“晁衡”。参见：杨知秋编注. 历代中日友谊诗选 [M]. 北京：书目文献出版社，1986：3–5.

17 此诗作者有多说，如宋真宗时的日本人滕木吉、明朝日本使者答里麻，诗名《答大明皇帝问日本风俗诗》。参见：孙海桥. “衣冠唐制度，礼乐汉君臣”诗源考 [J]. 广西职业技术学院学报，2013（3）：84–87.

进行分类和仿效，注重的是“样”的谱系性和范式性，极力追求忠实和不走样。在此意义上，“唐样”是中世禅宗寺院建筑的榜样范式。

样式的守陈、定型乃至标本化，是日本移植中国建筑样式后的一个重要表现和特色。外来样式定型之后，演化是次要的，守陈反成主要特色。“守陈”意味着保持祖型的基本特征；“定型”则指作为标准样式而少有变化。“样”表现了定型化样式的范式意义和作用。

日本在模仿和移植南宋建筑技术时，“样”的意识强烈，五山十刹图中所记诸“样”的目的，即在于依“样”仿效宋风禅寺与建筑。而“径山样”“天童样”“灵隐样”及“金山寺样”的归纳和细分，实质上是进一步确立了模仿的分类范式，并以此细分诸样的方式，表明具体的取法对象和强调特定的谱系源流。

五山是南宋禅寺的最高寺格等级，径山作为五山之首，其“样”的意义更显重要。而“拟中国之天下径山”的镰仓建长寺，也被赋予了“天下丛林之师法”[18]的地位。在宋元禅东传日本的过程中，江南五山大寺影响巨大，成为日本中世丛林仿效的典范。

南宋禅宗大寺之“样”，直至江户时代的唐样技术书中，仍被奉为经典，表明了南宋禅寺作为祖型范式的意义。

日本在学习外来文化、技艺的过程中，热衷于以“样”的细分方式，确立仿效的分类范式。相应地，诸样繁复，流派纷呈，表现在生活、工艺的各方面，而寺院、神社、住宅、茶室、造园等等，莫不如此。且早在平安时代的《作庭记》中，这一特色就十分突出，造园设计以“样”的细分方式，归纳为成法、范式，设计技术趋于程式化。而在技艺上诸样繁复，流派纷呈，讲求仪式感，且往往形式大于内容，其实也是日本文化的特色[19]。

中世以来的半个多世纪，唐样建筑在形式上所呈现的同一性，源于对祖型特征的传承和坚守，日本建筑史上“样”的确立，其实质是原型向范式的转化。

5. 唐样建筑技术变迁的文化视角

纵观日本古代学习和吸收外来文化的历程，其基本路径大致可概括为“模仿—改造—蜕变”。中世以来唐样建筑技术的变迁，从最初的移植模仿，到中期的成熟自如，再到后期的本土化改造和蜕变，也充分表现了日本文化的这一特色。

日本史学家薮内清指出：“日本成为中国文化圈中最为优秀的国家。中国的文明几乎均是依自力而筑成的，与此相对比的是，日本的文明与其说是创造，还不如说是选择了模仿的道路。”[20]又如“日本中古之制度，人皆以为多系日本自创，然一检唐史，则知多模仿唐制”[21]，指出的也是这一现象。就此，日本史学家甚至感慨道：“在我们的文明中，任何看起来本质上属于日本的东西，实际上都是舶来

18 禅僧义堂周信（1325—1388）日记《空华日用工夫略集》：“日本禅林，莫盛关东。关东禅林，莫盛福鹿两山，是天下丛林之师法也。”参见：義堂周信著，辻善之助編. 空华日用工夫略集 [M]. 東京：大洋社，1939.

19 关于日本技艺的流派纷繁，记录民国初年中国留学生留日生活、经历的《留东外史》，有如下描述：“日本射法流仪太多，闹不清楚，其实没有什么道理，拈弓搭箭，手法微有些不同，又是一个流派”，“大凡一样技艺，习得一多，就不因不由地分出流派来，其实不过形式罢了，精神上哪有什么区别？都是些见识少的人，故意标新取异地立门户。”点评者指出：《留东外史》产生于中日关系最恶劣、中国人的精神最昏黑、最绝望的时期。参见：不肖生. 留东外史 [M]. 长沙：岳麓书社，1988.

20 （日）薮内清. 中国の科学文明 [M]. 東京：岩波書店，1970.

21 （日）木宫泰彦著，胡锡年译. 日中文化交流史 [M]. 北京：商务印书馆，1980：163.

品。”[22]中日关系史学者也指出：“我们现在所能知道的日本古代文化，都是接受大陆文化以后的文化。严格地说，跟朝鲜、安南一样，都是中国文化延长的一部分。”[23]日本历史上，从汉化的日本到欧化的日本，都表现了日本文化的可塑性以及善于学习外来先进文化的特色。一千多年来日本建筑技术的成长变迁，正是这一特色的典型表现。

日本对宋技术的追求，中世前期表现为忠实地模仿宋式，室町时代后期，逐渐结合本土做法和趣味，进行改造和发挥。及至桃山、江户时代，唐样建筑已表现有浓郁的和风气息及相应的审美趣味。

历史上，日本擅长于学习和模仿外来文化，进而作本土化的改造，也就是通过模仿他人而塑造自己。中世以来和样与唐样的技术变迁，同样也反映了这一特色。因此，所谓的和样，也就是日本化的盛唐样式；而唐样设计技术的基本理念，还是来自宋技术。也就是说，唐样的技术进步不是来自对祖型权威的挑战，而是对先进宋技术的吸收、融合和改造。

补间铺作是传承宋式的唐样建筑的典型特征，对于日本中世建筑而言，补间铺作具有标志性和符号性的意义。唐样设计技术上对基于补间铺作的朵当理念的强调和强化，其意义不仅在技术层面，也在文化层面。

近世唐样设计技术成分的多样性与复杂化，从模数技术所追求的简洁性的初衷而言，或是一种技术退步和繁化。以宋清法式的角度视之，大式、小式、和式交杂的近世唐样设计技术几无纯粹性可言，而是一种拼合融汇的产物，然从东亚整体的视角看待近世唐样建筑这一技术现象，其背后更多反映的是一种独特的文化现象。

在学习和仿效大陆设计技术上，日本的改造既有精简，也有增繁，并逐渐形成本土化的特色。如唐样斗栱构成上，基于宋式格线关系的细化和改造，形成本土特色的斗栱立面基准方格模式，其实质是一种和式的繁化和程式化的表现。将一种形式或方法推向极致，呈极简或极繁，往往是日本文化的一个特色。

构件的装饰化及精致化，是中世天竺样、唐样的显著特色。尤其是中世以来唐样建筑技术的变迁，反映了日本技术精致化的特色，表现为将宋式技艺推向极致，在细节上追求更加精细和完善。而极致的精细化追求，也带来了形式上繁琐的特点。

日本技术展现了注重细节的特点，擅长于从细节出发，在既定的架构内，丰富细节的内容，精致细节的处理。宋式设计技术传入日本后，经由唐样的吸收、传承和改造，变得更为精致和程式化。唐样斗栱构成的精致化和比例关系的精细化，将南宋江南建筑的精致更推进一步，表现出日本的风格和特色。

唐样建筑的独特性及其日本性格，表现在细节的处理和改造上，表现在气质和趣味上。

22 （法）费尔南·布罗代尔著，常绍民、冯棠、张文英、王明毅译. 文明史：人类五千年文明的传承与交流 [M]. 北京：中信出版集团，2017：460.

23 梁容若. 中日文化交流史论 [M]. 北京：商务印书馆，1985：5. 梁容若是中日关系史研究的奠基人之一，强调日本文化受中国文化之影响。

唐样建筑的精致化，既是技术特色，也是审美趣味。精致细腻的唐样，是精细化日本的典型和代表。

13世纪以来东亚文化、技术精致化的倾向，是南宋技术和情趣作用的结果。日本中世社会风格和审美趣味的转变，包括建筑风格、设计技术的变迁，也处于这一背景之下。南宋文化尚精尚雅，南宋人的精致，一定程度上影响并造就了此后精细化的日本。

比较中日建筑技术的特点，中国更注重整体性，从整体出发，强调从整体到局部的技术逻辑；日本更注重局部性，从细节入手，关注细节意匠的推敲。日本学者也意识到：中国与日本建筑之间的区别，在于对待整体和局部的态度，中国为整体本位，日本为局部本位[24]。唐样建筑及其设计技术的成长历程，多少也反映了这一特色。

就风格、意匠而言，日本建筑更喜好单纯平和，执着于细密整然、纤细优美的风格，无论是斗栱形式的演变，还是布椽形式的变化，以及小木作格子天花、槅扇形式等等，皆十分典型。以斗栱形式而言，日本未如中国斗栱那样的复杂化发展，而是专注于样式的定型化和单纯化的追求，尤其是室町时代以来，唐样建筑技术基本上是朝着这样一个方向变化，呈现日本化的风格和意匠。

关注中日文化之异同，往往看似近乎亲缘的相近类同，骨子里却有着迥异的匠心。而这份匠心，主要不在技术上，往往表现在审美趣味和精神气质上。日本文化的长处不在于变化事物本质的构造，而在于使之美化和洗练的特质。唐样建筑及其设计技术的成长和成熟，充分表现了这一特色。

6. 新兴与传统的交替轮回

日本古代建筑技术的发展，不断呼应中国建筑技术的变化，从中国获取活力和动力。日本建筑史上的重大技术进步和变革，大多来自外来因素的推动，中世亦不例外，或者说更为显著。

6世纪飞鸟时代，大陆佛教建筑初传日本，自此之后的一千多年来，不同时代、地域的大陆建筑技术相继传入日本。日本佛教建筑的发展，历经大陆影响时期与和风化时期的交替轮回，这成为日本建筑发展历程上的一个显著现象。

中日建筑关系史上的两个重要时期是隋唐影响时期与宋元影响时期。前者以盛唐建筑为祖型，经奈良、平安时代的吸收与消化，形成日本的古典样式“和样”；后者以宋元建筑为祖型，为沉寂已久的日本建筑带来新风，确立了中世建筑的新样式“唐样”。

奈良时代至平安时代前期，日本文化受唐文化的浸润，是汉风文化的灿烂时期。在吸收和消化唐文化影响之后，平安时代后期的近3个世纪，为和风文化的

24 （日）芦原义信著，常钟隽译. 隐藏的秩序——东京走过二十世纪[J]. 建筑师，1993（3）：97-111.

繁荣时期，逐渐形成了日本特色的民族文化。

自9世纪末停止遣唐使的派遣以来，日本渐与中国关系疏远，进入和风化时期，汉文化的输入停滞三百余年之久。这一时期成为断源之水的日本建筑技术的发展，基本上陷于沉寂停滞的状态，技术因袭，样式守陈，整体上再未有显著的进步。若论变化，如平安京流行的盛唐样式，在风格上逐渐生出洗练、纤细、优美的趣味。直至12世纪末南宋技术的传入，日本建筑重获源头活水，中世建筑为之剧变，建筑技术由此进入又一轮的跳跃式前行，掀起了日本建筑史上继唐之后的第二次求新变革。

相较而言，中国建筑技术的发展，多源自本土技术的积累，循序渐进，有着逻辑清晰的演进关系；而日本建筑技术的进步，多非自身连续性演进的结果，而是借助外来技术的推动，表现为非渐进性的特征，呈跳跃性和间断性的态势。

从东亚整体的角度来看，日本古代建筑技术的发展上，外来祖型的技术特征，被凝固为纯粹的“样”，从而缺乏自身的演进机制，诸样之间，皆为截然相分的独立样式，而不存在传承和演化关系。且基于外来技术推动的跳跃式发展，也带来了诸样式间显著的时滞和代差。

以斗栱形制的演变而论，日本自唐招提寺金堂的偷心单栱造六铺作斗栱的成熟和定型以来，再也不见中国斗栱那样的活跃发展。如果以技术进步为指标，那么奈良、平安时代在斗栱技术上基本无所作为，除了细部、风格上的细微变化外，整体呈停滞状态，这与中国建筑技术动态的演变，形成显著的对比。

自13世纪初，基于宋技术的中世唐样建筑上首次出现重栱计心造。然若无外来技术的引领和推动，日本自身不可能产生由单栱偷心造向重栱计心造的演进。而通过南宋建筑技术的移植，唐样斗栱显然较和样斗栱在形制演进和技术进步上，一下跨越了近四百年的历程，而这也正是日本建筑技术发展的特殊性所在。

单栱、重栱与偷心、计心，对于日本建筑而言只有样式的意义，而无技术演进序列的意义。无补间铺作与补间铺作两朵这两种做法同样如此，在中国本土如此重大的技术进步，然对日本建筑而言，表现的仍是新旧样式交替的意义。

伴随外来技术的相继传入，迥异新风的出现、新旧样式的交替，成为日本佛教建筑发展的一种常态。

和样作为日本中世建筑的传统形式，几百年前尚是外来的唐风新样式。然至12世纪末宋风新样式传入后，此前长久习用的唐风样式，转身变成了日本自己的传统样式，并与外来的宋风新样式之间，形成传统与新兴的对峙关系。这种传统与新兴的交替轮回，是不断吸收外来文化的日本文化的独特之处。

日本历史上的所有样式分类，其实质都是在中日文化关系的背景下，区分所谓“中国样式”与“日本样式”及其交替轮回。

实际上，日本室町文化中的“唐”已不那么纯粹，在很大程度上与“和”已水乳交融。正如人们所形容的那样：室町时代的日本人坐在中国的山水画前，举行着日本式的连歌会，这一番情景既不是纯粹的“唐”，也不是纯粹的“和”。室町时代后期的唐样建筑技术，也大致处于这样一种状态，如室町后期的三明寺三重塔（1531 年）上独特的折中做法，即是这种状态的表现，其第一、第二层为和样，第三层为纯粹的唐样。宋风化的改造，缩小了雄劲硕壮的和样与精巧纤细的唐样之间的距离，二者并用于同一塔上，毫不突兀违和，甚至表现出折中的调和之美。

新兴与传统，是日本自古以来建筑发展进程上的一对关联存在，而日本文化的特色及擅长在于经久的磨合使得对立的二者水乳交融，或者说是汉和界线的消解模糊。

从汉和对立到汉和交融，是日本文化最具特色的表现。

新旧的交替轮回，同样也表现在唐样建筑的属性认识上。作为中世新兴样式的唐样，至三百年后的桃山、江户时代，在日本人的心目中也早已成为自己的传统样式。当代日本学者甚至认为：唐样“并非舶来品，而纯粹是在日本确立起来的建筑样式”[25]。这一认知尽管有违史实，表露了不愿溯源的心态，然也很典型地表现了日本人的思维方式，即认为经久习用并改造后的东西就是自己的传统了，这与日本人对于和样的认知是一致的。就此意义而言，“唐样”最终也变成另一种“和样”。

江户时代的日光灵庙唐样本殿，在日本人的心目中已是和风浓郁的日本传统样式。这犹如人们常说的中国人善做瓷，日本人精于漆，然实际上漆器技艺最初也是从中国传到日本的，并最终成就了日本独特的艺术趣味。同样，传承自宋技术的近世唐样建筑，最终流露的也是独特的和风意趣。

中世以来的唐样建筑历史，就是一部宋元江南建筑“样本”在日本的变迁史。

7. 祖型的时代变迁和地域跨越

日本佛教建筑体系，主体上是以唐、宋建筑为祖型而构建的。其建筑诸样，无论是和样、唐样、天竺样，还是黄蘗样，本质上皆是“中国样”，分别源自不同时期和不同地域的中国建筑。

从中国建筑整体来看，建筑风格及技术的差异，多是一种地域现象。中国不同地域建筑的传播与影响，使得日本建筑发展和演化纷繁而复杂。而从东亚整体的视角看待日本古代的建筑样式，则有了新的意义。

东亚建筑发展的独特性，决定了其技术体系与样式源流离不开源地祖型这一背景。时代性与地域性是建筑技术的两个基本属性。大致而言，体系的不同，表露的是地域性的变化；形制的演化，反映的是时代性的作用。日本建筑诸样之间

25 （日）铃木智大. 日本佛教寺院建筑之类型和样式的意义 [M]// 王贵祥. 中国建筑史论汇刊（第 15 辑）. 北京：中国建筑工业出版社，2018：51-60.

的差异，其实质在于祖型的差异，且于时代与地域两大因素中，主要取决于祖型的地域性特征。

在技术及样式上，唐样相较于和样有了显著的不同，其实质反映的是二者祖型之间在时代变迁和地域跨越上的巨变。比较和样与唐样的源地祖型，二者之地域差异为南北之分，时代差异为唐宋之别。进而，关东与西日本的唐样建筑，在样式上也存在着微小的差别，而究其实质，仍反映的是其祖型的江南分支地域的差异。

以斗栱形制的演变为例，单栱、偷心和单材做法，对于中国本土而言，为斗栱的早期形态，唐宋以来逐渐向重栱、计心和足材的形式演进。而对于日本而言，二者间并不存在演进关系，唯祖型的不同，是单栱偷心的和样与重栱计心的唐样之差异的根本原因。

东亚建筑样式的分类，以祖型的地域属性为根本，进而辅以祖型的时代特征，东亚建筑样式的类型与谱系由此得以较为清晰地认识和描绘。

中世以来唐样与和样的并存，以中国本土建筑的角度视之，仿佛时空的交错与重叠：唐样已是新鲜的江南南宋样式，而和样仍停留在老旧的中原盛唐样式，技术样式上唐样的跃进与和样的僵滞，呈鲜明生动的对比。中国本土所呈现的巨大的时代变迁与地域跨越，在日本中世却化作两个样式的同行并立，交汇互动，乃至相融一体。

中世的唐样与和样，从东亚中日关系的视角而言，反映的是对不同时期祖型特征的守陈现象；对于日本中世而言，其含义则是新兴与传统的对立，唐样与和样被赋予了独特的文化内涵。

历史上日本古代建筑的发展，因与中国建筑的密切关联而呈现出独特的面貌。日本传统文化的多样性和丰富性，很大程度上源自其多元祖型的特征，而中原唐文化与江南宋文化则是其中最主要的两个源泉，相应地形成日本传统文化上和样与唐样的分类特色。在佛教建筑上，唐宋文化对日本的影响是根本性的。

中世唐样的出现，结束了平安时代以来单一和样一统的局面。唐样伴随和样，贯穿中世以来的整个日本建筑史，唐宋因素始终与日本佛教建筑同在，并成为东亚中日建筑整体性与关联性的基石。

8. 唐样与和样：日本文化的多样性特色

既迷恋中国文化，又极力标榜日本文化；既渴望汲取新鲜事物，又努力发掘传统文化，表现了日本文化双重性的特色。纠缠于传统与新兴之间的复杂心态，形成两种力量的咬合与平衡。而在作为文化载体的建筑上，唐样与和样的独特关系也反映了这一特色。

日本文化史上，唐样存在的意义在于与和样的关联比对中。二者既竞争对立，又互动映衬，构成日本中世建筑发展的一个主线和特色。就此意义而言，新兴唐样与传统和样是相互依存、彼此成就的共生关系。

“样”的对立反映的是比较和竞争的心态。新兴唐样的本质特征，不在于样式的新颖，而在于标榜先进和区别传统的心态。江南宋样式的传入，开启了日本建筑样式多元并立的时代。其内涵反映了中世建筑发展上外来与本土、新兴与传统、变革与守陈的对立和交融。

日本中世建筑上，既有传统的厚重沉着，又有新兴的生机活力，既有简素质朴的一面，又有华彩绚丽的一面，既追求尺度雄大的五山佛殿，又喜好纤巧精致的小型佛堂，中世是日本建筑史上丰富多彩的时期。中世建筑若只有单一的和样，则是乏味枯燥的时代，以审美情趣而言，唐样与和样的迥然异趣、映衬互补，成就了日本中世文化的丰富多彩和生气活泼。唐样的存在满足了日本文化多样性的需要。

实际上即便只是和样，也显露有不同的文化烙印。奈良和样的雄浑粗壮与京都和样的纤细洗练，都反映了影响和样成长的不同文化因素以及传统的多样性特色。

日本中世建筑格局的变迁，在于唐样与和样的盛衰消长、此起彼伏的变化。在学习和吸收外来文化的过程中，酝酿和构建日本独特的民族文化。

中世后期，唐样与和样逐渐从对立走向融合，技术成分多样化的近世唐样设计技术，呈现出一种交杂、混融的形态。而这一技术现象背后，更多反映的是独特的时代背景和文化因素。

近世唐样技术与样式，经由与传统和样的糅合、改造，变为和风浓郁的唐样建筑，正如绚丽的日光东照宫本殿所呈现的样态：唐样与和样交融一体，洋溢着日式的匠心意趣。从对立走向融合，唐样与和样各自丰富了对方世界，并成为对方世界的一部分。

新旧样式的对立并存，是日本建筑发展史上的一个独特现象。历史上日本文化的特色，正是在新与旧、外来与传统的矛盾中发展起来的。而求新、守陈、折中及本土化改造，也成为日本文化发展的重要表现形式。

9. 宋朝与日本传统文化

历史上宋朝与日本传统文化的关系尤为深切，日本中世以来唐样建筑的成长，正是宋朝与日本传统文化关系的一个注脚和缩影。

日本中世追求宋文化的热情，丝毫不亚于其古代对唐文化的渴求。南宋时期，镰仓幕府重视和发展宋日贸易，商人、僧侣往来频繁，形成了继唐朝之后中日文化交往的又一个高潮，以佛教禅宗和宋学为代表的宋文化，对日本社会产生了深刻的影响。且与唐代相比，宋文化对日本的影响，更加普及、全面和深入。宋文化对日本中世社会的影响是整体性和全面性的，日本学者指出："镰仓时代的文化，在宗教、美术和学问等一切方面，都受到中国文化的深刻影响。"[26]

中国佛教诸宗对日本文化的影响，以禅宗最为深远和广泛，影响遍及日本文化生活的各个方面。而唐样建筑作为日本禅宗寺院的建筑形式，其发展也是与南宋禅宗的传播紧密相关的。

历史上，南宋禅宗对日本文化的培养和塑造尤具意义，"佛教其他各派对日本文化的影响，一般都局限在日本人的宗教生活方面。唯独禅宗不受此限，它对日本文化生活的各个方面都具有极深的影响"[27]。正如日本学者加藤周一所说的："室町时代的文化，不是有禅宗的影响，而是禅宗成了室町时代的文化。"[28]因此，禅学家铃木大拙认为："在某种程度上，禅造就了日本的性格，禅也表现了日本的性格。"[29]

宋朝之影响深远而广泛，延绵近千年，表现在日本文化艺术的各个方面，存在于日本人的内心深处，被吸收改良成所谓的日本传统文化，以审美意识这一点而言，日本人与宋朝人也是很接近的[30]。日本文化中许多传统的东西，无论是生活习惯，还是文化艺术，大都是由宋朝传入的，多是宋之遗风，日本中世建筑的发展即是一个典型的表现。所以研究宋史的日本学者会说：日本人通常认为的所谓"日本的传统"，其实是根植于宋代文化的[31]。

中国文化是日本文化的一个源头。"根在中国，长在日本"的众多日本文化现象，反映了中日文化渊源之深厚。而基于宋技术的唐样建筑的成长，犹如中土根基上长出的新枝，成就了日本传统文化的一个典型，正所谓"一树花开两地芳"[32]。实际上，日本学习吸收的中国文化，已如水乳交融，难以拆分。

建筑作为日本文化的重要形式和载体，唐、宋的影响最为重要。

10. 日本文化的觉醒：桃山时代

在大陆文化影响与本土文化繁荣的交替轮回历程中，至平安时代后期，迎来了日本历史上最初的和风文化繁盛时期，大陆文化的本土化由此而始。至16世纪中叶的桃山时代，迎来了又一轮和风文化的繁盛时期，由此构成了日本历史上大陆文化本土化的两个主要时期，充满民族特色的和风文化走向成熟。

在此之前，日本文化技术的发展多少拘泥于因袭守陈，未能摆脱陈规旧制的束缚。而至桃山时代，和风文化高昂繁盛，是宋风文化的日本化时期。这一时期基于日本文化的积淀和酝酿，形成了独特的和风文化和艺术风格。就此意义而言，桃山时代是日本民族文化的觉醒时代。

26 石母田正、松岛荣一著，吕明译. 日本史概说[M]. 北京：三联书店，1958：182.

27 铃木大拙著，陶刚译. 禅与日本文化[M]. 北京：三联书店，1989：14.

28 转引自：叶渭渠，日本文化史[M]，桂林：广西师范大学出版社，2003：189.

29 增谷文雄编. 铃木大拙·現代日本思想大系8[M]. 東京：筑摩書房，1968：324.

30 （日）小岛毅著，何晓毅译. 中国思想与宗教的奔流：宋朝[M]. 桂林：广西师范大学出版社，2014：353-356.

31 （日）小岛毅著，何晓毅译. 中国思想与宗教的奔流：宋朝[M]. 桂林：广西师范大学出版社，2014：355.

32 清末诗人巨赞法师《赠日本莲宗立本寺细井友晋贯主》："风月同天法运长，圆融真谷境生光。天台立本情无隔，一树花开两地芳。"

桃山时代以来，世俗建筑有了显著的发展，如高大的城郭、壮丽的殿馆、豪华的住宅以及质朴幽寂的草庵风茶室，再有作为神、人祭所的神社与灵庙，近世日本建筑异彩纷呈，尤其是世俗建筑成为最具特色和个性的表现。

这一时期出现了真正意义上的本土建筑，逐步摆脱中国风格的束缚，洋溢着浓郁的日本民族气息和特色。这是日本建筑史上最充满生机活力的时代，艺术摆脱了宗教的束缚而转向人间世俗，产生了豪壮奔放、华美绚烂的桃山艺术，都市与市井文化勃兴。在建筑类型上，城郭、灵庙及书院等新兴建筑相继出现。这种建筑中心从宗教转向世俗，是日本建筑史上的又一次变革。日本建筑以佛教建筑的传入而为之一变，至近世又以转向世俗而出现变革，充满日本民族气质的建筑由此诞生。所以研究日本建筑史的伊东忠太称："真正意义上的日本建筑始于桃山时代。"[33]

日本建筑史上的中世，以从中国宋朝传入的新样式为开端，以出现本土建筑新样式和技术为结束[34]。从大陆宋式的追求到本土和式的兴起，和风高昂的桃山文化由此而生，而中世建筑的意义亦显现其中。

实际上，真正意义上的本土化设计技术也可以说是始自桃山时代。从中世至近世，新兴唐样的光环渐褪，传统和样则愈趋强势。在这一过程中，唐样与和样的交融互动关系，经历了此消彼长的角色转换。对于唐样设计技术而言，"近世"不只是一个时代概念，还反映了本土化的演变这一内涵。唐样设计技术与其祖型渐行渐远，其和样化的蜕变改造，也大都发生在桃山时代之后。

唐样建筑技术本土化的进程上，最具特色的是近世日光东照宫所代表者，宋风唐样终于呈现出浓厚的和风气息及审美趣味，成为近世唐样技术蜕变的典型表现。

近世东照宫灵庙建筑，表现出了桃山建筑绚丽华美的艺术风格，洋溢着本土的和风趣味。而这一近世建筑艺术的杰作，最终还是由唐样建筑及其设计技术实现的。伴随着本土和风文化的繁盛，中世以来唐样设计技术的演变，至此算是一个终点。

东照宫的唐样，在骨子里已不再是纯粹的宋风模仿，唐样逐渐褪去了宋风色彩，呈现出独特的日本气质与趣味。

自桃山时代以来，日本建筑风格上两种对立的审美情趣相映互衬，成为一个显著的现象。一是表现简素和纯雅，以京都桂离宫为代表；二是追求奢华和浮艳，以日光东照宫为代表。桂离宫追求原始的自然性，表现简素质朴之美；东照宫注重人工的装饰性，展现豪华绚丽之美。有学者认为前者反映了日本文化的本质特征，后者模仿了中国皇家建筑象征权势的浮华模式[35]。实际上，多样性和复杂性是日本文化的一个特点，历史上日本文化的成长，也难以与中国文化拆分和对立；且追求自然、质朴雅致，本就是中国传统审美意趣的一种表现，而非日本所独有，

33 伊東忠太. 日本建築の研究(下)[M]. 東京：龍吟社，1942：6.

34 上野胜久著，包慕平、唐聪译. 日本中世建筑史研究的现状和课题——以寺院建筑为主[M]// 王贵祥，贺从容. 中国建筑史论汇刊(第12辑). 北京：清华大学出版社，2015：83-96.

35 叶渭渠. 日本文化史[M]. 桂林：广西师范大学出版社，2003：257-264.

只是日本文化中较多地保留了中国早期的风格特征。

当然，日本文化的独特性也是分明和显著的。“淮南为橘，淮北为枳”，风土地理有着决定性的意义。中日文化之间，形式上尽管看似诸多类似，然骨子里的民族性和文化差异无疑也是显著的。日本建筑的特质，最终还是取决于日本文化的底色。独特的岛国地理风土以及不断的文化吸收与融合，造就了日本民族的文化与气质。在漫长的历史演进中，日本文化与艺术展现出独特的魅力与内在性格。

参考文献

一、日文文献

1. 著作

[1] 太田博太郎，等．日本建築史基礎資料集成（四）・仏堂Ⅰ [M]．東京：中央公論美術出版，1981.
[2] 太田博太郎，等．日本建築史基礎資料集成（五）・仏堂Ⅱ [M]．東京：中央公論美術出版，2006.
[3] 太田博太郎，等．日本建築史基礎資料集成（七）・仏堂Ⅳ [M]．東京：中央公論美術出版，1975.
[4] 太田博太郎，等．日本建築史基礎資料集成（十一）・塔婆 I[M]．東京：中央公論美術出版，1966.
[5] 太田博太郎，等．日本建築史基礎資料集成（十二）・塔婆Ⅱ [M]．東京：中央公論美術出版，1999.
[6] 奈良六大寺大観刊行会編．薬師寺（奈良六大寺大觀第 6 巻）[M]．東京：岩波書店，1970.
[7] 奈良六大寺大観刊行会編．東大寺（奈良六大寺大觀第 9 巻）[M]．東京：岩波書店，1980.
[8] 関野貞．日本の建築と藝術 [M]．東京：岩波書店，1940.
[9] 飯田須賀斯．中国建築の日本建築に及ぼせる影響 [M]．東京：相模書房，1953.
[10] 平凡社編．世界建築全集（日本 I ・古代）[M]．東京：平凡社，1961.
[11] 平凡社編．世界建築全集（日本Ⅱ・中世）[M]．東京：平凡社，1960.
[12] 日本学士院編．明治前日本建築技術史 [M]．東京：日本学術振興会．1961.
[13] 今枝爱真．禅宗の歴史 [M]．東京：至文堂，1962.
[14] 久野健，鈴木嘉吉．法隆寺（原色日本の美術第 2 巻）[M]．東京：小学館，1966.
[15] 伊藤延男，小林剛．中世寺院と鎌倉雕刻（原色日本の美術第 9 巻）[M]．東京：小学館，1968.
[16] 石田一良編．日本文化概論 [M]．東京：吉川弘文館，1968.
[17] 太田博太郎．中世の建築 [M]．東京：彰国社，1957.
[18] 太田博太郎．日本建築の特質 [M]．東京：岩波書店，1976.
[19] 太田博太郎．禅寺と石庭（原色日本の美術第 10 巻）[M]．東京：小学館，1978.
[20] 太田博太郎．日本建築史序説 [M]．東京：彰国社，2009.
[21] 太田博太郎．社寺建築の研究 [M]．東京：岩波書店，1986.
[22] 大岡実．日本建築の意匠と技法 [M]．東京：中央公論美術出版，1971.
[23] 白石虎月．禅宗編年史 [M]．大阪：東方界，1976.
[24] 川上貢．禅宗の美術：禅院と庭園（日本美術全集第 13 巻）[M]．東京：学習研究社，1979.
[25] 朝日百科周刊．鎌倉時代の美術 [M]．東京：朝日新聞社，1980.
[26] 太田博太郎監修．日本建築様式史 [M]．東京：美術出版社，1999.

[27] 日本建築学会．日本建築史図集 [M]．東京：彰国社，2007.
[28] 日本建築学会．新訂建築学大系・日本建築史 [M]．東京：彰国社，1979.
[29] 日本建築学会．日本建築史図集（新订版）[M]．東京：彰国社，1986.
[30] 日本建築学会．東洋建築史図集 [M]．東京：彰国社，1995.
[31] 伊藤要太郎校訂．匠明 [M]．東京：鹿島出版会，1971.
[32] 伊藤要太郎．匠明五巻考 [M]．東京：鹿島出版会，1971.
[33] 竹島卓一．営造法式の研究（1–3 卷）[M]．東京：中央公論美術出版，1970–1972.
[34] 竹島卓一．建築技法から見た法隆寺金堂の諸問題 [M]．東京：中央公論美術出版，1975.
[35] 伊藤延男．中世和様建築の研究 [M]．東京：彰国社，1961.
[36] 澤村仁．延喜木工寮式の建築技術史的研究ならびに宋営造法式との比較 [Z]．私家版，1963.
[37] 横山秀哉．禅宗伽藍殿堂の研究 [Z]．私家版，1958.
[38] 横山秀哉．禅の建築 [M]．東京：彰国社，1967.
[39] 関口欣也．中世禅宗样建築の研究 [Z]．私家版，1969.
[40] 関口欣也．五山と禅院 [M]．東京：小学館，1983.
[41] 関口欣也．中世禅宗様建築の研究 [M]．東京：中央公論美術出版，2010.
[42] 関口欣也．江南禅院の源流、高麗の発展 [M]．東京：中央公論美術出版，2012.
[43] 大森健二．中世建築における構造と技法の発達について [Z]．私家版，1962.
[44] 大森健二．社寺建築の技術：中世を主とした歴史・技法・意匠 [M]．東京：理工学社，1998.
[45] 中川武．建築様式の歴史と表現 [M]．東京：彰国社，1987.
[46] 浅野清．奈良時代建築の研究 [M]．東京：中央公論美術出版，1969.
[47] 浅野清．法隆寺建築の研究 [M]．東京：中央公論美術出版，1983.
[49] 浅野清、渡辺義雄．法隆寺西院伽蓝 [M]．東京：岩波書店，1974.
[49] 浅野清．日本建築の構造 [M]．東京：至文堂，1986.
[50] 鈴木嘉吉，渡辺義雄．法隆寺東院伽藍と西院諸堂 [M]．東京：岩波書店，1974.
[51] 杉山信三．韩国の中世建築 [M]．東京：相模書房，1984.
[52] 岡田英男．日本建築の構造と技法 [M]．京都：思文閣出版，2005.
[53] 濱島正士．日本仏塔集成 [M]．東京：中央公論美術出版，2001.
[54] 下出源七．建築大辞典 [M]．東京：彰国社，1974.
[55] 内藤昌．近世大工の系譜 [M]．東京：ぺりかん社，1981.
[56] 溝口明則．法隆寺建築の設計技術 [M]．東京：鹿島出版会，2012.
[57] 内藤昌著．愚子見记の研究 [M]．東京：井上書院，1988.
[58] 河田克博．近世建築書：堂宮雛形 2（建仁寺流）[M]．東京：大龍堂書店，1988.
[59] 木砕之注文研究会．木砕之注文 [M]．東京：中央公論美術出版，2013.
[60] 山岸吉弘．木割表現論 [M]．東京：中央公論美術出版，2014.

2. 修理工事报告书

[1] 法隆寺国宝保存委員会編．国宝法隆寺金堂修理工事報告書 [M]．東京：法隆寺国宝保存委員会，1956.
[2] 法隆寺国宝保存工事事務所編．国宝法隆寺五重塔修理工事報告書 [M]．東京：法隆寺国宝保存委員会，1955.
[3] 京都府教育庁文化財保護課．国宝平等院鳳凰堂修理工事報告書 [M]．京都：京都府教育庁文化財保護課，1957.
[4] 薬師寺．薬師寺東塔に関する調査報告書 [M]．奈良：薬師寺，1981.
[5] 奈良県教育委員会文化財保護課編．薬師寺東塔及び南門修理工事報告書 [M]．奈良：奈良県教育委員会文化財保護課，1956.
[6] 奈良県教育委員会．国宝唐招提寺金堂修理工事報告書 [M]．奈良：奈良県教育委員会，2009.
[7] 東京藝術大学大学院美術研究科保存修復建造物研究室．鑁阿寺本堂調査報告書 [M]．足立：足利市教育委員会，2011.
[8] 奈良県文化財保存事務所編．国宝東大寺鐘楼修理工事報告書 [M]．奈良：奈良県文化財保存事務所，1967.
[9] 奈良県文化財保存事務所編．国宝東大寺開山堂修理工事報告書 [M]．奈良：奈良県教育委員会，1971.
[10] 文化財建造物保存技術協会．国宝功山寺仏殿修理工事報告書 [M]．京都：真陽社，1985.
[11] 国宝清白寺仏殿保存会編．国宝清白寺仏殿修理工事報告書 [M]．山梨県教育委員会，1958.
[12] 东村山市史编纂委员会．国宝正福寺地蔵堂修理工事報告書 [M]．東京：大塚巧藝社，1968.
[13] 円覚寺编．国宝円覚寺舍利殿修理工事報告書 [M]．镰倉：円覚寺，1968.
[14] 神奈川県教育委员会．国宝円覚寺舍利殿修理調査特別報告書 [M]．横浜：有隣堂，1970.
[15] 重要文化財信光明寺観音堂修理委員会編．重要文化財信光明寺観音堂修理工事報告書 [M]．東京：彰国社，1955.
[16] 重要文化財東光寺修理委員会．重要文化財東光寺本堂（薬師堂）修理工事報告書 [M]．山梨：又新社，1956.
[17] 重要文化財鳳來寺觀音堂修理委員会．重要文化財鳳來寺觀音堂修理工事報告書 [M]．京都：真陽社，1967.
[18] 重要文化財西願寺阿弥陀堂修理工事事務所．重要文化財西願寺阿弥陀堂修理工事報告書 [M]．東京：彰国社，1955.
[19] 文化財建造物保存技術協会．国宝永保寺開山堂及び觀音堂保存修理工事報告書 [M]．多治見：永保寺，1990.
[20] 広島市教育委員会．不動院（広島市の文化財第二三集）[M]．広島：白鳥社，1983.
[21] 重要文化財常福院藥師堂修理委員会編．重要文化財常福院藥師堂修理工事報告書 [M]．新鶴村：重要文化財常福院藥師堂修理委員會，1956.
[22] 重要文化財延命寺修理委員会．重要文化財延命寺地蔵堂修理工事報告書 [M]．河東村：重要文化財延命寺修理委員会，1968.

[23] 神角寺编. 重要文化財神角寺本堂修理工事報告書 [M]. 朝地町：神角寺，1963.

[24] 重要文化財洞春寺観音堂修理委員会編. 重要文化財洞春寺観音堂修理工事報告書 [M]. 山口：重要文化財洞春寺観音堂修理委員会，1951.

[25] 重要文化財玉鳳院開山堂并表門修理事務所編. 重要文化財玉鳳院開山堂并表門修理工事報告書 [M]. 京都：京都府教育庁文化財保護課，1958.

[26] 滋賀県国宝建造物修理出張所編. 国宝延歴寺瑠璃堂維持修理報告書 [M]. 阪本村：滋賀県国宝建造物修理出張所，1940.

[27] 滋賀県教育委員会事務局編. 重要文化財園城寺一切経蔵（経堂）・食堂（釈迦堂）保存修理工事報告書 [M]. 大津：滋賀県教育委員会，2012.

[28] 重要文化財那谷寺三重塔修理委員会. 重要文化財那谷寺三重塔修理工事報告書 [M]. 小松：重要文化財那谷寺三重塔修理委員会，1956.

[29] 重要文化財妙成寺開山堂修理委員会編. 重要文化財妙成寺開山堂及鐘楼修理工事報告書 [M]. 羽咋町：重要文化財妙成寺開山堂修理委員会，1954.

[30] 重要文化財天恩寺佛殿山門修理委員会編. 重要文化財天恩寺佛殿山門修理工事報告書 [M]. 豊富村：重要文化財天恩寺佛殿山門修理委員会，1952.

[31] 国宝瑞龍寺総門佛殿及法堂修理事務所編. 国宝瑞龍寺総門佛殿及法堂修理工事報告 [M]. 高岡：国宝瑞龍寺総門佛殿及法堂修理事務所，1938.

[32] 文化財建造物保存技術協会編. 重要文化財円通寺本堂修理工事報告書 [M]. 庄原: 円通寺本堂修理委員会，1972.

[33] 高野山文化財保存会. 重要文化財金剛峰寺徳川家霊台修理工事報告書 [M]. 高野山: 高野山文化財保存会，1962.

[34] 京都府教育庁指導部文化財保護課編. 重要文化財相国寺本堂（法堂）・附玄関廊修理工事報告書 [M]. 京都：京都府教育委員会. 1997.

[35] 京都府教育庁指導部文化財保護課編. 重要文化財大徳寺経蔵及び法堂・本堂（仏殿）修理工事報告書 [M]. 京都: 京都府教育委員会. 1982.

[36] 京都府教育委員会. 重要文化財妙心寺法堂、経蔵修理工事報告書 [M]. 東京：便利堂，1976.

[37] 日光二社一寺文化財保存委員会編. 国宝東照宮本殿・石之間・拝殿修理工事報告書 [M]. 日光：日光二社一寺文化財保存委員会，1967.

[38] 日光二社一寺文化財保存委員会編. 国宝輪王寺大猷院霊廟本殿・相之間・拝殿修理工事報告書 [M]. 日光：日光二社一寺文化財保存委員会，1966.

[39] 日光社寺文化財保存委員会. 重要文化財輪王寺法華堂修理工事報告書 [M]. 日光：日光社寺文化財保存委員会，1981.

[40] 栃木県教育委員会事務局編. 重要文化財本地堂修理工事報告書 [M]. 宇都宮：栃木県教育委員会，1968.

[41] 日光社寺文化財保存会編. 重要文化財五重塔・鐘舎・上社務所修理工事報告書 [M]. 日光：日光社寺文化財保存会，1981.

[42] 国宝大報恩寺本堂修理事務所編. 国宝大報恩寺本堂修理工事報告書 [M]. 京都：京都府教育庁文化財保護課，1954.
[43] 京都府教育庁文化財保護課編. 国宝教王護国寺五重塔修理工事報告書 [M]. 京都：京都府教育庁文化財保護課，1960.
[44] 重要文化財不動院鐘樓修理委員会. 重要文化財不動院鐘樓修理工事報告書 [M]. 広島：重要文化財不動院鐘樓修理委員会，1956.
[45] 文化財保護部建造物課. 国宝・重要文化財建造物目録 [M]. 東京：文化庁，1999.

3. 论文

[1] 関野貞. 法隆寺金堂塔婆及中門非再建論 [J]. 建築雑誌（第 218 号），1905：67−82.
[2] 伊藤要太郎. 唐様建築の木割について [J]. 日本建築学会研究報告（第 16 号），1951：430−433.
[3] 上田虎介. 初期唐様仏殿の建築計画に就いて [J]. 日本建築学会研究報告（第 33 号），1955：207−208.
[4] 大森健二. 枝割の発達、特に六枝掛斗栱の発生について [J]. 建築史研究（第 21 号），1955：6−11.
[5] 大森健二. 中世における斗栱組的発達 [M]// 平凡社編. 世界建築全集（日本Ⅱ・中世）. 東京：平凡社，1960：78−82.
[6] 内藤昌. 大工技術書について [J]. 建築史研究（第 30 号），1961：1−18.
[7] 浅野清. 鎌倉時代における仏教建築の宋様式受容について（1）[J]. 仏教芸術（第 108 号），1976：14−38.
[8] 浅野清. 鎌倉時代における仏教建築の宋様式受容について（2）[J]. 仏教芸術（第 110 号），1976：26−61.
[9] 関口欣也. 中国江南の大禅院と南宋五山 [J]. 仏教芸術（第 144 号），1982：11−48.
[10] 関口欣也. 中国両浙の宋元古建築（1）：両浙宋代古塔と木造様式細部 [J]. 仏教芸術（第 155 号），1984：38−62.
[11] 関口欣也. 中国両浙の宋元古建築（2）：両浙宋元木造遺構の様式と中世禅宗様 [J]. 仏教芸術（第 157 号），1984：79−113.
[12] 関口欣也. 不動院金堂の平面と内部構成 [J]. 日本建築学会論文報告集（第 103 号），1964：490.
[13] 関口欣也. 中世禅宗様仏堂の平面（1）[J]. 日本建築学会論文報告集（第 110 号），1965：30−39.
[14] 関口欣也. 中世禅宗様仏堂の平面（2）[J]. 日本建築学会論文報告集（第 111 号），1965：37−48.
[15] 関口欣也. 中世禅宗様仏堂の柱間（1）[J]. 日本建築学会論文報告集（第 115 号），1965：44−51.
[16] 関口欣也. 中世禅宗様仏堂の柱間（2）[J]. 日本建築学会論文報告集（第 116 号），1965：58−65.
[17] 関口欣也. 円覚寺仏殿元亀四年古図について [J]. 日本建築学会論文報告集（第 118 号），1965：37−44.
[18] 関口欣也. 中世禅宗様仏堂の柱高と柱太さ [J]. 日本建築学会論文報告集（第 119 号），1966：66−76.
[19] 関口欣也. 中世禅宗様仏堂の内部架構（1）：五山方 5 間もこし付仏殿と和様 5 間・7 間本堂 [J]. 日本建築学会論文報告集（第 121 号），1966：60−71.
[20] 関口欣也. 中世禅宗様仏堂の内部架構法（2）：方 3 間もこし付仏堂・方 3 間仏堂と和様 3 間堂 [J]. 日本建築学会論文報告集（第 123 号），1966：55−65.

[21] 関口欣也．中世禅宗様仏堂の斗栱（1）：斗栱組織 [J]．日本建築学会論文報告集（第 128 号），1966：46−57.

[22] 関口欣也. 中世禅宗様仏堂の斗栱(2): 斗栱寸法計画と部材比例 [J]. 日本建築学会論文報告集(第 129 号)，1966：43−54.

[23] 関口欣也．中世禅宗様仏堂の扇棰木 [J]．日本建築学会論文報告集（第 149 号），1968：73−84.

[24] 関口欣也．鎌倉造営名目の上方様 [J]．日本建築学会大会学術講演梗概集，1990，863−864.

[25] 関口欣也. 解題: 中世の鎌倉大工と造営名目 [M]// 鎌倉市教育委員会. 鎌倉市文化財総合目録(建造物篇)，1987：758−772.

[26] 田中淡．中世新様式における構造の改革に関する史の考察 [M]// 太田博太郎博士還暦記念論文集刊行会編．日本建築の特質．東京 : 中央公論美術出版，1976：282−337.

[27] 渡辺保弘．鎌倉造営名目の上方様諸記集と中世木割体系書 [J]．日本建築学会大会学術講演梗概集（F），1992：979−980.

[28] 伊藤平左エ门．大工技術書の著者 [J]．建築史学（第 7 号），1986：86−93.

[29] 石井邦信．日本古代建築の数学的背景関する序說 [J]．福岡大学工学集報（第 1 号），1967：31−38.

[30] 石井邦信．日本古代建築の図法解析に関する考察 [J]．福岡大学工学集報（第 2 号），1968：45−54.

[31] 石井邦信．单位長（1）：営造法式を手掛りとしての検討（その 1）[J]．福岡大学工学集報（第 6 号），1970：71−85.

[32] 石井邦信．单位長（2）：営造法式を手掛りとしての検討（その 2）[J]．福岡大学工学集報（第 7 号），1971：47−64.

[33] 石井邦信．单位長（3）：大斗長と柱径の寸法的指向性 [J]．福岡大学工学集報（第 8 号），1971：87−94.

[34] 石井邦信．单位長（4）：大斗長と柱径の寸法的指向性（その 2）[J]．福岡大学工学集報（第 9 号），1972：95−106.

[35] 堀内仁之．法隆寺建築（金堂、五重塔）の研究（1）[J]．日本建築学会論文報告集（第 187 号），1971：75−86.

[36] 中川武．日本建築における木割の方法と設計技術について [J]．建築雑誌（第 1088 号），1975：49−50.

[37] 中川武．建築规模の变化と木割の方法 [J]．日本建築学会計画系論文集（第 362 号），1986：113−120.

[38] 中川武．建築設計技術の変遷 [M]// 永原慶二編．日本技術の社会史(第七巻・建築)．東京：日本評論社，1983：69−97.

[39] 河田克博，渡辺勝彦，内藤昌．江户建仁寺流系本の成立 [J]．日本建築学会計画系論文報告集(第 383 号)，1988：121−133.

[40] 河田克博，麓和善，渡辺勝彦，内藤昌．江户建仁寺流系本の展開 [J]．日本建築学会計画系論文報告集（第 388 号），1988：124−131.

[41] 河田克博，渡辺勝彦，内藤昌．加贺建仁寺流系本の成立 [J]．日本建築学会計画系論文報告集(第 386 号)，1988：109−119.

[42] 河田克博，麓和善，渡辺勝彦，内藤昌．近世建築書における唐様建築の设计体系 [J]．日本建築学会計画

系論文報告集（第 388 号），1988：132−142.
[43] 櫻井敏雄. 建長寺伽藍の設計計画について：元弘元年の指図を中心として [J]. 日本建築学会计画系論文報告集（第 350 号），1985：95−105.
[44] 櫻井敏雄，大草一憲. 瑞龍寺・大乗寺仏殿の平面計画と伽藍 [J]. 日本建築学会大会学術講演日本建築学会大会学術講演梗概集（F），1986：649−650.
[45] 濱田晋一，櫻井敏雄，麓和善. 非六枝掛建築における垂木割と三斗組の寸法関係について [J]. 日本建築学会計画系論文集（第 638 号），2009：927−935.
[46] 青柳憲昌. 昭和戦前期における「唐様」概念の変容と禅宗様仏堂の修復 [J]. 日本建築学会計画系論文集（第 684 号），2013：455−463.
[47] 浜島一成. 近世禅宗様仏堂の平面計画・立面計画について [J]. 日本建築学会大会学術講演梗概集（东海），1985：625−626.
[48] 濱島正士. 塔の柱間寸法と支割について [J]. 日本建築学会論文報告集（第 143 号），1968：57−64.
[49] 濱島正士. 塔の斗栱について（1）[J]. 日本建築学会論文報告集（第 172 号），1970：55−59.
[50] 濱島正士. 塔の斗栱について（2）[J]. 日本建築学会論文報告集（第 173 号），1970：83−87.
[51] 溝口明則. 大報恩寺本堂の枝割制について [J]. 日本建築学会大会学術講演梗概集（計画系 58），1983：2611−2612.
[52] 溝口明則. 中世前期・和様五間仏堂の寸法計画と枝割制：一枝寸法の背景について [J]. 日本建築学会大会学術講演梗概集（F），1985：593−594.
[53] 溝口明則. 中世前期・和様五間堂における一枝寸法の決定法について [J]. 日本建築学会計画系論文報告集（第 373 号），1987：62−72.
[54] 溝口明則，河津优司. 技術と工匠 [J]. 建築史学（第 6 号），1986：120−138.
[55] 溝口明則. 中世前期層塔遺構の枝割制と垂木の總量 [J]. 建築史学（第 10 号），1988：42−73.
[56] 溝口明則. 正方形平面を持つ中世和様五間堂の平面規模決定法について [J]. 日本建築学会大会学術講演梗概集（F），1989：691−692.
[57] 溝口明則. 中世後期・和様五間堂の建築規模決定法と垂木枝割の特質 [J]. 日本建築学会大会学術講演梗概集（F），1990：867−868.
[58] 溝口明則. 正福寺地蔵堂の枝割制と建築規模計画 [J]. 日本建築学会大会学術講演梗概集（F），1991：1055−1056.
[59] 河野真知郎. 中世鎌倉尺度考 [J]. 鶴見大学紀要：人文・社会・自然科学篇，1993：119−157.
[60] 光井渉. 和様・唐様・天竺様の語義について [J]. 建筑史学（第 46 号），2006：2−20.
[61] 阪口あゆみ. 初期木割書に見られる佛殿の設計方法に関する研究 [J]. 日本建築学会東北支部研究報告会，2007：129−134.
[62] 櫻井敏雄，濱田晋一. 特異な枝割の過程について [J]. 近畿大学理工学部研究報告（第 42 号），2006：101−110.
[63] 小池貴久，溝口明則. 円覚寺舎利殿の柱間計画法：正福寺地蔵堂との関係性 [J]. 日本建築学会大会学術

講演梗概集（関東），2011：667–668.
[64] 大森健二. 中世建築における構造と技術の発達について [D]. 京都：京都大学，1952.
[65] 石井邦信 . 日本古代建築における寸法計画の研究 [D]. 東京：早稲田大学，1976.
[66] 溝口明則. 中世建築における設計技術（枝割制）の研究 [D]. 東京：早稲田大学，1990.
[67] 坂本忠規. 大工技術書〈鎌倉造営名目〉の研究：禅宗様建築の木割分析を中心に [D]. 東京：早稲田大学，2011.
[68] 俞莉娜. 輪蔵の変遷史における日中寺院の比較研究 [D]. 東京：早稲田大学，2018.

二、中文文献

1. 著作

[1] 蔡元培等编. 甪直保圣寺唐塑一览 [M]. 1928.
[2] 吴承洛. 中国度量衡史 [M]. 北京：商务印书馆，1957.
[3] 梁容若. 中日文化交流史论 [M]. 北京：商务印书馆，1985.
[4] 木宫泰彦著，胡锡年译. 日中文化交流史 [M]. 北京：商务印书馆，1980.
[5] 陈明达. 营造法式大木作研究 [M]. 北京：文物出版社，1981.
[6] 刘敦桢主编. 中国古代建筑史（第二版）[M]. 北京：中国建筑工业出版社，1984.
[7] 中国科学院自然科学史研究所主编. 中国古代建筑技术史 [M]. 北京：科学出版社，1985.
[8] 铃木大拙著，陶刚译. 禅与日本文化 [M]. 北京：生活・读书・新知三联书店，1989.
[9] 周一良. 中日文化关系史论 [M]. 南昌：江西人民出版社，1990.
[10] 小岛毅著，何晓毅译. 中国思想与宗教的奔流：宋朝 [M]. 桂林：广西师范大学出版社，2014.
[11] 中国古建文物研究所编. 祁英涛古建筑论文集 [M]. 北京：华夏出版社，1992.
[12] 王璞子主编. 工程做法注释 [M]. 北京：中国建筑工业出版社，1995.
[13] 傅熹年. 傅熹年建筑史论文集 [M]. 北京：文物出版社，1998.
[14] 柴泽俊. 太原晋祠圣母殿修缮工程报告 [M]. 北京：文物出版社，2000.
[15] 梁思成. 梁思成全集（第七卷）[M]. 北京：中国建筑工业出版社，2001.
[16] 傅熹年. 中国古代城市规划建筑群布局及建筑设计方法研究 [M]. 北京：中国建筑工业出版社，2001.
[17] 傅熹年主编. 中国古代建筑史（第二卷）[M]. 北京：中国建筑工业出版社，2001.
[18] 陈明达. 应县木塔 [M]. 北京：文物出版社，2001.
[19] 萧默. 敦煌建筑研究 [M]. 北京 : 文物出版社，2003.
[20] 张十庆. 五山十刹图与南宋江南禅寺 [M]. 南京：东南大学出版社，2000.
[21] 张十庆. 中日古代建筑大木技术的源流与变迁 [M]. 天津：天津大学出版社，2004.
[22] 潘谷西，何建中. 《营造法式》解读 [M]. 南京：东南大学出版社，2005.
[23] 陈明达. 蓟县独乐寺 [M]. 天津：天津大学出版社，2007.

[24] 杨新．蓟县独乐寺 [M]．北京：文物出版社，2007.
[25] 齐平，柴泽俊，张武安，任毅敏．大同华严寺（上寺）[M]．北京：文物出版社，2008.
[26] 贺大龙．长治五代建筑新考 [M]．北京：文物出版社，2008.
[27] 傅熹年．中国科学技术史（建筑卷）[M]．北京：科学出版社，2008.
[28] 郭黛姮主编．中国古代建筑史（第三卷）[M]．北京 : 中国建筑工业出版社，2009.
[29] 陈明达．营造法式辞解 [M]．天津：天津大学出版社，2010.
[30] 王贵祥，刘畅，段智钧．中国古代木构建筑比例与尺度研究 [M]．北京：中国建筑工业出版社，2011.
[31] 清华大学建筑设计研究院，北京清华城市规划设计研究院，文化遗产保护研究所．佛光寺东大殿建筑勘察研究报告 [M]．北京 : 文物出版社，2011.
[32] 乔迅翔．宋代官式建筑营造及其技术 [M]．上海：同济大学出版社，2012.
[33] 东南大学建筑研究所．宁波保国寺大殿：勘测分析与基础研究 [M]．南京：东南大学出版社，2012.
[34] 刘畅，廖慧农，李树盛．山西平遥镇国寺万佛殿与天王殿精细测绘报告 [M]．北京：清华大学出版社，2013.
[35] 汉宝德．斗栱的起源与发展 [M]．台北：境与象出版社，1982.
[36] 徐怡涛．山西万荣稷王庙建筑考古研究 [M]．南京：东南大学出版社，2016.
[37] 丁垚．蓟县独乐寺山门 [M]．天津：天津大学出版社，2016.
[38] 吕舟，郑宇，姜铮．晋城二仙庙小木作帐龛调查研究报告 [M]．北京：科学出版社，2017.

2. 论文

[1] 梁思成，刘敦桢．大同古建筑调查报告 [J]．中国营造学社汇刊（第 4 卷第 3、4 期合刊），1933：1−70.
[2] 莫宗江 . 榆次永寿寺雨花宫 [J]. 中国营造学社汇刊（第 7 卷 2 期），1945：1−26.
[3] 林钊．福州华林寺大雄宝殿调查简报 [J]．文物参考资料，1956（7）：45−48.
[4] 杜仙洲．义县奉国寺大雄殿调查报告 [J]．文物，1961（2）：5−14.
[5] 杨列．山西平顺且古建筑勘察记 [J]．文物，1962（2）：40−51.
[6] 王克林．北齐厍狄迴洛墓 [J]．考古学报，1979（3）：377−402.
[7] 祁英涛．对少林寺初祖庵大殿的初步分析 [M]// 自然科学史研究所．科技史文集（第 2 辑），上海：上海科学技术出版社，1979：61−70.
[8] 祁英涛，柴泽俊．南禅寺大殿修复 [J]．文物，1980（11）：61−76.
[9] 梁思成编订．营造算例 [M]// 梁思成．清式营造则例．北京：中国建筑工业出版社，1981：129−200.
[10] 郭黛姮．论中国古代木构建筑的模数制 [M]// 清华大学建筑系．建筑史论文集（第 5 辑）．北京：清华大学出版社，1981：31−47.
[11] 郭湖生．我们为什么要研究东方建筑：《东方建筑研究》前言 [J]．建筑师，1992（8）：46−48.
[12] 祁英涛．晋祠圣母殿研究 [J]．文物季刊，1992（1）：50−68.
[13] 傅熹年．日本飞鸟、奈良时期建筑中所反映出的中国南北朝、隋、唐建筑特点 [J]．文物，1992（10）：28−50.

[14] 陈明达．唐宋木结构建筑实测记录表 [M]// 贺业矩．建筑历史研究．北京：中国建筑工业出版社，1992：233–261.

[15] 王春波．山西平顺晚唐建筑天台庵 [J]．文物，1993（06）：34–43.

[16] 路秉杰．日本东大寺复建与中国匠人陈和卿 [J]．同济大学学报（人文社会科学版），1994（2）：1–5.

[17] 陈明达．关于《营造法式》研究 [M]// 张复合．建筑史论文集（第 11 辑）．北京：清华大学出版社，1999：43–52.

[18] 傅熹年．试论唐至明代官式建筑发展的脉络及其与地方传统的关系 [J]．文物 . 1999（10）：81–93.

[19] 傅熹年．中国古代建筑外观设计手法初探 [J]．文物，2001（1）：74–89.

[20] 张十庆．《营造法式》的技术源流及其与江南建筑的关联探析 [M]// 张复合，贾珺．建筑史论文集（第 17 辑），2003：1–11.

[21] 张十庆．是比例关系还是模数关系：关于法隆寺建筑尺度规律的再探讨 [J]．建筑师，2005（5）：92–96.

[22] 张十庆．甪直保圣寺大殿复原探讨 [J]．文物，2005（11）：75–87.

[23] 张十庆．《营造法式》栱长构成及其意义解析 [J]．古建园林技术，2006（2）：30–32.

[24] 张十庆．北构南相：初祖庵大殿现象探析 [M]// 贾珺．建筑史（第 22 辑）．北京：清华大学出版社，2006：84–89.

[25] 张荣，刘畅，藏春雨．佛光寺东大殿实测数据解读 [J]．故宫博物院院刊，2007（1）：75–81.

[26] 李越，刘畅，王丛．英华殿大木结构实测研究 [J]．故宫博物院院刊，2009（1）：6–21.

[27] 费迎庆．关于日本古建技术文献“木割书”中营造法的研究 [C]// 清华大学建筑学院．中国营造学社成立 80 周年学术研讨会论文集，2009：525–536.

[28] 刘畅，孙闯．少林寺初祖庵实测数据解读 [M]// 王贵祥．中国建筑史论汇刊（第 2 辑）．北京：清华大学出版社，2009：129–157.

[29] 孙闯，刘畅，王雪莹．福州华林寺大殿大木结构实测数据解读 [M]// 王贵祥．中国建筑史论汇刊（第 3 辑）. 北京：清华大学出版社，2010：181–225.

[30] 高天，段智钧．平顺龙门寺大殿大木结构用尺与用材探讨 [M]// 王贵祥．中国建筑史论汇刊（第 4 辑）. 北京：清华大学出版社，2011：224–237.

[31] 刘畅，刘芸，李倩怡. 山西陵川北马村玉皇庙大殿之七铺作斗栱 [M]// 王贵祥. 中国建筑史论汇刊（第 4 辑）. 北京：清华大学出版社，2011：169–197.

[32] 陈涛.《营造法式》小木作帐藏制度反映的模数设计方法初探 [M]// 王贵祥．中国建筑史论汇刊（第 4 辑）. 北京：清华大学出版社，2011：238–252.

[33] 王贵祥．福建福州华林寺大殿研究 [M]// 王贵祥，刘畅，段智钧．中国古代木构建筑比例与尺度研究．北京：中国建筑工业出版社，2011：150–197.

[34] 段智钧．永寿寺雨花宫大木结构平面尺度探讨 [M]// 贾珺．建筑史（27 辑）．北京：清华大学出版社，2011：43–52.

[35] 刘畅，徐扬．也谈榆次永寿寺雨花宫大木结构尺度设计 [M]// 贾珺．建筑史（第 30 辑）．北京：清华大学出版社，2012：11–23.

[36] 刘畅，刘梦雨，王雪莹. 平遥镇国寺万佛殿大木结构测量数据解读 [M]// 王贵祥. 中国建筑史论汇刊（第5辑）. 北京：中国建筑工业出版社，2012：101–148.
[37] 王其亨，成丽. 《营造法式》“看详”的意义 [J]. 建筑师，2012（4）: 66–69.
[38] 张十庆. 斗栱的斗纹形式与意义：保国寺大殿截纹斗现象分析 [J]. 文物，2012（9）：74–80.
[39] 张十庆. 《营造法式》材比例的形式与特点：传统数理背景下的古代建筑技术分析 [M]// 贾珺. 建筑史（第31辑）. 北京：清华大学出版社，2013: 9–14.
[40] 张博远，刘畅，刘梦雨. 高平开化寺大雄宝殿大木尺度设计初探 [M]// 贾珺. 建筑史（第32辑）. 北京：清华大学出版社，2013：70–83.
[41] 张十庆. 保国寺大殿的材栔形式及其与《营造法式》的比较 [M]// 王贵祥. 中国建筑史论汇刊（第7辑），北京：中国建筑工业出版社，2013：36–51.
[42] 徐扬，刘畅. 高平崇明寺中佛殿大木尺度设计初探 [M]// 王贵祥. 中国建筑史论汇刊（第8辑）. 北京：中国建筑工业出版社，2013：257–279.
[43] 刘畅，刘梦雨，徐扬. 也谈平顺龙门寺大殿大木结构用尺与用材问题 [M]// 王贵祥. 中国建筑史论汇刊（第9辑）. 北京：清华大学出版社，2014：3–22.
[44] 刘畅. 算法基因：晋东南三座木结构尺度设计对比研究 [M]// 王贵祥. 中国建筑史论汇刊（第10辑）. 北京：清华大学出版社，2014：202–229.
[45] 贺大龙. 山西芮城广仁王庙唐代木构大殿 [J]. 文物，2014（8）：69–80.
[46] 刘畅，汪治，包媛迪. 晋城青莲上寺释迦殿大木尺度设计研究 [M]// 贾珺. 建筑史（第33辑）. 北京：清华大学出版社，2014：36–54.
[47] 姜铮，李沁园，刘畅. 西溪二仙宫后殿大木设计规律再讨论 [M]// 贾珺. 建筑史（第36辑）. 北京：清华大学出版社，2015：26–45.
[48] 朱永春，林琳. 《营造法式》模度体系及隐性模度 [J]. 建筑学报，2015（04）：35–37.
[49] 俞莉娜，徐怡涛. 山西万荣稷王庙大殿大木结构用材与用尺制度探讨 [J]. 中国国家博物馆馆刊，2015（6）: 128–146.
[50] 陈彤. 故宫本《营造法式》图样研究（二）：《营造法式》地盘分槽及草架侧样探微 [M]// 王贵祥. 中国建筑史论汇刊（第12辑）. 北京：清华大学出版社，2015:312–373.
[51] 徐怡涛. 营造法式大木作控制性尺度规律研究 [J]. 故宫博物院院刊，2015（6）：36–44.
[52] 陈彤. 《营造法式》与晚唐官式栱长制度比较 [M]// 王贵祥. 中国建筑史论汇刊（第13辑）北京：中国建筑工业出版社，2016：81–91.
[53] 刘畅，姜铮，徐扬. 山西陵川龙岩寺中央殿大木尺度设计解读 [M]// 贾珺. 建筑史（第37辑）. 北京：清华大学出版社，2016：8–24.
[54] 张十庆. 关于《营造法式》大木作制度基准材的讨论 [M]// 贾珺. 建筑史（第39辑）. 北京：清华大学出版社，2016：73–81.
[55] 刘畅，姜铮，徐扬. 算法基因：高平资圣寺毗卢殿外檐铺作解读 [M]// 王贵祥. 中国建筑史论汇刊（第14辑）. 北京：清华大学出版社，2017：147–181.

[56] 姜铮. 南村二仙庙正殿及其小木作帐龛尺度设计规律初步研究 [M]// 王贵祥. 中国建筑史论汇刊(第14辑). 北京：中国建筑工业出版社，2017：182–212.

[57] 陈彤. 故宫本《营造法式》图样研究（四）：《营造法式》斗栱正、侧样及平面构成探微 [M]// 王贵祥. 中国建筑史论汇刊（第 15 辑）. 北京：中国建筑工业出版社，2017：63–139.

[58] 肖旻. 佛光寺东大殿尺度规律探讨 [J]. 建筑学报，2017（6）: 37–42.

[59] 林琳. 日本禅宗样建筑所见的《营造法式》中“挑斡”与“昂程”及其相关构件：兼论其与中国江南建筑关系 [M]// 贾珺. 建筑史（第 40 辑）. 北京：清华大学出版社，2017：214–230.

[60] 姜铮. 山西省长子县崇庆寺千佛殿实测尺度与设计技术分析 [M]// 贾珺. 建筑史（第 41 辑）. 北京：清华大学出版社，2018：53–78.

[61] 刘畅. 佛光寺东大殿实测数据之再反思：兼与肖旻先生商榷 [M]// 王贵祥. 中国建筑史论汇刊(第 16 辑). 北京：中国建筑工业出版社，2018：122–136.

[62] 陈彤. 佛光寺东大殿大木制度探微 [M]// 王贵祥. 中国建筑史论汇刊(第 18 辑). 北京：中国建筑工业出版社，2019：57–84.

[63] 俞莉娜. 《营造法式》“转轮经藏”制度的设计技术及尺度规律：兼谈《营造法式》小木作建筑的设计特征 [M]// 贾珺. 建筑史（第 43 辑）. 北京：清华大学出版社，2019（01）：29–43.

[64] 赵寿堂，刘畅，李妹琳，蔡孟璇. 高平三王村三嵕庙大殿之四铺作下昂造斗栱 [M]// 贾珺. 建筑史（第 45 辑）. 北京：清华大学出版社，2020：22–40.

[65] 张十庆. 《营造法式》栱长构成及其意义的再探讨 [J]. 建筑史学刊，2022（1）：4–10.

[66] 张十庆. 中日古代建筑大木技术的源流与变迁的研究 [D]. 南京：东南大学，1990.

[67] 郭华瑜. 明代官式建筑大木作研究 [D]. 南京：东南大学，2001.

[68] 肖旻. 唐宋古建筑尺度规律研究 [D]. 广州：华南理工大学，2002.

[69] 乔迅翔. 宋代建筑营造技术基础研究 [D]. 南京：东南大学，2005.

[70] 徐怡涛. 长治、晋城地区的五代、宋、金寺庙建筑 [D]. 北京：北京大学，2003.

[71] 谢鸿权. 东亚视野之福建宋元建筑研究 [D]. 南京：东南大学，2010.

[72] 孙闯. 华林寺大殿大木设计方法探析 [D]. 北京：清华大学，2010.

[73] 张毅捷. 日本古代楼阁式木塔研究 [D]. 上海：同济大学，2011.

[74] 喻梦哲. 晋东南地区五代宋金木构建筑与《营造法式》技术关联性研究 [D]. 南京：东南大学，2013.

[75] 周淼. 五代宋金时期晋中地区木构建筑研究 [D]. 南京：东南大学，2015.

[76] 耿昀. 平顺龙门寺及浊漳河谷早期佛寺研究 [D]. 天津：天津大学，2017.

[77] 姜铮. 晋东南地域视角下的宋金大木作尺度规律与设计技术研究 [D]. 北京：清华大学，2019.

[78] 赵寿堂. 晋中晋南地区宋金下昂造斗栱尺度解读与匠作示踪 [D]. 北京：清华大学，2021.

[79] 赵琳. 宋元江南佛教建筑初探 [D]. 南京：东南大学，1999.

[80] 王辉. 《营造法式》与江南建筑：《营造法式》中江南木构技术因素探析 [D]. 南京：东南大学，2001.

[81] 宿新宝. 建构思维下的江南传统木构建筑探析 [D]. 南京：东南大学，2009.

[82] 徐新云. 临汾、运城地区的宋金元寺庙建筑 [D]. 北京：北京大学，2009.

[83] 巨凯夫. 上海真如寺大殿形制探析 [D]. 南京：东南大学，2010.
[84] 胡占芳. 保国寺大殿木作营造技术探析 [D]. 南京：东南大学，2011.
[85] 唐聪. 两宋时期的木造现象及其工匠意识探析 [D]. 南京：东南大学，2012.
[86] 姜铮. 《营造法式》与唐宋厅堂构架技术的关联性研究 [D]. 南京：东南大学，2012.
[87] 龙萧合. 景宁时思寺大殿大木构架探析 [D]. 南京：东南大学，2013.
[88] 丁绍恒. 金华天宁寺大殿木构造研究 [D]. 南京：东南大学，2014.
[89] 李敏. 苏州虎丘二山门基础研究 [D]. 南京：东南大学，2015.
[90] 徐扬. 《营造法式》刊行前北方七铺作实例几何设计探析 [D]. 北京：清华大学，2017.

后 记

本书关于唐样建筑设计技术的讨论，实际上早在三十年前的笔者博士论文中已有涉及。多年来笔者一直关注着这一课题，并陆续进行相关的准备和积累工作。直至2011年底完成保国寺大殿研究课题及成果出版之后，才真正开始着手本书课题的研究和写作，至2022年书稿的最终完成，前后历时十年。

这十年期间，笔者又重读和新读了大量的日本相关文献和实例，同时也认识到学术目标的达成往往是逐渐推进和分步实现的，唐样建筑设计技术的研究也是如此。希望本书的相关讨论，能够成为后人进一步前行的一个踏阶，后人的研究一定会更为精致、深入和全面，更加接近历史的真实。

能够同时对中国和日本的古代建筑做一番研究，是笔者的兴趣所在。跨越中日两国的建筑史研究，或许能比别人多看到一些东西，这也是笔者一直以来的志向。日本唐样建筑设计技术的比较研究，内容相当丰富和庞杂，非笔者力所能及，本书只是从特定的线索和视角所展开的讨论，希望在此方向上提供一些线索和思路，尽自己的一份努力。正如胡适先生关于做学问的一句话：怕什么真理无穷，进一寸有一寸的欢喜。

尺度设计技术研究的目的在于尺度现象的解析与尺度规律的认识。然关于尺度规律的分析，在细节上无疑是相当枯燥和乏味的，而笔者的目标和追求在于：从纷杂无序的细节入手，以使微观层面的现象反映出整体层面的信息，最终达到对唐样建筑设计技术的源流、构架、层次及其演变逻辑、序列的整体认识和把握，并为今后的相关研究提供一个宏观的视角。至于大量繁复的尺度分析，只是手段而非目的所在，本书的目的归根结底，在于思维方式与设计方法的分析和认识，所注重的是唐样设计技术演变的过程、轨迹、逻辑关系，及其与中国建筑的关联比较。

本书关于东亚整体视角下的唐样设计技术的讨论，好比以新的视角和线索，重新串起唐样建筑纷繁尺度现象的散珠，以期对唐样设计技术的认识能够较接近历史的真实。不同的视角看到的是不同的景象，得到的认识也会有所不同。然而，也有可能构建的是另一个虚像，这或许就是所谓历史研究的宿命。

作为尺度设计技术研究，本书的一个遗憾是实测数据和图纸资料仍是不足，在史料文献的收集上也有相当的局限性。此外，现行实测数据的准确性和真实性，或者说由形变、改易和误差等多方面的因素所造成的失准和失真，也是一个难以避免的问题。因此本书关于尺度规律分析的相关论述，也只是基于现有实测数据、并综合思维方式和设计逻辑的分析所获得的认识。

关于日本现存遗构的图纸资料和实测数据，日本学界最权威的是《日本建筑史基础资料集成》系列，其编纂由太田博太郎先生牵头，而关于唐样佛堂的这一辑，则由关口欣也先生主持编纂，笔者一直期待这一辑能够早日完成出版，然还是终成遗憾。关口欣也先生于2020年5月24日不幸逝世，令人感伤。

关口欣也先生是日本学界唐样建筑研究的大家。当年笔者留学日本时，计划考察圆觉寺舍利殿，由于此殿不对公众开放参观，所以笔者的导师浅野清先生特地托付关口欣也先生帮忙。那天先生亲自陪笔者参观，这是笔者与关口欣也先生的一面之缘。多年来在笔者详细阅读的日本论文中，关口欣也先生的论文是最多和最重要的。关口欣也先生的离世，代表了日本唐样建筑史研究的一个时代的结束。

关于唐样设计技术的比较研究逐渐展开后，笔者感觉所面临的是一个庞大而复杂的课题，尽管已聚焦于宋技术背景下的中世唐样建筑及其关联性，但这也已经是相当宏大的场景了，令笔者难以把握。当然这也展现了该课题的丰富性和可探讨性，并且认识到关于唐样建筑设计技术的分析，不能只局限于中世遗构，中世与近世唐样建筑作为前后两个阶段，应是相互关联的一个整体，这对于认识中世至近世唐样建筑设计技术的演变及其与和样的关联性，具有重要的意义。

历史上日本古代建筑的发展离不开中国的影响，从这一意义而言，谈论中国建筑对日本建筑的影响，犹如讲述日本建筑的历史。所以本书内容，既是讨论日本建筑的，也是讨论中国建筑的，因为二者本来就是一个关联整体。如本书诸章关于设计技术的分析，看似讨论的对象是日本中世唐样建筑，实际上所涉及的也都是唐宋建筑设计技术的相关问题。因此，关于日本唐样建筑的研究，也丰富和充实了中国建筑史的研究。

本书从东亚整体的视角看待和解读日本中世建筑技术的发展，侧重于东亚背景下中日建筑技术的整体性和关联性，且较多关注的是古代中国对日本的影响，然并非忽视日本文化的独立性和独特性。所论或有偏颇、狭隘乃至错误，但目的是明确的，即希望丰富和推进古代中日建筑技术的比较研究。

书稿写作过程中，得到了许多方面的帮助。唐聪、姜铮、周淼、龚伶俐、朱宁宁、胡占芳、吴修民、李林东等诸多已毕业多年的学生，无论是资料的提供，还是论点的讨论，都给予笔者很大的帮助，与他们的诸多讨论，是本书的思路源泉之一。此外，留学日本的中国学生俞莉娜、林琳、李晖等诸位，在相关资料的收集上，也提供了诸多帮助，在此一并致谢。

此外，还要感谢爱知工业大学杉野丞先生提供的日文书籍和相关资料。当年留学日本时，就多承杉野丞先生的关照，此后几十年来，杉野丞先生对笔者的帮助和支持一直是持续不断的。

感谢东南大学出版社，多年来给予的支持和帮助。

自郭湖生先生倡导、推进东方建筑研究以来，东亚建筑的比较研究已走过三十余年的历程。近十几年来留学日本的学生已有相当的数量，并成为学界的主力和中坚。在东亚建筑史的研究上，他们有条件和基础作出更多的贡献，从而使得老一辈关于东方建筑研究的宏大构想不断深化和实现，为东亚建筑史的研究作一份贡献。

张十庆

2022 年 3 月 15 日